S

ÉTUDE DES FLEURS.

II

PROPRIÉTÉ.

LYON. — IMPRIMERIE DE GIRARD ET JOSSERAND,
Rue Saint-Dominique, 13.

ÉTUDE DES FLEURS
BOTANIQUE
ÉLÉMENTAIRE, DESCRIPTIVE ET USUELLE

Par Ludovic CHIRAT

DEUXIÈME ÉDITION
ENTIÈREMENT REVUE ET CONSIDÉRABLEMENT AUGMENTÉE

PAR L'ABBÉ CARIOT.

———✦———

TOME DEUXIÈME
BOTANIQUE DESCRIPTIVE.

TOTA SPINIS CARENS ROSA VENI

LYON,
GIRARD ET JOSSERAND, LIBRAIRES-ÉDITEURS,
Place Bellecour, 4.

—

1854

pùs

AVERTISSEMENT.

La *clef analytique*, fidèlement employée, a dû conduire au nom de chaque plante ; mais, pour en faire une étude plus approfondie, pour dissiper toute incertitude, s'il en reste encore, il faut réunir en un seul faisceau les caractères divers, épars dans la route plus ou moins longue qu'on a été obligé de suivre. C'est ce que nous faisons dans cette seconde partie de notre Botanique descriptive.

Toutes nos plantes, distribuées méthodiquement par classes, par sections, par familles, par tribus et par genres, y sont décrites, à la place qui leur convient, avec tous leurs organes et tous leurs caractères. C'est comme une suite de tableaux où nous avons essayé de peindre exactement leur ressemblance, afin que, comparant chacune d'elles avec son portrait, on puisse ne pas se méprendre sur son identité.

La description des espèces est divisée en trois parties.

La première donne le nom principal que nous avons adopté pour chaque plante. Ce nom est en latin, mais nous y avons toujours ajouté sa traduction française, afin que les personnes à qui la langue des savants n'est pas familière, puissent parler le langage des fleurs dans l'idiome qu'elles ont appris sur les genoux de leurs mères. Comme il arrive quelquefois que la plante a reçu plusieurs noms, nous avons exprimé en petits caractères ses *synonymes* principaux, pris dans les auteurs les plus connus, y ajoutant même ses noms vulgaires, quand nous avons trouvé qu'elle en avait reçu.

La deuxième partie comprend la description même de l'espèce; elle s'éloigne également de la longueur déplacée d'une *monographie* et de la brièveté insuffisante d'un simple catalogue.

Quand la plante n'est pas seule dans son genre ou dans sa section, les caractères essentiels qui la distinguent de ses voisines sont imprimés en *lettres italiques*, afin qu'on puisse les saisir au premier coup d'œil et les retenir plus facilement. La description de la plante est terminée par l'indication de sa durée et par la désignation des mois de l'année pendant lesquels a lieu sa floraison.

La troisième partie fait connaître l'espèce de terrain où croît la plante, et même, dès qu'elle est un peu rare, la localité spéciale où l'on peut la recueillir. Nous n'avons pas prétendu énumérer toutes les stations, mais nous sommes sûrs de toutes celles que nous avons indiquées.

Quant aux espèces nouvelles créées par les savants travaux de l'école moderne, nous les avons ordinairement citées avec leurs principaux caractères, à côté des types desquels elles ont été détachées. Cependant, quand nous les avons vues adoptées par un certain nombre d'auteurs, nous leur avons donné rang parmi les espèces et nous les avons décrites comme telles.

Les simples variétés sont placées à la suite des espèces et désignées par une des premières lettres de l'alphabet. Quand elles ont reçu un nom, il est toujours fidèlement exprimé.

Pour éviter une longueur fastidieuse et donner à nos descriptions une précision scientifique, nous avons été obligés d'employer des termes techniques, qui paraîtront un peu barbares au premier abord. Nous engageons les jeunes botanistes à affronter courageusement cette première difficulté; ils trouveront tous ces termes expliqués dans le vocabulaire placé à la fin de ce volume, et bientôt, familiarisés avec la langue des fleurs, ils la trouveront aussi facile qu'harmonieuse.

DESCRIPTION

DES

CLASSES, FAMILLES, GENRES, ESPÈCES & VARIÉTÉS.

PREMIÈRE CLASSE.

Dicotylédones ou Exogènes.

Les *dicotylédones* ou *exogènes* tirent leur premier nom des deux cotylédons opposés qui ordinairement (1) enferment leur embryon, et leur second, de leur mode de croissance, qui se fait uniquement par l'extérieur. Les végétaux de cette classe immense ont pour tige un tronc à écorce, à étui fibreux et à canal médullaire, très-sensibles dans les arbres et dans les arbrisseaux. Leurs *feuilles*, toujours pourvues de stomates quand la plante n'est pas submergée, *offrent des nervures rameuses et anastomosées*. Leurs *fleurs, toujours visibles*, ont en général un calice et une corolle ; quelquefois cependant l'une de ces deux enveloppes, plus rarement toutes les deux, manquent complètement. La disposition des pétales et des étamines relativement aux carpelles, n'étant pas toujours la même, a servi de base aux quatre sections des *Thalamiflores*, des *Caliciflores*, des *Corolliflores* et des *Monochlamydées*.

Iʳᵉ SECTION.

THALAMIFLORES.

La section des Thalamiflores comprend les dicotylédones dont les étamines et les pétales, toujours libres, sont insérés sur le *thalamus*, partie du pédoncule qui se prolonge entre le calice et l'ovaire. Leurs sépales, rarement soudés, sont caducs, ou, s'ils persistent, ce n'est que pour protéger le fruit, sans jamais y adhérer.

(1) Il y a quelquefois, mais rarement, plusieurs cotylédons verticillés.

1re FAMILLE. — RENONCULACÉES.

Le bouton-d'or de nos prairies peut servir de type à la famille, dont les caractères constants sont : 1° *des étamines en nombre indéfini* (le *Myosurus minimus* excepté), *libres et insérées sous l'ovaire* ; 2° *un fruit ordinairement composé de carpelles secs* (dans l'*Actæa spicata*, il est bacciforme et unique), *libres ou soudés inférieurement* ; 3° dans la graine, un *périsperme corné* protégeant un embryon très-petit.

Les caractères moins constants des Renonculacées sont d'avoir un suc plus ou moins âcre et caustique, et des feuilles ordinairement alternes, toujours pétiolées, au moins les radicales.

Nous partagerons la famille en quatre tribus, qui seront celles des Renonculées, des Clématidées, des Helléborées et des Pæoniées.

1re TRIBU : RENONCULÉES. — Carpelles ordinairement nombreux, monospermes, indéhiscents ; fleur toujours régulière, à préfloraison imbriquèe.

'. G. ADONIS (L.) (1). ADONIS.

5 sépales souvent colorés ; 3-15 *pétales sans fossette ni écaille sur l'onglet* ; carpelles nombreux, terminés en bec et réunis en épi ; *feuilles multiséquées*, à segments capillaires. Plantes herbacées.

1. A. AUTUMNALIS (L.). A. D'AUTOMNE. (Vulg. *Goutte-de-sang.*)
Tige de 2-5 déc., glabre ou presque glabre ; *pétales obovales, concaves,* arrondis au sommet ; *carpelles à bec terminal et non denté* ; fleurs à court pédoncule, globuleuses, d'un rouge foncé, tachées de noir sur l'onglet. ④. Mai-septembre. (V. D.) (2).
Moissons : les Charpennes ; Vaux ; Dessine, etc.; plaines d'Ambérieux et d'Ambronay (Ain). — Jardins.

2. A. ÆSTIVALIS (L.). A. D'ÉTÉ.
Tige de 2-5 déc., glabre ou presque glabre ; *pétales planes,* arrondis au sommet, plus étroits que dans le précédent ; *carpelles à bec presque terminal et muni de deux dents* ; fl. ouvertes, à long pédoncule, toujours régulières, d'un rouge clair, souvent tachées de noir sur l'onglet. ④. Mai-juillet.
Moissons : les Charpennes ; Vaux ; Dessine, etc. A. R.

---

(1) Ces initiales, placées entre parenthèses, désignent en abrégé les auteurs qui ont nommé nos genres et nos espèces. Nous donnerons leurs noms en entier à la fin de ce volume.

(2) V. D. (*Voyez le Dictionnaire.*)

3. A. FLAMMEA (Jacq.). A. COULEUR DE FLAMME.

Tige de 2-5 déc., plus grêle que dans les deux précédents, hérissée à la base de quelques poils blancs; *pétales planes, linéaires-lancéolés,* ou oblongs et denticulés au sommet; *carpelles à bec entièrement latéral et muni d'une seule dent:* fl. ouvertes, à long pédoncule, souvent irrégulières, d'un rouge clair et vif. ①. Juin-août.

Mêlé avec le précédent. — Terres sèches sous le château de la Servette (Ain). R.

II. G. MYOSURUS (L.). RATONCULE.

5 sépales *prolongés sous leur point d'insertion;* 5 pétales à onglet filiforme et tubuleux; 5-15 étamines; *carpelles serrés en épi sur un axe allongé.* Plantes herbacées.

4. M. MINIMUS (L.). R. NAINE. (Vulg. *Queue-de-rat.*)

Hampe uniflore, de 3-12 cent.; f. toutes radicales, linéaires. dressées; petites fl. d'un vert jaunâtre. ①. Avril-juin.

Terres argileuses et humides : Écully ; la Tour-de-Salvagny; Châtillon-les-Dombes ; entrée du bois de Bouvand, près Bourg. R.

III. G. RANUNCULUS (L.). RENONCULE (1).

5 sépales; 5 *pétales* (rarement plus ou moins) *à écaille ou fossette sur l'onglet; carpelles mucronés ou à bec très-court, serrés en capitule globuleux ou ovoïde,* rarement oblong. Plantes herbacées.

* *Fleurs blanches.*

† *Plantes aquatiques; pédoncules arqués à la maturité.*

5. R. HEDERACEUS (L.). R. A FEUILLES DE LIERRE.

Tige de 1-4 déc., rampante, s'enracinant aux nœuds; *toutes les f. uniformes, en cœur, à 3-5 lobes obtus et entiers;* 5-10 étamines; réceptacle glabre; petites fl. blanches. ♃. Mai-septembre.

Ruisseaux, sources, fossés : Pilat : Saint-Martin-en-Haut ; Saint-Bonnet-le-Froid; Soucieu ; les Halles; Bourg. P. C.

6. R. LENORMANDI (Schültz). R. DE LENORMAND.

Se rapproche de la précédente, dont elle diffère 1° par *les lobes des f., qui sont plus profonds et crénelés;* 2° par ses *carpelles terminés par un bec bien marqué;* 3° par ses fleurs à pétales beaucoup plus grands. ♃. Avril-septembre.

Rivière de l'Ardière, près le pont du chemin de fer. R. R.

7. R. AQUATILIS (L.). R. AQUATIQUE. (Vulg. *Grenouillette.*)

Tige de 1-5 déc., rameuse; f. jamais toutes réniformes-lobées, quand la plante vient dans l'eau; elles sont *ordinaire-*

(1) De *rana,* grenouille. parce que souvent ces plantes viennent dans l'eau.

ment de deux sortes : les supérieures nageantes, *réniformes ou orbiculaires.* 3-5 *partites;* les autres à segments capillaires se rapprochant en pinceau quand on les sort de l'eau; réceptacle glabre ; fl. blanches, jaunes sur l'onglet. ♃ Avril-août.

a. R. *heterophyllus* (Wild.). Plante à f. de deux sortes, comme nous les avons décrites.

b. R. *capillaceus* (Thuill.). F. toutes submergées et à segments capillaires. Fossés, eaux tranquilles.

— Quand la R. *aquatilis* croît hors de l'eau, les f. sont souvent toutes réniformes ou orbiculaires et lobées.

8. R. TRICOPHYLLUS (Chaix). R. A FEUILLES CAPILLAIRES.

Tige rameuse, de longueur variable, mais généralement plus courte que dans la précédente ; *f. toutes divisées en segments capillaires étalés en tous sens et ne se réunissant pas en pinceau hors de l'eau* ; fl. blanches, jaunes sur l'onglet, à pétales de moitié plus petits et plus étroits que dans le R. *capillaceus,* duquel elle se rapproche. ♃ Avril-août.

Mares et ruisseaux : Chaponost.
— Quand la plante croît hors de l'eau, les lanières des f. sont courtes, charnues et arrondies.

9. R. DIVARICATUS (Schrank). R. DIVARIQUÉE. — R. circinnatus (Sibth.).

Tige grêle, peu rameuse, de longueur variable, *f. toutes divisées en segments capillaires,* comme dans l'espèce précédente, mais plus courts, plus raides et *disposés sur un même plan en un cercle rayonnant;* réceptacle velu; fl. blanches à onglet ordinairement jaune, assez grandes. ♃ Avril-août.

Mares, fossés. A. R.

10. R. FLUITANS (Lamk.). R. FLOTTANTE. — R. peucedanifolius (Thuill.)

Tige rameuse et ordinairement allongée; *f. toutes divisées en segments capillaires,* dichotomes, *parallèles ou presque parallèles,* formant dans les eaux courantes de longues masses ondoyantes d'un beau vert, et se réunissant en pinceau hors de l'eau ; *réceptacle velu;* fl. grandes, blanches, à onglet souvent jaune. ♃ Mai-août.

Eaux courantes, rivières. A. R.

†† *Plantes des terrains humides; pédoncules dressés à la maturité*

11. R. ACONITIFOLIUS (L.). R. A FEUILLES D'ACONIT.

Tige de 2-8 déc., rameuse, multiflore; grandes f. palmatiséquées, à 3-7 segments fendus, irrégulièrement dentés et acuminés ; les inférieures longuement pétiolées, les supérieures sessiles et à segments plus étroits; *pédoncules velus;* fl. blanches. ♃ Mai-août. (V. D.)

Prés et lieux humides des terrains granitiques : le Pilat ; Saint-Bonnet; Pierre-sur-Haute ; montagnes du Beaujolais, etc.; la Grande-Chartreuse; Saint-Rambert (Ain). A. R.
—Cultivée à fl. doubles dans les jardins sous le nom de *Bouton-d'argent.*

12. R. PLATANIFOLIUS (L.). R. A FEUILLES DE PLATANE.

Se rapproche de la précédente, dont elle diffère : 1° par sa tige plus raide et moins flexueuse ; 2° par ses *f. à segments plus étroits et plus longuement acuminés* ; 3° par ses *pédoncules glabres* ou *à peine pubescents* et plus courts. ♃. Mai-août.

Bois ombragés des terrains primitifs : mêmes localités que la précédente.

† † † *Plantes des terrains secs ; pédoncules dressés à la maturité.*

13. R. ALPESTRIS (L.). R.. ALPESTRE.

Tige de 5-10 cent., droite, portant 1-3 fl. ; f. glabres, les radicales longuement pétiolées, palmatiséquées, à 3-5 segments inégalement lobés ou crénelés ; *les caulinaires (1-2) entières, petites, lancéolées, sessiles* ; calice glabre ; *onglet des pétales à fossette, mais sans écaille* ; fl. blanches, souvent semi-doubles. ♃. Juin-août.

Fentes des rochers : le Grand-Som, à la Grande-Chartreuse ; le Reculet (Ain). R.

** *Fleurs toujours jaunes.*

† *Feuilles entières.*

14. R. THORA (L). R. VÉNÉNEUSE.

Tige de 1-3 déc., droite, simple, portant 1-3 fl. ; *la première f. de la tige* est ordinairement sessile, en cœur arrondi et crénelée ; la seconde lancéolée et laciniée au sommet ; la troisième lancéolée et entière ; onglet des pétales à fossette, mais sans écaille ; fl. jaunes. ♃. Juin-août. (*V. D.*)

Charmansom, près la Grande-Chartreuse ; tout le Jura (Ain). R.R.

15. R. GRAMINEUS (L.). R. A FEUILLES DE GRAMINÉE.

Racine fasciculée à fibres renflées ; *tige de 2-5 déc.*, droite, pleine, *portant 1-3 fl.*, rarement plus ; *f. linéaires-lancéolées, très-entières, presque toutes radicales* ; calice glabre ; *carpelles non bordés* ; fl d'un beau jaune ♃. Mai-juin.

Prés humides : Dessine ; Vaux ; Villeurbanne ; Château-Gaillard ; Meximieux. A. R.

16. R. FLAMMULA (L.). R. FLAMMETTE. (Vulg. *Petite-Douve.*)

Tige de 2-4 déc., ascendante ou couchée-radicante, fistuleuse, *rameuse, multiflore* ; f. glabres, entières ou dentées, mais *jamais acuminées, les radicales ovales ou oblongues et très-longuement pétiolées* ; calice légèrement pubescent ; *carpelles un peu bordés d'un côté* ; petites fl. jaunes. ♃. Mai-septembre. (*V. D.*)

Prés marécageux. A. C.

b. R. **reptans**. (Thuill.). Tige longuement rampante et radicante. — Saulées d'Oullins.

17. R. LINGUA (L.). R. LANGUE. (Vulg. *Grande-Douve.*)

Souche radicante et stolonifère ; tige de 6-12 déc., droite, fistuleuse, rameuse; *longues f. lancéolées, amincies à la base, semi-amplexicaules, acuminées*, entières ou munies inférieurement de dents rares et peu marquées ; calice pubescent ; carpelles bordés d'un côté; grande fl. d'un beau jaune. ♃. Juinjuillet. (*V. D.*)

Fossés! pleins d'eau, marais : Dessine ; Villeurbanne; lacs de Bar et de Nantua (Ain). R

† † *Feuilles divisées.*

A. *Racines grumeleuses.*

18. R. CHÆROPHYLLOS (L.). R. A FEUILLES DE CERFEUIL.

Tige de 1-2 déc., portant 1-2 fl., velue, soyeuse et blanchâtre ainsi que les pétioles; f. toutes ou presque toutes radicales et pétiolées, les deux *primordiales ovales*, dentées au sommet ou à trois lobes, les autres à trois segments pennatiséqués, à divisions linéaires; pédoncules sillonnés; *calice étalé*; fl. d'un beau jaune luisant. ♃. Mai-juin.

Endroits secs : Saint-Alban ; Vassieux ; plaine de Royes, etc. P. R.

19. R. MONSPELIACUS (L.). R DE MONTPELLIER.

Tige de 2-5 déc., portant 2-5 fl., velue, soyeuse et blanchâtre ainsi que les pétioles et les f.; *f. radicales primordiales ovales et dentées*, se fanant bientôt; les autres profondément triséquées, à segments cunéiformes, élargis et dentés au sommet, les caulinaires divisées en segments linéaires; pédoncules sillonnés; *calice réfléchi*; fl. d'un beau jaune luisant. ♃. Mai-juin.

Coteaux secs et pelouses arides : le Garon ; Francheville ; Bonnand. R.

— On en a détaché le R. *albicans* (Jord.), qui se reconnaît à sa taille plus élevée, à ses f. plus grandes, plus soyeuses-blanchâtres, et à ses fl. plus nombreuses, formant au sommet de la tige une espèce d'ombelle. — Environs de Givors; Bonnand.

B. *Racines fibreuses ; plantes vivaces.*

a. *Pédoncules sillonnés.*

20. R. REPENS (L.). R. RAMPANTE. (Vulg. *Bassinet, Pied-de-poule.*)

Tige de 2-6 déc., couchée d'abord, puis redressée, *émettant du collet de la racine de longs stolons rampants*; f. souvent marbrées de blanc, 1-2 fois ternées, à folioles profondément trilobées, chaque lobe irrégulièrement sous-lobé et incisédenté, la foliole du milieu plus longuement pétiolée ; calice étalé; fl. d'un beau jaune. ♃. Avril-septembre. (*V. D.*)

Champs, vignes, terrains humides. C. C. C.

— Cultivée à fl. doubles dans les parterres.

— On la trouve quelquefois sans stolons et à tige presque droite.

21. R. BULBOSUS (L.) R. BULBEUSE.

Racine à collet bulbeux; tige de 2-6 déc., droite, rameuse, pubescente ; f. radicales longuement pétiolées, profondément triséquées, à trois segments trilobés et incisés-dentés, celui du milieu assez longuement pétiolé; *calice réfléchi*; fl. d'un beau jaune. ♃. Mai-septembre. (*V. D.*)

Partout.

22. R. NEMOROSUS (D. C.). R. DES BOIS.

Tige de 2-5 déc., dressée, fistuleuse, *hérissée ainsi que toute la plante de poils jaunâtres et étalés*; f. ordinairement marbrées de vert et de blanc, les radicales pétiolées, palmatipartites, *à 3-5 partitions* larges, en coin, *toutes non pétiolées*, divisées chacune en trois lobes bordés de grosses dents inégales; f. caulinaires sessiles, palmatiséquées, à 3-5 segments étroits et ordinairement entiers; *calice étalé*; *réceptacle soyeux*; *carpelles à bec enroulé*; fl. d'un jaune orangé. ♃. Mai-juillet.

'Bois couverts. A. C.

b. R. *polyanthemos* (auctor. non Linn.) Variété à f. découpées en segments linéaires. — Grande-Chartreuse.

— On a détaché de cette espèce le R. *mixtus* (Jord.), qui s'en distingue 1° par sa souche émettant à la fin quelques stolons courts; 2° par le segment moyen des f., qui est pétiolé; 3° par les poils plus courts et moins étalés; 4° par ses fl., qui sont d'un jaune pâle et non orangé.— Elle se trouve à la Tête-d'Or et ailleurs.

b. Pédoncules non sillonnés.

23. R. AURICOMUS (L.). R. TÊTE D'OR.

Tige de 2-4 déc., fistuleuse, rameuse, multiflore, glabre ou à peu près ainsi que toute la plante; f. radicales pétiolées, tantôt simplement crénelées, tantôt palmatilobées ou même palmatifides; *f. caulinaires sessiles, palmatiséquées, à segments linéaires*, imitant sur la tige la collerette d'une anémone; *calice étalé*; *carpelles velus*; *réceptacle glabre*; fl. jaunes. ♃. Avril-juin.

Lieux frais et ombragés. P. R.

— Les fleurs qui viennent les premières manquent souvent de pétales; les secondes n'en ont ordinairement que de 1 à 3; les tardives seules sont complètes.

24. R. MONTANUS (Wild.). R. DE MONTAGNE.

Tige de 6-15 cent., ordinairement uniflore, pubescente au sommet; *f. radicales* pétiolées, *toujours et toutes palmatipartites*, à 3-5 partitions lobées-dentées; *f. caulinaires sessiles*, également palmatipartites, à 3-5 partitions linéaires et entières; *calice étalé*; *réceptacle velu*; fl. d'un jaune luisant. ♃. Juin-août.

Chaîne du Jura (Ain). R.

25. R. ACRIS (L.). R. ACRE.

Tige de 2-6 déc., fistuleuse, rameuse, multiflore, *couverte de poils courts et appliqués*; f. palmatipartites; les radicales longuement pétiolées, à 3-5 partitions cunéiformes, trifides, irrégulièrement incisées-dentées, les deux bords postérieurs écartés du pétiole ; f. caulinaires moyennes à pétiole plus court et à divisions plus étroites ; les supérieures sessiles, à segments linéaires et entiers; *calice velu et étalé ; réceptacle glabre; carpelles à bec très-court et un peu recourbé :* fl. d'un jaune doré brillant. ♃. Mai-juillet. (*V. D.*)

Bois, champs, prairies. C. — Cultivée à fleurs doubles sous le nom de *Bouton d'or*.

b. R. *Steveni* (Andrz.) Plante moins élevée, plus velue, à f. moins profondément incisées. — Montagnes arides.

— Les segments des f sont aussi quelquefois très-profonds, très-étroits et multifides; c'est alors qu'on l'a prise aussi (comme la forme du R. *nemorosus* dont nous avons parlé) pour le R. *polyanthemos* (L.), qui ne se trouve pas en France.

26- R. FRIESANUS (Jord.). R. DE FRIES.

Diffère de la précédente : 1° par sa *tige couverte dans le bas, ainsi que les pétioles, de poils roussâtres et très-étalés :* 2° par les *partitions des feuilles, dont les deux inférieures ont leurs bords postérieurs contigus au pétiole et non pas écartés;* 3° par les *carpelles, dont le bec très-court est droit.* ♃. Mai-juillet.

Bois : Chasselay. R.

27. R. LANUGINOSUS (L.). R. LAINEUSE.

Tige de 4-10 déc., rameuse, *couverte, ainsi que les pétioles, de longs poils réfléchis* ou au moins très-étalés; f. d'un vert noirâtre; les radicales palmatipartites, à partitions larges, trifides, incisées-dentées; f. caulinaires supérieures triséquées, à segments oblongs-lancéolés ; *calice velu et étalé ; réceptacle glabre ; carpelles à bec fortement recourbé en spirale au sommet et égalant la moitié de leur longueur;* fl. grandes, d'un beau jaune. ♃. Juin-juillet.

Bois : la Grande-Chartreuse ; Poïzat (Ain). R.

C. *Racines fibreuses ; plantes annuelles.*

a. *Carpelles tuberculeux ou hérissonnés; une écaille sur l'onglet des pétales.*

28. R. PHILONOTIS (Ehrhart). R. DES MARES.

Tige de 2-5 déc., ascendante ou étalée, poilue ; f. radicales pétiolées et de deux formes; les primordiales ovales ou orbiculaires, simplement crénelées; les suivantes 1 rarement 2 fois ternées, à folioles trifides, celle du milieu plus longuement pétiolée, les divisions irrégulièrement lobées et dentées; f. caulinaires supérieures sessiles, triséquées, à segments linéaires; pédoncules sillonnés; *calice réfléchi; réceptacle velu carpelles seulement bordés d'une rangée de petits tubercules*

(quelquefois cependant il y en a 2 ou 3, mais très-rarement);
fl. jaunes. ④. Mai-septembre.

Terres humides pendant l'hiver. A. C.

29. R. PARVIFLORUS (L.). R. A PETITES FLEURS.

Tige couchée ou un peu redressée, hérissée de poils mous
ainsi que les feuilles; f. radicales longuement pétiolées, en
cœur, palmatilobées, à 3-5 lobes bordés de grosses dents irrégulières; f. caulinaires supérieures sessiles, entières ou trilobées; *calice réfléchi; réceptacle glabre; carpelles entièrement
couverts de petits tubercules*; petites fl. jaunes. ④. Mai-juillet.

Haies et champs humides : Pollionnay ; Chaponost ; le Moulin-de-Ba-
rail. P. C

b. R. *subapetalus* (Gr. et Godr.). Tige dressée; corolle beaucoup plus courte
que le calice. — A l'embouchure de l'Ain.

30. R. ARVENSIS (L.). R. DES CHAMPS.

Tige de 2-5 déc., droite, rameuse, multiflore, glabre ou à
peu près; f. d'un vert pâle, triséquées, à segments pétiolés,
partagés en partitions linéaires quelquefois dentées au sommet; *calice dressé ; réceptacle velu ; carpelles hérissés d'aiguillons* ; petites fl. d'un jaune pâle. ④. Mai-juin. (V. D.)

Moissons. C. C. C.

b. *Carpelles sans tubercules ni épines ; une simple fossette sans
écaille sur l'onglet des pétales.*

34 R. SCELERATUS (L.). R. SCÉLÉRATE.

Plante glabre ou presque glabre; tige de 1-8 déc., dressée,
fistuleuse, rameuse; f. radicales tantôt palmatilobées, à 3-5
lobes crénelés, tantôt palmatipartites, à 3-5 partitions incisées-crénelées; f. caulinaires moyennes trifides, à lanières linéaires, les supérieures entières; calice réfléchi; réceptacle un
peu velu; carpelles en capitule oblong et saillant; petites fl.
d'un jaune pâle. ④. Mai-septembre. (V. D.)

Marais et fossés. A. C.

IV. CERATOCEPHALUS (Mœnch.). CÉRATOCÉPHALE (1).

Caractères du genre Renoncule; onglet des pétales toujours
muni d'une simple fossette sans écaille; *carpelles creusés à la
base de deux petites cavités vides*. Plantes herbacées.

32. C. FALCATUS (Pers.). C. A FRUITS EN FAUCILLE.—Ranunculus falcatus (L.).

Hampes cotonneuses, uniflores, de 2-8 cent. ; f. toutes radicales à segments digités et linéaires; carpelles terminés par

(1) De χέρας, corne, χεφαλή, tête, à cause de ses fruits en forme de
corne arquée.

une corne allongée et courbée en faucille ; petites fl. jaunes.
①. Mars-avril.

Champs de blé : Villeurbanne. R. R.

V. G. FICARIA (Dillen). FICAIRE.

Calice à 3 sépales caducs : 8-12 *pétales munis d'une écaille
sur l'onglet* ; *carpelles sans bec.* Plantes herbacées.

33. F. RANUNCULOIDES (Mœnch.). F. FAUSSE RENONCULE.—Ranunculus ficaria
(L.). (Vulg. *Petite-Chélidoine*)

Racine à fibres charnues ; tige lisse, rameuse, couchée ; f.
glabres, en cœur, arrondies ou anguleuses, à pétiole engainant ;
fl. d'un jaune luisant. ♃. Mars-mai. (*V. D.*)

Lieux humides. C. C. C.

VI. ANEMONE (L.). ANÉMONE.

Une collerette foliacée sur la tige ; périanthe (1) *coloré, régulier,* formé de 5-10 pétales, ordinairement 6 ; carpelles insérés sur un réceptacle hémisphérique. Plantes herbacées.

* *Carpelles terminés par une longue arète plumeuse. PULSATILLA*
(Tournef.).

† *Collerette à folioles sessiles.*

34. A. MONTANA (Hoppe.). A. DE MONTAGNE. — A. pratensis. (D. C. Fl. fr.
Balbis Fl. lyonn. non L.)

Plante velue-soyeuse. Hampe de 1-4 déc. ; f. radicales pétiolées, 2-3 fois pennées, à folioles découpées en lanières linéaires ; collerette à segments étroits et multifides ; pétales
velus extérieurement, droits ou un peu roulés en dehors ; stigmates blancs à la floraison ; *fl. d'un beau violet noir et velouté ,
penchée, au moins dans sa vieillesse, d'abord en forme de cloche, à la fin ouverte en étoile,* surtout quand le ciel est serein.
♃. Mars-mai. (*V. D.*)

Bois et coteaux secs : Saint-Alban, près Lyon ; plaine de Royes ; Chaponost ; Chassagny ; Meximieux, etc. P. R.

— La véritable A. *pratensis* (L.) est très-rare en France ; on la distingue à
ses pétales à peine plus longs que les étamines.

35. A. PULSATILLA (L.). A. PULSATILLE. (Vulg. *Coquelourde.*)

Ressemble beaucoup à la précédente ; en diffère par sa
fleur, qui est *d'un violet clair et lilacé, droite ou presque
droite, campanulée à la base, à pétales ouverts et courbés en
dehors dans leur moitié supérieure.* ♃. Avril-mai.

N'a été trouvée près de Lyon que sur les Balmes-Viennoises ; dans l'Ain, à
Nantua, etc.

(1) Conformément à ce que nous avons dit au n° 121 du premier volume, nous appelons l'enveloppe florale un *périanthe* toutes les fois qu'elle
est unique.

†† *Collerette à folioles pétiolées.*

36. A ALPINA (L.). A. DES ALPES.

F. radicales longuement pétiolées, 2-3 fois pennées, à folioles pennatipartites et incisées-dentées, à dents légèrement spinescentes; pétales pubescents extérieurement; fl. droites, étalées, blanches, rarement un peu jaunes. ♃. Juin-juillet.

Rochers et prairies élevées : la Grande-Chartreuse; le Jura ; le Reculet ; le Colombier.

* * *Carpelles non terminés par une arête plumeuse.*

† *Collerette à folioles sessiles.*

37. A. NARCISSIFLORA (L.). A. A FLEUR DE NARCISSE.

Racine fibreuse; hampe de 3-5 déc., *multiflore;* f. radicales longuement pétiolées, palmatiséquées, à 5 segments trifides, irrégulièrement divisés en lanières étroites; collerette à folioles partagées en lanières lancéolées; *carpelles glabres : fl. blanches, en ombelle.* ♃. Juin-juillet.

Sommités élevées : le Jura ; le Reculet ; le Colombier.

— Elle descend moins bas que la précédente.

†† *Collerettes à folioles pétiolées.*

38. A. RANUNCULOIDES (L.). A. FAUSSE RENONCULE.

Souche horizontale et rampante; hampe de 1-4 déc., pubescente au sommet, portant 1-2 fl.; *collerette à 3 f. courtement pétiolées, subdivisées chacune en 3 folioles oblongues, incisées-dentées;* 1-2 f. radicales semblables à celles de la collerette, et ne se développant qu'après la floraison; carpelles pubescents; *petites fl. jaunes.* ♃. Avril-mai.

Prés humides : Ecully, au bord du ruisseau de Chalins; Vaux-en-Velin ; dans l'Ain, Arvières, sur le Colombier, la Chartreuse de Portes, environs de Belley. R.

39. A. NEMOROSA (L.). A DES BOIS. (Vulg. *Sylvie.*)

Souche horizontale et rampante; hampe de 1-3 déc.; *collerette à 3 feuilles assez longuement pétiolées, divisées en 3-5 segments irrégulièrement bi ou trifides* et incisés-dentés; 1-2 f. radicales (manquant quelquefois) et ne se développant que vers la fin de la floraison; *pétales glabres en dehors; carpelles pubescents;* fl. blanches, quelquefois rosées en dehors. ♃. Mars-avril.

Bois couverts, prés. C. — Cultivée à fl. double.

40. A. SYLVESTRIS (L.). A. SAUVAGE.

Souche courte et tronquée; hampe de 2-5 déc.; collerette à 3 f. longuement pétiolées, profondément palmatiséquées, à 3-5 segments bi ou trifides, irrégulièrement incisés-dentés; *f. radicales* longuement pétiolées, de même forme que celles de la collerette, *naissant et se développant en même temps que les fleurs; pétales pubescents-soyeux extérieurement; carpelles velus-tomenteux;* fl. blanches. ♃. Mai-juin.

Bois montagneux : environs de Roanne. R. R. R. — Parterres.

VII. G. THALICTRUM (1) (L.). PIGAMON.

Périanthe de 4-5 pétales très-caducs; étamines nombreuses et saillantes; carpelles terminés en pointe; *fl. en panicule terminale.* Plantes herbacées.

⁎ Carpelles à trois angles ailés.

11. T. AQUILEGIFOLIUM (L.). P. A FEUILLES D'ANCOLIE.

Tige de 4-12 déc., légèrement striée; f. glauques en dessous, 3 fois ternées, à folioles en coin à la base, élargies et irrégulièrement lobées au sommet; pétioles secondaires munis de stipelles à leur naissance; fl. blanches ou rosées, à étamines purpurines ou violettes, en panicule corymbiforme. ♃. Juin-juillet. (*V. D.*)

La Grande-Chartreuse; le Colombier; Retord; le Jura. — Jardins, où on en cultive une variété à tige et à fl. violettes.

⁎⁎ Carpelles sans ailes striées.

† Etamines pendantes.

12. T. MAJUS (Jacq.). P. ÉLEVÉ.—T. pruinosum (Rechb.).—T. expansum (Jord.).

Souche non stolonifère; tige de 6-10 déc., sillonnée, feuillée jusque dans la panicule; f. 2-3 fois pennées, à peu près aussi larges que longues, à folioles grandes, obovales ou arrondies, divisées au sommet en 3-5 lobes obtus, quelquefois mucronulés; gaînes des f. à oreillettes courtes; *premières ramifications des pétioles sans stipelles; pétioles secondaires marqués d'angles saillants;* fl. d'un blanc jaunâtre, en panicule ample, diffuse, à rameaux étalés-dressés. ♃. Juillet-août.

La Tête-d'Or; la Mouche; Couzon; baies aux Brotteaux; lacs des hôpitaux et rochers environnants (Ain). P. R.

13. T. MONTANUM (Walr.). P. DE MONTAGNE. — T. minus (Auct.).

·*Souche stolonifère; tige de 2-6 déc., sillonnée, flexueuse, non feuillée jusque dans la panicule;* f. du T. *majus,* mais à folioles plus petites; *pétioles secondaires marqués d'angles*

(1) A cause de leurs étamines nombreuses et de l'absence du périanthe, qui est très-caduc, les *thalictrum* s'hybrident très-facilement. Il en est résulté une multitude de formes intermédiaires, auxquelles les auteurs anciens et modernes ont donné des noms, mais qui ne se retrouvent jamais parfaitement identiques. Pour éviter toute confusion, nous ne donnons, d'après les meilleurs auteurs, qu'un petit nombre de types bien caractérisés, auxquels on ramènera toutes les variations accidentelles.

saillants; absence de stipelles comme dans le précédent; fl. jaunâtres, pendantes, en panicule pyramidale, à rameaux divergents, presque horizontaux. ♃. Mai-juin.

La Mouche; les Brotteaux; le Molard, etc. P. R.

44. T. sylvaticum (Koch.). P. des forêts.

Se rapproche des T. *majus* et *minus.* Diffère du premier par sa *souche stolonifère* et par sa tige grêle et faible. Diffère du second par sa floraison presque d'un mois plus tardive. Diffère de tous les deux par sa tige faiblement striée, et surtout par les *pétioles secondaires,* qui sont *comprimés et obscurément anguleux.* ♃. Juin-juillet.

Bois : Couzon ; Saint-Alban ; Roche-Cardon ; la Mouche.

45. T. Jacquinianum (Koch.). P. de Jacquin.— T. flexuosum (Bernhardi).

Ressemble au T. *majus;* en diffère 1° par les rameaux de la panicule, qui sont plus en zig-zag; 2° par les oreillettes des gaînes des f., qui sont plus développées, étalées horizontalement, et à la fin roulées en dehors; 3° par des *stipelles à la première ramification des pétioles.* ♃. Juin-juillet.

La Mouche. R. R.

46. T. collinum (Walr.). P. des collines. — T. saxatile (D. C.).

Souche stolonifère; tige de 4-8 déc., légèrement striée, feuillée jusque dans la panicule; f. du T. *montanum,* mais *pétioles secondaires peu ou point anguleux;* fl. jaunâtres, d'abord penchées, puis redressées, en panicule pyramidale, à rameaux étalés-dressés. ♃. Juin-août.

Cogny; le Molard; Dessine; la Mouche; la Tête-d'Or; Roche-Cardon, etc. A. C.

47. T. Bauhini (Crantz). P. de Bauhin. — T. angustifolium (L. pro parte). — T. simplex (Fl. Lyon. non L.).

Souche rampante. Tige de 4-10 déc., droite, *dure,* cannelée; f. oblongues dans leur pourtour, à *folioles* enroulées sous les bords, en coin à la base, entières ou bi-trifides, surtout la terminale, *linéaires-lancéolées,* à l'exception de celles des f. inférieures, qui sont souvent plus larges et moins longues; *carpelles petits, ovales-arrondis,* très-finement pubescents-grisâtres; *fl.* jaunes, quelquefois à anthères violettes, portées sur des rameaux dressés, *formant une panicule pyramidale,* contractée à la maturité. ♃. Juillet-août.

Au dessous de la Pape; la Mouche.

b. T. *galioides* (Nestl.). Folioles toutes linéaires, enroulées-filiformes, luisantes. — Rives de l'Ain; tourbes d'Oyonnax.

48. T. MEDIUM (Jacq.). P. INTERMÉDIAIRE. — T. lucidum (Coss. et Germ. non L.).

Souche stolonifère. Tige de 5-10 déc., sillonnée, *dure,* jamais glauque; f. largement triangulaires dans leur pourtour, à folioles ordinairement enroulées sous les bords, d'un vert pâle en dessous, la terminale habituellement trilobée, les latérales souvent entières, obovales ou oblongues-cunéiformes au bas de la tige, plus étroites vers le milieu, devenant linéaires vers la panicule; *fl. et étamines projetées horizontalement pendant la floraison; carpelles aigus; fl. distantes les unes des autres, en panicule lâche.* ♃. Juin-juillet.

La Mouche; la Tête-d'Or. C.

— On en a détaché 1° le T. *Jordani* (Schültz), dont les folioles sont plus profondément fendues, et dont la panicule est plus courte ; 2° le T. *Timeroyi* (Jord.), qui diffère du précédent par ses folioles plus entières.

49. T. LASERPITIIFOLIUM (Will.). P. A FEUILLES DE LASER.

Souche stolonifère. Tige de 5-10 déc., *dure,* sillonnée; f. oblongues ou ovales-triangulaires dans leur pourtour, à folioles oblongues, cunéiformes à la base, les unes entières, les autres bi ou trifides, devenant de plus en plus étroites, de plus en plus lancéolées-linéaires, à mesure qu'on se rapproche de la panicule; *gaines et pétioles des f. inf. presque toujours pubescents; carpelles ovales-arrondis, obtus; fl. en panicule pyramidale, dressées ainsi que les étamines pendant la floraison.* ♃. Juillet-août.

La Mouche; la Tête-d'Or; les îles et les bords du Rhône, etc. C. C.

— On en a détaché 1° le T. *spurium* (Timeroy), qui en a le port et la physionomie, mais qui en diffère par les *ramifications inf. du pétiole,* qui sont *munies de stipelles;* 2° le T. *nitidulum* (Jord.), qui a le caractère du T. *spurium,* mais qui s'en distingue, aussi bien que du T. *laserpitiifolium,* par ses *fruits terminés par un bec aigu, persistant, presque égal à la moitié de leur longueur.* — Tous les deux se trouvent à la Mouche.

50. T. FLAVUM (L.). P. JAUNE.

Souche stolonifère. Tige de 5-15 déc., *compressible,* sillonnée; f. 2-3 fois pennées, à folioles obovales ou oblongues-cunéiformes, les unes entières, les autres bi ou trifides, d'un vert pâle en dessous; *ramifications inférieures du pétiole munies de stipelles;* étamines et fl. dressées ou au moins projetées horizontalement; *fl.* jaunâtres, *en panicule corymbiforme.* ♃. Juin-juillet. (*V. D.*)

b. T. *nigricans* (Jacq.). F. sup. toutes ou en partie à folioles linéaires-lancéolées; panicule plus lâche.

c. T. *pauperculum* (D. C.). Panicule pauciflore, effilée.

d. T. *exaltatum* (Gaud.). Tige s'élevant jusqu'à 2 mètres; f. très-grandes, à folioles très-larges; fl. et surtout fruits en panicule très-serrée.

Lieux humides.—Le type est commun, les variétés sont plus rares.

IIᵉ Tʀɪʙᴜ : CLÉMATIDÉES. — Préfloraison valvaire; anthères tournées en dehors ; feuilles opposées.

VIII. G. Clematis (L.). Clématite.

Périanthe à 4-5 pétales; carpelles terminés en arête. Plantes sous-ligneuses dans nos espèces spontanées.

51. C. ᴠɪᴛᴀʟʙᴀ (L.). C. ᴠɪɢɴᴇ ʙʟᴀɴᴄʜᴇ. (Vulg. *Herbe aux gueux; Liane.*)

F. pennées, à *folioles* ovales, acuminées, *légèrement en cœur,* pétiolées, entières ou grossièrement dentées; *pétales tomenteux sur les deux faces;* carpelles terminés par une arête plumeuse s'allongeant après la floraison; fl. blanches en panicules axillaires. ♄. Juin-septembre. (*V. D.*)

Haies et bois. C. C. C.

IIIᵉ Tʀɪʙᴜ : HELLÉBORÉES. — Préfloraison imbriquée; corolle nulle ou irrégulière ; anthères tournées en dehors.

IX. G. Caltha (L.). Populage.

Périanthe coloré à 5 pétales; 5-10 *capsules libres* et polyspermes. Plantes herbacées.

52. C. ᴘᴀʟᴜsᴛʀɪs (L.). P. ᴅᴇs ᴍᴀʀᴀɪs.

Tige de 2-5 déc., ascendante, fistuleuse, rameuse au sommet; f. glabres, luisantes, réniformes, arrondies ou presque triangulaires, crénelées sur les bords, en cœur à la base, les inf. pétiolées, les sup. sessiles; fl. d'un beau jaune. ♃. Avril-mai. (*V. D.*)

Prés humides. — On en cultive une variété à fl. doubles.

X. G. Trollius (L.). Trolle.

Calice caduc de 5-15 sépales colorés; pétales nombreux, tr's petits, linéaires, planes, munis sur l'onglet d'une fossette nectarifère sans écaille; capsules nombreuses et *libres.* Plantes herbacées.

53. T. ᴇᴜʀᴏᴘᴀᴇᴜs (L.). T. ᴅ'Eᴜʀᴏᴘᴇ. (Vulg. *Boule-d'or.*)

Tige de 1-5 déc.; f. palmatiséquées, à segments cunéiformes, bi ou trifides, irrégulièrement incisés-dentés, les radicales longuement pétiolées, les caulinaires sessiles; fl. jaunes à sépales réunis en boule. ♃. Juin-juillet. (*V. D.*)

Pâturages des hautes montagnes: Pierre-sur-Haute et ses dépendances; au dessus de Verrières; la Grande-Chartreuse; Haut-Bugey. R. — Jardins.

XI. G. Helleborus (L). Hellébore.

Calice persistant, à 5 sépales ordinairement plus ou moins colorés, quelquefois entièrement verts; *pétales très-petits, tubuleux, à 2 lèvres; absence d'involucre; capsules un peu soudées inférieurement.* Plantes herbacées.

54. **H. FOETIDUS** (L.). **H. FÉTIDE.** (Vulg. *Pied-de-griffon.*)

Plante à odeur fétide. Rhizôme épais et très court; *tige* de 3-8 déc., *persistante,* rameuse, *feuillée au dessous des rameaux; f. persistantes,* toutes sur la tige, profondément palmatiséquées, à segments épais, oblongs-lancéolés, dentés en scie, disposés en pédales; bractées des rameaux et des pédoncules ovales, foliacées, très-grandes, les inf. souvent divisées au sommet; fl. verdâtres à sommet purpurin. ♃. Février-mai. (*V. D.*)

Lieux pierreux, coteaux, bois. C. C.

XII. G. ISOPYRUM (L.). ISOPYRE.

Calice à 5 sépales colorés, caducs; 5 pétales très-petits, tubuleux, à 2 lèvres, l'extérieur à 2 dents; *absence d'involucre; 1-3 capsules comprimées, sessiles, non soudées.* Plantes herbacées.

55. **I. THALICTROIDES** (L.). **I. FAUX PIGAMON.**

Rhizôme rampant, à fibres nombreuses; tige de 1-4 déc.; f. 1-2 fois ternées, à folioles divisées en 2-3 lobes inégaux; les radicales pétiolées, les caulinaires supérieures sessiles ou presque sessiles; fl. d'un blanc pur. ♃. Mars-avril.

Bords des ruisseaux ombragés : Ecully ; Charbonnières; Roche-Cardon; Sainte-Foy-lès-Lyon; aux Razes ; Meximieux ; Saint-Rambert (Ain) ; Belley. P. C.

XIII. G. NIGELLA (L.). NIGELLE.

Calice à 5 sépales colorés, caducs; pétales très-petits, très-irréguliers, à onglet marqué d'une fossette fermée par une écaille; capsules plus ou moins soudées et terminées par des styles allongés. Plantes herbacées, à f. 2-3 fois pennatiséquées, à segments linéaires.

56. **N. ARVENSIS** (L.). **N. DES CHAMPS.**

Tige de 1-3 déc., simple ou à rameaux très-divergents; *absence d'involucre sous les fleurs; capsules soudées jusqu'au milieu de leur longueur;* fl. d'un bleu pâle et terne. ④. Juin-août. (*V. D.*)

Terres à blé. A. C.

XIV. AQUILEGIA (Tournef.). ANCOLIE.

Calice à 5 sépales colorés, caducs; 5 pétales grands, en cornet coupé obliquement au sommet, *et se terminant en long éperon creux;* 5 capsules sessiles, un peu soudées à la base ou simplement rapprochées. Plantes herbacées.

57. A. VULGARIS (L.). A. COMMUNE.

Tige de 5-8 déc., ordinairement rameuse ; f. la plupart radicales, 2 fois ternées, à folioles ovales-cunéiformes, trilobées, à lobes profondément crénelés, glauques en dessous; *éperons recourbés en crochet*; fl. d'un beau bleu violet, rarement blanches à l'état spontané, mais devenant par la culture d'un rouge vineux, bleues, blanches, violettes ou panachées. ♃. Mai-juillet. (*V. D.*)

Bois ombragés. C. — Jardins.

b. A. *viscosa* (Gouan.). Plante pubescente-glanduleuse.— La Grande-Chartreuse.

— Dans les jardins, elle devient double par l'emboîtement régulier des pétales supplémentaires; quelquefois même elle perd ses éperons, et devient alors l'A. *étoilée* des jardiniers.

XV. G. DELPHINIUM (Tournef.). DAUPHINELLE.

5 *sépales colorés, caducs, le supérieur seul prolongé en éperon*; 4 pétales (quelquefois réunis en un seul), les deux supérieurs prolongés à leur base en appendices qui vont se cacher dans l'éperon; 1-3 (rarement 5) *capsules libres et sessiles*. Plantes herbacées.

* Plantes annuelles ; pétales soudés en un seul.

58. D. CONSOLIDA (L.). D. CONSOUDE.

Tige de 2-5 déc., très-rameuse; f. plusieurs fois découpées en segments linéaires et allongés; *bractées bien plus courtes que les pédicelles*; ordinairement une seule *capsule glabre* ; fl. d'un joli bleu (rarement blanches ou roses), en grappes courtes. ①. Juin-novembre. (*V. D.*)

Moissons. C.— Cultivée à fl. doubles dans les jardins, où elle prend une multitude de nuances et de bigarrures.

59. D. PUBESCENS (D. C.). D. PUBESCENTE.

Se rapproche beaucoup du précédent; en diffère : 1° parce que la tige et les f. sont pubescentes-grisâtres; 2° par les segments des f., qui sont plus courts et plus obtus, surtout dans les f. inférieures; 3° *par les capsules pubescentes et plus grosses*; 4° par les *fl.*, qui sont *d'un bleu plus pâle*, cendré ou blanchâtre. ①. Juin-juillet.

Moissons : Vaux ; Dessine. R.

XVI. G. ACONITUM (L.). ACONIT.

Calice à 5 sépales colorés, le supérieur en casque, les 2 latéraux arrondis, les 2 inf. oblongs; corolle à 2-5 pétales très-irréguliers, les 2 sup. ayant un long onglet terminé en cornet éperonné, souvent roulé en crosse et caché sous le casque, les autres linéaires, très-petits, manquant souvent; 3-5 capsules libres. Plantes herbacées.

60. A. NAPELLUS (L.). A. NAPEL. (Vulg. *Char-de-Vénus.*)

Tige de 5-12 déc., grosse, ferme, pubescente au sommet; f. profondément palmatiséquées, à segments cunéiformes 1-2 fois bi ou tripartits, à partitions linéaires-lancéolées, irrégulières; *casque hémisphérique*; fl. régulièrement d'un gros bleu, quelquefois blanches, violacées ou panachées, *en grappe terminale à rameaux dressés.* ♃. Juin-août. (V. D.)

Hautes montagnes : le Mont-Pilat; Pierre-sur-Haute; la Grande-Chartreuse: Arvières sur le Colombier; bords de l'Albarine, à Hauteville; bords de l'Ain, au pont de Chazey.

— On en cultive de nombreuses variétés.

61. A. PANICULATUM (Lamk.). A. A FLEURS PANICULÉES.

Ressemblant beaucoup à l'*aconit napel*; en diffère : 1° par le *casque*, qui est *en forme de croissant*; 2° par les *rameaux*, qui sont *à la fin étalés-divariqués*; 3° par les *fl.*, qui sont *en panicule* et non en grappe; fl. d'un bleu violacé, rarement blanches ou panachées. ♃. Juillet-août. (V. D.)

Bois à la Grande-Chartreuse; crête de Châlam (Ain). R. R. — Jardins.

62. A. LYCOCTONUM (L.). A. TUE-LOUP.

Tige de 5-12 déc., moins grosse, moins ferme que dans les deux précédents; f. palmatiséquées, mais à segments moins profonds, plus larges, et à partitions plus courtes, moins linéaires; *casque* beaucoup plus long que large, *cylindracé-conique,* étranglé près du sommet; *fl. jaunes,* en grappe terminale. ♃. Juillet-août.

Bois et prés humides des hautes montagnes : Pilat; Pierre-sur-Haute; la la Grande-Chartreuse; le Mont-Jura; Haut-Bugey. R.

63. A. ANTHORA (L.). A. ANTHORE.

Tige presque simple, pubescente, plus grêle, moins haute que dans les trois précédents; f. très-profondément palmatiséquées, à segments multifides, divisés en partitions plus étroites, plus linéaires même que dans l'aconit napel; *casque à peu près aussi large que haut,* mais *un peu plus qu'hémisphérique,* légèrement resserré entre la visière et le sommet; *fl. jaunes,* en grappes ovales, terminales. ♃. Août-septembre.

La Grande-Chartreuse; dans l'Ain, rochers de Saint-Rambert; côte d'Hostiaz; le Colombier; le Mont-Jura. R. R.

IVᵉ TRIBU : **PÆONIÉES**.— **Préfloraison imbriquée; une corolle et un calice toujours réguliers; anthères tournées en dedans.**

XVII. G. ACTÆA (L.). ACTÉE.

4 sépales colorés, *caducs*; 4 pétales; *une baie indéhiscente pour fruit.* Plantes herbacées.

64. A. SPICATA (L.). A. A FLEURS EN ÉPI. (Vulg. *Herbe-sans-couture.*)

Plante glabre, répandant une odeur nauséabonde; tige de 4-8 déc., simple, rarement rameuse; f. pétiolées, 2-3 fois pennées, à folioles ovales, acuminées, irrégulièrement incisées-dentées, quelquefois trilobées ou tripartites; baie ovoïde ou ronde, noire quand elle est mûre; fl. blanches, en grappes pédonculées. ♃. Mai-juillet. (*V. D.*)

Bois humides: vallon de Sathonnay; Pilat; Chalmazelle, près du Lignon; montagnes du Beaujolais, où elle est rare; la Grande-Chartreuse; Saint-Rambert (Ain), où elle abonde. — Jardins.

2ᵉ FAMILLE. — BERBÉRIDÉES.

La petite famille des Berbéridées est, dans les limites de notre Flore, constituée par un seul genre. Elle a pour caractères distinctifs 1° une fl. régulière composée de 3-4-6 *sépales colorés, disposés sur 2 rangs*, et d'autant (très-rarement deux fois plus) de *pétales qui leur sont opposés*; 2° 3-4-6 (rarement 8) *étamines également opposées aux pétales*; 3° *un seul carpelle*, portant un style très-court et surmonté d'un stigmate presque orbiculaire. Ce carpelle est tantôt une baie, tantôt une capsule, et n'offre jamais qu'une seule loge.

Les plantes de cette famille sont toutes à f. alternes, simples ou composées.

XVIII. G. BERBERIS (Tournef.).—VINETTIER.

6 sépales; 6 *pétales portant deux glandes sur l'onglet*; baie à 2-3 graines. *Arbustes à f. simples.*

65. B. VULGARIS (L.). V. COMMUN. (Vulg. *Épine-vinette.*)

Arbuste de 1-3 m., à rameaux épineux, dont les épines sont à trois pointes et bien plus courtes que les feuilles; f. obovales, à dents fines terminées par des cils épineux; étamines se redressant vivement quand on touche avec une pointe le bas de leur filet; baie rouge à la maturité; fl. jaunes, en grappes axillaires, pendantes, exhalant une odeur fade et pénétrante. ♄. *Fl.* mai-juin. *Fr.* septembre-octobre. (*V. D.*)

Haies, bois. — Jardins.

3ᵉ Famille. — NYMPHÆACÉES.

Comme les ex-Nymphes dont elles portent le nom, les Nymphæacées habitent l'empire du ci-devant Neptune. C'est à fleur d'eau, et entourées de leurs larges feuilles nageantes, qu'elles étalent leurs grandes et magnifiques corolles, que l'Hindou basané vénère comme le berceau de ses dieux, et au milieu desquelles les insectes brillants de nos marais vont boire joyeusement leur nectar.

Les caractères distinctifs sont 1° un calice de 4-6 sépales, colorés en dedans; 2° des *pétales nombreux se changeant insensiblement en étamines, qui sont indéfinies*; 3° *un ovaire charnu, surmonté de stigmates rayonnants, et divisé en plusieurs loges contenant chacune plusieurs graines attachées contre les parois des cloisons* et logées dans le tissu pulpeux du péricarpe. Toutes les espèces sont herbacées.

XIX. Nymphæa (L.). Nénuphar.

4 sépales; pétales sans fossette nectarifère, formant avec les étamines un anneau à la *baie*, qui, à leur chute, paraît *cicatrisée.*

66. N. alba (L.). N. blanc. (Vulg *Lis des étangs.*)

F. orbiculaires, en cœur; sépales blancs en dedans et sur les bords, verts en dehors; fl. blanches à douce odeur. ♃. Juin-août. (*V. D.*)

Eaux stagnantes : Vaux; Dessine; Villeurbanne; Feyzin; Oullins; Anse, etc. A. C. — Jardins.

XX. G. Nuphar (Smith). Nuphar.

5 sépales; pétales creusés sur le dos, au dessous du sommet, d'une fossette nectarifère, insérés ainsi que les étamines à la base du *fruit,* qui est *lisse.*

67. N. luteum (Smith). N. jaune. (Vulg. *Plateau.*)

F. ovales, en cœur; sépales jaunes en dedans et sur les bords, verts en dehors; pétales arrondis au sommet; fl. d'un beau jaune. ♃. Juin-août. (*V. D.*)

Rivières et mares profondes : Yvour; Feyzin; Vaux; Anse, etc. A. R. — Jardins.

4ᵉ Famille. — PAPAVÉRACÉES.

Qui ne connaît le coquelicot, dont le beau rouge contraste si bien dans nos moissons avec l'azur des bluets? Il est le type dans lequel on peut étudier cette famille peu nombreuse, mais importante par l'huile de ses graines et ses propriétés narcotiques. Elle offre comme caractères distinctifs 1° *2 sé-pales verts et caducs*, soudés dans un genre; 2° *4 pétales ré-guliers*; 3° *des étamines en nombre indéfini*. Le fruit est une capsule, tantôt linéaire et bivalve, tantôt ovoïde ou oblongue, et alors s'ouvrant par des trous placés sous les stigmates rayonnants.

Les plantes de cette famille sont toutes herbacées, à feuilles alternes et à suc ordinairement vénéneux, laiteux ou rou-geâtre.

XXI. Papaver (Tournef.): Pavot.

Capsule ovoïde ou oblongue, s'ouvrant par des trous sous les 4-20 stigmates rayonnants et réunis en bouclier qui la ter-minent. *Plantes à suc propre laiteux* et à fl. penchées avant leur épanouissement.

* Capsules glabres.

68. P. rhœas (L.). P. coquelicot.

Plante verte et hérissée de poils raides. Tige de 2-6 déc., rameuse; f. pennatipartites, à partitions irrégulièrement den-tées, *les caulinaires non amplexicaules; étamines à filets fili-formes; capsule obovale*; fl. d'un beau rouge, souvent tachées de noir sur l'onglet. ①. Mai-juillet. (*V. D.*)

Champs. C. C. C..

— On en cultive de nombreuses et élégantes variétés à fl. simples, semi-doubles ou doubles, rouges, roses, blanches, unicolores ou liserées d'une autre couleur.

69. P. dubium (L.). P. douteux.

Plante d'un vert glaucescent et à poils ordinairement appli-qués. Tige de 2-4 déc.; f. pennatipartites, à partitions dentées ou incisées, quelquefois entières; *étamines à filets filiformes; capsule en massue oblongue*; fl. d'un beau rouge. ①. Mai-juillet.

Champs, coteaux secs. A. R.

** Capsules plus ou moins hérissées.

70. P. hybridum (L.). P. hybride.

Plante velue. Tige de 2-4 déc., rameuse au sommet; f. 1-2 fois pennatipartites, à partitions étroites, lancéolées, mucronées; *étamines à filets dilatés supérieurement; capsule ovale-globuleuse, hérissée de poils raides*; fl. d'un rouge clair, ordinairement tachées sur l'onglet. ①. Mai-juin.

Blés : Chazay-d'Azergues; Béchevelin. R.

71. P. argemone (L.). P. argémone.

Plante velue. Tige de 2-5 déc.; f. 1-2 fois pennatipartites, à partitions oblongues-lancéolées, entières, dentées ou incisées; *étamines à filets dilatés supérieurement; capsule en massue oblongue, à poils épars,* au moins au sommet; fl. d'un rouge pâle, souvent tachées sur l'onglet. ①. Mai-août.

Terres sablonneuses. P. R.

XXII. GLAUCIUM (Tournef.). GLAUCION.

Capsule linéaire, très-allongée, *à 2 valves* s'ouvrant de la base au sommet et *séparées par une cloison.* Plantes glauques.

72. G. LUTEUM (Scop.). G. A FLEURS JAUNES.—G. flavum (Crantz). (Vulg. *Pavot cornu.*)

Plante glauque. Tige de 4-8 déc., rameuse, glabre; f. pennatifides ou pennatipartites, à divisions sinuées ou dentées, *les supérieures en cœur et amplexicaules; capsules* très-allongées, arquées, *glabres;* fl. jaunes, très-fugaces. ②. Juin-juillet. (*V. D.*)

La Pape; ruines du château du bourg Saint-Christophe (Ain).—Jardins.

XXIII. CHELIDONIUM (L.). CHÉLIDOINE.

Capsule linéaire, à 1 seule loge sans cloison intermédiaire. Plantes à suc jaune.

73. C. MAJUS (L.). C. MAJEURE. (Vulg. *Petite-Éclaire.*)

Plante à odeur vireuse. Tige de 2-6 déc., rameuse, parsemée de poils étalés; f. glauques en dessous, pennatiséquées, à segments ovales, crénelés, lobés et incisés; fl. jaunes en petites ombelles. ♃. Avril-septembre. (*V. D.*)

Vieux murs, décombres. C. C. C.

5e FAMILLE. — FUMARIACÉES.

La famille des Fumariacées ne renferme que des plantes herbacées, à suc ordinairement amer; mais, parmi ces plantes, quelques unes sont très-élégantes, et quelques autres très-utiles. Si nous recherchons leurs caractères particuliers, nous les trouverons voisines des Papavéracées par leurs 2 sépales caducs; mais elles en diffèrent 1° par leurs 4 *pétales toujours irréguliers,* dont *le supérieur se termine en éperon ou en sac;* 2° par leurs 6 *étamines soudées par leurs filets* et *séparées en deux petits faisceaux* placés devant les pétales extérieurs. L'ovaire, unique, est tantôt allongé, bivalve et polysperme, tantôt arrondi, monosperme et indéhiscent. Les fleurs, munies de bractées, sont en grappe, et les feuilles, alternes, glauques ou d'un vert tendre, sont finement et agréablement découpées.

XXIV. FUMARIA (L.). FUMETERRE.

Calice à 2 sépales très-petits, caducs, colorés (1); 4 pétales, le supérieur terminé par un talon obtus ou un éperon très-court; *capsule* globuleuse ou ovale-comprimée, *monosperme, indéhiscente.*

74 F. OFFICINALIS (L.). F. OFFICINALE.

Tige de 1-6 déc., rameuse, droite ou diffuse; f. glauques, 2-3 fois pennatiséquées, à segments linéaires et aigus; *sépales à peu près 3 fois plus courts que les pétales; capsule* un peu ridée, *plus large que longue, tronquée et souvent échancrée au sommet;* fl. rouges, noirâtres au sommet, en grappes ordinairement un peu lâches. ④. Avril-octobre. (*V. D.*)

Partout.

75. F. CAPREOLATA (L.). F. GRIMPANTE.

Tige plus longue, plus grêle, plus faible que dans le précédent, et s'accrochant aux plantes voisines par ses pétioles, qui se contournent en vrilles; f. d'un vert ou d'un glauque pâle, 2-3 fois pennatiséquées, à segments ovales-cunéiformes, incisés-dentés; *sépales atteignant environ la moitié de la longueur de la corolle; capsule lisse, globuleuse, obtuse;* fl. blanches ou d'un jaune-paille, noirâtres au sommet, quelquefois rosées sur le dos, en grappes lâches. ④. Mai-septembre.

Vignes et champs : Sainte-Foy-lès-Lyon. A. R.

— M. Jordan en a détaché le F. *speciosa* (Jord.), qui se distingue du type par sa tige plus ferme, ses sépales moins denticulés, ne dépassant jamais la moitié de la longueur de la corolle, et ses fl. plus grandes, plus fortement colorées sur le dos. — On le trouve à Néron, près Lyon.

76. F. VAILLANTII (Lois.). F. DE VAILLANT.

Tige de 1-3 déc., très-rameuse, à rameaux étalés; f. d'un glauque très-pâle, plusieurs fois pennatiséquées, à segments très-étroits; *sépales moins larges que le pédicelle, et si petits qu'on ne peut les voir qu'à l'aide d'une loupe; capsule globuleuse, obtuse, un peu ridée;* fl. blanchâtres ou roses, plus foncées au sommet, en grappes peu fournies. ④. Mai-septembre.

Sainte-Foy; le Mont-Cindre. R.

77. F. PARVIFLORA (Lamk.). F. A PETITES FLEURS.

Ressemble beaucoup au précédent. Il en diffère 1° par les *sépales plus larges que le pédicelle* et aussi larges que la co-

---

(1) Comme ils sont très-caducs, il faut les observer avant que les fl. soient complètement épanouies ; cette observation s'applique également aux autres genres de cette famille.

rolle, *quoiqu'ils soient 5-6 fois plus courts qu'elle*; 2° par ses *capsules terminées par une petite pointe, même à la maturité*. tandis que dans le F. *Vaillantii* elles sont alors entièrement obtuses; 3° par ses fl. plus blanches sur le tube, plus petites. en grappes plus serrées et plus ovales. ①. Mai-septembre.

Vassieux; Roche-Cardon; Saint-Alban, etc. A. R.

78. F. DENSIFLORA (D. C). F. A GRAPPES SERRÉES.— F. micrantha (Lagasc..

Port de la Fumeterre officinale. Tige de 2-10 déc., rameuse, à rameaux étalés; f. glauques, 2-3 fois pennatiséquées, à segments étroits et aigus; *sépales plus larges que le pédicelle, et même que le tube de la corolle, dont ils dépassent le tiers*; capsule un peu ridée quand elle est bien mûre, *globuleuse, à pointe nulle ou à peine sensible*; fl. blanches, purpurines ou roses, plus foncées au sommet, en grappes d'abord serrées, puis un peu lâches. ①. Mai-août.

Mont Chat, à Mon-Plaisir. R. R.

XXV. CORYDALIS (D. C.). CORYDALE.

Calice à 2 sépales très-petits, caducs, colorés; 4 pétales, le supérieur prolongé en long éperon ou en sac obtus; *capsule ovale, oblongue, comprimée, bivalve, polysperme*.

 * *Racines tuberculeuses; éperon conique et allongé.*

79. C. SOLIDA (Smith). C. A TUBERCULE SOLIDE.—C. bulbosa (D. C).

Tige munie de 1 ou 2 écailles au dessous des feuilles; f. glauques, 2 fois triséquées, à segments cunéiformes à la base, ordinairement plus ou moins profondément lobés; *brac-tées ordinairement fendues en cinq lanières inégales; pédi-celles aussi longs que la capsule*; fl. ordinairement roses et blanches, *en grappes toujours droites et s'allongeant après la floraison*. ♃. Mars-mai. (V. D.)

Haies, bord des bois. A. R.

b C. *intermedia* (Lois.). Segments des f. obovales-cunéiformes, entiers ou seulement un peu crénelés au sommet ; bractées crénelées ou incisées peu profondément.

— On trouve des intermédiaires qui font la transition entre le type et la variété bien tranchée. — C'est par erreur que le C. *cava* (Schw.) est indiqué à Lyon dans nos anciennes Flores.

80. C. FABACEA (Pers.). C. FÈVE.

Diffère du précédent 1° par les *pédicelles beaucoup plus courts que la capsule*; 2° par ses *fleurs* plus petites, en grappes plus serrées, *ne s'allongeant pas, mais se réfléchissant après la floraison*. Les bractées sont tantôt entières, tantôt divisées; dans ce dernier cas, il est le C. *pumila* (Host.). *Le style fait suite au sommet du fruit pendant la floraison*, tandis que dans

le C. *solida* il forme avec lui un angle à peu près droit. ♃.
Avril-mai.

Grande-Chartreuse ; Roche-d'Ajoux, dans le Beaujolais. R. R.

** *Racines fibreuses ; éperon en sac obtus.*

81. C. CLAVICULATA (D. C.). C. A ÉPERON EN MASSUE. — Fumaria claviculata (L.).

Tige de 2-6 déc., *grimpante,* rameuse ; *f.* glauques, *terminées par une vrille rameuse,* pennées, à folioles ovales, entières, réunies par 3-5 en pédale ; *style caduc* ; fl. petites,
blanchâtres, en grappes serrées et pauciflores. ④. Juin-juillet.

Crémieux. R.

6ᵉ FAMILLE. — CRUCIFÈRES (1).

La famille des Crucifères, une des plus nombreuses et des
plus régulières, offre un grand intérêt par ses plantes à prin-
cipes antiscorbutiques et toniques, à graines oléagineuses, à
feuilles et racines alimentaires. On peut aisément l'étudier
dans le Violier ou dans le Colza.

Elle a pour caractères essentiels : 1° 6 *étamines, dont 4 plus
longues* ; 2° 4 *pétales en croix,* d'où le nom de Crucifères
(*porte-croix*) donné aux plantes de cette famille.

Le fruit est toujours sec et unique. C'est une capsule ordinairement bivalve, à deux loges séparées par une cloison à
laquelle sont attachées les graines. Quelquefois cependant la
capsule est indéhiscente ou monosperme et uniloculaire, ou
bien encore se partage en articles transversaux, dont chacun
renferme une graine.

Quand le fruit est beaucoup plus long que large, il se
nomme *silique* ; on l'appelle *silicule* quand sa largeur est
égale ou presque égale à sa longueur. C'est d'après ces deux
formes différentes du fruit que nous établirons deux grandes
tribus dans la famille.

1ʳᵉ TRIBU : SILIQUEUSES.

XXVI. CHEIRANTHUS (D. C.). CHÉIRANTHE.

Calice à sépales droits, les 2 latéraux bossués à la base ; *silique
presque quadrangulaire,* à graines sur 1 rang ; *stigmate à
2 lobes recourbés en dehors* ; *graines* comprimées, mais *non
bordées.*

(1) Pour déterminer les plantes de cette famille, il est indispensable de
cueillir non seulement leurs fleurs, mais aussi leurs fruits développés.

82. C. cheiri (L). Violier. (Vulg. *Giroflée jaune*, *Suissard.*)

Tige rameuse, sous-ligneuse à la base; f. très-entières, oblongues-lancéolées, d'un vert pâle en dessous, couvertes dans leur jeunesse, ainsi que les rameaux, de poils apprimés; fl. jaunes à l'état spontané et à suave odeur. ♃. Mars-juin. (*V. D.*)

Vieux murs, rochers.

— On en cultive de fort belles variétés à fl. simples et doubles, jaunes, brunes, violettes ou panachées.

XXVII. Nasturtium (R. Brown). Cresson.

Calice à sépales ouverts, non bossués à la base; siliques cylindriques, *graines irrégulièrement disposées sur 2 rangs*. Plantes herbacées.

83. N. officinale (R. Brown). C. officinal.—Sisymbrium nasturtium (L.).   (Vulg. *Cresson de fontaine.)*

Plante à saveur piquante. Tige couchée et radicante à la base; f. pennées, à foliole terminale ordinairement arrondie et plus large que les autres; *siliques un peu arquées, à valves marquées d'une nervure dorsale; fl. blanches.* ♃. Mai-juillet. (*V. D.*)

Ruisseaux, fontaines, eaux tranquilles. C.

b. N. *siifolium* (Rchb.). Folioles toutes à peu près semblables, en cœur ovale-lancéolé. — Mêlé au type.

84. N. sylvestre (R. Brown). C. sauvage. — Sisymbrium sylvestre (L.).

Tige dressée, étalée ou couchée, mais jamais radicante, très-rameuse; f. pennées ou pennatiséquées, à folioles ou segments irrégulièrement incisés-dentés; *siliques un peu arquées, sans nervure sur le dos,* à peu près égales à leur pédicelle quand elles sont développées; *fl. jaunes, à pétales beaucoup plus longs que le calice.* ♃. Juin-août.

Lieux frais ou mouillés l'hiver. P. R.

85. N. palustre (D. C.). C. des marais.

Tige dressée, rameuse, non radicante; f. pennatiséquées, à segments ovales, irrégulièrement incisés-dentés, le terminal plus grand; siliques renflées, un peu arquées, sans nervure dorsale, à peine 3 fois plus longues que larges (presque siliculeuses), et égalant à peu près leur pédicelle quand elles sont bien formées; *fl. d'un jaune pâle, à pétales égalant à peine le calice.* ②. Juin-août.

Bord des étangs : Saint-André-de-Corcy (Ain); Jonage. R. R.

XXVIII. Barbarea (R. Br.). Barbarée.

Calice droit, coloré, non bossué ; *siliques fortement anguleuses*, surtout à la maturité ; stigmate entier ou à peine échancré ; *graines sur 1 seul rang*. Plantes herbacées.

86. B. vulgaris (R. Br.). B commune. — Erysimum barbarea (L). (Vulg.
   Julienne jaune.)

Tige de 2-6 déc., ferme, droite, à rameaux en panicule
corymbiforme ; f. inférieures lyrées-pennatiséquées, à segment terminal très-grand, arrondi ou ovale, *les latéraux* plus
étroits, *allongés*, et souvent entiers ; f. sup. obovales, *entières,
simplement incisées, dentées ou sinuées ; siliques étalées ou
obliquement dressées* ; fl. jaunes, en grappes serrées. ♃. Avril-
juin. (*V. D.*)

Lieux humides. P. R.

—On en cultive, sous le nom de *Girarde jaune*, une variété à fl. doubles.

Le B. *stricta* (Andrz.), B. *parviflora* (Fries), diffère du B. *vulgaris* 1° par
ses tiges plus grêles ; 2° par les segments latéraux des f. inférieures, qui sont
moins nombreux, beaucoup plus petits, n'égalant jamais en longueur la largeur
du segment terminal ; 3° par les siliques, qui sont serrées contre l'axe ; 4° par les
fleurs, qui sont plus petites. — On me l'a indiqué dans les bois humides près
d'Anse ; comme je ne l'ai pas vu, et que MM. Grenier et Godron assurent
qu'il n'est pas en France, je me contente de le signaler.

87. B. præcox (R. Br.). B. précoce.

Tige de 2-6 déc., fortement anguleuse ; f. inférieures pennées, à foliole terminale ovale-arrondie, plus large que les autres ; *f. supérieures profondément pennatifides*, à divisions linéaires, très-entières ; *siliques allongées, peu nombreuses,
écartées de l'axe* ; fl. d'un jaune d'or, en grappes serrées. ②.
Avril-mai.

Lieux humides : Charbonnières ; Dardilly ; Sainte-Foy ; Dessine ; Saint-
Chamond, etc.

— Les feuilles ont la saveur piquante du Cresson.

XXIX. Turritis (L.). Tourette.

Calice à sépales colorés, étalés, non bossués ; longue *silique*
linéaire, comprimée, *marquée d'une nervure sur le dos des
valves* ; *graines sur 2 rangs*. Plantes herbacées.

88. T. glabra (L.). T. glabre.

Tige de 4-10 déc., droite, ordinairement simple ; f. radicales disposées en rosette, atténuées en pétiole, oblongues,
dentées ou sinuées, velues, les caulinaires très-entières, dressées, glabres, glauques, à oreillettes embrassantes ; siliques

pressées contre la tige et très-allongées ; fl. blanchâtres. (2).
Mai-juillet.

Lieux pierreux et ombragés. C.

XXX. ARABIS (L.). ARABETTE.

Calice dressé, à sépales latéraux bossués à la base ; siliques
linéaires plus ou moins comprimées; *graines sur 1 seul rang.*
Plantes herbacées, à fl. d'abord en faux corymbe, puis s'allongeant en grappe à mesure que la floraison avance.

` *Pétales à limbe obové et étalé; graines sans aile ou bordées d'une
aile étroite.*

89. A. THALIANA (L.). A. DE THALE. — Sisymbrium Thalianum (Gaudin).

Tige de 1-3 déc., grêle, ordinairement rameuse; f. à poils
rameux, les radicales en rosette, atténuées en pétiole, *les
caulinaires* plus petites, peu nombreuses, ordinairement sessiles et entières, *jamais amplexicaules; siliques* linéaires,
ascendantes sur un pédicelle étalé, *marquées à la maturité de
3 nervures longitudinales sur le dos des valves;* fl. blanches,
très-petites. ①. Avril-août. (*V. D.*)

Partout.

90. A. ALPINA (L.). A. DES ALPES.

Plante couverte de petits poils rameux et blanchâtres, rudes
au toucher. Tige de 1-4 déc., dressée ou diffuse; f. oblongues-
spatulées ou ovales, plus ou moins bordées de dents inégales,
les radicales en rosette et atténuées en pétiole, *les caulinaires
en cœur et amplexicaules*; sépales latéraux à peine bossués;
siliques grêles, allongées, étalées; graines bordées d'une aile
étroite; *fl. d'un blanc demi-transparent.* ♃. Mai-juillet.

b. A. crispata (Wild.). Plante plus tomenteuse-blanchâtre, à f. caulinaires
ondulées entre les dents.

Grande-Chartreuse; le Bugey ; la Balme.

`` *Pétales à limbe linéaire-oblong, dressé; graines sans aile ou à aile
très-étroite.*

91. A. SAXATILIS (All.). A. DES ROCHERS.

Plante couverte de poils rameux et rudes. Tige de 2-4 déc.,
simple ou peu rameuse; f. radicales oblongues, atténuées en
pétiole, *les caulinaires* ovales ou oblongues, peu dentées,
embrassant la tige par 2 oreillettes aiguës; siliques un peu
espacées, étalées, comprimées, 3 *fois plus larges que leur pédicelle ; graines entourées d'une aile étroite;* fl. blanches. ①.
ou ②. Mai-juin.

Saint-Rambert, sous le rocher de la Craz-du-Reclus (Ain). R.

92. A. AURICULATA (Lamk). A. A OREILLETTES.

Plante toute couverte de poils rameux et rudes. Tige de
1-3 déc., très-grêle; f. radicales oblongues, atténuées en pétiole,
les caulinaires ovales-oblongues, dentées, *embrassant la tige
par 2 oreillettes obtuses; siliques étalées, à valves marquées
d'une seule nervure saillante, et à peine plus larges que leur
pédicelle; graines non ailées*; fl. blanches, très-petites, en
grappes à la fin flexueuses. ①. Juin-juillet.

La Grande-Chartreuse ; Crémieux ; la Balme.

93. A. HIRSUTA (Fl. lyonn). A. HÉRISSÉE. — A. virgàta (Lois.).

Plante couverte de poils simples ou bifurqués et rudes, surtout inférieurement. Tige de 2-4 déc., très-simple, raide,
droite; f. denticulées, les radicales en rosette, atténuées en pétiole, *les caulinaires* dressées, ovales-oblongues, en cœur à la
base, *sessiles ou à oreillettes demi-embrassantes; siliques
nombreuses, grêles, appliquées contre la tige; graines non
ailées*; fl. blanches. ②. Mai-juin.

Lieux pierreux et couverts.

— Notre plante n'est ni l'A. *hirsuta* (D. C.), ni l'A. *hirsuta* (Scop.). Elle
diffère de la première par ses siliques appliquées, et de la deuxième par ses f.
caulinaires, qui ne sont ni entièrement embrassantes, ni tronquées à la base,
mais arrondies et sessiles, ou demi-amplexicaules.

94. A. MURALIS (Bertol.). A. DES MURS. — A. scabra. (Lois.).

Elle a un peu l'aspect de la précédente. Elle en diffère
1° par sa taille généralement moins élevée; 2° par ses siliques
peu nombreuses et un peu moins grêles; 3° *par ses graines
bordées d'une petite aile*; 4° par ses fl. plus grandes, quelquefois rosées; 5° par sa *souche vivace*. ♃. Mai-juin.

Murs et rochers : Villebois (Ain) ; Crémieux. R. R.

*** *Pétales à limbe linéaire-oblong, dressé ou étalé; graines entourées
d'une large aile membraneuse.*

95. A. TURRITA (L.). A. TOURETTE.

Plante couverte de poils courts, blanchâtres, étalés, rameux. Tige de 4-8 déc., droite, raide; f. oblongues, sinuées-
dentées, les radicales atténuées en pétiole ailé, les caulinaires
embrassant la tige par 2 oreillettes obtuses; siliques comprimées, très-allongées (1-2 déc.), à la fin étalées, arquées et
unilatérales; fl. d'un blanc jaunâtre. ②. Mai-juillet.

Grande-Chartreuse ; Crémieux, etc.

XXXI. CARDAMINE (L.). CARDAMINE.

*Calice à sépales étalés; siliques linéaires, comprimées, à val-
ves sans nervures,* ou n'en offrant qu'un rudiment à la base,
s'ouvrant souvent avec élasticité en se roulant en dehors;
graines sur 1 seul rang. Plantes herbacées.

* Fleurs à pétales étalés et 3 fois plus longs que le calice.

96. C. PRATENSIS (L). C DES PRÉS. (Vulg. *Vierge*).

Tige droite, de 2-5 déc.; f. à saveur de cresson, toutes pennées, les radicales longuement pétiolées, à folioles ovales-arrondies, un peu anguleuses, la terminale plus grande, les caulinaires sessiles, et *les supérieures à folioles linéaires et entières; anthères jaunâtres*; fl. lilas, rarement blanches. ♃. Mars-mai. (*V. D.*)

Prés et bois humides. C. C.

— On la trouve quelquefois et on la cultive à fleurs doubles.

97. C. AMARA (L.). C. AMÈRE.

Tige redressée, de 2-5 déc.; *f.* à saveur amère, toutes pennées, les inf. à folioles ovales-arrondies, les sup. à folioles oblongues, mais *toutes, même les supérieures, à folioles anguleuses-dentées; anthères violacées*; fl. blanches, rarement lilacées. ♃. Avril-mai.

Ruisseaux, bois humides : le Mont-Pilat ; Pierre-sur-Haute ; Pradon, au nord de Nantua ; mare entre Bettan et Torcieux (Ain.) R.

98. C. THALICTROIDES (All.). C. FAUX PIGAMON.— C. Plumieri (Vill.).

Tige de 5-20 cent., faible, rameuse, diffuse; f. *radicales souvent entières, les caulinaires ternées et pennées,* à folioles ordinairement divisées en 3-5 lobes obtus, quelquefois entières; siliques linéaires, dressées sur un pédoncule étalé; *fl. blanches, à onglet jaune.* ②. Juin-juillet.

Bois à la Grande-Chartreuse. R. R.

** Fleurs à pétales dressés et ne dépassant pas 3 fois le calice.

99. C. HIRSUTA (L.). C. HÉRISSÉE.

Plante à saveur de cresson. Tige de 5-30 cent., grêle, anguleuse, hérissée inférieurement de quelques poils blancs; f. toutes pennées, les radicales nombreuses, étalées en rosette, à folioles arrondies, sinuées-dentées, ciliées, à pétioles parsemés de poils blancs, *les caulinaires* peu nombreuses, *à pétiole dépourvu d'oreillettes embrassantes; siliques et pédoncules dressés et appliqués contre la tige*; fl. blanches, à pétales 2 fois plus longs que les sépales. ②. Février-mai. (*V. D.*)

Partout.

— Au premier printemps, les tiges sont à peu près glabres avant leur complet développement.

100. C. SYLVATICA (Link.). C. DES BOIS.

Diffère de la précédente 1° par ses f. *radicales dressées* et non étalées; 2° par ses *siliques dressées sur un pédoncule étalé et non appliquées contre la tige*; 3° par ses graines presque carrées, tandis que celles de la précédente sont à peu près arrondies et sans angles; fl. blanches. ④. Avril-juin.

Bois, lieux couverts : Charbonnières; Écully; dans les sapins, au dessus de l'Hallériat (Ain).

101. C. IMPATIENS (L.). C. IMPATIENTE.

Plante d'un vert tendre, toute glabre. Tige de 2-6 déc., droite, striée, très-rameuse; f. toutes pennées, à folioles nombreuses, un peu décurrentes sur le pétiole, ovales-oblongues, presque toutes incisées-dentées, *les caulinaires munies à la base de 2 oreillettes embrassantes*; pétales très-petits, ne dépassant pas ou dépassant à peine les sépales, du reste très-caducs ou même manquant; fl. blanches. ②. Mai-juin. (*V. D.*)

Lieux ombragés et humides : Bonnand ; Francheville; bords de l'Azergue; Sainte-Foy-l'Argentière, etc. ; la Grande-Chartreuse.—Commune dans l'Ain.

102. C. PARVIFLORA (L.). C. A PETITES FLEURS,

Plante toute glabre et très-grêle, moins élevée que la précédente. Tige à peine striée, flexueuse; f. toutes pennées, à *folioles* nombreuses, sessiles, ordinairement *très-entières,* les radicales détruites au moment de la floraison; *pétioles sans oreillettes embrassantes; siliques* linéaires, *dressées sur un pédoncule très-étalé*; très-petites fl. blanches. ④. Avril-mai.

Gorge-de-Loup; les Brotteaux (Gilibert).

XXXII. DENTARIA (L.). DENTAIRE.

Calice à sépales dressés; siliques lancéolées, comprimées, *à valves sans nervure,* ou n'en offrant qu'un rudiment à la base, *s'ouvrant en dehors avec élasticité,* et terminées par un long style conique; graines sur 1 seul rang. *Plantes* herbacées, *à souche horizontale, écailleuse et dentée.*

103. D. DIGITATA (Lamk.). D. A FLEURS DIGITÉES.

Tige de 3-5 déc., droite; f. pétiolées, *à 3-5 folioles digitées,* oblongues-lancéolées, bordées de grosses dents acuminées, glauques en dessous; fl. roses, lilacées ou blanches; grandes. ♃. Mai-juin.

Bois : la Grande-Chartreuse ; Colliard; la Faucille; entre le Sorgiaz et le Gralet (Ain).

104. D. PINNATA (Lamk.). D. A FEUILLES PENNÉES.

Tige de 5-6 déc., droite; f. pétiolées, *pennées,* à folioles oblongues-lancéolées, bordées de dents acuminées, glauques en dessous; fl. grandes, blanches ou lilacées. ♃. Mai-juin.

Bois : la Grande Chartreuse ; Rochetachon, dans le Beaujolais; tous les bois frais du Haut-Bugey.

XXXIII. Hesperis (L.). Julienne.

Calice à sépales dressés, les 2 latéraux bossués à la base : *siliques terminées par 2 stigmates en forme de lamelles droites et conniventes ; graines sur 1 seul rang, à radicule reposant sur le dos d'un des deux cotylédons.* Plantes herbacées.

105. H. matronalis (L.). J. des dames.

Tige de 3-6 déc., rude-pubescente ; f. oblongues-lancéolées, acuminées, à très-petites dents ; fl. grandes, blanches ou lilas, répandant, au moins le soir, une suave odeur. ♃. Mai-juin.

Haies et bois : Limonest ; le Garon ; la Grande-Chartreuse ; et dans l'Ain, le Molard-de-Don, Hauteville, le fort de Pierre-Châtel.

— On en cultive, sous le nom de *Girarde*, une variété à tige moins élevée et à fleurs doubles très-odorantes.

XXXIV. Sisymbrium (L.). Sisymbre.

Calice plus ou moins ouvert ; siliques linéaires, *à valves convexes, marquées de 3 nervures longitudinales, terminées par un stigmate obtus,* entier ou échancré ; graines sur 1 ou 2 rangs. Plantes herbacées.

* Fleurs blanches.

106. S. alliaria (Scop.). S. alliaire.—Alliaria officinalis (Andrz.).—Hesperis alliaria (Lamk.).

Tige de 3-8 déc., droite ; f. pétiolées, larges, *ovales, en cœur,* bordées de grosses dents, *exhalant une forte odeur d'ail quand on les froisse ;* siliques étalées, prismatiques, 7-8 fois plus longues que leur pédicelle ; *graines sur 1 rang.* ②. Avril-juin. (*V. D.*)

Lieux frais et couverts. C. C.

107. S. supinum (L.). S. couché. — Braya supina (Koch).

Tiges de 1-5 déc., étalées-couchées, rudes ; *f. pennatifides,* sinuées, à divisions oblongues-linéaires, denticulées, la terminale plus large, *ne répandant point d'odeur d'ail ;* siliques demi-dressées ; *graines sur 2 rangs ;* fl. très-petites. ④. Juin-août.

Sables au bord du Rhône à Sainte-Colombe, près de Vienne ; Pont-de-Vaux (Ain). R.

** Fleurs jaunes.

108. S. officinale (Scop.). S. officinal. — Erysimum officinale (L.). (Vulg. *Herbe aux chantres.*)

Plante pubescente et rude. Tige de 3-8 déc., droite, raide, à rameaux étalés ; f. presque toutes pétiolées, *les inférieures et les moyennes pennatipartites-roncinées,* à division terminale très-grande, les *supérieures hastées,* les plus voisines des fl. souvent entières et sessiles; *siliques exactement appliquées contre l'axe et terminées en alêne*: très-petites fleurs. ④. Mai-septembre. (*V. D.*)

Presque partout.

109. S. AUSTRIACUM (Jacq.). S. D'AUTRICHE.

Plante très-variable, ordinairement glabre. mais quelquefois hérissée de quelques soies. Tige de 3-6 déc., droite, rameuse; *f. toutes pennatipartites-roncinées,* à divisions triangulaires ou lancéolées, anguleuses-dentées, la terminale plus grande; *siliques cylindriques, un peu comprimées et atténuées au sommet,* très-nombreuses, *n'étant jamais entièrement serrées contre l'axe,* mais tantôt dressées sur un pédicelle ascendant, tantôt étalées ou même déjetées. ② Mai-août.

Serrières (Ain). R. R.

110. S, SOPHIA (L.). S. SAGESSE.

Plante pubescente-grisâtre. Tige de 3-8 déc., rameuse; *f. 2-3 fois pennatiséquées ou pennées,* à segments ou folioles linéaires; siliques grêles, étalées sur un pédicelle ascendant; très-petites fleurs. ④. Mai-août. (*V. D.*)

Champs sablonneux aux bords de l'Azergue; Sain-Fonds, près Lyon. P. C.

XXXV. ERYSIMUM (L.). VÉLAR.

Calice droit; *siliques* linéaires, *quadrangulaires*; graines sur 1 seul rang. Plantes herbacées, quelquefois sous-ligneuses à la base.

111. E. CHEIRANTHOIDES (L.). V. FAUSSE GIROFLÉE.

Plante pubescente, *à poils rameux,* et un peu rude au toucher. Tige de 3-6 déc., droite, dure, ordinairement rameuse; f. molles, oblongues-lancéolées, atténuées aux deux extrémités, entières ou lâchement denticulées; *pédicelles 2-3 fois plus longs que le calice, et faisant un angle plus ou moins ouvert avec l'axe*; petites fl. jaunes, inodores. ④. Juin-septembre.

Perrache; la Mouche; l'Ile-Barbe, etc.

112. E. MURALE (Desf.). V. DES MURS.

Se distingue du précédent 1° par sa *tige* plus ferme, presque sous-ligneuse à la base, *à poils presque tous simples*; 2° par ses *siliques parallèles à l'axe*; 3° par ses *graines* beaucoup plus grosses et *ailées au sommet*; 4° par ses fl. plus grandes et légèrement odorantes. ① et ②. Juin-septembre.

Vieux murs : la Bresse (Grenier) ; montagnes du Lyonnais (Gilibert).

113. E. OCHROLEUCUM (D. C.). V. A FLEURS JAUNATRES.

Tige de 1-2 déc., gazonnante, d'abord couchée, puis redressée; f. oblongues ou linéaires-lancéolées, entières ou à petites dents écartées, les inf. atténuées en pétiole; *pédicelles 2-3 fois plus courts que le calice; style 3 fois plus long que la silique n'est large;* fl. grandes, d'un jaune pâle, très-odorantes. ♃. Mai-juin.

Route de Tenay à la Burbanche (Ain); Jura. R. R.

XXXVI. BRASSICA (L.). CHOU.

Calice droit ou un peu étalé; pétales à limbe obovale et à *onglet plane; siliques cylindracées, à valves convexes, terminées par un bec en forme de corne conique; graines globuleuses* disposées sur 1 rang. Plantes herbacées.

114. B. CHEIRANTHIFLORA (D. C.). C. A FLEURS DE GIROFLÉE.— Sinapis cheiranthus (Koch.)

Plante glaucescente. Tige de 3-15 déc., hérissée à la base de quelques poils blancs; *f.* pétiolées, *pennatipartites,* à partitions un peu hispides, sinuées-dentées, les supérieures entières; *siliques à valves marquées de 3 nervures;* fl. jaunes. ② ou ♃. Mai-septembre.

Lieux sablonneux.

XXXVII. ERUCASTRUM (Schimp. et Spenn.). ÉRUCASTRE.

Diffère du genre précédent, auquel il a été long-temps réuni, 1° par son *calice* plus ouvert et *bossué à la base;* 2° par ses *graines ovales ou oblongues et comprimées.* Plantes herbacées.

115. E. POLLICHII (Schimp.). E. DE POLLICH. — Brassica erucastrum (Fl. lyonn. ex parte).

Tige de 2-5 déc., droite, glaucescente, rude, velue, à poils blancs épars, surtout à la base; f. pétiolées, pennatipartites, à partitions ovales-oblongues, obtuses, irrégulièrement sinuées-dentées; *petites bractées sous les pédicelles inférieurs;* calice à *sépales un peu dressés;* siliques étalées, à bec sans graine à la base; fl. d'un blanc jaunâtre. ① ② ou ♃. Mai-août.

Bords et coteaux du Rhône.

116. E. OBTUSANGULUM (Rchb.). E. A ANGLES OBTUS. — Brassica erucastrum (Fl. lyonn. ex parte).

Diffère du précédent 1° par les *pédicelles inférieurs dépourvus de bractées;* 2° par les *sépales étalés horizontalement;* 3° par les siliques à bec ordinairement muni d'une graine à

sa base; 4° par ses fl. plus grandes, d'un jaune-citron clair,
mais plus foncé. ② ou ♃. Mai-juillet.

La Tête-d'Or.

XXXVIII. Sinapis (L.). Moutarde.

Calice à sépales bien étalés; *pétales à onglet filiforme-cylin-
drique; siliques à valves* convexes, *marquées de 3 ou de
5 (rarement 1) nervures bien saillantes,* et terminées par un
bec conique et comprimé; *graines* globuleuses sur 1 seul
rang, *à saveur piquante.* Plantes herbacées.

117. S. arvensis (L.). M. des champs. (Vulg. *Ravon., Ravenelle.*)
Plante plus ou moins hérissée de poils rudes. Tige de
3-8 déc., le plus souvent rameuse; f. d'un vert sombre, les inf.
ordinairement lyrées ou au moins sinuées, les sup. ovales et
inégalement dentées; *siliques* ordinairement glabres, étalées-
ascendantes ou même appliquées, *à valves marquées de 3 nervures*; fl. jaunes. ①. Mai-août. (*V. D.*)

Champs. C. C. C.

b. S. *orientalis* (Murray). Siliques à poils blancs réfléchis.—Variété b. assez rare·

118. S. incana (L.). M. blanchatre. — Hirschfeldia adpressa (Mœnch.).
Tige de 3-6 déc., hérissée à la base de poils rudes et réfléchis; *f. toutes hérissées,* les inf. lyrées, les sup. lancéolées-
linéaires; *valves de la silique à 1 seule nervure; siliques serrées contre l'axe*; petites fl. jaunes. ②. Juin-septembre.

Lieux arides et pierreux : Oullins ; le long des chemins au Moulin-à-Vent
(Balbis).

XXXIX. Diplotaxis (D. C.). Diplotaxe.

Calice un peu ouvert; *siliques comprimées, à valves marquées de* 1 *seule nervure* et terminées par un bec court; *graines*
ovales ou oblongues, *disposées sur* 2 *rangs.*

119. D. tenuifolia (D. C.). D. a feuilles menues. — Sisymbrium tenuifolium (L.). (Vulg. *Roquette de muraille.*)
Plante à odeur fétide et à saveur brûlante. *Tige de 3-8 déc.,*
rameuse, feuillée, *sous-ligneuse à la base;* f. très-glabres, les
inf. 1-2 fois pennatipartites, à partitions étroites et bordées
de dents écartées, les sup. dentées, sinuées, ou même entières, toutes glaucescentes; *pédicelles* 1-2 *fois plus longs que la
fleur*; fl. jaunes. ♃. Juin-septembre. (*V. D.*)

Murs, décombres.

120. D. muralis (D. C.). D. des murs.
Tige de 1-4 déc., *toute herbacée,* feuillée seulement à la
base; f. vertes, parsemées de quelques poils dans leur jeu-

nesse, sinuées-dentées, ou pennatifides à divisions triangulaires, élargies, inégales ; *pédicelles égalant à peu près la fleur* ;
fl. jaunes. ④. Mai-septembre.

Lieux arides, vieux murs.

XL. RAPHANUS (L.). RADIS.

Calice à sépales dressés, les 2 latéraux bossués à la base ; *silique indéhiscente, lisse et spongieuse, ou bien à articulations
distinctes*, imitant les grains d'un chapelet, *se séparant à la
maturité* et monospermes ; long bec conique. Plantes herbacées.

121. R. RAPHANISTRUM (L.). R. RAVENELLE.

Plante hérissée de poils piquants. *Racine non charnue* ; tige
de 2-8 déc., rameuse ; f. inf. lyrées, à segment terminal ovale
et très-grand, les sup. oblongues, incisées ou dentées ; *siliques à articulations distinctes, monospermes, se séparant à la
maturité* ; fl. jaunes à veines jaunes, ou jaunâtres à veines
brunes, ou blanches à veines violettes, rarement rosées. ④.
Mai-septembre. (*V. D.*)

Champs. C. C. C.

IIe Tribu : **SILICULEUSES.**

Ire Sous-Tribu.—*Silicules bivalves et déhiscentes, non articulées*

XLI. ALYSSUM (L.). ALYSSON.

Calice connivent ; *filets des étamines, au moins des latérales,
ailés ou dentés* ; *silicule* arrondie ou ovale, *comprimée, terminée par le style persistant*. Plantes pubescentes-blanchâtres.

122. A. CALICINUM (L.). A. CALICINAL.

Tige toute herbacée, quoique dure, ascendante ; f. oblongues-spatulées, atténuées à la base ; *calice persistant sur le
fruit* ; silicules pubescentes ; *fl. d'un jaune pâle*, à la fin blanchâtres. ④. Avril-juin.

Pelouses. C. C.

123. A. MONTANUM (L.). A. DE MONTAGNE.

Tige sous-ligneuse à la base, ascendante ; f. oblongues, aiguës ou obtuses, atténuées à la base ; *calice caduc* ; *silicules
blanches-tomenteuses* ; *fl. d'un beau jaune*. ♃. Mai-juillet.

Rochers : Chasse, près Givors ; plaines d'Ambronay et de Château-Gaillard (Ain). R.

XLII. LUNARIA (L.). LUNAIRE.

Calice connivent, *à sépales latéraux bossués* ; filets des étamines sans dents ni ailes; *grandes silicules* arrondies ou elliptiques, *aplaties*, terminées par un style filiforme. Plantes herbacées.

124. L. REDIVIVA (L). L VIVACE.

Tige de 4-10 déc., droite, pubescente; larges *f. toutes pétiolées*, bordées de dents inégales et acuminées, les inf. et les moyennes en cœur, les sup. simplement tronquées à la base; *silicules* elliptiques, *aiguës aux deux extrémités*; fl. violacées, odorantes. ♃. Mai-juillet.

La Grande-Chartreuse; et dans l'Ain, Saint-Rambert, Pradon, la Fouge au dessus de Poncin, sous les rochers de Tenay. R.

XLIII. CLYPEOLA (L.). CLYPÉOLE.

Calice dressé; *silicule* orbiculaire, aplatie, *entourée d'un rebord* blanchâtre, presque indéhiscente, *à stigmate sessile.* Plantes herbacées.

125. C. JONTHLASPI (L.). C. JONTHLASPI.

Port d'un Alyssum. Tige de 5-15 cent., ascendante, grêle, couverte ainsi que les f. d'une pubescence blanchâtre; petites f. atténuées à la base, élargies au sommet; très-petites fl. jaunes. ①. Avril-mai.

Lieux sablonneux : Muzin, près Belley; Saint-Rambert, sous le rocher de la Craz-du-Reclus (Ain). R. R.

XLIV. DRABA (L.). DRAVE.

Silicule ovale ou elliptique, comprimée, *non entourée d'un rebord, à valves marquées d'une nervure sur le dos*; 2 *graines ou plus dans chaque loge*. Plantes herbacées.

* *Pétales entiers*; 2 *graines dans chaque loge.*

126. D. PYRENAICA (L.). D. DES PYRÉNÉES.—Petrocallis pyrenaica (Rob. Br.).

Plante gazonnante; f. toutes radicales, à 3-5 lobes digitiformes au sommet, ciliées, venant par touffes; petites fl. roses, rarement blanches, portées sur des pédoncules très-courts. ♃. Juin-août.

Débris des rochers à la Grande-Chartreuse. R. R.

** *Pétales entiers ou à peine échancrés; plus de 2 graines dans chaque loge.*

127. D. AIZOIDES (L.). D. FAUX AIZOON.

Plante gazonnante de 5-15 cent.; *f.* toutes radicales, linéaires, *coriaces, glabres*, fortement ciliées sur les bords; *fl. jaunes*, portées sur de petites hampes. ♃. Avril-juin.

Le Grand-Som, à la Grande-Chartreuse; Chasse près Givors; Crémieux ; la Balme ; et dans l'Ain, Torcieux, le Colombier ; le Jura, etc.

128. D. NIVALIS (D. C.). D. DES NEIGES.—D. Johannis (Host.).

Plante gazonnante. *Hampe* de 3-8 cent., nue ou portant 1-2 f., *glabre dans le haut, ainsi que les pédicelles; f. radicales, non coriaces,* lancéolées, atténuées à la base, *couvertes sur le limbe d'une pubescence formée de poils étalés,* et ciliées sur les bords par des poils simples dirigés en arrière; silicules glabres; *fl. blanches.* ♃. Juin-juillet.

Le Reculet (Ain). R. R. R.

129. D. MURALIS (L.). D. DES MURS.

Tige de 1-4 déc., dressée, rameuse, *feuillée;* f. radicales étalées en rosette, atténuées en pétiole, *les caulinaires ovales et embrassantes; silicules glabres portées sur des pédicelles. étalés horizontalement;* fl. blanches, petites. ①. Juin-juillet.

Murs, vignes, débris des rochers aux environs de Condrieu; Vienne. R.

*** *Pétales profondément fendus; plus de 2 graines.*

130. D. VERNA (L.). D. DU PRINTEMPS.—Erophila vulgaris (D. C.).

Petite plante très-variable. Hampe nue de 3-12 cent.; f. toutes radicales et étalées en rosette, atténuées à la base, lancéolées ou un peu obtuses, entières ou dentées, couvertes de poils rameux; fl. blanches. ①. Février-avril. (*V. D.*)

Partout.

XLV. MYAGRUM (Lois.). MYAGRE.

Calice un peu ouvert; pétales entiers; *silicule globuleuse ou ovoïde, terminée par un style conique persistant;* étamines sans aile ni dent. Plantes herbacées.

131. M SAXATILE (L.). M. DES ROCHERS. — Cochlearia saxatilis (D. C.). — Kernera saxatilis (Rchb.).

Tige de 1-3 déc., droite, grêle; f. radicales en rosette, arrondies au sommet, atténuées en pétiole à la base; *f. caulinaires oblongues-linéaires, très-entières, sessiles ou embrassant la tige* par 2 petites oreillettes; *silicules globuleuses;* fl. blanches. ♃. Mai-juillet.

b. M. *auriculatum* (D. C.). F. de la tige à petites oreillettes embrassantes.

Rochers : la Grande-Chartreuse; et dans l'Ain, au Colombier, à la montée de Meyziat, au dessus de Saint-Germain-de-Joux, de Tenay à la Burbanche, au Jura, à Apremont, sur le Mont.

132. M. AMPHIBIUM (Lois.). M. AMPHIBIE. — Nasturtium amphibium (D. C.). — Roripa amphibia (Bess.). — Sisymbrium amphibium (L.).

Tige de 4-9 déc., rameuse, assez grosse, *couchée et radicante à la base;* f. très-variables, *tantôt entières ou simplement dentées, tantôt incisées-sinuées, tantôt pectinées-pennati-*

fides; silicules ovoïdes-oblongues, 3-4 fois plus courtes que leurs pédicelles; fl. jaunes. ♃. Mai-juillet.

Bord des eaux; fossés, mares. A. C.

133. M. PYRENAICUM (Lamk.). M. DES PYRÉNÉES.— Nasturtium pyrenaicum (D, C.).—Roripa pyrenaica (Spach).—Sisymbrium pyrenaicum (L.).

Tige de 1-3 déc., grêle, rameuse, *jamais couchée-radicante à la base;* premières f. radicales ovales, simples, quelquefois à pétiole auriculé; f. inf. de la tige en lyre, *les moyennes et les sup. profondément pennatiséquées, à segments linéaires et entiers; silicules ovales ou oblongues, 4-5 fois plus courtes que leurs pédicelles;* fl. d'un beau jaune. ♃. Mai-juin.

Pelouses sablonneuses, bord des chemins. A. C.

134. M. SATIVUM (L.). M. CULTIVÉ. — Camelina sativa (Crantz).

Tige de 4-8 déc., *non radicante;* f. *oblongues,* les inf. atténuées à la base, *les moyennes et les sup. embrassant la tige par des oreillettes aiguës; silicules en forme de poire, à 4 côtes saillantes;* fl. jaunâtres. ①. Juin-juillet. (*V. D.*)

Le Grand-Bichet, à Saint-Clair.—Cultivé pour ses graines oléagineuses.

XLVI. THLASPI (L.). TABOURET.

Pétales réguliers; *silicule* ovale ou arrondie, *échancrée vers le style, comprimée perpendiculairement à la cloison, à valves pliées en carène bordée d'une aile qui va en s'élargissant vers le sommet; plus de 2 graines dans chaque loge.* Plantes herbacées ou sous-ligneuses à la base.

135. T. ARVENSE (L.). T. DES CHAMPS.

Tige de 1-5 déc., rameuse; f. radicales ovales et atténuées en pétiole, les caulinaires oblongues, sinuées-denticulées, sessiles, munies à la base de deux petites oreillettes aiguës; *silicule orbiculaire, entièrement bordée d'une large membrane; graines à stries arquées;* fl. blanches. ①. Mai-septembre. (*V. D.*)

Champs cultivés.

— Le T. *alliaceum* (L.), indiqué à Saint-Cyr par Gilibert, n'y a pas été retrouvé. Peut-être l'a-t-on confondu avec le T. *arvense,* qui, souvent aussi, exhale une odeur d'ail de ses f. froissées. On distingue le T. *alliaceum* à ses *graines ponctuées* et à ses *silicules bordées d'une aile très-étroite.*

136. T. PERFOLIATUM (L). T. PERFOLIÉ.

Plante glauque. Tige de 1-3 déc., rameuse, à rameaux ascendants; f. radicales ovales, atténuées en pétiole, *les caulinaires ovales-lancéolées, entières ou denticulées, embrassant* la tige par 2 longues oreillettes; *anthères ne devenant jamais noirâtres; style très-court, presque nul; graines*

lisses, 4 dans chaque loge; fl. blanches, très-petites. ② ou ④.
Mars-mai. (*V. D.*)

Bord des champs, des bois, des chemins. A. C.

— Le *Thlaspi erraticum* (Jord.) en diffère par ses f. moins glauques,
presque vertes, par ses rameaux fructifères plus courts, par le style un peu
plus marqué, quoiqu'il soit encore très-court, et par sa floraison, qui, dans
les mêmes conditions, est au moins de 15 jours plus tardive. ②.

Bois, prés et champs des montagnes du Bugey.

137. T. SYLVESTRE (Jord.). T. CHAMPÊTRE. — T. montanum (Fl. lyonn.). —
T. alpestre (L.).

Plante glaucescente. Tige de 2-4 déc. à la maturité, à
rameaux ascendants; f. toutes très-entières, les radicales
pétiolées, ovales, obtuses, les caulinaires plus petites, lancéolées, embrassant la tige par 2 oreillettes obtuses et courtes;
*anthères devenant d'un violet noirâtre après l'émission du
pollen; style égalant à peu près les lobes de l'échancrure;
silicules très-convexes en dessous*; fl. blanches. ② ou ④.
Avril-mai.

Collines des terrains granitiques : Brignais ; Chaponost ; Soucieu ; Mor
nant ; Rochetachon, dans le Beaujolais, etc.

138. T. VIRENS (Jord.). T. VERDOYANT. —T. montanum et alpestre (D. C.)

Plante vivace, d'un vert gai. Tiges peu nombreuses, atteignant 1-2 déc. à la maturité; f. radicales elliptiques et atténuées en pétiole; les caulinaires ovales ou oblongues, peu
nombreuses, embrassant la tige par 2 oreillettes courtes,
appliquées et obtuses; *étamines d'abord rosées, puis noirâtres
après l'émission du pollen; style dépassant visiblement les lobes de l'échancrure, qui sont très-courts; silicules à aile étroite
au sommet et en coin à la base*; fl. blanches. ♃. Mai-juillet.

Pelouses : Pilat ; Pierre-sur-Haute, aussitôt après la fonte des neiges. R.

139. T. MONTANUM (L. non Fl. lyonn.). T. DE MONTAGNE.

*Plante vivace et glauque. Souche émettant, outre les tiges
florifères, de nombreux rameaux stériles, couchés et stoloniformes*; f. radicales persistantes, obovées, pétiolées, les caulinaires petites, oblongues, obtuses, à oreillettes arrondies;
*étamines d'abord lilas-blanchâtre, à la fin grises; style dé-
passant visiblement les lobes de l'échancrure; silicule largement ailée au sommet, arrondie à la base*; fl. blanches, plus
grandes que celles de tous les précédents. ♃. Avril-mai.
(*V. D.*)

Bois et rochers : environs de la Grande-Chartreuse: et dans l'Ain, sur la
côte d'Evoges, de Tenay à Rossillon, sous le rocher du Nid-d'Aigle à Saint-
Rambert.

140. T. saxatile (L.). T. des rochers. — Æthionema saxatile (Rob. Br.).

Plante glauque. Tige de 1-3 déc., sous-ligneuse à la base; f. courtes, étroites, lancéolées, coriaces, nombreuses sur la tige; *étamines ailées et dentées vers le sommet*; silicule arrondie, à aile un peu déchirée sur les bords; *fl. rosées ou violettes.* ♃ Mai-juillet.

Sur les rochers : les forts de l'Ecluse et de Pierre-Châtel ; le Lit-au-Roi ; près de Rossillon (Ain). R. R.

XLVII. Capsella (D. C.). Capselle.

Caractères du G. *Thlaspi*, mais *silicule non bordée d'une aile.* Plantes herbacées.

141. C. bursa pastoris (Mœnch.). C. bourse-a-pasteur. — Thlaspi bursa pastoris (L.).

Tige de 1-4 déc.; f. radicales, en rosette, tantôt entières, tantôt sinuées-dentées, tantôt roncinées-pennatifides, à divisions denticulées; f. caulinaires peu nombreuses, entières ou dentées, hastées à la base; fl. blanches. ④. Presque toute l'année. (*V. D.*)

Partout.

XLVIII. Teesdalia (Rob. Br.). Téesdalie.

Caractères du G. *Thlaspi*, mais *filets des étamines les plus longues munis à leur base d'une petite écaille,* et fl. quelquefois irrégulières. Plantes herbacées, petites, grêles.

142. T. nudicaulis (Rob. Br.). T a tige nue. — Teesdalia iberis (D. C.).

Tiges de 5-15 cent., *celle du centre nue, les latérales à 2-3 petites f. simples*; f. radicales en rosette, pennatipartites, à partition terminale plus grande, rarement entières; 6 *étamines; pétales irréguliers*; petites fl. blanches ou un peu rosées. ④. Avril-mai.

Lieux sablonneux : Saint-Alban ; Villeurbanne, etc.

143. T. lepidium (D. C.). T. passe-rage. — Lepidium nudicaule (L.).

Diffère de la précédente 1° par ses *tiges toutes sans feuilles,* même les latérales; 2° parce qu'elle n'a que *4 étamines*; 3° par ses *pétales réguliers.* ④. Mars-avril.

Mêlée à la précédente, mais plus précoce et plus rare.

XLIX. Iberis (L.). Ibéride.

Pétales irréguliers, les 2 extérieurs plus grands; étamines sans dent ni écaille; silicule ovale ou arrondie, échancrée au sommet, comprimée perpendiculairement à la cloison, *à valves pliées en carène et bordées d'une aile.*

144. I. PINNATA (L.). I. A FEUILLES PENNATIFIDES.

Tige de 1-3 déc., *toute herbacée*, très-rameuse; *f. de la tige* étroites, *divisées au sommet en* 2-3 *lanières étroites*, quelquefois simplement crénelées; *silicules rapprochées à la fin en corymbe serré*: alors le style dépasse les lobes de l'échancrure; fl. blanches ou lavées de lilas. ①. Juin-août. (*V. D.*)

Moissons.

b. I. *crenata* (Lamk.). F. simplement crénelées.

—M. Jordan en a détaché l'I. *affinis* (Jord.). L'exemplaire que j'ai sous les yeux a la tige plus dressée et moins rameuse dès la base; les f. de la tige sont plus élargies, bordées seulement de quelques dents vers le sommet; *les silicules ne sont pas agrégées à la maturité, mais portées sur des pédoncules étalés ou même réfléchis;* les fl. sont blanches et lilacées. ①. — On le trouve au Vernay, près de Lyon.

145. I. AMARA (L.). I. AMÈRE.

Tige de 1-3 déc., rameuse, *dure, mais toute herbacée;* f. atténuées en pétiole ailé, *oblongues, plus larges et obtuses au sommet, où elles sont bordées de chaque côté de* 2-3 *dents obtuses* (rarement elles sont profondément incisées); *silicules en grappe allongée et lâche,* et à lobes de leur échancrure peu écartés; fl. blanches ou violettes. ①. Juin-septembre. (*V. D.*)

Ecully, Sathonnay, etc. — Jardins.

146. I. TIMEROYI (Jord.). I. DE TIMEROY.

Tige de 3-5 déc., *très-dure, quoique herbacée,* à rameaux allongés, écartés, formant par leur ensemble un vaste corymbe; *f. linéaires, lancéolées, atténuées aux deux extrémités, ordinairement très-entières; silicules portées sur des pédoncules divariqués, mais cependant rapprochées en grappe ovale; style ne dépassant pas les lobes de l'échancrure, qui forment* 2 *cornes aiguës et divariquées;* fl. grandes, d'un beau lilas. ②. Août-septembre.

Crémieux. R.

b. I. *collina* (Jord.). Floraison plus précoce de deux mois.— Montagnes du Bugey; Serrières; Nantua.

— On en a séparé l'I. *Lamottii* (Jord.). On le reconnaît à ses f. d'un vert pâle, les radicales et les inf. munies de 1-3 dents; à son *style beaucoup plus court que les lobes de l'échancrure;* à ses *rameaux fructifères moins allongés que dans le précédent.* Les fl. sont d'un lilas purpurin. ②. Août-septembre.—Environs de Belley, dans les bois.

147. I. UMBELLATA (L.). I. A FLEURS EN OMBELLE. (Vulg. *Téraspic d'été.*)

. *Tige* de 2-3 déc., *toute herbacée, quoique ferme et dure,* rameuse au sommet, à rameaux peu écartés; f. lancéolées-acuminées, les inf. dentées, les sup. très-entières; *silicules à pédoncules dressés et formant une ombelle à l'extrémité de chaque rameau; style égalant les lobes de l'échancrure, qui forment deux longues ailes aiguës, parallèles et ascendantes;* fl. d'un beau rose lilas, rarement blanches. ④. Juin-août. (*V. D.*)

Le Mont, à Nantua. R. R. — Jardins.

L. LEPIDIUM (L.). PASSE-RAGE.

Pétales égaux; *silicule* ovale-arrondie ou oblongue, entière ou échancrée au sommet, *comprimée perpendiculairement à la cloison, à valves pliées en carène ailée ou non ailée*; 1-2 *graines dans chaque loge.* Plantes herbacées.

* *Silicule entière au sommet, à valves carénées, mais non ailées; loges à 2 graines.*

148. L. PETRÆUM (L.). P. DES PIERRES. — Hutchinsia petræa (Rob. Br.).

Très-petite plante rougeâtre et grêle. *Tige droite, rameuse, feuillée*; f. toutes profondément pennatiséquées, à segments courts et étroits, les radicales pétiolulées, les caulinaires sessiles; *pétales dépassant à peine le calice*; petites fl. blanches. ④. Février-mars.

Coteaux pierreux à la Pape.

149. L. ALPINUM (L). P. DES ALPES. — Hutchinsia alpina (Rob. Br.).

Tiges les unes gazonnantes et couchées, les autres florifères et redressées, hautes de 6 à 10 cent., *feuillées seulement à la base*; f. pennatiséquées, à segments ovales ou oblongs; *pétales deux fois plus longs que le calice*; fl. d'un beau blanc. ♃. Juin-août.

La Grande-Chartreuse ; le Jura ; le Reculet.

** *Silicules entières ou à peine échancrées; loges à 1 graine.*

150. L. GRAMINIFOLIUM (L.). P. A FEUILLES DE GRAMINÉE. — L. iberis (Fl. lyonn. non L.).

Tige de 4-8 déc., raide, très-rameuse; f. radicales oblongues ou spatulées, dentées ou pennatifides à la base, *les caulinaires supérieures aiguës, linéaires, très-entières*; *silicules* ovales, *glabres, aiguës, très-entières,* terminées par un style court; fl. blanches, petites, à calice rougeâtre. ② ou ♃. Juin-septembre (*V. D.*)

Le long des chemins. C. C.

— Toute la plante a une odeur de chou bien caractérisée.

151. L. LATIFOLIUM (L.). P. A LARGES FEUILLES.

Tige dressée, de 5-16 déc.; f. entières, dentées en scie, les radicales ovales, obtuses, longuement pétiolées, *les cauli-*

naires ovales ou oblongues, acuminées, *atténuées en court pétiole ; silicules arrondies, un peu échancrées, pubescentes,* à stigmate sessile ; fl. blanches, paniculées. ♃. Juin-juillet. (*V.D.*)

Beaujolais (M. Rey) ; prés de l'Ile-Barbe (M. Vincent). R. R.

*** *Silicule échancrée au sommet.*

† *Valves largement ailées.*

152. L. SATIVUM (L.). P. CULTIVÉ. (Vulg. *Cresson alénois.*)

Plante glauque, glabre, à odeur fétide et à saveur piquante. Tige de 2-5 déc., droite, rameuse ; f. inf. pétiolées, tantôt irrégulièrement incisées ou lobées, tantôt pennées ou même bipennées, les sup. linéaires et entières ; *silicules arrondies ou ovales, appliquées contre la tige ;* petites fl. blanches. ①. Juin-juillet. (*V. D.*)

Subspontané aux environs des habitations. — Cultivé.

— Il varie à f. larges et à f. crépues.

153. L. CAMPESTRE (Rob. Br.). P. CHAMPÊTRE. — Thlaspi campestre (L.).

Plante d'un vert blanchâtre, pubescente, inodore, insipide. Tige de 2-6 déc., droite, rameuse supérieurement ; f. radicales oblongues, atténuées en pétiole, les caulinaires oblongues, sagittées et amplexicaules à la base, dentelées sur les bords, dressées contre la tige ; *silicules marquées de petits points saillants ;* fl. petites, blanchâtres, en grappes portées sur des rameaux corymbiformes. ②. Mai-juillet.

Champs, chemins, bord des fossés. C.

† † *Valves non ailées ou étroitement bordées.*

154. L. RUDERALE (L.). P. DES DÉCOMBRES.

Plante à odeur désagréable. Tige de 1-4 déc., rameuse ; *f. inf.* pétiolées, *pennées et bipennées, les sup.* sessiles, *linéaires et entières ;* silicules étroitement ailées au sommet ; petites fl. *ordinairement sans pétales et à 2 étamines.* ②. Juin-août. (*V. D.*)

Bord des chemins : la Croix-Rousse (Gilibert).

— On trouve sur quelques individus 4 pétales et 4 étamines.

155. L. DRABA (L.). P. DRAVE. — Cochlearia draba (Lois.).

Plante glauque, pubescente-grisàtre. Tige de 2-5 déc., droite, rameuse au sommet ; *f. sinuées-dentées,* les radicales oblongues, atténuées en pétiole, *les caulinaires ovales, sagittées-amplexicaules ; silicules sans aile,* à valves renflées ; fl. blanches. ♃. Mai-juin.

Autour de Lyon.

IIe Sous-Tribu. — *Silicules indéhiscentes.*

A. *Silicule non articulée.*

LI. Biscutella (L.). Lunetière.

Pétales égaux, entiers; *silicules* arrondies, aplaties, bordées d'une aile, *offrant deux disques réunis par un côté comme une paire de lunettes;* à la fin les deux disques se séparent l'un de l'autre, mais restent quelque temps suspendus à l'axe par un petit fil.

156. B. hispida (D. C.). L. hispide.
Plante velue, hérissée de poils blanchâtres et rudes. Tige de 3-6 déc.; f. de la tige oblongues, bordées de dents écartées, à oreillettes embrassantes; *calice à 2 sépales éperonnés à la base;* silicules parsemées de petits points tuberculeux, à style plus long que leur diamètre; fl. jaunes, ①. Juin-août.
Serrières (Ain).

157. B. variabilis (Lois.). L. variable.
Plante ordinairement hérissée de poils rudes, très-variable. Tige de 1-6 déc., très-dure; f. de la tige oblongues, sessiles ou demi-embrassantes; *calice non éperonné à la base;* silicules à style moins long que leur diamètre; fl. jaunes. ♃. Juin-août.

a. B. *lavigata* (D. C.). Silicules lisses; f. oblongues-spatulées, ordinairement bordées de quelques dents écartées.

b. B. *saxatilis* (D. C.). Silicules rudes; f. presque ovales ou linéaires-lancéolées, entières ou dentées.

var. a. : Les Brotteaux à Pont-d'Ain; plaine d'Ambronay.
var. b. : Entre Bénonce et Serrières-de-Briord (Ain).

LII. Isatis (L.). Pastel.

Pétales entiers et égaux; *silicule oblongue, comprimée perpendiculairement à la cloison, à valves ailées; stigmate sessile.* Plantes herbacées.

158. I. tinctoria (L.). P. des teinturiers.
Tige de 3-6 déc., à rameaux en corymbe; f. entières, les radicales oblongues, atténuées en pétiole, les caulinaires lancéolées et embrassant la tige par 2 oreillettes; fl. jaunes, petites, en épis grêles. ②. Mai-juin. (*V. D.*)
Quelquefois subspontané près des endroits où on 'le cultive. — Cultivé pour la teinture.

5

LIII. Senebiera (Pers.). Sénebière.

Pétales entiers; *silicule* rén forme, *comprimée perpendi-culairement à la cloison, à valves non ailées, striées ou tuber-culeuses.* Plantes herbacées.

159. S. coronopus (Poiret). S. corne-de-cerf.— Cochlearia coronopus (L .
— Coronopus Ruellii (Gœrtn.).

Tige rameuse et couchée; f. pennatiséquées, à segments étroits, entiers ou un peu incisés vers le sommet; silicules hérissées d'aspérités tuberculeuses et terminées par le style persistant; petites fl. blanches, en grappes opposées aux feuilles. ①. Juin-août. (V. D.)

Entre les pierres : Gorge-de-Loup ; Pierre-Seize : Béchevelin ; Souzy, etc. P. C.

LIV. Neslia (Desv.). Neslie.

Silicule globuleuse, à valves très-concexes, réticulées, termi-nées par le style filiforme et persistant. Plantes herbacées.

160. N. paniculata (Desv.). N. paniculée.— Myagrum paniculatum (L.). —
Bunias paniculata (L'Hérit.).

Tige de 4-8 déc., à rameaux disposés en panicule; f. radicales oblongues, denticulées, atténuées en pétiole, les cau-linaires embrassant la tige par 2 oreillettes aiguës; fl. jaunâ-tres, petites, en longues grappes grêles. ①. Mai-juillet.

Moissons : Villeurbanne; Saint-Alban et environs.

LV. Calepina (Desv.). Calépine.

Pétales un peu inégaux; silicule ovale-globuleuse, terminée par un style court, épais et conique. Plantes herbacées.

161. C. Corvini (Desv.). C. de Corvinus. — Bunias cochlearioïdes (D. C.

Tige de 2-4 déc., grêle, dressée; f. radicales en rosette, atténuées en pétiole, lyrées ou simplement sinuées, et obtuses, les caulinaires entières, sagittées et amplexicaules; petites fl. blanches. ①. Mai-juin.

Champs : les Charpennes. R. R.

LVI. Bunias (L.). Bunias.

Pétales égaux; *silicule non comprimé,* ovale ou quadran-gulaire, *à 2 loges monospermes, ou à 4 superposées deux à deux.* Plantes herbacées.

162. B. erucago (L.). B. fausse roquette. — Erucago segetum (Tournef.).
(Vulg. Masse-de-bedeau.)

Tige de 3-6 déc., parsemée de poils courts et rameux;

f. radicales roncinées, ou sinuées-dentées, atténuées en pétiole, les caulinaires oblongues, sessiles, entières ou à peine denticulées ; silicules à 4 angles inégaux bordés d'une crête dentée ; fl. jaunes. ④. Juin-juillet.

Moissons des terrains sablonneux : Villeurbanne ; Saint-Alban, etc.

— M. Jordan en a séparé le B. *arvensis* (Jord.), qu'on reconnaît à ses f. caulinaires linéaires-lancéolées, très-entières, et surtout à ses *silicules à angles non bordés d'une crête dentée*. — On le trouve à Néron, Chasselay, etc.

B. *Silicule articulée.*

LVII. RAPISTRUM (Boerh.). RAPISTRE.

Silicule à 2 articulations distinctes et à 2 loges monospermes : l'articulation inférieure paraît être le pédicelle de la sup., qui est globuleuse et terminée par le style persistant. Plantes herbacées.

163. R. RUGOSUM (All.). R. A FRUIT RIDÉ.— Cakile rugosa (L'Hérit.).

Tige de 3-5 déc., velue, anguleuse, rameuse ; f. inf. lyrées-pennatipartites, à division terminale très-grande, arrondie ; les sup. oblongues-lancéolées, dentées, sessiles ou atténuées en court pétiole ; *silicule à dernier article plus court que le style, et à article inférieur aussi long et à peu près aussi gros que le pédicelle* ; fl. jaunes. ④. Mai-juin.

a. R *hirsutum* (Host.). Silicule hérissée.

b. R. *glabrum* (Host.). Silicule glabre.

Bord des blés : la Pape ; Saint-Alban ; Villeurbanne, etc.

164. R. LINNÆANUM (Boiss. et Reut.). R. DE LINNÉ.

Diffère du précédent surtout par la *silicule dont le dernier article est plus long que le style, et dont l'article inférieur est 2-3 fois plus court et moins gros que le pédicelle,* de sorte que la silicule paraît n'avoir qu'une articulation. La silicule est toujours glabre. ④. Mai-juin.

La Croix-Rousse. R.

7ᵉ FAMILLE. — CISTINÉES.

Les Cistinées sont très-remarquables par la caducité de leurs pétales qu'un même jour voit naître et périr. Ce sont des herbes ou de petits arbrisseaux plus abondants dans le Midi, mais se rencontrant déjà dans le Lyonnais.

Les Cistinées ont pour caractères distinctifs 1° un calice à 3 ou 5 sépales persistants ; quand il y en a 5, les 2 extérieurs sont beaucoup plus petits ; 2° une corolle à 5 pétales caducs, *réguliers, à préfloraison contournée en sens con-traire de celle des sépales;* 3° *des étamines en nombre indéfini;* 4° pour fruit, *une capsule à une ou plusieurs loges polyspermes.*

Les feuilles sont toujours entières, ordinairement opposées, souvent munies de stipules.

LVIII. Cistus (L.). Ciste.

5 sépales presque égaux; *capsules à 5-10 loges; pédoncules toujours dressés avant et après la floraison.* Arbustes.

165. C. SALVIFOLIUS (L.). C. A FEUILLES DE SAUGE.

Plante à odeur balsamique. Petit arbuste velu-tomenteux supérieurement; f. opposées, pétiolées, ovales-oblongues, ridées, velues au moins en dessous; longs pédoncules por-tant 1-2 grandes fleurs blanches, à onglet jaunâtre. ♄. Mai-juin. (*V. D.*)

Coteaux arides : Néron. — Abondant à Vienne.

LIX. Helianthemum (L.). Hélianthème.

5 sépales très-inégaux, les 2 extérieurs beaucoup plus pe-tits; *capsule à 1 seule loge ou à 3 incomplètes,* s'ouvrant par 3 valves; *pédoncules ordinairement inclinés avant et après la floraison.*

* *Fleurs jaunes.*

† *Quelques feuilles au moins stipulées.*

166. H. VULGARE (Gœrtn.). H. COMMUN.

Tiges sous-ligneuses à la base, couchées-étalées, puis redressées; f. opposées, *blanches-tomenteuses et à bords enroulés en dessous,* les inf. ovales-arrondies, les sup. oblon-gues ou étroites-lancéolées; *style 2-3 fois plus long que l'o-vaire;* fl. d'un beau jaune. ♄. Mai-août. (*V. D.*)

Endroits secs. C. C. C.

167. H. OBSCURUM (Pers.). H. OBSCUR.

Ressemble beaucoup au précédent, dont il diffère parce qu'il est plus velu dans toutes ses parties, et surtout par ses *f. vertes sur les deux faces,* quoique plus pâles en dessous *et à bords peu ou point enroulés.* ♄. Mai-août.

La Pape; Villeurbanne.

168. H. NUMMULARIUM (Mill.). H. A FLEURS ARRONDIES

Diffère des deux précédents surtout par ses *f. toutes ovales-arrondies, non vertes ni blanches-tomenteuses en dessous, mais cendrées;* les sup. sont cependant plus allongées que les au-tres. ♄. Mai-août.

La Pape R.

169. H. GRANDIFLORUM (D. C.). H. A GRANDES FLEURS.

Tige ascendante, *sous-ligneuse à la base* ; *f. larges, celles de la tige ovales, à bords peu ou point enroulés,* vertes ou cendrées en dessous ; *corolle 3 fois plus longue que le calice* ; fl. d'un beau jaune, solitaires au sommet des tiges, ou 2-3 en grappes courtes. ♄. Juin-août.

Pilat ; la Grande-Chartreuse ; le Reculet ; le Jura.

— Ces trois dernières espèces ne sont dans beaucoup d'auteurs que des variétés de l'H. *vulgare.*

170. H. DENTICULATUM (Thib.). H. A FEUILLES DENTICULÉES. — H. salicifolium (Fl. lyonn.).

Tige toute herbacée, grêle, ascendante ; f. denticulées ainsi que les bractées, les inf. à court pétiole et obtuses, les sup. sessiles et lancéolées ; les bractées, assez nombreuses, imitent au sommet des tiges de petites f. alternes ; *style plus court que l'ovaire* ; *pédoncules à la fin étalés horizontalement, portant à leur extrémité la capsule redressée, et plus longs que les f. ; capsules à peu près égales au calice* ; graines rosées ; fl. d'un jaune très-pâle, non tachées sur l'onglet. ①. Mai juin.

Saint-Alban, près Lyon ; Irigny. R.

171. H. NILOTICUM (Pers.). H. D'ÉGYPTE. — H. ledifolium (Wild.).

Tige toute herbacée, robuste, dressée ; f. oblongues, pubescentes, les inf. à court pétiole, les sup. sessiles et lancéolées, ainsi que les bractées ; *style plus court que l'ovaire* ; *pédoncules dressés, plus courts que les feuilles* ; *capsule beaucoup plus courte que le calice* ; graines blanchâtres ; fl. d'un jaune pâle, ordinairement tachées sur l'onglet. ①. Juin-juillet.

Doizieux, près Pilat ; Bugey. R. R.

172. H. GUTTATUM (Mill.) H. A PÉTALES TACHÉS.

Tige velue, droite, rameuse, *toute herbacée* ; f. ovales ou oblongues-lancéolées, à 3 nervures, *les inf. opposées et sans stipules, les sup. alternes et stipulées* ; style presque nul ; *pédicelles à la fin étalés horizontalement, ainsi que les capsules* ; fl. en grappes lâches, à pétales ordinairement marqués sur l'onglet d'une tache d'un violet noirâtre, mais quelquefois sans taches. ①. Juin-juillet.

Terrains sablonneux et arides P. R.

†† *Toutes les feuilles sans stipules.*

173. H. ŒLANDICUM (Vahl). H. D'ŒLAND.

Tige sous-ligneuse et couchée à la base, très-rameuse, à rameaux florifères dressés ; *f. opposées, ovales ou oblongues-linéaires, plus ou moins velues, mais jamais blanches-tomen-*

teuses en dessous; style égal à l'ovaire; fl. d'un beau jaune, en grappes lâches. ♄. Juin-août.

a. H. *OElandicum* (D. C.). F. ciliées sur les bords et sur la nervure du milieu en dessous, du reste glabres. — Le Reculet.

b. H. *alpestre* (D. C.). F. poilues sur les deux faces ; partie supérieure de la tige et pédicelles blanchâtres. — La Grande-Chartreuse; débris du fort de l'Ecluse; le Sorgiaz; le Jura.

174. H. CANUM (Dun.) H. A FLEURS BLANCHATRES. — H. vineale (Pers.). — H. marifolium (D. C.).

Cette espèce ressemble beaucoup à la précédente, dont quelques auteurs n'en font qu'une variété. Elle s'en distingue surtout à ses *f.* ovales, oblongues, *blanches-tomenteuses en dessous.* ♄. Juin-août.

La Pape ; la Mouche ; le Mont-Dain ; le Mont. R.

175. H. PROCUMBENS (Dun). H. TOMBANT. —H. fumana (Fl. lyonn. et auct.). — Fumana procumbens (Gr. et Godr.).

Tige sous-ligneuse à la base, à rameaux couchés, puis redressés; *f. éparses, linéaires,* assez semblables à celles d'une bruyère; pédoncules latéraux et solitaires; *style 3 fois plus long que l'ovaire ; capsules retenant les graines à la maturité;* fl. d'un jaune pâle, à pétales très-fugaces. ♄. Juin-août.

Coteaux sablonneux et arides. P. R.

176. H. FUMANA (Dun.). H. BRUYÈRE. — Fumana Spachii (Gr. et Godr.).

Cette espèce ressemble beaucoup à la précédente, avec laquelle on l'a souvent confondue. Elle en diffère 1° par les *f. du milieu des tiges, qui sont sensiblement plus longues que celles du sommet ;* 2° par *les capsules* beaucoup plus petites, et *qui, en s'ouvrant, laissent échapper les graines.* ♄. Juin-août.

Mêmes localités , mais plus rare que le précédent.

*** *Fleurs blanches.*

177. H. PULVERULENTUM (D. C.). H. PULVÉRULENT.—H. polifolium (Koch).

Tiges sous-ligneuses et couchées à la base, d'un brun foncé, émettant des anneaux florifères ascendants et d'un vert blanchâtre ; *f. opposées, stipulées, oblongues-linéaires , blanchâtres en dessus, tomenteuses et à bords enroulés en dessous;* calice tomenteux-cotonneux; *style plus long que les étamines ;* fl. blanches, à onglet d'un jaune pâle. ♄. Mai-juillet.

Coteaux secs : Saint-Alban ; la Pape ; Caluire, etc.

178. H. PILOSUM (Pers.). H. POILU.

Diffère du précédent 1° par ses rameaux florifères plus effilés, plus raides, ordinairement dressés et non ascendants; 2° par ses *f.* plus étroites, *toujours linéaires, à bords entière-*

ment roulés en dessous ; 3° par son *calice à sépales à peine poilus*, *presque glabres* ; 4° par sa capsule plus petite. ♄. Mai-juillet.

Sables à Irigny. R. R.

179. H. VELUTINUM (Jord.). H. VELOUTÉ.

Diffère des deux précédents 1° par ses *tiges plus robustes*, et *inférieurement d'un brun rougeâtre très-remarquable* ; 2° par ses *f. plus grandes, à bords* un peu enroulés dans leur jeunesse, mais *à la fin planes, couvertes, surtout en dessous, d'un duvet blanchâtre très-doux au toucher* ; 3° *par son style, qui n'est pas plus long que les étamines* ; 4° par ses fl. beaucoup plus grandes, à pétales très-élargis au sommet. Les rameaux florifères sont tous dressés et non ascendants. ♄. Mai-juillet.

Montagnes du Bugey, à Serrières. R. R.

180. H. POLIFOLIUM (D. C.) H. A FEUILLES DE GERMANDRÉE.

Se reconnaît à ses tiges décombantes, presque glabres ; à ses *f. ovales-oblongues, vertes en dessus*, blanchâtres et *à la fin planes en dessous* ; à son calice à peu près glabre et légèrement luisant ; à ses stipules et à ses bractées linéaires, vertes et ciliées. Du reste, il se rapproche des précédents. ♄. Mai-juillet.

La Craz-du-Reculet, à Saint-Rambert (Bichet).

8ᵉ FAMILLE. — VIOLARIÉES.

Plût à Dieu qu'on trouvât dans toutes les familles les vertus dont les fleurs de celle-ci sont l'emblème : la modestie, figurée par la *Violette*, qui, cachée à l'ombre de ses feuilles, ne se trahit que par son parfum ; et l'union des cœurs, représentée par la *Pensée* à la physionomie si expressive et aux couleurs si harmonieusement fondues. Nous chargeons toutes nos Violettes et toutes nos Pensées de porter ce souhait à nos lecteurs ; et, afin qu'ils puissent les reconnaître, nous leur assignons les caractères suivants : 1° 5 sépales persistants, prolongés à leur base en une sorte d'appendice : 2° 5 *pétales irréguliers* : l'inférieur se termine par un éperon dans le tube duquel est logée la base des deux étamines inférieures ; 3° 5 *étamines* à filets élargis et *à anthères conniventes* ; 4° le fruit, unique, est une capsule s'ouvrant par 3 valves et finissant par 1 seul style.—Toutes les espèces de notre Flore sont herbacées.

LX. VIOLA (Tournef.). VIOLETTE.

Caractères de la famille.

* Stigmate obliquement tronqué au sommet.

181. V. PALUSTRIS (L.). V. DES MARAIS.

Plante glabre et sans tige. F. réniformes, arrondies crénelées; petites fl. inodores, d'un bleu pâle, comme cendré. ♃. Mai-juin.

Bord des sources, prés tourbeux: Pilat; et dans l'Ain, marais de Col-liard, de Malbronde, de Retord; vallée de Lélex. R.

** *Stigmate en crochet aigu* (1).

† *Point de tige, ou tige fleurie, étalée à terre.*

182. V. HIRTA (L). V. HÉRISSÉE.

Point de tiges stolonifères; f. en cœur, ovales-lancéolées, crénelées, *à pétiole hérissé; stipules glabres et bordées de cils beaucoup plus courts que leur diamètre;* capsule globuleuse, pubescente ; *fl. inodores,* violettes, rarement blanches. ♃. Avril-mai.

Partout.

183. V. COLLINA (Bess.) V. DES COLLINES.

Diffère de la précédente 1° par ses *stipules* légèrement hispides sur les bords et *à dentelures égales en longueur à leur diamètre;* 2° par ses *fl. légèrement odorantes :* elles sont bleu de ciel, blanches au centre, à pétales latéraux fortement barbus. ♃. Avril-mai.

Bois : Oullins; Francheville; Sainte-Foy, etc.

184. V. ALBA (Godron) (Besser?). V. BLANCHE. — V. odorata-hirta (Rchb).

Plante munie ordinairement de stolons latéraux, la plupart non radicants. F. ovales, en cœur, acuminées, les *radicales* très-grandes, souvent teintées de violet en dessous, *parsemées,* ainsi que les pétioles, *de poils tuberculeux à la base; stipules* linéaires, acuminées, *bordées de cils glanduleux dont les intermédiaires égalent leur diamètre;* capsule globuleuse, un peu hispide, quelquefois hérissée ; *fl. peu ou point odorantes, ordinairement blanches avec un éperon violacé,* quelquefois d'un violet pâle ou mélangées de blanc et de violet. ♃. Mars-avril.

Environs de Lyon.

— On en a détaché le V. *scotophylla* (Jord.), qui se connaît à ses f. d'un vert sombre, moins molles, moins brusquement acuminées, et à ses fl. souvent d'un violet pâle.

185. V. MULTICAULIS (Jord.). V. MULTICAULE.

Diffère de la précédente 1° par ses *stolons* plus nombreux, plus allongés, *la plupart radicants;* 2° par *les pétioles, qui sont toujours violacés;* 3° par *les f.* ovales, mais *non acuminées.* La capsule est pubescente et manque souvent; les fl. sont le plus ordinairement lilacées, bien veinées; quelquefois cepen-

(1) Il importe de récolter les plantes de cette section au printemps et à l'été, parce qu'elles offrent à ces deux époques deux états bien différents. A la dernière, les feuilles sont beaucoup plus développées, et les fleurs, toujours moins grandes, manquent même souvent de pétales.

dant elles sont blanchâtres, ou bien violettes avec le fond blanc. ♃. Mars-avril.

Haies, bord des bois, aux environs de Lyon.

186. V. ODORATA (L.). V. ODORANTE.

Stolons tous radicants, allongés, très-durs, comme sous-ligneux; f. glabres ou pubescentes, *celles des stolons de l'année réniformes,* les autres en ovale arrondi, toutes en cœur et crénelées; stipules bordées de cils beaucoup plus courts que leur diamètre; *fl. très-odorantes,* ordinairement d'un violet foncé ou rougeâtre, quelquefois blanches. ♃. Mars-avril. (*V. D.*)

Haies, bois.

— Cultivée à fl. simples et à fl. doubles, bleues, blanches, bigarrées: quelques variétés refleurissent à diverses époques.

†† *Tiges fleuries, dressées et feuillées*

187. V. SYLVESTRIS (Lamk.). V. SAUVAGE.

Tiges glabres ou un peu pubescentes, *les unes couchées, les autres ascendantes; f. en cœur, ovales, les sup. brièvement acuminées; stipules des f. de la tige, dentées ou incisées, beaucoup plus courtes que les pétioles; éperon 3-4 fois plus long que les appendices du calice;* capsule pointue; fl. inodores, d'un bleu pâle ou d'un violet lilas. ♃. Avril-mai.

a. V. *sylvatica* (Fries.).Fl. assez petites, d'un violet lilas, à éperon entier et coloré.

b. V. *riviniana* (Rchb.). Fleurs grandes, d'un bleu céleste, à éperon blanchâtre et un peu échancré.

Haies, bois, prés.

188. V. CANINA (L). V. DE CHIEN.

Tiges couchées ou ascendantes: f. en cœur, ovales-oblongues, aiguës, mais non acuminées; stipules des f. de la tige dentées ou incisées, *beaucoup plus courtes que les pétioles; éperon à peine 2 fois plus long que les appendices du calice;* capsule tronquée au sommet et apiculée; fl. inodores, ordinairement d'un bleu pâle, à éperon d'un blanc jaunâtre. ♃. Avril-juin.

a. V. *canina-lucorum* (Rchb.). F. ovales, élargies. — Bois.

b. V. *ericetorum* (Schrad.). F. oblongues, plus étroites. —Lieux découverts. bruyères.

189. V. RUPPII (Rchb.). V. DE RUPPIUS. — V. stricta (Horn.).

Tiges dressées, glabres; *f. ovales-oblongues, en cœur,* rétrécies insensiblement vers le sommet, un peu *acuminées; les stipules du milieu de la tige sont à moitié aussi longues que les*

pétioles, et celles du sommet les égalent; éperon vert, obtus,
un peu *plus long que les appendices du calice;* fl. d'un bleu
violet, grandes, inodores. ♃. Mai-juin.

Marais des Echeyts; Colliard; le Mont-Dain. R.

190. V. PUMILA (Vill.). V. NAINE.— V. pratensis (Mert. et Koch).

Plante glabre. Tiges de 5-8 cent., rameuses, les extérieures
diffuses, celles du centre dressées; *f.* ovales-lancéolées, mais *non
en cœur,* se rétrécissant à la base en un *pétiole ailé; stipules du
milieu de la tige* semblables à des f. oblongues-lancéolées, incisées-dentées, *plus longues que les pétioles;* éperon obtus,
égalant à peu près ou surpassant un peu les appendices du
calice; fl. bleuâtres. ♃. Mai-juin.

Plan de Vaise; près humides à Belley. R.

191. V. STAGNINA (Kit.). V. DES ÉTANGS. — V. lactea (K. et Z.).

Tige dressée et glabre; *f.* oblongues-lancéolées, *un peu
en cœur à la base, à pétiole ailé supérieurement; stipules du
milieu de la tige* lancéolées, acuminées, dentées, *égalant la
moitié du pétiole,* les sup. l'égalant tout entier; éperon
obtus, égalant à peu près ou dépassant peu les appendices
du calice; fl. d'un lilas blanchâtre. ♃. Mai-juin.

Bourdelans, près de Villefranche; marais des Echeyts. R.

192. V. ELATIOR (Fries.). V. A TIGE ÉLEVÉE.—V. montana (D. C et Fl. lyonn.).

Plante pubescente au sommet. Tige de 2-4 déc.; *f.* oblongues-lancéolées, *un peu en cœur, à pétiole ailé; stipules du
milieu de la tige* semblables à des f., oblongues-lancéolées,
incisées-dentées, *plus longues que les pétioles;* éperon égal
aux appendices du calice ou les surpassant un peu; fl. grandes, d'un bleu pâle, longuement pédonculées. ♃. Mai-juin.

Prés humides : Vaux-en-Velin; la Tête-d'Or; Anse; Bourdelans, près de
Villefranche; et dans l'Ain, à Anières, dans les prairies de la Saône près de
Pont-de-Vaux, aux environs de Montluel.

193. V. MIRABILIS (L.). V. SINGULIÈRE.

*Tige droite, bordée d'une ligne de poils d'un seul côté,
ainsi que les pétioles;* f. ovales, en cœur, brièvement acuminées, crénelées; *stipules du milieu de la tige beaucoup plus
courtes que les pétioles;* fl. d'un bleu pâle, *les premières stériles, munies de pétales et à pédoncules radicaux, les autres
fertiles, sans pétales et portées sur la tige.* ♃. Avril-
mai.

Le Reculet. R. R. R.

‘‘* *Stigmate plane, presque bifide.*

194. V. BIFLORA (L.). V. A DEUX FLEURS.

Rhizôme rampant. Tige faible, portant ordinairement

1-3 f. et 1-3 fl. ; f. réniformes, très-obtuses, crénelées, les inf. longuement pétiolées; petites fl. jaunes. ♃. Juin-juillet.

Bois humides: la Grande-Chartreuse ; le Jura, au-dessus de Lélex.

**** *Stigmate en entonnoir.*

195. V. CALCARATA (L.). V. A LONG ÉPERON.

Tiges très-courtes, étalées; f. ovales, ou les sup. oblongues, pétiolées, *crénelées*, presque toutes ramassées en rosette; *stipules* entières, ou bien à 1-2 profondes incisions, *jamais foliacées ni crénelées; éperon grêle, de la longueur des pétales :* fl. grandes, violettes ou jaunes. ♃. Juillet-août.

b. V. *flava* (Koch). Fl. jaunes.

Le Grand-Som, à la Grande-Chartreuse; tout le Haut-Jura.

196. V. SUDETICA (Wild.). V. DES SUÉDOIS. —V. tricolor (Balbis., Fl. lyonn. pour la plante du Mont-Pilat).

Tiges faibles, couchées, puis redressées, radicantes à la base; f. inf. en cœur ovale, les *sup. lancéolées*, toutes un peu crénelées; *stipules divisées en partitions digitées, la moyenne plus large et dentée ; éperon plus court que les péta-les;* fl. grandes, jaunes, violettes, lilacées, ou marquées de ces diverses couleurs. ♃. Juin-avril.

Prés : Pilat ; Pierre-sur-Haute.

197. V. SEGETALIS (Jord.). V. DES MOISSONS. — V. arvensis (Murr. pro parte).

Tige de 2-3 déc., élancée, anguleuse, courtement pubes-cente à la base, *à rameaux formant avec elle, même à la maturité, un angle très-aigu;* f. d'un vert peu foncé, gla-briuscules ou à peine pubérulentes, lâchement dentées, les radicales à limbe ovale et rétrécies en pétiole, les caulinai-res devenant plus allongées et plus étroites à mesure qu'on se rapproche du sommet; *stipules pennatifides, plus courtes que les feuilles, ayant leur lobe du milieu* plus large et plus allongé *que les autres, mais toujours très-entier ou à peine denté; pétales sup. ne se recouvrant pas l'un l'autre* et mar-qués ordinairement au sommet d'une tache d'un bleu plus ou moins foncé; *bractéoles placées pendant la floraison sur la courbure même du pédoncule* ou immédiatement au dessous ; petites fl. à pétales plus courts que le calice. ①. Mai et souvent encore en août-septembre.

Blés et champs : Villeurbanne ; Charbonnières; Quincieu; la Bresse.

198. V. AGRESTIS (Jord.). V. AGRESTE. — V. arvensis (Murr. pro parte).

Diffère de la précédente, avec laquelle elle a été long-temps confondue, 1° par la *pubescence cendrée qui recouvre visible-ment toutes ses parties ;* 2° par ses *rameaux formant avec la tige un angle très-ouvert à la maturité;* 3° par les *stipules à lobe du milieu très-grand, se confondant avec les feuilles par sa forme et ses dentelures,* surtout dans les f. inf.; 4° par les pétales supérieurs, qui sont seulement lavés de lilas clair, ou même blanchâtres, et se recouvrent plus ou moins par les bords; 5° par les *bractéoles placées toujours en dessous de la courbure du pédoncule;* 6° par sa capsule plus ovale et à graines plus nombreuses. ④. Mai et presque tout l'été.

Blés, champs : Saint-Alban; Villeurbanne, etc.

9ᵉ FAMILLE. — RÉSÉDACÉES.

Herbes obscures et sans éclat, les Résédacées ont cependant le droit d'attirer notre attention, car elles nous offrent le Réséda odorant, qui embaume nos fenêtres, et la Gaude, qui sert à teindre nos étoffes. Telles on voit des familles, simples et modestes en apparence, embaumer cependant leur intérieur du parfum des plus douces vertus, et enrichir leur pays de leurs solides travaux.

On trouvera dans toutes les Résédacées 1° un *calice de 4-7 sépales inégaux et persistants;* 2° *une corolle de 4-7 pétales très-inégaux et très-irréguliers;* 3° 10-40 *étamines insérées sur un disque charnu;* 4° pour fruit, dans le G. *Reseda,* une capsule à 1 seule loge, s'ouvrant au sommet et terminée par 3-6 styles courts et coniques. Cette capsule est formée en réalité de 3-6 carpelles soudés ensemble dans le G. *Reseda,* mais désunis et ouverts en étoile dans le G. *Asterocarpus,* étranger à notre Flore. Les f. sont toujours alternes, et les fl. en grappes ou épis terminaux.

LXI. RESEDA (L.). RÉSÉDA.

Caractères de la famille.

199. R. PHYTEUMA (L.). R. RAIPONCE.

Tiges de 2-3 déc., celle du milieu dressée, les latérales étalées-redressées; f. atténuées en pétiole, obtuses, rarement bi ou trifides au sommet; 6 *pétales;* 6 *sépales s'allongeant beaucoup après la floraison; capsule bosselée, terminée par 3 dents;* fl. blanchâtres, inodores. ④. Mai-octobre.

Lieux arides, champs sablonneux. C. C.

200. R. LUTEA (L.). R. JAUNE.

Tige de 3-6 déc., ferme, étalée, puis redressée; *f. de la tige 1-2 fois pennatipartites;* 6 *pétales;* 6 *sépales ne s'allongeant pas après la floraison;* fl. jaunâtres. ②. Mai-septembre.

Terres sablonneuses, fentes des vieux murs. C.

201. R. luteola (L.). R. jaunissant. (Vulg. *Gaude*)

Tige de 6-10 déc., droite, ferme; *f. oblongues-lancéolées.*
atténuées en pétiole; *4 sépales*; *4 pétales*; fl. d'un jaune ou
d'un blanc verdâtre, en long épi terminal. ②. Mai-septembre. (*V. D.*)

Terrains incultes : la Pape; Écully, etc.—Cultivé pour la teinture.

10ᵉ Famille. — POLYGALÉES.

Le seul G. *Polygala* compose cette petite famille. Les
plantes indigènes qu'il renferme dans le rayon de notre Flore,
sont toutes herbacées, souvent sous-ligneuses à la base, à f. entières, ordinairement alternes et sans stipules, et à fl. disposées en grappes terminales.

On y remarque 1° *5 sépales très-inégaux,* dont 3 extérieurs
verts et plus petits, et 2 *intérieurs plus grands et colorés,*
nommés ailes; 2° *une corolle de 3-5 pétales frangés et très-ir-*
guliers, plus ou moins soudés à leur base, et formant 2 lèvres
au sommet; 3° *8 étamines soudées par leurs filets* en un tube
fendu adhérent aux pétales, et *ayant leurs anthères séparées*
en deux faisceaux opposés. Le fruit est une capsule unique à
1-2 loges ne contenant chacune que 1 seule graine.

LXII. Polygala (L.). Polygala.

Caractères de la famille.

202. P. vulgaris (L.). P. commun.

Tige ascendante, un peu sous-ligneuse à la base; f. sup.
lancéolées, les inf. plus courtes et plus obtuses; *bractéoles ne*
dépassant jamais les fleurs; ailes à 3 nervures se réunissant
par de nombreux réseaux; capsule obcordée, fl. bleues, roses,
ou plus rarement blanches. ♃. Mai-juin. (*V. D.*)

Bois, prés, pelouses. C. C. C.

b. P. *oxyptera* (Rchb.). — Tiges plus grêles; capsule obcordée dépassant
les ailes du calice — Environs d'Alix.

203. P. comosa (Schk.). P. chevelu.

Diffère du précédent 1° par les ailes, dont les 3 nervures
sont réunies par des réseaux peu nombreux; 2° surtout par
les *bractéoles, qui dépassent les fl. avant leur complet épa-*
nouissement, et qui donnent au sommet des grappes une apparence chevelue; fl. ordinairement roses, rarement bleues
ou blanches. ♃. Mai-juin.

Environs de Crémieux; Bourgoin. R.

204. P. depressa (Wind). P. couché.— P. serpyllifolia (Weihe.).

Plante à saveur herbacée. Tiges à longs rameaux grêles.
couchés, souvent rameux; *f. inf. jamais en rosace, mais op-*

posées, les sup. alternes, plus allongées et plus aiguës ; *ailes
à 3 nervures réunies par des réseaux ramifiés* ; fl. blanchâtres
ou d'un bleu pâle, petites, peu nombreuses. ♃. Mai-juillet.

Pelouses, bruyères : Larajasse; Pilat; la Grande-Chartreuse.

205. P. CALCAREA (Schultz). P. DES TERRAINS CALCAIRES.—P. amarella (Coss.
et Germ., non Crantz.).

*Plante à saveur herbacée. Tiges nombreuses, étalées, allon-
gées; f. situées au bas des rameaux fleuris en rosace irrégulière, obovales-obtuses,* les caulinaires des rameaux fleuris
lancéolées-linéaires; *ailes du calice ovales, à 3 nervures réunies par des réseaux ramifiés;* fl. ordinairement d'un beau
bleu. ♃. Mai-juin.

Prairies : la Grande-Chartreuse.

206. P. AMARA (Jacq.). P. AMER. — P. amarella (Crantz).

Plante à saveur amère, même quand elle est sèche. Tiges
courtes, étalées-redressées; f. inf. étalées en rosace, obovales, obtuses, celles des rameaux fleuris oblongues-cunéiformes; *ailes du calice à 3 nervures, celle du milieu simple, les
latérales seules ramifiées;* fl. d'un beau bleu. ♃. Mai-juillet.
(*V. D.*)

Plaine d'Ambérieux; Colliard; le Jura.

207. P. AUSTRIACA (Crantz). P. D'AUTRICHE.

Diffère du précédent, dont quelques auteurs n'en font qu'une
variété, 1° par les *ailes plus étroites et souvent plus courtes que
la capsule;* 2° par ses *fl.* beaucoup plus petites, *d'un bleu pâle
et cendré,* en grappes peu fournies. ♃. Mai-juin.

Prairies marécageuses : Dessine; Sainte-Croix; Château-Gaillard. R.

208. P. EXILIS (D. C.). P. GRÊLE. — P. parviflora (Lois.).

Plante annuelle. Tiges de 3-6 cent., très-grêles, ramifiées;
f. radicales ovales, celles de tige linéaires, un peu épaisses,
canaliculées, obtuses; *ailes du calice à 1 seule nervure non
ramifiée,* dépassant la corolle; fl. blanchâtres, très-petites, en
grappes lâches. ④.

Marais de Château-Gaillard. R. R. R.

11ᵉ FAMILLE. — DROSÉRACÉES.

C'est dans les prairies marécageuses qu'il faut aller chercher les plantes peu nombreuses de cette petite famille. C'est
là que le *Rossolis,* caché dans la mousse, suspend aux poils
glanduleux de ses feuilles les perles de la rosée du matin, et
y enferme à midi, comme dans un lacet, les moucherons im-
prudents qui vont s'y engager.

Une fleur régulière formée de 5 sépales, de 5 pétales, de

3-10 *étamines, de* 1 *seul ovaire surmonté de* 3-5 *styles ou de* 4 *stigmates sessiles,* forment tous ses caractères. Le fruit est une capsule à 1 ou plusieurs loges. Toutes les espèces sont herbacées.

LXIII. PARNASSIA (Tournef.). PARNASSIE.

Tiges uniflores; 5 écailles nectarifères ciliées à la base des pétales ; 4 *stigmates sessiles.*

209. P. PALUSTRIS (L.). P. DES MARAIS.

Plante glabre. Tige simple de 1-4 déc., portant 1 seule fl. et 1 seule f. embrassante ; les autres f. sont toutes radicales, pétiolées, ovales, en cœur; fl. blanches, veinées. ♃. Juin-septembre. (*V. D.*)

Prairies tourbeuses : Dessine; Vaugneray ; Pilat, etc. P. C.

LXIV. DROSERA (L.). ROSSOLIS.

Hampes multiflores; f. à poils glanduleux, rougeàtres; 3-5 *styles bifides.*

210. D. ROTUNDIFOLIA (L.). R. A FEUILLES RONDES.

Hampes de 8-15 cent., dressées, 3-4 fois plus longues que les f.; *f. à limbe arrondi, brusquement rétréci en pétiole, étalées sur le sol;* fl. petites, blanches, en épi terminal. ♃. Juillet-août. (*V. D.*)

Marais tourbeux des montagnes.

211. D. LONGIFOLIA (L.). R. A FEUILLES ALLONGÉES. — D. anglica (Huds.).

Hampes de 1-2 déc., 2-3 fois plus longues que les f.; *f. dressées, à limbe oblong peu à peu atténué en pétiole;* petites fl. blanches, en épi terminal. ♃. Juillet-août.

Prés tourbeux : Dessine; Sainte-Croix, près Montluel ; aux environs de Belley, entre Prémeysel et Glandieu. R. R.

12ᵉ FAMILLE. — CARYOPHYLLÉES.

Le grand OEillet des jardins, *Dianthus Caryophyllus,* donne son nom à cette famille. Elle ne renferme pas beaucoup de plantes utiles, mais elle en contient un grand nombre d'intéressantes par la grâce de leur port et la beauté de leurs fleurs. Si c'est un mérite d'embellir le séjour où la Providence nous a placés pendant notre courte vie, on peut dire que les Caryophyllées l'ont à un haut degré.

Ce sont des plantes herbacées, rarement sous-ligneuses à la base, à tiges remarquables par des nœuds d'où partent des *feuilles ordinairement opposées, toujours entières. Leurs fleurs, toujours régulières, ont des étamines libres, en nombre égal à celui des pétales, ou en nombre double. Le fruit est une capsule* s'ouvrant le plus souvent par des valves ou des dents (rarement elle est bacciforme et indéhiscente) et terminée par 2-5 styles. *Les graines sont insérées sur un placenta central libre ou à l'angle interne des loges.*

La forme du calice a fait distribuer en deux tribus les quinze genres que nous avons établis.

Iʳᵉ Tribu : **SILÉNÉES**. — Calice monosépale, tubuleux ou campanulé.

LXV. Gypsophila (L.). Gypsophile.

Calice campanulé, à 5 dents plus ou moins profondes; 10 *étamines;* 2 *styles; capsule* uniloculaire, *s'ouvrant au sommet par 4 valves.* Plantes herbacées.

* Calice muni d'écailles à la base.

212. G. saxifraga (L.). G. saxifrage. — Tunica saxifraga (Scop.).

Tige de 1-2 déc., à rameaux nombreux et redressés; f. linéaires en alène, dressées contre la tige; fl. d'un rose pâle, marquées de stries d'un rouge plus foncé. ♃. Juin-août. (*V. D.*)

Lieux arides. C. C. C.

** Calice dépourvu d'écailles.

213. G. muralis (L.). G. des murs.

Tiges de 1-2 déc., grêles, *dressées,* rameuses, *vertes ainsi que les feuilles;* f. linéaires, atténuées aux deux extrémités; pétales crénelés ou échancrés; fl. roses ou rougeâtres, à veines plus foncées. ①. Juillet-septembre. (*V. D.*)

Champs après la moisson, mais non partout.

214. G. repens (L.). G. rampante.

Tiges de 1-4 déc., *couchées, glauques ainsi que les feuilles;* rameaux florifères dressés; f. linéaires, atténuées à chaque extrémité; calice à dents profondes; étamines plus courtes que la corolle; fl. blanches en dedans, rosées en dehors, trèsélégantes. ♃. Juin-août.

Bords du Rhône : la Tête-d'Or; Cordon (Ain); rochers à la Grande-Chartreuse. R.

LXVI. Dianthus (L.). Œillet.

Calice tubuleux, cylindrique, muni d'écailles à la base; pétales longuement onguiculés; 10 *étamines;* 2 *styles; capsule*

uniloculaire, s'ouvrant au sommet par 4 valves. Plantes herbacées, quelquefois à souche sous-ligneuse.

* *Fleurs en tête ou comme agrégées; pétales dentés ou presque entiers.*

215. D. PROLIFER (L.). Œ. PROLIFÈRE.

Tige de 1-4 déc., *glabre ainsi que les feuilles;* f. linéaires-
subulées, finement dentées en scie; *fl.* petites, d'un rose pâle,
*réunies en tête serrée dans un involucre formé d'écailles mem-
braneuses,* blanchâtres et très-inégales. ①. Juin-août.

216. D. ARMERIA (L.). Œ. VELU.

Tige de 2-5 déc., *pubescente;* f. *linéaires, atténuées, pubescentes,* au moins les inférieures; *écailles du calice et bractées* lancéolées, en alène, *herbacées, velues; fl. en faisceaux terminaux,* à pétales rouges, finement ponctués de
blanc. ①. Mai-août.

Bois et pelouses sèches. A. C.

217. D. CARTHUSIANORUM (L.). Œ. DES CHARTREUX.

Souche sous-ligneuse, émettant plusieurs tiges de 2-5 déc.,
dressées; f. toutes linéaires, étroites, aiguës, *soudées à la
base en une gaîne dont la longueur dépasse 4 fois la largeur;*
écailles du calice brunes-scarieuses ou rougeâtres-ferrugi-
neuses, obovales, très-obtuses, aristées, atteignant à peu près
la moitié du tube; 2 bractées oblongues, aristées, scarieuses
au moins sur les bords; *fl.* rouges, ordinairement *agrégées au
sommet de la tige,* à pétales finement poilus en dessus. ♃.
Juin-août. (V. D.)

b. D. *atrorubens* (Lois. non All.). Fleurs plus nombreuses et plus serrées ;
limbe des pétales d'un rouge plus foncé, glabres en dessus.

c. D' *uniflorus* (Coss. et Germ.). Tige ne portant que 1-2 fleurs.

Pelouses sèches, bois sablonneux. C. C.—Les variétés plus rares.

** *Fleurs solitaires, géminées, ou en fausse panicule; pétales dentés,
crénelés ou presque entiers.*

218. D. DELTOIDES (L.). Œ. DELTOÏDE.

Tiges de 1-4 déc., couchées à la base, *légèrement rudes,
pubescentes, ainsi que les feuilles;* f. lancéolées-linéaires,
celles des tiges stériles plus courtes, plus obtuses, les caulinaires dressées; 2-4 *écailles calicinales,* les extérieures linéaires, les intérieures plus larges, plus arrondies, quoique terminées aussi en alène, *toutes de moitié ou du tiers environ
plus courtes que le calice; fl.* solitaires, ou 2-4 en une espèce
de grappe, à pétales rouges, parsemés de petits points plus
foncés ou blancs. ♃. Juin-août. (V. D.)

Prés et bois sablonneux : Charbonnières; Tassin; le Bois-d'Art; Pilat. P. C.

219. D. SYLVESTRIS (Jacq., D. C., Prodr.). Œ. SAUVAGE — D. Scheuchzeri (Rchb.). — D. caryophyllus (Fl. lyonn).

Tige de 2-4 déc., *dressée-ascendante, dépourvue de rejets stériles à la base ou n'en ayant que de très-courts ;* f. d'un vert pâle ou glaucescentes, très-étroites, canaliculées, légèrement rudes ; *écailles du calice 4-5 fois plus courtes que le tube, ovales, obtuses, brusquement contractées en une courte pointe ;* fl. grandes, roses, inodores ou peu odorantes, solitaires ou 2-3 par tige, à pétales glabres en dessus. ♃. Juillet-août.

Coteaux secs : la Pape jusqu'à Miribel ; Feyzin, etc.

— M. Jordan en a détaché le D. *saxicola* (Jord.). On le reconnaît à ses tiges plus basses, à ses *pédoncules* moins étalés, *presque fasciculés au sommet,* à ses écailles calicinales contractées en pointe moins courte et moins abrupte, aux dents des pétales très-finement ciliées quand on les regarde à une forte loupe, et surtout à *sa floraison plus précoce d'un mois.* — ♃. Mai-juin. — Dessine ; Crémieux ; le Bugey.

220. D. CŒSIUS (Smith). Œ. BLEUATRE.

Tige de 5-15 déc., *ordinairement uniflore, munie à la base de rejets radicants très-rameux et gazonnants ;* f. d'un glauque bleuâtre, linéaires-lancéolées, rudes sur les bords ; *écailles du calice 3-4 fois plus courtes que le tube, ovales, atténuées en pointe très-courte ;* fl. couleur de chair, rarement rouges, grandes, *à pétales pubescents à la gorge.* ♃. Juin-juillet.

Fentes des rochers et pelouses arides : Pierre-sur-Haute ; la Grande-Chartreuse ; le Reculet. R. R.

221. D. GRANITICUS (Jord). Œ. DES TERRAINS GRANITIQUES.—D. hirtus (Auct. gall. ex parte non Vill.).

Souche émettant de nombreuses tiges, les unes stériles, les autres florifères. *Tiges* de 1-3 déc., *grêles,* anguleuses, glabres au moins dans les deux tiers supérieurs ; f. 'linéaires, denticulées et rudes sur les bords, *étalées-dressées ou même déjetées, marquées de 3 nervures bien prononcées ; écailles calicinales d'un vert pâle, rosées sur les bords,* atteignant presque la moitié du tube, *les extérieures plus étroites et acuminées,* les intérieures cuspidées ; fl. rouges, plus pâles au centre, de la grandeur de celles du D. *Carthusianorum,* solitaires, géminées, ou 3-4 en fausse panicule, mais ne fleurissant que successivement, *à pétales barbus à la gorge.* ♃. Juin-juillet.

Environs de Saint-Étienne (Loire). R. R.

222. D. SYLVATICUS (Hoppe). Œ. DES FORÊTS.

Souche émettant de longs rejets couchés ; tige de 1-4 déc., ascendante, anguleuse ; f. molles, lancéolées, longuement atténuées à la base et *marquées de 3 nervures distantes ; calice d'un brun violet foncé, à écailles toutes ovales,* non ciliées, dressées-appliquées, terminées brusquement en une pointe courte atteignant tout au plus la moitié du tube; *pétales roses ou rouges, barbus et marqués à la gorge de taches plus foncées;* fl. solitaires ou géminées, rarement plus nombreuses, et alors en fausse panicule. ♃. Juin-août.

Saint-Sauveur, en Rue, au sommet du bois de Taillard, dans les bruyères (abbé Seytre).

⁺⁺⁺ *Pétales profondément divisés en lanières multifides.*

223. D. SUPERBUS (L.). Œ. SUPERBE.

Tige de 3-5 déc., dressée, glabre, souvent solitaire; f. vertes, lancéolées-linéaires, acuminées, un peu rudes sur les bords; écailles du calice ovales, acuminées-aristées, 3-4 fois plus courtes que le tube; *pétales barbus à la gorge et divisés en lanières multifides au delà de la moitié du limbe;* fl. grandes, à suave odeur, roses ou blanches, souvent verdâtres et à poils purpurins à la gorge. ② ou ♃. Juin-août. (*V. D.*)

Prairies marécageuses et bois humides : Charvaz; Pierre-sur-Haute, sur la lisière des bois de Loule; et dans l'Ain, au bois du Chenavaret sur la route de Saint-Rambert; bois au dessus de Saint-Germain; Evoges, dans les bruyères.—Jardins.

224. D. MONSPESSULANUS (L.). Œ. DE MONTPELLIER.

Souche rameuse, émettant plusieurs tiges couchées à la base et ensuite ascendantes. Tiges de 2-4 déc., anguleuses; f. linéaires, allongées, très-aiguës, un peu rudes sur les bords; écailles du calice ovales, scarieuses, mais terminées par une arête verte égalant à peu près la moitié du tube; *pétales non barbus à la gorge et divisés en lanières qui ne dépassent pas la moitié du limbe;* fl. assez grandes, roses, 2-3 par tige. ♃. Juillet-août.

Prés et bois : la Grande-Chartreuse; le Reculet.

LXVIII. SAPONARIA (L.). SAPONAIRE.

Calice tubuleux, à 5 dents, *sans écailles à la base;* 5 pétales à long onglet; 10 étamines; 2 *styles;* capsule uniloculaire s'ouvrant au sommet par 4 dents. Plantes herbacées.

* *Calice en pyramide, à 5 angles ailés.*

225. S. VACCARIA (L.). S. DES VACHES. — Gypsophila vaccaria (Smith).

Plante glabre et glauque. Tige de 2-6 déc., rameuse-dichotome au sommet; f. ovales-lancéolées, sessiles, légèrement connées à la base; pétales nus à la gorge; fl. roses, en corymbe lâche. ①. Juin-juillet. (*V. D.*)

Moissons. P. C.

" Calice cylindrique, sans angles saillants.

226. S. OFFICINALIS (L.). S. OFFICINALE.

Tige de 3-6 déc., grosse, *droite,* glabre ou légèrement pubérulente, ainsi que les feuilles; f. oblongues-elliptiques, atténuées en court pétiole, marquées de trois nervures; *calice glabre;* pétales couronnés (1) à la gorge; fl. roses ou d'un blanc rosé, fasciculées en corymbe. ♃. Juillet-septembre. (*V. D.*)

Lieux frais. — Cultivée à fleurs simples et doubles.

227. S. OCYMOIDES (L.). S. FAUX BASILIC.

Tiges de 1-4 déc., *couchées,* dichotomes, velues; f. à une seule nervure, ciliées, les inf. obovales et atténuées en pétiole, les sup. elliptiques ou lancéolées; *calice velu-glanduleux;* pétales couronnés à la gorge; fl. rouges, en corymbe paniculé. ♃. Main-juin.

Coteaux secs et pierreux : Condrieu; Malleval; Bœuf; Thélis-la-Combe, près du hameau de la Villette; Crémieux. A. R.

LXVIII. CUBUBALUS (L.). CUCUBALE.

Calice campanulé, à 5 dents profondes, sans écailles à la base; 5 pétales à onglet; 10 étamines; 3 *styles; baie indéhiscente* et uniloculaire. Plantes herbacées.

228. C. BACCIFERUS (L.). C. PORTE-BAIES.

Longues tiges pubescentes, se soutenant sur les plantes voisines, et ramifiées à angle droit; f. ovales, un peu acuminées, atténuées en court pétiole, pubescentes et ciliées; baie noire et luisante à la maturité; fl. verdâtres, en panicule lâche et feuillée. ♃. Juin-août.

Haies : Écully : Sainte-Foy, etc. C.

LXIX. SILENE (L.). SILÈNE.

Calice à 5 dents, sans écailles à la base; 5 pétales à onglet: 10 étamines; 3 *styles; capsules à 3 loges, s'ouvrant au sommet par 6 valves.* Plantes herbacées.

* Calice glabre.

229. S. INFLATA (Smith). S. A CALICE ENFLÉ. — Cucubalus behen (L.).

Tige de 3-5 déc., rameuse, ordinairement glauque, ainsi que les feuilles; f. elliptiques ou lancéolées, acuminées, sessiles; *calice glabre, ballonné, réticulé,* à dents larges et cour-

(1) On appelle *couronnés* les pétales qui sont munis chacun d'une ou deux petites écailles formant par leur réunion une couronne à la gorge de la corolle.

tes; *pétales bipartits, non couronnés;* fl. blanches, en panicule terminale di ou trichotome, et manquant souvent d'étamines ou de carpelles. ♃. Mai-septembre. (*V. D.*)

Bord des chemins, champs, prés. C. C. C.

b. S. *angustifolia* (Koch). F. linéaires-lancéolées, beaucoup plus étroites
que dans le type. — D'Argis aux Hôpitaux (Ain). R.

230. S. ARMERIA (L.). S. ARMÉRIE.

- *Plante glabre et glauque.* Tige de 2-6 déc., rameuse, un peu
visqueuse au dessous des nœuds sup.; f. ovales ou oblongues,
sessiles; *calice en massue allongée, marqué de 10 stries; pétales
entiers,* couronnés d'appendices aigus; fl. élégantes, roses,
quelquefois blanches, en faisceaux corymbiformes. ④. Juin-
septembre. (*V. D.*)

Bords du Garon; au dessus des étangs de Lavore; Rive-de-Gier; Saint-Chamond; dépendances de Pilat. A. R.— Jardins

231. S. QUADRIFIDA (L.). S. A QUATRE DENTS. — Heliosperma quadrifida (Al.
Brown.). — Silene quadridenta (D. C.).

Plante glabre et gazonnante. Tiges de 1-2 déc., filiformes,
à rameaux dichotomes; *f. linéaires,* les inf. spatulées; *calice
d'abord obconique, puis turbiné; pétales* couronnés, *divisés
en quatre dents inégales;* petites fl. d'un blanc de lait, rarement roses. ♃. Juillet-août.

Rochers élevés : la Grande-Chartreuse ; le Reculet.

232. S. ACAULIS (L.). S. SANS TIGE.

Plante glabre, étalée en gazon très-serré sur les rochers.
*Tige très-courte ou nulle; f. linéaires, en alène piquante;
calice campanulé;* pétales couronnés, légèrement échancrés;
fl. d'un beau rose, terminales, solitaires, souvent dioïques. ♃.
Juillet-août,

Rochers humides au Grand-Som.

233. S. OTITES (Smith). S. DIOÏQUE.— Cucubalusotites (L.).

Tige droite, à rameaux de la panicule opposés ou verticillés; f. radicales spatulées, longuement atténuées en pétiole,
les caulinaires lancéolées-linéaires, peu nombreuses; *calice
tubuleux-campanulé; pétales linéaires, entiers, non couronnés;* fl. petites, nombreuses, d'un blanc ou d'un jaune verdâtre, en panicule terminale. ♃. Mai-juillet.

Coteaux secs et sablonneux : la Pape ; Villeurbanne ; Saint-Alban près
Lyon, etc. P. R.
— Tantôt la plante est dioïque. tantôt elle porte des fl. les unes à étamines,
les autres à carpelles, les autres complètes.

'' *Calice velu ou pubescent.*

234. S. GALLICA (L.). S. DE FRANCE.

Plante plus ou moins velue et visqueuse dans le haut. Tige

de 2-5 déc.; f. oblongues, les inf. spatulées; *calice laineux, d'abord tubuleux, puis ovoide;* pétales couronnés, entiers, denticulés ou un peu échancrés; fl. blanchâtres ou rosées, en grappes souvent unilatérales. ①. Mai-juillet.

Champs sablonneux : Dessine ; Saint-Alban, près Lyon ; sur les bords de l'Azergue. R.

b. S. *cerastoides* (Vill.). Pétales un peu échancrés, à limbe dressé verticalement. ② ou ♃ ?— Beaujolais, rives de l'Ardière. R. R.

235. S. NUTANS (L.). S. PENCHÉ.

Plante pubescente, visqueuse au sommet. Tige de 3-6 déc., droite ou ascendante; f. inf. en spatule, atténuées en pétiole ailé, *les caulinaires lancéolées-linéaires; calice tubuleux, à dents aiguës; pétales bifides et couronnés;* fl. d'un blanc sale ou d'un blanc rosé, en *panicule* terminale, *penchée avant la floraison.* ♃. Mai-juin. (*V. D.*)

Collines arides, prés secs. A. C.

236. S. ITALICA (Pers.). S. D'ITALIE.

Plante pubescente, à rameaux quelquefois un peu visqueux. Tige de 5-6 déc., droite ou ascendante; f. inf. spatulées, atténuées en pétiole ailé, les caulinaires lancéolées et devenant de plus en plus étroites à mesure qu'on se rapproche du sommet; *calice en massue, à dents obtuses; pétales bifides, non couronnés;* fl. blanchâtres, plombées en dessous, en *panicule* terminale et *dressée.* ♃. Mai-juin.

Coteaux pierreux et bien exposés : Écully ; la Pape ; Oullins ; Saint-Alban près Lyon. A. R.

237. S. CONICA (L.). S. A CALICE CONIQUE.

Plante pubescente-grisâtre. Tige de 1-4 déc., dichotome au sommet; f. linéaires-lancéolées; *calice ovale-conique à 30 stries et à longues dents subulées; pétales bilobés et couronnés;* capsule ovale-oblongue; fl. roses. ①. Mai-juin.

Lieux secs et sablonneux : la Pape ; Villeurbanne; Saint-Alban, etc. P. R.

LXX. LYCHNIS (L.). LAMPETTE.

Calice à 5 dents, sans écailles à la base ; 5 pétales à onglet et ordinairement couronnés; 10 étamines ; 5 *styles; capsule* uniloculaire ou à 5 loges à la base, et *s'ouvrant au sommet par* 5 *ou* 10 *dents.* Plantes herbacées.

* *Capsule à* 5 *loges à la base.*

238. L. VISCARIA (L.). L. VISQUEUSE.— Viscaria purpurea (Wimm.).

Tige de 3-6 déc., rougeâtre au sommet, couverte d'un enduit visqueux et noirâtre au dessous des nœuds supérieurs;

f. glabres, ciliées à la base, les radicales atténuées en pétiole
et presque spatulées, les caulinaires lancéolées ; calice coloré,
à la fin en massue ; pétales couronnés, entiers ou à peine
échancrés ; fl. rouges, en grappe paniculée et interrompue. ♃.
Juin-juillet. (V. D.)

Bois à Charbonnières. R. — Cultivée à fl. doubles dans les jardins.

** Capsule uniloculaire, s'ouvrant par 5 dents.

239. L. FLOS CUCULI (L.). L. A FLEUR DE COUCOU.

Tige de 2-6 déc., pubescente-hispide, un peu visqueuse au
sommet ; f. radicales atténuées en pétiole, les caulinaires lancéolées, de plus en plus étroites ; calice à 10 côtes rougeâtres,
à la fin globuleux-campanulé ; *pétales couronnés, profondément
déchiquetés en 4 lanières inégales et divergentes ;* fl. roses, rarement blanches, en panicule lâche. ♃. Mai-juin. (V. D.)

Prés et bois humides. C. — Cultivée à fl. doubles.

240. L. GITHAGO (Lamk.). L. NIELLE. — Agrostemma githago (L.).

Plante couverte de poils soyeux et blanchâtres. Tige de
3-10 déc., dressée ; f. linéaires, allongées ; *calice* à longs poils
soyeux et *à 5 dents foliacées dépassant les pétales ; pétales non
couronnés, entiers, ou à peine échancrés ;* fl. grandes, rouges ou
passant au violet, rarement blanches, solitaires. ①. Mai-août.
(V. D.)

Moissons. C. C. C.

*** Capsule uniloculaire, s'ouvrant par 10 dents.

241. L. DIOICA (L.). L. DIOÏQUE. — L. vespertina (Sibth). — Silene pratensis
(Gren. et Godr.). — Melandrium pratense (Roehling).

Plante velue, plus ou moins glanduleuse au sommet. Tige
de 3-8 déc., rameuse ; f. ovales ou oblongues-lancéolées
molles, les inf. atténuées en pétiole ; calice anguleux, peu renflé
dans les fl. à étamines, devenant ovoïde dans les fl. à carpelles ;
pétales profondément bilobés ; *capsule à dents dressées ;* fl. ordinairement blanches, dioïques. ♃. Mai-juillet.

Haies et champs incultes. C. C. C.

242. L. SYLVESTRIS (Hoppe). L. DES BOIS. — L. diurna (Sibth.). — Silene
diurna (Gren. et Godr.). — Melandrium sylvestre (Roehl.).

Plante velue, un peu glanduleuse au sommet. Tige de
3-8 déc., rameuse ; f. ovales ou oblongues, acuminées, les inf.
atténuées en pétiole ; calice comme dans le précédent ; pétales profondément bilobés ; *capsule à dents roulées en dehors
à la maturité ;* fl. ordinairement rouges, dioïques. ♃. Mai-
août. (V. D.)

Bois humides , buissons ombragés sur les bords de la Saône, de l'Azergue
de l'Ardière ; Pilat. P. C. — Cultivée à fl. doubles.

IIe Tribu : ALSINÉES. — Calice à 4 ou 5 sépales libres ou à peine soudés à la base.

LXXI. Buffonia (L.). Buffonie.

4 sépales; 4 pétales entiers ou bidentés, plus courts que le calice; 4 ou 8 étamines; 2 *styles; capsule* comprimée *à* 2 *valves et* 2 *graines.* Plantes herbacées ou un peu sous-ligneuses à la base.

243. B. macrosperma (Gay). B. a grosses graines. — B. annua (D. C. pro parte). — B. tenuifolia (Vill. non L.).

Tiges de 1-3 déc., grêles, rameuses, étalées; f. très-étroites, subulées, plus larges et connées à la base; *sépales* acuminés, *à* 5 *nervures se prolongeant presque jusqu'au sommet; grosses graines fortement tuberculeuses;* 4 *étamines à filets atteignant à peine le quart des sépales;* fl. petites, à pétales blancs, en petites grappes paniculées. ①. Juillet-août.

Lieux secs et pierreux : le Mont-Cindre; le Mont-Tout; la Pape. A. R.

244. B. perennis (Pourr.). B. vivace.

Diffère de la précédente 1° par sa *souche vivace* et par ses tiges un peu sous-ligneuses à la base; 2° par ses 8 *étamines à filets égalant environ la moitié des sépales;* 3° par les *pédicelles* des fl., qui sont non seulement rudes, mais *tuberculeux.* ♃. Juin-juillet.

Cogny : Rivollet. R. R.

LXXII. Sagina (L.). Sagine.

4 *sépales;* 4 *pétales* entiers, rarement un peu émarginés, plus courts que les sépales et quelquefois nuls; 4 *étamines;* 4 *styles; capsule polysperme, s'ouvrant au sommet par* 4 *(rarement* 8) *dents.* Petites plantes herbacées.

Capsule s'ouvrant par 4 dents au sommet.

245. S. procumbens (L.). S. couchée.

Plante glabre de 3 à 8 cent. *Tiges* nombreuses, étalées-diffuses, *radicantes; f.* linéaires, légèrement mucronées, *jamais ciliées; sépales ouverts après la floraison;* pétales 2-3 fois plus courts que le calice, manquant quelquefois; petites fl. verdâtres, à *pédicelles glabres, arqués après la floraison.* ①. Avril-octobre.

Lieux sablonneux et humides.

— Il faut placer ici le S. *muscosa* (Jord.), qui diffère de la plante que nous venons de décrire 1° par sa *racine vivace;* 2° par ses sépales *parfaitement appliqués sur le fruit; 3° par ses pétales apparents,* quoique deux fois au moins plus courts que le calice ; 4° par ses *pédicelles dressés aussitôt après la floraison.* ♃. Juillet.

Le Mont-Pilat.

246. S. APETALA (L.). S. SANS PÉTALES.

Tiges de 4-10 cent., rameuses, *jamais radicantes,* un peu redressées; *f.* linéaires, mucronées, *ciliées au moins à la base ; sépales tout à fait étalés en croix à la maturité;* pétales 4-5 fois au moins plus courts que le calice, souvent nuls; petites fl. verdâtres, à *pédicelles pubescents, droits ou peu courbés après la floraison.* ①. Mai-juillet.

Tassin ; Montribloud. R.

247. S. PATULA (Jord.). S. ÉTALÉE.

Tiges de 5-15 cent., non radicantes, rameuses dès la base, à rameaux filiformes, arqués-ascendants, paraissant glabres à l'œil nu, mais parsemés de glandes quand on les voit à la loupe; f. glabres, linéaires, terminées par une fine arête; *sépales appliqués sur le fruit à la maturité; pétales 8-10 fois plus courts que le calice;* fl. petites, vertes, à *pédicelles d'abord dressés après la floraison,* ensuite un peu penchés, puis à la fin droits et un peu étalés. ① Mai-juin.

Quincieu; Génas. R.

** *Capsule s'ouvrant par 8 dents.*

248. S. ERECTA (L.). S. DRESSÉE.—Mœnchia erecta (Fl. der Wett.).—Cerastium erectum (Coss. et Germ.).—Cerastium quaternellum (Fenzl.).

Plante glauque et très-glabre. Tiges de 5-10 cent., grêles, dressées, simples ou dichotomes; petites feuilles lancéolées-linéaires; sépales aigus, argentés sur les bords, d'un tiers plus longs que les pétales; petites fl. à pétales blancs, 1-3 sur chaque pédoncule. ①. Avril-août.

Champs sablonneux, pelouses humides: plaine de Royes; Chaponost; Charbonnières; Craponne; Mornant; Saint-Chamond. P. C.

LXXIII. SPERGULA (L.). SPARGOUTTE.

5 *sépales;* 5 *pétales* entiers; 5 *ou* 10 *étamines;* 5 *styles; capsule polysperme, s'ouvrant par 5 valves.* Plantes herbacées.

* *Feuilles opposées, sans stipules.*

249. S. NODOSA (L.). S. NOUEUSE.—Sagina nodosa (Meyer).

Tiges de 1-2 déc., filiformes, couchées à la base, puis redressées; f. linéaires, *les sup.* plus courtes, *portant à leur aisselle des faisceaux de petites feuilles,* et paraissant ainsi verticillées; *pétales plus longs que le calice;* fl. blanches, portées sur des pédoncules filiformes. ♃. Juillet-août.

Prairies marécageuses : Dessine; Vaux; îles du Rhône. R.

4

250. S. SAGINOIDES (L.). S. FAUSSE SAGINE. — S. saxatilis (Wimm.). — Sagina Linnæi (Presl.).

Tiges de 3-10 cent., gazonnantes, en touffes étalées; f. linéaires; *pétales plus courts que le calice*; sépales appliqués sur le fruit après la floraison; petites *fl. portées sur des pédoncules penchés après la floraison* et redressés à la maturité. ⚥. Juillet-août.

Le Mont-Pilat; le Reculet. R.

— Cette plante ressemble beaucoup au *Sagina procumbens* (L.) et au *Sagina muscosa* (Jord.), avec lequel elle croît souvent. Elle diffère de tous les deux par le nombre quinaire des organes de la fleur; et de plus, du premier, par ses sépales parfaitement appliqués sur le fruit après la floraison et par sa racine vivace; du second, par ses pétales deux fois plus grands et par ses pédicelles dressés aussitôt après la floraison.

** *Feuilles verticillées et stipulées.*

251. S. ARVENSIS (L.). S. DES CHAMPS.

Tige de 1-4 déc., rameuse-dichotome; *f.* linéaires, *marquées en dessous d'un sillon*; graines entourées d'une aile membraneuse très-étroite; 10 (rarement 5) étamines; fl. blanches. ①. Mai-juillet.

Moissons. C C. C. — Cultivée pour fourrage.

a. S. *vulgaris* (Boënng.). Graines entourées de petites aspérités d'abord blanches, puis brunes.

b. S. *sativa* (Boënng.). Graines chargées de petites aspérités noires.

252. S. PENTANDRA (L.). S. A CINQ ÉTAMINES.

Tige de 1-2 déc., rameuse; *f.* linéaires, *non sillonnées en dessous; graines entourées d'une aile blanche-scarieuse, égalant au moins leur diamètre;* 5 étamines, rarement 10; fl. blanches *à pétales aigus.* ①. Avril-mai.

Vallée de Bonnand.

253. S. MORISONII (Boreau). S. DE MORISON.

Diffère de la précédente, avec laquelle elle a été longtemps confondue, 1° par ses *graines entourées d'une aile dont la largeur égale à peine leur diamètre;* 2° par ses *pétales obtus;* 3° par ses fl. en verticilles beaucoup plus fournis. ①. Mars-mai.

Champs sablonneux : Vaugneray; vallée du Garon; rochers de Pilat et de Lavalla.

LXXIV. MÆHRINGIA (L.). MÆHRINGIE.

4 *sépales;* 4 *pétales égalant au moins le calice;* 8 *étamines;* 2 *styles;* capsule polysperme, à 4 valves. Plantes herbacées.

254. M. MUSCOSA (L.). M. MOUSSUE.

Plante glabre et d'un vert gai. Tiges nombreuses, faibles,

entrelacées; f. linéaires, filiformes, allongées; petites fl. d'un blanc pur, portées sur de longs pédoncules axillaires et filiformes. ♃. Juin-août.

Rochers humides: Pilat; la Grande-Chartreuse; Pierre-Châtel.

LXXV. ARENARIA (L.). SABLINE.

5 (*rarement 4*) *sépales*; 5 (*rarement 4*) *pétales* entiers ou à peine échancrés; 10 étamines, rarement moins; 3 ou 5 *styles*; *capsule* polysperme, *s'ouvrant par 3, 4, 5 ou 6 valves.* Plantes herbacées.

ᵃ *Feuilles à stipules scarieuses; 5 styles. — Lepigonum (Wahl.).*

255. A. SEGETALIS (Lamk.). S. DES MOISSONS. — Lepigonum segetale (Koch). — Alsine segetalis (L.). — Spergula segetalis (Vill.). — Spergularia segetalis (Fenzl.).

Tiges de 6-15 cent., filiformes, très-rameuses, *dressées, glabres*; f. filiformes, sétacées; *sépales* membraneux, marqués sur le dos d'une ligne verte, *de moitié plus longs que les pétales*; pédicelles capillaires, déjetés après la floraison. Petites *fl. blanches.* ④. Mai-juin.

Moissons des terrains sablonneux: Charbonnières; Montribloud; Cordieu. R.

256. A. RUBRA (L.). S. A FLEURS ROUGES. — Lepigonum rubrum (Wahl.). — Spergularia rubra (Pers.).

Tiges de 1-2 déc., *couchées, pubescentes*, souvent visqueuses; f. linéaires, un peu charnues; *sépales scarieux seulement sur les bords*, du reste verts et à poils glanduleux; pédoncules réfléchis après la floraison; *pétales égalant le calice; fl. rouges.* ④. Mai-août.

Champs sablonneux. P. R.

** *Feuilles sans stipules.*

† *Capsule s'ouvrant au sommet par 3 valves; 3 styles. — Alsinées. (Koch).*

257. A. TENUIFOLIA (L.). S. A FEUILLES ÉTROITES. — Alsine tenuifolia (Wahl).

Tige de 5-15 cent., filiforme, rameuse-dichotome; *f. linéaires, en alêne, à trois nervures; sépales* acuminés, membraneux sur les bords, *à trois nervures, bien plus longs que les pétales*; petites fl. blanches, paniculées. ④. Mai-septembre.

b. A. *viscidula* (Thuill.). Pédoncules garnis de petits poils glanduleux et étalés; ordinairement 3-5 étamines.

c. A. *hybrida* (Vill.). Diffère de l'A. *viscidula* par les pétales dépassant la moitié du calice, par les étamines, qui sont le plus souvent au nombre de 10, et par la capsule un peu plus longue que les sépales.

Champs sablonneux, coteaux arides, murs, etc. C. C.—Les variétés plus rares.

258. A. FASCICULATA (Gouan). S. FASCICULÉE. — Alsine Jacquini (Koch).

Tige de 1-3 déc., rameuse, dressée, raide; f. sétacées, en alène, trinervées à la base; *sépales acuminés, marqués sur le dos de deux lignes vertes assez rapprochées, deux fois environ plus longs que les pétales; petites fl.* blanches, *disposées en faisceaux formant une panicule serrée.* ①. Juillet-août.

La Pape ; graviers du Rhône à Dessinç. R. R.

259. A. VERNA (L.). S. PRINTANIÈRE. — Alsine verna (Bartl.).

Plante gazonnante, à tiges florifères droites ou ascendantes; *f. linéaires, en alène, marquées de trois nervures; sépales ovales-lancéolés, trinervés,* me mbraneux sur les bords, *plus courts que les pétales;* petites fl. blanches, peu nombreuses. ♃. Juin-juillet.

La Grande-Chartreuse; le Reculet.

260. A. STRIATA (Vill.). S. STRIÉE. — A. laricifolia (D. C.). — A. liniflora (Gaud). — Alsine Bauhinorum (Gay).

Plante gazonnante, à tiges florifères ascendantes; *f. linéaires, filiformes, sans nervures ou à une seule peu marquée,* un peu cendrées, finement ciliées; *sépales obtus,* membraneux au sommet, *trinervés dans leur moitié inf., pubescents-glanduleux, plus courts que les pétales;* fl. blanches, grandes, solitaires, ou 2-4 sur des pédoncules terminaux pubescents-glanduleux. ♃. Juillet-août.

Le Reculet.

†† *Capsule s'ouvrant au sommet par 6 valves; 3 styles. —*
Arenaria (Koch).

261. A. SERPYLLIFOLIA (L.). S. A FEUILLES DE SERPOLET.

Plante pubescente. Tige de 1-2 déc., étalée ou ascendante, rameuse-dichotome; *petites f. ovales-aiguës, sessiles; sépales lancéolés, acuminés, trinervés, scarieux sur les bords, beaucoup plus longs que les pétales;* petites fl. blanches, paniculées. ②. Mai-août.

Partout.

262. A. CILIATA (L.). S. A FEUILLES CILIÉES.

Tiges gazonnantes, couchées-ascendantes; *f. ovales-aiguës. ciliées, atténuées en un très-court pétiole ailé; sépales à nervures saillantes sur le sec, plus courts que les pétales;* fl. d'un -blanc de lait, paniculées. ♃. Juillet-août.

La Grande-Chartreuse; le Reculet.

263. A. TRINERVIA (L.). S. A FEUILLES TRINERVÉES. — Mæhringia trinervia (Clairv.).

Tiges de 1-3 déc., couchées-ascendantes, rameuses-dichotomes; *f. les plus larges du genre, ovales-aiguës, marquées de 3-5 nervures, les inf. à pétiole presque aussi long que le limbe; sépales aigus, à trois nervures, la moyenne plus saillante et en carène ciliée; pétales beaucoup plus courts que le calice;* petites fl. blanches. ①. Mai-juillet.

Lieux humides et ombragés. C.

LXXVI. Holostæum (L.). Holostée.

5 sépales; 5 pétales ovales, *denticulés;* 5 (quelquefois 3-4) *étamines; 3 styles; capsule* polysperme, *s'ouvrant par 6 valves.* Plantes herbacées.

264. H. UMBELLATUM (L.). H. EN OMBELLE.

Tige de 5-15 cent., pubescente-glanduleuse au sommet; f. oblongues, glauques, glabres; fl. blanches ou un peu rosées, en ombelle, portées sur des pédicelles inégaux, penchées après la floraison. ④. Avril-mai. (*V. D.*)

Champs, vignes, murs. C.

LXXVII. Stellaria (L.). Stellaire.

5 sépales; 5 pétales bifides ou bipartits (manquant dans une espèce); ordinairement 10 *étamines; 3 styles;* capsule polysperme, s'ouvrant par 6 valves. Plantes herbacées.

265. S. NEMORUM (L.). S. DES BOIS.

Tige de 2-4 déc., ascendante, *pubescente au sommet; f. en cœur, ovales-acuminées, les inf. longuement pétiolées, les sup. sessiles; pétales* profondément *bifides, deux fois plus longs que les sépales;* fl. blanches, en panicule dichotome. ②. Juillet-août. (*V. D.*).

Bois : Pilat; la Grande-Chartreuse.

266. S. MEDIA (Vill.). S. MOYENNE. — Alsine media (L.). (Vulg. *Mouron des oiseaux.*)

Tige étalée-diffuse, parfois redressée, rameuse-dichotome, *présentant latéralement une ligne de poils qui court d'un nœud à un autre, alternativement de chaque côté;* f. ovales-aiguës, les inf. un peu pétiolées; *pétales* bipartits, *plus courts que les sépales ou ne les dépassant pas;* fl. blanches. ④ Presque toute l'année. (*V. D.*)

Partout.

267. S APETALA (Ucria). S. SANS PÉTALES.

Diffère de la précédente 1° par ses tiges plus grêles et ses

f. plus étroites et d'un vert plus pâle ; 2° par l'*absence de pétales ;* 3° par les étamines moins nombreuses, ordinairement 2-3. Les *sépales* sont étroits et *marqués d'une tache
noire au dessous du sommet.* ①. Printemps et automne.

Saint-Irénée ; au Point-du-Jour; Saint-Alban, près Lyon. R.

268. S. HOLOSTÆA (L.). S. HOLOSTÉE.

Tige de 4-8 déc., ascendante, rameuse-dichotome, ferme,
quadrangulaire, glabre; f. lancéolées, longuement acuminées,
sessiles, *rudes sur les bords et sur la carène ; bractées vertes ;
pétales* très-profondément bifides, *deux fois plus longs que
les sépales;* capsule globuleuse; fl. grandes, d'un blanc pur .
en corymbe. ♃. Avril-juin. (*V. D.*)

Bois, haies, prés. C. C. C.

269. S. GLAUCA (With.). S. GLAUQUE.

Tige de 4-6 déc., droite, faible, *quadrangulaire,* rameuse-
dichotome, *glabre* et glauque, *ainsi que les f.;* f. linéaires-
lancéolées, aiguës, sessiles ; *bractées membraneuses et non
ciliées sur les bords; pétales* bipartits, *1-2 fois plus longs que
le calice;* capsule ovale-oblongue; fl. blanches, en corymbe.
♃. Juin-juillet.

Prés humides et marécageux : Yvour ; dans l'Ain, environs de Saint-Didier-
sur-Chalaronne. R. R.

270. S. GRAMINEA (L.). S. A FEUILLES DE GRAMINÉE:

Tige de 2-6 déc., faible et se soutenant à peine, *quadrangulaire,* rameuse-dichotome, *glabre*; f. linéaires-lancéolées,
ciliées à la base; *bractées membraneuses et ciliées sur les
bords; pétales* bipartits, *plus courts que les sépales ou les
dépassant peu;* fl. blanches, en corymbe. ♃. Mai-août.

Haies et bord des bois .A. C.

271. S. ULIGINOSA (Murr.). S. DES FANGES. — Larbræa aquatica (St.-Hil.).—
     Stellaria aquatica (Poll.). —Stellaria alsine (Wild.).

Tiges de 1-4 déc., couchées, *quadrangulaires, glabres,*
rameuses-dichotomes; f. sessiles, oblongues-lancéolées, ciliées
à la base, molles; *pétales bipartits, plus courts que les sépales; bractées membraneuses et non ciliées sur les bords;* petites
fl. blanches, en cymes terminales et axillaires le long de la
tige. ①. Mai-juillet.

Fossés et lieux humides : Chaponost ; Brignais ; Pollionnay: Vaux ; Pilat.
P. C.

LXXVIII. CERASTIUM (L.). CÉRAISTE.

5 sépales; 5 *pétales bifides ou bipartits* (rarement seulement échancrés); 10 ou 5 étamines; 5 *styles; capsule* polysperme, *s'ouvrant par 5 ou 10 dents.* Plantes herbacées.

* *Capsule s'ouvrant par* 10 *dents alternativement plus grandes et plus petites.*

272. C. AQUATICUM (L.). C. AQUATIQUE. — Malachium aquaticum (Fries).

Tiges de 3-6 déc., rameuses, décombantes, radicantes à la base, pubescentes-glanduleuses au sommet; f. ovales-acuminées, un peu en cœur, les inf. des rameaux florifères et celles des rameaux stériles pétiolées; bractées vertes; pétales bipartits, plus longs que le calice; fl. blanches. ♃. Juin-août. (*V. D.*)

Endroits humides, lieux marécageux : Yvour; Saint-Romain-de-Couzon. R.

** *Capsule s'ouvrant par* 10 *dents égales.*

† *Racine annuelle ou bisannuelle; pétales ordinairement plus courts que le calice ou l'égalant à peu près.*

273. C. GLOMERATUM (Thuill.). C. A FLEURS AGGLOMÉRÉES. — C. viscosum (Fries).

Plante couverte de poils mous, glanduleux ou non glanduleux (1); f. les unes arrondies, les autres ovales ou obovales, les inf. rétrécies en pétiole; *bractées entièrement vertes; sépales barbus au sommet; pédicelles fructifères plus courts que le calice ou l'égalant seulement;* fl. blanches, terminales, en glomérules serrés. ①. Avril-juin.

Lieux arides, bord des chemins. C. C.

274. C. BRACHYPETALUM (Desp.). C. A COURTS PÉTALES.

Plante couverte de poils mous et blanchâtres. Tige de 1-4 déc., droite ou ascendante; f. les unes ovales, les autres oblongues, les inf. atténuées en pétiole; *bractées entièrement vertes; sépales barbus au sommet; pédicelles fructifères 2-3 fois plus longs que le calice;* fl. blanches. ①. Mai-juillet.

Lieux sablonneux et arides. A. C.

275. C. TRIVIALE (Link.). C. COMMUN. — C. vulgatum (Wahlb.! L.?).

Tiges de 1-5 *déc., ascendantes, les latérales radicantes à la base;* f. ovales ou oblongues, les inf. atténuées en court pétiole; *bractées scarieuses sur les bords; sépales glabres au sommet; pédicelles fructifères* 2-3 *fois plus longs que le calice;* fl. blanches. ① et ②. Mai-septembre.

Champs, pelouses, bord des chemins. C. C. C.

276. C. VARIANS (Coss. et Germ.). C. VARIABLE.

Plante très-variable. *Tiges étalées-ascendantes ou dressées,*

_____

(1) Tous les Céraistes de cette section sont tantôt à poils glanduleux, tantôt à poils non glanduleux.

jamais radicantes; f. ovales ou oblongues; bractées scarieuses ou herbacées; *sépales glabres au sommet; pédicelles fructifères 2-3 fois plus longs que le calice et réfléchis;* fl. blanches. ①. Avril-mai.

a. C. *obscurum* (Coss. et Germ.). Bractées toutes herbacées, ou les sup. seules étroitement scarieuses.

— Cette variété se subdivise en deux sous-variétés ce sont : le C. *præcox* (Ten.), et le C. *pumilum* (Curt.). Le premier se connaît à ses pétales une fois plus longs que le calice, et le second à ses pétales égalant les sépales ou les dépassant peu. Le C. *præcox* paraît au premier printemps. Je crois même avoir observé que les premières fleurs ont seules les pétales aussi grands, et que les suivantes affectent l'état du C. *pumilum.*

b. C. *semi-decandrum* (Smith ! L.?). — C. *pellucidum* (Chaub.). Bractées toutes scarieuses dans leur moitié ou dans leur tiers supérieurs; souvent 5 étamines.

Pelouses sèches , bord des chemins. C. C.

† † *Racine vivace; pétales deux fois plus longs que le calice.*

277 C. ARVENSE (L.). C. DES CHAMPS. — C. repens (Mérat non L.).

Tige de 1-4 déc., velue ou pubescente, au moins au sommet, à rejets stériles couchés et radicants à la base; f. lancéolées-linéaires ou linéaires, rarement ovales; calice penché après la floraison, à sépales largement scarieux sur les bords, surtout au sommet; pétales bifides; fl. grandes, d'un beau blanc. ♃. Avril-juin; plus tard sur les montagnes. (*V. D.*)

Champs pierreux et sablonneux: Villeurbanne; la Grande-Chartreuse. A. R.

b. C. *strictum* (Koch). Partie moyenne et inférieure de la tige glabre ainsi que les feuilles, qui sont linéaires, raides et ciliées à la base. — Hautes prairies du Jura.

LXXIX ELATINE (L.). ÉLATINE

Calice à 3-4 divisions; 3-4 pétales à peu près égaux au calice; étamines en nombre égal à celui des pétales ou double; *capsule polysperme, à 3-4 loges, autant de valves et autant de styles. Plantes* herbacées, *aquatiques.*

278. E. ALSINASTRUM (L.). E. FAUSSE ALSINE.

Tige de 1-3 déc., dressée ou ascendante, un peu fistuleuse; f. *verticillées,* celles qui sont dans l'eau linéaires, celles qui sont dehors ovales ou ovales-oblongues; ordinairement 4 pétales et 8 étamines; petites *fl.* blanches, axillaires, *sessiles* et verticillées. ♃. Juin-août.

Étangs et fossés : Montribloud; Saint-André-de-Corcy. P. R.

279. E. HEXANDRA (D. C.). E. A SIX ÉTAMINES.

Tiges de 3-9 cent., grêles, rameuses, couchées et radi-

cantes; petites *f. opposées*, spatulées, atténuées en un court
pétiole; 3 sépales; 3 pétales et 6 étamines; petites *fl.* rosées,
axillaires, *pédonculées.* ①. Juin-septembre.

Lieux inondés, bord des étangs et des fossés: Montribloud; Saint-André-
de-Corcy. R. R.

13ᵉ Famille. — LINÉES.

Utiles à l'économie domestique, parure légère de nos parterres, ou modestes herbes de la montagne et de la vallée, les
Lins méritent qu'on leur accorde quelques moments d'attention. Ce sont des plantes annuelles ou vivaces, ordinairement
herbacées; mais quelquefois sous-frutescentes à la base, à
feuilles sessiles, entières, éparses ou alternes, plus rarement
opposées. Leurs fleurs régulières, ont un calice à 5 (plus rarement 4) sépales persistants, et une corolle à 5 (plus rarement 4)
pétales caducs, à préfloraison contournée. *Les étamines, au
nombre de* 5 (rarement 4), *sont remarquables par un anneau
qui réunit la base de leurs filets.* L'ovaire, surmonté de
4-5 styles, est une *capsule à* 5 (rarement 4) *loges complètes,
séparées chacune par une fausse cloison en* 2 *logettes incomplètes.* Les *graines, dépourvues de périsperme,* ont un embryon droit, à radicule tournée vers le hile.

LXXX. Linum (L.). Lin.

Sépales, pétales, étamines au nombre de 5; capsule à 10 loges.

* Sépales bordés de poils glanduleux.

280. L. gallicum (L.). L. de France.

Tige de 1-3 déc., filiforme, rameuse dans le haut; f. linéaires, un peu rudes sur les bords; petites *fl. jaunes*, en panicule corymbiforme, formée de rameaux entièrement glabres.
①. Juin-septembre.

Clairières des bois: la Pape; Saint-Alban, près Lyon; Muzin; Meximieux. R.

281 L. tenuifolium (L.). L. a feuilles menues.

Tige de 2-4 déc., redressées, raides, rameuses dans le
haut; f. linéaires-acuminées, ciliées et rudes sur les bords;
fl. grandes relativement à celles du précédent, *roses, à veines
plus foncées.* ♃. Mai-août.

Pelouses arides. A. C.

** *Sépales non bordés de poils glanduleux.*

† *Feuilles toutes opposées.*

282. L. CATHARCTICUM (L.). L. PURGATIF.

Tige de 1-2 déc., filiforme, rameuse-dichotome; f. inf. obovales, les sup. lancéolées; petites fl. blanches. ①. Mai-août.

Pelouses, prairies. C.

†† *Feuilles toutes ou presque toutes éparses ou alternes.*

283. L. ANGUSTIFOLIUM (Huds.). L. A FEUILLES ÉTROITES.

Tiges de 2-5 déc., *étalées-diffuses,* puis redressées, rameuses au sommet; f. linéaires-lancéolées, glabres, non ciliées; *sépales ovales-acuminés, égalant à peu près la capsule;* pétales échancrés; *fl. d'un bleu clair* (gris de lin). ♃. Mai-août.

b. L. *marginatum* (Poir.). F. sup. marquées de points translucides.
Lieux sablonneux : la Tête-d'Or ; îles du Rhône, etc. P. R.

284. L. ALPINUM (Jacq.). L. DES ALPES.

Tiges nombreuses, couchées, puis redressées ou ascendantes; f. linéaires-lancéolées, non ciliées; *sépales ovales, de moitié plus courts que la capsule,* qui est ovale, les intérieurs très-obtus; *pétales obovales, ne se recouvrant pas dans la moitié de leur longueur,* et à onglet oblong-triangulaire; *pédicelles dressés pendant et après la floraison;* fl. grandes, d'un beau bleu. ♃. Juillet-août.

b. L. *montanum* (Schleich.). Tiges plus élevées, atteignant 3-4 déc., dressées et ascendantes; graines obscurément bordées d'un seul côté, tandis que, dans le type, elles sont distinctement bordées tout autour.
Le Mont-Jura.

285. L. AUSTRIACUM (L.). L. D'AUTRICHE.

Tiges nombreuses, ascendantes; f. linéaires-lancéolées, non ciliées; sépales ovales, un peu plus courts que la capsule, qui est ronde, les intérieurs très-obtus; *pétales obovales, se recouvrant par leurs bords dans toute leur longueur,* et à onglet triangulaire aussi long que large; *pédicelles arqués et pendants d'un seul côté après la floraison;* fl. grandes, d'un beau bleu d'azur. ♃. Juin-juillet.
Le Grand-Som, contre les rochers.

LXXXI. RADIOLA (Gmel.). RADIOLE.

Sépales, pétales, étamines et styles au nombre de 4 ; capsule à 8 loges. Plantes herbacées.

286. R. LINOIDES (Gmel.). R. FAUX LIN.

Très-petite plante, à tige dichotome et très-rameuse; f. opposées, ovales; sépales à 2-3 dents; petites fl. blanches, placées dans la dichotomie des rameaux ou en petits paquets à leur extrémité. ④. Juillet-septembre.

Lieux humides, bord des marais : Montribloud; les Echeyts. R. R.

14e FAMILLE. — MALVACÉES.

Ne méprisons pas les *Mauves*; chacun de nous leur doit ou leur devra probablement plus d'un bienfait. Ce sont elles qui donnent leur nom à cette utile famille. Les plantes qu'elle contient sont des herbes ou des arbustes à feuilles alternes et stipulées, et à fleurs régulières. Elles ont le plus souvent un *double calice persistant*, dont les segments ou les sépales sont plus ou moins nombreux. Leur corolle a cinq pétales soudés par leur onglet entre eux et avec la base des étamines. *Celles-ci, en nombre ordinairement indéfini, sont réunies par leurs filets en un long faisceau*, du milieu duquel partent les styles, qui sont également soudés dans leur partie inférieure. Les carpelles, ordinairement monospermes, disposés en cercle ou réunis en tête, sont cependant quelquefois soudés en une capsule unique et polysperme.

LXXXII. MALVA (L.). MAUVE.

Calice double, *l'extérieur à 3 sépales*, l'intérieur à 5 segments; *capsules disposées en cercle régulier*. Plantes herbacées.

* *Fleurs solitaires à l'aisselle des feuilles.*

287. M. ALCEA (L.). M. ALCÉE.

Tige de 4-10 déc., droite, rameuse, velue ou pubescente; f. radicales en cœur, arrondies, simplement lobées, les caulinaires palmatipartites, à 5-7 partitions élargies, obtuses, trifides, incisées-dentées ou même pennatifides; *calice extérieur à sépales ovales; carpelles glabres*, rarement pubescents au sommet; fl. roses, inodores. ♃. Juin-août.

Terrains incultes entre Sain-Bel et Bessenay; rives du Garon; Francheville. A. R.

288. M. MOSCHATA (L.). M. MUSQUÉE.

Tige de 2-6 déc., droite, rameuse, ordinairement velue-hérissée; f. radicales en cœur, réniformes, simplement lobées, à lobes crénelés, les caulinaires palmatipartites ou palmatiséquées, à 5-7 partitions ou segments incisés ou

1-2 fois pennatifides; *calice extérieur à sépales linéaires*; *carpelles velus-hérissés*; fl. roses, ordinairement à odeur de musc. ♃. Mai-septembre.

Prés secs, endroits arides. A. C.

b. M. *laciniata* (Lamk.). F. caulinaires toutes profondément divisées en lanières étroites; fl. souvent inodores. — Charbonnières.

** *Fleurs fasciculées à l'aisselle des feuilles.*

289. M. ROTUNDIFOLIA (L.). M. A FEUILLES RONDES.

Tiges de 3-5 déc., *couchées*, à rameaux ascendants; f. en cœur, arrondies, à 5 lobes dentés, peu profonds; *pétales à peine 2 fois plus longs que le calice; pédoncules inclinés après la floraison*; fl. blanches ou d'un rose pâle. ①. Mai-septembre. (V. D.)

Partout.

290. M. SYLVESTRIS (L.). M. SAUVAGE.

Tige de 3-8 déc., *dressée ou ascendante*; f. à 5-7 lobes élargis, dentés, plus ou moins profonds, et souvent tachées de noir à la base; *pétales 3 fois au moins plus longs que le calice; pédoncules dressés après la floraison*; fl. veinées, violettes ou d'un rose foncé. ②. Mai-octobre. (V. D.)

Partout.

LXXXIII. ALTHÆA (L.). GUIMAUVE.

Calice double, *l'extérieur à 6-9 segments*, l'intérieur à 5; carpelles, comme dans le G. *Malva*. Plantes herbacées.

291. A. OFFICINALIS (L.). G. OFFICINALE.

Plante toute couverte d'un duvet blanc-tomenteux. Tige de 6-10 déc., dressée, ferme; *f. mollement tomenteuses*, les inf. à 5-7, les sup. à 3 lobes inégaux et crénelés-dentés; *pédoncules axillaires, multiflores, beaucoup plus courts que les feuilles*; fl. blanches ou d'un rose pâle. ♃. Juin-août. (V. D.)

Iles de la Saône. — Jardins.

292. A. HIRSUTA (L.). G. HÉRISSÉE.

Plante hérissée de poils blancs, un peu rudes et étalés. Tige de 1-4 déc., dressée ou tombante; f. inf. en cœur, réniformes, à 5 lobes peu marqués et crénelés, les moyennes et les sup. palmatipartites ou palmatiséquées, à 3-5 divisions; *pédoncules axillaires, uniflores, plus longs que les feuilles*; fl. d'un rose pâle ou blanches, devenant bleues quand elles sont desséchées. ①. Juin-septembre.

Champs incultes, coteaux arides des terrains calcaires ou argileux : le Mont-Cindre; Couzon; Villeurbanne, etc. P. R.

15ᵉ Famille. — HYPÉRICINÉES.

La famille des *Millepertuis* est très-remarquable par les points translucides (en vieux français, *pertuis*) dont les feuilles sont souvent criblées. Ce sont de petites glandes diaphanes remplies d'une huile essentielle ; d'autres fois, elles sont noirâtres et disposées autour des sépales ou des pétales.

Les plantes que cette famille contient sont toutes vivaces, tantôt herbacées, tantôt sous-ligneuses, *à feuilles toujours opposées*, entières et sans stipules, et à fleurs jaunes. On les reconnaît, en outre, 1° à leur *calice formé de 4-5 sépales* persistants, *imbriqués dans le bouton*, et à leur *corolle composée de 4-5 pétales à préfloraison contournée* ; 2° à leurs *étamines en nombre indéfini, à filets* ordinairement *réunis à la base en 3 ou 5 faisceaux opposés aux pétales*. Le fruit, unique, ordinairement capsulaire, rarement bacciforme et indéhiscent, est, dans le premier cas, tantôt à 3, tantôt à 5 loges indiquées par le nombre des styles dont il est couronné.

LXXXIV. Hypericum (L.). Millepertuis.

Caractères de la famille.

* *Fruit capsulaire, à 3 loges et 3 styles; étamines triadelphes.*

† *Sépales sans cils glanduleux.*

293. H. PERFORATUM (L.). M. A FEUILLES PERFORÉES.

Tige de 3-8 déc., *droite, ferme*, rameuse, *offrant deux lignes peu saillantes*; f. oblongues ou ovales-oblongues, percées de points translucides très-nombreux ; *sépales tous aigus :* fl. disposées en panicule très-fournie. ♃. Mai-août. (V. D.)

Endroits secs. C. C. C.

294. H. HUMIFUSUM (L.). M. COUCHÉ.

Tiges de 1-3 déc., *filiformes, couchées, offrant deux lignes saillantes très-fines*; f. ovales-oblongues, percées de points translucides, et bordées de petits points noirs, ainsi que les fleurs ; *sépales obtus ou mucronulés*; fl. terminales, solitaires ou en cyme pauciflore. ♃. Juin-septembre.

Lieux sablonneux. A. C.

b. H. *Liottardi* (Vill.). Plus petit, plus grêle, dressé, souvent à 4 sépales et 4 pétales. ②. — Saint-Etienne-en-Forez.

295. H. TETRAPTERUM (Fries). M. A TIGE AILÉE.

Tige de 2-5 déc., ferme, rameuse, dressée, *à 4 angles ailés*; *f.* ovales, obtuses, *toutes demi-embrassantes*, bordées de points noirs, à nervures marquées et à petits points translucides très-nombreux; *sépales lancéolés-acuminés, très-entiers; pétales bordés seulement de points noirs*; fl. d'un jaune pâle, en corymbes multiflores. ♃. Juin-septembre.

Bois et endroits humides. A. C.

296. H. QUADRANGULUM (L.). M. A TIGE QUADRANGULAIRE. — H. dubium (Leers).

Tige de 2-5 déc., ferme, rameuse, dressée. *à 4 angles peu saillants, non ailés*; f. ovales, obtuses, nervées, bordées de points noirs, à points translucides épars ou même nuls dans les f. inf., *celles des tiges principales toutes demi-embrassantes; sépales elliptiques, obtus, très-entiers; pétales marqués de points noirs sur toute leur face inférieure*; fl. d'un jaune doré, en petits bouquets terminaux. ♃. Juin-septembre.

Bois humides et bord des ruisseaux : Pilat; Pierre-sur-Haute; dans tout le Jura.

†† *Sépales à bords ciliés ou dentés-glanduleux.*

297. H. FIMBRIATUM (Lamk.). M. A SÉPALES FRANGÉS. — H. Richeri (Vill.).

Tige de 2-4 déc., raide, simple, *ronde inférieurement, à 2 angles peu marqués dans le haut*; f. ovales-oblongues, bordées de petits points noirs, sans points translucides sur le limbe, demi-embrassantes; *sépales* couverts de points noirs et *bordés de longs cils non glanduleux, semblables à des franges, et terminés en massue*; fl. en grappes corymbiformes serrées. ♃. Juin-juillet.

b. H. *androsæmifolium* (Vill.). Tiges couchées à la base, puis redressées ; f. et fl. plus grandes.

Bois : la Grande-Chartreuse; graviers au dessus de Thoizy (Ain).

298. H. MONTANUM (L.). M. DE MONTAGNE.

Tige de 4-10 déc., raide, simple, dressée, *entièrement ronde*; f. ovales-oblongues, demi-embrassantes, bordées de points noirs, les sup. plus espacées et seules percées de petits points translucides; *sépales lancéolés, bordés de petits cils glanduleux et pédicellés*; fl. en grappes ovales. ♃. Juin-août.

Bois, lieux ombragés : Écully; Charbonnières; Saint-Alban, près Lyon ; Saint-Rambert (Ain), etc. A. C.

299. H. PULCHRUM (L.). M. ÉLÉGANT.

Tige de 3-6 déc., ascendante, souvent rougeâtre, *glabre et entièrement ronde*; f. en cœur ovale, amplexicaules, toutes percées de points translucides surtout vers les bords, glauques en dessous; *sépales obovales, obtus, bordés de petits cils glanduleux*; fl. en grappes interrompues. ♃. Juin-août.

Bois humides : Charbonnières; Alix; Saint-Bonnet-le-Froid; l'Argentière ; Pilat; Saint-Rambert (Ain). A. R.

300. H. HIRSUTUM (L.). M. VELU.

Plante entièrement velue-pubescente. Tige de 3-8 déc., dressée, raide, *entièrement ronde*; *f.* ovales ou oblongues, obtuses, *à très-court pétiole*, à nervures saillantes, percées de petits points translucides; sépales lancéolés, bordés de cils glanduleux; fl. d'un jaune vif, en panicule étroite et interrompue. ♃. Juin-août.

Bois et lieux ombragés : Écully; Francheville; le Mont-Cindre; l'Argentière, etc. P. R.

301. H. NUMMULARIUM (L.). M. A FEUILLES RONDES.

Plante entièrement glabre. *Tiges rondes, grêles et étalées; petites f. rondes*, nombreuses, *à court pétiole*, blanchâtres en dessous, *épaisses, sans points translucides*; sépales obtus, bordés de cils glanduleux, ainsi que le sommet des pétales; fl. en corymbe peu fourni, quelquefois solitaires. ♃. Juillet-août.

Rochers au Grand-Som.

** *Fruit bacciforme avant la maturité; étamines pentadelphes; 3 styles.*

302. H. ANDROSÆMUM (L.). M. ANDROSÈME. — Androsæmum officinale (All.).

Tige de 4-10 déc., sous-ligneuse à la base, offrant deux lignes saillantes; grandes f. coriaces, ovales, sessiles, nervées, sans points noirs ni points translucides; baie noire, à peu près sèche à la maturité; fl. en corymbe terminal. ♃. Juin-août. (*V. D.*)

Bois humides : Propières; entre Saint-Laurent-du-Pont et la Grande-Chartreuse; et dans l'Ain, Saint-Rambert et la forêt de Seillon. R. — Jardins.

16e FAMILLE. — TILIACÉES.

Les *Tilleuls* sont de grands arbres qu'on trouve spontanés dans nos bois, mais qu'on cultive, à cause de la beauté et de la précocité de leur feuillage, pour ombrager nos promenades et nos jardins. Ils ont des feuilles simples, alternes, pétiolées, à stipules caduques. Leurs fleurs, régulières, ont un calice à 5 sépales décidents, et une corolle à 5 pétales, portant souvent une fossette nectarifère sur leur onglet. Dans le bouton, la *préfloraison des premiers est valvaire, et celle des seconds est imbriquée.* Les étamines, *en nombre indéfini*, sont ordinairement libres, quelquefois soudées à la base en plusieurs faisceaux. Le fruit est une *capsule ligneuse*, réellement à plusieurs loges, mais *devenant uniloculaire par la disparition des cloisons*; il est terminé par un style unique, dont le stigmate est ordinairement à 5 lobes. Les graines ont un *péri-*

sperme charnu, un embryon droit, des cotylédons planes et foliacés. Une foliole membraneuse accompagne les pédoncules et sert à la dissémination du fruit.

LXXXV. Tilia (L.). Tilleul.

Caractères de la famille.

303. T. PLATYPHYLLOS (Scop.). T. A LARGES FEUILLES. — T. grandifolia (Ehrh.).

F. *mollement pubescentes sur toute la page inférieure*, quand elles sont développées; foliole du pédoncule décurrente jusqu'à sa base; stigmate à lobes dressés; *fruit à côtes saillantes*; grandes fl. d'un blanc jaunâtre, odorantes. ♄. Juin-juillet. (*V. D.*)

Promenades; rarement spontané.

304. T. MICROPHYLLA (Wild.). T. A PETITES FEUILLES. — T. parvifolia (Ehrh.).

F. glauques en dessous, *n'étant poilues qu'à l'embranchement des nervures*, quand elles sont développées; foliole du pédoncule n'avançant pas au delà de ses deux tiers supérieurs; stigmate à lobes à la fin divergents; *fruit à côtes peu ou point saillantes*; petites fl. d'un blanc sale, odorantes. ♄. Juillet. (*V. D.*)

b. T. *intermedia* (D. C.) F. et fl. aussi grandes que dans le T. *platyphyllos*; pédicelles et pétioles verts.

Bois et promenades.

17e Famille. — ACÉRINÉES.

Cette famille ne renferme que des arbres faciles à reconnaître à leur *fruit*, nommé *samare*. Il est *composé de 2 carpelles à ailes membraneuses*, soudés dans le principe, mais se séparant à la maturité.

Les fleurs, très-variables, sont cependant régulières. On remarque *au dessous des pétales un disque annulaire, très-épais, soudé inférieurement avec la base du calice*. Les feuilles sont toujours opposées et sans stipules, les étamines définies.

LXXXVI. Acer (L.). Érable.

Fl. les unes complètes, les autres sans étamines ou sans carpelles; calice à 5 (rarement 4) divisions; corolle à 5 (rarement 4) pétales (manquant dans une espèce cultivée); ordinairement 8 étamines, plus longues dans les fl. où elles sont seules. Arbres ou arbustes à feuilles simples palmatilobées.

305. A. Monspessulanum (L.). E. de Montpellier.

Petit arbre à écorce rugueuse et crevassée; *f. à 3 lobes entiers*, quelquefois un peu sinués, *laineuses-blanchâtres en dessous; samare à coques glabres et à ailes dressées*, peu divergentes; fl. d'un vert jaunâtre, en corymbes pauciflores. ♄. Avril-mai.

Coteaux, rochers : Couzon; entre Givors et Rive-de-Gier; rives du Garon; Vienne; Pierre-Châtel; montagne de Parves. R.

306. A. campestre (L.). E. champêtre

Petit arbre ou arbuste à écorce crevassée et rugueuse; *f.* vertes en dessus, pâles et pubescentes en dessous, *à 5 divisions obtuses*, entières ou irrégulièrement sinuées-lobées; *samare à coques ordinairement pubescentes et à ailes écartées presque horizontalement;* fl. d'un jaune verdâtre, en corymbes dressés. ♄. Mai. (*V. D.*)

b. A. *collinum* (D. C.). Fruit plus petit, à coques glabres.

Haies et bois. C.

— Il faut placer ici l'A. *Martini* (Jord.), qui, par son port et la forme de ses feuilles, tient à peu près le milieu entre l'A. *Monspessulanum* et l'A. *campestre*. Il diffère de tous les deux par ses grappes fructifères entièrement pendantes et à pédoncules très-allongés. — Buissons, collines sèches aux environs de Lyon.

307. A. platanoides (L.). E. faux platane. (Vulg. *Plane*.)

Arbre à écorce lisse; *f. vertes sur les 2 pages, à 5-7 divisions* irrégulièrement sinuées-dentées, *à dents acuminées; samare à coques glabres et à ailes très-écartées;* fl. d'un jaune verdâtre, en corymbes rameux et dressés. ♄. Avril. (*V. D.*)

Lélex et Thur (Ain).—Avenues, parcs.

308. A. opulifolium (Vill.). E. a feuilles d'obier.

Arbre à écorce lisse; *f. opaques et d'un glauque blanchâtre en dessous, à 3-5 lobes obtus*, *crénelés-dentés; samare à coques presque glabres et à ailes dressées-étalées;* fl. d'un vert jaunâtre, *en corymbes penchés.* ♄. Mars-avril.

Bois : Saint-Romain-de-Couzon; la Grande-Chartreuse; et dans l'Ain, Colliard, Thur, cascades de Charabottes.—Parcs.

309. A. pseudo-platanus (L.). E. sycomore.

Arbre à écorce lisse; *f.* en cœur, à 5 lobes inégalement crénelés-dentés, *opaques et glauques-blanchâtres en dessous;* samares d'abord pubescentes, puis glabres, à ailes peu écartées; *fl.* verdâtres, *en longues grappes pendantes.* ♄. Avril-mai. (*V. D.*)

Belley; Nantua.—Avenues, parcs.

18ᵉ Famille. — AMPÉLIDÉES.

Il est peu, on pourrait dire, il n'est point de familles qu
exercent autant d'influence dans le monde que celle des Ampé
lidées. Elle est cependant une des moins nombreuses, et n'offr
rien de remarquable par la beauté de ses fleurs; mais ell
contient la *vigne*, en grec αμπέλος, qui lui a donné son nom

Les Ampélidées sont des *arbrisseaux sarmenteux et grim
pants*, à feuilles alternes et stipulées, dont les nervures ou le
folioles sont palmées. Les fleurs régulières, ont un calic
monosépale, entier ou obscurément denté, et une corolle
5 (plus rarement 4) pétales très-caducs, insérés, ainsi que le
étamines, sur un disque glanduleux. *Celles-ci, au nombre de
(rarement 4), sont opposées aux pétales et à filets libres. L
fruit, à style nul ou très-court, est une baie pulpeuse, où na
gent quelques graines osseuses.*

LXXXVII. Vitis (L.). Vigne.

F. simples, palmatilobées ou plus rarement palmatisé
quées: *fl. en grappes composées.*

310. V.-VINIFERA (L.). V. PORTE-VIN.

Tige noueuse, à sève abondante, munie de vrilles glabres
et à bourgeons velus; baies blanches, rougeâtres ou noires,
saveur douce et sucrée; fl. verdâtres, très-odorantes. ♄. *Fl*
juin. *Fr.* septembre-octobre. (*V. D.*)

Spontanée dans les haies.—Cultivée en grand.
— Il en existe un grand nombre de variétés.

19ᵉ Famille. — GÉRANIÉES (1).

Les Géraniées ou *Becs-de-grue* doivent leur nom à leu
fruit à long bec qui termine un pédoncule recourbé. No
Géraniées indigènes sont des herbes à tige noueuse, portan
des feuilles palmatilobées ou palmatiséquées, plus raremen
pennatiséquées, munies de stipules, opposées, au moins dans l
partie inférieure de la tige. Leurs fleurs offrent un calice
5 sépales persistants, et une corolle à 5 pétales caducs, à préflo
raison imbriquée ou contournée; elles sont portées sur des pé
doncules latéraux ou placés aux angles de bifurcation de la tige
mais paraissant souvent axillaires par le manque de l'un des

(1) De γέρανος, grue.

rameaux. *Les étamines ont toujours leurs filets plus ou moins soudés à la base; elles sont au nombre de* 10, tantôt toutes fertiles, tantôt 5 dépourvues d'anthères. L'ovaire est terminé par 5 *styles.* C'est un *fruit sec, formé de 5 carpelles membraneux, terminés chacun par une arête adossée à une colonne centrale qui sert d'axe à la fleur.* A la maturité, la base du carpelle se détache la première; l'arête qui le termine se roule en spirale, et de là résulte un ressort qui projette au loin la graine unique qu'il renfermait. Cette graine, sans périsperme, a un embryon courbé dont les cotylédons sont roulés ou plissés.

LXXXVIII. Geranium (L.). Bec-de-grue.

10 *étamines fertiles* (1); *arêtes des carpelles glabres en dedans et se roulant en cercle* de la base au sommet *à la maturité.* Plantes herbacées

* *Pédoncules uniflores.*

311. G. sanguineum (L.). B. sanguin.

Tige de 3-5 déc., diffuse ou redressée, couverte, ainsi que les pétioles et les pédoncules, de poils blancs et étalés; f. toutes opposées, profondément palmatipartites, à partitions tri ou multifides; pétales obovales, échancrés, 2 fois plus longs que les sépales aristés; grandes fl. d'un beau rouge. ♃. Mai-septembre.

Lieux arides, pelouses sèches, clairières des bois : la Pape; Saint-Alban, près Lyon; Bonnand, etc.; et dans l'Ain, Pierre-Châtel, Charnoz, etc. P. R.—Jardins.

** *Pédoncules biflores.*

† *Pétales glabres au dessus de l'onglet.*

312. G. Robertianum (L.). B. herbe-a-robert.

Plante très-odorante. *Tige de* 2-5 déc., couchée-ascendante ou dressée, souvent rougeâtre, *à poils étalés,* glanduleux surtout au sommet; *f. triangulaires dans leur pourtour, profondément pennatiséquées, à 3-5 segments pennatifides qui sont eux-mêmes incisés;* pétales entiers; carpelles ridés; fl. roses, rarement blanches. ②. Avril-octobre. (V. D.)

Presque partout.

— On trouve à la Grande-Chartreuse, en montant à Bovinant, la variété à fleurs blanches.

— On a séparé du G. *Robertianum* le G *modestum* (Jord.), qui en diffère par sa taille beaucoup plus petite, par ses pédoncules plus courts, par ses fl. deux fois moins grandes, par ses *sépales exactement appliqués sur les pétales,* et par son odeur moins forte. — On le trouve à Crémieux.

(1) Excepté dans le G. *pusillum.*

313. G. LUCIDUM (L.). B. A FEUILLES LUISANTES.

Plante glabre et luisante. Tige de 1-4 déc., diffuse ou
dante; *f. réniformes, palmatilobées*, à 5-7 lobes obtus
sés-crénelés, mucronulés; *calice à sépales ridés en t*
pétales entiers; carpelles rugueux et réticulés; pet
roses. ④. Mai-août.

Vieux murs humides, lieux pierreux et couverts : Crémieux ; et dan:
au dessous d'Echalon ; Ramasse, sous les murs du presbytère ; env
Contrevoz. R.

314. G. ROTUNDIFOLIUM (L.). B. A FEUILLES RONDES.

Plante mollement pubescente et glanduleuse au sô
Tige de 1-4 déc., diffuse ou redressée, souvent roug
f. molles, *réniformes, palmatilobées*, à 5-7 lobes o
crénelés; pétales entiers, dépassant peu les sépales a
carpelles non ridés, pubescents, à poils étalés; *graines
tuées de petites alvéoles;* petites fl. roses, quelquefois
ches. ④. Mai-octobre.

Presque partout.

† † *Pétales velus ou ciliés au dessus de l'onglet.*

315. G. PHOEUM (L.). B. BRUN.

Tige de 2-5 déc., *garnie*, surtout dans le haut, *de
soyeux et étalés;* f. sup. alternes, du reste toutes *palm
des*, à 5-7 divisions irrégulièrement incisées-dentées; p(
à onglet court, inégalement ondulés au sommet; *car;
poilus et plissés en travers;* fl. ordinairement d'un violet
râtre, à pédicelles d'abord penchés, puis redressés au mo
de l'épanouissement. ♃. Juillet-août.

b. *G. lividum* (L'Hérit.). Fl. d'un lilas sale, souvent tachées à la base
marque d'un violet livide.
La Grande-Chartreuse, à Bovinant; les deux versants du Jura.

316. G. SYLVATICUM (L.). B. DES FORÊTS.

Tige de 2-8 déc., dressée, *glabre ou munie au somme
petits poils* glanduleux et *réfléchis; f. toutes opposées, pa
tipartites*, à 5-7 partitions oblongues-cunéiformes, irrég
rement incisées-dentées, à dents acuminées; pétales obov
entiers ou à peine échancrés; *carpelles non ridés, munis, (
que leur bec, de poils étalés;* grandes fl. purpurines ou (
violet bleuâtre, rarement blanches, à pédicelles dressés a]
la floraison. ♃. Juin-juillet.

Prairies et bois humides : Pilat ; la Grande-Chartreuse; toutes les h
montagnes de l'Ain.

317. G. NODOSUM (L.). B. A TIGE NOUEUSE.

Tige de 2-6 déc., anguleuse, *renflée vers les nœuds*

palmatifides, à 3-5 divisions ovales ou oblongues, acuminées, dentées en scie, du reste plus pâles et luisantes en dessous, les sup. opposées et presque sessiles; pétales un peu échancrés au sommet et à onglet allongé; *carpelles non ridés, très-fine-ment pubescents, ainsi que leur bec*; fl. grandes, d'un rose clair, veinées. ♃. Juin-août.

Pilat; Givors; bords de l'Azergue. R.

318. G. PYRENAICUM (L.). B. DES PYRÉNÉES.

Plante velue-pubescente. Tige de 3-6 déc., dressée ou ascendante; *f.* réniformes, *palmatifides*, à 5-7 divisions élargies, in-cisées-crénelées; *pétales profondément bifides, deux fois plus longs que les sépales* qui sont *mucronés*; *carpelles lisses et pubescents*; fl. violettes ou d'un rose lilacé. ♃. Mai-août.

Haies, prés, lieux frais.

— Rare dans les Pyrénées, cette plante est assez commune dans nos contrées.

319. G. PUSILLUM (L.). B. FLUET.

Plante à poils très-courts et étalés. Tiges de 1-4 déc., ordinairement diffuses, quelquefois redressées; *f. palmatifides*, les radicales pétiolées, à 5-7 divisions trifides, les sup. presque sessiles, à divisions linéaires, entières ou seulement dentées; *pétales échancrés, dépassant à peine le calice, ou même plus courts*, à peine ciliés au dessus de l'onglet; *carpelles et graines lisses; très-petites fl.* bleuâtres ou violacées, *n'offrant que 5 éta-mines fertiles, même dans le bouton.* ①. Mai-juin.

Lieux incultes. A. C.

320. G. MOLLE (L.). B. MOLLET.

Tige de 1-4 déc. faible, diffuse, à poils mous et étalés; *f.* réniformes, *palmatifides*, à 5-7 divisions partagées en lobes obtus, les radicales très-longuement pétiolées; *pétales pro-fondément bifides; carpelles glabres, ridés en travers; graines lisses*; fl. roses, rarement blanches. ①. Mai-octobre.

Prés, champs, haies, pelouses. C. C. C.

321. G. COLUMBINUM (L.). B. COLOMBIN.

Tige de 3-5 déc., faible, diffuse, pubescente, à poils réfléchis et appliqués; f. *palmatiséquées*, à 5-7 segments tri ou multifides, comme laciniés; pétales un peu échancrés ou presque entiers, ne dépassant pas les sépales qui sont longuement aristés; *carpelles glabres et lisses; graines ponctuées de petits trous*; fl. roses, veinées, *portées sur des pé-doncules beaucoup plus longs que les feuilles.* ①. Mai-septembre.

Champs, haies, buissons. C. C.

322 G. DISSECTUM (L.). B. A FEUILLES DÉCOUPÉES.

Tige de 2-5 déc., faible, diffuse, hérissée de poils étalés;

f. palmatiséquées, à 5-7 segments étroits, tri ou multifides, à divisions souvent incisées; pétales échancrés, égalant à peu près les sépales qui sont aristés ; *carpelles lisses et poilus; graines ponctuées de petits trous; fl.* roses, *portées sur des pédoncules plus courts que les feuilles*, ou les dépassant à peine. ①. Mai-juillet.

Prés, champs, haies, lisière des bois. A. C.

LXXXIX. Erodium (1) (L'Hérit.). Bec-de-héron.

Pétales un peu inégaux; 5 *étamines fertiles et* 5 *stériles; arêtes des carpelles barbues en dedans et se tordant en tire-bouchon à la maturité.* Plantes herbacées.

323. E. cicutarium (L'Hérit.). B. a feuilles de cigue. — Geranium cicu-tarium (L.).

Plante un peu odorante, très-variable. Tiges d'abord presque nulles, puis se développant de 1 à 5 déc., et alors couchées ou redressées; f. pennées, à folioles pennatiséquées ou pennatipartites, dont les partitions ou les segments sont eux-mêmes incisés-dentés ou entiers; *étamines fertiles à filets entiers à la base;* calice à sépales striés, scarieux sur les bords et aristés; fl. rosées, rarement blanchâtres, à pétales sup. offrant souvent au dessus de l'onglet une tache jaune piquetée de brun. ①. Avril-octobre. (*V. D.*)

Lieux incultes ou cultivés. C. C. C.

b. E. *chœrophyllum* (Cav.). F. à découpures plus profondes, plus étroites, très-aiguës; fl. d'un rose pâle ou blanchâtres, non tachées au dessus de l'onglet. — Le Molard.

— L'E. *subalbidum* (Jord.) est très-voisin de cette variété ; il a pour ca-ractères distinctifs 1° des *pétales d'un rose blanchâtre*, ovales-oblongs et plus longs que les sépales ; 2° les *filets des étamines fertiles égalant à peu près les stigmates*, qui sont étalés et couleur de chair ; 3° les *arêtes des car-pelles formant 9 tours de spire* à la maturité. ① ou ②. — On le trouve sur les rives du Rhône, dans les pâturages secs et sablonneux.

20ᵉ Famille. — OXALIDÉES.

Les Oxalidées (2) sont ainsi nommées à cause du principe acide qu'elles contiennent toutes plus ou moins. On n'a, pour s'en convaincre, qu'à goûter la feuille d'un de ces jolis *Alle-luia* qui sourient au printemps à travers la mousse de nos bois. On les distingue , en outre , aux caractères suivants :

(1) D'ἐρωδιὸς, héron.
(2) D'ὀξὺς, aigre.

1° *fleurs régulières*, dont le calice a 5 sépales et la corolle 5 pétales : celle-ci est à préfloraison contournée ; 2° 10 *étamines*,
alternativement plus longues et plus courtes, et souvent *soudées à la base* ; 3° 5 *styles* libres ou soudés inférieurement ;
4° *une capsule prismatique, à 5 loges polyspermes. Les graines,*
pendantes, *sont* ordinairement *enveloppées d'une arille* charnue,
s'ouvrant avec élasticité par le sommet. Dans toutes les espèces indigènes, les feuilles, roulées en crosse avant leur épanouissement, sont ternées, à folioles en cœur renversé, se ra-
battant sur leur pétiole à l'obscurité ; les fleurs ne s'épanouis-
sent qu'à la lumière.

XC. Oxalis (L.). Oxalide.

Caractères de la famille. Plantes herbacées.

324. O. acetosella (L.). O. aigrelette. (Vulg. *Alleluia.*)

Racine rampante, à écailles charnues ; *pédoncules tous radicaux, uniflores,* portant deux petites bractées au dessus de
leur milieu ; *fl. blanches,* striées de rose lilacé, à pétales beaucoup plus longs que le calice. ♃. Avril-juin. (*V. D.*)

Bois humides, bord des ruisseaux : Écully ; Dardilly ; l'Argentière ;
Pilat, etc. P. R.

325. O. stricta (L.). O. dressée.

Tige solitaire, *dressée,* à pédoncules axillaires égalant à peu
près la feuille ; *f. sans stipules* ; *pédicelles fructifères dressés-
étalés* ; fl. jaunes. ②. Juin-octobre.

Lieux cultivés. C. C.

326. O. corniculata (L.). O. a fruit cornu.

Tiges couchées et radicantes à la base, à pédoncules axillaires plus courts que la feuille ; *f. à stipules oblongues,* appliquées contre le pétiole ; *pédicelles fructifères réfléchis* ;
fl. jaunes. ①. Juin-octobre.

Terres cultivées : la Mouche ; la Croix-Rousse ; l'Argentière ; bord du chemin aux Étroits. R.

21ᵉ Famille. — BALSAMINÉES (1).

Admire qui voudra les grosses Balsamines, que certains
propriétaires cultivent avec bonheur dans leur jardin, pour
les montrer le dimanche à leurs amis ; pour moi, je préfère
l'*Impatiente,* dont les fleurs légères se balancent avec grâce
au dessus des ruisseaux de nos montagnes. Quoi qu'il en soit,

(1) De βάλλω, je lance, et *semina,* les graines, à cause de leurs capsules
à valves élastiques.

nous reconnaîtrons toutes les Balsaminées 1° à leur *fleur irrégulière.* Le calice, coloré, a en réalité 5 sépales ; mais, comme
il y en a 2 soudés, il parait n'en avoir que 4 ; sur ces 4, les
2 extérieurs sont petits, ovales, aigus et très-caducs ; le supérieur est grand, et l'inférieur, plus grand encore, est prolongé en
éperon. La corolle a aussi 5 pétales caducs, petits et inégaux ; mais,
comme les latéraux sont soudés deux à deux, on dirait qu'il
n'y en a que trois. On distingue les Balsaminées 2° à leur
fruit, qui est une *capsule à 5 loges et à 5 valves s'ouvrant avec
élasticité.* Les étamines, au nombre de 5, entourent étroitement l'ovaire, qui est surmonté d'un stigmate à peu près sessile, entier ou à 5 lobes. Toutes les espèces sont herbacées,
succulentes, tendres, à feuilles ordinairement alternes, simples et sans stipules.

XCI. Impatiens (L.). Impatiente.

Stigmate entier ; *capsule glabre, allongée, linéaire,* à valves
s'enroulant en dedans à la maturité.

327. I. noli tangere (L.). I. n'y touchez pas (1).

Tige de 2-10 déc., hyaline, droite, rameuse, renflée aux
nœuds ; f. minces, pétiolées, ovales-oblongues, à grosses dents
écartées ; fl. jaunes, ponctuées de rouge intérieurement, pédonculées, pendantes, à éperon recourbé au sommet. ④.
Juillet-août. (V. D.)

Endroits frais et ombragés : l'Arbresle ; l'Argentière ; Pilat ; montagnes du
Beaujolais ; la Grande-Chartreuse ; bords de l'Albarine, au dessus de Tenay ;
Arvières.

— On trouve au Jardin des Plantes de Lyon et dans les clos voisins, où elle
parait spontanée, une *Impatiente* remarquable. Elle a la tige ordinairement
simple, peu ou point renflée aux nœuds ; les f. ovales-acuminées, dentées en
scie ; les fl. d'un jaune pâle, à peine tachées de roux à l'intérieur, à éperon
droit et non recourbé, trois fois plus petites que dans l'I. *noli tangere.* Ces
caractères conviennent assez bien à l'I. *parviflora* (D. C., Prodr. I, page. 687),
plante originaire du nord de la Russie. Il est probable qu'on l'aura semée
autrefois au Jardin botanique, d'où elle s'est répandue aux environs.

22e Famille. — ZYGOPHYLLÉES (2).

Les plantes de cette petite et obscure famille ont des feuilles stipulées, et, en outre, composées de folioles en nombre
pair, opposées et comme accouplées deux à deux, ce qui lui

---

(1) Parce que, quand la capsule est mûre, elle lance ses graines aussitôt
qu'on la touche.

(2) De ζυγῶ, accoupler, et φύλλον, feuille.

a valu son nom. Les autres caractères sont : un calice à 5 sépales; une *corolle régulière* à 5 pétales ; 10 *étamines libres*, et un fruit capsulaire à plusieurs loges.

XCII. Tribulus (L.). Tribule.

Carpelles armés de pointes épineuses. Plantes herbacées.

328. T. terrestris (L.). T. terrestre.

Plante couchée, pubescente-blanchâtre ; tige rameuse; f. composées de 6-10 petites folioles ovales; petites fl. jaunes, axillaires, solitaires, pédonculées. ⊙. Septembre.

Pierre-Bénite, près l'ancienne verrerie. R. R.

23e Famille. — RUTACÉES.

Les Rutacées sont remarquables par une forte odeur aromatique qui s'exhale de toutes leurs parties. Cette famille renferme du reste des plantes très-disparates, n'ayant de commun que des *feuilles parsemées de points glanduleux et translucides, et un disque glanduleux et charnu ceignant la base de l'ovaire.* A la base de ce disque sont insérés les pétales alternant avec les divisions du calice, et au dessus sont implantées les étamines en nombre égal ou double. Le *fruit est une capsule à* 3-4-5 *lobes*, du milieu desquels s'élève un *style unique* surmonté d'un stigmate simple.

XCIII. Ruta (L.). Rue.

Fleurs régulières à pétales en cuiller; *calice persistant,* ordinairement à 4, rarement à 3 ou 5 divisions.

329. R. graveolens (L.). R. a forte odeur.

Plante de 4-6 déc., à souche sous-ligneuse; f. 2-3 fois pennatiséquées, à segments un peu charnus, ovales-oblongs, les terminaux obovales ; capsule à lobes obtus; fl. d'un jaune pâle, en corymbe. ♃. Juin-août. (*V. D.*)

Lieux secs et pierreux : de Béon à Talissieu (Ain).—Cultivée.

IIe SECTION.

CALICIFLORES.

A cette section, la plus nombreuse des Dicotylédones, appartiennent les plantes à corolle monopétale ou polypétale, toujours insérée à la base, à la gorge ou au sommet du calice, dont les sépales sont plus ou moins réunis.

5

24ᵉ FAMILLE. — RHAMNÉES.

Cette famille ne renferme que des arbres ou des arbrisseaux à feuilles alternes ou opposées et à fleurs axillaires. Le calice, monosépale, est à 4-5 divisions; la corolle, quelquefois nulle, est toujours *régulière, polypétale, à 4-5 pétales alternant avec les divisions du calice*. Les *étamines*, à filets libres et en nombre égal à celui des pétales, sont, ainsi qu'eux, *insérées sur un disque hypogyne*. Le fruit est tantôt une capsule, tantôt une baie.

Iʳᵉ Tribu : CÉLASTRINÉES. — **Calice à divisions persistantes et à préfloraison imbriquée; étamines alternant avec les pétales.**

XCIV. — EVONYMUS (L.). FUSAIN.

Calice à base couverte par un disque en bouclier; *graines osseuses, plus ou moins entourées d'une arille charnue et colorée*; f. simples, opposées.

330. E. EUROPÆUS (L.). F. D'EUROPE. (Vulg. *Bonnet-de-prêtre.*)

Arbuste à jeunes rameaux lisses et quadrangulaires; f. glabres, elliptiques-lancéolées, finement dentées en scie; *capsule à 4 (plus rarement 3-5) angles obtus, non ailés*, d'abord verte, à la fin rose; graines totalement enveloppées par l'arille, qui est d'un jaune orangé; petites fl. d'un vert blanchâtre, en cymes pauciflores. ♄. *Fl.* mai-juin. *Fr.* août-septembre. (V. D.)

Haies et taillis. C.

331. E. LATIFOLIUS (Scop.). F. A LARGES FEUILLES.

Arbuste à jeunes rameaux lisses, arrondis, un peu comprimés; f. glabres, oblongues-elliptiques, finement dentées en scie, plus larges que dans le précédent; *capsules ordinairement à 5 (rarement 4) angles aigus et ailés*, à la fin purpurines, et alors portées sur des pédoncules couleur de sang; graines totalement enveloppées par l'arille, qui est d'un jaune orangé; fl. d'un vert blanchâtre, en cymes assez fournies. ♄. *Fl.* mai-juin. *Fr.* août-septembre. (V. D.)

Le Mont-Colombier.—Bois anglais.

IIᵉ Tribu : RHAMNÉES. — **Calice à divisions caduques, le tube seul persistant sous l'ovaire, et à préfloraison valvaire; étamines opposées aux pétales.**

XCV. RHAMNUS (L.). NERPRUN.

Fruit charnu, entouré à la base d'un disque glanduleux;

pétales très-petits, planes, souvent en forme d'écailles (rarement nuls); arbrisseaux à f. simples, *à stipules non aiguillonnées.*

332. R. CATHARCTICUS (L.). N. PURGATIF.

Arbuste élevé, à *rameaux épineux;* f. opposées sur les jeunes rameaux, ovales-arrondies, finement crénelées, à nervures très-marquées et à *stipules très-petites, bien plus courtes que leur pétiole;* 4 sépales et 4 pétales; fl. d'un jaune verdâtre, dioïques ou mélangées de fl. complètes, en petits paquets axillaires; baie noire. ♄. *Fl.* mai-juin. *Fr.* août-septembre. (*V. D.*)

Haies et bois taillis. C.

333. R. SAXATILIS (L.). N. DES ROCHERS.

Arbrisseau petit et très-rameux, à *rameaux épineux, étalés ou même déjetés, de couleur cendrée;* f. opposées, quelquefois alternes sur les jeunes rameaux, elliptiques-oblongues ou elliptiques-ovales, rétrécies aux deux extrémités, denticulées, à nervures latérales peu marquées, et à *stipules dépassant le pétiole;* 4 sépales et 4 pétales; *style bifide;* petites *fl.* verdâtres, *dioïques,* en paquets axillaires; baie noire. ♄. *Fl.* mai-juin. *Fr.* août-septembre.

Ile de la Tête-d'Or; vallon entre la Pape et Néron: bords de l'Ain. R.

334. R. VILLARSII (Jord.). N. DE VILLARS.—R. infectorius (Vill. non L.).

Arbrisseau de 1-2 m., très-rameux, à *rameaux épineux, dressés, étalés, d'un brun rougeâtre;* f. opposées sur les jeunes rameaux, elliptiques-ovales, finement crénelées, à *stipules égalant le pétiole;* 4 sépales et 4 pétales; *style tri ou quadrifide:* petites *fl.* verdâtres, *dioïques,* mais *imparfaitement,* c'est-à-dire avec des rudiments d'étamines ou de style, en paquets axillaires; baie noire. ♄. *Fl.* mai-juin. *Fr.* août-septembre.

Broussailles, collines sèches et rocailleuses: Néron, près de Lyon; Crémieux. R.

— Cette espèce semble tenir le milieu entre les deux précédentes.

335. R. ALPINUS (L.). N. DES ALPES.

Arbuste de 1-3 m., à *rameaux non épineux;* f. *alternes, décidentes,* elliptiques ou ovales, *crénelées,* à 12-15 nervures latérales parallèles; *4 sépales et 4 pétales;* fl. verdâtres, dioïques, en paquets axillaires; baie noire. ♄. *Fl.* mai-juin. *Fr.* août-septembre.

Poizat; le Mont; bois inférieurs de tout le Jura.

336. R. FRANGULA (L.). N. BOURDAINE.

Arbuste de 2-3 m., à *rameaux non épineux; f. alternes, très-entières, décidentes,* ovales-acuminées, à 8-12 nervures latérales parallèles; 5 *sépales et* 5 *pétales; stigmate entier* : fl. d'un blanc verdâtre, *complètes,* en petits paquets axillaires; baie d'abord rouge, puis noire. ♄. *Fl.* mai-juin. *Fr.* août-septembre. (*V. D.*)

Bord des rivières, bois humides. P. R.

XCVI. Paliurus (Tournef.). Paliure.

Calice à 5 divisions; 5 pétales roulés en dedans; *fruit sec,* arrondi et entouré d'une aile membraneuse qui le fait ressembler à un chapeau rabattu; f. simples, à *stipules remplacées par des aiguillons.*

337. P. aculeatus (Lamk.). P. aiguillonné. (Vulg. *Porte chapeau.*)

Arbuste à rameaux flexueux, étalés horizontalement; f. alternes, un peu pétiolées, ovales, finement denticulées, à 3 nervures saillantes; petites fl. jaunâtres, en grappes axillaires. ♄. *Fl.* juin-août. *Fr.* septembre-octobre.

Dans une haie, près des aqueducs de Chaponost. — Jardins paysagers.

25ᵉ Famille. — TÉRÉBINTHACÉES.

Ce sont des arbres ou arbrisseaux du Midi, importants par leur principe gommo-résineux, plus ou moins odorant, que l'on a utilisé dans la médecine et dans les arts. Leurs *feuilles, alternes et sans stipules,* sont, le plus ordinairement, pennées. Leurs *fleurs, régulières,* ont un calice petit, persistant, à 5 (ou même à 3, 4 ou 7) divisions, alternant avec autant de pétales, qui manquent quelquefois. Les étamines, en nombre égal, double ou même plus grand, sont libres ou soudées. L'ovaire, libre ou plus rarement soudé au calice, est surmonté d'un ou de plusieurs stigmates, et devient un *fruit capsulaire,* mais *toujours indéhiscent.*

XCVII. Pistacia (L.). Pistachier.

Fleurs dioïques et sans pétales : dans les fl. à étamines, le calice a 5 segments; dans celles à carpelles, il n'en a que 3 ou 4; drupe peu charnue.

338. P. terebinthus (L.). P. térébinthe.

Arbre de médiocre grandeur; f. pennées avec impaire, à folioles ovales-oblongues, entières, aiguës et mucronulées, non décurrentes sur le pétiole commun; petits fruits ovoïdes, d'abord rouges, puis bruns: fl. en panicules axillaires. ♄. Mai. (*V. D.*)

Rochers, vis-à-vis de Loyre, avant Vienne; Muzin; Pierre-Châtel; Lavours. R.

26e FAMILLE. — LÉGUMINEUSES.

La grande et magnifique famille des Légumineuses va nous
ouvrir un vaste et intéressant champ d'excursion. Beauté, variété, utilité, nous y trouverons tout réuni, puisqu'elle nous
offre des fleurs gracieuses pour nos parterres, des fourrages
inépuisables pour nos bestiaux, des légumes précieux et des farineux abondants pour nos tables. Très-nombreuse en espèces,
elle renferme des arbres (l'*Acacia*), des arbrisseaux (le *Genêt*),
des plantes herbacées (le *Pois-fleur*). Leurs *feuilles, alternes
et stipulées*, toujours articulées, rarement simples, mais composées de folioles articulées elles-mêmes, présentent d'une
manière spéciale ces mouvements singuliers d'oscillations pé-
riodiques ou accidentelles, que l'on a désignés sous les noms
de *sommeil* et de *réveil* des feuilles.

La structure de leur fleur mérite particulièrement de fixer
notre attention. *Dans nos plantes spontanées*, un calice monosépale, souvent à deux lèvres, protége et soutient la corolle.
Celle-ci est *irrégulière* et composée de pétales rarement soudés, mais toujours adhérents au fond du calice. Le plus grand
de tous est l'*étendard*, servant à la fleur comme de parapluie,
de voile ou de pavillon. Viennent ensuite les *ailes*, pétales
ordinairement plus petits, latéraux et semblables, munis près
de leur onglet d'une dent saillante, ou d'une petite cavité,
dont la destination est de presser ou de soutenir deux autres
pétales communément soudés en *carène*, et formant la base
de la fleur. « Cette carène, dit Jean-Jacques, est comme le
« coffre-fort dans lequel la nature (il aurait dû dire la Provi-
« dence) a mis son trésor à l'abri des atteintes de l'air et de
« l'eau. » C'est elle, en effet, qui protége immédiatement le
jeune ovaire avec les étamines. *Celles-ci, au nombre de dix*,
insérées avec les pétales, *sont soudées par leurs filets en un ou
deux corps*; dans ce dernier cas, neuf sont réunies et la
dixième est libre.

Cette corolle que nous venons de décrire a été nommée
par Linné *papilionacée*, parce qu'elle ressemble à un pa-
pillon volant dans les airs.

Le grand objet de tant de soins, le fruit, est une capsule
unique, nommée *gousse* ou *légume*. Ordinairement elle s'ouvre
par deux valves ou portes, à la section supérieure de chacune desquelles les graines sont alternativement attachées par
de petits filets. Quelquefois cependant la gousse est partagée
en deux fausses loges par l'introflexion de la suture inférieure,
ou même en plusieurs loges par des étranglements transver-

saux se séparant à la maturité en autant d'articles monospermes. Plus rarement le fruit est à une seule graine et indéhiscent. L'embryon, sans périsperme, ou réduit à une
couche très-mince, a sa radicule rapprochée du hile et communément infléchie sur la suture des cotylédons. Ceux-ci
ne se convertissent pas toujours en feuilles séminales à la
germination. Dans quelques genres, ils demeurent en terre ;
dans quelques autres, ls accompagnent la gemmule sans se
dilater. Ces différences, jointes à celles que présentent la
forme des gousses, l'adhérence des étamines et la disposition
des folioles, ont servi à établir plusieurs tribus et sous-tribus
pour classer avec méthode les plantes nombreuses de cette
immense famille.

Iᵉ Tʀɪʙᴜ : **VIRIDILOBÉES. — Cotylédons sortant de
terre et devenant foliacés au moment de la germination.**

Iʳᵉ Sᴏᴜs-Tʀɪʙᴜ. — Gᴇ́ɴɪsᴛᴇ́ᴇs. — *Étamines monadelphes.*

Iʳᵉ Section. — *Feuilles simples ou trifoliolées.*

XCVIII. Uʟᴇx (L.). Aᴊᴏɴᴄ.

Calice à 2 bractées colorées et *divisé jusqu'à la base en
2 grandes lèvres*, dont la sup. a 2, l'inf. 3 dents. Arbrisseaux
épineux, à *f. simples.*

339. U. Eᴜʀᴏᴘᴀᴇᴜs (L.). A. ᴅ'Eᴜʀᴏᴘᴇ (Vulg. *Jonc marin.*)

Arbuste de 1-2 m., *droit*, à jeunes rameaux velus et épineux ; f. linéaires, terminées aussi en épine ; *calice très-velu,
muni de 2 bractéoles ovales, plus larges que le pédicelle* ; gousse
très-velue ; fl. jaunes, axillaires. ♄. Mai-juin. (*V. D.*)

Haies et lieux stériles : Francheville ; Grézieu-la-Varenne ; Alix ; les
Echeyts.

340. U. ɴᴀɴᴜs (L.). A. ɴᴀɪɴ. (Vulg. *Bruyère jaune*)

Arbuste de 3-6 déc., à *rameaux tombants et rampants*, velus-hérissés dans leur jeunesse, terminés en épine, ainsi que
les f., qui sont linéaires ; *calice très-finement pubescent, muni
de 2 bractées linéaires, plus étroites que le pédicelle* ; gousse
hérissée de poils blanchâtres ; fl. jaunes, axillaires, réunies en
longues grappes terminales. ♄. Août-septembre.

Bord des chemins sablonneux : Ècully ; Alix. A. R.

XCIX. Sᴘᴀʀᴛɪᴜᴍ (L.). Sᴘᴀʀᴛɪᴇ.

Calice en forme de petite spathe, à 1 *seule lèvre coupée obli-*

quement; style en alène droite, non barbu. Arbustes non épineux, à *f. simples*.

341. S. JUNCEUM (L.). S. A BRANCHES DE JONC. (Vulg. *Genêt d'Espagne*)

Arbuste de 1-3 m., très-rameux, à rameaux supérieurs imitant des joncs, très-glabres; f. écartées, un peu pétiolées, obovales ou oblongues, pubescentes en dessous; fl. jaunes, grandes, odorantes, en grappes terminales. ♄. Mai-juillet. (V. D.)

Bois : le Mont-Cindre, Couzon.—Jardins.

G. SAROTHAMNUS (Wimmer). SAROTHAMNE (1).

Calice à 2 lèvres divariquées, la sup. à 2 dents, l'inf. à 3; étendard orbiculaire et relevé; style roulé en spirale ou fortement arqué; stigmate en petite tête terminale. Arbustes non épineux, à f. presque toutes trifoliolées.

342. S. VULGARIS (Wimm.) S. COMMUN. — Spartium scoparium (L.). — Genista scoparia (Lamk.). — Cytisus scoparius (Link.). (Vulg. *Genêt à balais.*)

Sous-arbrisseau de 6-12 déc., à rameaux effilés et sillonnés; f. sup. sessiles et simples, *les autres pétiolées et trifoliolées; style allongé et roulé en spirale pendant la floraison;* fl. jaunes, grandes. ♃. Mai-juin. (V. D.)

Terrains quartzeux, arénacés et granitiques. C. C. C.

343. S. PURGANS (Gren. et Godr.). S. PURGATIF. — Spartium purgans (L.). — Genista purgans (D. C.). (Vulg. *Genêt griot.*)

Sous-arbrisseau de 2-3 déc., à rameaux dressés et sillonnés; petites f. peu nombreuses, très-caduques, *toutes sessiles*, les sup. simples, les autres trifoliolées; *style simplement arqué pendant la floraison;* fl. jaunes. ♃. Juin-juillet. (V. D.)

Le Mont Pilat et ses dépendances, où il abonde.

CI. GENISTA (L.). GENÊT.

Calice à 2 lèvres non divariquées, la sup. divisée presque jusqu'à la base en 2 segments profonds, l'inf. à 3 dents; étendard ovale ou oblong, non redressé; style subulé, ascendant, à stigmate oblique, penché en dedans. Arbustes à f. le plus souvent simples.

* *Tiges épineuses.*

344. G. HORRIDA (D. C. non Vahl.). G. HÉRISSON. — G. Lugdunensis (Jord.).

Petit arbuste d'un vert blanchâtre, ramassé en boule ser-

_____

(1) De σάρος, balai, et θάμνος, branche.

rée, épineuse de tous les côtés; *f.* pétiolées, *trifoliolées*, à folioles linéaires, mucronulées; gousse couverte de poils soyeux; *fl.* jaunes, terminales, *géminées*, quelquefois solitaires. ♄. Juillet.

Couzon, au dessus d'une carrière. R. R. R.

— C'est la seule localité dans toute la France où l'on trouve maintenant cette plante.

345. G. ANGLICA (L.). G. D'ANGLETERRE.

Arbrisseau de 2-6 déc., à *jeunes rameaux glabres*; *f. simples*, elliptiques ou lancéolées, *très-glabres, ainsi que l'étendard et la gousse*; calice à lèvres très-inégales; fl. jaunes, en grappes feuillées, devenant vertes par la dessication. ♄. Mai-juin.

Collines et champs arides : Tassin; Dardilly; Craponne; l'Argentière. etc. P. C.

346. G. GERMANICA (L). G. D'ALLEMAGNE.

Arbrisseau de 3-6 déc., à *jeunes rameaux velus*; *f. simples*, ovales, luisantes, *ciliées; étendard pubescent en dehors; gousse velue*; calice à lèvres presque égales; fl. jaunes, en grappes terminales non feuillées. ♄. Mai-juin.

Bois et lieux stériles. C.

** *Tiges sans épines.*

347. G. SAGITTALIS (L.). G. FLÈCHE.

Plante à *rameaux herbacés, ailés*, et comme articulés à l'insertion des feuilles; f. simples, ovales ou oblongues-lancéolées, pubescentes; calice soyeux; fl. jaunes, en grappes terminales courtes et serrées. ♄. Mai-juillet. (*V. D.*)

Pelouses sèches, bois, bruyères. C. C. C.

348. G. PILOSA (L). G. POILU.

Arbrisseau de 2-5 déc., *couché à la base*, à rameaux étalés ou redressés, striés, tuberculeux, soyeux dans leur jeunesse; f. simples, ovales ou oblongues-lancéolées, soyeuses en dessous; *carène et étendard soyeux en dehors; gousse velue*: fl. jaunes, en grappes feuillées. ♄. Mai-juin.

Coteaux secs aux environs de Lyon. C.

349. G. TINCTORIA (L.). G. DES TEINTURIERS.

Arbrisseau de 4-10 déc., à *rameaux dressés ou ascendants*, glabres ou légèrement pubescents; f. simples, oblongues ou même linéaires-lancéolées, d'autres fois elliptiques ou ovales, toujours ciliées sur les bords; *étendard, carène et gousse glabres*; fl. jaunes, en grappes serrées. ♄. Mai-juillet. (*V. D.*)

Bois, bord des chemins. A. C.

b. G. *latifolia*. — F. larges, ovales ou elliptiques, obtuses. — Couzon.

CII. Cytisus (L.). Cytise.

Calice à 2 lèvres, la sup. à 2-3 dents, rarement profondé-ment bipartite ou entière, l'inf. à 3 dents; *étendard* ovale et *relevé*; carène renfermant les étamines; *stigmate oblique, penché en dehors.* Arbres ou arbrisseaux non épineux, à f. tou-jours trifoliolées.

* Fleurs en grappes.

350. C. laburnum (L.). C. aubours. (Vulg. *Faux-Ebénier.*)

Arbre de 3-6 m.; f. longuement pétiolées, à folioles el-liptiques, pâles et pubescentes en dessous; calice campa-nulé, à tube court; *gousse pubescente-soyeuse,* surtout dans sa jeunessse, *à bord sup. épaissi*; *fl.* jaunes, à étendard rayé de violet, *en longues grappes pendantes.* ♄. Mai-juin. (*V. D.*)

Le Mont-Verdun, au-dessus de Limonest; la Grande-Chartreuse. — Jardins paysagers, où en cultive une variété à folioles lobées comme celles du Chêne. ce qui lui a valu le nom de *Quercifolia.*

351. C. alpinus (Mill.). C. des Alpes.

Diffère du précédent 1° par ses f. d'un vert plus sombre, à *folioles glabres sur les deux faces*, ciliées seulement sur les bords, et en dessous, sur la côte médiane, au moins pendant leur jeunesse; 2° par ses *gousses entièrement glabres* et lui-santes, *à bord sup. ailé*; 3° par l'étendard, dont les stries sont plus faibles et d'un violet moins prononcé; 4° par sa *floraison,* qui est *de quinze jours au moins plus tardive.* Les *fl.* sont du reste jaunes, odorantes, *en grappes pendantes,* mais plus étroites et plus allongées. ♄. Juin-juillet.

Fort de Pierre-Châtel; Parves; Colliard; fort de l'Ecluse. — Jardins paysa-gers.

352. C. sessilifolius (L.). C. a feuilles sessiles. (Vulg. *Trifolium.*)

Arbuste de 3-10 déc., *entièrement glabre*; f. glauques, les *sup. sessiles ou presque sessiles*, à folioles épaisses, arrondies, obovales ou presque rhomboïdales; *calice* campanulé, à tube court, *muni à la base de 3 petites bractées*; *fl.* jaunes, *en peti-tes grappes dressées.* ♄. Mai-juin.

Subspontané à Saint-Just et à la Part-Dieu. — Jardins paysagers.

** Fleurs axillaires ou en ombelle terminale; calice tubuleux, allongé, à lèvre sup. bi ou tridentée.

353. C. capitatus (Jacq). C. a fleurs en tête.

Arbrisseau de 2-6 déc., à *tige dressée* et à *rameaux* grêles, *couverts de poils étalés* et d'un blanc jaunâtre; f. pétiolées, velues, à folioles obovales, noircissant un peu par la dessica-

5.

tion, ainsi que les fl.; calice velu, à *lèvre sup. divisée en* 2-3 *petits lobes acuminés*; gousse très-velue; fl. jaunes, nombreuses, en *têtes terminales* qui ont la forme d'une ombelle. ♄. Juin-juillet.

Bois : la Pape ; la butte du Molard; au dessus de Villereversure et dans tout le haut Bugey.

354. C. SUPINUS (L. non Jacq.). C. COUCHÉ.

Diffère du précédent 1° par ses *tiges* moins élevées, *couchées, à rameaux étalés*, les florifères seules un peu redressées; 2° par ses folioles 2-3 fois plus petites; 3° par le calice, qui est presque glabre; 4° par les *fl.*, qui sont bien *en tête terminale, mais moins nombreuses*, seulement 2 à 6. ♄. Juin-juillet.

Coteaux du Rhône après la Pape. R. R.

355. C. ELONGATUS (Waldst. et Kit.). C. A RAMEAUX ALLONGÉS.

Arbrisseau de 4-10 déc., à *rameaux* allongés, *dressés, mais arqués*, couverts de *poils dont les uns sont étalés, les autres appliqués*; f. pétiolées, *velues, mais à poils appliqués*, noircissant par la dessication; calice hérissé de poils étalés; gousse très-velue; fl. jaunes, à pédoncules très-courts, *disposées par petits faisceaux de 2-3 tout le long des rameaux*, et formant ainsi une longue grappe feuillée. ♄. Juin-juillet.

Dans un bois taillis à la butte du Molard. R. R.

*** *Fleurs terminales, solitaires. géminées ou ternées; calice à lèvre sup. divisée en 2 segments presque jusqu'à la base.*

356. C. ARGENTEUS (L.). C. ARGENTÉ. — Argyrolobium argenteum (Walpers).

Petit sous-arbrisseau de 6-30 cent., à jeunes rameaux couverts, ainsi que les f. et le calice, d'un duvet blanc et soyeux; f. pétiolées, stipulées, à folioles elliptiques-lancéolées; calice presque aussi long que la corolle; fl. d'un jaune pâle. ♄. Mai-juin.

Pâturages sablonneux des bords de l'Ain, près de Château Gaillard et sous Chazey; Crémieux. R.

CIII. ONONIS (L.). BUGRANE.

Calice non bilabié, à 5 divisions profondes; carène terminée en bec acuminé. Sous-arbrisseaux à feuilles-trifoliolées, au moins les inf.

* *Fleurs roses, rarement blanches.*

357. O. CAMPESTRIS (Koch et Ziz.). B. DES CHAMPS. — O. spinosa, var β. (L.).

Tiges de 4-6 déc., *dressées, non radicantes à la base*, épineuses, portant 1-2 lignes de poils, tantôt d'un côté, tantôt de l'autre ; f. sup. simples, les autres trifoliolées, à folioles ovales-oblongues, denticulées, presque glabres, non visqueuses; *gousses ovales, dressées, égalant le calice ou le dépassant*; fl. roses, quelquefois blanches, solitaires, axillaires, à court pédoncule. ♃. Juin-septembre. (*V. D.*)

Champs stériles. C. C. C.

358. O. REPENS (L). B. RAMPANTE. — O. procurrens (Wallr). (Vulg. *Arrête-bœuf*.)

Tiges de 2-6 déc., *couchées et radicantes à la base*, épineuses, plus ou moins velues; *f.* de la précédente, mais *pubescentes-glanduleuses*, et répandant une odeur fétide; *gousses* ovales, dressées, *plus courtes que le calice*; fl. roses, solitaires, axillaires, à court pédoncule. ♃. Juin-septembre. (*V. D.*)

Bord des chemins, champs stériles. C. C. C.

** *Fleurs jaunes.*

359. O. NATRIX (Lamk.). B. FÉTIDE. (Vulg. *Coquesigrue*)

Plante velue-glanduleuse, visqueuse, à odeur fétide. Tige de 2-5 déc., dressée, non épineuse; f. pétiolées, à folioles oblongues, dentées en scie dans leur moitié supérieure; *pédoncules uniflores, munis près du sommet d'une bractée linéaire et plus longs que les feuilles* ; gousse linéaire, penchée, très-velue; fl. jaunes, en grappes terminales et feuillées. ♃. Juin-septembre.

Lieux arides : coteaux du Rhône, où elle abonde.

360. O. VISCOSA (L.). B. VISQUEUSE.

Diffère de la précédente 1° par les *feuilles du sommet de la tige, qui sont simples* en plus grand nombre; 2° en ce que la *portion du pédoncule qui est entre la bractée et le calice est 2 fois plus longue que le tube de celui-ci*, tandis que, dans l'Ononis natrix, elle lui est à peu près égale; 3° par l'*étendard, qui est rougeâtre au sommet*. Les fl. sont en grappes très-lâches, et, dans les f. trifoliolées, la foliole du milieu est manifestement plus grande que les deux autres. ♃. Mai-juin.

Iles du Rhône, sous Anglefort (Ain.)

361. O. COLUMNÆ (All.). B. DE COLUMNA.

Tige de 1-3 déc., ascendante, pubescente ; f. pétiolées, trifoliolées, à folioles obovales ou elliptiques, denticulées en scie, légèrement pubescentes-glanduleuses; *gousse ovale, dressée* ; *fl. jaunes, axillaires, sessiles*, en épis feuillés. ♃. Juin-juillet.

Pelouses des coteaux secs : la Pape ; Couzon ; Feyzin; pâturages des bords de l'Ain; Château-Gaillard ; Chazey, etc.

2e Section. — *Feuilles imparipennées.*

CIV. ANTHYLLIS (L.). ANTHYLLIDE.

Calice plus ou moins coloré, à 5 dents, marcescent sur le fruit; carène obtuse, ou à bec très-court; *gousse renfermée dans le calice.* Plantes herbacées.

362. A. VULNERARIA (L.). A. VULNÉRAIRE.

Tige de 1-3 déc., étalée ou ascendante; f. inf. à 3-5 folioles entières, dont *la terminale, beaucoup plus grande que les autres,* est quelquefois seule; f. sup. à 5-13 folioles plus égales à la terminale; *calice velu, renflé, à dents beaucoup plus courtes que le tube;* fl. jaunes, plus rarement rougeâtres ou blanches, en capitules terminaux entourés de bractées palmées. ♃. Mai-juin. (*V. D.*)

Prés secs. C. C.

b. A. *polyphylla* (Koch). Tige redressée, ascendante, plus feuillée, à fleurs plus petites, jaunâtres, mais avec le sommet de l'étendard couleur de sang.— Couzon, au dessus des carrières.

363. A. MONTANA (L.). A. DE MONTAGNE.

Plante gazonnante, couverte d'une pubescence soyeuse et blanchâtre. Tige dure et couchée à la base, puis ascendante; f. à 10-13 paires de folioles petites, oblongues-elliptiques, *toutes égales; calice tubuleux, non renflé, à dents aussi longues que le tube;* fl. purpurines, en capitules terminaux entourés de bractées palmées. ♃. Mai-juillet.

Pelouses et rochers : vers la croix du village de la Roche; au nord de la croix, sur la côte d'Evoges; au dessus de Tenay; les Monts-Dain.

IIe SOUS-TRIBU. — TRIFOLIÉES.—*Étamines diadelphes*

1re Section. — *Gousse à 1 seule loge, rarement à 2 loges longitudinales*

CV. MEDICAGO (L.). LUZERNE.

Calice à 5 dents ou divisions; *corolle caduque; gousse dépassant le calice, courbée en faucille, ou réniforme, ou le plus souvent contournée en spirale.* Plantes herbacées, à f. trifoliolées.

* *Gousses non épineuses.*

364. M. SATIVA (L.). L. CULTIVÉE.

Tige de 2-6 déc., glabre ou pubescente, *dressée dès la base;* folioles ovales ou oblongues, denticulées, obtuses et un peu échancrées au sommet, avec une petite pointe au milieu de l'échancrure; *gousse* pubescente, à poils apprimés, *contournée en une spirale qui forme* 2-3 *tours*; fl. ordinairement violettes, *disposées en grappes oblongues et multiflores.* ♃ Juin-automne. (*V. D.*)

Prés, bord des champs. — Cultivée comme fourrage.

b M. *versicolor*. Fl. d'abord d'un jaune pâle, puis verdâtres, et à la fin d'un violet clair. — En société avec la suivante.

365. M. FALCATA (L.). L. EN FAUCILLE.

Tige de 2-6 déc., légèrement pubescente, *d'abord couchée, puis redressée;* folioles comme dans la précédente; *gousse* pubescente ou glabre, *courbée en faucille, ou un peu en spirale, mais ne décrivant pas plus de* 1 *tour;* fl. ordinairement jaunes, *disposées en grappes multiflores, ovales et serrées.* ♃ Juin-automne. (*V. D.*)

Pâturages secs, bord des chemins. C. C.

b. M. *versicolor*. Fl. d'abord jaunes, puis verdâtres et à la fin violettes. — Dans le voisinage de la précédente.

366. M. LUPULINA (L.). L. LUPULINE. (Vulg. *Mignonnette, Minette.*)

Tiges de 1-4 déc., ordinairement couchées, quelquefois redressées; folioles obovales, denticulées au sommet; *gousse* glabre ou pubescente, *monosperme, réniforme, un peu couchée au sommet*, marquée de nervures saillantes; *petites fl.* jaunes, *en épis ovoïdes serrés et multiflores.* ① ou ②. Mai-automne. (*V. D.*)

Lieux stériles, pâturages. C. C. C.

367. M. ORBICULARIS (All.). L. ORBICULAIRE.

Plante de 2-6 déc., glabre ou à peu près, à tiges étalées ou ascendantes; folioles cunéiformes ou obcordées, denticulées au sommet; stipules profondément découpées en lanières sétacées; *gousse* glabre, veinée, *ayant la forme d'un disque orbiculaire, aplati et un peu convexe, composé de* 4-6 *tours de spirale, à bords minces et appliqués les uns sur les autres;* petites fl. jaunes, 1-4 *au sommet de pédoncules axillaires* et plus courts que la feuille. ①. Mai-juin.

Pelouses sèches, lieux incultes : Tassin; Saint-Alban, près Lyon : Oullins. A. R.

** *Gousses épineuses, toujours contournées en spirale.*

368. M. DENTICULATA (Benth. et Fl. lyonn.). L. DENTICULÉE.

Plante glabre, à tige grêle, rameuse, couchée; folioles cunéiformes ou obcordées, denticulées au sommet; *stipules profondément découpées en lanières sétacées; gousse* glabre, marquée de petites veines en réseau, *formant* 2-3 *tours de spirale, lesquels portent sur leurs bords de petites épines diver-*

gentes, droites ou un peu recourbées au sommet ; petites fl. jaunes, 5-7 au sommet de pédoncules filiformes et 2 fois environ plus longs que les pétioles. ④. Mai-juin.

Moissons : Saint-Just ; Caluire ; Villeurbanne. R.

369. M. MINIMA (Lamk.). L. NAINE.

Plante de 5 à 30 cent., à tiges pubescentes, étalées ou ascendantes ; folioles obovales, denticulées au sommet; *stipules lancéolées, entières, ou très-légèrement dentées* ; *gousse* glabre ou un peu velue, *non veinée, formant 4-5 tours de spirale, lesquels portent sur leurs bords deux rangs de petites épines crochues au sommet*; petites fl. jaunes, 2-5 au sommet de pédoncules filiformes. ④. Mai-juillet.

Lieux secs. C. C. C.

370. M. MACULATA (Wild.). L. A FEUILLES TACHÉES.

Plante de 2-6 déc., ordinairement parsemée de poils longs et articulés ; tiges couchées ou ascendantes; f. obovales ou obcordées, finement denticulées au sommet, souvent marquées d'une tache noirâtre sur la face supérieure; *stipules ovales, incisées-dentées; gousse* glabre, globuleuse, mais un peu comprimée, à peine veinée, *formant 4-6 tours de spirale, à bord intérieur portant deux rangs de petites épines arquées, mais non crochues au sommet*; petites fl. jaunes, 1-3, rarement plus, au sommet de *pédoncules toujours bien plus courts que la feuille*. ④. Mai-juin.

Prairies : Roche-Cardon ; Écully ; Tassin ; Yvour ; l'Argentière, etc. P. R.

371. M. GERARDI (Wild.). L. DE GÉRARD.

Plante de 1-3 déc., pubescente, à tiges ordinairement couchées; folioles en coin ou obcordées, denticulées au sommet ; *stipules à dents sétacées profondes*, au moins à la base; *gousse velue-tomenteuse*, comme cylindrique, *formant 4-6 tours de spirale, dont les bords arrondis portent des épines espacées, coniques et crochues au sommet*; fl. jaunes, ordinairement 1-3 sur des pédoncules de longueur variable. ④. Mai-juin.

Pelouses sèches : Saint-Alban, près Lyon.

— On en a séparé le M. *Timeroyi* (Jord.), qui se reconnaît à ses *tiges ascendantes* et non couchées, à ses f. d'un vert gai et non d'un vert cendré, à sa gousse ovale et plus velue, à ses *pédoncules portant 4 6 fleurs*. et à sa *racine*. qui est ordinairement *bisannuelle*, très-rarement annuelle. — Villeurbanne.

CVI. TRIGONELLA (L.). TRIGONELLE.

Calice campanulé, à 5 dents ou divisions; *corolle caduque;* carène obtuse; *gousse linéaire, comprimée, arquée*, dépassant le calice. Plantes herbacées, à f. trifoliolées.

372. T. Monspeliaca (L.). T. de Montpellier.

Petite plante de 5 à 30 cent., à tiges couchées ; folioles cunéiformes à la base, denticulées dans leur moitié sup. ; stipules à pointe linéaire ; gousses à nervures transversales, étalées en étoile au nombre de 6-8 ; petites fl. jaunes en ombelles axillaires et sessiles. ①. Juin-juillet.

Pelouses sèches, lieux arides : la Pape ; le Mont-Cindre ; Feyzin ; Écully, à Randin ; Tassin ; Bonnand. A. R.

CVII. Melilotus (Tournef.). Mélilot.

Calice campanulé, à 5 dents ; *corolle caduque ; gousse droite, ovale ou oblongue*, dépassant le calice ; *fl. en grappes serrées en forme d'épis allongés*. Plantes herbacées, à f. trifoliolées.

373. M. officinalis (Desr. non Wild.). M. officinal. — M. arvensis (Wallr.).

Tige de 3-10 déc., ascendante, rameuse ; folioles obtuses, denticulées, obovales dans les f. inf., elliptiques dans les sup. ; *pétales inégaux, à ailes et étendard plus longs que la carène ; gousse ovale, glabre, jaunâtre à la maturité, à suture sup. obtuse ; fl.* ordinairement jaunes, *très-odorantes*. ②. Juillet-septembre. (*V. D.*)

Moissons, bord des chemins, etc. C. C.

b. M. *Petitpierreana* (Wild.). Fl. blanches. — La Mouche ; le Mont-Cindre.

374. M. macrorhiza (Pers.). M. a racine épaisse. — M. altissima (Thuill.).

Racine longue et épaisse. Tige de 1 à 2 m., droite, très-rameuse ; f. comme dans le précédent, mais plus grandes ; *pétales tous égaux ; gousse ovale, pubescente, noirâtre à la maturité, à suture sup. aiguë ; fl.* jaunes, *très-odorantes.* ②. Juillet-septembre.

Prés humides et marécageux au dessous de Feyzin.

375. M. leucantha (Koch). M. a fleurs blanches. — M. alba (Thuill).

Tige de 3-10 déc., dressée, rameuse ; f. comme dans le Mélilot officinal ; *pétales inégaux, à ailes et carène plus courtes que l'étendard ; gousse ovale, glabre, à la fin d'un brun noirâtre ; fl. toujours blanches et inodores.* ②. Juin-septembre.

Bord des chemins, lieux incultes. C.

376. M. parviflora (Desf.). M. a petites fleurs.

Tige de 1-3 déc., grêle, dressée, rameuse ; f. obovales ou oblongues-cunéiformes, denticulées au sommet ; *pétales inégaux, à ailes et carène plus courtes que l'étendard ; gousse globuleuse, très-obtuse, monosperme*; très-petites fl. d'un jaune pâle, en épis serrés et grêles. ①. Juillet-août.

Trouvé à la Mouche dans un champ de luzerne.

CVIII. Trifolium (L.). Trèfle.

Calice à 5 dents ou divisions; *corolle persistante, marcescente sur le fruit; gousse très-petite, ovale*, à 1-2 graines, rarement oblongue et à 3-4 graines, *renfermée dans le calice ou dans la corolle marcescente*. Plantes herbacées, à f. trifoliolées.

* *Fleurs rouges, roses, blanches ou blanchâtres.*

† *Dents du calice velues ou ciliées.*

377. T. pratense (L.). T. des prés.

Plante très-variable, glabre ou très-velue. Tige de 1-3 déc., ascendante; folioles souvent marbrées de blanc, ovales ou oblongues, obtuses, entières ou légèrement denticulées, celles des f. inf. quelquefois un peu obcordées; *stipules fortement veinées, à partie libre ovale, brusquement terminée par une arête; calice à 10 nervures*, pubescent ou glabre, mais *à dents ciliées et inégales; fl.* d'un rouge clair, rarement blanches, *disposées en capitules globuleux, à la fin ovales*, solitaires ou géminés, *presque sessiles au centre d'un involucre foliacé*. ②. Mai-septembre. (V. D.)

Prés, bord des chemins, bois. C. C. C. — Cultivé comme fourrage.

378. T. medium (L.). T. intermédiaire. — T. flexuosum (Jacq.).

Souche traçante, tige de 1-4 déc., ascendante, flexueuse, pubescente au sommet; folioles elliptiques, entières ou à peine denticulées; *stipules à partie libre* lancéolée et *insensiblement atténuée en pointe; calice à tube glabre, marqué de 10 nervures, et à dents ciliées*, filiformes, *inégales, l'inf. n'étant pas plus longue que la moitié de la corolle; fl.* purpurines, *en capitules globuleux*, solitaires ou géminés, *pédonculés*. ♃. Juin-août.

Lieux pierreux, lieux herbeux des bois : Dardilly; le Mont-Tout; Charbonnières; Saint-Alban, près Lyon, etc. P. R.

379. T. alpestre (L.). T. alpestre.

Souche fibreuse, tige de 1-3 déc., velue, droite, raide, toujours très-simple; folioles oblongues-lancéolées, veinées, à peine denticulées, ciliées; *stipules à partie libre linéaire et longuement acuminée; calice à tube velu, marqué de 20 nervures, et à dents ciliées, très-inégales, l'inf. beaucoup plus longue que la moitié de la corolle; fl.* rouges, *en capitules globuleux*, ordinairement géminés, *sessiles au centre d'un involucre foliacé.* ♃. Juin-août.

Bois calcaires : le Mont-Cindre; la Pape ; Oullins ; Sathonay, etc.

380. T. RUBENS (L.). T. ROUGE.

Souche fibreuse, *tige de 1-4 déc.*, ascendante, *très-glabre ;* folioles oblongues-elliptiques, veinées, coriaces, très-glabres , denticulées et très-rudes sur les bords; *stipules* très-longuement soudées au pétiole, *à partie libre lancéolée-acuminée , munie de petites dents écartées ; calice à tube glabre,* marqué de 20 nervures, et *à dents* ciliées, filiformes, *très-inégales, l'inf. beaucoup plus longue que la moitié de la corolle; fl.* rouges, *en capitules oblongs-cylindriques,* solitaires ou géminés, souvent entourés d'un involucre à la base. ♃. Juin-août.

Pelouses des bois : Couzon ; le Mont-Cindre; le Mont-Tout ; la Pape, etc. C.

381. T. OCHROLEUCUM (L). T. JAUNÂTRE.

Tige de 1-4 déc., ascendante, *mollement velue ;* folioles elliptiques-oblongues ou ovales, pubescentes, très-entières, à l'exception des inf., qui sont souvent un peu échancrées au sommet ; *stipules* veinées, *à partie libre s'effilant insensiblement en pointe acuminée, velue et ciliée; calice à* 10 nervures, velu-hérissé, *à dents inégales, l'inf. plus longue et à la fin réfléchie ; fl. d'un blanc jaunâtre,* en capitules globuleux, à la fin ovales, solitaires ou géminés au centre d'un involucre foliacé. ♃. Juin-août. (*V. D.*)

Prairies et pelouses sèches : Limonest ; Saint-Alban ; Écully , etc.: et dans l'Ain, de Thoizy au Reculet, et dans tous les pâturages élevés du Bugey.

382. T. INCARNATUM (L.). T. INCARNAT. (Vulg. *Trèfle russe*)

Plante velue-blanchâtre. Tige de 2-5 déc., dressée; folioles obovales ou obcordées, denticulées au sommet; *stipules à partie libre ovale-triangulaire,* denticulée; *calice à* 10 *nervures,* fortement hérissé, *à dents peu inégales; fl.* ordinairement d'un pourpre vif, *en épis oblongs-cylindriques, pédonculés , sans involucre à la base.* ① Mai-juillet. (*V. D.*)

b. T. *Molinieri* (Balbis). Fleurs blanchâtres ou rosées.

Prés, champs. — Cultivé comme fourrage.

383. T. ARVENSE (L.). T. DES CHAMPS. (Vulg. *Patte-de-lièvre.*)

Plante velue ou pubescente-soyeuse. Tige de 6-30 cent., grêle, très-rameuse; folioles linéaires-oblongues , faiblement denticulées et ordinairement tronquées au sommet; *calice velu, à dents égales, plus longues que la corolle; fl.* blanches ou rosées, *en capitules* ovales ou cylindriques , *velus-soyeux , pédonculés, sans involucre à la base.* ①. Mai-septembre. (*V. D.*)

b. T. *gracile* (Thuill). Tige plus grêle, seulement pubescente; pédoncules plus allongés; calice à dents rougeâtres, seulement ciliées; capitules plus petits.

Lieux sablonneux, champs, bois. C. C. — Var. b. plus rare.

381. T. LAGOPUS (Pourr.). T. PIED-DE-LIÈVRE.

Plante toute hérissée de poils blancs étalés. Tige de 5-30 cent., étalée ou dressée, très-rameuse; folioles obovales ou oblongues-cunéiformes, denticulées au sommet; *stipules* en forme d'aile, veinées, *à partie libre ovale-aiguë; calice à 10 côtes,* très-velu, *à dents sétacées, inégales, l'inf. plus longue que les autres, mais toutes plus courtes que la corolle; fl.* d'un blanc rosé, *en épis oblongs, pédonculés, sans involucre à la base.* ④. Mai-juin.

Coteaux secs du Garon, près du moulin de Barail. R.

385. T. BOCCONI (Savi). T. DE BOCCONE.

Tige de 5-15 cent., droite, pubescente; folioles oblongues-cunéiformes, denticulées au sommet; *stipules à partie libre insensiblement atténuée en pointe subulée; calice* pubescent, *à dents courtes, peu inégales, piquantes, serrées contre la corolle qu'elles égalent; fl.* rosées, *en capitules* ovales ou oblongs, *terminaux,* ordinairement géminés, *sessiles au milieu d'un involucre foliacé.* ④. Juin.

Les terres au Molard. R.

386. T. STRIATUM (L.). T. STRIÉ.

Tige de 1-3 déc., étalée ou redressée, mollement velue; folioles inf. obovales ou obcordées, les sup. oblongues-cunéiformes, denticulées au sommet; stipules veinées, à partie libre ovale et terminée en pointe; *calice* très-velu, *à dents peu inégales, mucronées, à la fin étalées, le fructifère à tube renflé-globuleux; fl.* très-petites, d'un rose pâle, *en capitules* ovales devenant oblongs, *tous sessiles, mais les uns terminaux, les autres axillaires.* ④. Mai-juillet.

Prés, pelouses: Chaponost; Craponne; Roche-Cardon. P. C.

387. T. SCABRUM (L.). T. RUDE.

Tige de 1-3 déc., étalée ou redressée, pubescente; folioles oblongues-cunéiformes ou obovales, denticulées, marquées de petites nervures qui sont arquées vers les bords; stipules membraneuses, veinées, à partie libre ovale et terminée en pointe; *calice* velu-blanchâtre, *à dents* inégales, lancéolées, épineuses, *à la fin étalées et arquées, le fructifère cylindrique-campanulé; fl.* blanchâtres ou rosées, *en capitules ovoïdes, axillaires et terminaux,* sessiles. ④. Mai-juin.

Pelouses sèches. C. C.

388. T. SUBTERRANEUM (L.). T. SEMEUR.

Plante velue. Tige de 1-3 déc., couchée-étalée; folioles obcordées; stipules ovales, aiguës; calice à tube glabre et à dents filiformes, ciliées, à peu près égales; *capitules* tous axillaires et pédonculés, *portant d'abord 2-3 fl. fertiles, et ensuite des fl. stériles, nombreuses, sans pétales, recouvrant les autres et s'enfonçant avec elles dans la terre après la floraison* pour y semer les graines; fl. blanchâtres. ①. Avril-mai. (*V. D.*)

Lieux herbeux : Bonnand; Longes; Doizieu; Villefranche; Méys; environs de Montluel. R.

389. T. FRAGIFERUM (L.). T. FRAISIER.

Plante glabre ou peu velue. *Tiges* de 1-3 déc., *couchées et rampantes*; folioles obovales, denticulées et rudes sur les bords, un peu échancrées au sommet, veinées; stipules membraneuses, à partie libre longuement acuminée; *calice fructifère, boursouflé, membraneux*, réticulé, velu, à dents piquantes et inégales; *fl. roses, en capitules serrés, globuleux, longuement pédonculés*, imitant une fraise. ♃. Juin-octobre.

Pâturages humides, bord des chemins. C.

†† *Calice glabre.*

390. T. MONTANUM (L.). T. DE MONTAGNE.

Tige de 1-2 déc., *ascendante ou dressée*, plus ou moins pubescente; *folioles oblongues-elliptiques*, fortement veinées, denticulées et rudes sur les bords; stipules nervées, à partie libre acuminée; *calice* blanchâtre, d'abord un peu velu au sommet, puis devenant glabre, *à dents un peu inégales, toujours dressées*; fl. blanches, *en capitules ovoïdes, longuement pédonculés et sans involucre à la base.* ♃. Mai-juillet.

Prés secs et montagneux: la Pape; Bonnand, etc. P. R.

391. T. GLOMERATUM (L.). T. AGGLOMÉRÉ.

Plante glabre. *Tiges* de 1-3 déc., *couchées*, quelquefois un peu redressées; folioles obovales, très-finement denticulées et rudes sur les bords; stipules membraneuses, à partie libre longuement acuminée: *calice* court, à côtes saillantes, et *à dents égales*, mucronées, *étalées ou même un peu réfléchies; fl.* petites, rosées, *en capitules globuleux, terminaux et axillaires, sessiles.* ①. Mai-juillet.

Pelouses sèches : Bonnand, sur le coteau après les aqueducs ; Saint-Alban, près Lyon; le Garon; Chavanay; Malleval; Château-Gaillard (Ain). R.

392. T. PARVIFLORUM (Ehrh.). T. A PETITES FLEURS.

Plante glabre, ayant le port de la précédente. Tige de 1-2 déc., diffuse; folioles obovales, denticulées, veinées; sti-

pules membraneuses, à partie libre ovale et cuspidée ; *calice
à dents* un peu velues, *très-inégales, arquées au sommet ; fl.*
très-petites, blanchâtres ou rosées, *en capitules globuleux,
portés sur des pédoncules plus courts que les feuilles.* ④. Mai-
juin.

Pelouses aux environs de Montbrison (Gren. et Godr.). R. R. R.

393. T. STRICTUM (Waldst. et Kit.) T. RAIDE.

Plante glabre. Tige de 6-20 cent., ascendante, raide ; folioles linéaires-lancéolées, veinées, dentelées et rudes sur
les bords ; *larges stipules en forme de triangle,* membraneuses,
striées et denticulées ; *calice* blanchâtre, sillonné, *à dents*
linéaires, subulées, *peu inégales, à la fin étalées ; fl.* rosées, *en
capitules* globuleux, *pédonculés, axillaires et terminaux.* ④.
Mai-juin.

Pelouses sèches au Molard. R. R.

394. T. REPENS (L.). T. RAMPANT. (Vulg. *Triolet.*)

Plante glabre. *Tiges* de 1-3 déc., *couchées et radicantes à
la base ;* folioles obovales, denticulées, marbrées de blanc ;
stipules membraneuses, ovales-oblongues, brusquement cuspidées ; calice *à dents* lancéolées et *inégales, les 2 sup. plus
longues ; pédicelles des fl. à la fin tous réfléchis après la floraison ; fl.* blanches ou un peu rosées, *en capitules globuleux,
axillaires,* pédonculés. ♃. Mai-octobre. (*V. D.*)

Prairies. C. C. C.

— On trouve quelquefois une variété où les divisions du calice sont changées
en folioles.

395. T. THALII (Vill.). T. DE THALIUS. — T. cæspitosum (Reyn.).

Plante glabre. *Tiges* de 5-10 cent., *couchées, mais non radicantes à la base,* puis redressées ; folioles obovales-arrondies,
très-finement denticulées ; *larges stipules* membraneuses, lancéolées, *acuminées ;* calice blanchâtre, à dents lancéolées, un
peu inégales ; *pédicelle des fl. sup. non réfléchis après la floraison et toujours beaucoup plus courts que le tube du calice ;*
fl. d'un blanc rosé, en capitules arrondis, axillaires, longuement pédonculés. ♃. Juillet-août.

Pâturages secs : la Grande-Chartreuse ; le Reculet.

396. T. ELEGANS (Savi). T. ÉLÉGANT.

Tiges de 2-5 déc., *couchées, mais non radicantes à la base,*
pubescentes et redressées au sommet ; *folioles toutes obovales,*
denticulées tout autour, *à veines nombreuses et rapprochées
vers les bords ;* stipules lancéolées, acuminées, atténuées en
pointe très-aiguë ; calice à dents subulées, inégales, les deux
sup. plus longues ; *pédicelles des fl. réfléchis après la floraison, les intérieures beaucoup plus longs que le tube du ca-*

lice; *fl. roses*, en capitules globuleux, axillaires, pédonculés.
♃. Juin-août. (*V. D.*)

Bord des bois, broussailles : Charbonnières ; la Claire. A. R.

397. T. ALPINUM (L.). T. DES ALPES. (Vulg. *Réglissse de montagne*.)

Plante glabre. Souche épaisse, ligneuse, à saveur sucrée ;
point de tige feuillée, mais pédoncules tous radicaux; folioles
linéaires-lancéolées, très-faiblement denticulées ; calice campanulé, à dents très-longues, lancéolées, un peu inégales ; *fl.*
rouges, rarement blanches, *pédicellées, peu nombreuses, en
ombelle*, les plus grandes et les plus belles du genre. ♃. Juin-
août. (*V. D.*)

Pierre sur-Haute, à Loule et sur presque toute la montagne ; le Mont-Pilat,
d'après Grenier et Godron ; mais je ne connais personne qui l'y ait trouvé.

** *Fleurs jaunes*.

† *Une paire de feuilles supérieures opposées.*

398. T. SPADICEUM (L.). T. BRUNISSANT.

Tige de 1-3 déc., droite ou ascendante, grêle; *folioles toutes
presque sessiles*, denticulées, les sup. oblongues, les inf. légèrement obcordées; calice à dents poilues, très-inégales, les
deux sup. beaucoup plus courtes; *étendard strié, en voûte
depuis sa base;* ailes dirigées en avant; *fl. d'abord d'un jaune
d'or, ensuite de la couleur du cafe brûlé*, en capitules terminaux, pédonculés, à la fin cylindriques. ①. Juin-juillet.

Prés humides : Saint-Bonnet-le-Froid ; Duerne ; Pomeys ; le Mont-Pilat ;
Pierre-sur-Haute; la Grande-Chartreuse.

†† *Feuilles toutes alternes.*

399. T. AGRARIUM (L.). T. CHAMPÊTRE.

Tige de 1-5 déc., droite ou ascendante ; *folioles* obovales ou
oblongues, denticulées, tronquées ou un peu échancrées au
sommet, *toutes presque sessiles;* stipules oblongues-lancéolées,
à peu près aussi larges au milieu qu'à la base; *étendard strié,
courbé en cuiller au sommet*; ailes écartées de chaque côté ;
fl. d'abord jaunes, puis couleur de houblon, en capitules latéraux, pédonculés, ovales ou arrondis. ♃. Juin-octobre.

Pâturages : la Pape; Fontaines ; Mont-Chat; Roche-Tachon.

400. T. PROCUMBENS (L.). T. TOMBANT.

Tiges de 1-4 déc., couchées ou ascendantes, rarement dressées, très-rameuses; folioles elliptiques ou obovales, quelquefois un peu échancrées au sommet, *celle du milieu longuement
pétiolulée; stipules ovales, plus larges à la base qu'en haut;
étendard strié, en cuiller au sommet;* ailes écartées de chaque
côté; *fl. d'abord jaunes, puis d'un brun clair*, en capitules
ovales ou arrondis, latéraux, pédonculés. ①. Mai-automne.

a. T. *campestre* (Schreb.). Tige principale dressée, à rameaux étalés ; pédoncules égalant les feuilles ou ne les dépassant pas beaucoup. — Près des rivières. C. C.

b. T. *minus* (Koch). Tiges ordinairement couchées ; pédoncules souvent 2 fois plus longs que les feuilles ; fl. d'un jaune plus clair, en capitules plus petits. — Coteaux arides : Caluire, Saint-Alban, etc. C. C.

— Il y a de nombreux intermédiaires entre ces deux variétés.

401. T. FILIFORME (L.). T. FILIFORME.

Tiges filiformes, couchées ou ascendantes ; folioles obovales-cunéiformes, denticulées au sommet ; *stipules plus larges à la base qu'au milieu : étendard plié en carène et très-finement strié ;* fl. très-petites, d'abord jaunes, à la fin blanchâtres, ordinairement 6-10, quelquefois moins, en petits capitules latéraux et pédonculés. ④. Mai-juillet.

Prés, pelouses. C. C. C.

402. T. MICRANTHUM (Viv.). T. A PETITES FLEURS.

Ressemble beaucoup au précédent ; en diffère 1° par l'*étendard*, qui est *entièrement lisse* ; 2° par les *stipules*, qui sont *oblongues, aussi larges à la base qu'au milieu*. Les fl. sont ordinairement moins nombreuses, 2-6 par capitule. ④. Mai-juillet.

Pelouses sèches au Garon. R.

CIX. TETRAGONOLOBUS (Scop.). TÉTRAGONOLOBE.

Calice à 5 divisions ; ailes de la corolle se touchant par leur bord supérieur ; *style élargi au sommet ; gousse* allongée, *bordée de 4 ailes foliacées.* Plantes herbacées, à f. trifoliolées et stipulées.

403. T. SILIQUOSUS (Roth). T. A SILIQUE.—Lotus siliquosus (L.).

Tige de 1-2 déc., ascendante ou étalée, pubescente ; folioles obovales-cunéiformes, entières, les deux latérales coupées à la base du côté intérieur ; ailes de la gousse droites et beaucoup moins larges qu'elle ; fl. jaunes, à la fin violacées, solitaires et longuement pédonculées. ♃. Mai-juillet.

Prairies humides. A. C.

CX. LOTUS (L.). LOTIER.

Caractères du genre précédent ; mais 1° *style atténué au sommet* ; 2° *gousse* linéaire et *sans ailes*, s'ouvrant par 2 valves qui se tordent en tire-bouchon à la maturité.

404. L. CORNICULATUS (L.). L. CORNICULÉ.

Plante glauque, très-variable. Tige de 1-4 déc., étalée ou tombante ; *folioles obovales-cunéiformes*, les deux latérales coupées obliquement à la base à leur bord intérieur; stipules ayant la forme et la grandeur de ces folioles ; *dents du calice dressées dans les jeunes boutons; carène coudée vers son milieu ;* fl. jaunes, quelquefois rougeâtres en dehors, en têtes ombelliformes. ♃. Mai-octobre. (*V. D.*)

Prairies, champs, pelouses. C. C. C.

405. L. TENUIFOLIUS (Rchb.). L. A FEUILLES ÉTROITES.—L. tenuis (Kit.).

Tiges très-grêles, étalées ou redressées; *folioles et stipules oblongues-linéaires, très-aiguës,* à l'exception de celles des f. inf., qui sont obovales-linéaires; ailes de la corolle plus étroites que dans le précédent; fl. jaunes, 2-5 en petites têtes, souvent même solitaires. ♃. Mai-octobre.

Prés humides au dessous de Feyzin et ailleurs.

— Cette plante est réunie à la précédente comme variété par quelques auteurs. Elle en a, il est vrai, le calice et la carène; mais son port est si différent, que nous avons cru devoir suivre ceux qui l'en ont séparée.

406. L. MAJOR (Smith). L. ÉLEVÉ. — L. uliginosus (Schk.).

Tige de 5-8 déc., dressée, évidemment fistuleuse; folioles et stipules du Lotier corniculé, mais plus grandes; *dents du calice étalées ou même réfléchies dans les jeunes boutons avant leur épanouissement; carène courbée en bec dès sa base;* fl. jaunes, nombreuses, en têtes ombelliformes. ♃. Juillet-septembre.

Fossés et prés marécageux à Charbonnières.

— Dans les trois plantes précédentes, l'étendard devient vert par la dessication.

407. L. DIFFUSUS (Smith). L. DIFFUS. — L. angustissimus (D. C. non L.).

Plante velue. Tiges grêles, couchées; folioles des f. inf. obovales, celles des f. sup. oblongues-lancéolées; *calice hérissé, à dents linéaires,* très-profondes, *un peu plus longues que son tube; pédoncules filiformes, 2 fois plus longs que les feuilles;* fl. jaunes, à étendard souvent rougeâtre, *solitaires ou géminées.* ①. Mai-septembre.

Prairies et pelouses : Charbonnières; dans les plaines de la Bresse. R.

CXI. PSORALEA (L.). PSORALIER.

Calice à 5 divisions profondes ; *gousse monosperme et indéhiscente.* Plantes herbacées, à f. trifoliolées, *les deux premières opposées.*

408. P. BITUMINOSA (L.). P. BITUMINEUX.

Plante exhalant, surtout quand elle est en fleur, une forte odeur de bitume. Tige de 3-10 déc., droite, rameuse, ne se laissant pas aplatir sous le doigt, glabre à la base; folioles oblongues-lancéolées, acuminées, celle du milieu longuement pétiolulée ; fl. bleues, en capitules serrés, longuement pédonculés, entourés à leur base de bractées trifides. ♃. Juillet. (V. D.)

Sur un coteau, près du village de Feyzin. R.

CXII. ASTRAGALUS (L.). ASTRAGALE.

Calice à 5 dents ; *gousse à suture inférieure se repliant en dedans et formant au moins une demi-cloison*. Plante à f. imparipennées, herbacées dans notre Flore.

* Carène obtuse, non mucronée.

409. A. GLYCYPHYLLOS (L.). A. RÉGLISSE.

Plante presque glabre. *Tige* de 3-10 déc., *feuillée*, flexueuse, couchée ou ascendante ; 5-6 paires de folioles ovales, assez grandes ; *stipules sup. libres* ; calice glabre ; *gousse allongée, triangulaire, arquée* ; fl. d'un jaune verdâtre, en grappes ovales. ♃. Juin-juillet. (V. D.)

Bois, lieux incultes. C.

410. A. CICER (L.). A. POIS-CHICHE.

Plante pubescente-grisâtre. *Tige* de 3-6 déc., *feuillée*, couchée ou redressée ; 8-15 paires de folioles elliptiques ; *stipules sup. soudées ensemble ; gousse arrondie, renflée* et *hérissée de poils noirâtres* ; fl. d'un blanc jaunâtre, en grappes ovales et serrées. ♃. Juin-juillet.

La Mouche ; saulées d'Oullins ; Feyzin. A. R.

411. A. MONSPESSULANUS (L.). A. DE MONTPELLIER.

Plante pubescente-grisâtre ou presque glabre. Hampes de 1-2 déc. ; *f. toutes radicales*, à 10-12 paires de petites folioles ovales ; *stipules soudées au pétiole environ jusqu'à leur moitié ; gousse allongée, presque cylindrique, arquée au sommet, d'abord pubescente, à la fin à peu près glabre* ; fl. très-longues, purpurines, en grappes d'abord ovales, s'allongeant ensuite. ♃. Mai-juillet.

Villeurbanne ?

** Carène obtuse, mais mucronée.

412. A. MONTANUS (L.) A. DE MONTAGNE. — Oxytropis montana (D. C.).

Plante plus ou moins munie de poils blanchâtres. Tige de 8-15 cent., quelque fois sans feuilles ; folioles très-nombreuses, petites, ovales ou lancéolées ; gousse ovale-oblongue, à pédicelle égalant le tube du calice ; fl. bleues ou d'un violet mêlé de rose, en grappes d'abord ovales-globuleuses, s'allongeant ensuite. ♃. Juillet-août.

Rochers au Grand-Som ; lieux secs du Gralet et du Reculet.

CXIII. PHACA (L.). PHAQUE.

Calice à 5 dents ; carène obtuse et non mucronée ; *gousse enflée, à suture supérieure épaissie et portant les graines.* Plantes herbacées, à f. imparipennées.

113. P. ALPINA (Jacq.). P. DES ALPES.

Plante velue-blanchâtre. Tige de 2-5 déc. , dressée, sillonnée ; 9-12 paires de folioles ovales ou oblongues ; stipules linéaires-lancéolées ; gousse renflée en vessie membraneuse, transparente, uniloculaire, pointue des deux côtés, couverte de petits poils noirâtres quand elle est jeune ; fl. d'un beau jaune, en grappes oblongues. ♃. Juin-juillet.

Rochers à la Grande-Chartreuse (Gren. et Godr.).

2ᵉ Section. — *Gousse divisée transversalement en loges ou en articles qui souvent se séparent à la maturité.*

CXIV. CORONILLA (L.). CORONILLE,

Calice court, campanulé, à 5 dents, dont les 2 sup. sont soudées et rapprochées, ce qui fait paraître le calice un peu bilabié ; *carène en bec acuminé ; gousse* allongée, droite ou arquée, *arrondie ou anguleuse, articulée.* Arbustes ou herbes à f. *ordinairement imparipennées*, rarement trifoliolées.

* Onglets des pétales tous 3 fois plus longs que le calice.

414. C. EMERUS (L.). C. FAUX SÉNÉ.— Emerus Cæsalpini (Tournef.).

Arbrisseau de 1-2 m., dressé, rameux ; 7-9 folioles obovales, entières, mucronulées ; fl. jaunes , nuancées de rouge, 2-3 sur des pédoncules axillaires. ♄. Mai-juin.

Coteaux calcaires et arénacés : la Pape ; Couzon ; le Mont-Cindre ; Bonnand ; Feyzin, etc.—Jardins paysagers.

** Onglets des pétales n'étant pas tous 3 fois plus longs que le calice.

† Fleurs jaunes.

415. C. VAGINALIS (Lamk.). C. A STIPULES ENGAÎNANTES.

Tige de 1-2 déc., *sous-ligneuse* et couchée *à la base; f.* à 3-6 paires de folioles glauques, obovales, *la paire inf. un peu distante de la base du pétiole; stipules caduques, membraneuses, aussi longues que les folioles, soudées en une seule qui est échancrée et opposée à la feuille; gousse à 4 angles ailés;* fl. en ombelle. ♃. Juin-juillet.

Bois en allant de Saint-Ismier à la Grande-Chartreuse ; rochers du Reculet. R. R. R.

6

LÉGUMINEUSES.

416. C. MINIMA (L.). C. NAINE.

Tige de 1-2 déc., *sous-ligneuse et couc'ée à la base ; f.*
à 3-4 paires de folioles glauques, un peu épaisses, obovales-
cunéiformes, *les 2 inf. si rapprochées de la base du pétiole
qu'elles ressemblent à des stipules ; stipules persistantes, très-
petites, soudées en une seule qui est opposée à la feuille ; gousses à 4 angles non ailés ;* fl. en ombelle. ♃. Juin-juillet.

Coteaux secs : la Pape ; Couzon ; Roche-Cardon ; Oullins.

— Il faut placer ici le C. *extensa* (Jord.), qui diffère de la *Coronille naine*
par ses tiges plus allongées, presque sarmenteuses, par ses pédicelles lisses,
par les *dents du calice,* qui sont *peu inégales et moins longues que les onglets
des ailes et de l'étendard* de la corolle. ♃. Juin-juillet. — Mêmes localités
que le type, mais plus rare.

417. C. SCORPIOIDES (Koch). C. QUEUE DE-SCORPION. — Ornithopus scorpioides (L.). — Arthrolobium scorpioides (D. C.).

Plante herbacée, glauque et très-glabre. Tiges de 5-15 cent. ;
f. trifoliolées, *à foliole du milieu beaucoup plus grande que les
deux autres,* qui sont très-petites et arrondies ; gousse arquée,
quadrangulaire, striée ; petites fl., 2-4 sur des pédoncules
axillaires. ①. Juin-juillet.

Terres à blé : Villeurbanne ; les Charpennes. A. R.

† † *Fleurs panachées de blanc et de lilas.*

418. C. VARIA (L.). C. A FLEURS PANACHÉES.

Tige de 4-6 déc., herbacée, rameuse ; folioles nombreuses,
elliptiques, obtuses, mucronulées ; stipules libres ; gousse
quadrangulaire ; pédicelles des fleurs 3-4 fois plus longs que
le calice ; fl. nombreuses, en ombelles pédonculées. ♃. Mai-
juillet. (V. D.)

Coteaux secs, bord des chemins. C.

CXV. ORNITHOPUS (L.). PIED-D'OISEAU.

Calice allongé, tubuleux, à 3 dents, les 2 sup. soudées à
la base ; *carène obtuse au sommet ; gousse* grêle, allongée,
comprimée, articulée, ordinairement arquée. Plantes herbacées, à f. imparipennées.

419. O. PERPUSILLUS (L.). P. TRÈS-FLUET.

Tiges de 1-3 déc., grêles, rameuses, couchées, pubescentes ;
folioles nombreuses, petites, ovales, obtuses ; gousses peu
comprimées, arquées, velues, réunies ordinairement 3-4 de
manière à imiter un pied d'oiseau ; fl. petites, mêlées de
blanc, de rose et de jaune, 2-5 en ombelles pédonculées.
①. Mai-juillet.

Pelouses sèches. P. R.

CXVI. Hippocrepis (L.). Fer-a-cheval.

Calice comme dans le G. *Coronilla ;* carène terminée par un bec acuminé; *gousse* allongée , .comprimée, *à bord sup. creusé d'échancrures en forme de fer à cheval.* Plantes herbacées, à f. imparipennées.

420. H. comosa (L.). F. a fleurs en ombelle.

Tiges couchées et très-rameuses; folioles vertes, elliptiques, obtuses, mucronulées; fl. jaunes, en ombelles portées sur des pédoncules plus longs que les feuilles. ♃. Avril-juin.

Coteaux et pâturages secs. C. C.

CXVII. Onobrychis (Tournef.). Esparcette.

Calice à 5 divisions presque égales ; *ailes de la corolle beaucoup plus courtes que la carène et l'étendard ; gousse à un seul article arrondi,* comprimé, réticulé, indéhiscent et monosperme. Plantes herbacées, à f. imparipennées.

421. O. sativa (Lamk.). E. cultivée.

Plante pubescente. Tige de 2-4 déc. , ascendante, striée; folioles nombreuses, oblongues, tronquées et mucronulées au sommet; *gousse munie d'une crête dentée, dont les dents atteignent, tout au plus, la moitié de la largeur ;* fl. roses, veinées de rouge, quelquefois blanchâtres, en grappes terminales très-longuement pédonculées. ♃. Mai-juillet. (*V. D.*)

Prés, pâturages. C. — Cultivée comme fourrage.

422. O. arenaria (D. C.). E. des sables.

Ressemble beaucoup à la précédente ; en diffère surtout par ses *fruits, dont la crête a ses dents intermédiaires subulées, aussi profondes qu'elle est elle-même large.* ♃. Mai-juillet.

Pelouses sèches : le Mont-Cindre; Crémieux. R.

IIe Tribu : CRASSILOBÉES. — Cotylédons épais, ne se développant point en feuilles séminales à la germination.

Ire Sous-Tribu : VICIÉES (1). — *Cotylédons restant dans la terre.*

CXVIII. Vicia (L.). Vesce.

Calice à 5 dents ou divisions beaucoup plus courtes que la

(1) La seconde sous-tribu, ne renfermant que des plantes cultivées, est réservée pour la *Flore horticole.*

corolle; *étamines soudées en un tube qui est coupé très-obliquement au sommet; style filiforme*, ordinairement barbu à la
face inf., au dessous du stigmate. Plantes herbacées, à *f.
paripennées et ordinairement terminées par une vrille
rameuse.*

* *Fleurs longuement pédonculées.*

† *Style plus fortement barbu au dessous du sommet.*

123. V. DUMETORUM (L). V. DES BROUSSAILLES.

Plante glabre. Tige de 1-2 déc., anguleuse, ailée, grimpante ; 4-6 paires de folioles larges, ovales, aiguës, mucronulées ; *stipules en croissant, incisées-dentées;* fl. d'un rouge
violet, plus rarement blanches, peu nombreuses, en grappes
lâches. ♃. Juillet-août.

Bois des montagnes : Saint-Rambert (Ain) ; Bas-Jura.

124. V. CRACCA (L.). V. CRACCA. — Cracca major (Lamk).

Plante munie de poils plus ou moins abondants, mais *toujours appliqués.* Tige de 5-15 déc., grimpante, anguleuse;
folioles nombreuses, oblongues ou linéaires-lancéolées, mucronées, pubescentes; *stipules en demi-fer de lance, très-
entières; étendard à onglet aussi long que le limbe, mais plus
large;* fl. d'un bleu de ciel, nombreuses, en grappes serrées.
♃. Juin-août. (*V. D.*)

Bord des ruisseaux, prairies humides. C.

125. V. TENUIFOLIA (Roth). V. A FEUILLES ÉTROITES. — Cracca tenuifolia
(Gren. et Godr.).

Diffère de la précédente 1° par ses *folioles* plus étroites,
plus allongées, *munies sur la page inférieure de poils étalés:*
2° par l'étendard, dont le limbe est 2 fois *plus long et aussi
large que son onglet.* ♃. Juin-juillet.

Bois : Couzon; Saint-Romain ; Francheville, etc.

126. V. VARIA (Host.). V. A FLEURS PANACHÉES. — V. dasycarpa (Ten.). —
Cracca varia (Gren. et Godr.).

Diffère des deux précédentes 1° par *l'étendard, dont le limbe
est une fois plus court que son onglet ;* 2° par *l'épanouissement des fleurs, qui est simultané* pour toutes les fl. de chaque
grappe, tandis que, dans les deux autres, elles s'ouvrent successivement de bas en haut ; fl. d'un violet plus ou moins
foncé, à ailes plus pâles. ① et ②. Mai-juillet.

Moissons : Charbonnières : Lissieux. A. R.

†† *Style également poilu tout autour du sommet.*

127. V. SYLVATICA (L.). V. DES FORÊTS.

Plante glabre. Tige de 1-3 déc., anguleuse, grimpante : folioles nombreuses, ovales-oblongues, obtuses, mucronées; *vrilles rameuses; stipules en forme d'aile d'oiseau, découpées en petites lanières à la base;* fl. grandes, assez nombreuses, blanchâtres, à étendard élégamment peint d'azur et de violet, en grappes pédonculées, plus longues que les feuilles. ♃. Juillet-août.

Bois à la Grande-Chartreuse. R.

428. V. OROBUS (D. C.). V. OROBE. — Orobus sylvaticus (L.).

Plante pubescente. Tige de 2-4 déc., dressée, se soutenant d'elle-même; folioles nombreuses, ovales-oblongues, obtuses, mucronées; *vrille remplacée par une pointe courte et simple; stipules en demi-fer de lance, entières ou à peine denticulées* à la base; fl. blanches, élégamment bariolées de violet, en grappes à la fin plus longues que les feuilles. ♃. Mai-juin.

Le Mont-Pilat, dans les prés près de la Grange. R.

429. V. TETRASPERMA (Mœnch.) V. A QUATRE GRAINES. — Ervum tetraspermum (L.).

Plante glabre. Tiges de 2-5 déc., grêles, faibles, grimpantes; folioles linéaires, obtuses, mucronulées; vrille allongée, simple ou bifurquée au sommet; *stipules en demi-fer de lance; gousse glabre, à 4 graines; petites fl.* lilas, *solitaires ou géminées,* sur un pédoncule grêle et allongé. ①. Mai-juin.

Moissons et pelouses des bois. A. C.

430. V. MONANTHA (Koch). V. A FLEURS SOLITAIRES. — V. articulata (Wild.). — Cracca monanthos (Gren. et Godr.). — Ervum monanthos (L.).

Plante glabre. Tige de 2-5 déc., grêle, ascendante ou décombante; folioles linéaires, tronquées au sommet, mucronulées; vrille ordinairement rameuse; *stipules de deux formes* à chaque feuille, *l'une linéaire, très-étroite, l'autre profondément découpée en lanières rayonnantes;* gousse glabre, à 2-3 graines; fl. d'un bleu pâle, souvent tachées d'un violet noirâtre au sommet de la carène, *solitaires sur un pédoncule allongé,* coudé et muni d'une petite arête près du sommet. ①. Juin-juillet.

Moissons : Bonnand; Chaponost; Saint-Bonnet-le-Château. A. R.

** *Fleurs presque sessiles à l'aisselle des feuilles.*

431. V. SATIVA (L.). V. CULTIVÉE. (Vulg. **Pesette**.)

Tige de 2-4 déc., anguleuse, flexueuse; folioles obovales ou oblongues, toujours tronquées, obtuses et mucronulées au sommet; stipules semi-sagittées, incisées ou dentées, ordinairement marquées d'une tache noire; *gousse oblongue, dressée, pubescente et jaunâtre à la maturité, à graines globuleuses, mais un peu comprimées ;* fl. purpurines ou bleuâtres, rarement blanches, solitaires ou géminées. ①. Mai-juin. (*V. D.*)

Moissons. C. — Cultivée.

432. V. ANGUSTIFOLIA (L). V. A FEUILLES ÉTROITES.

Tige de 2-4 déc., anguleuse, faible ; folioles des f. inf. obovales et échancrées, celle des moyennes et des sup. oblongues-linéaires, mucronées, aiguës, ou bien obtuses et tronquées au sommet ; *dents du calice toutes dressées ;* stipules comme dans la précédente ; *gousse oblongue, étalée, glabre et noire à la maturité ; graines parfaitement globuleuses ;* fl. roses ou blanches, solitaires ou géminées. ①. Mai-juin.

Pelouses, moissons. C.

— On confond ordinairement cette espèce avec la suivante , qui est très-rare dans nos contrées.

433. V. PEREGRINA (L.). V. VOYAGEUSE.

Tige de 2-5 déc., anguleuse, faible ; folioles linéaires, très-allongées, tronquées ou même échancrées au sommet, où elles sont mucronulées ; stipules semi-sagittées, entières, jamais tachées de noir ; *dents supérieures du calice courbées en dehors ; gousse oblongue, réfléchie, pubescente et roussâtre à la maturité ;* graines comprimées et un peu anguleuses ; fl. roses, solitaires, pédicellées. ①. Mai-juin.

Moissons à Saint-Clair. R. R.

434. V. LUTHYROIDES (L.). V. FAUSSE GESCE.

Plante toute pubescente-grisâtre. Tige de 4-15 cent., étalée ou ascendante ; folioles toutes mucronulées, celles des f. inf. obcordées, celles des sup. linéaires ; *vrille remplacée par une petite pointe droite et simple ;* stipules semi-sagittées ; gousse linéaire et glabre ; petites fl. violettes, rarement blanches, solitaires, sessiles. ①. Avril-mai.

Pelouses sèches. C. C.

435. V. SEPIUM (L.). V. DES HAIES.

Tige de 3-10 déc., faible, flexueuse, grimpante ; *folioles ovales ou oblongues,* obtuses, mucronées ; stipules semi-sagittées, souvent marquées d'une tache brune ; gousse glabre, pédicellée ; fl. d'un violet sale, rarement blanchâtres, 3-7 *en petites grappes portées sur des pédoncules beaucoup plus courts que la feuille.* ♃. Avril-juillet.

Haies, bois, buissons. C. C. C

436 V. LUTEA (L.). V. A FLEURS JAUNES.

Tige de 1-4 déc., faible ; folioles mucronulées, parsemées de quelques poils blancs, les inf. obovales, *les sup.* oblongues et *arrondies au sommet ;* stipules demi-sagittées, une au moins marquée d'une tache brune ; calice blanchâtre ; *étendard gla-bre* ; *gousse elliptique-oblongue, réfléchie , hérissée de poils tuberculeux à leur base ;* fl. *d'un jaune-canari, solitaires et un peu pédicellées.* ①. Mai-juillet.

Moissons., lieux sablonneux. P. R.

437. V. HYBRIDA (L.). V. HYBRIDE.

Diffère de la précédente 1° par ses *folioles sup.*, qui sont bien oblongues et mucronulées, mais *tronquées et échancrées au sommet*, et non pas arrondies *;* 2° par ses stipules, qui ne sont tachées ni l'une ni l'autre ; 3° par l'*étendard*, qui est *velu en dehors* et souvent strié de rouge. ①. Mai-juin.

Caluire, à la montée de la Déserte. R.

CXIX. ERVUM (L.). LENTILLE.

Calice à 5 divisions égalant à peu près la corolle ; étamines soudées en un tube qui est coupé très-obliquement au sommet ; style filiforme, presque glabre ou également pubescent tout autour du sommet. Plantes herbacées., à f. paripennées.

438. E. HIRSUTUM (L.). L. A GOUSSE VELUE. — Vicia hirsuta (Koch).

Tige de 2-8 déc., grêle, grimpante ; folioles linéaires, tron-quées, mucronulées ; stipules linéaires, semi-sagittées ; *vrille rameuse* ; *gousse pubescente*, *à 2 graines* ; très-petites fl. d'un blanc bleuâtre, 3-8 sur un *pédoncule allongé.* ①. Mai-août.

Moissons, haies, buissons. C. C. C.

CXX. LATHYRUS (L.). GESSE.

Calice campanulé, à 5 dents ou divisions ; *étamines soudées en un tube coupé à angle droit à son sommet ; style* ordinaire-ment aplati et élargi dans le haut, poilu à sa face supérieure. Plantes herbacées, à f. *le plus souvent paripennées et terminées par une vrille rameuse* (1).

* *Feuilles simples ou nulles.*

439. L. NISSOLIA (L.). G. DE NISSOLE.

Tige de 4-6 déc., anguleuse, droite, non grimpante ; f. sim-ples (2), lancéolées-linéaires, à nervures parallèles, *dépour-*

(1) Il n'y a exception que pour le L. *Nissolia*, où les f. sont entières et sans vrilles ; pour le L. *aphaca*, où les f. manquent et sont remplacées par de larges stipules, et pour le L. *sphæricus*, où la vrille est changée en une pointe courte et simple.

(2) Les organes que nous appelons feuilles dans cette plante ne sont en réalité, au point de vue anatomique, que des pétioles dilatés.

rues de vrilles; stipules très-petites ou nulles; pédoncules allongés, portant 1-2 fl. roses ou violacées. ④. Mai-juin. (*V. D.*)

Moissons : Chaponost; Pollionnay; Souzy: près de Myons. R.

110. L. APHACA (L.). G. SANS FEUILLES. (Vulg. *Pois-de-serpent.*)

Plante glauque et glabre. Tige de 2-6 déc., anguleuse, faible, grimpante; *feuilles nulles*; *vrilles rameuse*; *larges stipules, imitant des feuilles sagittées;* fl. jaunes, veinées sur
l'étendard, portées sur un pédoncule uniflore. ④. Mai-juillet.
(*V. D.*)

Moissons. C. C. C.

  ** *Feuilles composées d'une ou plusieurs paires de folioles.*

    † *Pédoncules portant 1-2 fleurs.*

111. L. SATIVUS (L.). G. CULTIVÉE. (Vulg. *Pois carré.*)

Tige de 1-5 déc., rameuse, *ailée ainsi que les pétioles:*
f. à une seule paire de folioles linéaires-acuminées; *vrille
rameuse; gousse glabre, offrant deux ailes sur le dos; graines
anguleuses et lisses ;* fl. roses, violacées ou blanches. ④. Juin-
juillet.

Champs.—Cultivée pour ses graines et comme fourrage.

112. L. SPHÆRICUS (Retz). G. A GRAINES SPHÉRIQUES.

Tige de 2-4 déc., dressée, *anguleuse, mais non ailée;* f. à
une seule paire de folioles oblongues, étroites, aiguës, nervées; *vrille remplacée par une petite pointe courte et simple;*
stipules en demi-fer de flèche, étroites, longuement acuminées; *graines globuleuses et lisses;* fl. d'un rouge de brique, à
pédoncule muni d'une arête près du sommet. ④. Mai-juin.

Pelouses, moissons : dans l'Ain, au Molard de Lavours. P. R.

113. L. ANGULATUS (L). G. A GRAINES CUBIQUES.

Tige de 1-4 déc., *anguleuse, mais non ailée;* f. à une seule
paire de folioles linéaires, acuminées, nervées; *vrille rameuse et accrochante;* stipules en demi-fer de flèche, arquées,
munies d'une petite dent vers la base; *graines cubiques et
tuberculeuses;* fl. purpurines, à pédoncule allongé, muni d'une
longue arête près du sommet. ④. Mai-juin.

Champs incultes, terres à blé : Chaponost. A. R.

114. L. HIRSUTUS (L). G. A GOUSSE VELUE.

Tige de 3-10 déc., *ailée*, faible, grimpante; f. à une seule
paire de folioles oblongues-elliptiques, nervées, mucronées;
vrille rameuse; gousse velue, hérissée de poils blanchâtres;
graines globuleuses et tuberculeuses; fl. d'un bleu violacé.

inodores, géminées sur des pédoncules allongés. ②. Juin-
uillet.

Blés : les Charpennes ; Écully ; Bonnand ; Chaponost ; Sainte Croix, près de
Montluel ; Saint-Rambert (Ain). P. C.

†† *Pédoncules multiflores.*

445. L. TUBEROSUS (L.). G. A RACINE TUBÉREUSE. (Vulg. *Annette.*)

Racine munie de tubercules; tige de 4-8 déc., faible, *anguleuse, mais non ailée* ; f. à une seule paire de folioles ovales,
obtuses, mucronées ; pédoncules très-allongés, portant 5-6 *fl.
roses* et odorantes. ♃. Juin-juillet. (*V. D.*)

Moissons : Villeurbanne ; Saint-Jean-le-Vieux (Ain). A. R.

446. L. PRATENSIS (L.). G. DES PRÉS.

Tige de 3-6 déc., *anguleuse, mais non ailée,* rameuse, étalée
ou redressée ; f. à une seule paire de folioles elliptiques, nervées, acuminées ; stipules sagittées, foliacées ; pédoncules
très-allongés, portant 6-10 *fl. jaunes.* ♃. Juin-juillet.

Prairies, moissons, haies. C.

447. L. SYLVESTRIS (L.). G. SAUVAGE.

Tige largement ailée, grimpante, s'élevant à 1 m. et plus ;
f. à une seule paire de folioles elliptiques, allongées, étroites,
nervées, aiguës, mucronées ; *stipules linéaires; hile occupant
environ la moitié de la circonférence de la graine,* qui est
faiblement tuberculeuse ; pédoncules allongés, portant 4-10 fl.
d'un rose mêlé de verdâtre. ♃. Juillet-août.

Buissons, bois : la Grande-Chartreuse ; et dans l'Ain, Polzinges, Montribloud, Marcilly, ruines du château de Saint-Rambert. R.

448. L. LATIFOLIUS (L.). G. A LARGES FEUILLES.

Tige largement ailée, grimpante, s'élevant à 2 m. ; f. à une
seule paire de folioles elliptiques, larges, nervées, obtuses,
mucronulées ; *stipules larges, semi-sagittées ; hile occupant à
peine le tiers de la graine, qui est fortement tuberculeuse* ; pédoncules allongés, portant 8-15 magnifiques fl. d'un beau
rose, rarement blanches. ♃. Juin-août. (*V. D.*)

Vignes, broussailles : la Pape ; Couzon ; Bonnand.—Jardins.

449. L. PALUSTRIS (L.). G. DES MARÉCAGES.

Tige de 6-8 déc., *ailée,* faible ; *f. à 2-3 paires de folioles
oblongues-lancéolées, mucronées, à pétiole non ailé ;* style
barbu vers le milieu de sa longueur ; pédoncules allongés,
portant 3-6 fl. lilas, passant au bleu en vieillissant. ♃. Juin-
juillet.

Saulées du Rhône, au dessous de Vassieux. R. R. R.

6.

CXXI. Orobus (L.). Orobe.

F. toujours paripennées et terminées par une arête courte et simple, qui remplace la vrille; du reste, caractères du G. *Lathyrus*. Plantes herbacées, non grimpantes.

450. O. TUBEROSUS (L.) O. A RACINE TUBÉREUSE. — Lathyrus macrorhizus (Wimm.).

Racine rampante et stolonifère, *à tubercules renflés*; *tige* de 2-3 déc., *ailée*; f. à 2-3 paires de folioles elliptiques, mucronées, glauques en dessous; pédoncules portant 3-4 fl. roses, passant bientôt au bleu violacé. ♃. Avril-juin. (*V. D.*)

Bois, buissons. C. C.

451. O. VERNUS (L.). O. PRINTANIER.—Lathyrus vernus (Wimm).

Tige de 2-4 déc., *anguleuse, non ailée*; f. à 2-3 paires de folioles, larges, minces, ovales-oblongues, acuminées, ciliées; *larges stipules foliacées, entières,* en demi-fer de flèche; gousse toujours glabre; *fl. mêlées de pourpre et d'azur,* en grappes axillaires et multiflores. ♃. Avril-mai. (*V. D.*)

Bois à Belley. R.

452. O. LUTEUS (L.). O. A FLEURS JAUNES. — Lathyrus montanus (Gren. et Godr.).

Rhizome horizontal; tige de 2-4 déc., *anguleuse, non ailée*: f. à 3-4 paires de folioles elliptiques, mucronées, glauques en dessous; *larges stipules* en demi-fer de flèche, *sinuées-dentées à la base*; fl. *d'abord d'un jaune blanchâtre, ensuite d'un jaune fauve,* en grappes axillaires et multiflores. ♃. Mai-juin.

Bois : la Grande-Chartreuse; au dessous du Reculet, dans le vallon d'Adran. R.

453. O. NIGER (L.). O. NOIRCISSANT. — Lathyrus niger (Wimm.).

Plante noircissant à la dessication. Racine rameuse; *tige* de 3-10 déc., *anguleuse, non ailée, très-rameuse,* dressée; f. à 4-6 paires de folioles ovales, obtuses, mucronées, glauques en dessous; *style linéaire, barbu depuis son milieu jusqu'à son sommet*; pédoncules grêles, allongés, portant 4-8 fl. d'abord roses, mais devenant bientôt d'un bleu livide. ♃. Juin-juillet. (*V. D.*)

Bois montagneux, surtout des terrains calcaires : la Pape; Roche-Cardon; Givors; Chaponost; et dans l'Ain, Brénod, Retord, Parves, Muzin, etc.

27e FAMILLE. — ROSACÉES.

Entrez dans la famille des Rosacées; vous y trouverez belle, bonne et nombreuse compagnie. Ce sont des fleurs char-

mantes, au dessus desquelles la Rose brille de son éclat de
reine ; ce sont aussi des fruits savoureux, entre lesquels nous
distinguons la Pêche au teint vermeil, la Poire fondante, la
Pomme parfumée, et d'autres que nous ne nommons pas, afin
de vous laisser le plaisir de la surprise. Il faudrait avoir le
pinceau de M. Saint-Jean, notre célèbre peintre de fleurs
et de fruits, pour représenter aux yeux les Rosacées avec la
grâce et la fraîcheur qu'elles ont reçues des mains de Dieu ;
n'ayant à notre disposition que la plume sèche et aride du
botaniste, nous nous contenterons de donner ainsi leur si-
gnalement. Ce sont des arbres, des arbrisseaux ou des herbes,
à *feuilles toujours alternes ou éparses, et ordinairement munies de stipules.* Leurs *fleurs, toujours régulières,* ont un calice
plus ou moins soudé à la base, et se terminant par 5 ou 10
(rarement 4 ou 8) divisions plus ou moins profondes. C'est *à
leur naissance que sont insérés les* 5 (rarement 4) *pétales
libres et caducs, ainsi que les étamines,* qui sont *toujours
libres* et en nombre ordinairement indéfini. Le fruit, très-
variable, a servi à établir quatre grandes tribus si bien tranchées que plusieurs auteurs les considèrent comme autant de
familles.

Ire TRIBU : **AMYGDALÉES.** — Calice caduc, à tube
campanulé, renfermant l'ovaire, mais ne lui adhérant pas, imbriqué dans le bouton ainsi que la corolle ; fruit unique, consistant en une drupe charnue,
contenant un seul noyau monosperme, rarement bi-
sperme Arbres ou arbrisseaux à feuilles simples, munies de stipules libres et caduques.

CXXII. PRUNUS (L.). PRUNIER.

Drupe globuleuse ou ovale, bleue, jaunâtre ou blanchâtre,
couverte d'une poussière glauque, renfermant un *noyau* comprimé, *lisse* ou à peine rugueux ; *jeunes feuilles enroulées dans
le sens de leur longueur ;* fl. s'épanouissant ordinairement avant
les feuilles.

451. P. SPINOSA (L.). P. ÉPINEUX. (Vulg. *Prunellier, Pelossier.*)
Arbrisseau buissonnant, *hérissé d'épines de toutes parts ;
jeunes rameaux pubescents ;* f. ovales-elliptiques, dentées,
assez petites ; *pédoncules glabres,* naissant ordinairement solitaires, mais quelquefois aussi deux à deux ou trois à trois
dans chaque bourgeon ; petit *fruit* arrondi, *dressé,* moins

gros qu'une cerise, d'un noir bleuâtre, extrêmement acerbe;
fl. blanches. ♄. *Fl.* avril. *Fr.* octobre. (*V. D.*)

Haies, buissons. C. C.

455. P. FRUTICANS (Weihe). P. FRUTESCENT.

Diffère du précédent 1° par sa taille plus élancée et ses
branches peu épineuses; 2° par ses f. plus grandes, *larges de
plus de 2 cent.*, plus pubescentes en dessous dans leur jeunesse; 3° par ses pédoncules plus allongés, souvent géminés
et quelquefois pubérulents; 4° par son *fruit de moitié plus
gros*; et 5° par sa floraison de huit jours au moins plus tardive. ♄. *Fl.* avril-mai. *Fr.* octobre.

Vaise, dans une haie.

456. P. INSITITIA (L.). P. SAUVAGE.

Arbre ou arbrisseau de 2-5 m., *peu épineux; jeunes
rameaux veloutés-pubescents;* f. elliptiques, dentées-crénelées;
pédoncules finement pubescents, ordinairement géminés dans
chaque bourgeon; *fruit* gros, globuleux, *penché,* ordinairement d'un noir violet, mais quelquefois rougeâtre ou blanchâtre; fl. blanches. ♄. *Fl.* avril-mai. *Fr.* Juillet-septembre.

Haies: Charbonnières; Saint-Alban, près Lyon. R.

CXXIII. CERASUS (Juss.). CERISIER.

Drupe globuleuse ou ovoïde, charnue, *glabre, jamais couverte d'une poussière glauque;* noyau lisse, arrondi; *jeunes
feuilles pliées dans le sens de leur longueur.*

* *Fleurs s'épanouissant en même temps que les feuilles
ou un peu avant.*

457. C. AVIUM (D. C.). C. DES OISEAUX. — Prunus avium (L.).

Arbre à *rameaux ascendants ou étalés, mais jamais pendants;* f. elliptiques, acuminées, dentées, un peu ridées,
pubescentes en dessous, au moins dans leur jeunesse; *fruit d'une
saveur plus ou moins sucrée;* fl. blanches, en faisceaux ombelliformes. ♄. *Fl.* avril-mai. *Fr.* juin-juillet. (*V. D.*)

a. C. *sylvestris.* (Vulg. *Merisier.*) Petit fruit noir ou d'un rouge foncé,
d'une saveur sucrée, mais un peu amère, et à suc fortement coloré. —
Pays montagneux; bois à Soucieux; Pierre-sur-Haute. — Cultivé.

b. C. *juliana* (D. C.). (Vulg. *Guignier.*) Fruit plus gros, en cœur, noir ou
rouge foncé, à chair molle et sucrée, et à suc coloré. — Cultivé.

c. C. *duracina* (D. C.). (Vulg. *Bigarreautier*) Fruit plus gros encore, en
cœur, d'un rouge pâle ou d'un blanc jaunâtre, à chair sucrée, ferme et
craquante, et à suc incolore. — Cultivé.

Ces trois variétés sont cultivées à fl. doubles dans les jardins paysagers.

* Fleurs ne s'épanouissant qu'après les feuilles.

458. C. PADUS (D. C.). C. A GRAPPES. — Prunus padus (L.).

Arbuste plus ou moins élevé ; f. elliptiques, acuminées-dentées ; *fl.* blanches, *en longues grappes pendantes.* ♄. *Fl.* mai. *Fr.* juillet-août. (*V. D.*)

Bois ; jardins paysagers, où en cultive plusieurs variétés.

459. C. MAHALEB (Mill.). C. MAHALEB. (Vulg. *Bois de Sainte-Lucie.*)

Arbrisseau à bois odorant ; f. ovales-arrondies, un peu en cœur, crénelées-dentées ; *fl.* blanches, *en corymbes dressés.* ♄. *Fl.* mai. *Fr.* juillet-août. (*V. D.*)

Haies, bois. C. C.

IIᵉ TRIBU : ROSACÉES PROPREMENT DITES. — Calice persistant, non soudé avec l'ovaire et à préfloraison valvaire ; corolle à préfloraison imbriquée ; fruit composé de carpelles distincts, secs ou charnus, ordinairement nombreux, rarement réduits à 1-2. Arbrisseaux ou herbes à feuilles munies ordinairement de stipules qui sont toujours plus ou moins soudées au pétiole.

Iʳᵉ SOUS-TRIBU : SPIRÉES. — *Carpelles peu nombreux, secs, s'ouvrant par le bord interne et disposés en un seul verticille.*

CXXIV. SPIRÆA (L.). SPIRÉE.

Caractères de la sous-tribu.

460. S. ARUNCUS (L.). S. BARBE-DE-BOUC.

Plante herbacée. Tige droite, sillonnée, glabre ; *f.* 2-3 *fois pennées*, à folioles ovales ou oblongues-acuminées, doublement dentées en scie ; *absence de stipules ; fl.* blanches, *dioïques.* en panicule terminale très-ample. ♃. Juin-juillet. (*V. D.*)

Bois à la Grande-Chartreuse : rochers de Thiou, aux cascades de Charabot tes ; Arvières ; le long du torrent ; bois humides du Haut-Bugey. — Jardins, où elle est souvent à fleurs doubles.

461. S. FILIPENDULA (L.). S. FILIPENDULE.

Plante herbacée. *Racine à fibres filiformes*, portant *de petits tubercules renflés* ; tige de 2-5 déc., droite, simple ; *f.* presque toutes radicales, étroites et allongées, *pennées, à folioles* nombreuses, petites, ovales ou oblongues, *pennatipartites-incisées*, ordinairement entremêlées de plus petits segments ; stipules dentées ; *carpelles pubescents, parallèles et non contournés*; fl. blanches, plus rarement rosées ou rougeâtres, en corymbes paniculés. ♃. Juin-juillet. (*V. D.*)

Près des étangs de Lavore : Mornant; bois au dessus de la Pape ; l'Arbresle; la Roche , village au nord de Saint-Rambert (Ain). — Jardins, où elle est souvent à fleurs doubles

462. S. ULMARIA (L.). S. ORMIÈRE. (Vulg. *Reine des prés*)

Plante herbacée. Tige de 4-12 déc., dressée, anguleuse; *f. pennées, à folioles ovales, doublement dentées, la terminale plus grande et palmatifide*, à 3-5 divisions; il y a de très-petites folioles entre les grandes; stipules dentées; *carpelles glabres et contournés en spirale*; fl. blanches, quelquefois roses, en corymbes paniculés. ♃. Juin-juillet. (*V. D.*)

Prés humides, bord des eaux. A. C. — Cultivée à fl. simples et à fl. doubles, blanches ou roses.

a. S. denudata (Hayn.). F. vertes des deux côtés.—Pilat; bords de l'Ardière; montagnes.

b. S. discolor (Koch). F. blanches-tomenteuses ou cendrées en dessous. — Prairies des environs de Lyon, etc.

IIᵉ Sous-Tribu : POTENTILLÉES. — *Carpelles nombreux, monospermes, indéhiscents, secs ou drupacés, disposés sur un réceptacle sec ou charnu.*

CXXV. DRYAS (L.). DRYADE.

Calice à 8-9 divisions profondes, linéaires, égales; 8-9 pétales; carpelles terminés par un long style plumeux et persistant.

463. D. OCTOPETALA (L.). D. A HUIT PÉTALES.

Tiges de 1-2 déc., sous-ligneuses, couchées; f. simples, ovales, crénelées, blanches-tomenteuses en dessous; fl. blanches, solitaires sur des pédoncules velus. ♄. Juillet-août.

Le Grand-Som; le Reculet.

CXXVI. GEUM (L.). BÉNOITE.

Calice à 10 segments alternativement larges et étroits; 5 pétales; carpelles à styles terminaux, persistants, glabres ou velus, s'allongeant après la floraison; réceptacle sec et cylindrique. Plantes herbacées.

464. G. URBANUM (L.). B. COMMUNE.

Racine à odeur de clou de girofle; tige de 3-6 déc., dressée, *pluriflore*; f. pennatiséquées ou triséquées, les sup. même souvent entières, toutes à segments ovales, lobés ou incisés-dentés; larges stipules foliacées, arrondies, à grosses dents; *calice à sépales réfléchis après la floraison; styles gla-*

bres, recourbés en hameçon au sommet ; fl. jaunes, dressées. ♃. Mai-juillet. (*V. D.*)

Haies et lieux ombragés. C.

465. G. RIVALE (L.). B. DES RUISSEAUX.

Tige de 2-8 déc., droite, rougeâtre au sommet ; f. radicales pennatiséquées-lyrées, les caulinaires triséquées, toutes à segments cunéiformes, lobés ou incisés-dentés ; *calice velu, d'un brun rougeâtre, à segments dressés après la floraison ; pétales cunéiformes, égalant à peu près le calice, échancrés au sommet, à onglet aussi long que leur limbe ; styles velus, genouillés vers leur milieu ; fl. rougeâtres, penchées.* ♃. Juin-juillet. (*V. D.*)

Bord des ruisseaux : Pilat ; Marlhes, au pré Lager ; Pierre-sur-Haute ; montagnes du Beaujolais ; la Grande-Chartreuse.

b. G. *hybridum* (Wulf.). Segments du calice changés en feuilles dépassant les pétales, du milieu desquels s'élève une fleur pédonculée. —Le Grand-Som.

466. G. MONTANUM (L.). B. DE MONTAGNE.

Souche non stolonifère ; *tige* de 6-20 cent., *uniflore,* dressée ; f. pennées-lyrées, à folioles inégalement crénelées, la terminale beaucoup plus grande, arrondie, un peu en cœur à la base, presque lobée ; *pétales arrondis, à onglet très-court ; styles velus, non genouillés ;* grandes *fl. d'un beau jaune, dressées, à pétales dépassant le calice.* ♃. Juillet-août. (*V. D.*)

Le Grand-Som.

CXXVII. Fragaria (L.). Fraisier.

Calice à 10 segments alternativement larges et étroits ; 5 pétales ; *réceptacle s'accroissant après la floraison, devenant charnu-succulent, et formant alors une fausse baie, qui tombe ordinairement quand elle est mûre ; styles latéraux, très-courts, caducs.* Plantes herbacées, à fl. toujours blanches et à f. toujours trifoliolées.

467. F. VESCA (L.). F. COMESTIBLE.

Souche à stolons ordinairement nombreux, quelquefois nuls ; folioles ovales, dentées, blanches-pubescentes en dessous ; *poils étalés sur les pétioles et appliqués sur les pédicelles ; calice très-étalé, ou même réfléchi, quand le fruit est pleinement développé ;* fruit petit, ordinairement rouge, ovoïde ou conique, parfumé. ♃. Avril-juin. (*V. D.*)

Bois, haies. — Jardins, où en cultive sous le nom de *Fraisier de tous les mois,* une variété qui fleurit et fructifie jusqu'à la fin de l'automne.

468. F. COLLINA (Ehrh.). F. DES COLLINES. — F. calycina (Lois.).

Souche à stolons nuls ou peu nombreux ; folioles ovales.

dentées, pubescentes des deux côtés, mais blanches-soyeuses en dessous; *poils étalés sur les pétioles et appliqués sur les pédicelles; calice appliqué sur le fruit;* fruit rouge, ovoïde, parfumé, ne se détachant pas spontanément du fond du calice. ♃. Mai-juin.

Haies et bois : Néron ; Écully ; Dardilly, etc.

469. F. ELATIOR (Ehrh.). F. ÉLEVÉ.

Stolons très-allongés; tige ordinairement plus élevée, toujours plus robuste que dans les deux précédents; folioles plus larges, ovales-arrondies, à grosses dents, soyeuses-blanchâtres en dessous; *poils étalés sur les pédoncules ainsi que sur les pétioles; calice très-étalé, ou même réfléchi, quand le fruit est entièrement développé;* fruit ovoïde, rougeâtre : fl. souvent stériles dans les bois. ♃. Mai-juin.

Haies et bois : Saint-Alban, près Lyon. — Jardins.

CXXVIII. COMARUM (L.). COMARET.

Calice comme dans le G. *Fragaria; pétales acuminés;* réceptacle velu, persistant, s'accroissant après la floraison, *devenant à la maturité spongieux et presque charnu, mais non succulent.* Plantes herbacées.

470. C. PALUSTRE (L.). C. DES MARAIS. — Potentilla comarum (Nestl.).

Tige couchée et radicante à la base; f. pennées, à 5-7 folioles elliptiques, bordées de grosses dents de scie, glauques-blanchâtres en dessous; calice rouge en dedans, à segments acuminés, 2-3 fois plus longs que les pétales; fl. d'un rouge foncé. ♃. Juin-août.

Lieux tourbeux et marécageux des terrains granitiques : Pilat; Pierre-sur-Haute ; Duerne ; Pomeys ; Verrières, au mont Genest; Saint-Bonnet-le-Château; marais de Pusignan ; Nantua, aux marais de Malbroude; marais de Hauteville, de Retord, etc. A. R.

CXXIX. POTENTILLA (L.). POTENTILLE.

Calice, corolle et styles comme dans le G. *Fragaria* (1), mais *réceptacle restant sec après la floraison.*

* Feuilles pennées.

471. P. ANSERINA (L.). P. ANSÉRINE. (Vulg. *Argentine.*)

Tiges grêles, *rampantes et radicantes; folioles* nombreuses, profondément dentées en scie, *soyeuses, surtout en dessous,* ou

_____

(1) Dans la P. *tormentille,* il n'y a ordinairement que 8 segments au calice et que 4 pétales.

elles sont *comme argentées*, entremêlées de folioles beaucoup plus petites ; *fl. jaunes*, portées sur de longs pédoncules soyeux, axillaires et solitaires. ♃. Mai-juillet. (*V. D.*)

Lieux humides. C.

472. P. RUPESTRIS (L.). P. DES ROCHERS.

Tige de 1-4 déc., *droite*, rougeâtre ; *folioles peu nombreuses, 5-7 aux f. radicales, 3 aux caulinaires*, ovales-arrondies, inégalement dentées, *pubescentes sur les deux faces, mais non argentées en dessous*; fl. d'un blanc très-pur, en panicule terminale. ♃. Mai-juillet.

Pelouses des bois, terrains pierreux : la Pape; Francheville ; Muzin ; Parves ; bords de la Burbanche. P. C.

⁎⁎ *Feuilles digitées.*

473. P. HIRTA (L.). P. HÉRISSÉE.

Plante toute hérissée de poils blanchâtres et *allongés. Tige* de 1-3 déc., *droite*; f. à 5-7 folioles, obovales-cunéiformes dans les f. radicales, linéaires dans les f. caulinaires, toutes bordées de dents profondes et écartées ; *carpelles à rides bien marquées et entourés d'une petite aile membraneuse*; fl. jaunes, en corymbe terminal. ♃. Juillet-août.

Lieux herbeux : Retord; le Poizat, l'Hallériat, sur le Jura.

474. P. ARGENTEA (L.). P. ARGENTÉE.

Plante couverte d'un duvet blanc, court et tomenteux. Tige de 2-6 déc., ascendante, quelquefois couchée à la base ; f. à 5 *folioles*, rétrécies en coin à la base, irrégulièrement laciniées-pennatifides dans leur moitié supérieure, *enroulées sous les bords et tomenteuses-argentées en dessous; carpelles finement ridés et non entourés d'une aile*; fl. jaunes, très-nombreuses, en corymbe terminal. ♃. Juin-juillet.

Bord des chemins, lieux secs et découverts. P. R.

475. P. COLLINA (Wib.). P. DES COLLINES. — P. inaperta (Jord. *pro parte*).

Tiges grêles, couchées, étalées en cercle, et même un peu radicantes à la base; f. à 5-7 ou 3 *folioles* en coin à la base, munies de chaque côté, dans leur partie supérieure, de 2-4 dents plus ou moins profondes et *dirigées en avant, du reste planes ou à peine enroulées sous les bords*, pâles et pubescentes, à poils couchés, ou un peu tomenteuses-hérissées en dessous ; *carpelles un peu ridés, non entourés d'une aile*, ou légèrement bordés en bas ; fl. jaunes, petites, peu nombreuses, portées sur des pédoncules grêles. ♃. Mai-juin.

Saint-Genis-Laval. R.

— Il faut placer ici deux Potentilles nouvelles créées par M. Jordan. La première est le P. *decumbens* (Jord.), qui paraît tenir le milieu entre les deux précédentes : elle ressemble au *P. argentea* par le duvet argenté ou blanchâtre-tomenteux dont le dessous de ses feuilles est recouvert, et au *P. collina* par ses folioles planes en dessous et par ses pédoncules grêles. Elle diffère de la première par ses *pétales deux fois plus grands que les sépales*, et par ses tiges plus décombantes; de la seconde, par sa floraison plus tardive d'un mois, par ses tiges moins étalées, et par ses pétales plus grands. Elle se distingue de toutes les deux par ses *carpelles plus évidemment ridés et entourés d'un petit rebord filiforme.* ♃. Juin. — Sables et pelouses sèches des environs de Lyon.

La deuxième Potentille est le P. *demissa* (Jord.). Celle-ci a le port grêle et diffus du *P. collina;* mais ses *folioles* sont ordinairement *argentées-tomenteuses en dessous* et à dents plus perpendiculaires; ses carpelles sont presque deux fois plus petits ; ses *fleurs* sont beaucoup plus nombreuses et *en panicule diffuse.* Elle diffère du P. *argentea* par ses tiges plus couchées, ses rameaux plus grêles, ses *folioles planes en dessous* et sa pubescence moins courte. *Les carpelles sont très-finement ridés et non bordés.* ♃. Juin-juillet. — Pelouses sèches : Bonnand ; Soucieux; Givors, etc.

476. P. VERNA (L.). P. DU PRINTEMPS.

Plante ordinairement velue-hérissée, quelquefois presque glabre. *Tiges couchées*, souvent même radicantes, à pédoncules ascendants; f. inf. à 5-7 *folioles* obovales-cunéiformes, dentées supérieurement, *à dent terminale plus petite que les autres; stipules des f. inf. linéaires;* carpelles presque lisses à leur maturité; fl. jaunes, à pétales obcordés. ♃. Avril-août. (V. D.)

Lieux secs. C. C. C.

477. P. OPACA (L.). P. TOUFFUE.

Tiges couchées, souvent radicantes à la base, à pédoncules ascendants, couvertes, ainsi que les pétioles, de poils étalés horizontalement; f. inf. à 5-7 *folioles* oblongues-cunéiformes, profondément dentées au sommet, *à dent terminale plus petite que les autres; stipules des f. inf. ovales-lancéolées; carpelles évidemment ridés;* fl. jaunes, plus petites et plus nombreuses que dans la précédente. ♃. Mai-juin.

Sur la butte du Molard ; Couzon; Bonnand. R.

478. P. ALPESTRIS (Haller). P. ALPESTRE. — P. Salisburgensis (Hœnk.). — P. rubens (Vill.). — P. crocea (Haller).

Tiges couchées à la base, puis ascendantes, mollement pubescentes, un peu rougeâtres; *f. radicales, à* 5 *(jamais* 7) *folioles* obovales, *incisées-dentées au sommet, à dent terminale égalant à peu près les autres,* presque glabres en dessus ou offrant des poils épars, *munies en dessous, sur les bords et sur les nervures, de poils étalés; stipules toutes ovales;* carpelles presque lisses à la maturité; fl. d'un jaune d'or, à pétales obcordés, marqués sur l'onglet d'une tache safranée qui les couvre quelquefois presque entièrement. ♃. Juin-août.

Le Colombier (de Jouffroy) ; le Reculet (Bichet).

479. P. AUREA (L). P. DORÉE. — P . Halleri (Seringe).

Tiges couchées à la base, puis redressées; *f. radicales à 5 folioles* oblongues ou obovales, *bordées de cils soyeux-argentés, munies au sommet de petites dents*, dont la terminale est ordinairement plus courte; stipules lancéolées; carpelles à peine ridés, presque lisses à la maturité; fl. d'un jaune très-vif, à pétales obcordés, souvent marqués d'une tache safranée à la base. ♃. Juin-juillet.

Pelouses : Pilat; Pierre-sur-Haute; la Grande-Chartreuse ; prairies du Haut-Bugey; Jura.

— Le P. *alba* (L.), indiqué par Balbis dans la plaine de Saint-Laurent de-Mure, n'a pas été retrouvé dans cette localité depuis 1815.

480. P. CAULESCENS (L.). P. CAULESCENTE.

Tige de 1-3 déc., ferme, ascendante; *f. radicales* longuement pétiolées, *à 5 folioles* obovales ou oblongues, cunéiformes à la base, bordées au sommet de grosses dents de scie , *vertes sur les deux faces*, ciliées sur les bords; *étamines à filets hérissés; carpelles entièrement velus;* fl. blanches ou un peu rosées, nombreuses, en corymbe terminal. ♃. Juillet-août.

Rochers à la Grande-Chartreuse ; et dans l'Ain, d'Argis en montant à Evoges ; Charabottes; Tuflières de la Burbanche.

481. P. REPTANS (L.). P. RAMPANTE.

Tiges allongées, couchées et radicantes; f. pétiolées, ordinairement à 5 folioles oblongues, bordées de dents dans leurs deux tiers supérieurs; *pédoncules axillaires et uniflores*, plus longs que la feuille ; carpelles granulés-tuberculeux; fl. jaunes. ♃. Juin-août. (*V. D.*)

Chemins, fossés, lieux humides. C. C. C.

— On trouve sur les pelouses sèches du Garon une forme bien tranchée, qui est peut-être le P. *reptans* b. *minor* (D. C.). Je la décris telle que je la vois.— Stolons courts, portant des feuilles et des fleurs ; tige centrale redressée , rameuse au sommet; f. à pétiole à peine aussi long que les folioles : celles-ci pubescentes, obovales, dentées dans leurs deux tiers supérieurs ; pédoncules filiformes, axillaires, uniflores, dépassant les feuilles ; fl. jaunes.

*** *Feuilles toutes ou la plupart trifoliolées.*

† *Fleurs jaunes.*

482. P. TORMENTILLA (Sibth.) P. TORMENTILLE .— Tormentilla erecta (L.).

Tiges de 1-4 déc., *multiflores*, étalées ou ascendantes, rameuses, pubescentes; f. radicales à 3 ou 5 folioles et pétiolées, les caulinaires sessiles et trifoliolées; folioles oblongues-elliptiques, bordées de dents profondes dans leurs deux tiers supérieurs; stipules grandes, tri ou multifides ; *fl.* petites, *le*

plus souvent à 4 pétales à la corolle et à 8 segments au calice.
♃. Mai-juillet. (*V. D.*)

Bois et pâturages secs. C.

483. P. MINIMA (Haller). P. NAINE. — P. Brauniana (Hoppe).

Tiges de 2-5 cent., filiformes, couchées à la base, puis re-dressées, *uniflores*, rarement biflores ; f. toutes trifoliolées, à folioles obovales, incisées-dentées au sommet, à poils mous sur les bords et en dessous sur les nervures ; *stipules des f. radicales ovales* ; réceptacle velu ; *fl. à 5 pétales à la corolle et à* 10 *segments au calice.* ♃. Juillet-août.

Montagne d'Allemogne, à droite du Reculet.

†† *Fleurs blanches, rarement un peu rosées.*

484. P. NITIDA (L.). P. BRILLANTE.

Plante formant sur les rochers de jolis gazons argentés. Tiges courtes, ordinairement uniflores ; f. tantôt à 3, tantôt à 5 *folioles* elliptiques, *à 3 dents au sommet*, *soyeuses-argentées sur les deux faces* ; étamines à filets glabres ; *réceptacle et carpelles hérissés de poils blancs* ; fl. blanches ou un peu rosées. ♃. Juillet-août. (*V. D.*)

Contre les rochers, au nord, à la Grande-Chartreuse, sur le Grand-Som, et au Collet, en allant à Charmansom.

— Villars fait observer que, dans la première localité, les feuilles n'ont constamment que 3 folioles, et que, dans la seconde, elles en ont toujours 5, quoique, d'ailleurs, la plante ne soit ni plus grande, ni différente.

485. P. FRAGARIA (Poir.). P. FRAISIER — P. fragarioides (Vill.). — Fragaria sterilis (L.). (Vulg. *Fraisier stérile.*)

Tiges rampantes et stolonifères ; *f. toutes trifoliolées*, à folioles obovales-arrondies, dentées au sommet, soyeuses en dessous ; *pédoncule* ordinairement biflore, *devenant un peu plus long que les f. radicales* ; carpelles glabres, velus seulement vers le hile. ♃. Mars-avril. (*V. D.*)

Lieux couverts. C. C. C.

486. P. MICRANTHA (Ramond). P. A PETITES FLEURS.

Tiges non stolonifères ; f. radicales trifoliolées, à pétioles ordinairement rougeâtres, fortement hérissés de longs poils blancs ou un peu roussâtres, étalés ou réfléchis ; folioles ovales, soyeuses en dessus, bordées de dents de scie dans la plus grande partie de leur contour ; *pédoncules* uni ou biflores, *portant ordinairement une f. simple et restant toujours beaucoup plus courts que les feuilles* ; carpelles glabres, velus seulement vers le hile. ♃. Avril-mai.

Lieux couverts : Tassin ; Oullins : Roche-Cardon ; Dardilly ; Limonest ; Rontalon, aux Ravières ; Saint-Martin-en-Haut, à Surjon : Saint-André-la-Côte, au hameau de l'Arvin. R.

CXXX. SIBBALDIA (L.). SIBBALDIE.

Calice, corolle, styles, réceptacle comme dans le G. *Poten-tilla* ; mais 5 *étamines et* 5 (*rarement* 10) *carpelles*.

487. S. PROCUMBENS (L.). S. COUCHÉE.

Petites tiges gazonnantes, rameuses et couchées ; f. trifoliolées, à folioles en forme d'écusson, tridentées au sommet, velues en dessous ; fl. très-petites, jaunes. ♃. Juillet-août.

Pelouses du Haut-Jura ; le Reculet.

CXXXI. RUBUS (L.). RONCE.

Calice à 5 divisions persistantes ; 5 pétales ; *baie succulente* (vulg. nommée *mûre*), *composée de carpelles nombreux, réunis en tête sur un réceptacle charnu*. Plantes ordinairement sous-ligneuses, armées d'aiguillons, à f. trifoliolées ou palmées, rarement pennées.

⁴ Tiges herbacées.

488. R. SAXATILIS (L.). R. DES ROCHERS.

Tige florifère, droite et très-simple, les stériles couchées et stoloniformes ; aiguillons petits, droits, peu nombreux ; fl. toutes trifoliolées, à folioles ovales-rhomboïdales, doublement dentées, la moyenne assez longuement pétiolulée ; fruit rouge, à carpelles peu nombreux ; fl. blanches, disposées 3-6 en corymbe terminal. ♃. Juin-juillet.

Bois et rocailles : le Grand-Som ; vers le lac Silans ; Tenay ; le Colombier ; Nantua ; dans tout le Haut-Bugey.

** Tiges sous-ligneuses.

† Quelques feuilles au moins pennées.

489. R. IDÆUS (L.). R. DU MONT IDA. (Vulg. *Framboisier*.)

Tiges de 1-2 m., dressée, à rameaux arqués et glauques ; f. les unes trifoliées, les autres pennées, à 5 (plus rarement 7) folioles, surtout sur le vieux bois ; folioles ovales, chagrinées, fortement dentées, d'un blanc de neige en dessous, la terminale plus longuement pétiolulée, et quelquefois lobée ; fruits rouges, plus rarement d'un blanc jaunâtre, parfumés ; fleurs blanches. ♄. Mai-juillet. (*V. D.*)

Bois des montagnes : Pilat ; Duerne : l'Argentière ; Roche-d'Ajoux, dans le Beaujolais. — Jardins.

† † Feuilles les unes palmées, les autres térnées, rarement toutes ternées.

490. R. CÆSIUS (L.). R. A FRUIT BLEUATRE.

Tiges de 1-2 m., arquées--recourbées ou couchées, glauques ; aiguillons faibles, droits, excepté au sommet des rameaux ; f. toutes à 3, les inf. rarement à 5 folioles ovales, jamais blanches en dessous, les latérales presque sessiles et souvent lobées; *calice à divisions* acuminées, *appliquées sur le fruit* après *la floraison; pétales* obovales-arrondis et *trésétalés; fruits noirs, couverts d'une poussière bleuâtre et plombée;* fl. blanches. ♃. Mai-juin. (*V. D.*)

Haies : Écully; Oullins; la Tête-d'Or; le Mont-Tout; les îles du Rhône ; l'Argentière.

491. R. CORYLIFOLIUS (Smith). R. A FEUILLES DE NOISETIER. — R. nemorosus (Hayn.).

Tiges de 1-3 m., *un peu glauques au sommet,* les stériles couchées ou tombantes; aiguillons piquants, droits, si ce n'est au sommet des tiges, où ils sont un peu arqués; *f. inf. à* 5, lessup. souvent *à 3 folioles* en cœur ovale, vertes et pubescentes en dessous, les latérales sessiles; *calice* velu, mais non cotonneux, *à divisions réfléchies à la maturité; fruit d'un noir rougeâtre, acide, non glauque,* formé de carpelles gros et peu nombreux; *fl.* blanches, plus rarement rosées, *en grappes allongées.* ♄. Juin-juillet. (*V. D.*)

Bois : Charbonnières; Pollionnay, etc. P. R.

b. R. *villosus* (Ait.). F. velues des deux côtés. — Arvières (Ain).

492. R. WAHLBERGII (Arrh.). R. DE WAHLBERG. — B. corylifolius *b.* intermedius (Wahlb.).

Tiges de 2-3 m., robustes, arquées-tombantes, *jamais glauques;* aiguillons nombreux, forts, piquants, droits, excepté au sommet des tiges, où ils sont arqués; *f. de la tige principale à* 5, celles des rameaux fleuris *à 3 folioles* ovales ou arrondies, en cœur à la base, toujours pubescentes et quelquefois blanches-tomenteuses en dessous; *calice* d'un vert blanchâtre, *à divisions étalées à la maturité; fruit noir, non glauque,* formé de carpelles gros et nombreux; *fl.* blanches, *en grappes courtes, corymbiformes.* ♄. Juin-juillet.

Haies : Charbonnières; Montbrison. R.

493. R. GLANDULOSUS (Bell.). R. GLANDULEUSE. — R. hybridus (Will.).

Tige couchée, quelquefois radicante, arrondie dans toute sa longueur, *couverte, ainsi que les pétioles, les pédoncules et le calice, de poils glanduleux-rougeâtres;* aiguillons fins, droits et faibles; *f.* ordinairement *toutes trifoliolées,* à folioles pubescentes en dessous, la terminale longuement pétiolulée; calice tomenteux-glanduleux, à divisions acuminées; *pétales oblongs, étroits, atténués en petit onglet; fruit noir et luisant;* fl. blanches, en grappe terminale. ♄. Juin-août.

Bois : Pilat; Pierre-sur-Haute; Ajoux, dans le Beaujolais; l'Argentière; la Grande-Chartreuse.

494. R. TOMENTOSUS (Borkh.). R. TOMENTEUSE. — R. canescens (D. C.).

Tige arquée ou tombante, *anguleuse dans toute sa lon-*

gueur; aiguillons courts, robustes, piquants, les inf. droits, ceux du milieu arqués, les sup. réfléchis; f. de la tige principale à 5, celles des rameaux à 3 *folioles blanches-tomenteuses en dessous* et pubescentes-cendrées en dessus, *la terminale non acuminée;* calice tomenteux, à divisions réfléchies à la maturité; *pétales obovales, à onglet bien distinct;* fruit petit, noir, luisant, ; petites fl. blanches, plus rarement rosées, en grappes terminales. ♄. Juin-juillet. (*V. D.*)

La Pape; Sain-Fonds; Cogny-sur-Chatoux, R.

495. R. COLLINUS (D. C.). R. DES COLLINES.

Plante se rapprochant de la précédente, mais plus grêle et ordinairement couchée ; f. plus rarement à 5 folioles, *celles-ci plus petites, brièvement, mais non brusquement acuminées,* du reste semblables; *pétales arrondis à la base et au sommet, à onglet peu marqué;* fl. blanches, plus grandes que dans la Ronce tomenteuse, en grappes terminales. ♄. Août.

Bois à Néron. R. R.

496. R. DISCOLOR (Weih. et Nees.). R. A FEUILLES BICOLORES.

Tige arquée-décombante, *anguleuse dans toute sa longueur,* pubescente-grisâtre sur les jeunes rameaux; aiguillons robustes, piquants, réfléchis et arqués en faulx; f. la plupart à 5, quelques unes des sup. à 3 *folioles* glabres ou un peu pubescentes, mais vertes en dessus, *blanches-pubescentes en dessous,* toutes pétiolulées, mais la terminale beaucoup plus longuement que les autres, *brusquement et longuement acuminées au sommet; calice entièrement blanc-tomenteux,* à segments réfléchis à la maturité; fruit noir, luisant; fl. blanches ou roses, en grappes terminales. ♄. Juin-juillet.

Haies et buissons. C. — Cultivée à fleurs doubles, ordinairement blanches.

497. R. FRUTICOSUS (L.). R. FRUTESCENTE.

Tige arquée-recourbée, anguleuse dans toute sa longueur; f. de la tige principale à 5, les sup. des rameaux florifères à 3 *folioles vertes sur les deux faces,* quoique plus pâles et pubescentes en dessous, la terminale longuement acuminée et pétiolulée, les inf. presque sessiles; *calice à divisions vertes au milieu, blanches-tomenteuses seulement sur les bords,* réfléchies à la maturité; fruit noir, luisant; fl. blanches ou rosées, en grappes terminales. ♄. Juin-juillet. (*V. D.*)

Haies : Charbonnières; montagnes du Beaujolais, etc.

— On en cultive une superbe variété à fl. roses et doubles; la tige est avec ou sans aiguillons; les f. sont vertes ou panachées, simplement dentées ou découpées en lanières.

140 ROSACÉES.

IIIᵉ Sous-Tribu : ROSÉES. — *Carpelles nombreux, osseux, renfermés au milieu d'une espèce de bourre dans le tube du calice, qui devient charnu et succulent à la maturité.*

CXXXII. Rosa (L.). Rosier.

Calice à tube urcéolé, resserré vers son sommet, terminé par 5 divisions entières ou pennatipartites; corolle à 5 pétales, dont la préfloraison est imbriquée-contournée; styles nombreux, tantôt libres, tantôt soudés en colonne. Arbrisseaux munis d'aiguillons et à f. imparipennées.

* *Segments du calice entiers.*

† *Folioles simplement dentées.*

498. R. RUBRIFOLIA (Vill.). R. A FEUILLES PURPURINES.

Arbrisseau droit, à jeunes rameaux couverts d'une poussière glauque-bleuâtre; *jeunes feuilles, stipules, bractées et pétioles recouverts d'une teinte purpurine; stipules planes,* celles des feuilles florales elliptiques et dilatées, les autres oblongues, en coin à la base, *toutes à oreillettes divergentes;* styles libres; *fruit* (1) globuleux, rouge, *pulpeux dès le commencement de l'automne;* fl. roses, très-élégantes. ♄. Juin.

Le Mont-Pilat; la Grande-Chartreuse; de Culoz au Colombier : le Mont-Dain; le Mont; Hauteville; de Thoizy au Reculet.

499. R. PIMPINELLIFOLIA (D. C.). R. A FEUILLES DE PIMPRENELLE.

Petit arbrisseau de 5-30 cent., très-rameux; *aiguillons* (2) *inégaux, les uns subulés, les autres sétacés;* f. à 5-9 folioles arrondies ou ovales, doublement dentées; stipules linéaires, celles des f. voisines des fl. un peu plus larges; *calice à segments linéaires, acuminés, n'atteignant pas le milieu de la corolle;* styles libres, très-courts; *fruit globuleux, coriace, noircissant à la maturité;* fl. blanches ou roses. ♄. Juin-juillet.

a. R. *pimpinellifolia* (L.). Fl. blanches; pédoncules glabres. — Pierre-sur-Haute, dans les rochers près de Coléigne; la Grande-Chartreuse; le sommet du rocher d'Évoges-sur-Argis; le Mont-Dain; lieux chauds du Jura.

b. R. *spinosissima* (L.). Calice et pédoncules hispides; rameaux et pétioles garnis de nombreux aiguillons. — Roche-de-Thion, vers les cascades de Charabottes; les Neyrolles; le Mont. Très-abondante aux rochers sur la grotte d'Oncieux.

c. R. *myriacantha* (D. C.). Folioles plus petites, glanduleuses en dessous; calice et pédoncules hispides; tige entièrement hérissée d'aiguillons très-nombreux. — Indiquée par Loiseleur aux environs de Lyon.

(1) Pour plus de simplicité, nous appelons *fruit*, dans les Roses, ce qui n'est en réalité que le tube du calice.
(2) Les aiguillons doivent être observés sur le vieux bois.

500. R. ARVENSIS (Huds.). R. DES CHAMPS.

Arbrisseau rampant et tortueux; aiguillons épars, robustes, courbés en faulx; f. à 5-7 *folioles* arrondies-elliptiques, glabres, *glauques en dessous*; stipules toutes semblables, oblongues-linéaires; calice à segments terminés par une pointe qui dépasse un peu les boutons; *styles soudés en une colonne glabre, aussi longue que les étamines*; fruit dressé, elliptique ou ovale-globuleux; fl. blanches, quelquefois un peu rosées. ♄. Mai-juin.

Haies et bois : Saint-Alban, près Lyon; Écully; Yvour; Sainte-Foy-les-Lyon; la Pape, etc. C.

†† *Folioles doublement dentées.*

501. R. ALPINA (L.). R. DES ALPES.

Arbrisseau droit, n'offrant point d'aiguillons sur le vieux bois; f. à 7-11 folioles oblongues ou ovales-elliptiques, à dents glanduleuses, d'un glauque pâle en dessous; *stipules sup. des rameaux fleuris dilatées*, les autres linéaires à la base et élargies au sommet, *toutes à oreillettes divergentes*; calice à segments ciliés-tomenteux sur les bords et terminés par des appendices plus longs que le bouton; *pédoncules réfléchis avant et après la floraison*; *fruit* elliptique ou oblong, rouge à la maturité, et *couronné par les divisions persistantes du calice*; fl. d'un beau rose. ♄. Juin-juillet.

a. R. *alpina vera*. Pédoncules et fruit glabres. — Le Mont-Pilat; Pierre-sur-Haute, dans les rochers près de Coleigne; la Grande-Chartreuse; le Molard-de-Don; cascades de Charabottes; le Colombier; Retord : Meyriat. .

b. R. *pyrenaica* (Gouan). Pédoncules et fruit, ou bien pédoncules seulement hérissés de poils glanduleux. — Pierre-sur-Haute, dans les rochers près de Coleigne; la Grande-Chartreuse; les Monts-Dain; le Mont.

** *Segments du calice alternativement entiers et pennatipartits*

† *Folioles simplement dentées.*

502. R. CANINA (L.). R. DES CHIENS. (Vulg. Eglantier.)

Arbrisseau dressé, *à aiguillons robustes, à peu près égaux, courbés en faulx, dilatés et comprimés à la base*; f. à 5-7 *folioles* ovales ou elliptiques, glabres ou pubescentes, vertes ou glauques, mais *jamais glanduleuses, à dents supérieures convergentes vers le sommet*; stipules des f. florales dilatées, les autres oblongues, toutes à oreillettes acuminées et dressées : *calice à segments réfléchis et caducs après la floraison*; fruit ordinairement elliptique ou obovale, rouge à la maturité, cartilagineux, ne devenant pulpeux qu'après les premières gelées : fl. ordinairement rosées et à légère odeur. ♄. Mai-juin. (V. D.)

7

a R *nitens* (Desv.). Plante glabre dans toutes ses parties. Quand les f. sont glaucescentes, c'est le R. *glaucescens* (Desv.). — Haies, bois, buissons. C. C. C.

b. R *Andegavensis* (Bast.). R. *hispida* (Desv.). Pédoncules et souvent fruit hérissés de poils glanduleux ; folioles glabres, luisantes en dessus ; styles glabres. — La Tête-d'Or ; environs de Nantua, à Pradon. R.

c. R. *collina* (Jacq.). Pédoncules et fruit comme dans la variété précédente, mais folioles pubescentes au moins en dessous, et styles laineux; fl. roses. — Bois de Muzin , près Belley. R.

d. R. *leucantha* (Lois.). R. *Lugdunensis* (Timeroy). Pédoncules, fruit, folioles et styles comme dans la variété précédente, mais fl. blanches, en corymbes terminaux. — Près du Pont-d'Alaï. R.

503. R. DUMETORUM (Thuill.), R. DES BUISSONS.

Arbrisseau ressemblant beaucoup au précédent ; il en diffère 1° par les *folioles*, qui sont toujours pubescentes en dessous, au moins sur les nervures principales, et quelquefois en dessus, et, de plus, *inégalement et comme doublement dentées, à dents sup. écartées et non conniventes* ; 2° par l'*absence constante de soies glanduleuses sur les pédoncules et sur le fruit*, ce qui le distingue des variétés *b* et *c* ; 3° par le *fruit*, qui est *sphérique.* ♄. Mai-juin.

Haies, buissons: Francheville ; la plaine de Royes. P. C.

504. R. SYSTYLA (Bast.). R. A STYLES SOUDÉS. — R. *stylosa* (Desv.).

Arbrisseau élevé, à aiguillons courts, robustes, fortement courbés et réfléchis; f. à 5-7 folioles elliptiques, bordées de dents aiguës, dont les sup. sont convergentes vers le sommet, glabres et vertes en dessus, glauques et pubescentes au moins sur les nervures en dessous; calice, fruit et souvent pédoncules glabres ; *styles soudés en une colonne glabre; fruit ovale-globuleux, noir à la maturité* ; fl. blanches, à onglet jaunâtre, exhalant une odeur musquée. ♄. Mai-juin.

La Tête-d'Or.

†† *Folioles doublement dentées.*

505. R. GALLICA (L.), R. DE FRANCE. (Vulg. *Rose de Provins.*)

Racine longuement rampante. Sous-arbrisseau à tiges dressées, *les nouvelles munies d'aiguillons très-inégaux*, les plus grands comprimés, subulés et arqués, les plus petits droits et sétacés, *tous entremêlés de soies glanduleuses, visqueuses au sommet* ; f. à 5-7 folioles elliptiques ou arrondies, à peine doublement dentées, vertes en dessus, blanchâtres-tomenteuses en dessous; *stipules oblongues-linéaires, toutes semblables, à oreillettes divergentes; segments du calice réfléchis, caducs, un peu pennatiséqués* ; fruit globuleux ou ovoïde, rouge à la maturité ; *styles plus courts que les étamines;* fl.

très-grandes, d'un beau rouge, quelquefois veinées de blanc dans les jardins, très-odorantes, ordinairement solitaires. ♭. Juin. (V. D.)

Bois: Charbonnières; Tassin; Franchéville; Limonest. — Jardins.

506. R. HYBRIDA (Gaud.). R. HYBRIDE.

Diffère de la précédente 1° par les segments du calice, qui sont peu découpés; 2° par les *styles*, qui sont *aussi longs que les étamines*: 3° par ses *fl. rosées ou blanchâtres*: elles sont du reste solitaires ou en corymbe. Le fruit est, ainsi que les pédoncules, hérissé de poils glanduleux. ♭. Juin-juillet.

Haies et bois: Charbonnières; Dardilly. P. C.

507. R. GEMINATA (Rau). R. A FLEURS GÉMINÉES.

Arbrisseau de 4-5 déc., à rameaux couchés ou décombants; aiguillons rares, inégaux, les uns recourbés, les autres droits et sétacés; f. à 3-7 folioles petites, ovales, vertes en dessus, *pâles et pubescentes-blanchâtres en dessous*, à dents entières ou divisées par d'autres petites dents glanduleuses; *stipules* bordées de cils glanduleux, *toutes étroites et semblables; pédoncules et calice hérissés de poils glanduleux;* styles velus, plus courts que les étamines; fruit arrondi, ordinairement glabre; *fl.* grandes, *blanches*, teintées de rose au sommet, ordinairement solitaires ou géminées. ♭. Juin.

Lieux incultes: Charbonnières. R.

508. R. TRACHYPHYLLA (Rau). R. A FEUILLES RUDES.—R. marginata (Timeroy et Jord. mss.).

Arbrisseau à rameaux un peu flexueux; *aiguillons grêles, droits* ou faiblement courbés, sétacés au sommet de la tige; f. à 5-7 *folioles* ovales, *triplement dentées*, à dentelures chargées de glandes pédicellées, *pubescentes-glanduleuses, et d'un vert noirâtre à la face inférieure;* fruit ovale, coriace, d'un rouge foncé à la maturité; *fl.* roses, *réunies 3-5 en corymbes.* ♭. Juin.

Environs de Lyon (Timeroy).

509. R. RUBIGINOSA (L.). R. A FEUILLES ROUILLÉES.

Arbrisseau rameux et dressé; *aiguillons inégaux, les plus grands robustes, comprimés, dilatés à la base et courbés en faulx,* les plus petits presque droits et grêles; f. à 5-7 *folioles* ovales-elliptiques, *bordées de dents étalées, couvertes en dessous de poils glanduleux* ayant l'apparence de la rouille, *et exhalant une odeur de pomme reinette:* ces mêmes poils se trouvent aussi sur les pétioles, sur les bords des stipules et sur les segments du calice, qui sont réfléchis après la floraison et tombent à la maturité; *styles velus;* fruit ovale ou arrondi, cartilagineux, hispide ou glabre; fl. ordinairement d'un rose vif, *portées sur des pédoncules hispides.* ♄. Juin-juillet. (*V. D.*)

Haies et buissons. C.

b R. *micrantha* (D. C.). Arbrisseau plus petit dans toutes ses parties ; aiguillons communément plus grêles et plus allongés ; fl. d'un rose vif, ordinairement solitaires. — Lieux secs et pierreux.

c. R. *umbellata* (Leers.). Rameaux grêles et allongés : fruit turbiné, ordinairement glabre ; fl. roses, 3-6 en ombelles.—Haies : Sainte-Foy ; Saint-Alban.

519. R. SEPIUM (Thuill.). R. DES HAIES.

Se rapproche de la variété *c* de la précédente. Port grêle et élancé ; *folioles petites, fortement atténuées aux deux extrémités, à dents* moins étalées, *un peu convergentes,* du reste glanduleuses et odorantes, comme dans le Rosier rouillé ; *pédoncules et fruit glabres: styles presque glabres,* jamais très-velus ; fl. toujours blanches ou d'un rose pâle, solitaires. ♄. Juin-juillet.

Haies : Écully ; Sainte-Foy ; Saint-Alban, etc. C.

— On en trouve à Dardilly une variété remarquable par son fruit rond et très-gros.

511. R. TOMENTOSA (Smith). R. A FEUILLES TOMENTEUSES.

Arbrisseau dressé ; rameaux à *aiguillons droits ou à peine arqués* ; f. à 5-7 *folioles* ovales, bordées de dents étalées, recouvertes, *surtout en dessous, d'un duvet tomenteux et blanchâtre ; stipules* tomenteuses, bordées de petits cils glanduleux-rougeâtres, *les sup. dilatées, toutes à oreillettes dirigées en avant ;* segments du calice velus-glanduleux, réfléchis après la floraison et un peu persistants ; *fruit* globuleux ou ovale, *cartilagineux;* pédoncules hispides-glanduleux ; fl. d'un rose tendre, très-jolies. ♄. Juin-juillet.

Haies et bois : Écully ; Dardilly ; Charbonnières ; la Pape, Bonnand ; Charponost ; dans l'Ain, de Tenay aux Hôpitaux, environs de Bourg. P. C.

a. R. *tomentosa* (Lois.). Fruit ovale, glabre ou hispide ; f. pubescentes et un peu vertes en dessus, blanches-tomenteuses en dessous.

b R. *villosa* (Auct.). Fruit rond, hispide. — Sapins du Jura.

c. R. *mollissima* (Wild.). Fruit rond, glabre ; f. un peu roussâtres, couvertes en dessus et en dessous d'un duvet très-épais ; fl. petites, solitaires ou géminées. — Charbonnières, au bois de l'Etoile.

d. R. *terebinthacea* (Bess.?). Fruit rond, souvent hispide; f. d'un vert bleuâtre, à duvet court, répandant en dessous une légère odeur de térébenthine ; fl. grandes, ordinairement en corymbe. — Dans un bois taillis à Saint-Denis-de-Bron. R. R.

IIIe Tribu : SANGUISORBÉES. — 1-3 carpelles secs, monospermes, indéhiscents, contenus dans le tube du calice, dont la gorge est resserrée par un anneau et se referme sur eux après la floraison.

CXXXIII. Agrimonia (L.). Aigremoine.

Calice à tube cannelé, *devenant très-dur à la maturité, hérissé au sommet de soies raides et crochues à leur extrémité;* 5 pétales; 12-15 étamines; 1-2 carpelles. Plantes herbacées.

512. A. EUPATORIA (L.). A. EUPATOIRE.

Tige de 3-6 déc., hérissée de poils blanchâtres, dressée, ordinairement simple; f. pennées, à *folioles* alternativement grandes et petites, vertes en dessus, pubescentes-cendrées, *jamais glanduleuses ni odorantes en dessous;* les grandes folioles sont ovales ou oblongues-lancéolées, profondément dentées, stipules foliacées, embrassantes, profondément incisées-dentées; *calice à tube obconique,* ne renfermant ordinairement qu'un seul carpelle à la maturité, *et ayant le rang extérieur de ses épines* étalé ou *un peu ascendant;* fl. jaunes, en épi grêle et effilé. ♃. Juin-août. (*V. D.*)

Bord des chemins. C.

513. A. ODORATA (Mill.). A. A FEUILLES ODORANTES.

Tige de 5-9 déc., ordinairement rameuse, toujours hérissée de poils blanchâtres; f. pennées, comme dans la précédente, mais à *grandes folioles* plus allongées, plus profondément dentées, *couvertes en dessous de petites glandes répandant une odeur de térébenthine;* stipules très-grandes, foliacées, profondément incisées; gros *calice campanulé,* renfermant 2 carpelles à la maturité, *et ayant ses épines extérieures renversées;* fl. jaunes, en épis allongés. ♃. Juin-août.

Bois : Couzon; Dardilly. R.

CXXXIV. Alchemilla (Tournef.). Alchemille.

Calice tubuleux, *à limbe divisé en* 8 *segments alternativement grands et petits; point de pétales;* 1-4 *étamines;* 1-2 carpelles terminés par un style dont le *stigmate est en tête.* Plantes herbacées.

* *Fleurs en corymbes pédonculés et terminaux.*

514. A. VULGARIS (L.). A. COMMUNE. (Vulg. *Pied-de-lion.*)

Tige de 2-4 déc., redressée; f. d'un vert gai en dessus,

glaucescentes, *glabres ou pubescentes en dessous*, réniformes, plissées, *entières*, divisées, tout au plus jusqu'au tiers de leur longueur, en 7-9 lobes arrondis ou triangulaires, dentelés tout autour ; fl. d'un jaune verdâtre, en corymbes pédonculés. ♃. Juin-juillet.

Prés des montagnes : Chaponost ; Saint-Bonnet ; l'Argentière, au Chatelard ; Pilat, etc.

515. A. HYBRIDA (Höffm.). A. HYBRIDE.

Se rapproche beaucoup de la précédente, dont un grand nombre d'auteurs n'en font qu'une variété. Tige de 5-20 cent., plus étalée ; f. plus profondément découpées, *soyeuses-blanchâtres en dessous, ainsi que sur les pétioles ; fl.* verdâtres, en corymbes très-serrés, *presque sessiles.* ♃. Juin-juillet.

Pilat, où elle est mêlée à la précédente. A. R.

516. A. ALPINA (L.). A. DES ALPES.

Tige de 1-3 déc., droite ou ascendante ; *f. radicales*, pétiolées, *digitées, à* 5-7 *folioles* ovales-elliptiques, dentelées au sommet, vertes et glabres en dessus, *argentées-soyeuses en dessous ;* fl. d'un vert jaunâtre, en petits corymbes, formant par leur réunion une espèce de panicule terminale. ♃. Juillet-août. (*V. D.*)

Pelouses et rochers des hautes montagnes : Pilat ; Pierre-sur-Haute ; la Grande-Chartreuse.

** *Fleurs en petits paquets sessiles et axillaires.*

517. A. ARVENSIS (Scop.). A. DES CHAMPS. — A. aphanes (Leers.). — Aphanes arvensis (L.). (Vulg. *Perce-pierre.*)

Petite plante à tiges rameuses, couchées ou ascendantes ; f. en coin à la base, divisées au sommet en trois partitions palmées, qui sont elles-mêmes incisées-dentées ; petites fl. verdâtres. ①. Mai-septembre.

Champs, moissons. C. C.

CXXXV. SANGUISORBA (L.). SANGUISORBE.

Calice à tube entouré à la base de 2-3 bractées et *divisé au sommet en* 4 *segments* ; point de pétales ; 4 *étamines ; stigmate chargé de papilles oblongues ;* 1 seul carpelle. Plantes herbacées.

518. S. OFFICINALIS (L.). S. OFFICINALE.

Tige de 3-9 déc., droite, rameuse et sans feuilles au sommet ; f. pennées, à 9-15 folioles en cœur oblong, dentées, glabres, vertes en dessus, glauques en dessous ; fl. d'un pourpre noirâtre, en capitules terminaux, ovales ou oblongs, longuement pédonculés. ♃. Août-septembre. (*V. D.*)

Prés humides : les Bretteaux ; Yvour ; Pierre-sur-Haute. P. R.

CXXXVI. Poterium (L.). Pimprenelle.

Fleurs monoïques (1) *ou mélangées de fleurs à étamines et carpelles.* Calice à tube entouré à la base de 2-3 bractées et divisé au sommet en 4 segments; point de pétales; 20-30 *étamines*; 2-3 carpelles; *stigmate* rouge, *en pinceau formé de lanières filiformes et allongées.* Plantes herbacées.

519. P. muricatum (Spach). P. à fruit hérissé. — P. sanguisorba (L. pro parte).

Tige de 2-6 déc., dressée, ascendante, ou un peu diffuse; f. pennées, à folioles nombreuses, ovales ou arrondies, dentées, glauques au moins en dessous; *fruit à 4 angles saillants en forme de petites ailes entières ou sinuées, et à faces creusées de petites fossettes, dont les bords sont denticulés;* étamines à filets allongés et pendants; fl. verdâtres, mêlées de rouge et de blanc, en capitule terminal ovale ou arrondi. ♃. Mai-août. (V. D.)

Prés, coteaux : Charbonnières; Saint-Genis-Laval; Belleville, etc. C.

520. P. dictyocarpum (Spach). P. à fruit réticulé. — P. sanguisorba (L. pro parte).

Ressemble beaucoup à la précédente; en diffère surtout par le *fruit, qui a ses 4 angles un peu échancrés et les faces simplement chargées de petites nervures en forme de réseau.* ♃. Mai-août.

Se trouve çà et là, mêlée avec la précédente.

b. P. *Guestphalicum* (Bœnning). F. et surtout tige plus ou moins velues-hérissées; fruit à angles peu échancrés et à faces plus fortement nervées. — Bonnand.

IVᵉ Tribu : POMACÉES.—Fruit charnu, soudé au tube du calice, avec lequel il se confond, terminé par ses divisions persistantes, et renfermant au plus 5 graines. Arbres ou arbrisseaux à fleurs régulières et à feuilles munies de stipules libres.

Iʳᵉ Sous-Tribu. — *Fruit à noyaux, c'est-à-dire à enveloppe osseuse.*

CXXXVII. Mespilus (L.). Néflier.

Fruit arrondi, déprimé, couronné par les *divisions du ca-*

(1) Les fl. à carpelles occupent le sommet du capitule; les fl. à étamines ou complètes sont à sa partie inférieure.

lice, qui sont *grandes et foliacées, ouvert à son sommet en
5 lobes écartés,* terminé par 5 styles, et renfermant 5 noyaux.

521. M. Germanica (L.). N. d'Allemagne.

Arbrisseau épineux à l'état spontané; f. oblongues-lancéolées, très-entières ou denticulées supérieurement, tomenteuses en dessous; fruit brun, d'abord acerbe et pierreux,
ensuite pulpeux et sucré quand il est entièrement mûr; fl.
grandes, blanches ou rosées, solitaires et sessiles au centre des
faisceaux de feuilles qui terminent les rameaux. ♄. *Fl.* mai.
Fr. septembre.

Haies et bois: Tassin; Chaponost, l'Argentière; Pilat, etc. — Cultivé pour
ses fruits; alors il perd ses épines.

CXXXVIII. Cratægus (L.). Aubépine.

Fruit globuleux ou ovoïde, *couronné par les 5 dents très-
courtes du calice,* entier au sommet et renfermant autant de
noyaux qu'il y a de styles. *Arbrisseaux épineux, à feuilles découpées.*

522. C. oxyacantha (L.). A. épineuse.

Arbrisseaux à rameaux glabres; f. ovales ou obovales-cunéiformes, découpées plus ou moins profondément en lobes,
partitions ou segments; pédoncules glabres ou un peu pubescents; 1-2 (rarement 3) styles; fruit rouge à la maturité,
rarement jaune, à 1-2 noyaux; fl. à suave odeur, ordinairement blanches, en corymbes latéraux. ♄. *Fl.* mai. *Fr.* septembre. (*V. D.*)

a. C. *monogyna* (Jacq.). F. découpées en divisions aiguës, profondes, atteignant au moins le milieu du limbe, quelquefois même presque jusqu'à
la côte médiane.

b. C. *oxyacanthoides* (Thuill.). F. d'un vert sombre, obovales-cunéiformes, découpées au sommet en 3 lobes obtus, arrondis, dentés en
scie, peu ou point incisés, atteignant tout au plus le milieu du limbe.

Haies et bois. C. C.

— On trouve des intermédiaires entre les deux variétés dont quelques auteurs font deux espèces. Elles croissent ordinairement mêlées ensemble, mais
la seconde est moins commune.

— On cultive plusieurs belles variétés d'Aubépine: il y a celle à fl. blanches,
celle à fl. roses, et celle à fl. écarlates. Les deux premières sont souvent à fl.
doubles.

CXXXIX. Cotoneaster (Medik.). Cotoneaster.

Fruit globuleux, *à 3-5 noyaux saillants et non recouverts
par l'épiderme.* Arbrisseaux non épineux, à f. entières.

523. C. vulgaris (Lindl.). C. commun. — Mespilus cotoneaster (L.).

Arbrisseau de 3-6 déc.; f. entières, ovales-arrondies, vertes et glabres en dessus, blanches-cotonneuses en dessous ; *pédoncules un peu pubescents* ; *fruit glabre et penché* ; fl. d'un blanc verdâtre, ordinairement solitaires ou géminées. ♄. *Fl.* avril-mai. *Fr.* juillet-août.

Saint-Rambert, sous le rocher du Nid-d'Aigle ; Retord ; le Mont ; rochers au midi de Saint-Germain-de-Joux ; le Colombier.

524. C. TOMENTOSA (Lindl.). C. TOMENTEUX. — Mespilus eriocarpa (D. C.). — M. tomentosa (Wild.).

Arbrisseau plus élevé que le précédent ; f. plus grandes, ovales-arrondies, très-entières, vertes et pubescentes en dessus, cotonneuses et blanchâtres en dessous ; *pédoncules et fruit velus-tomenteux, ceux-ci dressés* ; fl. blanches, ordinairement en petits bouquets de 3-5. ♄. *Fl.* avril-mai. *Fr.* août.

Le Mont ; les Monts-Dain.

IIᵉ Sous-Tribu. — *Fruit à pépins. c'est-à-dire à enveloppe mince et cartilagineuse.*

CXL. MALUS (Tournef.). POMMIER.

Calice à 5 dents courtes ; 5 styles soudés inférieurement ; *fruit charnu, arrondi, déprimé, profondément ombiliqué à la base ; à 5 loges revêtues d'un endocarpe dur et cartilagineux.* Arbres à f. crénelées ou dentées.

525. M. COMMUNIS (D. C.). P. COMMUN.—Pyrus Malus (D. C.).(Vulg. *Pommier*.)

Arbre de moyenne grandeur, à bourgeons velus ou cotonneux ; f. ovales, dentées, blanches-tomenteuses en dessous, au moins dans leur jeunesse ; pédoncules et ovaires velus-cotonneux ; fl. grandes, d'un blanc rosé, en ombelles. ♄. *Fl.* mai. *Fr.* septembre-octobre. (*V. D.*)

Bois : Soucieux ; Chaponost ; Tassin ; Saint-Genis-les-Ollières.
—Ce n'est ni le vrai Pommier sauvage, ni le vrai Pommier cultivé ; c'est une espèce intermédiaire venue des graines des variétés de celui-ci.

CXLI. SORBUS (L.). SORBIER.

Calice à 5 dents ; corolle à 5 *pétales arrondis* ; 2-5 *styles non soudés à la base* ; *fruit petit, globuleux, non ombiliqué à la base, à 2-5 loges entières, revêtues d'un endocarpe mince, membraneux et fragile, non cartilagineux.* Arbres ou arbustes à fleurs en corymbe.

* *Pétales blancs et étalés.*

526. S. AUCUPARIA (L.). S. DES OISEAUX. — Pyrus aucuparia (Gœrtn). (Vulg. *Allier*.)

Arbre ou arbrisseau à *bourgeons velus-tomenteux* ; f. pen-

7.

nées, à folioles elliptiques, dentées en scie, d'abord pubescentes en dessous, puis entièrement glabres; fruits rouges à la maturité; fl. blanches. ♄. *Fl.* mai-juin. *Fr.* septembre-octobre. (*V. D.*)

Pilat; Roche-d'Ajoux, dans le Beaujolais.

527. S. ARIA (Crantz). S. ALOUCHIER. (Vulg. *Alisier.*)

Arbre de 6-8 m.; *f. simples*, ovales, *doublement dentées ou un peu lobées au sommet*, à dents devenant plus petites à mesure qu'on se rapproche de la base de la feuille, où elles sont nulles, vertes en dessus, *blanches-tomenteuses en dessous*: fruits d'un rouge orangé à la maturité; fleurs blanches. ♄. *Fl.* mai. *Fr.* août-septembre.

Bois : Couzon; Yzeron; Saint-Bonnet-le-Froid; Pomeys; Pilat: rochers et bois secs de tout le Bugey. — Cultivé dans les jardins paysagers.

528. S. TORMINALIS (Crantz). S. ANTIDYSSENTÉRIQUE. — Pyrus torminalis (Ehrh.). — Cratægus torminalis (L.).

Arbre plus ou moins élevé; *f. simples*, ovales, *à 5-7 lobes* dentés, acuminés, *d'autant plus profonds et plus étalés qu'ils sont plus voisins de la base*, du reste *entièrement vertes, glabres et luisantes sur les deux faces* quand elles sont complètement développées; *styles glabres*; fruits d'un brun jaunâtre à la maturité; fl. blanches. ♄. *Fl.* mai. *Fr.* septembre-octobre.

Bois : Roche-Cardon; le Mont-Cindre; Bonnand; l'Argentière; rochers à Chantemerle, au dessus des vignes de la Gadinière, en Ringe et Queue-de-Rat, près Saint-Rambert (Ain). — Jardins paysagers.

** *Pétales roses, dressés.*

529. S. CHAMÆMESPILUS (Crantz). S. NAIN. — Mespilus chamæmespilus (L.). —Pyrus chamæmespilus (Lindl.). —Cratægus chamæmespilus. (Jacq.). — Aria chamæmespilus (Host.).

Petit arbrisseau, très-rameux et tortueux; feuilles elliptiques ou ovales-lancéolées, finement et doublement dentées, glabres en dessus, quelquefois cotonneuses en dessous; fruits d'un rouge orangé à la maturité; fl. roses, très-élégantes, en petits corymbes tomenteux, dépassés par les feuilles. ♄. *Fl.* juin. *Fr.* septembre.

Sommet de Pierre-sur-Haute (Boreau); Jura. R. R.

b. Pyrus Sudetica (Tausch). F. cotonneuses en dessous— Le Jura. R. R.

CXLII. AMELANCHIER (Medik.). AMÉLANCHIER.

Calice à 5 dents; 5 *pétales* oblongs-lancéolés, *dressés; fruit à 5 loges revêtues d'un endocarpe* membraneux, *fragile et excessivement mince, et divisées incomplètement en deux parties.* Arbustes à feuilles entières.

530. **A. vulgaris** (Mœnch.). A. commun. — Mespilus amelanchier (L.). — Pyrus amelanchier (Wild). — Cratægus amelanchier (D. C.). — Aronia rotundifolia (Pers.).

Petit arbrisseau à écorce d'un brun rougeâtre; f. ovales, obtuses et denticulées au sommet, cotonneuses-blanchâtres en dessous dans leur jeunesse, devenant avec l'âge glabres ou presque glabres; petits fruits d'abord verts, puis rouges, et à la fin d'un bleu noirâtre, bons à manger; fl. d'un blanc jaunâtre, en grappes courtes. ♄. *Fl.* avril-mai. *Fr.* août. (*V. D.*)

Collines sèches et pierreuses : Roche-Cardon; Couzon; Condrieu; tous les rochers du Bugey.

28e Famille. — ONAGRARIÉES.

Cette famille renferme des plantes presque toutes à fleurs élégantes : les unes font l'ornement de nos parterres, les autres embellissent nos collines ou le bord de nos ruisseaux. Elles paraissent très-hétérogènes au premier coup d'œil ; mais, quand on les examine, on leur trouve des points de ressemblance frappants, qui les font reconnaître pour sœurs. Ce sont 1° *un calice dont le tube adhère au fruit, qui paraît ainsi placé sous les segments;* 2° *2 ou 4 pétales,* qui manquent rarement ; 3° *2, 4 ou 8 étamines, et 1 seul style;* 4° un *fruit* toujours *capsulaire et à 1-4 loges* dans nos plantes indigènes. Les feuilles, souvent dentées, sont toujours simples.

CXLIII. Epilobium (L.). Epilobe.

Calice à 4 segments; 4 pétales; 8 étamines; capsule quadrangulaire, à *graines couronnées d'une aigrette soyeuse.* Plantes herbacées.

* *Étamines et style réfléchis-arqués ; corolle en roue, légèrement irrégulière.*

531. E. spicatum (Lamk.). E. a fleurs en grappes.— E. angustifolium (L.). (Vulg. *Laurier de Saint-Antoine.*)

Tige de 6-15 déc., glabre, dressée, souvent rougeâtre ; f. toutes éparses, *elliptiques-lancéolées,* entières ou à très-petites dents glanduleuses et écartées, *veinées,* glaucescentes en dessous; fl. d'un beau rose, rarement blanches, *très-nombreuses,* en longues grappes terminales, *feuillées seulement jusqu'à leur base.* ♃. Juillet-août. (*V. D.*)

Bord des ruisseaux des montagnes : Pilat; Pierre-sur-Haute; l'Argentière au Chatelard et au Fenoyl; montagnes du Beaujolais ; Tassin, aux Trois-Renards; montagnes du Bugey.— Jardins.

532. E. rosmarinifolium (Hœnk.). E. A feuilles de romarin. — E. Dodonæi (Vill.). — E. angustissimum (Wild.).

Tige de 3-6 déc., dressée ou étalée-ascendante, simple ou très-rameuse, pubescente au sommet; *f. linéaires, très-étroites, jamais veinées*, éparses, souvent réunies par faisceaux; fl. roses, *en grappes* peu fournies, *feuillées jusqu'au sommet*. ♃. Juillet-août. (V. D.)

Digue de la Tête-d'Or; le Mont-Cindre; Couzon; Feyzin; de Tenay à la Burbanche; bords du lac de Nantua; sur Mentière; en Buire, près d'Oncieux. etc. P. R

** *Étamines et style droits; corolle en entonnoir, parfaitement régulière.*

† *Stigmate à 4 lobes.*

533. E. hirsutum (L.). E. hérissé.

Racine stolonifère; tige de 5-12 déc., ordinairement hérissée de poils simples entremêlés de poils plus courts et glanduleux, le plus souvent très-rameuse; *f.* toutes opposées, à l'exception des supérieures, oblongues-lancéolées, denticulées en scie, mucronulées, *amplexicaules; calice à segments aristés*; grandes fl. d'un beau rose. ♃. Juin-août. (V. D.)

Bord des eaux. A. C.

b. E. *subglabrum*. Tige munie seulement de poils courts; f. glabres en dessus, poilues en dessous sur les nervures. — Givors et ailleurs.

534. E. parviflorum (Schreb.). E. a petites fleurs. — E. molle (Lamk.).

Racine sans stolons; tige de 3-8 déc., simple ou peu rameuse, velue-pubescente ; f. opposées et alternes, *les inf. à court pétiole, les autres sessiles*, oblongues-lancéolées, faiblement denticulées; *calice à segments ou à peine mucronulé ;* petites fl. d'un rose pâle. ♃. Juin-août.

Endroits humides et couverts. C.

535. E. montanum (L.). E. des montagnes.

Tige de 2-6 déc., arrondie, simple, glabre ou pubescente ; *f.* la plupart opposées, ovales-lancéolées, *arrondies à la base*, bordées de petites dents inégales et perpendiculaires, *à très-court pétiole*, glabres ou un peu pubescentes en dessous sur les nervures ; petites fl. d'un rose pâle. ♃. Juin-août.

Bois-humides, haies. C.

b. E. *collinum* (Gmel.). Plus petit dans toutes ses parties que le précédent, auquel, du reste, il ressemble beaucoup. F. plus ovales, plus rapprochées, à très-court pétiole, *presque toutes alternes;* très-petites fl. d'un rose pâle.— Coteaux secs du Garon; Vaugneray.

536. E. lanceolatum (Koch). E. a feuilles lancéolées.

Tige de 2-6 déc., souvent rougeâtre, offrant de petits rameaux feuillés à l'aisselle des f. sup.; *f.* alternes et opposées, *oblongues-lancéolées*, bordées de dents inégales, *atténuées à leur base en un pétiole assez long;* petites fl. d'abord blanches, puis roses, *penchées avant de s'épanouir.* ♃. Juin-juillet.

Tassin; Charbonnières; Collonges ; Couzon ; Pierre-sur-Haute. R.

† † Stigmate entier.

537. E. palustre (L.). E. des marais.

Racine émettant des stolons filiformes; tige de 2-6 déc., *arrondie et n'offrant aucune ligne saillante;* f. elliptiques-lancéolées ou linéaires-lancéolées, atténuées insensiblement au sommet et à la base, la plupart opposées; fl. petites, d'un rose pâle, quelquefois blanches. ♃. Juillet-août.

Prairies tourbeuses : Pilat, au Bessat ; marais à Charvieux.

b. E. *pilosum.* Tige couverte de poils courts, étalés horizontalement. — Pont-Chéry.

538. E. trigonum (Schrank). E. triangulaire. — E. roseum *g* trigonum (D. C.).

Tige de 3-8 déc., offrant au sommet 2-3-4 lignes saillantes, glabres; f. la plupart verticillées par 3-4, rarement opposées 2 à 2, oblongues-lancéolées, denticulées, *sessiles;* fl. roses. ♃. Juillet-août.

Bois et pâturages : la Grande-Chartreuse; le Jura.

539. E. tetragonum (L.). E. quadrangulaire.

Tige de 3-6 déc., droite, offrant 2-4 lignes un peu *saillantes; f. la plupart opposées, elliptiques,* finement denticulées, les radicales obtuses et un peu pétiolées, *les moyennes caulinaires sessiles et à base décurrente;* fl. petites, roses, nombreuses. ♃. Juin-août.

Lieux frais et ombragés. A. C.

a. E. *vulgare.* Tige offrant 4 lignes saillantes. — La Tête-d'Or ; environs de Bourg et de Saint-Rambert (Ain).

b. E. *obscurum* (Rchb.). Tige offrant seulement 2 lignes peu saillantes.— Ecully; Tassin; Charbonnières ; Oullins, etc.

540. E. alpinum (L.). E. des Alpes.

Tige de 5-15 cent., simple, filiforme, émettant à sa base des stolons feuillés, d'abord couchée et radicante, puis redressée, *offrant deux petites lignes saillantes; f. toutes un peu pétiolées,* entières ou faiblement sinuées-denticulées, *la plupart opposées,* les radicales obovales, les caulinaires elliptiques et obtuses, les sup. un peu ovales et aiguës; petites fl. rougeâtres, peu nombreuses. ♃. Juillet-août.

Sources du Gier, à Pilat, près de la grange; la Grande-Chartreuse; sommités du Jura. R

541. E. origanifolium (Lamk.). E. a feuilles d'origan. — E. alsinæfolium (Vill.).

Tige de 1-2 déc., simple, grêle, sans stolons feuillés à la base, d'abord couchée et radicante, puis redressée, *offrant deux petites lignes saillantes; f. toutes un peu pétiolées,* la

plupart opposées, ovales-acuminées, bordées de petites dents
inégales et écartées, les inf. obtuses; fl. rougeâtres, peu nombreuses. ♃. Juillet-août.

Bord des ruisseaux sur le Reculet (Gren. et Godr.).

CXLIV. ŒNOTHERA (L.). ONAGRE.

Calice à 4 segments; 4 pétales; 8 étamines; capsule cylindrique, *à graines sans aigrettes soyeuses.* Plantes herbacées.

542. Œ. BIENNIS (L.). O. BISANNUELLE.

Tige de 5-10 déc., droite, un peu rude et hérissée; f. ovales
ou elliptiques-lancéolées, sinuées-denticulées sur les bords,
atténuées à la base; *pétales plus longs que les étamines* et
plus courts que la capsule; fl. grandes, jaunes, à douce odeur,
en grappes terminales feuillées. ②. Juin-août.

Devenue spontanée dans les îles et sur les bords du Rhône; vallon d'Oullins.
— Jardins.

CXLV. CIRCÆA (L.). CIRCÉE.

Calice à 2 segments caducs; *2 pétales; 2 étamines.* Plantes
herbacées.

543. C. LUTETIANA (L.). C. DE PARIS. (Vulg. *Herbe des sorciers.*)

Tige de 3-8 déc., dressée; f. opposées, ovales, arrondies
ou à peine en cœur à la base, à dents faibles et écartées, souvent pubescentes; *capsule en forme de poire, hérissée; absence
de bractéoles à la naissance des pédicelles;* petites fl. blanches
ou rosées, en grappes terminales. ♃. Juillet-août. (*V. D.*)

Lieux humides et ombragés. C.

544. C. ALPINA (L.). C. DES ALPES.

Plante entièrement glabre. Tige de 1-2 déc., grêle, ascendante; f. opposées, ovales, translucides et brillantes, profondément en cœur, bordées de dents bien marquées; *bractéoles
linéaires à la naissance des pédicelles; capsule oblongue, en
massue,* velue; petites fl. blanches ou rosées, en grappes terminales très-grêles. ♃. Juillet-août.

Bois humides, bord des ruisseaux : Pilat; la Grande-Chartreuse; de Malbroude aux Monts-Dain.

545. C. INTERMEDIA (Ehrh.). C. INTERMÉDIAIRE.

Plante intermédiaire entre les deux précédentes. Tige de
3-6 déc., dressée; f. ovales, grandes, en cœur à la base, bordées de dents bien marquées; *bractéoles linéaires à la naissance des pédicelles; capsule obovale-globuleuse,* velue; fl. petites, blanches ou rosées, en grappes terminales. ♃. Juillet-
août.

Bois humides, bord des ruisseaux : la Grande-Chartreuse.

CXLVI. Isnardia (L.). Isnardie.

*Calice à 4 segments persistants; point de corolle; 4 éta-*mines; capsule obovale, à 4 valves et 4 loges. Plantes her-bacées.

516. I. palustris (L). I. des marais.

Plante glabre. Tige de 1-3 déc., couchée et radicante à la base; f. opposées, ovales, aiguës, atténuées en pétiole, très-entières; fl. verdâtres, axillaires, sessiles. ♃. Juillet-août.

Bord des marais : Pierre-Bénite; Vaux-en-Velin; Dessine; étangs de La-vore; étangs du Forez; environs de Belley. R.

— Cette plante ressemble par son port et par son ensemble au *Peplis portula.*

29ᵉ Famille. — HALORAGÉES.

Plantes aquatiques, *submergées ou nageantes*, les Halora-gées cachent sous leur verdoyant feuillage les eaux croupis-santes de nos mares et de nos fossés. C'est sous leur abri que les grenouilles se blottissent pour y guetter les insectes im-prudents qui viennent s'y reposer. Leurs *fleurs, très-peu appa-rentes*, sont cependant très-variables : tantôt elles n'ont ni calice ni corolle; tantôt celle-ci seulement fait défaut; d'au-tres fois, ces deux enveloppes existent, mais sont si petites et si caduques qu'il est difficile de les apercevoir. Les *éta-mines* sont *au nombre de* 1, 2, 4 ou 8. Le fruit, ordinairement capsulaire, un peu charnu dans un genre, est terminé par 2 styles ou par 4 stigmates sessiles. Toutes les espèces sont herbacées, à *feuilles opposées ou verticillées.*

CXLVII. Myriophyllum (L.). Volant d'eau.

Calice à tube soudé avec l'ovaire, qui ainsi paraît infère, et à limbe divisé en 4 segments; *4 pétales* très-petits et très-caducs; 4 stigmates sessiles; 8 (rarement 4) étamines. Plantes à *fl. monoïques*, axillaires, sessiles, et à *f. verticillées, penna-tipartites-pectinées*, à lanières capillaires.

517. M. verticillatum (L.). V. verticillé.

Fleurs toutes verticillées, à verticilles tous, même les supé-rieurs, *munis de bractées pennatipartites-pectinées*; fl. blan-châtres ou rosées. ♃. Juin-août.

a. M. *vulgare.* Bractées dépassant longuement les fleurs et égalant à peu près les feuilles. C.

b. M. *intermedium.* Bractées 3-4 fois plus longues que les fleurs, mais beaucoup plus courtes que les feuilles, à lanières peu allongées. A. C.

c. M. *pectinatum* (D. C.). Bractées égalant à peu près les fleurs et à lanières courtes. A. R.

Fossés pleins d'eau : la Tête-d'Or; Vaux-en-Velin; Yvour. — Var. *c.* à Couzon.

548. M. SPICATUM (L.). V. A FLEURS EN ÉPI.

Bractées inférieures incisées et égalant à peu près les fl., *les autres entières et beaucoup plus courtes,* ce qui fait paraître l'épi nu; *fl. toutes verticillées,* en épi serré, droit avant l'épanouissement. ♃. Juin-août.

Eaux stagnantes : les Brotteaux; la Tête-d'Or; Pierre-Bénite. P. R.

549. M. ALTERNIFLORUM (D. C.). V. A FLEURS ALTERNES.

Plante très-grêle, à f. découpées en lanières très-fines; *Fleurs* verdâtres *en épis* très-grêles, *penchés avant l'épanouissement,* offrant au sommet les *fl. à étamines toutes alternes,* et à leur base quelques fl. à carpelles verticillées. ♃. Juillet-août.

Étangs de Lavore; fossés au Bâtard, près de Talluyers. R. R.

CXLVIII. HIPPURIS (L.). PESSE.

Calice à bord entier, très-petit, couronnant le fruit; *point de corolle*; 1 *étamine;* fruit globuleux, un peu charnu, indéhiscent.

550. H. VULGARIS (L.). P. COMMUNE.

Tige de 2-5 déc., cylindrique, simple, droite; f. linéaires, en verticilles nombreux; petites fl. verdâtres, axillaires et verticillées. ♃. Mai-août.

Mares, fossés pleins d'eau : la Tête d'Or; Vaux-en-Velin; Villeurbanne; Dessine; Yvour, etc.

— Cette plante ressemble à une Prêle ou à un Pin en miniature.

CXLIX. CALLITRICHE (L.). CALLITRICHE.

Corolle et calice nuls, remplacés par 2 bractées pétaloïdes et transparentes; 1 étamine; 2 styles subulés; *capsule se séparant à la maturité en 4 carpelles indéhiscents;* f. opposées.

551. C. VERNALIS (Kutzing). C. PRINTANIÈRE.

Tiges grêles; *f. sup.* obovales, réunies en rosette, les autres linéaires; styles toujours dressés, très-fugaces; capsule à angles aigus, mais non ailés. ♃. Depuis le printemps jusqu'à l'automne.

Mares et ruisseaux. C.

— On trouve dans la vase, au bord des étangs, à Saint-André-de-Corcy, une variété à tige naine, à f. très-étroites, linéaires, les sup. spatulées. Peut-être est-ce le C. *tenuifolia* (Pers.)?

552. C. AUTUMNALIS (L.). C. D'AUTOMNE...

F. toutes linéaires, un peu plus larges à la base, *fendues au sommet*, les sup. plus serrées, mais non en rosette; *capsule a 4 angles ailés*. ♃. Automne.

Mêlée à la précédente, mais rare

30ᵉ FAMILLE. — CÉRATOPHYLLÉES.

Plongées dans les eaux, les plantes très-peu nombreuses de cette petite famille sont encore moins intéressantes que celles de la précédente. Leurs *fleurs, monoïques* et sans pétales, ont un calice, ou plutôt un *involucre formé de 10 ou 12 segments* linéaires et égaux. Les fleurs à étamines renferment 12-20 *anthères sessiles*, échancrées au sommet en forme de petit croissant. Les fleurs fructifères ne contiennent qu'*un seul ovaire surmonté d'un style recourbé au sommet et persistant*. Le fruit est une petite noix osseuse, monosperme et indéhiscente.

CL. CERATOPHYLLUM (L.). CORNIFLE.

Caractères de la famille.

553. C. DEMERSUM (L.). C. NAGEANT.

Plante d'un vert sombre et limoneux. Tige allongée, très-rameuse, à extrémités des branches nageantes à la surface de l'eau; *f.* verticillées, *divisées en 2-4 lanières filiformes*, finement dentées-épineuses quand on les regarde à la loupe ; *fruit muni de 3 petites épines, dont une terminale, au moins aussi longue que lui*, et deux latérales arquées, quelquefois réduites à deux petits tubercules; fl. petites, d'un vert rougeâtre, solitaires et à peu près sessiles à l'aisselle des feuilles. ♃. Juillet-août.

Bords du Rhône à la Tête-d'Or; eaux croupissantes aux Brotteaux; Yvour. P. R.

554. C. SUBMERSUM (L.). C. SURMERGÉ.

Plante d'un vert blanchâtre par un vernis limoneux qui la recouvre, entièrement rampante au fond des eaux. *F.* verticillées, trois fois dichotomes, *divisées en 5-8 lanières sétacées, n'étant nullement bordées de dentelures ; fruit à une seule épine terminale beaucoup plus courte que lui* ; petites fl. verdâtres, solitaires et à peu près sessiles à l'aisselle des feuilles. ♃. Juillet-août.

Mêmes lieux que la précédente, mais très-rare.

31ᵉ FAMILLE. — LYTHRARIÉES.

C'est toujours au bord des eaux, mais non plus cachée dans la fange, que croît la *Salicaire*, dont le nom de genre, *Lythrum*, a été donné à cette petite famille. Ses longs épis de fleurs.

dont le rose vif tranche hardiment sur la pâle verdure des
Saules ses voisins, frappent au loin les regards, et font battre
le cœur du jeune botaniste.

Les Lythrariées sont des plantes à tige herbacée ou sous-
ligneuse à la base, portant des *feuilles toujours entières et sans
stipules.* Leur *calice, libre et monosépale,* offre à son sommet
8-12 dents disposées sur deux rangs. Les *pétales* (manquant
quelquefois) sont *insérés au sommet du tube du calice,* un peu
au dessus des étamines, qui sont en nombre égal ou double.
L'ovaire, libre, terminé par un seul style à stigmate simple,
devient une *capsule membraneuse, à 2-4 loges* se réduisant
quelquefois à 1 par la disparition des cloisons.

CLI. Lythrum (L.). Salicaire.

Calice tubuleux-cylindrique, terminé par 8-12 dents ;
4-6 *pétales très-apparents* ; style filiforme, à stigmate en tête.

555. L. salicaria (L.). S. commune.

Tige de 5-12 déc., pubescente-grisâtre, à 4 ou 6 angles ;
f. oblongues-lancéolées, *en cœur à la base,* rudes sur les bords,
les inf. opposées ou verticillées par trois, les sup. souvent
alternes ; *calice hérissé, sans bractées à la base ;* fl. d'un beau
rose, *disposées par petits paquets formant un long épi terminal* interrompu à la base. ♃. Juillet-septembre. (*V. D.*)

Bord des ruisseaux, prés humides. C.

556. L. hyssopafolia (L.). S. a feuilles d'hyssope.

Tige de 1-3 déc., glabre, peu ou point anguleuse, à rameaux étalés ; f. *toutes alternes,* oblongues ou linéaires,
*atténuées aux deux extrémités ; calice glabre, muni à sa
base de 2 très-petites bractées* ; petites fl. roses, *solitaires à
l'aisselle des feuilles.* ♃. Juillet-septembre.

Lieux humides : près des étangs de Lavore ; Charbonnières ; Souzy, près
de l'Argentière ; et dans l'Ain, prairies de Divonne et sous Thoizy. R.

CLII. Peplis (L.). Péplide.

Calice campanulé, à 12 dents, les unes plus longues, les
autres plus courtes, celles-ci réfléchies ; *pétales nuls, ou très-
petits,* très-fugaces et à peine visibles ; stigmate orbiculaire,
presque sessile. Plantes herbacées.

557. P. portula (L.) P. a feuilles de pourpier.

Plante glabre, souvent rougeâtre. Tige de 5-20 cent., couchée et radicante à la base ; f. *toutes opposées,* obovales-spatulées, atténuées en pétiole ; *calice à tube aussi large que*

long ; très-petites fl. verdâtres ou rougeâtres, sessiles à l'aisselle des feuilles. ④. Juin-septembre.

Bord des étangs et des marais, lieux inondés pendant l'hiver. A. C.

558. P. Timeroyi (Jord.). P. de Timeroy.

Tige redressée, souvent radicante à la base ; *f. toutes alternes,* obovales-oblongues, atténuées en court pétiole ; *calice à tube évidemment plus long que large* ; petites fl. sessiles à l'aisselle des feuilles. ④. Mai-septembre.

Bord des étangs de Lavore et de Montribloud. R.

32ᵉ Famille. — TAMARISCINÉES.

Cette famille, importante par le sulfate de soude qu'on en retire par incinération, ne renferme que des arbustes, dont les rameaux effilés portent des feuilles linéaires, très-courtes, sessiles et serrées comme des écailles les unes sur les autres. Leurs fleurs en épi se balancent avec grâce sur les rameaux effilés ; elles ont un *calice libre et monosépale*, divisé en 5 partitions plus ou moins profondes, avec lesquelles alternent 5 *pétales égaux* et marcescents. On compte 5-10 *étamines, dont les filets sont soudés à la base.* Le fruit est une capsule triangulaire, à 1 seule loge s'ouvrant par 3 valves, et renfermant plusieurs *graines terminées par un filament en barbe de plume.*

CLIII. Myricaria (Desv.). Myricaire.

Stigmate sessile, en tête et à 3 lobes ; *graines à aigrette pédicellée.*

559 M. Germanica (Desv.). M. d'Allemagne.

Arbuste de 1-2 m., à rameaux raides et dressés ; f. glauques, à peine imbriquées ; fl. blanches ou rosées, en grappes terminales, serrées comme des épis. ♄. Juin-juillet

Iles du Rhône, sous la Pape. P. C. — Bosquets.

33ᵉ Famille. — CUCURBITACÉES.

Melons et Pastèques, Concombres et Cornichons, Courges de toutes les façons et de toutes les couleurs, voilà les habitants de cette famille plus utile que belle. Ce qu'elle offre de plus remarquable, ce sont ses fruits, spécialement connus sous le nom de *péponides* ou *pépons.* Le pépon est toujours une *baie charnue* et *infère,* entourée d'une écorce plus ou moins dure, renfermant une pulpe aqueuse, et divisée en plusieurs loges où les graines sont placées horizontalement. Les *fl., régulières, monoïques ou dioïques*, rarement mélangées de fl. complètes, ont un calice monosépale dont la base adhère au fruit et dont le limbe s'ouvre en plusieurs segments. La corolle, insérée sur le point où le calice se rétrécit, est monopétale et à tube soudé avec l'ovaire; elle supporte 5 *étamines*, ordinairement *séparées en 3 groupes*. Le style paraît peu et se réduit à 3-5 stigmates épais.

Les Cucurbitacées sont toutes des *plantes* herbacées, *rampant sur la terre ou grimpant sur les arbres, auxquels elles s'accrochent par des vrilles.* Leurs feuilles, toujours alternes et pétiolées, sont simples, à lobes ordinairement palmés, plus ou moins profonds. Un seul genre est spontané dans le rayon de notre Flore.

CLIV. BRYONIA (L.). BRYONE.

Calice à 5 dents; corolle à 5 partitions; 5 étamines triadelphes; 1 style trifide, à stigmates bilobés; *petite baie globuleuse, ne s'ouvrant pas avec élasticité quand elle est mûre. Plantes grimpantes*, à fl. monoïques ou dioïques.

560. B. DIOICA (Jacq.). B. DIOÏQUE.

Plante à odeur fade et repoussante. Grosse racine charnue; tige de 2-3 m., hérissée; f. en cœur à la base, à 5 lobes dentés, couvertes de poils rudes; calice des fl. à carpelles ne dépassant pas la moitié de la corolle; stigmates velus; baies rouges; fl. dioïques, d'un blanc sale, en petits corymbes presque sessiles quand elles sont carpellées. ♃. Juin-juillet. (*V. D.*)

Haies. C. C. C.

34ᵉ FAMILLE. — PARONYCHIÉES (1).

Cette famille, dans notre Flore, ne renferme que des herbes obscures, sur lesquelles personne autre que le botaniste ne daigne abaisser les yeux. On les connaît aux caractères suivants: tige irrégulièrement rameuse, ordinairement étalée sur la terre; *feuilles toujours entières*, remarquables par les *stipules membraneuses* dont elles sont ordinairement accompagnées; fleurs sans apparence, en petits paquets, les uns terminaux, les autres latéraux ou axillaires; calice à 5 (rarement 4) segments libres, un peu réunis à la base, persistants, mais jamais soudés à l'ovaire; corolle (quand elle existe) se composant de 5 (rare-

---

(1) Le nom de cette famille lui vient du G. *Paronychia*, plantes de hautes montagnes, qui ne se trouvent pas dans le rayon de notre Flore.

ment 4) petits pétales, souvent semblables à de petites écailles, insérés dans le tube du calice; 5 ou 4 (rarement 3 ou 1) *étamines libres, périgynes*, insérées sur un disque à la base des divisions du calice; 2-3 styles libres ou soudés à la base, très-courts ou réduits aux stigmates, terminent le fruit, qui est une *capsule enveloppée par le calice persistant*, indéhiscente ou s'ouvrant par 3-5 valves. Toutes les espèces sont herbacées.

CLV. CORRIGIOLA (L.). CORRIGIOLE.

5 pétales persistants, *égalant le calice ou le dépassant un peu; 5* étamines; *3 stigmates sessiles; capsule* monosperme et *indéhiscente ; feuilles alternes.*

561. C. LITTORALIS (L.). C. DES RIVAGES.

Plante glauque, étalée et appliquée sur la terre. F. linéaires-cunéiformes; segments du calice blancs sur les bords; pétales blancs; petites fl. en paquets terminaux et latéraux. ④. Juin-août.

Bords du Rhône; bords de la rivière d'Oullins; Saint-Alban, près Lyon, etc. P. R.

CLVI. HERNIARIA (L.). HERNIAIRE.

Calice à 5 divisions, à peine concaves; *corolle formée de 5 écailles filiformes, à peine visibles,* ressemblant à des étamines stériles; *5* étamines; *2 stigmates obtus, portés par 2 styles très-courts;* capsule membraneuse, monosperme et indéhiscente ; *feuilles opposées et stipulées.*

562. H GLABRA (L.). H. GLABRE.

Tige couchée, très-rameuse; f. elliptiques ou oblongues, un peu atténuées à la base, *glabres ainsi que le calice;* fl. verdâtres, en petits paquets axillaires. ♃. Mai-octobre. (*V. D.*)

Lieux sablonneux : Perrache; Tassin ; Pierre-Bénite; Condrieu; Malleval ; Souzy. A. R.

563. H. HIRSUTA (L.). H. VELUE.

Plante couchée, très-rameuse, *couverte dans toutes ses parties par un duvet d'un vert cendré;* f. fortement ciliées; *segments du calice terminés par une petite soie plus longue que les autres poils;* fl. sessiles, en petits paquets axillaires. ♃. Mai-octobre.

Lieux sablonneux. C. C.

564. H. INCANA (Lamk.). H. BLANCHATRE.

Plante sous-ligneuse à la base, couchée, très-rameuse, et

entièrement couverte d'un duvet blanchâtre; f. oblongues ou elliptiques, un peu atténuées à la base ; *poils du calice tous égaux; fl. pédicellées*, en petits paquets axillaires peu fournis ou solitaires. ♃. Juillet-août.

Lieux sablonneux : Villeurbanne ; Bonnand. R.

CLVII. ILLECEBRUM (L.). ILLÉCÈBRE.

Calice à 5 *segments* colorés, presque libres, à dos renflé, *creusés en capuchon et terminés par un arête* ; corolle réduite à 5 petites écailles, à peine visibles, ressemblant à des filets d'étamines; 5 étamines; 2 stigmates sessiles ; *capsule* sillonnée dans le sens de sa longueur, et *s'ouvrant en autant de valves qu'il y a de sillons; feuilles opposées et stipulées.*

565. I. VERTICILLATUM (L.). I. A FLEURS VERTICILLÉES.

Plante glabre. Tiges couchées, filiformes, très-rameuses ; petites f. presque rondes, atténuées en court pétiole ; fl. blanches, en verticilles axillaires. ① ou ②. Juillet-septembre.

Terrains sablonneux et humides, bord des mares tourbeuses: la Chassagne : Chenelette ; en Bresse, près de Montluel. R.

CLVIII. POLYCARPON (L.). POLYCARPE.

Calice à 5 *segments concaves et carénés; corolle à 5 pétales* plus courts que le calice ; 3-5 étamines; un style divisé en trois ; *capsule* uniloculaire, *polysperme, s'ouvrant par 3 valves ; feuilles opposées et verticillées, munies de stipules.*

566. P. TETRAPHYLLUM (L). P. A FEUILLES QUATERNÉES.

Tiges très-rameuses, étalées ; f. ovales-oblongues, un peu spatulées, atténuées en pétiole, opposées dans le haut et dans le bas de la tige, verticillées 4 à 4 dans le milieu, ayant à leur base de courtes stipules argentées; petites fl. verdâtres, pédicellées, en cymes terminales. ①. Juillet-septembre.

a. P. *tetraphyllum.* Fl. ordinairement à 3 étamines ; pétales échancrés ; f. d'un vert obscur.

b. P. *alsinæfolium* (D. C.) Fl. ordinairement à 5 étamines, moins nombreuses, plus ramassées; f. lisses, d'un vert gai ; pétales entiers ou à peine échancrés.

Lyon, à Fourvières, entre les pierres.

CLIX. SCLERANTHUS (L.). GNAVELLE.

Calice campanulé, à 5 divisions, *rétréci à la gorge par un disque saillant* ; point de corolle, 10 (rarement 5 ou 2) étamines; 2 styles filiformes ; capsule membraneuse, indéhiscente ; *feuilles opposées, sans stipules.*

567. S. ANNUUS (L.). G. ANNUELLE.

Tiges très-rameuses, couchées, puis redressées; f. vertes, linéaires, ciliées; *calice à divisions aiguës, étroitement bordées de blanc, ouvertes après la floraison*; petites fl. verdâtres, en petits paquets terminaux et axillaires. ④. Juin-septembre.

Champs. C. C. C.

568. S. PERENNIS (L.). G. VIVACE.

Tiges très-rameuses, couchées à la base, redressées au sommet; f. glauques, linéaires, ciliées; *calice à divisions obtuses, largement bordées de blanc, fermées après la floraison*; petites fl. d'un blanc mêlé de vert, en faisceaux ou en corymbes terminaux. ♃. Mai-octobre.

Terrains sablonneux et siliceux. P. R.

35ᵉ FAMILLE. — PORTULACÉES.

On sait les vers de Boileau :

> A côté de ce plat paraissaient deux salades.
> L'une de pourpier jaune et l'autre d'herbes fades;

ils conviennent parfaitement aux deux plantes spontanées qui forment cette petite famille. Ce sont des herbes à *feuilles charnues*, opposées, ou les supérieures éparses, toujours simples, entières *et sans stipules*. Un calice à 2 (rarement 3-5) sépales libres ou soudés à la base; une corolle à 5 pétales libres ou réunis en une corolle monopétale; 5 *étamines*, quelquefois moins, quelquefois beaucoup plus, mais toujours *libres, fertiles et opposées aux pétales*; et pour fruit une capsule uniloculaire : voilà les attributs qui les caractérisent.

CLX. PORTULACA (L.). POURPIER.

Calice caduc, à 2 segments; 4-6 pétales libres ou soudés à la base, insérés sur le calice; 8-15 étamines plantées au fond; *capsule s'ouvrant comme une boîte à savonnette par la chute de sa moitié supérieure*.

569. P. OLERACEA (L.). P. COMESTIBLE.

Plante glabre. F. charnues, ovales ou oblongues-cunéiformes; fl. jaunes, sessiles, terminales et latérales, s'épanouissant seulement dans le milieu de la journée. ④. Été. (V. D.)

a. P. *vulgaris*. Tige et rameaux couchés; segments du calice en carène obtuse. — Lieux cultivés. C. C. C.

b. P. *sativa* (D. C.). Plante plus grande, à tige dressée et rameaux ascendants; segments du calice en carène aiguë, presque ailée. — Cultivé pour l'usage de la cuisine.

CLXI. MONTIA (L.). MONTIE.

Calice persistant, à 2 sépales; *corolle en entonnoir*, à tube fendu jusqu'à la base d'un seul côté, et *à limbe divisé en 5 partitions, dont 3 plus petites* ; 3 étamines ; *capsule s'ouvrant par 3 valves.*

570. M. FONTANA (L.). M. DES FONTAINES.

Tige faible, rameuse, couchée ou redressée ; f. glabres, opposées, ovales-oblongues ; petites fl. blanches, pédicellées, axillaires et terminales. ①. Du printemps à l'automne. (*V. D.*)

a. M. *major.* Plante nageant dans l'eau, à f. d'un vert assez foncé.

b. M. *minor.* Plante venant au bord des ruisseaux ou dans les endroits humides ; f. d'un vert jaunâtre.

Tassin ; Soucieux ; Chaponost ; l'Argentière ; Pilat, etc. P. R.

36ᵉ FAMILLE. — CRASSULACÉES.

Cette famille se fait remarquer par ses *feuilles épaisses et charnues,* auxquelles elle doit son nom. La difficulté que présente leur dessication fait le désespoir des botanistes (1). Les fleurs des Crassulacées, disposées le plus souvent en cyme ou en corymbe, offrent une grande correspondance dans toutes leurs parties. Les sépales, légèrement soudés à la base, sont au nombre de 5, plus rarement 3-20. Les *pétales, réguliers,* libres, excepté dans un seul genre, alternent avec eux, et sont en même quantité. Il y a autant d'étamines, ou la moitié plus, insérées avec les pétales à la base du calice, ou bien dans le tube de la corolle, quand elle est monopétale. *Même nombre aussi dans les carpelles,* qui sont *munis à leur base d'une écaille nectarifère,* et s'ouvrent à leur angle interne par une fente longitudinale. Toutes nos espèces sont herbacées, mais quelquefois un peu sous-frutescentes à la base.

CLXII. RHODIOLA (L.). RHODIOLE.

Plante dioïque. Fl. à étamines, ayant un calice à 4 divisions, une corolle à 4 *pétales,* 8 étamines et 4 écailles nectarifères ; fl. à carpelles, offrant un calice à 4 divisions, une corolle nulle ou à 4 pétales beaucoup plus petits que dans le fl. à étamines, 4 écailles nectarifères et 4 carpelles.

571. R. ROSEA (L.). R. A ODEUR DE ROSE. — Sedum rhodiola (D.C.). — Sedum roseum (Scop.).

Plante glabre et glauque. Racine tubéreuse, exhalant l'odeur de la rose ; tige de 2-3 déc., simple, dressée ; f. éparses, sessiles, planes, oblongues, dentelées ; fl. à calice rougeâtre et à

(1) Voir le Dictionnaire.

pétales jaunâtres, rarement purpurins, en corymbe terminal. ♃. Juillet-août.

La Grande-Chartreuse, contre les rochers, à Bovinant et à Charmausom.

CLXIII. Crassula (L.). Crassule.

Sépales, pétales, étamines et carpelles au nombre de 5.

572. C. rubens (L.). C. rougeatre. — Sedum rubens (L).

Plante rougeâtre, ordinairement ramifiée, pubescente-glanduleuse, surtout au sommet; f. éparses, oblongues, demi-cylindriques, obtuses; pétales acuminés; fl. blanches, à carène rougeâtre, sessiles, solitaires, en épis unilatéraux, formant une cyme terminale. ①. Mai-juillet.

Vignes, terrains pierreux : Écully; Charbonnières; le Garon; dans le Beaujolais; l'Argentière, etc. P. R.

CLXIV. Sedum (L.). Orpin.

Calice à 5 divisions; corolle à 5 *pétales*; 10 *étamines*; 5 *écailles nectarifères entières ou à peine échancrées*; 5 carpelles polyspermes.

¹ *Feuilles planes.*

573. S. telephium (L.). O. reprise. — S. purpurascens (Koch).

Tige de 3-6 déc., grosse, dressée; larges *f.* ovales ou oblongues, inégalement et lâchement dentées, ordinairement *éparses*, rarement opposées ou ternées, les sup. sessiles, *les inf.* à *court pétiole; pétales étalés et recourbés en dehors*, un peu canaliculés au sommet; *étamines intérieures insérées au dessus de la base des pétales*, environ à un sixième de leur hauteur; fl. roses, quelquefois blanchâtres, en corymbes terminaux. ♃. Juillet-septembre. (*V. D.*)

Rochers, haies et bois humides : Écully; Sainte-Foy-lès-Lyon; Roche-Cardon; l'Argentière, etc. P. R.

574. S. maximum (Suter). O. géant. — S latifolium (Bertol.).

Tige de 4-8 déc., grosse, dressée; f. très-larges, ovales ou oblongues, inégalement dentées, ordinairement *opposées ou ternées*, les sup. demi-amplexicaules, *les inf. sessiles; pétales* étalés, *jamais recourbés en dehors*, creusés en petit capuchon au sommet; *étamines intérieures insérées à la base des pétales;* fl. d'un blanc jaunâtre ou verdâtre, en corymbes terminaux serrés. ♃. Août-septembre.

Rochers du Garon; Francheville; Malleval. R.

— Cette espèce fleurit au moins quinze jours plus tard que la précédente dans les mêmes localités : quand elle ouvre ses premières fleurs, celle-ci a déjà ses fruits formés.

8

575. S. ANACAMPSEROS (L.). O. ANACAMPSÉROS.

Tiges de 1-2 déc., *étalées ; f.* d'un vert glauque, alternes, *obovales*, cunéiformes à la base, sessiles, *très-entières; fl.* purpurines ou blanches, avec une ligne verte sur la carène, en corymbes terminaux très-serrés. ♃. Juillet-août. (*V. D.*)

Bois à la Grande-Chartreuse. R.

576. S. CEPÆA (L.). O. FAUX OIGNON.

Tiges de 1-4 déc., grêles, couchées à la base, puis redressées; *f.* opposées, *ternées ou quaternées*, rarement éparses, les inf. en spatule et pétiolées, les sup. oblongues-linéaires ou linéaires-cunéiformes; pétales acuminés; *fl.* blanches ou rosées, *disposées en petites grappes, formant le long de la tige une panicule étroite et allongée.* ④. Juin-août.

Haies et bois humides. C.

'' *Feuilles cylindriques ou demi-cylindriques.*

† *Fleurs jaunes.*

577. S. ACRE (L.). O. ACRE.

Plante à saveur très-âcre. Tiges de 6-10 cent., couchées-étalées, puis redressées; *f.* ovales, un peu aiguës, renflées sur le dos, *sessiles sur leur base arrondie*, celles des rejets stériles imbriquées, souvent sur six rangs; pétales lancéolés et aigus; *fl. d'un beau jaune d'or*, disposées en cyme terminale à trois branches. ♃. Juin-juillet. (*V. D.*)

Vieux murs, côteaux pierreux et sablonneux. C.

578. S. SEXANGULARE (L.). O. SEXAGULAIRE. — S. Boloniense (Rchb.).

Plante à saveur un peu astringente, mais *sans âcreté brûlante.* Tiges de 5-10 cent., couchées-étalées; *f. linéaires*, obtuses, sessiles, mais *à base un peu prolongée en éperon*, celles des rejets stériles serrées, et disposées sur six rangs assez réguliers, mais un peu contournés; pétales lancéolés et aigus; *fl. d'un beau jaune d'or*, un peu plus petites que dans l'Orpin âcre, en cyme terminale à trois branches. ♃. Juin-juillet, mais un peu plus tard que le précédent.

Pâturages : Oullins; la Pape; sur la route de Sain-Bel à Sainte-Foy-l'Argentière; Saint-Alban, près Lyon. P. C.

579. S. ANOPETALUM (D. C.). O. A PÉTALES DROITS.

Tige de 1-3 déc., couchée et radicante à la base, puis dressée; *f.* glauques, *terminées par une pointe aiguë*, prolongées en petit éperon à la base, imbriquées et très-serrées sur les rejets stériles; 6-7 *pétales* lancéolés-acuminés, *toujours dressés*; 12-14 *étamines à filets glabres; fl. d'un jaune-paille très-pâle*, en cyme ordinairement à quatre branches. ♃. Juin-août.

Coteaux secs aux environs de Lyon. A. C.

580. S. ALTISSIMUM (Poir.). O. TRÈS-ÉLEVÉ.— S. ochroleucum (Vill.).

Tige de 3-4 déc., sous-frutescente et couchée à la base, puis dressée ; *f.* ovales-oblongues, renflées, *terminées par une pointe aiguë, et prolongées en éperon au dessous de leur base,* celles des rejets stériles serrées et disposées sur 5 lignes en spirale ; 6 (rarement 7-8) *pétales* linéaires et obtus, *devenant étalés* ; 12 (rarement 14-16) *étamines à filets velus à la base ; fl. d'un jaune pâle, en épis* rapprochés en corymbe terminal, *fortement courbés en crosse avant l'épanouissement.* ♃. Juin-août.

Autour de Lyon, près du Grand-Camp. R.

581. S. REFLEXUM (L.). O. A FLEURS RÉFLÉCHIES.

Tige de 1-3 déc., couchée et radicante à la base, puis redressée ; *f.* glauques ou vertes, *arrondies sur les deux faces,* oblongues-linéaires, mucronées, prolongées en petit éperon au dessous de leur base, celles des rejets stériles imbriquées, mais étalées ou réfléchies ; 6-7 *pétales* linéaires-lancéolés, *très-étalés* ; 12-14 *étamines à filets glabres ; fl. d'un beau jaune d'or, en cymes* rapprochées en corymbe terminal, *fortement courbées en crosse avant l'épanouissement.* ♃. Juin-août.

Lieux sablonneux et pierreux, bord des bois. A. C.

582. S. ELEGANS (Lejeune). O. ÉLÉGANT.

Diffère du précédent 1° par ses *f.* toujours glauques, *comprimées en dessus et en dessous, celles des rejets stériles* serrées *et appliquées les unes sur les autres ;* 2° par les *segments du calice,* qui sont *arrondis et obtus au sommet ;* 3° par ses fl. plus petites et d'un jaune encore plus vif. ♃. Juin-août.

Rochers à Myons (Isère) ; dans le Beaujolais. R.

† † *Fleurs blanches, rougeâtres ou violacées.*

583. S. CRUCIATUM (Desf.). O. CROISETTE. — S. Monregalense (Balb.).

Tiges de 6-15 cent., couchées à la base, *pubescentes-visqueuses au sommet ; f.* glabres, demi-cylindriques, obtuses, *les inf. verticillées* 4 à 4, *les sup. éparses ; pétales terminés par une petite arête ;* fl. blanches, en corymbe terminal. ♃. Juin-juillet.

Pierre-Châtel. R.

584. S. ALBUM (L.). O. BLANC. (Vulg. *Trique-Madame.*)

Plante entièrement glabre, à teinte souvent rougeâtre. Tiges de 1-4 déc., les unes florifères et redressées, les autres stériles et couchées ; *f.* oblongues-linéaires, obtuses, *toutes éparses et étalées ; pétales* lancéolés et *mutiques ;* fl. blanches ou rosées, en corymbe paniculé. ♃. Juin-août. (V. D.)

Vieux murs, endroits pierreux. C. C. C.

585. S. DASYPHYLLUM (L.). O A FEUILLES ÉPAISSES.

Tiges de 6-12 cent., faibles, diffuses, souvent à teinte bleuâtre, à *rameaux pubescents-glanduleux* près des fleurs ; f. *ovales-globuleuses*, glaucescentes, opposées sur les tiges florifères, étroitement imbriquées sur les tiges stériles ; fl. blanches, à nervure rougeâtre en dehors, en corymbe paniculé. ♃. Juin-août.

Murs de clôture, lieux pierreux : Saint-Cyr et Saint-Didier au Mont-d'Or ; dans la ville, à Pierre-Scize et aux Chartreux. A. R.

586. S. HIRSUTUM (All.). O. HÉRISSÉ.

Tiges de 5-10 cent., les unes florifères et dressées, les autres stériles et couchées, *pubescentes-glanduleuses au sommet ;* f. d'un glauque pâle, *velues-hérissées*, ovales, obtuses, un peu aplaties en dessous, celles des tiges florifères éparses, celles des tiges stériles imbriquées ; *pétales terminés par une petite arête ;* fl. blanches, marquées en dehors d'une nervure rouge. ♃. Juillet-août.

Rochers humides : Chasse, près de Givors ; Pilat ; Doizieux ; la Grande-Chartreuse, etc.

587. S. VILLOSUM (L.). O. VELU.

Plante entièrement couverte de poils glanduleux. Tiges de 5-15 cent., dressées, *sans rejets stériles à la base ;* f. linéaires, obtuses, éparses ; *pétales* aigus, *mais non terminés par une arête ;* fl. roses, marquées d'une nervure rougeâtre et violacée, en corymbe paniculé. ②. Juillet-août.

b. S. pentandrum. Fl. à 5 étamines.

Prés humides, bord des ruisseaux : Pilat ; Saint-Bonnet-le-Froid ; Yzeron ; Chenelette ; marais tourbeux du Jura. P. C.

588. S. ATRATUM (L.). O. NOIRÂTRE.

Très-petite plante glabre, d'abord verte, à la fin rougeâtre, *sans rejets stériles à la base,* très rameuse eu égard à sa petitesse, mais à rameaux rapprochés et se terminant à la même hauteur, de manière à représenter une pyramide renversée ; f. arrondies, éparses, très-obtuses ; *fruits en étoile, noirâtres quand ils sont mûrs ;* pétales ovales-lancéolés, terminés par une courte pointe ; *fl. pédicellées,* blanchâtres avec une nervure verte en dessous, *en corymbes terminaux simples et serrés.* ①. Juillet-août.

Parmi les pierres et contre les rochers : le Grand-Som ; le Sorgiaz ; le Reculet.

CLXV. SEMPERVIVUM (L.). JOUBARBE.

Calice à 6-20 divisions ; 6-20 *pétales soudés à leur base*

entre eux et avec les étamines en une corolle monopétale ;
étamines en nombre double ; 6-20 écailles nectarifères dentées
ou laciniées ; 6-20 carpelles.

589. S. TECTÒRUM (L.). J. DES TOITS. (Vulg. *Artichaut de muraille*.)

Tige de 2-6 déc., droite, velue-glanduleuse ; *f. épaisses,
obovales-oblongues, acuminées, bordées de cils raides, mais
glabres sur le limbe*, les radicales en rosettes semblables à de
petits artichauts ; *écailles nectarifères réduites à de petites
glandes convexes et très-courtes* ; fl. roses, striées de rouge et de
vert, en corymbes rameux très-garnis, devenant paniculés
après la floraison. ♃. Juin-septembre. (V. D.)

Rochers : Francheville ; Roche-Cardon ; Malleval ; l'Argentière. — Murs
des jardins.

— Dans la variété cultivée, les 12 étamines inférieures, quelquefois même
toutes les étamines, sont souvent monstrueusement transformées en carpelles
pédicellés.

590. S. MONTANUM (L.). J. DE MONTAGNE.

Tige de 5-10 cent., dressée, couverte de poils visqueux et
rougeâtres ; *f. velues-glanduleuses sur les deux faces*, les radicales oblongues-cunéiformes et réunies en petites rosettes,
les caulinaires dressées, éparses, oblongues et un peu plus
larges au sommet ; *écailles nectarifères en forme de lamelles
dressées et très-visibles* ; fl. lilas ou roses, striées de violet, en
petit corymbe terminal. ♃. Juin-août.

Rochers au Grand-Som. R.

CLXVI. UMBILICUS (D. C.). OMBILIC.

Calice à 4-5 segments ; *corolle monopétale, tubuleuse*, à 4-5
divisions dressées, *portant 8-10 étamines* ; 4-5 écailles nectarifères ; 4-5 carpelles.

591. U. PENDULINUS (D. C.). O. A FLEURS PENDANTES. — Cotyledon umbilicus (L.).

Tige de 1-5 déc., ascendante ; f. charnues et cassantes,
les inf. arrondies, crénelées, concaves, peltées, les caulinaires très-peu nombreuses et cunéiformes ; fl. blanchâtres,
pendantes, disposées en longue grappe. ♃. Mai-août. (V. D.)

Vieux murs et rochers : Francheville ; bords du Garon ; Malleval, etc. P. C.

37e FAMILLE. — GROSSULARIÉES.

Il n'y a pas de si méchant février
Qui n'ait pas vu feuiller son groseillier,

dit un vieux proverbe de nos campagnes lyonnaises. C'est
qu'en effet le Groseillier épineux de nos haies est un des premiers à reverdir après la saison des frimas. Voici leurs

caractères. Épineux ou non, les Groseilliers sont des arbustes rameux et touffus, portant des feuilles alternes ou fasciculées au sommet des rameaux, simples, mais divisées en lobes palmés plus ou moins profonds. Leurs *fleurs, régulières*, ont un *calice supère*, à 5 (rarement 4) segments, et une corolle à 5 (rarement 4) petits pétales insérés à la gorge du calice et alternant avec ses divisions. Tout à côté on distingue 5 (*rarement 4*) *petites étamines* libres. *Le fruit est une baie* à une seule loge, couronnée dans sa jeunesse par les segments flétris du calice.

CLXVII. RIBES (L.). GROSEILLIER.

Caractères de la famille.

* *Arbrisseaux épineux.*

592. R. UVA-CRISPA (Lamk.). G. ÉPINEUX.

Arbrisseau très-rameux, muni d'épines ordinairement ternées; f. en cœur, à 3-5 lobes dentés; fruit rond ou ovale, verdâtre ou rougeâtre, d'une saveur douce et sucrée; fl. verdâtres ou rougeâtres, 1-3 par pédoncule. ♃. *Fl.* mars-mai. *Fr.* juillet. (*V. D.*)

a. R. *sylvestre.* F. pubescentes sur les deux faces. — Haies. C. C. C.

b. R. *grossularia* (L.). F. luisantes, presque glabres; baies plus grosses. — Cultivé.

** *Arbrisseaux sans épines.*

593. R. ALPINUM (L.). G. DES ALPES.

F. à 3 ou 5 lobes profonds et dentés, plus pâles et luisantes en dessous, un peu poilues en dessus; *bractées au moins égales aux pédicelles*; petites *baies rouges, à saveur fade*; fl. d'un jaune verdâtre, *en grappes dressées.* ♃. *Fl.* avril-mai. *Fr.* août.

Haies à Sainte-Foy-lès-Lyon; bois à Pilat; montagnes du Beaujolais; le Fenoyl; Saint-Laurent-de-Chamousset; le Jura; Retord; le Colombier, etc.

— La plante est souvent dioïque; les grappes de fleurs à étamines sont beaucoup plus fournies que celles de fleurs à carpelles.

594. R. NIGRUM (L.). G. A FRUITS NOIRS. (Vulg. *Cassis.*)

Arbuste à odeur très-prononcée s'exhalant de ses fleurs, de ses fruits et de ses feuilles froissées. F. en cœur, à 3 ou 5 lobes triangulaires, dentés, parsemées en dessous de points jaunes glanduleux; *bractées terminées par une petite pointe et beaucoup plus courtes que les pédicelles*; baies noires, à saveur aromatique; fl. rougeâtres, *en grappes pendantes.* ♃. *Fl.* avril-mai. *Fr.* juillet-août. (*V. D.*)

Dans les sapins du Jura, au-dessus de Peyron. — Cultivé et quelquefois subspontané autour des habitations.

595. R. RUBRUM (L.). G. A FRUITS ROUGES.

Arbuste à feuilles, fleurs et fruits inodores. F. en cœur, à 3 ou 5 lobes bordés de grosses dents, pubescentes en dessous; *bractées ovales, très-obtuses, beaucoup plus courtes que les pédicelles; baies rouges*, plus rarement rosées ou d'un blanc jaunâtre, *à saveur aigrelette; fl.* d'un blanc verdâtre, quelquefois tachées de brun en dedans, *en grappes pendantes.* ♄. *Fl.* avril-mai. *Fr.* juillet-août. (*V. D.*)

Bord des ruisseaux : Écully; Gorge-de-Loup. — Cultivé

596. R. PETRÆUM (Wulf.). G. DES ROCHERS.

F. en cœur, quelquefois peu marqué, à 3 ou 5 lobes profonds, triangulaires, très-aigus, profondément dentés; *bractées ovales, velues, plus courtes que les pédicelles* ou les égalant à peu près; calice à segments ciliés; *baies rouges, dures, à saveur âpre;* pédoncules et pédicelles velus; *fl.* d'un rouge brunâtre, *en grappes d'abord dressées, puis étalées, à la fin pendantes.* ♄. *Fl.* mai-juin. *Fr.* août.

Le Mont-Pilat; montagnes du Beaujolais; et dans l'Ain, entre Lavatey et la Faucille.

38° FAMILLE. — SAXIFRAGÉES.

Comme leur nom l'indique, les Saxifrages (1) croissent au milieu des pierres et des rochers. C'est surtout au sommet des hautes montagnes, dans les lieux fréquentés seulement par les botanistes et les chamois, qu'elles forment, avec les Androsaces, les Oreilles-d'ours, la Véronique des Alpes et les Gentianes, de petits jardins enchantés, complètement ignorés du vulgaire. Quand vous irez vous y promener et y respirer ce grand air qui fait tant de bien, vous les reconnaîtrez aux caractères suivants : les *fleurs, régulières*, mais quelquefois incomplètes, ont un *calice persistant*, supère ou infère, à 4-5 divisions; 4 ou 5 pétales (rarement nuls) insérés au sommet du calice; *4 ou 5 (plus souvent 8 ou 10) étamines libres*, plantées sur le calice ou hypogynes. Le fruit, surmonté par 2 (très-rarement 4-5), *styles persistants*, est une *capsule composée de deux carpelles plus ou moins soudés entre eux*, mais se séparant plus ou moins à la maturité. Toutes nos espèces spontanées sont herbacées.

CLXVIII. SAXIFRAGA (L.). SAXIFRAGE.

Calice à 5 divisions; *corolle à 5 pétales; capsule biloculaire,*

(1) De *saxum*, rocher, et *frangere*, briser.

terminée par deux becs et s'ouvrant par un trou entre les 2 styles persistants.

* Fruit évidemment supère; f. entières ou simplement dentées ou crénelées.

597. S. ROTUNDIFOLIA (L.). S. A FEUILLES RONDES.

Tige de 2-5 déc., feuillée et à rameaux paniculés; *f. arrondies-réniformes*, bordées de grosses dents inégales, *les radicales longuement pétiolées;* fl. blanches, marquetées de petits points, les uns rouges, les autres jaunes, en panicule terminale. ♃. Juin-août.

Bois et rochers humides à la Grande-Chartreuse, où elle n'est pas rare.

598. S. CUNEIFOLIA (L.). S. A FEUILLES EN COIN.

Tige de 1-3 déc., légèrement pubescente-glanduleuse; *f.* disposées en plusieurs rosaces superposées qui marquent l'âge de la plante, *obovales-cunéiformes*, arrondies et dentées au sommet, *atténuées en un pétiole glabre*, épaisses, souvent rouges en dessous, entourées d'un petit rebord cartilagineux; calice réfléchi; fl. blanches, tachées de jaune, en petite panicule terminale. ♃. Juin-juillet.

Rochers ombragés à la Grande-Chartreuse. R. R.

599. S. STELLARIS (L.). S. A FLEURS EN ÉTOILE.

Tiges de 8-20 cent., grêles, *glabres; f.* glabres, un peu grassettes, *obovales-cunéiformes*, bordées de grosses dents au sommet, *atténuées en un pétiole glabre*, toutes en rosace radicale sur les tiges de l'année, les inf. éparses, et les sup. en rosace sur les tiges plus anciennes; *calice réfléchi; pétales étroits, acuminés aux deux extrémités;* fl. blanches, marquées vers la base de deux taches jaunes, en corymbe terminal. ♃. Juillet-août.

Pierre-sur-Haute, le long du Lignon. R.

600. S. HIRCULUS (L.). S. VELUE.

Tige de 2-5 déc., droite, feuillée, *velue-laineuse au sommet*, munie à sa base de rejets stériles couchés et filiformes; *f.* toutes oblongues-lancéolées, très-entières, les *inférieures atténuées en un pétiole cilié; calice réfléchi; pétales* dressés, oblongs, obtus au sommet, *munis de deux petites callosités à la base et beaucoup plus longs que le calice;* fl. jaunes, marquées de points safranés à la base, 1-5 au sommet des tiges. ♃. Juillet-août.

Marais de Malbronde; marais tourbeux du Jura. R.

** *Fruit demi-infère.*

† *Feuilles entières.*

601. S. AIZOIDES (L.). S FAUX AIZOON. — S. autumnalis (L.).

Tige de 5-15 cent., d'abord couchée, puis ascendante, feuillée, pubescente, surtout au sommet; *f. éparses, linéaires,* mucronées, *bordées de cils rudes,* planes en dessous, légèrement convexes en dessus, les inf. plus serrées et souvent réfléchies; calice à segments mutiques; *fl. jaunes,* souvent marquées de points safranés, quelquefois entièrement safranées, surtout sur les points très-élevés, en petites grappes ou panicules terminales. ♃. Juillet-août.

Rochers humides: la Grande-Chartreuse; d'Anglefort à Seyssel; le Reculet.

602. S. OPPOSITIFOLIA (L.). S. A FEUILLES OPPOSÉES.

Tiges rampantes, peu élevées, formant des gazons touffus, d'un vert noirâtre; petites *f. ovales-oblongues,* recourbées au sommet, carénées en dessous, *bordées de cils rudes, opposées deux à deux,* et si serrées que la tige ressemble à un prisme quadrangulaire; pétales dressés, obtus, beaucoup plus longs que le calice; *fl. roses,* à la fin violacées, quelquefois blanches, solitaires au sommet des tiges. ♃. Mai-juin.

Rochers au Grand-Som; rochers élevés des deux côtés du Jura.

†† *Feuilles crénelées, lobées ou divisées.*

603. S. GRANULATA (L). S. A RACINE GRANULÉE.

Racine à petits tubercules arrondis et serrés; tige de 2-6 déc., droite, poilue-glanduleuse; f. un peu charnues, *les radicales réniformes, lobées-crénelées,* pétiolées, les caulinaires peu nombreuses, sessiles ou presque sessiles, cunéiformes à la base, à 3-5 divisions au sommet; *pétales oblongs,* obtus au sommet, atténués en onglet à la base, *trois fois plus longs que le calice;* grandes fl. d'un blanc pur, en corymbe paniculé. ♃. Mai-juin. (*V. D.*)

Pâturages, bord des bois. C. C. C.

604. S. TRIDACTYLITES (L.). S. TRIDACTYLE.

Racine fibreuse; tige de 2-15 cent., droite, simple ou rameuse, grêle, pubescente-glanduleuse, ordinairement rougeâtre; f. un peu charnues, *les radicales obovales-spatulées,* entières, trilobées ou trifides, *celles du milieu de la tige en coin et divisées en 2-3 lobes divergents,* les sup. linéaires ou ovales et entières; pédoncules uniflores, munis de deux bractées et beaucoup plus longs que le calice; petites fl. blanches, axillaires et terminales. ①. Mars-mai. (*V. D.*)

Vieux murs, lieux sablonneux. C. C. C.

8.

*** *Fruit entièrement infère*

605. S. AIZOON (Jacq.). S. AIZOON.

Tige de 1-5 déc., droite, simple, poilue-glanduleuse ; *f. radicales* serrées en rosette, épaisses, d'un vert blanchâtre, *oblongues, bordées tout autour de dents cartilagineuses,* les caulinaires espacées, alternes et plus petites ; *calice glabre* ; pétales arrondis au sommet ; fl. d'un blanc de neige ou d'un blanc verdâtre, souvent tachées de rouge à la base, en corymbe terminal à la fin paniculé. ♃. Juillet-août.

Rochers : la Grande-Chartreuse ; Pierre-Châtel ; depuis Tenay jusqu'au Jura.

606. S. MUSCOIDES (Wulf.). S. MOUSSE.

Petite plante gazonnante, formant des touffes serrées ; tiges florifères de 2-8 cent., dressées, glabres ou pubescentes-glanduleuses ; petites *f. linéaires et entières ou linéaires-cunéiformes et trifides au sommet, très-lisses,* les radicales ramassées en petites rosettes, les caulinaires très-peu nombreuses (1-3), espacées et alternes ; petites fl. d'un blanc verdâtre ou d'un jaune-soufre pâle, devenant plus vif par la dessication , 2-4 au sommet de chaque tige. ♃. Juin-août.

Rochers au Grand-Som ; tous les sommets du Jura.

CLXIX. CHRYSOSPLENIUM (L.). DORINE.

Calice jaunâtre, adhérent à l'ovaire et divisé en 4 segments inégaux (la fl. sup. a le calice partagé en 5 segments); *corolle nulle;* 8 étamines ; 2 styles ; *capsule* uniloculaire, à deux becs, *s'ouvrant jusqu'au milieu en 2 valves,* qui laissent alors voir les petites graines noires et luisantes qu'elles renferment.

607. C. OPPOSITIFOLIUM (L.). D. A FEUILLES OPPOSÉES.

Tige de 6-15 cent., dressée ; *f. opposées,* arrondies et sinuées au sommet, *cunéiformes* et atténuées en pétiole *à la base,* à limbe hérissé de poils blancs ; fl. jaunes, en corymbe terminal peu fourni, comme assises sur les feuilles florales. ♃. Mai-juin. (*V. D.*)

Ruisseaux des montagnes : Saint-Bonnet-le-Froid ; l'Argentière, au Chatelard ; Pilat ; Saint-Rambert (Ain); le Bugey; le Jura, etc.

608. C. ALTERNIFOLIUM (L.). D. A FEUILLES ALTERNES.

Tige de 1-2 déc., dressée ; *f. alternes, réniformes et en cœur à la base,* crénelées-lobées au sommet, à crénelures tronquées ou un peu échancrées, toutes pétiolées, mais les radi-

cales beaucoup plus longuement, à limbe hérissé en dessus
de poils blancs; fl. jaunes, en corymbe terminal, comme assises sur les feuilles florales. ♃. Avril-juin. (*V. D.*)

Mêmes localités que la précédente, mais plus rare.

39ᵉ FAMILLE. — OMBELLIFÈRES.

Il ne faut pas juger des gens sur l'apparence.

C'est le cas, ou jamais, de mettre en pratique ce conseil
toujours bon, quand même il n'est pas nouveau. A voir
venir ces brillantes Ombellifères, portant majestueusement sur
leurs têtes, comme des reines d'Orient, leurs parasols blancs,
roses ou jaunes, on croirait au premier abord que rien ne
sera plus aisé que de les connaître; et cependant, quand on
essaie de les interroger, elles ne disent leurs noms qu'après
de longues et pénibles recherches. *La famille des Ombellifères
est une des plus difficiles de la Botanique; pour les déterminer, il faut absolument avoir leurs fruits mûrs ou au moins
bien développés.* Nous supplions les jeunes botanistes de n'ou-
blier jamais cet avis important.

Disons maintenant leurs caractères généraux.

Quand elles sont régulières, elles se reconnaissent tout
d'abord à la disposition de leurs fleurs. Le sommet du pédoncule se divise en plusieurs rayons qui, partant d'un même
point et aboutissant à la même hauteur, forment un premier
plateau, désigné sous le nom d'*ombelle.* Du sommet de chaque rayon principal partent de nouveaux rayons plus petits,
qui, se terminant, comme les premiers, à un même niveau,
constituent l'*ombellule.* Le point de départ des rayons, dans
l'une et dans l'autre, est souvent accompagné d'une collerette de petites feuilles qui forment l'*involucre* et l'*involucelle.*

Les pédicelles de l'ombellule supportent les fleurs. Celles-ci
ont un calice tellement adhérent au fruit, que ses segments
sont nuls ou se réduisent seulement à 5 petites dents. *Les
pétales, au nombre de 5,* sont implantés au sommet de l'ovaire;
entiers ou échancrés, de longueur égale ou inégale, ils sont
presque toujours relevés dans leur milieu par une *languette*
réfléchie en dedans, ou plus ou moins roulés sur eux-mêmes;
5 *étamines libres et égales, insérées au même point que les
pétales,* alternent avec eux, et 2 *styles* surmontent la glande
dont l'ovaire est couronné, glande qu'on nomme pour cette
raison *stylopode* (pied des styles).

Le *fruit, infère, est formé de 2 carpelles monospermes et
indéhiscents,* accolés l'un à l'autre et soutenus par le *carpo-*

phore ou la *columelle*, c'est-à-dire par le prolongement du pédicelle, dont, à la maturité, ils se détachent de bas en haut. Leur surface de jonction, plane ou concave, est appréciable, mais beaucoup moins que leur surface dorsale, plus facile à étudier. On y remarque des *côtes* et des *stries* plus ou moins nombreuses, plus ou moins développées. Les côtes principales sont nommées *côtes primaires*, les autres sont appelées *côtes secondaires*; les intervalles ou stries qui séparent les côtes sont désignés sous le nom de *vallécules* (petites vallées). Les *bandelettes* sont de petits canaux colorés, d'où sort une espèce d'huile ou de résine; elles sont placées dans le fond de chaque vallécule et à la surface de jonction des deux carpelles.

D'après l'anomalie des ombelles, la présence ou l'absence des involucres et des involucelles, et enfin la forme du fruit, nous diviserons la grande famille des Ombellifères en neuf principales tribus. Toutes nos espèces spontanées sont herbacées.

Iʳᵉ Tʀɪʙᴜ : ANOMALES. — Ombelles irrégulières, c'est-à-dire, ombelles sans ombellules, ou ombelles à rayons très-inégaux, ou bien fleurs sessiles en capitules arrondis, ovales ou cylindriques.

CLXX. Eryngium (Tournef.). Panicaut.

Calice à 5 dents foliacées et persistantes; pétales redressés, connivents, se pliant sur le milieu en languette qui leur est presque égale; des paillettes piquantes entre les fleurs; fl. sessiles, en capitules arrondis, ovales ou cylindriques, et entourés d'un involucre épineux et polyphylle.

609. E. ᴄᴀᴍᴘᴇsᴛʀᴇ (L.). P. ᴄʜᴀᴍᴘᴇ̂ᴛʀᴇ. (Vulg. *Chardon-Roland*.)

Tige de 2-6 déc., glabre, blanchâtre, *multiflore*, très-rameuse; *f.* d'un vert glauque, dures, à nervures saillantes, 1-2 fois pennatipartites, à partitions décurrentes, ondulées, lobées et munies de dents fortement épineuses, les radicales pétiolées, *les caulinaires embrassant la tige par des oreillettes lacinées-dentées*; folioles de l'involucre linéaires, fortement épineuses, beaucoup plus longues que le *capitule*, qui est arrondi ou un peu ovale; fl. blanchâtres ou d'un vert très-pâle et bleuâtre. ♃ Juillet-septembre. (V. D.)

Lieux incultes, coteaux arides. C. C.

610. E. ᴀʟᴘɪɴᴜᴍ (L.). P. ᴅᴇs Aʟᴘᴇs.

Tige de 3-6 déc., glabre, dressée, verte à la base, ordinairement bleuâtre au sommet, *portant 1-3 fleurs*; *f. radicales* longuement pétiolées, *profondément en cœur et comme hastées, simples et seulement. bordées de dents épineuses,* les caulinaires sup. sessiles, palmatifides, à 3-5 divisions laciniées-dentées et épineuses; *involucre ordinairement d'un bleu vineux,* mêlé de vert et de blanc, rarement blanchâtre, *formé de folioles linéaires, pennatifides, bordées de soies épineuses, et dépassant un peu les capitules, qui sont cylindriques, ovales ou oblongs;* fl. blanchâtres. ♃. Juillet-août.

Pâturages élevés au Reculet; au midi de la chape'le de Mazière sur Lopnieu. R.

CLXXI. SANICULA (L.). SANICLE.

Calice à 5 dents un peu foliacées et persistantes; pétales comme dans le genre précédent; involucre et involucelle polyphylles; *fruit globuleux, tout couvert de petites pointes en hameçon; ombelles irrégulières, de 3-5 rayons très-inégaux,* quelquefois rameux; *ombellules arrondies, formées de fleurs sessiles.*

611. S. EUROPÆA (L.). S. D'EUROPE.
Plante glabre et d'un vert sombre. Tige de 1-5 déc., droite, simple ou un peu rameuse au sommet; f. toutes ou presque toutes radicales, palmatipartites, à 3-5 partitions obovales ou oblongues-cunéiformes, bi ou trifides, inégalement incisées-dentées; fl. blanches ou rosées. ♃. Avril-mai.

Bois ombragés et humides : le Mont-Cindre; Saint-Alban; Chaponost; le Fenoyl, près de l'Argentière, etc. A. C.

CLXXII. ASTRANTIA (L.). RADIAIRE.

Calice à 5 dents un peu foliacées et persistantes; pétales comme dans les deux genres précédents; fruit un peu comprimé, à 5 côtes primaires obtuses, plissées-dentées, entremêlées de petites côtes secondaires; *involucre composé de folioles simples, elliptiques-acuminées, dépassant les fleurs, ouvertes en étoile;* fl. en ombelles simples, sans ombellules.

612. A. MAJOR (L.). GRANDE RADIAIRE.
Tige de 3-6 déc., dressée, simple ou un peu rameuse au sommet; *f. radicales* longuement pétiolées, *palmatipartites,* à partitions oblongues-cunéiformes, trifides au sommet, bordées de dents inégales, lesquelles sont terminées par une petite arête un peu piquante; f. caulinaires très-peu nombreuses, les sup. sessiles ou presque sessiles; fl. blanches ou rosées. ♃. Juin-août.

Prairies : la Grande-Chartreuse; hautes montagnes du Bugey.

613. A. MINOR (L.). PETITE RADIAIRE.
Tige de 2-3 déc., grêle, dressée; *f. radicales* longuement

pétiolées, *digitées, composées de* 7-9 *folioles* elliptiques-lancéolées, très-aiguës, bordées de dents de scie plus ou moins profondes, lesquelles sont terminées par une petite arête légèrement piquante; f. caulinaires peu nombreuses, 1-2 par tige; petites ombelles à fl. blanches. ⚤. Juillet-août.

Rochers humides : Bovinant, à la Grande-Chartreuse ; la Chartreuse d'Arvières, sur le Colombier. R.

CLXXIII. Hydrocotyle (Tournef.). Écuelle d'eau.

Calice à limbe presque insensible; *pétales* ovales, aigus, *entiers, à pointe droite;* fruit orbiculaire, aplati, marqué de chaque côté de 3-5 côtes saillantes; *fl. en petites ombelles imparfaites, composées de 1, 2 ou 3 verticilles rapprochés.*

614. H. VULGARIS (L.). E. COMMUNE.

Petite plante à tiges grêles et rampantes; f. simples, peltées comme dans la Capucine, orbiculaires, largement crénelées-ondulées; petites fl. blanches ou rosées, peu nombreuses. ⚤. Juillet-août. (*V. D.*)

Prés marécageux : Vaux; Dessine : marais en Bresse; Saint-Laurent-du-Pont, près la Grande-Chartreuse; lac de Bar dans l'Ain. R.

IIe Tribu : CAUCALIDÉES. — Ombelles parfaites et régulières; involucre et involucelle variables; fruit ovale-oblong, velu ou hérissonné, dépourvu de bec.

CLXXIV. Daucus (L.). Carotte.

Fruit ovale, hérissonné; *involucre à folioles pennatifides.*

615. D. CAROTA (L.). C. SAUVAGE.

Racine fusiforme; tige de 3-6 déc., quelquefois plus, dressée, hispide, rarement glabre; f. 2-3 fois pennées, à folioles ovales ou oblongues, pennatifides et dentées, velues ou glabres; involucelle à folioles, les unes simples et linéaires, les autres trifides, toutes membraneuses sur les bords; ombelles à 20-40 rayons, longuement pédonculées, formant le nid d'oiseau après la floraison; fl. blanches, rarement rosées, la centrale stérile et d'un pourpre foncé. ①. Été-automne. (*V. D.*)

Commune partout.

— Cette espèce est cultivée sous le nom vulgaire de *Pastonade;* alors sa racine, jaune, blanche ou rougeâtre, devient charnue et acquiert un grand développement.

CLXXV. Caucalis (L.). Caucalide.

Fruit ovale, hérissonné; *involucre nul ou oligophylle, mais toujours à folioles entières.*

* *Fruit comprimé par le côté, à côtes secondaires saillantes et armées de 1-3 rangs d'aiguillons; involucre nul ou monophylle.—Caucalis (Hoffm.).*

616. C. DAUCOIDES (L.). C. FAUSSE CAROTTE.

Tige de 2-4 déc., droite, flexueuse, presque toujours glabre; f. 2-3 fois pennées, à folioles pennatifides, à lanières linéaires et aiguës, très-finement découpées; *aiguillons glabres, crochus au sommet, disposées en 1 seul rang sur chaque côte secondaire;* ombelles à 3-4 rayons fermes et sillonnés; fl. blanches ou rougeâtres. ④. Juin-juillet.

Terres et moissons : la Pape; les Charpennes; Dessine; Oullins, etc. C.

617. C. LEPTOPHYLLA (L.). C. A FEUILLES MINCES.

Tige de 2-3 déc., un peu rude, couverte de poils appliqués; f. petites, 2-3 fois pennées, à folioles pennatifides, à lanières linéaires et aiguës; involucre nul; *aiguillons rudes, non crochus au sommet, disposés en 2-3 rangs sur chaque côte secondaire;* ombelle à 2 rayons; fl. blanches. ④. Juin-juillet.

Moissons à Cogny, près de Villefranche. R.

** *Fruit comprimé par le dos, à côtes secondaires saillantes, carénées et armées de 2-3 rangs d'aiguillons; un involucre et un involucelle.—Orlaya (Hoffm.).*

618. C. GRANDIFLORA (L.). C. A GRANDES FLEURS. — Orlaya grandiflora (Hoffm.).

Plante entièrement glabre. Tige de 1-3 déc., rameuse dès la base; f. 2-3 fois pennées, à folioles très-finement laciniées; involucre et involucelle à folioles blanches-scariéuses sur les bords; fruit gros, à aiguillons très-développés, entremêlés de soies courtes, lesquelles sont disposées en 1-3 rangs sur les côtes primaires; pétales extérieurs profondément bifides et beaucoup plus grands que les intérieurs; ombelles à 5-8 rayons; fl. blanches. ④. Juin-août.

Terres à Écully, Francheville, etc.; blés à Rossillon et dans presque tout le Bugey. P. R.

*** *Fruit comprimé par le côté, à côtes primaires et à côtes secondaires presque égales, et armées de 2-3 rangs d'aiguillons semblables. — Turgenia (Hoffm.).*

— Balbis indique le *Caucalis latifolia* (L.) près du château de Champagnieu; mais il n'a pas été retrouvé depuis 1824.

**** *Fruit comprimé par le côté, à côtes secondaires nulles, mais à vallécules toutes couvertes d'aiguillons.—Torilis (Adans.).*

619. C. ANTHRISCUS (Wild.). C. ANTHRISQUE. — Torilis anthriscus (Gmel.). — Tordylium anthriscus (L.).

Tige de 4-10 déc., quelquefois plus petite, rameuse, raide,

couverte de poils appliqués et rudes au toucher; f. rudes,
2 fois pennées, à folioles pennatifides, incisées ou dentées;
involucre et involucelle à 4-5 folioles linéaires; *fruits* petits,
ovoïdes, *hérissés de poils courts, arqués*, raides, quelquefois
purpurins; ombelles à 4-10 rayons; fl. blanches ou rougeâtres. ②. Juin-août.

Terres, bord des chemins. C.

620. C. SEGETUM (Thuill.). C. DES MOISSONS. — C. Helvetica (Jacq.). — C. arvensis (Wild.).—Torilis infesta (Wallr.).—T. Helvetica (Gmel.).

Tige de 2-6 déc., rude, rameuse, à rameaux divergents;
f. inf. 2 fois pennées, les sup. simplement pennées ou ternées; folioles rudes, ovales ou oblongues, incisées-dentées,
la terminale acuminée et souvent très-allongée dans les
f. sup.; *involucre nul ou monophylle*; involucelle à plusieurs
folioles linéaires; pétales égaux aux fruits; *fruits ovoïdes, en-
tiérement couverts d'aspérités accrochantes*; ombelles longuement pédonculées, à 3-8 rayons rudes; fl. blanches. ②. Juin-
juillet.

Champs, moissons, bord des chemins. C. C.

621. C. NODIFLORA (Lamk.). C. A FLEURS EN NŒUD. —Torilis nodosa (Gœrtn.).
—Tordylium nodosum (L.).

Tige de 1-4 déc., rude, décombante, à rameaux diffus;
f. 1-2 fois pennées, à folioles rudes, incisées-pennatifides;
involucre nul; involucelle à folioles linéaires, hérissées, dépassant les pédicelles; fruits ovoïdes, couverts de petits aiguillons d'un jaune verdâtre, les uns accrochants, les autres
simplement tuberculeux; *fl.* blanches ou rosées, *en petites
ombelles latérales, opposées aux feuilles, sessiles ou courtement pédonculées*, formées de 2-3 rayons. ①. Mai-juin.

Bord des chemins : la Croix-Rousse; Sainte-Foy-lès-Lyon; l'Argentière; et
dans l'Ain, la plaine de la Valbonne, etc.,

CLXXVI. ATHAMANTHA (L.). ATHAMANTHE.

Fruit ovale-oblong, strié, *velu*; *involucre ou involucelle
polyphylle.*

622. A. LIBANOTIS (L.). A. DU MONT LIBAN.—Libanotis montana (All.).

Tige de 2-8 déc., dure, dressée, *profondément sillonnée*,
garnie inférieurement de fibrilles grisâtres; f. glabres, 2-3 fois
pennées, à folioles incisées-pennatifides, à segments inférieurs
disposés en sautoir sur le pétiole commun; *involucre et involucelle polyphylles*; ombelles à 20-40 rayons pubescents;
fruits ovoïdes, couverts de poils grisâtres; fl. blanches. ②.
Juillet-août.

Crêt-David, près le télégraphe, dans le Beaujolais; sommet du Grand-Som;
et dans l'Ain, Maillat, Virieux-le-Grand, Nantua.

623. A. Cretensis (L.). A. de Crète.

Tige de 1-3 déc., ascendante, pubérulente, à peine striée, non garnie de fibrilles à la base, à rameaux divergents; f. 3 fois pennées, à *folioles linéaires*, bi ou trifides; *involucre à 1-3 folioles*; involucelle polyphylle, à folioles membraneuses sur les bords; *fruits oblongs-lancéolés*, rétrécis au sommet, *couverts de poils blancs très-étalés*; *ombelles à 6-10 rayons* pubescents; fl. blanches. ♃. Juillet-août.

a. A. *hirsuta* (D. C). F. velues-blanchâtres, à lanières courtes. — Rochers : la Grande-Chartreuse ; le Colombier ; Nantua ; le Mont-Jura, et presque tous les rochers du Haut-Bugey depuis Saint-Rambert.

b. A. *Matthioli* (D. C.). F. glabres ou presque glabres, à folioles plus allongées et plus espacées; tiges un peu plus longues.—Rochers : Bovinant, à la Grande-Chartreuse ; Montange (Ain).

III⁰ Tribu : SCANDICINÉES. — Ombelles régulières ; involucre nul ou monophylle ; involucelle polyphylle ; fruit comprimé par le côté et prolongé en bec plus ou moins allongé.

CLXXVII. Scandix (L.). Scandix.

Fruit marqué de 5 côtes obtuses et égales, terminé par un bec beaucoup plus long que lui.

624. S. pecten (L.). S. peigne. (Vulg. *Aiguille-de-berger*.)

Tige de 1-3 déc., rameuse, à rameaux étalés; f. 2-3 fois pennées, à folioles multifides, divisées en lanières linéaires; involucelle à folioles entières ou incisées au sommet; bec du fruit 4 fois au moins plus long que lui et hérissé de petits aiguillons très-courts placés sur deux rangs; ombelles à 2-3 rayons; fl. blanches, petites. ①. Mai-juin. (*V. D.*)

Moissons. C. C.

CLXXVIII. Anthriscus (Hoffm.). Anthrisque.

Fruit ovale-oblong ou oblong-linéaire, dépourvu de côtes, prolongé en un bec plus court que lui.

625. A. vulgaris (Pers.). A. commun. — Scandix anthriscus (L.). (Vulg. *Persil sauvage*.)

Tige de 2-4 déc., glabre, dressée, rameuse; f. *exhalant une odeur désagréable*, 3 fois pennées, à folioles pennatifides, poilues en dessous sur les nervures ; involucelle à 2-4 folioles linéaires, déjetées d'un même côté; *fruit ovale, hérissé de petits aiguillons crochus*; *stigmates presque sessiles*;

ombelles à 3-7 rayons, courtement pédonculées, *opposées aux feuilles*; fl. blanches. ①. Mai-juin.

Lieux incultes, prés. C.

626 A. SYLVESTRIS (Hoffm.) A SAUVAGE. — Chærophyllum sylvestre (L.). (Vulg. *Cerfeuil sauvage*.)

Tige de 4-10 déc., glabre au sommet, pubescente à la base, dressée, cannelée, rameuse; *f. inodores*, luisantes et glabres en dessus, quelquefois un peu poilues en dessous sur les nervures principales, les inf. 3 fois, les sup. 2 fois pennées, à folioles pennatifides ou incisées; involucelle à 4-6 folioles réfléchies et ciliées; *fruit oblong et lisse*: style bien distinct; pédicelles munis au sommet d'une couronne de cils visibles à une forte loupe; ombelles à 8-16 rayons, pédonculées, axillaires et terminales; fl. blanches, un peu rayonnantes. ♃. Mai-juin (*V. D.*)

Prés. C. C.

— L'A. *abortivus* (Jord.) diffère de l'A. *sylvestris* par ses *f. opaques en dessus* et moins finement découpées, par *l'absence d'une couronne de cils raides au sommet des pédicelles*, par ses styles plus allongés, par ses fl. plus petites, moins rayonnantes, *les centrales de l'ombelle toujours stériles*. — On le trouve abondamment à la Grande-Chartreuse.

IVe Tribu : CHÆROPHYLLÉES. — Ombelles régulières; involucre nul ou monophylle; involucelle variable; fruit allongé, muni de côtes plus ou moins marquées, et non terminé en bec.

CLXXIX. Chærophyllum (L.). Cerfeuil.

Fruit oblong-linéaire, *à côtes très-obtuses*.

627. C. HIRSUTUM (L.). C. HÉRISSÉ. — C. cicutaria (Vill.). — Myrrhis hirsuta (Spreng.).

Tige de 4-10 déc., dressée, fistuleuse, rameuse, ordinairement plus ou moins hérissée de poils blancs; f. 2 fois ternées, à folioles pennatifides ou incisées, acuminées; *involucelle à folioles* très-développées, acuminées au sommet, membraneuses et *ciliées sur les bords, ainsi que les pétales*; styles divergents, beaucoup plus longs que le stylopode; *ombelles presque ouvertes*, à 8-20 rayons; fl. blanches ou roses. ♃. Juin-août.

Prairies humides : Pilat; la Grande-Chartreuse; de Malbronde aux Neyrolles, aux environs de Nantua.

b. C. *roseum* (Koch). — Le Grand-Som.

628. C. VILLARSII (Koch). C. DE VILLARS. — C. hirsutum (Vill.).

Tige de 3-5 déc., dressée, peu rameuse, velue; f. velues, 2-3 fois pennées, à folioles pennatifides ou incisées, se réunissant par un confluent allongé, rayées ou cannelées en dessus sur leur nervure principale ; *involucelle à folioles* lancéolées-acuminées, *membraneuses et ciliées sur les bords, ainsi que les pétales ;* styles dressés-divergents ; *ombelles presque fermées,* à 8-20 rayons inégaux ; fl. blanches. ♃. Juin-août.

Pilat, au bord du Gier ; Pierre-sur-Haute ; la Grande-Chartreuse.

— On doit placer ici 1° le C. *alpestre* (Jord.), qui diffère du C. *Villarsii* par son port plus grêle et son fruit un peu plus long et presque 2 fois plus étroit ; 2° le C. *umbrosum* (Jord.), qui diffère de tous les deux par ses f. glabres et luisantes. — On trouve le premier à la Grande-Chartreuse et le second à Pierre-sur-Haute.

629. C. AUREUM (L.). C. A FRUITS DORÉS. — Myrrhis aurea (Spreng.).

Tige de 4-8 déc., plus ou moins velue-hérissée, un peu anguleuse, dressée, rameuse, légèrement renflée sous les nœuds, souvent tachée de rouille ; f. d'un vert pâle, pubescentes-grisâtres, 3 fois pennées, à *folioles* pennatifides à la base, et *finissant en une longue pointe acuminée et dentée en scie ; involucelle à folioles* égales, *blanches et ciliées sur les bords ; pétales non ciliés ;* styles très-divergents, à la fin recourbés, plus longs que le stylopode ; fruits fusiformes, jaunes à la maturité ; ombelles à rayons grêles et inégaux ; fl. blanches ou rosées en dehors. ♃. Juin-juillet.

Prés et bois : Tassin ; Francheville ; vallon d'Oullins à Bonnand ; Charreuse d'Arvières ; le Mont ; lieux frais en allant au Reculet. A. R.

630. C TEMULUM (L.). C. PENCHÉ. — Myrrhis temula (Spreng.).

Tige de 4-12 déc., striée, dressée, rameuse, renflée sous les nœuds, hérissée et parsemée de taches de rouille, surtout inférieurement ; f. pubescentes, luisantes en dessous, 2 fois pennées, à *folioles largement triangulaires, lobées* et crenelées, *à lobes obtus* et mucronés ; involucelle à folioles ovales-lancéolées, cuspidées, membraneuses et ciliées sur les bords ; pétales non ciliés ; *styles à la fin recourbés, égalant le stylopode ;* ombelles penchées avant la floraison ; fl. blanches. ②. Juin-juillet. (*V. D.*)

Haies et champs. C. C. C.

CLXXX. MYRRHIS (Scop.). MYRRHE.

Fruit oblong, mais non linéaire, *à 5 côtes tranchantes,* séparées par des vallécules profondes.

631. M. ODORATA (Scop.). M ODORANTE. — Chærophyllum odoratum (Lamk.). (Vulg. *Cerfeuil musqué.*)

Plante à odeur aromatique. Tige de 5-10 déc., épaisse, cannelée, rameuse, velue-pubescente ; f. grandes, molles, souvent marquetées de taches blanches, 2-3 fois pennées, à folioles pennatifides ou dentées ; involucelle à folioles lancéolées-acuminées, membraneuses et ciliées sur les bords; fruit gros, d'un noir olivâtre et luisant à la maturité; fl. blanches. ♃. Juin-juillet. (*V. D.*)

Pilat, au saut du Gier; la Grande-Chartreuse; Arvières et toutes les prairies humides du Haut-Bugey.

CLXXXI. Conopodium (D. C.). Conopode.

Involucre et involucelle nuls ou à 1-3 folioles; *fruit ovale, à côtes filiformes.*

632. C. denudatum (Koch). C. a tige nue. — Myrrhis bunium (Spreng.). — Bunium denudatum (D. C.).

Racine formée par un tubercule noirâtre, arrondi et gros comme une petite noisette; tige de 2-4 déc., dressée, finement striée, flexueuse, sans feuilles dans sa moitié inférieure; f. 2 fois pennées, à folioles linéaires et entières; fruit noir à la maturité et à styles persistants; fl. blanches. ♃. Juin-août. (*V. D.*)

Prés des montagnes : Rive-de-Gier; Pilat; Pomeys; Larajasse, etc.

Vᵉ Tribu : ANGÉLICÉES. — Ombelles régulières; involucre et involucelle variables; fruit comprimé, à ailes membraneuses, ou entouré d'un rebord bien marqué.

CLXXXII. Laserpitium (L.). Laser.

Involucre et involucelle polyphylles; fruit oblong, un peu comprimé, *bordé de 8 ailes membraneuses,* dont 4 plus développées.

633. L. latifolium (L.). L. a larges feuilles.

Tige de 6-12 déc., glabre, légèrement striée; *f. inf.* grandes, à pétiole divisé en trois autres, 2-3 fois pennées, *à folioles* glauques en dessous, *larges, ovales,* bordées dans leur moitié supérieure de grosses dent acuminées, *les latérales obliquement arrondies ou en cœur à la base;* f. sup. sessiles sur une gaîne renflée; *ombelles à 20-50 rayons rudes sur la face interne;* fl. blanches. ♃. Juillet-août. (*V. D.*)

a. L. *glabrum* (Soy.-Will.). F. glabres sur les deux pages.

b. L. *asperum* (Crantz). F. hérissées de petits poils rudes en dessous.

Bois des montagnes : la Grande Chartreuse; Saint-Rambert (Ain); le Mont; Neyrolles, etc. P. C.

634. L. gallicum (L.). L. de France.

Tige de 3-6 déc., ferme, striée; f. très-glabres, 2-3 fois

pennées, à *folioles cunéiformes à la base, et découpées au sommet en 3-5 lobes oblongs et mucronés ;* involucelle à folioles réfléchies, scarieuses sur les bords ; *fruit ovale, à base tronquée ;* ombelles à 20-50 rayons ; fl. blanches ou rosées en dehors. ♃. Juin-juillet.

Bois en montant à la Grande-Chartreuse ; coteaux à Serrières ; côte de Cerdon ; Périeux. A. R.

635. L. PRUTHENICUM (L.). L. DE PRUSSE.

Tige de 3-6 déc., effilée, *sillonnée, anguleuse, hérissée inférieurement* de poils blanchâtres et réfléchis ; f. étroites, à *pétiole hérissé,* 2 fois pennées, à *folioles pennatifides, divisées en lanières lancéolées ;* involucre à folioles linéaires-lancéolées, acuminées, membraneuses sur les bords, réfléchies ; *ombelles à* 10-20 *rayons* filiformes, *pubérulents et un peu rudes sur la face interne ;* fruit ovale ; fl. blanches. ②. Juillet-août.

Prés et bois humides : Saint-André-de-Corcy ; forêt de Rotonne, près Belley. R.

636. L. SILER (L.). L. SILER.

Tige de 6-12 déc., finement striée, entièrement glabre; f. radicales et inférieures, 3 fois pennées, *à folioles lancéolées, très-entières* et *très-glabres ;* fruit oblong, très-odorant ; ombelles de 30-40 rayons, un peu rudes sur la face interne ; fl. blanches. ♃. Juillet-août. (*V. D.*).

Bois et rochers: Charmansom, près la Grande-Chartreuse; le Colombier ; le Mont. P. C.

637. L. SIMPLEX (L.). L. A TIGE SIMPLE. — Gaya simplex (Gaud.). — Ligusticum simplex (All.).

Tige de 1-4 déc., simple ; f. *toutes radicales,* très-glabres, 1-2 fois pennées, *à folioles incisées-pennatifides,* divisées en lanières linéaires ; involucre à folioles linéaires, allongées, membraneuses sur les bords, entières ou 2-3 fides au sommet ; ombelle presque globuleuse, à 10-15 rayons courts ; petites fl. blanches ou purpurines. ♃. Juillet-août.

La Grande-Chartreuse (Gren. et Godr.).

CLXXXIII. ANGELICA (L.). ANGÉLIQUE.

Involucre nul ou à 1-5 *folioles ;* involucelle polyphylle ; *fruit* ovale ou oblong, comprimé, à 5 côtes, *dont 3 filiformes placées sur le dos, et 2 latérales développées en ailes membraneuses.*

638. A. SYLVESTRIS (L.). A. SAUVAGE. — Imperatoria sylvestris (D. C.).

Plante aromatique. Tige de 6-15 déc., striée, fistuleuse, souvent glauque et violacée ; f. 2-3 fois pennées, à folioles ovales, larges, dentées en scie, la terminale entière ou légèrement trilobée, *les supérieures ordinairement non décurrentes sur le pétiole*; grande ombelle à 20-30 rayons; fl. d'un blanc rosé. ♃. Juillet-août. (*V. D.*).

Bord des rivières, bois humides. C. C.

b. A. **montana** (Gaud.). Folioles plus arrondies, plus larges, les supérieures décurrentes sur le pétiole; fruits plus petits. — La Grande-Chartreuse, au Collet, en allant à Charmanson; vallon d'Adran au Reculet.

639. A. **PYRENÆA** (Spreng.). A. **DES PYRÉNÉES**. — Seseli pyrenæum (L.). — Sèlinum pyrenæum (Gouan). —Peucedanum pyrenæum (Lois.)

Tige de 1-6 déc., droite, simple, sillonnée, *nue ou ne portant que 1-2 f. caulinaires*; f. glabres, les radicales 2 fois pennées; *folioles divisées en lanières linéaires, les unes entières, les autres 2-3 fides;* ombelles à 3-7 rayons très-inégaux; fl. blanches. ♃. Juillet-août.

Prés humides : Pilat, autour de la grange et à la République. A. R.

CLXXXIV. PASTINACA (L.). PANAIS.

Involucre et involucelle ordinairement nuls; fruit elliptique, comprimé, à côtes très-fines, *entouré d'un rebord plane;* fl. jaunes.

640. P. **SATIVA** (L.). P. **CULTIVÉ**.

Plante aromatique. Tige de 4-10 déc., rude, anguleuse, profondément sillonnée; f. pennées, à folioles élargies, munies de grosses dents, l'impaire trilobée; fl. jaunes. ②. Juillet-août. (*V. D.*)

Prés, lieux incultes. C C.

— Il est cultivé dans les jardins potagers pour l'usage de la cuisine; alors sa racine devient épaisse et charnue.

CLXXXV. PEUCEDANUM (Koch). PEUCÉDAN.

Involucre et involucelle variables; *fruit* ovale, comprimé, *entouré d'une bordure plane;* fl. blanches ou rosées.

* Involucre nul ou à 1-3 folioles.

641. P. **PARISIENSE** (D. C.). P. **DE PARIS**. — P. Gallicum (Latourr.).

Tige de 6-10 déc., droite, striée; f. presque toutes radicales, 3-4 *fois pennées*, de telle sorte qu'elles sont plusieurs fois trichotomes, à folioles linéaires-lancéolées, toutes entières, les terminales réunies de manière à imiter une feuille trifoliolée; *pédicelles égaux aux fruits qu'ils supportent;* ombelles à 10-20 rayons; fl. blanches, ordinairement un peu rosées avant leur épanouissement. ♃. Juillet-septembre.

Bois taillis, haies : Écully; Dardilly; Tassin; Charbonnières; Oullins.

— Il est assez fréquent dans quelques unes de ces localités, mais il est rare ailleurs.

642. P. Chabræi (Rchb.). P. de Chabréus. — P. carvifolia (Vill.). — Selinum Chabræi (Jacq.).

Tige de 6-8 déc., droite, cannelée ; *f.* luisantes des deux côtés, *pennées, à folioles* sessiles, *multifides*, à lanières linéaires et aiguës, celles de la base de la feuille croisées en sautoir sur le pétiole ; pétiole triangulaire, canaliculé en dessus; involucre nul; involucelle à 3-5 folioles inégales ; ombelles à 6-15 rayons velus sur la face interne ; *fl. d'un blanc verdâtre ou jaunâtre.* ♃. Juillet-août.

Le Grand-Som (Villars) ; buissons de Gex à Ferney. R.

** *Involucre polyphylle.*

643. P. cervaria (Lap.). P. des cerfs. — Selinum cervaria (Grantz) — Athamantha cervaria (L.).

Tige de 6-10 déc., droite, striée ; *f.* 2-3 fois pennées, *à folioles glauques en dessous,* larges, ovales ou oblongues, *bordées de grosses dents épineuses,* les inf. lobées à la base ; *involucre réfléchi;* grandes ombelles à 20-40 rayons allongés ; fl. blanches ou rosées. ♃. Août-septembre.

Bois : la Pape ; le Mont-Cindre ; Couzon ; versant oriental du Jura. P. C.

644. P. oreoselinum (Mœnch.). P. de montagne. — Selinum oreoselinum (Scop.). — Athamantha oreoselinum (L).

Plante aromatique. Tige de 4-10 déc., droite, striée; *f. vertes des deux côtés,* quoique plus pâles en dessous, les radicales très-grandes, 3 fois pennées, *à pétioles secondaires étalés à angle droit, ou même réfractés et comme brisés;* folioles pennatifides à la base, incisées-dentées au sommet; f. caulinaires 1-2 fois pennées, les sup. sessiles sur une gaîne renflée ; involucre réfléchi ; fl. blanches. ♃. Août-septembre.

Bois et coteaux secs : la Pape ; le Mont-Cindre ; Oullins; etc.; pied du Jura, au dessus de Thoizy. A. C.

645. P. alsaticum (L.). P. d'Alsace. — Selinum Alsaticum (Crantz.).

Tige de 6-15 déc., dressée, cannelée, ordinairement rougeâtre ; *f. d'un vert sombre,* 2-3 fois pennées, *à folioles* pennatifides, *divisées en lanières linéaires-lancéolées,* mucronées, *rudes sur les bords; involucre simplement étalé et non pas réfléchi;* ombelles à 6-20 rayons glabres et courts; *fl. jaunâtres.* ♃. Juillet-août.

Coteaux secs aux environs de Montbrison (Gren. et Godr.).

646. P. palustre (L.). P. des marais. — Selinum palustre (L.). — Thysselinum palustre (Hoffm.).— Peucedanum sylvestre (D. C.).

Racine noirâtre, *à suc laiteux;* tige de 6-10 déc., droite, sillonnée, fistuleuse, rameuse; *f.* 3 fois pennées, *à folioles profondément divisées en lanières linéaires* et acuminées;

involucre réfléchi , à 8-10 folioles membraneuses sur les bords ; ombelles de 20-40 rayons pubescents sur la face interne ; fl. blanches. ♃. Juillet-août.

Marais tremblants à Dessine ; les Écassaz, près Belley. A. R.

617. P. CARVIFOLIA (Lois.). P. A FEUILLES DE CHERVIS. — Selinum carvifolia (L.).

Tige de 6-12 déc., droite, sillonnée, à angles aigus ; f. vertes, 2-3 fois pennées, à folioles découpées en lanières linéaires ; *involucre nul ou à 1 seule foliole* ; *fruit ovale, chargé sur chaque face de 3 côtes saillantes,* mais bordé de 2 ailes membraneuses beaucoup plus larges ; ombelles de 15-20 rayons ; fl. blanches. ♃. Juillet-septembre. (*V. D.*)

Prés humides : Écully ; la Mulatière ; les Charpennes ; et dans l'Ain, Divonne, etc.

CLXXXVI. HERACLEUM (L.). BERCE.

Pétales extérieurs ordinairement plus grands et bifides ; fruit ovale ou orbiculaire, aplati, *à 5 côtes,* les 3 du milieu peu saillantes, *les* 2 *du bord développées en ailes membraneuses.*

648. H. SPHONDYLIUM (L.). B. BRANCURSINE.

Tige de 8-15 déc., hérissée, cannelée, fistuleuse, rameuse au sommet ; grandes f. à gaîne très-développée , vertes et rudes en dessus, hérissées de poils blanchâtres en dessous et sur les pétioles, qui sont fortement canaliculés, du reste profondément pennatiséquées ou ternées, à folioles très-larges, irrégulièrement lobées et dentées, la terminale plus longuement pétiolée et palmatipartite ; pétales extérieurs très-grands et rayonnants ; fruits ovales, un peu échancrés au sommet à la maturité, d'abord pubescents, à la fin glabres ; grandes ombelles à 15-30 rayons ; fl. blanches ou d'un blanc verdâtre. ④. Juin-octobre. (*V. D.*)

Prés, bois. C. C. C.

b. H. *alpinum* (L.). F. simples, les inf. en cœur, arrondies et crénelées ou à lobes peu marqués, les sup. lobées ou palmatipartites ; pétales extérieurs très-grands, d'autant plus développés que les f. sont moins découpées. — Gollet de la Rochette, au-dessus de Hauteville.

— Cette variété est réunie au type par des gradations imperceptibles, de sorte que les deux extrêmes sont bien tranchés, mais que les intermédiaires tiennent un peu de l'un, un peu de l'autre.

c. H. *angustifolium* (L.). F. pennées, à folioles 7-8 fois plus longues que larges, lobées et dentées, les latérales pétiolulées ; fl. à pétales uniformes. — Sous le rocher du Nid-d'Aigle ; Saint-Rambert à Retord.

— L'H. *pratense* (Jord.) diffère de l'H. *sphondylium* par son fruit jaunâtre, un peu plus petit, plus arrondi à la base ; par ses f. d'un vert obscur, à

foiioles plus longuement pétiolulées et bordées de dents plus aiguës. —
On le trouve dans les prés des terrains granitiques aux environs de Lyon ; il
fleurit en mai-juin.

— L'H. *stenophyllum* (Jord.) se distingue de la variété *angustifolium*
par ses fruits à base arrondie , par ses pétales extérieurs un peu rayonnants,
par ses f. à segments divisés en lobes plus lancéolés, plus acuminés ; les folioles
latérales sont sessiles ou à peine pétiolulées. — On le trouve dans les broussailles à Ordonnat (Ain); il fleurit en juillet-août.

648. H. PANACES (L.). B. PANACÉE. — H. montanum (Schlech.).

Tige de 8-15 déc., grosse, profondément sillonnée, très-
rameuse, hérissée de poils blancs, surtout inférieurement ; *f.
inf. simples, palmatilobées*, à lobes acuminés et inégalement
incisés-dentés, hérissés en dessous de poils blancs , ou pubescents seulement sur les nervures; *f. caulinaires quelquefois
ternées; fruit* aromatique, ovale , un peu échancré au sommet , *d'abord hérissé de poils rudes*, à la fin glabre ; pétales
extérieurs rayonnants; ombelles de 30-40 rayons; fl. blanches. ②. Juillet-août.

Le Reculet.

CLXXXVII. TORDYLIUM (L.). TORDYLIER.

Involucre et involucelle polyphylles; *pétales extérieurs
rayonnants; fruit* orbiculaire , comprimé , à côtes à peine
visibles, *entouré d'un rebord épais , rugueux et tuberculeux.*

650. T. MAXIMUM (L.). T. ÉLEVÉ.

Tige de 6-10 déc., sillonnée , hérissée de poils réfléchis ;
f. pennées, à folioles ovales et crénelées dans les f. inférieures,
oblongues et laciniées dans les supérieures, la terminale toujours plus grande que les autres; fruit hérissé de soies raides
et dressées ; ombelles à 5-10 rayons hérissés; fl. blanches,
les extérieures rougeâtres en dessous. ①. Juin-août.

Terres à blé : Saint-Cyr; Villeurbanne; les Brotteaux. P. C.

**VIᵉ TRIBU : LIGUSTICÉES. — Involucre et involu-
celle ordinairement polyphylles ; fruit ovale ou
ovale-oblong , à côtes marquées , mais jamais à
ailes.**

CLXXXVIII. LIGUSTICUM (L.). LIVÈCHE.

Involucre et involucelle polyphylles; *fruit* ovale-oblong,
marqué de 5 côtes aiguës et presque ailées.

651. L. FERULACEUM (All.). L. A FEUILLES DE FÉRULE.

Tige de 2-6 déc., sillonnée, dressée , rameuse; f. 2 fois

9

pennées, à folioles décomposées en lanières linéaires très-fines ; *folioles de l'involucre pennatifides ou laciniées au sommet* ; ombelles de 15-20 rayons ; fl. blanches. ② ou ♃. Juin-juillet.

Vallon d'Adran, au Jura.

CLXXXIX Sium (L.). Berle.

Involucre et involucelle variables, à folioles entières ou plus ou moins incisées ; *fruit ovale, à 5 côtes obtuses et filiformes. Plantes aquatiques* ou des prairies humides.

652. S. LATIFOLIUM (L.). B A LARGES FEUILLES.

Tige de 8-12 déc., droite, cannelée, fistuleuse ; f. pennées, à *folioles oblongues-lancéolées, bordées de dents de scie aiguës* ; involucre à 5-7 folioles linéaires, entières ou dentées ; fl. blanches, en *ombelles terminales.* ♃. Juillet-septembre. (*V. D.*)

Eaux stagnantes, marais : Écully : Yvour, etc. A. C.

653. S. ANGUSTIFOLIUM (L.). B. A FEUILLES ÉTROITES. — Berula angustifolia (Koch).

Tige de 4-8 déc., dressée, sillonnée, fistuleuse, rameuse ; f. pennées, à *folioles* ovales ou ovales-oblongues, *un peu lobées, inégalement incisées-dentées ; involucre à plusieurs folioles allongées*, ordinairement incisées-dentées ou presque pennatifides ; fl. blanches, en *ombelles portées sur des pédoncules et opposées aux feuilles.* ♃. Juillet-septembre. (*V. D.*)

Fossés, ruisseaux : la Tête-d'Or ; Yvour : Vaux, etc. C.

654. S. NODIFLORUM (L.). B. NODIFLORE. — Helosciadium nodiflorum (Koch).

Tige de longueur variable, fistuleuse, couchée et radicante à la base, flottante ou dressée ; f. d'un vert sombre, pennées, à folioles ovales ou oblongues-lancéolées, bordées de dents de scie inégales et un peu obtuses ; *involucre ordinairement nul, quelquefois à 1-2 folioles caduques ; ombelles opposées aux feuilles, sessiles, ou à pédoncules ne dépassant pas en longueur les rayons ;* fl. blanches ou d'un blanc verdâtre. ♃. Juillet-août.

Marais et fossés : Yvour ; Vaux , etc. C.

— La forme naine, couchée et radicante, ressemble beaucoup à l'espèce suivante ; elle est intermédiaire entre les deux.

655. S REPENS (Jacq.). B. RAMPANTE. — Helosciadium repens (Koch).

Tige de 1-3 déc., grêle, couchée et s'enracinant par tous ses nœuds ; f. d'un vert gai, pennées, à folioles ovales, incisées-dentées ; *involucre à plusieurs folioles persistantes ; ombelles* opposées aux feuilles, *portées sur des pédoncules ,*

dont les inférieurs surtout sont *beaucoup plus longs que les
rayons;* fl. blanches ou d'un blanc verdâtre. ♃. Juillet-septembre.

Marais : Vaux; Dessine ; vers l'ancien étang du Loup. A. R.

656. S. INUNDATUM (Roth.). B. INONDÉE.—Helosciadium inundatum (Koch).—
Sison inundatum (L.).

Tige de longueur variable, très-grêle, ordinairement
submergée ou flottante, quelquefois couchée et radicante; f.
sup. hors de l'eau, pennées, à petites folioles cunéiformes,
trifides au sommet; *f. inondées découpées en lanières capillaires et multipartites;* involucre nul; involucelle à 3 folioles
vertes; *ombelles* opposées aux feuilles, mais *n'ayant que
2-3 rayons;* petites fl. blanches. ♃. Juin-juillet.

Mares et fossés tourbeux : vallon de Bonnand ; près de l'ancien étang du
Loup. A. R.

657. S. VERTICILLATUM (Lamk.). B. A FOLIOLES VERTICILLÉES. — Sison verticillatum (L.).—Carum verticillatum (Koch). — Bunium verticillatum
(Gren. et Godr.).

Racine composée de plusieurs fibres renflées et fasciculées;
tige de 3-6 déc., droite, cylindrique; f. très-étroites, imitant dans leur ensemble une petite prèle, *à petites folioles
opposées, sessiles, décomposées en segments linéaires qui paraissent verticillés;* involucre et involucelle polyphylles;
fl. blanches, en ombelles terminales. ♃. Juin-septembre.

Prés humides : Bonnand; Soucieu; Charbonnières; Pilat, etc. A. C.

CXC. CONIUM (L.). CIGUE.

Involucre à 3-5 folioles très-courtes, blanchâtres, réfléchies; *involucelle à 3 folioles placées d'un seul côté; fruit
ovale-globuleux, marqué de 5 côtes crénelées.*

658. C. MACULATUM (L.). C. TACHÉE. (Vulg. *Grande Ciguë*.) — Cicuta major
(D. C.).

Tige de 4-12 déc., droite, très-rameuse, marquée de
taches d'un rouge de sang; f. 2-3 fois pennées, découpées en
segments incisés-dentés, exhalant une odeur fétide, surtout
quand on les froisse; fl. blanches. ②. Juillet-août.

Bord des chemins : Dessine ; les Écheyts; Beaujeu. P. C.

CXCI. BUNIUM (L.). BUNION.

Involucre et involucelle polyphylles, à folioles entières;
fruit ovale-oblong, strié, tuberculeux; racine tuberculeuse.

659. B. BULBOCASTANUM (L.). B. TERRE-NOIX. — Carum bulbocastanum
(Koch).

Racine formée par un tubercule globuleux et noirâtre; tige

de 2-5 déc., droite, cylindrique; f. d'un vert gai, 2-3 fois pennées, à folioles divisées en lanières linéaires et aiguës, les caulinaires peu nombreuses; fl. blanches. ♃. Juin-juillet. (V. D.)

Blés : Couzon ; le Mont Cindre, etc. P. R.

CXCII. AMMI (L.). AMMI.

Involucre et involucelle polyphylles et *à folioles pennatifides*; fruit ovale, strié, glabre; *pétales extérieurs un peu plus grands que les intérieurs.*

660. A. MAJUS (L.). A. ÉLEVÉ.

Tige de 4-6 déc., droite, striée, très-rameuse; f. glabres, vertes ou glauques, les inf. 1-3 fois pennées, à folioles oblongues-lancéolées, cunéiformes ou linéaires, bordées de dents aiguës terminées par une pointe blanche, les sup. découpées en lanières linéaires dentées au sommet; fl. blanches. ①. Juillet-août.

Terres . Monplaisir ; Vaux-en-Velin ; clos des Chartreux à Lyon. A. R.

CXCIII. BUPLEVRUM (L.). BUPLÈVRE.

Involucre variable, quelquefois nul; involucelle à 3-5 folioles; *fruit oblong, un peu comprimé, à 5 côtes plus ou moins saillantes ou à peine visibles*; f. *entières; fl. jaunes.*

* Espèces annuelles.

661. B. ROTUNDIFOLIUM (L.). B. A FEUILLES ARRONDIES. (Vulg. *Perce-feuille.*)

Plante glabre et glaucescente. Tige de 2-3 déc., dressée, à rameaux étalés; *f. ovales ou oblongues, perfoliées*, arrondies à la base, mucronées au sommet; *point d'involucre; involucelle à 3-5 folioles* ovales-acuminées, plus longues que les fleurs, *dressées et conniventes après la floraison*; fruits striés, non tuberculeux; ombelles à 4-8 rayons courts et inégaux. ①. Juin-juillet.

Blés, terres : le Mont-Cindre ; Collonges ; Villeurbanne. P. C.

662. B. TENUISSIMUM (L.). B. TRÈS-MENU.

Tige de 1-4 déc., grêle, ordinairement très-rameuse, à rameaux étalés; *f. linéaires-lancéolées*, acuminées, à 3 nervures; *involucre* et involucelle *à 4-6 folioles linéaires et aiguës; fruit tuberculeux*; petites ombelles, les unes terminales, les autres latérales, celles-ci incomplètes, les premières à 3-4 rayons filiformes et inégaux. ①. Juillet-septembre.

Lieux stériles, pelouses arides : Charbonnières ; Saint-Jean-d'Ardière ; Montribloud , les Echeyts; environs de Bâgé et une grande partie des Dombes. P. C.

ladler). B. VOISIN.

Tige de 3-6 déc., grêle, à rameaux étalés, divisés en *ra-muscules dressés et presque appliqués ; f. linéaires-lancéolées,* acuminées, à 3-5 nervures; involucre et involucelle à 2-5 folioles linéaires et aiguës; *fruit ovale, non tuberculeux, plus long que son pédicelle*; petites ombelles, les unes terminales, les autres latérales, les premières à 4-5, les secondes à 2-3 rayons inégaux. ④. Juillet-août.

Friches incultes, broussailles : Villeurbanne; les Balmes Viennoises; Meyzieu ; Saint-Romain-le-Puy. R.

664. B. GERARDI (Jacq.). B. DE GÉRARD.—B. Jacquinianum (Jord.).

Tige de 2-5 déc., grêle, à *ramuscules étalés-dressés; f. étroitement linéaires-lancéolées, acuminées, à 3-5 nervures,* un peu embrassantes. à la base; involucre et involucelle à 4-5 folioles linéaires-lancéolées, acuminées; *fruit oblong-linéaire, non tuberculeux, égal en longueur à son pédicelle;* petites ombelles, les unes terminales, les autres axillaires, les premières à 5-8 rayons filiformes, très-inégaux. ④. Juillet-août.

Rochers du Garon. R.

665. B. JUNCEUM (L). B. EFFILÉ.

Tige de 3-6 déc., rameuse-paniculée, à rameaux étalés; *f. lancéolées-linéaires, mucronées, à 5-7 nervures;* involucre à 2-3, involucelle à 4-5 folioles linéaires, plus courtes que l'ombellule quand elle est en fruit; *fruit ovoïde, non tuberculeux, plus long que son pédicelle;* ombelles, les unes terminales, les autres axillaires, toutes à 2-3 rayons inégaux. ④. Juillet-août.

Rochers du Garon; Muzin, près de Belley; la Balme, sous Pierre-Châtel. A. R.

666. B. ARISTATUM (Bartling). B. ARISTÉ. — B. odontites (L.).

Tige de 5-30 cent., rameuse-dichotome, à rameaux raides et divergents; *f. linéaires-lancéolées, acuminées, à 3 nervures;* involucre à 2-3, *involucelle à 5 folioles elliptiques-lancéolées, aristées, à 3 nervures,* entourées d'un petit rebord membraneux, et *dépassant longuement l'ombellule; fruit* ovoïde, non tuberculeux, *beaucoup plus long que son pédicelle;* petites ombelles à 2-4 rayons courts et inégaux. ④. Juillet-août.

Balmes-Viennoises à Vaux; sur le rocher au dessus de la grotte d'Oncieux. R

** *Espèces vivaces.*

667. B. LONGIFOLIUM (L.). B. A LONGUES FEUILLES.

Tige de 2-6 déc., droite, simple, fistuleuse; f. ovales ou vales-oblongues, *les caulinaires embrassant la tige par deux oreillettes arrondies*, les radicales atténuées en pétiole ; involucre à 2-4 folioles ovales, larges, inégales ; involucelle à 5 folioles plus petites, ovales, aiguës, jaunâtres, quelquefois lavées de rouge ; ombelles terminales à 5-10 rayons. ♃. Juillet-août.

Rochers près de la Grande-Chartreuse ; sur le Sorgiaz et le Reculet ; sur le Colombier. R.

668. B. STELLATUM (L.). B. ÉTOILÉ.

Tige de 1-4 déc., droite, simple ou à peu près, ne portant que 1-2 f. vers son sommet ; f. radicales d'un vert glaucescent, veinées, lancéolées, allongées, atténuées en pétiole ailé ; *involucelle à 6-8 folioles* arrondies, mucronulées, dépassant l'ombellule, *soudées ensemble dans leur moitié inférieure ;* ombelles à 4-6 rayons. ♃. Juillet-août.

Le Jura.

669. B. RANUNCULOIDES (L.). B. RENONCULE.—B. angulosum (Spreng.).

Tige de 5-20 cent., anguleuse, ordinairement simple ; *f. radicales linéaires-lancéolées*, atténuées en pétiole, ou linéaires, *les caulinaires peu nombreuses, plus larges et embrassantes ;* involucre à 2-3 folioles plus larges encore que les f. caulinaires ; *involucelle à 5-6 folioles* d'un jaune verdâtre, *non soudées, elliptiques, acuminées*, dépassant les fleurs ; ombelles terminales à 3-6 rayons. ♃. Juillet-août.

Rochers au Grand-Som ; le Mont-Jura.

670. B. FALCATUM (L.). B. A FEUILLES ARQUÉES.

Tige de 2-8 déc., rameuse, flexueuse ; *f. à 5-7 nervures ramifiées*, les radicales ovales ou oblongues et longuement pétiolées, les caulinaires moyennes, moins larges, atténuées à la base, et ordinairement courbées en faucille, les sup. plus étroites encore et sessiles ; involucre à 1-3 folioles petites, très-inégales ; *involucelle à 5 petites folioles lancéolées et acuminées*, un peu plus courtes que l'ombellule ; *fruit ovoïde, à peu près aussi long que son pédicelle* ; petites fl. d'un jaune mat, un peu verdâtre, formant de petites ombelles nombreuses à 3-8 rayons filiformes. ♃. Juillet-septembre.

Haies, coteaux, lieux secs. C. C.

VIIᵉ Tribu : SÉSÉLINÉES. — Ombelles régulières, au moins les terminales ; involucre toujours nul ou à 1-3 folioles ; involucelle variable ; fruit obovale ou ovale-oblong, à côtes ou stries.

CXCIV. SESELI (L.). SÉSÉLI.

Calice à 5 dents courtes et persistantes ; involucre nul ou à une seule foliole ; involucelle polyphylle ; *pétales échancrés, avec une lanière repliée en dedans ; fruit ovale-oblong,* à côtes plus ou moins marquées.

* Fruit à côtes carénées, presque ailées.

671. S. PRATENSE (Crantz). S. DES PRÉS. — Peucedanum Silaus (L).— Silaus pratensis (Besser).

Tige de 5-10 déc., striée, rameuse, peu feuillée au sommet; f. d'un vert foncé en dessus, plus pâle en dessous, les radicales 3-4 fois pennées, à folioles lancéolées, mucronées, entières ou 2-3 fides; ombelles à 8-12 rayons; fl. d'un jaune pâle. ♃. Juillet-septembre.

Prés humides : Écully; Yvour; la Mulatière, etc. C.

** Fruit à côtes épaisses, non carénées ni ailées,

672. S. MONTANUM (L.). S. DE MONTAGNE.

Racine émettant plusieurs tiges; tiges de 3-6 déc., droites, ordinairement glaucescentes; f. radicales et inférieures 3 fois pennées et découpées en lanières linéaires; *involucelle à folioles linéaires-lancéolées, très-étroitement bordées de blanc, plus courtes que l'ombellule ou l'égalant à peine pendant la floraison;* ombelles à 6-12 rayons; fl. blanches. ♃. Juillet-septembre.

Bois et pelouses : Poleymieux; Chasselay; Fontaines, etc. A. C.

673. S. COLORATUM (Ehrb.). S. COLORÉ. —S. annuum (L.).

Tige solitaire, haute de 3-6 déc., souvent colorée en violet vineux, ainsi que les feuilles; f. découpées comme dans le précédent; *involucelle à folioles* lancéolées, acuminées, à bords largement membraneux, dépassant longuement l'ombellule pendant la floraison; ombelles à 20-30 rayons; fl. blanches. ①. Août-septembre.

Pelouses sèches : la Pape; Couzon; Pont-Chéry. P. R.

CXCV. MEUM (Tournef.). MÉON.

Calice à dents nulles; involucre nul ou monophylle; involucelle à 3-6 folioles linéaires; *pétales entiers, aigus au sommet et à la base; fruit prismatique, à côtes tranchantes.*

674. M. ATHAMANTICUM (Jacq.). M. ATHAMANTHE. — Athamantha meum (L.). — Ligusticum meum (D. C.). (Vulg. *Fenouil des Alpes;* à Pilat, *Livèche.*)

Plante aromatique. Tige de 2-4 déc., droite, striée, peu feuillée; f. radicales nombreuses, très-finement découpées en lanières filiformes, multipartites et paraissant verticillées; 1-2 f. caulinaires, sessiles sur une gaîne qui est embrassante à la base et membraneuse sur les bords; fl. blanches. ♃. Juin-juillet. (*V. D.*)

Prés à Pilat, où elle abonde.

CXCVI. Æthusa (L.). Æthuse.

Involucre nul ou à 1 foliole ; *involucelle à 3 folioles renversées et placées d'un seul côté* ; pétales extérieurs plus grands ; *fruit ovale-globuleux, à côtes saillantes.*

675. Æ. CYNAPIUM (L). Æ. PERSIL DE CHIEN. (Vulg. *Petite Ciguë.*)

Tige de 2-6 déc., glauque, droite, striée, rameuse ; f. 2 fois pennées, à folioles découpées en lanières linéaires-lancéolées, aiguës, d'un vert sombre en dessus, plus pâles en dessous, exhalant, quand on les froisse, une odeur vireuse et désagréable ; fl. blanches. ①. Été-automne.

Moissons, jardins, lieux cultivés. C.

CXCVII. Œnanthe (L.). Œnanthe.

Involucre variable ; involucelle polyphylle ; pétales extérieurs plus grands ; *fruit ovoïde ou oblong, strié, couronné par les styles et par les dents du calice, qui persistent et s'accroissent après la floraison.*

676. Œ. FISTULOSA (L). Œ. FISTULEUSE.

Racine à fibres renflées et fasciculées ; tige de 3-8 déc., striée, fistuleuse, dressée, mais *stolonifère à la base* ; f. à long *pétiole fistuleux*, les radicales 2-3 fois, *les caulinaires 1 fois pennées et plus courtes que leur pétiole*, toutes à folioles linéaires, les unes simples, les autres trifides ; une seule ombelle terminale fructifère et à 3 rayons, les autres stériles et à 3-7 rayons ; fl. blanches. ♃. Juin-juillet. (*V. D.*)

Marais, prés marécageux : Écully ; Dessine ; Yvour, etc. P. R.

677. Œ. PEUCEDANIFOLIA (Poll.). Œ. A FEUILLES DE PEUCÉDAN.

Plante restant d'un vert clair par la dessication. Racine à fibres renflées et fasciculées ; tige de 5-10 déc., *peu fistuleuse,* sillonnée, dressée, rameuse ; f. radicales 2 fois, les caulinaires 1 fois pennées, *toutes à folioles linéaires,* seulement celles des f. radicales sont plus courtes ; *pétales extérieurs* grands, *fendus jusqu'au tiers de leur longueur ; fruit oblong, atténué à la base et resserré au dessus du sommet* ; fl. blanches. ♃. Juin-juillet. (*V. D.*)

Prés humides : Écully ; Tassin ; la Mulatière ; Vaux, etc. A. C.

678. Œ. LACHENALII (Gmel.). Œ. DE LACHENAL.

Plante devenant d'un vert noirâtre par la dessication. Racine à fibres fasciculées, filiformes ou renflées en massue au sommet ; tige de 5-10 déc., *non fistuleuse,* grêle, striée ; f. radicales 2 fois pennées, *à folioles obovales ou cunéiformes,* incisées-crénelées ou trifides ; f. caulinaires sup. 1 fois pennées ,

à folioles linéaires; *pétales extérieurs grands, fendus jus-*
qu'au milieu de leur longueur; fruit comme dans la précédente; fl. blanches. ♃. Juin-août.

Prés marécageux : Dessine; Meyzieu. A. R.

679. Œͅͅ. PHELLANDRIUM (Lamk.). Œ. PHELLANDRE. — Phellandrium aquaticum (L.).

Racine fusiforme, à fibres grêles et rameuses; *tige* atteignant jusqu'à 10 déc., rampante à la base, puis dressée,
épaisse, *largement fistuleuse*, très-rameuse; f. 2-3 fois pennées, à folioles insérées à angle droit : celles qui sont dans
l'eau ont leurs folioles découpées en lanières capillaires et
multifides; celles qui sont hors de l'eau les ont ovales-cunéiformes, pennatifides et incisées; *ombelles* terminales, opposées aux feuilles ou axillaires, *composées de fl. toutes fer-*
tiles; fl. blanches. ♃ ou ②. Juillet-août. (*V. D.*)

Marais et fossés : les Brotteaux; étang du Loup; Yvour. P. R.

CXCVIII. Sison (L.). Sison.

Involucre et involucelle à 1-3 folioles courtes; *calice sans*
dents; *pétales égaux, profondément échancrés*; *fruit* ovale,
à côtes filiformes et obtuses.

680. S. AMOMUM (L.). S. AMOME.

Plante aromatique, à odeur désagréable. Tige de 5-10 déc.,
droite, menue, striée, très-rameuse; f. d'un vert gai,
pennées, à folioles ovales ou oblongues, aiguës, découpées,
dentelées, les f. sup. très-petites, sessiles sur leur gaîne, à
segments plus étroits; graines aromatiques, ayant un goût
vif et piquant; ombelles à 3-4 rayons; fl. blanches. ②. Juillet-
septembre. (*V. D.*)

Haies à Saint-Fortunat. R.

CXCIX. Petroselinum (Hoffm.). Persil.

Pétales à peine échancrés; le reste comme au genre précédent.

681. P. SEGETUM (Koch). P. DES MOISSONS. — Sison segetum (L.). — Sium
segetum (D. C.).

Tige de 4-6 déc., glaucescente, droite, striée, très-rameuse; f. radicales pennées, à folioles ovales-arrondies, irrégulièrement incisées-dentées, la terminale trilobée, détruites
au moment de la floraison; f. caulinaires à folioles plus allongées, plus étroites, incisées-pennatifides; *ombelles terminales*
et latérales, les premières à 2-3 rayons très-inégaux, les se-
condes réduites à des ombellules irrégulières, espacées le long

9.

des rameaux ; fl. blanches ou un peu rougeâtres. ④. Juillet-
août.

Haies à Villeurbanne, près de l'ancienne église. A . R.

VIIIe Tribu : CORIANDRÉES. — Ombelles régulières ; involucre nul ou monophylle ; involucelle nul ou oligophylle ; fruit globuleux, à côtes peu développées.

CC. CORIANDRUM (L.). CORIANDRE.

Calice à 5 dents bien marquées et persistantes ; pétales extérieurs bifides et rayonnants.

682. C. SATIVUM (L.). C. CULTIVÉE.

Plante aromatique, à odeur forte et désagréable. Tige de
3-6 déc., droite, rameuse ; f. inf. pennées, à folioles ovales,
cunéiformes à la base et incisées au sommet ; f. sup. 2-3 fois
pennées, à folioles découpées en lanières linéaires ; involucelle à 3 folioles courtes, déjetées du même côté ; fl.
blanches ou rosées. ④. Juin-juillet. (*V. D.*).

Cultivée pour ses graines. — Devenue spontanée à Écully, vers la croix du
Peyrollier ; îles du Rhône, vis-à-vis de Pierre-Bénite.

IXe Tribu : PODAGRARIÉES. — Ombelles régulières ; involucre et involucelle nuls, rarement monophylles ; fruit ovale, strié.

CCI. CARUM (L.). CARVI.

Pétales échancrés, à pointe courbée en dedans ; fruit ovoïde,
à 5 côtes filiformes et inégales, séparées par des *vallécules à
une seule bandelette ;* fl. blanches.

683. C. CARVI (L.). C. ORDINAIRE. — Bunium carvi (Bieb.). — Apium
    carvi (Crantz).

Racine fusiforme ; tige de 3-6 déc., dressée, anguleuse,
rameuse ; f. 2 fois pennées, à folioles découpées en lanières,
les inférieures croisées en x sur le pétiole commun ; involucre et involucelle ordinairement nuls ; fl. blanches. ②. Mai-
juillet. (*V. D.*)

Prés : Écully, à Randin ; la Tour-de-Salvagny ; Pilat. P. C.

CCII. PIMPINELLA (L.). BOUCAGE.

Involucre et involucelle nuls ; *pétales obovales, échancrés,*
avec une petite pointe repliée en dedans ; *fruit* ovale, à côtes
filiformes, *couronné par les styles* persistants et *réfléchis,* qui

sont à *stigmates globuleux ; vallécules à plusieurs bande-lettes.*

684. P. MAGNA (L.). B. ÉLEVÉ.

Tige de 3-10 déc., *feuillée, anguleuse et fortement sillon-née;* f. pennées, à folioles glabres et luisantes, larges, ovales ou oblongues, irrégulièrement dentées, incisées ou lobées; f. sup., à folioles plus étroites, moins nombreuses, souvent ré-duites à trois, sessiles sur leurs gaînes; fl. blanches, quelque-fois roses dans les hautes montagnes, et alors les feuilles sont moins luisantes. ♃. Juin-août. (*V. D.*)

Dessine : la Mouche; la Grande-Chartreuse; le Colombier; en Buire, près d'Oncieux; le Jura. P. C.

685. P. SAXIFRAGA (L.). B. SAXIFRAGE.

Tige de 2-5 déc., *arrondie, finement striée, peu feuillée dans sa moitié supérieure ;* f. pennées, glabres ou pubescen-tes, très-variables : tantôt les f. radicales sont à folioles sessiles, ovales-arrondies et irrégulièrement dentées, les pre-mières caulinaires à folioles cunéiformes, lobées et incisées, les suivantes à folioles plus étroites et plus profondément divisées, les supérieures à folioles linéaires entières ou tri-fides; tantôt toutes les folioles sont découpées en lanières profondes, mais toujours les folioles sont plus étroites dans les f. caulinaires que dans les radicales, et ordinairement les plus voisines des fleurs sont réduites à une simple gaîne; fl. blanches. ♃. Juillet-octobre. (*V. D.*)

Pelouses sèches, bord des chemins. C.

a. **P. *major*.** Tige élevée; folioles ovales et incisées-dentées dans les f. radi-cales, plus profondément découpées dans les f. caulinaires.

b. **P. *dissectifolia*.** Folioles cunéiformes à la base, toutes profondément découpées.

c. **P. *poteriifolia*.** Plante peu élevée; folioles ovales-arrondies, crénelées. —Lieux très-arides.

d. **P. *alpestris*.** Plante basse; folioles arrondies, découpées en lanières pal-mées, lancéolées et acuminées.—Montagne de Torvéon, dans le Beaujolais.

CCIII. TRINIA (Hoffm.). TRINIE.

Fleurs dioïques ou mélangées de fleurs complètes; *pétales des fleurs à étamines, lancéolés,* avec la pointe repliée en dedans; *vallécules sans bandelettes ou n'en offrant qu'une seule;* le reste comme au G. *Pimpinella*.

686. T. VULGARIS (D. C.). T. COMMUNE. — T. glaberrima (Duby). — Pim-pinella dioica (L.).

Tige de 5-30 cent., anguleuse, très-rameuse, flexueuse, garnie au collet de fibrilles roussâtres; f. glauques, 2-3 fois

pennées, finement découpées en segments linéaires; fruit noir
à la maturité, à côtes obtuses; ombelles nombreuses, très-
petites, formant par leur réunion une panicule pyramidale;
petites fl. blanchâtres ou un peu rougeâtres. ②. Mai-
juin.

Pelouses sèches : la Pape; la plaine de Royes; Couzon; Montluel; le fort
de l'Ecluse; rochers du Reculet.

CCIV. ÆGOPODIUM (L.). ÉGOPODE.

Pétales obovales, échancrés, avec une petite pointe repliée
en dedans; *fruit* ovale-oblong, *marqué de chaque côté de
3-5 côtes filiformes, et couronné par de longs styles réfléchis.*

687. Æ. PODAGRARIA (L.). E. DES GOUTTEUX. (Vulg. *Podagraire*)

Racine traçante; tige de 5-8 déc., droite, robuste, cannelée;
f. inférieures 2 fois, les supérieures 1 fois ternées; folioles
ovales ou oblongues, acuminées, quelquefois lobées, toujours
bordées de dents de scie un peu piquantes et inégales;
ombelles à 12-20 rayons; fl. blanches. ♃. Mai-juillet.
(*V. D.*)

Haies et bois humides : Roche-Cardon; Oullins; Souzy, etc. A. C.

40ᵉ FAMILLE. — CAPRIFOLIACÉES.

C'est le grand *Chèvre-feuille* de nos jardins, *Lonicera
Caprifolium*, qui donne son nom à cette intéressante famille.
Il a reçu le sien parce qu'il croît naturellement parmi les
rochers abruptes des collines du Midi, où la chèvre aventu-
reuse va grimper comme lui pour y brouter ses feuilles et
ses jeunes rameaux.

Les Caprifoliacées sont des arbustes ou des herbes à *feuilles opposées.* Leurs fleurs en corymbe, cyme ou capitule, leur
*calice adhérent et à dents ou limbe peu saillants couronnant
le fruit*, les rapprochent naturellement des Ombellifères.
Leur *corolle, monopétale*, régulière ou irrégulière, est insérée
au sommet du tube du calice. Les *étamines, au nombre de
5 ou 4*, sont libres et plantées dans le tube de la corolle ou à
sa gorge. Le *fruit est toujours une baie à 3-5 loges*, se réduisant souvent à une seule par la destruction des cloisons, et
renfermant une ou plusieurs graines osseuses.

Iᵉ TRIBU : **SAMBUCINÉES**. — **Corolle régulière,
en roue.**

CCV. ADOXA (L.). ADOXE.

Fleurs en petit capitule cubique, ayant un calice à limbe

trifide, une *corolle à* 5 *segments*, 10 *étamines et* 5 *styles distincts* : la fleur du sommet fait exception, elle n'offre qu'un calice à limbe bifide, une corolle à 4 segments, 8 étamines et 4 styles. *Plantes herbacées.*

688. A. MOSCHATELLINA (L.). A. MOSCHATELLINE.

Racines blanchâtres et écailleuses ; tige de 5-15 cent., dressée, simple ; f. glabres, un peu luisantes, vertes en dessus, glaucescentes en dessous, les radicales longuement pétiolées, ternées, à folioles profondément triséquées, à segments cunéiformes à la base et divisés au sommet en 2-3 lobes obtus et mucronulés ; 2 f. caulinaires opposées, à court pétiole, profondément triséquées, à segments lobés comme ceux des radicales ; fl. d'un vert jaunâtre, répandant ordinairement une légère odeur de musc. ♃. Mars-avril. (V. D.)

Bord des ruisseaux, haies et bois humides : Écully, à Randin ; Charbonnières ; Bonnand ; vallon de l'Argentière : bois de Bard, près de Verrières : et dans l'Ain, aux environs de Bourg, Saint-Rambert, sur la montagne de Retord, etc. P. C.

CCVI. SAMBUCUS (L.). SUREAU.

Calice à 5 petites dents ; corolle à 5 segments ; 5 étamines ; 3 stigmates sessiles ; *baies à 3-5 graines.* Arbustes, rarement herbes, à *f. pennées, répandant une odeur nauséabonde.*

689. S. EBULUS (L.). S. YÈBLE.

Tige herbacée et cannelée, s'élevant à 8-15 déc. ; f. pennées, à folioles oblongues-lancéolées, acuminées, dentées en scie ; *stipules ovales, foliacées, dentées en scie,* comme les feuilles ; fruits noirs et luisants à la maturité ; fl. blanches, en cymes corymbiformes. ♃. Juin-août. (V. D.)

Champs humides, bord des fossés. C.

690. S. NIGRA (L.). S. A FRUITS NOIRS.

Arbuste à rameaux pleins d'une moelle blanche ; f. pennées, à folioles ovales, acuminées, dentées en scie, excepté à la base ; *stipules nulles ou réduites à deux petites verrues ; fruits noirs* et luisants à la maturité ; *fl.* blanches ou un peu jaunâtres, *en cymes corymbiformes,* à odeur pénétrante. ♄. Juin-juillet. (V. D.)

Haies et bois. C. C.

b. S. *laciniata* (Mill.). (Vulg. *Sureau à feuilles de persil.*) F. plusieurs fois découpées en lanières incisées et dentées. — Parcs.

— Le type et la variété se rencontrent quelquefois, dans les parcs, à f. panachées de vert et de blanc.

691. S. RACEMOSA (L.). S. A GRAPPES.

Arbuste à rameaux pleins d'une moelle jaunâtre ; f. pennées, à folioles lancéolées, acuminées, dentées en scie ; *sti-*

pules comme dans l'espèce précédente; fruits rouges à la maturité; *fl.* blanches, *en panicule ovale.* ♄ Avril-mai. (*V. D.*)

Bois : la Pape ; l'Argentière ; Saint-Bonnet-le-Froid ; Pilat ; Pierre-sur-Haute, etc.

CCVII. VIBURNUM (L.). VIORNE.

Calice à 5 dents; corolle à 5 segments; 5 étamines; 3 stigmates sessiles ; *baie à une seule graine. Arbustes à feuilles simples*, dentées ou lobées.

692. V. LANTANA (L.). V. MANCIENNE.

Arbuste à rameaux couverts d'une écorce grisâtre; *f.* caduques, *ovales*, un peu en cœur à la base, *dentées en scie*, couvertes en dessous d'un duvet farineux, qui se retrouve sur les pédoncules; fl. blanches, toutes fertiles, en corymbe. ♄. Mai. (*V. D.*)

Haies et bois. C.

693. V. OPULUS (L.). V. AUBIER.

Arbuste à rameaux munis d'une écorce grisâtre; *f.* caduques, *divisées au sommet en 3-5 lobes* acuminés et irrégulièrement dentés; *fl.* blanches, en corymbe, celles *de la circonférence plus grandes et stériles.* ♄. Mai-juin. (*V. D.*)

Haies et bois. A. C. — Cultivé dans les parcs, à cause de ses fruits rouges.

— On en cultive aussi, sous le nom de *Boule-de-neige*, une variété à fleurs toutes stériles, réunies en grosse boule blanche.

11e TRIBU : LONICÉRÉES. — Corolle tubuleuse ou campanulée, ordinairement irrégulière.

CCVIII. LONICERA (L.). CHÈVRE-FEUILLE.

Calice à 5 dents; *corolle tubuleuse ou campanulée*, à limbe ordinairement irrégulièrement divisé en 2 lèvres; 5 étamines; 1 *style filiforme;* baies à 2-3 loges oligospermes. Arbustes.

* *Tiges grimpantes; fl. en têtes terminales. — Périclymènes.*

694. L. CAPRIFOLIUM (L.). C. DES JARDINS.

F. caduques, coriaces, glauques en dessous, *toujours très-glabres, les supérieures connées à la base;* style glabre; fl. très-odorantes, d'abord blanches, puis jaunâtres en dedans, purpurines en dehors, disposées en *capitule terminal sessile.* ♄. Mai-juillet. (*V. D.*)

Environs de Belley; Pierre-Châtel. — Jardins.

695. L. ETRUSCA (Santi). C. D'ÉTRURIE. — L. semperflorens (Host.).

F. caduques, coriaces, d'un glauque blanchâtre en dessus, obovales ou oblongues, mucronées, *pubescentes en dessous*, surtout dans leur jeunesse, *les supérieures connées* ; style glabre; fl. odorantes, d'abord blanches, puis jaunâtres en dedans, rougeâtres en dehors, en *capitules terminaux pédonculés*. ♄. Mai-juillet. (*V. D.*)

Bois et coteaux secs : Couzon ; Saint-Germain-au-Mont-d'Or. R. — Jardins.

696. L. PERICLYMENUM (L). C. DES BOIS.

F. caduques, minces et souples, d'un glauque blanchâtre en dessous, ovales ou oblongues, courtement pétiolées, *les supérieures non réunies à la base ;* fl. très-odorantes, d'abord blanches, puis jaunâtres en dedans, striées de rose en dehors, en capitules terminaux pédonculés. ♄. Mai-juillet. (*V. D.*)

Haies et bois. C.

** *Tiges se soutenant d'elles-mêmes ; pédoncules axillaires et biflores. — Chamécerisiers.*

† *2 baies séparées dans la plus grande partie de leur longueur.*

697. L. XYLOSTEUM (L.). C. A BOIS BLANC.

F. d'un vert pâle, ovales, molles, pubescentes, à court pétiole ; *pédoncules et fleurs pubescents; baie rouge* à la maturité; fl. d'un blanc terne ou jaunâtre, quelquefois un peu rosées en dehors. ♄. Mai-juin. (*V. D.*)

Haies et bois. C.

698. L. NIGRA (L.). C. A FRUIT NOIR.

F. elliptiques, à court pétiole, très-glabres quand elles sont complètement développées ; *pédoncules* filiformes et allongés, *glabres ainsi que les fleurs ; baie noire* à la maturité; fl. blanches en dedans, rosées en dehors. ♄. Mai-juillet.

L'Argentière ; Roche-d'Ajoux, dans le Beaujolais; Pilat; Pierre-sur-Haute; cascades de Charabottes (Ain).

†† *Baies soudées en une seule.*

699. L. CÆRULEA (L.). C. A FRUITS BLEUATRES.

F. oblongues-elliptiques, obtuses ou un peu aiguës, à peu près glabres, courtement pétiolées ; *pédoncules plus courts que la fleur ; baie d'un noir bleuâtre* à la maturité; fl. d'un blanc jaunâtre, presque régulières. ♄. Mai-juillet.

Les Monts-Dain ; Colliard; le Mont; le Reculet. R.

700. L. ALPIGENA (L.). C. DES ALPES.

F. obovales ou elliptiques, longuement acuminées, d'un glauque blanchâtre et un peu pubescentes en dessous sur les nervures ; *pédoncules beaucoup plus longs que la fleur ; baie rouge* à la maturité, ressemblant alors à une petite cerise; fl. jaunâtres en dedans, rougeâtres en dehors. ♄. Juin-juillet.

La Grande-Chartreuse; Retord; le Colombier; les Monts-Dain; le Jura. — Cultivé quelquefois.

41ᵉ FAMILLE. — HÉDÉRACÉES.

Cette petite famille a les plus grands rapports avec celle des Caprifoliacées. Elle s'en distingue 1° par sa *corolle* toujours *polypétale* et régulière; 2° par ses *étamines*, qui, au nombre de 4 ou 5, sont *insérées avec les pétales au sommet du tube du calice et alternent avec eux. Le fruit est une baie ou une drupe à 2-5 loges, et le style n'est jamais divisé.* Elle ne renferme que des arbustes plus ou moins élevés, à feuilles toujours simples, entières ou plus ou moins lobées.

CCIX. HEDERA (Tournef.). LIERRE.

Calice à 5 dents; corolle à 5 pétales oblongs; 5 étamines; baies à plusieurs loges et plusieurs graines. *Arbustes à feuilles alternes et persistantes.*

701. H. HELIX (L.). L. GRIMPANT.

Arbrisseau à tiges rampantes et grimpantes, munies sur une de leurs faces de petites racines à l'aide desquelles elle s'accrochent aux murs et aux arbres; f. d'un vert noir et luisantes en dessus, plus pâles en dessous, les florales ovales et entières, toutes les autres divisées en 5-7 lobes anguleux; fruits noirs; fl. d'un vert jaunâtre, en ombelles terminales. ♄. *Fl.* septembre-octobre. *Fr.* janvier-mars. (*V. D.*)

Vieux murs, rochers, troncs d'arbres. C. C. C

CCX. CORNUS (Tournef.). CORNOUILLER.

Calice à 4 dents; corolle à 4 pétales; 4 étamines; drupe à un seul noyau osseux. *Arbustes à f. opposées et caduques.*

702. C. SANGUINEA (L.). C. SANGUIN.

Arbuste à rameaux souvent rougeâtres; f. ovales-oblongues, très-aiguës, *paraissant avant les fleurs;* fruits noirs et bleuâtres quand ils sont mûrs; *fl. blanches, en corymbes rameux dépourvus d'involucre.* ♄. *Fl.* mai-juin. *Fr.* septembre-octobre. (*V. D.*)

Haies et bois. C.

703. C. MAS (L.). C. MALE.

Arbuste à rameaux toujours verts ou grisâtres; *f.* ovales-oblongues, nervées, *ne paraissant qu'après les fleurs*; fruits rouges ou d'un jaune de cire quand ils sont mûrs; *fl. jaunes, en ombelles simples munies d'un grand involucre coloré.* ♄. Fl. février-mars. Fr. septembre-octobre. (*V. D.*)

Haies et bois : la Pape; le Mont-Cindre; Poleymieux; aux aqueducs de Brignais. A. R.

42ᵉ FAMILLE. — LORANTHACÉES.

C'est le *Loranthus Europœus*, croissant en Allemagne sur les branches des Chênes, qui donne son nom à cette curieuse famille. Elle ne renferme que de petits *arbrisseaux parasites*, s'implantant sur l'écorce des arbres, dont ils pompent la substance pour s'en nourrir. Leurs *fleurs, dioïques*, ont un *calice entouré de bractées*, à limbe entier ou nul, et à tube soudé avec l'ovaire; une *corolle à 4 petits pétales* légèrement soudés à la base ou entièrement séparés; *4 anthères sessiles sur le milieu de chaque pétale; une baie à une seule loge* renfermant une seule graine, et *surmontée par un seul stigmate*, achèvent de caractériser ces plantes singulières.

CCXI. VISCUM (Tournef.). GUI.

Caractères de la famille.

704. V. ALBUM. (L.). G. A FRUITS BLANCS.

Plante glabre, d'un vert jaunâtre, à rameaux dichotomes, très-rameuse, venant par touffes arrondies; f. opposées, charnues, oblongues, obtuses au sommet, atténuées à la base; baies blanches, pleines d'un suc gluant; fl. d'un jaune verdâtre, peu apparentes, en petits paquets axillaires et terminaux. ♄. Fl. mars-mai. Fr. août-novembre. (*V. D.*)

Parasite sur différents arbres, principalement le Poirier, le Pommier, l'Amandier, le Peuplier, etc. C.

43ᵉ FAMILLE. — RUBIACÉES.

Les Rubiacées, ainsi nommées à cause de la couleur rouge que l'on extrait de la plupart de leurs racines, sont très-remarquables par leurs *feuilles entières, disposées en verticilles autour de la tige.* Leur *corolle*, très-petite, *monopétale*, régulière et à 4 (quelquefois 5, rarement 3 ou 6) segments, porte *autant d'étamines alternant avec eux*, et est implantée sur l'ovaire, qui adhère avec le calice, dont le limbe est nul ou réduit à quelques dents. Cet *ovaire*, ordinairement sec, rarement charnu, est *formé de 2 carpelles* globuleux se sépa-

rant à la maturité, et porte un style souvent bifide, surmonté de deux stigmates. Toutes nos espèces sont herbacées.

CCXII. SHERARDIA (L.). SHÉRARDE.

*Corolle en entonnoir, à 4 segments; fruit sec, couronné par
les dents du calice, qui persistent et s'allongent après la
floraison.*

705. S. ARVENSIS (L.). S. DES CHAMPS.

Tiges de 1-3 déc., étalées, ordinairement très-rameuses,
très-rudes; f. lancéolées, acuminées, très-rudes sur les bords,
verticillées par 4-6; petites fl. lilacées, en faisceaux terminaux entourés de feuilles. ① ou ②. Été.

Champs. C.

CCXIII. ASPERULA (L.). ASPÉRULE.

*Corolle en entonnoir ou en cloche, à 3, 4 ou 5 lobes; fruit
sec, globuleux, formé de 2 carpelles non couronnés par les
dents du calice.*

706. A. ODORATA (L.). A. ODORANTE. (Vulg. *Reine des bois, Petit Muguet*.)

Plante devenant d'un vert noirâtre par la dessication. Tige
de 1-3 déc., droite, simple; f. oblongues-lancéolées ou oblongues-obtuses et mucronées, un peu rudes sur les bords, les
inf. verticillées par 4-6, les sup. par 6-8; *fruit hérissé de
petites aspérités crochues; fl. odorantes, d'un blanc très-pur,*
réunies en corymbe terminal. ♃. Mai. (*V. D.*)

A l'ombre des bois humides : le Mont-Cindre ; Couzon; la Pape ; l'Argentière, au Chatelard ; Montromand, etc. P. R.

707. A. GALIOIDES (M. Bieberst.). A. GAILLET.—— Galium glaucum (L.).

Tige de 4-8 déc., quadrangulaire, lisse, blanchâtre, glabre,
rarement pubescente à la base, *très-rameuse; f. glauques,
linéaires,* mucronées, un peu enroulées sous les bords, verticillées par 6-8 ; *fruit lisse; fl. blanches, inodores,* formant
par leur réunion une grande panicule. ♃. Mai-juillet.

Coteaux secs : la Pape, où elle abonde.

708 A. CYNANCHICA (L.). A. A ESQUINANCIE.

Tige grêle, étalée et ascendante, quadrangulaire, lisse,
très-rameuse ; *f. linéaires, les inf. verticillées par 4, les sup.
très-inégales, à la fin opposées;* bractées mucronées; *fruit
glabre, mais couvert de très-petits tubercules; petites fl. rosées
en dehors,* en corymbe. ♃. Juin-septembre. (*V. D.*)

Pelouses sèches. C. C. C.

— L'A. *rupicola* (Jord.) diffère de l'A. *cynanchica* par sa taille beaucoup plus petite, par ses *f. plus glaucescentes*, *plus largement linéaires*, et par ses fl. plus grandes. — La Grande-Chartreuse.

709. A. ARVENSIS (L.). A. DES CHAMPS.

Tige dressée, simple ou rameuse, un peu anguleuse, très-peu rude ; f. inf. obovales et verticillées 4 à 4, les autres linéaires, obtuses et verticillées par 6-8 ; fruit glabre et lisse ; *fl. bleues*, rarement blanches, *en têtes terminales entourées de bractées longuement ciliées.* ①. Mai-juillet.

Champs : le Mont-Cindre ; Écully ; Tassin ; Oullins, etc. P. C.

CCXIV. CRUCIANELLA (L.). CRUCIANELLE.

Corolle en entonnoir, à tube grêle, *à limbe divisé en 4-5 lobes recourbés et connivents ; fruit sec*, formé de 2 *carpelles linéaires et non couronnés par les dents du calice.*

710. C. ANGUSTIFOLIA (L.). C. A FEUILLES ÉTROITES.

Plante glauque. Tige de 1-3 déc., simple ou rameuse, quadrangulaire et un peu rude ; f. linéaires, dressées, verticillées par 6 ; fl. entourées de bractées imbriquées, variées de vert et de blanc, disposées en épi court et serré, ayant l'apparence d'un épi de graminée. ①. Juin-juillet.

Coteaux sablonneux : le Garon ; Cogny, dans le Beaujolais ; rochers aux environs de Vienne. A. R.

CCXV. RUBIA (L.). GARANCE.

Corolle en roue, à 4-5 lobes ; *fruit formé de deux baies charnues*, arrondies, noires quand elles sont mûres.

711. R. TINCTORIUM (L.). G. DES TEINTURIERS.

Tige allongée, à aiguillons très-rudes sur les angles, ne se soutenant pas d'elle-même ; *f. tombant chaque année*, lancéolées, *à nervures fortement saillantes en dessous*, surtout quand elles sont sèches, fortement accrochantes sur la carène et sur les bords, verticillées par 4-6 ; fl. jaunâtres, en panicule terminale. ♃. Juin-juillet. (V. D.)

Dans une haie à Écully. — Cultivée en grand dans le Midi.

712. R. PEREGRINA (L.). G. VOYAGEUSE.

Tige allongée, à aiguillons très-rudes sur les angles, ne se soutenant pas d'elle-même ; *f. persistantes*, coriaces, lancéolées, *à nervures à peine visibles en dessous*, fortement accrochantes sur la carène et sur les bords, verticillées par 4-6 ; fl. d'un blanc jaunâtre ou verdâtre et sale, en panicule terminale. ♃. Juin-juillet. (V. D.)

Bois des terrains calcaires, où elle est assez commune.

CCXVI. Galium (L.). Gaillet.

Corolle en roue, à 4 (rarement 3) lobes; *fruit formé de deux carpelles secs*, arrondis, non couronnés par les dents du calice.

* Fleurs jaunes.

713. G. CRUCIATA (Scop.). G. CROISETTE. — Valantia cruciata (L.).

Tige velue, simple, couchée, quadrangulaire; *f. ovales ou oblongues-elliptiques*, velues, *verticillées 4 à 4*; *fl.*, les unes complètes, les autres seulement à étamines, *en petites grappes axillaires plus courtes que les feuilles*. ♃. Avril-juin. (V. D.)

Haies, bois, prés. C. C. C.

714. G. VERUM (L.). G. CAILLE-LAIT.

Plante noircissant par la dessication. Tige de 2-4 déc., ascendante, arrondie; *f. linéaires, verticillées par 6-12*, enroulées sous les bords; fruit lisse; *fl. en panicule terminale*. ♃. Juin-juillet. (V. D.)

Prés, bord des bois et des chemins. C. C.

** Fleurs blanches.

† Fruit glabre ou tuberculeux.

715. G. PALUSTRE (L.). G. DES MARAIS.

Plante noircissant par la dessication. *Tiges* de 3-5 déc., grêles, *couchées et un peu rampantes à la base*, lisses ou légèrement rudes sur les angles; *f.* elliptiques, courtes, non mucronées, *à nervure médiane très-faible, lisses ou à peine rudes sur les bords*, verticillées par 4-5; *rameaux de la panicule* d'abord dressés, puis étalés à angle droit, *à la fin réfléchis*; petites fl. d'un blanc très-pur, en panicule lâche. ♃. Mai-août.

Marais et fossés : Villeurbanne; Dessine, etc. A. C.

716. G. ELONGATUM (Presl.). G. ALLONGÉ. — G. maximum (Moris). — G. palustre var. elatus (Auct.).

Plante noircissant par la dessication. *Tige* plus allongée et moins grêle que dans l'espèce précédente, *longuement rampante à la base*, distinctement rude au rebours; *f.* elliptiques, linéaires, non mucronées, *à nervure médiane saillante*, ordinairement rudes sur les bords, verticillées par 5-6 sur la tige principale et par 4 sur les rameaux; *rameaux de la panicule* d'abord dressés, à la fin étalés à angle droit, mais *jamais réfléchis*; gros fruit fortement chagriné; fl. d'un blanc pur, plus grandes que celles de l'espèce précédente, en panicule ferme et très-développée. ♃. Juin-août.

Mêmes localités que la précédente, avec laquelle elle est généralement confondue; placée dans les mêmes conditions, elle fleurit au moins trois semaines plus tard. A. C.

717. G. uliginosum (L.). G. des fanges. — G. spinulosum (Mérat).

Tige de 2-5 déc., grêle, faible, *très-rude sur les angles; f. d'un vert gai et luisant*, linéaires-lancéolées, *mucronulées, très-rudes sur les bords et en dessous sur la nervure médiane, verticillées 6 à 6*; rameaux dressés; petits fruits tuberculeux; fl. blanches, en petites grappes axillaires, formant par leur réunion une panicule grêle. ♃. Mai-août.

Prairies marécageuses : Dessine; la Verpillière; Sainte-Croix, près de Montluel; Bresse; marais du Jura, etc. P. C.

718. G. saxatile (L.). G. des rochers. — G. Hercynicum (Weig.).

Plante noircissant par la dessication. *Tige de 1-4 déc., lisse*, couchée, à rameaux fleuris redressés; *f. à nervure médiane saillante, mucronulées*, un peu rudes sur les bords, les inf. obovales et verticillées 4 à 4, les caulinaires sup. oblongues-spatulées, atténuées à la base et verticillées 6 à 6; corolle à lobes aigus; *fruit granulé-tuberculeux*; fl. blanches, en petits corymbes serrés, terminaux et axillaires. ♃. Juin-juillet.

Bord des bois, rochers et prairies, dans les montagnes : Yzeron; Pilat; Saint-Bonnet-le-Froid.

719. G. sylvestre (Poll.). G. sauvage.

Tige de 2-3 déc., grêle, couchée à la base, redressée au sommet, à angles lisses et peu saillants; f. linéaires-lancéolées, *à une seule nervure, plus larges et mucronées au sommet*, ordinairement un peu rudes sur les bords, verticillées par 7-8, d'abord dressées, puis étalées; *corolle à lobes aigus, mais non aristés*; petit fruit brun, légèrement granulé; rameaux dressés-étalés, courts et peu nombreux; fl. blanches, ramassées en panicule irrégulière et peu composée. ♃. Juin-juillet.

b. G. *Bocconi* (D.C.). Tige et f. pubescentes-hérissées dans leur moitié inférieure.

c. G. *supinum* (Lamk.). Tige de 4-10 cent., lisse ou un peu rude, à panicule courte, 1-2 fois trichotome, pauciflore.

Bois et coteaux secs. C.

— M. Jordan en a détaché le G. *commutatum* (Jord.). Il diffère du G. *sylvestre* par ses *f. plus épaisses, à nervure dorsale large et nullement saillante sur le frais; par sa corolle à lobes plus visiblement mucronés*. Les tiges, à angles plus saillants, sont ordinairement lisses et glabres : les fl., plus petites et plus nombreuses, sont disposées en panicules assez amples.— Bois et pâturages secs.

720. G. læve (Thuill.). G. lisse. — G. montanum (Vill.).

Tiges de 2-3 déc., carrées, lisses, glabres et luisantes, couchées par terre ou très-inclinées, trichotomes, venant par touffes ; *f.* d'un vert clair et luisant, linéaires, *mucro-nées, lisses sur les bords ou à cils rares, à une seule nervure saillante vers le bas,* verticillées par 6-7, *très-étalées et souvent réfléchies; corolle à lobes très-étalés, très-pointus, mais non aristés;* fruit assez gros, d'un gris noirâtre à la maturité, un peu chagriné; rameaux de la panicule un peu allongés, flexueux, plus dressés que dans l'espèce précédente; fl. très-blanches, en panicule irrégulière, oblique et pauciflore. ♃. Juin-juillet.

Bois et coteaux secs aux environs de Lyon. C.

— Il faut avoir la plante fraîche et entière, et apporter la plus grande attention, pour distinguer cette espèce de la précédente.

721. G. ARGENTEUM (Vill.). G. ARGENTÉ.

Tiges de 15-20 cent., blanchâtres, très-grêles, *raides, dressées, non rampantes à la base,* se ramifiant au dessus de leur partie moyenne en deux rameaux latéraux qui se subdivisent en trois autres; *f.* vertes et luisantes, linéaires, allongées, mucronées, *à nervure dorsale bien saillante même sur le frais,* à bords ordinairement rudes, *égales entre elles,* verticillées par 6-8, très-étalées, couvertes, *quand on les examine à la loupe, d'une infinité de petites glandes d'un jaune clair et presque argenté,* que l'on observe aussi sur la tige, où elles sont plus blanches; *corolle à lobes très-étalés, acuminés, mais non aristés;* fruit brun ou roussâtre, assez gros, finement chagriné; fl. en panicule régulière, ovale et raide. ♃. Juillet-août.

Pelouses sur le Grand-Som. R.

722. G. ANISOPHYLLON (Vill.). G. A FEUILLES INÉGALES — G. sylvestre var. alpestre (Gaud.).

Tiges de 10-15 cent., *dressées,* un peu fermes, glabres et très-lisses; *f.* d'un vert clair, devenant jaunâtres ou un peu noires quand on les dessèche, elliptiques-linéaires, *à nervure dorsale fine et non saillante,* mucronées, *lisses ou munies de quelques cils rares sur les bords,* assez étalées, les inf. verticillées par 6-8, les sup. 4 à 4 : *dans celles-ci toujours, et ordinairement dans les autres, il y en a deux plus courtes; corolle à lobes ovales, très-étalés, aigus, mais non aristés;* anthères presque blanches; fruit brun, assez gros, presque lisse; fl. blanches, en panicule obliquement ovale. ♃. Juin-juillet.

Prés, bord des sources vives : à la Grande-Chartreuse.

723. G. TENUE (Vill.). G. GRÊLE.

Plante entièrement glabre, même à la loupe. *Tiges* de 1-3 déc., très-grêles, *rampantes dans leur partie inférieure et droites dans le reste de leur étendue,* divisées en rameaux inégaux, *couvertes, ainsi que les feuilles, de glandes visibles à la loupe,* mais moins argentées que celles du *Galium argenteum; f.* verticillées par 6-7, linéaires, *mucronées, à nervure dorsale assez large et un peu saillante vers la base, très-lisses sur les bords, les inf. réfléchies, les sup.,* au contraire, redressées *contre la tige,* égales à chaque verticille, mais inégales à des verticilles différents, les inf. et les sup. étant plus courtes que celles du milieu; *corolle à lobes oblongs,* très-ouverts, *aigus. mais non aristés;* anthères d'un beau jaune; petit fruit brun, presque lisse; petites fl. blanches, en petits corymbes irréguliers, formant une panicule conique. ♃. Juillet-août.

Rochers au sommet du Grand-Som et sur le Colombier.

724. G. SCABRIDUM (Jord.). G. A FEUILLES RUDES.

Tiges de 1-2 déc., grêles, très-rameuses, à angles lisses ou un peu rudes, *couchées et radicantes à la base; f.* d'un vert très-clair et un peu jaunâtre, glabres et luisantes, linéaires, *à nervure médiane bien saillante* même sur le frais, *très-rudes sur les bords et sur la page supérieure,* assez étalées, *verticillées par 8-10; corolle à lobes aigus, mais non aristés;* petit fruit brun, légèrement chagriné; très-petites fl. blanchâtres, en panicule diffuse et irrégulière. ♃. Juin-juillet.

Bords et collines du Rhône; Vienne. P. C.

725. G. TIMEROYI (Jord.). G. DE TIMEROY.

Tiges de 2-3 déc., grêles et flexueuses, couchées, puis redressées, mais *nullement radicantes à la base,* à angles lisses et saillants; *f.* d'un vert clair, glabres et luisantes, linéaires, mucronées, *à nervure médiane epaisse et non saillante sur le frais,* lisses ou garnies de petits cils rudes sur les bords, dressées-étalées, *verticillées par 9-11; corolle à lobes aigus, mais non aristés;* petit fruit d'un brun grisâtre, presque lisse; petites fl. blanchâtres, en panicule diffuse, irrégulière et très-composée, souvent unilatérale dans les tiges extérieures de chaque touffe. ♃. Juin-juillet.

Collines calcaires des environs de Lyon. P. R.

726. G. IMPLEXUM (Jord.). G. A TIGES ENTRELACÉES.

Tiges de 2-3 déc., grêles, flexueuses, *mêlées en touffes inextricables,* couchées, mais *non radicantes à la base,* puis redressées, *très-souvent finement pubescentes, ainsi que les feuilles; f.* d'un vert clair, brunissant un peu quand on les a desséchées, linéaires, mucronées, *à nervure médiane saillante à l'état frais,* ordinairement lisses, très-rarement munies de quelques petits cils rudes sur les bords, très-étalées, *verticillées par 6-9; corolle à lobes aigus, non aristés;* fruit d'un gris brun, presque lisse; fl. très-petites, blanchâtres, en panicule très-diffuse, très-composée, souvent unilatérale. ♃. Juin-juillet.

Collines calcaires aux environs de Lyon. A. R.

727. G. MYRIANTHUM (Jord.). G. A FLEURS TRÈS-NOMBREUSES. — G. obliquum (Vill. pro parte). — G. mucronatum (Lamk. pro parte).

Tiges de 2-4 déc., couchées à la base, puis ascendantes, ordinairement mollement velues dans leur partie inférieure; *f.* d'un vert clair, linéaires ou oblongues, mucronées, *mollement velues au moins dans le bas de la tige*, à nervure médiane saillante, *bordées de 2 rangs de petits cils rudes*, dressées-étalées, *verticillées par 9-12; corolle à lobes elliptiques-oblongs, terminés par une soie très-visible qui égale la moitié de leur longueur;* fruit grisâtre, assez gros, manifestement chagriné; petites fl. d'un blanc jaunâtre ou verdâtre, quelquefois rougeâtre sur les montagnes, très-nombreuses, en panicule ovale-oblongue, très-composée. ♃. Juin-juillet.

Endroits secs et pierreux exposés au midi : Nantua; les Monts-Dain; Saint-Rambert (Ain); environs de Morestel et de Crémieux, et jusqu'au pied des montagnes de la Grande-Chartreuse.

728. G. CORRUDÆFOLIUM (Vill.). G. A FEUILLES MENUES. — G. tenuifolium (D. C.).

Tiges de 3-5 déc., fermes, dressées, lisses, ordinairement pubescentes dans le bas, glabres dans tout le reste, blanchâtres et luisantes; *f.* d'un vert foncé, *glabres et luisantes, raides et dressées, linéaires et terminées par une petite soie, à nervure médiane large et déprimée sur le frais*, légèrement rudes sur les bords, verticillées ordinairement 6 à 6, quelquefois 4 à 4; *corolle à lobes terminés par un petit filet; fruit chagriné et noir à la maturité;* fl. blanchâtres, en panicule étroite, à la fin unilatérale. ♃. Juin-juillet.

Coteaux secs : Écully; la Pape; Vassieux; Crémieux, etc.; et dans l'Ain, entre Gratoux et Angrières, près de Saint-Rambert. P. C.

729. G. ELATUM (Thuill.). G. ÉLEVÉ. — G. mollugo (L. pro parte). — G. sylvaticum (Vill.).

Tige de 10-15 déc., lisse, rarement velue, *renflée vers les nœuds, ne se soutenant jamais seule: f.* verticillées 6 à 6 ou 8 à 8, obovales ou oblongues, obtuses, mucronées, *minces, translucides et à veines très-visibles* surtout quand la plante croît à l'ombre, bordées de petits cils rudes et étalés; *corolle à lobes terminés par une petite pointe;* fruit petit, rond et chagriné; *pédicelles fructifères courts, écartés à angle droit ou même réfléchis;* petites fl. d'un blanc sale, très-nombreuses, disposées en une panicule très-ample et très-composée. ♃. Juillet-août.

Haies et buissons. C.

730. G. ERECTUM (Huds.). G. DRESSÉ. — G. mollugo (L. pro parte).

Tige de 3-6 déc., cannelée, lisse, rarement velue, *renflée et blanchâtre vers les nœuds, dressée au moins dans ses rameaux*; f. verticillées 8 à 8, oblongues ou linéaires, élargies au sommet, mucronées, *jamais transparentes ni veinuleuses* quand elles sont fraîches, munies sur les bords de petits cils rudes, peu nombreux; corolle à lobes terminés en pointe assez longue; fruit assez gros, peu chagriné; *pédicelles fructifères assez longs, dressés-étalés, mais jamais écartés à angle droit*, ni, à plus forte raison, réfléchis; fl. d'un blanc de lait, assez grandes, en panicule oblongue-pyramidale peu composée. ♃. Du 15 mai au 30 juin.

Haies, bois, champs. C.

— Entre les deux espèces précédentes il faut placer le G. *dumetorum* (Jord.). Il diffère du premier par ses f. plus *étroites*, verticillées 8 à 8, par sa floraison plus précoce, et du second par ses fl. plus *petites*, plus nombreuses et *d'un blanc sale*.

731. G. SYLVATICUM (L.). G. DES FORÊTS.

Tige de 4-10 déc., *arrondie et non carrée* comme dans les autres *Galium*, lisse, glabre ou pubescente, un peu renflée aux nœuds; f. verticillées 8 à 8 dans le bas, 6 à 6 ou 4 à 4 dans le haut, glauques au moins en dessous, oblongues, obtuses, élargies et mucronulées au sommet, atténuées à la base, bordées de cils rudes; corolle à lobes aigus, mais non acuminés; *pédicelles filiformes, inclinés avant la floraison, dressés-étalés à la maturité;* fruit un peu ridé; fl. blanches, petites, en panicule très-ample, rameuse-trichotome. ♃. Juin-juillet.

a. G. *Lugdunense*. F. courtes, ordinairement vertes en dessus et glauques seulement en dessous. — Meximieux.

b. G. *Juranum*. F. plus larges, plus longues, glauques sur les deux pages. — Presque tous les taillis du Bugey, et toutes les forêts de sapins du Jura.

732. G. DIVARICATUM (Lamk.). G. A RAMEAUX DIVARIQUÉS.

Tige de 6-30 cent., filiforme, dressée, rameuse; f. linéaires, très-étroites, rudes sur les bords, *d'abord dressées, puis étalées, mais jamais réfléchies, verticillées 7 à 7;* fruit brun, à peine chagriné; *rameaux de la panicule capillaires, allongés,* d'abord dressés, puis étalés, terminés par de petites grappes penchées; très-petites fl. *en panicule ovale.* ①. Mai-juin.

Moissons, terres sablonneuses à Saint-Alban, près Lyon, et sur le plateau des Balmes-Viennoises. P. C.

733. G. ANGLICUM (Huds.). G. D'ANGLETERRE.

Tige de 1-3 déc., grêle, rude, dressée, rameuse; f. li-

10

néaires, rudes sur les bords, *d'abord étalées, puis réfléchies, verticillées ordinairement 6 à 6* (rarement 7 à 7); fruit brun, finement granulé; *rameaux de la panicule courts,* d'abord dressés, puis divariqués, terminés par de petites grappes feuillées et penchées; très-petites *fl.* un peu rougeâtres sur les bords, disposées *en panicule étroite et oblongue.* ④. Juin-juillet.

Terres : Oullins ; Villeurbanne; Dessine ; Cogny, P. C.

— Cette plante n'est qu'une variété du G. *Parisiense* (L). Je ne crois pas qu'on ait trouvé à Lyon celle à fruits velus.

731. G. TRICORNE (With.). G. A TROIS CORNES.

Tige de 1-3 déc., ascendante, *garnie sur les angles d'aspérités crochues; f.* verticillées par 6-8, linéaires, mucronées, *bordées de cils très-rudes et tournés en bas; pédoncules axillaires, plus courts que les feuilles,* divisés au sommet en trois pédicelles qui sont réfléchis après la floraison et portent trois *gros fruits pendants, garnis de tubercules verruqueux;* fl. blanchâtres, axillaires. ④. Juin-juillet.

Terres : Villeurbanne; le Mont-Cindre; Saint-Genis-Laval; Cogny, etc. P. C.

† † *Fruit hispide ou velu.*

735. G. APARINE (L.) G. ACCROCHANT. (Vulg. *Gratteron.*)

Tige allongée, ne se soutenant pas d'elle-même, à 4 angles amincis, chargés d'aiguillons rudes; *f. verticillées par 6-8, linéaires-lancéolées,* atténuées à la base, mucronées au sommet, *à une seule nervure, rudes-accrochantes sur les bords et sur la carène; fruits* ordinairement *hérissés de poils blanchâtres et crochus;* fl. d'un blanc verdâtre, portées sur des pédoncules axillaires. ④. Mai-août. (*V. D.*)

Haies et buissons. C. C. C.

b. G. *Vaillantii* (D. C.). Tige glabre vers les nœuds; fruits de moitié plus petits que dans le type. — Le Mont-Cindre.

736. G. ROTUNDIFOLIUM (L.). G. A FEUILLES ARRONDIES.

Tige de 2-4 déc., grêle, flasque, simple, peu ou point rude; *f. verticillées 4 à 4, ovales, à trois nervures,* bordées de petits cils blancs à peine rudes quand on les fait passer contre les lèvres; fruits velus-hérissés; fl. blanches, *en panicule terminale.* ♃. Juillet-août.

Bois : Pilat ; Chenelette ; la Grande-Chartreuse; et dans l'Ain, Mazière et le Jura A. R.

737. G. BOREALE (L.). G. BORÉAL.

Tige de 3-4 déc., droite, raide, rameuse-paniculée; *f. verticillées 4 à 4, elliptiques-linéaires,* obtuses, mutiques, *à trois nervures,* bordées de petits cils rudes quand on les fait passer contre les lèvres; fruits hérissés de poils blancs; *fl.* blanches, *en panicule terminale.* ♃. Juillet-août.

Pradon; le Mont; les Monts-Dain; de Belley à Saint-Germain-les-Paroisses.

44ᵉ Famille. — VALÉRIANÉES.

Les Valérianes, dont la racine fortement odorante est si fréquemment employée en médecine, ont donné leur nom à cette modeste famille. Elle ne renferme que des *plantes herbacées, à feuilles toujours opposées.* Leur *corolle, monopétale et fixée sur l'ovaire,* renferme 1-3 *étamines* insérées dans son tube. L'ovaire, surmonté d'un seul style, devient un *fruit sec, indéhiscent, couronné par le calice,* dont le limbe tantôt, roulé sur lui-même, se convertit en aigrette plumeuse, tantôt se réduit à de simples dents.

CCXVII. Centranthus (D. C.). Centranthe.

Calice à limbe roulé sur lui-même pendant la floraison et se convertissant en aigrette plumeuse à la maturité; *corolle éperonnée à la base ou munie d'une petite bosse au dessous de la gorge;* 1 *étamine.*

738. C. angustifolius (D. C.). C. a feuilles étroites.

Plante glabre et glauque. Tige de 3-7 déc., simple ou rameuse; *f. linéaires ou lancéolées-linéaires,* très-allongées, très-entières; *éperon de la corolle égalant le fruit ou le dépassant à peine;* fl. ordinairement rouges, rarement blanches, en petites cymes formant par leur réunion un corymbe d'abord serré puis se changeant en panicule après la floraison. ♃. Juillet-août.

La Grande-Chartreuse; bords de la route, vers le lac de Nantua; Tenay; Charabottes; sous la cascade d'Evoges.

739. C. calcitrapa (Dufr.). C. chausse-trappe.

Plante glabre et glaucescente. Tige de 1-3 déc., droite, ordinairement rameuse, quelquefois simple; f. radicales ovales, bordées de grosses dents, atténuées en pétiole, souvent fanées quand la floraison est un peu avancée; *f. caulinaires* infér. et même moyennes *lyrées-pennatiséquées,* à segment terminal plus grand et incisé-denté, les latéraux linéaires et entiers; f. caulinaires sup. à segments plus étroits; *éperon de la corolle réduit à une petite bosse placée au dessous de la gorge;* rameaux filiformes, dichotomes, s'allongeant à mesure que la floraison avance; petites fl. rosées, disposées en épis unilatéraux à l'aisselle de petites bractées linéaires-lancéolées. ①. Mai-juin.

Rochers, coteaux pierreux à Crémieux. R.

CCXVIII. Valerianella (Tournef.). VALÉRIANELLE (1).

Corolle sans éperon ; fruit couronné simplement par le limbe persistant du calice, qui n'est pas enroulé pendant la floraison et ne se change pas en aigrette à la maturité; 3 (très-rarement 2) étamines. Tiges rameuses-dichotomes.

740. V. CORONATA (D. C.). V: A FRUIT COURONNÉ.

Tige de 2-5 déc., pubescente et un peu rude sur les angles; f. oblongues ou linéaires-lancéolées, rarement entières, très-souvent bordées de grosses dents, ou même pennatifides à la base; *fruit ovale, hispide, couronné par le limbe campanulé du calice, qui est partagé en 6 dents spinescentes, allongées et crochues au sommet; fl.* d'un blanc bleuâtre ou d'un rose pâle, *en capitules serrés, presque globuleux* à la maturité. ♃. Mai-juin.

Moissons à la Pape. A. R.

741. V. ERIOCARPA (Desv.). V. A FRUIT LAINEUX.

Tige de 1-2 déc., à rameaux très-divergents; f. oblongues, très-entières ou un peu dentées à la base; *fruit* ovale, ordinairement *velu-hérissé*, convexe et nervé sur une face, et sur l'autre, plane et présentant une fossette ovale creusée entre deux côtes filiformes, *terminé par un bec oblique et denticulé, à peu près aussi large que lui; pédoncules anguleux, canaliculés en dessus*, et plus gros au sommet qu'à la base; fl. d'un rose pâle, en petits corymbes planes et serrés. ①. Avril-mai.

Vignes et moissons : le Point-du-Jour à Saint-Irénée; Sainte-Colombe, vis-à-vis de Vienne ; Seynnel (Ain). P. C.

742. V. CARINATA (Lois.). V. A FRUIT CARÉNÉ.

Tige de 1-4 déc., ordinairement pubescente sur les angles; f. oblongues, entières ou sinuées-denticulées à la base, légèrement ciliées sur les bords, surtout à la base; *fruit oblong, presque quadrangulaire, ordinairement glabre, creusé d'un large sillon sur une face, et portant sur l'autre une nervure saillante; calice offrant une seule dent peu distincte;* fl. d'un bleu cendré, en corymbes planes et serrés. ①. Avril-mai.

Lieux cultivés : Francheville; le Mont-d'Or. R.

743. V. OLITORIA (Pollich.). V. POTAGÈRE. (Vulg. *Mache, Doucette, Poule-grasse.*)

Tige de 1-5 déc.; f. oblongues, très-entières ou un peu sinuées inférieurement; bractées ovales et glabres; *fruit*

_____

(1) Ce n'est qu'à l'aide du fruit bien développé qu'on peut sûrement déterminer les différentes Valérianelles.

ovale-arrondi, *comprimé des deux côtés, marqué d'un sillon et relevé de 2-3 côtes; calice à 3 petites dents presque indistinctes;* fl. d'un bleu cendré, en corymbes planes et serrés. ④. Avril-juin.

Champs, vieux murs, lieux cultivés. C. C. C.—Cultivée pour la salade, ainsi que plusieurs autres.

741. V. AURICULA (D. C. Fl. fr.). V. A FRUIT AURICULÉ. — V. dentata (D. C · Prodr.).

Tige de 2-5 déc., peu anguleuse; f. inf. oblongues-obtuses, les sup. linéaires, toutes très-entières ou un peu dentées à la base; *fruit ordinairement glabre, pyriforme, légèrement sillonné sur la face antérieure, terminé par une dent oblique qui a la forme d'une petite oreille plus ou moins denticulée à la base;* fl. purpurines, en petites cymes qui en forment à la fin une grande par leur réunion. ④. Mai-août.

Moissons : Saint-Alban; Villeurbanne; les Charpennes. P. C.

745. V. MEMBRANACEA (Lois.). V. A BRACTÉES MEMBRANEUSES. — V. pumila (D. C.).

Tige de 2-4 déc., rameuse-dichotome au sommet, à rameaux dressés, d'abord courts, puis plus allongés; f. inf. obtuses, entières ou faiblement sinuées-denticulées, *les sup.* linéaires, *divisées à la base en 3-5 lobes ou incisions; bractées ovales-lancéolées, membraneuses et ciliées sur les bords; fruit* demi-globuleux, convexe et relevé d'une côte saillante d'un côté, plane et fortement sillonné de l'autre, *couronné par une membrane découpée en 2-3 dents inégales,* quelquefois à peine visibles; fl. d'un rose pâle, en petites cymes planes ou un peu arrondies. ④. Mai-juin.

Moissons : Saint-Alban; Villeurbanne; la Pape; Oullins; le Mont-Tout. P. R.

746. V. PUBESCENS (Mérat). V. A FRUITS PUBESCENTS.—V. Morisonii *b* lasiocarpa (Koch). — Fedia dentata *b* (Rchb.).

Tige de 2-5 déc., rameuse-dichotome au sommet; f. ciliées sur les bords, les inf. oblongues et très-entières, les sup. linéaires et souvent incisées-pennatifides à la base; bractées lancéolées, légèrement scarieuses, glabres, mais finement ciliées; *fruit ovale-conique, hérissé de petits poils étalés et courbés au sommet,* convexe et marqué de 3-5 côtes obscures d'un côté, *plane et présentant une fossette ovale-oblongue, creusée entre deux côtes filiformes de l'autre, terminé par une dent oblique, très-aiguë, denticulée et de moitié plus étroite que lui;* fl. d'un blanc rosé, en petits corymbes planes et peu serrés. ④. Juillet-août.

Moissons à Chasse, près de Givors. R.

CCXIX. VALERIANA (L.). VALÉRIANE.

Corolle un peu bossue à la base, mais non éperonnée; fruit couronné par le *limbe du calice*, qui est *enroulé pendant la floraison et se change ensuite en aigrette plumeuse*; 3 *étamines*.

^ *Fleurs complètes.*

747. V. OFFICINALIS (L.). V. OFFICINALE.

Racine très-odorante; *tige* de 6-10 déc., fistuleuse, *cannelée*, simple; f. *toutes* si *profondément pennatiséquées* qu'on les dirait pennées, à 15-21 *segments* oblongs, entiers ou munis de quelques dents écartées; fl. blanches ou rosées, en corymbe terminal. ♃. Mai-juin. (*V. D.*)

Bois humides, bord des eaux. C.

** *Fleurs dïoïques, quelquefois mélangées de fleurs complètes.*

748. V. DIOICA (L.). V. DIOÏQUE.

Racine stolonifère; tige de 1-4 déc., ascendante; f. *radicales ovales-arrondies* et pétiolées, *les caulinaires lyrées-pennatiséquées*; fl. *dioïques*, rosées, en corymbes très-serrés dans les individus fructifères. ♃. Avril-juin. (*V. D.*)

Prés humides et marécageux. A. C.

749. V. TRIPTERIS (L.). V. A FEUILLES TERNÉES.

Racine non stolonifère; tige de 2-5 déc., dressée; f. d'un vert cendré, toutes bordées de grosses dents inégales, les radicales entières, ovales, en cœur et longuement pétiolées, *les caulinaires*, ordinairement au nombre de deux, *triséquées, à trois segments profonds*, le terminal plus grand et plus distinctement pétiolulé; fl. roses ou blanches, en corymbe terminal peu serré, dioïques, mais mélangées de fl. complètes. ♃. Juin-juillet. (*V. D.*)

Rochers humides, bord des ruisseaux: Pilat; la Grande-Chartreuse; le Colombier; au-dessus de la cascade de la Fouge, sur Poncin.

750. V. MONTANA (L.). V. DE MONTAGNE.

Racine non stolonifère; tige de 2-5 déc., ascendante, ferme, à la fin un peu sous-ligneuse à la base; f. ordinairement *toutes entières*, d'un vert gai et luisant, les radicales ovales, un peu en cœur et longuement pétiolées, *les caulinaires ovales ou oblongues-acuminées* et sessiles, quelquefois dentées ou même incisées; fl. roses, en corymbe terminal si serré qu'il ressemble à un capitule, dioïques, mais mélangées de fleurs complètes. ♃. Juin-juillet.

Bois et rochers humides: Pilat; la Grande-Chartreuse; le Colombier; Retord; tous les monts Jura. -

751. V. SALIUNCA (All.). V. A FEUILLES DE SAULE.

Racine noirâtre et très-odorante, émettant plusieurs petites tiges, hautes de 3-10 cent. et ascendantes; *f. toutes entières, les radicales obovales ou oblongues* et atténuées en pétiole, *les caulinaires* peu nombreuses, *linéaires* et sessiles, o''rant parfois une dent allongée à la base; *fl.* d'un rose clair, *en petites têtes terminales.* ♃. Juin-juillet.

La Grande-Chartreuse (Villars).

45ᵉ FAMILLE. — DIPSACÉES.

Le mot grec δίψα, soif, est l'étymologie du mot latin *dipsacus.* Le genre qui a donné son nom à cette famille est ainsi appelé parce que les plantes qu'il renferme semblent s'abreuver de l'eau qu'elles retiennent facilement dans leurs feuilles pliées en gouttière. Les Dipsacées, touchant à la famille précédente par leurs *feuilles opposées,* se rapprochent des Composées par la disposition de leurs *fleurs groupées sur un réceptacle commun,* où elles sont séparées par des paillettes et protégées par un *involucre de plusieurs pièces.* Chaque petite fleur a, en outre, *deux petits calices, l'un et l'autre persistants;* l'extérieur, nommé *involucelle,* entoure étroitement le fruit à sa maturité et est marqué de fossettes ou de côtes saillantes; l'intérieur a son tube plus ou moins adhérent à l'ovaire, et son limbe entier, lobé, ou réduit à des soies. Au sommet du calice intérieur est insérée une corolle monopétale, dont le limbe est divisé en 4-5 segments inégaux, et dont le tube renferme 4 *étamines à anthères libres.* L'ovaire, surmonté d'un seul style à stigmate simple, devient un *fruit sec, monosperme* et *indéhiscent.* Toutes les espèces sont herbacées.

CCXX. DIPSACUS (L.). CARDÈRE.

Involucre à folioles spinescentes; *réceptable chargé de paillettes terminées en pointe épineuse;* corolle à 4 segments; *tige munie d'aiguillons.*

752. D. SYLVESTRIS (Mill). C. SAUVAGE.

Tige de 8-15 déc., droite, raide, anguleuse, chargée d'aiguillons inégaux; *f.* coriaces, aiguillonnées en dessous sur la nervure médiane, *glabres ou à aiguillons rares sur les bords,* les radicales atténuées à la base, oblongues, crénelées-dentées, les caulinaires largement connées, entières ou dentées, celles du milieu rarement pennatifides; *folioles de l'involucre linéaires,* courbées-ascendantes, subulées, aiguillonnées, *plus longues que le capitule ; paillettes du réceptacle terminées par une pointe droite ;* fl. d'un rose lilas, plus rarement blanches, disposées en gros capitules ovoïdes-oblongs. ②. Juillet-septembre. (*V. D.*)

Lieux incultes, fossés. C.

753. D. PILOSUS (L.). C. VELUE. — Cephalaria pilosa (Gren. et Godr.).

Tige de 6-12 déc., droite, anguleuse, à angles chargés de petits aiguillons, surtout au sommet ; f. ovales-oblongues, acuminées, un peu aiguillonnées en dessous sur la nervure médiane, bordées de grosses dents, toutes atténuées en *pétiole,* qui est *muni de deux oreillettes à son sommet; folioles de l'involucre* linéaires-lancéolées, spinescentes au sommet, bordées de longs cils, *d'abord étalées, puis réfléchies, plus courtes que le capitule ;* paillettes du réceptacle obovales, velues à la base, terminées en pointe épineuse et longuement ciliée ; pédoncules très-velus en dessous des capitules, qui sont petits et globuleux ; fl. blanchâtres. ②. Juillet-août.

Bords de la Turdine, à l'Arbresle ; rives de l'Ardière, dans le Beaujolais ; Pont-Chéry. A. R.

CCXXI. SCABIOSA (L.). SCABIEUSE.

Involucre à folioles non spinescentes ; *réceptacle chargé de soies ou de paillettes non épineuses;* corolle à 4 ou 5 segments ; *tige toujours sans aiguillons.*

* *Réceptacle muni de paillettes ; limbe du calice non terminé par des soies. — Cephalaria (Schrad.).*

754 S. ALPINA (L.). S. DES ALPES. — Cephelaria alpina (Schrad.).

Tige droite, anguleuse, atteignant 1-2 mètres ; f. pennées, à folioles lancéolées, dentées en scie, décurrentes sur le pétiole commun ; paillettes du réceptacle et folioles de l'involucre lancéolées-acuminées et très-velues; corolle à segments égaux ; fl. d'un jaune blanchâtre. ♃. Juillet-août.

La Grande-Chartreuse ; vallon d'Adran, au-dessous du Reculet. R.

** *Réceptacle non muni de paillettes, mais hérissé de soies; calice intérieur terminé par 8-16 soies ; involucelle non sillonné, marqué seulement de 4 fossettes. — Knautia (Coult.).*

755. S. ARVENSIS (L.) S. DES CHAMPS.— Knautia arvensis (Coult.).

Tige de 4-10 déc., ordinairement *hérissée de poils étalés, entremêlés de petits poils blanchâtres et non glanduleux ;* f. d'un vert blanchâtre, les radicales très-variables, entières, dentées, incisées ou même pennatiséquées, *les caulinaires pennatifides,* à divisions latérales lancéolées et très-entières, la terminale plus grande et parfois un peu dentée ; fl. d'un

rose lilas, les extérieures rayonnantes à 5 segments très-inégaux. ♃. Juillet-août.

b. S. *integrifolia.* F. toutes entières ou seulement dentées ou crénelées ; les
deux sup. sont cependant quelquefois pennatifides.

Prés. C.

756. S. LONGIFOLIA (Waldst. et Kit.). S. A LONGUES FEUILLES. — Knautia longifolia (Koch). — S. sylvatica *b* (D. C.).

Tige de 3-5 déc., ordinairement glabre à la base, et *hérissée
vers le sommet de poils étalés, entremêlés de poils plus courts
quelquefois glanduleux; f.* d'un vert luisant et un peu foncé,
longuement lancéolées, *toutes très-entières ou à peine denticulées;* fl. d'un rose lilas, celles de la circonférence rayonnantes,
mais moins que dans l'espèce précédente. ♃. Juin-juillet.

Prés à Pilat, d'où elle descend jusqu'à Givors ; Pierre-sur-Haute ; la Grande-
Chartreuse ; le Jura.

— Le K. *Timeroyi* (Jord.) semble tenir le milieu entre les deux espèces
précédentes. Il a le port de la première, quoique plus grêle ; ses f. sont découpées de même, mais elles sont d'un vert obscur ; il a le fruit étroit comme la
seconde, les petits poils des pédoncules toujours glanduleux ; les fl. sont
d'un lilas rougeâtre. ②. — On le trouve sur les collines calcaires à Crémieux,
Belley, Morestel.

757. S. SYLVATICA (L.). S. DES FORÊTS. — Knautia sylvatica (Duby). — K. dip-
sacifolia (Host.).

Tige de 5-12 déc., droite, glabrescente ou hérissée surtout
à la base ; *pédoncules munis de longs poils blanchâtres, entremêlés de poils plus courts et glanduleux;* grandes f. d'un vert
clair, *elliptiques-lancéolées, acuminées, bordées tout autour
de grosses dents très-marquées,* quelquefois, mais rarement,
laciniées ou pennatifides à la base, les inf. rétrécies en un
pétiole ailé, les sup. connées; fl. d'un lilas rougeâtre, les
extérieures rayonnantes. ♃. Juillet-août.

Bois : la Grande-Chartreuse ; entre Chezery et Lélex (Ain).

*** *Réceptacle garni de paillettes; limbe du calice intérieur terminé
par 5 soies; involucelle creusé de 8 sillons et marqué de 4-8 fossettes.—Scabiosa (L.).*

758. S. SUCCISA (L.). S. SUCCISE. — Succisa pratensis (Mœnch.). (Vulg. *Mors-
du-diable.*)

Racine verticale, tronquée au bout; tige de 4-10 déc.,
dressée, plus ou moins pubescente ou hérissée ; *f. toutes très-
entières ou seulement dentées,* glabrescentes ou velues ; limbe
de l'involucelle à dents vertes; *corolle à 4 segments égaux;*
fl. bleuâtres, rarement roses ou blanches. ♃. Août-septembre.

Bord des bois. collines sèches : Oullins ; Francheville ; Couzon ; le Mont-
Verdun ; Pilat ; l'Argentière, etc. P. R.

10.

759. S. COLUMBARIA (L.). S. COLOMBAIRE.

Tige de 3-8 déc., dressée, pubescente au moins au sommet, quelquefois simple, mais ordinairement rameuse, à rameaux grêles et allongés; f. radicales mollement pubescentes, oblongues-obtuses, crénelées ou lyrées, rarement entières, atténuées en pétiole, souvent détruites au moment de la floraison; f. caulinaires inférieures lyrées-pennatifides, *les autres pennatiséquées, à segments linéaires, incisés-pennatifides, ordinairement entiers dans les f. supérieures; soies du calice intérieur* noirâtres, *dépassant 3-4 fois la couronne de l'involucelle*; corolle à 5 segments inégaux, surtout dans les fleurs de la circonférence; fl. d'un rose bleuâtre, en *capitules globuleux à la maturité des fruits.* ♃. Juin-septembre.

Bord des chemins, coteaux arides, prairies. C.

— Dans les prairies humides, la plante fleurit et fructifie une première fois en juin, et une seconde fois en août et septembre; c'est alors le S. *pratensis* Jord.).—Dans les terrains secs et arides, elle ne donne ses fleurs et ses fruits qu'une seule fois, en août et septembre. D'après les savants auteurs de la *Nouvelle Flore française*, il n'y a cependant qu'une seule espèce.

760. S. GRAMUNTIA (Gren. et Godr. non L.). S. DE GRAMONT. — S. patens (Jord.).

Se rapproche beaucoup de la précédente, avec laquelle il est facile de la confondre. Elle s'en distingue 1° par ses rameaux et ses pédoncules beaucoup plus étalés; 2° par ses f. d'un vert cendré, les caulinaires 2-3 fois pennatiséquées, à segments linéaires et allongés; 3° par les *soies du calice intérieur, qui ne dépassent jamais plus de 2 fois la couronne de l'involucelle : quelquefois même elles sont nulles;* 4° par sa floraison, qui est d'un mois plus tardive dans les mêmes circonstances. ♃. Août-septembre.

Pelouses sèches et sablonneuses : Vassieux; Villeurbanne; Crémieux; Belley. P. C.

761. S. GLABRESCENS (Jord.). S. A FEUILLES GLABRESCENTES. — S. lucida (Vill. pro parte).

Cette plante a aussi le port de la Scabieuse colombaire; tige plus courte, pauciflore; *f. d'un vert gai, un peu luisantes, glabres* ou finement pubescentes, les radicales oblongues, crénelées ou lyrées-pennatifides et atténuées en un long pétiole ailé et canaliculé; les caulinaires la plupart sessiles et découpées en segments d'autant plus étroits qu'on se rapproche davantage du sommet; *soies du calice intérieur d'un roux noirâtre, non dilatées à la base, sans nervure saillante, dépassant à peu près 2 fois la couronne de l'involucelle; capitules fructifères arrondis, aussi larges que longs;* fl. d'un bleu lilacé, les extérieures longuement rayonnantes. ②. Août-septembre.

Bois et prés : la Grande-Chartreuse, sur le Mont-Bovinant ; et dans l'Ain. Pradon, le Colombier, et dans tous les hauts pâturages du Jura.

— Le véritable S. *lucida* (Vill.) a les soies du calice intérieur dilatées à la base, pourvues intérieurement d'une petite nervure saillante et 3-4 fois plus longues que la couronne de l'involucelle.

762. S. SAUVEOLENS (Desf.). S. A DOUCE ODEUR.

Cette plante avait encore été confondue dans nos contrées avec la Scabieuse colombaire. Tige de 2-4 déc., raide, dressée ; f. glabres, vertes et luisantes, *les radicales et les cauli-naires inf. oblongues ou lancéolées, très-entières, les autres découpées en segments linéaires qui ne sont jamais dentés ni incisés ; soies du calice intérieur jaunâtres, sans nervure, une fois et demie plus longues que la couronne de l'involucelle ; capitules fructifères ovales* ; fl. d'un bleu clair, répandant une suave odeur, les extérieures rayonnantes. ♃. Juillet-septembre.

Balmes-Viennoises ; Crémieux. A. R.

46ᵉ FAMILLE. — GLOBULARIÉES.

Cette petite famille doit son nom à ses fleurs réunies en têtes globuleuses. Comme dans la famille précédente, *elles sont groupées sur un réceptacle commun, garni de paillettes et entouré d'un involucre formé de plusieurs petites folioles.* Mais ici chaque petite fleur n'a qu'*un calice persistant, à 5 divisions aiguës.* La corolle, toujours *irrégulière,* est monopétale, *à limbe partagé en 2 lèvres inégales* ; elle renferme au sommet de son tube 4 *étamines à anthères libres.* L'ovaire, terminé par un seul style à stigmate bifide, devient un fruit sec, monosperme et indéhiscent, recouvert par le calice. Les *feuilles* sont *toujours entières et alternes sur la tige,* quand elle en porte.

CCXXII. GLOBULARIA (L.). GLOBULAIRE.

Caractères de la famille.

763. G. VULGARIS (L.). G. COMMUNE.

Tige herbacée, simple, très-courte au premier printemps, puis s'élevant jusqu'à 3-4 déc., terminée par un seul capitule de fleurs ; f. radicales étalées en rosette, un peu épaisses, *obovales-spatulées, atténuées en pétiole, échancrées ou courtement tridentées au sommet* ; f. *caulinaires* beaucoup plus *petites, lancéolées, sessiles, nombreuses ; calices velus à dents*

ciliées; fl. d'un bleu un peu cendré, rarement blanches. ♃.
Mars-juin.

Pelouses sèches, coteaux arides. C.

764. G. NUDICAULIS (L.). G. A TIGE NUE.

Plante herbacée; hampes de 5-20 cent., terminées chacune par un seul capitule de fleurs; f. radicales en rosette,
oblongues-cunéiformes, atténuées en pétiole à la base, arrondies et obtuses au sommet; *f. caulinaires nulles*, quelquefois remplacées par 1-2 petites écailles écartées; *calices
glabres*; fl. d'un bleu cendré. ♃. Juin-août.

Rochers à la Grande-Chartreuse.

765. G. CORDIFOLIA (L.). G. A FEUILLES EN CŒUR.

Tiges sous-ligneuses, rampantes, formant des gazons solides, à petites hampes de 3-10 cent., terminées chacune par
un seul capitule de fleurs; f. radicales en rosette, atténuées en
pétiole, à limbe obovale-cunéiforme, ordinairement échancré
en cœur au sommet, avec une petite dent au milieu de l'échancrure, mais souvent aussi entier et simplement tronqué; *f.
caulinaires nulles*, remplacées quelquefois par 1-2 écailles
écartées; *calices velus et à dents ciliées*; fl. d'un bleu cendré.
♄. Mai-juillet.

Chemin de Trébillet à Montange; le Colombier; le Poizat; le Reculet et
tout le Jura.

47ᵉ FAMILLE. — COMPOSÉES.

Pour bien comprendre la signification du nom donné à
cette immense famille, prenez une de ces grandes Margue-
rites qui portent avec tant de grâce leurs blanches couronnes
au milieu de nos prairies. Si vous étiez novice encore et in-
expérimenté, vous pourriez croire que les parties dont la
fleur est formée sont des pétales ordinaires; mais, en les
examinant avec plus d'attention, vous verriez que chacune
d'elles est une véritable petite fleur ayant généralement ses
étamines et son fruit. Il y a donc ici, comme dans les deux
familles précédentes, des *fleurettes nombreuses, enveloppées
dans un calice général*, nommé *involucre*; et voilà pourquoi
on appelle cette famille la famille des *Composées*. Le réceptacle commun, sur lequel les fleurettes sont insérées, est
tantôt muni de paillettes, tantôt hérissé de poils, d'autres fois
creusé de petites fossettes, le plus souvent entièrement nu.

Les petites fleurs de notre Marguerite n'ont pas toutes la
même forme; les jaunes, qui sont placées au centre, ont un
limbe régulier, ouvert en entonnoir et terminé par 5 dents:
on les nomme *fleurons*; les autres, les blanches qui, formant

une couronne rayonnante à la circonférence, sont déjetées en languette unilatérale plane et allongée : ce sont les *demi-fleurons. Les étamines, au nombre de 5,* insérées sur le tube de la corolle, *ont leurs filets articulés au milieu* et libres, mais *leurs anthères, soudées entre elles,* forment un tube engaînant, au milieu duquel passe le style bifide : c'est pour cette raison qu'on appelle encore cette famille celle des *Synanthérées,* c'est-à-dire à anthères soudées. Au dessous de chaque petite fleur est une *akène,* c'est-à-dire un *fruit sec, monosperme et indéhiscent.* Il n'a point de calice apparent ; mais les petites dents, l'aigrette sessile ou pétiolée, à poils simples, plumeux ou rameux, dont il est couronné, peuvent être considérées comme le limbe d'un calice étiolé par la pression des autres fleurs. La destination de ces aigrettes, qui se développent avec les fruits, est de favoriser leur dissémination en les rendant le jouet des vents.

On nomme *flosculeuses* les Composées qui n'ont que des *fleurons, semi-flosculeuses* celles qui n'offrent que des *demi-fleurons,* et *radiées* celles qui nous présentent des *fleurons* au centre et des *demi-fleurons* à la circonférence. Le Bluet de nos moissons et une flosculeuse ; la Chicorée de nos jardins est une semi-flosculeuse ; la grande Marguerite est une radiée. C'est, en grande partie, d'après ce caractère que nous diviserons les Composées en trois grandes tribus, celle des *Cynarocéphales,* celle des *Corymbifères,* et celle des *Chicoracées.* La présence ou l'absence, la nature et le mode d'insertion des aigrettes nous serviront à établir des subdivisions dans chacune de ces tribus.

Iʳᵉ Tʀɪʙᴜ : **CYNAROCÉPHALES.** — **Toutes les flosculeuses à stigmate articulé sur le style. Feuilles et involucre souvent épineux.**

Iʳᵉ Sous-Tʀɪʙᴜ : CIRSIÉES. — *Graines toutes à aigrettes plumeuses.*

CCXXIII. Cɪʀsɪᴜᴍ (Tournef.). Cɪʀsᴇ.

Involucre à écailles imbriquées, se terminant par une pointe simple et ordinairement épineuse ; réceptacle hérissé de petites paillettes en forme de soies. Plantes herbacées, à feuilles épineuses.

* *Feuilles hérissées en dessus de petites soies épineuses.*

766. **C. ʟᴀɴᴄᴇᴏʟᴀᴛᴜᴍ** (Scop.). **C. ᴀ ғᴇᴜɪʟʟᴇs ʟᴀɴᴄᴇᴏʟᴇᴇs.** — Carduus lanceolatus (L.). — Cnicus lanceolatus (Wild.).

Tige de 6-15 déc., dressée, anguleuse, ailée ; *f. décur-*

rentes, à décurrence épineuse, profondément pennatifides, à divisions partagées en lobes inégaux, terminés par une épine très-piquante, divariqués de telle sorte que deux sont régulièrement relevés en dessus; involucre pubescent, quelquefois un peu aranéeux dans leur jeunesse, à écailles lancéolées, se terminant insensiblement par une forte épine, et étalées dans leur moitié supérieure; fl. purpurines, quelquefois blanches, en capitules solitaires au sommet de la tige et des rameaux. ②. Juin-août. (*V. D.*)

Bord des chemins. C. C. C.

767. C. ERIOPHORUM (Scop.). C. A INVOLUCRE LAINEUX. — Carduus eriophorus (L.). — Cnicus eriophorus (Roth).

Tige de 8-15 déc., dressée, robuste, anguleuse, laineuse; *f. non décurrentes, mais simplement amplexicaules*, profondément pennatifides, à divisions partagées en segments terminés par une épine, divariqués de telle sorte qu'il y en a toujours deux qui sont régulièrement dressés; *involucre globuleux, couvert d'une espèce de laine blanchâtre, à fils entrecroisés, à écailles* lancéolées, étalées dans leur partie supérieure, *élargies au sommet, puis brusquement terminées en épine*; fl. rouges, en capitules très-gros, ordinairement solitaires au sommet des rameaux. ②. Juillet-août. (*V. D.*)

Lieux stériles, bord des routes, champs incultes: Yzeron; l'Arbresle; Anse; Amplepuis; l'Argentière, etc.; dans l'Ain, abbaye de Meyriat; la Valbonne; bords de l'Ain, de la Valserine, etc. P. C.

** *Feuilles non hérissées en dessus de petites soies épineuses.*

† *Feuilles longuement décurrentes.*

768. C. PALUSTRE (Scop.). C. DES MARAIS. — Carduus palustris (L.). — Cnicus palustris (Hoffm.). (Vulg. *Bâton-du-diable.*)

Tige de 1-2 m., droite, cannelée, très-velue, à ailes épineuses, interrompues et comme déchiquetées; f. d'un vert foncé en dessus, laineuses-blanchâtres en dessous, pennatipartites, à partitions décurrentes sur le pétiole commun, terminées par une épine faible et bordées de petits cils spinescents; involucre ovoïde, à écailles appliquées, marquées d'une tache noire, les extérieures ovales et terminées par une pointe courte et piquante, les intérieures linéaires, acuminées et rougeâtres au sommet; fl. rouges, rarement blanches, en capitules agglomérés. ②. Juin-août.

Prairies marécageuses. A. C.

769. C. MONSPESSULANUM (All.). C. DE MONTPELLIER — Cnicus Monspessulanus (Wild.). — Carduus Monspessulanus (L.).

Tige de 6-15 déc., cannelée, dressée; *f. glabres, oblongues-*

lancéolées, bordées, ainsi que leur décurrence, de cils jau-
nâtres et spinulescents; involucre ovoïde-globuleux, *à écail-*
les noirâtres au sommet, *terminées par une pointe courte et*
faiblement spinescente; fl. roses, en capitules petits, pédonculés, ramassés au sommet des tiges. ♃. Juillet-août.

Bord des ruisseaux, en descendant de la Grande-Chartreuse à Grenoble
par le Sappey.

† † *Feuilles non décurrentes ou rarement à décurrence très-courte.*

770. C. OLERACEUM (Scop.). C. DES LIEUX CULTIVÉS. — Cnicus oleraceus (L.).

Tige de 6-12 déc., droite, cannelée, presque glabre; f.
glabres ou à peu près, bordées de cils épineux et inégaux,
les radicales pennatifides et rétrécies en pétiole, *les caulinai-*
res, les sup. surtout, *oblongues, entières ou dentées, à oreil-*
lettes amplexicaules; gros involucre ovoïde, à écailles terminées par une épine molle, et un peu étalées au sommet; *fl.*
d'un blanc jaunâtre, en capitules agglomérés, entourés de
larges bractées décolorées, ovales-lancéolées, bordées de petits cils spinescents. ♃. Juillet-août.

Prés entre Bourgoin et la Verpillière ; dans l'Ain, Nantua, Saint-Rambert,
Lélex, où il abonde dans les prairies.

— Villars l'indique aux environs de Vienne et à Saint-Julien, près de
Crémieux.

771. C. HYBRIDUM (Koch). C. HYBRIDE. — C. palustri-oleraceum (Nægeli).

Comme son second nom l'indique, cette plante paraît intermédiaire entre le *Cirsium palustre* et le *Cirsium olera-*
ceum; la tige velue, les *f. caulinaires pennatifides ou pen-*
natipartites, souvent un peu décurrentes, surtout les inf., la
rapprochent du premier; *les involucres* assez gros, *munis* ordinairement *à leur base de 1-2 petites bractées,* et à écailles
terminées par une épine molle, la ramènent vers le second.
Les *fl.* sont *jaunâtres, lavées de violet,* en capitules agglomérés au sommet de la tige. ♃. Juillet-août.

Marais de Divonne. R.

772. C. SPINOSISSIMUM (Scop.). C. TRÈS-ÉPINEUX. — Cnicus spinosissimus
     (L.).— Carduus spinosissimus (Vill.).

Tige de 2-4 déc., simple, pubescente, très-feuillée surtout
au sommet; f. à côte médiane fortement saillante en dessous,
toutes amplexicaules, les inf. quelquefois un peu décurrentes,
toutes pennatifides, à divisions sinuées-lobées, *à lobes divari-*
qués, bordés de petites épines blanchâtres, dont la terminale
est plus forte que les autres; *involucre ovoïde, à écailles finis-*
sant en longue pointe jaunâtre, faiblement piquante; fl. d'un

blanc jaunâtre, *en capitules réunis par 8-12 au sommet de la tige, et entourés de larges bractées blanchâtres, pennatifides et épineuses comme les feuilles.* ♃. Juillet-août.

Le Grand-Som, à la Grande-Chartreuse.

773. C. GLUTINOSUM (Lamk.). C. GLUTINEUX. — C. crisithales (Scop.). — Cnicus crisithales (L.).

Tige de 5-8 déc., pubescente, peu feuillée au sommet ; f. d'un vert foncé en dessus, plus ou moins pubescentes, *toutes amplexicaules, profondément pennatifides, à divisions acuminées et dentées,* bordées de cils légèrement spinescents ; *involucre globuleux, à écailles visqueuses, simplement mucronées, étalées horizontalement dès leur milieu ou même réfléchies ;* fl. d'un jaune pâle, rarement purpurines, *en capitules penchés, solitaires ou groupés en petit nombre, entièrement dépourvus de bractées.* ♃. Juillet-août.

Bois au dessous de Loule, à Pierre-sur-Haute ; la Faucille, au dessus de Gex. R.

774. C. RIVULARE (Link.). C. DES RUISSEAUX. — C. tricephalodes (D. C.). Carduus crisithales (Vill. non Scop.).

Tige de 1 m. et plus, droite, *simple,* ordinairement rougeâtre, *nue et couverte d'un duvet floconneux et blanchâtre dans le haut ;* f. d'un vert assez foncé en dessus, d'un vert blanchâtre en dessous, *pennatifides ou pennatipartites, à divisions ou partitions* oblongues, étroites, étalées ou un peu confluentes, *à peine dentées,* mais bordées de cils un peu spinescents, les inf. atténuées en un long pétiole ailé, ciliéépineux, dilaté et amplexicaule à la base, *les sup. sessiles, embrassant la tige par deux oreillettes élargies et dentéesépineuses ; involucre à écailles appliquées, mucronées, mais non terminées par une épine ;* fl. rouges, *en capitules ordinairement agrégés au nombre de 2-4 au sommet de la tige.* ♃. Juillet.

Prairies humides à Lélex (Ain).

775. C. RIVULARI-OLERACEUM (Nægeli). C. INTERMÉDIAIRE. — C. ochroleucum b (D. C.).

Tige de 6-8 déc., droite, *simple,* cotonneuse-blanchâtre et quelquefois un peu visqueuse dans le haut ; f. d'un vert gai, plus pâles en dessous, glabres ou pubescentes, bordées de cils un peu épineux, les radicales elliptiques, dentées, atténuées en un long pétiole ailé, les caulinaires ordinairement pennatifides ou pennatipartites dans le bas de la tige, oblongues et simplement dentées dans le haut, mais toujours toutes embrassantes par deux larges oreilles dentéesépineuses ; *involucre* souvent un peu cotonneux à la base, à écailles appliquées ou un peu étalées au sommet, les extérieures terminées par une épine courte et faible; *fl. d'un blanc jaunâtre,* quelquefois un peu rougeâtres au sommet, *en capitules dressés,* courtement pédonculés, *agrégés au nombre de 2-4 au sommet de la tige, ordinairement accompagnés de 1-2 bractées vertes ou à peine décolorées, toujours plus courtes et plus étroites que dans le* Cirsium oleraceum. ♃. Juillet.

Prairies humides à Lélex (Ain), au dessous des châlets Girod. R.

— Cette plante n'est qu'une hybride entre les *Cirsium rivulare* et *oleraceum*, en société desquels elle croît. Elle tient, surtout par ses feuilles, tantôt plus de l'un, tantôt plus de l'autre. Elle a aussi quelques rapports avec le *Cirsium glutinosum*, mais les capitules de celui-ci, toujours penchés, dépourvus de bractées, à écailles toujours gluantes, très-étalées ou même réfléchies dans leur moitié supérieure, servent facilement à le distinguer.

776. **C** ACAULE (All.). C. ACAULE. — Carduus acaulis (L.). — Cnicus acaulis (Wild.).

Tige nulle ou très-peu élevée, et alors toujours très-simple et *uniflore; f.* en rosette radicale, *glabres,* lancéolées, sinuées-pennatifides, à divisions ovales-triangulaires, bordées de petites épines jaunâtres, dont la terminale est plus forte que les autres; *involucre* assez gros, ovoïde, *glabre, à écailles appliquées, faiblement épineuses;* fl. rouges, solitaires. ♃. Juin-août.

Pelouses sèches, surtout des terrains calcaires. P. R.

777. C. TATARICUM (D. C.). C. DES TARTARES. — C. oleraceo-acaule (Hampe).

Comme son second nom l'indique, cette plante semble tenir du *Cirsium oleraceum* et du *Cirsium acaule.* Du premier elle a les *fl. d'un blanc jaunâtre, en capitules entourés à la base de bractées dentelées-épineuses,* mais ces bractées, au nombre de trois, sont vertes et linéaires; du second elle prend la *tige uniflore,* quoique s'élevant de 1 à 6 déc., *les écailles de l'involucre faiblement épineuses,* quoique un peu étalées au sommet, et les *f. pennatifides ou pennatipartites,* à divisions lobées et bordées de petites épines. ♃. Juillet-août.

Dans l'Ain, aux marais de Divonne; Nantua; la Tour; Pradon; forêts des Monts-Dain.

778. C. BULBOSUM (D. C.). C. A RACINE BULBEUSE. — C. pratense (Fl. lyonn.) — Carduus tuberosus (Vill.). — Cnicus tuberosus (Wild.).

Racine courte, à fibres ordinairement renflées en forme de fuseau; *tige de 3-6 déc.,* plus ou moins couverte de flocons d'une espèce de laine blanchâtre, *presque sans f. au moins dans sa moitié supérieure; f.* un peu rudes et vertes en dessus, *couvertes en dessous de flocons blanchâtres,* pennatipartites, à partitions irrégulièrement lobées, décurrentes sur le pétiole commun, et bordées de cils épineux; 1-2 f. caulinaires beaucoup plus petites et moins divisées que les autres:

involucre ovoïde-globuleux, *un peu floconneux, à écailles appliquées et mucronulées; fl. rouges, longuement pédonculées,* ordinairement *solitaires,* rarement 2-3, au sommet de la tige et des rameaux. ♃. Juin-août.

Bois à Saint-Romain-de-Couzon ; prés humides à Yvour. P. R.

779. C. ARVENSE (Scop.). C. DES CHAMPS. — Serratula arvensis (L.). — Cnicus arvensis (Hoffm.). (Vulg. *Chardon hémorrhoïdal.*)

Tige de 5-10 déc., cannelée, *très-rameuse au sommet;* f. sessiles, quelquefois un peu décurrentes, pennatifides ou sinuées-ondulées, bordées de petites épines, presque glabres, pubescentes ou floconneuses-blanchâtres en dessous; *involucre* ovoïde, *à écailles appliquées et à peine épineuses: fl.* d'un rose pâle ou blanches, *en capitules disposés en une panicule corymbiforme.* ♃. Juin-août. (*V. D.*)

Terres, vignes. C. C.

CCXXIV. CARLINA (Tournef.). CARLINE.

Involucre à *écailles* imbriquées, les extérieures épineuses, les *intérieures scarieuses, rayonnantes et plus longues que les fleurons;* réceptacle hérissé de paillettes sétacées. Plantes herbacées.

780. C. CHAMÆLEON (Vill.). C. CHANGEANTE.

Tige très-variable, tantôt nulle, tantôt élevée de 1-3 déc., mais *toujours simple et uniflore ;* f. coriaces, glabres au moins en dessus, quelquefois un peu floconneuses en dessous, profondément pennatifides, à segments fortement épineux, marqués en dessous de nervures saillantes ; *écailles intérieures de l'involucre blanches-argentées* en dedans; *fl.* blanches, *en capitules solitaires* et très-gros. ②. Août-septembre. (*V. D.*)

a. C. *acaulis* (L.). Tige nulle. — La Grande Chartreuse; Saint-Jean-de-Bonnefonds, au hameau de Cervarès.

b. C. *caulescens* (Lamk.). Tige de 1-3 déc., rougeâtre. — Pâturages : Vaux-en-Velin ; Meyzieu ; le Mont-Tout. P. C.

781. C. VULGARIS (L.). C. COMMUNE.

Tige de 1-6 déc., pubescente-cotonneuse surtout au sommet, ordinairement *très-rameuse;* f. fermes, lancéolées, sinuées-dentées, à dents épineuses, blanches-cotonneuses en dessous; *écailles intérieures de l'involucre d'un jaune roussâtre; fl.* de la même couleur, *en capitules disposés en corymbe peu fourni,* rarement solitaires. ②. Juillet-août. (*V. D.*)

Lieux secs et incultes. C. C.

CCXXV. Leuzea (D. C.). Leuzée.

Involucre à écailles imbriquées, scarieuses-roussâtres, luisantes, *non épineuses*, ayant la forme d'une cuiller arrondie et souvent déchirée au sommet; *fleurons tous égaux et fertiles*; réceptacle hérissé de soies; *graines* comprimées, *marquées d'une petite côte sur chaque face.* Plantes herbacées.

782. L. conifera (D. C.) L. conifère — Centaurea conifera (L.).

Tige de 1-4 déc., ordinairement simple et uniflore, quelquefois rameuse et portant 2-3 fleurs, couverte de flocons d'une espèce de laine blanchâtre; f. vertes, rudes et un peu floconneuses en dessus, entièrement couvertes en dessous de cette même laine blanche qui est sur la tige, les radicales souvent entières ou un peu découpées à la base, les autres pennatiséquées, à segments décurrents sur le pétiole commun; fl. roses, peu nombreuses, formant comme une petite houppe au sommet de l'involucre, qui est gros, ovoïde, et ressemble à une pomme de sapin. ♃. Juillet.

Pelouses et bois au dessus des carrières de Couzon, où elle n'est pas rare.— Ne se trouve pas ailleurs dans le rayon de notre Flore.

II⁰ Sous-Tribu: CARDUACÉES. — *Graines toutes à aigrettes simples, manquant rarement.*

CCXXVI. Centaurea (L.). Centaurée.

Involucre à écailles imbriquées, diversement terminées; *fleurons de la circonférence ordinairement plus grands et stériles*; réceptacle garni de soies; *graines à aigrettes inégales, disposées sur plusieurs rangs.* Plantes herbacées, à f. non épineuses.

* *Ecailles de l'involucre sans épines.*

† *Ecailles très-entières, lancéolées-linéaires et acuminées.*

783. C. crupina (L.). C. chondrille. — Crupina vulgaris (Cass.).

Tige de 3-6 déc., ordinairement simple jusqu'au sommet; f. radicales ovales-oblongues, entières ou lyrées-pennatifides, flétries au moment de la floraison; f. caulinaires pennatiséquées, à segments linéaires bordés de petites dents rudes; involucre ovale-oblong, à écailles vertes au moins au milieu, souvent rougeâtres-violacées surtout au sommet, un peu scarieuses sur les bords; graines à aigrettes noirâtres à la maturité; fl. purpurines. ①. Juillet-août.

Terres à Caluire; clairières à Vassieux. A. R.

†† *Ecailles de l'involucre terminées par un appendice scarieux, entier,*
déchiré ou cilié.

781. C. JACEA (L.). C. JACÉE. (Vulg. *Tête-de-moineau.*)

Plante très-variable. Tige de 3-8 déc., simple ou rameuse, droite ou décombante, un peu rude sur les angles, surtout au sommet; f. rudes sur les faces et surtout sur les bords, les inf. ordinairement sinuées-dentées ou sinuées-pennatifides, les sup. communément très-entières : il arrive cependant que les inf. sont entières et les sup. plus ou moins dentées; *écailles de l'involucre terminées par un appendice scarieux, roussâtre,* le plus souvent noirâtre au centre, *entier ou plus ou moins déchiré ; graines sans aigrette;* fl. rouges, rarement blanches, les extérieures rayonnantes, en capitules ordinairement solitaires, rarement géminés, à l'extrémité de chaque rameau. ♃. Juin-octobre.

a. C. *vulgaris.* F. plus vertes que blanches; écailles de l'involucre roussâtres, les inf. déchirées en lanières si fines qu'on dirait ces écailles ciliées.

b. C. *amara* (Thuill.). F. un peu cotonneuses et blanchâtres, les caulinaires ordinairement lancéolées ou linéaires et très-entières, écailles de l'involucre blanchâtres, toutes entières ou seulement déchirées.

Prés et bord des bois. C.

— Il est très-difficile de distinguer ces deux variétés, dont quelques auteurs font des espèces. Les caractères distinctifs qu'ils leur assignent ne sont certainement pas constants. Quoi qu'ils puissent dire sur l'époque de la floraison, qu'ils assurent être différente, il est certain que je les ai vues toutes les deux en fleurs le 13 juillet, et, par conséquent, qu'il est faux de prétendre, comme ils le font, que le C. *amara* ne fleurit qu'à dater du mois d'août.

785. C. NIGRA (L.). C. NOIRE.

Tige de 2-8 déc., dressée, simple ou rameuse; *f. vertes,* un peu rudes, *lancéolées,* bordées de très-petites dents écartées et perpendiculaires, les inf. atténuées en pétiole; *écailles de l'involucre toutes terminées par un appendice ovale-lancéolé, d'un brun noir, bordé de longs cils de la même couleur; graines couronnées par une aigrette très-courte;* fl. rouges, rarement blanches, *toutes fertiles et égales,* en capitules solitaires, rarement géminés, à l'extrémité de chaque tige ou de chaque rameau. ♃. Juillet-septembre. (V. D.)

Prés : Pilat ; Aujoux, dans le Beaujolais; Reilheux.

b. C. *decipiens* (Thuill.). F. caulinaires linéaires, très-entières ; écailles de l'involucre arides et roussâtres. — Taillis à Givors.

— Le C. *nemoralis* (Jord.) diffère du C. *nigra* 1° par sa tige plus élevée, plus multiflore, à rameaux plus étalés; 2° par ses involucres plus petits, à écailles moins noires, plus rousses, plus étroites-lancéolées. — Bois à Charbonnières, Dardilly, etc.

786. C. PECTINATA (L.). C. PECTINÉE.

Tige de 1-4 déc., grêle, anguleuse, rameuse, plus ou moins

loconneuse ; f. d'un vert cendré ou cotonneuses comme la
.ige, les inf. entières, dentées ou sinuées-pennatifides, atté-
1uées en pétiole, les sup. ovales-oblongues, un peu amplexi-
:aules, mucronées, entières ou bordées de dents écartées;
icailles de l'involucre terminées par un long appendice li-
*iéaire, noir à la base, roux et recourbé au sommet, longuement
:ilié ; graines à aigrette très-courte ; fl. rouges, ordinairement
.outes égales, les extérieures quelquefois un peu rayonnantes,
:n capitules entourés de feuilles et solitaires à l'extrémité de
:haque rameau. ♃. Juillet-août.

Environs de Saint-Étienne-en-Forez. R.

787. C. MONTANA (L.). C. DE MONTAGNE. (Vulg. *Bluet vivace.*)

Racine munie de stolons souterrains; tige de 2-5 déc.,
droite, presque toujours simple et uniflore ; f. ovales ou oblon-
ques-lancéolées, atténuées à la base, entières ou un peu denticulées, *toutes si longuement décurrentes que la tige est entière-
rement ailée,* blanchâtres-cotonneuses, surtout sur leur page
inférieure ; gros involucre à écailles oblongues, munies au
sommet d'une bordure noire et frangée ; *aigrette égalant
tout au plus le quart de la graine ;* fleurons de la circonférence
plus grands, stériles et d'un bleu vif, ceux du centre plus
petits, fertiles et violacés. ♃. Juillet-août. (V. D.)

Prés et bois des hautes montagnes : Pierre-sur-Haute ; la Grande-Chartreuse ; le Colombier ; Retord ; le Jura, et dans toutes les hautes prairies du
Bugey. — Cultivée à fl. bleues et à fl. blanches.

b. C. *undulata.* F. caulinaires oblongues ou linéaires-lancéolées, munies
     sur les bords de quelques découpures qui les rendent ondulées et
     presque lyrées. — Prairies du Poizat; revers occidental du Reculet.

788. C. LUGDUNENSIS (Jord.). C. LYONNAISE. — C. montana angustifolia
     (Auct.).

Racine sans stolons souterrains; tige de 3-6 déc., anguleuse,
ordinairement simple et uniflore ; f. entières, souvent ondulées, *longuement lancéolées-linéaires, incomplétement décurrentes de l'une à l'autre,* ce qui fait que la tige n'est pas entièrement ailée ; involucre assez gros, à écailles oblongues, entourées au sommet d'une bordure d'un brun noirâtre, découpée
en franges rousses ; *aigrettes* également roussâtres, *égalant à
peu près en longueur la moitié de la graine ;* fleurons comme
dans la précédente. ♃. Mai-juin.

Bois : la Pape; Couzon ; le Reculet ; les Monts-Dain ; descente de Retord du
côté de Châtillon.

—Notre plante lyonnaise, que j'ai vue cultivée, conserve constamment tous
ses caractères : c'est donc une bonne espèce.

— On trouve sur les rochers et dans les bois du Garon une espèce ou variété
qui en est très-voisine, mais qui cependant en paraît véritablement différente.

Toutes les f. sont plus cotonneuses-blanchâtres, non seulement sur les bords, mais sur le limbe entier, surtout en dessous ; *les radicales sont oblongues ou même ovales, atténuées en un pétiole ailé; les graines sont couronnées d'une aigrette roussâtre, environ de moitié plus courte qu'elle.* N'ayant pas observé si elle se maintient par le semis, je me contente de la signaler aux observations des savants. Le duvet dont elle est recouverte, la forme de ses f. radicales la rapprochent de la C. *de montagne;* la forme des f. caulinaires et sa graine la rapprochent encore davantage de la C. *Lyonnaise.*

789. C. CYANUS (L.). C. BLUET.

Tige de 3-6 déc., droite, anguleuse, *ordinairement rameuse et pluriflore*, légèrement couverte de flocons cotonneux, ainsi que les feuilles; f. radicales obovales-lancéolées, entières ou trifides, *les caulinaires linéaires-lancéolées*, entières ou dentées à la base, *sessiles, mais nullement décurrentes; involucre à écailles* d'un vert pâle sur le dos et *entourées d'une bordure brune ou noirâtre qui est frangée-ciliée ; aigrette rousse égalant à peu près la graine ;* fleurons de la circonférence plus grands, stériles, ordinairement d'un beau bleu de ciel, quelquefois blancs, rosés, violacés ou bigarrés de ces diverses couleurs, ceux du centre plus petits, fertiles, ordinairement purpurins. ②. Mai-juillet. (*V. D.*)

Champs, moissons. C. C. C. — Jardins.

790. C. SCABIOSA (L.). C. SCABIEUSE.

Tige de 3-8 déc., droite ou ascendante, ferme, anguleuse, plus ou moins rameuse au sommet; f. ordinairement rudes et un peu cotonneuses en dessous, *les caulinaires moyennes et sup. jamais décurrentes, profondément pennatiséquées*, à segments oblongs ou linéaires, entiers ou plus ou moins dentés, incisés ou pennatifides, légèrement décurrents sur le pétiole commun, les inf. très-variables, tantôt oblongues-lancéolées, entières ou dentées, tantôt lyrées ou même pennatiséquées comme les sup., mais à segments plus larges; *involucre assez gros, à écailles sans nervures*, terminées par un appendice triangulaire d'un brun noir et bordé de cils roussâtres; *aigrette rousse, égalant à peu près la graine ;* fl. purpurines, en capitules solitaires, rarement géminés, au sommet de longs pédoncules. ♃. Juillet-août.

Prés et bois. Ç.

791. C. PANICULATA (L.). C. PANICULÉE.

Tige de 3-8 déc., ferme, un peu anguleuse, plus ou moins cotonneuse, à rameaux paniculés ; f. blanchâtres-tomenteuses, 1-2 *fois pennatiséquées*, à segments oblongs et linéaires, les plus voisines des fl. ordinairement entières; *involucre ovale, à écailles nervées*, d'un vert blanchâtre, *terminées par un petit appendice triangulaire, roux et bordé de cils de la même couleur; aigrette blanche, égalant à peu près le tiers de la graine;* fl. roses, rarement blanches, en capitules petits et nombreux. ②. Juillet-septembre.

Coteaux secs, bord des chemins. C. C. C.
— Ne remonte pas plus haut que Meximieux.

792. C. **MACULOSA** (Lamk.). C. TACHÉE.

Tige de 2-8 déc., ferme, un peu anguleuse, plus ou moins cotonneuse, à rameaux paniculés; *f.* pubescentes-grisâtres, *profondément découpées en lanières linéaires et acuminées; involucre* presque sphérique, *à écailles nervées,* blanchâtres, *terminées par un appendice* ovale-arrondi, *marqué d'une tache d'un brun noirâtre et bordé de cils blancs; aigrette blanche, égalant à peu près la moitié de la graine;* fl. roses, en capitules plus gros que dans l'espèce précédente. ②. Juillet-septembre.

Lieux sablonneux et chauds, à Givors, à Rive-de-Gier et aux environs. R.

** *Involucre à écailles épineuses.*

793. C. **ASPERA** (L.). C. RUDE.

Tige de 3-6 déc., rude sur les angles qui sont bien prononcés, très-rameuse, à rameaux paniculés; f. rudes, les radicales lyrées et pétiolées, les caulinaires sessiles, irrégulièrement pennatifides ou incisées, à l'exception des sup., qui sont linéaires, entières ou seulement denticulées; *involucre ovoïde, à écailles terminées par une épine palmée, à 3-5 pointes peu inégales et réfléchies; graines portant toutes une aigrette qui égale à peu près le tiers de leur longueur;* fl. purpurines, rarement blanches, en capitules nombreux. ♃. Juillet-septembre.

Lyon, à la Tête-d'Or. R.

794. C. **APULA** (Lamk.). C. ACCROCHANTE.

Tige de 3-8 déc., droite, rameuse, velue et un peu anguleuse; f. grisâtres et un peu rudes, les radicales lyrées, les *caulinaires plus ou moins décurrentes,* oblongues et sinuées-dentées à la base et au milieu, linéaires et entières au sommet; *involucre à écailles* cotonneuses, *terminées par une épine pennée, munie de petites épines latérales jusques vers son milieu; graines munies d'une aigrette* qui leur est à peu près égale; *fl. jaunes,* en capitules, les uns terminaux, les autres disposés le long des rameaux. ①. Juillet-septembre.

Trouvée à la Mouche.

795. C. **SOLSTITIALIS** (L.). C. DU SOLSTICE.

Tige de 3-6 déc., droite, très-rameuse, anguleuse, couverte, ainsi que les feuilles, d'un duvet blanc-cotonneux; *f.* radicales lyrées-pennatipartites, les *caulinaires linéaires-lancéolées, très-entières, longuement décurrentes,* en sorte que la tige est ailée; *involucre à écailles terminées par une épine* d'un jaune-paille, *très-allongée, munie seulement à sa base de petites épines latérales*, courtes et faibles; *graines pourvues d'une aigrette* plus longue qu'elles; *fl. jaunes*, en capitules solitaires. ②. Juillet-septembre. (*V. D.*)

Endroits chauds : Saint-Alban; Villeurbanne; Dessine ; Vernaison ; et dans l'Ain, Grammont, Volognat, etc.

796. C. CALCITRAPA (L.). C. CHAUSSE-TRAPE. (Vulg. *Chardon étoilé.*)

Tige de 2-4 déc., blanchâtre, très-rameuse, à rameaux étalés ; f. molles, pennatifides ou pennatipartites, à segments linéaires, acuminés, dentés ou incisés, les florales seules linéaires et entières ; *involucre ovoïde, à écailles terminées par une épine* d'un blanc jaunâtre, *très-forte et très-allongée* (1), *munie à sa base d'épines latérales plus courtes et plus faibles; graines sans aigrette; fl. roses quelquefois blanches*, terminales et axillaires. ②. Juillet-septembre. (*V. D.*)

Lieux stériles, bord des chemins. C. C. C.

797. C. MYACANTHA (D. C.). C. A ÉPINES COURTES.

Diffère de la précédente 1° par les *f. caulinaires moyennes*, qui sont, aussi bien que les sup., *linéaires, entières ou bordées seulement de quelques dents;* 2° par l'*involucre*, qui est *oblong-cylindrique, à écailles moyennes terminées par 5-7 épines peu inégales.* ②. Juin-septembre.

Trouvée à la Mulatière.

798. C. POUZINI (D. C.). C. DE POUZIN. — C. calcitrapo-aspera (Gren. et Godr.).

Cette plante est intermédiaire entre les *Centaurea aspera* et *calcitrapa.* De la première elle a les *graines munies d'une aigrette courte* dans les fleurons fertiles, et l'involucre conique, quoique plus allongé; à la seconde elle prend son port, ses feuilles, et les *écailles de l'involucre terminées par une longue épine munie à sa base de petites épines latérales beaucoup plus courtes et plus faibles;* les fl., purpurines et toutes égales, sont disposées en capitules solitaires et terminaux. ②. Août-septembre.

Givors, dans le lit du Gier; Chasse, près Givors. R. R.

CCXXVII. KENTROPHYLLUM (Neck.). KENTROPHYLLE.

Involucre à écailles extérieures foliacées et divisées en lobes épineux; fleurons tous égaux et fertiles; réceptacle hérissé de paillettes découpées comme des soies; *graines obovales, à 4 côtes* surmontées, au moins dans les fleurs centrales, d'une

_____

(1) Ces longues épines blanches, étalées en étoile longtemps avant la floraison, ont donné à ce chardon son nom vulgaire.

aigrette courte, formée de paillettes inégales disposées sur plusieurs rangs. Plantes herbacées, à *feuilles épineuses*.

799 K. LANATUM (Duby). K. A TIGE LAINEUSE. — Centaurea lanata (D. C.). — Carthamus lanatus (L.).

Tige de 3-6 déc., très-ferme et très-dure, rameuse, laineuse au sommet, ainsi que les involucres ; f. fermes, coriaces, pliées, à nervures saillantes, les inf. pennatifides, les sup. seulement dentées, mais toutes à dents ou lobes fortement épineux ; fl. jaunes. ①. Juillet-août. (*V. D.*)

Lieux incultes, bord des chemins : Villeurbanne ; Saint-Alban ; Vernaison etc.; la Valbonne, dans l'Ain.

CCXXVIII. Carduus (L.). Chardon.

Involucre à écailles imbriquées, *simples, plus ou moins épineuses au sommet* ; réceptacle hérissé ; *étamines à filets libres* ; *graines à aigrettes denticulées*, caduques, réunies à la base par un anneau. Plantes herbacées, à *feuilles plus ou moins épineuses.*

* *Involucre cylindracé.*

800. C. TENUIFLORUS (Curt.). C. A PETITES FLEURS.

Tige de 3-10 déc., ailée, rameuse, cannelée, couverte d'un duvet cotonneux ; f. largement et longuement décurrentes, à décurrence épineuse, du reste sinuées-pennatifides, à lobes épineux, vertes et pubescentes en dessus, floconneuses et blanches en dessous ; *involucre oblong-cylindracé*, à écailles lancéolées, acuminées, piquantes, un peu étalées au sommet ; *fl. roses ou blanches, en capitules petits, nombreux, sessiles et agglomérés* au sommet des rameaux et à l'aisselle des feuilles. ① ou ②. Juin-août.

Champs, bord des chemins, décombres. C. C. C.

801. C. PYCNOCEPHALUS (Jacq.). C. A TÊTES SERRÉES.

Diffère du précédent principalement par ses *fl. en capitules ovales-oblongs*, plus gros, *solitaires ou réunis seulement par 2-3, distinctement et assez longuement pédonculés*, surtout les terminaux. ① ou ②. Juillet-août.

Lyon, à Perrache. R.

** *Involucre ovale ou arrondi.*

802. C. NUTANS (L.). C. PENCHÉ.

Tige de 3-6 déc., cotonneuse, ailée, simple ou rameuse ; f. à décurrence épineuse, pubescentes-cendrées au moins en dessous, toutes pennatifides, à divisions irrégulièrement bi ou trifides, dentées-épineuses ; *pédoncules tomenteux, sans aile ou n'en offrant qu'une très-étroite ;* involucre à écailles moyennes et inf. recourbées et terminées par une forte

11

épine ; *fl.* rouges ou blanches, *réunies au sommet de la tige ou des rameaux en 1, 2 ou 3 grosses têtes penchées.* ②. Juin-septembre. (*V. D.*)

Bord des champs et des chemins. P. R.

803. C. CRISPUS (L.). C. CRÉPU.

Tige de 6-10 déc., pubescente, ailée, très-rameuse ; f. à décurrence épineuse, vertes et rudes en dessus, légèrement pubescentes-cotonneuses en dessous, toutes oblongues, si-nuées-pennatifides, à lobes peu profonds, dentés-épineux ; *pédoncules courts, cotonneux, ailés-épineux jusqu'au sommet ;* involucre à écailles linéaires, droites ou à peine étalées, ter-minées par une épine faible ; *fl.* rouges ou blanches, *en capi-tules dressés, agrégés ou solitaires, mais toujours très-cour-tement pédonculés.* ①. Juillet-septembre.

Bord des chemins, endroits pierreux. P. R.

804. C. CRISPO-NUTANS (Jord.). C. CRÉPU ET PENCHÉ. — C. acanthoides var. collaris (Rchb.).

Cette plante tient le milieu entre les *Carduus crispus* et *nutans.* Du premier elle a le port, les feuilles, la tige ra-meuse, les *pédoncules ailés-épineux jusqu'au sommet,* les *ca-pitules dressés ;* au second elle prend ses *involucres à écailles moyennes et inf. étalées et terminées par une épine assez forte,* quoique moins que dans le *Carduus nutans,* et ses ca-pitules ordinairement solitaires, rarement géminés ou ternés, portés sur des *pédoncules assez allongés.* Les têtes de fl. sont plus grosses que dans le *Carduus crispus,* mais moins que dans le *Carduus nutans.* ②. Juillet-août.

Lyon, à Perrache. A. R.

805. C. DEFLORATUS (L.). C. A FLEURS CADUQUES (1). — C. carlinæfolius (Gaud. non Lamk.). — C. cirsioides (Vill.).

Racine traçante, noirâtre, à fibres napiformes ; tige de 2-4 déc., anguleuse, ailée dans sa partie inférieure, nue dans sa moitié supérieure ; f. glabres et d'un vert foncé en dessus, *d'un vert glauque en dessous,* plus ou moins froncées et découpées, à lobes terminés par une courte épine ; *involucre à écailles vertes, linéaires,* les moyennes et les inf. ouvertes à angle droit, *terminées par une pointe très-peu piquante ; pédoncules allongés, lanugineux, sans aile ni épine, nus ou ne portant que 1-2 bractées ; fl.* d'un beau rouge, rarement blanches, *en capi-tules assez gros, d'abord dressés, puis penchés.* ♃. Juillet-août.

Pâturages, bois ombragés : la Grande-Chartreuse ; et dans l'Ain, rocher

_____

(1) Aussitôt après la floraison, les capitules se détachent facilement ; dès que la graine est mûre, ils tombent d'eux-mêmes, de sorte que les pédoncules sont comme décapités : c'est là, sans doute, ce qui a fait donner son nom à ce chardon.

du Nid-d'Aigle, à Saint-Rambert; le Colombier; Evosges; Nantua; tout le haut Bugey.

806. C. PERSONATA (Jacq). C. BARDANE.

Tige de 5-10 déc., dressée, anguleuse, *ailée*, étroitement rameuse au sommet; *f.* vertes en dessus, *blanches-tomenteuses en dessous, les radicales pennatifides*, laciniées et découpées comme celles de l'Acanthe, *les caulinaires* tout différentes, *entières, lancéolées*, bordées de dents inégales et spinulescentes, longuement décurrentes, à décurrence lobée-épineuse; involucre à écailles linéaires, arquées en dehors, terminées par une pointe molle et peu piquante; fl. rouges, *en capitules sessiles ou presque sessiles, agglomérés au nombre de 2-4 au sommet de chaque rameau.* ♃. Juillet-août.

Prés et bois humides : la Grande Chartreuse; le Colombier, dans la forêt d'Arvières.

CCXXIX. Sylibum (Vaill.). Sylibe.

Involucre à écailles imbriquées, les *extérieures terminées par un appendice foliacé, divisé en lobes épineux; étamines à filets entièrement soudés;* pour le reste, comme au genre *Carduus.*

807. S. MARIANUM (Gœrtn.). S. MARIE.—Carduus Marianus (L.). (Vulg.*Chardon-Marie.*)

Tige de 3-10 déc., droite, sillonnée, rameuse; f. glabres, ordinairement marbrées de blanc, sinuées-pennatifides, à lobes épineux, les radicales atténuées en pétiole, les caulinaires amplexicaules; épine terminale des écailles de l'involucre très-longue et très-forte; fl. purpurines ou blanches, en capitules très-gros. ②. Juillet-août. (*V. D.*)

La Pape; Caluire; Montluel.—Jardins.

CCXXX. Onopordum (L.). Onoporde.

Involucre à écailles imbriquées, terminées par une forte épine; *réceptacle nu, creusé de petites fossettes;* le reste comme au genre *Carduus.*

808. O. ACANTHIUM (L.). O. A FEUILLES D'ACANTHE.

Tige de 5-15 déc., droite, robuste, largement ailée-épineuse, couverte, ainsi que les feuilles, d'un duvet cotonneux; f. sinuées-pennatifides, à lobes courts et épineux; involucre garni d'un duvet cotonneux, à écailles lancéolées-linéaires, fortement piquantes, *les inf. étalées, mais non réfléchies;* fl. rouges, quelquefois blanches, en gros capitules. ②. Juillet-août. (*V. D.*)

Lieux incultes, bord des routes. C. C.

809. O. ILLYRICUM (L.). O. D'ILLYRIE.

Diffère du précédent surtout par ses *involucres* moins cotonneux, *à écailles* roussâtres, plus larges, les *inf. arquées et réfléchies*. Les f., plus étroites, sont plus profondément découpées. ②. Juillet-août.

Indiqué à Vienne par Villars.

CCXXXI. Serratula (L.). Sarrette.

Involucre à écailles imbriquées, très-aiguës, un peu piquantes, mais *non épineuses; réceptacle garni de paillettes fines comme des soies;* fleurons tous égaux et fertiles; *graines à aigrettes persistantes,* composées de poils denticulés, disposés sur plusieurs rangs, *ceux du rang intérieur les plus longs.* Plantes herbacées.

810. S. tinctoria (L.). S. des teinturiers.

Plante très-glabre. Tige de 4-8 déc., droite, anguleuse, rameuse au sommet; f. radicales souvent ovales et en cœur, les caulinaires ordinairement lyrées-pennatifides, à segment terminal plus long et plus large que les autres, toutes bordées de dents très-aiguës et un peu épineuses; involucre oblong-cylindrique, à écailles d'un brun rougeâtre; fl. rouges, rarement blanches, en corymbe terminal. ♃. Juillet-octobre. (V. D.)

b. S. *integrifolia.* F. toutes entières, simplement dentées.

Bois et prés humides : Vassieux; Francheville; Souzy; la Grande-Chartreuse; dans l'Ain, aux marais de Château-Gaillard, sur le Mont, au Grâlet. P. R.

CCXXXII. Lappa (Tournef.). Bardane.

Involucre globuleux, *à écailles* linéaires, *recourbées en hameçon au sommet;* réceptacle garni de paillettes sétacées; aigrettes à poils courts, disposés sur plusieurs rangs. Plantes herbacées, à f. non épineuses.

811. L. major (Gœrtn.). Grande Bardane. — Arctium lappa (Wild.).

Tige de 4-2 mètres, droite, robuste, anguleuse, rameuse, souvent rougeâtre; f. toutes pétiolées, vertes et pubescentes en dessus, plus ou moins blanches-tomenteuses en dessous, les radicales très-grandes et en cœur, les sup. ovales-lancéolées et dentées; *involucre glabre ou à peu près, à écailles toutes en crochet au sommet et toutes vertes;* fl. rouges, rarement blanches, en gros capitules disposés en grappes corymbiformes. ②. Juillet-août. (V. D.)

Bords du Rhône à Sain-Fonds. A. R.

812. L. minor (D. C.). Petite Bardane. — Arctium lappa a (L.).

Diffère de la précédente par sa taille un peu moins élevée; par ses *involucres quelquefois un peu aranéeux et à écailles intérieures rougeâtres;* par ses capitules de fleurs deux fois plus petits, presque en grappes, et par sa floraison de 15 jours au moins plus précoce. ②. Juin-août.

Terrains gras et incultes. C.

813. L. TOMENTOSA (Lamk.). B. COTONNEUSE. — Arctium lappa *b* (L.).

Diffère des deux précédentes par ses *involucres couverts d'un duvet cotonneux très-abondant*, à *écailles intérieures* lancéolées, *obtuses*, colorées au sommet et *terminées par une pointe droite*. Les capitules de fl., plus petits que dans le L. *major* et plus gros que dans le L. *minor*, sont disposés en grappe corymbiforme serrée. ②. Juillet-août.

Abbaye de Meyriat (Ain). R. R.

IIIᵉ Sous-Tribu : XÉRANTHÉMÉES. — *Graines à aigrette formée par des paillettes ou remplacées par une membrane courte et fimbriée.*

CCXXXIII. XERANTHEMUM (L.). IMMORTELLE.

Involucre d'écailles imbriquées, scarieuses, les *intérieures colorées, allongées et rayonnantes;* réceptable garni de paillettes ; *graines du centre surmontées de petites paillettes.* Plantes herbacées, à *fl. réunies en assez grand nombre dans chaque involucre.*

814. X. INAPERTUM (Wild.). I. A FLEURS FERMÉES.

Tige de 1-3 déc., droite, rameuse au sommet, toute couverte, ainsi que les feuilles, d'un duvet floconneux ; f. linéaires-lancéolées ; *involucre ovoïde, à écailles glabres,* entièrement scarieuses, *les extérieures terminées par une petite soie,* blanchâtres, excepté sur le milieu où elles sont marquées d'une ligne roussâtre, *les intérieures* plus longues, ordinairement colorées en rose en dedans, *dressées à l'ombre et à peine étalées au soleil ;* fl. rougeâtres, en capitules solitaires au sommet des rameaux. ①. Juin-juillet.

Entre Cogny et Saint-Cyr-de-Chatoux, près de Villefranche ; à Meximieux, aux peupliers. R.

— On a trouvé près du Grand-Camp, à Lyon, le X. *cylindraceum* (Sibth.). Il y avait été semé par hasard, et il n'y est plus.

CCXXXIV. ECHINOPS (L.). BOULETTE.

Petits capitules uniflores, ayant chacun leur involucre particulier formé d'écailles imbriquées, linéaires, épineuses : ces petits capitules sont entourés de soies à la base et réunis en grosse tête globuleuse dans un involucre général, à folioles réfléchies; *graines surmontées d'une membrane courte et fimbriée.* Plantes herbacées, à feuilles épineuses.

815. E. RITRO (L.). B. AZURÉE.

Tige de 2-4 déc., très-rameuse, toute couverte d'un duvet

blanc-tomenteux ; f. pennatifides, à segments étroits, lobés, et très-épineux, fortement blanches-tomenteuses en dessous, vertes, lisses, glabres ou couvertes d'un duvet moins épais, cotonneux et caduc en dessus ; fl. d'un beau bleu de ciel. ♃. Juillet-août. (*V. D.*)

Environs de Vienne. R.

IIᵉ Tᴀɪʙᴜ : **CORYMBIFÈRES**. — **Toutes les flosculeuses à style sans articulation, et toutes les radiées. Feuilles et involucre jamais épineux.**

1ʳᵉ Sous-Tribu. — *Fleurs flosculeuses, très-rarement radiées* (1).

1ʳᵉ Section. — *Graines à aigrette poilue.*

CCXXXV. Hᴇʟɪᴄʜʀʏsᴜᴍ (D. C.). Hᴇʟɪᴄʜʀʏsᴇ.

Involucre à écailles imbriquées, scarieuses, ordinairement brillantes et colorées, *conniventes à la maturité ; fleurons de la circonférence sans étamines et disposés sur un seul rang*, les autres à étamines et carpelles ; réceptacle nu. Plantes souvent sous-ligneuses à la base.

816. H. sᴛᴀᴄʜᴀs (D. C.) H. ᴅᴏʀᴇ́ᴇ. — Gnaphalium stæchas (L.). (Vulg. *Éternelle.*)

Plante odorante. Tige de 1-3 déc., sous-ligneuse à la base, toute couverte d'un duvet blanc-tomenteux ; f. cotonneuses, linéaires, éparses, à bords enroulés ; involucre à écailles dorées, toutes serrées les unes contre les autres ; fl. jaunes, en corymbes terminaux très-serrés, presque globuleux. ♄. Juillet-août. (*V. D.*)

Coteaux secs et chauds : sur les bords du Rhône ; Bonnand ; Saint-Alban, etc.; rives de l'Ain. P. R.

CCXXXVI. Gɴᴀᴘʜᴀʟɪᴜᴍ (L.). Gɴᴀᴘʜᴀʟᴇ.

Involucre à écailles imbriquées, scarieuses, *non conniventes à la maturité* ; fl. rarement dioïques, à *fleurons de la circonférence sans étamines, disposés sur plusieurs rangs, mais jamais mêlés aux écailles intérieures de l'involucre*, ceux du centre à étamines et carpelles ; réceptacle nu ; graines toutes surmontées d'une aigrette de poils. Plantes herbacées, à *fl. réunies en petits capitules hémisphériques ou cylindracés*.

_____

(1) Les *Tussilago farfara* et *fragrans*, ainsi qu'une variété du *Bidens cernua*, font seuls exception.

* *Fleurs dioïques.*

817. G. DIOICUM (L.) G. DIOÏQUE. — Antennaria dioïca (Gœrtn.). (Vulg. *Pied-de-chat.*)

Tige simple, dressée, cotonneuse, *émettant à sa base de longs rejets rampants et feuillés;* f. blanches-tomenteuses, les radicales obovales-spatulées, les caulinaires lancéolées-linéaires; involucre à écailles ordinairement blanches dans les fl. à carpelles, souvent roses dans les fl. à étamines; fl. formant des capitules laineux à leur base et disposés en corymbe terminal serré. ♃. Mai-août. (*V. D.*)

Pâturages : le Mont-Tout; Pilat; montagnes du Beaujolais et de l'Ain.

818. G. ALPINUM (Vill.). G. DES ALPES. — G. Carpaticum (Wahlenb.). — Antennaria Carpatica (Bluff. et Fing.).

Tige de 5-15 cent., dressée, cotonneuse, simple, *sans rejets rampants à la base;* f. blanches-tomenteuses en dessous, l'étant moins ou ne l'étant pas en dessus, les radicales lancéolées et atténuées à la base, les caulinaires d'autant plus linéaires qu'elles sont plus voisines du sommet; *involucre à écailles roussâtres, plus ou moins tachées de noir;* fl. en capitules pédonculés, réunis en corymbe simple et serré. ♃. Juillet-août.

Le Mont-Jura. R. R.

** *Fleurs du centre de chaque capitule à étamines et carpelles.*

819. G. LEONTOPODIUM (Scop.). G. PIED-DE-LION. — Filago leontopodium (L.). — Leontopodium alpinum (Cass.).

Plante toute blanche-laineuse. Tige de 1-3 déc., très-simple; f. lancéolées-linéaires, les inf. atténuées en pétiole; involucre à écailles noirâtres, plongées dans un épais duvet; *fl. réunies en capitules* sessiles ou à peu près, formant au sommet de la tige des corymbes très-serrés, *entourés de bractées blanches-laineuses qui s'étalent en rayons inégaux et plus longs qu'eux.* ♃. Juillet-août.

Le Mont-Jura, sur les sommets exposés au nord et peu chargés d'herbe. R. R.

820. G. LUTEO-ALBUM (L.). G. JAUNATRE.

Plante toute blanche-laineuse. Tige de 2-4 déc., dressée, molle; f. lancéolées, demi-amplexicaules, les inf. obtuses, les sup. aiguës au sommet; *involucre à écailles glabres, luisantes et d'un jaune pâle;* fl. en têtes compactes, *non feuillées,* formant par leur réunion *un corymbe composé.* ①. Juillet-août.

Lieux humides. A. C.

821. G. SYLVATICUM (L.). G. DES FORÊTS. — G. Norwegicum (Retz non Gunner).

Tige de 2-6 déc., simple, dressée ou ascendante, tomen-

teuse-blanchâtre ; f. blanches-tomenteuses au moins et surtout en dessous, toutes aiguës et atténuées à la base, d'autant plus étroites qu'on se rapproche davantage du sommet de
la tige ; *involucre à écailles* glabres, scarieuses, luisantes, *roussâtres et marquées de taches d'un brun noirâtre ; fl. nombreuses,
disposées en un épi terminal et feuillé.* ♃. Juillet-août.

Bois : Tassin ; Brignais ; Cerclé, dans le Beaujolais ; Pomeys, près de l'Argentière ; Pilat ; dans l'Ain, Saint-Rambert, au bois du Fays, etc. P. R.

822. G. ULIGINOSUM (L.). G DES FANGES.

Tige de 5-15 cent., laineuse surtout au sommet, *très-ra-
mifiée dès la base ;* f. lancéolées-linéaires, mucronées au
sommet, atténuées inférieurement ; involucre à écailles brunâtres et luisantes ; *fl. réunies en paquets terminaux, sessiles
au milieu de f. qui les dépassent et munis à leur base d'un duvet laineux très-épais.* ②. Juillet-septembre.

Fossés, bord des marais : la Tête-d'Or ; Pierre-Bénite ; Saint-André-de-
Corcy, etc. P. R.

823. G. SUPINUM (L.). G. COUCHÉ.

Tiges très-basses, *filiformes, simples, souvent couchées ;*
f. toutes linéaires, très-étroites, cotonneuses ; involucre à
écailles glabres, luisantes, roussâtres ou brunâtres sur les
bords, marquées d'une ligne verte sur le dos ; *fl. petites, en
capitules formant ordinairement un petit épi ou une petite
grappe terminale, pauciflore, non feuillée,* plus rarement
solitaires au sommet de la tige. ♃. Juillet-août.

Le Mont-Jura ; sommet de Pierre-sur-Haute, où il m'a été indiqué par
M. l'abbé Peyron. R.

CCXXXVII. FILAGO (L.). COTONNIÈRE.

*Fleurs en petits capitules coniques et anguleux, à fleurons
extérieurs mêlés avec les écailles intérieures de l'involucre ;*
graines à aigrette très-caduque, manquant dans les fleurons
de la circonférence. Plantes herbacées, toutes annuelles,
plus ou moins tomenteuses-blanchâtres, offrant tous les autres
caractères des *Gnaphalium.*

824. F. SPATULATA (Presl.). C. A FEUILLES SPATULÉES. — F. Jussiæi (Coss.
et Germ.). — F. pyramidata (Auct. non L.)

Plante tomenteuse-blanchâtre ou verdâtre. Tige de 1-3 dé-
cim., rameuse-dichotome, à rameaux formant un angle
très-ouvert, souvent flexueux ; *f. oblongues-spatulées,
plus larges vers le sommet qu'à la base,* un peu étalées, un peu
espacées ; *involucre à écailles cuspidées, jaunâtres,* munies
à leur base d'un duvet cotonneux-blanchâtre et peu épais,
fortement pliées en carène, et *offrant par suite 5 angles aigus et bien marqués ; fl. en paquets globuleux,* formés chacun

de 15-25 *capitules* ovoïdes-coniques. Ces paquets, placés au sommet et à la bifurcation des rameaux, sont munis à leur base de 3-4 folioles qui les dépassent ordinairement. ④. Juillet-novembre.

Champs : la Pape ; Villeurbanne ; dans le Beaujolais. P. R.

825. F. LUTESCENS (Jord.). C. JAUNATRE.— F. Germanica (Auct. ex parte). — Gnaphalium Germanicum (Huds. pro parte).

Plante couverte d'un duvet cotonneux, blanc, mais tirant un peu sur le jaune verdâtre. Tige de 1-3 déc., rameuse-dichotome, à rameaux dressés; *f. lancéolées, les sup. au moins toujours plus larges à la base qu'au sommet*, serrées, dressées-appliquées contre la tige ; *involucre à écailles cuspidées*, jaunâtres, *souvent purpurines au sommet, entourées dans leur moitié inférieure d'un duvet jaunâtre et épais; fl. en paquets globuleux*, formés chacun de 20-30 *capitules* ovales-coniques, à 5 angles peu marqués. Ces paquets, placés au sommet et à la bifurcation des rameaux, sont munis à leur base de 3-5 folioles qui, souvent plus courtes qu'eux, ne les dépassent jamais. ④. Juillet-novembre.

Champs des terrains primitifs et des terrains d'alluvion ; rarement sur le sol calcaire. C.

826. F. CANESCENS (Jord.). C. BLANCHATRE.— F. Germanica (Auct. ex parte). — Gnaphalium Germanicum (Huds. pro parte).

Plante plus ou moins tomenteuse-blanchâtre ou verdâtre. Tige de 1-3 déc., plusieurs fois dichotome, à rameaux dressés; f. lancéolées, aiguës, ondulées, à bords enroulés, dressées, *les supérieures au moins toujours plus larges à la base qu'au sommet; involucre à écailles cuspidées, d'un blanc jaunâtre et très-pâle au sommet, entourées dans leur moitié inférieure d'un duvet blanchâtre et épais; fl. en paquets globuleux*, formés chacun de 20-30 *petits capitules* cylindriques-coniques, à 5 angles peu marqués. Ces paquets, placés au sommet et à la bifurcation des rameaux, sont munis à leur base de 1-3 folioles plus courtes qu'eux. ④. Juin-septembre.

Champs sablonneux. C.

827. F. MONTANA (L.). C. DE MONTAGNE.— F. minima (Fries). — Gnaphalium montanum (Wild.).

Tige grêle, de 1-5 déc., dressée, rameuse-dichotome dans sa moitié supérieure, rarement dès la base; f. blanches-tomenteuses, linéaires, appliquées et comme imbriquées sur la tige; *involucre à écailles non cuspidées*, tomenteuses à la base, glabres, scarieuses et d'un blanc jaunâtre au sommet; *fl. en petits paquets formés chacun de 3-5 petits capitules axillaires, latéraux et terminaux, dépassant les feuilles qui les entourent*. ④. Juin-septembre.

Champs sablonneux : Chaponost ; la Pape ; Dessine, etc. C.

14.

828. F. ARVENSIS (L.). C. DES CHAMPS. — Gnaphalium arvense (Wild.).

Tige de 2-4 déc., rameuse-dichotome, toute couverte, ainsi que les feuilles, d'un duvet blanchâtre, très-épais surtout au sommet ; f. linéaires-lancéolées, molles, dressées ; *involucre à écailles non cuspidées, mollement tomenteuses presque jusqu'au sommet ; fl. en petits paquets formés chacun de 3-6 petits capitules* axillaires, latéraux et terminaux, *dépassant ordinairement les feuilles qui les entourent.* ①. Juin-septembre.

Champs sablonneux. C.

829. F. GALLICA (L.). C. DE FRANCE. — Gnaphalium Gallicum (Huds.). — Logfia Gallica (Coss. et Germ.).

Tige de 1-2 déc., rameuse-dichotome, à rameaux grêles et dressés , plus ou moins blanche-tomenteuse, ainsi que les feuilles ; f. linéaires, très-aiguës, dressées ; *involucre à écailles non cuspidées,* tomenteuses dans leurs deux tiers inférieurs, glabres, scarieuses et jaunâtres au sommet ; *fl. en petits paquets formés chacun de 3-6 petits capitules* axillaires, latéraux et terminaux , *longuement dépassés par les feuilles qui les entourent.* ①. Juillet-octobre.

Champs : Vassieux ; Chaponost ; dans le Beaujolais, etc. P. R.

CCXXXVIII. EUPATORIUM (Tournef.). EUPATOIRE.

Involucre oblong, cylindracé, à écailles imbriquées ; réceptacle nu ; *fleurons tous à étamines et carpelles,* peu nombreux. Plantes herbacées, à *f. opposées.*

630. E. CANNABINUM (Tournef.). E. A FEUILLES DE CHANVRE.

Tige de 8-12 déc., droite, pubescente, souvent rougeâtre ; f. partagées en 3-5 segments profonds, dentés en scie, velus, ayant quelque rapport avec les feuilles du Chanvre ; les f. sup. sont quelquefois entières ; fl. d'un rouge un peu vineux, formant de grands corymbes terminaux. ♃. Juillet-septembre. (V. D.)

Bord des eaux , bois humides. C.

CCXXXIX. CACALIA (L.). CACALIE.

Involucre oblong-cylindrique, *à écailles* peu nombreuses, *disposées sur un seul rang,* quelquefois muni à sa base de petites bractées qui lui forment une espèce de calicule ; *fleurons tous à étamines et carpelles,* peu nombreux. Plantes herbacées, à *f. alternes.*

831. C. petasites (Lamk.). C. pétasite. —C. albifrons (L.). — Adenostyles albifrons (Rchb.).

Tige de 6-12 déc., rameuse, dressée ; *f.* vertes et glabres en dessus, *finement blanchâtres-cotonneuses en dessous*; les inf. longuement pétiolées, très-larges, réniformes, en cœur dont les deux lobes arrondis se rapprochent du pétiole, *à limbe bordé de grosses dents très-inégales*; les f. sup. sont plus petites, rétrécies et munies ordinairement à la base de deux oreillettes amplexicaules; fl. rougeâtres, en capitules petits et nombreux, formant un corymbe terminal très-grand. ♃. Juillet-août. (*V. D.*)

Bois : Pilat: la Grande-Chartreuse ; le Colombier; entre Colliard et les Monts-Dain ; Retord.

832. C. alpina (L.). C. des Alpes. — C. glabra (Vill.). — Adenostyles alpina (Bluff. et Fing.).

Diffère de la précédente 1° par sa tige moins élevée et plus flexueuse; 2° par ses *f.* plus petites, plus épaisses, un peu charnues, *glabres sur les deux faces* ou pubescentes seulement sur les nervures en dessous; les lobes de l'échancrure sont ordinairement coupés obliquement par une section transversale, ce qui les fait paraître divariqués et donne un peu à la feuille une forme hastée; le *limbe* est *bordé de dents simples et assez régulières*; les f. caulinaires sont rarement munies d'un pétiole auriculé. ♃. Juillet-août.

Bois et rochers humides: la Grande-Chartreuse ; dans l'Ain, sous le rocher du Nid-d'Aigle, à Saint-Rambert, et dans toutes les forêts de sapins.

CCXL. Tussilago (L.). Tussilage.

Involucre à folioles égales disposées sur 1-2 rangs, quelquefois muni à sa base d'écailles plus petites ; *capitules jamais entièrement composés de fleurs semblables et complètes*: on voit à la circonférence un ou plusieurs rangs de fleurons ou demi-fleurons n'ayant que des carpelles et point d'étamines, et au centre, des fleurons seulement à étamines ou complets, plus ou moins nombreux ; réceptacle nu. Plantes herbacées, *à hampe ou tige plus ou moins munie d'écailles.*

* *Fleurs radiées.*

833. T. farfara (L.). T. pas-d'ane.

Hampe de 1-2 déc., tomenteuse-blanchâtre, garnie d'écailles rougeâtres et obtuses; f. toutes radicales, pétiolées, en cœur anguleux et denté, vertes en dessus, tomenteuses-blanchâtres en dessous, ne paraissant qu'après la fleur; fl. jaunes, en capitule solitaire et terminal. ♃. Février-mars. (*V. D.*)

Lieux argileux et humides. C.

** *Fleurs flosculeuses; plantes presque dioïques.*

831. T. PETASITES (L.). T. PÉTASITE. — Petasites officinalis (Mœnch.).

Hampe de 2-5 déc., tomenteuse-blanchâtre, munie de nombreuses écailles rougeâtres, lancéolées, un peu lâches; f. toutes radicales, pétiolées, en cœur dont les lobes sont arrondis, inégalement denticulées sur les bords, laineuses-blanchâtres en dessous, ne naissant qu'après les fleurs, mais devenant très-grandes quand elles sont complètement développées; involucre à folioles rougeâtres; *stigmates des fleurons complets courts et ovales; fl. rougeâtres, en thyrse oblong.* ♃. Mars-avril. (*V. D.*)

Iles du Rhône; Saint-Cyr au Mont-d'Or; Vernaison; Dessine; Montromand; la Grande-Chartreuse, etc.

835. T. ALBA (D. C.). T. BLANC. — Petasites albus (Gœrtn.).

Cette plante diffère de la précédente 1° par ses feuilles, qui sont d'un vert plus jaunâtre, un peu tomenteuses en dessus, fortement laineuses en dessous, plus inégalement sinuées-dentées sur les bords, à lobes de leur cœur creusés plus profondément par côté dans le parenchyme et plus confluents vers le pétiole; 2° par les *stigmates des fleurons complets, qui sont linéaires-lancéolés et acuminés;* 3° par ses fl., qui sont *d'un beau blanc,* quelquefois un peu jaunâtres, et disposées *en thyrse court et ovale.* ♃. Avril-mai.

Bord des ruisseaux : sur le sommet de Pierre-sur-Haute, surtout sur le versant nord, en descendant aux Granges ; la Grande-Chartreuse ; dans l'Ain, sur la côte de Colliard ; lieux humides du Jura.

*** *Fleurs flosculeuses, toutes fertiles, quelques unes de la circonférence sans étamines.*

836. T. ALPINA (L.). T. DES ALPES. — Homogyne alpina (Cass.).

Tige de 1-3 déc., velue-laineuse, munie de 1-2 écailles, et souvent vers la base de 1-2 feuilles embrassantes; f. radicales pétiolées, petites, en cœur arrondi, dentées ou sinuées sur les bords, vertes et glabres en dessus, plus pâles et souvent pubescentes en dessous, au moins sur les nervures; involucre rougeâtre; fl. rougeâtres, rarement blanches, en capitule solitaire et terminal. ♃. Juillet-août.

Le Grand-Som, à la Grande-Chartreuse ; dans l'Ain, Retord ; l'Hallériat; crête de Châlam ; le Jura.

CCXLI. CHRYSOCOMA (L.). CHRYSOCOME.

Involucre à écailles linéaires, aiguës et *imbriquées; fleurons tous fertiles et profondément divisés en 5 segments;* réceptacle nu, creusé de petites fossettes.

837. C. LINOSYRIS (L.). C. A FEUILLES DE LIN. — Linosyris vulgaris (Cass.).

Tige de 2-5 déc., simple, droite, herbacée, quoique ferme et dure; f. glabres, linéaires, éparses, très-nombreuses; aigrettes rousses; fl. d'un beau jaune, en corymbes terminaux. ♃. Août-septembre.

Dans un bois entre la Pape et Néron.

2ᵉ Section. — *Graines sans aigrette poilue.*

CCXLII. Tanacetum (L.). Tanaisie.

Involucre hémisphérique, à écailles imbriquées; *fleurons de la circonférence filiformes et seulement à 3 dents; réceptacle nu;* graines couronnées par un petit rebord membraneux. Plantes herbacées.

838. T. VULGARE (L.). T. COMMUNE.

Plante à odeur fortement aromatique. Tige de 8-12 déc., droite, striée; f. pennées, à folioles pennatifides, dentées en scie; fl. jaunes, en corymbe terminal. ♃. Juillet-août. (*V. D.*)

Saulées d'Oullins; îles du Rhône. P. C.

— On en cultive une variété à feuilles crépues-ondulées.

CCXLIII. Balsamita (Vaill.). Balsamite.

Involucre à écailles linéaires et imbriquées; *fleurons tous semblables; réceptacle nu;* graines couronnées par un petit rebord membraneux. Plantes herbacées.

839. B. VIRGATA (Desf.). B. A TIGE FERME.

Tige de 3-6 déc., droite, grêle, rameuse au moins au sommet; f. oblongues-lancéolées, sessiles, très-entières, ou finement denticulées; rameaux grêles, dressés, formant un angle peu ouvert avec la tige; fl. jaunes, en petites têtes arrondies, solitaires à l'extrémité de chaque rameau ①. Juillet-septembre.

Trouvée à la Mouche par M. Chabert en 1846.

CCXLIV. Artemisia (L.). Armoise.

Involucre ovoïde ou presque globuleux, à écailles imbriquées; *fleurons de la circonférence filiformes, à peine denticulés,* ordinairement sans étamines, *ceux du centre à 5 dents,* munis d'étamines et de carpelles, quelquefois cependant stériles; réceptacle nu ou velu; *graines obovales, sans angles ni côtes; feuilles toujours pennatipartites ou pennatiséquées* dans nos espèces spontanées ; *fl. en grappes ou en épis* formant souvent par leur réunion une panicule terminale.

* Réceptacle velu.

810. A. ABSINTHIUM (L.). A. ABSINTHE.

Plante à forte odeur aromatique et toute couverte d'un duvet blanchâtre. Tige de 4-8 déc., dressée, très-rameuse; f. inf. 2-3 fois pennatiséquées, à segments lancéolés, *les caulinaires sans oreillettes à la base du pétiole,* les sup. entières; *réceptacle fortement hérissé;* fl. jaunes, en capitules disposés en grappes formant par leur réunion une vaste panicule. ♃. Juillet-août. (*V. D.*)

La Tête-d'Or; îles et bords du Rhône; dans l'Ain; à la Chartreuse de Portes, etc. — Jardins.

811. A. CAMPHORATA (Vill.). A. CAMPHRÉE.

Plante à odeur camphrée. Tiges de 4-8 déc., un peu sous-ligneuses à la base, les stériles rampantes, les florifères dressées, toutes rameuses et pubescentes; f. d'abord blanchâtres-tomenteuses, ensuite pubescentes-grisâtres, à la fin glabres, les inf. 2 fois pennatiséquées, découpées en segments linéaires, presque cylindriques, *les caulinaires à pétiole auriculé à la base; réceptacle un peu hérissé de poils crépus;* fl. jaunâtres, en épis grêles et allongés, formant par leur réunion une panicule étroite. ♃. Août-septembre.

Saint-Rambert (Ain); environs de Vienne.

** Réceptacle nu.

812. A. CAMPESTRIS (L.). A. CHAMPÊTRE.

Plante à peu près inodore. Tiges de 5-9 déc., presque ligneuses à la base, les stériles couchées, les florifères ascendantes et rameuses; f. d'abord pubescentes-blanchâtres, à la fin glabres, les inf. 2-3 fois *pennatiséquées, découpées en segments linéaires,* les caulinaires, les unes à pétiole auriculé à la base, les autres sessiles; *involucre ovoïde, glabre ou presque glabre et luisant;* fl. d'un fauve verdâtre, en petites grappes allongées, formant par leur réunion une panicule lâche. ♃. Août-septembre. (*V. D.*)

Lieux pierreux et arides. C.

813. A. VULGARIS (L.). A. COMMUNE.

Plante très-amère, à odeur bien prononcée et peu agréable. Tige de 8-10 déc., droite, anguleuse, rougeâtre, rameuse; f. d'un vert sombre en dessus, *blanches-tomenteuses en dessous,* pennatifides ou pennatipartites, à segments lancéolés, acuminés, irrégulièrement incisés-dentés ou entiers, *les caulinaires toutes munies d'oreillettes à la base; involucre* ovale ou oblong et *tomenteux*; fl. d'un jaune pâle, en épis formant par leur réunion une longue grappe pyramidale. ♃. Juillet-octobre. (*V. D.*)

Haies, buissons, cimetières, lieux incultes. C.

CCXLV. Micropus (L.). Micrope.

Involucre formé de 5-9 folioles lâches; *fleurons de la circonférence sans étamines, seuls fertiles, interposés parmi les écailles extérieures de l'involucre; réceptacle nu.* Plantes herbacées.

844. M. erectus (L.). M. dressé.

Plante entièrement couverte d'un duvet blanc et cotonneux, et ayant l'apparence d'un *Filago*. Tige de 1-2 déc., ordinairement rameuse, quelquefois presque simple, dressée; f. ovales ou oblongues, entières, obtuses; fl. d'un jaune blanchâtre, agglomérées en petits paquets axillaires, sessiles et comme noyés dans une épaisse bourre blanche. ①. Juillet-septembre.

Coteaux arides, champs pierreux : la Pape; la Tête-d'Or; sur les coteaux du Rhône; Cogny; et dans l'Ain, Thur, Muzin, le fort de l'Écluse, Saint-Rambert, au château de Luysandre. A R.

CCXLVI. Bidens (L.). Bident.

Involucre à folioles égales, disposées sur 2-3 rangs, et entourées de bractées foliacées; fleurs ordinairement flosculeuses, rarement radiées; *réceptacle garni de paillettes: graines surmontées par 2, quelquefois 3, 4 ou 5 arétes* noires, persistantes, accrochantes par de petits aiguillons recourbés. Plantes herbacées, à *f. opposées.*

845. B. tripartita (L.). B. a feuilles tripartites.

Tige de 2-8 déc., dressée et rameuse; f. ordinairement *tripartites,* à segments lancéolés, profondément dentés, celui du milieu plus grand que les autres; graines obovales, à 2-3 arêtes; *fl. jaunes, en capitules dressés.* ①. Juillet-octobre. (*V. D.*)

Fossés et lieux aquatiques : la Tête-d'Or; Pierre-Bénite; en Bresse, etc. C.

— On le trouve quelquefois à feuilles partagées en 5 segments, d'autres fois, surtout quand il est nain, à f. entières.

846. B. bullata (Balbis non L.). B. bosselé. — B. hispida (Jord.).

Tige de 2-3 déc., dressée, plus ou moins hérissée; f. un peu velues et rudes, bosselées, *ovales, bordées de grosses dents;* graines à 2 arêtes; *fl. jaunes, en capitules dressés.* ①. Août-septembre.

La Mouche; Pont-Chéry; la Verpillière. A R.

847. B. cernua (L.). B. penché.

Tige de 1-6 déc., simple ou rameuse; *f. sessiles et presque connées, oblongues-lancéolées,* acuminées, munies de dents écartées; involucre à écailles ovales, les intérieures colorées sur leurs bords, et à la fin très-développées; *graines terminées par 4-5 arêtes; fl.* jaunes, *en capitules penchés.* ④. Août-septembre.

La Tête-d'Or; Pierre-Bénite, etc. P. R.

— La variété naine de cette espèce et peut-être aussi du B. *tripartita* est le B. *minima* (L.)..

b. **B.** *radiata.* — *Coreopsis bidens* (L.). Fleurs radiées, ce qui donne à la plante l'apparence d'un *Coréopsis.* — La Tête-d'Or; le Mont-Carrat.

IIe Sous-Tribu. — *Fleurs radiées, très-rarement flosculeuses* (1).

1re Section. — *Graines à aigrette poilue.*

CCXLVII. Erigeron (L.). Vergerette.

Involucre à écailles imbriquées, linéaires-lancéolées, *appliquées; demi-fleurons linéaires-filiformes,* sans étamines, *disposés sur plusieurs rangs;* réceptacle nu. Plantes herbacées.

848. E. canadensis (L.). V. du Canada.

Tige de 4-10 déc., hérissée, droite, ramifiée depuis sa partie moyenne; f. étroites, longuement oblongues-lancéolées, bordées de cils blancs; *petites fl. d'un blanc jaunâtre, très-nombreuses, disposées en petites grappes sur les rameaux,* lesquels forment par leur réunion une grande panicule pyramidale. ④. Juillet-octobre. (*V. D.*)

Lieux cultivés, sables, murs. C. C. C.

849. E. acris (L.). V. acre.

Tige de 1-4 déc., ordinairement rougeâtre, rameuse, pubescente-hérissée au moins à la base; f. d'un gris cendré, hérissées sur les deux pages, les radicales plus larges et en spatule, les caulinaires oblongues-lancéolées ou linéaires; fleurons jaunâtres; *demi-fleurons d'un rose violet, dressés, ne dépassant pas en longueur le diamètre du disque* (2); *aigrette*

---

(1) Il n'y a d'exception que pour les *Senecio vulgaris, flosculosus,* et ordinairement *cacaliaster,* et encore les trouve-t-on quelquefois, au moins le premier et le dernier, avec des demi-fleurons.

(2) Dans toutes les radiées, nous appelons *disque* l'espace occupé par les fleurons.

de poils roux, 3 fois plus longs que la graine; fl. solitaires, rarement 2-3, à l'extrémité des rameaux, lesquels forment par leur réunion une espèce de corymbe. ② et ♃, mais ne durant pas longtemps. Août-octobre. (*V. D.*)

Champs stériles, pelouses sèches, vieux murs. C. C.

850. E. ALPINUS (L.). V. DES ALPES.

Tige de 3-30 cent., dressée, simple ou rameuse, uniflore ou pauciflore; f. pubescentes sur les deux pages ou glabres en dessus, toujours ciliées, les radicales et les caulinaires inférieures atténuées en pétiole, les autres sessiles, linéaires-lancéolées; fleurons jaunâtres; *demi-fleurons d'un rose violet*, quelquefois blancs, *étalés, deux fois plus longs que le disque*; *aigrette de poils roux, tout au plus 2 fois plus longs que la graine.* ♃. Juillet-août.

La Grande-Chartreuse; la chartreuse de Portes; le Colombier; le Jura.

b. E. *uniflorus* (L.). Tige toujours uniflore; involucre hérissé.—Le Grand-Som; le Jura.

c. E. *glabratus* (Hoppe). Tige plus élevée que dans le type, souvent rameuse; involucre glabre ou peu velu.— Le Jura.

CCXLVIII. SOLIDAGO (L.). SOLIDAGE.

Involucre à écailles imbriquées; *demi-fleurons peu nombreux (5-9), disposés sur un seul rang; réceptacle* nu, *creusé de petites alvéoles bordées d'une petite membrane dentée.* Plantes herbacées.

851. S. VIRGA-AUREA (L.). S. VERGE-D'OR.

Tige de 2-10 déc., dressée, ferme, glabre ou pubescente, mais *jamais visqueuse*; *f.* ordinairement *toutes un peu rudes et pubescentes*, surtout en dessous, où elles sont blanchâtres, presque toutes atténuées en un pétiole ailé, les inf. et les moyennes ovales-elliptiques, le plus souvent bordées de grosses dents confluentes, les sup. lancéolées et très-entières; *fl.* jaunes, simplement *en grappe terminale* quand la plante est peu vigoureuse, *ou en grappes paniculées* sur les individus bien développés. ♃. Août-octobre. (*V. D.*)

Bois. C. C.

852. S. ALPESTRIS (Waldst. et Kit.). S. ALPESTRE.— S. minuta (Vill. non L.).

Tige de 1-3 déc., *glabre à la base*, pubescente au sommet; *f. presque glabres*, elliptiques-lancéolées, *presque toutes atté-nuées en un pétiole ailé, et bordées de dents confluentes*; *fl.* jaunes, *en petites grappes serrées, dressées, les inférieures plus courtes que la feuille de l'aisselle de laquelle elles partent.* ♃. Juillet-août.

Bois et rocailles des hautes montagnes : Pilat ; sommet du Colombier du Jura.

— Nous considérons cette plante comme une bonne espèce, car elle fleurit un mois plus tôt que la nôtre, quoique venant dans des régions plus élevées et, par conséquent, plus froides. Néanmoins, nous ne devons pas dissimuler que tous nos auteurs français n'en font qu'une variété du *Solidago virga-aurea*. Il faudrait la semer dans les mêmes conditions de terrain et de température où se trouve celui-ci et l'observer pendant plusieurs années pour pouvoir décider la question.

853. S. MINUTA (L. non Vill.). S. NAINE.

Diffère de la précédente 1° par sa *tige* plus courte encore et *entièrement pubescente ;* 2° par ses f. toutes atténuées en pétiole, les inf. plus obtuses ; 3° par ses *fl.* 2 fois plus grandes que dans le *Solidago virga-aurea, toutes portées sur des pédoncules* axillaires, pubescents, *simples, uniflores,* 2 *fois plus longs que l'involucre.* ♃. Août-septembre.

Dans les rocailles, au sommet du Grand-Som. R.

854. S. GLABRA (Desf.). S. GLABRE. — S. serotina (Ait.).

Tige de 1-2 m., dressée, raide, très-feuillée ; *f. glabres,* légèrement blanchâtres en dessous, *toutes lancéolées* ou linéaires-lancéolées, acuminées, finement dentées en scie et rudes sur les bords ; *fl.* d'un beau jaune, *en petits capitules disposés en grappes unilatérales, étalées et arquées,* formant par leur réunion une panicule terminale serrée. ♃. Juillet-août.

La Mouche ; îles de la Tête-d'Or ; bords de l'Ain, au dessus du pont de Chazey. — Elle est échappée des jardins, mais, depuis longtemps, elle croît spontanée dans diverses localités.

CCXLIX. ASTER (L.). ASTÈRE.

Involucre à écailles imbriquées, les *extérieures lâches* ou *étalées ; demi-fleurons nombreux* (plus de 10), *toujours d'une autre couleur que les fleurons.* Plantes herbacées.

855. A. ALPINUS (L.). A. DES ALPES.

Tige de 1-2 déc., *toujours simple et uniflore,* velue ainsi que les feuilles ; f. radicales atténuées en un pétiole ailé, les caulinaires lancéolées et sessiles, toutes très-entières ; fleurons jaunes ; demi-fleurons bleus ou lilas, rarement blancs. ♃. Juillet-août. (*V. D.*)

Le Grand-Som ; le Mont-Jura.

856. A. AMELLUS (L.). A. AMELLE. (Vulg. *OEil-de-Christ.*)

Tige de 3-6 déc., ferme, dressée, un peu rude et anguleuse ; f. pubescentes, rudes surtout sur les bords, les inf. atténuées en un court pétiole, elliptiques, obtuses, mucroiées, les sup. ordinairement oblongues-lancéolées ; *involucre à écailles ciliées, obtuses*, souvent un peu rougeàtres au sommet ; demi-fleurons d'un bleu lilas ; *fl.* grandes, *en corymbe terminal.* ♃. Août-septembre. (*V. D.*)

Bois : la Pape; Roche-Cardon ; Oullins, etc. P. R.

357. A. SEROTINUS (Wild.). A. TARDIF. — A. Novi-Belgii (L. D. C. Prodr. var. *a*).

Tige de 5-12 déc., glabre ou à peu près, très-rameuse au sommet ; *f.* oblongues-lancéolées, *sessiles ou un peu embrassantes*, glabres, mais un peu rudes sur les bords, les inf. munies vers leur milieu de quelques petites dents, *celles des rameaux* entières et *décroissant graduellement jusqu'au sommet, de telle sorte que les dernières se confondent presque avec les folioles des involucres;* involucre à écailles aiguës ; demi-fleurons bleuâtres ; *fl. en corymbe paniculé, très-lâche et très-rameux.* ♃. Août-septembre.

La Tête-d'Or ; îles du Rhône ; au-dessus de Pierre-Bénite. — Jardins, d'où il est échappé.

— On trouve quelquefois à la Tête-d'Or et sur les bords du Rhône l'*Aster Novæ-Angliæ* (Ait.), *b. hortensis* (Nees), et l'*Aster brumalis* (Nees). Comme ils sont échappés des jardins, nous en parlerons dans notre *Flore horticole*.

CCL. SENECIO (L.). SENEÇON.

Involucre caliculé, à folioles souvent *tachées de noir au sommet ; réceptacle nu ; aigrette à poils* mous, blancs, *disposés sur plusieurs rangs.* Plantes herbacées, à *fl.* toujours *jaunes* dans nos espèces indigènes.

* Fleurs flosculeuses.

358. S. VULGARIS (L.). S. COMMUN.

Tige de 1-3 déc., dressée, rameuse, glabre ou parsemée de quelques poils aranéeux ; *f.* un peu épaisses, pennatifides, à lobes inégalement sinués-dentés ; les inf. atténuées en pétiole, les caulinaires amplexicaules ; *involucre cylindrique, à calicule formé d'une dizaine de petites écailles* fortement tachées de noir au sommet, ainsi que les folioles ; *graines pubescentes* ; fl. jaunes, en petits corymbes irréguliers. ④. (*V. D.*)

Partout et toute l'année.

359. S. FLOSCULOSUS (Jord.). S. FLOSCULEUX.

Tige de 4-6 déc., droite, épaisse, parsemée de poils floconneux surtout au sommet, souvent ramifiée, à rameaux allongés ; *f. pennatipartites*, à partitions pennatifides ou au moins partagées en lobes profonds et irrégulièrement incisés-dentés, les inf. atténuées en pétiole, les caulinaires embrassant la tige par deux oreillettes distinctes ; *involucre hémisphérique, à calicule formé d'écailles beaucoup moins nombreuses* et moins tachées *que dans l'espèce précédente; graines velues;* fl. jaunes, en capitules plus gros, réunis en corymbe terminal. ④. Août-septembre.

Myonais; Serrières (Ain). R.

** *Fleurs radiées, à demi-fleurons courts et enroulés en dehors.*

860. S. VISCOSUS (L.). S. VISQUEUX.

Plante couverte de poils très-visqueux et odorants. Tige de 3-6 déc., droite, rameuse; f. atténuées en pétiole, profondément pennatifides, à segments obovales ou oblongs, irrégulièrement sinués-dentés ou lobés; *calicule à écailles lâches, égalant à peu près la moitié de l'involucre; graines glabres;* fl. jaunes, en corymbe terminal peu fourni. ④. Juin-octobre.

Bord des bois et des ruisseaux. P. R.

861. S. SYLVATICUS (L.). S. DES FORÊTS.

Tige de 3-8 déc., pubescente, souvent un peu glanduleuse, mais seulement au sommet et beaucoup moins que dans le précédent; *f. pubescentes* ou presque glabres, *non visqueuses,* à lobes étroits, inégalement dentés ou découpés; involucre glabre ou un peu pubescent; *calicule à écailles apprimées et très-courtes; graines* noires, mais *couvertes d'une pubescence grisâtre;* fl. jaunes, en corymbe fourni, dont les rameaux sont moins ouverts que dans l'espèce précédente. ④. Juillet-août.

Bois : Saint-Bonnet-le-Froid; Limonest; Vaugneray; Charbonnières: l'Argentière, au Chatelard ; et dans l'Ain, bords du lac Silans; côte des Neyrolles, après Nantua ; la Bresse. A. R.

*** *Fleurs radiées, à demi-fleurons étalés, non enroulés.*

† *Feuilles plus ou moins profondément découpées.*

862. S. GALLICUS (Vill.). S. DE FRANCE. — S. squalidus (Wild.).

Tige de 1-4 déc., droite, ramifiée; *f.* glabres, rarement cotonneuses en dessous, un peu charnues, *pennatiséquées, à segments* étroits, *distants,* inégalement incisés ou dentés, les inf. atténuées en pétiole, *les autres embrassant la tige par deux oreillettes laciniées;* involucre glabre et luisant; calicule court, à 1-2 écailles courtes et caduques; *graines* noires, *couvertes d'un léger duvet blanchâtre;* fl. d'un jaune d'or, en corymbes lâches. ④. Juin-août.

La Mouche; le Mont-Cindre; près de l'étang du Loup.

863. S. ADONIDIFOLIUS (Lois.). S. A FEUILLES D'ADONIDE. — S. artemisiæfolius (Pers.). — S. abrotanifolius (Gouan).

Plante glabre. Tige de 4-8 déc., raide, ferme, presque

simple ; *f.* 2-3 *fois pennatiséquées , découpées en lanières ca-pillaires ;* graines glabres; fl. d'un beau jaune, en corymbe terminal. ♃. Août-septembre.

Pilat et ses dépendances ; Saint-Bonnet-le-Château ; montagnes du Forez.

864. S. ERUCIFOLIUS (L.). S. A FEUILLES DE ROQUETTE.

Racine longuement traçante ; *tige* de 3-10 déc. , droite, ferme, *cotonneuse ; f.* d'un vert grisâtre en dessus, *cotonneu-ses en dessous* , les inf. atténuées en pétiole, les autres ses-siles, toutes à limbe ovale, pennatifides à la base, incisées-den-tées au sommet, embrassant la tige par deux oreillettes qui ne sont autre chose que leurs dernières découpures; involu-cre à folioles marquées au sommet d'une tache rousse; *calicule à écailles lâches, égalant environ la moitié de l'invo-lucre ; graines toutes rudes-pubescentes et également poilues;* fl. jaunes, en corymbe élargi. ♃. Août-octobre.

La Mouche ; la Tête-d'Or ; îles du Rhône. P. R.

— Cette espèce, très-vivace, produit, au bout de deux ou trois ans, 6-8 tiges, tandis que la suivante n'en a jamais que 1-3.

865. S. JACOBÆA (L.). S. JACOBÉE.

Racine tronquée et fibreuse, *courtement traçante ;* tige de 4-8 déc., droite, cannelée, glabre ou un peu velue, souvent rougeâtre ; *f. glabres* ou légèrement cotonneuses en dessous et à leur point d'insertion, les premières radicales pétiolées, ovales, dentées, les suivantes en lyre ou pennatifides, les cau-linaires pennatiséquées, à segments irrégulièrement incisés-dentés, les sup. embrassant la tige par deux oreillettes laci-niées ; involucre à folioles marquées au sommet d'une tache noire; *calicule à 1-2 écailles courtes et apprimées ; graines de la circonférence glabres ou presque glabres,* à aigrettes cadu-ques, formées de soies peu nombreuses ; fl. d'un jaune vif, en corymbe composé, à demi-fleurons quelquefois enroulés dans leur vieillesse. ②. Juin-août. (V. D.)

Prairies, bois, bord des chemins. C. C. C.

— Villars observe que les divisions des feuilles sont d'autant plus nom-breuses que le sol où croît la plante est plus sec et plus aéré ; dans les endroits bas et humides, les feuilles deviennent plus arrondies, plus courtes et moins découpées.

— On a détaché de cette espèce le S. *nemorosus* (Jord.). La tige, souvent rougeâtre, est beaucoup plus élancée ; les f., d'un vert plus gai, glabres et lui-santes, sont découpées en segments plus élargis, plus allongés, surtout à la base; les fl., plus nombreuses et portées sur des rameaux plus allongés. for-ment un corymbe lâche, plus composé et plus étendu. — On le trouve à Char-bonnières, dans les bois.

866. S. AQUATICUS (Huds.). S. AQUATIQUE.

Racine fibreuse, non traçante ; tige de 3-8 déc., anguleuse, souvent rougeâtre ; f. glabres, les radicales pétiolées, tantôt ovales, entières ou un peu découpées à la base, tantôt munies de quelques petits segments sur le pétiole, ce qui les rend comme lyrées : ces f. radicales n'existent plus au moment de la floraison ; *f. caulinaires lyrées-pennatiséquées, à segment terminal très-grand*, denté ou sinué, les sup. embrassant la tige par deux oreillettes déchiquetées, involucre à folioles marquées d'une tache rousse au sommet ; *calicule à 2-5 écailles très-courtes et apprimées; graines* du disque pubérulentes, celles *de la circonférence glabres* et munies d'une aigrette à soies peu nombreuses et caduques ; fl. jaunes, en corymbe terminal. ②. Juin-septembre.

a. S. *aquaticus* (Koch). Tige ordinairement simple à la base; f. sup. à segments latéraux oblongs ou linéaires, étalés obliquement par rapport à la côte. —Prairies marécageuses : la Pape; Pont-Chéry; et dans l'Ain, Sainte-Croix près Montluel ; Saint-Rambert.

b. S. *erraticus* (Bertol.). Tige souvent rameuse dès la base; f. sup. à segments latéraux obovales-oblongs, étalés perpendiculairement à la côte. — Prairies marécageuses à Montribloud.

†† *Feuilles entières, simplement dentées.*

867. S. PALUDOSUS (L.). S. DES MARAIS.

Tige de 6-12 déc., droite, simple dans le bas, divisée en plusieurs rameaux à son sommet; *f. toutes sessiles*, longuement oblongues-lancéolées, bordées de petites dents aiguës, cotonneuses-blanchâtres en dessous, au moins dans leur jeunesse; *12-16 demi-fleurons à chaque fleur ; calicule à 8-12 écailles, égalant la moitié de l'involucre ;* fl. jaunes, en corymbe terminal assez ample. ♃. Juillet-août.

Marais : Villeurbanne; Yvour; Château-Gaillard; la Grande-Chartreuse. A. R

868. S. DORONICUM (L.). S. DORONIC.

Tige de 2-5 déc., dressée, anguleuse, pubescente ou tomenteuse, simple ou un peu ramifiée au sommet; *f. épaisses, cotonneuses en dessous*, au moins dans leur jeunesse, légèrement denticulées ou sinuées-crénelées, *les radicales et les inf. de la tige atténuées en un pétiole ailé*, les autres caulinaires plus étroites, plus pointues et demi-embrassantes; *12-20 demi-fleurons à chaque fleur; calicule à folioles nombreuses, linéaires, égalant l'involucre ;* fl. d'un jaune orangé, les plus grandes du genre, en capitules solitaires ou réunis par 2-5 au sommet de la tige. ♃. Juillet-août.

Le Grand-Som, à la Grande-Chartreuse ; sur les deux versants du Reculet; en descendant à Thoiry et à Lélex.

869. S. DORIA (L.). S. DORIA.

Tige de 1-2 m., droite, grosse, anguleuse, rameuse seulement au sommet; *f. glabres, charnues*, glaucescentes, fine-

ment crénelées, les inf. ovales ou oblongues, obtuses, atténuées en pétiole, *les caulinaires moyennes aiguës, embrassant
la tige par deux oreillettes un peu décurrentes*, les sup. de
plus en plus petites et acuminées ; 4-5 *demi-fleurons à chaque
fleur ; calicule à 4-5 écailles très-courtes, n'atteignant pas la
moitié de l'involucre* ; fl. jaunes, nombreuses, en corymbe
composé très-fourni. ♃. Juillet-août.

Bord des ruisseaux et des marais : la Verpillière; Vaux-Milieu; Pont-Chéry;
Crémieux, A.R.

870. S. Fúchsii (Gmel.). S. de Fuchs. —S. Sarracenicus (L. pro parte).

Racine non rampante ; tige de 1-2 m., anguleuse, pubescente, ramifiée seulement au sommet ; *f. très-minces*, longuement elliptiques-lancéolées, acuminées, bordées de très-petites
dents perpendiculaires, *toutes atténuées en pétiole*, glabres ou
un peu pubescentes en dessous, surtout sur la côte médiane ;
3-6 *demi-fleurons à chaque fleur* ; involucre cylindrique, glabre, *à calicule formé de 3-5 écailles linéaires et plus courtes
que lui* ; fl. d'un jaune pâle, odorantes, nombreuses, en corymbe très-composé. ♃. Juillet-août.

Bord des ruisseaux et bois humides des montagnes : Saint-Bonnet-le-
Froid, Duerne; Aujoux, dans le Beaujolais; le Mont-Pilat; la Grande-Chartreuse; dans l'Ain, au Vachat le long de Calmès, sous les rochers de Clésieux
au dessus de Serrières.

871. S. cacaliaster (Lamk.). S. fausse cacalie.— Cacalia Sarracenica (L.)

Tige de 1-2 m., droite, fortement striée, ramifiée seulement au sommet ; *f. minces*, elliptiques-lancéolées, acuminées, bordées de petites dents perpendiculaires, *les caulinaires
sessiles et même un peu décurrentes*, glabres ou finement pubescentes en dessous, surtout sur les bords et sur les côtes ;
*demi-fleurons très-peu nombreux, manquant même presque
toujours* ; involucre souvent pubescent, ovoïde-cylindracé, à
*calicule formé de 4-5 écailles linéaires, lâches et aussi longues
que lui* ; fl. d'un jaune pâle et blanchâtre, en corymbe feuillé,
composé et serré. ♃. Juillet-août.

Pierre-sur-Haute, bois au dessous de Coleigne. R.

CCLI. ARNICA (L.). ARNIQUE.

Involucre à 2 rangs de folioles égales ; réceptacle nu ;
*graines toutes pourvues d'une aigrette de poils, même celles de
la circonférence*. Plantes herbacées.

872. A. bellidiastrum (Vill.). A. fausse paquerette. — Doronicum bellidiastrum (L.). — Bellidiastrum Michelii (Cass.) — Margarita bellidiastrum (Gaud.).

Cette plante a l'air d'une grande Pâquerette. *Hampe* de
1-3 déc., velue, *uniflore ; f. toutes radicales*, longuement

pétiolées, obovales-spatulées, bordées de grosses dents écartées ; *réceptacle conique ; fl. à rayons blancs, quelquefois rosés*, et à disque jaune. ♃. Juin-juillet.

Le Grand-Som, à la Grande-Chartreuse ; le Colombier du Bugey et les autres monts du Jura.

873. A. MONTANA (L.). A. DE MONTAGNE

Plante aromatique. Racine noirâtre et superficielle ; *tige* de 2-6 déc., couverte de poils courts et glanduleux, simple ou divisée au sommet en 3-4 pédoncules uniflores, *portant 1-2 paires de f. opposées et comme connées ; f. radicales* en rosette, ovales ou elliptiques, *entières*, pubescentes en dessus, plus pâles et ordinairement glabres en dessous, *non pétiolées ;* grandes fl. d'un beau jaune orangé. ♃. Juin-août. (*V. D.*)

Prés, bois et bruyères : Pilat ; Pierre-sur-Haute ; Saint-Bonnet-le-Château ; montagnes du Beaujolais ; bois de la Madeleine, au dessus de Roanne ; et dans l'Ain, Retord, au midi de l'ancienne chapelle, et sur le Jura, où elle est rare.

874. A. SCORPIOIDES (L.). A. A RACINES NOUEUSES. — Aronicum scorpioides (D. C.).

Plante à odeur vireuse et désagréable. *Racine traçante et nouée*, divisée en 2-3 branches un peu semblables à des scorpions ; tige de 2-3 déc., portant 1-3 fleurs ; f. pubescentes, un peu rudes, toutes, à l'exception quelquefois des sup., bordées de grosses dents inégales, *les radicales et les caulinaires inf. longuement pétiolées*, à limbe arrondi ou ovale, tronqué à la base ou un peu en cœur, les caulinaires moyennes contractées à la base en un pétiole ailé, lacinié et auriculé, embrassant la tige, les sup., ovales ou oblongues, acuminées, sessiles et amplexicaules ; grandes fl. d'un jaune pâle. ♃. Juillet- août.

Le Grand-Som et le Petit-Som, à la Grande-Chartreuse ; le Colombier du Bugey. R.

CCLII. DORONICUM (L.). DORONIC.

Involucre composé de folioles égales disposées sur 2-3 rangs ; réceptacle nu ; *graines de la circonférence sans aigrette de poils. Plantes herbacées.*

875. D. PARDALIANCHES (L.). D. MORT-AUX-PANTHÈRES.

Racine traçante, à fibres renflées en petites masses charnues ; tige de 3-8 déc., droite, simple, *presque nue dans sa moitié supérieure ;* f. pubescentes, minces et molles, sinuées-denticulées sur les bords, les radicales très-grandes, ovales-cordiformes, longuement pétiolées, les caulinaires moyennes à pétiole muni à sa base de larges oreillettes denticulées et amplexicaules, les sup. sessiles et embrassantes ; fl. d'un jaune pâle, peu nombreuses. ♃. Mai-juin.

Bois : Roche-Cardon ; et dans l'Ain, Lit-au-Roi, Molard de Lavour, et au dessus de Thoiry. R.

876. D. Austriacum (Jacq.). D. d'Autriche.

Racine non stolonifère; tige de 8-10 déc., anguleuse, velue, rameuse, *feuillée jusqu'au sommet; point de f. radicales
au moment de la floraison; 1-2 f. au bas de la tige, beaucoup
plus petites que les suivantes,* qui sont nombreuses, les inf.
arrondies, cordiformes, rétrécies en un pétiole qui est ailé-
cordiforme, mais en sens inverse, les sup. oblongues-lancéolées, acuminées, amplexicaules; fl. d'un jaune orangé, ordinairement en corymbe terminal. ♃. Juillet-août.

Bord des ruisseaux : Pilat; Pierre-sur-Haute; Roche-d'Ajoux et autres
montagnes du Beaujolais.

CCLIII. INULA (L.). INULE.

Involucre à écailles imbriquées; réceptacle nu; *anthères se
prolongeant à leur base en deux filets libres, semblables à
deux petites soies; demi-fleurons ordinairement de la même
couleur que les fleurons.* Plantes herbacées.

* *Aigrette unique, non entourée d'une couronne à sa base.*
— Inula (Gærtn.).

† *Graines velues ou pubescentes.*

877. I. conyza (D. C.). I. conyze. — Conyza squarrosa (L.).

Plante à odeur fétide. Tige de 6-10 déc., droite, dure, souvent rougeâtre et visqueuse au sommet, où elle est ramifiée;
f. ovales-oblongues, dentées, velues ou pubescentes, ressemblant un peu à celles du Bouillon-blanc, les inf. rétrécies en
pétiole, *les autres sessiles; involucre à écailles* obtuses, rudes,
les *extérieures réfléchies en dehors,* les intérieures dressées et
rougeâtres; *demi-fleurons trifides, peu apparents, ne dépassant pas l'involucre;* fl. d'un jaune pâle, *nombreuses, en corymbes terminaux.* ②. Juillet-octobre.

Lieux arides, bord des bois : Écully; Charbonnières, etc. P. R.

878. I. graveolens (Desf.). I. a forte odeur. — Solidago graveolens
(Lamk.). — Erigeron graveolens (L.). — Cupularia graveolens (Gren.
et Godr.).

*Plante couverte de poils glanduleux, d'où suinte une hu-
meur visqueuse et fortement odorante. Tige de 2-5 déc.,
ramifiée dans toute sa longueur; f.* d'un vert obscur, *oblongues-linéaires,* entières, mais un peu froncées; *demi-fleurons
à languette très-courte, dépassant à peine l'involucre; fl.*
jaunes, à demi-fleurons quelquefois rougeâtres, *en petits
capitules disposés en grappes sur les rameaux alternes, qui
forment par leur réunion une grande panicule pyramidale.*
②. Septembre-octobre.

Chaumes, revers des fossés, entre Charbonnières et la Tour-de-Salvagny. R.

12

879. I. BRITANNICA (L.). I. DE BRETAGNE.

Tige de 3-8 déc., velue, rougeâtre à la base, ramifiée au sommet; *f. oblongues-lancéolées*, velues-soyeuses en dessous, dentées ou presque entières, les inf. rétrécies en pétiole, *les autres amplexicaules*; involucre à écailles linéaires, *les extérieures lâches, dressées, égalant ou dépassant les intérieures*; demi-fleurons très-visibles; fl. jaunes, ordinairement en corymbe lâche, rarement solitaires. ♃. Août-septembre.

Bords du Rhône et de la Saône, aux environs de Lyon. P. C.

880. I. MONTANA (L.). I. DE MONTAGNE.

Plante tomenteuse-blanchâtre, douce au toucher. *Tige* de 1-3 déc., ascendante, *toujours simple et uniflore*; f. oblongues, entières ou à peine denticulées, les inf. atténuées en pétiole, *les autres sessiles*; *demi-fleurons* très-étroits et *très-visibles*; fl. d'un beau jaune. ♃. Juin-août.

Coteaux secs : la Pape, Couzon; Feyzin; Thur; plaine d'Ambérieux; Château-Gaillard.

†† *Graines glabres.*

881. I. HIRTA (L.). I. HÉRISSÉE.

Tige de 2-4 déc., droite, ferme, d'un brun rougeâtre, *hérissée de poils rudes*, simple et uniflore, ou bien divisée au sommet en deux ou trois rameaux; *f.* d'un vert sombre, dures et coriaces, *velues et ciliées*, oblongues, bordées de petites dents dures, *les caulinaires sessiles et à peine embrassantes;* involucre à écailles hispides et ciliées; grandes fl. jaunes. ♃. Juin-juillet.

Coteaux secs : la Pape; Roche-Cardon, etc.; et dans l'Ain, l'Abergement de Varey; Confort; sur la côte de Cerdon. C.

882. I. SALICINA (L.). I. SAULIÈRE.

Tige de 2-6 déc., droite, *glabre*, ordinairement divisée au sommet en 2-3 rameaux; *f.* d'un vert brillant, coriaces, étalées et un peu recourbées en dehors, *glabres*, ovales-oblongues, *amplexicaules*, très-finement denticulées et rudes sur les bords; involucre à écailles ciliées, mais, du reste, glabres; fl. jaunes. ♃. Août-septembre.

Taillis et pâturages secs: la Pape; Couzon; Écully, etc. A. C.

883. I. SQUARROSA (L.). I. RUDE.

Tige de 4-6 déc., droite, raide, glabre ou un peu velue, très-feuillée jusque vers les fleurs, ordinairement plus ou moins ramifiée au sommet; *f. glabres* ou à peu près, dressées, ovales ou oblongues, coriaces, *à base arrondie et sessile*, fortement nervées, très-rudes et plus ou moins denticulées sur les bords; *involucre* ovale, *à écailles glabres*, ciliées, *très-*

inégales, recourbées en dehors par leur extrémité supérieure ;
fl. jaunes, en corymbe terminal plus ou moins fourni. ♃. Juillet-août.

Bois à Crémieux.

b. I. *spiræifolia* (L. ex D. C. Prodr.). Corymbe terminal plus fourni et plus
serré. — Parves (Ain).

** *Aigrette entourée à sa base d'une petite couronne finement crénelée
ou laciniée. — Pulicaria (Gœrtn.).*

884. I. PULICARIA (L.). I. PULICAIRE. — Pulicaria vulgaris (Gœrtn.).

Plante à odeur fétide. Tige de 1-4 déc., très-rameuse; f.
oblongues-lancéolées, ondulées, entières ou à peine denticulées, pubescentes-grisâtres surtout en dessous, *arrondies et
sessiles, ou faiblement amplexicaules à la base;* involucre à
écailles linéaires et couvertes d'un épais duvet; *demi-fleurons
très-courts et dressés,* ce qui fait paraître la fleur presque
flosculeuse; *aigrette du fruit entourée à sa base d'une couronne laciniée;* fl. d'un jaune pâle, en capitules placés au sommet et le long des rameaux, qui forment par leur réunion un
corymbe paniculé. ④. Juillet-septembre. (*V. D.*)

Prairies marécageuses, lieux inondés en hiver : la Tête-d'Or ; Pierre-Bénite ;
Bonnand, etc. P. R.

885. I. DYSENTERICA (L.). I. DYSSENTÉRIQUE.— Pulicaria dysenterica (Gœrtn.).
(Vulg. *Herbe de Saint-Roch.*)

Tige de 5-6 déc., ascendante, rameuse, pubescente-cotonneuse au moins dans le haut; f. molles, ondulées, pubescentes-cotonneuses en dessous, *profondément creusées en cœur
à oreillettes largement amplexicaules à la base;* involucre
comme dans la précédente; *demi-fleurons rayonnants et très-
distincts; aigrette du fruit entourée à sa base d'une couronne
simplement crénelée;* fl. jaunes, en capitules portés sur des
rameaux qui forment par leur réunion un vaste corymbe.
♃. Juillet-septembre. (*V. D.*)

Fossés, lieux marécageux , bord des eaux. C. C.

2ᵉ Section. — *Graines sans aigrette poilue.*

CCLIV. BELLIS (L.). PAQUERETTE.

Involucre hémisphérique, *à folioles égales disposées sur 1-2
rangs ; réceptacle conique et sans paillettes;* graines ovales,
un peu comprimées, sans côtes, mais entourées d'une bordure
obtuse. Plantes herbacées.

886. B. PERENNIS (L.). P. VIVACE. (Vulg. *Petite Marguerite.*)

Rhizôme court et oblique ; hampe de 1-2 déc., toujours
simple et uniflore; f. toutes radicales, obovales-spatulées,

lâchement crénelées ou sinuées, atténuées en un pétiole épais ; fleurons jaunes ; demi-fleurons blancs ou bordés de rose, quelquefois presque entièrement roses en dessous et même en dessus. ♃. (V. D.)

Partout et presque toute l'année.

— La souche produit souvent des tiges latérales feuillées qui sont couchées et même quelquefois radicantes.

— On en cultive plusieurs jolies variétés à fl. blanches, roses ou rouges, tantôt toutes à fleurons, tantôt uniquement composées de demi-fleurons. La plus curieuse est celle dans laquelle il sort tout autour de la fleur principale une couronne de petites fleurs pédicellées ; on lui a donné le nom gracieux de *Mère de famille*.

CCLV. Chrysanthemum (L.). Chrysanthème.

Involucre à écailles imbriquées, membraneuses sur les bords ; *receptacle plane ou hémisphérique, dépourvu de paillettes* ; graines marquées de côtes, nues au sommet ou couronnées par une petite membrane. Toutes les espèces spontanées de notre Flore sont herbacées ; leurs fleurs ont le centre jaune et les rayons blancs.

887. C. leucanthemum (L.). C. leucanthème. — Leucanthemum vulgare (Lamk.). (Vulg. *Grande Marguerite*)

Tige de 4-8 déc., droite ou ascendante, simple ou rameuse dans le haut, tantôt glabre, tantôt pubescente ou velue surtout à la base ; *f. inf. obovales-spatulées*, crénelées, atténuées en pétiole, *les sup.* sessiles ou un peu amplexicaules, *oblongues ou linéaires*, dentées en scie, mais à dents de la base plus étroites, plus profondes et plus aiguës ; *graines toutes nues au sommet* ; grandes fl. longuement pédonculées, solitaires à l'extrémité de la tige ou des rameaux. ♃. Mai-août. (V. D.)

Prairies. C. C. C.

888. C. montanum (L.). C. de montagne.

Tige s'élevant de 1 à 6 déc., droite, nue au sommet, toujours simple et uniflore ; *f. inf. obovales ou oblongues, cunéiformes*, atténuées en un long pétiole, à limbe denté ou crénelé au sommet, *les sup.* sessiles, *lancéolées, dentées, à la fin linéaires et presque entières ; graines des demi-fleurons surmontées d'une petite couronne membraneuse, ou au moins d'une demi-couronne ;* fl. comme dans la grande Marguerite, tantôt plus grandes, tantôt plus petites. ♃. Juin-juillet.

a. C. *maximum* (D. C.). Tige ordinairement très-élevée ; f. charnues ; graines des demi-fleurons surmontées ordinairement d'une demi-couronne dentée, quelquefois cependant d'une couronne entière ; fl. 2 fois plus larges que dans la grande Marguerite. — Dans l'Ain, Nantua ; les Monts-Dain : Saint-Rambert.

b. C. montanum (L.). Tige plus grêle et moins élevée : f. peu ou point charnues, graines des demi-fleurons surmontées ordinairement d'une couronne complète et non dentée ; fl. plus petites que dans la grande Marguerite. — Dans l'Ain, en Buire, près d'Oncieux ; Arvières ; le Jura.

889. C. CORYMBOSUM (L.). C. A FLEURS EN CORYMBE. — Pyrethrum corymbosum (Wild.)

Tige de 4-9 déc., droite, sillonnée, plus ou moins cotonneuse, simple inférieurement, *à rameaux formant le corymbe dans le haut ; f. inf. pétiolées, les sup. sessiles, toutes* plus ou moins puhescentes-grisâtres en dessous, *profondément pennatiséquées,* à segments oblongs, pennatifides dans les f. inf., incisés-dentés dans les sup.; dents aiguës, mucronées, et même un peu piquantes quand on les applique contre les lèvres ; *graines toutes couronnées d'une petite membrane ;* grandes *fl. en corymbe terminal.* ♃. Juin-août. (*V. D.*)

Bois : le Mont-Cindre ; Couzon ; Saint-Alban ; Bonnand, etc. ; dans l'Ain, Lhuis ; aux environs de Belley, etc. P. R.

890. C. PARTHENIUM (Pers.). C. MATRICAIRE. — Pyrethrum parthenium (Smith). — Matricaria parthenium (L.).

Plante à forte odeur de camomille. Tige de 4-8 déc., droite, sillonnée, *très-rameuse surtout au sommet ; f. toutes plus ou moins pétiolées,* pubescentes ou presque glabres, molles, *profondément pennatiséquées,* à segments oblongs ou elliptiques, pennatifides et irrégulièrement incisés-dentés, les sup. confluents ; dents molles, non mucronées et non piquantes ; *graines toutes couronnées d'une petite membrane, mais plus courte que dans l'espèce précédente ;* fl. plus petites, plus nombreuses, *en corymbe* beaucoup plus lâche. ♃. Juin-août.

Bord des rivières, murs humides, champs et prés voisins des habitations : la Mulatière ; au dessous de la Pape ; Lavalla ; Souzy ; rives de l'Ardière : bois entre Chézery et Léles, etc. P. R.

On en cultive, sous le nom de *Matricaire* ou de *Camomille,* une variété à fleurs doubles.

891. C. INODORUM (L.). C. INODORE. — Matricaria inodora (L.). — Pyrethrum inodorum (Smith).

Plante presque inodore. Tige de 2-4 déc., dressée, ascendante ou diffuse, assez robuste, rameuse au moins au sommet, souvent rougeâtre ; f. glabres, 2-3 *fois et profondément pennatiséquées, à segments capillaires et allongés ; réceptacle hémisphérique et plein en dedans ;* fruit marqué au dessous du sommet de deux points noirs à la maturité et couronné par un rebord très court ; demi-fleurons étalés ou peu réfléchis : fl. en corymbe lâche. ①. Juillet-octobre.

Moissons, champs en friche. C. C.

CCLVI. Matricaria (L.). Matricaire.

Réceptacle allongé et conique; le reste comme au genre *Chrysanthemum*. Plantes herbacées.

892. M. chamomilla (L.). M. camomille. — Pyrethrum chamomilla (Coss. et Germ.)

Tige de 2-6 déc., dressée ou ascendante, très-rameuse; f. 2-3 fois et profondément pennatiséquées, à segments linéaires et allongés; réceptacle longuement conique, aigu, creux en dedans; demi-fleurons réfléchis; fl. nombreuses, à forte odeur de camomille, disposées en corymbe terminal. ①. Mai-juillet. (*V. D.*)

Terres : Charbonnières ; Francheville ; la Mouche ; Pierre-Bénite. — Cultivée quelquefois sous le nom de *Camomille*.

— Cette plante pourrait être confondue avec le *Chrysanthemum inodorum*, l'*Anthemis cotula* et l'*Anthemis arvensis*. Elle diffère du premier par son odeur aromatique et par son réceptacle longuement conique et aigu. des deux *Anthemis* par l'absence de paillettes sur son réceptacle, et de tous les trois par son réceptacle creux à l'intérieur.

CCLVII. Anthemis (L.). Camomille.

Involucre hémisphérique ou presque plane, à écailles imbriquées, scarieuses sur les bords; *réceptacle s'allongeant en cône ou au moins très-convexe, garni de paillettes*; demi-fleurons oblongs, assez nombreux; graines pourvues ou dépourvues de rebord au sommet. Plantes herbacées.

* Fleurs entièrement jaunes.

893. A. tinctoria (L.). C. des teinturiers. — Cota tinctoria (Gay).

Tige de 3-6 déc., dressée ou ascendante; rameuse, cotonneuse-blanchâtre; f. tomenteuses-blanchâtres en dessous, 1-2 fois pennatiséquées, à segments oblongs, profondément dentés, à dents mucronées et un peu spinescentes quand on les applique contre les lèvres; réceptacle convexe; graines couronnées par un petit rebord très-entier; fl. entièrement jaunes, à odeur pénétrante. ♃. Juin-août. (*V. D.*)

Lieux pierreux et arides : Condrieu ; Chavanay ; Malleval ; Pelussin. Vienne et environs, où elle abonde.

** Fleurs à disque jaune et à rayons blancs.

894. A. arvensis (L.). C. des champs.

Plante presque inodore. Tige de 2-5 déc., pubescente, simple ou rameuse, dressée ou étalée; f. pubescentes ou velues-blanchâtres, 2 fois pennatiséquées, à segments linéaires et aigus; *réceptacle conique, à paillettes presque aussi* longues que les fleurons et brusquement terminées par une pointe raide ; graines terminées par un petit rebord au centre et par un petit bourrelet plissé à la circonférence ; fl. portées sur des pédoncules striés. ①. Juin-septembre.

Champs C. C. C.

895. A. COTULA (L.). C. PUANTE. (Vulg. *Maroute.*)

Plante à odeur fétide. Tige de 2-5 déc., droite, rameuse, glabre ou à peu près, ainsi que les feuilles ; f. 2 fois pennatiséquées, à segments linéaires, entiers ou trifides ; *réceptacle conique, à paillettes linéaires-sétacées, bien plus courtes que les fleurons;* graines tuberculeuses, marquées de petites côtes égales, et dépourvues de rebord apparent au sommet ; fl. portées sur des pédoncules allongés et finement striés. ①. Juin-septembre. (V. D.)

Terres : Villeurbanne; Saint-Alban; Charbonnières; Fontaines, etc. C.

896. A. MONTANA (L.). C. DE MONTAGNE.

Tige de 3-5 déc., très-dure à la base, velue ou glabre, *ne portant que 1-3 fleurs;* f. glabres ou pubescentes, pennatipartites, à partitions divisées en 2-3-5 petits lobes mutiques, peu épais et obtus ; *réceptacle hémisphérique, à paillettes oblongues-linéaires,* un peu canaliculées, *mucronées, aussi longues que les fleurons;* graines à côtes peu saillantes, terminées par un petit rebord aigu et inégalement tronqué ; fl. portées sur des pédoncules allongés. ♃. Août-septembre.

Rocailles au bord de la route, à la République, près Pilat. R. R.

897. A. NOBILIS (L.). C. ROMAINE. — Ormenis nobilis (Gay). — Chamomilla nobilis (Godr.).

Plante aromatique. Tige de 1-3 déc., faible, souvent couchée, rameuse et *multiflore;* f. pubescentes-grisâtres ou presque glabres, profondément pennatiséquées, à segments découpés en lanières linéaires ; *réceptacle conique, à paillettes oblongues, mutiques, scarieuses sur les bords et au sommet;* graines non terminées par un rebord ; fl. pédonculées et terminales. ♃. Juin-septembre. (V. D.)

Entre les Trois-Renards et Charbonnières. — On en cultive une variété à fl. doubles, entièrement blanches parce qu'elles n'ont que des demi-fleurons.

CCLVIII. ACHILLÆA (L.). ACHILLÉE.

Involucre ovale ou oblong, à écailles imbriquées ; *réceptacle* plane ou un peu convexe, *garni de paillettes; demifleurons peu nombreux (5-10) et arrondis au sommet ;* graines toujours dépourvues de rebord terminal. Plantes herbacées.

898. A. PTARMICA (L.). A. STERNUTATOIRE.

Tige de 3-6 déc., dressée, ordinairement simple inférieurement et rameuse dans le haut; f. glabres ou un peu pubescentes en dessus, *oblongues-lancéolées*, très-aiguës, *bordées de dents de scie* mucronées et rudes; fl. blanches, assez grandes, disposées en corymbe terminal rameux et lâche. ♃. Juillet-septembre. (*V. D.*)

Prés humides. P. R.

— On en cultive, sous le nom de *Bouton d'argent*, une variété à fl. doubles.

899. A. MILLEFOLIUM (L.). A. MILLEFEUILLES. (Vulg. *Saigne-nez, Saignette*.)

Tige de 3-6 déc., droite, raide, pubescente; f. ordinairement pubescentes-grisâtres, *toujours oblongues-linéaires*. 2 *fois pennatiséquées, à segments courts et mucronés;* fl. blanches ou rosées, en corymbe terminal et serré. ♃. Juin-septembre. (*V. D.*)

Prés, champs, bord des chemins. C. C. C.

900. A. MACROPHYLLA (L.). A. A LARGES FEUILLES.

Tige de 3-6 déc., dressée, raide, simple; f. légèrement pubescentes, plus pâles en dessous, *ovales-triangulaires dans leur pourtour, si profondément pennatiséquées* qu'elles paraissent pennées, *à segments oblongs-lancéolés*, inégalement incisés-dentés et à dents mucronées, les inf. de chaque f. distincts, les sup. confluents; fl. blanches, en corymbe peu serré. ♃. Juillet-août.

Bois à la Grande-Chartreuse.

CCLIX. BUPHTALMUM (L.). BUPHTALME.

Involucre hémisphérique, à écailles imbriquées et presque égales; *réceptacle garni de paillettes; anthères munies à leur base de deux petites soies courtes;* graines couronnées d'une membrane laciniée-denticulée. Plantes herbacées, à fl. toujours jaunes.

901. B. SALICIFOLIUM (L.). B. A FEUILLES DE SAULE.

Tige de 4-6 déc., dure, pubescente, simple ou ramifiée dans le haut; f. pubescentes et un peu rudes, oblongues-lancéolées, légèrement denticulées, les inf. atténuées en un pétiole ailé, les sup. sessiles et plus étroites; fl. d'un jaune foncé, solitaires à l'extrémité de la tige et des rameaux. ♃. Juin-juillet.

b. B. *grandiflorum* (L.). F. d'un vert plus foncé, les sup. longuement acuminées; fl. plus grandes, d'un jaune plus vif.

Chaponost; Saint-Laurent-du-Pont, avant la Grande-Chartreuse; dans l'Ain, le Mont, à Nantua; bois de Thoiry; Crozet; Montange; le Colombier.

CCLX. Calendula (L.). Souci.

Involucre à folioles égales, disposées sur deux rangs; *réceptacle nu; graines tuberculeuses ou hérissonnées*, arquées ou roulées en anneau. Plantes herbacées.

902. C. Arvensis (L). S. des champs.

Plante à odeur désagréable. *Tige de 1-3 déc., à rameaux divergents, souvent couchés; f.* d'un vert pâle, pubescentes, *oblongues-lancéolées*, les inf. atténuées en pétiole, les sup. arrondies à la base et demi-amplexicaules; *graines de la circonférence linéaires, simplement arquées et terminées par un bec*, celles de l'intérieur plus courtes, courbées en anneau et creusées en nacelle en dedans; *fl. d'un jaune clair*. ①. Avril-octobre. (V. D.)

Champs, vignes, lieux cultivés. C. C.

IIIe Tribu : CHICORACÉES. — Toutes les semi-flosculeuses ; style non articulé.

Ire Sous-Tribu : LACTUCÉES. — *Aigrettes à poils simples. Plantes à suc souvent laiteux.*

CCLXI. Sonchus (L.). Laitron.

Involucre imbriqué, *renflé à la base*; réceptacle nu; graine comprimée ou quadrangulaire; *aigrette sessile*. Plantes herbacées, *à suc laiteux.*

* *Fleurs jaunes.*

903. S. arvensis (L). L des champs.

Racine rampante; tige de 4-10 déc., dressée, simple, un peu rameuse seulement au sommet; f. roncinées-pennatifides, inégalement bordées de petites dents épineuses, les inf. atténuées en pétiole, *les moyennes embrassant la tige par des oreillettes arrondies; pédoncules et involucres couverts de poils glanduleux;* fl. peu nombreuses, en corymbe terminal. ♃. Juillet-septembre.

La Tête-d'Or; Vaux-en-Velin; la Mouche; îles du Rhône. P. C.

— On trouve le S. *palustris* (L) dans les prairies marécageuses à la Verpillière; il n'est plus aux Brotteaux, où l'indique Balbis.

904. S. oleraceus (L.). L. des jardins potagers.—S. lævis (Vill.).

Racine fusiforme; tige de 2-8 déc., dressée, ordinairement rameuse; f. glauques en dessous, variables pour la forme : tantôt elles sont oblongues, simplement dentées ou sinuées-

12.

denticulées, tantôt elles sont roncinées-pennatifides, à lobes
égaux ou à lobe terminal plus grand ; les inf. sont atténuées
en pétiole ; *les caulinaires moyennes embrassent la tige par
deux oreillettes acuminées* ; pédoncules souvent hérissés de
poils glanduleux et munis de flocons cotonneux dans leur
jeunesse ; *involucre glabre ou ne présentant que quelques poils
glanduleux ; graines à côtes striées en travers* ; fl. en corymbe
irrégulier. ①. Juin-novembre. (*V. D.*)

Jardins potagers, lieux cultivés. C. C. C.

905. S. asper (Vill.). L. épineux.

Diffère du précédent 1° par sa taille généralement moins
élevée ; 2° par ses *f. bordées de dents spinescentes, les
moyennes embrassant la tige par deux oreillettes arrondies* ;
3° par ses *graines non striées en travers*. ①. Juin-novembre.

Mêlé au précédent, surtout dans les endroits chauds.

— Villars observe avec raison que les variétés de ces deux dernières espèces
sont très-multipliées et très-embarrassantes. Elles sont, dit-il, comme des
Protées, qui changent de forme dans chaque terrain.

906. S. picroides (All.). L. fausse picride. — Picridium vulgare (Desf.). —
Scorzonera picroides (L.).

Racine pivotante et napiforme ; tige de 3-6 déc., droite, ordinairement rameuse, glauque ainsi que les feuilles ; f. inf. roncinées ou sinuées-pennatifides, à lobe terminal assez grand, *les
caulinaires embrassant la tige par deux oreillettes arrondies*,
et, de plus, souvent oblongues et presque entières, surtout les
sup. ; involucre glabre, très-renflé à la base, quelquefois caliculé ; *graines quadrangulaires, un peu courbées, marquées de
tubercules disposés en lignes transversales* ; fl. portées sur de
longs pédoncules renflés au sommet et munis de petites
écailles. ①. Juin-septembre.

Vignes : Condrieu ; Malleval ; Chavanay et environs, où il n'est pas rare.

** *Fleurs bleues.*

907. S. Plumieri (L.). L. de Plumier. — Mulgedium Plumieri (D. C.). —
Lactuca Plumieri (Gren. et Godr.).

Plante à odeur forte et vireuse. Tige s'élevant à 1 m.,
dressée, grosse et fistuleuse ; f. très-grandes, roncinées-pennatifides, inégalement dentées sur les bords, à segment terminal triangulaire et très-élargi, les inf. atténuées en un
pétiole ailé, les caulinaires embrassant la tige par deux
oreillettes ; *bractées, pédoncules et involucre glabres ; graines
fortement comprimées, finement ridées en travers, atténuées
au sommet, comme dans les Laitues ;* fl. d'un bleu clair, en
corymbe terminal. ♃. Juillet-août.

Pilat, au dessus du saut du Gier ; Pierre-sur-Haute ; montagnes du Beaujolais, et spécialement à la Roche-d'Ajoux. R.

908. S. ALPINUS (L.). L. DES ALPES. — Mulgedium alpinum (Less.).

Diffère du précédent 1° par *les poils rougeâtres et glandu-leux dont les bractées*, linéaires et beaucoup plus longues, *sont bordées, et dont les pédoncules, la base des involucres et tout le sommet de la tige sont recouverts* ; 2° par les *graines*, qui sont oblongues-linéaires, *à peine comprimées*, striées en long, mais *non ridées en travers, faiblement atténuées au sommet.* Les fl., d'un beau bleu rougeâtre, sont disposées en grosse grappe terminale. ♃. Juillet-août. (*V. D.*)

Pierre-sur-Haute, à 1 kilom. N.-E. de la source d'eau minérale de Chorsin. et à pareille distance N.-O. de Coleigne ; la Grande-Chartreuse ; les sommités jurassiques. R.

CCLXII. LACTUCA (L.). LAITUE.

Involucre cylindrique, à écailles imbriquées ; réceptacle nu ; graines fortement comprimées ; *aigrette portée sur un petit pied grêle et allongé. Plantes* herbacées, *à suc laiteux.*

909. L. PERENNIS (L.). L. VIVACE.

Plante glabre et glauque. Tige de 3-6 déc., droite, ra-meuse ; f. molles, sans aiguillons, pennatifides, à lanières li-néaires, entières ou dentées ; *graines marquées d'une seule strie sur chaque face* ; fl. *d'un bleu rougeâtre*, rarement blan-ches, en corymbe paniculé, lâche et terminal. ♃. Juin-août.

Champs pierreux, moissons : Givors, le long du canal ; Boën. R.

910. L. SALIGNA (L.). L. SAULIÈRE.

Tige de 5-10 déc., dressée, lisse, blanchâtre, simple ou peu rameuse ; f. glabres, lisses ou légèrement aiguillonnées en dessous sur la nervure médiane, les inf. roncinées-penna-tifides, *les autres linéaires, très-entières, embrassant la tige par deux oreillettes, mais non décurrentes* ; graines grisâtres, marquées de plusieurs stries sur chaque face ; fl. d'un jaune pâle, *presque sessiles le long de la tige et des rameaux, et for-mant ainsi un épi grêle et effilé.* ②. Juillet-août.

Lieux pierreux et stériles : Saint-Alban, près Lyon ; Villeurbanne ; Oul-lins, etc.

911. L. VIMINEA (Link). L. OSIER. — Prenanthes viminea (L.). — Chondrilla viminea (Lamk.).

Tige de 5-10 déc., blanchâtre et très-rameuse ; f. glauques, *les caulinaires longuement décurrentes*, les sup. simples, les inf. et les radicales roncinées-pennatipartites, à segments étroits, aigus, entiers ou dentés ; *graines noires*, marquées de plusieurs stries sur chaque face ; fl. d'un jaune pâle, *presque sessiles le long des rameaux, qui forment par leur réunion une panicule terminale.* ②. Juillet-août.

Vignes : Chavanay ; Pélussin ; Malleval et environs.

912. L. MURALIS (Fresen.). L. DES MURAILLES. — Prenanthes muralis (L.). — Chondrilla muralis (Lamk.). — Phenixopus muralis (Koch edit 1.).

Tige de 3-10 déc., droite, lisse, rameuse au sommet, verte ou rougeâtre ; *f.* glabres, *toujours sans aiguillons*, vertes en dessus, glauques en dessous, *lyrées-pennatipartites*, à partition impaire triangulaire, subdivisée en trois lobes inégalement dentés, les radicales pétiolées, *les caulinaires atténués en un pétiole ailé qui embrasse la tige par deux oreillettes aiguës, mais non décurrentes* ; aigrettes à court pédicelle ; *fl.* jaunes, *en petits capitules formant une panicule terminale très-rameuse.* ④. Juin-septembre.

Bois et lieux couverts : Charbonnières ; Chaponost ; le Garon ; Pilat, etc. P. C.

913. L. SCARIOLA (L.). L. SAUVAGE.—L. sylvestris (Lamk.).

Tige de 1-2 m., droite, rameuse, blanchâtre, plus ou moins aiguillonnée dans sa moitié inf.; *f.* très-glauques, *dressées verticalement ou obliquement*, roncinées-pennatifides, rarement entières, *bordées de cils rudes, et munies d'aiguillons en dessous sur la côte médiane*, les caulinaires embrassant la tige par deux oreillettes, mais non décurrentes; *graines grisâtres*, marquées de plusieurs stries sur chaque face, *et velues au sommet*; fl. d'un jaune pâle, en panicule terminale. ②. Juin-septembre. (V. D.)

Bord des chemins : Écully ; Saint-Cyr ; Villeurbanne, etc. A. C.

914. L. VINOSA (L.). L. VIREUSE.

Diffère de la précédente 1° par sa tige ordinairement teintée d'un violet vineux, à la fin brun noirâtre, qui se remarque aussi à la page inf. des feuilles ; 2° par ses *f. étalées horizontalement et non pas dressées*, découpées en général moins profondément, de sorte que souvent elles sont seulement sinuées-denticulées ou sinuées-lobées, et non pas roncinées-pennatifides ; 3° par ses *graines noirâtres et entièrement glabres*, quoique, vues à la loupe, elles présentent de très-fines aspérités au sommet. ②. Juin-septembre. (V. D.)

Bord des fossés, vignes : Villeurbanne ; Oullins. A. R.

— On en a détaché le L. *flavida* (Jord.), qui, au premier coup d'œil, diffère du type surtout par sa tige et ses *feuilles d'un vert plus pâle*, peu ou point teintées de violet. Les graines, vues à la loupe, m'ont paru exactement les mêmes. — On le trouve sur les bords du Rhône, en allant de Saint-Clair à la Pape.

CCLXIII. CHONDRILLA (L.). CHONDRILLE.

Involucre à 7-10 folioles presque égales, entourées à la base d'écailles plus petites ; réceptacle nu ; 7-10 *demi-fleurons disposés sur deux rangs* ; graine tuberculeuse au sommet, où elle est couronnée par 5 *petites dents du milieu desquelles part le pédicelle de l'aigrette, qui est grêle et allongé.* Plantes herbacées, à suc laiteux.

915. C. JUNCEA (L.). C. JONCIÈRE.

Tige de 6-10 déc., droite, très-dure, ferme, hérissée à la base de poils raides et un peu recourbés, ramifiée et lisse dans le haut; f. radicales roncinées-pennatifides, rudes, ordinairement fanées au moment de la floraison, les caulinaires linéaires, entières, appliquées sur la tige, avec deux oreillettes en forme d'appendices à leur base; fl. jaunes, en capitules presque sessiles le long des rameaux. ②. Juin-septembre.

Terrains arides : Écully ; Oullins ; Yvour; Villeurbanne, etc. P. R.

CCLXIV. PRENANTHES (L.). PRENANTHE.

Involucre cylindrique, à 5-8 folioles égales, entourées à la base d'un calicule formé de petites écailles imbriquées qui lui forment un calicule; réceptacle nu; 5 *demi-fleurons disposés sur un seul rang; aigrette sessile.* Plantes herbacées.

916. P. PURPUREA (L.). P. A FLEURS PURPURINES. — Chondrilla purpurea (Lamk.).

Tige droite, cylindrique, rameuse au sommet, s'élevant à 1 m. et plus; f. glabres, glauques en dessous, ovales ou oblongues, entières, denticulées ou sinuées, embrassant la tige par deux oreillettes arrondies, les inf. rétrécies à la base; fl. d'un rouge violet, souvent pendantes, en panicule terminale. ♃. Juillet-août.

Bois: Limonest ; Saint-Bonnet-le-Froid ; Saint-André-la-Côte ; Liergues ; Pierre-sur-Haute ; Pilat ; la Grande-Chartreuse ; tout le Bugey.

b. P. *tenuifolia* (L.). F. lancéolées-linéaires , très-allongées, ordinairement très-entières. — La Grande-Chartreuse. dans le désert, où l'on trouve des intermédiaires entre le type et la variété.

CCLXV. TARAXACUM (Juss.). PISSENLIT.

Involucre à folioles sur 2-3 rangs, les extérieures plus courtes et formant un calicule; réceptacle nu ; *demi-fleurons nombreux disposés sur plusieurs rangs; aigrette pédicellée;* graines comprimées, denticulées au sommet. Plantes herbacées, à suc laiteux.

917. T. DENS-LEONIS (Desf). P. DENT-DE-LION. — Leontodon Taraxacum (L.).

Hampe dressée, fistuleuse, uniflore; f. toutes radicales, roncinées-pennatifides ou sinuées-dentées, mais toujours de telle sorte que la pointe des dents forme un crochet qui regarde vers le pétiole; fl. jaunes. ♃.

Du printemps à l'hiver.

a. T. *officinale* (Wigg.). F. roncinées-pennatifides, à lobes triangulaires ; involucre à folioles extérieures réfléchies. — Partout.

b. T. *lævigatum* (D. C.). F. roncinées-pennatipartites, à partitions étroites, souvent incisées ; involucre à folioles extérieures étalées. — Pelouses sèches.

c. T. *palustre* (D. C.). F. sinuées-dentées ; involucre à folioles extérieures appliquées. — Prés marécageux.

CCLXVI. PTEROTHECA (Cass.). PTÉROTHÈQUE.

Involucre caliculé ; graines de deux sortes, celles du centre linéaires, atténuées en bec au sommet, celles du bord grosses, offrant sur leur face intérieure 3-5 côtes ou ailes membraneuses ; aigrettes pédicellées dans les graines du centre, sessiles et très-caduques dans celles du bord ; *réceptacle garni de paillettes* fines comme des soies. Plantes herbacées.

918. P. NEMAUSENSIS (Cass.). P. DE NIMES. — Crepis Nemausensis (Gouan). — Andryala Nemausensis (Vill.). — Hieracium sanctum (L.).

Plante à formes très-variables. Hampe de 1-3 déc., velue-hérissée, terminée par 2-3 ou plusieurs pédoncules, tantôt rapprochés en corymbe, tantôt éloignés les uns des autres, mais toujours munis à leur naissance d'une petite bractée ; f. toutes radicales, velues, un peu rudes, ordinairement roncinées-lyrées et à segments dentés, d'autres fois simplement dentées ; fl. jaunes. ④. Juin-août.

Villeurbanne, au chemin de la Reconnaissance. R.

CCLXVII. CREPIS (L.). CRÉPIDE.

Involucre à folioles disposées sur 2-3 rangs, les *extérieures lâches, ordinairement plus courtes et formant un calicule ; graines toutes semblables, plus étroites au sommet ; aigrette sessile ou à peu près, à poils* très-fins, *disposés sur plusieurs rangs.* Plantes herbacées.

Aigrettes à poils d'un blanc de neige, mous et non fragiles, graines marquées de 6-15 petites côtes.

919. C. BIENNIS (L.). C. BISANNUELLE.

Tige de 5-10 déc., dressée, sillonnée, *rude sur les angles,* surtout dans le haut ; f. hérissées au moins en dessous, les inf. et les moyennes roncinées-pennatifides, à segment terminal plus grand, *les sup.* linéaires, *planes et* entières ; *involucre* farineux, parsemé de poils noirs, *à écailles intérieures pubescentes à la face interne ; stigmates jaunes ;* fl. jaunes, en corymbe terminal. ②. Mai-juillet.

Prairies. C. C. C.

920. C. NICÆENSIS (Balbis). C. DE NICE. — C. scabra (D. C.).

Tige de 3-6 déc., droite, striée, *hérissée et rude* surtout inférieurement, plus grêle que dans l'espèce précédente ; f. hérissées et rudes, les inf. roncinées-pennatifides ou dentées, *les caulinaires sup.* linéaires, *planes* et entières ; *involucre* farineux, parsemé de poils noirs, *à écailles intérieures glabres en dedans ; stigmates bruns*; fl. jaunes, en corymbe terminal. ②. Mai-juillet.

Prés secs au Mont-Tout. R.

921. C. TECTORUM (L.). C. DES TOITS.

Tige de 4-6 déc., droite, sillonnée, peu velue, très-souvent rougeâtre près des rameaux; f. d'un vert cendré, les radicales glabres et simplement dentées pour l'ordinaire, mais quelquefois roncinées-pennatifides, les caulinaires inf. velues, roncinées-pennatifides, à segments étroits, embrassant la tige par des oreillettes dentées, retroussées et relevées comme une manchette, *les sup.* linéaires, entières, *à bords roulés en dessous; involucre à écailles intérieures poilues en dedans;* stigmates bruns ; *graines à côtes denticulées au sommet;* fl. jaunes, en corymbe terminal. ④. Mai-juillet.

Terres: la Croix-Rousse; Caluire, etc.

922. C. VIRENS (L.). C. VERDATRE

Plante très-variable. Tige dressée ou diffuse, ordinairement glabre au moins dans le haut; f. radicales lancéolées et dentées ou roncinées-pennatifides, *les caulinaires linéaires, planes, sagittées à la base; involucre à écailles extérieures appliquées et à écailles intérieures glabres en dedans; graines* à peine atténuées au sommet et *à côtes lisses;* fl. jaunes, en corymbe terminal, quelquefois paniculé ou peu fourni. ④. Juin-octobre.

a. C. *vulgaris.* Tige dressée, simple à la base ; pédoncules peu allongés.

b. C. *stricta* (D. C. non Scop.). Tige ascendante, rameuse dès la base, peu feuillée.

c. C. *diffusa* (D. C.). Tige couchée, rameuse dès la base; pédoncules filiformes et très-allongés.

Prés, pelouses , bord des chemins. C.

— Toutes les variations de cette plante sont réunies par Wallroth sous le nom de C. *polymorpha,* qui lui convient parfaitement.

** *Aigrettes à poils d'un blanc de neige, mous ou un peu fragiles; graines marquées de 20 petites côtes.*

923. C. SUCCISÆFOLIA (Tausch.). C. A FEUILLES DE SUCCISE. — Hieracium succisæfolium (All.).—H. integrifolium (Lois.).

Tige de 2-5 déc., portant à son sommet des rameaux courts, réunis en corymbe; *f.* oblongues, *entières ou à peine d'nticulées*, les radicales obtuses et atténuées en pétiole, les caulinaires amplexicaules ; pédoncules à poils glanduleux, aussi bien que l'involucre : *celui-ci a ses folioles du rang extérieur de moitié plus courtes que celles du rang intérieur :* fl. d'un beau jaune d'or. ♃. Juillet-août.

Prés à Pilat ; dans l'Ain, de Thoiry au Reculet. R.

924. C. BLATTARIOIDES (Vill.). C. A FEUILLES DE BLATTAIRE. — Hieracium blattarioides (L.). — H. pyrenaicum (Lois.).

Tige de 2-6 déc., portant 1-2 fleurs ou 3-6 rapprochées en corymbe serré ; *f. toutes manifestement dentées,* les radicales atténuées en pétiole, les caulinaires embrassant la tige par deux oreillettes aiguës et divergentes, les *inf.* plus étroites et *souvent roncinées-pennatifides à la base,* les sup. oblongues ou ovales-lancéolées, simplement dentées ; *involucre à 2 rangs de folioles égales,* les extérieures lâches et ciliées, les intérieures dressées et hérissées ; fl. d'un beau jaune. ♃. Juin-août.

La Grande-Chartreuse ; le Colombier ; le Gralet et le Reculet, au Jura.

925. C. GRANDIFLORA (Tausch). C. A GRANDES FLEURS. — Hieracium grandiflorum (All.). — H. pappoleucon (Vill.).

Plante hérissée de poils glanduleux. Tige de 2-5 déc., dressée, cannelée, terminée par 1-2-3 fleurs au plus : f. dentées, les radicales oblongues et atténuées en un pétiole ailé, *les caulinaires* lancéolées, à peu près entières, *embrassant la tige par deux oreillettes sagittées ;* involucre à écailles noirâtres, ciliées sur le dos, *les extérieures beaucoup plus courtes que les intérieures ;* grandes fl. jaunes. ♃. Juillet-août.

Indiquée à Pilat, dans les pâturages, par Boreau et par Grenier et Godron.— Je ne connais personne qui l'y ai vue.

*** *Aigrettes à poils roussâtres au moins à la maturité.*

926. C. PALUDOSA (Mœnch.). C. DES MARAIS. — Hieracium paludosum (L.). — Soyeria paludosa (Gren. et Godr.).

Tige de 5-10 déc., *rameuse au sommet ; f. glabres,* les inf. atténuées en pétiole, roncinées-dentées ou roncinées-lobées à la base, *les autres oblongues-acuminées et bordées de grosses dents écartées ; involucre calicule,* hérissé de poils noirs, surtout à la base ; fl. d'un jaune pâle, *en corymbe terminal.* ♃. Juin-août.

Prés et bois humides : Yzeron ; Saint-Bonnet-le-Froid ; Pilat ; marais de Divonne et de Cormazanche (Ain) ; le Jura.

927. C. MONTANA (Rchb.). C. DE MONTAGNE. — Hieracium montanum (Jacq). — Soyeria montana (Monn.). — Andryala Pontana (Vill.).

Tige de 1-4 déc., droite, *simple, uniflore ; f.* inf. oblongues-elliptiques, allant en décroissant jusqu'au sommet, *un peu dentées, ciliées et pubescentes,* les caulinaires embrassant a moitié de la tige par deux oreillettes arrondies ; *involucre fortement hérissé de longs poils jaunâtres et sans calicule à la base* ; réceptacle garni de soies qui sont de la longueur des graines ; *fl.* grande, jaune, *solitaire*. ♃. Juin-août.

La Grande-Chartreuse ; le Reculet ; le Jura.

CCLXVIII. Barkausia (Mœnch.). Barkausie.

Caractères du G. *Crepis*, mais *graines, au moins celles du centre, à aigrettes pédicellées.* Plantes herbacées.

928. B. FŒTIDA (D. C.). B. FÉTIDE. — Crepis fœtida (L.).

Plante exhalant par le froissement, surtout de son involucre, une odeur d'amande amère. Tige de 2-5 déc., dressée, rameuse ; f. d'un vert cendré, hérissées de poils rudes, les radicales roncinées-pennatifides ; les sup. lancéolées, profondément incisées à la base ; involucre pubescent-grisâtre ; graines en forme de fuseau ; *fl.* jaunes, rougeâtres en dessous, *portées sur des pédoncules penchés avant l'épanouissement*. ①. Juin-août. (V. D.)

Champs et bord des chemins. C. C. C.

929. B. TARAXACIFOLIA (D. C.). B. A FEUILLES DE PISSENLIT.—Crepis taraxacifolia (Thuill.). — C. Taurinensis (Wild.).

Plante inodore. Tige de 3-8 déc., droite, rameuse, presque glabre ; f. hérissées de poils un peu rudes, surtout en dessous, les radicales roncinées-pennatipartites ou au moins roncinées-pennatifides, les autres caulinaires peu nombreuses, pennatifides ou au moins incisées à la base ; une bractée linéaire et verdâtre à la naissance de chaque pédoncule ; *fl.* jaunes, souvent rougeâtres en dessous, *en capitules dressés avant l'épanouissement*. ②. Mai-juillet.

Graviers du Rhône à Villeurbanne et à la Mulatière ; bord des chemins à Écully. A. R.

930. B. SETOSA (D. C.). B. HISPIDE. — Crepis setosa (Haller).

Tige de 2-6 déc., droite, striée, rameuse ; f. pubescentes ou légèrement hispides, les radicales roncinées-dentées ou roncinées-pennatifides, à lobe terminal plus grand que les autres, les caulinaires étroites, sagittées, entières ou incisées-dentées à la base ; une bractée linéaire à la naissance de chaque pédoncule ; *involucre fortement hérissé de poils jaunâtres, étalés et un peu épineux ; fl.* jaunes, *en capitules dressés avant la floraison*. ①. Juin-août.

Mon-Plaisir ; Villeurbanne ; la Tête-d'Or ; la Pape. P. C.

CCLXIX. Hieracium (L.). Épervière.

Involucre à écailles imbriquées ; réceptacle dépourvu de

paillettes, glabre ou velu, mais à poils très-courts ; *graines à 10 stries, toutes semblables, tronquées au sommet, où elles sont aussi larges qu'au milieu; aigrette entièrement sessile, à poils très-fragiles, roussâtres ou d'un blanc sale à la maturité, disposés sur un seul rang* ou sur deux rangs peu marqués. Plantes herbacées.

* *Souche émettant des stolons; hampe ou tige en forme de hampe; poils des aigrettes égaux et disposés sur un seul rang. — Piloselloïdes (Koch).*

† *Hampe simple et uniflore.*

931. H. PILOSELLA (L.). E. PILOSELLE.

Souche émettant des stolons radicants et feuillés; hampe nue et uniflore; f. obovales ou oblongues, d'un vert glaucescent et parsemées de poils en dessus, blanches-tomenteuses en dessous; fl. d'un jaune de soufre, celles de la circonférence ordinairement striées de rouge en dessous. ♃. Mai-septembre (*V. D.*)

Coteaux secs. C.

†† *Tige nue ou à une seule feuille, mais toujours pluriflore.*

A. *Stolons radicants.*

932. H. AURICULA (L.). E. AURICULE.

Tige de 2-5 déc., dressée, pluriflore, nue ou portant 1-2 f. vers la base; f. glauques, elliptiques-lancéolées ou oblongues-spatulées, parsemées, surtout à la base et sur les bords, de longs poils en forme de soies, du reste glabres et très-entières; involucre hérissé de poils noirâtres; 2-5 fl. jaunes, terminales. ♃. Mai-septembre.

Tassin; Chaponost; Craponne; Saint-Genis-lès-Ollières; Saint-Bonnet-le-Froid. P. R.

B. *Stolons non radicants.*

933. H. PRÆALTUM (Vill.). E. ÉLANCÉE.

Tige de 3-6 déc., droite, grêle, rameuse au sommet, ne portant que 1-3 feuilles caulinaires; f. glauques, les radicales oblongues-lancéolées ou un peu obtuses, atténuées en pétiole, parsemées, au moins sur les bords et sur la nervure moyenne en dessous, de poils raides en forme de soies, du reste très-variables; fl. jaunes, petites, très-nombreuses (20-60), en corymbe lâche. ♃. Juin-juillet.

Trouvée à la Mouche. R. R. R.

b. H. *fallax* (Wild.). Tige et page inférieure des f. munies d'une pubescence étoilée ; fl. plus grandes. — Le Mont-Dain; en allant de Châtillon à Confort, au delà de la rivière.

— Les stolons, qui sont ascendants et florifères, manquent quelquefois.

** *Souche sans stolons; poils des aigrettes raides, inégaux et presque*
sur deux rangs; involucre à folioles régulièrement imbriquées :
f. radicales persistant pendant la floraison. — Aurelles (Fries).

† *Plantes glauques, non laineuses inférieurement; involucre à folioles*
non couvertes de poils laineux.

931. H. STATICEFOLIUM (Vill.). E. A FEUILLES DE STATICE.

Souche rampante; tige de 1-3 déc., rameuse, *glabre ainsi*
que les feuilles; f. linéaires-lancéolées, entières ou à petites
dents écartées et peu nombreuses, toutes ou presque toutes
radicales; pédoncules munis de petites écailles; *fl.* jaunes *,*
verdissant par la dessication. ⚥. Juin-août.

Bords et îles du Rhône; la Tête-d'Or; Pierre-Châtel; Thoiry.

935. H. GLAUCUM (All.). E. GLAUQUE. — H. scorzonerifolium (Vill.).

Souche non rampante; tige de 2-8 déc., ordinairement
rameuse, *couverte dans le haut d'une pubescence blanchâtre et*
étoilée; f. lancéolées-linéaires, acuminées, très-entières ou
obscurément dentées, glabres ou ciliées à la base, les radicales atténuées en pétiole, les caulinaires sessiles et peu
nombreuses; fl. d'un jaune doré. ⚥. Août.

Pont-des-Oulles; le Mont-Dain; le Reculet.

†† *Plantes glauques, à f. glabres ou très-velues; pédoncules sans poils*
glanduleux; involucre à folioles hérissées de poils laineux.

936. H. VILLOSUM (L.). E. VELUE.

Tige de 3-4 déc., feuillée, *hérissée-laineuse ainsi que les*
feuilles; f. radicales oblongues-lancéolées, atténuées en un très-
court pétiole, les caulinaires sessiles ou demi-embrassantes;
involucre hérissé de longs poils blanchâtres *, à foliolés exté-*
rieures lâches et plus larges que les intérieures; fl. jaunes,
grandes, solitaires ou peu nombreuses. ⚥. Juillet-août.

La Grande-Chartreuse; le Colombier; Retord; le Mont-Dain; le Reculet.

937. H. GLABRATUM (Hoppe). E. A FEUILLES GLABRES. — H. flexuosum
     (D. C.).

Diffère de la précédente 1° par sa tige privée de longs poils
mous, au moins vers le haut; 2° par les *f. caulinaires très-*
glabres ou seulement ciliées sur les bords et sur la nervure
médiane; 3° par l'*involucre, qui a ses folioles toutes sembla-*
bles, lancéolées-acuminées; 4° par ses feuilles radicales plus
longuement atténuées en pétiole. La plante a les f. et le port
de l'H. *saxatile* (Vill.), les pédoncules et l'involucre de
l'H. *villosum* (L.). ⚥. Juillet-août.

Rochers des sommités du Reculet et du Colombier du Jura. R.

††† *Plantes glauques, à f. glabres ou très-velues; pédoncules à poils glanduleux.*

938. H. SAXATILE (Vill.). E. DES ROCHERS. — H. Lawsonii (Vill.). — H. barbatum (Lois.).

Tige de 1-3 déc., rameuse vers le haut, quelquefois presque dès le bas; f. radicales larges, ovales-oblongues ou arrondies, brusquement et brièvement acuminées, atténuées en un court pétiole ailé , entières ou à très-petites dents écartées, couvertes sur leurs deux faces et surtout vers leur pétiole de poils blancs et laineux; une seule f. caulinaire plus petite, sessile et acuminée (quelquefois elle manque); une bractée à la naissance des rameaux; involucre à petits poils glanduleux, à la fin souvent presque glabre; fl. jaunes, peu nombreuses. ♃. Juin-juillet.

a. H. *saxatile* (Vill.). Tige de 8-10 déc.; f. radicales arrondies.

b. H. *Lawsonii* (Vill.). Tige de 2-3 déc.; f. radicales oblongues.

Rochers à la Grande-Chartreuse.

†††† *Plantes vertes quand elles sont vivantes, plus ou moins poilues-glanduleuses.*

939. H. ALPINUM (L.) E. DES ALPES.

Plante toute couverte de longs poils mous entremêlés de poils glanduleux. Tige de 1-2 déc., portant 1 feuille caulinaire (rarement 2-3); f. lancéolées, *ordinairement très-entières*, les radicales atténuées en pétiole, la caulinaire plus petite et presque sessile; involucre très-velu; *fl. jaune, ordinairement solitaire* (rarement il y en a 2), penchée quand elle est en bouton ♃. Juin-août.

Charmansom . près la Grande-Chartreuse. R.

940. H. AMPLEXICAULE (L.). E. AMPLEXICAULE.

Plante toute couverte, surtout dans le haut, de poils glanduleux et visqueux, mais non entremêlés de poils laineux. Tige de 1-3 déc., rameuse; f. *radicales elliptiques-oblongues*, atténuées en pétiole, *bordées de dents inégales; f. caulinaires peu nombreuses (1-4), en cœur et au moins demi-amplexicaules;* fl. jaunes, *en corymbe ou en panicule.* ♃. Juin-août.

Rochers : la Grande-Chartreuse; le Colombier; au dessus de Chézery.

941. H. PULMONARIOIDES (Vill.). E. FAUSSE PULMONAIRE.

Plante toute couverte de poils glanduleux. Tige de 2-3 déc., rameuse; f. radicales oblongues-elliptiques, atténuées en pétiole, *bordées de grosses dents ou incisées à la base, les caulinaires un peu atténuées ou sessiles, mais jamais cordiformes-amplexicaules;* fl. jaunes nombreuses, en corymbe terminal. ♃. Juin-juillet.

Rossillon (Ain).

'' *Involucre à folioles irrégulièrement imbriquées ; f. radicales paraissant dès l'automne et persistant pendant la floraison. — Pulmonaires (Fries).*
† *Plantes à poils plumeux.*

942. H. LANATUM (Vill.). E. LAINEUSE. — H. tomentosum (All.).

Plante toute couverte d'un duvet laineux et tomenteux, analogue à celui du Bouillon-blanc. Tige de 1-3 déc., simple ou rameuse; *f. ovales ou oblongues, très-entières ou un peu sinuées-dentées*, les radicales et quelquefois les inf. de la tige atténuées en pétiole, les autres sessiles (les caulinaires manquent quelquefois dans les petits individus); fl. jaunes, peu nombreuses (1-5). ♃. Juillet-août.

Rochers d'Argis, en montant à Evoges; Montange; Innimond; Pierre-Châtel; Saint-Rambert (Ain).

943. H. KOCHIANUM (Jord.). E. DE KOCH. — H. Liottardi (Koch et Vill. ex parte).

Ressemble à la précédente par les poils laineux, quoique moins épais et non tomenteux, dont elle est recouverte; en diffère par ses *f.*, qui sont *dentées-pennatifides à la base,* au lieu d'être entières ou sinuées-dentées. ♃. Juin-juillet.

La Grande-Chartreuse (Jordan).

944. H. FARINULENTUM (Jord.). E. FARINEUSE.

Tige de 1-2 déc., couverte d'une pubescence farineuse; f. toutes radicales (quelquefois une seule caulinaire très-étroite), ovales ou oblongues, pétiolées, dentées, incisées ou presque pennatifides à la base, *glabres sur la page supérieure, laineuses-farineuses sur les pétioles et en dessous; pédoncules et surtout involucres couverts de poils plumeux;* fl. jaunes, une ou deux par tige. ♃. Juin-juillet.

Montagnes calcaires du Bugey; Rossillon (Ain).

†† *Tige et feuilles pubescentes, à poils dentés, mais non plumeux ni glanduleux.*
A. *Tige sans feuilles ou n'en portant que 1-2.*

945. H. MURORUM (L.). E. DES MURS.

Tige de 2-5 déc., *jamais entièrement glabre,* rameuse; *f. radicales* ovales ou presque oblongues-lancéolées, entières, sinuées-dentées, ou même incisées-pennatifides à la base, *munies sur leurs deux pages, ou au moins sur l'inférieure, de poils mous, mais jamais étoilés,* quelquefois tachées en dessus, souvent glauques ou même d'un violet vineux en dessous, *un peu en cœur ou au moins arrondies à la base,* à pétioles très-velus; 1-2 f. caulinaires, rarement plus, quelquefois point; *style d'abord brun foncé, puis fauve pâle,* rarement jaune; fl. jaunes, en corymbe paniculé. ♃. Juin-octobre. (V. D.)

Bois, murs, rochers. C. C. C.

— M. Jordan a trouvé dans les formes variées qu'affecte cette plante un si grand nombre d'espèces, qu'il sera nécessaire, pour les bien connaître, de recourir à la savante monographie qu'il doit publier bientôt sur le G. *Hieracium*. Voici cependant les principales que nous avons eu occasion d'observer.

— H. *ovalifolium* (Jord.). F. *radicales ovales*, obtuses, *contractées en un pétiole presque égal au limbe*, la caulinaire constamment pétiolée, toutes glaucescentes, souvent tachées et presque glabres en dessus, velues en dessous et sur les bords. — Terrains granitiques.

— H. *fragile* (Jord.). *Tige très-fragile*, portant une seule f. ordinairement pétiolée; f. radicales *oblongues-lancéolées*, profondément dentées ou même incisées à la base, *longuement pétiolées*, souvent violacées en dessous et tachées en dessus. — Bonnand; Tassin; Couzon.

— H. *cinerascens* (Jord.). Tige un peu rude; f. *poilues et de couleur cendrée sur leurs deux pages*, les radicales à court pétiole; *styles jaunes.* — Charbonnières; l'Arbresle, etc.

— H. *petiolare* (Jord.). *Tige lisse;* f. légèrement velues sur les bords et sur les pétioles, *du reste glabres*, souvent tachées, *les radicales contractées en un long pétiole*, ovales-lancéolées, non en cœur, dentées ou même laciniées à la base, et alors *à lanières acuminées;* f. caulinaire unique, pétiolée, *styles d'abord bruns*, puis fauves. — Francheville, Dardilly, etc.

— H. *oblongum* (Jord.). Tige légèrement rude; *f. vertes, les radicales oblongues*, rarement un peu en cœur; contractées en un pétiole très-court, ordinairement 2 f. caulinaires; *plusieurs bractées au bas des rameaux.* — Alix, etc.

— H. *cruentum* (Jord.). — H. *pictum* (Pers.). *Tige très-lisse au sommet;* absence presque complète de poils glanduleux sur les pédoncules et les involucres; *f. plus ou moins marquées de taches d'un pourpre noir*, les radicales étroitement lancéolées-acuminées, plus ou moins incisées-dentées ou même laciniées à la base. — Dardilly; Charbonnières; Soucieux; Alix, etc.

— H. *nemorense* (Jord.). *Tige pleine;* f. *oblongues*, minces et pâles, *les radicales longuement pétiolées, non en cœur*, sinuées-dentées, les caulinaires 1-2, l'inf. quelquefois pétiolée. — Forêts de sapins: Pilat; la Grande-Chartreuse, etc.

— A ces formes nous ajouterons l'H. *bifidum* (Kitaib.), qui se reconnaît à sa *tige* grêle, *bifide ou dichotome*, nue ou ne portant qu'une seule feuille presque sessile, quelquefois réduite à une simple écaille; à ses *rameaux étalés*, formant une espèce de corymbe, *parsemés, ainsi que les involucres, de poils simples, blancs au sommet et noirs à la base;* à ses f. radicales elliptiques ou lancéolées, atténuées à la base, dentées, à dents inférieures plus profondes, perpendiculaires ou tournées en avant. — Liergues.

946. H. ᴛᴏʀʀᴇᴄᴛᴜᴍ (Fries). E. ᴀ ᴘᴇ́ᴅᴏɴᴄᴜʟᴇs ᴅʀᴇssᴇ́s.

Tige de 2-3 déc., flexueuse, poilue, ramifiée seulement au sommet; f. radicales oblongues-lancéolées, atténuées en pétiole, d'un vert glaucescent, poilues sur les deux faces; f. caulinaires très peu nombreuses (1-2), ovales, sessiles ou un peu embrassantes; demi-fleurons à dents glabres; *styles de couleur fauve; involucre à folioles hérissées, mais non glanduleuses;* fl. jaunes, disposées en capitules peu nombreux (2-3), portés sur des *pédoncules raides, dressés*, simples, tomenteux, *munis de plusieurs petites bractées filiformes.* ♃. Juillet-août.

Vallon d'Adran, au dessous du Reculet, où elle m'a été indiquée par M. Bernard.

B. *Tige portant toujours au moins 2 feuilles, ordinairement plus.*

947. SYLVATICUM (Lamk.). E. DES FORÊTS. — H. vulgatum (Koch).

Tige de 3-6 déc., rameuse, dressée; *f.* molles et minces, *vertes et presque glabres en dessus, glaucescentes et pubescentes en dessous,* ciliées sur les bords, *ovales ou oblongues-lancéolées,* irrégulièrement dentées ou incisées, quelquefois entières, *les radicales peu nombreuses, atténuées en pétiole ailé, les caulinaires 3-8,* les inf. atténuées comme les radicales, les sup. presque sessiles; *involucre et pédoncules couverts d'une pubescence étoilée, blanchâtre, mêlée de poils glanduleux noirâtres; styles d'un fauve pâle et livide;* fl. jaunes, en panicule. ♃. Juin-juillet.

Le Garon; Francheville; Charbonnières; Saint-Bonnet, etc.

— On en a détaché les formes suivantes :

— H. acuminatum (Jord.). *Tige fistuleuse,* très-velue à la base; *f.* d'un vert gai, les *caulinaires nombreuses, la plupart longuement pétiolées, étroitement acuminées,* profondément incisées-dentées. — Bois argileux : Chasselay ; Quincieux.

— H. argillaceum (Jord.). — *Tige non fistuleuse,* très-velue à la base ; *f.* d'un vert gai, les *caulinaires nombreuses, mais à court pétiole.* — Bois argileux : Vaugneray ; Montribloud, etc.

— H. commixtum (Jord.). Plante intermédiaire entre l'H. *sylvaticum* et l'H. *murorum.* Elle a les tiges feuillées, rudes surtout au sommet, l'involucre et les pédoncules pubescents-glanduleux du premier et les fl. en corymbe irrégulier, les f. radicales ovales ou elliptiques du second. — Bois et prés : le Mont-Pilat ; Saint-Bonnet-le-Froid.

948. H. LÆVICAULE (Jord.). E. A TIGE LISSE.

Tige de 4-6 déc., à la fin *glabre, lisse,* rameuse; *f.* d'un vert clair et glabres en dessus, glauques et *munies de poils étoilés en dessous,* les radicales atténuées en pétiole, elliptiques, mucronées, à dents écartées et ordinairement peu marquées, quelquefois cependant très-profondes à la base, les caulinaires au nombre de 3-4, à très-court pétiole; *pédoncules courts, blanchâtres-tomenteux; styles jaunes;* fl. d'un beau jaune, en corymbe. ♃. Juin-juillet.

Alix ; montagnes du Beaujolais. R. R.

949. H. LORTETIÆ (Balbis, Fl. lyonn.). E. DE Mᵐᵉ LORTET.

Tige de 2-3 déc., simple, *velue à sa base ainsi que les pétioles des f. inférieures; f. presque glabres,* d'un vert foncé en dessus, glauques et à poils épars en dessous, *peu dentées,* les inf. oblongues-lancéolées et atténuées en pétiole, les autres sessiles ou demi-amplexicaules, devenant très-petites au sommet de la tige; *involucre court, à folioles appliquées, li-*

néaires, acuminées; partie sup. de la tige et pédoncules re-couverts de poils blancs très-courts, mêlés d'autres poils noirs, raides, peu allongés, plus nombreux sous la fleur; *fl. jaunes, en capitules peu nombreux* (3-4). ♃. Juillet-août.

Le Mont-Pilat, au pré Lager et aux environs. R.

††† *Tige et feuilles pubescentes. à poils dentés, quelques uns au moins glanduleux; bractées foliacées à la base des pédoncules.*

950. H. Jacquini (Vill.). E. de Jacquin.

Tige de 1-2 déc., ascendante, hérissée de poils simples et glanduleux, souvent rameuse dès la base; f. vertes, ovales-oblongues, les radicales et les inf. pétiolées, irrégulièrement incisées-dentées, ou même presque pennatifides à la base, les sup. sessiles et quelquefois entières; fl. grandes, d'un jaune pâle, peu nombreuses. ♃. Juillet-août.

Rochers à la Grande-Chartreuse, vers la porte du Sappey; le Reculet; Lhuis; Montange; Pont-des-Oulles, près de Châtillon-de-Michaille.

'** *F. radicales des tiges de l'année suivante ne paraissant pas en automne, mais seulement au printemps.*— *Accipitrines (Koch).*

† *Demi-fleurons à dents ciliées.*

951. H. elatum (Fries). E. élevée. — H. prenanthoides var. Juranum (Gaud.).

Tige de 4-8 déc., droite, ferme, hérissée dans sa partie inférieure de poils blanchâtres, étalés ou réfléchis, *divisée au sommet en rameaux dressés*, formant avec l'axe principal un angle très-aigu; *f.* d'un vert clair, *glabres en dessus*, ci-liées sur les bords et en dessous sur la nervure médiane, *les radicales ordinairement non détruites au moment de la floraison*, elliptiques-lancéolées, longuement pétiolées, les caulinaires inf. atténuées en un pétiole ailé, *les autres* oblongues ou ovales, *sessiles et amplexicaules, munies de quelques grosses dents perpendiculaires sur les lobes arrondis de leur base*, et souvent contractées au dessus; *pédoncules et involucres hérissés de poils courts, noirs et glanduleux non mêlés de poils blancs*; demi-fleurons à dents très-faiblement ciliées, même quand on les voit au microscope; *graines d'un roux foncé;* fl. d'un beau jaune d'or, disposées en co-rymbe terminal. ♃. Juillet-août.

Nous l'avons trouvée en fleurs le 25 juillet dans les pâturages qui sont au dessous du sommet du Reculet, avant d'arriver au vallon d'Adran.

— Cette plante est très-voisine de l'H. *prenanthoides* (Vill.). Elle n'en diffère guère que par ses feuilles radicales ordinairement persistantes, les ra-meaux de sa panicule plus dressés, et ses graines d'un roux plus foncé.

952. H. lycopifolium (Frœl. in D. C. Prodr.). E. a feuilles de lycope.

Tige de 3-10 déc., dure, *mollement velue*, surtout infé-rieurement; *f. membraneuses et demi-translucides, d'un vert pâle*, bordées de cils blanchâtres et de dents de scie écartées et plus profondes à la base, les inf. atténuées en un pétiole ailé, embrassant la tige, *les caulinaires* diminuant brusquement à partir du milieu, *ovales-lancéolées, embrassantes à la base*; pédoncules couverts d'une pubescence blanchâtre bien marquée; écailles de l'involucre garnies de la même pubescence, et en outre marquées au milieu d'une ou deux lignes de poils étalés, d'un roux noirâtre; *fruits d'un gris blanchâtre*; fl. jaunes, en panicule corymbiforme et dressée. ♃. Août-septembre.

Près des aqueducs à Chaponost. R. R.

†† *Demi-fleurons à dents glabres.*

953. H. TRIDENTATUM (Fries). E. A FEUILLES TRIDENTÉES. — H. firmum (Jord.).

Tige de 6-15 déc., droite, raide, rameuse; *f. caulinaires nombreuses, allongées, lancéolées, acuminées*, bordées de 3-5 grosses dents de scie écartées, *les inf. longuement atténuées en pétiole*; pédoncules tomenteux-blanchâtres, munis en outre de quelques poils simples; *fruits d'un pourpre noir*; fl. jaunes, nombreuses, en corymbe paniculé. ♃. Juillet-août.

Montribloud; le Reculet. R. R.

954. H. OBLIQUUM (Jord.). E. OBLIQUE.

Souche produisant une rosette de f. radicales aussitôt après la floraison, et non au printemps suivant, comme il arrive dans toutes les autres plantes de cette section; tige rude, ascendante ou obliquement dressée, *à rameaux tendant à se diriger d'un même côté*; *f. d'un vert sombre, rudes et hérissées*, lancéolées, à dents peu profondes et *à sommet obliquement tourné*; styles noirs; fl. jaunes, en corymbe étalé. ♃. Septembre.

Yvour. R.

955. H. BOREALE (Fries). E. DU NORD. — H. Sabaudum (L. Fl. Suec. et omnium ferè auct.). — H. sylvestre (Tausch). — H. Gallicum (Jord.).

Tige de 4-10 déc., droite, dure, cannelée, rameuse, hérissée et un peu rude inférieurement; *f.* ordinairement *épaisses* (1), d'un vert sombre en dessus, glaucescentes en dessous, *ovales ou presque oblongues*, bordées de grosses dents inégales et écartées, *les inf. et les moyennes atténuées en un court pétiole, les sup. sessiles, mais jamais entièrement amplexicaules*; pédoncules couverts d'une pubescence grisâtre; involucre à la fin presque glabre ou à peine pubéru-

_____

(1) A l'ombre et au nord, les f. sont plus minces, plus souples et d'un vert plus pâle.

13

lent; *styles bruns*; fruits d'un brun marron; fl. jaunes, en panicule ordinairement ample et allongée. ♃. Août-septembre.

Bois du Lyonnais; le Mont-Dain. P. R.

— J'ai sous les yeux deux plantes que M. Jordan a séparées de cet *Hieracium*, qui varie beaucoup; ce sont :

1° L'H. *rigens* (Jord.). Tige moins grosse, moins rameuse dès le bas; f. inf. et moyennes oblongues-lancéolées, bordées de petites dents perpendiculaires et peu profondes, les sup. sessiles, plus étroites, plus courtes, plus espacées.— Francheville; Soucieux, etc.

2° L'H. *curvidens* (Jord.). F. très-nombreuses, les sup. remontant jusque dans la panicule, toutes dentées, mais *les inf. surtout à dents bien marquées, tournées fortement vers leur sommet et presque arquées*. — Bois : Dardilly; Francheville, etc.

956. H. UMBELLATUM (L.). E. EN OMBELLE.

Tige de 4-10 déc., droite, ferme, ordinairement simple dans la plus grande partie de sa longueur; *f. oblongues-lancéolées*, ordinairement très-nombreuses, éparses et serrées, étalées ou même réfléchies, *les inf., et le plus souvent les moyennes, à très-court pétiole*, bordées dans leurs deux tiers inférieurs de dents espacées et étalées, les sup. sessiles et souvent entières; *écailles extérieures de l'involucre recourbées au sommet; styles jaunes*; fl. jaunes, en corymbe ombelliforme au sommet. ♃. Juillet-octobre. (V. D.)

b. H. *serotinum* (Coss. et Germ.). Tige moins élevée, souvent rameuse dès la base ou au moins dès le milieu; f. alternes, espacées, peu nombreuses; 1-5 fl. distantes.

Haies, bois, bruyères. A. C.

CCLXIX. ANDRYALA (L.). ANDRYALE.

Involucre à folioles égales ou presque égales; *réceptacle alvéolé, velu, hérissé de poils soyeux au moins aussi longs que les graines*; graines courtes, tronquées au sommet; *aigrette sessile et caduque*. Plantes herbacées.

957. A. SINUATA (L.). A. A FEUILLES SINUÉES. — A. integrifolia (L.). — A. lanata (Vill. non L.).

Plante couverte d'un duvet court et blanchâtre, devenant roux par la dessication. Tige de 4-8 déc., droite, rameuse; f. molles, les inf. oblongues, atténuées en pétiole, roncinées ou sinuées-dentées, les sup. sessiles, entières ou dentelées; pédoncules et involucres un peu visqueux; fl. d'un jaune clair, en corymbe. ①. Juillet-septembre.

Bord des bois, coteaux pierreux et bien exposés : Écully; Francheville; Limonest; Sain-Bel, etc. P. R.

CCLXX. TOLPIS (Gœrtn.). TOLPIDE.

Involucre à folioles linéaires disposées sur 2-3 rangs, les

xtérieures étalées; *réceptacle* creusé de petites fossettes.
nais *dépourvu de soies; graines du centre surmontées d'une
.igrette très-courte, formée de 2-12 soies inégales, celles de la
irconférence couronnées par une membrane dentée.* Plantes
erbacées.

58. T. BARBATA (Willd.). T. BARBUE. — T. umbellata (Bertol.). — Drepania
barbata (Desf.). — Crepis barbata (L.).

Racine pivotante; tige de 1-4 déc., droite et ordinairement
ameuse; f. glaucescentes, pubescentes-grisâtres, ciliées,
es radicales et les inf. oblongues-lancéolées ou oblongues-
patulées, atténuées en pétiole, bordées de dents espacées
t étalées, les sup. entières, sessiles et linéaires; pédoncules
t involucre couverts d'un duvet très-court et blanchâtre.
elui-ci à folioles extérieures capillaires, égalant ou même
lépassant les intérieures; aigrettes des graines du centre à
2-4 soies; fl. d'un jaune pâle à la circonférence et d'un pour-
ire violacé dans le milieu. ①. Juin-août.

Je l'ai trouvée sur le bord de la rivière, à Bessey, dans le canton de
Pélussin. R. R.

IIIᵉ Sous-Tribu : SCORZONÉRÉES. — *Aigrettes à poils plumeux.*

CCLXXI. TRAGOPOGON (L.). SALSIFIS.

*Involucre à folioles disposées sur un seul rang et soudées
à la base; réceptacle nu; aigrette pédicellée.* Plantes her-
)acées.

359. T. MAJOR (Jacq.). S. A GROS PÉDONCULE.

Tige de 4-7 déc., droite, glabre; f. lancéolées-linéaires,
icuminées, les caulinaires embrassantes; *pédoncules fortement renflés en massue à leur sommet;* involucre à folioles
lépassant les fleurs; fl. jaunes, en capitules concaves. ②.
Mai-juin.

Terres : Saint-Genis-Laval; Couzon.

360. T. PRATENSIS (L.). S. DES PRÉS.

Tige de 4-8 déc., droite, glabre; f. lancéolées-linéaires,
acuminées, dilatées et canaliculées à la base, souvent réfléchies ou tortillées au sommet; *pédoncules peu ou point renflés
à leur sommet;* involucre à folioles égalant ou dépassant peu
les fleurs; fl. jaunes, se fermant entre neuf et dix heures
du matin. ②. Mai-juin. (V. D.)

Prés. C. C. C.

CCLXXII. SCORZONERA (L.). SCORZONÈRE.

Involucre imbriqué, à écailles membraneuses sur les bords;

réceptacle nu; *graines sessiles; aigrette sessile ou courtement pédicellée*, à poils dont les barbes sont entrecroisées. Plantes herbacées.

961. S. HUMILIS (L.). S. NAINE.

Racine à collet entouré d'écailles entières; tige de 1-6 déc., ordinairement simple et uniflore; *f. glabres*, les radicales oblongues-lancéolées et atténuées à la base, ou bien linéaires-lancéolées, *les caulinaires peu nombreuses (2-3)*, plus petites, linéaires, sessiles; *graines glabres*; fl. jaunes. ♃. Mai-août. (*V. D.*)

a. S. *plantaginea* (Schlech.). F. radicales oblongues-lancéolées, acuminées, rétrécies à la base en un pétiole ailé.—Prés : Chaponost; Pierre-sur-Haute; Pilat; Charbonnières; dans l'Ain, Retord. Colliard.

b. S. *angustifolia* (L. ex D. C. Prodr.). Feuilles toutes linéaires-lancéolées. — Bois d'Art.

962. S. HIRSUTA (L.). S. A GRAINES VELUES.

Racine grosse, entourée au collet d'écailles roussâtres et laciniées; tige de 1-4 déc., courbée-ascendante, pubescente, simple ou rameuse; *f. pubescentes et ciliées*, grisâtres, longuement linéaires, *les caulinaires nombreuses*; *graines velues-laineuses*; fl. jaunes, en capitules solitaires au sommet de la tige ou des rameaux. ♃. Mai-juin.

Bords de l'Ain, à Meximieux, aux Peupliers; prés à Loyettes (Ain). R.

CCLXXIII. PODOSPERMUM (D. C.) PODOSPERME.

Caractères du G. *Scorzonera*, mais *graines portées sur un petit pied creux et renflé*.

963. P. LACINIATUM (D. C.). P. A FEUILLES LACINIÉES. — Scorzonera laciniata (L.).

Racine pivotante et allongée; tige de 1-5 déc., droite et ramifiée; f. radicales pennatipartites, à partitions profondes, linéaires, acuminées, la terminale plus allongée et lancéolée, les caulinaires peu nombreuses, les sup. souvent linéaires et entières; involucre à 8 angles avant et après la floraison, et à écailles extérieures souvent munies d'une petite pointe au dessous du sommet; fl. d'un jaune pâle. ②. Juin-août.

b. P. *muricatum* (D. C.). Tige et f. chargées de petites aspérités un peu rudes.

Champs sablonneux, pelouses sèches : le Mont-Cindre; la Mulatière; Villeurbanne; Saint-Alban, près Lyon.

CCLXXIV. LEONTODON (L.). LION-DENT.

Involucre à écailles imbriquées sur plusieurs rangs et *toutes*

pprimées ; *réceptacle creusé de petites fossettes*, nu ou très-
eu velu ; *graines toutes à aigrette sessile, persistante, à poils
dont les barbes ne sont pas entrecroisées.* Plantes herbacées.

64. L. autumnalis (L.). L. d'automne.—Hedypnois autumnalis (Vill.).

Racine tronquée ; tige de 2-5 déc., ordinairement rameuse
et pluriflore, nue ou très-peu feuillée ; f. glaucescentes,
glabres, excepté en dessous, sur la nervure médiane, où elles
sont souvent hérissées de poils simples, toutes ou presque
toutes radicales, ordinairement pennatipartites, à partitions
linéaires et inégales ; pédoncules munis de petites écailles ;
*aigrettes à poils roux, disposés sur un seul rang et tous plumeux ;
fl. jaunes, en capitules non penchés avant la floraison.* 24.
juillet-octobre. (V. D.)

Champs, prairies. C. C.

)65. L. pyrenaicus (Gouan). L. des Pyrénées.—L. squamosum (Lamk.). —
L. alpinum (Lois.). — Hedypnois pyrenaica (Vill.). — Apargia alpina
(Willd.).

Racine tronquée ; hampe de 5-20 cent., droite, uniflore,
*munie, surtout dans le haut, de petites écailles, et renflée au
dessous de l'involucre ;* f. toutes radicales, obovales ou oblongues, atténuées en pétiole, bordées de petites dents écartées et
perpendiculaires, ordinairement parsemées de quelques poils
blanchâtres, rarement glabres ; *aigrette à poils d'un blanc
sale, ordinairement disposés sur deux rangs, ceux du rang
extérieur plus courts et seulement denticulés,* quelquefois
cependant ils sont tous plumeux et sur un reul rang ; *fl. jaunes, en capitules penchés avant la floraison.* 24. Juin-
août.

Prairies : Pilat ; la Grande-Chartreuse.

966. L. protheiformis (Vill.). L. variable.

Plante très-variable, comme l'indique son nom. *Racine tronquée ; hampe de 1-6 déc.,* toujours *simple, uniflore, un peu renflée au dessous de l'involucre, dépourvu d'écailles ou n'en offrant
que 1-2 très-espacées ;* f. toutes radicales, tantôt oblongues et
bordées de grosses dents perpendiculaires, tantôt roncinées-
pennatifides, à divisions peu profondes ; *aigrette à poils d'un
blanc sale, disposés sur deux rangs, ceux du rang extérieur
plus courts et seulement denticulés ; fl.* jaunes, *en capitules
penchés avant la floraison.* 24. Juin-septembre.

a. L. *hispidum* (L.). Hampe, feuilles et involucre plus ou moins hérissés.—
Prés, pâturages, bois.

b. L. *hastile* (L.). Hampe, feuilles et involucre glabres ou offrant seulement
quelques poils épars.—Pelouses sèches, surtout des coteaux calcaires.

967. L. crispus (Vill.) L. a feuilles crépues.

Racine pivotante, longue, non tronquée; hampe de 1-3 déc., droite, garnie de poils rudes, un peu renflée sous l'involucre, dépourvue d'écailles ou n'en portant que 1-3 espacées; f. roncinées-pennatifides atténuées en pétiole et finissant par une pointe lancéolée, *hérissées de poils rudes, blanchâtres, étalés et trifurqués à leur sommet; aigrette à poils roussâtres, disposés sur deux rangs, ceux du rang extérieur plus courts, mais plumeux aussi bien que ceux du rang intérieur;* fl. jaunes, en capitules penchés avant la floraison. ♃. Juin-juillet.

Endroits chauds, secs et pierreux : Serrières (Ain). R.

CCLXXV. Thrincia (Roth). THRINCIE.

Caractères du G. *Leontodon,* mais 1° *graines de la circonférence surmontées d'une couronne membraneuse, courte et dentée, remplaçant l'aigrette;* 2° *graines du centre à aigrette courtement pédicellée.*

968. T. hirta (Roth). T. hérissée. — Leontodon hirtum (Mérat). — Hyoseris taraxacoides (Vill.).

Racine tronquée; hampe de 1-3 déc., courbée en arc, hérissée au moins à la base; f. toutes radicales, oblongues-lancéolées, sinuées-dentées ou roncinées-pennatifides, plus rarement entières, un peu rudes, plus ou moins hérissées de poils dont la plupart sont bifurqués en Y; fl. jaunes, en capitules penchés avant la floraison. ♃. Juillet-août.

Lieux incultes, bord des chemins. A. C.

CCLXXVI. Picris (L.). PICRIDE.

Involucre à écailles imbriquées, *les extérieures plus ou moins étalées et plus courtes,* ce qui le fait paraître caliculé; réceptacle nu; graines striées en travers; *aigrette sessile, caduque, à poils soudés en anneau à la base.* Plantes herbacées.

969. P. hieracioides (L.). P. fausse épervière.

Plante hérissée de poils rudes. Tige de 3-8 déc., droite, ferme, à rameaux flexueux; f. oblongues-lancéolées, sinuées-dentées, les inf. atténuées en pétiole, les sup. sessiles ou demi-embrassantes; fl. jaunes, en corymbe lâche ou en panicule. ②. Juillet-septembre.

Lieux incultes et pierreux : Écully ; Charbonnières ; Francheville ; chaîne des Monts-d'Or, etc. P. R.

CCLXXVII. HELMINTHIA (Juss.). HELMINTHIE.

Involucre à folioles disposées sur deux rangs, les extérieures au nombre de 5, plus larges, en cœur, bordées de cils épineux, les intérieures plus nombreuses, plus étroites, terminées en arête; réceptacle nu; *aigrettes persistantes et longuement pédicellées*. Plantes herbacées.

970. H. ECHIOIDES (Gœrtn.). H. FAUSSE VIPÉRINE. — Picris echioides (Lois.).

Plante toute hérissée de poils très-rudes et même un peu épineux, surtout au bord des feuilles. Tige de 3-10 déc., droite, raide, rameuse-dichotome; f. oblongues, les inf. rétrécies à la base, les sup. amplexicaules; fl. jaunes. ①. Juillet-octobre.

Bord des fossés, lieux incultes : Mon-Plaisir; Vaux-en-Velin; Reyrieux; Misérieux. A. R.

CCLXXVIII. HYPOCHÆRIS (L.). PORCELLE.

Involucre à folioles imbriquées; *réceptacle garni de paillettes caduques;* aigrettes pédicellées, rarement sessiles. Plantes herbacées.

971. H. MACULATA (L.). P. A FEUILLES TACHÉES.

Tige de 3-9 déc., droite, grosse, ordinairement rameuse, velue-hérissée, *portant 1-2 feuilles caulinaires;* f. radicales très-grandes, ovales-oblongues, inégalement dentées, ordinairement marquées de taches brunes ou noirâtres; *involucre hérissé; aigrettes toutes plumeuses et toutes pédicellées;* fl. jaunes, en gros capitules. ♃. Juin-août.

Bois, pâturages : la Pape ; le Mont-Tout ; Charbonnières; Saint-Bonnet-le-Froid ; le Colombier et toutes les prairies du Haut-Bugey.

972. H. RADICATA (L.). P. ENRACINÉE.

Racine épaisse, ordinairement rameuse; tige de 3-8 déc., droite, rameuse, *dépourvue de feuilles caulinaires,* munie seulement de quelques petites écailles; f. toutes en rosace radicale, oblongues, obtuses, atténuées à la base, roncinées ou sinuées-pennatifides, ordinairement hispides sur toute leur surface; involucre glabre ou hérissé seulement sur la nervure médiane; *aigrettes toutes pédicellées, celles du centre plumeuses, celles de la circonférence denticulées; fl. jaunes, à demi-fleurons dépassant les dernières folioles de l'involucre.* ♃. Juin-septembre. (V. D.)

Prairies, bord des chemins. C.

973. H. GLABRA (L.). P. GLABRE.

Racine simple et effilée; tige de 2-3 déc., droite, rameuse, *dépourvue de feuilles caulinaires*, et munie seulement de quelques petites écailles; *f. toutes en rosace radicale*, oblongues, obtuses, atténuées à la base, sinuées-dentées ou roncinées, glabres ou à poils rares sur les bords; involucre glabre; *aigrettes du centre plumeuses et pédicellées, celles de la circonférence sessiles et seulement denticulées; fl.* jaunes, *à demifleurons ne dépassant pas les dernières folioles de l'involucre.* ①. Juin-août.

Terres à Bonnand.

974. H. Balbisii (D. C. et Lois). P. de Balbis.

Diffère de la précédente, dont plusieurs auteurs n'en font qu'une variété, 1° par ses tiges plus grêles, ordinairement moins élevées, souvent uniflores ou n'offrant qu'un rudiment de capitule et de rameau; 2° par ses *graines à aigrettes toutes plumeuses et pédicellées.* ①. Juin-août.

Terres sablonneuses : Oullins ; Mont-Chat; Dessine, au Molard.

IIIᵉ Sous-Tribu : LAMPSANÉES. — *Graines nues ou surmontées d'une petite couronne formée de paillettes ou d'écailles, mais jamais d'une aigrette de poils.*

CCLXXIX. Catananche (L.). Cupidone.

Involucre imbriqué, à écailles scarieuses; réceptacle garni de fibrilles sétiformes; graines couronnées par de petites paillettes aristées. Plantes herbacées.

975. C. cærulea (L.). C. bleue.

Tige de 3-6 déc., dressée, pubescente-grisâtre, simple ou rameuse; f. pubescentes-blanchâtres, oblongues-linéaires, très-allongées, entières ou bordées de quelques dents, quelquefois même pennatifides; involucre à écailles mucronées, blanches-scarieuses, marquées au milieu d'une ligne d'abord jaune, puis noirâtre; fl. bleues, rarement blanches, en capitules longuement pédonculés. ♃. Juin-août. (*V. D.*)

Endroits chauds et arides: environs de Vienne ; en allant de la Grande-Chartreuse à Grenoble par le Sappey. — Jardins.

CCLXXX. Cichorium (L.). Chicorée.

Involucre à folioles disposées sur deux rangs, les extérieures au nombre de 5, plus courtes, et formant un calicule aux intérieures, qui sont au nombre de 8; *réceptacle* nu ou un peu poilu au centre, mais *dépourvu de paillettes; graines couronnées par de petites écailles.* Plantes herbacées.

976. C. INTYBUS (L.) C. SAUVAGE.

Tige de 3-10 déc., pubescente et un peu rude, à rameaux étalés et flexueux ; f. inf. velues, pennatifides et dentées, à dé coupures droites et triangulaires, *les florales lancéolées, sessiles ou faiblement amplexicaules* : fl. bleues, quelquefois blanches ou rosées, en capitules axillaires, solitaires, géminés ou agglomérés, tous sessiles ou l'un deux pédonculé. ♃. Juillet-septembre. (*V. D.*)

Lieux incultes, pâturages secs, bord des chemins. C. C. C.

CCLXXXI. LAMPSANA (L.). LAMPSANE.

Involucre caliculé à la base, à écailles intérieures canaliculées en dedans ; réceptacle nu ; *graines nues ou couronnées par un petit rebord membraneux*. Plantes herbacées.

977. L. COMMUNIS (L.). L. COMMUNE.

Tige de 3-8 déc., *feuillée*, rameuse, pubescente au moins à la base ; f. inf. lyrées, à lobe terminal très-grand, denté-anguleux, les caulinaires sup. ovales-lancéolées et dentées ; *graines non couronnées par un rebord membraneux* ; petites fl. jaunes, en panicule terminale. ①. Juin-septembre. (*V. D.*)

Lieux cultivés, haies. C. C.

978. L. MINIMA (Lamk.). L. NAINE. — Arnoseris minima (Gœrtn.). — Hyoseris minima (L.).

Tiges de 1-3 déc., *sans feuilles caulinaires*, simples ou ramifiées, à pédoncules renflés en massue vers le sommet ; *f. toutes en rosace radicale*, obovales-oblongues, atténuées à la base, bordées de grosses dents ouvertes et ciliées ; *graines couronnées par un rebord membraneux* ; fl. jaunes, en capitules globuleux, peu nombreux, solitaires au sommet de la tige ou des rameaux. ①. Juin-août.

Terrains sablonneux : Chaponost : Bonnand ; Givors : Mornant, etc. P. R.

48ᵉ FAMILLE. — AMBROSIACÉES.

Cette petite famille n'a été longtemps qu'une obscure tribu, selon les uns, de celle des Urticées, parce que les *plantes* qu'elle renferme sont *toutes monoïques* ; selon les autres, de celle des Composées, parce que leurs *fleurs* sont *réunies plusieurs ensemble dans un involucre commun*. Comme elle ne s'accordait bien ni avec les Orties ni avec les Chardons, comme elle offre des caractères parfaitement tranchés, les botanistes modernes ont cru devoir en faire une famille séparée, à laquelle ils ont donné le nom de l'*Ambrosia maritima*, qui croît sur les bords de la mer aux environs de Nice.

Les fleurs à étamines, réunies au sommet des rameaux en capitules globuleux, ont leur involucre à folioles libres et disposées sur un seul rang; les fleurs fructifères, placées au dessous des fleurs à étamines, sont renfermées, au nombre de 1-2, dans un involucre composé d'une seule pièce et hérissé de petites épines. Les premières ont un périanthe tubuleux à 5 dents peu prononcées, et 5 étamines à anthères libres, seulement rapprochées. Les secondes ont un fruit sec, monosperme, uniloculaire et indéhiscent, renfermé dans l'involucre, qui persiste et finit par devenir ligneux. Toutes nos espèces sont herbacées.

CCLXXXII. Xantium (Tournef.). Lampourde.

Caractères de la famille.

979. X. strumarium (L.). L. glouteron.

Tige de 3-8 déc., droite, rameuse, anguleuse, *dépourvue d'aiguillons;* f. alternes, pétiolées, ovales-triangulaires, à 3-5 lobes irrégulièrement dentés, pubescentes et un peu rudes, blanchâtres en dessous; *involucre des fruits à épines droites, crochues seulement au sommet;* fl. verdâtres. ④. Juillet-octobre. (*V. D.*)

Lieux humides, îles et bords du Rhône. A. C.

980. X. macrocarpum (D. C.). L. a gros fruits.

Diffère de la précédente 1° par sa tige et ses f. plus rudes, la première quelquefois simple; 2° par ses fruits deux fois plus gros; 3° par les *épines des involucres,* qui sont *arquées depuis leur milieu et terminées par un bec recourbé en crosse.* La tige est du reste *sans aiguillons,* et les fl. sont verdâtres. ④. Août-septembre.

Lieux frais et sablonneux à Sain-Fonds, près du Rhône. A. R.

981. X. spinosum (L.). L. épineuse.

Tige de 3-6 déc., ordinairement rameuse dès la base, blanchâtre et pubérulente, *hérissée d'aiguillons jaunâtres et divisés en 3 longues pointes,* placés à l'insertion des feuilles; f. blanches-tomenteuses en dessous, cunéiformes et atténuées à la base, partagées au sommet en 3 lobes, dont le moyen est lancéolé et beaucoup plus long que les autres; involucre fructifère à épines droites, fortement courbées en hameçon au sommet; fl. verdâtres. ④. Août-septembre.

Perrache, dans les décombres; environs de Montluel. R.

49ᵉ FAMILLE. — CAMPANULACÉES.

Vous avez sans doute admiré ces clochettes légères qui se balancent silencieuses dans nos bois, dans nos prairies, et jusque sur le bord de nos chemins ombragés. C'est sur elles qu'on peut facilement étudier les caractères de cette gracieuse famille, dont elles forment le genre principal.

Elle ne renferme que des plantes herbacées, à suc ordinairement laiteux, et à feuilles toujours simples, alternes ou éparses. Leurs *fleurs, régulières,* ont un calice à 5 segments et une corolle monopétale à 5 divisions, insérée au sommet du tube du calice ; 5 *étamines,* ordinairement libres, rarement soudées par les anthères, sont *plantées sur l'ovaire en avant de la corolle,* et le style, unique, a son stigmate partagé en plusieurs lobes. *L'ovaire, infère, devient une capsule à 2-3 (plus rarement 5) loges polyspermes, s'ouvrant ordinairement par des trous latéraux,* dans un seul genre par une ouverture terminale.

CCLXXXIII. JASIONE (L.). JASIONE.

Corolle divisée en 5 segments linéaires et profonds, d'abord soudés, puis s'ouvrant de la base au sommet et s'étalant complètement ; *étamines soudées par les anthères ; capsule s'ouvrant au sommet par un trou ;* fl. réunies en un capitule globuleux, entouré d'un involucre général.

982. J. MONTANA (L.). J. DE MONTAGNE.

Racine non stolonifère ; tiges de 1-5 déc., hérissées inférieurement, glabres et non feuillées dant le haut, la centrale droite, les latérales étalées et ascendantes ; f. lancéolées-linéaires, *souvent ondulées-crispées,* hérissées de poils blancs ; *involucre à écailles entières* ou à peine dentées ; fl. d'un bleu clair, un peu cendré, rarement blanches. ① ou ②. Juin-septembre. (V. D.)

Lieux secs et sablonneux. C. C.

983. J. PERENNIS (Lamk.). J. VIVACE.

Racine stolonifère, à stolons munis d'une rosette de feuilles ; tige de 1-3 déc., redressée, glabre ou hérissée, non feuillée dans sa moitié supérieure ; f. *planes,* oblongues-lancéolées, obtuses, plus ou moins velues ; *involucre à écailles presque toujours profondément dentées ;* fl. d'un bleu clair. ♃. Juin-septembre.

En allant de Saint-Chamond à Pilat. R.

CCLXXXIV. Phyteuma (L.). Raiponce.

Calice à 5 segments; *corolle à tube très-court, partagée en 5 lanières profondes, linéaires, d'abord soudées, puis étalées;* étamines à anthères libres; capsule s'ouvrant par des trous latéraux. Plantes herbacées, à *fleurs réunies en tête ou en épi muni de bractées.*

984. P. spicatum (L.). R. a fleurs en épi.

Racine charnue et pivotante; tige de 3-7 déc., droite et simple; f. dentées en scie, les inf. en cœur, longuement pétiolées, souvent marquées d'une tache noire en forme de croissant sur le milieu de leur limbe, les sup. sessiles, linéaires ou oblongues-lancéolées; *fl.* d'un blanc jaunâtre, rarement bleues, *en épi oblong, accompagné de bractées linéaires.* ♃. Mai-juin. (*V. D.*)

Prairies et bois humides. A. C. — Var. bleue à la Grande-Chartreuse.

985. P. orbiculare (L.). R. a épi globuleux.

Racine dure; tige de 2-6 déc., dressée, simple, glabre; f. crénelées-dentées, les inf. pétiolées, ovales ou oblongues-lancéolées, quelquefois en cœur, les caulinaires sup. linéaires et sessiles; *fl.* d'un beau bleu, *en tête arrondie, accompagnée de bractées ovales-lancéolées.* ♃. Juin-août. (*V. D.*)

b. P. *lanceolatum* (Vill.). F. toutes ovales ou oblongues-lancéolées.

c. P. *ellipticifolium* (Vill.). F. toutes oblongues-elliptiques et obtuses.

d. P. *comosum* (Vill.). F. radicales en cœur, ovales et obtuses; bractées cordiformes et allongées.

Bois, pâturages : la Grande-Chartreuse; le Jura et tout le haut Bugey.

CCLXXXV. Campanula (L.). Campanule.

Calice à 5 ou 10 divisions; *corolle en cloche,* à 5 lobes ou divisions plus ou moins profondes; 5 *étamines* à anthères libres, mais *à filets dilatés* et rapprochés à la base; *capsule en toupie,* s'ouvrant par 3-5 trous latéraux, très-rarement au sommet par 3-5 petites valves. Plantes herbacées.

* *Calice à* 10 *divisions, dont* 5 *réfléchies.*

986. C. barbata (L.). C. barbue.

Tige de 1-3 déc., simple et dressée; f. velues, les radicales ovales-oblongues, atténuées en pétiole, les caulinaires peu nombreuses (2-4), sessiles, plus petites, presque linéaires; *fl.* d'un bleu pâle, quelquefois blanches, *très-barbues en de-*

dans sur les bords, penchées et tournées du même côté. ♃. Juillet-août.

Prairies élevées à la Grande Chartreuse. R.

987. C. MEDIUM (L.). C. CARILLON.

Plante hérissée de poils blancs et rudes. Tige de 3-6 déc., dressée, raide, souvent rougeâtre ; f. oblongues ou ovales, ondulées sur les bords, les inf. atténuées en un pétiole ailé, les sup. sessiles ; *corolle cylindrique-campanulée*, terminée par 5 lobes largement triangulaires, étalés et un peu réfléchis : *la corolle offre en outre 5 lignes de poils blancs en dedans et autant en dehors*, les lignes intérieures correspondent à l'entre-deux des lobes, les lignes extérieures sont situées vis-à-vis de leur milieu ; *grandes fl.* d'un beau bleu un peu violacé, rarement blanches, *disposées en une vaste grappe ou panicule multiflore*. ①. Mai-juillet.

Bois et rochers : le Mont-Cindre ; Limonest ; Couzon ; Givors ; et dans l'Ain, de Rossillon à Virieu.

⸲⸲ Calice à 5 divisions dressées.

† *Capsule s'ouvrant au sommet en 3-5 petites valves.*

988. C. HEDERACEA (L.). C. A FEUILLES DE LIERRE. — Wahlenbergia hederacea (Schrad.).

Tige très-grêle, rameuse et couchée ; f. d'un vert clair, minces et translucides au moins quand elles sont sèches, pétiolées, en cœur ovale-triangulaire, bordées de 5-7 petits lobes aigus, profonds, entremêlés de petites dents dans les feuilles supérieures ; fl. d'un bleu clair, en cloche étroite, solitaires et portées sur des pédoncules grêles et allongés. ♃. Juillet-août.

Ruisseaux : Saint-Genest-Malifaux ; Propières, dans le Beaujolais. R.

†† *Capsule s'ouvrant par 3-5 trous latéraux.*

A. *Fleurs sessiles ou presque sessiles.*

989. C. GLOMERATA (L.). C. A FLEURS AGGLOMÉRÉES.

Tige de 1-6 déc., droite, simple, *munie*, au moins dans le haut, *de poils* blancs et *réfléchis ;* f. rudes, légèrement crénelées, *les radicales et les caulinaires inf.* pétiolées, ovales ou oblongues, *arrondies ou en cœur à la base*, les sup. ovales et embrassantes ; *fl.* bleues, *sessiles, en tête terminale et souvent réunies en paquets à l'aisselle des f. supérieures.* ♃. Juin-août.

Coteaux secs, pâturages. C.

990. C. CERVICARIA (L.). C. A FLEURS EN TÊTE.

Tige de 4-8 déc., droite, simple, *hérissée de poils raides et rudes* : f. hispides et rudes, finement crénelées, *les radicales et les caulinaires inf. oblongues-lancéolées, insensiblement atténuées en un pétiole ailé*, les sup. un peu embrassante ; *fl.* bleues, *disposées comme dans l'espèce précédente, mais plus petites, moins ouvertes et un peu velues en dehors.* ♃. Juin-août.

La Grande-Chartreuse ; marais des Écheyts ; bords de la Vollière. R.

991. C. THYRSOIDEA (L.). C. A FLEURS EN THYRSE.

Tige de 1-3 déc., simple, dressée, fistuleuse et compressible, toute hérissée ; *f.* nombreuses, un peu rudes, entières ou à peine denticulées, *toutes oblongues-linéaires*, les inf. à peine atténuées en pétiole, les florales un peu embrassantes ; *fl. d'un blanc jaunâtre, velues-hérissées, sessiles et réunies en un épi oblong très-garni et très-feuillé.* ②. Juillet-août.

La Grande-Chartreuse ; le Reculet ; le Sorgiaz ; le Grêlet. R.

992. C. ERINUS (L.). C. ÉRINE.

Petite plante rameuse-dichotome, velue-hérissée, ayant plutôt le port d'une Véronique champêtre que d'une Campanule. Tige de 1-3 déc., dressée ou tombante ; f. ovales, inégalement dentées, les inf. atténuées en court pétiole, les sup. sessiles, les florales opposées et à 3 dents ; *calice à tube très-court, presque aplati, et à segments ouverts en étoile à la maturité ; corolle plutôt tubuleuse que campanulée*, resserrée au dessous du sommet, terminée par 5 dents ; *petites fl.* d'un bleu pâle, à très-court pédoncule, *solitaires à l'aisselle des f. et à l'angle de bifurcation des rameaux.* ①. Juin-août.

Murs et rochers : Condrieu ; Chavanay ; Malleval : Vienne.

B *Fleurs pédonculées, en grappe ou en panicule.*

a. *Capsule dressée, s'ouvrant vers son milieu ou au dessous du sommet.*

993. C. PATULA (L.). C. ÉTALÉE.

Racine dure et fibreuse ; tige de 5-10 déc., droite, anguleuse, plus ou moins pubescente ou hérissée sur les angles ; f. pubescentes et un peu rudes, crénelées-dentées, les radicales oblongues-obovales et atténuées en un pétiole ailé, les caulinaires oblongues ou linéaires-lancéolées et sessiles ; *calice à tube hérissé et à segments lancéolés, denticulés à la base* ; *fl.* bleues, rarement blanches, *dressées*, à lobes allant jusqu'au milieu de leur longueur, *disposées en une panicule dont les rameaux sont étalés.* ②. Juin-août. (V. D.)

Haies et bois : Écully ; Charbonnières ; Roche-Cardon ; Bonnand ; l'Argentière ; Cordieu, près de Montluel, etc.

994. C. PERSICIFOLIA (L.). C. A FEUILLES DE PÊCHER.

Racine grêle, verticale et fibreuse : tige de 5-12 déc., droite, simple, lisse et ordinairement glabre ; f. glabres, les radicales oblongues-obovales, crénelées, atténuées en un long pétiole ailé; les caulinaires linéaires-lancéolées, finement dentées, à dents cartilagineuses, les inf. atténuées en pétiole, les sup. plus étroites et sessiles ; *calice à tube glabre*, rarement hérissé, *et à segments lancéolés;* corolle divisée en lobes larges, triangulaires, mucronés, atteignant tout au plus le quart de sa longueur ; *fl.* grandes, très-ouvertes, bleues, blanches ou à nuances intermédiaires, *peu nombreuses,* solitaires sur leur pédoncule *et disposées en grappe simple.* ♃. Juin-août. (*V. D.*)

Taillis, buissons : Oullins; Vassieux; Roche-Cardon; Saint-Alban, près Lyon, etc.; dans l'Ain, le Colombier et tout le Bugey. P. R.

995. C. RAPUNCULUS (L.). C. RAIPONCE. (Vulg. *Bâton de saint Jacques.*)

Racine charnue, semblable à une petite rave; tige de 5-10 déc., droite, anguleuse, ordinairement pubescente ou hérissée, surtout dans le bas; f. radicales ovales, crénelées, atténuées en un long pétiole ailé, les caulinaires oblongues ou linéaires-lancéolées, denticulées, sessiles ; *calice à tube glabre et à dents linéaires et subulées, ordinairement dressées; fl.* bleues ou blanc es, nombreuses, *disposées en une longue panicule terminale.* ②. Juin-août. (*V. D.*)

Haies et bois : Saint-Alban, près Lyon; Roche-Cardon; Francheville; la Pape, etc. P. R.

  b. *Capsule penchée, s'ouvrant à la base.*

996. C. RAPUNCULOIDES (L.). C FAUSSE RAIPONCE.

Souche rampante et stolonifère, émettant de longs pivots charnus; tige de 3-8 déc., droite, anguleuse, pubescente et un peu rude; f. pubescentes ou hérissées, un peu rudes, inégalement dentées, *les inf. légèrement échancrées en cœur et longuement pétiolées,* les autres ovales ou oblongues-lancéolées, sessiles ou presque sessiles; *calice à segments lancéolés, ordinairement réfléchis après la floraison; fl.* bleues, rarement blanches, *penchées et disposées en grappe unilatérale.* ♃. Juin-août.

Champs pierreux, vignes : Lyon, au dessus de Pierre-Scize et à Saint-Just; Coghy. R.

997. C. TRACHELIUM (L.). C. GANTELÉE.

Plante hérissée de poils rudes. *Racine épaisse, non stolonifère;* tige de 5-10 déc., droite, ferme, anguleuse; f. bordées de grosses dents mucronées et inégales, les inf. ovales-lancéolées, plus ou moins en cœur, longuement pétiolées, les autres oblongues ou ovales, acuminées, rarement en cœur, d'autant moins pétiolées qu'elles sont plus près du sommet; *calice à segments lancéolés, toujours dressés,* ordinairement ciliés sur la nervure du milieu ; *grandes fl.* bleues ou blanches, plus ou moins velues, *portées 2-3 (rarement 1) sur de courts pédoncules axillaires*, et formant par leur réunion une longue grappe feuillée. ♃. Juin-septembre. (*V. D.*)

Bois : le Mont-Cindre ; Couzon ; la Pape ; Charbonnières ; Longes, près de Rive-de-Gier ; l'Argentière, au Chatelard, etc. P. R.

b. C. urticæfolia (Schm.). Calice à tube hispide ; f. creusées plus profondément en cœur ; pédoncules tous ou presque tous uniflores. — Longes ; tout le Mont-Jura.

998. C. LATIFOLIA (L.). C. A LARGES FEUILLES.

Tige de 5-12 déc., droite, simple, finement anguleuse, peu ou point velue ; *larges f.* à peine pétiolées, *légérement pubescentes et ciliées, bordées de dents inégales et ouvertes, toutes ovales-lancéolées et acuminées, à l'exception des sup., qui sont souvent oblongues-lancéolées ; calice à tube glabre et à segments lancéolés et ciliés ; grandes fl.* bleues ou blanches, *toujours solitaires sur leurs pédoncules axillaires,* et formant par leur réunion une grappe terminale feuillée. ♃. Juin-août.

Bois à la Grande-Chartreuse. R.

999. C. RHOMBOIDALIS (L.). C. A FEUILLES RHOMBOÏDALES.

Plante glabre ou plus ou moins velue. Tige de 2-5 déc., droite, simple, anguleuse ; *f. toutes ovales-lancéolées,* à l'exception des sup. qui sont quelquefois plus étroites, toutes dentées en scie, sessiles ou à peine pétiolées ; *calice à tube glabre et à segments linéaires, d'abord étalés, puis réfléchis ;* corolle à lobes arrondis, mucronulés, peu profonds : fl. bleues, rarement blanches, *penchées et disposées en panicule unilatérale.* ♃. Juin-août.

Bois et prairies des hautes montagnes : la Grande-Chartreuse ; le Poizat ; le Colombier ; le Jura. R.

1000. C. LINIFOLIA (Lamk.). C. A FEUILLES DE LIN.—C. Scheuchzeri (Lois. non Vill.).

Plante glabre ou presque glabre. Tige de 1-4 déc., grêle, simple, dressée ; *f. radicales ovales, quelquefois un peu en cœur,* sinuées-dentées, pétiolées, ordinairement détruites au moment de la floraison, *les caulinaires linéaires-lancéolées, très-entières,* à l'exception des inf., qui sont munies de 2-3 dents très-petites et espacées ; *calice à tube glabre et à segments linéaires, dressés ou peu étalés ;* corolle à lobes largement triangulaires, mucronulés au sommet ; *boutons et pédoncules étalés-ascendants avant la floraison ;* fl. bleues, rarement blanches, peu nombreuses (2-6), *en grappe simple.* ♃. Juin-août.

Prés à Pilat, au Bessac ; le Jura. R.

1001. C. Scheuchzeri (Vill.). C. de Scheuchzer.

Tige de 6-12 centim., d'abord couchée, puis ascendante ; *f. toutes munies de dents écartées*, à l'exception des florales, les *radicales ovales, quelquefois un peu en cœur, pétiolées*, ordinairement détruites au moment de la floraison, *les caulinaires ovales dans le bas de la tige, oblongues-lancéolées vers le milieu, linéaires dans le haut*, rarement toutes linéaires ; *calice à tube glabre et à segments subulés et dressés* : corolle en entonnoir, à lobes largement triangulaires, mucronulés au sommet ; *boutons et pédoncules réfléchis avant la floraison* ; fl. d'un bleu foncé, *solitaires ou 2-4 en grappe unilatérale*. ♃. Juin-août.

b. C. Valdensis (Rchb.). F. et partie inférieure de la tige fortement hérissées de poils blancs et un peu rudes.

Prairies à la Grande-Chartreuse, au dessus du couvent.

— En août 1846, j'ai trouvé à Charmansom, près de la Grande-Chartreuse, une Campanule que je ne puis rapporter qu'au C. *Valdensis*, quoique, par son port, elle en paraisse bien distincte. La tige, gazonnante, n'a guère que 4-5 centimètres de haut ; elle est grêle, couchée à la base, puis redressée, rougeâtre et hérissée de poils blancs inférieurement ; les feuilles, hérissées de poils blancs et rudes, sont toutes, à l'exception des sup., plus ou moins bordées de dents de scie écartées, ovales ou oblongues-lancéolées, acuminées, atténuées en un court pétiole, devenant de plus en plus étroites à mesure qu'on se rapproche du sommet ; le calice et la corolle ressemblent au calice et à la corolle du C. *Valdensis*, mais sont plus petits. — Elle vient contre les rochers.

1002. C. rotundifolia (L.). C. a feuilles rondes.

Racine dure, quelquefois un peu stolonifère ; tige de 1-4 déc., dressée ou tombante, quelquefois couchée et à rameaux ascendants ; *f. radicales en cœur, ovales ou réniformes, bordées de grosses dents obtuses, longuement pétiolées*, ordinairement détruites au moment de la floraison, les caulinaires inf. quelquefois lancéolées et bordées de quelques dents, *les autres linéaires, très-étroites et très-entières* ; calice à segments linéaires, dressés, mais un peu étalés ; corolle un peu resserrée inférieurement, à lobes triangulaires et mucronulés ; *boutons et pédoncules dressés avant la floraison* ; fl. d'un beau bleu, quelquefois blanches, *disposées en panicule multiflore* quand la plante est complète et bien développée. ♃. Juin-août. (V. D.)

Bord des chemins, rochers, vieux murs, bois, pâturages. C. C.

— On aurait peut-être pu donner un autre nom à cette plante, qu'on ne voit presque jamais qu'à feuilles linéaires, parce que les radicales sont ordinairement détruites au moment de la floraison.

1003. C. pusilla (Haenk in Jacq.). C. fluette.

Tiges de 5-12 centim., grêles, velues et couchées à la base, puis redressées, venant ordinairement par touffes; *f. radicales ovales-arrondies* ou un peu en cœur, bordées de grosses dents, *longuement pétiolées, persistantes à la floraison, les caulinaires ovales-lancéolées, dentées et un peu pétiolées dans le bas de la tige*, linéaires, sessiles et entières dans le haut ; calice à segments linéaires, dressés ou un peu étalés; *corolle hémisphérique-campanulée*, non réticulée, *à lobes dressés; boutons et pédoncules penchés avant la floraison;* fl. d'un beau bleu de ciel, rarement blanches, peu nombreuses (1-4), *en grappe terminale.* ♃. Juin-août. (*V. D.*)

Sur la digue à la Tête-d'Or ; bois et rochers à la Grande-Chartreuse.

— La variété de la Tête-d'Or a les feuilles glabres, un peu épaisses et d'un beau vert; les tiges sont rougeâtres et hérissées de poils blancs à la base.

1001. C. CÆSPITOSA (Scop.). C. GAZONNANTE.

Tiges de 6-20 cent., couchées à la base, puis redressées, venant par touffes, hérissées dans leur partie inf. de petits poils blancs et étalés; *f. radicales persistantes à la floraison, ovales-cunéiformes*, bordées de grosses dents écartées et peu nombreuses, *atténuées en un pétiole un peu ailé, égalant à peu près le limbe en longueur ou le dépassant peu;* f. caulinaires inf. semblables aux radicales, les sup. linéaires et entières; *corolle oblongue-campanulée*, offrant entre les nervures principales de petits réseaux transversaux, *un peu resserrée au sommet au dessous des lobes*, qui sont légèrement recourbés en dehors; *étamines ayant la base de leurs filets plus longue que large; boutons des fl. penchés avant la floraison;* fl. d'un bleu clair, quelquefois violacé, rarement blanches, en grappe ou en panicule pauciflore. ♃. Juin-août.

Le Colombier, cascades de Charabottes ; rocailles entre Chézery et Lélex ; route neuve de Tenay à Hauteville. — Je l'ai trouvée dans un champ de blé, entre le Bessac et Tarentaise, en 1845.

— On trouve à la Tête-d'Or, sur les saules, le C. *subramulosa* (Jord.). Je le décris tel que je l'ai sous les yeux.

Racine longuement stolonifère; tige de 1-2 déc., grêle, hérissée inférieurement de petits poils blancs étalés, un peu ramifiée au sommet; f. minces, molles et glabres, *les radicales réniformes, longuement pétiolées, les caulinaires inf. et moyennes ovales*, bordées de grosses dents, atténuées en un court pétiole, les sup. seules linéaires, entières et sessiles; *corolle ovale-campanulée, non resserrée au dessous du sommet ; boutons des fl. penchés avant la floraison;* fl. d'un bleu violacé, quelquefois blanches, ordinairement en panicule, quelquefois cependant en grappe terminale. ♃. Juin-août.

— Ainsi qu'on le voit, cette plante a beaucoup de rapports avec le *Campanula cæspitosa.* Comme M. Jordan la dit apportée par le Rhône des montagnes du Bugey, ne serait-ce point la même plante modifiée par une température plus chaude et par la riche terre des saules dans laquelle elle s'est implantée? Pour trancher cette question, il faudrait récolter la graine du *Campanula cæspitosa* des montagnes, la semer dans les conditions de sol et de température où se trouve le *Campanula subramulosa* de la Tête d'Or, et observer plusieurs années les individus qui en naîtraient.

VACCINIÉES. 303

CCLXXXVI. Specularia (Heist.). Spéculaire.

Corolle en roue, partagée en 5 lobes; 5 étamines à filets dilatés à la base et à anthères libres; 1 style terminé par 3 stigmates; *capsule prismatique*, s'ouvrant vers le sommet par trois trous latéraux.

1005. S. speculum (Alph. D. C.). S. miroir. — Prismatocarpus speculum (L'Hérit.).—Campanula speculum (L.). (Vulg. *Miroir-de-Vénus*.)

Plante pubescente-grisâtre. Tige de 1-4 déc., très-rameuse, à rameaux étalés; f. finement crénelées, un peu ondulées, les inf. obovales et atténuées en un pétiole ailé, les sup. oblongues, sessiles et un peu embrassantes; calice à lanières linéaires égalant à peu près les lobes de la corolle; jolies fl. d'un beau violet, avec un œil blanc au milieu, rarement entièrement blanches, disposées en panicule feuillée, ouvertes au soleil et se fermant la nuit. ①. Mai-août. (*V. D.*)

Moissons. C. C. C.

50e Famille. — VACCINIÉES.

Il suffit d'avoir habité quelque temps les pays de montagnes pour connaître les *Airelles*, en latin *Vaccinium*, qui forment l'unique genre de cette famille, à laquelle elles ont donné leur nom. Ce sont de très-petits sous-arbrisseaux dont les feuilles, alternes ou éparses, caduques ou persistantes, entières ou légèrement dentées, sont toujours dépourvues de stipules et portées sur de très-courts pétioles. Leur *fleur, régulière*, se compose d'un *calice* à bord entier ou à 4-5 petites dents couronnant l'ovaire et adhérant avec lui, et d'une corolle mo- *nopétale*, tantôt en grelot, tantôt campanulée, tantôt en roue. *Les étamines, au nombre de 8-10, sont insérées aussi bien que la corolle devant un disque crénelé placé au sommet du tube du calice. L'ovaire, infère*, portant un seul style à stigmate entier, *devient une baie globuleuse, à 4-5 loges polyspermes*, cou- ronnée par les dents du calice ou par un petit enfoncement qui marque la place où elles étaient avant de tomber.

CCLXXXVII. Vaccinium (L.). Airelle.

Caractères de la famille.

* *Feuilles tombant chaque année.*

1006. V. myrtillus (L.). A. myrtille.

Tige dressée, rameuse et anguleuse; f. molles, glabres et

d'un vert pâle, *ovales-lancéolées et finement denticulées*; corolle en grelot, à petites dents recourbées; *baie d'un noir bleuâtre* et à saveur acidulée; fl. blanches ou rosées, solitaires sur des pédoncules axillaires. ♄. *Fl.* mai. *Fr.* juillet-août. (*V. D.*)

Bois des montagnes.

1007. V. ULIGINOSUM (L.) A. DES FANGES.

Tige dressée, rameuse, à rameaux cylindriques et non anguleux; f. glabres, *fermes et coriaces*, *obovales-obtuses et parfaitement entières*, glaucescentes et veinées en dessous; corolle en grelot ovale, à petites dents obtuses et recourbées; *baie d'un noir bleuâtre*; fl. blanches ou rosées, portées sur des pédoncules agrégés, formant par leur réunion de petites grappes penchées. ♄. *Fl.* mai-juin. *Fr.* Juillet-août. (*V. D.*)

Lieux tourbeux et marécageux : Pierre-sur-Haute, entre Loule et Pierre-Sounante ; le Grand-Som, à la Grande-Chartreuse; dans l'Ain, Colliard, le Jura.

** *Feuilles persistantes.*

1008. V. VITIS IDÆA (L). A. DU MONT-IDA.

Tiges fermes, *dressées ou ascendantes*; f. glabres, fermes, coriaces, *obovales-obtuses*, très-entières, d'un vert brillant et foncé en dessus, pointillées, d'un vert blanchâtre et à bords roulées en dessous; *corolle campanulée*, à lobes roulés en dehors; *baie rouge*; fl. blanches ou rosées, en grappes terminales. ♄. *Fl.* mai-juin. *Fr.* août-septembre.

Pâturages et bois secs : le Mont-Pilat; Pierre-sur-Haute; la Grande-Chartreuse; et dans l'Ain, le lac Silans, le Jura.

1009. V. OXYCOCCOS (L.). A. CANNEBERGE. — Oxycoccos palustris (Pers.).

Tiges filiformes, *rameuses*, *rampantes et entrelacées*; f. petites, glabres, *ovales-lancéolées et mucronulées*, vertes en dessus, blanchâtres et à bords roulés en dessous; *corolle en roue*, à 4 segments réfléchis, si profonds qu'elle paraît polypétale; *baie rouge;* fl. roses, *solitaires sur des pédoncules allongés*, *filiformes*, munis de deux petites bractées vers leur milieu. ♄. *Fl.* mai-juin. *Fr.* août-septembre.

Marais tourbeux : Pilat, à Praveille, dans le grand bois ; Pierre-sur-Haute, surtout entre le Goure et Chevelière'; dans l'Ain, marais de Colliard et du Jura. R.

51ᵉ FAMILLE. — ÉRICINÉES.

C'est la Bruyère, en latin *Erica*, qui a donné son nom à cette élégante famille. Parmi les nombreuses espèces qui composent ce genre, nous n'en possédons qu'une seule, celle qui est répandue à peu près partout ; mais si elle est la plus

commune, elle n'est ni la moins belle ni la moins intéressante.
Vers la fin de l'été, elle jette sur nos collines arides son
manteau de fleurs roses, qui repose agréablement les regards,
et sur lequel le botaniste trouve, pour se délasser de ses
fatigues, un siége plus riant et surtout plus sûr que le trône
des rois. Les Bruyères ne sont pas les seuls membres de cette
famille ; on y rencontre encore le *Raisin-d'ours* aux graines
de corail, le *Rosage ferrugineux* qui rougit les flancs des
Alpes de ses corolles empourprées , et les *Rhododendron*
ses frères, venus de l'Asie et de l'Amérique, qui, avec les
Azalées, sont l'une des plus magnifiques conquêtes de nos
serres et de nos jardins.

Laissons pour un moment ces beaux étrangers, et revenons
à nos Ericinées indigènes pour les soumettre aux lois de l'ana-
lyse scientifique. Ce sont des *sous-arbrisseaux ou des arbrisseaux à feuilles toujours entières et sans stipules*, alternes,
éparses ou verticillées. Le calice, persistant, est monosépale,
mais divisé quelquefois si profondément que les segments
paraissent libres. La *corolle,* insérée à la base du calice, est
monopétale, à 4-5 dents, lobes ou divisions. *Les étamines,* au
nombre de 4-5 ou bien de 8-10, *sont insérées sur le réceptacle ou à la base de la corolle; mais, toujours libres, elles ne lui
adhèrent jamais, L'ovaire, supère,* terminé par 1 seul style à
stigmate simple, devient un fruit tantôt charnu et indéhiscent, tantôt capsulaire et s'ouvrant de diverses manières.
*Les graines qu'il renferme sont toujours sans aile ni mem-
brane.*

CCLXXXVIII. Arbutus (L.). Arbousier.

Calice à 5 divisions profondes ; *corolle en grelot ovale ,* à
5 dents roulées en dehors ; 10 étamines à anthères s'ouvrant
au sommet par 2 trous et munies sur le dos de 2 petits éperons ; *fruit charnu* à la maturité.

1010. A. uva ursi (L.). A. raisin-d'ours. — Arctostaphyllos officinalis
(Wimm. et Grab.). (Vulg. *Busserole, Raisin-d'ours.*)

Sous-arbrisseau à *tiges couchées et rampantes ;* f. oblongues-
obovales , *persistantes , très-entières , glabres ,* d'un vert
foncé et brillant, épaisses et fermes comme celles du Buis;
baie globuleuse, *lisse, rouge à la maturité ,* à 5 *loges renfermant chacune une graine osseuse* (1-2 graines manquent quelquefois); fl. blanches et un peu rosées, en petites grappes
penchées. ♄. *Fl.* avril-mai. *Fr.* juillet-août. (*V. D.*)

La Grande-Chartreuse, route du Sappey ; grange sur le Mont au nord de
Nantua ; sapins sur la rout de Chézery à Lélex (Ain).

1011. A. ALPINA L.. A DES ALPES.— Arctostaphyllos alpina (Spreng.).

Diffère du précédent 1° par ses *f. obovales, caduques, denticulées, ciliées* et couvertes de petites rugosités en forme de réseaux; 2° par ses *fruits*, qui sont *d'un noir bleuâtre à la maturité;* 3° par les anthères des étamines, dont les petits éperons sont nuls ou peu développés. Les fl. sont blanches, à gorge verdâtre, en petites grappes penchées et peu fournies. ♄. *Fl.* mai. *Fr.* juillet-août.

Le Reculet (Gren. et Godr.); la Grande-Chartreuse, à Saint-Hugon (Villars).

CCLXXXIX. ANDROMEDA (L.). ANDROMÈDE.

Calice coloré, à segments si profonds qu'il paraît polysépale; *corolle caduque, en grelot ovale*, à 5 dents recourbées; 10 étamines; *fruit capsulaire*, à 5 loges polyspermes et à 5 valves.

1012. A. POLIFOLIA (L.). A. A FEUILLES DE FOLIUM.

Sous-arbrisseau de 1-3 déc., à tiges couchées à la base, puis ascendantes; f. fermes et persistantes, linéaires-lancéolées, atténuées aux deux extrémités, à bords roulés, vertes et brillantes en dessus, blanches et à côte médiane fortement saillante en dessous; pédoncules et calice roses; fl. blanches, lavées de rose, en petites grappes dressées. ♄. *Fl.* mai-juin. *Fr.* août.

Marais: Pierre-sur-Haute, près de la croix La Fossat et ailleurs; le Mont-Jura, R.

CCXC. RHODODENDRON (L.). ROSAGE.

Calice caduc, à 5 segments profonds; *corolle caduque, infundibuliforme ou campanulée, à 5 lobes plus ou moins inégaux;* 10 étamines à anthères s'ouvrant au sommet par 2 petits trous; *fruit capsulaire* ordinairement à 5 loges et à 5 valves.

1013. R. FERRUGINEUM (L.). R. A FEUILLES ROUILLÉES.

Arbuste peu élevé, tortueux et rameux; *f.* oblongues ou elliptiques-lancéolées, atténuées en court pétiole, *roulées sous les bords*, glabres, vertes en dessus, *entièrement couvertes en dessous de petites écailles d'abord grisâtres, se changeant ensuite en rouille ferrugineuse; calice à dents ovales et très-courtes*, déjà tombé quand la fleur est épanouie; corolle en entonnoir, tachée de rouille en dehors; fl. d'un beau rouge, rarement blanches, ramassées en une espèce d'ombelle au sommet des rameaux. ♄. Juillet.

La Grande-Chartreuse, au Grand-Som; abondant au Reculet et au Colombier du Jura.

1014. R. HIRSUTUM (L.). R. VELU.

Diffère du précédent 1° par ses f. plus courtes, *bordées de cils écartés, marquées en dessous de quelques points roussâtres*, mais non entièrement recouvertes de rouille ferrugineuse ; 2° par les *dents du calice*, qui sont *oblongues-lancéolées*. Les fl. ont du reste la même couleur et la même disposition. ♄. Juillet.

Sur le Jura, au dessus de Thoiry, où il n'a pas été revu depuis long-temps.

CCXCI. ERICA (L.). BRUYÈRE.

Calice à 4 segments colorés ; *corolle* campanulée ou en grelot, partagée au sommet en 4 dents, lobes ou divisions, *persistante et se flétrissant sur le fruit ; fruit capsulaire*, à 4 loges et à 4 valves.

1015. E. VULGARIS (L.). B. COMMUNE.— Calluna vulgaris (Salisb.) —Calluna erica (D. C.).

Sous-arbrisseau très-rameux, à tiges tortueuses et rapprochées en touffes ; petites f. ayant la forme d'un fer de flèche, opposées, imbriquées et disposées sur 4 rangs, ce qui fait paraître chaque petit rameau quadrangulaire ; calice coloré, à 5 segments profonds, entouré à la base de petites écailles imbriquées qu'on pourrait d'abord prendre pour un calice ; corolle campanulée, à 4 segments plus courts que les sépales et de la même couleur ; capsule à 4 loges, à 4 valves, et à cloisons correspondant à l'entre-deux des valves ; fl. roses, rarement blanches, en petites grappes spiciformes. ♄. Juillet-septembre.

Lieux arides, bois découverts. C. C.

52ᵉ FAMILLE. — PYROLACÉES.

Les deux genres dont nous avons formé cette petite famille faisaient autrefois partie de celle des Ericinées. Si nous avons jugé à propos de les réunir en un groupe séparé, c'est, d'une part, parce que les plantes qu'ils renferment diffèrent totalement des Ericinées par l'ensemble de leur port et de leur physionomie ; c'est, de l'autre, parce qu'elles offrent dans leur fructification des caractères frappants de ressemblance.

Nous ne trouverons dans les Pyrolacées que des *plantes herbacées*, tandis que, dans la famille précédente, il n'y a que des arbustes ou des sous-arbrisseaux. Leurs fleurs ont un calice à 4-5 segments ou sépales persistants, et une *corolle* à 4 ou 5 *pétales* quelquefois un peu soudés à la base. Les étamines, en nombre double de celui des pétales, sont insérées, comme eux, sous l'ovaire qu'elles entourent. *L'ovaire, supère,* terminé par un seul style, *devient une capsule à 3 ou 5 loges, renfermant des graines petites et nombreuses, entourées d'une membrane tubuleuse et réticulée.*

CCXCII. PYROLA (Tournef.). PYROLE.

Calice à 5 segments ; corolle à 5 pétales, quelquefois un peu soudés à la base ; *étamines toutes non insérées sur des glandes et à anthères s'ouvrant par 2 petits trous ;* stigmate arrondi ou lobé. *Plantes munies de feuilles* persistantes, plus ou moins réunies en rosace au bas des tiges.

1016. P. ROTUNDIFOLIA (L.). P. A FEUILLES RONDES.

Hampe de 1-4 déc., droite, portant quelques écailles écartées ; f. toutes radicales, longuement pétiolées, à limbe arrondi et à peine denticulé ; *étamines et style fortement recourbés, celui-ci 3 fois au moins plus long que la capsule, et terminé par un stigmate entier ;* fl. blanches, odorantes, en grappe lâche. ♃. Juin-juillet. (*V. D.*)

Bois couverts : la Grande-Chartreuse ; dans l'Ain, au Poizat près de Nantua et vers la roche de Thiou. P. C.

1017. P. MINOR (L.). P. FLUETTE. — P. rosea (Smith).

Hampe de 1-2 déc., droite, grêle, peu ou point écailleuse ; f. toutes radicales, longuement pétiolées, à limbe ovale ou arrondi, distinctement crénelé ; *étamines et style droits, celui-ci ne dépassant pas ou dépassant peu la corolle, plus court que la capsule et terminé par un stigmate à 5 lobes ;* fl. blanches ou rosées, en grappe serrée. ♃. Juin-juillet.

Bois ombragés et humides : le Mont-Toat ; Saint-André-la-Côte ; Saint-Bonnet-le-Froid ; Meys, près de l'Argentière ; Aujoux, dans le Beaujolais ; la Grande-Chartreuse ; dans l'Ain, sous le rocher du Nid-d'Aigle à Saint-Rambert, dans la forêt de Ruflieu près du Vély, et dans les sapins des montagnes. P. C.

1018. P. SECUNDA (L.). P. A FLEURS UNILATÉRALES

Tige de 1-2 déc., portant des feuilles dans sa partie inférieure, et, au dessus, quelques petites écailles espacées ; f. d'un beau vert, pétiolées, ovales-lancéolées, aiguës et mucronulées, finement dentées en scie ; *style droit, saillant hors de la corolle, mais n'étant pas cependant 3 fois plus long que la capsule ;* fl. d'un blanc un peu verdâtre, *en grappe unilatérale.* ♃. Juin-juillet.

Bois couverts : la Grande-Chartreuse ; dans l'Ain, sous le rocher du Nid-d'Aigle à Saint-Rambert, et dans les sapins des montagnes. A. R.

CCXCIII. MONOTROPA (L.). MONOTROPE.

Calice à 4-5 sépales colorés et persistants ; corolle à 4-5 pé-

.ales prolongés à leur base en petits éperons remplis de miel ; *8-10 étamines, dont une moitié sont insérées sur de petites glandes hypogynes*, et l'autre moitié alternent avec ces glandes ; stigmate en entonnoir. *Plantes parasites, munies d'écailles au lieu de feuilles*, et ayant l'aspect des Orobanches.

1019. M. HYPOPITYS (L.). M. SUCE-PIN.

Racine écailleuse ; tige de 1-2 déc., garnie d'écailles ovales-oblongues, d'un blanc jaunâtre dans leur jeunesse, puis blanches, à la fin d'un noir ferrugineux à la maturité ; fl. d'un blanc jaunâtre, quelquefois un peu rosées sur les bords, en grappe penchée d'un seul côté au moment de la floraison, mais se redressant peu à peu aussitôt que les étamines ont émis leur pollen. La fleur terminale a seule 5 sépales, 5 pétales et 10 étamines ; les latérales n'offrent que 4 sépales, 4 pétales et 8 étamines. ♃. Mai-juillet. (*V. D.*)

Parasite sur les racines des pins, des sapins, des chênes, etc. : bois d'Art ; e Mont-Tout ; Charbonnières ; Theizé ; Saint-Bonnet-le-Froid ; Yzeron ; Saint-Julien-Molin-Molette ; Pilat ; Pierre-sur-Haute ; la Grande-Chartreuse ; e Haut-Bugey. A. R.

— Balbis indique comme trouvé au Vernay par M. Champagneux, dans le :los de l'ancienne maison Régny, le *Monotropa hypoxya* (Spreng.). Depuis ongtemps cette plante n'y a pas été revue.

IIIᵉ SECTION.

COROLLIFLORES.

Calice monosépale et libre ; corolle monopétale, hypogyne, portant les étamines ; ovaire libre.

53ᵉ FAMILLE. — AQUIFOLIACÉES.

Simple tribu de l'ancienne famille des Célastrinées, les Aquifoliacées ont été transportées de la section des Caliciflores à celle des Corolliflores, parce que, en réalité, leur *corolle en roue* a ses segments profonds soudés à la base, quoique faiblement, et supporte les étamines. Les dents du calice, les segments de la corolle et les étamines sont au nombre de 4, 5 ou 6. L'ovaire, partagé en 2-6 loges, *surmonté de 4-5 stigmates presque sessiles, devient une drupe* renfermant 2-6 noyaux osseux.

CCXCIV. ILEX (L.). HOUX.

Caractères de la famille.

1020. I. AQUIFOLIUM (L.) H. COMMUN.

Arbuste rameux, droit, s'élevant quelquefois à la hauteur

14

d'un arbre; f. persistantes, dures, d'un beau vert, glabres et luisantes, ovales, sinuées-dentées, ayant chaque dent armée d'une forte épine quand la plante est dans son jeune âge, devenant planes et ne gardant que leur épine terminale quand elle est parvenue à son adolescence; fruit rouge à la maturité; fl. blanches, en petits paquets axillaires. ♄. *Fl.* mai-juin. *Fr.* octobre. (*V. D.*)

Haies et bois des montagnes. C. — Jardins paysagers, où on en cultive plusieurs variétés.

54ᵉ FAMILLE. — JASMINÉES.

Les plantes de cette famille nous offrent d'une manière frappante l'utile mêlé à l'agréable. On y trouve en effet réunis le Frêne, que Virgile appelle le plus beau des arbres, l'Olivier, dont le fruit est l'un des dons les plus précieux que la Providence ait faits à l'homme, le Jasmin, dont l'odeur suave embaume nos parterres, et le Lilas, dont les grappes fraîches et parfumées viennent à chaque printemps nous annoncer le retour du rossignol et des beaux jours.

Toutes les Jasminées sont des *arbres* ou des *arbustes* à feuilles simples ou pennées, alternes ou opposées. Si l'on excepte le Frêne, dont les étamines et les carpelles sont privés d'organes protecteurs, leurs fleurs, régulières, ont un calice persistant, monosépale, plus ou moins denté ou divisé, et une corolle monopétale, tantôt en roue, tantôt en soucoupe, dont le limbe est partagé en lobes ou segments plus ou moins nombreux (de 4 à 8). 2 *étamines sont insérées sur la corolle et alternent avec ses divisions.* L'ovaire, terminé par un seul style à stigmate simple ou bilobé, devient un fruit tantôt capsulaire, tantôt charnu.

CCXCV. FRAXINUS (Tournef.). FRÊNE.

Calice et corolle nuls; samare oblongue, monosperme, obliquement échancrée au sommet; 2 étamines; fl. dioïques ou mélangées de fl. complètes.

1021. F. EXCELSIOR (L.). F. ÉLEVÉ.

Grand arbre à écorce grisâtre sur le tronc et les vieilles branches, verte sur les jeunes rameaux; f. opposées, pennées, à folioles d'un beau vert, oblongues ou ovales-lancéolées, acuminées, dentées en scie; fl. rougeâtres, en grappes paniculées, paraissant avant les feuilles. ♄. *Fl.* avril-mai. *Fr.* septembre. (*V. D.*)

Bois, bord des rivières. C.

— On cultive comme arbres d'ornement plusieurs belles variétés du Frêne commun. Ce sont : le *Frêne doré*, dont les jeunes rameaux ont l'écorce jaune ; le *Frêne argenté*, dont les f., presque blanches, sont seulement marquées de quelques taches vertes ; le *Frêne pleureur*, dont les longues branches pendantes vont toucher la terre et servent à former d'élégants cabinets de verdure.

CCXCVI. Phillyrea (L.). Filaria.

Petit calice à 4 dents ; *corolle à 4 divisions et à tube très-court ; drupe globuleuse, à noyau fragile.* Arbustes à f. simples.

1022. P. latifolia (D. C.). F. a larges feuilles. — P. media (L.).

Arbuste de 1-2 m., à rameaux grisâtres ; f. persistantes, dures et fermes, glabres et d'un beau vert, opposées, entières ou bordées de dents écartées, raides et piquantes au rebours ; drupe ronde, apiculée au sommet, d'un noir bleuâtre à la maturité ; petites fl. axillaires et d'un blanc verdâtre. ♄ . *Fl.* avril-mai. *Fr.* août-septembre.

De Béon à Talissieu (Ain). — Jardins paysagers.

CCXCVII. Ligustrum (Tournef.). Troène.

Calice très-petit, à 4 dents ; *corolle en entonnoir, à tube court et à limbe divisé en 4 segments ; baie globuleuse, à 2 loges* renfermant 2 ou plus rarement 4 graines. Arbustes à f. simples.

1023. L. vulgare (L.). T. commun.

Arbuste droit, rameux, à écorce grisâtre ; f. opposées, oblongues-lancéolées, très-entières, courtement pétiolées ; baie à écorce noire et à pulpe rougeâtre ; fl. blanches, odorantes, en petits thyrses serrés, placés à l'extrémité des rameaux. ♄. *Fl.* mai-juin. *Fr.* septembre-octobre. (*V. D.*)

Haies, buissons, bois. C. C.

55ᵉ Famille. — PRIMULACÉES.

Fille aînée du printemps, *prima veris*, la Primevère annonce une des premières au botaniste qu'il est temps de revêtir son armure et de se mettre en campagne. Elle a donné son nom latin *Primula* à cette gracieuse famille, qui forme au milieu des Corolliflores un groupe charmant et facile à reconnaître.

Les Primulacées ont un caractère remarquable qui les distingue de toutes les Monopétales : *ce sont des étamines en même nombre que les segments de la corolle ou en nombre double, et correspondant précisément à leur milieu.* Leur calice, persistant et monosépale, est partagé ordinai.ement en 5 (rarement en 4 ou 7) dents, lobes ou segments, et la *corolle toujours régulière*, monopétale et hypogyne, offre autant de divisions qu'il y en a au calice. L'ovaire, unique, terminé par un seul style à stigmate simple, devient une capsule uniloculaire, polysperme, à placenta central libre.

Toutes les Primulacées sont des plantes herbacées qui présentent divers modes d'inflorescence,

CCXCVIII. SAMOLUS (Tournef.). SAMOLE.

Calice à 5 dents; *corolle* en coupe, à tube court, à limbe divisé en 5 lobes, *munie à la gorge de 5 petites écailles alternant avec eux; 5* étamines; *capsule soudée inférieurement avec le tube du calice.*

1624. S. VALERANDI (L.). S. DE VALÉRAND.

Plante entièrement glabre et d'un beau vert. Tige de 2-6 déc., droite, simple ou rameuse; f. entières, les inf. oblongues-spatulées et atténuées en pétiole assez long, les autres obovales, obtuses ou finissant brusquement par une petite pointe, amincies en court pétiole; petites fl. d'un beau blanc, disposées en grappes. ♃. Juin-août.

Lieux marécageux et humides, bord des eaux: la Tête-d'Or; Dessine; Vaux en-Velin, etc.; dans l'Ain, le lac Bertrand. P. R.

CCXCIX. ANDROSACE (L.). ANDROSACE.

Calice à 5 dents ou divisions; *corolle* en entonnoir ou en coupe, *à tube* ovale très-court, *resserré à la gorge, qui est munie de 5 petits appendices*, et à limbe divisé en 5 lobes; *capsule à graines peu nombreuses (3-5) et à 5 valves s'ouvrant de la base au sommet. Petites plantes à f. toutes radicales et à fl. réunies en ombelle terminale, munie d'un involucre.*

1625. A. VILLOSA (L.). A. VELUE.

Petite plante gazonnante, *hérissée de poils blancs* et doux au toucher. Hampes de 3-8 cent., grêles, dressées; f. elliptiques, réunies en rosettes globuleuses et serrées; petites fl. blanches ou rosées, à gorge rougeâtre ou jaunâtre, disposées en ombelles serrées. ♃. Juin-août.

Rochers à la Grande-Chartreuse. R.

1626. A. LACTEA (L.). A. A FLEURS BLANCHES.

Petite plante glabre et gazonnante. Hampes de 2-10 cent., très-grêles, dressées; f. linéaires, jaunâtres à la base, bordées quelquefois de quelques cils épars, réunies en rosettes serrées;

petites fl. d'un blanc de lait, avec un cercle jaune à la gorge, peu nombreuses (2-5), en ombelle terminale ⚥. Juin-août.

Le Reculet. R R.

GCC. PRIMULA (L.). PRIMEVÈRE.

Calice à 5 lobes; *corolle* en entonnoir ou en coupe, *à tube allongé, dilaté au point d'insertion des étamines qu'il renferme,* à gorge tantôt munie, tantôt dépourvue d'appendices, et à limbe partagé en 5 lobes; *capsule à graines très-nombreuses, à 5 valves* souvent bifides, *ne s'ouvrant qu'au sommet. Plantes à f. toutes radicales.*

1027. P. GRANDIFLORA (Lamk.). P. A GRANDES FLEURS. — P. acaulis (Jacq.).

Hampe communément uniflore, hérissée de poils étalés dont la longueur dépasse ordinairement son diamètre transversal; f. obovales ou oblongues, ridées, inégalement denticulées, atténuées en un pétiole ailé; *calice à tube appliqué,* velu sur les angles saillants, blanchâtre et glabre dans les angles rentrants, *profondément divisé en segments lancéolés et longuement acuminés;* grandes fl. *à limbe parfaitement étalé,* ordinairement d'un jaune-soufre, avec 5 taches orangées à la gorge, qui manquent quelquefois, se trouvant rarement à fl. blanches ou d'un lilas pâle. ⚥. Mars-mai. (*V. D.*)

b. P. caulescens (Koch). Premières hampes uniflores, les suivantes multiflores, à fl. en ombelles dressées, entourées à la base de bractées en forme d'involucre.

Prairies, bois. C. C. C. — Le type est cultivé à fl. doubles, blanches, roses ou d'un beau lilas.

— La variété *b* est un peu moins commune, quoiqu'elle se rencontre assez fréquemment. On la rencontre aussi dans les parterres où elle s'hybride avec l'espèce suivante dont elle offre toutes les nuances. Elle manque quelquefois de pédoncules uniflores; néanmoins il est facile, par les caractères que nous avons assignés, de la distinguer du *Primula elatior.* C'est elle qui, conjointement avec la variété intermédiaire dont je parle plus bas, a été décrite sous le nom de *Primula variabilis* (Goupil); mais j'ai constaté par de nombreuses observations qu'il y en a réellement deux.

1028. P. ELATIOR (Jacq.). P. ÉLEVÉE.

Hampe toujours multiflore, à pédicelles hérissés de poils dont la longueur ne dépasse pas leur diamètre; f. ovales ou oblongues, ridées, inégalement sinuées-denticulées sur les bords, *brusquement contractées en un pétiole ailé et denticulé au sommet; calice à tube appliqué à la base,* allant en s'évasant vers le sommet, vert et velu sur les angles saillants, blanchâtre et translucide dans les angles rentrants, *divisé en dents triangulaires et acuminées; corolle à limbe d'abord un peu concave,* puis *à la fin étalé;* fl. inodores, naturellement d'un jaune-soufre, sans taches orangées à la gorge, *disposées en ombelle terminale,* munie de bractées à la base, *souvent penchée d'un même côté.* ♃. Mars-mai. (*V. D.*)

Prairies. A. C. — On en cultive de nombreuses et élégantes variétés dont les fleurs, à reflets veloutés, offrent toutes les nuances du rouge, du marron et du violet, mélangées de blanc, de jaune et d'orangé. Dans les jardins, l'ombelle est ordinairement dressée. Quelquefois la fleur devient double, mais d'une manière singulière : le calice se change en corolle de telle sorte qu'on dirait que chaque fleur en porte une autre dont on aurait enfilé le tube dans le sien.

1029. P. OFFICINALIS (Jacq.). P. OFFICINALE. — P. veris (Wild.). (Vulg. *Coucou.*)

Hampe toujours multiflore ; f. ovales, ridées, inégalement ondulées-crénelées sur les bords, finement tomenteuses-grisâtres en dessus, *brusquement contractées en un pétiole ailé et denticulé ; calice à tube fortement renflé,* pubescent-tomenteux, *partagé en lobes* triangulaires, *courts, larges, mucronulés,* mais non acuminés, comme dans les deux espèces précédentes ; *corolle à limbe toujours concave,* ce qui la rend infundibuliforme ; *fl. odorantes,* d'un jaune foncé, marquées de 5 taches orangées à la gorge, *disposées en ombelle* terminale, munie de bractées à la base et *toujours penchée d'un même côté.* ♃. Avril-mai. (*V. D.*)

b. P. *intermedia.* Variété intermédiaire entre les *Primula elatior* et *officinalis* dont elle n'est probablement qu'une hybride. Elle offre combinés les caractères de tous les deux, mais elle se rapproche tantôt plus de l'un, tantôt plus de l'autre. Ainsi, le calice est tantôt à tube appliqué et à dents étroites et acuminées, tantôt à tube renflé en cloche et à dents courtes et élargies ; la corolle, d'un jaune clair ou d'un jaune foncé, ordinairement marquée de taches orangées à la gorge, a le limbe un peu concave ou étalé ; les fl. sont toujours odorantes, en ombelle penchée d'un seul côté et non dressée, ce qui distingue nettement toutes ces formes diverses de la variété *caulescens* du *Primula grandiflora.*

Prairies, bois. Le type, C. C. C ; la variété *b* , P. R. — Cultivée quelquefois dans les jardins, où elle offre des variétés à fleurs rouges ou d'un jaune orangé : elle devient double de la même manière que le *Primula elatior.*

1030. P. AURICULA (L.). P. AURICULE.

Hampe multiflore, glabre ou munie au sommet d'une pubescence farineuse ; *f. épaisses et charnues, lisses et non ridées,* obovales, entières ou légèrement ondulées-dentées, atténuées en un pétiole ailé, *celles du milieu des rosaces couvertes d'un duvet farineux ; calice à tube arrondi, non anguleux, 2-3 fois moins long que le tube de la corolle ;* fl. à suave odeur, jaunes à l'état spontané, disposées en ombelles dressées. ♃. Mai-juin. (*V. D.*)

Contre les rochers au Grand-Som, à la Grande-Chartreuse, et sur la route de Pierre-Châtel à Yenne, à dix minutes du pont. — Cette seconde localité n'est pas française, mais elle n'est séparée du département de l'Ain que par la largeur du Rhône.

— On cultive, sous le nom d'*Auricules,* de superbe variétés de cette espèce ; leurs fleurs veloutées offrent les plus riches nuances du rouge, du violet, du bleu, du jaune et du blanc.

1031. P. FARINOSA (L.). P. FARINEUSE.

Hampe multiflore, grêle, pubérulente au sommet ; *f.* plus petites que dans les autres espèces, obovales-oblongues, *un peu ridées,* légèrement crénelées, atténuées en un pétiole ailé, *couvertes en dessous, dans leur jeunesse, d'une fine poudre farineuse qui se retrouve sur le calice ; calice arrondi, non anguleux, égalant à peu près le tube de la corolle* ; petites fl. roses ou lilacées, rarement blanches, jaunes à la gorge, en ombelles dressées, entourées à la base de bractées réunies en forme d'involucre. ♃. Mai-août.

Prés humides autour du lac de Joux, près des Rousses, dans le Jura. R. R. — Cette localité n'est pas dans les limites de notre Flore, mais elle n'est pas éloignée de l'extrémité du département de l'Ain.

CCCI. HOTTONIA (L.). HOTTONE.

Calice à 5 segments linéaires, si profonds qu'il parait polysépale ; corolle en coupe, à limbe divisé en 5 lobes ; 5 étamines à anthères presque sessiles, insérées dans la partie supérieure du tube de la corolle ; *capsule globuleuse, uniloculaire, paraissant indéhiscente* parce que les 5 valves ne s'ouvrent ni à la base ni au sommet. *Plantes aquatiques, à f. pectinées-pennatipartites.*

1032. H. PALUSTRIS (L.). H. DES MARAIS. (Vulg. *Millefeuilles aquatique,* **Plumeau.)**

Plante plus ou moins plongée dans l'eau. Tige de 4-8 déc., cassante sur les nœuds, nue dans la partie supérieure ; f. pectinées-pennatipartites, à partitions linéaires et allongées ; fl. rosées ou blanches, pédonculées, disposées en plusieurs verticilles au sommet de la tige. ♃. Mai-juin. (V. *D.*)

Fossés pleins d'eau : Vaux ; Villeurbanne ; Dessine ; Yvour. A. R.

CCCII. LYSIMACHIA (L.). LYSIMAQUE.

Calice à 5 segments profonds ; *corolle en roue* ; 5 *étamines à filets dépassant longuement le tube de la corolle* ; *capsule globuleuse, mucronée, s'ouvrant par 5 valves* ; *feuilles toujours entières.*

1033. L VULGARIS (L.). L COMMUNE. (Vulg. *Corneille, Perce-bosse* **)**

Tige de 8-10 déc., *droite, ferme,* rameuse, velue-pubescente ; f. ovales ou oblongues-lancéolées, à peine pétiolées, opposées ou verticillées 3 à 3, 4 à 4 ou 5 à 5 ; fl. jaunes, *en petites grappes axillaires,* ordinairement verticillées 3 à 3 à l'aisselle des feuilles, et *formant par leur réunion une longue panicule terminale* et feuillée. ♃. Juin-août. (*V. D.*)

Prés humides, lieux aquatiques, bord des eaux. C.

— La Tourette, dans sa *Chloris Lugdunensis*, indique par erreur le *Lysimachia thyrsiflora* (L.) aux environs de Lyon. Gilibert, bon observateur. mais critique un peu crédule, le dit rare autour de Lyon. C'est d'après ces autorités que MM. Grenier et Godron enrichissent notre Flore de cette belle espèce, qu'elle ne possède certainement pas spontanée.

1034. L. NUMMULARIA (L.). **L. NUMMULAIRE.** (Vulg. *Herbe-aux-écus.*)

Tige de 1-6 déc., *couchée et rampante*, anguleuse, simple ou peu rameuse ; *f.* opposées, *rondes*, pétiolées ; *segments du calice en cœur ovale et aigu ; fl.* jaunes, à odeur de prune pourrie, *portées sur des pédoncules uniflores et solitaires à l'aisselle des feuilles.* ♃. Juin-août. (*V. D.*)

Lieux humides. C.

1035. L. NEMORUM (L.). **L. DES BOIS.**

Tige de 1-4 déc., grêle, *couchée et un peu radicante à la base*, redressée au sommet, ordinairement simple ; *f.* opposées, *ovales-lancéolées*, sessiles ou à peine pétiolées ; *segments du calice linéaires ; fl.* jaunes, *portées sur des pédoncules filiformes*, plus longs que les feuilles, *toujours uniflores et solitaires à leur aisselle.* ♃. Juin-juillet.

Bois couverts et humides des montagnes : Dardilly; Poleymieux; Vaugneray, l'Argentière, au Chatelard; Pilat; la Grande-Chartreuse; tout le Haut-Bugey.

CCCIII. ANAGALLIS (L.). MOURON.

Calice à 5 segments profonds; *corolle en roue, à tube très-court, presque nul*, et à limbe divisé en 5 lobes; 5 étamines à filets velus surtout à la base; *capsule globuleuse, s'ouvrant comme une boîte à savonnette.*

1036. A. ARVENSIS (L.). **M. DES CHAMPS.**

Tige de 1-3 déc., rameuse, couchée, quadrangulaire; *f. sessiles*, opposées, quelquefois ternées, glabres, un peu charnues, ovales-lancéolées, à 3 ou 5 nervures ; *étamines à filets libres*; pédoncules uniflores, axillaires, plus longs que les feuilles, recourbés vers la terre après la floraison. ④. Juin-octobre. (*V. D.*)

a. A. *Phœnicœa* (Lamk.). Fleurs rouges.

b. A. *cœrulea* (Lamk.). Fleurs d'un beau bleu.

Champs, lieux cultivés. C.

— On trouve d'autres variétés à fleurs roses, blanches, d'un violet vineux, ou bleues à gorge rouge. La couleur des fleurs n'est donc pas suffisante pour établir deux espèces.

1037. A. TENELLA (L.). **M. DÉLICAT.**

Petite plante à tige filiforme et entièrement couchée;

petites *f. courtement pétiolées*, opposées, ovales-arrondies ; *étamines à filets un peu soudés à la base et couverts d'une laine blanche très-abondante* ; segments du calice beaucoup plus courts que la corolle ; corolle si profondément divisée qu'elle paraît polypétale ; pédoncules uniflores, axillaires, filiformes, beaucoup plus longs que les feuilles, recourbés vers la terre après la floraison ; fl. d'un rose tendre, plus grandes que dans l'espèce précédente. ①. Juin-août. (*V. D.*)

Près des sources, dans les marais de Charvaz ; étang de Vaux-Milieu ; dans la mousse des fontaines, au dessus du Pin-Bouchain, dans les montagnes de Tarare ; Noirétable ; Sainte-Croix, près de Montluel. R.

CCCIV. Soldanella (Tournef.). Soldanelle.

Calice à 5 segments linéaires ; *corolle campanulée, à 5 lobes découpés en lanières étroites ; capsule oblongue, s'ouvrant au sommet par un petit couvercle* qui tombe et laisse voir plusieurs petites dents.

1038. S. alpina (L.). S. des Alpes.

Hampe de 5-15 cent., portant 1-4 fleurs, munie au sommet de petites glandes sessiles ; f. toutes radicales, un peu épaisses, longuement pétiolées, à limbe arrondi, légèrement en cœur, entières ou finement crénelées ; fl. bleues ou un peu violacées, rarement blanches. ♃. Juillet-août.

Le Grand-Som, à la Grande-Chartreuse ; le Reculet, et tout le haut Jura, au dessus de Lélex.

CCCV. Centunculus (L.). Centenille.

Calice à 4 segments ; corolle en roue, à tube court et comme globuleux, *à limbe divisé en 4 lobes profonds* ; 4 étamines ; capsule globuleuse, s'ouvrant comme une boîte à savonnette.

1039. C. minimus (L.). C. naine.

Petite plante glabre, rameuse et très-grêle ; f. ovales, sessiles ou à peine pétiolées, opposées dans le bas de la tige, alternes dans le milieu et dans le haut, un peu semblables à celles des Callitriches ; corolle plus petite que le calice ; très-petites fl. blanchâtres ou rosées, presque sessiles à l'aisselle des feuilles, ne s'épanouissant qu'au milieu du jour. ②. Juin-juillet.

Terres humides, argileuses ou sablonneuses : Bonnand ; Chaponost ; Myonais ; marais des Echeyts ; environs de Meximieux ; près de Vienne. R.

56ᵉ Famille. — APOCYNÉES.

Le genre *Apocynum*, que nous n'avons point spontané dans notre Flore, donne son nom à cette famille. Il nous sera facile de l'étudier en observant avec attention une de ces jolies Pervenches dont nous avons souvent admiré le vert feuillage et la corolle d'azur. Elle nous offrira un calice à 5 divisions persistantes et une *corolle monopétale, régulière, hypogyne*, partagée en 5 lobes ou segments; 5 étamines, adhérentes au tube, alternent avec ses segments, et ont leurs filets libres ou soudés à la base; 2 ovaires, libres ou soudés en un seul, sont surmontés d'un style ou de deux réunis au sommet sous un seul stigmate. *Le fruit se compose de 1-2 follicules* renfermant un grand nombre de graines nues ou munies d'une aigrette soyeuse.

CCCVI. VINCA (L.). PERVENCHE.

Corolle en soucoupe, à long tube, à gorge pentagonale, *sans écailles*, munie d'un petit rebord saillant, fermée par les anthères et par les poils étalés qui entourent le stigmate en anneau; étamines à filets libres et velus; *graines nues*. Plantes vivaces, sous-ligneuses à la base, à *f. opposées et persistantes*.

1040. V. MAJOR (L.). P. A GRANDES FLEURS.

F. ovales-lancéolées, un peu pétiolées, arrondies ou légèrement en cœur à la base, glabres sur le limbe, mais *finement ciliées-denticulées sur les bords; segments du calice ciliés et égalant environ le tube de la corolle*; fl. bleues, rarement violettes ou blanches, pédonculées à l'aisselle des feuilles. ♄. Mars-mai, et quelquefois à l'automne. (*V. D.*)

Haies, rocailles ombragées : Saint-Alban, près Lyon; Roche-Cardon; la Pape; Souzy. — Jardins, d'où elle est probablement échappée.

1041. V. MINOR (L.). PETITE PERVENCHE.

F. oblongues ou ovales-lancéolées, un peu pétiolées, *entièrement glabres; segments du calice glabres et beaucoup plus courts que le tube de la corolle*; fl. bleues, quelquefois blanches ou d'un violet vineux, pédonculées à l'aisselle des feuilles, plus petites que dans l'espèce précédente. ♄. Mars-mai, et quelquefois à l'automne. (*V. D.*)

Haies et bois humides. C. — Jardins.

— La variété à fleurs doubles se trouve quelquefois spontanée, et on la cultive souvent.

CCCVII. VINCETOXICUM (Mœnch.). DOMPTE-VENIN.

Corolle en roue, à tube court et à 5 segments profonds; *étamines à filets soudés à la base en un tube à 5 lobes charnus* placés devant les anthères, celles-ci surmontées d'un appendice membraneux qui porte de petites masses de pollen renflées et suspendues au dessous de son sommet; *graines à aigrettes soyeuses. Plantes vivaces, à f. caduques.*

1042. V. OFFICINALE (Mœnch.). D. OFFICINAL.—Asclepias vincetoxicum (L.). — Cynanchum vincetoxicum (Rob. Br.).

Tige de 3-8 déc., dressée, légèrement anguleuse, simple ou peu rameuse; f. d'un vert sombre, ordinairement opposées, plus rarement verticillées, finement pubescentes sur les bords et sur les nervures, courtement pétiolées, les moyennes ovales et en cœur, les sup. plus étroites, plus lancéolées, non cordiformes; fl. odorantes, d'un blanc sale, un peu jaunâtre en dedans, un peu verdâtre en dehors, disposées à l'aisselle des feuilles et au sommet des tiges en petits bouquets corymbiformes. ♃. Mai-juillet. (V. D.)

Bois taillis : la Pape; Oullins; Saint-Genis-les-Ollières; Saint-Alban, près Lyon, etc. A. C.

57e FAMILLE. — GENTIANÉES.

Ce sont les Gentianes qui ont donné leur nom à cette belle famille, dont elles forment le groupe le plus important. C'est aux Alpes qu'il faut aller les admirer et les cueillir; cependant quelques-unes d'entre elles daignent descendre sur nos coteaux et jusque dans nos plaines, où leur vue rend ivres de bonheur les jeunes botanistes qui les rencontrent pour la première fois.

Toutes les Gentianées sont des herbes amères, à feuilles ordinairement simples, communément opposées, souvent connées à la base, rarement verticillées, radicales et trifoliolées dans une seule espèce. Leur *fleur, régulière,* a un calice persistant, divisé plus ou moins profondément, et une *corolle hypogyne, monopétale,* en entonnoir, en cloche ou en roue, *se flétrissant sur le fruit sans tomber,* et découpée en lobes ou segments plus ou moins nombreux. 5 (*plus rarement 4-12*) *étamines alternent avec les divisions de la corolle, et sont insérées dans son tube ou à sa gorge.* L'ovaire, unique et libre, est terminé par 2 styles plus ou moins soudés, à stigmate simple ou bilobé; il devient un *fruit capsulaire, polysperme, tantôt uniloculaire, tantôt à 2 loges dont la cloison est formée par les bords rentrants des valves.*

CCCVIII. MENYANTHES (L.). MÉNYANTHE.

Calice à 5 divisions; *corolle en entonnoir,* à 5 lobes; *capsule uniloculaire,* à 2 valves portant les graines sur leurs bords; f. trifoliolées, toutes radicales, mais s'engaînant les unes dans les autres, de manière à paraître alternes.

1043. M. TRIFOLIATA (L.). M. TRÈFLE D'EAU.

Rhizôme rampant, épais et articulé; f. longuement pétiolées, à 3 folioles obovales, un peu charnues, entières ou légèrement sinuées-denticulées; corolle rosée, garnie en dedans
d'une jolie barbe blanche; fl. très-élégantes, portées sur des
pédicelles munis de bractées à leur base, et formant une
grappe ovale au sommet d'un long pédoncule. ♃. Avril-mai.
(*V. D.*)

Marais, prés tourbeux : Gorge-de-Loup; Dessine; Saint-Genis-Laval;
Aveize, près de l'Argentière; Pilat; dans l'Ain, bords de la Reyssouze, vers
Bouvand; pont d'Auder, à Belley; Hauteville; Cormaranche, etc.

CCCIX. VILLARSIA (Gœrtn.). VILLARSIE.

Calice à 5 segments profonds; *corolle en roue,* à 5 divisions ciliées; 5 *glandes placées à la base de l'ovaire et alternant avec les 5 étamines*; 1 style surmonté par 1 stigmate à
2 lobes crénelés; *capsule uniloculaire, à 2 valves portant sur
leurs bords des graines comprimées et bordées d'une membrane.*
Plantes aquatiques.

1044. V. NYMPHOIDES (Vent.). V. FAUX NÉNUPHAR. — Limnanthemum nymphoides (Link). — Menyanthes nymphoides (L.). (Vulg. *Nympheau.*)

Tige allongée, feuillée seulement au sommet; f. ovales-
arrondies, profondément échancrées en cœur, longuement
pétiolées, glabres et luisantes, nageantes sur l'eau au moment de la floraison, semblables en petit à celles du *Nymphœa
alba*; fl. jaunes, réunies en espèces d'ombelles à l'aisselle des
feuilles supérieures. ♃. Juin-juillet. (*V. D.*)

Fossés pleins d'eau : la Mulatière; Anse; marais à Oullins et Yvour; étangs
de la Bresse et surtout des Dombes. A. R.

— Aussitôt après la floraison, la plante entière, avec ses fleurs et ses fruits,
disparaît au fond des eaux.

CCCX. CHLORA (L.). CHLORE.

*Calice profondément divisé en 6-8 segments lancéolés-li-
néaires; corolle en soucoupe,* à tube renflé, aussi large que
long, et à limbe divisé en 6-8 segments; 6-8 *étamines*;
1 style à stigmate bifide; *capsule uniloculaire.*

1045. C. PERFOLIATA (L. Mant. 10). C. PERFOLIÉE. — Gentiana perfoliata (L.
sp. 335.)

Plante entièrement glauque. Tige de 2-6 déc., droite,
simple ou rameuse-dichotome au sommet; f. caulinaires
ovales, opposées et connées, de telle sorte que les deux n'en
font qu'une, au milieu de laquelle passe la tige; calice et
corolle à 8 segments; fl. d'un beau jaune, pédonculées, disposées en faux corymbe. ④. Juin-août. (*V. D.*)

Coteaux à Couzon, au dessus des carrières; prés à Villeurbanne, Dessine,
Pierre-Bénite, etc. P. R.

CCCXI. Swertia (L.). Swertie.

Calice à 5 segments lancéolés-linéaires, si profonds, qu'il paraît polysépale ; *corolle en roue, partagée en 5 segments portant chacun à leur base intérieure deux petites glandes bordées de cils colorés* ; 2 stigmates sessiles ; *capsule uniloculaire.*

1046. S. perennis (L.). S. vivace.

Tige de 2-4 déc., droite et ferme ; f. opposées, les radicales elliptiques et atténuées en pétiole ailé, les caulinaires lancéolées, plus petites, sessiles ; fl. d'un bleu noirâtre, rarement blanches, pointillées en dedans, disposées en petites grappes formant par leur réunion une panicule terminale. ♃. Juillet-août.

Marais de Malbrouck; avec variété à fleurs blanches; marais de Cormaranche et du Jura. R.

CCCXII. Gentiana (Tournef.). Gentiane.

Calice à 4-10 divisions plus ou moins profondes ; corolle en entonnoir, en cloche ou en roue, à limbe partagé en 5-10 lobes ; *4-5 étamines dont les anthères ne sont pas tordues en spirale après l'émission du pollen ; stigmate bifide, sessile et persistant ; capsule uniloculaire* ; f. opposées, souvent un peu connées à la base.

* Corolle glabre, en cloche ou en roue, à 4-9 divisions.

1047. G. lutea (L.). G. jaune. (Vulg. *Grande Gentiane.*)

Racine épaisse et profonde ; tige s'élevant à 1-2 m., droite, ferme, robuste ; f. d'un vert cendré, ovales, très-larges, marquées de nervures très-fortes et convergentes, les radicales atténuées en pétiole, les sup. sessiles et connées ; calice membraneux, en forme de spathe fendue d'un seul côté ; *corolle en roue, à segments très-profonds, lancéolés-acuminés, ouverts en étoile ; fl. jaunes, pédonculées et verticillées.* ♃. Juin-juillet. (V. D.)

Bois, prairies des hautes montagnes : pré Lager, à Marlhes; Saint-Sauveur, en Rue, au sommet de Taillard; Pierre-sur-Haute; la Grande-Chartreuse; tout le Haut-Bugey.

— Cette plante, dit Haller, est un géant parmi la troupe plébéienne des plantes des Alpes.

1048. G. punctata (L.). G. ponctuée. — G. purpurea (Vill.).

Racine grosse, souvent hors de terre ; tige de 2-5 déc., droite, ferme, robuste ; f. d'un vert un peu cendré, assez larges, quoique moins que dans l'espèce précédente, marquées de nervures très-fortes et convergentes, les radicales ovales, atténuées en pétiole ailé, les caulinaires lancéolées, plus étroites, d'abord à pétioles courts et connés, à la fin sessiles et embrassantes ; *calice membraneux, coupé obliquement au sommet, fendu profondément d'un côté, divisé sur les autres en 6-8 dents inégales ou presque égales; corolle campanulée, à lobes arrondis, obtus, peu profonds; fl. ponctuées de brun sur un fond jaunâtre,* souvent d'un pourpre obscur à l'extérieur, *sessiles et verticillées* à l'aisselle des feuilles et au sommet de la tige. ♃. Juillet-août.

Le Grand-Som, à la Grande-Chartreuse. R.

1049. G. PNEUMONANTHE (L.). G. PNEUMONANTHE.

Tige de 1-5 déc., dressée ou un peu courbée-ascendante; f. oblongues-lancéolées, marquées d'une seule nervure, connées à la base en une petite gaîne, *les inf. réduites à de simples écailles;* calice campanulé, à 5 segments linéaires et dressés; *corolle campanulée, à 5 lobes triangulaires; grandes fl. d'un beau bleu de roi,* avec 5 stries ponctuées de vert, *les inf. pédonculées à l'aisselle des feuilles,* les sup. sessiles, quelquefois réduites à une seule terminale. ♃. Juillet-octobre. (*V. D.*)

Prés marécageux : Vaux ; Dessine ; Meyzieu ; Pont-Chéry ; Saint-Martin-en-Haut; l'Argentière ; et dans l'Ain, marais de Divonne, de Pouzafol, près de Lagnieu. P. C.

b. C. humilior. Tiges ne s'élevant qu'à 1 déc., venant par touffes, les extérieures d'abord étalées, puis ascendantes; f. très-serrées, non enroulées sous les bords ; fl. ordinairement unique et terminale. — Abonde à Pilat, dans un pré avant le Bessac, au point où les routes s'entrecroisent.

1050. G. CRUCIATA (L.). G. CROISETTE.

Tige de 1-6 déc., ferme, ascendante ; f. par paires croisées, oblongues-lancéolées, marquées de 3-5 nervures, connées à la base en une gaîne blanchâtre qui est plus allongée dans les f. inf.; *corolle tubuleuse, à 4 lobes* souvent séparés par de petites dents; *fl. d'un bleu pâle, sessiles et verticillées.* ♃. Juillet-septembre. (*V. D.*)

Coteaux secs, pelouses des bois, surtout des terrains calcaires: le Mont-Cindre ; le Mont-Tout ; Couzon; Theizé ; la Grande-Chartreuse ; Portes: Mont-Griffon et tout le Haut-Bugey. P. C.

1051. G. ACAULIS (L.). G. NAINE.

Tige nulle ou peu élevée (1-8 cent.), *toujours simple et uniflore;* f. radicales en rosette, oblongues, ovales ou presque arrondies, selon les variétés, les caulinaires peu nombreuses, plus petites; *grande corolle campanulée, plus longue que la tige ou l'égalant, divisée au sommet en 5 lobes triangulaires,* entiers ou denticulés, séparés ordinairement par des dents plus courtes; grandes *fl. d'un bleu magnifique, marquées en dedans de points verdâtres.* ♃. Mai-août. (*V. D.*)

a. G. *acaulis* (Vill.). Tige très-courte; f. radicales ovales ou elliptiques, mais n'étant pas **3** fois plus longues que larges. — Le Poizat; Arvières; Retord; Hauteville; le Jura.

b. G. *alpina* (Vill.). Tige nulle ou presque nulle; f. ovales-arrondies en rosette serrée. — Prairies sèches du Vély, au dessus de Hauteville; sommets du Jura.

c. G. *angustifolia* (Vill.). Tige s'élevant à 3-8 cent.; f. radicales un peu épaisses, oblongues-lancéolées, étroites, atténuées à la base, marquées d'une seule nervure; lobes de la corolle manifestement denticulés. — Rochers au Grand-Som.

1052. G. FROELICHII (Hladnik.). G. DE FROELICH.

Tige uniflore, très-courte, presque nulle; f. *radicales linéaires-lancéolées, courbées en gouttière, arquées vers la terre,* et non pas étalées en rosette plane, comme dans la précédente; corolle campanulée, à 5 lobes triangulaires et obtus; *grandes fl. d'un bleu clair, non ponctuées intérieurement.* ♃. Juin-juillet.

Le Grand-Som, à la Grande-Chartreuse, dans les rochers au niveau de Bovinant. R. R. R.

— Cette espèce rare m'a été communiquée en 1850 par feu M. le docteur Romme, de Voreppe, dont le savoir ne pouvait être égalé que par sa modestie et ses vertus. Je ne sais si d'autres botanistes l'ont retrouvée depuis cette époque.

** *Corolle en coupe, à tube cylindrique, glabre à la gorge.*

1053. G. VERNA (L.). G. PRINTANIÈRE.

Racine produisant deux sortes de tiges, les unes florifères, droites, *simples, uniflores,* hautes de 2-10 cent., *les autres couchées, stériles et portant des fascicules de feuilles;* f. elliptiques ou lancéolées, les radicales étalées en rosette; calice à 5 angles aigus et à lobes linéaires-acuminés; *corolle à 5 lobes, entre lesquels se trouvent des appendices plus petits,* qui, aussi bien qu'eux, sont souvent incisés-denticulés; fl. ordinairement d'un bleu vif, blanches à la gorge, rarement entièrement blanches, se fermant la nuit et même le jour quand le ciel est sombre. ♃. Avril-juin.

Prairies élevées, où elle n'est pas rare : la Grande-Chartreuse; le Bugey.

1054. G. NIVALIS (L.). G. DES NEIGES.

Racine simple; tige de 5-10 déc., grêle, droite, *rameuse dès la base, où elle n'est jamais accompagnée de fascicules de feuilles stériles;* f. caulinaires ovales-lancéolées, les radicales obtuses et étalées en rosette; calice cylindrique, à 5 angles aigus-carénés, et à 5 divisions linéaires-acuminées; *corolle tubuleuse, à 5 lobes ovales, sans appendices intermédiaires;* fl. bleu de ciel, blanches à l'intérieur, solitaires au sommet des rameaux. ①. Juillet-août.

Pelouses au dessus de la bergerie de Bovinant, à la Grande-Chartreuse. R.

*** *Corolle à 4-5 lobes ciliés sur les bords ou barbus à la gorge.*

1055. G. CILIATA (L.). G. CILIÉE.

Tige de 8-20 cent., droite, simple ou plus rarement rameuse; f. linéaires-lancéolées; *corolle à gorge nue, mais à 4 lobes profonds, obtus, bordés dans leur moitié inférieure de cils colorés*; fl. d'un beau bleu de ciel, rarement blanches. ♃. Août-septembre.

Bord des bois: la Tête-d'Or; le Mont-Tout; Couzon; la Grande-Chartreuse; terrains argileux du Bugey. P. C.

1056. G. GERMANICA (Wild.). G. D'ALLEMAGNE.—G. amarella (Vill. non L.).

Tige de 1-3 déc., droite, ramifiée au sommet, souvent violacée ainsi que la page sup. des feuilles; f. ovales-lancéolées, un peu rudes sur les bords; *calice* campanulé, *partagé jusqu'au milieu en 5 lobes égaux, linéaires-lancéolées* et acuminées; *corolle munie à la gorge d'appendices barbus* et partagée en 5 segments lancéolés; *fl. d'un lilas violacé*, pédonculées, axillaires, formant par leur réunion une panicule ou une grappe dressée. ①. Août-septembre.

Bord des bois, pâturages, prairies: environs de la Grande-Chartreuse, à Saint-Pierre et à Entremont, où elle est assez rare; dans l'Ain, montagnes du Bugey.

1057. G. OBTUSIFOLIA (Wild. ex Koch). G. A FEUILLES OBTUSES.— G. Germanica var. flavicans (D. C.)

Tige de 10-15 cent., droite, simple ou ramifiée au sommet, bordée de chaque côté d'une aile très-étroite; *f. inf.* obovales-spatulées, *très-obtuses et très-arrondies au sommet, atténuées à la base en un pétiole ailé aussi long que le limbe, les moyennes* sessiles et un peu moins arrondies, quoique toujours *obtuses*, les sup. ovales-lancéolées et aiguës; calice à 5 dents lancéolées, profondes, à peu près égales en longueur, roulées en dessous par les bords; *corolle* tubuleuse-campanulée, *à 4-5 lobes barbus à la gorge*; fl. solitaires ou peu nombreuses, terminales et axillaires quand il y en a plusieurs, *d'un blanc un peu jaunâtre* quand elles sont fraîches, devenant plus foncé quand elles sont sèches, *ordinairement lavées de violet au sommet des lobes*. ①. Juillet.

Prairies marécageuses: dans l'Ain, à Saint-Maurice-de-Rémen; de Belley aux Paroisses; à Saint-Martin-du-Frêne. R.

— Elle est probablement descendue des montagnes.

1058. G. FLAVA (Mérat in Lois.). G. A FLEURS JAUNÂTRES.

Cette plante a de grands rapports avec la précédente; elle en diffère cependant 1° par ses *feuilles*, qui sont *toutes aiguës*, quoique les inférieures le soient moins que les supérieures; 2° par la couleur de ses *fleurs*, qui sont toujours *d'un jaune* pâle, *jamais lavées de violet au sommet des lobes.* La tige, le calice et la forme de la corolle sont du reste absolument les mêmes, excepté que les lobes de celle-ci sont plus étroits et plus aigus. ④. Juillet.

Prés marécageux : Villeurbanne; Vaux-en-Velin; moulin de Cheyssin : dans l'Ain, prairies de Lhuis (M. Auger). R. R.

1059. G. CAMPESTRIS (L.). G. CHAMPÊTRE.

Tige de 5-20 cent., ferme, droite et plus ou moins rameuse ; f. oblongues-spatulées, atténuées en pétiole, les caulinaires ovales-lancéolées ; *calice à 4 segments* (rarement 5), *dont les 2 extérieurs sont beaucoup plus larges que les autres; corolle barbue à la gorge, à 4* (rarement 5) *lobes obtus ;* fl. d'un violet vineux, blanches sur les plus hautes montagnes, pédonculées et axillaires, formant par leur réunion une panicule dressée. ④. Juillet-août.

Prairies des montagnes élevées : Pilat; Pierre-sur-Haute; Verrières; la Grande-Chartreuse ; dans l'Ain, Virieu-le-Grand; Poizat, etc. A. C.

CCCXIII. ERYTHRÆA (Renealm.). ERYTHRÉE.

Calice à 4-5 divisions; corolle en entonnoir, à 4-5 lobes ; 4-5 *étamines, contournées après l'émission du pollen ; capsule* linéaire, *à 2 loges formées par les bords rentrants des valves qui servent de cloisons, et à graines portées sur un placenta central;* f. opposées et entières.

1060. E. CENTAURIUM (Pers.). E. PETITE CENTAURÉE. — Chironia centaurium (Schmidt). — Gentiana centaurium (L.). (Vulg. *Petite Centaurée.*)
Tige de 1-3 déc., droite, quadrangulaire, simple à la base, ramifiée au sommet; f. à 3-5 nervures, les radicales obovales, les caulinaires plus étroites, ovales ou oblongues, linéaires au sommet; *fl.* roses, rarement blanches, *sessiles ou presque sessiles, réunies en corymbes serrés* au sommet des rameaux. ②. Juin-septembre. (*V. D.*)

Bois, pâturages. P. R.

1061. E. PULCHELLA (Fries). E. ÉLÉGANTE. — E. ramosissima (Pers.).
Diffère de la précédente 1° par sa *tige* plus grêle, moins élevée, ordinairement *très-rameuse dès la base;* 2° par ses *fl. distinctement pédicellées, disposées en une cyme dichotome lâche.* ②. Juin-septembre.

Champs et prés humides ou marécageux : Écully; la Tête-d'Or; Janeyriat ; la plaine du Forez; la Bresse et le Bugey. A. R.

CCCXIV. CICENDIA (Adanson). CICENDIE.

Calice à 4 dents ou partitions aiguës ; *corolle en entonnoir, à tube court et renflé, et à limbe divisé en 4 lobes; 4 étamines ;*

1 style caduc, à stigmate bilobé ; *capsule* oblongue, *à bords un peu rentrants, formant une demi-cloison incomplète* ; f. opposées.

1062. C. FILIFORMIS (Rchb.). C. FILIFORME. — Exacum filiforme (Wild.). — Gentiana filiformis (L.). — Microcala filiformis (Link).

Tiges de 4-10 centim., filiformes, simples et uniflores, ou rameuses-dichotomes dès la base, mais alors à *rameaux dressés;* f. linéaires-lancéolées, courtes, peu nombreuses ; *calice campanulé,* arrondi, *à 4 dents courtes, triangulaires, appliquées sur la capsule* ; très-petites fl. jaunâtres, solitaires à l'extrémité de longs pédoncules. ④. Juin-octobre.

Lieux humides : Alix ; bord des étangs en Bresse. R.

1063. C. PUSILLA (Griseb.) C. NAINE. — Exacum pusillum (D. C.). — Exacum Candollii (Bast.).

Tiges de 2-12 cent., filiformes, toujours très-rameuses-dichotomes dès la base, à *rameaux plus ou moins divariqués;* f. linéaires-lancéolées, trinervées, assez nombreuses ; *calice divisé presque jusqu'à la base en 4-5 lanières linéaires;* très-petites *fl.* roses, blanches ou jaunâtres, nombreuses, *disposées en cyme ou en panicule très-étalée.* ④. Juillet-septembre.

Marais en Bresse. R. R.

58ᵉ FAMILLE. — CONVOLVULACÉES (1).

Les Convolvulacées sont ainsi nommées parce que, dans la plupart des espèces, les tiges, faibles et sans consistance, ne pouvant se soutenir d'elles-mêmes, grimpent autour des plantes voisines ou des soutiens qu'on leur présente. On utilise cette propriété pour plier quelques unes d'entre elles à mille formes capricieuses et élégantes. C'est ainsi que le Volubilis étend devant les fenêtres de nos villages des persiennes au vert feuillage, diapré des couleurs les plus tendres et les plus variées ; c'est ainsi que le superbe Liseron à fleurs doubles descend en cascades fleuries des arbres de nos jardins paysagers, auxquels on le suspend dans des vases rustiques.

Toutes les Convolvulacées ont pour caractères constants : 1° un calice à 4-5 divisions persistantes et plus ou moins profondes ; 2° une *corolle régulière,* entière ou à 4-5 lobes; 3° 5 (rarement 4) *étamines insérées au fond de la corolle* et alternant avec ses lobes ou ses angles ; 4° un ovaire terminé par 1 seul style, partagé quelquefois jusqu'à la base, de manière à faire croire qu'il y en a 2 ; 5° un fruit unique, capsu-

(1) De *convolvere,* entortiller.

laire, à 2-4 loges, indéhiscent, ou s'ouvrant de diverses manières. Les *feuilles toujours alternes et dépourvues de stipules.* manquent dans un genre.

CCCXV. Convolvulus (L.). Liseron.

Calice à 5 segments si profonds qu'ils ressemblent à des sépales libres ; *corolle* en entonnoir campanulé, entière, mais *à 5 plis et à 5 angles* formant des lobes obscurs; *capsule indéhiscente,* à graines anguleuses. *Plantes* herbacées, *munies de feuilles.*

* *Fleurs munies à la base du calice de 2 larges bractées foliacées. — Calystegia (Rob. Br.).*

1064. C. SÆPIUM (L.). L DES HAIES.—Calystegia sæpium (Rob. Br.).

Tige anguleuse, volubile, s'élevant très-haut en se roulant autour des plantes voisines; f. pétiolées, *largement ovales-sagittées, à oreillettes d'abord parallèles au pétiole,* puis obliquement coupées, et souvent lobées-anguleuses; *calice entièrement recouvert par 2 bractées foliacées, larges, en cœur* ; pédoncules quadrangulaires, axillaires, uniflores; *grandes fl. d'un beau blanc.* ♃. Juin-octobre. (*V. D.*)

Haies ombragées. C.

** *Petites bractées placées sur le pédoncule et plus ou moins écartées de la fleur.*

1065. C. ARVENSIS (L.). L. DES CHAMPS. (Vulg. *Petite Vrillée.*)

Tige couchée ou s'enroulant autour des plantes voisines; f. pétiolées, *sagittées,* à oreillettes ordinairement aiguës, quelquefois obtuses; pédoncules anguleux, axillaires, portant 1-3 fleurs; fl. roses ou blanches, souvent tout à la fois roses et blanches. ♃. Juin-septembre. (*V. D.*)

Champs, chemins, etc. C. C. C.

— Les feuilles, toujours sagittées, sont tantôt ovales, tantôt oblongues, quelquefois même linéaires.

1066. C. CANTABRICA (L.). L. DE BISCAYE.

Plante hérissée de poils blanchâtres et soyeux. *Tige* de 1-6 déc., rameuse, dure à la base, *ferme et se soutenant d'elle-même;* f. radicales ovales ou oblongues, obtuses, atténuées en long pétiole, *les caulinaires lancéolées-linéaires, sessiles ou à peine pétiolées;* pédoncules portant 2-3 fleurs (rarement une seule); fl. roses ou blanches. ♃. Juin-juillet. (*V. D.*)

Coteaux secs et pierreux : la Pape; Saint-Alban, près Lyon; Feyzin; la Valbonne (Ain).

CCCXVI. Cuscuta (Tournef.) Cuscute.

Calice à 4-5 divisions; *corolle campanulée ou en grelot, à 4-5 petits lobes*; 4-5 étamines insérées dans le tube de la corolle, au dessus de petites écailles; *capsule s'ouvrant comme une boite à savonnette. Plantes* herbacées, *toujours parasites.* grimpantes *et dépourvues de feuilles.*

1067. C. MAJOR (D. C.). C. A GRANDES FLEURS. — C. Europea a (L.).

Tiges rameuses, filiformes, d'un jaune verdâtre; corolle à lobes triangulaires, étalés ou réfléchis, égalant à peu près le tube; *écailles de la corolle* laciniées, très-petites, *dressées et appliquées; styles plus courts que l'ovaire; stigmates filiformes, aigus; fl.* blanchâtres ou rosées, *sessiles,* réunies en paquets globuleux. ①. Juin septembre. (V. D.).

A Collonges, où elle est parasite sur l'*Urtica dioica;* dans le vallon d'Oullins, sur le *Robinea pseudo-acacia.* R.

1068. C. MINOR (D. C.) C. A PETITES FLEURS. — C. epithymum (L.). (Vulg. *Teigne.*)

Tiges rameuses, filiformes, ordinairement rougeâtres; corolle à lobes triangulaires, d'abord étalés, puis réfléchis, égalant à peu près le tube; *tube fermé par des écailles qui, placées sous les étamines, s'arrondissent en voûte au dessus du fruit; styles dressés, plus longs que l'ovaire et dépassant à la fin les étamines; stigmates filiformes et aigus;* petites *fl.* d'un blanc rosé ou rougeâtre, *sessiles,* réunies par petits paquets beaucoup moins gros que dans l'espèce précédente. ①. Juin-septembre. (V. D.)

Parasite sur les *Thymus serpyllum, Medicago sativa, Erica vulgaris.* et autres plantes peu élevées. C.

1069. C. TRIFOLII (Babingt.). C. DU TRÈFLE.

Diffère de la précédente, avec laquelle elle est souvent confondue, 1° par son mode de croissance se faisant par cercles réguliers qui étreignent le Trèfle et le font périr; 2° par les *écailles de la corolle,* qui sont bien *un peu convergentes, mais ne recouvrent pas entièrement l'ovaire;* 3° par les *styles,* qui sont *divergents et* ne sont *jamais plus longs que les étamines.* Les fl. sont plus grandes, blanches ou à peine rosées, en paquets plus gros et plus serrés. ①. Juin-septembre.

A Saint-Genis-Laval, sur le *Trifolium pratense.* — Elle doit se retrouver ailleurs.

1070. C. SUAVEOLENS (Seringe). C. A SUAVE ODEUR. — C. corymbosa (D. C. pro parte, non Ruys et Pavon). — Engelmannia suaveolens (Pfeiffer).

Tiges rameuses, filiformes, jaunâtres ou un peu orangées: corolle campanulée, beaucoup plus longue que le calice, à lobes ovales, réfléchis au sommet, égalant à peu près le tube ; *corolle formée par des écailles dentées; styles plus longs que l'ovaire; fl.* blanchâtres ou jaunâtres, *à suave odeur, pédonculées et réunies par petits corymbes.* ④. Juillet-septembre.

A la Mouche, sur le *Medicago sativa.* R.

59ᵉ FAMILLE. — SOLANÉES.

C'est moins par sa beauté que par son utilité que cette famille se recommande à notre attention. Pour se convaincre de son importance, il suffit de savoir qu'elle renferme la Jusquiame et la Belladone, le Bouillon-blanc et le Tabac, le Piment et l'Aubergine, la Tomate et la Pomme de terre. Si donc, en cueillant les Solanées, nos yeux ne sont point toujours charmés par l'éclat de leurs couleurs, si notre odorat n'est pas attiré par la suavité de leurs parfums, bénissons au moins la bonté de la Providence, qui nous a ménagé dans les unes un remède pour nos maladies, dans les autres une nourriture bienfaisante ou un assaisonnement précieux.

Les Solanées sont presque toutes des plantes herbacées. Leurs *feuilles, toujours alternes,* sont tantôt simples, dentées, sinuées-lobées ou pennatifides, tantôt pennées. Leurs fleurs, communément axillaires, mais naissant un peu au dessus de l'aisselle des feuilles, ont un calice monosépale, à 5 divisions plus ou moins profondes, et une corolle monopétale, ordinairement à 5 lobes, et offrant les diverses formes de roue, de cloche, de coupe ou d'entonnoir ; 5 *étamines, insérées à la base de la corolle, alternent avec ses divisions ;* 1 seul style, portant un stigmate simple, termine un *ovaire unique, qui* devient tantôt une baie, tantôt une capsule, mais *se divise toujours au moins en 2 loges polyspermes.*

Iʳᵉ Tʀɪʙᴜ : **VERBASCÉES.** — Fruit capsulaire.

CCCXVII. Dᴀᴛᴜʀᴀ (L.). Dᴀᴛᴜʀᴀ.

Calice à 5 divisions caduques et à base persistante; *corolle en entonnoir, à 5 plis et à 5 dents brusquement acuminées ;* capsule à 4 loges s'ouvrant par 4 valves.

1071. D. sᴛʀᴀᴍᴏɴɪᴜᴍ (L.). D. sᴛʀᴀᴍᴏɪɴᴇ. (Vulg. *Pomme épineuse.*)

Plante à odeur fétide. Tige de 3-8 déc., herbacée, droite, rameuse-dichotome; f. glabres, d'un vert sombre, ovales, inégalement sinuées-dentées; capsule ovale, dressée, hérissée d'épines divergentes; *fl. blanches,* portées sur de courts pédoncules. ④. Juillet-septembre. (*V. D.*)

Décombres, lieux incultes, vignes, bord des chemins, dans le voisinage des habitations : Oullins; Irigny; Saint-Irénée, vers les aqueducs des Massues; Pommiers, près de Villefranche ; Saint-Georges-de-Reneins ; et dans l'Ain, Montmerle, Culoz, ruines de l'abbaye de Meyriat. A. R.

1072. D. TATULA (L.). D. TATULA. — D. chalybæa (Koch).

Tige d'un violet foncé, souvent marquée de points verdâtres; f. à pétiole et nervures teintes de violet, ainsi que le calice; *fl. d'un violet clair,* rayées; du reste, semblable au précédent, dont beaucoup d'auteurs n'en font qu'une variété. ①. Juillet-septembre.

Vignes è Pommiers, près de Villefranche ; dans un bois à Néron.— Probablement échappé des jardins, où on le cultive quelquefois.

CCCXVIII. HYOSCYAMUS (L.). JUSQUIAME.

Calice tubuleux-campanulé, à 5 divisions persistantes, s'accroissant après la floraison; *corolle en entonnoir oblique, à 5 lobes inégaux; capsule à 2 loges,* renflée à la base, *s'ouvrant au sommet par un couvercle horizontal,* comme une boîte à savonnette. Plantes herbacées.

1073. H. NIGER (L.). J. NOIRE.

Plante hérissée de poils blanchâtres et exhalant une odeur repoussante. Tige de 2-8 déc., droite, rameuse; f. d'un vert pâle, molles, ovales, sinuées-anguleuses ou sinuées-lobées, les radicales pétiolées, les sup. amplexicaules; fl. d'un jaune livide, veinées de lignes brunes, presque sessiles, en grappes unilatérales ayant la forme d'épis. ② et ④. Juin-Juillet.(*V. D.*)

Murs, rochers, bord des chemins, dans le voisinage des habitations : Écully; Oullins ; Villeurbanne; Saint-Alban, près Lyon ; Evoges, etc. P. R.

CCCXIX. VERBASCUM (L.). MOLÈNE.

Calice à 5 divisions; *corolle en roue, à 5 segments un peu inégaux; 5 étamines inégales,* penchées, *à filets* souvent velus à la base, *dilatés à leur sommet, qui porte les anthères insérées transversalement ou obliquement;* capsule ovale, à 2 loges polyspermes. Plantes herbacées.

Feuilles caulinaires plus ou moins décurrentes.

1074. V. THAPSUS (L.). M. BOUILLON-BLANC.

Plante entièrement recouverte d'un duvet court, laineux, un peu rude, d'un blanc jaunâtre; tige de 1-2 m., droite, robuste, simple; f. épaisses, crénelées-dentées, les radicales et les inf. très-grandes, atténuées en un pétiole ailé, *les autres sessiles et entièrement décurrentes de l'une à l'autre,* d'autant plus étroites et plus courtes qu'on se rapproche davantage du sommet; *étamines sup. plus courtes, à filets lai-*

neux-blanchâtres, les 2 inf. plus longues, à filets glabres, ou munis seulement de quelques poils épars ; fl. jaunes, réunies par petits paquets sessiles, disposés en un long épi terminal. ②. Juillet-septembre. (*V. D.*)

a. V. *Schraderi* (Mey.). Corolle concave, d'un jaune pâle ; anthères des étamines inférieures 4 fois plus courtes que leurs filets.

b. V. *thapsiforme* (Schrad.). Corolle plane, d'un beau jaune, plus grande ; anthères des étamines inférieures à peu près 2 fois plus courtes que leurs filets.

Bord des chemins, bois pierreux. C.

1075. V. CRASSIFOLIUM (D. C.). M. A FEUILLES ÉPAISSES. — V. montanum (Lois.).

Diffère de la variété *b* de la précédente par les *filets des étamines*, qui sont *tous entièrement glabres.* ②. Juillet-septembre.

Au dessus de Thoiry (Ain). R.

1076. V. PHLOMOIDES (L.). M. FAUSSE PHLOMIDE.

Plante entièrement couverte d'un duvet laineux et jaunâtre. Tige de 4-12 déc., droite, raide, ordinairement simple, quelquefois rameuse au sommet ; f. épaisses, crénelées-dentées, les radicales et les inf. ovales-oblongues, atténuées en un pétiole ailé, *les caulinaires sup.* plus courtes, plus étroites, *sessiles et un peu décurrentes, mais jamais entièrement de l'une à l'autre ; étamines comme dans le verbascum thapsiforme ;* fl. jaunes, grandes, réunies par petits paquets sessiles, formant un long épi terminal, interrompu à la base. ②. Juillet-septembre.

Lieux sablonneux : Perrache ; Meyzieu. R.

— Le V. *sinuatum* (L.) a été récolté, mais ne se retrouve plus à la digue de la Tête-d'Or ; il y avait été semé.

*** Feuilles caulinaires sessiles, mais non décurrentes.*

1077. V. LYCHNITIS (L.). M. LYCHNITE.

Plante couverte d'une espèce de poudre grisâtre qui se détache sous les doigts. Tige de 3-8 déc., droite, rameuse et anguleuse au sommet ; f. crénelées, les inf. oblongues, atténuées en pétiole, *les sup.* ovales, sessiles, mais *non amplexicaules, toutes vertes* et un peu pubescentes *en dessus, blanchâtres et tomenteuses-pulvérulentes,* mais non recouvertes *d'un duvet floconneux en dessous ; étamines toutes à filets munis de poils blancs ou jaunâtres ;* fl. blanches ou jaunes, petites, pédicellées, *en petits paquets sur les rameaux, qui, redressés contre la tige, forment par leur réunion une panicule contractée.* ②. Juillet-septembre.

Bord des bois et des chemins. C.

1078. V. FLOCCOSUM (Waldst. et Kit.). M. FLOCONNEUSE. — V. pulverulentum (Smith).

Plante plus ou moins couverte d'un duvet blanc, floconneux, s'enlevant facilement sous les doigts. Tige de 3-10 déc., droite, arrondie, rameuse au sommet ; *f.* oblongues-elliptiques, crénelées ou presque entières, les inf. atténuées en pétiole, les *sup.* sessiles et *au moins demi-amplexicaules, toutes couvertes, surtout en dessous, d'un duvet floconneux ; filets des étamines tous munis de poils blanchâtres ;* fl. jaunes, petites, *un peu pédicellées, en petits paquets sur les rameaux, qui, écartés de la tige, forment par leur réunion une panicule ouverte.* ②. Juillet-septembre.

Le long des chemins : Pierre-Bénite ; vers les aqueducs de Randin, à Écully ; Reyrieux (Ain). R.

1079. V. NIGRUM (L.). M. NOIRE.

Tige de 5-10 déc., droite, ferme, d'un rouge noirâtre, cotonneuse, anguleuse au sommet ; f. crénelées, d'un vert sombre, presque glabres en dessus, grisâtres et tomenteuses en dessous, *les radicales et les inf. en cœur et portées sur de longs pétioles rougeâtres,* les. sup. ovales-oblongues, sessiles ou presque sessiles ; *filets des étamines tous garnis de poils violets ou rougeâtres ;* fl. jaunes, pédicellées, réunies par petits paquets formant une longue grappe terminale. ②. Juillet-septembre.

b. V. *Parisiense* (Thuill.). Tige émettant au sommet quelques rameaux si rapprochés de l'axe principal qu'ils lui deviennent parallèles.

Bois, bord des chemins : Villeurbanne ; Saint-Alban, près Lyon ; Givors ; la Grande-Chartreuse ; Saint-Germain-de-Joux ; Chézery et tout le Haut-Bugey.

1080. V. CHAIXI (Vill.). M. DE CHAIX. — V. Gallicum (Wild).

Cette plante, distinguée par Villars de l'espèce précédente, en diffère 1° par sa *tige arrondie,* toujours ramifiée au sommet, *à rameaux formant un angle très-ouvert avec l'axe principal ;* 2° par ses *f.* plus velues-tomenteuses , plus profondément lobulées-dentées, *ordinairement incisées-lyrées à la base ;* 3° par ses fl. plus petites, portées sur des pédicelles moins longs. ②. Juillet-août.

Bord des prés, bois pierreux, à la Grande-Chartreuse. R.

1081. V. MIXTUM (Ram.). M. MIXTE. — V. nigro-pulverulentum (Smith). — V. nigro-floccosum (Koch).

Cette plante n'est qu'une hybride , suivant les uns , des *Verbascum nigrum* et *pulverulentum,* suivant les autres, des *Verbascum nigrum* et *floccosum.* On la reconnaît aux caractères suivants : *tige* de 5-10 déc., cotonneuse, droite, *anguleuse* et ramifiée *au sommet ;* f. ovales-oblongues, crénelées, vertes et légèrement pubescentes en dessus, tomenteuses-cendrées en dessous, *les radicales* pétiolées, *arrondies, mais non en cœur à la base, les sup. sessiles et un peu amplexi-caules; étamines à filets munis de poils violets, quelquefois entremêlés de poils blanchâtres; fl.* jaunes, *plongées dans un duvet cotonneux très-épais, disposées par petits paquets en grappes* interrompues, *formant par leur réunion une panicule terminale.* ②. Juillet-septembre.

Lieux secs: Mont-Chat, près la Guillotière. R.

1082. V. BLATTARIA (L.). M. BLATTAIRE. (Vulg. *Herbe aux mites.*)

Tige de 4-12 déc., droite, simple ou rameuse, *hérissée au sommet de petits poils blanchâtres et glanduleux;* f. vertes, crénelées ou sinuées, glabres au moins dans la moitié inf. de la tige, les inf. oblongues, obtuses, rétrécies à la base, les cau-linaires sessiles et demi-amplexicaules, devenant de plus en plus petites; *étamines à filets hérissés de poils violets; fl.* jaunes, quelquefois blanches, un peu violacées à la gorge, *ordinaire-ment solitaires, portées sur des pédicelles 1-2 fois plus longs que le calice,* disposées en grappe terminale effilée. ②. Juil-let-septembre. (*V. D.*)

Bord des chemins. P. R.

1083. V. BLATTARIOIDES (Lamk.). M. FAUSSE BLATTAIRE. — V. virgatum (With.).

Diffère de la précédente 1° par ses *f. plus ou moins pubes-centes, au moins en dessous;* 2° par ses *fl.,* qui sont *ordinaire-ment réunies par 2-4 et portées sur des pédicelles tout au plus égaux au calice,* souvent plus courts. ②. Juillet-septembre.

Lieux incultes: Perrache; Sainte-Foy-lès-Lyon; bords de la Saône. R.

— On trouve des individus qui paraissent intermédiaires entre les V. *blatta-ria* et *blattarioïdes.* Ils ont tout à la fois les f. glabres et les fl. disposées par petits faisceaux, portées sur des pédoncules tout au plus égaux au calice.

IIᵉ Tribu : DULCAMARÉES. — Fruit en baic.

CCCXXX. Lycium (L.). Lyciet.

Calice campanulé, à 3-5 dents; *corolle en entonnoir,* à tube étroit et à limbe ouvert, divisé en 5 lobes; *étamines à filets velus à la base et à anthères non conniventes ;* baic à 2 loges. *Sous-arbrisseaux plus ou moins épineux,* à f. alternes ou fasciculées.

1084. L. BARBARUM (L.). L. DE BARBARIE.

Sous-arbrisseau très-rameux, à rameaux blanchâtres, ef-filés, flexibles, étalés ou pendants; f. glabres, oblongues ou obovales, lancéolées, atténuées à la base; baie rouge à la

15

maturité; fl. d'un violet clair, rarement blanches, solitaires ou en petits faisceaux axillaires. ♄. Juin-septembre. (*V. D.*)

Haies et bord des chemins, dans le voisinage des habitations. — Jardins, d'où il s'est échappé.

— On trouve à Saint-Clair le L. *Sinense* (Poir.), L. *Europæum* (Lamk. non L.), mais il n'y croît pas spontanément.

CCCXXXI. Atropa (L.). Atrope.

Calice à 5 divisions profondes, étalées après la floraison : *corolle en cloche*, à 5 lobes courts; *étamines à filets grêles, écartés*, velus à la base, *et à anthéres non conniventes, s'ouvrant en long*; baie à 2 loges. Plantes herbacées.

1085. A. belladona (L.). A. belladone.

Tige de 8-15 déc., droite, rameuse-dichotome au sommet; f. ovales, acuminées, pétiolées, les sup. ordinairement géminées, inégales, les autres alternes; baie noire et luisante; fl. axillaires, solitaires ou géminées, d'un violet livide et sombre, striées de veines brunes. ♃. Juin-août.

Bois des hautes montagnes : la Grande-Chartreuse ; le Jura ; le Colombier du Bugey ; Corlier, etc. — Nous ne l'avons ni dans le département du Rhône. ni dans celui de la Loire.

CCCXXXII. Physalis (L.). Coqueret.

Calice à 5 dents, se gonflant en vessie très-ample et enveloppant entièrement le fruit après la floraison; corolle en roue, à tube court et à limbe partagé en 5 lobes; *étamines à anthéres conniventes, s'ouvrant en long;* baie à 2 loges. Plantes herbacées.

1086. P. alkekengi (L.). C. alkekenge.

Tige de 3-6 déc., droite, simple ou rameuse; f. géminées, pétiolées, ovales-lancéolées, sinuées-anguleuses; calice fructifère devenant d'un rouge vif, ainsi que la baie, à la maturité; fl. solitaires, pédicellées, d'un blanc sale, un peu verdâtre. ♃. Juin-août. (*V. D.*)

Lieux ombragés et humides : Écully; Vaux-en-Velin ; Feyzin ; et dans l'Ain. de Belley aux Paroisses : Pont de Caux ; Saint-Rambert, le long de la grande route, au dessus de la Papeterie, etc. A. R. — Jardins.

CCCXXXIII. Solanum (L.). Morelle.

Calice à 5, rarement 10 segments; corolle en roue, à tube court, à limbe très-ouvert, plissé, offrant 5, rarement 4, 6 ou 10 divisions; *étamines à anthéres conniventes, s'ouvrant au sommet par 2 trous;* baie à 2 loges, rarement plus.

* Tige ligneuse au moins à la base.

1087. S. DULCAMARA (L.). M. DOUCE-AMÈRE. (Vulg. *Vigne sauvage.*)

Plante exhalant par le frottement une odeur désagréable. *Tige* ligneuse à la base, *sarmenteuse et grimpante*; f. pétiolées, ovales-lancéolées, plus ou moins en cœur, les sup. hastées; baie rouge à la maturité; *fl. violettes, en petites grappes pédonculées.* ♄. Juin-septembre. (*V. D.*)

Haies et buissons humides. A. C.

** Tige herbacée.

1088. S. NIGRUM (L.). M. NOIRE.

Tige de 2-5 déc., rameuse, étalée ou dressée, à rameaux finement tuberculeux sur les angles; *f. glabres ou presque glabres,* pétiolées, ovales, irrégulièrement sinuées-anguleuses; *corolle 1 fois plus longue que le calice; baie ordinairement noire à la maturité,* rarement d'un jaune blanchâtre ou verdâtre; petites fl. blanches, réunies en petits bouquets au sommet des pédoncules. ④. Juillet-septembre. (*V. D.*)

b. S. *chlorocarpum* (Spenn.). — S. *ochroleucum* (Bart.). Baie d'un jaune pâle ou d'un jaune verdâtre.

Lieux cultivés, bord des chemins. — Le type très-commun, la variété b plus rare.

1089. S. VILLOSUM (Lamk.). M. VELUE.

Diffère de la précédente 1° par ses *f. couvertes d'une pubescence velue-grisâtre* et comme tomenteusé; 2° par sa *corolle beaucoup plus grande, 3-4 fois plus longue que le calice;* 3° par ses *baies d'un jaune safrané,* devenant brunes quand elles sont parfaitement mûres. ④. Juillet-septembre.

Iles et bords du Rhône; Oullins; Pierre-Bénite. R.

60ᵉ FAMILLE. — BORRAGINÉES.

La Bourrache est le type de la famille et lui donne son nom. Les *feuilles, toujours alternes,* sont, dans la plupart des espèces, hérissées de poils rudes. Les fleurs affectent une disposition uniforme et singulière : *elle sont en grappes unilatérales, roulées en queue de scorpion avant leur épanouissement.* Le calice, persistant, a toujours 5 dents ou divisions soudées à la base, et la corolle, toujours monopétale, ordinairement régulière, a son limbe partagé en 5 lobes plus ou moins profonds. Les étamines, en même nombre que ces lobes, alternent avec eux. Le fruit est très-remarquable : il se compose de *4 carpelles* (rarement 2 ou 1) *disposés carrément au fond du calice* qui les protége. Du milieu d'eux part le style, simple, à stigmate entier ou bilobé.

L'absence ou la présence de 5 écailles à la gorge de la corolle permet de diviser la famille en 2 tribus.

Ire Tribu : **CYNOGLOSSÉES.** — **Gorge de la corolle protégée par des écailles.**

CCCXXXIV. Symphytum (Tournef.). Consoude.

Calice à 5 segments ; *corolle tubuleuse-campanulée, divisée en 5 lobes dressés, à gorge fermée par 5 appendices péta-loïdaux, en alène et connivents* ; 4 carpelles libres, creusés à leur base qui est entourée d'un petit rebord plissé. Plantes herbacées.

1090. S. OFFICINALE (L.). C. OFFICINALE. (Vulg. *Grande Consoude.*)

Racine épaisse, charnue, *rameuse, perpendiculaire ; tige* de 3-8 déc., droite, anguleuse, *rameuse au sommet*, hérissée de poils blanchâtres ; *f.* ovales ou oblongues-lancéolées, molles, un peu rudes, *longuement décurrentes*, contractées en un pétiole d'autant plus long qu'elles sont plus voisines du bas de la tige ; fl. d'un blanc jaunâtre, quelquefois lilacées, en grappes penchées, latérales et terminales. ♃. Mai-juin. (*V. D.*).

Prés humides. A. C.

1091. S. TUBEROSUM (L.). C. A RACINE TUBERCULEUSE.

Racine oblique, tronquée au sommet, charnue et tubercu-leuse, peu rameuse ; tige de 3-5 déc., droite, anguleuse, hérissée de poils blanchâtres, simple ou bifide au sommet ; *f.* ovales ou elliptiques, lancéolées, molles, un peu rudes, à *peine décurrentes, les radicales plus petites*, les inf. contractées en un pétiole d'autant plus court qu'on se rapproche davan-tage du sommet, de sorte que les sup. sont sessiles ou presque sessiles ; fl. d'un jaune blanchâtre, en grappes penchées. ♃. Avril-juin.

Prairies humides : Gorge-de-Loup ; environs de Montbrison. R.

CCCXXXV. Anchusa (L.). Buglosse.

Calice à 5 divisions profondes ; *corolle en entonnoir, à tube droit et à gorge fermée par 5 écailles ovales, obtuses, conni-ventes* ; carpelles comme dans le genre précédent. Plantes herbacées.

1092. A. ITALICA (Retz). B. D'ITALIE. (Vulg. *Langue-de-bœuf.*)

Plante hérissée de poils raides, rudes et étalés. Tige de 3-10 déc., droite, rameuse ; f. oblongues ou ovales, luisantes, ondulées, les radicales et les inf. atténuées en pétiole, les autres sessiles et décurrentes ; fl. d'un beau bleu d'azur, souvent d'un violet purpurin, rarement blanches, en grappes terminales. ②. Mai-août. (*V. D.*)

Champs , bord des chemins. A. C.

CCCXXXVI. LYCOPSIS (L.). LYCOPSIDE.

Tube de la corolle coudé et bossué; les autres caractères comme dans le G. *Anchusa*. Plantes herbacées.

1093. L. ARVENSIS (L.). L. DES CHAMPS.

Plante hérissée de poils raides et rudes. Tige de 1-4 déc., droite, rameuse; f. oblongues-lancéolées, vaguement denticulées, les inf. rétrécies en pétiole, les sup. sessiles et demi-amplexicaules; fl. assez petites, ordinairement d'un joli bleu de ciel, quelquefois roses, rarement blanches, en grappes courtes et feuillées. ④. Mai-octobre.

Champs, moissons, lieux incultes. A. C.

CCCXXXVII. BORRAGO (Tournef.). BOURRACHE.

Calice à 5 partitions profondes; *corolle en roue,* à tube court, *à 5 segments* profonds, *étalés, à gorge munie de 5 écailles glabres, obtuses, un peu échancrées; étamines à filet* épaissi à la base, puis *divisé au sommet en 2 pointes,* l'extérieure violacée et stérile, l'intérieure plus courte, portant une anthère beaucoup plus longue qu'elle; carpelles comme dans les genres précédents. Plantes herbacées.

1094. B. OFFICINALIS (L.). B. OFFICINALE.

Plante hérissée de poils blanchâtres, rudes, un peu piquants quand on les applique contre les lèvres. Tige de 2-4 déc., épaisse, dressée, rameuse; f. crispées-ondulées, ovales ou oblongues, les inf. rétrécies en un long pétiole, les sup. sessiles et demi-amplexicaules; fl. d'un beau bleu de ciel, quelquefois roses ou blanches, en grappes terminales. ④. Juin-octobre. (*V. D.*)

Lieux cultivés, voisinage des habitations. C.

CCCXXXVIII. ASPERUGO (Tournef.). RAPETTE.

Calice à 5 segments entremêlés de dents plus courtes; corolle en entonnoir, à gorge fermée par 5 écailles obtuses, convexes et conniventes; *fruit composé de 4 carpelles comprimés, adhérents au style central par leur côté le plus étroit.* Plantes herbacées.

1095. A. PROCUMBENS (L.). R. COUCHÉE. (Vulg. *Porte feuille.*)

Tige de 2-5 déc., rameuse, étalée, hérissée sur les angles

de petits aiguillons piquants; f. très-rudes, ovales-oblongues, les inf. alternes, les sup. naissant 2 à 2, rarement 4 à 4;
calice à la fin aplati sur le fruit comme un portefeuille;
fl. petites, d'un bleu violet, rarement blanches, disposées
par petits paquets. ④. Mai-juillet. (*V. D.*)

Clos, sous le rocher de Pierre-Châtel. R.

CCCXXXIX. Cynoglossum (Tournef.). Cynoglosse.

Calice à 5 segments égaux; corolle en entonnoir, à tube
court, à gorge fermée par des écailles convexes, conniventes,
épaissies au sommet; *fruit formé de 4 carpelles comprimés,
attachés au style par leur face interne.* Plantes herbacées.

* *Carpelles hérissonnés, soudés au style par le sommet seulement de leur
face interne.*

1096. C. officinale (L.). C. officinale. (Vulg. *Langue-de-chien.*)

Plante couverte d'une pubescente courte et grisàtre, et
exhalant une odeur fade et fétide. Tige de 4-8 déc., droite,
rameuse; f. molles, oblongues-lancéolées, les inf. rétrécies
en pétiole, les sup. demi-amplexicaules; *carpelles entourés
d'un rebord saillant; fl. d'un rouge sale, non veinées*, disposées en grappes terminales et axillaires. ②. Mai-juillet.
(*V. D.*)

Bord des chemins, lieux incultes. A. C. •

— On le trouve quelquefois, mais rarement, à fleurs blanches avec les
écailles de la gorge d'un rouge sale. C'est alors le C. *bicolor* (Wild.).

1097. C. pictum (Ait.). C. a fleurs rayées.

Diffère de la précédente 1° par les *carpelles, qui ne sont pas
entourés d'un rebord saillant*; 2° par les *fl.*, qui sont *d'un
bleu pâle, veinées de blanc et de violet.* Les écailles de la
gorge du calice sont d'un rouge de sang. ②. Mai-juillet.
(*V. D.*)

Bord des chemins, lieux incultes; mais moins commune que la précédente.

1098. C. montanum (Lamk.). C. de montagne.

Tige de 4-8 déc., droite, rameuse; *f. luisantes et presque
glabres en dessus*, parsemées en dessous de quelques poils un
peu rudes, les inf. elliptiques et atténuées en pétiole, les
moyennes rétrécies à la base et comme spatulées, les sup.
oblongues et demi-amplexicaules; *carpelles non entourés ou
à peine entourés d'un rebord; fl. rougeàtres ou violacées, non
veinées, disposées en grappes* grêles, *non accompagnées de
bractées.* ②. Juin-juillet.

Forêt d'Arvières, sur le Colombier du Bugey. R.

** *Carpelles hérissonnés, soudés au style dans toute la longueur de leur angle interne.*

1099. C. LÁPPULA (Scop.). C. BARDANE — C. Clusii (Lois.). — Myosotis lappula (L.). — Echinospermum lappula (Lehm.).

Plante hérissée de poils rudes. Tige de 2-4 déc., droite, ferme, rameuse au sommet; f. oblongues, les inf. atténuées en pétiole, très-rudes, couvertes dans leur vieillesse de petits tubercules blanchâtres; carpelles hérissés sur les angles de pointes accrochantes; petites fl. bleuâtres, rarement blanches, munies de bractées, disposées en grappes terminales, très-allongées et très-grêles après la floraison. ① ou ②. Juin-août.

Collines sèches, lieux incultes, terres sablonneuses : la Pape; le Garon; Saint-Genis-Laval; bords de la rivière d'Oullins; vignes dans le Beaujolais. et dans l'Ain, Culloz, Coligny, Virieu, Rossillon. A. R.

*** *Carpelles non hérissonnés, soudés au style par la base de leur face interne.*

CCCXL. MYOSOTIS (L.). MYOSOTIS.

Calice à 5 dents ou partitions; *corolle en soucoupe, à tube court, à gorge resserrée par 5 écailles courtes et arrondies; 4 carpelles lisses, n'adhérant pas au style.* Plantes herbacées.

* *Calice couvert de poils appliqués, non crochus à leur extrémité.*

1100. M. PALUSTRIS (With.). M. DES MARAIS. (Vulg. *Souvenez-vous de moi.*)

Racine rampante; tige de 2-5 déc., faible, rameuse, *anguleuse,* ordinairement hérissée de poils blanchâtres; f. d'un beau vert, peu velues sur le limbe, ciliées sur les bords, les radicales obtuses et atténuées en pétiole, les caulinaires oblongues-lancéolées et sessiles; *style égalant à peu près le calice, qui ne se referme pas sur le fruit après la floraison;* corolle plane, à lobes souvent un peu échancrés; fl. les plus grandes du genre, ordinairement d'un beau bleu céleste, quelquefois roses ou blanches, à gorge jaune, disposées en grappes qui s'allongent et deviennent de plus en plus lâches à mesure que la floraison avance (1). ②. Mai-juillet. (*V. D.*)

Prés marécageux. A. C.

b. M. *strigulosa* (Mert. et Koch). Tige plus grêle, munie de poils appliqués, tandis qu'ils sont étalés dans le type; fl. plus petites, d'un bleu plus pâle, portées sur des pédicelles plus courts. — Bois humides à Tassin. A. R.

1101. M. CÆSPITOSA (Schultz). M. GAZONNANT. — M. lingulata (Lehm.).

Racine fibreuse, non rampante; tige de 1-5 déc., dressée,

_____

(1) Ce mode d'inflorescence a lieu également pour les autres espèces.

rameuse, *arrondie et non anguleuse à la base*; f. d'un vert
gai, faiblement ciliées sur les bords, finement pubescentes
sur le limbe, oblongues et obtuses, les inf. atténuées en pétiole, les sup. sessiles; *style presque nul, beaucoup plus court
que le calice, qui ne se referme pas sur le fruit après la floraison*; corolle plane, à lobes ordinairement entiers; fl. d'un
bleu pâle. ②. Juin-août.

Fossés, lieux marécageux : Perrache; Yvour; Sain-Fonds; Meyzieu; Charbonnières. A. R.

         ** *Calice muni, surtout à la base, de poils étalés et recourbés en petit*
crochet à leur extrémité.

1102. M. SYLVATICA (Hoffm.). M. DES BOIS.

Tige de 2-5 déc., dressée, rameuse, hérissée de poils mous
et étalés; f. radicales et caulinaires inférieures elliptiques,
spatulées, pétiolées, les autres caulinaires oblongues, sessiles;
calice à divisions profondes, étroites, *d'abord ouvertes, puis
dressées et connivantes après la floraison*; corolle plane, à
lobes arrondis; fl. d'un beau bleu de ciel, à gorge jaune,
presque aussi grandes que celles du *Myosotis palustris*, s'ouvrant toujours 4-5 à la fois. ②. Mai-juillet.

Lieux frais, bois montueux : Chaponost; Tassin; le Garon; Grandris; Pilat;
et dans l'Ain, de Colliard à Malbroude; sur les Monts-Jura et sur les Monts-
Dain. A. R.

1103. M. ALPESTRIS (Schmidt). M. DES ALPES.

  · Diffère du précédent 1° par ses tiges moins élevées, plus
robustes, plus ramassées en touffes; 2° par son *calice ouvert
quand le fruit est mûr*; 3° par ses fleurs plus grandes, portées
sur des pédicelles plus épais, et disposées en grappes plus
courtes : elles exhalent une légère odeur de primevère. ②.
Juillet-août.

Pâturages et rochers des hautes montagnes : le Grand-Som, à la Grande-
Chartreuse; Retord; le Jura, où il n'est pas rare.

1104. M. INTERMEDIA (Link). M. INTERMÉDIAIRE.

Tige de 2-6 déc., droite, assez robuste, hérissée de poils
rameux et un peu rudes; f. oblongues-lancéolées, velues,
fortement ciliées, les radicales atténuées en pétiole, les caulinaires sessiles, nombreuses; *calice urcéolé, entièrement fermé
sur le fruit après la floraison*; *pédicelles des fruits étalés et
2 fois plus longs que le calice quand ils sont complètement
développés*; corolle à limbe concave; fl. assez petites, d'un
bleu clair, à gorge jaune. ②. Mai-septembre.

Bord des chemins, lieux cultivés : Tassin; Saint-Cyr-au-Mont-d'Or; le
Mont-Cindre; l'Argentière, etc. A. C.

1105. M. HISPIDA (Schlecht.). M. HISPIDE. — M. collina (Rchb.).

Plante toute velue-hérissée. Tiges grêles, souvent naines.

mais s'élevant à 1-2 déc.; f. molles, très-velues, les radicales obovales et rétrécies en pétiole, les caulinaires oblongues, obtuses, sessiles; *calice ouvert à la maturité du fruit; pédicelles des fruits étalés à angle droit et égalant à peine le calice quand ils sont entièrement développés;* corolle à limbe concave et à tube renfermé dans le calice; petites fl. d'un bleu pâle, à gorge jaune. ④. Avril-juin.

Bord des chemins, pelouses sèches, lieux sablonneux. C. C.

1106. M. stricta (Link.). M. raide.

Plante velue, hérissée de poils courts et un peu rudes. Tiges de 5-15 cent., dressées, raides quoique grêles, souvent rameuses dès la base, venant par touffes; f. radicales obovales et rétrécies en pétiole, les caulinaires oblongues, obtuses, sessiles; *calice à dents profondes, fermées à la maturité du fruit; pédicelles des fruits dressés, toujours plus courts que le calice, même quand ils sont développés;* corolle à limbe concave et à tube renfermé dans le calice; très-petites fl. bleues. ④. Mars-juin.

Champs et coteaux sablonneux : Villeurbanne; Dessine; Bonnand; Chaponost. P. C.

1107. M. versicolor (Pers.). M. changeant. *

Plante velue, hérissée de poils courts et un peu rudes. Tiges de 5-15 cent., dressées, ordinairement très-rameuses, venant par touffes; f. radicales atténuées en pétiole, les caulinaires lancéolées, sessiles, les sup. opposées ou presque opposées; *calice fermé sur le fruit à la maturité; pédicelles des fruits étalés et plus courts que le calice; corolle à limbe concave et à tube dépassant longuement le calice* quand il est entièrement développé; petites *fl. à couleur changeante,* d'abord d'un jaune-soufre, puis bleuâtres, à la fin rougeâtres ou violettes. ④. Avril-juillet.

Lieux sablonneux. A. C.

1108. M. lutea (Balbis). M. jaune — M. Balbisiana (Jord.). — Anchusa lutea (Cav. lc.).

Diffère du précédent 1° par sa *tige* plus *grêle,* moins rameuse, ordinairement divisée seulement en deux rameaux inégaux; 2° par ses grappes plus courtes et plus serrées, portées sur des *pédoncules* plus *longuement nus à la base;* 3° par son *calice ouvert à la maturité;* 4° par ses *fl. communément jaunes,* passant rarement au bleu, au violet ou au rougeâtre, tandis que dans le *Myosotis versicolor* elles sont ordinairement changeantes et restent rarement jaunes. ④. Mai-juin.

Bois de pins en face de Vaugneray; bois et terres à Chasselay, Saint-Bonnet-le-Froid, Doizieu. A. R.

15.

IIe Tribu : **PULMONARIÉES.** — Gorge de la corolle non fermée par des écailles.

CCCXLI. Cerinthe (Tournef.). Mélinet.

Calice à 5 segments si profonds qu'il paraît polysépale; *corolle cylindrique, à dents dressées et rapprochées*; 2 carpelles au fond du calice. Plantes herbacées.

1109. C. minor (L.). M. a petites fleurs.

Plante glauque et entièrement glabre. Tige de 2-4 déc., dressée ou ascendante, rameuse au sommet; f. glauques, souvent tachées en dessus, les radicales oblongues, obtuses, atténuées en un long pétiole ailé, les caulinaires ovales, en cœur, embrassant la tige par deux oreillettes arrondies; fl. entièrement jaunes ou entourées d'une zône purpurin au dessus du milieu, disposées en grappes munies de bractées. ♃. Juin-juillet.

Bovinant, à la Grande-Chartreuse, entre les débris des rochers.

CCCXLII. Lithospermum (Tournef.). Grémil.

Calice à 5 divisions linéaires et profondes; *corolle en entonnoir, à tube allongé, à gorge non fermée, mais un peu resserrée par 5 plis velus ou pubescents*; 4-5 carpelles très-durs, souvent réduits à 1 seul à la maturité. Plantes herbacées dans notre Flore.

* *Carpelles lisses et luisants.*

1110. L. officinale (L.). G. officinal. (Vulg. *Herbe aux perles.*)

Plante couverte d'une pubescence courte, grisâtre et un peu rude. Tige de 2-6 déc., droite, ferme, très-rameuse; f. oblongues-lancéolées, acuminées, sessiles, *marquées de 3 nervures saillantes*, celle du milieu ramifiée; carpelles d'un beau blanc nacré, ordinairement solitaires à la maturité; *petites fl. d'un blanc jaunâtre.* ♃. Mai-juillet. (*V. D.*)

Bord des bois et des chemins. C.

1111. L. purpureo-cæruleum (L.). G. pourpre-bleu.

Plante couverte d'une pubescence courte et un peu rude. Tiges de deux sortes, les unes florifères et dressées, les autres stériles, couchées et très-allongées; f. oblongues-lancéolées, rétrécies en un court pétiole, *marquées de 1 seule nervure saillante*; carpelles d'un beau blanc, ordinairement solitaires à la maturité; *grandes fl. d'abord rougeâtres, puis passant au bleu d'azur.* ♃. Mai-juin. (*V. D.*)

Haies et bois des coteaux calcaires : la Pape; Roche-Cardon; le Mont-Cindre; Alix; dans l'Ain, Saint-Rambert; coteau de Loyes, etc. P. R.

** *Carpelles rudes et tuberculeux.*

1112. L. ARVENSE (L.). G. DES CHAMPS.

Plante d'un vert grisâtre, *couverte de petits poils courts, appliqués*, rudes au rebours. Tige de 2-5 déc., droite, simple ou peu rameuse ; f. oblongues, obtuses ou un peu aiguës, bordées de cils blancs, les inf. atténuées en pétiole, les autres sessiles ; *très-petites fl. d'un blanc jaunâtre*, rarement bleuâtres ou rosées. ④. Mai-juillet. (*V. D.*)

Bord des chemins, moissons. C. C.

b. L. *incrassatum* (Guss.). Tige plus élevée ; f. plus larges ; carpelles plus gros ; pédicelles plus allongés ; fl. bleuâtres ou rosées. — Environs de Lyon et de Montbrison (Gren. et Godr.).

1113. L. TINCTORIUM (L.). G. DES TEINTURIERS. — Anchusa tinctoria (Desf.). — Alkanna tinctoria (Tausch. et D. C. Prodr.). (Vulg. *Orcanette.*)

Plante à odeur fade, entièrement hérissée de poils blanchâtres, étalés et très-rudes. Racine rougeâtre, pivotante, émettant des touffes de tiges dont les latérales sont d'abord couchées, puis ascendantes, et dont les centrales sont dressées : celles-ci subsistent seules dans les petits individus ; f. oblongues-lancéolées, sessiles, longuement ciliées ; *fl. bleues ou violacées*, plus grandes que dans l'espèce précédente. ♃. Mai-juin. (*V. D.*)

Sables entre Mon-Plaisir et Villeurbanne.

— C'est dans nos départements la seule station où l'on trouve cette plante méridionale.

CCCXLIII. ONOSMA (L.). ORCANETTE.

Calice à 5 segments très-profonds ; *corolle tubuleuse-campanulée, divisée en 5 lobes courts et dressés* ; étamines à anthères très-longues, réunies à la base. Plantes herbacées.

1114. O. ARENARIUM (Waldst. et Kit.). O. DES SABLES — O. echioides (L. pro parte). (Vulg. *Orcanette jaune.*)

Plante exhalant une odeur désagréable, toute hérissée de longs poils jaunâtres et très-rudes. Racine pivotante, à écorce rouge ; tige de 1-2 déc., ascendante, assez robuste, simple ou rameuse au sommet ; f. étroites, oblongues-lancéolées, sessiles ; stigmate légèrement bilobé ; anthères un peu saillantes, bordées de très-petites dents visibles à la loupe ; fl. d'un jaune pâle, assez semblables à celles de la grande Consoude, disposées en grappes feuillées. ② ou ♃. Mai-juin. (*V. D.*)

Lieux chauds et sablonneux : la Pape ; Yvour ; le Bugey ; Vienne. A. R.

— Notre plante est bien l'O. *arenarium*, tel que Koch le décrit d'après Waldstein et Kitaibel. Mais, contrairement à ce que disent MM. Grenier et Godron dans la savante Flore française qu'ils publient, le stigmate est un peu bilobé, absolument comme dans l'O. *echioides*, dont l'*arenarium* n'est probablement qu'une variété.

CCCXLIV. Pulmonaria (Tournef.). Pulmonaire.

Calice campanulé, à 5 lobes et *à 5 angles qui le rendent prismatique; corolle en entonnoir, à gorge barbue; 4* carpelles. Plantes herbacées.

1115. P. ANGUSTIFOLIA (L). P. A FEUILLES ÉTROITES.

Tige de 1-3 déc., dressée, *hérissée de poils* blanchâtres, étalés, *non articulés*, un peu rudes; f. molles, quelquefois tachées de blanc en dessus, garnies de petits poils légèrement scabres, *les radicales* ovales ou elliptiques-lancéolées, *atténuées en un long pétiole ailé*, acquérant de grandes dimensions après la floraison, les caulinaires plus étroites, sessiles et demi-amplexicaules; *gorge de la corolle poilue en dedans, au dessous des 5 faisceaux de poils qu'elle présente d'abord*; fl. assez grandes, d'abord rouges, puis violettes, de telle sorte que, sur la même plante et souvent sur la même grappe, il y a des fleurs de deux couleurs. ♃. Avril-mai. (V. D.)

Bois, prés. C. C.

1116. P. SACCHARATA (Mill.). P. SUCRÉE. — P. affinis (Jord.).

Diffère de la précédente surtout par ses feuilles: *elles sont plus souvent et plus complètement marbrées de taches blanches* qui quelquefois les recouvrent presque entièrement; *les radicales ont leur limbe ovale, arrondi à la base, quoique non en cœur, brusquement contracté en un pétiole ailé au sommet.* ♃. Avril-mai.

Bords de la Brevenne à Sain-Bel; bois et broussailles humides à l'Arbresle et à Bessenay. A. R.

— C'est cette espèce que beaucoup de nos anciens auteurs français ont prise pour le *Pulmonaria officinalis* (L.). Nous n'avons pas cette dernière plante, qu'on reconnaît à ses feuilles radicales ovales et en cœur.

1117. P. AZUREA (Besser). P. AZURÉE.

Cette espèce diffère du P. *angustifolia* 1° par ses *f. radicales à limbe plus étroitement lancéolé*; 2° par la *gorge de la corolle, qui est glabre au dessous de la couronne formée de 5 faisceaux de poils qu'elle présente d'abord*; 3° par la couleur de ses fleurs, qui est à la fin d'un bleu d'azur plus clair. ♃. Avril-mai.

Bois humides à Villeurbanne. R.

1118. P. MOLLIS (Wolf.). P. MOLLE.

Cette espèce est à peine distincte du P. *angustifolia*. Elle n'en diffère guère que par les *poils* de la tige et des feuilles, qui sont *mous, soyeux, doux ou à peine rudes au toucher*, arti-

culés et visqueux-glanduleux, surtout sur la tige. ♃. Avril-
mai.

Rives de l'Ardière, dans le Beaujolais. R.

CCCXLV. Echium (L.). Vipérine.

Calice à 5 divisions profondes; *corolle* en entonnoir, *irré-
guliére, à limbe coupé obliquement et divisé en 5 lobes inégaux*; 4 carpelles libres. Plantes herbacées.

1119. E. VULGARE (L.). V. COMMUNE.

Plante hérissée de poils piquants, insérés sur des tubercules
noirâtres. Tige de 2-5 déc., droite, raide, simple ou rameuse ;
f. oblongues-lancéolées, les radicales atténuées à la base, les
caulinaires sessiles; corolle à tube plus court que les segments
du calice ; fl. bleues ou violettes , quelquefois roses ou blanches, disposées en petites grappes unilatérales, formant par
leur réunion une panicule pyramidale. ②. Juin-septembre.
(*V. D.*)

Lieux arides. — Commun partout.

b. E. *Wiersbickii* (Haberl.). Fleurs petites, d'un bleu plus clair ; à étamines
incluses dans la corolle, tandis que, dans le type, elles sont saillantes
en dehors. — Loyasse.

CCCXLVI. Heliotropium (L.). Héliotrope.

Calice à 5 divisions profondes; *corolle* en entonnoir, *à
5 lobes, entre chacun desquels se trouve une petite dent; carpelles réunis en un seul avant leur maturité*, mais se séparant
en 4 à cette époque.

1120. H. EUROPÆUM (L.). H. D'EUROPE.

Plante herbacée, couverte d'un duvet court et grisâtre.
Tige de 1-2 déc., rameuse, dressée ou diffuse; f. pétiolées ,
ovales, très-entières; *fl. ordinairement inodores*, blanches ou
lilacées, en grappes unilatérales. ①. Juillet-août. (*V. D.*)

Champs arides ou cultivés , décombres. C.

— Les individus tardifs sont quelquefois à fleurs un peu odorantes.

61e Famille. — VERBÉNACÉES.

L'herbe sacrée des vieux Gaulois, la Verveine, qui est
encore dans nos campagnes une espèce de panacée univer-
selle, a donné son nom latin *Verbena* à cette petite famille.
Les plantes qu'elle renferme ont toutes une *tige carrée*, portant des *feuilles opposées*, très-rarement verticillées ou
alternes. Leurs fleurs ont un calice tubuleux , persistant, à
4-5 dents, et une *corolle monopétale, partagé en 5 lobes iné-*

gaux, et portant insérées sur son tube 4 *étamines didynames.*
Au fond du calice est un *fruit sec ou un peu charnu*, tantôt
formé de 4 carpelles, tantôt unique , à 4 loges et 4 graines ,
mais *toujours recouvert d'une peau sèche ou d'un fin réseau.*
Un style unique naît du sommet de l'ovaire et porte un stigmate simple ou bifide. Les graines, dépourvues d'albumen,
ont un embryon droit, à radicule inférieure.

CCCXLVII. VERBENA (Tournef.). VERVEINE.

Corolle à 5 lobes inégaux ; 4 étamines renfermées dans le
tube de la corolle ; fruit sec, formé de 4 carpelles, qui se séparent à la maturité, après la rupture de la fine membrane qui
les recouvrait.

1121. V. OFFICINALIS (L.). V. OFFICINALE.
Plante herbacée. Tige de 3-6 déc., droite, ferme, rameuse ;
f. ovales-oblongues , *découpées en lanières plus ou moins
profondes*, plus ou moins larges, bordées de dents un peu
piquantes, les inf. atténuées en un pétiole ailé; petites fl. lilacées, disposées en épis grêles et allongés sur les rameaux ,
qui forment par leur réunion une panicule terminale. ④.
Juillet-octobre. (V. D.)

Bord des chemins. C. C.

62ᵉ FAMILLE. — LABIÉES.

La famille des Labiées offre un grand intérêt par le nombre
de ses genres, l'uniformité de ses caractères, et le principe
camphré qui rend la plupart de ses espèces aromatiques ,
toniques et stimulantes Elle se compose surtout de plantes
herbacées, faciles à reconnaître à leur tige carrée, leurs
feuilles opposées, et leurs fleurs axillaires, ordinairement en
verticilles et souvent accompagnées de bractées. Leur calice,
persistant, tubuleux, est à 5 ou 10 dents régulières ou à 2 lèvres, mais c'est aux 2 lèvres (en latin *labia*) bien plus marquées de la corolle, toujours plus ou moins irrégulière, que la
famille doit son nom.
Le nombre et la grandeur relative des étamines fixent tellement l'attention, que Linné leur a consacré, sous le nom de
Didynamie, une classe particulière. Elles sont au nombre de
4, dont 2 plus longues et 2 plus courtes (celle-ci manquent
dans la tribu des Salviées), toujours insérées dans le tube de
la corolle. Le fruit n'est pas moins remarquable : il se compose, comme celui des Borraginées, de 4 carpelles secs, nus,
libres, monospermes et indéhiscents (akènes). Du milieu

d'eux part un style unique, mais ordinairement à deux stigmates.

On reconnaîtra donc toute plante de la famille des Labiées aux caractères suivants: *tige carrée; feuilles opposées; corolle irrégulière et à 2 lèvres; 4 étamines, dont 2 plus longues* (avec l'exception indiquée); et, au fond du calice, *4 carpelles secs, indéhiscents, non enveloppés dans une membrane.*

C'est d'après le nombre et la disposition des étamines, c'est en considérant les différentes formes du calice et de la corolle, que nous avons distribué les plantes de cette famille en 7 tribus différentes.

1re Tribu: **SALVIÉES.** — **Corolle à 2 lèvres bien marquées; 2 étamines.**

CCCXLVIII. Salvia (L.). Sauge.

Calice à 2 lèvres; *corolle* également *à 2 lèvres bien ouvertes, l'inf. à 3 lobes, la sup. en voûte entière ou échancrée; 2 étamines insérées en travers sur un pivot commun.*

1122. S. officinalis (L.). S. officinale.

Plante sous-ligneuse à la base et fortement aromatique. Tige de 3-6 déc., à rameaux couverts d'une pubescence blanchâtre; *f. ovales ou oblongues-lancéolées*, ridées, finement crénelées, tomenteuses dans leur jeunesse; *'corolle à lèvre sup. en voûte concave et à tube muni intérieurement d'un anneau de poils*; fl. ordinairement d'un bleu violacé, quelquefois d'un rose lilas ou blanches, réunies 3-6 ensemble par verticille à l'aisselle de bractées à la fin caduques, et formant par leur réunion un épi terminal et interrompu. ♄. Juin-juillet. (V. D.)

Collines sèches et stériles: Ampuis; de Chasse à Vienne. A. R.
— On en cultive, sous le nom vulgaire de *Petite Sauge*, une variété à feuilles plus étroites; c'est le *Salvia minor* (Dod.).

1123. S. glutinosa (L.). S. glutineuse.

Plante herbacée. Tige de 4-8 déc., dressée, rameuse, hérissée; *f. en fer de lance*, acuminées et bordées de grosses dents; *bractées et calice velus-glanduleux et très-visqueux; corolle à lèvre sup. comprimée et à tube très-allongé, non muni d'un anneau de poils à l'intérieur; fl. d'un jaune sale,* verticillées et disposées en longs épis terminaux. ♃. Juin-août.

Lyon, à la Tête-d'Or; désert, à la Grande-Chartreuse; tout le long de la route neuve, depuis Hauteville jusqu'à Tenay; à Saint-Rambert (Ain), le long du ruisseau de Caline; tout le long des Monts-Jura, depuis le bas jusqu'à mi-côte.

1124. S. sclarea (L.). S. sclarée. (Vulg, *Toute-bonne*.)

Plante herbacée, toute velue-laineuse, à odeur aromatique très-pénétrante. Tige de 4-8 déc., velue-glanduleuse au sommet; f. ovales-lancéolées, en cœur, ridées, inégalement crénelées-dentées, toutes pétiolées, à l'exception des sup., qui sont sessiles; *larges bractées colorées, dépassant les calices; corolle à lèvre sup. courbée en faulx et comprimée*, et à tube court, non muni d'un anneau de poils à l'intérieur; fl. d'un bleu pâle, comme cendrées, verticillées et disposées en épis sur les rameaux, qui forment par leur réunion une panicule terminale. ♃. Juillet-août. (*V. D.*)

Voisinage des habitations. P. C.

1125. S. pratensis (L.). S. des prés.

Plante herbacée, plus ou moins hérissée de petits poils très-courts. Tige de 4-8 déc., droite, peu ou point rameuse; *f. ovales ou oblongues, en cœur*, ridées, inégalement crénelées-dentées, pubescentes-cotonneuses en dessous, les inf. pétiolées, les sup. sessiles et amplexicaules; *bractées, corolles et calices un peu visqueux; bractées plus courtes que les calices;* corolle à lèvre sup. courbée en faulx et comprimée, et à tube court, non muni d'un anneau de poils à l'intérieur; fl. ordinairement d'un beau bleu, quelquefois d'un bleu pâle, roses ou blanches, verticillées et formant un long épi terminal. ♃. Mai-juillet. (*V. D.*)

Prairies, bord des chemins. C. C.

IIᵉ Tribu : MENTHOIDÉES. — Corolle en cloche ou en entonnoir, à segments presque égaux; 4, rarement 2 étamines, écartées les unes des autres.

CCCXLIX. Lycopus (L.). Lycope.

Calice à 5 dents presque égales; corolle à 4 lobes presque égaux, le sup. un peu plus large et échancré; 2 *étamines* divergentes. Plantes herbacées.

1126. L. europæus (L.). L. d'Europe. (Vulg. *Chanvre d'eau*.)

Tige de 4-10 déc., dressée, raide, rameuse, velue ou pubescente; f. pétiolées, ovales-oblongues, bordées de grosses dents inégales, pennatifides à la base; petites fl. blanches, marquées de points rougeâtres en dedans, verticillées à l'aisselle des feuilles. ♃. Juillet-août. (*V. D.*)

Fossés et lieux humides. A C.

CCCL. Mentha (L.). Menthe.

Calice à 5 dents; corolle en cloche ou en entonnoir, à 4 lobes presque égaux, le sup. échancré ; 4 *étamines*. Plantes herbacées, à odeur très-aromatique.

* Verticilles de fleurs disposés en épi terminal.

1127. M. SYLVESTRIS (L.). M. SAUVAGE. (Vulg. *Chevaline.***)**

Plante blanche-tomenteuse et à forte odeur. Tige de 2-5 déc., dressée, rameuse ; *f.* toutes sessiles, *oblongues ou ovales, lancéolées, dentées en scie* ; fl. d'un rose pâle, rarement blanches. ♃. Juillet-septembre. (*V. D.*)

Rives du Rhône et de la Saône ; bord des ruisseaux et forêts humides des montagnes. A. C.

1128. M. VIRIDIS (L.). M. VERTE. — M. sylvestris *d* (Koch).

Diffère de la précédente 1° par la *tige* et les *feuilles*, qui sont *vertes et glabres* ; 2° par *l'odeur de ses fleurs*, qui n'est pas forte, mais *analogue à celle du citron*. ♃. Juillet-août.

Prairies humides, lieux frais : la Tête-d'Or ; Pierre-Bénite. P. C.

1129. M. ROTUNDIFOLIA (L.). M. A FEUILLES RONDES. (Vulg. *Baume sauvage.***)**

Plante à odeur forte et pénétrante. Tige de 4-6 déc., droite, rameuse au sommet ; *f. ovales-arrondies, crénelées,* chagrinées, couvertes, surtout en dessous, d'une laine blanchâtre ; fl. blanches ou rosées. ♃. Juillet-septembre. (*V. D.*)

Bord des fossés et des rivières. C. C.

b. M. crispa (L.). — M. *undulata* (Wild.). F. fortement crispées-ondulées, bordées de dents profondes et inégales.—Villeurbanne.

** Verticilles de fleurs tous, ou au moins les supérieurs, rapprochés en tête globuleuse.

1130. M. HIRSUTA (L.). M. VELUE. — M. aquatica (L. var.).

Plante plus ou moins velue-hérissée. Tige de 4-8 déc., droite, rameuse, à rameaux très-étalés ; f. plus ou moins pétiolées, ovales, dentées en scie ; *étamines plus longues que la corolle* ; fl. d'un beau rose, à odeur assez forte. ♃. Juin-septembre. (*V. D.*)

Marais, fossés, lieux humides. C.

1131. M. CITRATA (Wild.). M. A ODEUR DE CITRON.—M. odorata (Smith).

Diffère de la précédente 1° par les *feuilles*, les *pédicelles et* le *calice entièrement glabres*, à l'exception des dents de celui-ci, qui sont ciliées ; 2° par *la suave odeur de citron qui s'exhale de ses fleurs.* ♃. Juin-septembre.

Trouvée près des étangs de Lavore.

*** Verticilles de fleurs tous axillaires et distants.

1132. M. SATIVA (L.). M. CULTIVÉE. (Vulg. *Baume à salade.***)**

Tige de 2-6 déc., dressée, simple ou rameuse ; f. pétiolées, ovales ou elliptiques, bordées dans leurs trois quarts sup. de grosses dents de scie; pédicelles ordinairement hérissés de petits poils réfléchis, quelquefois glabres ou presque glabres; *calices fructifères tubuleux, plus longs que larges, à dents triangulaires-lancéolées et acuminées*; fl. roses ou lilacées. ♃. Juillet-septembre. (*V. D.*)

Lieux humides : Sain-Fonds; la Mouche; la Tête d'Or; Saint-Jean-d'Ardière, dans le Beaujolais. R.

— Cette Menthe, comme presque toutes les autres, se rencontre tantôt plus ou moins velue, tantôt glabre ou presque glabre. On la cultive pour la salade sous le nom de *Baume*. Il y en a quelquefois dans les jardins une variété à feuilles crépues.

1133. M. ARVENSIS (L.). M. DES CHAMPS.

Tige de 1-5 déc., d'abord couchée, puis redressée, ordinairement très-rameuse, même dès la base; f. pétiolées, ovales ou elliptiques, bordées de grosses dents de scie dans leurs deux tiers sup.; *calices fructifères à peu près globuleux, à dents presque aussi larges que longues*, triangulaires et *aiguës, mais non acuminées*; fl. roses ou lilacées. ♃. Juillet-septembre.

Champs après la moisson. C.

1134. M. PULEGIUM (L.). M. POULIOT.—Pulegium vulgare (Mill.).

Tige de 2-5 déc., couchée et radicante à la base, ordinairement velue ou hérissée; f. très-courtement pétiolées, ovales, obtuses, à dents peu prononcées et écartées; *calice fermé par un anneau de poils après la floraison; corolle à lobe sup. ordinairement entier*; fl. d'un rouge lilacé, rarement blanches. ♃. Juillet-septembre. (*V. D.*)

Lieux humides, fossés desséchés, bord des rivières. A. C.

IIIᵉ TRIBU : THYMOIDÉES. — Corolle à 2 lèvres bien marquées ; 4 étamines droites, divergentes, les 2 inférieures les plus longues.

CCCLI. ORIGANUM (L.). ORIGAN.

Calice à 5 dents presque égales; corolle à 2 lèvres, la sup. droite et échancrée, l'inf. à 3 lobes à peu près égaux; fl. en verticilles rapprochés et munis de larges bractées ordinairement colorées.

1135. O. VULGARE (L.). O. COMMUN.

Plante herbacée, aromatique, à très-bonne odeur. Tige de 3-6 déc., droite, velue, très-souvent rougeâtre; f. ovales, pétiolées, velues ou pubescentes; bractées ovales, ordinairement colorées en rouge; fl. roses, rarement blanches, disposées en épis

ur les rameaux, qui forment par leur réunion une panicule
troite. ♃. Juillet-septembre. (V. D.)

Pâturages et endroits secs. C. C. C.

CCCLII. Thymus (Benth.). Thym.

*Calice strié, bilabié, à gorge fermée par des poils après la
floraison;* corolle à 2 lèvres, la sup. dressée et échancrée,
inf. à 3 lobes presque égaux. Plantes à odeur aromatique
très-agréable.

136 T. serpyllum (L.). T. serpolet.

Tiges rampantes, radicantes et sous-ligneuses à la base,
très-rameuses; *f.* obovales-cunéiformes, ciliées à la base,
marquées de points glanduleux en dessous, *glabres ou faiblement pubescentes sur les deux pages;* fl. purpurines, quelquefois blanches, réunies en tête terminale ou en épis interrompus. ♄. Juin-octobre. (V. D.)

Coteaux et endroits secs. C. C. C.

137. T. lanuginosus (Schk.). T. laineux.

Diffère du précédent par sa tige plus velue, et surtout par
es *feuilles hérissées sur leurs deux pages de poils blanchâtres
et allongés.* ♄. Juillet-septembre.

Lieux secs et sablonneux, aux environs de Rive-de-Gier et à Saint-Martin-
n-Coalieu; sur le bord du chemin qui descend à Saint-Chamond. A. R.

CCCLIII. Hyssopus (L.). Hyssope.

Calice un peu strié, *à 5 dents peu inégales;* corolle à
2 lèvres, la sup. droite et bifide, *l'inf. à 3 lobes, dont le
moyen est plus grand, crénelé et échancré.*

138. H. officinalis (L.). H. officinale.

Plante fortement aromatique. Tiges de 3-6 déc., sous-ligneuses à la base, croissant par touffes; f. linéaires-lancéo-
ées, sessiles, glabres ou pubescentes; fl. d'un beau bleu,
rarement purpurines ou blanches, en épis unilatéraux. ♄.
Juillet-septembre. (V. D.)

Rochers et lieux secs, à Muzin, près Belley. R.—Jardins.

IVe Tribu : CALAMINTHÉES. — 4 étamines arquées, réunies au sommet sous la lèvre supérieure de la corolle, vers laquelle elles convergent ; le reste comme à la tribu précédente.

CCCLIV. Satureia (L.). Sarriette.

Calice strié, campanulé, *non bilabié, à 5 dents égales;* co-

rolle à 2 lèvres, la sup. dressée et échancrée ou presque entière, l'inf. à 3 lobes à peu près égaux.

1139. S. MONTANA (L.). S. DE MONTAGNE.

Tige de 1-3 déc., cylindracée, couverte d'une fine pubescence grisâtre, *sous-ligneuse surtout à la base;* f. épaisses
et dures, linéaires-lancéolées, *acuminées et piquantes, marquées sur leurs deux pages de petits points noirs glanduleux;*
pédoncules courts, portant chacun 2-4 fleurs, et naissant à
l'aisselle de bractées mucronées; petites fl. roses et blanches,
disposées en longues grappes presque unilatérales, serrées
comme des épis. ♄. Juillet-août. (*V. D.*)

Rochers, coteaux arides, à Muzin, près Belley. R.—Jardins.

CCCLV. CALAMINTHA (Mœnch.). CALAMENT.

*Calice manifestement à 2 lèvres et à gorge fermée par un
anneau de poils après la floraison;* le reste comme au G. Sa-
tureia. Plantes aromatiques.

* Calice bossué à la base; pédoncules simples.

1140. C. ACINOS (Clairv.). C. BASILIC.—Thymus acinos (L.).—Melissa acinos
(Benth.). — Acinos vulgaris (Pers.).

Plante couverte d'une fine pubescence grisâtre. Tige de
1-3 déc., tantôt droite, tantôt couchée, mais toujours à rameaux ascendants; f. un peu pétiolées, ovales, bordées de
quelques dents ou entières, *toujours plus longues que les
fleurs; dents du calice rapprochées au-dessus de sa gorge pour
le fermer après la floraison;* fl. roses ou violacées, maculées
de blanc à la gorge, rarement blanches, disposées en petits
verticilles formant par leur réunion un épi lâche et feuillé. ④.
Juin-septembre.

Endroits secs. C.

1141. C. ALPINA (Lamk.). C. DES ALPES. — Thymus alpinus (L.). — Melissa
alpina (Benth.). — Acinos alpinus (Mœnch.).

Tige de 8-15 cent., dure et presque sous-ligneuse à la base,
à rameaux d'abord couchés, puis ascendants, couverts d'une
fine pubescence grisâtre; f. un peu pétiolées, ovales, souvent
glabres en dessus, presque toujours pubescentes en dessous,
légèrement denticulées au sommet, *plus courtes que les fleurs;
dents du calice* dressées après la floraison, mais *un peu écartées en dehors au lieu de se rapprocher pour le fermer;* fl.
d'un beau violet, maculées de points blancs vers la gorge,
plus grandes que dans l'espèce précédente. ♃. Juillet-août.

Au milieu des rocailles, dans les bois des hautes montagnes : la Grande-
Chartreuse ; le Colombier ; Retord ; la chaîne du Jura et tout le Haut-Bugey.

** *Calice non bossué à la base; pédoncules rameux-dichotomes.*

42. C. GRANDIFLORA (Mœnch.). C. A GRANDES FLEURS. — Thymus grandi-
floru (D. C.). — Melissa grandiflora (L.).

Plante très-aromatique, à suave odeur. Tige de 3-5 déc.,
ressée, pubescente-hérissée; *f.* grandes relativement à celles
es autres espèces, pétiolées, ovales, *fortement dentées en
ie,* parsemées de petits poils blanchâtres; *fruits noirs;*
randes fl. d'un beau rose, en grappes pauciflores, axillaires
. pédonculées. ♃. Juillet-août.

Bois des hautes montagnes : Pilat; le Haut-Beaujolais; la Grande-Char-
euse; le Colombier du Bugey.

43. C. OFFICINALIS (Mœnch.). C. OFFICINAL.—Thymus calamintha (D. C. et
Auct.).—Melissa calamintha (L.).

Plante aromatique, *à odeur douce et agréable.* Souche un
eu traçante; tiges de 3-6 déc., dressées, simples ou rameuses,
ollement velues, ainsi que les feuilles; *f.* pétiolées, ovales,
ordées de grosses dents de scie bien marquées; calice à dents
iliées, les 3 de la lèvre sup. *étalées horizontalement et à
ointe fléchie en dehors à la maturité; fruits bruns;* fl. pur-
urines, disposées en petites cymes axillaires, pédonculées,
n peu dressées et unilatérales. ♃. Août-septembre. (*V. D.*)

Bois montagneux, lieux secs et couverts, surtout dans les terrains cal-
ires. C.

144. C. MENTHÆFOLIA (Host.). C. A FEUILLES DE MENTHE. — C. ascendens
(Jord.).

Plante aromatique, *à odeur forte et pénétrante, mais non
étide.* Souche émettant des tiges un peu radicantes à la base;
iges de 3-5 déc., obliquement ascendantes, très-velues, très-
ameuses, à rameaux peu ouverts; *f.* pétiolées, ovales, *bor-
ées de dents peu marquées,* souvent nulles dans les feuilles
up.; calice à dents ciliées, les 3 de la lèvre sup. *étalées, mais
n peu ascendantes et à pointe non fléchie en dehors; fruits
'un brun foncé;* fl. d'un lilas rosé, disposées comme dans
espèce précédente, mais plus petites. ♃. Août-septembre.

Lieux secs et pierreux, surtout à l'ombre des haies, dans toute espèce de ter-
ains. A. C.

145. C. NEPETA (Clairv.). C. NÉPÈTE. — Thymus nepeta (Smith). — Melissa
nepeta (L.).

*Plante exhalant, quand on la froisse, une odeur forte et
étide.* Tiges de 4-6 déc., les stériles couchées, les fertiles re-
ressées, toutes plus ou moins hérissées; *f.* pétiolées, courtement ovales-triangulaires, *plutôt crénelées que dentées,* couvertes de petits poils appliqués, généralement un peu ridées,
plus petites que dans les deux espèces précédentes; *calice
dressé sur le pédicelle, à lèvre sup. divisée en 3 dents dressées-*

étalées, et à lèvre inf. formée par 2 dents bordées de cils dressés et très-courts ; corolle tubuleuse-campanulée, s'élargissant insensiblement de la base au sommet ; fruits bruns; petites fl. d'un lilas clair et bleuâtre, disposées comme dans les deux espèces précédentes. ♃. Août-septembre. (V. D.)

Lieux secs, bord des chemins. C. C.

CCCLVI. Clinopodium (L.). Clinopode.

Fleurs en verticilles serrés, *entourées de bractées linéaires et velues, beaucoup plus nombreuses qu'elles*; le reste comme au G. *Calamintha.* Plantes herbacées.

1146. C. vulgare (L.). C. commune.

Tige de 3-6 déc., droite, hérissée de poils blanchâtres; f. courtement pétiolées, ovales, crénelées-dentées, velues-blanchâtres surtout en dessous; fl. roses, rarement blanches, en verticilles velus et bien fournis. ♃. Juillet-octobre. (V. D.)

Bois secs, bord des chemins, etc. C. C. C.

Vᵉ Tribu : LAMIÉES. — Corolle à 2 lèvres bien marquées; 4 étamines parallèles jusque sous la lèvre supérieure de la corolle, où elles sont placées.

Iʳᵉ Sous-Tribu. — *Étamines supérieures les plus longues.*

CCCLVII. Nepeta (L.). Népète.

Calice à 5 dents à peu près égales ; corolle à tube arqué, à lèvre sup. droite et bifide, l'inf. à 3 lobes, *les 2 latéraux très-courts et réfléchis, celui du milieu beaucoup plus grand, arrondi, crénelé et très-concave ; étamines à anthères déjetées en dehors après l'émission du pollen.* Plantes herbacées.

1147. N. cataria (L.). N. herbe aux chats.

Plante aromatique, toute couverte d'une poussière grisâtre. Tige de 4-8 déc., droite, ferme, ordinairement rameuse; f. pétiolées, ovales-lancéolées, en cœur, bordées de grosses dents de scie; fl. blanchâtres, quelquefois ponctuées de rouge, en grappes terminales. ♃. Juin-août. (V. D.)

Bord des chemins; terres à Dessine. P. C.

CCCLVIII. Glechoma (L.). Gléchome.

Calice strié, à 5 dents un peu inégales; corolle 2 fois plus longue que le calice, à 2 lèvres, la sup. droite et bifide, l'inf. à 3 lobes, *celui du milieu obcordé; anthères rapprochées 2 à 2 en forme de croix.* Plantes herbacées.

148. G. HEDERACEA (L.). G. LIERRE TERRESTRE.

Plante à odeur pénétrante. Tige de 5-30 cent., rampante à la base, puis redressée; f. pétiolées, réniformes, crénelées; pédoncules axillaires, portant 1-4 fleurs; fl. d'un violet clair, tachées de violet plus foncé, quelquefois blanches. ♃. Mars-mai. (V. D.)

Haies et bois ombragés. C. C. C.

IIᵉ Sous-Tribu. — *Étamines inférieures les plus longues.*

1ʳᵉ Section. — *Calice non à 2 lèvres.*

CCCLIX. LAMIUM (L.). LAMIER.

Calice à 5 dents presque égales, ou les sup. un peu plus longues, mais *jamais bilabié*; corolle à 2 lèvres, la sup. concave et poilue en dehors, *l'inf.* à lobe moyen très-grand et échancré, et *à lobes latéraux remplacés par 2 petites dents; anthères barbues.* Plantes herbacées.

Plantes annuelles.

149. L. AMPLEXICAULE (L.). L. A FEUILLES AMPLEXICAULES.

Tige de 1-2 déc., ordinairement couchée à la base; f. crénelées-incisées, arrondies, les radicales pétiolées, *les caulinaires sessiles et amplexicaules; tube de la corolle grêle et très-allongé, non muni en dedans d'un anneau de poils;* fl. roses. ①. Avril-octobre.

Terres, vignes, jardins. C. C. C.

1150. L. PURPUREUM (L.). L. A FLEURS PURPURINES.

Tige de 1-2 déc., souvent teintée de rose; *f. toutes pétiolées,* d'un vert clair ou un peu rosées, couvertes de poils noirs, ovales-obtuses, inégalement crénelées-dentées; *tube de la corolle offrant intérieurement un anneau de poils;* fl. roses, quelquefois blanches, serrées au sommet de la tige en épis feuillés. ①. Mars-octobre. (V. D.)

Lieux cultivés. C. C. C.

1151. L. INCISUM (Wild.). L. A FEUILLES INCISÉES.—L. hybridum (Vill.).

Tiges de 1-2 déc., couchées, à rameaux ascendants, teintes dans le haut, ainsi que les feuilles, d'un rouge vineux; f. toutes pétiolées, quoique les sup. le soient très-peu, ovales-lancéolées, *profondément et inégalement incisées-dentées; tube de la corolle ne présentant pas un anneau de poils dans son intérieur;* petites fl. purpurines, ramassées en épis terminaux et feuillés. ①. Avril-juin, et en automne.

Vignes, chemins, terres : Sainte-Foy-lès-Lyon; Oullins; Villeurbanne; la Pape; Tassin, etc. P. C.

** *Plantes vivaces.*

1152. L. ALBUM (L.). L. A FLEURS BLANCHES. (Vulg. *Ortie blanche.*)

Tige de 2-4 déc., dressée, velue ; f. pétiolées, en cœur ovale-lancéolé, fortement dentées en scie, ressemblant à celles de l'Ortie commune ; *fl. blanches,* assez grandes, disposées par verticilles espacés, placés au dessus de chaque paire des feuilles supérieures. ♃. Avril-mai. (V. D.)

Haies, bord des chemins. C.

1153. L. MACULATUM (L.). L. A FEUILLES TACHÉES.

Tige de 2-6 déc., dressée ou ascendante, glabre ou velue ; f. toutes pétiolées, en cœur ovale-acuminé, bordées de grosses dents de scie inégales, souvent marquées d'une tache blanchâtre sur la page supérieure ; *fl. d'un beau rose, à lèvre inf. bariolée de blanc,* assez grandes, disposées par verticilles espacés, placées au dessus de chaque paire des feuilles moyennes et supérieures. ♃. Avril-octobre. (V. D.)

Haies, fossés : Villeurbanne ; Roche-Cardon ; Francheville ; Tassin ; Feurs, etc. P. R.

b. L. *hirsutum* (Lamk.). Plante toute couverte de poils couchés, d'un blanc jaunâtre.—Pilat.

CCCLX. GALEOBDOLON (Huds.). GALÉOBDOLON.

Lobes de la lèvre inf. de la corolle tous aigus ; anthères glabres ; le reste comme au G. *Lamium.* Plantes herbacées.

1154. G. LUTEUM (Huds.). G. A FLEURS JAUNES. — Lamium galeobdolon (Crantz). — Galeopsis galeobdolon (L.). (Vulg. *Ortie jaune.*)

Tiges de 2-6 déc., les unes couchées et stériles, les autres dressées et fleuries ; f. pétiolées, ridées, inégalement dentées, les inf. en cœur, les sup. ovales-lancéolées et acuminées ; tube de la corolle muni d'un anneau de poils dans son intérieur ; fl. jaunes, en verticilles espacés, surtout les inférieures. ♃. Avril-juin. (V. D.)

Lieux ombragés et humides. C.

CCCLXI. GALEOPSIS (L.). GALÉOPE.

Calice à 5 dents épineuses et presque égales ; corolle à 2 lèvres, la sup. concave, *l'inf.* à 3 lobes, et *présentant de chaque côté 2 renflements en forme de cônes saillants vers la gorge.* Plantes herbacées.

1155. G. TETRAHIT (L.). G. TÉTRAHIT. (Vulg. *Ortie-Chanvre.*)

Tige de 3-10 déc., droite, très-rameuse, *hérissée de poils raides, fortement renflée sous les nœuds ;* f. pétiolées, *oblon-*

gues-ovales, acuminées, dentées en scie, *atténuées en coin à la base; tube de la corolle égalant tout au plus le calice; fl.* purpurines, rosées ou blanches, mais *jamais jaunes.* ①. Juillet-août. (*V. D.*)

Bord des ruisseaux, endroits couverts. A. C.

1156. G. VERSICOLOR (Curt. Rchb. Pl. crit. 117). G. A COULEURS VARIABLES. — G. cannabina (Roth).

Diffère du précédent 1° par ses *feuilles ovales, arrondies à la base,* peu ou point atténuées en coin ; 2° par le *tube de la corolle,* qui est *au moins 2 fois plus long que le calice* ; 3° par la couleur des fleurs : elles sont ordinairement d'un jaune pâle, avec la lèvre inférieure tachée de violet et bordée de blanc. ♃. Juillet-août.

Saint-Laurent-du-Pont, au dessus du village, en montant à la Grande-Chartreuse.

b. G. *sulfurea* (Jord.). F. parfaitement arrondies à la base; corolle entièrement d'un jaune pâle, sans tache sur la lèvre inférieure. —Les Brotteaux; les Charpennes.

1157. G. ANGUSTIFOLIA (Ehrh.). G. A FEUILLES ÉTROITES. — G. ladanum (Vill. et auct. non L.). (Vulg. *Ortie rouge.*)

Tige de 1-4 déc., rameuse, *pubescente, non renflée sous les nœuds,* ou l'étant à peine ; *f. oblongues ou linéaires-lancéolées,* longuement atténuées en coin à la base, *bordées vers leur milieu de quelques dents écartées et peu nombreuses, souvent même entières ;* fl. roses, rarement blanches, à gorge marquée d'une tache jaunâtre. ①. Juillet-septembre. (*V. D.*)

Champs après la moisson, surtout dans les terrains calcaires. C.

b. G. *canescens* (Schult.). Partie sup. de la tige et calice couverts de poils courts, blanchâtres, étalés, très-serrés; bractées souvent réfléchies au sommet. — Le Mont-Cindre.
— On ne sait pas d'une manière certaine quel est le véritable *Galeopsis ladanum* de Linné. Il est probable, d'après MM. Grenier et Godron, que c'est le *Galeopsis intermedia* de Villars, qui ne se rencontre pas dans le rayon de notre Flore.

1158. G. GRANDIFLORA (Roth). G. A GRANDES FLEURS. —G. dubia (Leers). — G. ochroleuca (Lamk.).

Tige de 1-4 déc., rameuse, *non renflée sous les nœuds, couverte de poils courts et appliqués;* f. ovales-lancéolées, *dentées en scie,* atténuées en coin à la base, pétiolées, pubescentes-soyeuses et comme veloutées, surtout en dessous; *tube de la corolle dépassant très-longuement le calice ;* grandes fl. ordinairement d'un jaune blanchâtre, à gorge marquée d'une tache d'un jaune-soufre, quelquefois blanches, rarement rouges. ①. Juillet-septembre. (*V. D.*)

Champs après la moisson, surtout dans les terrains siliceux. P. C.

16

CCCLXII. Stachys (L.). Épiaire.

Calice à 5 dents épineuses et presque égales; corolle à 2 lèvres, la sup. concave, l'inf. à 3 lobes, *les 2 latéraux réfléchis*,
celui du milieu plus grand, entier ou échancré; *étamines inf.
se rejetant sur les côtés après l'émission du pollen*. Plantes
herbacées dans notre Flore.

* Fleurs rougeâtres ou rosées.

† *Bractées égalant au moins la moitié du calice.*

1159. S. Germanica (L.). E. de Germanie. (Vulg. *Epi fleuri*.)

*Plante toute couverte d'une longue laine blanchâtre, très-
douce au toucher.* Tige de 3-10 déc., droite, simple ou rameuse; f. crénelées, les inf. pétiolées, ovales ou en cœur, les
sup. lancéolées et sessiles; *fl. rosées*, en verticilles très-four-
nis. ②. Juillet-août. (V. D.)

Lieux incultes, bord des chemins : Villeurbanne; le Molard; le Mont-Cindre;
Château-Gaillard; toute la Valbonne. P. R.

1160. S. alpina (L.) E. des Alpes.

Tige de 5-10 déc., droite, simple ou peu rameuse, hérissée
de poils blanchâtres, ceux du sommet glanduleux; *f. vertes*,
finement pubescentes, les inf. et les moyennes larges, ovales-
oblongues, pétiolées, fortement crénelées, les sup. beaucoup
plus petites, ovales-lancéolées, sessiles, ordinairement très-
entières, accompagnant les fleurs; *fl. d'un rouge obscur*, marquetées de points blancs, en verticilles multiflores, espacés,
formant un long épi interrompu et feuillé. ♃. Juin-août.

Bois des collines et des montagnes, bord des torrents : Saint-Romain-au-
Mont-d'Or; Caluire; Limonest; la Duchère; montagnes de Tarare; la Grande-
Chartreuse; et dans l'Ain, Parves, le Mont-Dain, le Jura. P. R.

†† *Bractées nulles ou très courtes, n'égalant pas la moitié
du calice.*

1161. S. sylvatica (L.). E. des bois. (Vulg. *Ortie puante*.)

Plante à odeur désagréable. Tige de 5-10 déc., droite,
simple ou peu rameuse, hérissée de poils blanchâtres, ceux
du sommet glanduleux; *f. ovales, en cœur*, fortement dentées et *toutes pétiolées*, à l'exception des florales, qui sont
sessiles; *fl. d'un rouge obscur*, marquetées de points blancs,
verticillées par 2-6, et rapprochées en épis terminaux et
feuillés. ♃. Juin-août. (V. D.)

Bois humides, bord des ruisseaux, haies ombragées. C.

1162. S. palustris (L.). E. des marais.

Tige de 5-10 déc., simple ou peu rameuse, hérissée et
rude au rebours sur les angles; *f. toutes sessiles ou à très-*

court pétiole, oblongues-lancéolées, dentées en scie, finement pubescentes-blanchâtres en dessous ; *fl.* roses, tachées de blanc, verticillées, rapprochées en épi terminal. ♃. Juin-août. (V. D.)

Fossés, terres humides, bord des rivières : Villeurbanne ; Dessine ; Yvour, etc. P. C.

1163. S. ARVENSIS (L.) E. DES CHAMPS.

Tige de 1-3 déc., rameuse dès la base, hérissée sur les angles de poils blanchâtres, étalés, un peu rudes ; *f. en cœur ovale,* superficiellement crénelées, *toutes courtement pétiolées,* à l'exception de celles qui accompagnent les fleurs, qui sont sessiles, plus petites et terminées par une arête courte et piquante ; petites *fl. rougeâtres, ponctuées de pourpre,* dépassant peu le calice. ①. Juin-octobre.

Champs sablonneux : Charbonnières ; Limonest, etc. P. C.

** *Fleurs d'un blanc jaunâtre.*

1164. S. ANNUA (L.). E. ANNUELLE.

Tige de 1-3 déc., dressée, pubescente-grisâtre, souvent rameuse dès la base ; *f. glabres,* ridées, les inf. et les moyennes ovales-oblongues, obtuses, crénelées, pétiolées, les sup. lancéolées, sessiles, souvent entières, terminées par une arête un peu piquante ; calice velu, à dents lancéolées et mucronées ; *fl. d'un blanc jaunâtre,* à lèvre inf. plus foncée que le reste de la corolle, *à tube beaucoup plus long que le calice.* ①. Juillet-octobre.

Champs pierreux, surtout dans les terrains calcaires et argileux. C.

1165. S. RECTA (L.). E. DRESSÉE.—S. sideritis (Vill.). (Vulg. *Crapaudine.*)

Tige de 4-8 déc., hérissée de poils courts et blanchâtres, ordinairement couchée à la base, puis ascendante ; *f. velues ou pubescentes,* toutes oblongues-lancéolées, denticulées, à court pétiolé, à l'exception des sup., qui sont sessiles, ovales, plus petites, entières, terminées par une pointe un peu piquante ; *fl. d'un blanc jaunâtre,* à lèvre inf. marquée de points rougeâtres, et *à tube plus court que le calice ou le dépassant à peine.* ♃. Juin-septembre.

Bord des chemins, lieux arides et pierreux. C.

CCCLXIII. SIDERITIS (L.). CRAPAUDINE.

Calice à 5 dents fortement épineuses, égales ou peu inégales ; corolle à 2 lèvres, la sup. presque plane, l'inf. à 3 lobes, celui du milieu plus large et crénelé ; étamines renfermées dans le tube de la corolle.

1166. S. HYSSOPIFOLIA (L.). C. A FEUILLES D'HYSSOPE.

Tige de 1-3 déc., très-dure, presque sous-ligneuse à la base, ascendante ou couchée, velue ou pubescente ; *f.* oblongues-spatulées ou elliptiques, atténuées à la base, *entières ou bordées de quelques dents rares au sommet* ; bractées ovales, à dents épineuses ; *fl.* d'un jaune pâle, *réunies en épis serrés.* ♃. Juillet-août.

La Mouche ; les bois à Francheville ; la Grande-Chartreuse, à Bovinant ; dans l'Ain, le Mont, près de Nantua ; Saint-Rambert, sous le Nid-d'Aigle ; les bords de la Valserine, entre Chézery et Lélex. P. R.

1167. S. SCORDIOIDES (L.). C. FAUX SCORDIUM.

Tige de 1-3 déc., très-dure, presque sous-ligneuse à la base, ascendante, velue ou pubescente ; *f.* obovales-oblongues, atténuées à la base, *fortement incisées-dentées*, plus ou moins velues-blanchâtres ; bractées ovales, bordées de dents épineuses ; *fl.* d'un jaune pâle, *en épis ordinairement interrompus.* ♃. Juillet-août.

Sur le Jura, au dessus de Thoiry. R.

CCCLXIV. BETONICA (L.). BÉTOINE.

Calice à 5 dents spinescentes et à peu près égales ; corolle à 2 lèvres, la sup. concave, l'inf. à lobe moyen obtus ; *étamines saillantes, non rejetées en dehors après l'émission du pollen.* Plantes herbacées.

1168. B. OFFICINALIS (L.). B. OFFICINALE.

Tige de 2-6 déc., droite, ferme, simple, glabre ou plus ou moins velue, ne portant que 1-2 paires de feuilles caulinaires ; f. velues ou glabres, ovales-oblongues, profondément crénelées, les radicales longuement pétiolées ; *corolle à lèvre sup. entière, dépassant longuement les étamines* ; fl. rouges, quelquefois blanches, en épis serrés ou interrompus. ♃. Juillet-août. (*V. D.*)

a. B. *glabrata* (Koch). Tige et calice glabres ou presque glabres.

b. B. *stricta* (Ait.). Tige et calice velus-hérissés.

Prés, bois taillis. A. C.

1169. B. HIRSUTA (L.). B. HÉRISSÉE.

Tige de 1-3 déc., droite, ferme, simple, *couverte de poils réfléchis, d'un blanc jaunâtre*, légèrement rudes ; f. pétiolées, hérissées, ovales ou oblongues, profondément crénelées, les caulinaires peu nombreuses, au nombre de 1-2 paires très-écartées ; *corolle à lèvre sup. entière ou à peine échancrée, égalant à peu près les étamines* ; *fl. d'un rouge vif*, en épis serrés, ovoïdes, non interrompus à la base. ♃. Juillet-août.

Pierre-sur-Haute. R.

1170. B. ALOPECUROS (L.). B. QUEUE DE RENARD.

Tige de 1-4 déc., ascendante, simple, pubescente-hérissée, ne portant qu'une paire de feuilles caulinaires; f. ovales, en cœur, bordées de très-grosses dents, velues-blanchâtres surtout en dessous, les radicales très-longuement pétiolées, les caulinaires brièvement; *corolle à lèvre sup. bilobée*; *fl. d'un jaune pâle*, réunies en épi ovale, serré, feuillé à la base. ♃ Juillet-août.

La Grande-Chartreuse, à Bovinant et au Col. R.

CCCLXV. BALLOTA (L.). BALLOTTE.

Calice campanulé, marqué de 10 stries, à 5 dents raides et *presque égales*; corolle à 2 lèvres, la sup. concave et crénelée, l'inf. à 3 lobes obtus; *étamines saillantes*.

1171. B. FOETIDA (L.). B. FÉTIDE. — B. nigra (Smith).

Plante d'un vert sombre et à odeur désagréable. Tige de 3-5 déc., droite, rameuse, raide, herbacée quoique dure; f. pétiolées, ovales, crénelées, velues et douces au toucher; fl. roses, marquetées de blanc, rarement entièrement blanches, disposées en petits corymbes axillaires. ♃ Juin-août. (*V. D.*)

Bord des chemins. C. C. C.

CCCLXVI. LEONURUS (L.). AGRIPAUME.

Calice campanulé, à 5 dents épineuses et presque égales; corolle à 2 lèvres, la sup. un peu concave, entière, velue, *l'inf. à 3 segments s'enroulant ordinairement de manière à figurer un seul lobe aigu; étamines inf. rejetées en dehors après la floraison; anthères à points brillants*. Plantes herbacées.

1172. L. CARDIACA (L.). A. CARDIAQUE.

Tige de 6-12 déc., droite, ferme, très-rameuse; f. d'un vert sombre en dessus, blanchâtres en dessous, pétiolées, les inf. découpées en 5-7, les moyennes en 3 partitions palmées, lancéolées, irrégulièrement incisées-dentées, les sup. plus serrées, souvent simplement incisées-dentées; calice glabre; fl. rosées, ponctuées de blanc, très-velues, sessiles, disposées à l'aisselle des feuilles en verticilles d'autant plus rapprochés qu'ils sont plus voisins du sommet des rameaux. ♃ Juin-septembre. (*V. D.*)

Décombres, lieux incultes: Villeurbanne; Yvour; la Pape; Choulans; environs de Bourg, en allant à Bouvand. A. R.

362 LABIÉES.

CCCLXVII. Marrubium (L.). Marrube.

Calice à 10 dents non épineuses, alternativement plus grandes et plus petites; corolle à 2 lèvres, la sup. bifide, l'inf. à 3 lobes; étamines renfermées dans la corolle. Plantes herbacées.

1173. M. vulgare (L.). M. commun.

Plante entièrement blanchâtre-tomenteuse, exhalant une odeur pénétrante. Tige de 3-6 déc., rameuse, très-feuillée; f. pétiolées, ovales-arrondies, inégalement crénelées, fortement chagrinées; petites fl. blanches, disposées à l'aisselle des feuilles en verticilles sessiles, compactes, bien fournis, d'autant plus rapprochés qu'ils sont plus voisins de l'extrémité des rameaux. ♃. Juillet-octobre. (*V. D.*)

Bord des routes. C. C. C.

2ᵉ Section. — *Calice à 2 lèvres.*

CCCLXVIII. Melittis (L.). Mélitte.

Calice membraneux, en cloche très-ample, ouvert à la maturité, à lèvre inf. bilobée, la sup. entière ou à 2-3 petites dents irrégulières; corolle à 2 lèvres, la sup. arrondie et entière, l'inf. à 3 lobes inégaux et très-grands; anthères en croix. Plantes herbacées.

1174. M. melissophyllum (L.). M. a feuilles de mélisse. (Vulg. *Mélisse des bois.*)

Tige de 2-5 déc., droite, simple, hérissée; f. pétiolées, ovales, en cœur, fortement crénelées, velues; grandes fl. roses, ou blanches avec une tache rouge sur la lèvre inférieure, pédicellées, solitaires, géminées ou ternées à l'aisselle des feuilles, répandant une forte odeur. ♃. Mai-juin. (*V. D.*)

Bois et taillis, surtout dans les terrains calcaires et dans ceux d'alluvion. C.

CCCLXIX. Brunella (Tournef.). Brunelle (1).

Calice à 2 lèvres dentées, fermées sur le fruit après la floraison; corolle à lèvre sup. voûtée et entière, l'inf. à 3 lobes obtus; étamines à 2 cornes, dont l'une porte l'anthère. Plantes herbacées, à fleurs disposées en épis munis de larges bractées acuminées.

1175. B. vulgaris (Mœnch.). B. commune.—Prunella vulgaris (L.).

Tiges de 1-4 déc., couchées à la base, puis redressées, hé-

(1) Le nom de *Brunella*, donné par Tournefort, étant plus ancien que celui de *Prunella*, substitué par Linné, nous avons cru devoir adopter le premier.

rissées de poils un peu rudes ; f. pétiolées, ovales ou oblongues, entières, dentées, ou même divisées en lanières profondes ; *lèvre sup. du calice à dents très-courtes et à peu près égales ; corne stérile des étamines sup. ayant la forme d'une petite dent aiguë et droite ;* fl. ordinairement d'un bleu violet, quelquefois d'un blanc jaunâtre, rarement rosées, *en épi muni le plus souvent d'une paire de feuilles à sa base.* ♃. Juillet-septembre. (V. D.)

    b. Var. *pennatifida* (Koch). F. pennatifides ou pennatipartites. — Quand la fleur est bleue, c'est le P. *laciniata g* (L.) ; quand la fleur est blanche, c'est le P. *laciniata b* (L.), qu'il ne faut pas confondre avec l'espèce suivante.

    Prés, pâturages, pelouses, bois. C. C.

1176. B. ALBA (Pallas). B. BLANCHE.

Tiges de 1-4 déc., couchées à la base, puis ascendantes, hérissées de poils blanchâtres, ainsi que les feuilles ; f. pétiolées, oblongues, entières, dentées ou pennatifides ; *lèvre sup. du calice à dents largement ovales, acuminées, aristées, plus profondes que dans l'espèce précédente ; corne stérile des étamines sup. ayant la forme d'une petite dent aiguë et arquée ;* fl. le plus souvent d'un blanc jaunâtre, rarement d'un bleu violet, *en épi muni ordinairement d'une paire de feuilles à sa base.* ♃. Juillet-septembre.

    b. Var. *pennatifida* (Koch). F. pennatifides ou pennatipartites. — Quand la fleur est blanche, c'est le vrai P. *laciniata* (L.).

    Pâturages secs, collines bien exposées. P. R.

177. B. GRANDIFLORA (Mœnch.). B. A GRANDES FLEURS. — Prunella grandiflora (Jacq.).

Tiges de 1-4 déc., ascendantes, un peu rudes-hérissées ; f. pétiolées, ovales ou oblongues, entières, dentées, ou divisées en lanières plus ou moins profondes ; *lèvre sup. du calice à 3 dents inégales, les latérales plus grandes que la moyenne ; corne stérile des étamines sup. remplacée par une petite bosse obtuse ; grandes* fl. ordinairement d'un beau bleu violet, rarement blanches, *disposées en épi dépourvu de feuilles à sa bas.* ♃. Juillet-septembre. (V. D.)

    b. Var. *pennatifida* (Koch). F. pennatifides ou pennatipartites.

    Coteaux secs, bord des bois : la Pape ; Couzon ; le Mont-Cindre, etc. P. R.

CCCLXX. SCUTELLARIA (L.). SCUTELLAIRE.

Calice court, *à 2 lèvres entières, la sup. munie d'une écaille concave fermant le calice après la floraison ; corolle longuement tubulée, à lèvre sup. voûtée, comprimée, ayant 2 dents à la base, l'inf. entière.* Plantes herbacées,

1178. S. ALPINA (L.). S. DES ALPES.

Tige de 1-3 déc., couchée à la base, puis redressée, hérissée de petits poils blanchâtres; *f. ovales*, dentées, d'un vert obscur, les inf. un peu pétiolées, les sup. sessiles; *grandes fl.* d'un bleu violacé ou blanchâtres, *disposées*, comme dans les Brunelles, *en épi serré, accompagné de larges bractées membraneuses et souvent colorées.* ♃. Juillet-août.

Rochers à la Grande-Chartreuse. R.

1179. S. GALERICULATA (L.). S. TOQUE. (Vulg. *Tertianaire.*)

Tige de 2-5 déc., dressée, ordinairement rameuse; *f.* à court pétiole, *oblongues*, tronquées et légèrement en cœur à la base, *bordées de quelques crénelures larges et espacées*, qui les rendent un peu sinuées; *fl.* d'un violet clair ou bleuâtre, *pédicellées 2 à 2 à l'aisselle des feuilles sup. et tournées d'un même côté.* ♃. Juillet-août. (*V. D.*)

Bord des ruisseaux et des étangs, lieux humides. A. C.

1180. S. HASTIFOLIA (L.). S. A FEUILLES HASTÉES.

Tige de 2-5 déc., grêle, dressée, simple ou rameuse; f. courtement pétiolées, *les inf. hastées*, les sup. lancéolées; *tube de la corolle fortement courbé au dessus de la base; fl.* d'un bleu violacé mêlé de blanc, *disposées à l'aisselle des feuilles sup. en épi terminal, feuillé et tourné d'un seul côté.* ♃. Juillet-août.

Lieux humides ou marécageux : bords de la Saône à Collonges; saulées d'Oullins et de la Mulatière; Yvour; bois de Seillon (Ain). A. R.

1181. S. MINOR (L.). S. NAINE.

Tige de 1-2 déc., grêle, dressée, ordinairement rameuse; f. courtement pétiolées, *ovales ou oblongues, entières ou ne présentant que 1-2 dents à la base*, les inf. légèrement en cœur, quelquefois un peu hastées; *corolle à tube droit*, quoique un peu renflé à la base; *petites fl.* roses ou violacées, *disposées à l'aisselle des feuilles en un épi terminal, feuillé et tourné d'un seul côté.* ♃. Juillet-août.

Le long des ruisseaux à Tassin; dans les saulées à Oullins; lieux humides des montagnes du Beaujolais; bois de Faye en Bresse; bois de Seillon (Ain). R.

VIᵉ Tribu : AJUGOIDES.—Corolle paraissant unilabiée, soit parce que la lèvre supérieure est remplacée par deux dents très-courtes, soit parce qu'elle est composée de deux lobes réfléchis latéralement vers la lèvre inférieure, à laquelle ils semblent appartenir.

CCCLXXI. AJUGA (L.). BUGLE.

Calice à 5 dents presque égales; *lèvre sup. de la corolle remplacée par 2 petites dents droites.* Plantes herbacées.

1182. A. CHAMÆPITYS (Schreb.). B. FAUX PIN. (Vulg. *Ivette.*)

Plante hérissée de poils blanchâtres, glanduleux et odorants. Tige de 5-15 cent., très-rameuse; f. inf. oblongues, entières ou trilobées, *les moyennes et les sup. profondément divisées en 3 lanières linéaires; fl. jaunes,* ponctuées de rouge ferrugineux, *solitaires à l'aisselle des feuilles,* qui les dépassent longuement. ①. Mai-septembre.

Champs pierreux, moissons en friche, etc. C.

1183. A. REPTANS (L.). B. RAMPANTE.

Tige de 1-2 déc., *velue seulement sur 2 faces, émettant à sa base de longs rejets stériles rampants et feuillés,* souvent radicants; f. ovales, entières ou sinuées, les radicales et celles des stolons atténuées en pétiole; *fl.* bleues, quelquefois roses ou blanches, *verticillées et rapprochées en épi terminal* et feuillé. ♃. Mai-juillet. (*V. D.*)

Prés et bois humides. C. C.

b. A. alpina (Vill.). Stolons nuls ou très-courts; f. caulinaires à peu près égales aux radicales. — La Grande-Chartreuse.

1184. A. GENEVENSIS (L.). B. DE GENÈVE.

Racine produisant ordinairement 3-4 tiges; tiges de 1-4 déc., *hérissées de poils blanchâtres sur les 4 faces, toujours dépourvues de rejets rampants à la base;* f. velues-hérissées, obovales ou oblongues, irrégulièrement sinuées-crénelées ou lobées, *les radicales* obovales, atténuées en pétiole, *moins longues que celles du milieu de la tige; bractées sup. plus courtes que les fleurs; fl.* bleues, quelquefois roses ou blanches, *verticillées et rapprochées en épi terminal* et feuillé. ♃. Mai-juillet. (*V. D.*)

Champs, bord des chemins, bois. C.

1185. A. PYRAMIDALIS (L.). B. PYRAMIDALE.

Racine ne produisant jamais que 1 seule tige; tige de 5-20 cent., *velue sur les 4 faces, dépourvue de stolons à la base;* f. velues, *les radicales* oblongues ou elliptiques, crénelées, à court pétiole, *plus grandes que les caulinaires,* celles-ci plus rapprochées que dans l'espèce précédente; bractées crénelées ou entières, ordinairement rougeâtres, *les sup. toujours plus longues que les fleurs; fl.* bleues, roses ou blanches, disposées comme dans l'*Ajuga Genevensis,* mais plus petites, *en verticilles* plus *serrés et occupant presque toute la longueur de la tige.* ♃. Mai-juillet. (*V. D.*)

Bois et pâturages des montagnes : près Belley, au dessus du château de Mme de Seyssel. R.

— Cette espèce se distingue au premier coup d'œil de la précédente par la grandeur relative de ses feuilles : elles vont en décroissant depuis la base jusqu'au sommet d'une manière si régulière, que, vue par dessus, la plante représente parfaitement une pyramide à 4 faces.

16.

CCCLXXII. Teucrium (L.). Germandrée.

Calice à 5 dents presque égales, rarement à 2 lèvres; *lèvre sup. de la corolle paraissant nulle, mais composée en réalité de 2 petites divisions réfléchies latéralement,* de sorte que la corolle ne semble formée que d'une lèvre inf. à 5 lobes.

* Feuilles pennatipartites.

1186. T. BOTRYS (L.). G. BOTRYDE.

Plante visqueuse, à odeur forte et désagréable. Tige de 1-3 déc., rameuse dès la base; f. pétiolées, 1-2 fois pennatipartites, à partitions étroites; calice bossué à la base, partagé en 5 dents à peu près égales; fl. d'un lilas purpurin, pédicellées, disposées en petits glomérules à l'aisselle des feuilles. ①. Juillet-septembre.

Champs pierreux ou sablonneux. A. C.

** Feuilles dentées, crénelées ou entières.

† Fleurs axillaires ou en grappes.

1187. T. SCORDIUM (L.). G. SCORDIUM.

Plante exhalant une odeur assez forte et *entièrement couverte d'une pubescente grisâtre et molle. Tige* de 1-4 déc., *herbacée,* rameuse, couchée à la base; *f. molles, sessiles, oblongues,* à dents profondes et écartées; calice à 5 dents à peu près égales; *fl.* d'un rouge pâle ou violacées, *disposées en petits glomérules à l'aisselle des feuilles.* ♃. Juillet-septembre. (V. D.)

Lieux marécageux et couverts : Villeurbanne; Vaux-en-Velin; Pierre-Bénite; lac Silans, etc. P. C.

1188. T. CHAMÆDRYS (L.). G. PETIT CHÊNE.

Tige de 1-3 déc., très-rameuse, sous-ligneuse à la base, à rameaux velus ou pubescents, d'abord étalés, puis redressés; *f. fermes, d'un vert foncé et luisant en dessus, d'un vert pâle en dessous, courtement pétiolées,* fortement crénelées-dentées; calice à 5 dents à peu près égales; *fl.* roses ou rouges, rarement blanches, *disposées au sommet des tiges en verticilles axillaires, rapprochés en grappes feuillées.* ♄. Juillet-septembre. (V. D.)

Collines sèches, bord des bois, haies et buissons. C. C. C.

1189. T. SCORODONIA (L.). G. DES BOIS. (Vulg. *Sauge des bois.*)

Tige de 3-6 déc., droite, pubescente, rameuse; f. pétiolées, ovales, en cœur, fortement dentées, chagrinées, pubescentes, blanchâtres en dessous; *calice à 2 lèvres,* la sup. ovale et entière, l'inf. à 4 dents; étamines d'un brun rougeâtre; *fl. jaunâtres, en longues grappes axillaires et terminales, unilatérales, non feuillées.* ♃. Juillet-septembre. (V. D.)

Lisières et clairières des bois. C.

†† *Fleurs en têtes serrées.*

1190. T. MONTANUM (L.). G. DE MONTAGNE.

Tiges de 1-3 déc., sous-ligneuses à la base, pubescentes-blanchâtres, venant par touffes, d'abord couchées inférieurement, puis redressées; f. linéaires-lancéolées, *très-entières*, à bords enroulés, vertes en dessus, blanches-tomenteuses en dessous; fl. blanches, *en têtes serrées, entourées de feuilles à la base.* ħ. Juin-août.

La Pape; Caluire; bords de l'Ain; rochers du Bugey. P. C.

1191. T. POLIUM (L.). G. POULIOT.

Plante exhalant une agréable odeur. Tiges de 6-20 cent., sous-ligneuses à la base, venant par touffes, à rameaux ascendants, entièrement couverts d'un duvet blanc et tomenteux; f. oblongues ou linéaires, obtuses, *crénelées*, d'un vert cendré en dessus, blanches et cotonneuses en dessous, à bords à la fin enroulés; fl. d'un blanc un peu jaunâtre, *en têtes serrées et pédonculées.* ħ. Juillet-août.

Theizé, près du télégraphe; au dessous de Vienne. R.

VIIᵉ Tribu : **LAVANDULÉES.** — Corolle à 2 lèvres; 4 étamines écartées entre elles, les 2 plus longues penchées sur la lèvre inférieure.

CCCLXXIII. LAVANDULA (L.). LAVANDE.

Calice coloré, *à 5 dents très-inégales*, les 4 inf. très-courtes, la sup. plus large, souvent prolongée en un appendice qui a la forme d'un petit couvercle; corolle à 2 lèvres, la sup. bilobée, l'inf. trilobée; style et étamines renfermés dans le tube de la corolle.

1192. L. VERA (D. C.). L. VRAIE. — L. spica a (L.). — L. officinalis (Chaix in Vill.).

Plante répandant une agréable odeur. Tige de 3-5 déc., sous-ligneuse à la base, très-rameuse, à rameaux simples et effilés; f. linéaires-lancéolées, à bords roulés en dessous, couvertes dans leur jeunesse d'une pubescence blanchâtre et farineuse; bractées membraneuses, ovales-arrondies, acuminées, beaucoup plus courtes que le calice; calice bleuâtre, brièvement tomenteux; fl. bleues ou violacées, rarement blanches, en épis terminaux, ordinairement interrompus à la base. ħ. Juillet-août. (V. D.)

Au dessus d'une carrière à Couzon. R. — Jardins.

63ᵉ Famille. — PERSONNÉES (1).

Tout le monde connaît le grand Muflier de nos jardins et
sa fleur en forme de gueule, que les enfants s'amusent à
faire ouvrir en la pressant légèrement entre leurs doigts.
C'est d'après cette configuration bizarre de la corolle, qu'on
retrouve dans d'autres plantes de cette famille, que les anciens
botanistes lui ont donné son nom. Doués d'une imagination
plus riche que celle des modernes, ils ont, par une fiction
naïve, supposé qu'en empruntant au règne animal ses formes
et ses allures, ces plantes se donnaient pour ainsi dire le
plaisir d'un travestissement.

Malgré son originalité, ce déguisement ne peut pas cependant suffire pour reconnaître toutes les Personnées; car il en
est qui jettent le masque pour montrer une corolle en cloche
ou en grelot. Il faudra donc s'arrêter à d'autres caractères
pour savoir si une plante appartient à cette famille. Ces caractères seront 1° *une corolle irrégulière*; 2° *4 étamines didynames, quelquefois réduites à* 2; 3° *un fruit unique, capsulaire, s'ouvrant tantôt par 2 valves, tantôt par 2-3 trous
placés au sommet.* Ce caractère du fruit suffit à lui seul pour
distinguer les Personnées des Labiées, qui ont toujours 4 carpelles indéhiscents au fond de chaque calice.

Iʳᵉ Tribu : **ANTIRRHINÉES**. — Calice à 5 lobes ou
segments; corolle personnée, tubulée ou en grelot;
4 étamines didynames (2); capsule globuleuse, ovoïde
ou conique.

CCCLXXIV. Erinus (L.). ÉRINE.

Calice à 5 divisions linéaires et très-profondes; *corolle tubuleuse, à limbe presque plane, partagé en 5 lobes peu inégaux
et échancrés;* capsule ovoïde, s'ouvrant par 2 valves qui elles-
mêmes se divisent en deux. Plantes herbacées.

1193. E. alpinus (D. C.). E. des Alpes.

Tiges de 5-12 cent., redressées, venant par touffes; f. spatulées, dentées au sommet, les radicales en rosette, les caulinaire alternes; fl. d'un beau rose, rarement blanches, en
corymbes terminaux. ♃. Juin-août.

Rochers et rocailles des hautes montagnes: la Grande-Chartreuse; le Jura
et tout le haut Bugey, où il abonde.

(1) Du latin *persona*, masque, figure.
(2) Le seul *Limosella aquatica* n'a quelquefois que 2 étamines.

CCCLXXV. Digitalis (Tournef.). Digitale.

Calice à 5 segments profonds et un peu inégaux ; *corolle tubuleuse à la base, puis subitement renflée et campanulée, à limbe oblique, divisé en 4 lobes inégaux ;* capsule ovale, acuminée, biloculaire. Plantes herbacées.

1194. D. purpurea (L.). D. à fleurs rouges. (Vulg. *Gant de Notre-Dame.*)

Tige de 5-10 déc., ferme, pubescente, ordinairement simple ; grandes f. ovales ou oblongues, lancéolées, tomenteuses en dessous, bordées de dents inégales, un peu écartées et mucronées ; *corolle glabre en dehors,* barbue en dedans, subitement et fortement renflée en tube campanulé, assez grand pour qu'on y puisse mettre le doigt, bordée de lobes peu profonds, ovales-arrondis ; fl. *rouges*, rarement blanches, marquetées en dedans de points d'un rouge plus foncé et bordés de blanc, disposées en longue grappe unilatérale. ②. Juin-août. (V. D.)

Montagnes granitiques : bords du Garon ; Pilat : le Beaujolais, etc. — Ne se trouve jamais dans les terrains calcaires. — Jardins.

1195. D. grandiflora (Lamk.). D. à grandes fleurs.—D. ambigua (Murr.)

Tige de 4-8 déc., droite, ferme, simple, pubescente au moins au sommet ; f. oblongues-lancéolées, demi-amplexicaules, superficiellement dentées, pubescentes sur les bords et en dessous sur les nervures, les inf. atténuées en un pétiole ailé ; *corolle pubescente-glanduleuse en dehors,* subitement renflée en tube campanulé, aussi grand que dans l'espèce précédente ; fl. *d'un jaune blanchâtre,* marquées en dedans de lignes roussâtres, disposées en grappe lâche et unilatérale. ♃. Juin-août. (V. D.)

Bois des montagnes : Soucieu, sur les bords du Garon ; Cogny, dans le Beaujolais ; le Fenoyl, près de l'Argentière ; le Bugey, où elle est commune.

1196. D. parviflora (Lamk.). D. à petites fleurs. — D. lutea (L.).

Tige de 5-10 déc., droite, ferme, arrondie, glabre, ordinairement simple ; f. *glabres*, oblongues-lancéolées, acuminées, dentées en scie, les caulinaires sessiles et même un peu amplexicaules ; *calice glabre* ; *corolle* tubuleuse-campanulée, *glabre en dehors,* barbue en dedans, *à lobes aigus* ; fl. *d'un blanc jaunâtre,* disposées en un long épi unilatéral. ②. Juin-août. (V. D.)

Bois des coteaux et des montagnes calcaires : le Mont-Cindre ; Couzon : Limonest ; le Bugey ; le Jura, etc. A. C.

CCCLXXVI. Scrophularia (Tournef.). Scrophulaire.

Calice à 5 divisions ; *corolle globuleuse, à 2 lèvres inégales,* la sup. à 2 lobes, l'inf. à 3 ; capsule ronde, acuminée, s'ouvrant par 2 valves, et divisée en 2 loges polyspermes. Plantes herbacées, à *feuilles opposées.*

1197. S. CANINA (Auct. et L. pro parte). S. DE CHIEN. — S. canina var. leucanthemifolia (Rchb.). (Vulg. *Rue des chiens.*)

Plante à odeur fétide. Tiges de 3-8 déc., dressées, souvent rameuses ; *f.* glabres, *pennatiséquées,* à segments oblongs-lancéolés, inégalement incisés-dentés ; *calice à lobes* arrondis, *largement bordés d'une marge scarieuse-blanchâtre ; lèvre sup. de la corolle 3 fois plus courte que le tube* ; capsules très-courtement pédicellées ; fl. d'un rouge noirâtre, mêlé de blanc, disposées en petites cymes dont les rameaux sont glanduleux et forment par leur ensemble une panicule. ♃. Mai-juillet.

Terrains secs, lieux pierreux. C.

— Le véritable S. *canina* (L.) est une plante méridionale qui ne se trouve pas dans le rayon que comprend notre Flore.

1198. S. HOPPII (Koch). S. DE HOPPE. — S. juratensis (Schl.).

Cette espèce se rapproche beaucoup du vrai *Scrophularia canina* de Linné, dont elle n'est, suivant plusieurs auteurs, qu'une simple variété. Elle diffère de la précédente 1° par son odeur moins fétide ; 2° par ses *tiges* moins élevées et *toujours simples,* quoique venant souvent par touffes ; 3° par ses *feuilles* ordinairement 2 *fois pennatiséquées,* à segments plus étroits ; 4° par la *lèvre supérieure de la corolle,* qui est *de moitié plus longue que le tube ;* 5° par les capsules de moitié plus grosses, portées sur des pédicelles plus allongés. ♃. Juillet-août.

Fort de l'Écluse ; chaîne du Jura, où il ne faut pas la confondre avec l'espèce ordinaire, qui s'y trouve aussi.

1199. S. NODOSA (L). S. A RACINE NOUEUSE. (Vulg. *Herbe aux écrouelles.*)

Plante à odeur repoussante. *Racine renflée en tubercules noueux ; tige* de 4-10 déc., droite, *à 4 angles aigus, mais non ailés ; f.* glabres, pétiolées, *ovales-lancéolées, dentées en scie ; calice à segments* ovales, obtus, *très-étroitement membraneux sur les bords ;* fl. d'un brun rougeâtre en dehors, olivâtres en dedans, disposées en panicule terminale. ♃. Juin-août. (*V. D.*)

Haies et bois humides, fossés. C.

1200. S. AQUATICA (L.). S. AQUATIQUE. (Vulg. *Bétoine d'eau.*)

Plante à odeur fétide. *Racine fibreuse ; tige* de 5-10 déc., droite, *à 4 angles ailés ; f.* glabres, pétiolées, *ovales-oblongues, un peu en cœur, crénelées-dentées ; calice à segments* arrondis, *largement membraneux-blanchâtres sur les bords :*

fl. d'un brun rougeâtre en dehors, olivâtres en dedans, disposées en panicule terminale. ♃. Juin-août. (*V. D.*)

Fossés aquatiques, bord des ruisseaux, lieux humides. C.

—On a trouvé il y a quelques années, à Vaise, dans le clos de la Petite-Claire, le *Scrophularia vernalis* (L.).

CCCLXXVII. ANTIRRHINUM (L.). MUFLIER.

Calice à 5 divisions; *corolle personnée, à 2 lèvres fermées, offrant à sa base une saillie en forme de talon*; capsule à 2 loges, s'ouvrant au sommet par 3 trous. Plantes herbacées.

1201. A. ORONTIUM (L.). M. RUBICOND.

Tige de 1-4 déc., dressée, simple ou rameuse, pubescente-glanduleuse au sommet; f. glabres, linéaires-lancéolées, canaliculées en dessus, les inf. opposées, les sup. alternes; *calice à divisions linéaires, ciliées, inégales, égalant ou dépassant la corolle*, tournées en éventail du côté opposé à son talon; *petites fl.* roses, rarement blanches, rayées de rouge vers la gorge, *très-courtement pédonculées à l'aisselle des feuilles*. ①. Juin-septembre. (*V. D.*)

Champs, lieux cultivés. C.

1202. A. MAJUS (L.). M. A GRANDES FLEURS. (Vulg. *Mufle-de-veau, Gueule-de-lion*.)

Tige de 4-8 déc., droite, pubescente-glanduleuse au sommet; f. glabres ou un peu pubescentes, elliptiques-lancéolées, canaliculées en dessus, les unes opposées, les autres alternes; *calice à segments ovales, obtus, glanduleux, beaucoup plus courts que la corolle; grandes fl.* rouges, blanches, jaunes ou bigarrées, jaunes sur le palais, *disposées en grappes terminales*. ♃. Juin-septembre. (*V. D.*)

Pierre-Châtel; Saint-Rambert (Ain), à la naissance du rocher de Chante-Merle. Souvent subspontané sur les vieux murs près des habitations. — Cultivé dans les parterres.

CCCLXXVIII. LINARIA (Tournef.). LINAIRE.

Calice à 5 divisions profondes; *corolle personnée, à 2 lèvres ordinairement fermées, et prolongée à sa base en un éperon saillant*; capsule ovale ou globuleuse, à 2 loges s'ouvrant chacune par 3-5 valves plus ou moins profondes, plus rarement par un trou. Plantes herbacées.

* *Corolle à gorge entièrement fermée.*

† *Feuilles pétiolées, non linéaires.*

1203. L. CYMBALARIA (Mill.). L. CYMBALAIRE. (Vulg. *Cymbalaire*.)

Plante glabre. Tiges couchées et radicantes, très-rameuses;

f. vertes en dessus, souvent rougeâtres en dessous, la plupart alternes, toutes longuement pétiolées, *réniformes, en cœur,* à 5-7 *lobes arrondis et mucronulés;* éperon obtus, plus court que la corolle; fl. violettes, rarement blanches, à palais jaune, longuement pédonculées à l'aisselle des feuilles. ♃. Mai-octobre. (V. D.)

Vieux murs et rochers humides : les Étroits; Fontanières; Saint-Irénée; Saint-Just; Fourvières; la Croix-Rousse, sur le versant du Rhône; Saint-Didier-au-Mont-d'Or.

1201. L. ELATINE (Mill.). L. ÉLATINE. (Vulg. *Élatinée.*)

Plante velue. Tiges de 2-6 déc., couchées, rameuses; f. à court pétiole, *les inf. ovales et opposées, les sup. hastées et alternes;* éperon aigu, assez long, droit ou légèrement arqué; *fl. d'un jaune pâle, à lèvre sup. d'un bleu violet,* portées sur de longs pédoncules presque glabres, filiformes et axillaires. ①. Juillet-octobre (V. D.)

Champs cultivés. C.

1205. L. SPURIA (Mill.). L. BATARDE. (Vulg. *Velvote.*)

Plante velue. Tiges de 2-6 déc., couchées, rameuses; *f.* à court pétiole, *toutes ovales-arrondies et* ordinairement *alternes,* les inf. cependant quelquefois opposées; éperon aigu et recourbé; *fl. jaunes, à lèvre sup. d'un pourpre noir et velouté,* portées sur de longs pédoncules velus, filiformes et axillaires. ①. Juin-octobre. (V. D.)

Champs cultivés. C.

†† *Feuilles linéaires et sessiles.*

1206. L. SUPINA (Desf.). L. COUCHÉE.

Plante glauque, finement pubescente-glanduleuse au sommet, glabre dans le reste. *Tige* de 5-20 cent., *rameuse dès la base, à rameaux florifères couchés,* puis redressés; f. linéaires, un peu charnues, glauques et glabres, les inf. verticillées, les sup. éparses; éperon aigu, à peu près droit, égal à la corolle; *fl. grandes* (2 centimètres avec l'éperon), *jaunes, à palais orangé.* ①. Juin-septembre.

Lieux sablonneux : Jancyriat; Puzignan; Pont-Chéry. R.

1207. L. SIMPLEX (D. C.). L. A TIGE SIMPLE.

Plante glauque, finement pubescente-glanduleuse au sommet, glabre dans le reste. *Tige* de 1-4 déc., *droite, simple ou peu rameuse;* f. linéaires, les inf. verticillées, les sup. alternes; éperon linéaire, aigu, à peu près droit; *très-petites fl.* (5-6 millimètres) *jaunes,* disposées en petites têtes d'abord serrées, s'allongeant ensuite en grappe lâche et interrompue. ①. Juillet-septembre.

Lieux sablonneux, champs arides : Écully; Chaponost; Francheville; Villeurbanne, etc. P. C.

1208. L. ARVENSIS (Desf.). L. DES CHAMPS.

Plante glauque, finement pubescente-glanduleuse au sommet, glabre dans le reste. *Tige de 1-4 déc., droite, ordinairement rameuse dès la base;* f. linéaires, les inf. verticillées, les sup. alternes; *éperon aigu, linéaire, fortement recourbé; très-petites fl. bleuâtres ou violacées,* disposées en petites têtes d'abord serrées, puis s'allongeant en grappe lâche et interrompue. ①. Juillet-septembre.

Champs sablonneux : Sainte-Foy-lès-Lyon; Chaponost; Rive-de-Gier; Saint-Alban, près Lyon; Saint-Julien-Molin-Molette. A. R.

1209. L. ALPINA (D. C.). L. DES ALPES.

Plante entièrement glabre et glauque. Tiges couchées, venant par touffes, très-rameuses, à rameaux fleuris redressés; f. linéaires, un peu charnues, les inf. verticillées 4 à 4, les sup. éparses; long éperon droit ou un peu recourbé, égal à la corolle; *grandes fl. d'un beau violet, avec le palais d'un jaune orangé.* ① ou ②. Juin-août.

Route de Tenay à la Burbanche; débris des rochers au Reculet; route de Chézery à Lélex; îles du Rhône sous Anglefort; graviers du Rhône au dessus de Lyon, où elle est amenée par les eaux du fleuve. — Parterres.

1210. L. PELISSERIANA (D. C.). L. DE PÉLISSIER.

Plante entièrement glabre et un peu glauque. Tiges de 2-5 déc., droites, simples ou rameuses, munies à la base de rejets stériles; f. linéaires-lancéolées, les inf. verticillées, les sup. éparses; éperon linéaire, aigu, un peu courbé, au moins aussi long que la corolle; *graines entourées d'un rebord cilié; fl. violettes, à palais blanchâtre,* disposées en grappes d'abord serrées, puis allongées et lâches. ①. Mai-septembre.

Champs sablonneux : Saint-Denis-de-Bron; Villeurbanne; Dessine; Bonnand, d'après Balbis. R.

1211. L. STRIATA (D. C.). L. A FLEURS RAYÉES.

Plante entièrement glabre et glauque. Tiges de 1-8 déc., dressées, simples ou rameuses, munies ordinairement à la base de rejets stériles; f. linéaires-lancéolées, les inf. verticillées, les sup. éparses; *éperon droit, obtus, plus court que la corolle; graines triangulaires,* ridées en réseau, *non entourées d'un rebord; fl. d'un blanc lilas, rayées de violet,* disposées en grappes terminales. ♃. Juin-septembre.

Lieux pierreux, haies, bois. A. C.

1212. L. VULGARIS (Mill.). L. COMMUNE. (Vulg. *Linaire.*)

Plante glauque, *pubescente-glanduleuse au sommet,* glabre dans le reste. Tige de 2-5 déc., dressée; f. linéaires-lancéolées, aiguës, trinervées, toutes éparses, très-rapprochées; *éperon* conique, droit ou un peu courbé, *aussi long que la corolle; fl.* les plus grandes du genre, *jaunes, à palais orangé,* disposées en grappes terminales très-serrées. ♃. Juillet-septembre. (*V. D.*)

Bord des chemins, champs arides. C. C.

.** *Corolle à gorge un peu ouverte.*

1213. L. minor (Desf.). L. fluette. — Chœnorrhinum minus (L. Ch., ed. I).

Plante entièrement couverte de poils glanduleux. Tige de 1-3 déc., droite, très-rameuse, à rameaux dressés; f. lancéolées, obtuses, atténuées à la base, la plupart alternes; éperon obtus, beaucoup plus court que la corolle; petites fl. d'un blanc violet, à palais jaunâtre, portées sur des pédoncules solitaires à l'aisselle des feuilles. ①. Juin-octobre.

Lieux cultivés, champs. C.

CCCLXXIX. Anarrhinum (Desf.). Anarrhine.

Calice à 5 divisions profondes; *corolle personnée, à gorge entièrement ouverte, et à tube ordinairement prolongé à la base en court éperon*; capsule globuleuse, à 2 loges s'ouvrant chacune au sommet par un trou. Plantes herbacées.

1214. A. bellidifolium (Desf.). A. a feuilles de paquerette.

Tige de 2-6 déc., droite, grêle, simple ou rameuse; f. radicales obovales ou oblongues, spatulées, inégalement incisées-dentées, atténuées en pétiole, étalées en rosette, les caulinaires complètement différentes, digitées, à 3-5 segments linéaires; éperon grêle, court, fortement recourbé; petites fl. bleuâtres, disposées en longues grappes terminales, effilées, serrées, formant par leur réunion une panicule quand la tige est rameuse. ②. Juin-août.

Coteaux secs, terrains sablonneux. A. C.

CCCLXXX. Gratiola (L.). Gratiole.

Calice à 5 divisions, *muni* en outre *à la base de 2 bractées linéaires*; corolle tubuleuse, à 2 lèvres peu marquées; 4 *étamines, dont 2 dépourvues d'anthère*; capsule à 2 loges, s'ouvrant par 2 valves bifides. Plantes herbacées.

1215. G. officinalis (L.). G. officinale. (Vulg. *Séné des prés, Herbe au pauvre homme.*)

Plante glabre et lisse. Souche traçante; tige de 2-5 déc., dressée ou étalée, simple ou rameuse; f. d'un vert clair, un peu épaisses, opposées, sessiles et demi-embrassantes, elliptiques-lancéolées, bordées au sommet de petites dents écartées; fl. d'un blanc rosé, à tube jaunâtre et strié, pédonculées à l'aisselle des feuilles. ♃. Juin-septembre. (*V. D.*)

Bord des marais et des étangs : Pierre-Bénite; Vaux-en-Velin; étang du Loup; Lavore; lac de Bar; marais de la Bresse et du Bugey. A. R.

CCCLXXXI. Lindernia (All.). Lindernie.

Calice à 5 segments; *corolle à 2 lèvres, la sup. plus courte et échancrée,* l'inf. à 3 lobes inégaux; *4 étamines fertiles, à* filets terminés par une dent, et à anthères presque latérales; *stigmate échancré; capsule uniloculaire, s'ouvrant par 2 valves entières.* Plantes herbacées.

1216. L. Pyxidaria (All.). S. pyxidaire.

Tige de 5-10 cent., carrée, rameuse dès la base, à rameaux latéraux d'abord étalés, puis redressés; f. glabres, opposées, ovales, sessiles; petites fl. d'un blanc rosé, portées sur des pédoncules solitaires à l'aisselle des feuilles. ①. Juillet-septembre.

Bord des marais, dans la vase : Pierre-Bénite ; la Bresse. R. R.

CCCLXXXII. Limosella (L.). Limoselle.

Calice à 5 dents ovales-triangulaires; *corolle campanulée, à 3 lobes à peu près égaux;* 4 étamines didynames, quelquefois réduites à 2; *stigmate en tête, non échancré; capsule ovale-globuleuse, uniloculaire au sommet, biloculaire à la base, s'ouvrant par 2 valves entières.* Plantes herbacées.

1217. L. aquatica (L.). L. aquatique.

Petite plante stolonifère, émettant de distance en distance des feuilles et des fleurs radicales; f. elliptiques, longuement atténuées en pétiole; pédoncules uniflores; petites fl. blanchâtres ou rosées. ①. Juin-septembre.

Bord des rivières et des étangs : Pierre-Bénite; Sainte-Croix, près de Montluel; les Echeyts; Charvieux.

IIe Tribu : RHINANTHACÉES. — Calice à 4 dents ou segments, rarement 5; corolle tubulée, en gueule ou casque; 4 étamines didynames; capsule comprimée, bivalve; feuilles noircissant ordinairement par la dessication.

CCCLXXXIII. Tozzia (L.). Tozzie.

Calice campanulé, à 4 petites dents inégales; *corolle tubuleuse-campanulée, à 5 lobes presque égaux.* Plantes herbacées, noircissant par la dessication.

1218. T. alpina (L.). T. des Alpes.

Tige de 1-3 déc., très-rameuse, à rameaux dressés; f. sessiles, opposées, ovales, dentelées; fl. jaunes, marquées de points rougeâtres sur la lèvre inf., pédonculées à l'aisselle des feuilles supérieures. ♃. Juin-juillet.

Bois ombragés : la Grande-Chartreuse, au Col et à la Grande-Vacherie ; prairies au dessus de Lélex, sur les bords de la Valserine.

CCCLXXXIV. Euphrasia (Tournef.). Euphrasie.

Calice tubuleux ou campanulé, à 4 dents égales, plus ou moins profondes ; *corolle à 2 lèvres*, la sup. en casque, l'inf. à 3 lobes ; *anthères prolongées en pointe ;* capsule ovale-oblongue, obtuse ou échancrée ; *graines marquées de stries égales.* Plantes herbacées.

* *Anthères des 2 étamines courtes plus longuement prolongées en pointe que celles des 2 étamines longues ; lobes de la lèvre inférieure de la corolle échancrés ou bilobés. — Euphrasiées.*

1219. E. OFFICINALIS (L.). E. OFFICINALE. (Vulg. *Casse-lunettes.*)

Tige de 4-12 cent., droite, rameuse, pubescente-glanduleuse au sommet ; *f.* sessiles, *ovales, bordées de chaque côté de 4-5 dents inégalement espacées*, obtuses dans les f. inf., aiguës dans les feuilles florales ; *lèvre sup. de la corolle à 2 lobes écartés* et finement denticulés ; *petites fl. blanches, à gorge jaune et rayée de lignes violettes.* ④. Mai-octobre. (*V. D.*)

Pelouses, prairies. C.

— Cette plante présente des aspects très-divers. Suivant M. Jordan, l'espèce linnéenne en renfermerait plusieurs autres, dont voici les plus tranchées :

1° E. *maialis* (Jord.). Capsule tronquée ; f. ovales-oblongues ; floraison précoce, en mai-juin. — Prairies.

2° E. *campestris* (Jord.). Capsule légèrement échancrée, mucronée, dépassant la feuille qui lui sert de bractée ; floraison tardive, en septembre et octobre. — C'est l'espèce communément répandue dans nos plaines et sur nos coteaux.

3° E. *montana* (Jord.). Capsule plus évidemment échancrée, à style dépassant les lobes de l'échancrure ; floraison plus précoce, en juillet-août. — Le Mont-Pilat.

4° E. *rigidula* (Jord.). — Capsule ne dépassant pas la feuille qui lui sert de bractée ; tube de la corolle court et recourbé. — Le Mont-Pilat.

1220. E. SALISBURGENSIS (Funk.) E DE SALTZBOURG. — E. alpina (Lamk.).

Tige de 4-10 cent., droite, rameuse, entièrement couverte de petits *poils crépus, ceux du sommet non glanduleux ; f. lancéolées ou oblongues*, atténuées en coin à la base, *bordées de chaque côté de 2-3 dents également espacées*, profondes, *aristées dans les feuilles florales ; lèvre sup. de la corolle à 2 lobes écartés* et un peu denticulés ; petites *fl. blanches, lavées de lilas, à gorge jaune.* ④. Juillet-août.

Pelouses et rocailles : Couzon ; Liergues ; sommets du Jura. R.

— On en a séparé l'E. *cuprœa* (Jord.). Voici ses caractères principaux : f. d'un vert cuivré ; rameaux étalés-ascendants, couverts d'une pubescence très-courte et réfléchie ; capsule oblongue-linéaire, tronquée et à peine échancrée au sommet ; fl. très-petites, en épis très-serrés. — On la trouve à Yvour.

221. E. MINIMA (Schleich.). E. NAINE.

Plante naine, droite, simple ou rameuse, couverte de *poils très-courts, crépus, non glanduleux au sommet de la tige;* . *ovales, bordées de chaque côté de 4-5 dents, qui sont courtement mucronées dans les feuilles florales; lèvre sup. de la corolle à 2 lobes connivents et munis de 2 petites dents; très-petites fl. ordinairement bleues et jaunes, quelquefois entièrement jaunes.* ④. Juillet-août.

Pelouses et rocailles des hautes montagnes calcaires : Bovinant, à la Grande-Chartreuse; sommets du Jura.

* *Anthères prolongées en pointes toutes égales; lobes de la lèvre inférieure de la corolle entiers. — Odontites.*

222. E. VERNA (Bell.). E. PRINTANIÈRE. — E. odontites a (L.). — Odontites verna (Rchb.). — Odontites rubra (Pers.).

Tige de 1-5 déc., droite, rameuse, *à rameaux ascendants,* ouverte d'une pubescence courte et un peu rude; *f.* sessiles, pubescentes et rudes au toucher comme la tige, *un peu élargies à la base,* munies de quelques dents écartées; *bractées plus longues que les fleurs;* corolle pubescente, à lèvres divariquées; *fl. rougeâtres,* rarement blanches, disposées en grappes feuillées et unilatérales. ④. Mai-juillet.

Blés, champs cultivés. C.

— L'époque de sa floraison a lieu bien avant la moisson.

223. E. SEROTINA (Lamk.). E. TARDIVE. — Odontites serotina (Rchb.).

Diffère de la précédente, dont plusieurs auteurs n'en font qu'une variété, 1° par les *rameaux de la tige,* qui sont *un peu plus étalés,* moins ascendants; 2° par les *feuilles,* qui sont *rétrécies à la base,* et non un peu élargies; 3° par les *bractées* plus étroites et *ne dépassant pas les fleurs;* 4° par l'époque de sa floraison, qui, dans les mêmes conditions, est *presque de deux mois plus tardive :* elle ne commence que longtemps après la moisson, et se prolonge jusqu'à la fin de l'automne. ④. Août-octobre.

Blés, champs cultivés : Villeurbanne ; Saint-Jean-d'Ardière, dans le Beaujolais. P. R.

— L'*Euphrasia divergens* (Jord.) est très-voisin de cette espèce. L'échantillon que j'ai sous les yeux, et qui me vient de M. Jordan lui-même, a les rameaux allongés, grêles, écartés presque à angle droit, arqués et redressés au sommet ; les feuilles sont courtes et linéaires. — On le trouve à Villeurbanne et au Molard.

1224. E. LUTEA (L.). E. A FLEURS JAUNES. — E. linifolia (D. C.). — Odontites lutea (Rchb.).

Plante noircissant fortement par la dessication. Tige de 1-5 déc., très-finement pubescente, raide, rameuse, à rameaux étalés; *f. linéaires-lancéolées, entières ou n'ayant que 1-2 dents peu marquées; bractées toujours très-entières; éta-*

mines *longuement saillantes* ; *fl. jaunes* , pédicellées , disposées en grappes feuillées et unilatérales. ④. Août-septembre.

Coteaux secs : Écully, à Randin ; la Pape ; Bonnand ; Roche-Cardon ; la Craz-du-Reclus, à Saint-Rambert (Ain). P. C.

1225. E. LANCEOLATA (Gaud.). E. A FEUILLES LANCÉOLÉES. — Odontites lanceolata (Rchb.).

Tige de 1-3 déc., droite, rameuse , à rameaux ascendants ; couverte, ainsi que les feuilles, d'une pubescence un peu rude ; *f. toutes oblongues-lancéolées , dentées en scie, ainsi que les bractées ; étamines égalant la lèvre sup. de la corolle ou la dépassant peu* ; *fl. jaunes*, courtement pédicellées, disposées en grappes feuillées, serrées, unilatérales. ④. Juin-août.

Le Sappey, en allant de la Grande-Chartreuse à Grenoble. R.

— Cette plante a la tige et les feuilles de l'*Euphrasia verna*, avec les fleurs de l'E. *lutea*.

CCCLXXXV. BARTSIA (L.). BARTSIE.

Calice campanulé, à 4 dents profondes et lancéolées ; corolle tubuleuse et à 2 lèvres, la sup. dressée et entière, l'inf. petite, réfléchie et à 3 segments ; *anthères hérissées* ; *graines munies de côtes, dont les dorsales sont dilatées en aile*. Plantes herbacées, noircissant fortement par la dessication.

1226. B. ALPINA (L.). B. DES ALPES.

Plante velue-hérissée. Tige de 1-2 déc., droite, simple ; f. sessiles, ovales, crénelées-dentées , chagrinées ; calice très-velu, d'un violet noirâtre ; fl. d'un violet sale, disposées en épi serré, muni de bractées. ♃. Juin-juillet.

Pelouses et rocailles des hautes montagnes calcaires : le Grand-Som, à la Grande-Chartreuse ; le Reculet ; prairies sous l'ancienne chapelle de Retord.

CCCLXXXVI. MELAMPYRUM (Tournef.). MÉLAMPYRE.

Calice tubuleux-campanulé, à 4 divisions ; *corolle à 2 lèvres, la sup. en casque comprimé sur les côtés, bilobée au sommet, à bords repliés en dehors*, l'inf. trifide et sillonnée ; capsule oblongue, obliquement acuminée, à 2 loges renfermant chacune 1-2 graines. Plantes herbacées, noircissant par la dessication.

1227. M. CRISTATUM (L.). M. A CRÊTES.

Tige de 1-3 déc., droite, rameuse, à rameaux étalés ; f. opposées, lancéolées-linéaires , les inf. et les moyennes très-entières ; *bractées en cœur élargi, repliées en dessus, à bords dentelés et semblables à une crête, terminées par une pointe entière et réfléchie, imbriquées sur 4 rangs* ; gorge de la corolle presque ermée; *fl.* d'un blanc jaunâtre ou purpurin, à palais jaune, *disposées en épis quadrangulaires et serrés.* ①. Juin-août.

Bord des bois, clairières, sur toute la chaîne des Monts-d'Or; broussailles e la plaine du Forez; environs du Bourg-Saint-Christophe (Ain). P. C.

228. M. ARVENSE (L.). M. DES CHAMPS. (Vulg. *Froment de vache, Rougeotte.*)

Tige de 2-5 déc., droite, simple ou rameuse, et alors à rameaux dressés; f. opposées, oblongues ou linéaires-lancéolées, les inf. et les moyennes très-entières, les sup. pennatifides à la base; *bractées d'un beau rouge, découpées en lanières profondes et linéaires;* corolle à gorge fermée; fl. purpurines, à gorge jaune, *disposées en épis serrés, presque cylindriques.* ①. Juin-juillet. (*V. D.*)

Bois, moissons: chaîne des Monts-d'Or; Dessine; Vaux-en-Velin; Villeurbanne; Alix, etc. P. R.

229. M. NEMOROSUM (L.). M. DES BOIS.

Tige de 3-6 déc., droite, rameuse, à rameaux étalés-dressés; f. opposées, courtement pétiolées, ovales-lancéolées, les inf. et les moyennes très-entières; *bractées en cœur, découpées à leur base en lanières sétacées, les sup. stériles et d'un beau violet;* calice hérissé; corolle à gorge presque ouverte; fl. jaunes, à palais et casque orangés, disposées en grappes interrompues et unilatérales. ①. Juillet-août. (*V. D.*)

Bois à la Grande-Chartreuse.

1230. M. VULGATUM (Pers.). M. COMMUN. — M. pratense (L.). (Vulg. *Cochelet.*)

Tige de 2-6 déc., droite, rameuse, à rameaux étalés, un peu arqués; f. ovales ou oblongues-lancéolées, presque sessiles; *bractées vertes, incisées-pennatifides à la base; corolle à gorge presque fermée;* fl. jaunes, à tube-blanchâtre, disposées en grappes interrompues et unilatérales. ①. Juin-juillet. (*V. D.*)

Bois et taillis montueux. C.

1231. M. SYLVATICUM (L.). M. DES FORÊTS.

Tige de 1-3 déc., droite, rameuse, à rameaux étalés-ascendants; f. opposées, courtement pétiolées, étroitement oblongues-lancéolées, très-entières; *bractées vertes et entières; corolle à gorge très-ouverte;* fl. jaunes, axillaires, formant une grappe feuillée et très-lâche. ①. Juillet-août. (*V. D.*)

Bois et prés des hautes montagnes: Pilat; la Grande-Chartreuse; tout le revers occidental du Jura, entre Chézery et Lélex, jusque sur les bords de la route.

CCCLXXXVII. RHINANTHUS (L.). RHINANTHE.

Calice à 4 dents, renflé en forme de lentille convexe, persis-

tant après la floraison; corolle à 2 lèvres, la sup. en casque comprimé, l'inf. à 3 lobes étalés; capsule arrondie et aplatie; *graines entourées d'une bordure membraneuse.* Plantes herbacées, noircissant par la dessication.

1232. R. MAJOR (Ehrh.). R. A GRANDES FLEURS. (Vulg. *Cocrète.*)

Tige de 2-5 déc., pubescente, droite, simple ou rameuse au sommet, *ordinairement tachée de brun;* f. sessiles, ovales ou oblongues-lancéolées, fortement crénelées-dentées; *bractées ovales, incisées-dentées, pâles et décolorées; corolle à tube un peu arqué;* fl. jaunes, souvent bleuâtres au sommet, ainsi que le style. ①. Mai-juillet. (*V. D.*)

a. R. *hirsuta* (Lamk.). Calice velu-hérissé.

b. R. *glabra* (Lamk.). Calice glabre.

Prés humides, lieux ombragés. C.

1233. R. MINOR (Ehrh.). R. A PETITES FLEURS. — R. minor *b* alpinus (D. C.).

Tige de 1-3 déc., droite, *glabre, ordinairement non tachée de brun;* f. sessiles, oblongues ou linéaires-lancéolées, bordées de dents de scie très-rudes; *bractées vertes,* tachées de brun, dentées en scie; *calice glabre ou presque glabre; corolle à tube droit;* fl. jaunes, souvent tachées de bleu au sommet ainsi que le style, de moitié plus petites que dans l'espèce précédente. ①. Juin-juillet.

Bois à la Grande-Chartreuse et dans le Jura.

CCCLXXXVIII. PEDICULARIS (Tournef.). PÉDICULAIRE.

Calice renflé, à 5 dents inégales; corolle à 2 lèvres, la sup. en casque comprimé, l'inf. plane, étalée, à 3 lobes; capsule comprimée, mucronée, à 2 loges polyspermes; *graines ovales-triangulaires.* Plantes herbacées, à *feuilles pennatipartites,* noircissant par la dessication.

* Casque de la corolle terminé par un bec.

1234. P. GYROFLEXA (Vill.). P. ARQUÉE.

Tige de 1-2 déc., arquée, velue-laineuse, surtout au sommet; f. 2 fois pennatipartites, à segments très-courts; calice velu-laineux; casque arqué, terminé par un bec allongé, tronqué à son extrémité; fl. d'un rose vif, disposées en épi serré et globuleux. ♃. Juillet-août.

Pelouses au Grand-Som.

** Casque de la corolle non terminé en bec.

† Casque tronqué et muni de deux petites dents.

1235. P. SYLVATICA (L.). P. DES BOIS.

Tiges simples, mais réunies par touffes, la centrale dressée, *les latérales couchées;* f. pennatipartites, à segments in-cisés-dentés ; *calice à 5 dents inégales, foliacées, dentées;* fl. roses, quelquefois blanches, disposées en grappes termi-nales. ② ou ♃. Avril-juin. (*V. D.*)

Bois humides, prairies ombragées. A. C.

1236. P. PALUSTRIS (L.). P. DES MARAIS. (Vulg. *Tartarie rouge.*)

Tige de 3-6 déc., droite, rameuse, et ordinairement dès la base; f. 1-2 fois pennatipartites, à partitions oblongues, iné-galement incisées-dentées ; *calice à 2 lobes irréguliers, folia-cés, incisés-dentés et crispés sur les bords;* fl. d'un beau rose, rarement blanches, disposées en longues grappes feuillées. ② ou ♃. Mai-août. (*V. D.*)

Marais tourbeux, prairies spongieuses : Yvour; Vaux-en-Velin ; Dessine: Aveize, etc. P. C.

†† *Casque droit, obtus, sans dents.*

1237. P. FOLIOSA (L.). P. A ÉPI FEUILLÉ.

Tige de 2-5 déc., droite, simple, anguleuse ; grandes f. si profondément pennatiséquées qu'elles sont comme pennées, à segments pennatifides à la base, incisés-dentés au sommet ; bractées oblongues ou linéaires-lancéolées, acuminées, pro-fondément incisées-dentées, dépassant les fleurs ; corolle pu-bescente en dehors ; fl. d'un jaune blanchâtre, disposées en un épi terminal, allongé, serré et feuillé. ♃. Juillet-août.

Pelouses, lieux pierreux des hautes montagnes : Bovinant et le Grand-Som. à la Grande-Chartreuse; le Reculet, au fond du vallon d'Adran, à gauche: Pierre-sur-Haute, d'après Boréau. R.

IIIᵉ TRIBU : **VÉRONICÉES. — Calice à 4-5 divisions ; corolle en roue, à 4 segments si profonds qu'on les prendrait pour des pétales, l'inférieur plus étroit ; 2 étamines; capsule ovale ou obcordée, comprimée perpendiculairement à la cloison, rarement presque globuleuse.**

CCCLXXXIX. VERONICA (Tournef.). VÉRONIQUE.

Caractères de la tribu. Plantes herbacées dans notre Flore.

* *Fleurs en grappes axillaires.*

1238. V. BECCABUNGA (L.). V. BECCABUNGA. (Vulg. *Cresson de chien, Salade de chouette.*)

Plante entièrement glabre. Tige de 1-5 déc., couchée et radi-cante à la base, puis redressée ; *f.* charnues, opposées, *ovales ou oblongues, obtuses,* ordinairement crénelées-dentées, quelquefois

17

presque entières, *à court pétiole* ; *fl. d'un beau bleu de ciel,* striées de veines plus foncées. ♃. Mai-septembre. (*V.D.*)

Fossés, lieux marécageux, ruisseaux. A. C.

1239. V. ANAGALLIS (L.). V. MOURON D'EAU.

Plante entièrement glabre. Tige de 1-6 déc., couchée et radicante à la base, puis redressée ; *f.* charnues, opposées, *oblongues, aiguës,* ordinairement finement denticulées, quelquefois presque entières, *sessiles et demi-amplexicaules* ; *fl. d'un bleu pâle,* striées de veines plus foncées, parfois rosées ou même entièrement blanches. ♃. Mai-septembre. (*V. D.*)

Fossés, lieux marécageux, ruisseaux. C.

1240. V. SCUTELLATA (L.). V. A ÉCUSSONS.

Tige de 1-4 déc., grêle, rameuse, couchée et radicante à la base, puis redressée ; *f.* opposées, sessiles, étalées-divariquées, *linéaires-lancéolées,* finement denticulées, à nervure médiane saillante en dessous ; capsules plus larges que hautes, profondément échancrées ; pédoncules et pédicelles étalés à angle droit après la floraison ; *fl. blanches, striées de rose ou de bleu.* ♃. Mai-septembre.

b. V. *parmularia* (Poit. et Turp.). Tige, feuilles et calice velus.

Lieux marécageux ou humides : la Tête-d'Or ; Vaux-en-Velin ; Villeurbanne ; bord des étangs de Lavore ; ruisseaux à Souzy. A. R.

1241. V. MONTANA (L.). V. DE MONTAGNE.

Plante velue. Tige de 1-3 déc., faible, couchée et radicante à la base ; *f. à long pétiole,* ovales, *bordées de grosses dents de scie* ; capsule plus large que haute, échancrée à la base et au sommet ; fl. d'un bleu pâle, veinées de rose ou d'un bleu plus vif, à longs pédicelles, disposées en grappes peu fournies. ♃. Mai-juillet.

Bois frais et couverts : vallon de Fontaines, au dessous de Sathonay ; le Pont-d'Alaï ; Roche-Cardon ; Meximieux, au bois des Communaux ; de Colliard à Malbrouïle ; bois du Cuchon, à Saint-Rambert, et ailleurs, dans le Haut-Bugey. R.

1242. V. TEUCRIUM (L.). V. GERMANDRÉE.

Plante pubescente ou velue. *Tige de 1-4 déc., dressée,* ou un peu couchée à la base, puis redressée ; *f.* sessiles, *ovales-lancéolées, profondément dentées ou incisées ; calice à 5 divisions,* la sup. très-courte, semblable à une petite dent intermédiaire ; corolle à segments aigus ; *capsule pubescente,* obcordée ; *fl. toujours d'un beau bleu de ciel,* très-élégantes, disposées en grappes coniques et serrées. ♃. Mai-juillet.

Bois, pâturages, bord des chemins. P. R.

1243. V. PROSTRATA (L.). V. COUCHÉE.

Tiges finement pubescentes, très-dures à la base, *couchées-*

étalées; *f. linéaires-lancéolées*, entières, dentées ou incisées, *atténuées à la base; calice à 5 segments*, le sup. très-court, semblable à une petite dent intermédiaire ; *capsule glabre, obcordée ; fl. bleues, quelquefois blanches ou roses*, disposées en grappes serrées. ♃. Mai-juin.

Pelouses sèches, coteaux pierreux : le Mont-Cindre ; Saint-Alban, près Lyon ; la Valbonne, etc. P. C.

— On trouve des variétés qui paraissent intermédiaires entre les deux espèces que nous venons de décrire.

1244. V. CHAMÆDRYS (L.). V. PETIT CHÈNE.

Tiges de 1-3 déc., couchées à la base, puis redressées, *munies de deux lignes de poils parallèles et opposées*; f. sessiles, ovales-lancéolées, fortement dentées en scie; corolle à lobes obtus; fl. d'un beau bleu de ciel, veinées, blanches au centre, disposées en grappes lâches, souvent penchées au sommet dans la partie non fleurie. ♃. Avril-mai. (*V. D.*)

Haies, bois, pâturages. C. C. C.

1245. V. URTICÆFOLIA (L.). V. A FEUILLES D'ORTIE.

Tige de 3-6 déc., *droite, ferme, non rampante à la base; f. sessiles, ovales-lancéolées, acuminées, bordées de dents de scie inégales et très-aiguës*; capsule arrondie, un peu échancrée au sommet; petites fl. roses, ou d'un bleu pâle veiné de rose, disposées en grappes lâches, effilées, portées sur des pédoncules filiformes. ♃. Mai-juillet.

Bois : la Tête-d'Or, sur les saules; la Grande-Chartreuse ; Pradon ; Pont-de-Caux; les Neyrolles ; le Jura.

1246. V. OFFICINALIS (L.). V. OFFICINALE. (Vulg. *Thé d'Europe.*)

Plante entièrement velue. *Tiges couchées-radicantes et presque sous-ligneuses à la base; f. à court pétiole*, ovales ou oblongues-elliptiques, finement dentées en scie ; *capsule triangulaire-obcordée*, à échancrure peu profonde; petites fl. d'un bleu clair ou d'un rose pâle, disposées en grappes étroites, portées sur des pédoncules raides et dressés. ♃. Mai-juillet. (*V. D.*)

Bois, pâturages, bord des chemins. C.

1247. V. APHYLLA (L.). V. A TIGE NUE.

Petite plante stolonifère, émettant une ou plusieurs rosettes de feuilles ovales-arrondies, velues, superficiellement dentées, à court pétiole; *pédoncule axillaire, sans feuilles, pubescent, paraissant être la tige de la plante*; capsule obovale, peu ou point échancrée au sommet; *fl. peu nombreuses* (2-5), d'un beau bleu, à veines plus foncées, disposées en grappes très-courtes, accompagnées de petites bractées. ♃. Juin-juillet.

Rocailles des hautes montagnes : le Grand-Som, à la Grande-Chartreuse ; le Sorgiaz, le Reculet et le Colombier, dans le Jura.

— On la trouve souvent, sur les rochers nus et exposés au soleil. avec une seule touffe de feuilles radicales ; alors elle n'est pas stolonifère, mais c'est à cause de la sécheresse du sol sur lequel elle est venue.

*′ *Fleurs en épis, grappes ou corymbes terminaux.*

1248. V. SPICATA (L.). V. A FLEURS EN ÉPI.

Plante finement pubescente-grisâtre. Tige de 1-4 déc., ascendante, raide, dure surtout à la base, ordinairement simple ; f. ovales ou oblongues, les inf. obtuses, très-finement crénelées-dentées, les sup. aiguës, souvent entières ; *fl. d'un bleu vif, très-nombreuses, disposées en un long épi terminal et serré.* ♃. Juillet-octobre. (*V. D.*)

b. V. *polystachia* (Coss. et Germ.). Epi terminal accompagné de 2-3 autres plus petits et latéraux.

Pelouses sèches. P. R.

1249. V. ALPINA (L.). V. DES ALPES.

Tige de 4-10 cent., simple, pubescente, couchée, puis redressée, *feuillée dans toute sa longueur* ; f. sessiles ou à court pétiole, ovales ou elliptiques, obtuses ou un peu aiguës, crénelées ou entières, les sup. quelquefois alternes, les autres toujours opposées ; capsule ovale-oblongue, faiblement échancrée ; *petites fl. bleuâtres, rayées de blanc, peu nombreuses, disposées en grappe corymbiforme, terminale, serrée, hérissée de poils non glanduleux.* ♃. Juillet-août.

Pelouses et rocailles des hautes montagnes : sommet du Grand-Som, à la Grande-Chartreuse ; le Reculet ; le Sorgiaz, au sommet du Miroir.

1250. V. FRUTICULOSA (L.). V. A TIGE DURE.

Tiges très-dures, presque sous-ligneuses à la base, couchées, puis redressées, venant par touffes, *feuillées dans toute leur longueur ;* f. glabres, ciliées, obovales ou oblongues, obtuses ou un peu aiguës, finement denticulées, atténuées à la base, toutes opposées ; capsule ovale, légèrement échancrée ; *fl. d'un rose clair, veinées de rose plus foncé, peu nombreuses, disposées en grappe corymbiforme, terminale, serrée, hérissée de petits poils glanduleux.* ♃. Juillet-août.

Rocailles des sommets des hautes montagnes : le Colombier du Jura ; le Reculet ; le Sorgiaz ; le Grand-Som, à la Grande-Chartreuse.

1251. V. SAXATILIS (Jacq.). V. DES ROCHERS.

Diffère de la précédente, dont plusieurs auteurs n'en font qu'une variété, 1° par l'*absence de poils glanduleux sur les calices, les capsules et les pédoncules :* les poils qui les recou-

vrent sont courts, un peu crépus et simplement articulés ;
2° par la *capsule*, qui est *un peu atténuée au sommet* ; 3° par
la couleur des *fleurs*, qui sont *d'un beau bleu*, rougeâtres à la
gorge. ♃. Juillet-août.

Sommet du Miroir, sur le Sorgiaz. R.

1252. V. BELLIDIOIDES (L.). V. A FEUILLES DE PAQUERETTE.

Tige de 5-15 cent., simple, courbée à la base, puis redressée, *pubescente-glanduleuse surtout au sommet* ; f. velues-
pubescentes, *les radicales ovales-arrondies*, crénelées, atténuées en pétiole, *étalées en rosette*, un peu semblables en
petit à celles de la Pâquerette, *les caulinaires* peu nombreuses, *très-espacées, spatulées*, à l'exception des 2 sup., qui
sont plus étroites et aiguës ; capsule ovale, grande, faiblement échancrée au sommet ; fl. d'un bleu rougeâtre, *peu
nombreuses, disposées en grappe terminale, courte, serrée,
garnie de poils glanduleux*. ♃. Juillet-août.

Pelouses à la Grande-Chartreuse (Villars).

1253. V. SERPYLLIFOLIA (L.). V. A FEUILLES DE SERPOLET.

Tige couchée et radicante à la base, puis redressée ; *f. glabres, un peu charnues*, les inf. et les moyennes opposées, ovales-arrondies, les sup. alternes, lancéolées et même linéaires ;
fl. blanches, veinées de bleu, quelquefois rosées, *axillaires,
mais formant par leur réunion une grappe terminale feuillée*.
♃. Avril-octobre.

Pelouses, pâturages. A. C.

*** Fleurs solitaires à l'aisselle des feuilles supérieures.

1254. V. ARVENSIS (L.). V. DES CHAMPS.

Plante pubescente-hérissée. Tige de 1-2 déc., simple ou
rameuse, souvent rougeâtre, plus ou moins dressée ; *f. inf.
et moyennes opposées, ovales, obtuses, crénelées*, les sup. alternes, oblongues ou linéaires-lancéolées, très-entières, plus
serrées ; *petites fl. bleues, sessiles ou à peine pétiolées*. ①.
Mars-juin.

Champs cultivés, bord des chemins. C. C. C.

1255. V. VERNA (L.). V. PRINTANIÈRE.

Tige de 4-15 cent., dressée, un peu ferme, entièrement couverte de poils très-courts ; f. pubescentes, les radicales ovales,
entières ou dentées, *les caulinaires inf. et moyennes pennatipartites, à 5-7 partitions obtuses et inégales*, les sup. linéaires,
alternes et entières ; *graines convexes d'un côté et planes de
l'autre ; petites fl. d'un bleu pâle, rayées de veines plus foncées, portées sur des pédicelles plus courts que le calice*. ①.
Avril-mai.

Pelouses arides : Bonnand ; Chaponost, vers le moulin de Barail. R.

1256. V. ACINIFOLIA (L.). V. A FEUILLES DE THYM.

Tige de 4-10 cent., pubescente-glanduleuse, simple ou ramifiée dès la base, et alors à rameaux extérieurs arqués-ascendants ; *f. inf. et moyennes à court pétiole*, opposées, *ovales, légèrement crénelées*, les sup. alternes, lancéolées et très-entières ; *capsule* obcordée, plus large que haute, *échancrée jusqu'en son milieu ; graines convexes d'un côté et planes de l'autre ; petites fl.* bleues, *portées sur des pédicelles plus longs que les feuilles* de l'aisselle desquelles elles partent. ④. Mars-mai.

Champs sablonneux ou argileux : Écully ; Francheville ; Dardilly ; la Pape, etc. P. C.

1257. V. TRIPHYLLOS (L.). V. A FEUILLES TRILOBÉES.

Tiges dressées ou ascendantes, couvertes, surtout au sommet, de petits poils glanduleux ; f. un peu charnues, les inf. ovales, crénelées, *les moyennes à 3-5 lobes ou segments inégaux et comme digités*, les sup. quelquefois réduites à un seul segment linéaire ; *graines noires, creusées d'un côté en forme de petite coupe ;* fl. d'un bleu foncé, portées sur des pédicelles plus longs que le calice après la floraison. ④. Mars-mai.

Champs, moissons. C. C.

1258. V. PRÆCOX (All.). V. PRÉCOCE.

Tige dressée ou ascendante, pubescente-glanduleuse ; f. un peu charnues, souvent rougeâtres en dessous, *les inf.* opposées, *ovales, en cœur, profondément crénelées*, à court pétiole, les sup. alternes, lancéolées, incisées, plus rarement entières ; *graines jaunâtres, creusées en forme de petite coupe ; capsule* ovale-oblongue, obcordée, *à lobes renflés ;* fl. d'un beau bleu, quelquefois roses, portées sur des pédicelles un peu plus longs ou à peine plus courts que la feuille après la floraison. ④. Mars-mai.

Champs sablonneux : Villeurbanne; Saint-Alban, près Lyon; Écully, à Randin. A. R.

1259. V. AGRESTIS (L.). V. RUSTIQUE. — V. pulchella (Bast.).

Tige rameuse et *entièrement couchée ;* f. opposées ou alternes, pubescentes ou glabres, *pétiolées, ovales, en cœur, profondément crénelées-dentées ; pédoncules* penchés après la floraison, *d'abord plus courts que la feuille, l'égalant à la fin ou la dépassant un peu ; capsule peu ou point ridée, à lobes de l'échancrure renflés, non divergents ;* fl. bleu de ciel, blanches au centre, et ordinairement sur le segment inf. de la corolle, rayées de veines plus foncées. ④. Janvier-octobre. (*V. D.*)

Lieux cultivés. C. C. C.

b. V. *polita* (Fries). F. d'un vert obscur, souvent glabrescentes ; style saillant hors des lobes de l'échancrure ; capsule pubescente ; fl. d'un bleu tendre, à segments tous de la même couleur. — La Pape.

1260. V. Buxbaumii (Ten.). V. de Buxbaum. — V. persica (Poir.). — V. filiformis (D. C.).

Tige rameuse et *entièrement couchée* ; f. pubescentes, *pétiolées, ovales, en cœur, profondément crénelées-dentées,* les inf. opposées, les moyennes et les sup. alternes ; *pédoncules filiformes, recourbés et penchés après la floraison, beaucoup plus longs que les feuilles ; capsule fortement ridée, à lobes de l'échancrure comprimés et très-divergents* ; fl. bleu de ciel, blanches au centre, rayées de veines plus foncées. ④. Mars-mai et automne.

Lieux cultivés : la Tête-d'Or ; environs de Vienne. R.

1261. V. hederæfolia (L.). V. a feuilles de lierre.

Tige velue, rameuse *et entièrement couchée* ; f. velues, *pétiolées,* opposées et alternes, les radicales ovales et entières, *les caulinaires ovales,* un peu en cœur, *divisées au sommet en 3-5 lobes entiers, dont le terminal est plus large que les autres* ; pédoncules recourbés et penchés après la floraison, égalant ou dépassant un peu les feuilles ; *calice à segments en cœur,* aigus, ciliés ; *capsule presque globuleuse, à 4 lobes arrondis* ; petites fl. d'un bleu pâle ou lilacé, quelquefois blanchâtres. ④. Janvier-juin, et souvent en automne. (*V. D.*)

Lieux cultivés, moissons, vignes, haies. C. C. C.

64ᵉ Famille. — LENTIBULARIÉES (1).

Cette famille doit son nom à de petits ballons en forme de lentille qu'offrent les feuilles des *Utriculaires,* qui composent un de ses genres. Elle ne contient que des plantes herbacées, croissant au milieu des eaux, dans les fentes des rochers humides ou dans les prairies tourbeuses. *Leur corolle, très-irrégulière,* a 2 *lèvres, dont l'inférieure est prolongée en éperon.* Le calice, persistant, est tantôt bilabié, tantôt à 5 divisions peu inégales. La fleur ne renferme que 2 *étamines,* et le fruit, qui est une *capsule uniloculaire et polysperme,* est surmonté par un style unique très-court, terminé par un stigmate bilobé. Les *graines,* très-petites, sont *dépourvues d'albumen.*

CCCXC. Pinguicula (Tournef.). Grassette.

Calice à 5 divisions peu inégales, formant comme 2 lèvres ;

(1) De *lenticula,* lentille, et *bulla,* ballon, vessie.

parce que les 3 sup. sont dressées, et les 2 inf. réfléchies ; *corolle à 2 lèvres entr'ouvertes*, la sup. échancrée, l'inf. à 3 lobes ; *hampes uniflores, à feuilles entières, toutes radicales, d'apparence huileuse.*

1262. P. VULGARIS (L.). G. COMMUNE. (Vulg. *Langue-d'oie, Herbe grasse.*)

Hampe de 3-10 cent. ; f. ovales-oblongues, un peu contournées, d'un vert jaunâtre, étalées en rosette radicale ; *éperon linéaire, légèrement recourbé, un peu plus court que le reste de la corolle* ; *fl. passant du bleu au violet.* ♃. Mai-juillet. (*V. D.*)

Prairies marécageuses des hautes montagneuses : Pierre-sur-Haute ; et dans l'Ain, sous la fontaine Egraz, en montant de Châtillon à Retord, et à Lavours, près Belley. — Gilibert l'indique à Pilat, dans les prairies humides ; je ne connais personne qui l'y ait retrouvée.

1263. P. GRANDIFLORA (Lamk.). G. A GRANDES FLEURS.

Diffère de la précédente 1° parce qu'elle est de moitié plus grande dans toutes ses parties ; 2° par l'*éperon*, qui est *droit et égal à peu près au reste de la corolle.* La fleur est ordinairement d'un beau bleu-violet, plus rarement rose. ♃. Juin-juillet.

Pâturages des hautes montagnes du Bugey : Retord ; Colliard ; Lélex ; sommet du Reculet.

1264. P. ALPINA (L.). G. DES ALPES.—P. flavescens (Schrad.).

Hampe de 5-10 cent. ; f. elliptiques, un peu contournées, d'un vert jaunâtre, étalées en rosette radicale ; *éperon conique, au moins aussi large que long* ; *fl. blanchâtres, marquées à la gorge de deux taches jaunes.* ②. Juin-juillet.

Rochers humides des hautes montagnes : le Grand-Som et Charmansom, à la Grande-Chartreuse ; le Reculet et dans les grands creux de la montagne d'Allemogne.

CCCXCI. UTRICULARIA (L.). UTRICULAIRE.

Calice à 2 lèvres égales ; *corolle personnée, à 2 lèvres,* l'inf. plus grande que la sup. ; *hampes pluriflores, à feuilles submergées, découpées en segments capillaires, dont quelques uns au moins sont munis de petites vessies* (utricules). Plantes aquatiques.

1265. U. VULGARIS (L.). U. COMMUNE.

Hampe de 1-3 déc., munie de quelques écailles ; *f. pennatiséquées,* à segments capillaires, munis de vésicules nombreuses ; *éperon conique, égalant environ la moitié de la corolle* ; *lèvre sup. de la corolle à peu près entière* ; *gorge à palais renflé* ; fl. assez grandes, d'un beau jaune, à palais rayé de lignes orangées, portées sur des pédoncules alternes, naissant à l'aisselle de petites bractées, et disposées au nombre de 4-10 en grappe terminale. ♃. Juin-août. (*V. D.*)

Mares et eaux stagnantes : la Tête-d'Or; Villeurbanne; Dessine; Pont-Chéry; environs de Belley; Peyrieux; marais de Divonne. P. C.

1266. U. MINOR (L.). U. NAINE.

Plante plus petite que la précédente dans toutes ses parties. Hampe de 5-15 cent., portant souvent de petites écailles espacées; *f. palmatiséquées, à 2-3 segments courts,* capillaires, dichotomes, multiséqués, munis de vésicules peu nombreuses; *éperon réduit à une petite bosse conique, beaucoup plus courte que la moitié de la corolle; lèvre sup. de la corolle échancrée; gorge à palais plane, non renflé;* petites fl. d'un jaune pâle, à palais rayé de brun, disposées comme dans l'espèce précédente. ♃. Juillet-août.

Marais de Vaux-en-Velin et de Divonne; sources à Dessine. A. R.

65ᵉ FAMILLE. — OROBANCHÉES (1).

Si nous disions simplement, avec Linné, que les Oroban-banchées sont des plantes dont le calice est campanulé ou à 2 lèvres, *la corolle plus ou moins labiée,* les *étamines didy-names,* l'ovaire glanduleux à sa base antérieure, la *capsule uniloculaire, à deux valves libres, portant chacune deux pla-centas longitudinaux chargés de semences*, nous ne ferions que donner les caractères par lesquels elles ressemblent à un grand nombre de plantes de la famille des Personnées. Pour les en distinguer, il faut y ajouter les attributs, bien plus tranchés, tirés de la germination, de l'organisation intérieure et de l'ensemble de la végétation.

Sous ce nouveau point de vue, les Orobanchées sont des *plantes parasites,* dont la racine, plus ou moins renflée, plus ou moins revêtue d'écailles à l'extérieur, s'implante toujours sur celle d'une plante étrangère, aux dépens de laquelle elle vit. Leur *tige, munie d'écailles au lieu de feuilles, est remar-quable par la substance dont elle est formée : elle ne se com-pose point d'un parenchyme vert,* comme les autres plantes de cette section, *mais uniquement d'un tissu cellulaire blan-châtre, recouvert d'une cuticule de couleur variable, mais jamais verte.*

Les Orobanchées sont d'une étude difficile. Il est indis-pensable de connaître à quelles plantes appartiennent les ra-

(1) De ὄροβος, orobe, espèce de plante de la famille des Légumineuses, et ἄγχω, étouffer.

17.

cines sur lesquelles elles croissent, et l'on ne doit admettre.
en herbier que des échantillons adhérant à ces plantes, qu'on
dessèchera en même temps.

CCCXCII. Orobanche (L.). Orobanche.

Calice à 4-5 divisions, ou à 2 sépales ordinairement bifides,
toujours accompagné de 1 ou 3 bractées; *corolle* tubuleuse,
arquée, à 2 lèvres ouvertes, divisées en 4-5 lobes, *se coupant*
circulairement au dessus de sa base quand elle tombe ; stigmate plus ou moins échancré. Plantes herbacées, à fl. disposées en épi terminal.

    * *Calice muni d'une seule bractée.* — *Orobanche (L.).*

. 1267. O. rapum (Thuill.). O. rave.—O. major (Lamk.).

Plante d'un jaune roussâtre. *Tige* de 3-6 déc., robuste,
fortement renflée et très-écailleuse à la base, couverte, ainsi
que tout le reste de la plante, de poils jaunâtres et glanduleux ; écailles de la tige lancéolées-acuminées, espacées entre
elles ; calice formé de 2 sépales partagés en divisions linéaires ;
corolle à 2 lèvres denticulées, ondulées, mais non frangées
sur les bords; filets des étamines très-glabres à la base, pubescents-glanduleux au sommet ; *stigmate d'un jaune pâle;* fl.
rougeâtres, ou d'un rose jaunâtre, à odeur d'épine-vinette,
mais très-fugace. ♃. Mai-août. (*V. D.*)

    Parasite sur le *Genêt à balais.* C.

1268. O. cruenta (Bertol.). O. rouge de sang.—O. fœtida (D. C. pro parte).
— O. gracilis (Smith).

Tige de 1-4 déc., un peu renflée et rougeâtre à la base,
pubescente-glanduleuse, surtout au sommet ; écailles lancéolées-acuminées; calice formé de 2 sépales bifides; *corolle*
courte, très-évasée, *à lèvres frangées et ciliées sur les bords ;*
filets des étamines velus à la base, pubescents-glanduleux au
sommet; *stigmate d'un jaune-citron, entouré d'un rebord d'un*
brun rougeâtre; fl. jaunâtres à la base, rayées de rouge au
sommet, d'un rouge de sang à l'intérieur de la gorge, à odeur
de giroflée fugace. ♃. Mai-juin.

    Parasite sur le *Lotus corniculatus,* l'*Hippocrepis comosa,* l'*Onobrychis*
sativa, le *Genista tinctoria,* et autres Légumineuses : Couzon, la Pape, et
en général dans les terrains calcaires. P. C.

1269. O. galii (Duby). O. du gaillet.—O. vulgaris (D. C.).—O. caryophyl-
lacea (Rchb.).

Plante d'un blanc rougeâtre ou jaunâtre. Tige de 2-5 déc.,
légèrement renflée à la base, couverte de poils courts et glanduleux ; écailles lancéolées, devenant promptement noirâtres ;

calice à sépales ordinairement entiers, un peu inégaux, soudés par le sommet ou se touchant par leurs bords; *corolle campanulée, très-courte, à lèvres denticulées et ciliées-glanduleuses; filets des étamines velus à la base*, poilus-glanduleux au sommet; *stigmate d'un rouge foncé;* fl. d'un blanc rosé ou jaunâtre, veinées, souvent teintées de violet sur le dos, à odeur de girofiée fugace. ♃. Mai-juillet.

Parasite sur les *Galium*. C.

1270. .O. MEDICAGINIS (Duby). O. DE LA LUZERNE.—O. rubens (Wallr.).

Plante ordinairement rougeâtre, quelquefois d'un jaune pâle. Tige de 2-4 déc., peu renflée à la base, couverte de petits poils glanduleux; écailles lancéolées, un peu consistantes, devenant noirâtres, serrées à la base, plus espacées et étalées sur la tige; calice à sépales ovales-acuminés, inégalement bifides ou munis d'une dent de chaque côté; *corolle à tube allongé, arqué, resserré au dessous de la gorge*, et à lèvres inégalement denticulées; *filets des étamines cotonneux à la base et insérés dans la courbure de la corolle; stigmate d'abord d'un jaune de cire, à la fin d'un rouge vineux, à lobes réfléchis, fermant assez exactement l'entrée de la corolle;* fl. jaunâtres à la base, rougeâtres au sommet, à légère odeur très-fugace. ♃. Mai-juin.

Parasite sur les *Medicago sativa* et *falcata*.

1271. O. LASERPITII-SILERIS (Reuter). O. DU LASER.

Tige de 4-6 déc., épaisse, fortement striée, très-renflée à la base, d'un brun rougeâtre, couverte de poils courts, glanduleux et jaunâtres; écailles lancéolées-acuminées, très-appliquées contre la tige; calice à 2 sépales contigus ou soudés en avant, divisés jusque vers leur milieu en deux lobes acuminés; corolle tubuleuse-campanulée, à lèvres denticulées; *filets des étamines hérissés dans toute leur longueur et insérés un peu au dessous de la base de la corolle; stigmate d'un jaune orangé;* fl. fauves, jaunâtres à la base, rougeâtres et un peu violacées au sommet, disposées en épi très-serré et très-allongé, atteignant 2-3 déc. ♃. Juillet-août.

Parasite sur le *Laserpitium-siler* : sommet du Colombier, près Belley; la Grande-Chartreuse (Jordan).

1272. O. EPITHYMUM (D. C.). O. DU THYM-SERPOLET.

Tige de 1-3 déc., peu renflée à la base, couverte de poils brunâtres et un peu visqueux; écailles lancéolées-acuminées; calice à *sépales entiers ou légèrement échancrés, écartés dès la base; corolle* campanulée, *peu arquée*, à lobes denticulés, *à lèvre sup. échancrée*, l'inf. à lobes inégaux; *filets des étamines insérés vers le fond de la corolle, et munis à la base de quelques poils épars; stigmate d'un rouge foncé; fl.* d'un blanc jaunâtre, veinées de rouge, *peu nombreuses,* disposées en un épi court et lâche. ♃. Juin-juillet.

Parasite sur le *Thymus serpyllum* et sur le *Clinopodium vulgare.* A. C.

1273. O. TEUCRII (Hollandre). O. DE LA GERMANDRÉE.

Diffère de la précédente, avec laquelle beaucoup d'auteurs la confondent, 1° par les *sépales,* qui sont *partagés en 2 lobes inégaux;* 2° par la *lèvre sup. de la corolle,* qui est *entière;* 3° par le point d'insertion des étamines, qui est un peu plus éloigné du fond de la corolle; 4° par les *filets des étamines,* qui sont plus *velus dans leur moitié inf.* Les fl., disposées également en un épi court, lâche et pauciflore, sont d'un jaune mêlé de blanc, de rouge et de violet. ♃. Juin-juillet.

Parasite sur les *Teucrium chamædrys* et *montanum :* la Pape, et ailleurs. P. C.

1274. O. SCABIOSÆ (Koch). O. DE LA SCABIEUSE.

Se rapproche également de l'*Orobanche epithymum.* Tige de 2-4 déc., robuste, velue-glanduleuse; écailles lancéolées, nombreuses; calice à *sépales* entiers ou bifides, *rapprochés à la base, écartés au sommet; corolle arquée, couverte de poils glanduleux, portés sur des tubercules noirâtres,* à lèvre sup. échancrée, *l'inf. à lobes égaux; filets des étamines glabres au sommet,* à peine pubescents à la base, *insérés un peu au dessus du fond de la corolle; stigmate d'un rouge foncé; fl. nombreuses,* d'un jaune d'ocre pâle dans leur ensemble, d'un rouge ferrugineux sur les bords, violacées sur le dos, *disposées en un épi serré et allongé,* atteignant jusqu'à 1 déc. ♃. Juillet-août.

Parasite sur le *Scabiosa columbaria* et sur le *Carduus defloratus :* sommet du Reculet, où elle est indiquée par MM. Grenier et Godron.

1275. O. MINOR (Sutton). O. A PETITES FLEURS.

Tige de 1-2 déc., roussâtre, un peu violacée, très-grêle, pubescente-glanduleuse, *renflée à la base en un bulbe arrondi et écailleux;* écailles lancéolées, souvent contournées et étalées; calice formé de 2 sépales, tantôt bifides, tantôt presque entiers; *corolle à tube insensiblement arqué,* à lèvres ondulées et denticulées, *la sup. incisée ou un peu échancrée; filets des étamines insérés à peu près au tiers de la hauteur de la corolle et ne présentant que quelques poils épars à la base; stigmate d'un rouge foncé,* noircissant *promptement,* fortement incliné sur les anthères; fl. petites, blanchâtres, à veines d'un bleu-lilas, disposées en épi lâche à la base, serré au sommet. ♃. Juin-juillet. (*V. D.*)

Parasite sur les *Trifolium pratense* et *repens.* C.

1276. O. HEDERÆ (Vauch.). O. DU LIERRE.

Port et aspect de la précédente. Tige de 2-6 déc., roussâtre, un peu violacée, élancée, renflée à la base, couverte de poils courts et glutineux; écailles lancéolées, contournées, un peu écartées; *calice à sépales* lancéolés, soudés en avant, *très-rarement divisés; corolle à lèvre sup. à peu près entière*, l'inf. à 3 lobes très-profonds, cordiformes, celui du milieu plus grand que les 2 latéraux; *étamines* déjetées sur les côtés, plus grandes que le style, *à filets munis à la base de quelques poils caducs, insérées vers le fond de la corolle; stigmate presque simple, jaune, jamais rouge*; fl. médiocres, d'un jaune clair, quelquefois veinées de violet, disposées en un long épi lâche à la base, serré au sommet. ♃. Juin-août.

Parasite sur le *Lierre* : la Pape; la plaine de Royes. R.

1277. O. ERYNGII (Vauch.). O. DU PANICAUT. — O. amethystea (Thuill.).

Tige de 2-5 déc., *rougeâtre ou violacée*, peu renflée à la base; écailles lancéolées, adhérentes dans une partie de leur longueur; calice à *sépales marqués de 3-6 nervures*, profondément divisés en 2 segments linéaires; *corolle à tube brusquement coudé vers son tiers inférieur*, à lèvre sup. voûtée et à peine bifide, l'inf. à 3 lobes denticulés et un peu chiffonnés; *filets des étamines un peu velus à la base et insérés sur la courbure de la corolle; stigmate rosé, couleur de vin clair*; fl. d'un blanc rougeâtre, veinées de lignes d'un lilas foncé, quelquefois entièrement lilas, disposées en épi serré au sommet, un peu lâche à la base. ♃. Juin-juillet.

Parasite sur l'*Eryngium campestre* : Cogny, dans le Beaujolais. R. R.

L'O. *brachysepala* (Schültz), O. *cervariæ* (Suard), est indiqué à Lyon par de Candolle dans son *Prodromus;* nous n'avons pas appris qu'il y ait été retrouvé. Il croît sur les racines du *Peucedanum cervaria*, qui n'est point rare sur nos coteaux calcaires, au Mont-Cindre et ailleurs.

— M. l'abbé Vernanges, professeur à la faculté de théologie, a présenté cette année à la Société Linnéenne une Orobanche récoltée par lui, dans sa campagne de Fontaines, sur les racines du *Campanula medium*. Elle est remarquable par la hauteur de sa tige et la longueur de son épi.

** *Calice muni de 3 bractées. — Phelipœa* (A. Meyer).

1278. O. ARENARIA (Bork.). O. DES SABLES.— O. cærulea (Balbis, Fl. lyonn., non Vill.).—Phelipæa arenaria (Walpers.).

Tige de 3-4 déc., blanchâtre ou d'un bleu violet au sommet, où elle est couverte d'une pubescence courte et pulvérulente; écailles ovales ou oblongues, lancéolées, peu serrées sur la tige; calice monosépale, à 4 dents profondes, lancéolées-acuminées, accompagnées quelquefois d'une cinquième plus courte; *corolle dilatée à la base et au sommet, contractée vers son tiers inférieur,* à lobes arrondis, obtus, ciliés; *étamines à filets glabres,* mais *à anthères chargées de poils cotonneux; stigmate* blanchâtre, *à lobes très-prononcés; fl.* grandes, *d'un beau bleu violet,* disposées en épi serré au sommet, un peu lâche à la base. ♃. Juin-juillet.

Parasite sur l'*Artemisia campestris :* la Pape. R.

1279. O. ramosa (L.). O. rameuse.—*Phelipæa ramosa* (A. Meyer).

Tige de 1-2 déc., pubescente, jaunâtre, *ordinairement rameuse, et souvent dès la base;* écailles peu nombreuses, très-espacées; calice monosépale, à 4 divisions lancéolées, à peu près égales; corolle à tube grêle, contracté vers son milieu, à lèvre sup. divisée en 2 lobes, l'inf. à 3 lobes arrondis, obtus, ciliés; *étamines à filets légèrement pubescents à la base et à anthères glabres; stigmate* blanchâtre, *à lobes peu prononcés; fl.* petites, *d'un blanc jaunâtre,* souvent lavées d'un bleu-violet dans leur partie sup., disposées en épis grêles et effilés. ①. Juin-août. (*V. D.*)

Parasite sur le *Chanvre,* et aussi, mais très-rarement, sur plusieurs autres plantes.

CCCXCIII. Lathræa (L.). Lathrée.

Calice campanulé, quadrilobé, muni d'une seule bractée; *corolle* à 2 lèvres, la sup. entière, l'inf. plus courte et à 3 dents, *tombant avec sa base entière; ovaire muni à sa base antérieure d'une petite glande libre;* stigmate entier ou à peine échancré. Plantes herbacées, *à rhizôme garni d'écailles charnues et imbriquées.*

1280. L. squamaria (L.). L. écailleuse.

Plante d'abord blanchâtre, noircissant avec l'âge et surtout par la dessication. Rhizôme rameux, tortueux, couvert d'écailles charnues et imbriquées; tige extérieure simple, dressée, écailleuse à la base; bractées obovales-arrondies; fl. blanchâtres, lavées de rose, très-courtement pédicellées, penchées et disposées en épi terminal et unilatéral. ♃. Mars-avril.

Parasite sur les racines des vieux arbres : bois du Vernay, près de l'Ile-Barbe, où mon ami M. l'abbé Thevenet me l'a fait trouver en 1846; Pradon, près Nantua. R. R.

66ᵉ Famille. — PLOMBAGINÉES.

Cette famille doit son nom au *Plumbago Europœa,* plante de nos jardins dont les fleurs rappellent un peu par leur couleur celle du plomb fondu, quand son éclat a été terni par l'oxygène de l'air. Elle ne renferme que des plantes herbacées, représentées par un seul genre dans notre Flore. Leurs fleurs ont un calice tubuleux, plissé, ordinairement à 5 dents, toujours persistant et membraneux, et une corolle tantôt réellement monopétale, tubuleuse, à limbe divisé en 5 lobes, tontôt formée de 5 pétales soudés à la base ; elles ont toujours 5 *étamines opposées aux pétales ou aux lobes de la corolle.* *L'ovaire, simple*, libre, uniloculaire, est *terminé par 5 styles, ou par 1 style à 5 stigmates* ; il devient une *capsule monosperme*, indéhiscente ou à 5 valves, *recouverte par le calice persistant.* Les *feuilles* sont *toujours simples et entières.*

CCCXCIV. ARMERIA (Wild.). ARMÉRIE.

Calice membraneux, plissé, à 5 dents ; corolle formée de 5 *pétales onguiculés, soudés à la base* ; 5 étamines insérées au fond de la corolle ; 5 styles ; *fleurs réunies en têtes terminales, entourées d'un involucre à folioles membraneuses, se prolongeant en gaine sur la hampe* ; feuilles toutes radicales.

1281. A. PLANTAGINEA (Wild.). A. A FEUILLES DE PLANTAIN. — Statice plantaginea (All.).

Souche dure, presque ligneuse ; hampes de 1-6 déc., droites, raides, glabres, un peu rudes ; f. linéaires-lancéolées, souvent arquées, marquées de 3-5 ou 7 nervures ; folioles extérieures de l'involucre cuspidées, les intérieures obtuses et mucronulées ; fl. d'un rose clair. ♃. Juillet-août.

Terres sablonneuses : Villeurbanne ; le Pont-d'Alaï ; Saint-Alban, près de Roanne ; Saint-Georges-de-Rencins ; route de Sain-Bel à Sainte-Foy-l'Argentière. P. C.

67º FAMILLE. — PLANTAGINÉES.

Les *Plantains* (1), célèbres dans la médecine ancienne, ne jouissent plus de leur vieille réputation, sinon peut-être auprès des oiseaux, qui trouvent dans leurs graines nombreuses une nourriture agréable et toujours abondante. Ils se font reconnaître à leurs fleurs en épi serré, seulement coloré par ses longues étamines, et porté le plus souvent sur une hampe à feuilles radicales étalées sur la terre ou dressées, toujours accompagnées d'une bractée. Les petites fleurs des Plantaginées ont en outre un calice persistant, à 4 (rarement 3) divisions, et une *corolle* persistante aussi, scarieuse, *tubuleuse, divisée au sommet en 4 lobes réguliers* Dans le tube de la corolle sont insérées 4 *étamines qui alternent avec ses lobes et les dépassent*

(1.) Du latin *planta*, plante par excellence.

longuement. *L'ovaire, libre et simple, est terminé par un style filiforme* ; il devient une capsule, tantôt uniloculaire, monosperme et indéhiscente, tantôt, et c'est le plus souvent, à 2 ou 4 loges, contenant 2-4 graines, ou même un plus grand nombre, et s'ouvrant comme une petite boîte à savonnette.

CCCXCV. Plantago (L.). Plantain.

Fleurs toutes complètes, c'est-à-dire, munies d'étamines et de carpelle ; *capsule à 2 ou 4 loges*, contenant au moins 2 ou 4 graines, et s'ouvrant *horizontalement* comme une petite boîte à savonnette.

⁎ Feuilles ovales ou oblongues-lancéolées, toutes radicales:

1282. P. major (L.). P. a larges feuilles. (Vulg. *Grand-Plantain.*)

Hampes de 1-5 déc., cylindriques, pubescentes, *dressées; f. à long pétiole, ovales-lancéolées*, entières ou peu dentées, froncées, munies de 5, 7 ou 9 nervures convergentes, *épaisses, glabres ou presque glabres en dessus*, quelquefois pubescentes et un peu rudes en dessous; *capsule à 8 graines;* fl. blanchâtres, *en épi droit* et ordinairement *très-allongé*, occupant plus de la moitié de la hampe. ♃. Mai-octobre. (*V. D.*)

Bord des chemins, pelouses, lieux incultes. C. C.

1283. P. intermedia (Gilib. Pl. d'Eur.). P. intermédiaire.

Diffère du précédent 1° par sa *hampe très-velue, couchée, puis arquée-ascendante*; 2° par ses f. plus minces, *entièrement hérissées de petits poils blanchâtres et bordées de dents irrégulières*; 3° par ses graines plus grosses; 4° par ses fl. *disposées en un épi* plus *court et souvent arqué.* ♃. Juin-octobre.

Terrains sablonneux, chemins, montagnes du Beaujolais. C.

1284. P. minima (L.). P. nain.

Hampe de 1-2 cent., filiforme, velue, *flexueuse et arquée*, ne dépassant pas les feuilles; *f. à court pétiole, très-velues, ovales, entières ou à peine dentées*, munies de 3 nervures; fl. blanchâtres, *disposées*, au nombre de 3-6, *en épis courts et ovoïdes.* ♃. Juin-août.

Sables des îles du Rhône, au dessous de la Pape.—Trouvé en juillet 1847.

— Au dire de plusieurs auteurs, le *Plantago minima* ne serait qu'une variété naine, suivant les uns, du *Plantago major*, selon les autres, du *Plantago intermedia.* Sans nous prononcer sur cette question, nous l'avons décrit tel que nous l'avons trouvé dans la localité citée, où il se trouve depuis fort longtemps, et où, par conséquent, il se reproduit par graines.

1285. P. MEDIA (L.). P. MOYEN.

Hampes de 2-4 déc., arquées à la base, puis dressées, cylindriques, hérissées de petits poils blanchâtres; *f. ovales-lancéolées*, entières ou sinuées-dentées, *pubescentes et ciliées*, marquées de 5, 7 ou 9 nervures convergentes, *à pétiole très-court, large et aplati*; *capsule à 2 graines*; fl. blanchâtres, odorantes, à étamines lilas, disposées en épi serré, oblong, presque cylindrique. ♃. Mai-août.

Prés secs, chemins. C. C.

1286. P. LANCEOLATA (L.). P. A FEUILLES LANCÉOLÉES.

Plante très-variable. *Hampes* de 1-6 déc., *anguleuses*, dressées ou ascendantes; *f. oblongues-lancéolées*, à peine denticulées, marquées de 3-5 nervures, *atténuées en un pétiole ailé*; *bractées ovales-acuminées*; *capsule renfermant 2 graines lisses et canaliculées sur le côté interne*; fl. blanchâtres, disposées en épi court et obtus. ♃. Avril-octobre.

Prairies, pelouses, bord des chemins. C. C. C.

1287. P. MONTANA (Lamk.). P. DE MONTAGNE.

Diffère du précédent 1° par sa taille plus petite : sa hampe a ordinairement de 4 à 12 centimètres; 2° par ses *bractées très-obtuses*, *terminées brusquement par une pointe très-courte*; 3° par les *graines*, qui sont *fortement ridées*. ♃. Juillet-août.

Pâturages des hautes montagnes : la Grande-Chartreuse; toutes les sommités du Jura.

** *Feuilles linéaires.*

† *Feuilles toutes radicales.*

1288. P. SERPENTINA (Lamk.; Balbis, Fl. lyonn.; Koch, Syn.). P. SERPENTIN. — P. subulata (L. ex pluribus, non Gren. et Godr.).

Souche sous-ligneuse, dure, écailleuse, d'un brun noirâtre; *hampes de 4-12 cent.*, venant par touffes, *penchées et flexueuses avant la floraison*, se redressant aussitôt que la fleur est bien épanouie; *f. d'un vert glaucescent, ne noircissant pas par la dessication*, linéaires, *un peu épaisses, plus ou moins canaliculées en dessus, arrondies ou carénées en dessous, ce qui les rend obscurément triangulaires*, bordées, au moins dans leur jeunesse, de cils blancs écartés, munies d'une touffe de laine blanchâtre placée à leur base; *bractées subulées*, tantôt égalant à peu près le calice, tantôt le dépassant; *segments du calice pliés en carène aiguë et hérissée de cils blanchâtres*; étamines à anthères jaunes; fl. en épis ordinairement oblongs-cylindriques. ♃. Mai-juillet.

a. P. *carinata* (Schrad.). Bractées vertes et blanchâtres, égalant à peu près le calice, ou le dépassant peu. — Pelouses sèches : Thurins; Soucieu.

b. P. *longebracteata* (Koch). Bractées d'un brun noirâtre, subulées, dépassant longuement le calice, presque une fois plus longues que ses segments. — Pelouses à Vaugneray, à droite au dessus de la route, après avoir dépassé la Croix-Blanche. — Cette forme serait, à notre avis, le vrai *Plantago serpentina*, tel que Lamarck l'a décrit.

c. P. *capitellata* (Ram. in D. C.), P. *depauperata* (Gren. et Godr.). Feuilles largement canaliculées en dessus, non ciliées; bractées d'un vert blanchâtre, égalant à peu près les segments du calice; fl. en épi court, ovoïde, pauciflore. — Pelouses au Grand-Som.

— On trouve abondamment au milieu des rocailles, à Véranes, Malleval et aux environs, une forme qui semble tenir le milieu entre les variétés *a* et *c* : elle a les épis plus courts que la première, mais plus longs que la seconde; les feuilles sont, comme dans celle-ci, creusées en dessus dans toute leur largeur, et non finement canaliculées; les bractées égalent à peu près le calice.

— M. Aunier possède une autre variété remarquable, récoltée par lui à Montbrison le 10 juillet 1818. Elle a des feuilles très-fines et non piquantes.

1289. P. ALPINA (L.). P. DES ALPES.

Ce Plantain se rapproche de la variété *c* de l'espèce précédente. Souche sous-ligneuse, dure, écailleuse, d'un brun noirâtre; hampes de 4-6 cent., finement pubescentes, étalées ou ascendantes; *f. noircissant par la dessication, non piquantes, molles, non épaisses,* linéaires-lancéolées, *canaliculées en dessus dans toute leur largeur,* un peu carénées en dessous, *marquées de 3 nervures non également espacées,* les 2 latérales étant plus rapprochées des bords que de celle du milieu; bractées égalant à peu près le calice; *segments du calice pliés en carène* aiguë, mais *non ciliée;* étamines à anthères très-jaunes; fl. en épis courts, cylindriques, obtus. ♃. Juillet-août.

Pelouses : le Grand-Som, à la Grande-Chartreuse; le Haut-Jura. R.

— Le *Plantago graminea* (Lamk. et Balbis, Fl. lyonn.), considéré aujourd'hui comme une variété du *Plantago maritima* (L.), se trouvait autrefois à la Mouche, près de la Vitriolerie; mais, depuis quinze ans, on ne l'y rencontre plus.

†† *Tige rameuse et feuillée.*

1290 P. ARENARIA (Waldst. et Kit.). P. DES SABLES.

Tige de 1-4 déc., *entièrement herbacée,* droite, rameuse, couverte de poils courts, légèrement visqueux; f. opposées, linéaires, ordinairement très-entières; *segments intérieurs du calice spatulés et très-obtus; fl. en épi* ovale et *blanchâtre.* ①. Juin-août. (V. D.)

Lieux sablonneux et arides : Saint-Alban, près Lyon; coteaux du Rhône; environs de Meximieux et toute la Valbonne, etc. A. C.

1291. P. CYNOPS (L.). P. DES CHIENS.

Tige de 1-4 déc., *sous-ligneuse à la base,* très-rameuse, pubescente; f. opposées ou verticillées, linéaires, très-entières, ciliées, étalées ou arquées; *segments intérieurs du ca-*

lice ovales, *obtus, mucrónés; fl. en épi* ovale-arrondi et *d'un brun rougeâtre.* ♃. Mai-juillet.

Lieux arides : la Pape; Oullins; Bonnand; coteaux et bords du Rhône. A. C.

CCCXCVI. Littorella (L.). Littorelle.

Fleurs monoïques, celles à étamines solitaires à l'extrémité de pédoncules radicaux, celles à carpelles sessiles à la base du pédoncule des fleurs à étamines; *capsule monosperme et indéhiscente.* Plantes herbacées.

1292. L. lacustris (L.). L. des étangs. (Vulg. *Plantain de moine.*)

Feuilles toutes radicales, un peu charnues, dressées, lan-céolées-linéaires, engaînantes et canaliculées à la base, dé-passant les pédoncules; étamines à filets très-allongés; ca-lice à segments membraneux sur les bords, marqués d'une ligne verte sur le milieu; fl. à corolle blanchâtre. ♃. Juin-août.

Bord des étangs et des marais : Lavore; la Bresse; Janeyriat. A. R.

IVᵉ section.

MONOCHLAMYDÉES.

Calice et corolle réunis en un *périanthe,* c'est-à-dire, en une enveloppe florale unique, verte ou colorée.

68ᵉ Famille. — AMARANTACÉES (1).

Les Amarantacées sont très-remarquables dans les es-pèces exotiques par le vif éclat des écailles scarieuses de leurs fleurs, qui, conformément à l'étymologie de leur nom, ne se flétrissent jamais. Moins éclatantes, celles de nos con-trées n'ont rien qui frappe les regards.

Ce sont des plantes herbacées, à *feuilles* simples, *alternes, toujours dépourvues de gaines et de stipules.* Leurs *fleurs, monoïques,* ont un périanthe unique, formé de 3-5 sépales libres ou un peu soudés à la base, et entourés de petites écailles aiguës qui leur servent de bractées. 3 *ou* 5 *étamines hypogynes, libres ou monadelphes,* sont opposées aux sépales. *L'ovaire, non soudé avec le périanthe,* est surmonté de 2-3 styles libres ou réunis à la base; il devient une *capsule uni-*

(1) Du grec ἄ , non, et μαραίνομαι, je me flétris.

loculaire, ordinairement *monosperme*, tantôt indéhiscente (utricule), tantôt s'ouvrant horizontalement, comme une petite boîte à savonnette (pyxide).

CCCXCVII. Amaranthus (L.). Amarante.

Périanthe accompagné de 3 petites bractées; 3 ou 5 étamines libres; petites graines luisantes, noires ou brunes; fleurs tantôt en paquets axillaires, tantôt rapprochées en épis ou panicules.

* *Périanthe formé de 5 sépales; 5 étamines.*

1293. A. RETROFLEXUS (L.). A. A TIGE RECOURBÉE. — A. spicatus (Lamk.).

Tige de 2-8 déc., ordinairement *courbée à la base, puis redressée et un peu flexueuse*, quelquefois droite; *f. d'un vert blanchâtre*, pubescentes, pétiolées, ovales, prolongées en pointe obtuse, atténuées en coin à la base, marquées en dessous de nervures saillantes; *bractées* linéaires, acuminées, piquantes, 2 *fois plus longues que les sépales*; capsule s'ouvrant horizontalement, comme une petite boîte à savonnette; *fl. d'un vert blanchâtre, réunies en épis assez épais*, les uns axillaires et étalés, les autres rapprochés en panicule terminale. ①. Juillet-septembre.

Lieux cultivés, bord des chemins, décombres. C.

1294. A. PATULUS (Bert.). A. ÉTALÉE.—A. chlorostachys (Coss. et Moq., Tand., non Wild. ex Jord.).

Diffère de la précédente 1° par sa *tige couchée-étalée*, redressée seulement au sommet; 2° par ses *feuilles* et ses *fleurs d'un vert* plus *foncé*; 3° par ses *fl. disposées en épis* plus *grêles*: les épis sont du reste, comme dans l'*Amaranthus retroflexus*, les uns axilaires et étalés, les autres rapprochés en panicule terminale. ①. Juillet-septembre.

Décombres, lieux cultivés, à Pont-Chéry. — Trouvée jusqu'en 1849 aux Brotteaux, rue de Sully, où elle s'était naturalisée. R.

** *Périanthe formé de 3 sépales; 3 étamines.*

1295. A. ALBUS (L.). A. BLANCHE.

Tige de 4-8 déc., d'un vert blanchâtre, droite, très-rameuse; f. d'un vert très-pâle, pétiolées, obovales, atténuées en coin à la base, obtuses et échancrées au sommet, avec une petite arête dans l'échancrure; *bractées* linéaires, acuminées, piquantes, *dépassant longuement les sépales; capsule s'ouvrant horizontalement*, comme une boîte à savonnette; *fl.* d'un vert blanchâtre, *disposées en petits paquets axillaires* tout le long des rameaux. ①. Juillet-septembre.

Trouvée aux Brotteaux et aux Charpennes. R.

296. **A. sylvestris** (Desf.). A. sauvage.

Tige de 1-6 déc., anguleuse, souvent rougeâtre, simple ou rameuse dès la base, et alors à rameaux inf. étalés ou ascen- ants; f. pétiolées, d'un vert grisâtre, ovales-rhomboïdales, tténuées en coin à la base, les inf. arrondies et obtuses au ommet, les sup. un peu aiguës; *bractées* linéaires-lancéolées, *on piquantes, ne dépassant pas les sépales; capsule s'ouvrant orizontalement,* comme une boîte à savonnette; *fl.* vertes, *lisposées en paquets axillaires* le long de la tige et des ra- neaux. ④. Juillet-octobre.

Lieux cultivés, bord des chemins. C.

297. **A. blitum** (L.). A. blite. — Albersia blitum (Kunth).

Tige de 2-8 déc., glabre, rameuse dès la base, *à rameaux liffus et étalés;* f. pétiolées, ovales-rhomboïdales, atténuées en coin à la base, très-obtuses et parfois un peu échancrées au ommet, souvent tachées de blanc en dessus; *bractées plus ourtes que les sépales; capsule indéhiscente, se déchirant rrégulièrement au sommet; fl.* vertes, toutes *disposées en pa- quets axillaires.* ④. Juillet-septembre.

Lieux cultivés, pied des murs. P. R.

298. **A. ascendens** (Lois.). A. ascendante.—A. blitum var. ascendens (L.). — Euxolus viridis var. ascendens (Moq. Tand.).

Diffère de la précédente 1° par sa *tige ascendante, à ra- meaux ascendants;* 2° par ses f. plus grandes, plus sensible- ment échancrées au sommet; 3° par ses *fl. disposées non seu- lement en paquets axillaires, mais encore en panicule ter- minale non feuillée.* ④. Août-octobre.

Les Brotteaux; Pont-Chéry; Meximieux, dans les rues. P. C.

299. A deflexus (L. ex Moq. Tand.). A. couchée. — A. prostratus (Balbis).

Tige de 3-6 déc., grêle, rameuse, *couchée, pubescente au sommet*; f. d'un vert grisâtre, pétiolées, ovales-rhomboïdales, atténuées en coin à la base, rétrécies au sommet en pointe obtuse, souvent un peu échancrée et munie d'une petite arête dans l'échancrure; *bractées égalant à peu près les sé- pales; capsule indéhiscente, se déchirant irrégulièrement vers le sommet; fl.* verdâtres, *disposées les unes en paquets axil- laires, les autres en panicule terminale serrée et non feuillée.* ④ selon Koch, ♃ d'après Cosson et Germain. Juillet-octobre.

Lieux incultes, pied des murs, aux Charpennes. R.

69ᵉ Famille. — CHÉNOPODÉES (1).

Sans l'Épinard, la Bette et la Soude, les Chénopodées vivraient inconnues de la plupart des hommes; et cependant bon nombre d'entre elles infestent nos champs et naissent pour ainsi dire sous nos pas. Ce sont des plantes ordinairement annuelles et herbacées, rarement vivaces ou sous-ligneuses. Leurs *feuilles*, simples et *le plus souvent alternes*, sont, comme dans la famille précédente, *toujours dépourvues de gaines et de stipules. Les fleurs, ordinairement munies d'étamines et de carpelles*, rarement monoïques ou dioïques, ont pour périanthe un simple *calice formé communément de 5 sépales* libres ou soudés à la base. *Les étamines*, au nombre de 1-5, *partent de la base des sépales* et leur sont opposées. L'ovaire, libre ou adhérent à la base, est surmonté par un style simple ou multiple, c'est-à-dire, partagé presque jusqu'à la base en 2, 3 ou 4 styles partiels; il devient un *fruit uniloculaire, monosperme et indéhiscent*, nu ou recouvert par les segments, communément membraneux, quelquefois charnus, du périanthe.

1ʳᵉ Tribu : **SALSOLÉES**. — **Fleurs munies d'étamines et de carpelles.**

CCCXCVIII. Salsola (L.). Soude.

Périanthe formé de *5 sépales munis sur le dos d'un appendice scarieux*, qui se développe après la floraison; 5 étamines; 2-3 stigmates; *fleurs accompagnées de 2 bractées; f. presque cylindriques, linéaires et charnues.*

1300. S. tragus (L.). S. épineuse. — S. kali (Balb., Fl. lyonn.).

Tige herbacée, rameuse, le plus souvent couchée et se redressant, glabre ou pubescente, ordinairement veinée de rouge; f. étalées-linéaires, subulées, terminées par une pointe piquante; périgone à peu près ovoïde, à sépales munis sur le dos d'un appendice très-court; fl. verdâtres, axillaires, solitaires, garnies de bractées courtes et épineuses. ①. Août-septembre. (*V. D.*)

Sables des bords du Rhône : la Mouche; Irigny; Feyzin; Givors.

(1) Du grec χήν, oie, πούς, ποδός, pied, à cause de la forme des feuilles dans quelques espèces.

CCCXCIX. CORISPERMUM (L.). CORISPERME.

Périanthe quelquefois nul, plus souvent formé de 1, 2 ou 3 pales scarieux; 1-2 étamines; 2 stigmates; *capsule entou-e d'un rebord membraneux.* Plantes herbacées.

301. **C.** HYSSOPIFOLIUM (L.). C. A FEUILLES D'HYSSOPE.

Tiges de 2-3 déc., grêles, rameuses, dures à leur base; d'un glauque pâle, marquées d'une nervure blanche, li-éaires, mucronées; périgone formé de 2 sépales; fl. ver-âtres, disposées à l'aisselle des feuilles en épis serrés. ④. ↑oût-septembre.

Feyzin, près de la localité où l'on trouve le *Psoralea bituminosa;* sables u Rhône, au dessus d'Irigny et sur la digue de la rive gauche.

CCCC. POLYCNEMUM (L.). POLYCNÈME.

Périanthe formé de 5 sépales scarieux et accompagné de 2 bractées; 3 étamines à filets soudés à la base; 2 stigmates; *. sessiles, linéaires, subulées.* Plantes herbacées.

302. P. ARVENSE (L. non Koch). P. DES CHAMPS.—P. majus (Al. Br.).

Tiges couchées et étalées sur la terre, très-rameuses, à ra-meaux anguleux, quelquefois chargées de petites aspérités verruqueuses; f. linéaires, triangulaires, raides, mucronées, rapprochées; *bractées blanches-scarieuses, dépassant les sé-pales;* petites fl. d'un blanc sale, solitaires et sessiles à l'ais-selle des feuilles. ④. Juillet-septembre.

Champs sablonneux et arides. P. R.

— On le trouve à feuilles plus ou moins longues.

1303. P. VERRUCOSUM (Lang. Reich.). P. VERRUQUEUX.—P. arvense (Koch).

Diffère du précédent 1° par ses *rameaux toujours couverts d'aspérités verruqueuses;* 2° par ses f. plus courtes, plus serrées, exactement imbriquées; 3° par les *bractées égalant à peine les sépales.* Les fleurs offrent du reste la même dispo-sition. ④. Juillet-septembre.

Terres à Chassagny. R.

CCCCI. CHENOPODIUM (L.). ANSÉRINE.

Périanthe formé de 5 segments persistants, se refermant sur le fruit après la floraison; 5 étamines; 2-3 stigmates;-*graines lenticulaires,* noires à la maturité, *toutes placées horizontale-ment.* Plantes herbacées, à feuilles et fleurs souvent couvertes d'un poussière farineuse.

*Tige, feuilles et périanthe glabres ou couverts d'une poussière fari-
neuse, mais non pubescents; feuilles entières, dentées ou sinuées,
mais non pennatifides.*

1304. C. HYBRIDUM (L.). A. HYBRIDE.

Plante à odeur désagréable et nauséabonde. Tige de
5-10 déc., droite, cannelée, rameuse; f. pétiolées, *vertes sur
les 2 faces, ovales-triangulaires, en cœur à la base, anguleuses*, à lobes acuminés, le terminal plus allongé; *graines
finement ponctuées, à bord tranchant; fl.* vertes, *disposées en
petites grappes rameuses, formant par leur réunion une panicule lâche* et dépourvue de feuilles. ①. Juillet-septembre.

Voisinage des habitations. P. C.

1305. C. INTERMEDIUM (Mert. et Koch). A. INTERMÉDIAIRE (1).

Tige de 3-8 déc., dressée, striée, peu rameuse; *f. pétiolées, triangulaires ou rhomboïdales,* atténuées à la base, *profondément dentées, blanchâtres-farineuses en dessous, au
moins dans leur jeunesse; graines luisantes, paraissant lisses
à la vue* (2); *fl.* verdâtres, *disposées en grappes lâches,* effilées, *les unes axillaires, dressées et serrées contre la tige, les
autres terminales et non feuillées.* ①. Juillet-septembre.

Bords de la Saône à Jassans. A. R.

— Le véritable C. *urbicum* (L.), dont le C. *intermedium* n'est probablement qu'une variété, se reconnait à ses feuilles vertes sur les deux faces, entières ou superficiellement dentées, peu ou point atténuées à la base. Balbis l'indique près de l'Ile-Barbe, dans les décombres; mais, outre que des décombres
sont une localité qui disparaît facilement, sa description n'est pas suffisante
pour indiquer s'il a eu en vue le type ou la variété, que, du reste, bon nombre
d'auteurs français ont confondus.

1306. C. MURALE (L.). A. DES MURS.

Tige de 3-8 déc., rameuse, à rameaux étalés; *f. d'un beau
vert,* ovales-rhomboïdales, aiguës au sommet, atténuées en
coin à la base, les sup. plus étroites et oblongues, *toutes irrégulièrement bordées de dents profondes et inégales; graines
d'un noir opaque, finement ponctuées, entourées d'un rebord
aminci; fl.* vertes, *disposées en grappes divergentes,* rameuses,
les unes axillaires, les autres formant une panicule terminale.
①. Juillet-octobre.

Pied des murs, bord des chemins, décombres. C.

1307. C. ALBUM (L.). A. BLANCHE. — C. leiospermum (D. C.). (Vulg. *Herbe
aux vendangeurs.*)

Tige de 2-8 déc., dressée, simple ou rameuse, striée de

(1) C'est entre les C. *urbicum* et *murale* qu'il est intermédiaire; par la
forme et les dentelures de ses feuilles, il ressemble beaucoup à ce dernier.
(2) Vues à une très-forte loupe, les graines sont très-finement ponctuées,
mais beaucoup moins distinctement que dans l'espèce précédente.

ert, de blanc et de rouge; *f. pétiolées, plus ou moins couvertes en dessous, dans leur jeunesse, d'une poussière blanchâtre* [q]ui finit par disparaître, *toutes ovales-rhomboïdales,* en coin [à] la base, *inégalement sinuées ou dentées, à l'exception des [s]up., qui sont lancéolées-linéaires et très-entières; graines [l]isses et luisantes;* fl. farineuses dans leur jeunesse, réunies [e]n petits paquets arrondis, formant des *grappes dressées [c]ontre la tige,* lesquelles constituent par leur ensemble une [p]anicule terminale feuillée à la base, dépourvue de feuilles [a]u sommet. ④. Juillet-septembre. (*V. D.*)

Champs, bord des chemins. C. C. C.

— Les feuilles de cette espèce blanchissent à la maturité.

308. C. OPULIFOLIUM (Schrad.). A. A FEUILLES D'OBIER. — C. viride (L. et Moq. Tand.).

Tige de 4-8 déc., droite, rameuse, anguleuse; *f.* pétiolées, *farineuses-blanchâtres en dessous,* rhomboïdales, atténuées en [c]oin à la base, *divisées en 3 lobes peu marqués, irrégulièrement incisés-dentés,* celui du milieu arrondi et très-obtus; *graines luisantes, très-finement ponctuées* quand elles sont vues à la loupe; *fl.* blanchâtres, farineuses, *disposées en grappes courtes,* axillaires et terminales, ordinairement un peu feuillées au moins à leur base. ④. Juillet-septembre.

Bord des rivières, lieux incultes, pied des murs : Bonnand ; les Charpennes, etc. P. C.

1309. C. POLYSPERMUM (L.). A. POLYSPERME.

Tige de 2-6 déc., tantôt étalée sur la terre, tantôt dressée; *f.* pétiolées, ovales, *toutes très-entières,* d'un vert gai, quelquefois rougeâtres, *très-glabres, jamais farineuses;* graines luisantes, très-finement ponctuées; *périanthe à sépales ouverts après la floraison;* fl. vertes, disposées en petites grappes axillaires et terminales. ④. Juillet-septembre. (*V. D.*)

Terres humides. A. C.

1310. C. VULVARIA (L.). A. FÉTIDE. — C. olidum (Curt.) (Vulg. *Herbe-de-bouc, Arroche puante.*)

Plante couverte d'une poussière cendrée et exhalant une odeur abominable. Tige de 1-3 déc., rameuse, couchée; *f.* pétiolées, triangulaires-rhomboïdales, *toutes très-entières;* graines luisantes, très-finement ponctuées; fl. blanchâtres, serrées en petites grappes axillaires et terminales, dépourvues de feuilles. ④. Juin-octobre. (*V. D.*)

Pied des murs, lieux cultivés. C.

** *Tige, feuilles et périanthe plus ou moins pubescents; feuilles pennatifides.*

1311. C. BOTRYS (L.). A. BOTRYDE.

Plante aromatique, entièrement couverte d'une pubescence

grisâtre et un peu visqueuse. Tige de 1-3 déc., dressée, raide, rameuse; f. oblongues, irrégulièrement sinuées-pennatifides; fl. blanchâtres, disposées le long des rameaux en petits épis qui forment par leur réunion des grappes paniculées très-grêles, très-étroites et très-allongées. ④. Juillet-août.

Dans les sables du Rhône, près de Vienne. R.

CCCCII. BLITUM (Tournef.). BLITE.

Périanthe formé de 3-5 segments persistants, se refermant après la floraison sur le *fruit*, qui devient *souvent rouge comme une fraise à la maturité;* 2-5 étamines; 2 styles; *graines* lenticulaires, noires quand elles sont mûres, *toutes ou presque toutes disposées verticalement.* Plantes herbacées, ayant beaucoup de rapports avec les Ansérines.

1312. B. BONUS-HENRICUS (C.-A. Meyer). B. BON-HENRI. — Chenopodium bonus-Henricus (L). (Vulg. *Épinard sauvage.*)

Tige de 3-8 déc., droite, anguleuse, couverte ainsi que les feuilles d'une poussière farineuse; f. pétiolées, *triangulaires, hastées, très-entières* ou un peu sinuées; *périanthe simplement herbacé après la floraison; graines toutes verticales; styles allongés;* fl. vertes, disposées en épis axillaires et terminaux, ceux-ci formant une grappe conique, serrée et dépourvue de feuilles. ♃. Juillet-septembre. (V. D.)

Voisinage des habitations. P. R. — Se trouve à Pilat, près de la grange, et sur le Jura, dans les endroits où les bestiaux couchent la nuit en été.

1313. B. RUBRUM (Rchb.). B. ROUGEÂTRE. — B. polymorphum (C.-A. Meyer et Moq. Tand.). — Chenopodium-rubrum (L.).

Plante très-variable. Tige de 1-8 déc., dressée ou à rameaux étalés, anguleuse, rayée de vert, de blanc et souvent de rouge; f. un peu charnues, *non farineuses, luisantes,* souvent bordées de rouge dans leur vieillesse, *rhomboidales-triangulaires,* atténuées en coin à la base, presque hastées, *profondément sinuées-dentées, à dents lancéolées* et inégales; *graines toutes verticales, à l'exception de celle de la fleur terminale, qui est placée horizontalement; styles très-courts; périanthe rougeâtre, mais peu ou point charnu à la maturité;* fl. d'abord vertes, à la fin rougeâtres, *disposées en grappes axillaires,* feuillées et dressées. ④. Juillet-septembre.

Terrains cultivés, décombres, bord des chemins: Pierre-Bénite; Francheville. A. R.

1314. B. VIRGATUM (L.). B. EFFILÉE.

Tige de 2-5 déc., rameuse, à rameaux effilés; f. pétiolées, *charnues, luisantes, non farineuses, oblongues-triangulaires, profondément dentées,* surtout à la base, devenant de plus en

lus petites, à mesure qu'on se rapproche du sommet; *pé-*
ianthe devenant charnu et d'un rouge vif à la maturité ; fl.
'abord blanchâtres, à la fin rouges, *disposées en petits pa-*
uets axillaires. ①. Juin-août.

Murs aux Brotteaux. R.

Iᵉ Tribu : ATRIPLICÉES. — **Fleurs monoïques, quelquefois mélangées de fleurs à étamines et carpelles.**

CCCCIII. Atriplex (L.). Arroche.

Fleurs monoïques, quelquefois mélangées de fleurs à éta-
nines et carpelles, toujours dépourvues de bractées; *calice*
les fleurs carpellées formé de 2 sépales libres ou un peu sou-
lés, *couvrant le fruit et grandissant avec lui* ; calice des fleurs
étamines formé de 3-5 sépales soudés à la base ; 3-5 éta-
nines. Plantes herbacées dans notre Flore.

315. A. PATULA (L. ex Moq. Tand.). A. A RAMEAUX ÉTALÉS. — A. latifolia
(Wahl. et Koch). — A. hastata (Dub. non L.).

Tige de 3-9 déc., dressée, très-rameuse, à rameaux inf.
rès-allongés et très-étalés; f. pétiolées, vertes sur les deux
aces, mais légèrement glaucescentes en dessous, *toutes élar-*
ties, atténuées en coin à la base, *triangulaires-hastées, plus*
u moins dentées, à l'exception des sup., qui sont ordi-
iairement plus étroites, lancéolées et entières; *segments des*
alices fructifères hastés-triangulaires, presque rhomboïdaux,
ntiers ou finement denticulés sur les bords, ordinairement
finement tuberculeux sur le dos, quelquefois lisses; fl. d'un
vert blanchâtre, à cause d'une fine poussière qui les recouvre
ainsi que l'extrémité des rameaux, disposées en épis effilés,
interrompus, axillaires et terminaux, formant par leur réunion des grappes plus ou moins feuillées. ①. Juillet-octobre.

Champs, lieux cultivés. C.

— Le véritable A. *hastata* de Linné se reconnaît aux segments du calice
fructifère, qui sont divisés en dents subulées-acuminées et rayonnantes. C'est
une plante du nord de l'Europe que Balbis indique à Lyon par erreur.

1316. A. ANGUSTIFOLIA (Smith). A. A FEUILLES ÉTROITES. — A. littoralis var. *b.*
(Moq. Tand.). — A. patula (D. C. non L. ex Moq. Tand.).

Tige de 2-9 déc., très-rameuse, diffuse-étalée ou droite,
à rameaux divariqués; f. courtement pétiolées, vertes des
deux côtés, à peine pubérulentes, *toutes étroites, lancéolées*
ou lancéolées-linéaires et très-entières, à l'exception des inf.,
qui sont hastées et souvent dentées; segments des calices fruc-
tifères rhomboïdaux, munis à la base de 2 petites dents qui
les rendent un peu hastés, du reste très-entiers; fl. vertes ou

grisâtres, disposées en épis axillaires et terminaux, courts, interrompus, raides à la maturité. ①. Juillet-octobre.

Bord des terres : Yvour; Couzon; le Mont-Cindre; Villeurbanne.

— D'après Koch, Boreau et quelques autres auteurs, cette espèce serait le véritable *A. patula* de Linné.

— Il règne la plus grande confusion dans la synonymie des deux espèces que nous venons de décrire, ainsi que dans celle de toutes les plantes du genre *Atriplex*. Nous avons suivi pour la nôtre la savante *Monographie des Chénopodées* publiée en 1840 par M. Moquin-Tandon, de Toulouse.

70e FAMILLE. — POLYGONÉES (1).

Les Polygonées, nommées ainsi à cause de leur fruit ordinairement anguleux, sont des herbes très-remarquables par leurs feuilles. *Leur pétiole part d'un anneau membraneux, véritable gaine formée autour de leur tige noueuse,* et leur limbe est toujours roulé sous ses bords avant leur développement. Leurs fleurs, verdâtres ou colorées, naissent à l'aisselle de bractées membraneuses, plus rarement à l'aisselle des feuilles. *Les segments de leur périanthe, au nombre de 3-5 ou 6,* libres ou soudés, égaux ou inégaux, quelquefois disposés sur 2 rangs, *soutiennent à leur base des étamines en nombre défini.* L'ovaire, libre, est surmonté de 2-3 styles libres ou soudés inférieurement, quelquefois réduits à de simples stigmates ; il devient un *fruit monosperme et indéhiscent,* plus ou moins recouvert par les segments persistants du périanthe.

CCCCIV. RUMEX (L.). PATIENCE.

Périanthe calicinal, formé de 6 sépales, dont 3 intérieurs plus grands et connivents; 6 étamines opposées 2 à 2 aux sépales du rang extérieur ; *stigmates en pinceau;* fruit triangulaire, caché par les 3 sépales du rang intérieur, qui se replient sur lui et ressemblent aux valves d'une capsule.

* *Feuilles hastées ou sagittées, à saveur acide. — Acetosa (Tournef.).*

1317. R. SCUTATUS (L.). P. A FEUILLES RONDES. — R. glaucus (Jacq.).

Plante d'un glauque blanchâtre. Tiges de 2-5 déc., couchées et très-dures à la base, puis dressées, venant par touffes; *f.* épaisses, *toutes pétiolées, hastées, à peu près aussi larges que longues; fl. dioïques, mais mélangées de fleurs à étamines et carpelles,* disposées en demi-verticilles, formant de longues grappes grêles, effilées, interrompues, dépourvues de feuilles. ②. Mai-août.

Murs, vignes et carrières à Couzon et Saint-Cyr-au-Mont-d'Or; rocailles du Bugey, où il est commun.

(1) De πολλαί, plusieurs, et γωνίαυ, angles.

1318. R. ACETOSA (L.) P. OSEILLE. — Acetosa pratensis (L. Ch., edit. I). (Vulg. *Oseille*.)

Tige de 5-10 déc., droite, rameuse au sommet; f. un peu épaisses, *les inf.* élargies, longuement pétiolées, *hastées ou sagittées, à oreillettes parallèles au pétiole, les sup.* plus étroites, *en cœur, sessiles et amplexicaules*; fl. dioïques, souvent à la fin rougeâtres, disposées en grappes le long des rameaux, qui forment par leur réunion une panicule terminale. ♃. Mai-juin; refleurit en automne. (*V. D.*)

Prairies, bois humides. C. — Jardins potagers.

1319. R. ARIFOLIUS (All.). P. A FEUILLES DE GOUET. — R. montanus (Desf.).

Tige de 3-10 déc., droite, sillonnée, rameuse au sommet; f. larges, *les inf.* pétiolées, *hastées, à oreillettes obtuses et divergentes à angle droit, les sup. ovales-cordiformes, sessiles, amplexicaules*; fl. dioïques, à la fin rougeâtres, disposées en grappes le long des rameaux, qui forment par leur réunion une panicule terminale. ♃. Juillet-août.

Prés et bois des hautes montagnes : le Mont-Pilat; la Grande-Chartreuse; sapins du Jura, sur le versant oriental.

1320. R. ACETOSELA (L.). P. PETITE OSEILLE. — Acetosa acetosella (L. Ch., edit. I). (Vulg. *Oseille de brebis*.)

Tiges de 1-3 déc., dressées, ou d'abord étalées, puis ascendantes; *f. toutes pétiolées, oblongues ou linéaires-lancéolées, hastées, à oreillettes écartées à angle droit et recourbées en dessus*, les plus voisines des fleurs quelquefois simplement linéaires-lancéolées; *fl.* dioïques, disposées en grappes grêles, formant par leur réunion une panicule terminale. ♃. Avril-septembre. (*V. D.*)

Champs, pâturages. C. C. C.

** *Feuilles n'étant jamais ni hastées, ni sagittées, ni à saveur acide.* — Lapathum *(Tournef.).*

† *Segments intérieurs du périanthe entiers ou à peine dentés à la base.*

1321. R. ALPINUS (L.). P. DES ALPES. (Vulg. *Rhubarbe des moines, hapontic.*)

Racine grosse et tortueuse; tige de 2-6 déc., épaisse, sillonnée; f. nerveuses, à pétiole canaliculé, *les radicales en cœur arrondi*, les sup. ovales-lancéolées; *segments intérieurs du périanthe en cœur ovale, entiers, dépourvus de tubercule sur le dos*; fl. en grappes rapprochées en panicule serrée. ♃. Juillet-août.

Près des bergeries dans les gras pâturages du Jura et à la Grande-Chartreuse.

1322. R. HYDROLAPATHUM (Huds.). P. DES RIVIÈRES. — R. aquaticus (D. C. non L.). — R. longifolius (D. C. Fl. fr. suppl.) (Vulg. *Patience aquatique*.)

Tige droite, grosse, cannelée, s'élevant à 1-2 mètres; f. à

pétiole plane en dessus, oblongues-lancéolées, *atténuées à la base, décurrentes sur le pétiole*, les inférieures longues de 4 à 8 décimètres; *segments intérieurs du périanthe* ovales-triangulaires, *tous munis d'un tubercule sur le dos*; fl. disposées en grappes le long des rameaux, qui forment par leur réunion une panicule terminale. ♃. Juillet-août.

Fossés, bord des eaux, à Sain-Fonds, Villeurbanne, Yvour, etc.; marais de Divonne.

1323. R. crispus (L.). P. a feuilles crépues. (Vulg. *Patience frisée, Parelle crépue.*)

Tige de 5-10 déc., droite, sillonnée; f. à pétiole canaliculé, oblongues-lancéolées, *ondulées et frisées sur les bords, décurrentes sur le pétiole*; *segments intérieurs du périanthe en cœur ovale et obtus, ordinairement très-entiers, munis sur le dos d'un petit tubercule plus saillant sur l'un d'entre eux, manquant quelquefois sur les deux autres*; fl. pendantes, en grappes dressées, très-compactes à la maturité, formant par leur réunion une vaste panicule. ♃. Juillet-septembre. (V. D.)

Fossés, lieux humides. C. C.

1324. R. nemorosus (Schrad.). P. des bois. — R. nemolapathum (D. C. Fl. fr.).

Tige de 5-10 déc., droite, anguleuse, *à rameaux dressés*; f. pétiolées, oblongues, obtuses ou aiguës au sommet, *arrondies ou en cœur à la base*, ordinairement un peu ondulées sur les bords; *segments intérieurs du périanthe oblongs-linéaires, obtus, très-entiers, un seul muni d'un tubercule sur le dos*, les deux autres en étant dépourvus ou n'en ayant qu'un rudimentaire; fl. verdâtres ou rougeâtres, en verticilles tous ou la plupart dépourvus de feuilles. ♃. Juin-août.

Bois et prés humides. P. R.

b. R. *sanguineus* (L.). Tige et nervures des feuilles d'un rouge de sang. — Cultivée sous le nom de *Sang-de-dragon;* quelquefois subspontanée près des habitations. *(V. D.)*

1325. R. conglomeratus (Murr.). P. a fruits agglomérés. — R. glomeratus (Schreb.). — R. nemolapathum (Ehrh. non D. C.). — R. acutus (Smith, D. C. et Balbis).

Tige de 4-8 déc., droite, anguleuse, souvent rougeâtre, *à rameaux divergents*; f. toutes à court pétiole, ovales-oblongues ou oblongues-lancéolées, *arrondies ou en cœur à la base*; *segments intérieurs du périanthe oblongs-linéaires, obtus, très-entiers, tous munis d'un tubercule sur le dos*; fl. verdâtres, en verticilles compactes, *tous ou la plupart munis d'une feuille qui leur sert de bractée.* ♃. Juillet-août.

Fossés, bois humides : Écully; Francheville; Yvour; la Tête-d'Or, etc. C.

— Les fruits sont agglomérés en petites masses compactes dans chaque verticille; c'est de là que ce *Rumex* a pris son nom.

†† *Segments intérieurs du périanthe fortement dentés à la base.*

1326. R. pratensis (Mert. et Koch). P. des prés.—R. acutus (Wild., D C., Duby). (*Vulg. Parelle sauvage.*)

Tige de 5-10 déc., droite, rameuse, sillonnée; f. pétiolées, *les radicales et les caulinaires inf. oblongues, aiguës, en cœur à la base*, les sup. lancéolées; *segments intérieurs du périanthe ovales, un peu en cœur, obtus*, dentés à la base, *non prolongés en languette*, tous ou deux seulement munis d'un tubercule sur le dos; fl. verdâtres ou rougeâtres, disposées en verticilles nombreux, non feuillés, formant des épis bien fournis. ♃. Juillet-septembre. (*V. D.*)

Lieux humides, fossés : Pierre-Bénite; Francheville. A. R.

1327. R. obtusifolius (L.). P. a feuilles obtuses.

Tige de 5-10 déc., droite, rameuse, sillonnée; f. pétiolées, *les radicales et les caulinaires inf. ovales ou oblongues, obtuses ou un peu aiguës, en cœur à la base*, les sup. lancéolées et aiguës; *segments intérieurs du périanthe ovales-triangulaires*, dentés à la base, *prolongés au sommet en une languette obtuse et entière*, tous munis d'un tubercule sur le dos; fl. verdâtres ou rougeâtres, disposées en verticilles nombreux, non feuillés, formant à la fin des épis lâches et interrompus. ♃. Juin-septembre.

Lieux frais, bord des chemins, saulées. C.

1328. R. palustris (Smith). P. des marais.—R. limosus (Thuill.).

Tige de 2-6 déc., ordinairement un peu couchée à la base, puis dressée, à rameaux grêles, souvent flexueux, communément dressés; f. lancéolées-linéaires, ou simplement lancéolées et allongées, *atténuées en pétiole, jamais arrondies ni en cœur à la base*; segments intérieurs du périanthe ovales-oblongs, tous munis d'un tubercule sur le dos, terminés en pointe entière, mais *présentant de chaque côté deux dents en alêne plus courtes que le segment lui-même*; fl. verdâtres, *disposées en verticilles espacés et tous feuillés.* ②. Juillet-septembre.

Marais à Villeurbanne, Dessine, Janeyriat, et en Bresse.

1329. R. pulcher (L.). P. élégante. (*Vulg. Oseille-violon.*)

Tige de 2-8 déc., dressée, souvent courbée, *à rameaux effilés et très-divergents*; f. *radicales* longuement pétiolées, *oblongues, en cœur à la base*, ordinairement *échancrées de chaque côté comme un violon*, les sup. étroites et lancéolées; *segments intérieurs du périanthe réticulés, bordés de dents presque épineuses*, tous munis d'un tubercule sur le dos; fl. verdâtres, *disposées en verticilles* espacés, *tous feuillés*, à

l'exception quelquefois des supérieurs. ②. Juin-septembre.
(*V. D.*)

b. R. *divaricatus* (L.). F. non échancrées de chaque côté.
Bord des chemins, le long des haies, contre les murs. A. C.

CCCCV. Polygonum (L.). Renouée.

Périanthe coloré, à 5 (rarement 3, 4 ou 6) *segments presque
égaux*; 5-9 étamines (le plus souvent 8) disposées sur 2 rangs;
stigmates en tête; fruit triangulaire, quelquefois aplati en
forme de lentille, enveloppé par le périanthe persistant.

* *Plantes volubiles.*

1330. P. convolvulus (L.). R. liseron. (Vulg. *Vrillée sauvage.*)
Tiges de 2-10 déc., volubiles, *anguleuses et striées*, ordinairement un peu rudes; f. sagittées, en cœur à la base, pétiolées; *fruit recouvert par les segments du périanthe, dont les
3 angles sont en carène obtuse, non membraneuse; anthères
violettes*; fl. blanchâtres, en grappes ou fascicules axillaires.
①. Juin-septembre. (*V. D.*)
Champs, vignes, lieux cultivés. C. C.

1331. P. dumetorum (L.). R. des buissons. (Vulg. *Grande Vrillée.*)
Tiges volubiles, *cylindriques*, lisses, à peine striées, s'élevant à 1-2 mètres; f. pétiolées, sagittées, en cœur à la base;
*fruit recouvert par les segments du périanthe, dont les 3 angles
ont leur carène développée en aile membraneuse; anthères
blanches*; fl. blanchâtres, en grappes lâches, axillaires et terminales. ①. Juillet-septembre. (*V. D.*)
Haies, buissons. C. C.

** *Plantes à tiges dressées, couchées ou nageantes, mais jamais
volubiles.*

† *Tige simple, terminée par un seul épi de fleurs.*

1332. P. bistorta (L.). R. bistorte. (Vulg. *Bistorte.*)
Racine épaisse, contournée sur elle-même; tige de 2-8 déc.,
droite, simple; f. glauques en dessous, ovales-lancéolées, *les
radicales et les inf. à pétiole ailé*, les sup. sessiles et un peu
amplexicaules; fl. roses, rarement blanches, en épi serré. ♃.
Mai-juillet. (*V. D.*)
Prés des montagnes : Vaugneray; Pilat; l'Argentière; la Grande-Chartreuse; le Haut-Bugey, etc. — Jardins.

1333. P. viviparum (L.). R. vivipare.
Racine épaisse, contournée sur elle-même; tige de 1-2 déc.,
droite, grêle, simple; f. glauques en dessous, oblongues ou
elliptiques-lancéolées, atténuées à la base, *les inf. à pétiole*

non ailé; fl. blanches ou rosées, *en épis grêles, souvent entre-mêlés de bulbilles.* ♃. Juillet-août. (V. D.)

Pâturages des hautes montagnes : le Grand-Som, à la Grande-Chartreuse ; le Jura et le Haut-Bugey. R.

— Les bulbilles de l'épi servent à reproduire la plante comme les graines ; c'est ce qui lui a fait donner le nom de *vivipare*.

†† *Tige rameuse, à rameaux terminés chacun par un épi de fleurs.*

1331. P. AMPHIBIUM (L.). R. AMPHIBIE.

Plante venant ordinairement dans l'eau. *Tige* cylindrique, rougeâtre, *rampante et radicante à la base; f.* pétiolées, *à pétiole non ailé,* oblongues-lancéolées, arrondies et un peu en cœur à la base, à nervures latérales saillantes et parallèles en dessous; *5 étamines longuement saillantes hors du périanthe; fruit ovoïde-comprimé; fl.* d'un beau rose, *en épis solitaires à l'extrémité de la tige et des rameaux.* ♃. Juin-août. (V. D.)

a. var. *natans.* Plante submergée; f. longuement pétiolées, glabres et luisantes, nageantes sur l'eau. — Marais, étangs, fossés pleins d'eau, rivières : Villeurbanne; la Tête-d'Or; Janeyriat; bords de la Saône, avant Couzon; le Forez; la Bresse. P. R.

b. var. *terrestris.* Plante venant hors de l'eau; tige souvent simple; f. moins longuement pétiolées, pubescentes, un peu rudes en dessous. — Bords du lac de Nantua; étangs desséchés.

1335. P. LAPATHIFOLIUM (L.). R. A FEUILLES DE PATIENCE.

Tige de 4-8 déc., verte ou rougeâtre, dressée ou étalée ; f. oblongues-lancéolées, atténuées en pétiole à la base, souvent marquées d'une tache noirâtre en dessus (1) ; *gaines bordées de cils très-fins et très-courts, quelquefois même nuls; pédoncules et axe des épis couverts de petites aspérités tuberculeuses,* visibles à une faible loupe; *fruits tous comprimés, concaves sur les deux faces;* fl. ordinairement d'un blanc verdâtre, quelquefois rouges, en épis axillaires et terminaux. ④. Juillet-septembre.

Lieux humides, fossés, bord des étangs : Écully; Oullins; Néron; le Bugey. P. C.

b. P. *incanum* (Schmidt). F. blanches-tomenteuses en dessous. — Environs de Saint-Etienne-en-Forez; marais des Echeyts; Châtillon-les-Dombes.

c. P. *nodosum* (Pers.). Tige à nœuds fortement renflés; fl. souvent rouges — Pierre-Bénite.

1336. P. PERSICARIA (L.). R. PERSICAIRE.

Tige de 4-8 déc., blanchâtre et souvent un peu rougeâtre,

_____

(1) Ce caractère s'observe aussi dans les quatre espèces suivantes.

dressée; f. oblongues-lancéolées, acuminées, finement ciliées, atténuées en court pétiole à la base; *gaines bordées de cils allongés; pédoncules et axe des épis dépourvus d'aspérités tuberculeuses; fruits tantôt tous triangulaires et à faces un peu concaves, tantôt les uns triangulaires, les autres comprimés,* et alors ceux-ci convexes des deux côtés ou planes sur l'un des deux; fl. ordinairement rouges, quelquefois d'un blanc verdâtre, en épis axillaires et terminaux. ④. Juillet-octobre.

Fossés, champs et lieux humides, bord des chemins. C.

— Cette espèce ressemble beaucoup à la précédente et offre les mêmes variétés.

1337. P. MINUS (Huds.). R. FLUETTE. — P. pusillum (Lamk.).

Tige de 1-5 déc., grêle, rameuse, étalée ou redressée; f. étroites, lancéolées, *longuement et insensiblement atténuées au sommet; gaines à poils appliqués, bordées de cils allongés;* 5 étamines; *fl. roses, en épis dressés,* très-grêles, interrompus. ④. Juillet-octobre.

Fossés, bord des marais : la Guillotière; Villeurbanne; Dessine; Jancyriat. P. R.

1338. P. HYDROPIPER (L.). R. POIVRE D'EAU.

Tige de 3-8 déc., dressée, rameuse; *f. à saveur poivrée,* oblongues-lancéolées, sessiles ou à court pétiole ; gaines presque glabres, bordées de cils raides, très-courts ou allongés, souvent presque nuls dans le haut de la plante; 6 étamines; *fl. d'un blanc verdâtre, quelquefois bordées de rose, marquées de petits points glanduleux, disposées en épis* très-grêles, *ordinairement penchés.* ④. Juillet-octobre. (*V. D.*)

Fossés humides, bord des eaux : la Tête-d'Or; le Point-du-Jour; Yvour; Mornant; l'Argentière, etc. P. R.

1339. P. MITE (Schk.). R. INSIPIDE. — P. laxiflorum (Weih.).

Tige de 3-6 déc., grêle, ordinairement rameuse, quelquefois simple, rampante à la base, puis redressée; *f. presque sans saveur,* oblongues-lancéolées, atténuées aux deux extrémités; *gaines longuement ciliées;* 6 étamines; *fl. roses, non marquées de petits points glanduleux, disposées en épis grêles,* interrompus, *souvent penchés ou étalés.* ④. Juillet-octobre.

Lieux humides, fossés : les Brotteaux; le Grand-Camp; Perrache; Pierre-Bénite. P. R.

††† *Fleurs venant solitaires ou en petits faisceaux à l'aisselle des feuilles.*

1340. P. AVICULARE (L.). R. DES PETITS OISEAUX. (Vulg. *Trainasse.*)

Tiges de 1-6 déc., très-rameuses, ordinairement couchées, quelquefois ascendantes, *feuillées jusqu'au sommet;* f. oblon-

gues-lancéolées où elliptiques, sessiles ou à court pétiole ;
gaînes argentées et déchirées ; *fl.* blanches ou rougeâtres,
toutes axillaires. ①. Juin-octobre. (*V. D.*)

Champs, chemins, rues des villages, presque partout. C. C. C.

1341. P. BELLARDI (All.). R. DE BELLARDI.

Tiges de 2-5 déc., très-rameuses, *raides, droites, à rameaux dépourvus de feuilles au sommet* ; f. d'un vert jaunâtre, à peine pétiolées, elliptiques, les sup. lancéolées-acuminées ; gaînes argentées et déchirées ; *fl.* roses ou blanchâtres,
les inf. axillaires, *les sup. paraissant disposées en épis interrompus,* parce que le sommet des rameaux manque de feuilles
ou n'en a que de très-courtes. ①. Juin-juillet.

Champs à Couzon. R.

— Les *Polygonum fagopyrum* et *tataricum,* cultivés en grand sous les
noms de *Blé noir* et de *Sarrasin,* se ressèment quelquefois d'eux-mêmes ;
mais ils ne sont jamais parfaitement spontanés dans nos climats.

71ᵉ FAMILLE. — THYMÉLÉES.

A part une plante annuelle, la famille des Thymélées
n'offre que des arbrisseaux dont quelques uns sont remarquables par la beauté de leur feuillage, quelques autres par
l'élégance de leurs fleurs, et surtout par la suavité de leur
parfum. Leurs feuilles, simples et entières, sont communément alternes. Les fleurs, sessiles à l'aisselle des feuilles ou au
bout des rameaux, ont un *périanthe plus ou moins coloré, divisé en 4 lobes ou segments* (rarement 5) *soudés en tube à la
base.* A sa gorge, ou dans le tube, sont insérées 8-10 *étamines*
à filets courts et à anthères bilobées. L'ovaire, le style et le
stigmate sont uniques. Le *fruit,* sec ou charnu, est *toujours
monosperme et uniloculaire.*

CCCCVI. STELLERA (L.). STELLÉRINE.

Périanthe persistant ; *fruit sec,* luisant, indéhiscent, terminé par un bec. *Plantes herbacées.*

1342. S. PASSERINA (L.). S. DES MOINEAUX.—Passerina annua (Wickstrom).

Tige de 1-4 déc., droite, rameuse, à rameaux effilés ; f.
éparses, linéaires, glaucescentes ; petites fl. d'un vert jaunâtre, sessiles, solitaires ou en petits faisceaux à l'aisselle des
feuilles. ①. Juillet-août. (*V. D.*)

Champs arides, moissons des terrains secs. A. C.

CCCCVII. DAPHNE (L.). DAPHNÉ.

Périanthe caduc ; *drupe* à chair molle ou coriace. *Arbustes
ou sous-arbrisseaux.*

1343. D. LAUREOLA (L.). D. LAURÉOLE. (Vulg. *Laurier des bois.*)

Sous-arbrisseau de 4-10 déc. ; *f.* glabres, fermes, *persistantes*, oblongues-lancéolées, atténuées en coin et en pétiole à la base; *fruits noirs à la maturité*; *fl. d'un jaune verdâtre*, exhalant une odeur désagréable, *venant par petits paquets de 3-7 à l'aisselle des feuilles.* ♄. Fl. février-mars. Fr. juin. (*V. D.*)

Bois calcaires, sur toute la chaîne du Mont-d'Or; le Bugey, etc. A. C.

1344. D. MEZEREUM (L.). D. BOIS-GENTIL.

Sous-arbrisseau de 5-12 déc., droit, rameux, à écorce grisâtre ; *f.* lancéolées, atténuées en coin et en pétiole à la base, d'un vert pâle, glaucescentes en dessous, minces, *caduques, ne venant qu'après les fleurs; fruits rouges à la maturité; fl. d'un beau rose*, rarement blanches, exhalant une suave odeur, *venant 2-3 ensemble par petits paquets latéraux et sessiles.* ♄. Fl. février-mars. Fr. juin. (*V. D.*)

Bois des hautes montagnes : Pilat; Pierre-sur-Haute; la Madeleine, au dessus de Roanne; la Grande-Chartreuse; le Jura et tout le Haut-Bugey. — Jardins.

1345. D. CNEORUM (L.). D. CAMÉLÉE. (Vulg. *Thymélée des Alpes.*)

Sous-arbrisseau de 2-3 déc., à tiges rameuses, couchées à la base, puis redressées, venant par touffes ; *f. persistantes*, glabres, vertes en dessus, glauques en dessous, oblongues-spatulées, repliées sous les bords, atténuées à la base, arrondies, souvent un peu échancrées et courtement mucronées au sommet, ramassées et plus serrées à l'extrémité des rameaux ; *fruits orangés à la maturité* ; *fl. d'un rose vif*, rarement blanches, exhalant une suave odeur, *réunies en ombelles terminales.* ♄. Fl. avril-mai, et quelquefois un peu en automne. Fr. août. (*V. D.*)

Le Mont, près de Nantua ; le Jura; abondant en face d'Anton, à l'embouchure de l'Ain. — Jardins.

72ᵉ Famille. — SANTALACÉES.

Les plantes de cette petite famille ont toutes des feuilles alternes, entières et sans stipules. *Leur périanthe*, coloré en dedans, *divisé en 4-5* (rarement 3) *lobes ou segments soudés inférieurement, est adhérent au fruit qu'il couronne. Les étamines, en même nombre que les segments, sont insérées à leur base et leur sont opposées.* L'ovaire, terminé par 1 style à stigmate simple ou lobé, devient un *fruit* tantôt capsulaire, tantôt drupacé, mais *toujours monosperme et indéhiscent.*

CCCCVIII. Thesium (L.). Thésion.

Périanthe divisé en 5 (rarement 4) *lobes;* 4-5 étamines à filets offrant à leur base, en dehors, un petit faisceau de poils; style filiforme, à stigmate simple; *fruit capsulaire,* couronné par le périanthe persistant. *Plantes herbacées.*

1346. T. DIVARICATUM (Jan.; Rchb., Plant. crit. et Ic. 1155). T. A RAMEAUX DIVARIQUÉS.

Tiges de 1-5 déc., dures, dressées ou courbées-ascendantes, à rameaux à la fin divariqués; f. linéaires, à 1 nervure ou à 3 peu marquées; *pédicelles munis de 3 bractées plus courtes que la fleur; périanthe arrondi sur la capsule et beaucoup plus court qu'elle après la floraison;* fl. blanchâtres ou un peu jaunâtres en dedans, *toutes à 5 lobes et 5 étamines, pédoncu- lées,* disposées en grappes sur les rameaux, qui forment par leur réunion une panicule pyramidale. ♃. Juillet-septembre.

Coteaux secs: la Pape; Saint-Alban, près Lyon; bords de l'Ain, etc. P. R.

1347. T. PRATENSE (Ehrh.). T. DES PRÉS.

Tiges de 1-4 déc., dressées ou ascendantes; ramuscules fructifères d'abord un peu dressés, à la fin étalés horizontale- ment; f. linéaires-lancéolées, à 3 nervures, dont les 2 latérales peu marquées; *pédicelles munis de 3 bractées inégales, ne dé- passant pas la fleur, ou la plus longue la dépassant à peine; périanthe tubuleux, égalant à peu près la capsule en longueur après la floraison;* fl. blanchâtres en dedans, ouvertes en étoile, *toutes à 5 lobes et 5 étamines, pédonculées,* disposées en grappes sur les rameaux, qui forment par leur réunion une panicule pyramidale. ♃. Juin-août.

Prairies des hautes montagnes: le Mont-Pilat; Lélex, au dessous des châlets Girod. A. R.

— Les deux espèces précédentes sont réunies dans la plupart de nos anciens auteurs sous le nom de *Thesium linophyllum* (L.), plante à laquelle, comme à beaucoup d'autres, ils attribuent une facilité merveilleuse de varier. Il est cer- tain aujourd'hui que la phrase linnéenne s'applique à plusieurs espèces par- faitement distinctes que le grand botaniste suédois, qui n'avait pu tout voir, avait comprises sous le nom général de T. *linifolium.*

1348. T. ALPINUM (L.). T. DES ALPES.

Racine pivotante, produisant plusieurs tiges; tiges de 1-2 déc., dressées, ordinairement simples; f. linéaires, mar- quées de 1 seule nervure; *pédicelles* très-courts, *munis de 3 bractées très-inégales, dont la plus grande surtout dépasse longuement les fleurs; périanthe égalant à peu près la capsule après la floraison;* fl. blanchâtres en dedans, *ordinairement à 4 lobes et 4 étamines, surtout les supérieures, presque sessi-*

les, disposées en grappes simples, feuillées, à la fin unilatérales. ♃. Juin-août.

Pelouses, bruyères, pâturages dans les hautes montagnes : le Mont-Pilat;
Pierre-sur-Haute; la Grande-Chartreuse; dans l'Ain, le Poizat et tout le
Jura.

CCCCIX. Osyris (L.). Rouvet.

Fleurs dioïques, souvent mélangées de fleurs à étamines et
carpelle; *périanthe à* 3 *divisions,* rarement 4; 3 (rarement 4)
étamines; style à 3-4 stigmates; *fruit drupacé,* monosperme.
Tige ligneuse.

1349. O. alba (L.). R. a fleurs blanches.

Sous-arbrisseau de 4-10 déc., très-rameux, à rameaux
striés et anguleux; f. glabres, sessiles, linéaires-lancéolées,
mucronées; fruit rond, rouge à la maturité; petites fl. d'un
blanc jaunâtre, éparses le long des rameaux. ♄. Mai-juin.

Montagnes arides aux environs de Belley; cascade de Muzin; Parves; Glandieu, etc.

73ᵉ Famille. — ÉLÉAGNÉES.

Les Éléagnées, ou faux Oliviers, sont tous des arbres ou
des arbrisseaux, très-remarquables par l'éclat argenté que
présentent leur feuillage, leurs jeunes rameaux et l'extérieur
de leur périanthe. *Celui-ci,* coloré en dedans, *divisé en*
2-4 *segments ou lobes soudés inférieurement, est adhérent au
fruit, qu'il surmonte. Les étamines,* en même nombre que les
divisions du périanthe, *alternent avec elles, et sont insérées à
la gorge.* L'ovaire, terminé par 1 seul style à stigmate
simple, devient un *fruit charnu,* renfermant un noyau très-
dur.

CCCCX. Hypophae (L.). Argousier.

Fleurs dioïques, les unes à 4 étamines et *périanthe bipartit,*
les autres à ovaire infère et périanthe tubuleux, bifide au
sommet.

1350. H. rhamnoides (L.). A. faux nerprun.

Arbrisseau épineux, très-ramifié, à écorce grisâtre; f. linéaires ou oblongues-lancéolées, venant par petites touffes,
d'un vert grisâtre en dessus, argentées et finement tachées
de points roussâtres en dessous; fruits d'un jaune orangé à la
maturité; fl. ferrugineuses, naissant par petits groupes entremêlés avec les feuilles naissantes. ♄. *Fl.* mars-avril. *Fr.* août-
septembre. (*V. D.*)

Iles du Rhône, au dessous de la Pape; bords de la route en allant de la Pape
à Miribel; saulées au dessous de Feyzin. P. C.

74ᵉ Famille. — ARISTOLOCHIDÉES.

Cette curieuse famille renferme des plantes toutes herbacées dans notre Flore, mais sous-ligneuses, au moins à la base, dans quelques espèces exotiques. Leurs *feuilles*, souvent alternes, sont *toujours pétiolées et en cœur. Leur périanthe, coloré, monopétale*, irrégulier ou régulier, *a son tube soudé inférieurement à l'ovaire, qu'il surmonte.* Il renferme 6 ou 12 étamines, tantôt libres et insérées au sommet de l'ovaire, tantôt soudées avec le style. *L'ovaire, infère,* terminé par 1 style à 6 stigmates, *devient une capsule à 6 loges polyspermes.*

CCCCXI. Aristolochia (L.). Aristoloche.

Périanthe irrégulier, tubuleux, renflé à la base, *à limbe coupé obliquement au sommet* et s'épanouissant en languette (1); *6 étamines soudées avec le style.*

1351. A. clematitis (L.). A. clématite. (Vulg. *Poison de terre.*)

Plante à odeur fétide. Racine traçante; *tige de 3-6 déc., herbacée,* simple, anguleuse, dressée, et souvent flexueuse, *non grimpante;* f. glabres, pétiolées, alternes, ovales et profondément échancrées en cœur, rudes sur les bords; *fl. jaunâtres, disposées par petits paquets axillaires.* ♃. Mai-juillet. (*V. D.*)

Vignes, lieux pierreux. P. R.

CCCCXII. Asarum (L.). Asaret.

Périanthe régulier, campanulé, divisé en 3-4 lobes; *12 étamines à filets libres, insérées au sommet de l'ovaire;* stigmate à 6 lobes rayonnants.

1352. A. europæum (L.). A. d'Europe. (Vulg. *Cabaret, Oreille-d'homme.*)

Racine aromatique, rameuse, rampante; tiges très-courtes, portant vers leur milieu 2-4 stipules ovales, inégales, membraneuses, et à leur sommet 2 feuilles réniformes, profondément échancrées en cœur, très-longuement pétiolées; fl. d'un pourpre noir, pubescentes-velues en dehors, solitaires et courtement pédonculées à la bifurcation des deux feuilles qui terminent les tiges. ♃. Avril-mai. (*V. D.*)

Bois, buissons, rochers et lieux couverts : le Mont-Pilat, à Thélis-la-Combe, près du hameau de la Villette; Saint-Galmier, d'après Boreau; Saint-Laurent-du-Pont, en montant à la Grande-Chartreuse; dans l'Ain, Hauteville; environs de Belley; montagnes du Bugey. R.

(1) Dans l'A. *sipho* (L'Hérit.), espèce exotique cultivée dans les jardins, le périanthe est trilobé au sommet.

75ᵉ Famille. — EMPÉTRÉES.

Cette petite famille ne renferme qu'un genre qui faisait autrefois partie des Ericinées. Aujourd'hui on l'en a séparé avec raison, parce que, la corolle étant polypétale et les étamines insérées sur le réceptacle, on ne peut évidemment le ranger, avec les Bruyères, dans la section des Corolliflores.

Les caractères que nous assignerons aux plantes de cette famille seront 1° des *fleurs dioïques* ; 2° un *périanthe formé de 6 parties, dont les 3 extérieures, verdâtres et plus courtes*, semblent être le calice des 3 intérieures ; 3° *3 étamines* filiformes et saillantes; 4° *un ovaire supère*, terminé par un stigmate sessile, à 6-9 rayons, et devenant une petite *baie globuleuse*, à 6-9 pépins.

CCCCXIII. Empetrum (L.). Camarine.

Caractères de la famille.

1353. E. nigrum (L.). C. a fruit noir.

Sous-arbrisseau à tiges couchées, garnies de petites feuilles vertes, glabres, dures, oblongues-linéaires, si serrées qu'elles sont comme imbriquées et donnent à la plante l'aspect d'une Bruyère; baie noire à la maturité; petites fl. peu apparentes, à sépales d'un vert jaunâtre, et à pétales rosés. ♄. *Fl.* Juin-juillet. *Fr.* septembre.

Sommet du Jura, au nord du Reculet. R. R.

76ᵉ Famille. — EUPHORBIACÉES.

Si l'on excepte le Buis, qui est ligneux, les Euphorbiacées de nos régions sont toutes des plantes herbacées, annuelles ou vivaces, souvent munies d'un suc propre, qui est laiteux et plein d'âcreté. Leurs feuilles, ordinairement éparses, plus rarement opposées, sont, dans toutes nos espèces, entières ou simplement dentées. Leurs *fleurs, monoïques ou dioïques, sont tantôt munies d'un périanthe calicinal*, formé de 3-5 sépales, rarement plus ou moins, libres ou soudés à la base, *tantôt dépourvues de périanthe propre, et alors réunies dans un périanthe commun*, formé de bractées très-irrégulières. *Les étamines*, en nombre variable, depuis 1 jusqu'à 12 ou plus, à filets libres ou soudés, *sont toujours insérées au centre de la fleur ou sous le rudiment de l'ovaire*. Celui-ci, à 3 (*plus rarement 2*) *styles entiers ou bifides*, devient une *capsule libre*, pédicellée ou sessile, *formée par la réunion de 3 (plus rarement 2) loges distinctes*, nommées *coques*, s'ouvrant souvent avec élasticité. *Les graines, munies au niveau du hile d'une arille charnue*, sont adhérentes au sommet d'un axe central et persistant; elles ont un petit *embryon droit*, entouré d'un *périsperme charnu*, plus ou moins épais.

CCCCXIV. Buxus (Tournef.). Buis.

Fleurs monoïques; périanthe formé de 4 segments inégaux, accompagnés de 1 bractée semblable à eux dans les fleurs à étamines et de 3 dans les fleurs carpellées; *4 étamines à filets libres; capsule sessile, à* 3 *loges,* 3 *cornes et* 6 *graines. Tige ligneuse.*

1354. B. SEMPERVIRENS (L.). B. TOUJOURS VERT. (Vulg. *Buis*.)

Plante exhalant une odeur forte, surtout au printemps et quand il fait chaud. Arbrisseau droit, rameux, à jeunes rameaux anguleux; f. ovales, fermes, persistantes, glabres, luisantes et d'un beau vert; fl. d'un vert jaunâtre, sessiles, en petits paquets axillaires. ♄. *Fl.* mars-avril. *Fr.* juillet-août. (*V. D.*)

Coteaux pierreux, surtout dans les terrains calcaires. C.

— On cultive plusieurs variétés pour les bordures des jardins. La plus remarquable est le B. *suffruticosa* (Lamk.), qui est peut-être une espèce. Il se reconnaît à sa tige naine et à ses feuilles d'un vert plus gai. Il ne fleurit et ne fructifie jamais dans nos contrées, probablement à cause des tailles fréquentes qu'on lui fait subir.

CCCCXV. Euphorbia (L.). Euphorbe.

Fleurs monoïques, toutes renfermées dans un périanthe commun, qui est campanulé et terminé par 8-10 dents, dont 4-5, membraneuses ou herbacées, sont des lobes proprement dits, et les 4-5 autres, alternant avec les premières et couvertes en dessus d'un disque charnu et glanduleux, sont nommées *glandes pétaloïdales*; 10-20 *fleurs à étamines ou plus, consistant chacune en* 1 *seule étamine* et insérées à la base du périanthe commun; *ovaire central, longuement pédicellé, surmonté par* 3 *styles* libres ou soudés à la base; *capsule formée de* 3 *coques monospermes*, se séparant à la maturité de l'axe central et persistant qui les réunit, et *s'ouvrant avec élasticité. Plantes à suc laiteux*, herbacées dans notre Flore, à fleurs disposées ordinairement en ombelles munies d'un involucre à la base, et, au dessous des étamines, de 2 bractées représentant l'involucelle.

* *Glandes pétaloïdales arrondies ou ovales, mais non échancrées en croissant.*

† *Capsule lisse ou très-finement ridée, mais jamais tuberculeuse.*

1355. E. HELIOSCOPIA (L.). E. RÉVEILLE-MATIN.

Tige de 2-4 déc., droite, ordinairement simple ; *f.* éparses, *obovales-cunéiformes, finement denticulées au sommet; graines brunes, évidemment ridées en réseau;* ombelles à 5 rayons, chaque rayon ayant 3 branches, dont chacune est dichotome ; fl. à bractées jaunâtres. ①. Juin-octobre. (*V. D.*)

Lieux cultivés. C. C. C.

1356. E. GERARDIANA (Jacq.). E. DE GÉRARD.

Racine dure, presque ligneuse, produisant plusieurs tiges ; tiges de 2-5 déc., droites, simples ou présentant quelques rameaux fleuris au dessous de l'ombelle ; *f.* glauques, éparses, *linéaires-cunéiformes,* mucronées, *très-entières ;* ombelle à rayons nombreux, dressés, ordinairement dichotomes, rarement simples ; bractées ovales, mucronées; *graines blanchâtres, lisses;* fl. à bractées jaunes. ♃. Mai-août.

Lieux secs et sablonneux : Saint-Alban, près Lyon ; Oullins; Yvour; la Pape; plaine de la Valbonne, etc. A. C.

†† *Capsule munie de tubercules saillants.*

1357. E. PLATYPHYLLOS (L.). E. A LARGES FEUILLES.

Tige de 5-10 déc., droite, munie ordinairement de rameaux florifères au dessous de l'ombelle ; f. éparses, les inf. obovales, atténuées en pétiole, *les autres oblongues-lancéolées, sessiles, presque en cœur,* finement denticulées au moins au sommet ; ombelle communément à 5, rarement à 3-4 rayons divisés en 3 branches, 1-2 fois bifurquées ; *bractées ovales-triangulaires,* mucronées; *capsule assez grosse, munie de tubercules arrondis; graines lisses, d'un gris brun métallique;* fl. à bractées verdâtres passant au jaune. ①. Juin-septembre.

Saulées d'Oullins; la Tête-d'Or; Villeurbanne; Charbonnières; l'Argentière, etc. P. R.

1358. E. STRICTA (L.). E. RAIDE. — E. micrantha (Steph.).

Diffère de la précédente 1° par sa tige ordinairement moins élevée ; 2° par les ombelles, qui sont ordinairement à 3 rayons, rarement à 5; 3° par la *capsule* 2 fois plus petite, *hérissée de tubercules cylindriques;* 4° par la couleur des *graines,* qui sont *d'un brun rougeâtre.* ①. Juin-septembre.

Lieux cultivés, fossés, bord des champs. A. C.

— Longtemps confondue avec la précédente, cette espèce se rencontre plus fréquemment.

1359. E. DULCIS (L.). E. DOUX. — E. purpurata (Thuill.). — E. solisequa (Rchb.).

Racine jaunâtre, rampante; tige de 2-6 déc., droite, pubescente, émettant souvent des rameaux florifères au dessous de l'ombelle; f. éparses, molles, oblongues, très-finement ciliées-denticulées dans leur moitié antérieure, *les inf. atténuées à la base et très-courtement pétiolées;* ombelle à 5 rayons, 1-2 fois bifurqués, rarement simples; involucre à 5 folioles ovales, ciliées-denticulées; *bractées ovales-triangulaires, tronquées et même un peu en cœur à la base; capsule parsemée de tubercules épars, inégaux, obtus;* graines lisses, grisâtres; *glandes pétaloïdales ordinairement d'un rouge foncé,* rarement d'un jaune pâle; fl. à bractées vertes. ♃. Avril-juin.

Bois humides : Saint-Alban, près Lyon; vallon d'Oullins; Tassin; Chaponost; bords de la Brevenne; dans l'Ain, bords de l'Albarine, à Saint-Rambert; au dessus d'Hotonne en Valromey, le long de la nouvelle route, etc. P. R.

1360. E. VERRUCOSA (L.). E. A CAPSULE VERRUQUEUSE.

Tiges de 2-6 déc., dures à la base, d'abord étalées, puis redressées; f. éparses, ovales ou oblongues, sessiles ou presque sessiles, finement ciliées-denticulées sur les bords; *ombelle à 5 rayons, une ou deux fois trifides;* involucre à 5 folioles ovales; *bractées ovales-elliptiques, atténuées à la base,* au moins d'un côté; *capsule rude, chargée de petites verrues courtes et cylindriques;* graines lisses, ovoïdes, brunâtres; fl. à bractées jaunes pendant la floraison, devenant vertes à la maturité. ♃. Avril-juin et automne. (*V. D.*)

Pâturages humides. A. C.

1361. E. PALUSTRIS (L.). E. DES MARAIS.

Tige de 5-10 déc., droite, *émettant au dessous de l'ombelle un grand nombre de rameaux,* dont les sup. sont florifères; f. éparses, nombreuses, oblongues-lancéolées, atténuées à la base; *ombelle irrégulière, à rayons nombreux, partant de hauteurs différentes; bractées* elliptiques, obtuses, *atténuées à la base; capsule très-grosse* relativement à celle de l'espèce précédente, *couverte de verrues courtement cylindriques;* graines lisses, luisantes, brunâtres; fl. à bractées jaunes pendant la floraison, devenant vertes à la maturité. ♃. Mai-juillet.

Pâturages humides, marais, fossés : Vaux-en-Velin; Villeurbanne; Dessine.

** *Glandes pétaloïdales plus ou moins échancrées en croissant.*

† *Graines ponctuées ou ridées en réseau; plantes annuelles ou bisannuelles.*

1362. E. PEPLUS (L.). E. PÉPLUS.

Tige de 1-3 déc., droite; *f.* éparses, vertes, molles, *ovales*

ou obovales, arrondies au sommet, les caulinaires distinctement pétiolées ; ombelle à 3 rayons, 2-4 fois dichotomes ;
bractées ovales, obtuses, obliquement coupées à la base ;
capsule glabre, à coques présentant chacune 2 ailes rapprochées sur les angles ; graines d'un gris cendré, creusées sur
un côté de 2 sillons longitudinaux et marquées sur les autres
de petits trous disposés par lignes régulières ; fl. à bractées
vertes. ④. Juin-novembre.

Lieux cultivés. C. C. C.

1363. E. EXIGUA (L.). E. FLUET.

Tige de 1-2 déc., grêle, dressée, ascendante ou couchée
à la base ; f. éparses, sessiles, linéaires, d'un vert glaucescent ; ombelle régulière, à 3-5 rayons dichotomes ; bractées
linéaires-lancéolées, arrondies et presque en cœur à la base ;
glandes pétaloïdales échancrées en croissant, offrant 2 longues
cornes ; capsule glabre et lisse ; graines d'un gris cendré,
ridées en travers ; fl. à bractées glaucescentes. ④. Mai-
septembre.

Champs et lieux cultivés. A. C.

1364. E. FALCATA (L.). E. A GLANDES FALCIFORMES.

Tige de 1-5 déc., ordinairement étalée et très-rameuse,
quelquefois droite et presque simple ; f. éparses, atténuées à
la base, toutes mucronées, les inf. spatulées, obtuses ou échancrées, très-caduques, les autres lancéolées, aiguës ou acuminées ; ombelle irrégulière, à 3 (rarement 5) rayons étalés,
plusieurs fois bifurqués ; bractées ovales, mucronées, arrondies obliquement et un peu en cœur à la base ; glandes pétaloïdales échancrées en croissant, mais à cornes courtes, ayant
la forme d'une petite faucille ; graines d'abord rougeâtres, à
la fin grisâtres, marquées de petits sillons transversaux ; fl. à
bractées d'un vert jaunâtre. ④. Juillet-octobre.

Terres cultivées. champs pierreux : Écully ; Oullins ; Villeurbanne ; la Pape ;
et dans l'Ain, de Belley à Saint-Germain-les-Paroisses ; la Burbanche ; environs de Saint-Rambert ; Thoiry. A. R.

1365. E. LATHYRIS (L.). E. ÉPURGE.

Tige de 6-12 déc., droite, rameuse, cylindrique, grosse et
ferme, couverte d'une poussière glauque surtout au sommet ;
f. opposées, disposées sur 4 rangs réguliers, sessiles, oblongues, un peu en cœur à la base, vertes en dessus, glauques
en dessous ; ombelle très-grande, ordinairement à 4 rayons
dichotomes ; bractées oblongues, aiguës, très-grandes ;
glandes pétaloïdales échancrées en croissant, à cornes courtes
et obtuses ; capsule très-grosse, à angles arrondis et sillonnés ;

raines rousses, ponctuées de brun, ridées en réseau; fl. à
)ractées d'un vert jaunâtre. ②. Juin-juillet. (*V. D.*)

Sainte-Foy-lès-Lyon, autour des habitations; la Pape, dans le bois au
lessous du château; sous Pierre-Châtel; Lit-au-Roy, près Belley, etc. P. C.

†† *Graines lisses; plantes vivaces.*

366. E. CYPARISSIAS (L.). E. A FEUILLES DE CYPRÈS. (Vulg. *Tithymale.*)

*Tige de 1-5 déc., émettant pendant la floraison, au dessous
le l'ombelle, des rameaux la plupart stériles; f.* éparses,
;essiles, *linéaires, celles des rameaux plus étroites que celles
le la tige, les inf. de la tige plus courtes que les sup. et ca-
luques; ombelle à rayons nombreux,* simples ou 1-2 fois di-
:hotomes; bractées ovales, un peu en cœur, plus larges que
longues; glandes pétaloïdales à cornes courtes; fl. à bractées
1'un vert jaunâtre. ♃. Avril-septembre. (*V. D.*)

Lieux secs et stériles, bord des chemins. C. C. C.

— Cette plante offre souvent ses feuilles couvertes de points roussâtres, qui
ne sont autre chose qu'un petit champignon parasite nommé *œcidium Euphor-
biæ.* Sous l'influence de ce parasite, elle s'étiole et ne peut fleurir. Dans cet
état, elle a été décrite comme espèce sous le nom d'*Euphorbia degener.*

1367. E. ESULA (L.). E. ÉSULE.

Très-voisine de la précédente; en diffère 1° par sa *souche
plus dure, presque ligneuse;* 2° par les *rameaux venant au
dessous de l'ombelle,* qui sont *la plupart florifères;* 3° par ses
feuilles beaucoup plus larges, quoique étroites: de plus, *leur
longueur va en diminuant depuis la base de la plante jusqu'à
son sommet.* Les feuilles sont d'un vert mat, les glandes pétaloïdales d'un blanc jaunâtre, et les fleurs ont leurs *bractées
d'un beau jaune pendant la floraison.* ♃. Juin-août.

Pâturages, saulées: Oullins; Saint-Genis-Laval; bords de la Saône.

— L'E. *pinifolia* (D. C.) est indiqué à Rossillon (Ain) dans l'herbier du
savant M. Auger, qui avait exploré pendant de longues années la Bresse et le
Bugey. D'après de Candolle, cette espèce ou variété a beaucoup de rapports
soit avec l'E. *esula,* soit avec l'E. *cyparissias.* Elle a du premier la souche
dure, presque ligneuse, et du second les feuilles linéaires, celles des rameaux
surtout, qui sont sensiblement plus étroites que celles de la tige. Elle diffère
de tous les deux par la longueur de ses feuilles, qui atteignent jusqu'à 6-7 cent.,
et par le petit nombre des rayons de son ombelle, qui sont ordinairement de
5 à 7. — Cette espèce méridionale n'a pas, à notre connaissance, été retrouvée
à Rossillon.

1368. E. LUCIDA (Waldst. et Kit.). E. A FEUILLES LUISANTES. — E. esula
(Balbis, non L.).

Tige de 4-6 déc., droite, *émettant au dessous de l'ombelle
des rameaux, les uns stériles, les autres florifères; f. oblongues-lancéolées, insensiblement atténuées depuis le milieu
jusqu'au sommet,* obtuses, glabres, *d'un vert brillant en dessus,*
un peu glauques en dessous; *ombelle à rayons nombreux,
bifurqués;* bractées ovales-triangulaires ou ovales-rhomboï-

dales, obtuses, mucronées; *glandes pétaloïdales d'abord jaunes, puis passant au brun; fl. à bractées jaunâtres.* ♃. Juillet-août.

Saulées, lieux humides, à Perrache et à Yvour.

— Cette espèce, confondue par Balbis avec l'E. *esula*, se rencontre à feuilles plus ou moins larges et plus ou moins longues. La variété que nous trouvons chez nous est la var. *latifolia* de Koch.

1369. E. SYLVATICA (L. et Jacq.). E. DES BOIS. — E. amygdaloides (L.).

Tige de 4-8 déc., dressée, dure à la base, pubescente-velue au sommet, émettant au dessous de l'ombelle principale de nombreux rameaux florifères; f. pubescentes, obovales-oblongues, atténuées en pétiole, rapprochées au milieu de la tige florifère; ombelle à 5-8 rayons, 1-2 fois bifurqués; *bractées soudées ensemble à la base;* glandes pétaloïdales échancrées en croissant, à cornes assez allongées; *capsule glabre;* fl. à bractées d'un vert jaunâtre. ♃. Mai-juin.

Bois taillis, haies ombragées. A. C.

CCCCXVI. MERCURIALIS (Tournef.). MERCURIALE.

Fleurs dioïques; périanthe vert, à 3 segments, rarement 4; 8-12 *étamines,* quelquefois plus; *capsule formée de 2 carpelles monospermes,* accolés ensemble. Plantes herbacées, à feuilles opposées.

1370. M. ANNUA (L.). M. ANNUELLE. (Vulg. *l'ignoble.*)

Plante d'un vert clair. *Racine pivotante; tige* de 2-5 déc., droite, anguleuse, *rameuse, glabre; f.* glabres, bordées seulement de quelques cils très-courts, pétiolées, ovales-lancéolées, à grosses dents espacées; fl. à étamines disposées en épis axillaires, grêles, interrompus, longuement pédonculés; *fl. carpellées sessiles ou courtement pédonculées à l'aisselle des feuilles* (1), où elles sont solitaires, géminées ou en petits faisceaux; capsules hérissées. ①. Été. (*V. D.*)

Jardins, champs, vignes, lieux cultivés. C. C. C.

1371. M. PERENNIS (L.). M. VIVACE.

Plante d'un vert sombre. *Racine traçante; tige* de 2-4 déc., droite, *simple, pubescente; f. pubescentes,* courtement pétiolées, ovales-lancéolées, régulièrement crénelées-dentées; fl. à étamines en épis très-grêles, interrompus, longuement pé-

_____

(1) Sur les pieds vigoureux, les fleurs carpellées paraissent quelquefois portées sur des pédoncules allongés, mais ce n'est qu'une apparence; ces pédoncules ne sont en réalité que de petits rameaux sur lesquels les carpelles sont sessiles.

onculés; *fl. carpellées portées sur de longs pédoncules* à l'ais-
elle des feuilles, où elles sont solitaires ou en petits faisceaux ;
apsules hérissées. ♃. Avril-mai.

Bois, lieux ombragés : le Mont-Cindre; la Pape; Alix; la Grande-Char-
euse; toutes les montagnes du Bugey. P. R.

77ᵉ FAMILLE. — URTICÉES.

C'est l'Ortie, bien connue et justement redoutée de tout
e monde, qui a donné son nom latin *Urtica* à cette petite
amille. Les plantes qu'elle renferme ne se recommandent
nous ni par leur beauté ni par leur parfum ; mais le vrai
otaniste doit être philosophe et se souvenir que toutes les
eurs ne peuvent pas être des roses. Du reste, si les Urticées
'offrent rien d'agréable, elles n'en sont ni moins utiles, ni
noins précieuses : le Chanvre nous fournit la toile pour nous
êtir, le Houblon est l'un des éléments d'une de nos boissons
es plus rafraîchissantes, et l'Ortie même peut, quand on sait
employer à propos, servir à de nombreux usages.
Toutes les Urticées sont des *plantes herbacées*, à feuilles
antôt alternes, tantôt opposées, toujours accompagnées de
tipules libres, ordinairement caduques. Leurs *fleurs, mo-
oïques, dioïques, ou mélangées de fleurs à étamines et car-
elles*, ont un périanthe verdâtre, à 2, 4 ou 5 divisions plus ou
noins profondes. Les *étamines, au nombre de 4 ou de 5, sont
pposées aux segments du périanthe et insérées à sa base.
'ovaire, terminé par 2 styles courts ou 1 seul bifurqué, de-
ient un fruit sec* (akène), *uniloculaire, monosperme et indé-
iscent, recouvert par le périanthe persistant.*

CCCCXVII. URTICA (Tournef.). ORTIE.

Fleurs monoïques ou dioïques; périanthe des fleurs à étamines divisé en 4 segments très-profonds; *périanthe des fleurs
carpellées partagé en 2 segments presque libres;* 4 étamines;
stigmate sessile, en pinceau ; akène oblong, comprimé. *Herbes
à feuilles opposées, hérissées, ainsi que la tige, de poils dont
la piqûre est brûlante.*

1372. U. DIOICA (L.). O. DIOÏQUE. (Vulg. *Grande Ortie.*)
Tige de 4-10 déc., dressée, rameuse; *f.* pétiolées, ovales-
acuminées, bordées de grosses dents de scie, *échancrées en
cœur à la base; fl. dioïques, toutes en grappes paniculées, plus
longues que le pétiole des feuilles,* celles à étamines dressées,
les fructifères pendantes. ♃. Juin-octobre. (**V. D.**)

Pied des murs, décombres, lieux cultivés et incultes. C. C. C.

1373. U. HISPIDULA. O. UN PEU HISPIDE.

Plante d'un vert clair sur les pieds à étamines, d'un vert noirâtre sur les pieds fructifères. Tige de 4-10 déc., ferme, dressée, hérissée de poils blanchâtres, très-serrés au sommet ; *f.* pétiolées, ovales-acuminées, bordées de dents de scie profondes, *échancrées en cœur à la base,* hérissées de poils blanchâtres : sur la page inf., ces poils sont serrés tout le long des nervures et épars dans les intervalles, tandis que, sur la page sup., les nervures sont nues, et les intervalles portent des poils épars ; *fl. dioïques, celles à étamines en grappes blanchâtres,* largement paniculées et étalées, *les fructifères en grappes noirâtres, grêles, pendantes, égalant ou dépassant à peine le pétiole des feuilles.* ♃. Juillet-août.

Le Mont-Jura, dans le voisinage des châlets.

— Cette plante offre en diminutif tous les caractères de l'*Urtica hispida* (D. C.). Celui-ci, qui n'est indiqué que dans le Midi, a un port différent, etsurtout la tige et les feuilles plus fortement hispides. N'ayant pas cultivé la plante du Jura, nous ne pouvons pas affirmer qu'elle soit une espèce ; cependant, à cause de sa physionomie tranchée et de la localité où elle se trouve, nous avons cru pouvoir la signaler sous le nom parfaitement caractéristique d'*Urtica hispidula.*

1374. U. URENS (L.). O. BRULANTE. (Vulg. *Petite Ortie.*)

Tige de 2-5 déc., rameuse, étalée à la base, puis redressée ; *f.* pétiolées, plus petites que dans l'Ortie dioïque, *elliptiques, jamais en cœur à la base,* bordées de dents de scie étroites et profondes ; *fl. monoïques, en grappes* dressées ou étalées, *géminées à l'aisselle des feuilles, plus courtes que le pétiole.* ①. Juin-octobre. (*V. D.*)

Lieux cultivés, décombres. C.

1375. U. PILULIFERA (L.). O. A PILULES. (Vulg. *Ortie romaine.*)

Plante fortement hérissée de poils blanchâtres, ayant l'apparence de petits aiguillons. Tige de 3-8 déc., droite, forte, souvent rameuse ; *f.* pétiolées, ovales, *en cœur à la base,* bordées de dents de scie oblongues-lancéolées, plus larges et plus profondes que dans toutes les espèces précédentes ; *fl. monoïques,* celles à étamines en panicules grêles, *les fructifères en têtes globuleuses,* hérissées, pédonculées à l'aisselle des feuilles, *et beaucoup plus courtes que leur pétiole.* ② ou ♃. Juin-octobre. (*V. D.*)

Se rencontre parfois dans les décombres ; trouvée récemment à Caluire. R.

CCCCXVIII. PARIETARIA (Tournef.). PARIÉTAIRE.

Plantes présentant sur le même pied des fleurs de 3 espèces : des fleurs seulement à étamines, des fleurs seulement à carpelles, et des fleurs munies en même temps d'étamines et de arpelle, celles-ci plus nombreuses et plus apparentes que les utres ; *périanthe* velu en dehors, à 4 dents ou segments ourbés en dedans, *s'allongeant en tube scarieux-blanchâtre près la floraison dans les fleurs de la troisième espèce,* se efermant et s'arrondissant sur le fruit dans celles qui sont eulement carpellées ; 4 étamines à filets repliés sur eux-nêmes, s'ouvrant avec élasticité au moment de l'émission du ollen, ou quand on les touche avec une épingle ; style fili-orme, à stigmate en petit pinceau violet ; graine petite, lliptique, comprimée, d'un vert foncé. Plantes à *feuilles lternes.*

376. P. OFFICINALIS (L. ex ferè omnibus Auct.). P. OFFICINALE.— P. Ju-daica (Lamk. non L.). — P. diffusa (Mert. et Koch).

Tige de 1-6 déc., un peu rougeâtre, cassante, hérissée de etits poils blanchâtres, étalée, ascendante ou dressée, quel-quefois simple, plus souvent rameuse ; f. pétiolées, pubes-entes, ovales ou ovales-oblongues, atténuées en coin aux leux extrémités, à nervures ternées, luisantes en dessus, plus âles et ternes en dessous ; fl. disposées par groupes axil-aires, sessiles, entourées à la base d'involucres formés de fo-ioles vertes, inégales, munies extérieurement de petits poils ccrochants. ♃. Juillet-octobre. (*V. D.*)

Vieux murs, décombres. C.

CCCCXIX. HUMULUS (L.). HOUBLON.

Plante à *fleurs dioïques : celles à étamines, disposées en pa-nicule,* ont un périanthe à 5 segments, renfermant 5 étamines filets courts et à longues anthères dressées ; *les carpellées sont placées à l'aisselle de larges bractées membraneuses, imbri-quées et formant des espèces de cônes ovoïdes en forme de ommes de pin,* et leur périanthe est réduit à 1 seul segment nroulé sur le fruit ; capsule monosperme. Plantes à *feuilles pposées.*

377. H. LUPULUS (L.). H. GRIMPANT.

Tige anguleuse, rude, grimpante, s'élevant très-haut en s'en-oulant autour des arbres ou arbustes voisins ; f. pétiolées, ovales, en cœur, tantôt simplement bordées de grosses dents mucronées, tantôt divisées de plus en 3 ou 5 lobes aigus, ouvertes en dessus de petits poils rudes et accrochants ; graines et base des bractées couvertes de glandes jaunes, qui eur donnent une odeur très-pénétrante et une saveur amère. ♃. Juillet-août. (*V. D.*)

Bord des rivières, lieux frais, haies humides. A. C. —Cultivé dans les jar-lins pour couvrir les tonnes.

78ᵉ Famille. — ULMACÉES.

Les Ulmacées ne sont, dans un grand nombre d'auteurs, qu'une tribu tantôt de la famille précédente, tantôt de la suivante. Si nous les avons séparées de l'une et de l'autre, c'est qu'elles ont une physionomie parfaitement distincte et constituent un groupe nettement tranché. Ce sont des *arbres à feuilles alternes et entières, accompagnées de stipules libres et caduques.* Leurs *fleurs,* ordinairement *munies d'étamines et de carpelles réunis* (1), ont un *périanthe divisé en 4, 5 ou 6 lobes ou segments qui renferment 4, 5 ou 6* (plus rarement *8 ou 12) étamines insérées à leur base et correspondant à leur milieu. L'ovaire, non soudé avec leur périanthe* et terminé par 2 styles ou stigmates, *devient tantôt une samare, tantôt une drupe.*

CCCCXX. Ulmus (L.). Orme.

Périanthe coloré, campanulé, à 5 lobes, plus rarement à 4-8; 5 étamines, plus rarement 4-8; *capsule* monosperme, *aplatie, orbiculaire, entourée d'une aile membraneuse* (samare); *fleurs paraissant avant les feuilles.*

1378. U. campestris (L.). O. champêtre.

Arbre à écorce grisâtre, tantôt lisse, tantôt crevassée; f. alternes, pétiolées, ovales-elliptiques, acuminées, doublement dentées en scie, en cœur, à lobes de la base inégaux, rudes en dessus, marquées en dessous de nervures saillantes et parallèles; *fruits glabres, presque sessiles;* fl. rougeâtres, *à peine pédonculées,* réunies en petits paquets latéraux. ♃. Mars-mai. (*V. D.*)

Haies, bois. C.—Planté sur les bords des routes et des promenades.

1379. U. effusa (Wild.). O. a fleurs pendantes.—U. pedunculata (Lamk.). — U. octandra (Schk.).

Arbre à écorce grisâtre et fendillée; *f.* alternes, pétiolées, ovales ou obovales, acuminées, doublement dentées en scie, très-inégales à la base, *mollement pubescentes-blanchâtres en dessous,* où elles sont marquées de nervures saillantes et parallèles; 8 étamines; *fruits bordés de cils blancs et portés sur de longs pédoncules filiformes;* fl. rougeâtres, *pédicellées et pendantes,* réunies en faisceaux latéraux. ♃. Mars-mai.

Villeurbanne, vis-à-vis de l'église neuve et près de l'ancienne; près de Pont-de-Vaux. R. — Cet arbre doit se trouver ailleurs dans les promenades.

_____

(1) Dans le *Celtis australis,* on trouve souvent quelques fleurs qui n'ont que des étamines.

CCCCXXI. Celtis (L.). Micocoulier.

Fleurs à étamines et carpelle, ou quelques unes n'ayant que des étamines; périanthe vert, à 5 ou 6 segments; 5 ou 6 étamines; *fruit charnu, globuleux, renfermant un noyau osseux* (drupe); *fleurs paraissant en même temps que les feuilles.*

380. C. australis (L.). M. du Midi.

Arbre médiocre ou arbrisseau à écorce grisâtre; f. ovales ou oblongues-lancéolées, acuminées, bordées dans leur moitié sup. de dents de scie aiguës, inégales à la base, un peu rudes en dessus, courtement tomenteuses en dessous; fruit longuement pédonculé, jaune de cire à l'automne, noir à la maturité, qui n'a lieu qu'après les premières gelées, ressemblant alors à une petite cerise; fl. d'un blanc verdâtre, pédonculées à l'aisselle des feuilles. ♄. Mai. (*V. D.*)

Bois de la Garenne, à Yvour; rochers exposés au midi, à Condrieu, Vérane, Malleval, et aux environs.—Jardins paysagers.

79ᵉ Famille. — AMENTACÉES.

La famille des Amentacées ne renferme que des *plantes ligneuses* : on y voit le Hêtre et le Charme au feuillage touffu, le Bouleau à l'écorce argentée, le Noisetier et le Châtaignier aux fruits savoureux, le Chêne majestueux, justement surnommé *le roi des forêts*, et la nombreuse tribu des Peupliers et des Saules, qui, comme les roseaux qu'ils abritent sous leur ombre,

> . . . . naissent le plus souvent
> Sur les humides bords des royaumes du vent.

Les fleurs des Amentacées présentent tant de diversité, les fruits qui leur succèdent ont si peu de rapports, que nous avons dû partager cette famille en plusieurs tribus parfaitement tranchées. Toutes ont cependant quelques caractères communs : ce sont 1° des *feuilles alternes, pétiolées, toujours simples,* accompagnées, au moins à leur naissance, de deux stipules souvent caduques; 2° des *fleurs monoïques ou dioïques, celles à étamines au moins disposées en chaton,* en latin *amentum,* d'où est venu le nom de la famille.

Les Amentacées sont d'une étude assez difficile : pour bien les observer et les avoir complètes dans son herbier, il importe de les recueillir dans les divers états sous lesquels elles se présentent, soit simultanément, soit successivement. Ainsi, quand la plante sera dioïque, on recherchera avec soin, pour chaque espèce, les pieds qui portent les étamines et ceux qui portent les fruits; et comme très-souvent les feuilles ne se développent qu'après les fleurs, il faudra toujours, après avoir récolté celles-ci, revenir un mois ou deux plus tard pour se procurer des branches feuillées; l'arbre offrant alors un aspect totalement différent; il sera utile, pour éviter toute méprise, de le contremarquer, au moment de la première récolte, par un signe qu'on puisse facilement retrouver et reconnaître.

Ire TRIBU : **QUERCINÉES.** — **Arbres à fleurs monoïques. Fleurs à étamines disposées en chatons ordinairement cylindriques, rarement globuleux, et à périanthe tantôt divisé en 4-9 lobes, tantôt nul et remplacé par une écaille; 5-20 étamines ou plus, insérées sur les écailles ou sur le périanthe; fleurs carpellées solitaires, agrégées ou en épi, à périanthe dont le tube est soudé avec l'ovaire, et dont le limbe court et denticulé disparaît souvent sur le fruit; fruits indéhiscents, uniloculaires, nutritifs, oléagineux ou farineux, solitaires ou multiples, munis d'un involucre foliacé, coriace ou ligneux, qui tantôt les enveloppe complètement, comme dans la châtaigne, tantôt ne les entoure qu'en partie, comme dans le gland; embryon à cotylédons épais.**

CCCCXXII. CORYLUS (Tournef.). COUDRIER.

Fleurs à étamines en chatons cylindriques, serrés, pendants, devançant de beaucoup les feuilles; écailles des chatons obovales, trilobées, portant 6-8 étamines; fleurs carpellées annoncées dans les bourgeons par 2 styles rouges; fruit (noisette) globuleux ou ovale, à péricarpe ligneux, lisse, monosperme, entouré d'un involucre foliacé, un peu charnu à la base et déchiré au sommet.

1381. C. AVELLANA (L.). C. NOISETIER.

Arbrisseau à rameaux grisâtres et flexibles; f. pétiolées, obovales, en cœur à la base, brusquement acuminées au sommet, doublement dentées et légèrement lobées, pubescentes et fortement nervées en dessous; fruits venant par bouquets. ♄. *Fl.* février-mars. *Fr.* août-septembre. (*V. D.*)

Bois, haies, buissons. C. — Jardins, où en cultive une variété à feuilles d'un violet rougeâtre disparaissant presque entièrement avec l'âge.

CCCCXXIII. QUERCUS (Tournef.). CHÊNE.

Fleurs à étamines en chatons grêles, interrompus, pendants, dépourvus d'écailles; périanthe à 5-9 divisions ciliées; fleurs

arpellées renfermées dans un involucre formé d'écailles im-
riquées; ovaire à 3-4 stigmates; *fruit* (gland) ovoïde ou
blong, *à péricarpe coriace*, luisant, d'abord vert, puis jau-
àtre, *entouré seulement à la base d'une petite coupe* (cupule)
émisphérique, écailleuse et dure.

* Feuilles persistantes et toujours vertés.

382. Q. ILEX (L.). C. YEUSE. (Vulg. *Chéne vert.*)

Arbre peu élevé, tortueux, *à écorce unie et fibreuse*; f.
vales-lancéolées, entières ou à dents mucronées, glabres et
uisantes en dessus, blanchâtres-tomenteuses en dessous;
upules *arrondies à la base;* glands ovoïdes, en petites
rappes. ♃. *Fl.* avril-mai. *Fr.* août-septembre. (*V. D.*)

Bois sur le coteau de Grigny; environs de Montluel. R.

** Feuilles marcescentes, tombant au moins après l'hiver.

383. Q. SESSILIFLORA (Smith). **C. A FRUITS SESSILES.** — Q. robur *b* (L.). —
(Vulg. *Chéne-Rouvre.*)

Arbre plus ou moins élevé; f. *distinctement pétiolées, gla-
res* ou à peine pubescentes *en dessous,* sinuées-lobées, à lobes
négaux, obtus, mutiques; *glands* agglomérés, *sessiles ou à
pédoncules égalant tout au plus les pétioles;* fl. jaunâtres. ♃.
Fl. avril-mai. *Fr.* août-septembre. (*V. D.*)

Bois taillis, bord des chemins. C.

1384. Q. PUBESCENS (Wild.). **C. A FEUILLES PUBESCENTES.**

Cette espèce, qui, suivant quelques auteurs, n'est qu'une
variété de la précédente, en diffère 1° par sa stature moins
élevée et plus rabougrie; 2° par ses *feuilles velues-tomenteuses
en dessous dans leur jeunesse, encore pubescentes à l'âge adulte,
à peine glabrescentes* dans leur vieillesse; 3° par ses glands
plus petits. ♃. *Fl.* avril-mai. *Fr.* août-septembre.

Bois taillis, haies. C.

1385. Q. PEDUNCULATA (Ehrh.). **C. A FRUITS PÉDONCULÉS.** — Q. racemosa
(Lamk.). — Q. robur *a* (L.). (Vulg. *Chéne blanc.*)

Arbre très-élevé; f. *presque sessiles, très-glabres*, fermes,
oblongues-obovales, échancrées à la base, découpées en lobes
irréguliers, plus ou moins profonds, obtus, mutiques; *glands
en épi lâche, peu garni, sessiles le long d'un pédoncule beaucoup plus long que le pétiole des feuilles;* fl. jaunâtres. ♃.
Fl. avril-mai. *Fr.* août-septembre. (*V. D.*)

Bois, forêts, bord des chemins. C.

1386. Q. APENNINA (Lamk.). **C. DES APENNINS.**

Ce Chêne est au Q. *pedunculata* ce que le Q. *pubescens* est
au Q. *sessiliflora.* Arbre peu élevé relativement au précédent.

et ayant un aspect sombre et touffu ; *f. courtement pétiolées,* ovales-oblongues, à lobes peu profonds, *tomenteuses ou pubescentes en dessous*, restant vertes très-tard, ne tombant absolument qu'à la fin de l'hiver ; *glands* disposés au nombre de 6-10 en épi interrompu et *sessiles sur un pédoncule beaucoup plus long que le pétiole des feuilles.* ♄. *Fl.* avril-mai. *Fr.* août-septembre.

Bois taillis : Vassieu ; Charbonnières ; Givors, au bois de Montrond.

1387. Q. toza (Bosc.). C. tauzin. — Q. pyrenaica (Wild.). — Q. stolonifera (Lapeyr.). (Vulg. *Chêne noir, Chêne doux, Chêne-brosse.*)

Arbre ordinairement peu élevé. *Racine rampant sous terre et poussant souvent des rejetons*, surtout dans les endroits sablonneux ; *f.* pétiolées, obovales ou oblongues, à lobes obtus, plus ou moins profonds, *couvertes, surtout en dessous* et dans leur jeunesse, *d'un duvet mou, velouté et abondant, parsemées en dessus, même dans l'âge adulte, de poils très-fins et étoilés; glands presque sessiles ou en épi courtement pédonculé.* ♄. *Fl.* avril-mai. *Fr.* août-septembre.

Environs de Belley. R.

CCCCXXIV. Fagus (Tournef.). Hêtre.

Fleurs à étamines en chatons globuleux, pédonculés, pendants, à périanthe divisé en 5-6 lobes et contenant 8-15 étamines ; fleurs carpellées solitaires, géminées ou ternées dans un involucre à 4 lobes ; 3 stigmates ; *fruits* (faînes) *triangulaires, renfermés dans une enveloppe coriace* (involucre durci), soyeuse en dedans, *hérissée de pointes molles en dehors,* et s'ouvrant par 4 valves.

1388. F. sylvatica (L.). H. des forêts. (Vulg. *Fayard.*)

Grand arbre à jeunes rameaux bruns, tachetés de points grisâtres ; f. fermes, pétiolées, obovales-cunéiformes et entières à la base, sinuées-ondulées ou obscurément dentées et ciliées au sommet ; petits fruits de la couleur des châtaignes, à 3 angles ailés au sommet ; fl. d'un blanc ou d'un jaune verdâtre, paraissant en même temps que les feuilles. ♄. *Fl.* avril. *Fr.* août. (*V. D.*)

Bois et forêts : Couzon ; Fontaines ; Saint-Bonnet-le-Froid ; Yzeron ; le Fenoyl, près de l'Argentière ; Pilat ; Pierre-sur-Haute ; montagnes du Bugey, etc. — Jardins paysagers, où on en cultive une variété à feuilles d'un rouge vineux.

CCCCXXV. Castanea (Tournef.). Chataignier.

Fleurs à étamines disposées en chatons sessiles, très-allongés, grêles et interrompus, à périanthe partagé en 5-6 divi-

ions profondes et renfermant 8-20 étamines longuement
aillantes ; *fleurs carpellées renfermées* au nombre de
-5 dans un involucre à 4-6 lobes, entouré de bractées li-
éaires ; 6-8 stigmates ; *fruits* (châtaignes) à peau dure,
labre en dehors, cotonneuse en dedans, *entièrement entourés*
'une enveloppe coriace, soyeuse en dedans, chargée de pointes
iquantes en dehors.

889. C. VULGARIS (Lamk.). C. COMMUN. — Fagus castanea (L.).

Arbre atteignant une grande hauteur. F. oblongues-lancéo-
ées, à dents de scie acuminées, dures, glabres et luisantes
u dessus, blanchâtres et marquées en dessous de nervures
arallèles et fortement saillantes ; fl. jaunâtres, à odeur pé-
iétrante, accompagnant les feuilles. ♄. *Fl.* mai-juin. *Fr.* sep-
embre-octobre. (*V. D.*)

Bois des montagnes, rochers, surtout dans les terrains primitifs et siliceux.—
)n en cultive plusieurs variétés : la plus remarquable est celle dont le fruit, plus
ros et plus savoureux, porte le nom de *marron.*

II° TRIBU : **BÉTULINÉES.** — **Arbres à fleurs monoïques,
toutes disposées en chatons cylindriques, ovoïdes ou
globuleux ; petits fruits à péricarpe coriace ou osseux ;
embryon à cotylédons foliacés.**

CCCCXXVI. CARPINUS (L.). CHARME.

Fleurs à étamines en chatons cylindriques, pendants, à
écailles ovales-acuminées, ciliées à la base, brunes au sommet ; 6-20 étamines à *anthères barbues à leur extrémité ;*
fleurs carpellées en cônes lâches, formés d'écailles membraneuses, à 3 lobes inégaux, protégeant chacune 1 ou 2 *fruits*
ovoïdes-comprimés, à péricarpe osseux, terminés par 6 petites dents ; 2 stigmates ; fleurs à étamines paraissant avant
les feuilles.

1390. C. BETULUS (L.). C. COMMUN.

Arbre ou arbrisseau à écorce grisâtre et à rameaux étalés ;
f. à court pétiole, ovales, doublement dentées, glabres et
d'un beau vert, ondulées et comme plissées en éventail sur
leurs nervures secondaires, qui sont parallèles et fortement
saillantes en dessous ; fl. verdâtres ou rougeâtres. ♄. *Fl.* avril-
mai. *Fr.* juillet-août. (*V. D.*)

Bois taillis, haies. C. — Cultivé et taillé en différentes formes, il prend le
nom de *Charmille.*

CCCCXXVII. BETULA (Tournef.). BOULEAU.

Fleurs à étamines en chatons cylindriques, serrés, à écailles
pédicellées, peltées et inégales, protégeant chacune 3 fleurs :

celles-ci placées sur le pédicelle des écailles et munies chacune d'un périanthe formé d'une autre écaille ovale-oblongue, portant les étamines à sa base; 6 étamines à filets courts, soudés dans une partie de leur longueur; *fl. carpellées en chatons cylindriques, à écailles membraneuses et caduques*; 2 styles; *fruit petit, comprimé, indéhiscent, entouré d'un rebord membraneux*; fleurs à étamines se développant un peu avant les feuilles.

1391. B. ALBA (L.). B. BLANC.

Arbre plus ou moins élevé, à épiderme lisse et d'un beau blanc, se détachant circulairement en minces feuillets; jeunes rameaux d'un brun rougeâtre, flexibles, très-grêles; f. pétiolées, tremblottantes, ovales-rhomboïdales, doublement dentées, glabres, luisantes et d'un beau vert en dessus, plus pâles en dessous; fruits elliptiques, entourés d'un rebord obcordé, 2 fois plus large qu'ils ne le sont eux-mêmes; fl. carpellées en chatons pédonculés et pendants. ♄. *Fl.* avril-mai. *Fr.* juillet-août. (*V. D.*)

Bois des collines et des montagnes. C. — Jardins paysagers.

b. B. *pendula* (Roth). Rameaux allongés, longuement pendants, comme ceux du Saule pleureur. — Tassin. — Cette variété est réunie au type par des formes intermédiaires.

CCCCXXVIII. ALNUS (Tournef.). AULNE.

Fleurs à étamines en chatons cylindriques, allongés, pendants, à écailles pédicellées, peltées, protégeant chacune 3 fleurs; *celles-ci placées sur le pédicelle des écailles et munies chacune d'un périanthe régulier, à 3-4 lobes, au fond duquel sont insérées les étamines*; 4 étamines à filets libres; *fleurs carpellées en chatons ovoïdes, dressés, à écailles persistantes et à la fin ligneuses, portés sur des pédoncules rameux*; 2 stigmates; *fruit petit, comprimé et anguleux, mais non ailé*; fleurs à étamines paraissant avant les feuilles.

1392. A. GLUTINOSA (Gœrtn.). A. GLUTINEUX. — Betula alnus (L.). (Vulg. *Verne.*)

Arbre à écorce brune, pointillée de blanc; f. pétiolées, arrondies, *obtuses ou échancrées au sommet*, dentées ou même lobées, glutineuses dans leur jeunesse, *pubescentes en dessous seulement sur les nervures*; pédoncules minces, courbés, *glabres ou couverts de petites écailles gluantes*; chatons carpellés pédicellés; fl. vertes ou rougeâtres. ♄. *Fl.* février-mars. *Fr.* août-septembre. (*V. D.*)

Bord des eaux. C. C.

893. A. incana (D. C.). A. blanchatre. —Betula incana (L.).

Arbre à écorce d'un brun grisâtre; *f.* pétiolées, *ovales-aiguës,* dentées ou même lobées, *pubescentes-blanchâtres en dessous sur toute leur surface; pédoncules* épais, *pubescents;* chatons carpellés sessiles ou presque sessiles; fl. vertes ou rougeâtres. ♄. *Fl.* février-mars. *Fr.* août-septembre.

Lieux humides, bord des eaux.—Moins commun que le précédent.

IIe Tribu : SALICINÉES. — Arbres, arbrisseaux ou sous-arbrisseaux à fleurs dioïques; fleurs toutes en chatons formés d'écailles entières, incisées ou laciniées; 2-30 étamines libres ou monadelphes; ovaire libre, uniloculaire, polysperme, devenant une capsule bivalve; petites graines à aigrettes ou houppes soyeuses; cotylédons plans et foliacés.

CCCCXXIX. Populus (Tournef.). Peuplier.

Chatons cylindriques, *formés d'écailles incisées ou déchirées au sommet; étamines et ovaire partant d'un godet obliquement tronqué, placé sur chaque écaille* et servant de périanthe; 8-30 étamines à filets libres; ovaire à 2 stigmates profondément bipartits; fleurs précédant les feuilles.

* *Écailles des chatons ciliées; 8 étamines; bourgeons non glutineux, ordinairement cotonneux.*

394. P. alba (L.). P. blanc.

Grand arbre à écorce d'un gris verdâtre; *f.* pétiolées, *ovales-arrondies* ou ovales, inégalement sinuées-anguleuses, *couvertes en dessous d'un duvet persistant, cotonneux, d'un blanc de neige,* celles des jeunes rameaux à 5 lobes palmés, peu profonds; *écailles des chatons carpellés presque entières au sommet;* fl. en chatons ovales-oblongs. ♄. Mars-avril. (V. D.)

Lieux frais, bois humides. C.—Jardins paysagers.

895. P. canescens (Smith). P. grisatre. (Vulg. *Grisaille.*)

Grand arbre à écorce d'un gris verdâtre; *f.* pétiolées, *ovales-arrondies,* inégalement sinuées-anguleuses, *munies en dessous d'un duvet floconneux, d'un gris cendré, qui finit par disparaître,* celles des jeunes rameaux non lobées; *écailles des chatons carpellés laciniées assez profondément au sommet;* fl. en chatons cylindriques et allongés. ♄. Mars-avril. (V. D.)

Trouvé dans une haie à Mon-Plaisir. R.—Jardins paysagers.

19.

1396. P. TREMULA (L.). P. TREMBLE.

Arbre à écorce d'un gris cendré ; *f.* presque orbiculaires, à grosses dents inégales, *glabres sur les deux pages à l'état adulte*, pubescentes seulement dans leur jeunesse, tremblottantes sur leur pétiole allongé et comprimé ; *écailles des chatons cappellés profondément incisées* ; étamines à anthères d'un beau rouge ; fl. en chatons oblongs, grisâtres, très-velus. ♄. Mars-avril. (*V. D.*)

Bois humides. C.

** *Écailles des chatons glabres ; 12-30 étamines ; bourgeons glabres et glutineux.*

1397. P. PYRAMIDALIS (Rozier). P. PYRAMIDAL.—P. fastigiata (Poir.). (Vulg. *Peuplier d'Italie.*)

Arbre élevé, à *branches dressées et serrées contre le tronc* ; *f.* à pétiole allongé et comprimé, *triangulaires-rhomboïdales, entières à la base,* dentées au sommet, glabres, lisses et luisantes, glutineuses dans leur jeunesse ; étamines à anthères rouges. ♄. Mars-avril. (*V. D.*)

Fréquemment planté et comme spontané.

— On ne cultive en France que l'individu à fleurs à étamines.

1398. P. NIGRA (L). P. NOIR.

Arbre élevé, à *branches étalées* ; *f.* à long pétiole, *ovales-triangulaires,* acuminées, finement *dentées jusqu'à la base,* glabres et luisantes, glutineuses dans leur jeunesse ; étamines à anthères rouges. ♄. Mars-avril. (*V. D.*)

Bord des eaux, terrains humides. C.

CCCCXXX. SALIX (Tournef.). SAULE.

Chatons cylindriques, formés d'*écailles entières* ; *étamines et ovaire insérés immédiatement sur les écailles, accompagnés seulement de 1-2 glandes à la base* ; 2-3 étamines (rarement 5-10) à filets libres ou soudés ; 2 stigmates échancrés ou bifides, rarement entiers ; chatons précédant les feuilles, paraissant en même temps ou un peu après (1).

* *Écailles des chatons d'un jaune verdâtre dans toute leur étendue.*

† *Écailles tombant avant la maturité des capsules.*

1399. S. PENTANDRA (L.). S. A CINQ ÉTAMINES.

Arbre à rameaux lisses et luisants ; *f.* grandes, *glabres,*

(1) Les chatons sont appelés *précoces,* quand ils précèdent les feuilles ; *contemporains,* quand ils viennent en même temps ; *tardifs,* lorsqu'ils ne se développent qu'après elles. Lorsque, dans nos descriptions, nous appliquons ces dénominations, il s'agit ordinairement des chatons à étamines.

d'un vert clair et brillant, ovales-elliptiques ou ovales-lancéo-
ées, acuminées, bordées de dents glanduleuses très-fines et
très-serrées; *stipules ovales et dressées* (1); 5-10 *étamines* à
anthères d'un beau jaune d'or; capsules glabres; chatons
tardifs. ♄. Mai-juin.

Bord des eaux, tourbières et marais des hautes montagnes : Pierre-sur-
Haute; la Grande-Chartreuse; le Haut-Jura. R.

1400. S. ALBA (L.). S. BLANC.

Arbre à rameaux dressés; *f.* oblongues-lancéolées, acuminées, finement denticulées, *à dents ascendantes, blanchâ-
tres-soyeuses surtout en dessous et pendant leur jeunesse;*
stipules lancéolées; 2 *étamines libres,* à anthères jaunes;
capsules glabres, *à pédicelle égalant à peine la glande qui*
l'accompagne; chatons contemporains. ♄. Avril-mai. (*V. D.*)

Bord des eaux, prairies humides. C. C. C.

b. S. vitellina (L.). Ecorce d'un beau jaune sur les rameaux; *f.* à peu près
glabres quand elles sont vieilles.—Cultivé sous le nom d'*Osier jaune.*

1401. S. FRAGILIS (L.). S. FRAGILE.

Arbre à rameaux fragiles quand ils sont bien développés;
f. oblongues-lancéolées, longuement acuminées, finement
denticulées, *à dents un peu recourbées,* légèrement soyeuses
en dessous dans leur jeunesse, mais ensuite *glabres sur leurs
deux faces; stipules en demi-cœur;* 2 *étamines libres,* à anthères jaunes; *capsules* glabres, *à pédicelle 2-3 fois plus long
que la glande* qui l'accompagne; chatons contemporains. ♄.
Avril-mai. (*V. D.*)

Endroits humides: Francheville; Pierre-Bénite; Bonnand; bords de la Saône
à Trévoux; le Jura. P. C.

†† *Écailles des chatons persistant encore à la maturité
des capsules.*

1402. S. TRIANDRA (L.). S. A TROIS ÉTAMINES.—S. amygdalina (L.). (Vulg.
Osier brun.)

Arbrisseau à jeunes rameaux d'un vert foncé ou jaunâtre;
f. lancéolées, acuminées, dentées en scie, très-glabres, souvent glauques en dessous, à fibres peu saillantes; stipules en
demi-cœur; 3 étamines à anthères jaunes; capsules glabres,
à pédicelle 2-3 fois plus long que la glande qui l'accompagne;
chatons contemporains. ♄. Avril-mai.

Iles du Rhône; la Tête-d'Or; bords de la Loire; environs de Nantua. A. C.

(1) Comme les stipules des Saules sont en général très-caduques, il faut les
observer sur les rameaux stériles et vigoureux, où elles persistent davantage.

** *Écailles des chatons brunes ou noires au moins au sommet.*

† *Anthères d'un beau rouge avant l'émission du pollen, devenant
ensuite brunes ou noires.*

1403. S. MONANDRA (Hoffm.). S. A UNE ÉTAMINE.—S. purpurea (L.).

Arbrisseau à écorce olivâtre ou rougeâtre; *f.* oblongues-
lancéolées, acuminées, élargies au sommet, *planes sur les
bords, glabres*, glauques en dessous; 1 *seule étamine*, formée
de 2 à filets et anthères soudés dans toute leur longueur;
style très-court; capsules tomenteuses; chatons précoces et
contemporains. ♄. Mars-avril. (*V. D.*)

b. S. *helix* (L.). Rameaux très-effilés, ordinairement rouges; f. très-étroites
et très-allongées.

Iles et bords du Rhône; Ruffieu, le long des ruisseaux, etc.—La variété *b*
cultivée sous le nom d'*Osier rouge.*

1404. S. RUBRA (Huds.). S. ROUGE.—S. fissa (Ehrh.).—S. virescens (Vill.).

Arbuste à rameaux rougeâtres; *f.* lancéolées, acuminées,
un peu roulées sous les bords, d'abord pubescentes en dessous,
puis *glabres quand elles sont adultes*; 2 *étamines à filets soudés
dans leur moitié inférieure*; *style allongé*; capsules tomenteuses; chatons précoces et contemporains. ♄. Mars-avril.

Bords de la Saône et du Rhône. P. C.

†† *Anthères jaunes avant et après l'émission du pollen.*

1405. S. DAPHNOIDES (Vill.). S. FAUX DAPHNÉ.

Arbre élevé, à *rameaux* souvent *couverts d'une poussière
très-fine, d'un blanc bleuâtre ou cendré*; *f.* très-grandes,
fermes, elliptiques ou oblongues-lancéolées, acuminées, *bordées de petites dents glanduleuses*, un peu velues dans leur
jeunesse, mais ensuite *glabres, luisantes et d'un beau vert en
dessus, glaucescentes en dessous*; stipules en demi-cœur oblique, bordées, comme les feuilles, de dents glanduleuses;
2 étamines libres, longuement saillantes; style allongé; *capsules glabres*, d'un blanc luisant; chatons précoces, couverts
d'un duvet soyeux et grisâtre, d'abord ovoïdes et dressés,
puis à la fin oblongs et arqués. ♄. Mars-avril.

Iles du Rhône, à Peyrieu, près Belley, et à Villette-d'Anton ; Châtillon-les-
Dombes, à Bissieu. R.

1406. S. VIMINALIS (L.). S. DES VANNIERS. (Vulg. *Osier vert.*)

Arbrisseau à rameaux bruns ou verdâtres; *f.* lancéolées-
linéaires, très-allongées, *très-entières, soyeuses-argentées en
dessous*, à bords enroulés pendant leur jeunesse; *stipules linéaires-lancéolées*; 2 étamines libres; *capsules tomenteuses*;
chatons, les uns précoces, les autres contemporains. ♄. Mars-
avril. (*V. D.*)

Terrains humides; iles et bords du Rhône. C. — Cultivé.

467. S. INCANA (Schk.). S. A FEUILLES BLANCHATRES. — S. riparia (Wild.).
— S. lavandulæfolia (Lapeyr.). — S. rosmarinifolia (Gouan).

Arbrisseau à rameaux verdâtres ou rougeâtres; *f. lancéolées-linéaires, acuminées, denticulées, roulées sur leurs bords,
blanches-cotonneuses en dessous*, quelquefois même en dessus;
écailles des chatons membraneuses et ridées en travers; 2 étamines à filets plus ou moins soudés; *capsules glabres, à pédicelle 2 fois plus long que la glande qui l'accompagne;* chatons contemporains. ♃. Avril-mai.

Graviers et sables du Rhône et de l'Ain; lac Silans, etc. A. C.

1408. S. NIGRICANS (Fries, Koch). S. NOIRCISSANT. — S. appendiculata
(Vill.).

Arbuste atteignant 3-4 mètres, à jeunes rameaux velus et
roussâtres; *f. noircissant par la dessication*, ovales, elliptiques ou lancéolées, dentées, *velues-grisâtres en dessous*;
stipules en demi-cœur acuminé, à sommet droit; 2 *étamines
à filets libres; style très-long, à stigmates rayonnants; capsules*
tantôt velues, tantôt glabres ou presque glabres, *à pédicelle
2-3 fois plus long que la glande qui l'accompagne;* chatons
contemporains. ♃. Avril-mai.

a. S. nigricans (Smith). Capsules velues-tomenteuses.

b. S. amaniana (Wild.). — S. *myrsinites* (Hoffm. non L.). Capsules
glabres ou presque glabres.

Bois à la Grande-Chartreuse (Villars).

1409. S. CINEREA (L.). S. CENDRÉ. — S. acuminata (Hoffm.).

Arbrisseau à *bourgeons* et à *jeunes rameaux couverts d'une
pubescence cendrée; f. elliptiques ou obovales-lancéolées*, ondulées-dentées sur les bords ou entières, *d'un vert cendré,
pubescentes en dessus, tomenteuses en dessous;* stipules réniformes; 2 étamines libres; *style très-court, à stigmates écartés en forme de V* et souvent bifides; *capsules tomenteuses,
à pédicelle 4 fois plus long que la glande qui l'accompagne;*
chatons oblongs, précoces. ♃. Mars-avril.

Mares entre Charbonnières et Tassin. A. R.

1410. S. GRANDIFOLIA (Seringe). S. A GRANDES FEUILLES. — S. cinerascens
(Wild. ex Duby).

Arbre à *bourgeons* et à *rameaux à la fin glabres; f.* très-
grandes, *oblongues-lancéolées*, acuminées, *glabres et vertes en
dessus*, d'un glauque cendré et fortement veinées en dessous;
stipules en demi-cœur, dentées, très-développées sur les
pousses jeunes et vigoureuses; 2 étamines libres; *style très-
court, à 4 stigmates peu développés; capsules tomenteuses, à
pédicelle 6 fois plus long que la glande qui l'accompagne;*

chatons précoces, presque contemporains, d'abord ovales, puis s'allongeant et devenant oblongs. ♄. Mars-avril.

Bois dans le Jura, au dessus d'Allemogne et de Thoiry; la Faucille. R.

1411. S. CAPRÆA (L.). S. DES CHÈVRES. (Vulg. *Saule-Marseau*.)

Arbre ou arbrisseau à *bourgeons glabres* et à *rameaux d'un brun luisant*, pubescents seulement au sommet; *f. obovales, obtuses, terminées par une petite pointe oblique*, obscurément ridées, *tomenteuses et d'un glauque cendré en dessous*, d'abord finement pubescentes et à la fin glabres en dessus; stipules réniformes, très-caduques; 2 étamines libres; *style très-court, à stigmates bifides; capsules pubescentes-tomenteuses, à pédicelle 4-6 fois plus long que la glande qui l'accompagne;* chatons précoces, très-velus, d'abord ovoïdes, puis oblongs. ♄. Mars-avril. (*V. D.*).

Haies et bois. G.

1412. S. AURITA (L.). S. A OREILLETTES.

Arbrisseau à *bourgeons glabres* et à *rameaux grisâtres ou brunâtres; f. obovales, terminées par une petite pointe oblique, fortement ridées, tomenteuses et d'un glauque cendré en dessous*, finement pubescentes et d'un vert grisâtre en dessus; *stipules réniformes, assez longuement persistantes;* 2 étamines à peine soudées à la base; *style très-court, à stigmates gros et échancrés; capsules tomenteuses, à pédicelle 3-4 fois plus long que la glande qui l'accompagne;* chatons précoces, très-velus, de moitié plus petits que dans l'espèce précédente. ♄. Avril-mai.

Haies et bois humides: Yvour; Yzeron; Charbonnières, dans une mare entre le bois de l'Etoile et Tassin. P. C.

— Ces cinq dernières espèces offrent entre elles beaucoup de ressemblance, et sont confondues par les botanistes peu exercés avec le *Salix capræa*, qui est le plus commun et le plus connu. On distinguera le S. *nigricans* à ses feuilles, qui noircissent en tachant le papier quand on les dessèche, et à ses styles très-allongés; le S. *cinerea* à ses bourgeons pubescents; le S. *grandifolia* à ses feuilles très-grandes, oblongues-lancéolées, vertes et très-glabres en dessus, glauques, mais non tomenteuses en dessous; le S. *capræa* à ses rameaux d'un brun luisant et à ses feuilles cotonneuses en dessous, et le S. *aurita* à ses feuilles fortement ridées et à ses stipules assez longuement persistantes, surtout sur les rameaux stériles. Ce dernier a beaucoup de rapports avec le S. *cinerea*; il en diffère par ses bourgeons glabres et parce qu'il est plus petit dans toutes ses parties.

1413. S. REPENS (L.). S. RAMPANT. — S. depressa (Hoffm.). — S. polymorpha (Ehrh.).

Sous-arbrisseau de 1-6 déc., *à racine longuement traçante et à rameaux très-minces, ordinairement rampants*, quelquefois redressés; *f.* communément elliptiques ou oblongues-lancéolées, mais variant de la forme ovale-arrondie à la forme linéaire, terminées par une petite pointe oblique, *à*

bords un peu roulés en dessous et à fibres saillantes des deux côtés quand elles sont sèches, tantôt presque glabres sur les deux faces, tantôt pubescentes-soyeuses en dessous et même en dessus; *stipules lancéolées,* très-caduques; 2 étamines libres; style médiocre, à stigmates bifides; *capsules tomenteuses ou glabrescentes, à pédicelle 2-3 fois plus long que la glande qui l'accompagne;* chatons précoces, ovales, très-petits. ♃. Avril.

Prairies marécageuses des hautes montagnes : Pilat, au pré Lager; et dans l'Ain, marais de Colliard et de Malbroude. R.

1414. S. RETUSA (L.). S. A FEUILLES RÉTUSES.

Très-petit arbuste à rameaux étalés sur le sol, où ils forment comme des gazons; *f. très-glabres, à nervures secondaires simples et à peu près parallèles, obovales ou oblongues-cunéiformes,* ordinairement arrondies et souvent même légèrement échancrées au sommet, quelquefois cependant terminées en pointe; *2 étamines libres; capsules glabres; chatons* contemporains, *placés à l'extrémité des ramuscules.* ♃. Juillet-août.

b. S. *serpyllifolia* (Scop.). F. beaucoup plus étroites que dans le type, ayant à peu près la forme et à peine la grandeur de celles du *Thymus serpyllum.*

Rocailles humides des très-hautes montagnes : le Grand-Som, à la Grande-Chartreuse; le Reculet et le Sorgiaz, dans la chaîne du Jura.

80° FAMILLE. — CONIFÈRES.

Nous voici arrivés dans la famille des *arbres verts* (V. D.), c'est-à-dire de ceux qui ne se dépouillent jamais de leur feuillage, même pendant la saison des frimas. En élevant nos regards vers le ciel pour contempler leurs cimes majestueuses, n'oublions pas de bénir la Providence, dont ils sont un des présents les plus utiles : leur bois sert à toutes nos constructions; leur résine est employée journellement dans la médecine et dans les arts; et quand vient le deuil de la nature, quand les autres arbres abandonnent leurs feuilles flétries au souffle de l'aquilon, leur verdure persistante est pour nous un signe d'espérance, qui nous console des beaux jours perdus en nous en promettant le retour.

Asseyons-nous quelques instants sous leur sombre feuillage, et analysons leurs caractères distinctifs. Ce sont, comme nous venons de le dire, des *arbres ou des arbrisseaux à feuilles persistant ordinairement pendant l'hiver et à suc résineux.* Leurs *fleurs* sont *monoïques* ou *dioïques; celles à étamines sont disposées en chatons;* les carpellées deviennent

des *cônes* ou *strobiles*, à *écailles membraneuses ou ligneuses et imbriquées, plus rarement des baies succulentes.* Dans les premiers, les graines sont placées à la base des écailles, qui sont creusées pour les recevoir ; dans les baies, elles sont plus ou moins contenues dans une enveloppe charnue. L'embryon, cylindrique, placé au centre d'un périsperme charnu, offre tantôt 2 cotylédons opposés, tantôt, et c'est le plus souvent, plusieurs cotylédons verticillés. Ce dernier caractère, quand il se présente, sépare les Conifères de toutes les autres plantes dicotylédonées.

Ire Tribu : **ABIÉTINÉES**. — **Fruit en forme de cône, formé d'écailles imbriquées, ligneuses ou coriaces.**

CCCCXXXI. Larix (Tournef.). Mélèze.

Fleurs monoïques ; *cônes ovoïdes*, latéraux, *à écailles obtuses*, membraneuses, *également minces dans toute leur longueur ;* graines ailées ; *feuilles tombant à l'automne.*

1415. L. Europea (D. C.). M. d'Europe. — Pinus larix (L.). — Abies larix (Lamk.).

Arbre élevé, droit, ferme, à bois rouge, gras et fort dur ; f. molles, d'un vert tendre, d'abord en faisceaux de 15-20, puis devenant solitaires à mesure que les rameaux s'allongent ; chatons carpellés ovales, à écailles de deux espèces au moment de la floraison : les unes appliquées, entières et violettes, les autres étalées ou réfléchies, échancrées au sommet, avec une petite pointe dans l'échancrure, d'un fauve roussâtre avec une nervure d'un vert jaunâtre (celles-ci ne sont que les bractées des premières et ne subsistent plus au moment de la maturité) ; fl. à étamines en chatons jaunâtres. ♄. Avril-mai.

Semé dans les montagnes du Bugey : Oyonnax ; Lélex ; Hauteville, etc. — Bois anglais.

CCCCXXXII. Abies (Tournef.). Sapin.

Fleurs monoïques ; *cônes oblongs-cylindriques, à écailles coriaces, également minces dans toute leur longueur ;* graines ailées ; cotylédons verticillés ; *feuilles persistantes, raides, solitaires, sans gaine à la base.*

1416. A. pectinata (D. C.). S. a feuilles distiques. — A. vulgaris (Poir.). — Pinus picea (L.). (Vulg. *Sapin argenté.*)

Arbre élevé, à branches verticillées, étalées horizontale-

ment, presque pendantes; *f.* linéaires, *légèrement échancrées au sommet*, d'un vert sombre sur leur face sup., *marquées sur l'inf. de deux lignes d'un glauque blanchâtre* et de 3 lignes vertes, disposées en dessous des rameaux sur deux rangs régulièrement opposés, comme les barbes d'une plume; *cônes dressés*, à écailles très-obtuses. ♄. Avril-mai. (*V. D.*)

Le Mont-Pilat; Pierre-sur-Haute; l'Argentière; la Grande-Chartreuse; et toutes les hautes montagnes du Bugey et du Valromey.—Planté dans les parcs.

1417. A. EXCELSA (Poir.). S. ÉLEVÉ. — Pinus abies (L.). (Vulg. *Epicéa.*)

Arbre élevé, à branches verticillées, étalées et même un peu pendantes; *f.* linéaires, *aiguës, vertes sur les deux faces*, éparses sur les rameaux, mais de telle sorte qu'en dessous elles ne les recouvrent pas entièrement et s'écartent de chaque côté pour former l'éventail; *cônes pendants*, à écailles denticulées ou un peu incisées au sommet. ♄. Avril-mai. (*V. D.*)

Forêts des hautes montagnes : la Grande-Chartreuse; le Jura et le Haut-Bugey. — Planté dans les parcs.

CCCCXXXIII. PINUS (L.). PIN.

Fleurs monoïques; *cônes formés d'écailles* ligneuses, *renflées vers leur sommet en forme de petit monticule*; graines ailées, à aile caduque; cotylédons verticillés; *feuilles persistantes*, raides, *réunies par petits faisceaux de 2-5, entourés d'une gaine membraneuse à la base.*

1418. P. SYLVESTRIS (L.). P. DES FORÊTS. (Vulg. *Pin commun.*)

Arbre à branches verticillées; *f.* géminées, *droites*, raides, piquantes, *glaucescentes*, canaliculées d'un côté, convexes de l'autre, égalant à peu près ou dépassant peu les chatons des fleurs à étamines; *graines à aile 3 fois au moins plus longue qu'elles ne le sont elles-mêmes; cônes pédonculés et pendants*, à écailles s'ouvrant facilement. ♄. Avril-mai. (*V. D.*)

Bois des montagnes. — Planté dans les parcs.

b. P. *rubra* (Mill.). (Vulg. *Pin d'Ecosse.*) Jeunes pousses rougeâtres; cônes plus petits, toujours plus courts que les feuilles. — Cultivé dans les parcs.

1419. P. PUMILIO (Hænke). P. NAIN.

Arbuste à tronc ascendant, ordinairement rameux dès la base; *f.* géminées, *vertes*, raides, piquantes, dressées, *un peu courbées en faulx; graines à aile 2 fois seulement plus longue qu'elles ne le sont elles-mêmes; cônes sessiles*, dressés, ovales et obtus. ♄. Juin-juillet.

Sommet du Jura, sur la montagne d'Allemogne (Reuter).

IIe Tribu : JUNIPÉRÉES. — Fruit en forme de baie succulente.

CCCCXXXIV. Juniperus (L.). Genévrier.

Fleurs dioïques, celles à étamines en petits *chatons* ovales, *formés d'écailles* en bouclier, *portant à leur bord inférieur* 3-7 *anthères* uniloculaires; fleurs carpellées entourées de 3 écailles concaves et soudées à la base ; *fruit globuleux, charnu, renfermant 3 graines osseuses* (1). Arbustes à feuilles persistantes.

1420. J. COMMUNIS (L.). G. COMMUN. (Vulg. *Genièvre*.)

Arbrisseau peu élevé, *dressé*, à rameaux étalés; *f. très-étalées*, subulées, piquantes, glauques-blanchâtres en dessous, verticillées 3 à 3 ; *baies* noires, couvertes d'une poussière d'un glauque-bleuâtre, *beaucoup plus courtes que les feuilles*. ♄. *Fl.* avril-mai. *Fr.* août-octobre. (*V. D.*)

Coteaux incultes, bois taillis. C.

1421. J. NANA (Wild.). G. NAIN.

Sous-arbrisseau couché ou tombant, à rameaux arqués vers la terre ; f. courbées vers la tige, lancéolées-linéaires, se terminant en pointe piquante, verticillées 3 à 3 ; *baies* noires, couvertes d'une poussière d'un glauque bleuâtre, *égalant presque les feuilles*. ♄. *Fl.* juin. *Fr.* août-octobre.

Sommités du Jura, sur le Colombier, sur le Reculet et sur le Sorgiaz.

CCCCXXXV. Taxus (Tournef.). If.

Fleurs dioïques, celles à étamines en petits *chatons* ovoïdes-globuleux, *formés d'écailles* en bouclier, *portant à leur face inférieure* 3-8 *anthères* uniloculaires *disposées en cercle ; fruit charnu, ouvert au sommet, contenant 1 seule graine sans lui adhérer* (2). Arbustes ou arbres à feuilles persistantes.

1422. T. BACCATA (L.). I. A BAIES.

Arbuste ou arbre très-rameux, à bois rouge; *f.* d'un vert noir, linéaires, à bords un peu roulés en dessous, disposées sur 2 rangs opposés; baies d'un beau rouge clair à la maturité, contenant 1 graine brune et luisante. ♄. *Fl.* mars-avril. *Fr.* août-octobre. (*V. D.*)

Sous les rochers de Torcieu; forêts de sapins des Monts-Dain, de Ruffieu et de tout le Valromey.—Parcs et jardins.

(1) L'enveloppe charnue du fruit est formée par les 3 écailles de l'involucre, qui s'accroissent avec lui et finissent par l'enfermer entièrement.
(2) L'enveloppe charnue de la graine résulte de l'involucre de l'ovaire, qui, d'abord très-petit et en anneau, s'accroît et prend la forme d'une coupe.

Monocotylédones ou Endogènes.

Les plantes de cette classe sont beaucoup moins nombreuses et d'une organisation plus simple en apparence que celles de la classe précédente. Leur germe ne se développe qu'en un seul cotylédon engaînant ; leur tige, dépourvue de véritables rameaux, n'offre plus de canal médullaire, d'étui fibreux, de véritable écorce ; elle ne croît plus par des couches de sève descendante superposées aux premiers anneaux ; sa contexture ne présente qu'une masse homogène de tissu cellulaire, traversé dans sa longueur par des faisceaux de fibres éparses ; elle ne s'accroît que par le dedans, ne se développe que par le sommet, et n'acquiert jamais dans nos climats une consistance ferme et durable.

Les feuilles des Monocotylédones, très-remarquables par le parallélisme de leurs nervures, sont presque toujours glabres, simples, entières, sessiles et engaînantes ; elles ne sont jamais articulées sur la tige, mais se fanent ordinairement et périssent avec elle. Leurs racines, au contraire, souvent fasciculées, bulbeuses ou charnues, conservent en dépôt le tissu cellulaire qui doit, au printemps, se développer avec activité dans leur tige, leurs feuilles et leurs fleurs. Celles-ci n'offrent jamais qu'un seul périanthe, dont les divisions affectent ordinairement le nombre ternaire (3, 6 ou 9).

Nous partagerons la classe des Monocotylédones en deux sections : la première renfermera les *Monocotylédones phanérogames*, et la seconde contiendra les *Monocotylédones cryptogames*.

Ire SECTION.

MONOCOTYLÉDONES PHANÉROGAMES (1).

Organes de fructification (étamines et carpelles) visibles et bien connus.

(1) De φανερὸς, apparente, et γάμος, fructification.

81ᵉ Famille. — ASPARAGÉES.

Les Asparagées semblent tenir aux Dicotylédones par leur tige, quelquefois d'apparence rameuse (1), et par leurs feuilles pédonculées ou sessiles, mais non entièrement engaînantes, et offrant parfois des nervures ramifiées. La contexture de leur germe et de leur tige, leur périanthe le plus souvent à 6 segments libres ou soudés, les rangent au contraire dans la seconde classe. Leurs caractères distinctifs sont d'avoir 1° *autant d'étamines que de divisions au périanthe*; 2° un *fruit charnu, indéhiscent*, à 3 (plus rarement 2-4) loges, se réduisant quelquefois à 1 seule par la disparition des cloisons. L'ovaire est surmonté de 1-4 styles.

Iʳᵉ Tribu : SMILACÉES. — Fruit supère, c'est-à-dire, placé dans le périanthe.

CCCCXXXVI. Asparagus (L.). Asperge.

Fleurs dioïques, pédicellées; périanthe campanulé, à 6 segments soudés à la base; 6 étamines; ovaire surmonté de 1 *style à 3 stigmates réfléchis; tige rameuse, à feuilles filiformes, disposées par petits faisceaux.*

1423. A. OFFICINALIS (L.). A. OFFICINALE.

Racine à fibres épaisses, fasciculées; jeunes pousses (turions développés) blanches à la base, chargées dans leur moitié supérieure d'écailles vertes ou violacées; tige développée, droite, atteignant 4-9 déc.; f. filiformes, disposées par petits faisceaux; baies rondes, d'un beau rouge à la maturité; fl. d'un blanc verdâtre, à tube du périanthe égalant à peu près la moitié du limbe. ♃. *Fl.* juin-juillet. *Fr.* août-octobre. (*V. D.*)

Iles et bords du Rhône; bords de l'Ain, sous Meximieux.—Cultivée dans les jardins potagers.

CCCCXXXVII. Streptopus (Mich.). Streptope.

Périanthe à 6 pétales creusés à la base de 1 fossette nectarifère; 6 étamines; ovaire surmonté de 1 *style à 1 seul stigmate obtus; tige rameuse.*

(1) Voyez tome Iᵉʳ, page 25, n° 60.

1424. S. AMPLEXIFOLIUS (D. C.). S. A FEUILLES EMBRASSANTES.— S. distortus (Mich.).— Uvularia amplexifolia (L.). (Vulg. *Uvulaire*.)

Racine fibreuse; tige de 3-5 déc., rameuse, fléchie en zigzag; f. glauques en dessous, ovales, amplexicaules, marquées de nervures convergentes; baies rouges à la maturité; fl. blanchâtres, peu ouvertes, axillaires, portées sur des pédoncules filiformes, brisés vers leur milieu. ♃. Juillet-août. (*V. D.*)

Bois et rochers des hautes montagnes : Pierre-sur-Haute, à Pierre-Sonnante, et entre Coleigne et Porché, au dessus du bois; la Grande-Chartreuse, à Charmansom et sur la Grande-Vache. R. R.

CCCCXXXVIII. CONVALLARIA (L.). MUGUET.

Périanthe monopétale, à 6 dents; 6 étamines; ovaire à 3 loges, surmonté de 1 style à stigmate obtus, triangulaire; tige simple.

* Périanthe en tube cylindrique.

1425. C. POLYGONATUM (L.). M. A TIGE ANGULEUSE. — Polygonatum vulgare (Desf.). (Vulg. *Sceau de Salomon.*)

Souche horizontale, charnue, renflée de distance en distance; *tige de 3-4 déc., anguleuse*, feuillée, arquée au sommet; *f. alternes, ovales-oblongues ou elliptiques*, nervées, presque sessiles ou amplexicaules, ordinairement rejetées d'un même côté; *étamines à filets glabres*; baies d'un noir bleuâtre; *pédoncules portant 1-2 fleurs*; fl. inodores, pendantes, axillaires, blanches sur le tube, vertes sur les dents. ♃. Avril-mai. (*V. D.*)

Bois ombragés. C.

1426. C. MULTIFLORA (L.). M. A PÉDONCULES MULTIFLORES. — Polygonatum multiflorum (Desf.). (Vulg. *Muguet de serpent.*)

Diffère du précédent 1° par sa *tige cylindrique* et non anguleuse; 2° par ses *pédoncules portant 3-5 fleurs*; 3° par ses *étamines à filets poilus*; 4° par ses fleurs plus petites. ♃. Mai. (*V. D.*)

Bois ombragés, lieux couverts : Saint-Alban, près Lyon; Vassieu; Bonnand; Craponne; Saint-Bonnet-le-Froid; le Bugey, etc.— Moins commun que le précédent.

1427. C. VERTICILLATA (L.). M. A FEUILLES VERTICILLÉES.— Polygonatum verticillatum (Desf.).

Souche horizontale, charnue, renflée de distance en distance; tige de 3-5 déc., droite, anguleuse, très-garnie de feuilles; *f. verticillées, oblongues et presque linéaires-lancéolées*, acuminées; pédoncules verticillés à l'aisselle des feuilles et portant chacun 2 fleurs; fl. inodores, pendantes, à tube blanc et à dents verdâtres. ♃. Juin.

Bois des hautes montagnes : le Mont-Pilat; Pierre-sur-Haute; la Grande-Chartreuse; le Jura et tout le Haut-Bugey.

** *Périanthe en grelot, à dents renversées en dehors.*

1428. C. MAIALIS (L.). M. DE MAI.— Lilium convallium (Tournef.). (Vulg. *Muguet odorant, Grillet.*)

Souche oblique, émettant des fibres très-nombreuses; hampe de 1-3 déc., paraissant opposée aux feuilles; f. toutes radicales, ovales-oblongues, à pétioles engaînants; fl. entièrement blanches à l'état spontané, pendantes, disposées en grappe terminale, exhalant une suave odeur. ♃. Mai. (*V. D.*)

Bois ombragés. C.—Jardins.

— Outre l'espèce ordinaire, on en cultive deux variétés à fleurs doubles, une à fleurs blanches et une à fleurs d'un lilas sale et veiné.

CCCCXXXIX. MAIANTHEMUM (Wiggers). MAIANTHÈME.

Périanthe à 4 segments ouverts et très-profonds; 4 étamines; 1 style à stigmate obtus; baie à 2 loges; tige simple.

1429. M. BIFOLIUM (D. C.). M. A DEUX FEUILLES.—Convallaria bifolia (L.).

Souche oblique, garnie de fibres; tige de 1-2 déc., grêle, dressée, flexueuse au sommet, où elle porte ordinairement 2, quelquefois 1 ou 3 feuilles alternes, ovales, parfaitement en cœur, à court pétiole; baies rouges à la maturité; petites fl. blanches, en grappe terminale. ♃. Mai. (*V. D.*)

Bois ombragés : Saint-Alban, près Lyon; Tassin; toute la chaîne du Mont d'Or; Alix; Pierre-sur-Haute; et dans l'Ain, environs de Bourg, marais du Vély, sapins du Haut-Bugey, etc. P. C.

CCCCXL. PARIS (L.). PARISETTE.

Périanthe formé de 8 sépales libres, dont 4 elliptiques, lancéolés, acuminés, et 4 linéaires, beaucoup plus étroits; 8 étamines; 4 styles; baie d'un noir bleuâtre à la maturité; tige simple.

1430. P. QUADRIFOLIA (L.). P. A QUATRE FEUILLES. (Vulg. *Raisin de renard, Hellébore noire.*)

Souche rampante, garnie de fibres; tige de 1-3 déc., portant vers son sommet 4, quelquefois 5, rarement 3, 6 ou même 7 feuilles verticillées, ovales-arrondies, brusquement acuminées, du milieu desquelles part un pédoncule portant une fleur verte et assez grande. ♃. Mai-juin. (*V. D.*)

Bois couverts et humides : Saint-Didier-au-Mont-d'Or; Dardilly; le Vernay; Fontaines, dans le vallon de Sathonnay; la Pape; le Mont-Pilat; Pierre-sur-Haute; la Grande-Chartreuse; le Bugey et le Jura.

CCCCXLI. Ruscus (L.). Fragon.

Fleurs dioïques, naissant sur le milieu de la face supérieure des feuilles; périanthe à 6 divisions libres, ouvertes en étoile; 3 étamines à filets soudés; style très-court, à 1 seul stigmate en tête; baie globuleuse, à 3 loges renfermant chacune 2 graines; *tige sous-ligneuse et rameuse.*

1431. R. aculeatus (L.). F. a feuilles piquantes. (Vulg. *Petit Houx*.)

Sous-arbrisseau à tige rameuse et à rameaux alternes; f. persistantes, ovales-lancéolées, *terminées en pointe épineuse*, disposées en quinconce; baie rouge à la maturité; très-petites *fleurs* blanchâtres ou violacées, sessiles, *solitaires au milieu de la feuille*, accompagnées d'une bractée. ♄. Fl. février-mars. Fr. septembre-octobre. (*V. D.*)

Haies, bois taillis : Roche-Cardon; la Pape, Bonnand; Saint-Alban, près Lyon; la Bresse et le Bugey, etc. A. C. — Jardins.

IIᵉ Tribu : DIOSCORÉES. — Fruit infère, c'est-à-dire, placé au dessous du périanthe.

CCCCXLII. Tamus (L.). Tamier.

Fleurs dioïques; périanthe coloré, campanulé, à 6 segments; 6 étamines; 1 style à 3 stigmates; baie à 3 loges; *tige rameuse, faible et grimpante*, portant des *feuilles à nervures ramifiées.*

1432. T. communis (L.). T. commun. (Vulg. *Sceau de Notre-Dame.*)

Racine épaisse, charnue, noirâtre; tige grêle, grimpante; f. luisantes, d'un vert sombre, pétiolées, alternes, ovales-acuminées, en cœur, à nervures convergentes et ramifiées; baies rouges à la maturité, exhalant une mauvaise odeur; petites fl. d'un blanc verdâtre ou jaunâtre, disposées en grappes axillaires·et longuement pédonculées. ⚮. Fl. mai-juillet. Fr. août-octobre. (*V. D.*)

Haies et bois humides : Roche-Cardon; Caluire; Saint-Alban, près Lyon; Bonnand; Saint-Genis-Laval; l'Argentière; le Bugey, etc. P. C.

82ᵉ Famille. — AROIDÉES.

Les Aroïdées sont toutes des plantes herbacées, à feuilles ordinairement radicales et engaînantes, munies de nervures qui sont parallèles dans un genre et ramifiées dans l'autre. Leurs *fleurs* singulières, tantôt monoïques, tantôt contenant chacune les étamines et le carpelle, sont *toujours disposées autour d'un axe simple et charnu*, nommé spadice, *qu'elles recouvrent entièrement ou en partie. L'ovaire, libre*, terminé par 1 seul style ou 1 seul stigmate, devient un *fruit indéhiscent*, sec ou charnu.

CCCCXLIII. ARUM (L.). GOUET.

Fleurs monoïques, dépourvues de périanthe, entourées d'une spathe en forme de capuchon fermé à la base, ouvert dans le haut, mais *de telle sorte que les bords de l'ouverture sont verticaux; spadice nu et en forme de massue au sommet,* portant ensuite des filets jaunâtres, puis les étamines réduites à de simples anthères, au dessous desquelles viennent encore des filets jaunâtres et enfin les ovaires groupés; *fruit en forme de baie; feuilles à nervures ramifiées.*

1433. A. VULGARE (Lamk.). G. COMMUN. — A. maculatum (L.). (Vulg. **Pied-de-veau**, Herbe des serpents.)

F. toutes radicales, luisantes, d'un beau vert, *rarement tachées de noir*, hastées-sagittées, *à oreillettes déjetées ou peu divariquées; spadice droit, à massue terminale d'un violet noirâtre*, 2-3 *fois plus courte que son support;* baies en épi serré, d'un rouge de corail à la maturité. ♃. *Fl.* avril-mai. *Fr.* août-octobre. (V. D.)

Haies et bois. C.

1434. A. ITALICUM (Mill.). G. D'ITALIE.

Diffère du précédent 1° par ses *feuilles toujours marbrées de blanc et tachées de noir, à oreillettes de la base fortement divariquées;* 2° par son *spadice à massue terminale jaune et égalant à peu près son support;* 3° par ses dimensions 1-2 fois plus grandes. ♃. *Fl.* avril-mai. *Fr.* août-octobre. (V. D.)

Haies et bois des pays chauds. A. C.

— Dans le Rhône, la première espèce est commune dans le nord du département, à partir de Villefranche, et la seconde ne se trouve que dans sa partie méridionale, jusqu'à Villefranche inclusivement.

CCCCXLIV. ACORUS (L.). ACORE.

Fleurs contenant chacune des étamines et un carpelle dans un périanthe à 6 divisions et recouvrant entièrement le spadice; *absence de spathe; fruit capsulaire, à 3 loges; feuilles à nervures parallèles.*

1435. A. CALAMUS (L.). A. ROSEAU. (Vulg. Roseau odorant.)

Racine horizontale, spongieuse, articulée, très-aromatique; hampe de 6-12 déc., mi-cylindrique, canaliculée d'un côté, semblable aux feuilles à son sommet; f. très-longues, en

orme de glaive, engaînantes par la base ; fl. en épis latéraux,
'un roux jaunâtre, longs et gros comme un doigt. ♃. Juin-
iillet. (*V. D.*)

Marais à la Tête d'Or ; rives du Rhône, sous Pougny (Ain). R.

83e FAMILLE. — AMARYLLIDÉES.

Il faut convenir que les anciens botanistes étaient plus
eureux que les modernes dans le choix des noms qu'ils don-
aient aux plantes. Autrefois ils les appelaient *Rosa,
ilium*, *Iris, Chlora, Nymphœa, Daphne, Narcissus, Ama-
yllis*, et la science, ainsi parée par la poésie, trouvait par
imagination plus facilement accès dans la mémoire ; mais
ujourd'hui, quand il faut prononcer et apprendre des mots
els que ceux-ci : *Erucastrum, Hirschfeldia, Sarothamnus,
Ielosciadium, Prismatocarpus, Arctostaphyllos, Scheuchzeria,
Ileditschia*, et tant d'autres

.... terribles noms, mal faits pour les oreilles ,

esprit recule épouvanté, s'imaginant, dit un aimable et spi-
ituel auteur (1), « voir une armée de Tartares Kalmoucks qui
nt fait irruption dans une ville de l'Italie, et qui viennent
pposer leur face anguleuse aux lignes pures et suaves du
isage romain.»

Puisqu'ici nous n'avons rien de semblable à craindre, ana-
ysons paisiblement les caractères des Amaryllidées. Aussi
ielles que leur nom, à la richesse des couleurs elles réunissent
ouvent les odeurs les plus suaves. Les *racines* de la plupart
ont *bulbeuses*, leurs feuilles radicales et engaînantes ; leurs
leurs, solitaires ou en ombelle, sont *enveloppées avant la flo-
aison dans une spathe membraneuse*. Leur *périanthe, tou-
ours coloré, forme un tube plus ou moins long, adhérent à
'ovaire qu'il surmonte, et se divise à son sommet en 6 lobes
lus ou moins profonds*. Les *étamines, au nombre de 6*, ont
eurs *anthères tournées en dedans*. L'ovaire, infère, offre 1 style
i stigmate simple ou trilobé, et se convertit en une *capsule à
3 loges s'ouvrant par 3 valves*, portant chacune une cloison
nédiane. Les graines nombreuses adhèrent à leur angle in-
erne, et ont un embryon droit, à périsperme charnu. Toutes
es espèces sont herbacées.

CCCCXLV. NARCISSUS (L.). NARCISSE.

Périanthe coloré, régulier, à limbe partagé en 6 divisions
étalées ou réfléchies, et muni à sa gorge d'une *couronne pé-*

(1) Emm. Le Maout, *Botanique*, XIII.

taloïdale en cloche ou en godet; 6 étamines insérées dans le tube du périanthe ; capsule triangulaire ; bulbe à tuniques ; fleurs plus ou moins penchées.

1436. N. POETICUS (L.). N. DES POÈTES. (Vulg. *Dame-Jeannette.*)

Hampe de 2-6 déc., striée, comprimée, *uniflore;* f. glaucescentes, oblongues-linéaires, légèrement canaliculées; *couronne très-courte, étalée, jaunâtre à la base, rougeâtre sur les bords,* qui sont ondulés-crénelés; *fl. blanches,* à douce et agréable odeur. ♃. Mai-juin. (*V. D.*)

Prairies des hautes montagnes : pré Lager, à Pilat; Saint-Genest-Malifaux; tout le Haut-Bugey. — Jardins, où on en cultive une variété à fleurs doubles.

1437. N. BIFLORUS (Curt.). N. BIFLORE.

Hampe de 3-6 déc., striée, comprimée, *terminée par 2 fleurs,* rarement 1 ou 3; f. oblongues-linéaires, obtuses, presque planes, vertes et à peine glaucescentes; *couronne très-courte, étalée, entièrement jaune,* à bords ondulés-crénelés; *fl. d'un blanc jaunâtre.* ♃. Avril-mai.

Prairies des environs de Belley. R.

1438. N. PSEUDO-NARCISSUS. (L.). N. FAUX NARCISSE. (Vulg. *Fleur de Coucou.*)

Hampe de 2-4 déc., *uniflore,* striée, comprimée; f. glaucescentes, oblongues-linéaires, obtuses, légèrement canaliculées; *couronne d'un beau jaune, campanulée, dressée, égale aux segments de la corolle,* crispée et crénelée sur les bords; *fl. jaunes,* presque inodores. ♃. Mars-avril, dans les pays chauds; mai-juin, sur les montagnes élevées. (*V. D.*)

Bois et prairies : le Mont-Cindre; le Mont-Pilat; la Grande-Chartreuse; et dans l'Ain, forêt de Seillon; prairies de Retord, du Colombier, du Poizat, du Jura, etc. — Jardins, où on en cultive une variété à fleurs doubles.

1439. N. INCOMPARABILIS (Mill.). N. INCOMPARABLE.

Hampe de 2-4 déc., *uniflore,* presque cylindrique, offrant cependant deux angles saillants; f. glaucescentes, oblongues-linéaires, obtuses, presque planes; *couronne d'un jaune orangé, campanulée, dressée, de moitié plus courte que les segments de la corolle,* ondulée et lobée sur les bords; *fl. d'un jaune pâle,* presque inodores. ♃. Mars-avril, dans les pays chauds; mai-juin, sur les montagnes.

Bois et prairies à Saint-Romain-au-Mont-d'Or; et dans l'Ain, prairies du Poizat; Retord, sous l'ancienne chapelle, et au nord de la nouvelle, dans la plaine de la Vézeronce; sur le Colombier du Bugey; autour du fort de Pierre-Châtel; environs de Bourg. R.

CCCCXLVI. LEUCOIUM (L.). NIVÉOLE.

Périanthe campanulé, à tube court, *à 6 segments de même forme et à peu près égaux,* épaissis au sommet; 6 étamines;

style à stigmate simple ; capsule ovale-globuleuse ; bulbe à
uniques.

440. L. vernum (L.). N. du printemps. (Vulg. *Perce-neige.*)

Hampe de 1-2 déc., *uniflore* ; f. planes, oblongues-linéaires,
obtuses ; spathe dressée ; fl. pendante, blanche, à segments
épaissis et tachés de vert au sommet. ♃. Février-mars.
V. D.)

Ruthiange, près de Pilat, dans le grand bois, aux Rochettes (abbé Seytre) ;
prairies à la Grande-Chartreuse ; et dans l'Ain, bois du Cuchon, à Saint-
Lambert ; environs de Belley ; les Neyrolles, près de Nantua ; descente de
Maillat ; forêt de Craz, près de Ruffieu, etc.

CCCCXLVII. Galanthus (L.). Galanthine.

*Périanthe campanulé, à 6 pétales inégaux et de forme dif-
férente,* les 3 extérieurs plus longs et lancéolés, *les 3 intérieurs plus courts et échancrés en cœur au sommet* ; 6 étamines ; 1 style à stigmate simple ; capsule ovale-globuleuse ;
bulbe à tuniques.

441. G. nivalis (L.). G. perce-neige.

Hampe de 1-2 déc., uniflore ; f. glaucescentes, oblongues-
linéaires, obtuses, planes ; spathe dressée, un peu arquée ;
pétales extérieurs blancs, les intérieurs verdâtres ; fl. pendante, portée sur un pédoncule filiforme. ♃. Mai, sur les
hautes montagnes ; février-mars, dans nos jardins. (*V. D.*)

Sur le Jura. R. — Parterres, où on en cultive une variété à fleurs doubles.

84ᵉ Famille. — LILIACÉES.

« Considérez les lis des champs : ils ne travaillent pas, ils
« ne filent point ; et cependant je vous déclare que Salomon,
« même dans toute sa gloire, n'a jamais été vêtu avec au-
« tant de magnificence que l'un d'eux (1). » Cet éloge du
Lis, sorti de la bouche du Fils de Dieu lui-même, surpasse
tout ce que le langage humain pourrait inventer à sa louange.
Les Liliacées, auxquelles il donne son nom, sont la plus brillante famille des Monocotylédones. Tout charme en elles :
port majestueux, formes gracieuses, couleurs éblouissantes,
odeurs les plus suaves. Admirons leur beauté, respirons leurs
parfums, mais en même temps élevons nos regards et nos
cœurs vers la divine Providence : si elle habille avec tant de
soin une herbe des champs qui ne dure que quelques jours,
elle veille encore avec plus d'amour et de sollicitude sur
l'homme, roi de la nature et chef-d'œuvre de ses mains.

Les plantes de cette famille sont très-faciles à reconnaître.

(1) Luc. xii, 27.

D'un bulbe à tuniques ou écailles, ou d'un collet à racines fasciculées, partent des feuilles toujours entières et à nervures parallèles. Une hampe ou tige feuillée paraît ensuite. Tantôt c'est une fleur unique qui la termine, tantôt c'est une grappe, une panicule ou une ombelle qui la couronne. Une spathe commune et décidente ou une petite bractée à la base des pédicelles accompagne les fleurs. Leur *périanthe, toujours coloré,* n'adhère point à l'ovaire ; *il se compose de 6 parties* disposées sur 2 rangs, parfaitement libres ou soudées plus ou moins en un tube à la base. Aux 6 segments répondent 6 étamines toujours libres, insérées tantôt sous l'ovaire, tantôt sur les segments eux-mêmes. *L'ovaire, libre et enfermé dans la corolle,* est surmonté par un style (rarement nul) à 3 stigmates ou à 1 seul stigmate à 3 angles ; il devient une *capsule à 3 loges et à 3 valves portant les cloisons sur leur milieu.* Les *graines,* à périsperme charnu ou cartilagineux, sont disposées sur 2 rangs longitudinaux et *fixées sur l'angle central de ces loges.* Toutes les Liliacées de notre Flore spontanée sont herbacées.

Ire TRIBU : TULIPACÉES. — Graines planes et membraneuses ; périanthe à segments libres ; souche bulbeuse.

CCCCXLVIII. TULIPA (L.). TULIPE.

Périanthe campanulé, à 6 *pétales dépourvus de fossette nectarifère sur l'onglet ; stigmate sessile,* épais, *trilobé ;* capsule oblongue, à 3 angles ; tige feuillée et ordinairement uniflore ; bulbe à tuniques.

1412. T. SYLVESTRIS (L.). T. SAUVAGE.

Tige de 3-6 déc., uniflore, dressée, sans feuilles au sommet ; f. lancéolées-linéaires, canaliculées, très-allongées ; *étamines laineuses à la base ;* pétales acuminés, les intérieurs barbus au sommet ; *fl. jaune,* penchée quand elle est en bouton. ♃. Avril.

Prairies : Saint-Genis-Laval ; l'Horme, près de Saint-Chamond ; Charnay, près le château de Bayères. R.

1413. T. PRÆCOX (Ten.). T. PRÉCOCE.

Tige de 3-6 déc., uniflore, dressée, ferme, nue au sommet ; f. glaucescentes, canaliculées, ondulées, les inf. oblongues et déjetées, les sup. plus étroites, dressées-étalées, longuement acuminées ; *étamines à filets entièrement glabres ;* pétales extérieurs ovales, brusquement acuminés, à pointe velue, les intérieurs plus étroits, plus courts, obtus ; *fl. rouge,* à pétales marqués sur l'onglet d'une tache d'un violet noirâtre, bordée de jaune. ♃. Commencement d'avril.

Vienne, dans les pépinières au dessous du Plan de l'Aiguille, où elle abonde.

CCCCXLIX. FRITILLARIA (L.). FRITILLAIRE.

Périanthe campanulé, à 6 *pétales marqués sur l'onglet de 1 fossette nectarifère; 1 style à 3 stigmates*; bulbe tubéreux, arrondi, creusé d'un trou dans son milieu; tige feuillée.

1444. F. MELEAGRIS (L.). F. PINTADE (Vulg. *Damier, Pintade*.)

Tige de 2-4 déc., dressée, *uniflore; f.* alternes, linéaires, canaliculées; *fl.* terminale, penchée, *inodore*, marquée de petits carreaux alternativement blancs et violets. ♃. Mars-avril. (*V. D.*)

Broussailles dans l'île de Royes, au dessous de Fontaines; prairies au dessous d'Anse; prairies de Belleville; et dans l'Ain, Thoissey et Saint-Didier-sur-Chalaronne; Champdor, Saint-Rambert, au Chenavaret; Brénod; La Cluse.

CCCCL. LILIUM (Tournef.). LIS.

Périanthe campanulé ou roulé en dehors, à 6 *pétales marqués d'un sillon sur leur milieu dans toute leur longueur;* 6 étamines à anthères mobiles; 1 style droit ou un peu arqué, à stigmate trifide; capsule à 3 loges et 3 valves; *bulbe à écailles;* tige feuillée.

1445. L. MARTAGON (L.). L. MARTAGON.

Tige de 5-10 déc., droite, ferme, tachée de points noirâtres; f. d'un vert sombre, elliptiques-lancéolées, bordées de cils très-courts et un peu rudes, *les inf. et les moyennes verticillées*, les sup. plus courtes et alternes; *pétales roulés en dehors* comme les cornes d'un bélier; fl. rougeâtres, ordinairement parsemées de points plus foncés, disposées en grappe terminale. ♃. Juin-juillet. (*V. D.*)

Bois et prairies : le Mont-Cindre; Couzon; Fontaines; le Vernay; le Mont-Pilat; Pierre-sur-Haute, au N.-E. de la Richarde; commun dans le Bugey, sur la lisière des sapins.

IIᵉ TRIBU : ALLIACÉES. — Graines arrondies ou anguleuses, à teste crustacé; segments du périanthe libres, rarement soudés à la base.

CCCCLI. ERYTHRONIUM (L.). ÉRYTHRONE.

Périanthe à 6 *pétales*, d'abord étalés, *à la fin recourbés en dehors, les 3 intérieurs munis à leur base de 2 tubercules nectarifères;* 6 étamines; 1 style terminé par 3 stigmates; capsule triangulaire, s'ouvrant par 3 valves ; graines arrondies ; bulbe à tuniques.

1446. E. DENS-CANIS (L.). E. DENT-DE-CHIEN.

Bulbe oblong, aigu au sommet ; hampe de 1-2 déc., uni-flore, portant un peu au dessus de sa base 2 feuilles pétiolées, ovales-oblongues, étalées, panachées de taches brunes ; fl. rose, quelquefois blanche, pendante. ♃. Avril-mai. (*V. D.*)

Presque toutes les hautes prairies du Bugey : Parves, près Belley ; environs de Nantua ; Saint-Rambert ; Ramasse ; Retord ; le Reculet ; le Colombier du Bugey ; le Mont-Dain, où l'on trouve la variété à fleurs blanches mêlée avec l'ordinaire, etc.—Parterres.

CCCCLII. PHALANGIUM (Tournef.). PHALANGÈRE.

Périanthe à 6 pétales ouverts au moins au sommet ; 6 éta-mines à anthères attachées par le dos ; 1 style filiforme, à stigmate simple ou obscurément trilobé ; capsule ovale-globu-leuse ; graines anguleuses ; *racine formée de fibres fasciculées ; feuilles toutes radicales ; fleurs blanches.*

1447. P. LILIASTRUM (Lamk.). P. A FLEURS DE LIS.—Anthericum liliastrum (L.). — Czackia liliastrum (Andrz.). — Paradisia liliastrum (Bert.). (Vulg. *Lis de saint Bruno.*)

Hampe de 3-6 déc., *simple*, droite ; f. linéaires-lancéolées, acuminées, allongées ; étamines déjetées ; *pétales à long on-glet, réunis à la base,* mais non soudés, de manière à former une corolle en entonnoir ; *ovaire porté sur un petit pied* ; fl. grandes, étalées, d'un blanc pur, à douce odeur, réunies 3-5 en grappe terminale et unilatérale. ♃. Juillet. (*V. D.*)

Prairies et fentes des rochers des hautes montagnes calcaires : la Grande-Chartreuse, au Col et à la Chartreusette ; le Reculet, au nord dans les rochers, et vers le vallon d'Adran. R. R.

1448. P. LILIAGO (Schreb.). P. FAUX LIS.—Anthericum liliago (L.).

Hampe de 3-6 déc., *simple*, droite ; f. linéaires, canalicu-lées, allongées ; étamines droites ; *style déjeté-ascendant* ; *pé-tales à onglet très-court, ouverts en étoile* ; ovaire sessile ; fl. blanches, en grappe simple. ♃. Mai-juin. (*V. D.*)

Pelouses des bois taillis et des coteaux incultes : Oullins ; Saint-Alban, près Lyon ; la Pape ; Caluire ; le Mont-Cindre, etc.; commun dans le département de l'Ain. A. C.

1449. P. RAMOSUM (Lamk.). P. RAMEUSE.—Anthericum ramosum (L.).

Tige de 3-6 déc., droite, *rameuse au sommet* ; f. lancéo-lées-linéaires, canaliculées ; étamines droites ; *style dressé* ; *pétales à onglet très-court, ouverts en étoile* ; fl. blanches, plus petites que dans l'espèce précédente, disposées en grappes sur les rameaux, qui forment par leur réunion une panicule terminale. ♃. Juin-juillet. (*V. D.*)

Bois et terres sablonneuses : le Mont-Cindre; la Pape ; le Vernay; le Molard; Saint-Galmier, etc.; la Bresse et le Bugey. Assez commune, mais moins que la précédente.

CCCCLIII. Scilla (L.). Scille.

Périanthe à 6 pétales étalés dès la base ; 6 étamines à filets linéaires, *insérés à la base des pétales*; style filiforme, à stigmate obtus ; capsule ovale-globuleuse ; graines arrondies ; bulbe à tuniques; feuilles toutes radicales.

1450. S. BIFOLIA (L.). S. A DEUX FEUILLES.

Hampe munie à la base de 2-3 feuilles oblongues, obtuses, canaliculées, étalées, *développées en même temps que les fleurs :* pédoncules dressés, dépourvus de bractées ; *graines d'un roux pâle ;* fl. d'un beau bleu, quelquefois blanches ou roses, en grappe terminale. ♃. Mars-avril. (*V. D.*)

Haies et bois ombragés : Écully ; Collonges ; Caluire ; Fontaines ; Saint-Genis-Laval ; Ruthiange, près de Pilat, dans le grand bois, aux Rochettes ; Saint-Galmier, etc.; Bresse et Bugey. A. C.

1451. S. AUTUMNALIS (L.). S. D'AUTOMNE.

Hampe munie à la base d'une touffe de feuilles linéaires n'étant pas ou *étant peu développées au moment de la floraison;* pédoncules ascendants, dépourvus de bractées ; *graines noires;* petites fl. d'un violet lilacé, en grappe terminale. ♃. Août-octobre. (*V. D.*)

Pelouses sèches, rochers, champs incultes des terrains sablonneux : Saint-Alban, près Lyon ; Vassieu ; plaine de Royes ; Balmes-Viennoises ; Malleval ; Château-Gaillard, etc. A, C.

CCCCLIV. Gagea (Salisb.). Gagée.

Périanthe à 6 pétales ouverts; *anthéres droites, c'est-à-dire,* plantées sur le filet par leur base ; *graines globuleuses, roussâtres ou couleur de brique à la maturité ; fl. jaunes* en dedans, verdâtres en dehors, *accompagnées à leur base de 2 feuilles florales* qui leur servent de bractées; bulbe à tuniques.

1452. G. ARVENSIS (Schult.). G. DES CHAMPS.—G. villosa (Duby).—Ornithogalum arvense (Pers.).—O. minimum (Vill. non L.).

Bulbe accompagné d'un caïeu latéral, renfermé dans la même tunique ; hampe naissant entre le gros bulbe et le petit ; 2 *feuilles radicales* (rarement 1) linéaires, canaliculées, recourbées au sommet, plus longues que la hampe ; f. florales plus larges que les radicales et dépassant les fleurs ; *pédoncules très-velus,* inégaux, *sous-divisés et munis de bractées linéaires près de leur base*; fl. jaunes en dedans, verdâtres et pubescentes en dehors, disposées en corymbe. ♃. Mars-avril.

b. var. *bulbifera*. F. florales portant à leur aisselle de petits bulbilles.

Terres sablonneuses : Saint-Alban, près Lyon; Villeurbanne; Roche-Cardon; Oullins; Saint-Genis-Laval; l'Argentière; plaine de la Valbonne, etc. P. C.

1453. G. FISTULOSA (Duby). G. A FEUILLES FISTULEUSES. — G. Liottardi (Schult.). — Ornithogalum fistulosum (Ram.).

Bulbe accompagné d'un caïeu latéral, renfermé dans la même tunique; hampe naissant entre le gros bulbe et le petit; *1-2 f. radicales demi-cylindriques, fistuleuses*, plus longues que la hampe; f. florales inégales, la plus large acuminée et enroulée en forme de spathe au sommet; *pédoncules simples, velus*, inégaux; fl. jaunes en dedans, vertes en dehors, peu nombreuses (2-5), disposées en corymbe. ♃. Juin-juillet.

Indiquée dans l'herbier de M. Auger près Saint-Rambert (Ain), au Chenavaret, en face de Grange-Rouge, au pied du bois.

1454. G. LUTEA (Schult.). G. JAUNE.—Ornithogalum luteum b (L.).—O. sylvaticum (Pers.).

Bulbe simple, ovale, *entourant la base de la hampe; 1 seule f. radicale* (rarement 2), lancéolée, élargie au sommet, *presque glabre*, plus longue que la hampe; f. florales ciliées, très-inégales en largeur; *pédoncules simples, glabres*, inégaux; fl. jaunes en dedans, verdâtres en dehors, disposées en corymbe peu fourni. ♃. Mai-juin.

Pelouses et bois : la Grande-Chartreuse; et dans l'Ain, crête de Châlam; le Jura, au dessus de Lélex, en montant au Colombier et au Reculet; au midi du château de Lopnes, près de Hauteville, dans la vallée. R.

CCCCLV. ORNITHOGALUM (L.). ORNITHOGALE.

Périanthe à 6 pétales; étamines à filets ordinairement dilatés à la base et à *anthères couchées*, c'est-à-dire, attachées au filet par le dos; *graines ovales-globuleuses ou anguleuses, noires à la maturité; fl. blanches et vertes ou verdâtres*, à pédoncules munis de *bractées membraneuses; feuilles toutes radicales*; bulbe à tuniques.

1455. O. UMBELLATUM (L.). O. EN OMBELLE. (Vulg. *Dame d'onze heures*.)

Hampe de 1-3 déc.; f. linéaires, canaliculées, égalant à peu près la hampe; *bractées* membraneuses, *plus courtes que les pédicelles; fl.* blanches, rayées de vert, fermées à l'ombre, disposées en corymbe lâche. ♃. Mai. (*V. D.*)

Vignes, haies, blés. A. C.—Jardins.

1456. O. NUTANS (L.). O. PENCHÉ.

Hampe de 1-4 déc.; f. canaliculées, molles, égalant ou dépassant la hampe; *bractées scarieuses, acuminées, beaucoup plus longues que les pédicelles; filets des étamines bilobés au sommet*, 3 plus longs et plus larges que les 3 autres; *fl.*

blanches en dedans, presque entièrement vertes sur le dos, *d'abord étalées, puis pendantes, en grappe à la fin unilaté-rale.* ♃. Avril-mai.

Terres, vignes : Sainte-Foy-lès-Lyon, au dessous du château de Bramafan ; Villeurbanne. R.

1457. O. PYRENAICUM (L.). O. DES PYRÉNÉES.

Hampe de 5-10 déc., grêle, élancée ; *f.* glauques, linéaires, profondément canaliculées, *non foncées au moment de la floraison;* bractées scarieuses, acuminées, *les sup. un peu saillantes,* ce qui rend la grappe chevelue avant son épanouissement ; *ovaire ovale, également arrondi aux deux extrémités ;* fl. d'un blanc verdâtre en dedans, d'un vert glauque en dehors, jaunissant par la dessication, disposées en *grappe terminale, toujours serrée au sommet,* à la fin très-allongée. ♃. Juin-juillet. (*V. D.*)

Prés, bois, broussailles. P. R.

1458. O. SULFUREUM (Rœm. et Schult.). O. JAUNATRE.

Diffère du précédent 1° par ses *feuilles* moins glauques, moins largement canaliculées, *desséchées au moment de la floraison;* 2° par les *bractées non saillantes;* 3° par *l'ovaire un peu plus étroit vers le sommet qu'à la base ;* 4° par ses fleurs d'un blanc jaunâtre en dedans et d'un jaune verdâtre en dehors ; 5° par l'époque de la floraison qui est à peu près de 15 jours plus précoce. ♃. Mai-juin.

Mêmes localités que le précédent. A. C.

CCCCLVI. ALLIUM. (L.). AIL.

Périanthe à 6 pétales connivents ou étalés; étamines à filets dilatés dans leur partie inférieure et insérés à la base des pétales; *anthères couchées,* c'est-à-dire, fixées sur le filet par le dos; *fleurs en ombelle simple,* munie d'une spathe, souvent entremêlées de bulbilles, ou même toutes remplacées par des bulbilles; bulbe à tuniques. *Plantes exhalant ordi-nairement une forte odeur.*

* *Tige feuillée jusqu'à son milieu.*

† *Feuilles fistuleuses, cylindriques ou demi-cylindriques.*

1459. A. SPHÆROCEPHALUM (L.). A. A TÊTE GLOBULEUSE.

Bulbe multiple; tige de 5-10 déc.; f. linéaires, demi-cy-lindriques, canaliculées en dessus; *étamines beaucoup plus longues que les pétales, à filets alternativement simples et à 3 pointes;* fl. *d'un beau rouge, n'étant jamais entremélées de bulbilles.* ♃. Juin-août.

Vignes, terrains sablonneux : Sainte-Foy-lès-Lyon ; Oullins ; la Pape ; Caluire; et dans l'Ain, le Mont-Dain ; rocher de Saint-Michel, à la roche de Saint-Rambert; près de Saint-Rambert, au pont de la Douaye ; Belley; Muzin, etc. P. R.

20.

1460. A. VINEALE (L.). A. DES VIGNES.

Bulbe multiple; tige de 4-8 déc.; f. linéaires, cylindriques, étroitement canaliculées en dessus; *étamines plus longues que les pétales, à filets alternativement simples et à 3 pointes; fl. d'un rose pâle, entremêlées d'un grand nombre de bulbilles.* ♃. Juin-juillet. (*V. D.*)

b. A. *compactum* (Thuill.). Ombelles formées uniquement de bulbilles.

Vignes, bord des chemins, champs. C.

1461. A. OLERACEUM (L.). A. DES CHAMPS CULTIVÉS.

Bulbe simple; tige de 4-6 déc.; f. linéaires, demi-cylindriques, canaliculées en dessus; *étamines égalant à peu près les pétales, à filets tous simples; spathe à valves très-étroites, très-inégales, dépassant longuement l'ombelle; fl.* ordinairement *pendantes,* d'un blanc rosé, rayé de vert ou de rouge, *entremêlées de bulbilles.* ♃. Juillet-août. (*V. D.*)

Terrains cultivés : Dessine; les Brotteaux, etc.; et dans l'Ain, Nantua; au dessus de Torcieu, dans un pré, etc.

1462. A. INTERMEDIUM (D. C.). A. INTERMÉDIAIRE. — A. paniculatum (Vill. non L.).

Bulbe simple; tige de 3-8 déc.; f. linéaires, à peu près cylindriques, canaliculées en dessus vers leur base; *étamines ne dépassant pas les pétales, à filets tous simples; spathe à valves très-étroites, beaucoup plus longues que l'ombelle; fl.* rosées, rayées de lignes plus foncées sur le dos, *pendantes, souvent entremêlées de bulbilles.* ♃. Juillet-août.

Champs et vignes à la Pape. R.

— Cette espèce est intermédiaire entre l'A. *pallens* et l'A. *paniculatum* (L.). qui ne se trouvent pas dans les limites de notre Flore.

†† *Feuilles non fistuleuses, planes ou canaliculées.*

1463. A. CARINATUM (L.). A. A PÉTALES EN CARÈNE.

Bulbe simple; tige de 4-6 déc.; f. linéaires, planes, mais un peu canaliculées en dessus, striées et *légèrement rudes en dessous,* ordinairement fléchies et contournées; *étamines dépassant longuement les pétales et dépassées par le style; spathe à valves très-étroites, beaucoup plus longues que l'ombelle; fl.* roses, devenant violacées par la dessication, en ombelle lâche, *entremêlées de bulbilles.* ♃. Juillet-août.

Bord des haies et des vignes : la Pape; Yvour; Sathonnay; montagne de Parves, près de Belley; environs de Nantua.

b. A. *flexum* (Waldst. et Kit.). Tige flexueuse; fl. d'un beau rouge. — Brotteaux de Bouthary, près de Saint-Clair, à Lyon.

1464. A. PULCHELLUM (Don.). A. MIGNON. — A. montanum (Sibth.).

Bulbe simple; tige de 2-3 déc., grêle; f. linéaires, presque planes en dessus, finemen striées et *à peu près lisses en des-sous; étamines dépassant longuement les pétales et dépassées par le style; spathe à valves très-étroites, inégales, beaucoup plus longues que l'ombelle;* fl. roses, en ombelle lâche, *non entremêlées de bulbilles.* ♃. Juillet.

Prés à Méximieux; lieux sablonneux à Crémieux.

1465. A. VICTORIALE (L.). A. DES VAINQUEURS.

Bulbe simple, oblong, *entouré de plusieurs tuniques formées de filaments entrecroisés comme les mailles d'un filet et* roulées les unes sur les autres comme les feuilles d'un ci-gare; tige de 3-5 déc., grosse, ferme, anguleuse au sommet; *f. planes, élargies, oblongues-lancéolées,* à nervures conver-gentes et bien marquées, *atténuées en court pétiole;* étamines dépassant les pétales; *spathe plus courte que l'ombelle;* fl. *d'un blanc verdâtre,* en ombelle serrée, non entremêlées de bul-billes. ♃. Juillet-août. (*V. D.*)

Pelouses des hautes montagnes: Pierre-sur-Haute; la Grande-Chartreuse; le Reculet; près de la perte du Rhône, à l'embouchure de la Valserine, où il est descendu. R.

** *Feuilles toutes radicales, rarement quelques unes au bas de la tige*

† *Feuilles fistuleuses, cylindriques ou demi-cylindriques.*

1466. A. SCHOENOPRASUM (L.). A. CIVETTE. (Vulg. *Ciboulette, Civette, Oignon de Florence.*)

Bulbes réunis en touffes; *hampe de 2-4 déc., non renflée,* nue ou munie de 1-2 feuilles caulinaires vers la base; f. fis-tuleuses, linéaires, cylindriques ou un peu comprimées; étamines plus courtes que les pétales, qui sont lancéolés-acuminés; fl. non entremêlées de bulbilles, tantôt roses ou d'un violet pâle avec une ligne plus foncée au milieu des pé-tales, tantôt d'un rose pâle, presque blanchâtre. ♃. Juin-juillet. (*V. D.*)

Iles du Rhône, près de Lyon. — Jardins potagers.

†† *Feuilles planes ou un peu canaliculées, non fistuleuses.*

1467. A. FALLAX (Rœm. et Schult.). A. TROMPEUR. — A. angulosum (Jacq. non L.). — A. senescens (L.)?

Bulbe oblong, *naissant sur une souche rampante* et garnie de fibres; hampe de 2-4 déc., à 2 angles opposés, plus mar-qués au sommet; f. toutes radicales, *linéaires,* obtuses, *un peu canaliculées en dessus,* striées, convexes ou légèrement carénées en dessous, plus courtes que la hampe; étamines égalant les pétales ou les dépassant un peu; fl. *roses,* rayées de rouge sur le dos, non entremêlées de bulbilles. ♃. Juin-octobre.

b. A. *acutangulum* (Schrad.). F. un peu carénées en dessous, parce que la nervure médiane est plus épaisse que les autres.

Iles du Rhône, près Lyon; prés à la Mulatière; bords de l'Azergue, sous Chazay; rochers à la Grande-Chartreuse; et dans l'Ain, hautes prairies du Cimetière; Arvières et le Colombier, près Belley; embouchure de la Valserine; bords de l'Ain, près du Vorget; rochers de Hauteville, sur les bords de l'Albarine; prés marécageux à Pont-de-Vaux.

— Le type vient en général dans les endroits secs, et la variété *b* dans les endroits humides et marécageux.

1168. A. URSINUM (L.). A. DES OURS.

Plante exhalant une odeur d'ail très-forte. Bulbe blanc, oblong, très-étroit et très-allongé; hampe de 1-4 déc., à trois angles obtus; 2 *feuilles radicales*, d'un beau vert, *larges*, *très-planes, oblongues-lancéolées, à long pétiole*; étamines plus courtes que les pétales, qui sont lancéolés et acuminés; *fl. d'un blanc pur*, formant une ombelle plane, non entremêlées de bulbilles. ♃. Avril-mai.

Fossés, bord des ruisseaux, bois humides : Bonnand; Francheville; Tassin; le Vernay; Vaux-en-Velin, etc., etc.; et dans l'Ain, bois de Bouvand; bois de Craz, sous Ruflieu; les sapins du Bugey. P. R.

CCCCLVII. MUSCARI (Tournef.). MUSCARI.

Périanthe monopétale, en grelot globuleux ou cylindrique, terminé par 6 petites dents; 6 étamines insérées sur le tube; capsule à 3 angles saillants; feuilles toutes radicales; bulbe à tuniques.

1469. M. RACEMOSUM (Mill.). M. A FLEURS EN GRAPPE. — Hyacinthus racemosus (L.). (Vulg. *OEil-de-chien*.)

Hampe de 1-2 déc.; f. linéaires, canaliculées, presque cylindracées, étalées; *corolle ovale-globuleuse*; *fl. toutes bleues*, à odeur de prune, *disposées en grappe courte et assez serrée*. ♃. Avril-mai. (*V. D.*)

Champs, vignes, moissons. C.

1470. M. COMOSUM (Mill.). M. A TOUPET. — Hyacinthus comosus (L.). (Vulg. *Oignon de serpent*.)

Hampe de 2-5 déc.; f. linéaires, canaliculées; *corolle cylindrique*; *fl. de deux sortes, les inf. d'un brun livide*, espacées, très-étalées, fertiles, *les sup. d'un bleu violet ainsi que leurs pédicelles, plus petites, stériles, plus longuement pédicellées, dressées et rapprochées en un toupet terminal*. ♃. Mai-juillet. (*V. D.*)

Champs, moissons, vignes. C.

85ᵉ Famille. — COLCHICACÉES.

. Cette petite famille doit son nom au *Colchique*, charmante leur dont les corolles lilacées viennent émailler nos prairies à l'automne, et sont comme le dernier sourire de la nature avant l'hiver. Les espèces qu'elle renferme sont toutes des plantes vivaces et herbacées, à racine tantôt bulbeuse, tantôt fibreuse. Leur périanthe régulier est formé de 6 pétales libres ou soudés en un tube plus ou moins allongé. 6 étamines à *anthères tournées en dehors* sont implantées sur la corolle ou sur le réceptacle. Le *fruit, toujours supère, est formé de 3 follicules tantôt séparés, tantôt réunis en un seul*, mais se détachant les uns des autres à la maturité : dans le premier cas, il y a 3 styles ou stigmates; dans le second, il n'y a que 1 seul style trifide au sommet. Les graines, nombreuses, à teste membraneux, adhèrent alternativement aux deux bords de chaque follicule; elles ont, comme celles des Liliacées, un embryon droit dans le centre d'un périsperme charnu ou cartilagineux.

CCCCLVIII. Tofieldia (Huds.). Tofieldie.

Périanthe à 6 sépales munis à leur base d'un calicule à 3 lobes; 3 capsules soudées à la base; racine fibreuse.

1471. T. palustris (Huds.). T. des marais.—T. caliculata (Wahl.).—Anthericum caliculatum (L.).

Tige de 1-2 déc., droite, portant 1-2 f. caulinaires; f. semblables à celles des Graminées, presque toutes radicales, linéaires, ensiformes, engaînantes à la base, marquées de nervures saillantes; petites fl. verdâtres, ordinairement en épi terminal. ♃ Juin-juillet.

b. var. *ramosa* (Hoppe). Fl. en panicule terminale.

Marais de Sainte-Croix, près de Montluel; aux Bourlandiers, le long de la grande route, près de la marbrerie de Saint-Germain-de-Joux; Lélex, dans les pâturages humides au dessous des châlets Girod; le Reculet; rochers humides à la Grande-Chartreuse. R.

CCCCLIX. Veratrum (L.). Vératre.

Périanthe à 6 divisions non munies d'un calicule à la base; étamines à filets connés et à anthères étalées en croix; 3 capsules soudées inférieurement; racine fibreuse; tige feuillée, ramifiée au sommet.

1472. V. album (L.). V. blanc. (Vulg. *Varaire, Hellébore blanc.*)
Tige de 5-10 déc., velue, droite, ramifiée au sommet; f.

larges, ovales-lancéolées, engaînantes; bractées velues, ovales-lancéolées; pétales ovales-oblongs, ciliés; fl. ordinairement d'un blanc sale en dedans, verdâtres en dehors, à odeur nauséabonde, disposées en épis sur les rameaux, qui forment par leur réunion une panicule terminale. ♃. Juillet-août. (V. D.)

Prairies et pâturages humides des hautes montagnes : pré Lager, près de Marlhes; Pierre-sur-Haute; la Grande-Chartreuse; le Jura et tout le Haut-Bugey.

b. V. *lobelianum* (Bernhard).—V. *album*, var. *virescens* (Gaud.). Fl. plus petites, moins ouvertes, vertes comme les f. en dedans et en dehors.— Pâturages du Reculet, au dessus du vallon d'Adran, mêlé avec le V. *album*.—Nous avons trouvé des formes intermédiaires entre le type et la variété.

CCCCLX. Colchicum (L.). Colchique.

Périanthe en entonnoir, *à 6 segments soudés inférieurement en un tube très-allongé*; étamines insérées à la gorge du tube; ovaire unique; *3 styles très-longs*; *racine bulbeuse*; *fleurs paraissant ordinairement avant les feuilles.*

1473. C. AUTUMNALE (L.). C. D'AUTOMNE. (Vulg. *Veilleuse, Safran des prés*.)

Feuilles lancéolées, pliées, d'un beau vert, paraissant au printemps et renfermant le fruit de l'année précédente; fl. d'un lilas tendre, quelquefois blanches, environnées de gaines membraneuses à la base du tube, et paraissant à l'automne. ♃. Septembre-octobre. (V. D.)

Prairies. C. C.

— Quand, à cause des inondations, ou par un autre accident, la fleur n'a pas pu se développer à l'automne, elle paraît au printemps avec les feuilles. C'est alors le C. *vernale* (Hoffm.), qui n'est pas même une variété.

86ᵉ Famille. — IRIDÉES.

L'élégance de la forme, la variété et la vivacité des couleurs méritent aux Iridées le nom qui les distingue. Ce sont des plantes herbacées et vivaces dont les feuilles s'engaînent à la base, mais souvent seulement par leurs angles, de manière à présenter à la tige le tranchant de leur limbe. Leurs fleurs, enfermées avant la floraison dans une spathe membraneuse, ont un *périanthe pétaloïdal*, régulier ou irrégulier, mais toujours divisé en 6 segments. *3 étamines à anthères s'ouvrant en dehors sont insérées à la base des divisions extérieures. L'ovaire, toujours infère*, terminé par un style à 3 stigmates quelquefois pétaloïdaux, *devient une capsule à 3 loges*, ordinairement polysperme et s'ouvrant par 3 valves. La racine est tantôt un bulbe, tantôt un rhizôme horizontal tubéreux et charnu.

CCCCLXI. Crocus (L.). Safran.

Périanthe régulier, à 6 segments dressés, campanulés, oudés à la base en un tube grêle et très-allongé ; 3 stigmates pais, plus ou moins roulés en cornet et dentelés; racine ulbeuse ; *hampe uniflore.*

474. C. vernus (All.). S. printanier. — C. multiflorus (Emeric).

F. vertes avec une raie blanche au milieu, linéaires, cana-iculées, toutes radicales, fasciculées, entourées à la base de gaînes membraneuses; *spathe simple ;* style plus long que les étamines, à *stigmate* trifide, *presque 2 fois plus court que les segments du périanthe ; gorge de la corolle barbue;* fl. violettes, blanches, ou rayées de blanc et de violet. ♃. Avril-mai. (*V. D.*)

Prairies et pâturages des hautes montagnes : Saint-Genest-Malifaux ; Jon-zieu ; la Grande-Chartreuse; le Haut-Bugey. — Parterres.

CCCCLXII. Iris (L.). Iris.

Périanthe irrégulier, à 6 segments, dont 3 réfléchis et 3 dressés, quelquefois connivents, tous soudés en tube à la base; *3 larges stigmates pétaloïdaux,* recouvrant les étamines; rhizôme horizontal tubéreux et charnu dans nos espèces spontanées, qui toutes ont leurs feuilles en glaive et présentant leur tranchant à la tige.

* *Segments extérieurs du périanthe barbus.*

1475. I. Germanica (L.). 1. de Germanie. (Vulg. *Flambe*.)

Tige de 4-8 déc., rameuse, pluriflore, dépassant les feuilles; f. en glaive, assez larges, arquées, glaucescentes; *tube de la corolle égalant l'ovaire ; stigmate à lobes divariqués ;* grandes *fl. inodores, d'un beau bleu violet,* veinées de jaune et de roux à la base. ♃. Avril-mai. (*V. D.*)

Sur les rochers, autour et sous le fort de Pierre-Châtel ;—Souvent subspon-tané dans les murs et les rochers, près des habitations. — Jardins.

1476. I. Florentina (L.). I. de Florence.

Tige de 4-8 déc., rameuse, pluriflore, plus longue que les feuilles; f. en glaive, larges, arquées, glaucescentes; *tube de la corolle beaucoup plus long que l'ovaire;* grandes *fl. blanches,* quelquefois teintées de bleu, veinées de jaune pâle à la base, *exhalant une légère mais douce odeur.* ♃. Avril-juin. (*V. D.*)

Rochers à Anglefort (Ain), où il est probablement échappé des jardins, mais où il se reproduit depuis longtemps. — Jardins.

* *Segments extérieurs non barbus.*

1477. I. PSEUDO-ACORUS (L.). I. FAUX ACORE. (Vulg. *Glaïeul des marais.*)

Plante aquatique. Tige de 5-10 déc., rameuse, pluriflore; longues *f.* en glaive, lancéolées, glaucescentes, *inodores par le frottement; fl. jaunes,* mais à segments extérieurs marqués au centre d'une tache fauve et veinés de noir. ♃. Juin-juillet. (*V. D.*)

Fossés aquatiques, étangs, marécages. C. C.

1478. I. FŒTIDISSIMA (L.). I. TRÈS-FÉTIDE. (Vulg. *Glaïeul puant.*)

Plante des terrains secs. Tige de 4-6 déc., anguleuse d'un côté, rameuse, pluriflore; *f.* en glaive, vertes, dures et coriaces, *exhalant une odeur fétide quand on les froisse; graines rouges à la maturité; fl.* à segments extérieurs d'un bleu triste et à segments intérieurs d'un jaune sale, veinées, plus petites que dans toutes les espèces précédentes. ♃. Juin-juillet. (*V. D.*)

Haies et bois : la Pape; toute la chaîne du Mont-d'Or; environs de Belley. A. C.

CCCCLXIII. GLADIOLUS (L.). GLAÏEUL.

Périanthe irrégulier à segments soudés en tube court à la base, et *formant au sommet comme 2 lèvres* dont la sup. cache les étamines; 3 étamines dilatées au sommet; 3 stigmates; *racine bulbeuse;* f. en glaive, engaînantes, présentant leur tranchant à la tige.

1479. G. SEGETUM (Gawler). G. DES MOISSONS.

Tige de 4-10 déc., un peu fléchie en zig-zag; *anthères plus longues que leur filet;* segments latéraux du périanthe linéaires-cunéiformes, écartés du sup.; *graines non ailées;* fl. rouges, sur 2 rangs opposés. ♃. Mai-juin.

Moissons derrière la Tête-d'Or et le Polygone. R.

1480. G. IMBRICATUS (L.). G. A FLEURS IMBRIQUÉES.

Tige de 4-8 déc.; *anthères plus courtes que leur filet;* stigmates papilleux presque dès la base; segments latéraux du périanthe (les 2 sup.) ovales-rhomboïdaux; *graines entourées d'une aile très-distincte; fl.* assez petites, rouges, tournant au bleu par la dessication, *serrées et comme imbriquées* sur 2 rangs opposés. ♃. Juin.

Le Mont; Colliard (M. Bernard).

87ᵉ FAMILLE. — ORCHIDÉES.

Les formes les plus bizarres, celles d'un homme pendu, d'une araignée avec ses pattes, d'une abeille avec ses ailes, d'un énorme sabot, et cent autres plus curieuses encore ; les couleurs les plus variées, toutes les nuances du rouge, du vert, du blanc, du jaune et du violet ; les odeurs les plus opposées, les plus suaves comme les plus infectes, se réunissent dans les fleurs des Orchidées.

Elles sont formées d'un *périanthe très-irrégulier, couronnant l'ovaire, et composé de 6 divisions libres,* 3 extérieures et 3 intérieures. Cinq d'entre elles, occupant le haut de la fleur, en font le *casque* ; la sixième, très-différente des autres, porte le nom de *tablier* ou de *labelle. L'ovaire, simple, infère,* paraissant être le pédoncule de la fleur, est surmonté d'une colonne qui lui sert de style et supporte les étamines ; il devient une capsule polysperme, à 1 loge, 3 valves et 6 nervures longitudinales. *Les étamines,* ordinairement au nombre de 3, *ont leurs filets soudés avec le style ;* les 2 latérales étant stériles, quelquefois complètement nulles, on n'aperçoit que 1 *anthère* (rarement 2) *à* 2 *lobes, placée au sommet ou à côté du style.*

D'autres caractères distinguent encore les Orchidées. Elles offrent une tige toujours simple et herbacée, et des fleurs en épi ou en grappe terminale, munies chacune d'une bractée. Leurs racines sont formées tantôt de fibres minces ou épaissies, tantôt de 1-2 tubercules entiers ou divisés, quelquefois d'une souche traçante et horizontale.

CCCCLXIV. Orchis (L.). Orchis.

Tablier prolongé en éperon à la base ; anthère terminale à 2 loges ; grains de pollen réunis en 2 petites masses pédicellées ; *racine formée de tubercules ou de fibres renflées.*

* *Eperon en forme de sac très-court, atteignant tout au plus le tiers de l'ovaire.*

† *Racine formée de 2 tubercules entiers.*

1481. O. hircina (Crantz). O. bouc. — Satyrium hircinum (L.). — Himantoglossum hircinum (Spreng.). — Aceras hircina (Rchb. fils).

Tige de 3-6 déc., robuste, feuillée ; f. glauques, luisantes, ovales-oblongues, larges, contournées ; *bractées linéaires-acuminées, plus longues que l'ovaire ;* casque à pétales connivents ; *tablier à* 3 *lanières, celle du milieu* 6-7 *fois plus longue que les latérales, et roulée en spirale même pendant la floraison ;* fl. d'un blanc verdâtre, rayées et tachées de rouge clair, *répandant une odeur infecte.* ♃. Juin-juillet. (V. D.)

Prés, pelouses, bois. C.

1482. O. ustulata (L.). O. brulé.

Tige de 1-3 déc., grêle ; f. glauques, les premières ovales et obtuses, les autres oblongues et aiguës ; *bractées colorées, plus courtes que l'ovaire* ; casque à pétales connivents; *tablier à 3 divisions courtes, linéaires, celle du milieu bifide et un peu plus allongée que les latérales* ; petites fl. en épi serré, à tablier blanc marqué de points purpurins, et à casque d'un brun noirâtre, ce qui fait paraître l'épi brûlé au sommet. ♃. Mai-juin. (V. D.)

Prairies, pelouses, bois. A. C.

†† *Racine formée de 2 tubercules palmés au sommet.*

1483. O. NIGRA (Scop.). O. NOIR.—Satyrium nigrum (L.).—Nigritella angustifolia (Rich.).—N. nigra (Rchb. fils). (Vulg. *Petite Brunette.*)

Tige de 6-20 cent., grêle; f. nombreuses, linéaires, canaliculées, les sup. très-étroites, très-aiguës, plus courtes que les inf.; *casque à pétales étalés ; tablier entier, acuminé, dressé* ; *petites fl. d'un pourpre noir,* rarement d'un rose clair, répandant une agréable odeur de vanille (1), disposées en épi court, ovale-arrondi, très-serré. ♃. Juillet-août.

Pelouses et pâturages des hautes montagnes : le Grand-Som, à la Grande-Chartreuse ; le Colombier, près Belley ; Retord ; le Poizat ; tout le Jura.

1484. O. VIRIDIS (Swartz). O. VERT. — Satyrium viride (L.). — Cœloglossum viride (Hartm.). — Peristylus viridis (Lindl.). — Gymnadenia viridis (Rich.).

Tige de 1-4 déc., feuillée; f. inf. ovales et obtuses, les sup. oblongues et aiguës; bractées à 3 nervures, les inf. plus longues que les fleurs; *casque à pétales connivents ; tablier terminé par 3 dents;* fl. verdâtres, quelquefois d'un vert jaunâtre ou teinté de rouge ferrugineux sur les bords, inodores, disposées en épi ovale ou oblong, peu serré. ♃. Mai-juin.

Prés et pelouses humides : Yvour ; Chaponost ; Mornant ; l'Argentière ; Pilat ; tout le Haut-Bugey ; assez rare dans la Bresse et dans les Dombes ; bords de la Chalaronne à Châtillon. P. C.

††† *Racine formée de fibres épaisses, allongées, réunies en faisceau.*

1485. O. ALBIDA (Scop.). O. BLANCHATRE.—Satyrium albidum (L.).—Gymnadenia albida (Rich.).

Tige de 1-2 déc., grêle, feuillée; f. inf. ovales et obtuses, les sup. oblongues et aiguës; casque à pétales latéraux étalés; tablier court, à 3 divisions linéaires, celle du milieu obtuse et plus large que les latérales; petites fl. blanchâtres, disposées en épi étroit, oblong, presque cylindrique. ♃. Juin-juillet.

Pâturages secs et bruyères des hautes montagnes : Pilat ; Longes, près de Givors, où il est descendu ; et dans l'Ain, le Poizat ; Retord ; le Colombier, près Belley ; le Reculet. R.

(1) Dans la variété à fleurs roses, l'odeur est presque nulle.

** Eperon linéaire, conique ou obtus, égalant au moins la moitié
de l'ovaire.

† Racine formée de 2 tubercules entiers.

A. Tablier très-entier; éperon linéaire, beaucoup plus long que
l'ovaire.

1486. O. BIFOLIA (L.). O. A DEUX FEUILLES. — Platanthera bifolia (Rich.). —
P. solstitialis (Bonng).

Tubercules ovales-oblongs, rétrécis au sommet; tige de
2-4 déc., cassante; 2 f. radicales, quelquefois 3, elliptiques,
obtuses, atténuées en pétiole; f. caulinaires beaucoup plus
petites, lancéolées-acuminées, peu nombreuses; *éperon filiforme, pointu au sommet; anthère très-étroite, à lobes rapprochés et parallèles*; fl. blanchâtres, *exhalant une suave odeur*,
surtout quand elles ne sont pas exposées aux rayons du soleil.
♃. Mai-juin. (V. D.)

Bois humides, prés, pâturages. A. C.

1487. O. CHLORANTHA (Custor). O. VERDATRE.—Platanthera montana (Rchb.).

Diffère du précédent 1° par ses *bulbes en navet*, pointus,
3 fois au moins plus longs que larges; 2° par sa tige plus robuste et ordinairement plus élevée; 3° par ses feuilles radicales souvent au nombre de 3-4; 4° par *l'éperon un peu renflé
en massue au sommet*; 5° par *l'anthère large, demi-circulaire,
à lobes rapprochés au sommet, divergents à la base*; 6° par les
fleurs d'un blanc plus verdâtre et *inodores*. ♃. Mai-juin.

Lieux humides et couverts : la Tête-d'Or; Dessine; environs de Belley;
pays de Gex. R.

B. Tablier à 3 lobes; éperon filiforme, arqué; masses de pollen
à pédicelles soudés ensemble.

1488. O. PYRAMIDALIS (L.). O. PYRAMIDAL..—Anacamptis pyramidalis (Rich.).
—Aceras pyramidalis (Rchb. fils).

Tige de 2-4 déc., grêle; f. étroites, lancéolées, aiguës;
éperon égalant ou dépassant l'ovaire; casque à pétales latéraux étalés; tablier à 3 divisions à peu près égales en longueur, tronquées, celle du milieu un peu moins large que
les latérales et quelquefois légèrement échancrée; fl. d'un
rose vif, rarement blanches, en épi serré, pyramidal avant
l'épanouissement complet, puis devenant ovale-cylindrique et
obtus. ♃. Mai-juin.

Bois et pelouses sèches : la Pape; la chaîne du Mont-d'Or; la Grande-
Chartreuse; et dans l'Ain, le Mont; Parves; Evoges; tout le Haut-Bugey.
P. R.

C. *Tablier à 3 lobes, celui du milieu entier ou sous-divisé; éperon co-nique, cylindrique ou élargi au sommet; masses ds pollen à pédicelles libres.*

a. *Bractées à 1 seule nervure.*

1489. O. FUSCA (Jacq.). O. A CASQUE BRUN. — Orchis purpurea (Huds.). — O. militaris (Balbis, Fl. lyonn. et L. pro parte).

Tige de 4-10 déc., épaisse, cassante; longues et larges f. oblongues, glaucescentes, luisantes; *bractées beaucoup plus courtes que l'ovaire*, ainsi que l'éperon, qui est obtus; casque à pétales connivents, les 3 extérieurs larges, les 2 intérieurs linéaires; *tablier à 3 divisions*, les latérales linéaires et ar-quées, *celle du milieu partagée en 2 lobes larges, obliquement tronqués*, souvent crénelés-denticulés, *ordinairement séparés par une petite dent*; *fl. à casque d'un brun noirâtre*, à tablier blanc ou rosé, parsemé de petits pinceaux de poils purpurins, disposées en gros épi ovale ou oblong. ♃. Mai-juin. (*V. D.*).

Bois et coteaux ombragés : Francheville; Oullins; la Pape; Fontaines; Cou-zon; le Mont-Cindre; environs de Belley, de Meximieux et de Pont-d'Ain.

1490. O. GALEATA (Poir.). O. EN CASQUE. — O. Rivini (Gouan). — O. mili-taris (L. pro parte).

Tige de 2-4 déc.; f. glaucescentes, luisantes, oblongues-lancéolées; *bractées beaucoup plus courtes que l'ovaire*, ainsi que l'éperon, qui est obtus; casque à pétales lancéolés et connivents; *tablier à 3 divisions*, les latérales linéaires, *celle du milieu partagée en 2 lobes plus larges, obliquement tron-qués, crénelés-denticulés, séparés par une petite dent très-courte*; *fl. à casque rose ou d'un blanc cendré*, à tablier rose, parsemé de petits pinceaux de poils purpurins, disposées en épi ovoïde. ♃. Mai-juin.

Bois et broussailles au Mont-Cindre; prairies à Dessine et à Vaux-en-Velin; la Bresse et le Bugey. A. C.

1491. O. SIMIA (Lamk.). O. SINGE.

Tige de 2-4 déc.; f. oblongues ou ovales-oblongues; *brac-tées blanchâtres, beaucoup plus courtes que l'ovaire*, ainsi que l'éperon, qui est obtus; casque à pétales acuminés et conni-vents; *tablier à 3 divisions allongées*, les latérales linéaires, *celle du milieu partagée en 2 lanières également linéaires, entières, enroulées et divergentes, séparées par une petite dent très-courte*, de sorte que l'ensemble du tablier ressemble à un singe dont les jambes et les bras seraient pendants; *fl. à casque rose ou d'un blanc cendré*, à tablier rose ou blanc, parsemé de petits pinceaux de poils purpurins, disposées en épi ovoïde. ♃. Mai-juin. (*V. D.*)

Bois, pelouses, prairies. C. C.

92. O. CERCOPITHECA (Lamk.). O. CERCOPITHÈQUE (1).

Cette espèce ou variété diffère de la précédente 1° par ses tubercules plus gros, moins allongés; 2° par son éperon plus court; 3° par les *pétales du casque*, qui sont *rayés et lavés de rouge* sur un fond blanchâtre; 4° par le *segment moyen du tablier à lobes latéraux* moins allongés, plus larges, *tronqués crénelés-denticulés, jamais enroulés,* moins divergents. ♃. Mai.

Bois au Mont-Cindre. R.

— Il semble tenir le milieu entre les O. *galeata* et *simia*.

193. O. VARIEGATA (All.). O. PANACHÉ. — O. tridentata (Scop.).

Tige de 1-2 déc.; f. oblongues-lancéolées; *bractées* roses, *peu près égales à l'ovaire ou un peu plus courtes;* éperon courbé, assez épais à la base, moins long que l'ovaire; casque à pétales aigus et connivents; *tablier à 3 segments tous denticulés, celui du milieu plus large, obcordé,* muni ordinairement d'une très-petite dent dans l'échancrure; *fl.* roses, à casque rayé, *à tablier piqueté de pourpre,* mais glabre, disosées *en épi court, ovale-globuleux,* très-serré. ♃. Mai.

Pelouses sèches : la Pape et la plaine de Royes, où il abonde.

494. O. GLOBOSA (L.). O. A ÉPI GLOBULEUX.

Tige de 3-4 déc.; f. glauques, oblongues-lancéolées; bractées égalant ou dépassant l'ovaire, les inf. quelquefois trinervées; *éperon 1 fois plus court que l'ovaire; casque à pétales terminés par une pointe un peu épaissie et élargie au sommet; tablier à 3 divisions, celle du milieu oblongue et denticulée;* petites *fl.* d'un rouge pâle, à tablier piqueté de pourpre, *disosées en épi globuleux et très-serré.* ♃. Juin-juillet.

Prairies et pâturages des hautes montagnes : la Grande-Chartreuse, près de la chapelle de Saint-Bruno; et dans l'Ain, le Poizat; Retord; le Mont-Dain; le Colombier, près Belley; le Jura.

1495. O. CORIOPHORA (L.). O. PUNAISE.

Tige de 2-4 déc.; f. lancéolées, étroites; bractées égalant à peu près l'ovaire; *éperon arqué, 1 fois plus court que l'ovaire; casque à pétales tous connivents;* tablier à 3 segments, *celui du milieu entier* et plus long que les latéraux; *fl.* à casque d'un rouge sale, *à tablier rayé et ponctué de vert et de rouge,* disposées en épi oblong, exhalant une forte odeur de punaise. ♃. Mai-juin. (*V. D.*)

Prés humides : Dessine; Charbonnières; Vaugneray; Mornant; l'Argentière; au Parc, à Nantua; environs de Meximieux. P. C.

1496. O. FRAGRANS (Pollin.). O. A SUAVE ODEUR.

Diffère du précédent 1° par sa tige ordinairement moins

_____

(1) De χέρχος, queue, et πίθηξ, singe, à cause de la forme du tablier.

élevée; 2º par les *pétales du casque*, qui sont *libres et désunis au sommet;* 3º par ses *fleurs exhalant une douce et suave odeur.* Leur couleur est à peu près la même, mais le rouge du casque et du tablier est moins brun, plus pâle et plus clair. ♃. Mai-juin.

Sur un coteau sec, après la Pape, où il est mêlé avec l'O. *rubra*; prairies à Vaux-en-Velin. R.

1497. O. MORIO (L.). O. BOUFFON.

Tige de 1-4 déc.; f. oblongues, obtuses, jamais tachées; bractées colorées, égalant à peu près l'ovaire, ainsi que *l'éperon,* qui est *horizontal ou ascendant* et tronqué à son extrémité; *casque à pétales tous connivents; tablier* ordinairement plié en deux, *divisé en 3 lobes larges et courts, celui du milieu* tronqué ou un peu échancré, *ne dépassant jamais les latéraux;* fl. d'un rouge violet, quelquefois rouges, roses ou blanches, à casque veiné de vert, à tablier ponctué de blanc et de lilas. ♃. Avril-juin. (*V. D.*)

Prairies, pâturages secs, pelouses des bois. C. C.

1498. O. MASCULA (L.). O MALE.

Tige de 3-6 déc.; f. oblongues, obtuses ou aiguës, rétrécies en pétiole, souvent marquées de taches d'un brun noirâtre; bractées colorées, acuminées, égalant à peu près l'ovaire, ainsi que l'éperon, qui est *horizontal ou ascendant* et obtus; *casque à pétales latéraux étalés ou réfléchis; tablier à 3 lobes crénelés, celui du milieu échancré, égalant ou dépassant les latéraux;* fl. d'un beau rouge, rarement blanches, disposées en épi lâche et allongé. ♃. Avril-mai. (*V. D.*)

Prés et bois: le Mont-Tout; le Fenoyl, près de l'Argentière; la Bresse et le Bugey.

b. *Bractées à 3 5 nervures.*

1499. O. LAXIFLORA (Lamk.). O. A FLEURS LACHES.

Tige de 3-6 déc., droite et effilée; *f. lancéolées-linéaires,* aiguës, *canaliculées;* bractées colorées, plus courtes que l'ovaire, ainsi que l'éperon, qui est cylindrique, obtus, *horizontal ou ascendant; casque à pétales latéraux renversés; tablier plié en deux,* divisé en 3 lobes crénelés-denticulés, *celui du milieu plus court que les latéraux, quelquefois presque nul;* fl. d'un rouge violet, disposées en épi lâche. ♃. Mai-juin.

Prairies humides. C.

1500. O. PALUSTRIS (Jacq.). O. DES MARAIS.

Diffère du précédent 1º par les bractées plus allongées, plus courtes que l'ovaire quand la fleur est complètement développée, mais les égalant ou les dépassant même quand elle commence à s'ouvrir ; 2° par les *pétales latéraux du casque dressés, mais non renversés* ; 3° par le *tablier à peu près plane,* peu ou point plié en deux, *à lobe du milieu bifide, égalant ou dépassant les latéraux.* ♃. Juin-juillet.

Prairies marécageuses : Vaux-en-Velin ; Dessine ; Yvour. P. C.

— On trouve des formes intermédiaires entre cette espèce et la précédente.

1501. O. RUBRA (Jacq.). O. ROUGE. — O. papilionacea (L.).

Tige de 1-3 déc. ; f. oblongues-lancéolées, surtout les caulinaires, canaliculées ; *bractées rouges comme les fleurs, lancéolées, plus longues que l'ovaire ;* éperon conique, presque égal à l'ovaire ; *casque à pétales connivents ; tablier ovale-arrondi à la base, rétréci en coin au sommet, crénelé, entier ou à peine échancré ;* fl. d'un rouge vif, veinées de lignes plus foncées, 3-6, rarement plus, en épi lâche. ♃. Juin.

Pelouses à la Pape. R. R.

— C'est la seule localité, dans les trois départements que comprend notre Flore, où l'on trouve cette superbe espèce.

†† *Racine formée de 2 tubercules lobés au sommet.*

A. *Éperon linéaire et arqué.*

1502. O. CONOPSEA (L.). O. COUSIN. — Gymnadenia conopsea (Rob. Br.).

Tige de 3-6 déc., feuillée, élancée ; f. lancéolées-acuminées, étroites, allongées ; bractées à 3 nervures, égalant ou dépassant un peu l'ovaire ; *éperon linéaire, arqué, environ 2 fois plus long que l'ovaire ;* casque à pétales latéraux très-étalés ; tablier à 3 lobes égaux et entiers ; fl. roses, quelquefois blanches, tantôt inodores, tantôt très-odorantes, disposées en épi cylindrique et serré. ♃. Juin-juillet. (*V. D.*)

Bois et prairies. A. C.

1503. O. ODORATISSIMA (L.). O. TRÈS-ODORANT. — G. odoratissima (Rich.).

Diffère du précédent 1° par ses *feuilles* plus étroites, *linéaires-lancéolées ;* 2° par son *éperon égalant à peu près l'ovaire ou le dépassant peu ;* 3° par ses *fleurs toujours à odeur douce et suave,* disposées en épi plus grêle et plus étroit. ♃. Mai-juin.

Bois et prés humides : Yvour ; Vaux-en-Velin, près du moulin de Cheyssin ; Pilat ; la Grande-Chartreuse ; et dans l'Ain, Saint-Maurice-de-Rémen ; Château-Gaillard ; environs de Groslée ; le Mont, près de Nantua. R.

B. *Éperon droit, conique ou cylindrique, assez épais au moins au sommet.*

1504. O. MACULATA (L.). O. TACHETÉ.

Tige de 3-6 déc., *pleine,* feuillée ; f. oblongues, plus ou moins larges, souvent marquées de taches d'un brun noirâtre, quelquefois cependant entièrement vertes ; *bractées* à 3 nervures, *la plupart plus courtes que les fleurs*; éperon conique ou cylindrique, moins long que l'ovaire; *casque à pétales latéraux étalés en forme d'ailes*; *tablier presque plane*, à 3 lobes, les 2 latéraux larges et crénelés, celui du milieu plus étroit, aigu ou arrondi; fl. d'un lilas pâle ou blanches, quelquefois veinées et tachées de violet ou de pourpre. ♃. Juin. (*V. D.*)

Bois et prés humides. C.

1505. ·O. LATIFOLIA (L.). O. A LARGES FEUILLES. — O. maialis (Rchb.).

Tige de 2-6 déc., *fistuleuse*, feuillée; *f. étalées, souvent marquées de taches d'un brun noirâtre*, les inf. ovales ou oblongues et obtuses, les sup. plus petites, lancéolées-acuminées; *bractées à 3 nervures, la plupart plus longues que les fleurs;* éperon conique, plus court que l'ovaire; *casque à pétales latéraux relevés; tablier plié en deux*, à 3 lobes crénelés; fl. d'un rouge vif ou d'un rose clair, veinées de lignes et tachées de points plus foncés. ♃. Mai-juin.

Prairies humides et marécageuses: Gorge-de-Loup; Saint-Didier-au-Mont-d'Or; Yvour; Saint-Sulpice (Ain).

1506. O. INCARNATA (L.). O. INCARNAT. — O. latifolia *b* angustifolia (Coss et Germ.).

Tige de 3-8 déc., *fistuleuse*, élancée, feuillée; *f. dressées*, oblongues ou linéaires-lancéolées, *non tachées*; bractées à 3 nervures, *les inf. dépassant les fleurs*; éperon conique, plus court que l'ovaire; *casque à pétales latéraux redressés; tablier un peu plié en deux*, à 3 lobes peu profonds, crénelés-denticulés; fl. d'un rose clair, rarement rouges, veinées de lignes et tachées de points plus foncés. ♃. Mai-juin.

b. O. *divaricata* (Rich.). Tubercules à lobes divariqués.

Prés marécageux à Dessine, au dessous de la butte du Molard.

1507. O. SAMBUCINA (L.). O. A ODEUR DE SUREAU.

Tubercules divisés seulement au sommet en 2-3 *lobes courts*, quelquefois même entiers, terminés par de longues fibres; tige de 1-3 déc., feuillée; f. d'un vert clair, non tachées, oblongues ou ovales-oblongues, les inf. souvent obtuses; *bractées à 3-5 nervures, égalant à peu près les fleurs*; éperon conique, très-gros, légèrement arqué, *aussi long ou un peu plus long que l'ovaire; casque à pétales latéraux relevés; tablier presque plane ou un peu convexe*, pubescent, à 3 lobes peu profonds, les latéraux plus larges, tronqués obliquement et crénelés; *fl. ordinairement jaunes*, veinées, à légère odeur de sureau ou inodores, disposées en épi ovale. ♃. Mai-juin.

b. O. *incarnata* (Wild. non L.). Fl. purpurines.

c. O. *candidissima*. Fl. d'un blanc très-pur, à base du tablier teintée de jaune.

Prairies des hautes montagnes : Pilat, au Bessac et à Saint-Genest-Mali-faux; Roche-Tachon, près le télégraphe de Marchampt, dans le Beaujolais; et dans l'Ain, le Poizat; Retord ; le Molard-de-Don; Ruffieu. R.

CCCCLXV. Ophrys (L.). Ophrys.

Tablier non prolongé en éperon à la base ; anthère termi-nale, à 2 loges; grains de pollen réunis en 2 petites masses pédicellées; *racine formée de 1-2 tubercules entiers.* (V. D.)

* Racine formée de 1 seul tubercule.

1508. O. monorchis (L.). O. a un tubercule. — Herminium monorchis (Rob. Br.).

Tige de 1-2 déc., grêle, ne portant que 2 (rarement 3) feuilles presque radicales, oblongues-lancéolées; périanthe campanulé, à divisions dressées; casque à pétales intérieurs plus étroits, divisés en 3 lobes, l'intermédiaire beaucoup plus long que les latéraux, qui ressemblent à 2 petites dents; ta-blier à 3 divisions linéaires et divergentes; petites fl. d'un vert jaunâtre ou blanchâtre, exhalant une odeur de fourmi, disposées en épi effilé. ♃. Juillet.

Prés et pâturages humides des hautes montagnes : le Sappey, entre la Grande-Chartreuse et Grenoble; la grange du Vély, au dessus de Hauteville; au dessous des châlets Girod, dans la vallée de Lélex; Meximieux, aux Peu-pliers, où il est descendu des montagnes. R. R.

** Racine formée de 2 tubercules.

† *Pétales supérieurs tous réunis en voûte.*

1509. O. anthropophora (L.). O. homme pendu. — Aceras anthropophora (Rob. Br.). — Loroglossum anthropophorum (Rich.).

Tige de 2-4 déc.; f. inf. oblongues, obtuses ou aiguës, les caulinaires entièrement engaînantes; *tablier glabre, à 3 di-visions linéaires, celle du milieu profondément bipartite,* de sorte que le tout imite les bras et les jambes d'un homme pendu; fl. d'un jaune verdâtre ou roussâtre, ordinairement bordées d'un brun rougeâtre, disposées en épi cylindrique, communément très-allongé. ♃. Mai-juin.

Pâturages secs, bord des bois, surtout dans les terrains calcaires ou diluviens : Écully; Saint-Didier-au-Mont-d'Or; le Mont-Cindre ; la Pape ; Pont-d'Ain, etc. A. C.

†† *Pétales supérieurs ouverts et étalés.*

1510. O. aranifera (Huds.). O. araignée.

Tige de 1-3 déc.; f. inf. ovales ou oblongues, les cau-linaires entièrement engaînantes; *pétales sup. d'un vert blan-châtre ou un peu jaunâtre, les 2 intérieurs oblongs,* plus étroits et plus courts que les 3 autres; *tablier* convexe en dessus,

21

ovale, *entier ou un peu échancré au sommet, sans dent dans l'échancrure ou avec une très-petite dent non recourbée*, pubescent-velouté, *d'un brun roussâtre, marqué au centre de 2-4 lignes glabres et livides*, tantôt entièrement parallèles et séparées, tantôt réunies vers la base et embrassant un point velu entre leurs deux branches ; fl. en épi lâche. ♃. Mai-juin.

b. O. pseudo-speculum (D. C.)? Tablier plus petit, plus arrondi, d'un roux plus pâle.

Pelouses sèches : Écully, à Randin; la Pape; le Mont-Cindre; environs de Meximieux et de Belley, etc. A. C.

— La forme du tablier est très-variable dans cette espèce. Voici les modifications principales que nous avons observées: 1° tablier entier, arrondi au sommet ; 2° tablier un peu échancré, sans dent dans l'échancrure; 3° tablier un peu échancré, avec une petite dent dans l'échancrure; 4° tablier muni de 2 saillies coniques vers la base; 5° tablier dépourvu de ces protubérances.

1511. O. FUCIFERA (Rchb.). O. BOURDON. — O. arachnites (Hoffm.).

Tige de 1-4 déc. ; f. oblongues-lancéolées; *pétales sup. roses ou blanchâtres, veinés de vert*, les 2 intérieurs pubescents-veloutés, plus étroits et plus courts que les 3 autres ; *tablier* convexe en dessus, largement obovale, offrant 2 saillies coniques de chaque côté de la base, *non trilobé, mais creusé au sommet d'une échancrure dans laquelle est une petite pointe recourbée en dessus*, à surface d'un pourpre brun, pubescente-veloutée, excepté à la base, où elle offre des taches jaunes et des lignes livides, glabres et disposées symétriquement; fl. peu nombreuses, en épi lâche. ♃. Mai-juin.

Pelouses sèches : la Pape; Couzon ; le Mont-Cindre; dans l'Ain, le Mont, près de la grange Henri, etc. A. R.

1512. O. APIFERA (Huds.). O. ABEILLE.

Tige de 1-4 déc. ; f. oblongues-lancéolées; *pétales sup. roses, veinés de vert*, les 2 intérieurs pubescents, plus courts et plus étroits que les 3 autres ; *tablier* d'un pourpre brun, pubescent-velouté, excepté à sa partie moyenne, où il est marqué de lignes glabres, jaunes et brunes, symétriquement disposées, convexe en dessus, *divisé en 3 lobes très-marqués*, les 2 lobes latéraux rejetés en arrière, à base formant 2 saillies coniques, *le lobe du milieu à bords repliés en dessous, terminé par une pointe recourbée également en dessous*; fl. peu nombreuses, en épi lâche. ♃. Mai-juillet.

Pelouses sèches et prairies humides : Saint-Alban, près Lyon; La Pape; Couzon; Yvour; Dessine; Meximieux; Belley; Pont-de-Caux; Ruffieu. A. R.

1513. O. MUSCIFERA (Huds.). O. MOUCHE. — O. myodes (Jacq.).

Tige de 1-4 déc. ; f. oblongues, obtuses ou aiguës; *pétales sup. verdâtres, les 2 intérieurs filiformes et d'un pourpre noirâtre; tablier velouté-pubescent, d'un pourpre noirâtre, avec une tache bleue, et glabre au milieu,* oblong, *divisé en 3 lobes, le moyen* plus large et plus long que les laté-raux, *échancré au sommet, mais sans pointe dans l'échan-crure ;* fl. en épi lâche. ♃. Mai-juin.

Pelouses sèches : le Mont-Cindre ; la Pape ; Sathonnay ; et dans l'Ain, Mexi mieux, aux Peupliers ; Parves, près Belley ; Ordonnas, etc. A. R.

— Ces quatre dernières espèces noircissent par la dessication.

CCCCLXVI. Epipactis (Swartz). Épipacte.

Tablier non prolongé en éperon à la base ; anthère termi-nale, penchée ; masses de pollen sessiles ; *racines fibreuses.*

* Tablier bifide au sommet.

1514. E. nidus-avis (All.). E. nid-d'oiseau. — Ophrys nidus-avis (L.). — Neottia nidus-avis (Rich.).

Plante entièrement rousse, ayant l'aspect d'une Orobanche. Racine formée de fibres charnues et entrelacées ; tige de 2-5 déc.; *f. remplacées par des écailles engaînantes ;* tablier à 2 lobes divergents, élargis au sommet ; fl. roussâtres, en épi oblong, assez serré. ♃. Mai-juillet. (V. D.)

Parasite sur les racines des arbres : la Pape ; le Mont-Cindre ; Limonest ; Saint-Bonnet-le-Froid ; sapins de Haute-Rivoire ; Pilat ; la Grande-Chartreuse ; montagnes du Bugey. A. R.

1515. E. ovata (All.). E. a feuilles ovales.—Ophrys ovata (L.).—Neottia ovata (Rich.).—Listera ovata (Rob. Br.).

Tige de 4-5 déc., *munie au dessus de sa base de 2 larges feuilles ovales, pliées et nerveuses, opposées,* sessiles, embras-santes et comme connées ; *tablier à 2 lobes oblongs, obtus, pa-rallèles ;* fl. verdâtres, pédonculées, disposées en grappe ter-minale, très-effilée et très-allongée. ♃. Mai-juin.

Prairies, bois et taillis humides. A. C.

1516. E. cordata (All.). E. a feuilles en coeur. — Ophrys cordata (L.). — Neottia cordata (Rich.).—Listera cordata (Rob. Br.).

Port du précédent, mais beaucoup plus petit dans toutes ses parties. *Tige de 1-2 déc., très-grêle, munie vers son mi-lieu de 2 feuilles opposées, en cœur ovale, embrassantes, gla-bres et luisantes ; tablier à 3 divisions, les latérales très-cour-tes, celle du milieu* allongée, *bifide, à segments linéaires, très-aigus et divergents ;* très-petites fl. à casque verdâtre et à tablier d'un brun rougeâtre, pédicellées, en grappe termi-nale, grêle et peu serrée, exhalant une légère odeur de musc. ♃. Mai-juin.

Mousse humide et ombragée des hautes montagnes : Pilat, aux sources du Fu-rens, dans le grand bois, entre Tarentaise et le pré Lager ; Pierre-sur-Haute ; le Sappey et les bois en allant de Grenoble à la Grande-Chartreuse. R R.

** *Tablier à lobe terminal entier.*

† *Fleurs dressées, fermées ou peu ouvertes, à ovaire sessile
ou presque sessile, plus ou moins contourné.*

1517. E. LANCIFOLIA (D. C.). E. A FEUILLES LANCÉOLÉES.—E. pallens (Swartz).
—Serapias grandiflora (Babingt.).—Cephalanthera pallens (Rich.).

Tige de 3-5 déc., feuillée; *f. ovales-lancéolées,* amplexicaules, à nervures saillantes, convergentes vers le sommet;
*bractées lancéolées, égalant ou dépassant l'ovaire; ovaire gla-
bre; fl. d'un blanc jaunâtre,* à tablier taché de jaune. ♃. Mai-
juin.

Bois des collines et des montagnes calcaires : le Mont-Cindre ; Saint-Didier-
au-Mont-d'Or; la Pape; Sathonnay ; le Mont-Dain; lisière des forêts autour
de Ruffieu. A. R.

1518. E. ENSIFOLIA (Swartz). E. A FEUILLES EN GLAIVE.—Serapias ensifolia (L.).
—S. nivea (Vill.).—Cephalanthera ensifolia (Rich.).—C. xiphophyllum
(Rchb. fils).

Tige de 2-5 déc., feuillée; *f.* allongées, engaînantes, *étroitement lancéolées, les sup. linéaires,* marquées de nervures
saillantes et parallèles : *bractées beaucoup plus courtes que
l'ovaire; ovaire glabre; fl. blanches,* à tablier taché de jaune.
♃. Mai-juin.

Bois des collines et des montagnes calcaires : le Mont-Cindre; la Pape; et
dans l'Ain, Ramasse; Confort; la côte d'Evoges; Ruffieu. R.

1519. E. RUBRA (All.). E. A FLEURS ROUGES. — Serapias rubra (L.). — Cephalanthera rubra (Rich.).

Tige de 2-5 déc., feuillée; f. oblongues-lancéolées, amplexicaules, presque sur 2 rangs opposés, marquées de nervures saillantes; bractées linéaires-lancéolées, plus longues
que l'ovaire ; *ovaire pubescent ; fl. d'un rose vif* et foncé, très-
belles. ♃. Juin-juillet.

Bois des collines et des montagnes calcaires : Limonest; le Mont-Cindre;
Couzon ; et dans l'Ain, la côte d'Evoges; le chemin de la Serpentouse, en
allant de Confort à Chézery. P. C.

†† *Fleurs ouvertes, étalées ou pendantes, à ovaire pédicellé
et non contourné.*

1520. E. LATIFOLIA (All.). E. A LARGES FEUILLES.—E. helleborine (Rchb. fils).
—Serapias latifolia (L.).

Tige de 2-9 déc., feuillée, pubescente au sommet; f. embrassantes, à nervures très-marquées et convergentes vers le
sommet, *les inf. et les moyennes larges, ovales ou ovales-
oblongues,* les sup. plus étroites et lancéolées; bractées inf.
plus longues que les fleurs, puis diminuant graduellement;
tablier à lobe terminal très-aigu, recourbé au sommet; fl. verdâtres en dehors et rosées à l'intérieur, ou d'un rouge obscur
même avant leur épanouissement, disposées en grappe allongée et peu serrée. ♃. Juin-juillet. (V. D.)

a. E. *viridiflora* (Mut.). Fl. d'un blanc verdâtre, au moins avant leur épanouissement, à tablier rosé.

b. E. *atrorubens* (Rchb.). Fl. d'un rouge obscur, même avant leur épanouissement.

Bois des collines et des montagnes calcaires : le Mont-Cindre; Couzon; la Grande-Chartreuse; le Bugey, etc. A. C.

Les deux variétés, lorsqu'elles croissent dans un terrain aride, ou dans les années de sécheresse, ont quelquefois une tige plus basse avec des feuilles et des fleurs plus petites. Elles forment alors l'E. *microphylla* de divers auteurs. qui, à notre avis, ne constitue pas même une variété.

1521. E. PALUSTRIS (Crantz). E. DES MARAIS.—Serapias longifolia (L.).

Tige de 3-6 déc., feuillée, pubescente au sommet ; *f. toutes oblongues-lancéolées*, très-aiguës, amplexicaules, à nervures saillantes et parallèles; bractées lancéolées, la plupart plus courtes que les fleurs, mais cependant les inf. souvent plus longues ; *tablier à lobe terminal arrondi et obtus;* fl. grandes, pendantes, d'un gris verdâtre en dehors, d'un blanc rougeâtre à l'intérieur, disposées en grappe lâche et allongée. ♃. Juin-juillet.

Prairies marécageuses : Villeurbanne; Dessine; Saint-Genis-Laval; Neuville; environs de Belley, etc. P. C.

CCCCLXVII. NEOTTIA (D. C.). NÉOTTIE.

Périanthe à 5 segments soudés à la base et libres au sommet ; *tablier entier, sans éperon, à bords ondulés, se repliant en canal sur le style; fleurs disposées en spirale; racine tuberculeuse.*

1522. N. ÆSTIVALIS (D. C.). N. D'ÉTÉ. — Spiranthes æstivalis (Rich.).

Tubercules allongés, cylindriques et en faisceaux; tiges de 2-4 déc.; *f. oblongues ou linéaires-lancéolées, dressées:* fl. blanches, exhalant une douce odeur après le coucher du soleil. ♃. Juillet-août.

Prés marécageux : Yvour; Dessine; Meyzieu; Vaux-Milieu; Pont-Chéry, et dans l'Ain, Chazey; Château-Gaillard; lac Bertrand; marais de Divonne. R.

1523. N. AUTUMNALIS (Swartz). N. D'AUTOMNE. — N. spiralis (Crantz). — Spiranthes autumnalis (Rich.).

Tubercules ovoïdes-oblongs ; tige de 1-2 déc., munie d'écailles ; *f. ovales-lancéolées,* toutes radicales, *réunies en un petit faisceau latéral;* fl. blanches, à odeur de vanille. ♃. Septembre-octobre.

Pelouses sèches, terres incultes, prairies : Francheville, entre le château de M. de Ruolz et les aqueducs de Chaponost; Dardilly; l'Argentière; Rive-de-Gier; et dans l'Ain, Jujurieux; Meyriat; Reyrieux; Meximieux, aux Peupliers. R.

CCCCLXVIII. Goodiera (Rob. Br.). Goodière.

Fleurs en épi unilatéral; racine rampante, et, pour le reste, caractères du genre précédent.

1524. G. repens (Rob. Br.). G. rampante.—Neottia repens (Swartz).—Satyrium repens (L.).

Tige de 1-3 déc., pubescente, surtout au sommet; f. radicales ovales, atténuées en pétiole, marquées de nervures convergentes vers le sommet et réunies par de petites veines en réseau, les caulinaires très-petites, linéaires, engaînantes; fl. blanchâtres, pubescentes. ♃. Juillet-août.

Bois à la Grande-Chartreuse. R. R.

CCCCLXIX. Liparis (Rich.). Liparis.

Fleurs à la fin renversées, de telle sorte que le tablier regarde en haut; périanthe à 6 divisions ouvertes; *tablier ovale, obtus, sans éperon;* anthère terminale, hémisphérique; *racine fibreuse, mais munie d'un tubercule latéral, entouré, ainsi que le bas de la tige, d'une membrane sèche.*

1525. L. Lœselii (Rich.). L. de Loesel.—Malaxis Lœselii (Swartz).—Ophrys Lœselii (L.).—Sturmia Lœselii (Rchb.).

Hampe de 5-20 cent., triangulaire, munie à sa base de 2 feuilles d'un vert tendre, oblongues-lancéolées, engaînantes, pliées en gouttière; petites fl. d'un jaune pâle, un peu verdâtre, disposées en épi lâche. ♃. Juin-juillet.

Mousse des prés marécageux : Meyzieu; Sainte-Croix, près de Montluel. R. R.

CCCCLXX. Corallorhiza (Haller). Coralline

Périanthe à 6 divisions ouvertes, les latérales contiguës au tablier; *tablier* plié en gouttière, ovale, un peu denté, *portant à sa base un éperon très-court, caché dans les divisions latérales du périanthe;* grains de pollen réunis en 4 masses; *tige sans feuilles; racine blanche, tortueuse, ramifiée comme une branche de corail.*

1526. C. Halleri (Rich.). C. de Haller. — C. innata (Rob. Br.). — Ophrys corallorhiza (L.) —Cymbidium corallorhizon (Swartz).

Hampe de 8-16 cent., grêle, munie d'écailles engaînantes, au lieu de feuilles; tablier oblong, obtus, offrant de chaque côté une dent obtuse; petites fl. d'un blanc verdâtre, disposées en épi très-lâche. ♃. Juin-juillet.

Retord, dans un bois de hêtres, sous les granges des Solives, où elle a été découverte en 1852 par M. l'abbé Bichet. R. R. R.

CCCCLXXI. Epipogium (Gmel.). Épipogion.

Fleurs renversées, de telle sorte que le tablier est placé en haut; périanthe à 6 divisions ouvertes inférieurement; éperon dressé, renflé en forme de capuchon, muni à la base de 2 oreillettes projetées en avant; tige sans feuilles; racine d'un blanc de neige, tendre, ramifiée comme une branche de corail.

1527. E. Gmelini (Rich.). E. de Gmélin.—E. aphyllum (Gmel.).—Limodorum epipogium (D. C.).—Satyrium epipogium (Vill.).

Hampe de 1-2 déc., très-tendre, munie, au lieu de feuilles, de quelques écailles roussâtres, engaînantes, denticulées au sommet; tablier à limbe ovale, concave, offrant en dedans 2 lignes velues et colorées; 3-4 fl. jaunâtres, terminales, espacées. ♃. Août-septembre.

Bois à la Grande-Chartreuse. R. R. R.

CCCCLXXII. Limodorum (Tournef.). Limodore.

Périanthe à 6 segments connivents, ouverts en haut; *tablier ovale, entier, rétréci à la base en forme d'onglet canaliculé, et muni d'un éperon très-allongé; tige sans feuilles; racine fibreuse, à fibres en faisceau.*

1528. L. abortivum (Swartz). L. sans feuilles.—Orchis abortiva (L.).

Plante d'un beau violet, noircissant par la dessication. Hampe de 3-8 déc., robuste, munie d'écailles engaînantes remplaçant les feuilles; grandes fl. violettes, accompagnées de longues bractées, et disposées en épi lâche. ♃. Juin-juillet.

Clairières des bois montueux, dans les terrains calcaires : le Mont-Cindre : le Mont-Tout; Saint-Romain-de-Couzon; Couzon; et dans l'Ain, de Béon à Talissieu; Muzin. R.

CCCCLXXIII. Cypripedium (Tournef.). Sabot.

Périanthe à 5 divisions ouvertes; *tablier* très-grand, *sans éperon, creusé en forme de sabot; 2 anthères; tige feuillée; racine rampante,* noueuse, garnie de fibres.

1529. C. calceolus (L.). S. de Notre-Dame.

Tige de 3-4 déc., un peu flexueuse; f. larges, ovales-lancéolées, amplexicaules et engaînantes, marquées de nervures saillantes; 1-2 grandes fl. à pétales sup. couleur de fer rougeâtre ou rouillé et à tablier jaune. ♃. Mai-juin. (V. D.)

Bois des hautes montagnes : la Grande-Chartreuse; entre Lochieux et Arvières; près de Lélex, au dessous des châlets Girod. R. R.

88ᵉ Famille. — HYDROCHARIDÉES (1).

Les Hydrocharidées, ou *grâces des eaux*, sortent de leur sein pour venir fleurir à leur surface. Elles ont des *fleurs dioïques, renfermées dans une spathe avant leur épanouissement.* Leur *périanthe, régulier, est composé de 6 divisions* libres ou un peu soudées à la base, *disposées sur 2 rangs, les 3 extérieures vertes, en forme de calice, et les 3 intérieures plus ou moins colorées.* 3, 6, 9 ou 12 étamines, quelquefois réduites à 1-2 par accident, sont insérées au fond du périanthe. L'*ovaire, infère,* est couronné par 3-6 styles très-courts, le plus souvent bifides; il devient un *fruit charnu,* indéhiscent et polysperme, qui mûrit sous l'eau.

Les Hydrocharidées sont toutes des *plantes* herbacées, *aquatiques, à feuilles nageantes ou submergées.*

CCCCLXXIV. Hydrocharis (L.). Hydrocharis.

Fleurs dioïques; périanthe formé de 3 sépales et de 3 pétales; *9 étamines fertiles, disposées sur 3 rangs,* soudées 2 à 2 dans leur moitié inférieure; 6 *stigmates bipartits; capsule à 6 loges.*

1530. H. morsus-ranæ (L.). H. morrène. (Vulg. *Petit Nénuphar.*)

F. orbiculaires, en cœur à la base, luisantes en dessus, flottantes sur l'eau, portées sur de longs pétioles; pédoncules axillaires; fl. blanches, d'un jaune pâle sur l'onglet. ♃ Juin-août. (*V. D.*)

Eaux tranquilles : Villeurbanne; Dessine; Yvour; les Dombes. P. C.

CCCCLXXV. Vallisneria (L.). Vallisnérie.

Fleurs dioïques; périanthe formé de 3 petits sépales un peu soudés à la base, et de 3 petits pétales linéaires, ayant la forme d'écailles bifides; 3 *étamines,* quelquefois réduites à 2 ou 1 ; 3 *stigmates ovales et bifides; capsule uniloculaire.*

1531. V. spiralis (L.). V. en spirale.

Plante submergée. F. toutes radicales, linéaires, très-allongées, très-faibles, presque transparentes; fl. rougeâtres ou blanchâtres, à peine visibles, celles à étamines à pédoncule court et droit, les fructifères portées sur un long pédoncule filiforme, contourné en spirale, venant, pendant

(1) De ὕδωρ, eau, et χάρις, grâce.

l'épanouissement, se dérouler jusqu'à fleur d'eau, et se repliant ensuite. ♃. Juillet-août. (*V. D.*)

Dans la Saône, à Lyon, près du Gazomètre et au dessous de l'Ile-Barbe ; étangs de Bresse (Gilibert). R. R. R.

— Gilibert indique le *Stratioides aloides* (L.) comme trouvé par lui dans les étangs du Forez, au dessous de Bellegarde.

89ᵉ Famille. — ALISMACÉES.

Les Alismacées sont des *plantes* herbacées, *croissant dans l'eau ou dans les marais.* Leur *périanthe, régulier, est composé de 6 divisions libres, disposées sur 2 rangs, les 3 extérieures vertes, en forme de sépales, et les 3 intérieures colorées, ressemblant à des pétales.* 6-9 étamines, rarement plus, sont insérées sous l'ovaire ou à la base des divisions du périanthe. *6-30 ovaires, placés dans le périanthe,* surmontés par autant de stigmates, *se changent en capsules* libres ou plus ou moins soudées, déhiscentes ou indéhiscentes, *renfermant 1, 2 ou plusieurs graines à embryon* droit ou plié, mais *toujours dépourvu de périsperme.* Les feuilles, ordinairement toutes radicales, présentent quelquefois, quand elles sont submergées, une déformation singulière : leur limbe manque, et le pétiole s'allonge en s'aplanissant en forme de feuille linéaire, nommée *phyllode.*

CCCCLXXVI. Butomus (L.). Butome.

Périanthe formé de 3 sépales colorés et de 3 pétales ; 9 *étamines* ; 6 *capsules polyspermes,* plus ou moins soudées à la base, et s'ouvrant par leur angle interne ; *graines à embryon droit ; feuilles à nervures parallèles.*

1532. B. umbellatus (L.). B. a fleurs en ombelle. (Vulg. *Jonc fleuri.*)

Rhizôme charnu, rampant, garni de fibres en dessous ; hampe de 5-10 déc., cylindrique ; f. toutes radicales, très-allongées, linéaires, canaliculées et engaînantes à la base ; fl. roses, à longs pédoncules, disposées en ombelle terminale, accompagnée à sa base de bractées membraneuses qui lui servent d'involucre. ♃. Juillet-août. (*V. D.*)

Bord des étangs et des rivières, fossés pleins d'eau : Oullins ; Yvour ; Feyzin ; Anse ; sur les bords de la Saône, à Fontaines et à Reyrieux ; Châtillon-les-Dombes. A. R.

CCCCLXXVII. Sagittaria (L.). Sagittaire.

Fleurs monoïques ; périanthe formé de 3 sépales et de 3 pétales ; 18 à 24 *étamines ; capsules monospermes, en nombre*

21.

indéfini, disposées sur un réceptacle globuleux; *graines à embryon plié; f. à nervures convergentes vers le sommet et réunies par des veines en réseau.*

1533. S. SAGITTÆFOLIA (L.). S. A FEUILLES EN FER DE FLÈCHE. (Vulg. *Fléchière*.)

Racine fibreuse, à collet renflé; hampe de 4-8 déc., simple ou ramifiée au sommet; f. toutes radicales, à long pétiole, en fer de flèche à lobes aigus, les inf. quelquefois ovales-obtuses, ou réduites à des phyllodes quand elles sont submergées; fl. blanches, pédonculées, opposées ou verticillées 3 à 3, disposées en grappe terminale. ♃. Juin-septembre. (*V. D.*)

Fossés, marais : la Tête-d'Or ; les Brotteaux ; Dessine ; la Bresse. A. C.

— Les fl. à étamines occupent le haut de la grappe et sont portées sur de plus longs pédoncules.

CCCCLXXVIII. ALISMA (L.). FLUTEAU.

Périanthe formé de 3 sépales et de 3 pétales; 6 *étamines; 6-25 capsules indéhiscentes*, mono ou bispermes; *graines à embryon plié; feuilles à nervures convergentes vers le sommet.*

1534. A. DAMASONIUM (L.). F. ÉTOILÉ. — Damasonium stellatum (Rich.). (Vulg. *Etoile d'eau.*)

Hampe de 6-40 cent.; *f.* toutes radicales, pétiolées, ovales-oblongues, *en cœur à la base; 6 carpelles allongés en alène et disposés en étoile;* fl. blanches ou rosées, en ombelle terminale unique, ou en 2-3 verticilles superposés. ♃. Juin-septembre. (*V. D.*)

Bord des étangs, fossés : Verrières, au dessus de Montbrison; Saint-André-de-Corcy ; la Bresse. A. R.

1535. A. NATANS (L.). F. NAGEANT.

Tige feuillée, nageante, ou radicante quand elle n'est pas dans l'eau; *f.* pétiolées, ovales ou elliptiques, *arrondies aux deux extrémités; carpelles fortement striés,* oblongs, obtus, *brusquement terminés par un bec oblique;* fl. blanches, assez grandes, solitaires ou en ombelle peu garnie. ♃. Juin-septembre.

Mares, fossés, eaux stagnantes : les Brotteaux ; Dessine ; Sainte-Croix, près de Montluel; Montribloud; Saint-André-de-Corcy, etc. P. C.

1536. A. RANUNCULOIDES (L.). F. A FRUITS DE RENONCULE.

Hampe de 1-3 déc.; *f.* toutes radicales, *linéaires-lancéolées,* un peu élargies au sommet, rétrécies en un long pétiole; *carpelles brusquement terminés en bec et disposés en têtes globuleuses et serrées,* assez semblables aux capitules fructifères des Renoncules; fl. d'un blanc rosé, assez grandes, réunies en ombelle terminale ou en 2 verticilles superposés. ♃. Juin-septembre.

Marais, lieux inondés l'hiver : la Tête-d'Or ; Vaux-en-Velin ; Dessine ; lac Bertrand, près Belley. A. R.

1537. A: PLANTAGO (L.). F. A FEUILLES DE PLANTAIN. (Vulg. *Plantain d'eau.*)

Hampe de 2-10 déc., rameuse au sommet; *f.* toutes radicales, pétiolées, *ordinairement ovales-lancéolées, arrondies ou un peu en cœur à la base, très-aiguës au sommet, marquées de 5-7 nervures convergentes; carpelles obtus, mutiques, présentant seulement 1-2 sillons sur le dos;* petites fl. rosées ou blanches, disposées en plusieurs verticilles superposés, formant par leur réunion une panicule terminale. ♃. Juin-septembre. (*V. D.*)

b. A. *lanceolatum* (With.). F. oblongues-lancéolées, atténuées et non arrondies à la base.

c. A. *graminifolium* (Ehrh.). F. toutes submergées et linéaires, quelquefois 1-2 oblongues-lancéolées, parce qu'elles sont hors de l'eau.

Fossés, rivières, marécages. C. C.

1538. A. PARNASSIFOLIUM (L.). F. A FEUILLES DE PARNASSIE.

Hampe de 3-6 déc., ordinairement ramifiée dans le haut ; *f.* toutes radicales à long pétiole, *ovales, profondément échancrées en cœur à la base, obtuses au sommet, marquées de 7-11 nervures convergentes ; carpelles obtus, présentant plusieurs stries sur le dos et une pointe oblique du côté interne;* petites fl. blanches, disposées en verticilles superposés, formant communément par leur réunion une panicule terminale. ♃. Août-septembre.

Marais de Charvieux ; étangs sous les forêts de Seillon et de la Chambrière, aux environs de Bourg. R. R.

CCCCLXXIX. TRIGLOCHIN (L.). TROSCART.

Périanthe formé de 3 sépales et de 3 pétales concaves; 6 *étamines très-courtes;* 3-6 stigmates sessiles et barbus; 3-6 *carpelles mono ou bispermes, s'ouvrant par leur angle interne,* d'abord soudés, puis se séparant par la base à la maturité; *graines à embryon droit ; feuilles filiformes.*

1539. T. PALUSTRE (L.). T. DES MARAIS.

Hampe de 1-5 déc., très-grêle ; f. toutes radicales, linéaires-filiformes, dressées, engaînantes à la base; très-petites fl. vertes en dehors, blanchâtres en dedans, disposées en une grappe grêle et effilée, ayant la forme d'un épi. ♃. Juin-août.

Prés marécageux : la Mouche; la Tête-d'Or; Dessine; bord des étangs de Bresse. P. C.

90ᵉ Famille. — JONCÉES.

Les Joncées sont des herbes qui croissent ordinairement dans les lieux humides ou marécageux. Leurs *feuilles*, quand elles en ont, sont *linéaires*, planes ou cylindriques, toujours engaînantes à la base de la *tige*, qui est *dépourvue de nœuds*. Leur *fleurs*, *régulières*, en panicule ou corymbe accompagné de bractées, rarement solitaires ou en épi, ont un *périanthe formé de 6 divisions libres*, disposées sur 2 rangs, toujours *vertes ou scarieuses*, excepté dans le premier genre, qui nous offre encore une corolle d'azur. *Ce périanthe renferme réunis ensemble un ovaire* à 1 style très-court, surmonté de 3 stigmates poilus, *et* 6 *étamines*, rarement 3, hypogynes ou insérées à la base de ses divisions. Le fruit est une *capsule à 1 ou 3 loges*, *s'ouvrant par 3 valves*. Les graines, à embryon cylindrique entouré d'un périsperme charnu, sont fixées tantôt au bord intérieur d'une cloison placée au milieu des valves, tantôt à la base même de chaque valve, qui alors ne porte point de cloison.

CCCCLXXX. Aphyllanthes (Tournef.). Aphyllanthe.

Périanthe formé de 6 pétales entourés à la base d'un involucre composé d'écailles scarieuses et imbriquées; absence de feuilles.

1510. A. Monspeliensis (L.). A. de Montpellier. (Vulg. *Non-feuillée*.)
Tiges grêles, nues, glaucescentes, venant par touffes, munies de gaînes à leur base, et portant à leur extrémité 1-2 fl. bleues, quelquefois blanches, entourées d'écailles roussâtres, scarieuses et luisantes. ♃. Mai-juin. (*V. D.*)
Dans les taillis, au dessus des carrières de Couzon ; lieux secs aux environs de Vienne.

CCCCLXXXI. Luzula (D. C.). Luzule.

Périanthe calicinal, formé de 6 divisions brunâtres ou scarieuses, ouvertes en étoile; *capsule à 1 seule loge, ne contenant que 3 graines placées à la base des valves, qui ne portent point de cloison; feuilles* ordinairement *planes* et munies de poils.

* *Fleurs solitaires sur leur pédicelle.*

1541. L. Forsteri (D. C.). L. de Forster.
Racine non stolonifère; tiges de 1-4 déc., venant par touffes; *f. linéaires*, étroites, bordées de poils blanchâtres et

allongés; *pédoncules* inégaux, *toujours dressés même quand le fruit est mûr*; *fl.* brunâtres, disposées en corymbe paniculé. ♃. Avril-mai.

Pelouses, pâturages, bois. C.

1542. L. FLAVESCENS (D. C.). L. JAUNATRE.

Racine stolonifère; tiges de 1-3 déc., venant par touffes; *f. linéaires*, étroites, à peine poilues, très-courtes; *pédoncules* très-inégaux, *dressés ou étalés même quand le fruit est mûr*; *fl. d'un jaune-paille*, disposées en corymbe paniculé. ♃. Juin-juillet.

Abondante dans les sapins du Bugey et du Jura.

1543. L. VERNALIS (D. C.). L. PRINTANIÈRE.—L. pilosa (Wild.).

Racine non stolonifère; tiges de 2-4 déc., venant par touffes; *f. lancéolées*, assez larges, bordées de poils blanchâtres et allongés; *pédoncules* inégaux, d'abord dressés, puis étalés, et *à la fin refractés*; fl. brunâtres, nuancées de blanc, disposées en corymbe paniculé. ♃. Mars-mai. (*V. D.*)

Bois et pâturages ombragés. C.

** *Fleurs réunies en capitules ou en épillets sur chaque pédicelle.*

† *Pédoncules divisés en plusieurs pédicelles.*

1544. L. MAXIMA (D. C.). L. ÉLEVÉE.— L. sylvatica (Gaud.).

Tige de 4-8 déc.; *f. radicales lancéolées*, les plus larges du genre, très-poilues sur les bords; *bractées scarieuses, beaucoup plus courtes que la panicule*; *fl. brunes*, disposées par petits capitules de 2-4 sur chaque pédicelle, et formant par leur réunion une *panicule très-rameuse, à rameaux divariqués*. ♃. Juin-juillet.

Bois, forêts, lieux couverts : Oullins ; Charbonnières ; Saint-Didier-au-Mont-d'Or; Limonest; Pilat; montagnes du Bugey. P. C.

1545. L. ALBIDA (D. C.). L. A FLEURS BLANCHATRES.

Tige de 4-8 déc.; *f. linéaires*, très-longues, très-poilues sur les bords ; *bractées égalant ou dépassant la panicule*; étamines à anthères presque sessiles; *fl. d'un blanc jaunâtre*, disposées en *panicule corymbiforme, rameuse, à rameaux divariqués*. ♃. Juin-juillet.

Bois de la montagne de Parves ; marais de Cormaranche et de Hauteville. R.

1546. L. NIVEA (D. C.). L. A FLEURS D'UN BLANC DE NEIGE.

Tige de 4-8 déc., grêle, élancée; *f. radicales linéaires-lancéolées*, très-longues, très-poilues sur les bords; *bractées linéaires, foliacées, beaucoup plus longues que la panicule*; *étamines à filets aussi longs que leurs anthères*; *fl. d'un blanc de neige*, devenant d'un blanc sale après la floraison, disposées par petits capitules de 3-6 sur chaque pédicelle, et formant par leur réunion une *panicule corymbiforme très-serrée.* ♃. Juin-juillet. (*V. D.*)

Bois des montagnes : Thurins; Saint-Bonnet-le-Froid; l'Argentière, au Chatelard et au Fenoyl; Pilat; la Grande-Chartreuse ; presque tous les bois des environs de Saint-Rambert (Ain).

†† *Pédoncules simples.*

1517. L. spicata (D. C.). L. en épi.

Tige de 1-3 déc., très-grêle; f. linéaires, étroites, un peu canaliculées, poilues à l'entrée de la gaîne, du reste presque glabres; *étamines à anthères 2 fois plus longues que les filets:* capsule ovale-arrondie, mucronée, d'un noir luisant à la maturité; *fl.* d'un brun noirâtre, *réunies en 1 seul épi lobé à la base et penché.* ♃. Juin-août.

Pâturages des sommets du Jura. R.

1518. L. campestris (D. C.). L. champêtre.

Racine fibreuse, *émettant des rejets traçants;* tiges de 1-2 déc., solitaires ou peu nombreuses dans chaque touffe; f. planes, linéaires, poilues sur les bords et à l'entrée de la gaîne; *étamines à anthères 5-6 fois plus longues que les filets; fl.* brunes, *disposées en plusieurs épis* courts, ovoïdes, *plus ou moins penchés sous le poids des fruits à la maturité.* ♃. Avril-juin. (*V. D.*)

Lieux secs et arides, pelouses. C C. C.

1549. L. multiflora (Lej.). L. multiflore. — L. campestris b (D. C.).— L. erecta (Desv.).

Racine fibreuse, mais *sans rejets traçants; tiges de 3-6 déc., venant par touffes bien garnies;* f. planes, linéaires, d'abord poilues sur les bords et à l'entrée de la gaîne, à la fin presque glabres; *anthères à peu près égales à leurs filets; capsules ovales-arrondies, roussâtres à la maturité; fl.* roussâtres ou brunes, *disposées en plusieurs épis* courts, ovoïdes, *toujours dressés, non dépassés par la feuille bractéale qui est à leur base.* ♃. Mai-juin.

b. var. *congesta.*—L. *campestris* var. *b. congesta* (Duby). Epis tous sessiles ou presque sessiles.

Bois : Charbonnières; Tassin; Dardilly; Francheville, etc.; le Reculet. A. C.

1550. L. Sudetica (D. C.). L. de Silésie.—L. nigricans (Desv.).—L. multiflora var. nigricans (Koch).

Racine fibreuse, *émettant des rejets traçants; tiges* de 1-4 déc., très-grêles, *solitaires ou peu nombreuses dans chaque touffe;* f. planes, linéaires, d'abord poilues sur les bords et à l'entrée de la gaîne, à la fin presque glabres; *anthères à peu près égales à leurs filets; capsules triangulaires, d'un noir luisant à la maturité; fl.* brunes ou noirâtres, *disposées en.*

plusieurs épis courts, ovoïdes, *toujours dressés et dépassés par la feuille bractéale qui est à leur base.* ♃. Juin-juillet.

b. **L. alpina** (Hoppe). Epis réunis, à la maturité, en un seul qui paraît lobé.

Pâturages humides des hautes montagnes : le Mont-Pilat; les sommets du Jura. R.

— On trouve à Pilat une variété qui paraît intermédiaire entre les L. *multiflora* et *Sudetica*. Les épis, au nombre de 2-4, ne sont pas réunis à la maturité, ni dépassés par la bractée qui est à leur base; les capsules triangulaires sont d'un brun luisant, plus foncé que dans le L. *multiflora*, mais non noires comme dans le L. *Sudetica*. Peut-être est-ce le L. *pallescens* (Hoppe)? Du reste, le L. *Sudetica* n'est considéré par bon nombre d'auteurs que comme une variété du L. *multiflora*.

CCCCLXXXII. Juncus (L.). Jonc.

Périanthe calicinal, formé de 6 divisions vertes ou scarieuses; *capsule à* 3 *loges; graines nombreuses, placées au bord intérieur d'une cloison placée au milieu de chaque valve; feuilles cylindriques ou canaliculées,* toujours glabres.

* Feuilles nulles; fleurs latérales.

1551. J. conglomeratus (L.). J. a fleurs agglomérées.

Tiges de 4-9 déc., droites, très-finement striées, *vertes, se cassant facilement,* munies à la base d'écailles brunes, non luisantes; 3 étamines; *style* très-court, *inséré sur un petit mamelon qui termine la capsule; capsule obtuse; fl.* brunâtres, *réunies en panicule* latérale, *compacte* et sessile. ♃. Juin-juillet. (*V. D.*)

Fossés et bord des eaux. C. C.

1552. J. effusus (L.). J. a fleurs éparses.

Tiges de 4-9 déc., droites, lisses à l'état vivant, *vertes, se cassant facilement,* munies à la base d'écailles brunes, non luisantes; 3 étamines; *style* très-court, *inséré dans une petite fossette qui termine la capsule; capsule obtuse; fl.* verdâtres, *en panicule* latérale et *diffuse.* ♃. Juin-juillet. (*V. D.*)

Fossés et bord des eaux. C. C.

— Ces deux espèces sont réunies par Meyer sous le nom de *Juncus communis.*

1553. J. glaucus (Ehrh.). J. glauque. (Vulg. *Jonc des jardiniers.*)

Tiges de 4-8 déc., dressées, striées, *glauques, se tordant facilement sans se casser,* munies à la base d'écailles d'un brun-marron luisant; 6 *étamines; capsule oblongue et aiguë; fl.* brunes, en panicule latérale. ♃. Juin-août. (*V. D.*)

Lieux humides, marais, bord des eaux : Villeurbanne; Dessine; Sainte-Croix, près de Montluel. P. C.

1554. J. filiformis (L.). J. filiforme.

Tiges de 1-4 déc., *penchées au sommet, filiformes,* glau-

cescentes, lisses à l'état vivant, entourées de gaines à la base ;
6 *étamines* ; style presque nul ; *capsule arrondie, très-obtuse,*
courtement mucronée ; *fl.* peu nombreuses (5-10), *en cyme
simple* et latérale. ♃. Juin-août.

Prés humides et marais des montagnes : Pilat et la chaîne du Forez, d'après
Boreau.

** *Feuilles toutes radicales, mais distinctes de la tige.*

1555. J. SQUARROSUS (L.). J. RAIDE.

Racine fibreuse ; *tiges de 2-6 déc., solitaires ou peu nombreuses,* droites, raides ; f. glauques, dures, linéaires, canaliculées, venant par touffes radicales ; 6 *étamines à anthères
4 fois plus longues que leurs filets ;* fl. brunâtres, bariolées de
roux et de blanc, accompagnées d'écailles scarieuses, *disposées en panicule* terminale interrompue, *munie à sa base d'une
bractée beaucoup plus courte qu'elle.* ♃. Juin-juillet.

Sources et prés marécageux des montagnes : Saint-Bonnet-le-Froid ; Pilat ;
Pierre-sur-Haute. A. R.

1556. J. CAPITATUS (Weigel). J. A FLEURS EN TÈTE.—J. ericetorum (Poll.).

Racine fibreuse ; *tiges de 3-8 cent., filiformes, venant par
touffes gazonnantes ;* f. molles, finement linéaires, étroitement
canaliculées ; 3 *étamines ;* fl. d'un brun verdâtre, *réunies en
petites têtes globuleuses et serrées, entourées de bractées, dont
une plus développée les dépasse manifestement, ce qui les
fait paraître latérales.* ①. Mai-juillet.

Étangs de Lavore ; sources au bord du Garon, près du moulin de Barail ;
prairies humides à Pont-de-Vaux. R.

*** *Tiges feuillées.*

† *Feuilles paraissant noueuses quand on les fait glisser
entre les doigts.*

1557. J. USTULATUS (Hoppe). J. BRULÉ. — J. fusco-ater (Schreb.).

Racine traçante ; tiges de 3-4 déc., droites, raides, souvent
rougeâtres à la base ; f. fistuleuses, assez distantes, la dernière
dépassant souvent la panicule ; *divisions du périanthe toutes
égales, plus courtes que la capsule, les 3 extérieures munies
au dessous du sommet d'une petite pointe qui disparaît avec
l'âge ; capsules d'un brun noirâtre et luisant,* ovales-oblongues, mucronées ; fl. disposées en petits capitules formant
par leur réunion une panicule terminale et composée. ♃. Juin-
juillet.

Lieux sablonneux, humides ou marécageux à la Tête-d'Or. R.

— D'après Koch et plusieurs autres auteurs, cette espèce ne serait pas différente du J. **alpinus,** qui se modifie lorsqu'il descend des montagnes.

1558. J. LAMPROCARPUS (Ehrh.). J. A FRUITS BRILLANTS —J. sylvaticus (Vill.).
— J. articulatus *b* (L.).

Racine traçante; tiges de 4-6 déc., ascendantes, *compri-mées,* rapprochées; f. très-noueuses, comprimées; *divisions du périanthe toutes égales, mucronulées, plus courtes que la capsule, les 3 extérieures très-aiguës, les intérieures obtuses et scarieuses sur les bords;* capsules ovales-triangulaires, mucronées, d'un brun noir et brillant; fl. disposées en petits capitules formant par leur réunion une panicule terminale et composée. ♃. Juin-juillet.

b. J. *repens* (Req.). Tige rampante, radicante et très-rameuse.

Marais, lieux humides, bord des bois : la Tète-d'Or; Charbonnières; Pilat: Saint-Bonnet-le-Château; lac de Virieu-le-Grand.

c. J. *viviparus*. Plante peu élevée, produisant, au lieu de fleurs, des bractées rougeâtres et très-développées, imbriquées sur 2 rangs opposés. — Marais au Grand-Camp, à Charbonnières, à Pilat, en Bresse.

1559. J. ACUTIFLORUS (Ehrh.). J. A FLEURS AIGUES.—J. sylvaticus (Wild.).

Racine traçante, quelquefois peu longuement; *tiges* de 4-8 déc., dressées, *comprimées ainsi que les feuilles;* f. très-noueuses; *divisions du périanthe toutes très-aiguës, acuminées, les 3 intérieures plus longues que les extérieures* et à pointe recourbée; *capsules amincies en un long bec dépassant le périanthe;* fl. d'un brun pâle ou d'un brun noirâtre, disposées en petits capitules formant par leur réunion une panicule terminale et composée. ♃. Juin-juillet.

Prés marécageux : Charbonnières; Pilat; Pierre-sur-Haute: Sainte-Croix, près de Montluel; le long de la Bourbre, près de Pont-Chéry. A. R.

1560. J. OBTUSIFLORUS (Ehrh.). J. A FLEURS OBTUSES.—J. articulatus (Vill.).

Racine longuement traçante; tiges de 4-8 déc., dressées, *cylindriques ainsi que les feuilles,* munies à la base d'écailles brunes ou verdâtres; *divisions du périanthe toutes obtuses et égales; capsules* ovales, *amincies en un petit bec égalant à peu près le périanthe;* fl. d'un blanc verdâtre ou jaunâtre, disposées en petits capitules formant par leur réunion une panicule terminale et composée. ♃. Juin-juillet.

Marais, prés humides. C.

1561. J. SUPINUS (Mœnch.). J. COUCHÉ.— J. mutabilis (Dubois, Fl. d'Orl.).— J. subverticillatus (Jacq.).

Plante très-variable. *Racine fibreuse, à collet renflé; tiges* grêles, tantôt redressées, tantôt couchées et radicantes, tantôt flottantes; *f. filiformes, étroitement canaliculées en dessus,* faiblement noueuses; *divisions du périanthe toutes égales,* les extérieures aiguës, les intérieures obtuses; *3 étamines à filets aussi longs que les anthères; capsules oblongues, obtuses,* mucronées, *égalant à peu près le périanthe ;* fl. verdâtres ou brunâtres, souvent entremêlées de bractées foliacées, qui les font paraître vivipares, disposées en petits glomérules formant par leur réunion une panicule irrégulière. ♃ Juin-septembre.

b. J. *uliginosus* (Roth.). Tiges couchées et radicantes.

c. J. *fluitans* (D. C.). Tiges flottantes et souvent très-allongées.

Lieux humides, sources, ruisseaux, marécages des bois : Saint-Bonnet-le-Froid ; Yzeron ; Pilat ; Roanne ; Pierre-sur-Haute ; marais de Pont-de-Vaux. où il est commun.

— Le J. *fluitans* devient le J. *uliginosus* quand il est abandonné par l'eau : il est par conséquent plutôt une forme accidentelle qu'une variété.

1562. J. PYGMÆUS (Thuill.). J. NAIN.

Racine fibreuse, non traçante ; tiges de 5-12 cent., venant par touffes gazonnantes, souvent rougeâtres ainsi que les feuilles ; *f. très-finement linéaires, canaliculées,* légèrement noueuses ; *divisions du périanthe linéaires, acuminées, dépassant la capsule, qui est aiguë ; 3 étamines ;* fl. verdâtres ou rougeâtres, *disposées en petits paquets axillaires et terminaux, sessiles et pédonculés,* égalés ou dépassés par les feuilles. ①. Juillet-septembre.

Étangs de Lavore. R.

† † *Feuilles n'étant nullement noueuses sous les doigts.*

1563. J. BUFONIUS (L.). J. DES CRAPAUDS.

Plante d'un vert pâle et glaucescent. *Racine fibreuse, non traçante ;* tiges de 1-3 déc., grêles, rameuses-dichotomes au sommet, venant par touffes gazonnantes ; f. filiformes, canaliculées à la base ; *divisions du périanthe lancéolées, mucronées, plus longues que la capsule ; capsules oblongues et obtuses ;* fl. d'un vert blanchâtre, *solitaires ou géminées,* sessiles ou presque sessiles, *disposées d'un seul côté le long des rameaux,* qui forment une panicule corymbiforme. ①. Juin-juillet. (*V. D.*)

Lieux argileux et humides. C. C.

1564. J. TENAGEIA (L.). J. DES BOUES.

Racine fibreuse, non traçante ; tiges de 1-4 déc., *cylindriques,* très-rameuses ; f. droites, sétacées, canaliculées à la base ; *divisions du périanthe aiguës, mucronées, égalant à peu près la capsule ou la dépassant peu ; capsules arrondies et très-obtuses ;* fl. brunâtres ou verdâtres, solitaires, sessiles ou presque sessiles sur les rameaux, qui forment par leur réunion une *panicule très-rameuse et très-divariquée.* ①. Juin-juillet.

Bord des étangs de Lavore ; chemins des bois à Charbonnières : lieux humides et mouillés en hiver à Frontenas ; Saint-Bonnet-le-Château ; dans la Bresse et dans le Bugey. P. C.

1565. J. COMPRESSUS (Jacq.). J. A TIGE COMPRIMÉE. — J. bulbosus (L. ex Balbis et mult. Auct.).

Racine plus ou moins traçante, souvent renflée au collet, mais non bulbeuse; *tiges de 2-5 déc., comprimées*; f. linéaires, canaliculées; *divisions du périanthe très-obtuses, de moitié plus courtes que la capsule; capsules arrondies, mucronées;* fl. d'un brun mêlé de vert et de blanc, solitaires, pédicellées ou sessiles, *rapprochées en corymbe terminal.* ♃. Juin-août.

Marais et prés humides. C.

91ᵉ FAMILLE. — TYPHACÉES.

Les Typhacées sont toutes des plantes herbacées, croissant dans l'eau ou dans les lieux marécageux. *Leurs feuilles* alternes ou toutes radicales, *ont leurs nervures parallèles,* et leurs *fleurs, monoïques, sont disposées en chatons serrés ou en têtes globuleuses.* Les chatons ou têtes à étamines sont placés au sommet, et les chatons ou têtes fructifères en dessous. Le *périanthe* est *tantôt formé par des écailles, tantôt remplacé par des soies.* Les étamines, ordinairement au nombre de 3, sont libres ou à filets soudés. *L'ovaire, supère, libre* et uniloculaire, devient un fruit sec, mais à épicarpe spongieux, ne renfermant qu'une seule graine, et terminé par le style persistant.

CCCCLXXXIII. TYPHA (L.). MASSETTE.

Fleurs monoïques, *disposées en 2 chatons cylindriques ou elliptiques et superposés,* l'inférieur velouté, d'un roux noirâtre ou d'un roux fauve, persistant jusqu'à l'hiver; *étamines soudées par les filets et entourées d'un grand nombre de soies* dilatées au sommet; *carpelles pédicellés,* surmontés par une houppe de poils qui partent de la base des pédicelles.

1566. T. SHUTTLEWORTHII (Koch et Sonder). M. DE SHUTTLEWORTH.

Tige de 6-12 déc., droite, raide; *f. planes, linéaires, plus longues que la tige fleurie; chatons contigus,* tous deux cylindriques; *stigmate oblique, spatulé-lancéolé,* aigu, *égalant à peu près les soies qui l'entourent;* chaton des carpelles cendré et parsemé de points noirâtres. ♃. Juin-juillet.

Trouvé à Pierre-Bénite en 1842 et à la Mouche en 1847.

1567. T. LATIFOLIA (L.). M. A LARGES FEUILLES. (Vulg. *Jonc des tonneliers.*)

Tige de 1-2 m., robuste, raide, droite; *f. planes,* larges de 2-3 cent., *plus longues que la tige fleurie; chatons contigus* ou à peine espacés, tous deux cylindriques, l'inf. épais de 3 cent. et long de 18 à 20; *stigmate oblique, ovale-*

spatulé, aigu, *dépassant les soies qui l'entourent*; chaton des carpelles d'un roux noirâtre. ♃. Juin-juillet. (*V. D.*)

Étangs, marais, fossés; bords et îles du Rhône. A. C.

1568. T. ANGUSTIFOLIA (L.). M. A FEUILLES ÉTROITES.

Tige de 1-2 m., quelquefois moins, droite, raide; *f. linéaires, un peu concaves en dedans et convexes en dehors*, excepté au sommet où elles sont planes, *dépassant la tige fleurie ou au moins l'égalant; chatons sensiblement écartés l'un de l'autre*, l'inf. moins gros et presque aussi long que dans le T. *latifolia: stigmate allongé, étroitement linéaire, dépassant longuement les soies qui l'entourent*; chaton inf. d'un roux fauve. ♃. Juin-juillet.

Mares et fossés; saulées d'Oullins; îles et bords du Rhône. P. C.

1569. T. LUGDUNENSIS (Chabert). M. DE LYON.

Tige de 1-2 m., droite, raide; *f. linéaires, concaves en dedans, convexes en dehors, dépassant la tige fleurie; chatons contigus*, tous deux cylindriques, l'inf. d'un fauve noirâtre. ♃. Mai-juin.

Îles du Rhône, au dessous de la Pape, où il a été signalé par M. Chabert en 1850. R.

1570. T. MINIMA (Hoppe). M. NAINE.

Tige de 3-4 déc., droite, grêle; *f. linéaires, très-étroites, canaliculées en dedans, convexes en dehors, ne dépassant jamais la tige fleurie, celles du rameau floral réduites à leur gaine; chatons sensiblement écartés l'un de l'autre*, l'inf. court, elliptique ou arrondi. ♃. Mai-juin.

Bords du Rhône : la Tête-d'Or; Vassieux; Lavour, près Belley. A. R.

1571. T. GRACILIS (Jord. non Suhr.). M. EFFILÉE.

Voisin du précédent; en diffère 1° par les *feuilles caulinaires, atteignant ou même dépassant les tiges fleuries*; 2° par les *chatons*, qui sont *contigus* et non écartés l'un de l'autre; 3° par l'époque de la floraison, qui est de 3-4 mois plus tardive. ♃. Juillet-août.

Bords du Rhône, où il a été découvert et signalé par M. Jordan.

CCCCLXXXIV. SPARGANIUM (L.). RUBANIER.

Fleurs monoïques, disposées en têtes arrondies; périanthe composé de 3 écailles; fruits sessiles, non entourés de soies à la base.

1572. S. RAMOSUM (Huds.). R. A TIGE RAMEUSE.

Tige de 4-10 déc., rameuse; f. allongées, fermes, triangulaires à la base, *concaves sur leurs faces latérales; fl.* verdàtres, *disposées en têtes sessiles* sur les rameaux, qui forment au sommet de la tige une *panicule rameuse*. ♃. Juin-août. (*V. D.*)

Fossés, marais, étangs. C. C.

1573. S. SIMPLEX (Huds.). R. A TIGE SIMPLE.

Tige de 3-6 déc., *simple dans toute sa longueur; f.* fermes, dressées, triangulaires à la base, *planes sur les faces latérales; fl.* jaunâtres, *en épi simple*, terminal, *les têtes inf. pédicellées*. ♃. Juin-août.

Bord des étangs et des rivières : Lavore ; Pierre-Bénite ; Janeyriat ; la Bresse. A. R.

1574. S. NATANS (L.). R. FLOTTANT.

Tige de 3-6 déc., *simple*, grêle ; *f. linéaires, planes*, demi-transparentes, *couchées sur terre ou flottantes dans l'eau; fl.* jaunâtres, *en épi simple*, terminal, peu fourni, les têtes à étamines au nombre de 1-2 seulement. ♃. Juin-juillet

Marais à Génas; environs de Belley, au marais de Charignin. R.

92e FAMILLE. — CYPÉRACÉES.

Nous ne conseillons point aux jeunes botanistes de commencer l'étude des fleurs par celles des Cypéracées ; car les difficultés nombreuses qu'ils rencontreraient à chaque instant les décourageraient peut-être pour toujours. Ce n'est que lorsqu'ils seront suffisamment exercés qu'ils pourront explorer avec succès ce labyrinthe de la science et en parcourir tous les détours. Il viendra même un moment où ils se passionneront pour ces herbes d'obscure apparence qu'auparavant ils dédaignaient, où ils graviront avec ardeur des montagnes élevées, où ils se jetteront sans crainte au milieu des prairies les plus marécageuses, pour aller recueillir un *Souchet* nouveau, un *Scirpe* inconnu, un *Carex* qui manquait à leur collection. Alors, et alors seulement, ils pourront se dire à eux-mêmes que le feu sacré est allumé dans leurs cœurs.

Les Cypéracées sont toutes des plantes herbacées, à *tige cylindrique ou triangulaire, dépourvue de nœuds au point d'insertion des feuilles. Celles-ci*, à limbe linéaire, plane ou canaliculé, quelquefois nul, *entourent la tige par une gaine entière*. Les *fleurs, glumacées*, tantôt munies d'étamines et de carpelles, tantôt monoïques ou dioïques, sont toujours disposées en épi. Le *périanthe* est *remplacé par une écaille qui recouvre 3 (rarement 2) étamines et 1 ovaire surmonté par 1 style terminé par 2-3 stigmates*. Cet ovaire devient une *capsule monosperme et indéhiscente*.

Ire Tribu : CYPÉRÉES. — Fleurs renfermant chacune des étamines et un ovaire ; écailles disposées sur 2 rangs opposés.

CCCCLXXXV. Cyperus (L.). Souchet.

Écailles des épillets carénées, nombreuses, *imbriquées sur 2 rangs opposés et bien marqués, toutes égales et fertiles,* ou les 2-3 inférieures seulement plus petites et stériles : ovaire dépourvu de soies et de petites écailles accessoires à sa base ; *épillet des fleurs formant un faux corymbe muni à sa base de bractées foliacées* en forme d'involucre.

* Style terminé par 2 stigmates.

1575. C. Monti (L.). S. de Monti.

Racine rampante ; tiges de 3-8 déc., triangulaires, épaisses, munies à leur base de longues feuilles glauques, linéaires-lancéolées, pliées en carène, presque lisses sur les bords ; involucre formé de 4-6 folioles inégales, très-allongées, dépassant les épillets ; *épillets* alternes, d'un brun ferrugineux, roux ou rougeâtre, très-nombreux, *disposés en corymbe paniculé et très-composé.* ♃. Juillet-août.

Fossés, terrains marécageux : la Tête-d'Or ; la Mouche ; bord du Rhône, en face d'Irigny. P. C.

1576. C. flavescens (L.). S. jaunatre.

Racine fibreuse ; tiges de 5-20 cent., gazonnantes, grêles, triangulaires au moins au sommet, garnies à leur base de f. linéaires, très-étroites, pliées en carène ; involucre formé de 3 folioles inégales, dépassant longuement les épillets ; *épillets* d'abord jaunâtres, à la fin rougeâtres, *ramassés en corymbe serré et comme en tête.* ①. Juillet-août.

Lieux humides, prairies marécageuses. C.

** Style terminé par 3 stigmates.

1577. C. longus (L.). S. allongé. (Vulg. *Souchet odorant.*)

Racine rampante et aromatique ; *tiges* de 5-10 déc., droites, triangulaires, *feuillées,* venant par touffes ; f. très-longues, rudes sur les bords et sur la carène ; involucre formé de 3-6 folioles inégales et très-allongées ; *épillets* linéaires, *à écailles d'un roux ferrugineux ou rougeâtre* ; *fl. disposées en ombelle corymbiforme, formée de 5-10 rayons dressés, allongés, très-inégaux,* portant chacun à son sommet un fascicule d'épillets. ♃. Août-septembre. (*V. D.*)

Ile du Rhône, vis-à-vis Pierre-Bénite ; marais à Yvour et à Pont-Chéry. P. C.

1578. C. FUSCUS (L). S. BRUN.

Racine fibreuse, non traçante; tiges de 1-3 déc., triangulaires; *f.* planes ou à peine carénées, *toutes ou presque toutes radicales;* involucre formé de 3 folioles inégales, dépassant longuement les épillets; *épillets* linéaires, courts, *à écailles d'un brun noirâtre; fl. en corymbe paniculé très-compacte, formé de pédoncules courts, inégaux, les uns dressés, les autres étalés ou même réfléchis,* portant chacun à son sommet un fascicule d'épillets. ①. Juillet-août.

Lieux humides, prairies marécageuses. C.

CCCCLXXXVI. Schoenus (L.). Choin.

Écailles des épillets peu nombreuses (6-9), imbriquées sur 2 rangs, mais d'une manière moins bien marquée que dans le G. *Cyperus, les inférieures toujours plus petites et stériles;* ovaire pourvu à sa base de 1-5 petites soies qui manquent dans quelques espèces; *épillets groupés en tête compacte, munie à sa base de bractées scarieuses.*

1579. S. NIGRICANS (L.). C. NOIRATRE.

Tiges de 3-6 déc., droites, striées, munies à la base de gaînes d'un brun noirâtre et luisant, f. toutes radicales, raides, triangulaires; ovaire dépourvu de soies à sa base ou n'en ayant qu'une; épillets terminaux, ovoïdes, d'un brun noirâtre, accompagnés de deux bractées inégales, dont l'extérieure les dépasse. ♃. Mai-juillet.

Prés tourbeux: Saint-Genis-Laval; Dessine; Sainte-Croix, près Montluel; environs de Belley; Chalamont; Lélex. P. C.

IIᶜ Tribu : SCIRPÉES. — Fleurs renfermant chacune des étamines et un ovaire; écailles imbriquées dans tous les sens.

CCCCLXXXVII. Cladium (Patrik Brown). Cladie.

Écailles des épillets au nombre de 5-6, les 3 inférieures plus petites et stériles; *ovaire dépourvu de soies à la base; style filiforme et caduc.*

1580. C. MARISCUS (Rob. Br.). C. MARISQUE.— Schœnus mariscus (L.).

Racine traçante; tige de 1-2 mètres, robuste, noueuse, feuillée; f. linéaires, canaliculées, munies de dents très-rudes et coupantes sur les bords et sur la carène; épillets roussâtres, ovales, agglomérés, disposés en corymbes rameux, terminaux et axillaires, formant par leur réunion une panicule très-allongée. ♃. Juillet-août.

' Marais à Dessine et à Charvieux; lacs de Nantua et de Bar, etc. P. C.

CCCCLXXXVIII. Rhincospora (Vahl.). Rhincospore.

Écailles des épillets au nombre de 5-7, les 3-4 inférieures plus petites et stériles; *ovaire muni de soies à la base; style à base conique, comprimée, persistante, articulée avec le fruit.*

1581. R. alba (Vahl.). R. blanc.—Schœnus albus (L.).

Racine fibreuse; tige de 1-5 déc., grêle, triangulaire, feuillée; f. linéaires, très-étroites, lisses au toucher; épillets blanchâtres, en petits faisceaux pédonculés, terminaux et axillaires. ♃. Juillet-août.

Prés marécageux des hautes montagnes : le Mont-Pilat; Colliard; le Jura. R.

CCCCLXXXIX. Scirpus (L.). Scirpe.

Écailles des épillets toutes ou presque toutes fertiles (1-2 seulement stériles à la base), *les inférieures plus grandes que les supérieures;* fruit tantôt muni, tantôt dépourvu de soies à la base.

* 1 seul épi terminal.

† *Fruit entouré à la base de soies courtes et persistantes.*

1582. S. palustris (L.). S. des marais.—Heleocharis palustris (Rob. Br.).

Racine horizontale, longuement rampante et stolonifère; tiges de 1-6 déc., cylindriques, un peu comprimées, munies à la base d'une gaîne tronquée; épillet oblong-lancéolé, à écailles aiguës, brunes sur les bords, rayées de vert au centre; 2 *stigmates; fruit jaunâtre, obovale, comprimé, à bords obtus.* ♃. Mai-septembre.

b. S. *uniglumis* (Link). Épillet plus petit, à écailles plutôt obtuses qu'aiguës, l'inférieure scarieuse et entourant presque entièrement sa base.

Marais et prairies tourbeuses. — Le type commun, la var. b plus rare.

— Les individus à tiges naines (5-15 cent.) ne diffèrent point par d'autres caractères de ceux à stature plus élevée.

1583. S. multicaulis (Smith). S. multicaule. — Heleocharis multicaulis (Dietr.).

Racine oblique, courte, peu ou point traçante; tiges de 1-4 déc., cylindriques, grêles, en touffes garnies, munies inférieurement d'une gaîne rougeâtre à la base et obliquement tronquée au sommet; épillet ovale-oblong, à écailles obtuses, scarieuses sur les bords, *l'inf. embrassant presque entièrement sa base;* 3 *stigmates; fruit noirâtre, triangulaire, à bords aigus.* ♃. Juin-août.

Marais et prairies tourbeuses : Vaux-en-Velin; Dessine, etc. P. C

— La base de l'épillet présente souvent 1-2 fleurs vivipares.

1584. S. ovatus (Roth). S. à épillet ovale.—Heleocharis ovata (Rob. Br.)

Racine fibreuse, non traçante; tiges de 5-15 cent., cylindriques, grêles, venant par touffes, munies inférieurement d'une gaîne roussâtre, tronquée au sommet; épillet roux, ovoïde, à écailles obtuses, petites, étroitement imbriquées, *les 2-3 inf. n'embrassant chacune qu'une partie de sa base;* 2 *stigmates; fruit jaunâtre, lisse, obovale-comprimé, à bords aigus, couronné par la base du style, qui est triangulaire, renflée et persistante.* ①. Juin-août.

Bord des étangs à Montribloud et à Saint-André-de-Corcy. R.

1585. S. bæothryon (L.). S. des tourbières.

Racine filiforme, horizontale, traçante; tiges de 8-20 cent., cylindriques, très-grêles, venant par touffes, *munies à la base d'une gaine brusquement tronquée au sommet;* épillet ovale ou oblong, à écailles d'un brun noirâtre, *les 2 inf. plus grandes et entourant sa base;* 3 *stigmates; fruit d'un blanc grisâtre, triangulaire, lisse et mucroné.* ♃ Juin-août.

Bord des fossés à la Tête-d'Or et à Vaux-en-Velin; lieux marécageux du Jura. R.

— Les jeunes pousses sont toujours centrales et non latérales.

1686. S. cæspitosus (L.). S. gazonnant.

Racine fibreuse, non traçante, surmontée de gaînes membraneuses; *tiges de 1-4 déc., cylindriques, grêles, venant par touffes gazonnantes, munies à la base d'une gaine verte, terminée par une petite pointe foliacée;* épillet ovale, à écailles roussâtres, *l'inf. très-grande, embrassant l'épillet et terminée par une pointe calleuse;* 3 *stigmates; fruit brunâtre, triangulaire, lisse, mucroné, entouré à sa base de soies plus longues que lui.* ♃. Juin-août.

Iles du Rhône au dessous de la Pape; saulées d'Oullins. R. R.

†† *Fruit nu à la base ou à soies caduques.*

1587. S. acicularis (L.). S. épingle.—Heleocharis acicularis (Rob. Br.).

Racine traçante, à fibres capillaires; tiges de 5-10 cent., quadrangulaires, filiformes, molles, venant par touffes gazonnantes; épillet ovale ou oblong, à écailles brunâtres sur les bords et d'un vert blanchâtre au milieu; 3 stigmates; fruit oblong et sillonné. ①. Juin-août.

Lieux tourbeux, pâturages humides : la Tête-d'Or; la Pape; Vaux-en-Velin; Pierre-Bénite; Jancyriat; Château-Gaillard; lac de Nantua, etc. C.

22

** *Épi terminal formé de plusieurs épillets rapprochés sur deux rangs opposés.*

1588. S. COMPRESSUS (Pers.). S. A ÉPI COMPRIMÉ. — S. caricis (Retz).— Schœnus compressus (L.).

Racine traçante ; tige de 1-3 déc., feuillée à la base, triangulaire au sommet ; f. raides, linéaires, un peu canaliculées ; épillets d'un brun ferrugineux, rapprochés sur deux rangs en un épi unique et terminal, l'inf. muni à sa base d'une bractée foliacée, plus longue ou plus courte que l'épi ; 2 stigmates ; ovaire entouré de soies garnies de petits aiguillons recourbés. ⚥. Juin-août.

Sables du Rhône au dessous de Vassieux et à Vaux-en-Velin ; et dans l'Ain, prés humides à Hauteville, etc.

** *Épis terminaux, en ombelle, panicule ou capitule.*

1589. S. MARITIMUS (L.). S. MARITIME.

Racine traçante, munie de distance en distance de tubercules arrondis ; tiges de 4-9 déc., *feuillées,* triangulaires ; f. linéaires, planes, très-longues ; involucre formé de 2-4 folioles linéaires, planes, inégales, très-allongées ; *écailles d'un roux ferrugineux, terminées par 3 dents, celle du milieu plus longue que les deux latérales ;* épis oblongs, épais, tous sessiles, ou les uns sessiles, les autres pédonculés, *disposés en ombelle simple et compacte.* ⚥. Juin-septembre.

Mares vis-à-vis de Pierre-Bénite ; étangs en Bresse ; Rochefort (Ain). R.

1590. S. SYLVATICUS (L.). S. DES BOIS.

Racine traçante ; tiges de 4-10 déc., *feuillées,* triangulaires ; f. planes, larges, rudes sur les bords ; involucre formé de feuilles planes, inégales et allongées ; *écailles verdâtres, obtuses, mucronulées ;* épillets ovales, *très-nombreux, disposés en panicule très-rameuse et très-décomposée.* ⚥. Mai-août. (*V. D.*)

Prés et bois humides : Écully ; Tassin ; Yvour ; Mornant ; bords de l'Albarine, etc. A. C.

1591. S. MICHELIANUS (L.). S. DE MICHELI.

Racine fibreuse, non traçante ; tiges de 5-15 cent., venant par touffes, *munies seulement à la base de 1-2 feuilles planes et étroites ;* involucre formé de 4-7 folioles très-inégales, les 3 extérieures très-allongées ; *écailles d'un vert blanchâtre ou roussâtre, lancéolées, finissant en une pointe étalée ;* épillets nombreux, *serrés en un capitule ovale-arrondi, lobé,* terminal, *sessile au milieu de l'involucre.* ①. Juillet-septembre.

Le long de la Saône, au dessous de Collonges ; marais à Pierre-Bénite. R.

**** *Plusieurs épis latéraux.*

† *Tige cylindrique ou comprimée.*

1592. S. setaceus (L.). S. sétacé.

Racine fibreuse, non traçante ; *tiges* de 5-8 cent., *filiformes*, gazonnantes, munies à la base d'une gaîne prolongée en pointe foliacée, sétacée et canaliculée ; écailles d'un vert blanchâtre ou brunâtre ; 2-3 *épillets placés presque au sommet de la tige* ; 3 stigmates ; *fruit à sillons longitudinaux.* ④. Juin-septembre.

Bord des sources, prés humides : Bonnand ; Francheville ; Saint-Julien-Molin-Molette ; Pierre-sur-Haute ; étangs de Bresse. P. C.

1593. S. supinus (L.). S. couché.

Racine fibreuse, non traçante ; tiges de 5-15 cent., couchées ou ascendantes, munies à la base d'une gaîne prolongée en courte pointe foliacée ; écailles d'un vert blanchâtre ou roussâtre ; 3-8 *épillets ovales, sessiles, réunis en paquet vers le milieu de la tige* ; 3 stigmates ; *fruit triangulaire, à sillons transversaux.* ④. Juillet-septembre.

Bord des étangs : Lavore, au dessous de Chassagny ; et dans l'Ain, Montribloud et Romanèche. R.

1594. S. holoschænus (L.). S. jonc.

Tiges de 5-10 déc., *fermes, dures,* munies à la base de gaînes larges, se prolongeant en une longue feuille linéaire, demi-cylindrique, canaliculée ; écailles d'un roux brunâtre ou grisâtre ; *épillets formant des capitules globuleux,* assez gros, *ordinairement pédonculés,* au moins quelques uns, placés près du sommet de la tige, qui est piquant et acuminé ; 3 stigmates ; fruit glabre et lisse. ♃. Juin-juillet.

a. var. *vulgaris.* Tige élevée ; capitules presque tous pédonculés et souvent ramifiés.

b. S. *Romanus* (L.). Tige plus basse ; ordinairement 1 seul capitule sessile, gros comme une noisette, quelquefois accompagné de 1-2 autres pédicellés et plus petits.

Bord des marais : Craponne ; Yvour ; Vaux-en-Velin ; Dessine ; les Balmes-Viennoises. P. C.

1595. S. lacustris (L.). S. des étangs. (Vulg. *Jonc des chaisiers.*)

Tiges de 1-2 mètres, *molles, spongieuses,* munies à la base de gaînes dont la sup. se prolonge en pointe foliacée ; *écailles lisses,* d'un roux ferrugineux ; *épillets ovales,* agglomérés en petits paquets, les uns sessiles, les autres à *pédoncules très-inégaux et souvent ramifiés,* placés très-près du sommet de la tige, qui est piquant et acuminé ; étamines à *anthères velues* : 3 *stigmates* ; fruit grisâtre, lisse, entouré de soies bordées de petits aiguillons recourbés. ♃. Mai-juillet. (V. D.)

Bord des étangs, des marais, des rivières, des fossés. C.

1596. S. Tabernæmontani (Gmel.). S. de Tabernamontanus.

Diffère du précédent, dont il n'est peut-être qu'une variété, 1° par sa *tige* plus *grêle*, plus courte, plus glauque, munie à la base de gaînes se prolongeant rarement en pointe foliacée ; 2° par les *écailles des épillets ponctuées et un peu rudes* ; 3° par les *épillets presque tous sessiles ou à pédoncules courts et ordinairement simples* ; 4° par ses étamines à *anthères glabres* ; 5° par l'ovaire, qui n'a que 2 *stigmates*. ♃. Juin-juillet.

Marais au Grand-Camp. R.

†† *Tige triangulaire.*

1597. S. triqueter (L.). S. triangulaire.

Racine traçante ; tiges de 4-8 déc., triangulaires, *à faces latérales planes, à angles non ailés*, munies vers la base d'une seule pointe foliacée ; *écailles rousses, échancrées au sommet, avec une petite pointe au milieu de l'échancrure ; fruit lisse ; épillets* ovales, *les uns sessiles, les autres pédonculés*, placés près du sommet, qui se termine en pointe piquante et creusée en gouttière. ♃. Juillet-septembre.

Bord des marais : les Brotteaux ; Vaux-en-Velin ; la Mouche ; Pierre-Bénite, etc. A. C.

1598. S. Rothii (Hoppe). S. de Roth. — S. pungens (Vahl.). — S. tenuifolius (D. C.).

Racine traçante ; tiges de 3-8 déc., triangulaires, *à faces planes et à angles aigus, mais non ailés*, munies vers la base de 1-3 gaînes prolongées en pointe foliacée ; *écailles rousses, échancrées au sommet, avec une petite pointe dans l'échancrure ; fruit lisse ; épillets* ovales, *tous sessiles*, agglomérés à 4-5 cent. du sommet, qui se termine en pointe piquante et creusée en gouttière. ♃. Juillet-septembre.

Mares au Grand-Camp ; les Rivières, au dessous de la Mouche. R.

1599. S. mucronatus (L.). S. mucroné.

Racine fibreuse, non traçante ; tiges de 4-8 déc., triangulaires, *à faces creusées et à angles ailés*, munies à la base de gaînes obtuses, non prolongées en pointe foliacée ; *écailles vertes et roussâtres, ovales-aiguës, mucronées ; fruit* triangulaire, *ridé en travers ; épillets* ovales, *tous sessiles*, agglomérés assez loin du sommet, qui se termine en pointe piquante, d'abord dressée, à la fin étalée ou même réfléchie. ♃. Juillet-septembre.

Marais à Sathonay, Montribloud, Pont-Chéry ; bords du Rhône, vers la chaussée de Culloz (Ain). R.

CCCCXC. Eriophorum (L.). Linaigrette.

Épillets à écailles presque égales, imbriquées dans tous les sens; *fruits munis à la base de poils soyeux, qui s'allongent beaucoup après la floraison et donnent aux épillets l'apparence de houppes de laine blanche.*

* Épillet solitaire au sommet de chaque tige.

1600. E. alpinum (L.). L. des Alpes.

Racine traçante; tiges de 1-2 déc., très-grêles, glauques, triangulaires, *rudes au toucher;* épillet ovale, petit, à écailles roussâtres, à *soies nombreuses, crépues et flexueuses.* ♃. Mai-juin.

Lieux tourbeux et marécageux des hautes montagnes du Bugey : Cormaranche; le Vély, près de Hauteville; Colliard; Retord. R.

1601. E. vaginatum (L.). L. a larges gaines.

Racine fibreuse, non traçante; tiges de 2-6 déc., triangulaires au sommet, *lisses au toucher,* garnies jusqu'au milieu de gaînes renflées; f. toutes radicales, linéaires, triangulaires, un peu rudes sur les bords, au moins dans leur jeunesse; épillet ovale, assez gros, à écailles noirâtres, *à soies nombreuses, droites, non flexueuses.* ♃. Mai-juin.

Prés marécageux des hautes montagnes : Ruthianges; Pierre-sur-Haute; Retord; Colliard. R.

** Plusieurs épillets au sommet de chaque tige.

1602. E. latifolium (Hoppe). L. a larges feuilles. — E. polystachium *b* (L.).

Racine fibreuse, non rampante; tiges de 4-8 déc., à peine triangulaires; f. *planes,* courtes, triangulaires et plus étroites au sommet, rudes sur les bords, à gaînes tachées de noir vers la naissance de la feuille; *pédoncules glabres, rudes au rebours;* écailles noirâtres; épis nombreux, pendants à la maturité. ♃. Avril-mai. (*V. D.*)

Prairies humides et marécageuses : Yvour; Dessine; Liergues; Pilat; Sainte-Croix, près de Montluel; le Vély, au dessus de Hauteville, etc. P. R.

1603. E. angustifolium (Roth). L. a feuilles étroites. — E. polystachium *a* (L.).

Racine rampante et stolonifère; tiges de 4-8 déc., à angles très-peu sensibles, presque nuls; f. *linéaires, canaliculées,* triangulaires au sommet; *pédoncules lisses et glabres;* écailles noirâtres; épis nombreux, pendants à la maturité. ♃. Avril-mai.

Prairies marécageuses : Longes, près de Rive-de-Gier; Sainte-Croix, près de Montluel; Pont-de-Vaux; Château-Gaillard; Colliard; Hauteville.

b. E. *Vaillantii* (Poit. et Turp.). Épis rapprochés, sessiles ou à très-courts pédoncules. — Prés humides à Saint-Bonnet-le-Froid.

1604. E. GRACILE (Koch). L. GRÊLE. — E. triquetrum (Hoppe).

Tiges de 3-6 déc., très-grêles, à angles très-peu marqués ; *f. linéaires*, courtes, *triangulaires, canaliculées d'un côté ; pédoncules courts, simples, rudes et tomenteux ;* écailles d'un vert mêlé de rougeâtre ; épis petits, peu nombreux, dressés ou presque dressés. ♃. Mai-juin.

Prairies marécageuses : Yvour ; Dessine. R.

1605. E. INTERMEDIUM (Bast.). L. INTERMÉDIAIRE.

Plante intermédiaire entre les deux précédentes, mais plus voisine de l'E. *gracile.* Tiges de 1-3 déc., presque cylindriques ; *f. linéaires, pliées en gouttière à la base, triangulaires au sommet ; pédoncules lisses ;* écailles *oblongues-linéaires, prolongées en pointe obtuse ;* épis pendants à la maturité. ♃. Avril-mai.

Prairies humides à Chenelette, dans le Haut-Beaujolais. R.

IIIᵉ Tribu : CARICINÉES. — Fleurs monoïques, rarement dioïques.

CCCCXCI. CAREX (L.). CAREX.

Fleurs monoïques, rarement dioïques, placées chacune à l'aisselle d'une écaille et réunies en épis ; 2-3 étamines ; ovaire enveloppé d'une membrane appelée *urcéole*, percée et souvent bidentée au sommet, s'accroissant et se détachant avec le fruit, qui a la forme d'une capsule ovoïde, comprimée et triangulaire. Plantes venant par touffes.

* *Épi solitaire au sommet de la tige.* — Psyllophores (Lois.).

† *Fleurs dioïques.*

1606. C. DIOICA (L.). C. DIOÏQUE.

Racine traçante et stolonifère ; tiges de 1-2 déc., filiformes, *lisses ainsi que les feuilles ;* capsules ovoïdes, atténuées en bec, finement striées, d'abord dressées, puis étalées. ♃. Avril-juin.

Prés tourbeux entre Dessine et Meyzieu ; marais de Hauteville. R.

1607. C. DAVALLIANA (Smith). C. DE DAVAL.

Racine fibreuse, non traçante ; tiges de 1-3 déc., filiformes, *légèrement rudes au rebours ainsi que les feuilles ;* capsules oblongues-lancéolées, étalées et même réfléchies à la maturité. ♃. Avril-juin.

Prés marécageux : Dessine ; Saint-Genis-Laval ; Coillard ; Hauteville, etc. P. C.

b. C. *Sieberiana* (Opitz). — Épis portant la plupart des étamines au sommet et des capsules à la base. — Mont-Carrat (Isère).

†† *Fleurs monoïques.*

1608. C. PULICARIS (L.). C. PUCIER.

Racine fibreuse, non traçante; tiges de 1-3 déc., très-grêles ; f. filiformes, un peu rudes au sommet; *épis offrant plusieurs fleurs à étamines au sommet et plusieurs fleurs carpellées à la base;* écailles caduques ; 2 *stigmates;* capsules oblongues, atténuées aux deux extrémités, écartées les unes des autres, réfléchies à la maturité. ♃. Mai-juin.

Prés et sables humides : Bonnand ; Yzeron ; la Pape, vers le pont de la Ca- dette; Saint-Bonnet-le-Froid ; Pilat ; la Bresse. P. C.

1609. C. PAUCIFLORA (Lightf.). C. PAUCIFLORE. — C. leucoglochin (L.).

Racine rampante ; tiges de 6-15 cent., très-grêles; f. li- néaires, canaliculées, lisses; *épi très-court, offrant 1 seule fleur à étamines au sommet et 2-3 fleurs carpellées à la base ;* écailles d'un roux pâle, vertes sur le dos, caduques; 3 *stig- mates;* capsules lancéolées, en alène, réfléchies à la maturité. ♃. Juin-juillet.

Marais du Jura. R.

** *Tiges portant chacune plusieurs épillets, dont chacun offre tout à la fois des étamines et des carpelles. — Scirpoïdes (Monti).*

† *Épillets ayant les étamines au sommet et les carpelles à la base.*

1610. C. FOETIDA (All.). C. FÉTIDE.

Racine noire, dure, *traçante,* couverte d'écailles ; tiges de 8-12 cent., un peu rudes sur les angles; f. planes ou un peu pliées en carène, très-rudes sur le dos et sur les bords ; écailles d'un brun noirâtre, très aiguës; 2 stigmates très-allongés; *capsules dressées,* ovales, atténuées en un bec acuminé, bi- fide et un peu rude; *épillets réunis en un seul capitule ovale- arrondi,* de telle sorte qu'ils paraissent ne former qu'un seul épi. ♃. Juillet-août.

Le Colombier et les autres sommets du Jura (M. Auger).

— Le C. *divisa* (Huds.) a été trouvé au Plan de Vaise ; les travaux récents doivent l'avoir détruit.

1611. C. VULPINA (L.). C. DES RENARDS.

Racine fibreuse, non traçante; tiges de 4-8 déc., robustes, triangulaires, *à angles très-rudes et à faces canaliculées;* f. lancéolées, très-rudes; écailles roussâtres, à nervure verte, ovales-aiguës; 2 stigmates; *capsules étalées-divariquées,* planes d'un côté, convexes de l'autre, *marquées de 5-7 nervures très-prononcées,* ovales, atténuées en un bec acuminé, bifide, rude sur les bords; *épillets disposés en un épi oblong,* continu ou interrompu, les inf. souvent composés d'autres épillets secondaires qui les rendent comme lobés. ♃. Mai-juin.

b. C. *nemorosa* (Wild.). Épi muni à la base d'une bractée filiforme, qui souvent le dépasse.

Fossés, lieux marécageux et couverts, bois humides. A. C.

1612. C. MURICATA (L.). C. RUDE.

Racine fibreuse, non traçante; tiges de 2-5 déc., triangulaires, à faces planes, *à angles lisses à la base, un peu rudes seulement au sommet;* f. étroites, linéaires, lisses ou à peine rudes; écailles d'un roux pâle, ovales, mucronées; 2 stigmates; *capsules rudes, sans nervures ou à nervures peu prononcées, les inf. étalées-divariquées presque horizontalement,* toutes ovales-lancéolées, planes d'un côté, convexes de l'autre, et atténuées en un bec acuminé; *épillets disposés en un épi* terminal, *oblong, continu* ou un peu interrompu à la base. ♃. Mai-juin.

b. C. *virens* (Lamk.). Écailles plus pâles; épillets disposés en un épi plus interrompu, l'inf. muni d'une bractée filiforme et très-allongée.

Prés, bois, pelouses, bord des chemins. C.

1613. C. DIVULSA (Good.). C. ÉCARTÉ.

Se rapproche du précédent, dont plusieurs auteurs n'en font qu'une variété; en diffère 1° par sa *tige* plus grêle, plus *faible et inclinée;* 2° par les écailles toujours d'un vert blanchâtre, avec une raie verte au milieu; 3° par les *capsules,* qui sont *dressées-étalées;* 4° par les *épillets,* qui sont tous *écartés les uns des autres,* à l'exception des sup., et forment ainsi un *épi très-allongé.* ♃. Mai-juin.

Pelouses sèches, bois : Roche-Cardon; Vassieux; Yvour; Parves, près Belley, etc. A. C.

1614. C. TERETIUSCULA (Good.). C. A TIGE ARRONDIE.

Racine rampante, mais courte et oblique; tiges de 3-7 déc., grêles, striées, *arrondies à la base,* obscurément triangulaires et un peu rudes seulement au sommet; f. linéaires, allongées, rudes au rebours; écailles roussâtres, scarieuses sur les bords; *capsules lisses, non striées, planes d'un côté, convexes de l'autre; épillets réunis en un épi oblong et assez serré.* ♃. Mai-juin.

Prés marécageux : Dessine; Sainte-Croix, près Montluel. P. C.

1615. C. PARADOXA (Wild.). C. PARADOXAL.

Racine fibreuse, nullement traçante; tiges de 3-8 déc., triangulaires et rudes au sommet, revêtues à la base de fibres noirâtres, qui sont les débris des anciennes feuilles; f. linéaires, canaliculées, rudes au rebours; écailles brunes, blanchâtres sur les bords ; *capsules à stries prononcées, convexes des deux côtés ; épillets réunis en une panicule ramifiée.* ♃. Mai-juin.

Prairies tourbeuses : Yvour ; Sainte-Croix, près Montluel ; marais de Saint-Romain, entre Pont-Chéry et Crémieux. R.

1616. C. PANICULATA (L.). C. PANICULÉ.

Racine fibreuse, compacte, nullement traçante ; tiges de 4-8 déc., triangulaires, *à faces planes, très-rudes sur les angles ;* f. allongées, planes ou pliées en carène, très-rudes au rebours ; écailles rousses, largement blanchâtres sur les bords ; *capsules lisses, non striées, planes d'un côté, convexes de l'autre ; épillets disposés en longue panicule ramifiée.* ♃. Mai-juin.

Prairies tourbeuses : étang du Loup ; Dessine ; Sainte-Croix, près Montluel ; environs de Nantua, de Belley et de Bourg. A. R.

† † *Épillets ayant les carpelles au sommet et les étamines à la base.*

1617. C. SCHREBERI (Schrank). C. DE SCHREBER.

Racine rampante, émettant des stolons très-allongés ; tiges de 1-3 déc., grêles ; f. presque toutes radicales, linéaires, très-étroites ; *écailles rousses, aussi longues que les fruits ; capsules dressées, à bords ciliés,* atténuées en un bec acuminé et bifide ; 3-6 *épillets ovales-oblongs,* alternes, *droits,* serrés en épi terminal. ♃. Avril-juin.

Lieux secs et sablonneux : Saint-Alban, près Lyon ; Chaponost ; Dardilly ; et dans l'Ain, le Mont ; bords du lac de Nantua ; Thoissey et Saint-Didier, sur les bords de la Saône ; le Jura. P. C.

1618. C. BRIZOIDES (L.). C. FAUSSE BRIZE.

Racine rampante, émettant des stolons très-allongés ; tiges de 3-6 déc., très-grêles, rudes au rebours dans leur partie sup.; f. presque toutes radicales, rudes, linéaires, très-longues ; *écailles blanchâtres, plus courtes que les fruits ; capsules dressées, à bords ciliés,* atténuées en un bec acuminé et bifide ; 5-10 *épillets oblongs-lancéolés, arqués, rapprochés sur deux rangs en épi terminal.* ♃. Mai-juin. (V. D.)

Marais, bois, fossés : Saint-André-de-Corcy ; environs de Bourg. R.

1619. C. LEPORINA (L.). C. DES LIÈVRES.—C. ovalis (Good.).

Racine fibreuse, non rampante ; tiges de 3-6 déc., à 3 angles peu marqués et à peine rudes au sommet ; f. linéaires, planes, molles, un peu rudes au rebours ; écailles rousses, blanchâtres sur les bords ; *capsules dressées, striées,* atténuées en un bec acuminé, *entourées d'un rebord membraneux et denticulé ;* 5-7 *épillets ovales, assez gros,* alternes, *rapprochés en épi terminal.* ♃. Mai-juin.

Marais, prés humides : Écully ; Oullins ; Villeurbanne ; Pilat, etc. A. C.

22.

1620. C. STELLULATA (Good.). C. A FRUITS ÉTOILÉS.

Racine fibreuse, non traçante, très-tenace et très-dure; tiges de 1-5 déc., grêles, à 3 angles peu marqués, lisses ou un peu rudes au sommet; f. linéaires, canaliculées; écailles rousses, blanchâtres sur les bords; *capsules étalées, disposées en étoile;* 3-6 *épillets ovales-arrondis, pauciflores, alternes, un peu espacés,* sessiles. ♃. Mai-juillet.

Prés humides et marécageux : Bonnand; bords du Garon, au dessus de Thurins; Pilat; montagnes du Beaujolais; environs de Bourg et de Belley; le Mont-Jura. P. C.

1621. C. CANESCENS (L.). C. BLANCHÂTRE.—C. curta (Good.).

Racine fibreuse, à stolons nuls ou très-courts; tiges de 2-5 déc., grêles, lisses; f. linéaires, canaliculées; écailles blanchâtres ou d'un roux très-pâle; *capsules blanchâtres, dressées, finement striées, à bec court et entier;* 4-7 *épillets ovales,* alternes, *dressés, un peu espacés,* sessiles. ♃. Mai-juin.

Prés marécageux, bois humides : le Mont-Pilat, au pré Lager; Lélex. R.

1622. C. ELONGATA (L.). C. ALLONGÉ.

Racine fibreuse, non traçante, très-touffue; *tiges* de 3-6 déc., grêles, *très-rudes au rebours;* f. linéaires, planes, allongées; écailles rousses, membraneuses sur les bords, beaucoup plus courtes que les fruits; *capsules étalées, lancéolées, striées, atténuées en un bec entier;* 6-12 *épillets oblongs-cylindracés,* sessiles, alternes, *d'abord dressés, puis à la fin divariqués.* ♃. Mai-juin.

Lieux marécageux en Bresse (M. Auger).

1623. C. REMOTA (L.). C. A ÉPILLETS ESPACÉS.

Racine fibreuse, non traçante; tiges de 3-6 déc., très-grêles, *très-faibles,* à 3 angles peu marqués et légèrement rudes au sommet; f. linéaires, molles, très-longues; écailles d'un vert blanchâtre, plus courtes que les fruits; capsules ovales, dressées, atténuées en un bec bidenté; 6-8 épillets, *les inf. très-espacés et placés à l'aisselle de bractées foliacées plus longues que la tige.* ♃. Mai-juin.

Haies, bois, prés humides : Écully; Tassin; Charbonnières; dans l'Ain, Saint-Rambert, au pont de la Douaye, etc. A. C.

*** *Épi unique, composé d'épillets, dont quelques uns au moins n'ont que des étamines ou des carpelles.*

1624. C. DISTICHA (Huds.). C. DISTIQUE.—C intermedia (Huds.).—C. arenaria (Leers.).

Racine horizontale, longuement traçante; tiges de 3-6 déc., rudes sur les angles au moins au sommet; f. planes, rudes sur les bords; écailles roussâtres, aiguës, plus courtes que les fruits; *capsules* ovales, marquées de 9-11 nervures, *entourées d'un rebord étroit et finement denticulé ;* épillets nombreux, ordinairement disposés sur 2 rangs opposés, rapprochés ou un peu espacés à la base, *les sup. et les inf. n'ayant que des capsules,* les intermédiaires n'offrant que des étamines. ♃. Avril-juin.

Bord des marais et des fossés : les Brotteaux ; Yvour ; Dessine ; environs de Bourg, etc. A. C.

— Les épillets supérieurs sont quelquefois à étamines, et, parmi les intermédiaires, quelques uns ont parfois des étamines au sommet et des capsules à la base.

1625. C. ARENARIA (Wild.). C. DES SABLES. (Vulg. *Salsepareille d'Allemagne.*)

Diffère du précédent 1° par la disposition des épillets : *les sup. sont à étamines, les inf. n'ont que des capsules, les intermédiaires portent des étamines au sommet et des capsules à la base ;* 2° par les *capsules'munies de deux larges ailes membraneuses vers l'extrémité.* ♃ Mai-juillet.

Prairies marécageuses entre Anse et les Chères. (M. Chabert). R. R.

**** *Plusieurs épis distincts sur la même tige, les uns à étamines, les autres à carpelles, les premiers toujours placés au sommet.* — *Cypéroïdes* (*Mich.*).

† *2 stigmates.*

1626. C. CÆSPITOSA (Good. non L.). — C. Goodnovii (Gay). — C. vulgaris (Fries.).

Racine gazonnante, *un peu rampante,* à fibres entrelacées ; tiges de 1-4 déc., grêles, à 3 angles aigus, rudes au sommet ; f. linéaires, *aussi longues que la tige, à gaines ne se déchirant pas en réseau;* écailles noirâtres avec une nervure verte ou blanchâtre sur le dos; *capsules* elliptiques, obtuses, *striées, imbriquées sur 6 rangs,* dépassant les écailles, ce qui fait paraître l'épi bigarré de vert et de noir; 1 *seul épi à étamines, rarement* 2; 2-4 *épis fructifères, oblongs-cylindriques, fermes, rapprochés,* dressés, *sessiles,* l'inf. rarement écarté et pédonculé, muni à la base de bractées foliacées. ♃. Mai-juin.

Prés marécageux : le Garon ; Saint-Bonnet-le-Froid ; le Mont-Pilat ; et dans l'Ain, au-dessus de Hauteville.

1627. C. STRICTA (Good.). C. RAIDE.—C. cæspitosa (L. ex Coss. et Germ.).

Racine fibreuse, non rampante, formant des touffes très-compactes et très-volumineuses; tiges de 5-10 déc., triangulaires, à angles rudes; f. glaucescentes, linéaires, rudes au rebours, *moins longues que la tige, à gaines se déchirant en réseau;* écailles noirâtres avec une nervure verte ou blanchâtre sur le dos; *capsules* elliptiques, *striées, imbriquées sur 8 rangs,* dépassant les écailles, ce qui fait paraître l'épi bigarré de noir et de vert; 1-2 *épis à étamines;* 2-4 *épis fruc-*

tifères, longuement oblongs-cylindriques, *un peu espacés*, dressés, sessiles, ou les inf. pédonculés, portant souvent des étamines au sommet, munis à la base d'une bractée foliacée. ♃. Mai-juin.

Marais, fossés, prés marécageux. C. C. C.

1628. C. ACUTA (L.). C. A FRUITS AIGUS.—C. gracilis (Curt.).

Racine rampante et stolonifère; tiges de 5-10 déc., triangulaires, à angles aigus et rudes au sommet; f. glaucescentes, linéaires, planes, allongées, rudes au rebours, *à gaines ne se déchirant pas en réseau*; écailles rousses dans les épis à étamines, noirâtres avec une nervure verte dans les épis fructifères; capsules elliptiques, comprimées, aiguës aux deux extrémités, égalant à peu près les écailles; *2-3 épis à étamines; 3-4 épis fructifères*, longuement oblongs-cylindriques, *penchés pendant la floraison*, redressés à la maturité, portant quelquefois des étamines au sommet, *les inf. munis à la base de bractées foliacées qui les dépassent*. ♃. Avril-mai.

Prés marécageux, bord des fossés et des rivières. C.

†† 3 *stigmates.*

A. *Capsules glabres ou ciliées seulement sur les angles.*

a. *1 seul épi à étamines.*

1629. C. LIMOSA (L.). C. DES FANGES.

Racine laineuse, rampante et stolonifère; tiges de 1-3 déc. très-grêles, à 3 angles aigus et un peu rudes au sommet; f linéaires, *pliées en carène*, rudes au rebours; écailles d'un roux ferrugineux, courtement aristées; *capsules d'un glauque bleuâtre, ovales-arrondies, comprimées, obtuses, striées*; 1-2 épis fructifères ovales, inclinés ou penchés, portés sur des pédoncules filiformes et allongés, munis à la base de *bractées linéaires et à peine engaînantes*. ♃. Mai-juin.

Marais tourbeux du Jura. R.

1630. C. PALLESCENS (L.). C. PALE.

Racine fibreuse, non traçante; tiges de 1-4 déc., grêles, à 3 angles rudes au sommet; f. d'un vert pâle, linéaires, *planes, pubescentes surtout sur les gaines*; écailles d'un roux pâle, acuminées; *capsules d'un vert pâle, luisantes, ovoïdes, obtuses*; 2-3 épis fructifères ovales, serrés, souvent penchés à la maturité, portés sur des pédoncules filiformes et peu allongés, munis à la base de *bractées foliacées et engaînantes*. ♃. Mai-juin.

Bois et prés humides : Saint-Didier-au-Mont-d'Or; Charbonnières; Oullins; Yvour; Saint-Alban, près Lyon; environs de Saint-Rambert (Ain). P. R.

1631. C. FLAVA (L.). C. A FRUITS JAUNES.

Racine fibreuse, un peu rampante ; tiges de 1-5 déc., lisses ou presque lisses ; *f.* d'un vert pâle, planes, *entièrement glabres* ; écailles d'un roux pâle, lancéolées ; *capsules ovales, striées, terminées par un bec allongé et recourbé,* jaunâtres à la maturité ; 2-3 épis fructifères (quelquefois 5-6) ovales-arrondis, les sup. rapprochés et sessiles, l'inf. souvent pédonculé, accompagnés de *bractées foliacées et courtement engaînantes,* d'abord dressées, *à la fin étalées à angle droit ou même réfléchies.* ♃. Mai-juillet.

Bord des marais, prés humides. C.

1632. C. ŒDERI (Ehrh.). C. D'ŒDER.

Diffère du précédent 1° par sa *racine toujours entièrement gazonnante, nullement traçante* ; 2° par sa tige ordinairement plus basse, atteignant rarement plus de 5-20 cent. ; 3° par les épis fructifères plus agglomérés ; 4° par les *capsules terminées par un bec droit.* Les *bractées* sont, du reste, comme dans le C. *flava, engaînantes à la base et étalées ou réfléchies à la maturité.* ♃. Mai-juillet.

b. C. *serotina* (Mérat). Tige et feuilles ordinairement très-allongées. Floraison tardive, en août-septembre.

Marais desséchés, bord des étangs. A. C.

1633. C. HORNSCHUCHIANA (Hoppe). C. DE HORNSCHUCH. — C. fulva (D. C. non Good.).

Racine courtement stolonifère; tiges de 3-5 déc., *lisses ou à peine rudes au sommet; f.* pubescentes, linéaires, planes, rudes au rebours, *beaucoup plus courtes que les tiges* ; écailles *de l'épi à étamines aiguës* et d'un roux pâle, marquées sur le dos de 1 nervure verdâtre ; *capsules ascendantes,* ovales, striées, convexes des deux côtés, *atténuées en un bec droit* ; 2-3 épis fructifères ovales-oblongs, dressés, *l'inf. pédonculé et très-écarté des autres; bractées longuement engaînantes, l'inf. à pointe foliacée, étroite, atteignant ou dépassant l'épi à étamines.* ♃. Mai-juin.

Prés marécageux à Dessine. R.

1634. C. FULVA (Good.). C. FAUVE.—C. xanthocarpa (Degl. in Lois.).

Racine gazonnante, non stolonifère; tiges de 2-4 déc., grêles, *rudes au rebours* dans le haut; *f. d'un vert gai,* linéaires, presque planes, rudes au sommet, *égalant presque les tiges* ; écailles *de l'épi à étamines ovales, obtuses,* d'un roux ferrugineux, marquées sur le dos de 3 nervures verdâtres ; *capsules étalées,* ovales-elliptiques, striées, convexes des deux côtés, *atténuées en un bec droit, acuminé et bifide,* souvent vides et stériles, ce qui les fait paraître jaunes ; 2-3 épis fructifères

ovales-oblongs, *l'inf. pédonculé et très-écarté des autres; bractées longuement engainantes, l'inf. à pointe foliacée, dépassant 2 fois son épi.* ♃. Mai-juin.

Prés marécageux : Mont-Carrat; marais de Saint-Romain, près de Crémieux. R. R.

b var. *intermedia.* Épi des étamines à écailles un peu obtuses, d'un roux
pâle ; épis fructifères espacés, presque sessiles.— Dessine.

1635. C. DISTANS (L.). C. A ÉPIS ÉCARTÉS.

Racine gazonnante, nullement stolonifère; tiges de 3-6 déc.,
lisses, dressées, un peu flexueuses; *f.* planes, fermes, légèrement rudes au rebours, mais seulement au sommet, *beaucoup
plus courtes que la tige* quand celle-ci est complètement développée ; *écailles* d'un roux châtain, marquées sur le dos
d'une ligne verte, *obtuses ou tronquées, mais à nervure médiane prolongée en une pointe finement denticulée; capsules
dressées,* ovales, *relevées de fortes nervures, terminées par un
bec droit et bifide;* 3-4 épis fructifères ovales-oblongs, dressés,
à la fin très-écartés, l'inf. à pédoncule saillant ; *bractées longuement engainantes, les inf. à pointe foliacée et dépassant
leurs épis.* ♃. Mai-juin.

Prés humides. A. C.

1636. C. PILOSA (Scop.). C. POILU.

Racine rampante et stolonifère; tiges de 1-3 déc., *très-
lisses, un peu poilues sur les angles; f.* presque toutes radicales, largement linéaires, planes, nervées, *poilues-ciliées sur
les bords;* écailles obtuses, mucronulées, d'un brun noir dans
l'épi à étamines ; *capsules obovales-globuleuses, très-glabres,*
striées, *terminées par un bec membraneux et obliquement
tronqué;* 2-3 épis fructifères très-grêles, peu fournis, espacés,
à *pédoncules poilus, tous saillants; bractées à gaine allongée et à pointe foliacée égalant tout au plus son épi.* ♃. Avril-
mai.

Bois et pelouses aux environs de Belley: Parves ; Pierre-Châtel; Saint-Germain-les-Paroisses ; Glandieu, etc.

1637. C. SEMPERVIRENS (Vill.). C. TOUJOURS VERT.— C. ferruginea (Schkuhr.).

Racine gazonnante, non stolonifère, très-tenace; tiges de
1-5 déc., très-grêles, lisses, feuillées seulement à la base ; *f.*
étroitement linéaires, *celles des tiges fleuries beaucoup plus
courtes que celles des tiges stériles,* celles-ci demeurant vertes
pendant l'hiver, jusqu'à ce que, vers la fin de mai, l'accroisse-
ment des nouvelles les fasse dessécher; *écailles d'un brun noirâtre, à la fin ferrugineux,* marquées sur le dos d'une ligne
d'abord verte, à la fin roussâtre, *les inf. munies d'une arête,
les sup. obtuses et mutiques; capsules oblongues-lancéolées,*

comprimées-triangulaires, ciliées sur les angles, *un peu héris-sées sur les faces près du sommet, à bec* membraneux *droit*, allongé, terminé par 2 lobes très-courts; 2-3 épis fructifères dressés, espacés, à pédoncules grêles, allongés, *les inf. saillants; bractées longuement engainantes, à pointe foliacée plus courte que l'épi qu'elle accompagne.* ♃. Juin-juillet.

Pâturages des hautes montagnes calcaires : la Grande-Chartreuse; le Jura ; les Monts-Dain; le Colombier, près Belley.

1638. C. Scopolii (Gaud.). C. DE SCOPOLI.—C. ferruginea (Scop.).

Racine grêle, articulée, presque traçante ; tiges de 2-4 déc., très-grêles, penchées et un peu rudes au sommet; f. linéaires, dressées, allongées ; *écailles d'un brun ferrugineux*, marquées sur le dos d'une ligne d'abord verte, à la fin roussâtre, *les inf. aristées, les sup. mucronées; capsules* oblongues-ellipti-ques, triangulaires, ciliées sur les angles, *entièrement glabres sur les faces, à bec* membraneux, *droit*, terminé par 2 petites dents souvent frangées en crête ; 2-3 *épis fructifères à la fin pendants, à pédoncules* grêles, allongés, *tous saillants; brac-tées longuement engainantes, à pointe foliacée plus courte que l'épi qu'elle accompagne.* ♃. Juin-juillet.

Pâturages des pentes du Reculet.

1639. C. TENUIS (Host.). C. GRÊLE.—C. brachystachys (Schrank).

Espèce remarquable par la finesse et l'élégance de toutes ses parties. *Racine gazonnante*, quelquefois courtement stolo-nifère, très-serrée; tiges de 1-3 déc., filiformes, lisses, un peu flexueuses; *f. enroulées-filiformes*, dressées ; *écailles ob-tuses et mucronées*, rousses dans l'épi à étamines, d'un brun ferrugineux dans les épis fructifères; *capsules oblongues-lan-céolées*, triangulaires, *entièrement glabres, terminées par un bec droit*, bidenté, dépassant longuement les écailles ; 2-3 *épis fructifères* très-grêles, *à la fin pendants*, espacés, *à pédon-cules capillaires, tous saillants; bractées engainantes, à pointe filiforme.* ♃. Juin-juillet.

Contre les rochers humides, dans le vallon d'Adran, près du Reculet ; entre Malbroude et les Neyrolles ; la Grande-Chartreuse. R.

1640. C. DEPAUPERATA (Good.). C. APPAUVRI.—C. triflora (Wild.).—C. moni-lifera (Thuill.).

Racine gazonnante, oblique ; tiges de 3-5 déc., grêles, lisses ; f. planes, molles, rudes au rebours, plus courtes que la tige ; *écailles* verdâtres au milieu, largement scarieuses-blanchâtres sur les bords, ovales-oblongues, mucronées, *de moitié plus courtes que les fruits; capsules* ovoïdes, renflées, *marquées de nervures fines et nombreuses, terminées par un bec droit*, linéaire, allongé, bidenté; 2-5 *épis fructifères* espacés, com-

posés chacun de 2-5 fleurs, portés sur des pédoncules rudes et saillants ; *bractées engaînantes, à pointe foliacée beaucoup plus longue que l'épi qu'elle accompagne.* ♃. Avril-juin.

Bois entre Fontaines et la plaine de Royes. R. R.

1641. C. BREVICOLLIS (D. C.). C. A BEC COURT.

Racine gazonnante, obliquement allongée, à fibres striées ; tiges de 2-3 déc., grêles, lisses, souvent flexueuses ; f. planes, un peu rudes au rebours, d'abord plus courtes que les tiges, à la fin plus longues ; *écailles rousses, luisantes, concaves, obtuses, mais à nervure médiane se prolongeant en pointe ; capsules très-caduques, globuleuses,* à 3 angles peu marqués, parsemées de petits poils épars, visibles seulement à la loupe, *terminées par un bec très-court, obliquement tronqué,* plus ou moins bifide au sommet ; 1-3 épis fructifères ovoïdes, assez épais, espacés, à pédoncules légèrement rudes sur les angles ; *bractées longuement engaînantes, à pointe foliacée beaucoup plus courte que l'épi qu'elle accompagne.* ♃. Fin d'avril.

Montagne de Parves, au dessus de Corron, près Belley. — Localité unique en France.

1642. C. NITIDA (Host.). C. A FRUITS LUSTRÉS. — C. verna (Schkuhr.). — C. alpestris (Lamk.).

Racine rampante et stolonifère ; tiges de 1-3 déc., grêles, souvent flexueuses, un peu rudes au sommet ; f. linéaires, planes, légèrement rudes, recourbées ; écailles brunâtres, scarieuses-blanchâtres sur les bords ; *capsules luisantes, ovales-globuleuses,* striées, *terminées par un bec court,* bidenté, *membraneux-blanchâtre à la pointe ;* 2-3 épis fructifères ovoïdes, les sup. presque sessiles, l'inf. à pédoncule saillant ; *bractées courtement engaînantes, les sup. entièrement ou presque entièrement scarieuses.* ♃. Avril-mai.

Pâturages secs et sablonneux : la Mouche ; Saint-Genis-Laval ; la Pape ; Vaux-en-Velin ; le Mont-Cindre ; Saint-Bonnet-le-Château ; le Jura. A. R.

— L'épi inf. est quelquefois porté par un pédoncule qui part de la racine et égale environ la moitié de la tige.

1643. C. ALBA (Scop.). C. BLANC. — C. argentea (Gmel.).

Racine rampante et stolonifère ; tiges de 2-3 déc., très-grêles, lisses ; f. glauques, filiformes, en touffes bien fournies ; *écailles obtuses, scarieuses-argentées ; capsules ovales-globuleuses,* striées, *terminées par un bec court, obliquement tronqué ;* 2-3 *épis fructifères* grêles, *à 4-5 fleurs,* à pédoncule filiforme et saillant ; *bractées* engaînantes, *entièrement scarieuses-argentées,* excepté sur le dos, où elles sont marquées d'une ligne verte. ♃. Avril-juin.

Rochers au dessus du château de la Pape ; le Mont-d'Anoizin, près Crémieux ;

bord du Rhône, entre Jonc et Villette-d'Anthon ; Saint-Germain-les-Paroisses, près Belley ; au pied du Colombier, au dessus de Culloz ; Nantua, sur le Mont Lélex. R.

1644. C. PANICEA (L.). C. PANIC.

Racine rampante et stolonifère; tiges de 2-4 déc., grêles, lisses, à angles obtus; f. planes ou un peu carénées, glaucescentes, légèrement rudes au rebours; écailles rousses ou d'un brun ferrugineux, ovales, obtuses ou un peu aiguës; *capsules* ovales, *terminées par un bec* court, *entier et tronqué à son extrémité;* 2-3 épis fructifères un peu penchés et à fruits lâchement imbriqués à la maturité, l'inf. à pédoncule saillant, le sup. à pédoncule à peu près inclus; *bractées engaînantes et foliacées.* ♃. Avril-mai.

Prés et bois humides : Oullins; Francheville; Charbonnières; Saint-Alban, près Lyon; Sathonay; environs de Bourg. P. C.

1645. C. SYLVATICA (Huds.). C. DES BOIS. — C. drymeia (Ehrh.). — C. patula (Scop. et Balbis, Fl. lyonn.).

Racine oblique, gazonnante, à fibres allongées; tiges de 3-6 déc., grêles, élancées, un peu rudes entre les épis, lisses dans le reste de leur étendue; f. planes, largement linéaires, légèrement rudes au rebours; écailles des épis fructifères ovales-acuminées, largement scarieuses-blanchâtres sur les bords, marquées d'une ligne verte sur le dos; *capsules ellip-tiques-triangulaires, très-lisses, terminées par un bec* allongé, *glabre, manifestement bifide au sommet;* 3-5 *épis fructifères* grêles, espacés, *longuement pédonculés, pendants à la maturité; bractées foliacées et longuement engaînantes.* ♃. Mai-juin.

Bois : Roche-Cardon; Charbonnières; Dardilly; et dans l'Ain, auprès de Revoix, sous la fontaine du Vorage. A. C.

1646. C. STRIGOSA (Huds.). C. A ÉPIS GRÊLES.—C. leptostachys (Ehrh.).

Racine rampante et stolonifère, garnie de fibres allongées; tiges de 3-6 déc., grêles, élancées, lisses; f. planes, largement linéaires, allongées, rudes au rebours; écailles des épis fructifères lancéolées, largement scarieuses-blanchâtres sur les bords, marquées d'une ligne verte sur le dos; *capsules oblongues-lancéolées,* triangulaires, *relevées de nervures saillantes, terminées par un bec obliquement tronqué au sommet;* 3-6 *épis fructifères très-grêles,* laxiflores, *longuement pédonculés, pendants à la maturité; bractées foliacées et lon-guement engaînantes.* ♃. Mai-juin.

Bois à Dardilly. R.

1647. C. MAXIMA (Scop.). C. GÉANT. — C. pendula (Good.).

Racine fibreuse, à fibres dures et serrées; tiges s'élevant à 1-2 m., un peu rudes entre les épis, lisses dans le reste de leur étendue ; f. largement lancéolées-linéaires, glaucescentes surtout en dessous, rudes au rebours sur les bords et sur la côte médiane ; écailles des épis fructifères ovales-acuminées, membraneuses et d'un brun jaunâtre sur les bords, marquées sur le dos d'une nervure verte ; *capsules* ovoïdes-triangulaires, *relevées de petites nervures saillantes, terminées par un bec très-court et obliquement tronqué au sommet ; 4-6 épis fructifères espacés, très-allongés* (atteignant plus de 1 déc.), *pendants à la maturité,* portés sur des pédoncules grêles, d'autant plus longs qu'ils sont plus rapprochés du bas de la tige ; *bractées foliacées et longuement engaînantes.* ♃. Mai-juillet.

Bords du ruisseau à Roche-Cardon ; Soleize, sous Feyzin ; vallon entre Sainte-Colombe et Ampuis ; bois humides à la Grande-Chartreuse. R.

— Les épis fructifères portent quelquefois des étamines au sommet.

1648. C. PSEUDO-CYPERUS (L.). C. FAUX SOUCHET.

Racine gazonnante, à fibres dures et tenaces ; *tiges* de 4-9 déc., assez grosses, *à angles très-aigus et très-rudes ;* f. planes, largement linéaires, rudes au rebours ; *écailles linéaires, en alène,* roussâtres dans l'épi à étamines, d'un vert blanchâtre dans les épis fructifères ; *capsules lancéolées, sillonnées, étalées,* serrées, *atténuées en un long bec partagé au sommet en deux pointes divergentes ; 3-6 épis fructifères* cylindriques, rapprochés, pédonculés, *étalés ou pendants à la maturité ; bractées foliacées plus longues que la tige, l'inf. à gaîne courte, la sup. à gaîne nulle.* ♃. Mai-juillet.

Fossés à la Tête-d'Or, Vaux-en-Velin, Dessine ; marais des Avesnières ; lac de Virieu-le-Grand ; étangs aux environs de Bourg. P. C.

b. 2 ou plusieurs épis à étamines.

1649. C. AMPULLACEA (Good.). C. A CAPSULES AMPOULÉES.

Racine traçante ; tiges de 4-6 déc., *à angles lisses et obtus ;* f. étroites, canaliculées, très-longues, rudes au rebours ; 2-3 épis à étamines, à écailles obtuses, rousses ou brunâtres, scarieuses sur les bords ; *capsules jaunâtres, très-étalées, ovoïdes-globuleuses, renflées,* nervées sur le dos, terminées par un bec comprimé et bifide, dépassant leurs écailles lancéolées ; 2-3 épis fructifères cylindriques, obtus, courtement pédonculés ; bractées foliacées, non engaînantes. ♃. Mai-juin.

Prairies humides et marécageuses. A. C.

1650. C. VESICARIA (L.). C. A CAPSULES VÉSICULEUSES.

Racine articulée, obliquement rampante ; tiges de 4-6 déc., *à angles rudes et aigus ;* f. planes, lancéolées-linéaires, rudes sur les bords au rebours; 2-3 épis à étamines, à écailles d'un roux pâle, quelquefois fructifères au sommet; *capsules jaunâtres, obliquement étalées-ascendantes, ovales-coniques, renflées, à côtes saillantes,* terminées par un bec court, comprimé et bifide; 2-4 épis fructifères oblongs ou ovales, à court pédoncule; bractées foliacées, non engaînantes. ♃. Mai-juin. (*V. D.*)

Marais, fossés. P. C.

1651. C. RIPARIA (Curt.). C. DES RIVES.

Racine rampante et très-tenace; *tiges* de 5-12 déc., *à angles rudes et aigus*; f. glaucescentes, planes, élargies, rudes et coupantes sur les bords, l'inf. à gaîne se déchirant en réseau; 3-5 *épis à étamines, à écailles* d'un brun noirâtre ou violacé et *toutes munies d'une arête*; *capsules ovales-coniques, convexes et renflées des deux côtés,* marquées de fines nervures, terminées par un bec court et bidenté; 2-4 épis fructifères cylindriques, dressés, l'inf. courtement pédonculé, les autres sessiles; bractées foliacées, non engaînantes. ♃. Mai-juin.

Marais et fossés. C. C.

1652. C. PALUDOSA (Good.). C. DES MARAIS.

Racine rampante et très-tenace; *tiges* de 4-10 déc., *à angles rudes et aigus*; f. glaucescentes, planes, élargies, rudes et coupantes sur les bords, l'inf. à gaîne se déchirant en réseau; 3-4 épis à étamines, à écailles d'un brun noirâtre ou violacé, *les inf. obtuses*; *capsules* ovales ou ovales-oblongues, *un peu comprimées,* striées, terminées par un bec court, ordinairement bidenté, quelquefois tronqué; 2-4 *épis fructifères* cylindracés, *dressés,* sessiles ou courtement pédonculés, à *écailles* d'un brun obscur, *terminées par une pointe courte*; bractées foliacées, non engaînantes. ♃. Mai-juin.

Lieux marécageux, bord des rivières et des étangs. A. C.

b. var: *composita.* Epis fructifères rameux à la base. — Dessine. R.

1653. C. KOCHIANA (D. C.). C. DE KOCH. — C. spadicea (Roth). — C. paludosa *b* (Koch).

Ressemble au précédent, dont beaucoup d'auteurs n'en font qu'une variété; en diffère 1° par les épis à étamines, le plus souvent au nombre de 2, et à écailles plus aiguës, surtout celles du sommet; 2° par les *écailles des épis fructifères terminées par une longue arête,* dépassant de beaucoup *les capsules*; 3° par les capsules atténuées en un bec plus allongé; 4° par les épis fructifères plus grêles, plus longs, *les inf. pédonculés et penchés à la maturité.* ♃. Mai-juin.

Roche-Cardon; Gorge-de-Loup; marais de Peyron, vers Collonges, dans le pays de Gex. R.

1654. C. NUTANS (Host.). C. PENCHÉ.

Racine rampante; tiges de 3-5 déc., grêles, faibles, *un peu penchées au sommet, lisses ou légèrement rudes, mais seulement dans le haut;* f. linéaires, canaliculées; *écailles* d'un brun noirâtre, *toutes acuminées;* 2-3 épis à étamines; capsules ovales-coniques, convexes des deux côtés, striées, terminées par un bec bidenté; 2-3 épis fructifères ovales ou oblongs, dressés, le sup. sessile, les inf. pédonculés; bractées foliacées, *les inf. engainantes, les sup. embrassantes* et dépassant souvent la tige. ♃. Mai-juin.

Lieux couverts et humides : Perrache; le Grand-Camp; Dessine; la Mulatière; Pierre-Bénite; Quincieu; Anse. A. R.

B. *Capsules entièrement velues ou pubescentes.*

a. 1 *seul épi à étamines.*

1655. C. PRÆCOX (Jacq.). C. PRÉCOCE.

Racine rampante et stolonifère; tiges grêles, faibles, d'abord très-courtes, puis s'élevant à 1-3 déc.; *f.* linéaires, planes ou un peu carénées, *plus courtes que la tige développée;* épi des étamines en massue, à écailles rousses, dépassées par les étamines; *capsules obovales, pubescentes, à bec très-court;* 2-3 épis fructifères serrés, les sup. sessiles ou presque sessiles, l'inf. souvent pédonculé; *bractée inf. à pointe foliacée et à tube engainant.* ♃. Mars-mai. (V. D.)

Pelouses sèches. C. C. C.

b. var. *rhizostachya.* Un épi fructifère porté par un pédoncule radical. — Le Garon.

1656. C. LONGIFOLIA (Host.). C. A FEUILLES ALLONGÉES. — C. polyrrhiza (Wallr.).

Racine fibreuse, gazonnante, non stolonifère; tiges de 3-6 déc., très-grêles, très-faibles; *f.* linéaires, planes ou un peu carénées, molles, *égalant ou dépassant les tiges;* épi des étamines en massue, à écailles rousses; *capsules obovales, pubescentes, terminées par un bec très-court;* 1-3 épis fructifères serrés, les sup. sessiles ou presque sessiles, l'inf. souvent un peu pédonculé; *bractées inf. à pointe foliacée et à tube engainant.* ♃. Avril-juin.

Bois couverts : Écully; Tassin, etc. P. C.

1657. C. TOMENTOSA (L.). C. A FRUITS TOMENTEUX.

Racine rampante, stolonifère et articulée; tiges de 1-4 déc., grêles, droites; f. linéaires, raides, dressées, plus courtes que la tige, à gaînes inf. rougeâtres; épi des étamines en massue, à écailles aiguës, rousses, marquées sur le dos d'une nervure qui se prolonge jusqu'au sommet; *capsules* globuleuses, *tomenteuses-blanchâtres*, terminées par un bec très-court ; 1-2 épis fructifères cylindriques, sessiles ou à très-court pédoncule ; *bractée inf. foliacée, très-courtement engainante, dépassant l'épi, souvent à la fin étalée horizontalement.* ♃. Avril-juin.

Bois et prairies humides : Bonnand ; Yvour ; Dessine ; le Mont-Pilat ; et dans l'Ain, Belley ; Peyrieux ; Saint-Rambert, au bois de Rhinge ; Thoissey et Saint-Didier, sur les bords de la Saône. P. C.

1658. C. MONTANA (L.). C. DE MONTAGNE.

Racine gazonnante, non traçante ; tiges de 1-3 déc., très-grêles, lisses ou à peine rudes au sommet ; f. nombreuses, planes, striées, molles, les inf. à gaînes rougeâtres ; *écailles noirâtres,* obtuses ou tronquées, mucronées dans les épis fructifères ; *capsules pubescentes-hérissées,* obovales-triangulaires, terminées par un bec court et échancré ; 1-3 épis fructifères ovoïdes, sessiles, très-rapprochés ; *bractées non engainantes, entièrement scarieuses, aristées.* ♃. Mai-juin.

Bois et pelouses sèches : la Pape ; la chaîne du Mont-d'Or ; toutes les montagnes aux environs de Belley ; le Mont, près de Nantua ; le Mont-Dain. P. R.

1659. C. PILULIFERA (L.). C. A PILULES.

Racine fibreuse, non traçante ; tiges de 1-3 déc., grêles, faibles, penchées sous le poids des fruits à la maturité ; f. presque toutes radicales, planes, un peu rudes au rebours ; écailles mucronées, d'un brun roussâtre, avec une nervure verte au milieu et une bordure scarieuse-blanchâtre ; *capsules pubescentes, globuleuses,* terminées par un bec très-court ; 2-4 épis fructifères ovales-arrondis, sessiles, très-rapprochés ; *bractées non engainantes, l'inf. entièrement foliacée.* ♃. Avril-mai.

Bois humides : Charbonnières ; Dardilly ; Saint-Denis-de-Bron ; Saint-Germain-de-Joux ; marais de Confort. P. R.

1660. C. GYNOBASIS (Vill.). C. A ÉPI RADICAL. — C. alpestris (All.).

Racine gazonnante, à fibres allongées ; tiges de 1-4 déc., grêles, faibles, un peu rudes au sommet ; f. linéaires, carénées, toutes radicales ; écailles ovales-oblongues, aiguës, vertes sur le dos, blanches sur le bord, roussâtres sur la plus grande partie de leur surface ; *capsules finement pubescentes,* surtout au sommet, obovales, un peu triangulaires, élargies en forme de poire, terminées par un bec court et obliquement tronqué ; épis fructifères tous ovales, pauciflores, mais disposés de deux manières : 1-3 sessiles ou presque sessiles et rapprochés au sommet de la tige, et 1-3 *autres portés sur de longs pédoncules filiformes partant de la racine et très-inclinés à la maturité; bractées inf. foliacées et engainantes.* ♃. Mai-juin.

Bois taillis, lieux secs et montueux : Écully; la chaîne du Mont-d'Or; Sathonay; montagnes du Bugey. A. R.

1661. C. HUMILIS (Leysser). C. NAIN.

Racine fibreuse, dure, tortueuse, non traçante; tiges de 5-10 cent., très-grêles; *f.* linéaires, canaliculées, 3-4 *fois plus longues que les tiges* quand elles sont complètement développées; écailles lancéolées, rousses sur le dos, largement scarieuses-argentées sur les bords; *capsules finement pubescentes,* obovales-triangulaires, à bec très-court et tronqué; 2-3 *épis fructifères espacés, ne contenant chacun que 2-4 fleurs,* tous pédonculés, *à pédoncule renfermé dans une bractée engainante et entièrement membraneuse.* ♃. Avril-mai.

Lieux secs et sablonneux : vallon d'Oullins, près des aqueducs; la Pape, près du pont de la Cadette; Meximieux, aux Peupliers. A. R.

1662. C. DIGITATA (L.). C. A ÉPIS DIGITÉS.

Racine à fibres noirâtres, non traçante; tiges de 1-3 déc., grêles, entourées à la base de gaines rougeâtres terminées par une courte pointe foliacée; f. planes, un peu canaliculées, toutes radicales, légèrement rudes au rebours; écailles d'un brun ferrugineux et luisant, plus foncé dans l'épi à étamines, scarieuses-blanchâtres sur les bords; *capsules pubescentes,* obovales-triangulaires, à bec court et obtus, *égalant leurs écailles;* 3-4 *épis fructifères* linéaires, *un peu écartés, digités, à pédoncule saillant; bractées engainantes et entièrement membraneuses.* ♃. Avril-mai.

Bois couverts : Oullins; Tassin; Roche-Cardon; le Mont-Cindre; le Revermont et les montagnes du Bugey. A. C.

1663. C. ORNITHOPODA (Wild.). C. PIED-D'OISEAU. — C. pedata (Lamk.).

Racine à fibres noirâtres, non traçante; tiges de 5-10 cent., très-grêles, souvent flexueuses, entourées à la base de gaines rougeâtres terminées par une courte pointe foliacée; f. planes, un peu canaliculées, toutes radicales, légèrement rudes au rebours; écailles d'un brun ferrugineux et luisant, plus foncé dans l'épi à étamines, scarieuses-blanchâtres sur les bords; *capsules pubescentes,* obovales-triangulaires, à bec très-court, *dépassant leurs écailles;* 3-4 *épis fructifères* linéaires, *rapprochés, digités, à pédoncules renfermés dans les gaines des bractées; bractées engainantes et entièrement membraneuses.* ♃. Avril-mai.

Prés au dessous de la Pape; bois au Mont-Cindre; pâturages au Vernay; bords du Rhône à Anthon; rochers du Jura, au dessus de Thoiry et à Lélex. R.

b. 2 ou plusieurs épis à étamines.

1664. C. GLAUCA (Scop.). C. GLAUQUE. (Vulg. *Langue-de-pie.*)

Plante d'aspect variable. *Racine rampante et stolonifère;* tiges de 1-5 déc., lisses, à 3 angles obscurs; *f. glauques et glabres,* fermes, planes ou un peu carénées, rudes au rebours; écailles rougeâtres, scarieuses sur les bords, vertes sur la nervure du milieu; 2 épis à étamines, rarement 1 ou 3; *capsules* rougeâtres, obovales-elliptiques, *sans nervures, finement tomenteuses,* surtout sur les angles, souvent presque glabres, *terminées par un bec très-court et tronqué;* 2-3 *épis fructifères longuement pédonculés, à la fin penchés,* les inf. portant souvent des étamines au sommet; bractées foliacées, *les inf. courtement engaînantes.* ⚄. Avril-juin.

Bois humides, haies, pâturages. C. C.

1665. C. FILIFORMIS (L.). C. FILIFORME.

Racine obliquement rampante; tiges de 4-9 déc., grêles, élancées, un peu rudes au sommet; *f. glauques et glabres,* linéaires, *à peine plus larges que la tige, canaliculées,* fermes et dressées; écailles lancéolées-aristées, brunes, scarieuses-roussâtres sur les bords, marquées d'une nervure médiane d'abord verte, à la fin blanchâtre; 1-2 épis à étamines; *capsules fortement velues-hérissées,* ovales-oblongues, *terminées par un bec bifurqué;* 2-3 *épis fructifères* oblongs, *dressés, sessiles ou à peine pédonculés; bractées* foliacées, *non engaînantes, ou l'inf. l'étant courtement.* ⚄. Mai-juin..

Marais : Dessine; les Écheyts; la Boucherette, près Génas. R.

1666. C. HIRTA (L.). C. HÉRISSÉ.

Racine dure, longuement traçante; tiges de 2-5 déc., striées, lisses; *f.* linéaires, planes, un peu canaliculées, *poilues, surtout en dessous et sur les gaines;* écailles grisâtres, oblongues, aristées; 2-3 épis à étamines; *capsules velues-hérissées,* ovales-coniques, *terminées par un long bec à deux pointes;* 2-3 épis fructifères oblongs-cylindriques, dressés, l'inf. pédonculé; bractées foliacées, *l'inf. longuement engaînante.* ⚄. Mai-juin.

b. C. hirtæformis (Pers.). F. et gaines glabres ou presque glabres.

Prés et sables humides. C. — La variété *b* très-commune autour des étangs de Lavore.

93e FAMILLE. — GRAMINÉES.

De toutes les familles végétales, la plus importante pour l'homme et les troupeaux est, sans contredit, la famille des Graminées. Nous lui devons toutes les céréales qui dorent ou blanchissent nos guérets, tout le gazon qui tapisse ou verdit nos prairies. Si, dans la chaîne des plantes vasculaires, les Graminées ne forment qu'un des derniers anneaux, ce n'est donc que par leur organisation moins brillante, ce semble, et moins compliquée, mais, en cela, plus ressemblante image de cette bonté providentielle qui tous les jours nous nourrit en nous dérobant sa magnificence et son éclat.

Les Graminées offrent des caractères si tranchés que toutes leurs parties peuvent servir à les faire reconnaître. Leur *tige*, nommée *chaume*, toujours herbacée, *est marquée d'espace en espace de nœuds* d'où partent les feuilles. *Celles-ci*, à nervures parallèles, *embrassent le chaume par une gaine fendue dans le sens de sa longueur*, au sommet de laquelle on aperçoit ordinairement un appendice membraneux appelé *languette*. Leurs *fleurs*, *glumacées*, sont remarquables par leur structure, et d'une étude moins difficile qu'il ne paraît au premier abord. *Ordinairement elles sont composées de 2 enveloppes herbacées, composées chacune de 2 valves ou écailles* : les 2 valves extérieures sont nommées *glumes*, et les 2 intérieures *glumelles*. Une ou deux de ces valves manquent quelquefois. Aux glumes et aux glumelles il faut ajouter dans quelques genres 1 ou 2 autres petites écailles plus intérieures encore, auxquelles on a donné le nom de *glumellules*. Les glumes contiennent 1, 2 ou plusieurs fleurs, c'est-à-dire 1, 2 ou plusieurs paires de glumelles renfermant chacune des étamines et un carpelle ; chacun de ces petits systèmes se nomme un *épillet*. Les *étamines*, *au nombre de* 3 (rarement 1 ou 2), ont des filets capillaires et libres ; leurs *anthères*, *bilobées*, sont *attachées au filet par le dos*. L'ovaire, libre, est terminé par 2 styles (très-rarement 1 ou 3) portant 2 stigmates (très-rarement 1 ou 3) filiformes, plumeux ou en pinceau. Cet ovaire devient un *caryopse*, c'est-à-dire, un *fruit sec*, *monosperme et indéhiscent*, renfermant un petit *embryon placé à la base extérieure d'un périsperme farineux très-abondant*.

Pour nous guider dans le labyrinthe de cette immense famille, nous suivrons la classification que MM. Cosson et Germain ont adoptée dans leur savante *Flore des environs de Paris*.

Iʳᵉ **Tribu : PANICÉES.** — **Glumes uniflores; épillets comprimés par le dos, disposés en épis digités ou en panicule rameuse ou spiciforme; styles allongés; stigmates sortant au dessous du sommet des glumelles.**

Iʳᵉ Sous-Tribu : ANDROPOGONÉES. — *Glume inférieure plus grande que la supérieure.*

CCCCXCII. Andropogon (L.). Barbon.

Épillets géminés sur les dents de l'axe, l'un sessile et fertile, l'autre pédicellé et stérile; glume inférieure à dos plan, la supérieure à dos caréné; glumelles inégales, l'inférieure aristée.

1667. A. ischæmum (L.). B. pied-de-poule. — A. augustifolius (Smith).

Chaumes de 3-8 déc., grêles, à nœuds violacés; f. linéaires, poilues surtout à la naissance des gaînes; *glumes munies à la base de poils blancs et soyeux; fl. disposées en 5-10 épis linéaires, digités,* blancs ou violacés. ♃. Juillet-octobre. (V. D.)

Pelouses sèches. C. C.

1668. A. gryllus (L.). B. grillon.

Chaumes de 6-10 déc., assez fermes, à nœuds jaunâtres; f. linéaires, rudes sur les bords, les inf. presque soyeuses; *glumes munies à la base d'une touffe de poils jaunes;* longues arêtes coudées et tortillées; *pédoncules filiformes, allongés, verticillés,* portant chacun 3 fleurs à leur sommet; *fl. disposées en panicule terminale.* ♃. Juin-juillet.

Coteau du Molard, où il a été signalé par M. Chabert. R. R.

IIᵉ Sous-Tribu : PANICÉES proprement dites. — *Glume inférieure plus petite que la supérieure.*

CCCCXCIII. Digitaria (Scop.). Digitaire.

Glumes accompagnées d'une écaille accessoire, souvent peu visible; glumelles mutiques; *fleurs unilatérales, disposées en épis linéaires et digités.*

1669. D. sanguinalis (Scop.). D. sanguine. — Panicum sanguinale (L.). — Paspalum sanguinale (Lamk.). — Syntherisma vulgare (Schrad.). (Vulg. *Pain sanguin.*)

Chaumes de 1-5 déc., couchés à la base, puis redressés; *f. et gaines plus ou moins poilues; glume sup. environ de moitié moins longue que les glumelles; glumelles à bords pubes-*

cents, *mais non hérissés de cils raides et allongés;* 3-8 épis linéaires, dressés ou un peu étalés; fl. vertes ou violacées. ④. Juillet-octobre. (*V. D.*)

Champs, jardins. C.

b. var. *villosa.* Chaume grêle, simple, très-velu ; fl. rouges. — La Tour-de-Salvagny.

1670. D. CILIARIS (Kœl.). D. CILIÉE. — Panicum ciliare (Retz). — Paspalum ciliare (D. C.). — Syntherisma ciliare (Schrad.).

Diffère de la précédente surtout par les *glumelles à bords hérissés de cils blanchâtres, raides et allongés.* ④. Juillet-octobre.

Lieux sablonneux : Perrache ; Dardilly. R.

1671. D. FILIFORMIS (Kœl). D. FILIFORME. — D. humifusa (Pers.). — Paspalum ambiguum (D. C.) — Syntherisma glabrum (Schrad.).

Chaumes de 4-5 déc., nombreux, presque entièrement couchés; *f. et gaines entièrement glabres,* offrant rarement quelques poils au sommet de la gaîne ; *glume sup. à peu près aussi longue que les glumelles; glumelles* pubescentes, *à bords non ciliés;* 2-4 (rarement 5-6) épis linéaires, distants, plus ou moins étalés; fl. vertes ou violacées. ④. Juillet-octobre.

La Tête-d'Or. R.

CCCCXCIV. PANICUM (L.). PANIC.

Glumes très-inégales, accompagnées d'une écaille accessoire très-visible, souvent aristée ; glumelles coriaces, presque égales, tantôt aristées, tantôt simplement aiguës ; *fleurs en panicule lâche ou serrée en forme d'épi.*

* *Fleurs en panicule lâche; glumes non entourées de soies.*

1672. P. CRUS-GALLI (L.). P. PIED-DE-COQ. — Echinochloa crus-galli (P. Beauv.). — Orthopogon crus-galli (Balb., Fl. lyonn.).

Chaumes de 2-8 déc., coudés à la base, puis redressés; *f.* planes, rudes sur les bords, *glabres ainsi que leurs gaines;* glumelles hispides, ordinairement terminées par de longues arêtes; *épis* alternes ou opposés, placés sur un axe à 3 ou 5 angles, *disposés en une panicule unilatérale et dressée;* fl. rougeâtres ou verdâtres. ④. Juillet-septembre. (*V. D.*)

Terrains humides ; fossés des chemins. A. C.

** *Fleurs en panicule serrée en forme d'épi; glumes entourées à la base d'un involucre de soies raides.*

1673. P. VERTICILLATUM (L.). P. VERTICILLÉ. — Setaria verticillata (P. Beauv.).

Chaumes de 3-6 déc., dressés, souvent rameux à la base; f. linéaires, acuminées, rudes au rebours; soies ordinairement vertes, rarement rougeâtres, *accrochantes de bas en haut*; fl. verdâtres, comme verticillées, serrées en épi cylindrique, un peu interrompu à la base. ④. Juillet-octobre. (*V. D.*)

Champs, jardins. C. C. C.

1674. P. VIRIDE (L.), P. VERT. — Setaria viridis (P. Beauv.).

Chaumes de 2-6 déc., redressés ou étalés, souvent rameux à la base ; f. linéaires, acuminées, un peu rudes au rebours ; *soies vertes ou rougeâtres, accrochantes de haut en bas ; glumelles de la fleur fertile lisses ou à peu près ;* fl. verdâtres ou un peu rougeâtres, serrées en épi cylindrique, non interrompu à la base. ④. Juillet-octobre. (*V. D.*)

Champs, jardins. C. C. C.

1675. P. GLAUCUM (L.). P. GLAUQUE. — Setaria glauca (P. Beauv.).

Chaumes de 1-4 déc., dressés ou étalés, souvent rameux à la base; *soies d'un jaune roussâtre, accrochantes de haut en bas ; glumelles de la fleur fertile ridées en travers ;* fl. d'un vert jaunâtre, serrées en épi oblong-ovoïde ou cylindrique. ④. Juillet-septembre.

Terres, bord des chemins. C.

CCCCXCV. TRAGUS (Desf.). BARDANETTE.

Glume extérieure convexe, hérissonnée, l'intérieure très-petite, membraneuse, plane, lisse; glumelles à peu près égales, membraneuses, mutiques, persistantes; fleurs en grappes serrées en épi.

1676. T. RACEMOSUS (Desf.). B. A FLEURS EN GRAPPE. — Cenchrus racemosus (L.). — Lappago racemosa (Wild.).

Chaumes de 1-2 déc., couchés à la base, puis redressés ; f. à gaîne rougeâtre, renflée, et à limbe court, bordé de cils raides ; fl. vertes ou violacées, hérissonnées, ramassées en grappes serrées. ④. Juin-août.

Lieux sablonneux et bien exposés. A. C.

II° TRIBU : PHALARIDÉES. — Glumes uniflores ; épillets comprimés latéralement, disposés en panicule spiciforme lâche ou compacte, plus rarement en panicule digitée ou rameuse, quelquefois en épi filiforme ou cylindrique ; styles allongés; stigmates sortant au sommet des glumelles, plus rarement au dessous du sommet.

CCCCXCVI. PHALARIS (L.). ALPISTE.

Glumes presque égales, comprimées en carène, accompagnées de 1-2 petites glumelles stériles longuement ciliées;

glumelles fertiles, inégales, mutiques, plus petites que les glumes.

1677. P. ARUNDINACEA (L.). A. ROSEAU. — *Calamagrostis colorata* (D. C.).

Chaumes de 8-12 déc., droits, garnis de feuilles; f. planes, allongées, larges, rudes sur les bords; *glumes à carène non ailée*; fl. luisantes, blanchâtres, panachées de vert ou de violet, ou quelquefois de ces deux couleurs, disposées en une *panicule rameuse, oblongue, plus ou moins lâche.* ♃. Juin-juillet. (*V. D.*)

Bord des rivières, prés humides et marécageux. P. R.

b. var. *variegata.* F. rubanées, à raies inégales, vertes et blanches. — Jardins.

1678. P. CANARIENSIS (L.). A. DES CANARIES.

Chaumes de 3-6 déc.; f. planes, à gaînes assez longues, la sup. renflée; *glumes à carène ailée*; fl. panachées de vert et de blanc, disposées en une *panicule ovale, très-serrée*, ayant la forme d'un épi. ④. Juin-juillet.

Spontané sur les digues autour de Lyon. R. — Cultivé et quelquefois sub-spontané près des habitations.

— Le P. *paradoxa* (L.), plante méridionale, a été trouvé par hasard à Perrache.

CCCCXCVII. — ANTHOXANTHUM (L.). FLOUVE.

Glumes très-inégales, comprimées en carène, accompagnées de 2 petites valves portant chacune sur le dos une petite arête; glumelles mutiques, presque égales, plus petites que les valves qui accompagnent les glumes; 2 *étamines*; stigmates filiformes, plumeux.

1679. A. ODORATUM (L.). F. ODORANTE.

Plante exhalant, surtout quand elle est sèche, une odeur aromatique. *Racine vivace*; chaumes de 4-8 déc., dressés, venant par touffes; f. planes, plus ou moins poilues, les caulinaires à limbe court; *arêtes tordues, à partie saillante égalant à peu près le quart des glumes*; fl. luisantes, un peu bigarrées de vert, de jaunâtre et de brun, disposées en panicule serrée en forme d'épi ovale-oblong, rarement rameuse. ♃. Avril-juin. (*V. D.*)

Bois, prairies, pâturages. C. C.

b. var. *villosum.* Feuilles, gaînes et glumes entièrement velues. — Bois à Charbonnières et à Roche-Cardon.

1680. A. PUELII (Lecoq et Lamotte). F. DE PUEL.

Diffère de la précédente 1° par sa *racine annuelle*; 2° par ses feuilles d'un vert plus tendre, les radicales ordinairement plus courtes, n'atteignant que la moitié du chaume quand celui-ci est complètement développé; 3° par les *arêtes droites, à partie saillante égalant presque la moitié des glumes;* 4° par ses fleurs d'un vert plus pâle, varié de blanc, disposées en *épi elliptique,* plus étroit; 5° par sa floraison de 3-4 mois plus tardive. ④. Août-septembre.

Charbonnières, autour du bois de l'Étoile; champs autour du marais des Écheyts.

CCCCXCVIII. ALOPECURUS (L.). VULPIN.

Glumes égales, carénées, soudées ensemble inférieurement, non accompagnées de glumelles stériles; glumelle unique, en forme d'utricule, *portant sur le dos ou à sa base une arête genouillée; style unique,* à stigmates filiformes, poilus.

1681. A. PRATENSIS (L.). V. DES PRÉS.

Chaumes de 5-9 déc., lisse, *droits; f. sup. à gaine* allongée et *un peu renflée; glumes* velues-ciliées, *soudées dans leur tiers inférieur;* anthères d'abord jaunes, puis violettes; *grappes velues-soyeuses, 4-6 sur chaque pédicelle,* serrées en forme d'épi cylindrique. ♃. Mai-juin. (*V. D.*)

Prairies. C.

1682. A. AGRESTIS (L.). V. DES CHAMPS.

Chaumes de 2-6 déc., un peu rudes au sommet, *ordinairement droits,* rarement genouillés; f. légèrement rudes, *la sup. à gaine nullement renflée; glumes soudées dans leur moitié inférieure* et finement ciliées sur la carène; anthères d'abord jaunes, à la fin violettes; *fl. en petites grappes glabres ou presque glabres, 1-2 sur chaque pédicelle,* serrées en forme d'épi cylindrique et assez grêle. ④. Mai-juin.

Champs, vignes, bord des chemins. C.

1683. A. GENICULATUS (L.). V. GENOUILLÉ.

Plante verte ou à peine glaucescente. *Chaumes* de 1-5 déc., *genouillés inférieurement,* souvent radicants à la base; f. un peu rudes sur les bords, *la sup. à gaine* allongée et *légèrement renflée; glumes soudées seulement à la base; arête genouillée, s'insérant au dessous du milieu de la glumelle et 2 fois plus longue que les glumes;* anthères d'abord d'un blanc jaunâtre, à la fin brunâtres; fl. verdâtres, variées de blanc, en petites grappes serrées en épi cylindrique ou oblong-lancéolé. ④. Avril-juin. (*V. D.*)

Fossés, prés marécageux. A. C.

1684. A. FULVUS (Smith). V. A ANTHÈRES ORANGÉES.

Plante d'un glauque bleuâtre. *Chaumes* de 1-6 déc, *genouillés inférieurement*, souvent radicants à la base; f. un peu rudes sur les bords, *la sup. à gaine renflée; glumes soudées seulement à la base; arête droite, s'insérant vers le milieu de la glumelle, ne dépassant pas ou dépassant à peine les glumes; anthères d'abord blanchâtres, à la fin orangées;* fl. verdâtres, variées de blanc, en petites grappes serrées ayant la forme d'un épi cylindrique. ④. Avril-juin.

Marais et fossés : étang du Loup; Villeurbanne; Chaponost; Lavore; Vaux-en-Velin; Montribloud. A. R.

1685. A. UTRICULATUS (Pers.). V. A GAINE RENFLÉE. — Phalaris utriculata (L.).

Chaumes de 1-4 déc., venant par touffes, dressés ou ascendants; f. à limbe dressé, *la sup. à gaine fortement renflée; arête droite, dépassant longuement les glumes;* fl. d'un blanc varié de vert, *en grappes glabres et serrées en épi ovale.* ④. Mai-juin.

Prairies, bord des chemins : Écully; Oullins; la Mouche; Charbonnières; îles du Rhône; Saint-Denis, dans la Bresse; Belley; Lavours. P. C.

CCCCXCIX. Crypsis (Ait.). Crypside.

Glumes comprimées en carène, un peu inégales, non accompagnées de glumelles stériles; *glumelles plus longues que les glumes, inégales, sans arête;* stigmates filiformes, poilus.

1686. C. ALOPECUROIDES (Schrad.). C. FAUX VULPIN.

Chaumes de 1-3 déc., étalés ou ascendants, souvent rameux, croissant par touffes; f. lisses, à limbe court et un peu étalé, nullement piquant; fl. d'un vert blanchâtre ou brunâtre, serrées en forme d'épi cylindrique, non entouré à la base par les gaînes des feuilles. ④. Août-octobre.

Bords de la Saône, au dessous de Collonges; île de Royes. R.

— Le C. *aculeata* (Ait.) m'a été indiqué dans les sables de Pont-de-Vaux; comme c'est une plante des bords de la mer, il est probable qu'on l'aura confondu avec le C. *alopecuroides*.

D. Phleum (L.). Fléole.

Glumes presque égales, tronquées au sommet ou aiguës, aristées, ou presque mutiques, *non accompagnées de glumelles stériles accessoires; glumelles* membraneuses, *plus courtes que les glumes, l'inférieure* tronquée, *mutique ou mucronée,* rarement aristée; stigmates très-allongés, poilus.

* *Glumelle supérieure accompagnée à sa base d'un pédicelle accessoire.*

1687. P. ASPERUM (Vill.). F. RUDE. — Phalaris aspera (Retz). — Chilochloa aspera (P. Beauv.).

Chaumes de 1-3 déc., ordinairement rameux dès la base;

f. à limbe court, plane, dressé, un peu rude sur les bords ; *glumes glabres*, cunéiformes, *tronquées et brusquement mucronées au sommet;* fl. d'un vert blanchâtre, serrées en forme d'épi cylindrique, allongé, *très-ferme*, très-rude au rebours. ①. Mai-juillet.

Terres, bord des chemins. C.

1688. P. Boehmeri (Wibel). F. de Boehmer.— Phalaris phleoides (L.).— Chilochloa Bœhmeri (P. Beauv.).

Chaumes de 3-6 déc., grêles, venant par touffes; f. à limbe court, plane, blanchâtre et un peu rude sur les bords ; *glumes oblongues-linéaires, obliquement tronquées, mucronées-acuminées, hérissées sur la carène de cils rudes ou hispides;* fl. d'un vert blanchâtre ou violacé, serrées en forme d'épi *elliptique-lancéolé*, très-allongé, *peu ferme*, un peu rude au rebours. ♃. Mai-juillet.

Prés et bord des bois : les Brotteaux; Reilheux; Meyzieu; Belley; Muzin, etc.

1689. P. Arenarium (L.). F. des sables.

Racine fibreuse, ne produisant pas des fascicules de feuilles stériles; chaumes de 1-2 déc., simples, lisses, souvent violacés; f. à limbe très-court, lisse, dressé, la sup. à gaîne un peu renflée; *glumes lancéolées, courtement acuminées, hérissées de cils blancs sur la carène;* fl. d'un vert blanchâtre, serrées en forme d'épi *ovale ou oblong*, mais peu allongées et atténuées à la base. ①. Mai-juin.

Sables à Villeurbanne; la Valbonne; bords du Rhône, près de Vienne. A. R.

1690. P. Michelii (All.). F. de Micheli.—P. phalarideum (Vill.).—Phalaris alpina (D. C.).

Racine noueuse, presque rampante, produisant, outre les chaumes fertiles, *des fascicules de feuilles stériles;* f. peu nombreuses, lancéolées-linéaires, molles, glabres ou peu velues; *glumes lancéolées, longuement acuminées, hérissées sur la carène de cils très-longs;* fl. d'un vert jaunâtre ou un peu violet, serrées en forme d'épi oblong, cylindrique, allongé, atténué aux deux extrémités. ♃. Juillet-août.

Prairies de la Vacherie, à la Grande-Chartreuse. R.

** *Glumelle supérieure, non accompagnée à sa base d'un pédicelle accessoire.*

1691. P. Pratense (L.). F. des prés. (Vulg. *Timothy-grass*.)

Chaumes de 2-9 déc., dressés; f. planes, un peu rudes sur les bords, la sup. à gaîne cylindrique; *glumes blanches sur les bords, vertes et ciliées sur la carène, obtuses, tronquées, brusquement acuminées en une arête 3 fois plus courte qu'elles;*

fl. d'un vert blanchâtre, serrées en forme d'épi cylindrique. ♃. Mai-juillet. (*V. D.*)

Prés humides. C.

b. P. *nodosum* (L.). Racine renflée au collet; épi court et ovale. — Terres sablonneuses : Saint-Alban; Oullins; Couzon, etc.

c. P. *serotinum* (Jord.). Chaume bien genouillé à la base; floraison tardive. — Les Balmes-Viennoises; le Molard.

d. P. *elongatum.* Épi plus épais, très-allongé, atteignant 1 décimètre.—Prés dans l'île de Royes. R.

1692. P. ALPINUM (L.). F. DES ALPES.

Chaumes de 2-5 déc., dressés; f. planes, *la sup. à gaîne légèrement renflée; glumes* oblongues, tronquées, *brusquement terminées par une arête aussi longue qu'elles :* fl. verdâtres, teintées de violet, serrées en épi cylindrique et obtus ou ovoïde. ♃. Juin-août.

Pâturages des hautes montagnes : le Jura, au dessus de Lélex; la Grande-Chartreuse, à Charmansom. R.

DI. CHAMAGROSTIS (Borkh.). CHAMAGROSTIS.

Glumes tronquées au sommet, *arrondies sur le dos,* un peu inégales; glumelles membraneuses, velues-ciliées, mutiques, plus courtes que les glumes, *l'inférieure embrassant la supérieure et présentant la forme d'un godet;* stigmates allongés, filiformes, poilus.

1693. C. MINIMA (Borkh.). C. NAIN. — Mibora minima (Coss. et Germ.). — Agrostis minima (L.). — Sturmia minima (Hoppe).

Petite plante venant par touffes très-élégantes. Chaumes de 3-10 cent., filiformes, dressés; f. courtes, linéaires, canaliculées; fl. ordinairement colorées de rouge ou de violet, disposées en épis linéaires et presque unilatéraux. ①. Février-mai. (*V. D.*)

Vignes, jardins, terres. C. C. C.

DII. CYNODON (Richard). CHIENDENT.

Glumes inégales et ouvertes; glumelles inégales, mutiques, l'inférieure ovale, comprimée, renfermant la supérieure, qui est linéaire; *fleurs unilatérales, imbriquées sur un seul rang, disposées en épis digités.*

1694. C. DACTYLON (Pers.). C. DIGITÉ. — Panicum dactylon (L.). — Digitaria stolonifera (Schrad.). — Paspalum dactylon (D. C.).

Racine rampante et stolonifère; chaumes de 2-4 déc., rameux à la base; f. glauques, disposées sur 2 rangs opposés;

4-5 épis linéaires, digités; fl. rougeâtres, unilatérales. ♃. Juillet-septembre. (*V. D.*)

Champs sablonneux, bord des rivières. C.

DIII. LEERSIA (Swartz). LÉERSIE.

Absence de glumes; glumelles comprimées en carène, mutiques, fermées après la floraison, l'inférieure beaucoup plus large que la supérieure; *stigmates plumeux, sortant par les côtés des glumelles.*

1695. L. ORIZOIDES (Swartz). L. A FLEURS DE RIZ.—Phalaris orizoides (L.).

Racine rampante et stolonifère; chaumes de 5-10 déc.. droits, munis de poils blancs sur les nœuds; f. planes, rudes sur le limbe et sur la gaîne; rameaux filiformes, flexueux, verticillés, renflés à leur point d'insertion; fl. blanchâtres, striées de vert, disposées en panicule lâche. ♃. Août-septembre.

Bord des rivières, des étangs, des marais : île de la Tête-d'Or ; la Mouche ; Yvour ; Feyzin ; et dans l'Ain, Challes ; Saint-Rambert ; fossés à Bourg ; lac de Nantua ; marais de Divonne ; Thoissey et Saint-Didier, sur les bords de la Saône. P. C.

IIIᵉ TRIBU : AGROSTIDÉES. — Glumes uniflores; épillets comprimés latéralement, très-rarement comprimés par le dos ou presque cylindriques, disposés ordinairement en panicule rameuse ; styles nuls ou très-courts ; stigmates sortant vers la partie inférieure des glumelles ou vers leur milieu.

1ʳᵉ SOUS-TRIBU : AGROSTIDÉES proprement dites. — *Graine libre entre les glumelles.*

DIV. POLYPOGON (Desf.). POLYPOGON.

Glumes presque égales, échancrées, *terminées l'une et l'autre par une arête sétacée*; *glumelles glabres* à la base, l'inférieure souvent munie d'une arête insérée au dessous du sommet; *stigmates* plumeux, *latéraux.*

1696. P. MONSPELIENSIS (Desf.). P. DE MONTPELLIER. — Alopecurus Monspeliensis (L.).

Chaumes de 1-4 déc., dressés; f. planes, un peu rudes au rebours, la sup. à gaîne renflée; glumes munies d'une arête 3 fois plus longue qu'elles; fl. d'un vert jaunâtre, disposées en petites grappes réunies en panicule serrée, oblongue, hérissée, douce au toucher. ④. Juillet-août.

Trouvé dans les fossés aux Brotteaux.

DV. Agrostis (L.). Agrostis.

Glumes un peu inégales, aiguës, *mutiques* ; *glumelles* membraneuses, ordinairement *munies à la base d'un petit faisceau de poils très-courts*, l'inférieure plus grande, tantôt mutique, tantôt pourvue d'une arête très-fine insérée sur son dos, la supérieure manquant quelquefois ; *stigmates* plumeux, *sortant vers la partie inférieure des glumelles ; fleurs en panicule dont les rameaux sont verticillés.*

* *Feuilles toutes planes ; 2 glumelles.*

† *Glume inférieure plus longue que la supérieure.*

1697. A. STOLONIFERA (L.). A. STOLONIFÈRE. — A. alba (Schrad.).
Souche émettant souvent des rejets rampants et stolonifères ; chaumes de 3-8 déc., rampants et rameux à la base, puis redressés ; f. rudes au rebours, linéaires, planes, à *languette oblongue et saillante* ; *glumes un peu hispides sur la carène* ; glumelles ordinairement mutiques, rarement aristées ; *rameaux de la panicule dressés et contractés avant et après la floraison* ; fl. communément blanchâtres ou jaunâtres, rarement rougeâtres, en panicule allongée, pyramidale pendant l'épanouissement. ♃. Juin-septembre. (*V. D.*)
Lieux humides et sablonneux. A. C.

b. var. *prorepens* (Koch). Racine stolonifère ; chaumes grêles, peu élevés ; f. glauques et rougeâtres, très-courtes ; glumelle inf. aristée ; fl. rougeâtres, en panicule lâche.—Iles du Rhône, au dessous de Lyon.

1698. A. VERTICILLATA (Vill.). A. VERTICILLÉE.
Chaumes de 5-8 déc., durs, épais, un peu inclinés à leur partie inférieure ; f. planes, larges, rudes, à *languette tronquée et dentée*, de moitié plus courte que dans l'espèce précédente ; *glumes entièrement pubérulentes, velues sur la carène* ; glumelles mutiques ; *rameaux de la panicule dressés et contractés avant et après la floraison* ; fl. d'un vert noirâtre ou blanchâtre, très-nombreuses, en verticilles très-garnis, formant une panicule oblongue, raide et allongée. ♃. Juin-septembre.
Cascade de la Fouge, au dessus de Poncin. R.

1699. A. VULGARIS (With.). A. COMMUNE.
Racine fibreuse, rarement stolonifère ; chaumes de 1-4 déc., assez grêles, couchés et souvent même un peu radicants à la base, puis redressés ; f. rudes au rebours, linéaires, planes, à *languette tronquée et très-courte ;* glumes ordinairement mutiques ; rameaux de la panicule plus ou moins étalés après

comme pendant la floraison; fl. communément rougeâtres. ⚄.
Juillet-septembre. (*V. D.*)

b. **A. pallescens.** Fl. d'un vert blanchâtre.

c. **A. sylvatica** (Poll.). Glumes linéaires-lancéolées, très-allongées, ressemblant à de petites feuilles.
Prés, champs, bois. C. C.

d. **A. dubia** (D. C.). Glumelles souvent aristées.— Bord des ruisseaux à Saint-
Etienne en Forez.

e. **A. capillaris** (Vill.). **A. hispida** (Wild.). Panicule à rameaux très-grêles;
glumes à 2 nervures, un peu rudes sur le dos —Saint-Etienne en Forez;
Saint-Rambert, sous le bois de la Chandeloz (Ain).

f. **A. pumila** (L.). Chaumes courts, réunis en touffes; graines grosses, chagrinées, ordinairement gâtées par un *uredo*.—Tassin; montagne d'Yzeron; sur l'Avocat, au dessus de Cerdon.

†† *Glume inférieure plus courte que la supérieure.*

1700. **A. spica-venti** (L.). A. jouet-du-vent.—Apera spica-venti (P. Beauv.).

Chaumes de 5-10 déc., grêles, dressés; f. très-rudes au rebours, linéaires, planes, à *languette* scarieuse, *oblongue,*
obtuse, souvent déchirée; glumelle inf. portant insérée au
dessous du sommet une arête droite et très-longue; *anthères*
oblongues-linéaires; fl. verdâtres ou violacées, disposées en
panicule ample, pyramidale, à rameaux ouverts. ④. Juin-
juillet.

Moissons. C. C.

1701. **A. interrupta** (L.). A. a panicule interrompue. — Apera interrupta
(P. Beauv.).

Se rapproche de la précédente; en diffère 1° par sa *pani-*
cule étroite, contractée, ordinairement interrompue à la base;
2° par ses étamines à *anthères ovales-arrondies*. ④. Juin-
juillet.

Moissons, lieux arides : Perrache; la Mouche; vallon d'Oullins. A. R.

** *Feuilles radicales enroulées-filiformes; glumelle supérieure*
manquant ordinairement.

1702. **A. canina** (L.). A. des chiens.

Chaumes de 4-6 déc., lisses, grêles et effilés; f. radicales enroulées-filiformes, les caulinaires à limbe étroit, court, plan,
rude sur les bords; *glumelle inf. portant* ordinairement, *au*
dessous de son milieu, une arête coudée plus longue que les
glumes; pédoncules capillaires, demi-verticillés; fl. violacées,
panachées de vert, rarement jaunâtres, disposées en panicule
contractée avant et après la floraison. ⚄. Juin-août. (*V. D.*)

b. var. *mutica.* Glumelle inf. sans arête.
Prés et bois humides. A. C.

1703. A. ALPINA (D. C.). A. DES ALPES.—A. festucoides (Vill.).

Chaumes de 1-2 déc., droits, grêles; f. presque toutes radicales, tendres, longues, flexibles, d'un beau vert; *arête coudée dans son milieu, insérée vers la base de la glumelle inf.*, beaucoup plus longue que les glumes; *glumelle inf. régulièrement tronquée au sommet* et terminée par 2 petites soies; glumes aiguës, violettes à la base, jaunes au sommet, devenant entièrement roussâtres à la maturité; *rameaux et pédicelles un peu rudes*; fl. en *panicule* oblongue, *contractée avant l'épanouissement, étalée après cette époque.* ♃. Juillet-août.

Pâturages secs du Jura.

1704. A. FILIFORMIS (Vill.). A. FILIFORME.

Chaumes de 2-3 déc., grêles, droits; f. presque toutes radicales, linéaires, fines, lisses, allongées; *arête droite ou coudée, insérée près de la base de la glumelle inf.*, un peu plus longue que les glumes; *glumelle inf. régulièrement tronquée au sommet* et se terminant par 2 petites soies; glumes lisses, violettes, acérées; *rameaux et pédicelles un peu rudes*; fl. en *panicule étroite, lancéolée, contractée avant l'épanouissement.* ♃. Juillet-août.

Contre les rochers humides et tournés au levant, dans le vallon d'Adran et près du Reculet.

1705. A. RUPESTRIS (All.). A. DES ROCHERS.—A. setacea (Vill.).

Chaumes de 5-8 cent., très-grêles; f. capillaires, courtes, recourbées; *glumelles glabres à la base, l'inf: tronquée, crénelée au sommet, portant insérée sur son dos, un peu au dessous du milieu, une arête 2 fois plus longue qu'elle*; glumes aiguës, noirâtres, luisantes; *rameaux et pédicelles lisses*; fl. en *panicule* oblongue, courte, *étalée dès le commencement.* ♃. Juin-août.

Rocailles du Reculet.

DVI. CALAMAGROSTIS (Roth). CALAMAGROSTIS.

Glumes presque égales, lancéolées-acuminées, mutiques, *beaucoup plus longues que les glumelles; glumelles* inégales, *entourées à la base de longs poils soyeux;* fleurs en *panicule rameuse.*

* *Glumelle inférieure accompagnée à sa base d'un pédicelle poilu, en forme de petit pinceau.*

1706. C. SYLVATICA (D. C.). C. DES BOIS.—Agrostis arundinacea (L.).

Chaumes de 3-8 déc., droits; f. planes, très-longues, très-aiguës, rudes en dessous; languette obtuse, tronquée, un peu déchirée dans sa vieillesse; *poils 4 fois plus courts que les*

glumelles; glumelle inf. portant sur son dos une arête genouillée qui dépasse longuement les glumes; fl. d'un blanc
verdâtre, un peu lavé de rouge, en panicule très-serrée et
très-étroite. ♃. Juillet-août.

Bois des hautes montagnes : Pilat; la Grande-Chartreuse.

1707. C. MONTANA (D. C.). C. DE MONTAGNE.

Chaumes de 4-8 déc., droits; f. planes, largement linéaires, rudes sur les bords; *poils égalant à peu près les glumelles; glumelle inf. portant sur son dos une arête genouillée
dépassant à peine les glumes*; fl. rougeâtres, rarement pâles,
en panicule longue, dressée, plus ou moins étalée. ♃. Juin-
juillet.

Sur les digues à Feyzin. R.

** *Glumelle inférieure non accompagnée à sa base d'un pédicelle
poilu.*

1708. C. ACUTIFLORA (D. C.). C. A FLEURS POINTUES.

Chaumes de 5-10 déc., droits, élancés; f. planes, largement linéaires, rudes sur les bords; *poils presque 1 fois plus
courts que les glumelles; glumelle inf. portant sur son dos une
arête genouillée dépassant à peine les glumes*; glumes très-
étroites, subulées; fl. rougeâtres, rarement pâles, en panicule
allongée, dressée, plus ou moins étalée. ♃. Juin-juillet.

Bois à la Grande-Chartreuse.

— Koch, qui ne fait de cette plante qu'une variété de la précédente, prétend,
contrairement à de Candolle, qu'on la trouve quelquefois avec un pédicelle poilu
à la naissance de la glumelle inférieure.

1709. C. ARGENTEA (D. C.). C. ARGENTÉE. — C. arundo (Roth). — Agrostis
calamagrostis (L.). — Lasiagrostis calamagrostis (Link).

Chaumes de 4-10 déc., élancés, venant par touffes garnies
à la base de bourgeons rougeâtres, durs, ayant la forme d'un
ergot de coq; f. étroites, très-longues, à moitié roulées en
dessous quand elles sont sèches; *glumelles entièrement couvertes de soies blanches et brillantes, l'inf. munie d'une arête
terminale, genouillée, beaucoup plus longue que les glumes*;
fl. luisantes et argentées, disposées en panicule étroite et resserrée. ♃. Mai-août.

Sables et îles du Rhône; environs de Nantua; rochers en allant d'Argis à
Évoges; bords de la route de Tenay aux Hôpitaux et entre Montange et
Chézery.

1710. C. LANCEOLATA (Roth). C. A FEUILLES LANCÉOLÉES.— Arundo calamagrostis (L.).

Racine stolonifère; chaumes de 5-10 déc., droits, fermes;
f. linéaires, acuminées, souvent roulées par leurs bords quand
elles sont sèches; *languette courte, obtuse; glumelle inf.
munie d'une arête terminale très-courte, rude, naissant au*

milieu d'une petite échancrure qu'elle dépasse à peine; poils nombreux, plus longs que les glumelles, plus courts que les glumes; fl. violacées, quelquefois mélangées de vert ou de roux, en panicule allongée, tantôt étroite et contractée, tantôt lâche et étalée. ♃. Juillet-août.

La Mouche; îles du Rhône; marais des Écheyts.

1711. C. GAUDINIANA (Rchb.). **C. DE GAUDIN.**

Très-voisine de la précédente, dont beaucoup d'auteurs n'en font qu'une variété; en diffère 1° par la languette de la gaîne sup., qui est plus étroite et 2 fois plus longue; 2° par *l'aréte de la glumelle,* qui est *lisse* et plus courte; 3° par sa *panicule* plus *allongée et* plus *étroite.* ♃. Juillet-août.

Marais de Génas. R.

1712. C. LITTOREA (D. C.). **C. DES RIVAGES.**

Racine un peu traçante; chaumes de 3-8 déc., droits, raides; f. glauques, un peu rudes, linéaires, très-aiguës, tendant à se rouler légèrement en dessus par leurs bords lorsqu'elles sont sèches; languette allongée et pointue; *glumelle inf. munie d'une aréte terminale égalant à peu près les glumes en longueur; poils au moins aussi longs que la glumelle;* fl. violacées ou roussâtres, en panicule pyramidale, étalée, allongée, assez fournie. ♃. Juillet-août.

Bords et îles du Rhône, aux environs de Lyon et de Belley.

1713. C. EPIGEIOS (Roth). **C. TERRESTRE.**

Racine longuement traçante; chaumes de 5-10 déc., droits, fermes, épais; f. glauques, planes, un peu rudes sur les bords et sur le dos; languette longue, pointue, déchirée dans sa vieillesse; *glumelle inf. portant insérée sur son dos une aréte droite qui dépasse à peine sa longueur; poils nombreux presque aussi longs que les glumes;* fl. verdâtres, quelquefois panachées de violet, en panicule bien fournie, très-allongée, peu étalée, paraissant comme lobée. ♃. Juin-août.

Iles et bords du Rhône : la Mouche; la Tête-d'Or; Vassieux.

DVII. GASTRIDIUM (P. Beauv.). GASTRIDION.

Glumes très-comprimées, présentant à la base un petit renflement formé par la graine; glumelles très-courtes, sans poils à la base; le reste comme au G. *Agrostis.*

1714. G. LENDIGERUM (Gaud.). **G. VENTRU.** — Agrostis lendigera (D. C.). — Milium lendigerum (L.).

Chaumes de 2-4 déc., un peu courbés à la base, puis redressés; f. planes, étroites, rudes au rebours; arête courte, souvent nulle; fl. d'un vert blanchâtre et brillant, en pani-

cule étroite, si resserrée qu'elle a la forme d'un épi. ④.
Juin-août.

Lieux secs, moissons des champs sablonneux : Charbonnières; •Messimy;
Sainte-Colombe, vis-à-vis de Vienne; Chessy; Pilat; environs de Pont-de-
Vaux.

IIᵉ Sous-Tribu : STIPACÉES. — *Graine étroitement renfermée entre les
glumelles endurcies.*

DVIII. Milium (L.). Millet.

Glumes convexes, mutiques, égales; *glumelles concaves,
ovales, mutiques,* persistantes, à la fin cartilagineuses, plus
courtes que les glumes; 2 glumellules presque bifides.

1715. M. effusum (L.). M. étalé. — Agrostis effusa (Lamk.).

Plante exhalant une odeur de mélisse. Chaumes de 6-12 déc.,
grêles et élancés; f. planes, rudes au rebours, à limbe à peu
près aussi long que la gaîne; rameaux filiformes, en demi-
verticilles, étalés ou penchés; fl. vertes, souvent variées de
blanc ou de violet, en panicule lâche et assez longue. ♃.
Mai-juillet.

Bois un peu humides : Roche-Cardon; Tassin; Charbonnières; Pilat; la
Bresse; les Dombes; le Bugey.

DIX. Stipa (L.). Stipe.

Glumes acuminées ou aristées; *glumelles* cartilagineuses,
persistantes, plus courtes que les glumes, *l'inférieure s'enroulant en cylindre autour du fruit et terminée par une arête
très-longue, tordue ou genouillée;* 3 glumellules entières.

1716. S. pennata (L.). S. a arêtes plumeuses.

Chaumes de 4-6 déc., croissant ordinairement par touffes;
f. raides, filiformes, enroulées sous les bords, ce qui les fait
paraître comme cylindriques; *arêtes* longues de 2-3 déc.,
plumeuses et d'un beau blanc *dans leurs trois quarts supérieurs,* glabres et tordues dans leur quart inférieur; fl. verdâtres, en panicule pauciflore, d'abord renfermée dans la
gaîne de la feuille supérieure. ♃. Mai-juin. (V. D.)

Rochers, coteaux arides et pierreux : entre Saint-Clair et la Pape; vallon de
Sathonay; Vernas, près Crémieux; montagnes basses aux environs de Belley :
Muzin, Saint-Germain; Saint-Benoît; Pierre-Châtel, etc.

1717. S. capillata (L.). S. chevelue.

Chaumes de 4-7 déc., venant par touffes; f. glauques, linéaires, un peu enroulées, pubescentes en dessus, principalement à leur base, raides et dressées comme de petits joncs;
arêtes de 10-15 cent., *glabres dans toute leur longueur,*
coudées vers leur tiers inférieur, tortillées au dessous de la
courbure; fl. verdâtres, à la fin roussâtres, en panicule ren-

fermée à sa base dans la gaîne renflée de la feuille supérieure.
♃. Juin-août.

Rochers sous le fort de Pierre-Châtel, du côté du Rhône. R.

IVᵉ Tribu : AVÉNACÉES. — Glumes très-grandes, contenant 2 ou plusieurs fleurs; épillets disposés en panicule rameuse, plus rarement en panicule spiciforme, grappe ou épi; styles nuls ou très-courts; stigmates sortant vers la base des glumelles, très-rarement vers leur sommet.

Iʳᵉ Sous-Tribu : SESLÉRIÉES. — *Stigmates filiformes, sortant au sommet des glumelles.*

DX. Echinaria (Desf.). Échinaire.

Glumes renfermant 2-4 fleurs; glumelles membraneuses à la base, *l'inférieure divisée en 5 lanières palmées*, raides, en alène, la supérieure bifide.

1718. E. capitata (Desf.). E. a fleurs en tête. — Cenchrus capitatus (L.). — Sesleria echinata (Host.).

Chaumes de 8-12 cent., grêles; f. linéaires, étroites, pubescentes, presque toutes radicales; fl. verdâtres, réunies en tête arrondie comme une boule hérissée de piquants. ①. Mai-juillet.

Lieux secs et chauds à Vienne (Villars); Saint-Priest en Dauphiné (Gilibert).

DXI. Sesleria (Arduino). Seslérie.

Glumes renfermant 2-6 fleurs; glumelles membraneuses, *l'inférieure tantôt entière, mucronée et aristée, tantôt terminée par 3-5 dents finissant en pointe ou arête*, la supérieure bifide.

1719. S. cærulea (Arduino). S. bleue. — Cynosurus cæruleus (L).

Racine oblique, surmontée par les gaînes desséchées des feuilles de l'année précédente; chaumes de 2-5 déc., droits ou ascendants; f. radicales fermes, finissant brusquement en pointe, les caulinaires peu nombreuses (1-2), à limbe excessivement court; glumelle inf. terminée par une petite arête, souvent accompagnée de 2-4 soies latérales et très-courtes; fl. luisantes, ordinairement mêlées de blanc et de bleu tirant sur le violet, disposées en épi ovale-oblong, un peu unilatéral. ♃. Mars-juillet.

Pâturages, bois, rochers : le Mont-Pilat; Pierre-sur-Haute; la Grande-Chartreuse; tout le haut et le bas Bugey; balmes de Crémieux.

IIe Sous-Tribu : AVÉNACÉES proprement dites. — *Stigmates plumeux, sortant vers la base des glumelles.*

DXII. KOELERIA (Pers.). KOELÉRIE.

Glumes inégales, comprimées en carène aiguë, contenant 2-5 fleurs ; *glumelle inférieure entière ou échancrée, mucronée ou terminée par une arête sétacée, courte et droite ; fleurs en panicule très-serrée, ayant la forme d'un épi.*

1720. K. PHLEOIDES (Pers.). K. FAUSSE FLÉOLE. — Festuca cristata (L.). — Festuca phleoides (Vill.).

Chaumes de 1-3 déc., dépourvus de pousses stériles à la base ; f. planes, molles, pubescentes; *glumelle inf.* ciliée sur le dos et *munie d'une arête courte, molle, naissant un peu au dessous du sommet dans une échancrure;* épillets velus ; fl. luisantes, d'un vert blanchâtre ou jaunâtre, en panicule serrée ayant la forme d'un épi et paraissant hérissée à cause des arêtes qui terminent les glumelles. ④. Mai-juillet.

Lieux sablonneux, bord des terres : Villeurbanne ; la Pape ; Oullins ; terres entre Meximieux et Chazey. R.

— Cette plante a l'aspect des *Phleum* et des *Alopecurus.*

1721. K. CRISTATA (Pers.). K. A CRÊTE. — Aira et Poa cristata (L.).

Racine fibreuse; chaumes de 2-6 déc., droits, lisses, munis à la base des *gaines desséchées des anciennes feuilles,* qui sont *entières;* f. *toutes planes, linéaires, les inf. ciliées; glumelle inf. acuminée, mucronée ou mutique ;* fl. luisantes, panachées de vert et de blanc, quelquefois de violet, en panicule serrée, ayant la forme d'un épi. ♃. Mai-juillet.

Pelouses sèches, bord des chemins. C.

1722. K. VALESIACA (Gaud.) K. DU VALAIS. — K. tuberosa (Pers.).

Racine à collet renflé en forme de bulbe, entouré, ainsi que la base des chaumes, par les *gaines desséchées des anciennes feuilles,* qui sont à la fin *déchirées en réseau formé de filaments entrecroisés;* chaumes de 2-6 déc., ascendants, lisses ; f. *radicales enroulées-sétacées, glabres,* les caulinaires planes et peu nombreuses; *glumelle inf. acuminée, mucronée ou mutique ;* fl. luisantes, panachées de vert et de blanc, quelquefois de violet, en panicule serrée ayant la forme d'un épi. ♃. Avril-mai.

Pelouses sèches et découvertes: la Mouche, aux Rivières ; la Pape ; la Tête-d'Or. R.

DXIII. AIRA (L.). CANCHE.

Glumes comprimées, *renfermant 2 (rarement 3) fleurs fertiles,* souvent accompagnées d'un rudiment pédicellé de fleur

542 GRAMINÉES.

stérile; *glumelle inférieure portant une arête insérée à sa base ou sur son dos;* fleurs en panicule.

* *Glumelle inférieure entière.*

1723. A. CANESCENS (L.). C. BLANCHATRE. — Corynephorus canescens (P. Beauv.).

Chaumes de 1-4 déc., très-grêles, venant par touffes; f. enroulées-filiformes, glaucescentes, souvent rougeâtres, la sup. à gaîne ample, renfermant la base de la panicule dans sa jeunesse; arête droite, articulée et barbue au milieu, renflée en massue au sommet, insérée sur le dos de la glumelle inf., dépassant à peine les glumes; fl. blanchâtres-argentées, panachées de rose pâle et de violet, disposées en panicule serrée. ①. Juin-juillet.

Lieux sablonneux : Oullins; Charbonnières; le Molard; le Mont-Pilat; les bords de la Loire; environs de Pont-de-Vaux.

** *Glumelle inférieure tronquée et irrégulièrement bordée de 3-5 dents au sommet.*

† *Arête courte, presque droite.*

1724. A. CÆSPITOSA (L.). C. GAZONNANTE.

Chaumes de 8-10 déc., droits, croissants par touffes bien garnies; f. *planes,* glauques, rudes en dessus; fl. petites, luisantes, argentées sur les bords, souvent panachées de violet foncé, disposées en large panicule pyramidale. ♃. Juin-juillet.

— On la trouve quelquefois à épillets vivipares.

Prés et bois humides : la Tête-d'Or; Pierre-Bénite; la Grande-Chartreuse; Saint-André-de-Corcy; bords de la Valserine, à Saint-Germain-de-Joux; rives de l'Albarine; marais d'Aranc; îles et bords du Rhône, sous Pierre-Châtel; Peyrieux; Cordon; bords de la Saône.

b. var. *pungens.* F. glauques, raides, piquantes, les radicales beaucoup plus courtes que la moitié du chaume; fl. panachées de violet foncé et de blanc. — Le Mont-Pilat.

1725. A. MEDIA (Gouan). C. INTERMÉDIAIRE. — A. juncea (Vill.).

Chaumes de 2-8 déc., droits, grêles, croissant par touffes; f. enroulées-filiformes, glauques, raides, arquées, piquantes, formant des gazons serrés; fl. blanchâtres ou panachées de brun-violet et de blanc, disposées en une large panicule dont les rameaux allongés sont à la fin très-étalés et très-espacés. ♃. Juin-juillet.

Pâturages humides à Saint-Romain, près Crémieux. R.

†† *Arête assez allongée, évidemment fléchie et tordue à la base.*

1726. A. FLEXUOSA (L.). C. FLEXUEUSE.

Chaumes de 4-8 déc., venant par touffes; f. enroulées-filiformes, presque capillaires; languette courte, tronquée; fl. supérieure de chaque épillet presque sessile, ou à pédicelle

4 fois plus court qu'elle; pédicelles très-grêles, flexueux; fl. luisantes-argentées, souvent panachées de rose, disposées en panicule lâche, un peu penchée, d'abord contractée, puis étalée au moment de l'épanouissement. ♃. Mai-juillet.

Bois montueux, taillis sablonneux, rochers. C.

b. A. *montana* (L.). Panicule toujours dressée, plus resserrée; fl. plus grandes, noirâtres, bordées de blanc brillant. — Montagne des Alymes, au dessus d'Ambronay.

*** *Glumelle inférieure terminée par 2 petites pointes aiguës.*

1727. A. CARYOPHYLLEA (L.). C. CARYOPHYLLÉE. — Avena caryophyllea (Wigg.).

Chaumes de 5-30 cent., très-grêles, venant isolés ou par touffes peu garnies; f. enroulées-filiformes, à *gaines presque lisses, à limbe dressé et très-court; glumelle inf. des deux fleurs de chaque épillet portant ordinairement une arête sur le dos,* celle de la fleur inf. plus rarement mutique; *pédicelles très-courts,* souvent moins longs que les épillets; *épillets ramassés au sommet des rameaux;* fl. luisantes, blanchâtres, quelquefois rougeâtres, en *panicule trichotome et étalée.* ①. Mai-juin.

Lieux sablonneux; allées des jardins; bord des bois. C. C. C.

1728. A. DIVARICATA (Pourr.). C. DIVARIQUÉE.

Chaumes de 5-20 cent., très-grêles, venant par touffes bien garnies; f. enroulées-filiformes, à *gaines rudes au rebours; fleurs toutes deux presque sessiles dans les glumes; glumelle inf. des deux fleurs portant sur le dos une arête droite et saillante;* fl. blanchâtres, luisantes, en panicule trichotome, très-rameuse, à *rameaux à la fin divariqués en tous sens.* ①. Juin-juillet.

Bois, pâturages couverts : le Garon; Charbonnières, au bois de l'Étoile; Dardilly.

b. A. *ambigua* (de Notaris). Glumelles toutes deux munies d'une arête. — Pâturages à Givors.

1729. A. MULTICAULIS (Dumortier). C. MULTICAULE.—A. aggregata (Timeroy).

Chaumes de 2-4 déc., venant par touffes bien garnies; f. glauques, enroulées-filiformes, à *gaines rudes au rebours; une des deux fleurs de chaque épillet pédicellée; glumelle inf. des deux fleurs de chaque épillet portant une arête genouillée, insérée au dessous de son sommet;* pédicelles plus longs que les épillets; *épillets ramassés au sommet des rameaux;* fl. blanchâtres, luisantes, en *panicule trichotome très-composée et très-étalée.* ①. Mai-juillet.

Champs, pelouses : Charbonnières; Dardilly; le Garon; autour des étangs de Lavore.

1730. A. CAPILLARIS (Host.). C. CAPILLAIRE.

Chaumes de 2-4 déc., droits, grêles ; f. enroulées-filiformes, à gaînes un peu rudes au rebours, à limbe très-court ; *glumelle inf. munie d'une arête sur le dos, mais seulement dans la fleur sup. de chaque épillet* ; pédicelles capillaires, la plupart beaucoup plus longs que les épillets ; *épillets également épars dans toute la panicule* ; fl. très-petites, luisantes, argentées, en *panicule trichotome, étalée*, très-élégante. ④. Mai-juin.

La Pape ; le Molard ; le Garon ; terres autour du bois de Rotonne, près Belley. R.

1731. A. PRÆCOX (L.). C. PRÉCOCE.—Avena præcox (P. Beauv.).

Chaumes de 1-2 déc., grêles, venant par touffes ; f. courtes, enroulées-sétacées ; glumelle inf. munie d'une arête sur le dos dans les deux fleurs de chaque épillet ; fl. panachées de blanc et de vert, quelquefois de rose, en *panicule contractée en forme d'épi dont les rameaux sont courts et dressés*. ④. Avril-mai.

Terres sablonneuses : Francheville ; bords du Rhône ; sables de l'Ain ; environs de Bourg.

DXIV. HOLCUS (L.). HOULQUE.

Glumes à 2 fleurs, *la supérieure ne contenant que des étamines et munie sur le dos d'une arête tordue, à la fin réfléchie* ; glumelle inférieure entière au sommet ; styles très-courts.

1732. H. MOLLIS (L.). H. MOLLE.—Avena mollis (Kœl.).

Racine longuement traçante ; chaumes de 4-9 déc. ; f. à limbe pubescent, un peu rude, à gaînes presque glabres ; *arête à la fin genouillée, beaucoup plus longue que les glumes* ; fl. blanchâtres ou violacées, en panicule dressée ou un peu étalée. ♃. Juin-septembre.

Haies, prés, bord des terres. C. C.

1733. H. LANATUS (L.). H. LAINEUSE.—Avena lanata (Kœl.).

Racine fibreuse, non traçante ; chaumes de 4-8 déc., à nœuds velus ; f. à gaînes laineuses ; *arête à la fin recourbée, ne dépassant pas ou dépassant à peine les glumes* ; fl. blanchâtres, panachées de vert et de rose, en panicule d'abord dressée, puis étalée pendant la floraison. ♃. Juin-septembre.

Haies, prés, bord des terres. C. C. C.

DXV. ARRHENATERUM (P. Beauv.). ARRHÉNATÈRE.

Glumes à 2 fleurs, 'inférieure ne contenant que des étamines et munie sur le dos d'une arête genouillée ; glumelle inférieure tridentée au sommet ; styles nuls.

1734. A. ELATIUS (Mert. et Koch). A. ÉLEVÉE.— Avena elatior (L.). — Holcus avenaceus (Scop.). (Vulg. *Fromental.*)

Racine rampante et fibreuse ; chaumes de 5-12 déc., très-élancés, à *nœuds glabres* ; f. planes, glabres, d'un vert un peu glaucescent ; arêtes 2 fois au moins plus longues que les glumes ; *glumelle inf. poilue à la base* ; fl. luisantes, d'un vert blanchâtre, quelquefois violacé, en panicule d'abord dressée, puis étalée au moment de la floraison. ♃. Juin-juillet. (V. D.)

Prairies, moissons, champs arides. C. C.

1735. A. BULBOSUM (Presl.). A. BULBEUSE.—Avena precatoria (Thuill.). (Vulg. *Chiendent à chapelet.*)

Racine formée de plusieurs tubercules arrondis et super-posés ; chaumes de 5-10 déc., grêles, élancés, à *nœuds pubes-cents* ; f. vertes, linéaires, étroites ; *glumelle inf. presque glabre* ; fl. luisantes, d'un vert blanchâtre, en panicule oblon-gue-lancéolée, plus petite que dans l'espèce précédente. ♃. Juin-juillet.

Bois, champs. C.

DXVI. AVENA (L.). AVOINE.

Glumes contenant 2 *fleurs* ou plus, *toutes complètes et fer-tiles* ; *glumelle inférieure portant insérée sur son dos une arête genouillée au milieu, tordue à la base* ; styles nuls ; fleurs en panicule.

* *Plantes annuelles ; épillets pendants, au moins après la floraison ; ovaire poilu au sommet.*

1736. A. STRIGOSA (Schreb.). A. RUDE.—A. nervosa (Lamk.).

Chaumes de 5-10 déc., droits, feuillés ; f. planes, linéaires, allongées ; glumes renfermant ordinairement 2 fleurs, la sup. marquée de 7-9 nervures ; *glumelle inf. glabre ou hérissée seulement au sommet, terminée par deux pointes droites et parallèles ayant la forme de petites arêtes* ; fl. verdâtres, panachées de violet, portées sur un *axe glabre*, disposées en panicule lâche, étroite, presque unilatérale. ①. Juillet-août.

Champs à Charbonnières et à Montribloud. R. — Cultivée dans les montagnes.

1737. A. FATUA (L.). A. FOLLE. (Vulg. *Folle-Avoine.*)

Chaumes de 6-10 déc., droits, feuillés ; f. planes, assez larges ; glumes renfermant ordinairement 3 fleurs, la sup. marquée de 9 nervures ; *glumelle inf. courtement bifide au sommet, garnie de poils roussâtres depuis sa base jusqu'à son milieu* ; fl. verdâtres, portées sur un *axe velu*, disposées en panicule étalée dans tous les sens. ①. Juin-juillet. (V. D.)

Moissons. C.

* Plantes vivaces; épillets non pendants; ovaire poilu au sommet.

1738. A. pubescens (L.). A. pubescente.

Racine un peu traçante; chaumes de 5-8 déc.; f. toutes planes, rudes sur les bords, *les inf. velues-pubescentes, ainsi que leurs gaines*; languette des feuilles sup. oblóngue et allongée; glumes contenant 2-3 fleurs, *les sup. à pédicelles chargés de longs poils*; fl. rougeâtres ou violettes à leur base, argentées au sommet, disposées en panicule droite, peu étalée, presque en grappe simple. ♃. Mai-juin.

Prairies, pâturages, bord des chemins. C. C.

1739. A. pratensis (L.). A. des prés.

Racine fibreuse, non traçante; chaumes de 4-8 déc.; f. *glabres*, rudes sur les bords, *les radicales pliées-enroulées*, les autres planes; languette des feuilles sup. oblongue et allongée; glumes contenant 3-6 *fleurs à pédicelles garnis de poils courts; glumelle inf. munie de poils courts à la base*; fl. vertes ou un peu rougeâtres, en panicule simple, étroite, serrée, ayant la forme d'un *épi allongé*. ♃. Juin-juillet.

Coteaux et pâturages secs. A. C.

1740. A. versicolor (Vill.). A. bigarrée.—A. Scheuchzeri (All.).

Racine fibreuse, non traçante; chaumes de 2-4 déc.; f. *toutes glabres, presque lisses en dessus, les radicales courtes et pliées en carène*, mais non roulées sur leurs bords, les caulinaires planes; languette des feuilles sup. oblongue et allongée; glumes contenant 4-6 fleurs à *pédicelles couverts de poils courts; glumelle inf. très-glabre*; fl. bigarrées de vert, de roux et de pourpre, en panicule simple, courte, ayant la forme d'une *grappe ovale*. ♃. Juin-juillet.

Montagnes du Forez (La Tourrette).

1741. A. montana (Vill.). A. de montagne.—A. Sedenensis (D. C.).—A. sempervirens (Lois. non Vill.).

Racine fibreuse, non traçante; chaumes de 3-4 déc., un peu coudés à la base; f. vertes, raides, allongées, piquantes, rudes sur les bords, planes quand elles sont fraîches, plus ou moins pliées ou enroulées quand elles se dessèchent; *languette courte, tronquée, ciliée, presque toujours poilue latéralement*; glumes contenant 3 fleurs; *glumelle inf. poilue à la base*; fl. panachées de vert, de blanc et de rouge, en *panicule étroite, un peu penchée*. ♃. Juin-juillet.

Prairies, bord des torrents, pâturages à la Grande-Chartreuse.

** Épillets non pendants; ovaire glabre.

1742. A. tenuis (Mœnch.). A. grêle.—A. triaristata (Vill.).

Racine fibreuse, non traçante; chaumes de 3-6 déc., à

nœuds d'un brun noirâtre ; f. glauques, glabres, courtes ; languette allongée, aiguë ; *glumes marquées de 7-9 nervures et contenant 2-4 fleurs* ; *glumelle externe terminée par une soie et dépourvue d'arête sur le dos dans la fleur inf. de chaque épillet*, et, dans les fleurs sup., terminée par 2 soies parallèles et munie en outre sur le dos d'une longue arête genouillée ; fl. d'un glauque blanchâtre, quelquefois panachées de violet, en panicule d'abord dressée, puis étalée. ①. Juin.

Bord des terres et des bois : Tassin ; Francheville ; Chaponost ; Pollionnay ; Pierre-sur-Haute. P. R.

1743. A. FLAVESCENS (L.). A. JAUNATRE.

Racine presque rampante ; chaumes de 4-8 déc., grêles, dressés ; *f. toutes planes, velues ou pubescentes, ainsi que les gaînes inf.* ; glumes à 2-5 fleurs, *la sup.* plus grande et *marquée de 3 nervures* ; glumelle inf. terminée par 2 soies courtes et portant sur le dos une arête genouillée ; fl. très-petites, luisantes, jaunâtres, rarement panachées de violet, en panicule allongée et un peu diffuse. ♃. Mai-juillet.

Prairies, pâturages. C.

DXVII. DANTHONIA (D. C.). DANTHONIE.

Glumes grandes, convexes, contenant 2-6 fleurs ; *glumelle inférieure bifide au sommet et portant dans l'échancrure une arête courte, aplanie, en forme de dent* ; ovaire glabre ; styles très-courts.

1744. D. DECUMBENS (D. C.). D. TOMBANTE. — Festuca decumbens (L.). — Triodia decumbens (P. Beauv.).

Chaumes de 1-5 déc., venant par touffes, inclinés à la maturité ; f. planes, un peu poilues, ainsi que l'ouverture des gaînes, les radicales très-allongées ; fl. assez grosses, verdâtres, souvent panachées de violet, disposées en grappe ou en panicule très-resserrée. ♃. Juin-juillet.

Bois et pâturages : Francheville ; Charbonnières, au bois de l'Étoile ; Chaponost, en allant au Garon ; Dessine ; Yvour ; Pilat ; environs de Belley ; Colliard. A. R.

DXVIII. MELICA (L.). MÉLIQUE.

Glumes convexes, membraneuses, mutiques, contenant 1-3 fleurs fertiles, et, en outre, 1 *ou plusieurs fleurs stériles et rudimentaires ; glumelles mutiques*, à la fin cartilagineuses ; styles médiocres.

1745. M. CILIATA (L.). M. CILIÉE.

Racine gazonnante ; chaumes de 4-8 déc., raides ; f. glaucescentes, souvent un peu enroulées; *glumelle inférieure bordée de longs cils blancs et soyeux*; fl. luisantes, d'un blanc verdâtre, souvent panachées de violet ou de vert plus foncé, disposées en *panicule dressée*, serrée en forme d'épi. ♃. Mai-juillet. (*V. D.*)

Lieux arides et pierreux : vallon d'Oullins; Chaponost; Couzon; sur les murs à Belley et sur toutes les montagnes des environs.

1746. M. nutans (L.). M. penchée. — M. montana (Huds.).

Racine un peu traçante; chaumes de 4-6 déc., grêles, flexibles; f. vertes, toujours planes, à gaîne non fendue, à languette très-courte ou nulle; *glumes contenant 2-3 fleurs fertiles*; *glumelles glabres*; *fl.* rougeàtres ou violacées, *penchées*, disposées en *panicule unilatérale, multiflore*, serrée en forme de grappe simple, *gracieusement inclinée*. ♃. Mai-juin. (*V. D.*)

Bois ombragés. A. C.

1747. M. uniflora (Retz). M. uniflore. — M. Lobelii (Vill.).

Racine un peu traçante; chaumes de 4-6 déc., grêles, flexibles; f. vertes, toujours planes, à gaîne non fendue, prolongée en languette acuminée; *glumes ne renfermant que 1 seule fleur fertile*: *glumelles glabres*; *fl.* rougeàtres ou violacées, longuement pédicellées, *un peu étalées*, très-espacées, disposées en *panicule* ayant la forme d'une grappe *lâche, unilatérale, pauciflore, dressée*. ♃. Mai-juin.

Bois couverts : Oullins; Roche-Cardon; la Pape; autour de Belley. P. R.

Vᵉ Tribu : FESTUCACÉES. — Glumes contenant 2 ou plusieurs fleurs et toujours beaucoup plus courtes que l'épillet; épillets pédonculés, disposés en panicule rameuse, plus rarement en panicule spiciforme ou en grappe; styles nuls ou très-courts, rarement allongés; stigmates sortant vers la base des glumelles, rarement vers leur partie moyenne.

DXIX. Phragmites (Trinius). Roseau.

Glumes carénées, très-inégales, contenant 3-7 fleurs, *l'inférieure n'ayant que des étamines, les autres complètes et entourées chacune de longs poils*; glumelles très-inégales, longuement acuminées; *styles allongés*; *stigmates* plumeux, sortant vers le milieu des glumelles.

1748. P. communis (Trinius). R. commun. — Arundo phragmites (L.). (Vulg Jonc à balais, *Balai de silence.*)

Racine traçante; chaumes de 1-2 mètres, droits, herbacés; f. glaucescentes, surtout en dessous, lancéolées, très-longues,

rudes et coupantes sur les bords; glumes contenant ordinairement 4-5 fleurs; fl. violacées, rarement jaunâtres, en panicule
diffuse, très-rameuse et très-ample. ♃. Août-septembre.
(V.-D.)

b. var. *subuniflora*. — *Arundo nigricans* (Mérat). Glumes d'un violet
noirâtre, ne contenant que 1-2 fleurs souvent stériles.

c. var. *variegata*. F. panachées de vert et de blanc.

Lieux aquatiques, fossés, étangs. C.

DXX. POA (L.). PATURIN.

Glumes mutiques, un peu inégales, contenant 2-5 fleurs
ou plus, disposées en *épillets comprimés; glumelles mutiques,*
scarieuses sur les bords, *l'inférieure comprimée en carène* et
embrassant la supérieure, qui est plus étroite, ciliée et souvent échancrée; fleurs en *panicule rameuse.*

* *Glumelles glabres à la base; sommet des gaines des feuilles poilu.*
Eragrostis (P. Beauv).

1749. P. MEGASTACHYA (Kœl.). P. A GRANDS ÉPIS. — Eragrostis megastachya
(Link). — Briza eragrostis (L.).

Chaumes de 1-5 déc., étalés ou ascendants; f. planes,
courtes, bordées de très-petites dents glanduleuses; *épillets
lancéolés, contenant* 15-20 *fleurs;* fl. luisantes, vertes, panachées de violet, en panicule bien fournie, celle-ci à *rameaux
solitaires ou géminés.* ①. Juin-septembre. (V. D.)

Jardins, terres sablonneuses. C.

1750. P. ERAGROSTIS (L.). P. AMOURETTE. — Eragrostis pœoides (P. Beauv.).

Chaumes de 1-5 déc., grêles, dressés ou inclinés; *f.* planes,
linéaires, *parsemées de poils sur le bord du limbe et sur la
gaine; épillets linéaires, contenant* 8-10 *fleurs;* fl. munies
d'une nervure latérale bien marquée, disposées en panicule
étroite, étalée, celle-ci à *rameaux solitaires ou géminés.*
①. Juillet-septembre.

Champs sablonneux : Perrache; la Mouche; Pierre-Bénite; Vassieux;
Vienne. P. C.

1751. P. PILOSA (L.). P. A MANCHETTES. — Eragrostis pilosa (P. Beauv.).

Chaumes de 5-30 cent., grêles, étalés ou ascendants; *f.*
planes, étroites, *glabres, ainsi que les gaines,* qui présentent à
l'orifice un faisceau de poils rayonnants; *épillets linéaires,
contenant* 5-12 *fleurs;* glumelle inférieure à nervure latérale
peu marquée; fl. petites, luisantes, violacées ou bleuâtres, en
panicule dont les *rameaux inférieurs* sont *poilus à la base
et verticillés par* 4-5 *à la fois.* ①. Juillet-septembre. (V. D.)

Lieux sablonneux et humides : Perrache; bords de la Saône, à Collonges;
Pilat; Saint-Étienne en Forez; et dans l'Ain. Thoissey et Saint-Didier, sur
les bords de la Saône : Reyrieux; bois de Rhinge, près Saint-Rambert. A. R.

24

'' *Glumelles ordinairement pubescentes ou laineuses à la base ; feuilles
non poilues à l'orifice de la gaine.*

† *Racine fibreuse, non stolonifère, rarement à stolons très-courts.*

A. *Rameaux de la panicule solitaires ou géminés.*

1752. P. ANNUA (L.). P. ANNUEL.

Chaumes de 5-30 cent., cylindriques ou un peu comprimés ;
f. bien vertes, flasques, un peu canaliculées, les sup. à languette oblongue ; *glumelles glabres ou à peine pubescentes à
la base, sur les bords et sur le dos* ; rameaux lisses, étalés ou
réfléchis ; fl. verdâtres, quelquefois bigarrées de violet, en
panicule presque unilatérale. ①. Presque toute l'année. (*V. D.*)

Partout. C. C. C.

b. var. *vivipara.* Fl. transformées en bourgeons foliacés.

1753. P. BULBOSA (L.). P. BULBEUX.

Chaumes de 2-4 déc., renflés à la base en forme de bulbe ;
f. planes, étroitement linéaires, à limbe très-court, *toutes à
languette oblongue-lancéolée* ; *glumelles pubescentes sur les
bords et sur le dos, et, en outre, entourées à la base de longs
poils laineux* ; rameaux rudes, solitaires, géminés ou ternés ;
fl. luisantes, souvent bigarrées de blanc et de violet, en panicule ovale, dressée, compacte. ♃. Avril-juin.

b. var. *vivipara.* Fl. transformées en bourgeons foliacés.

Prés, murs, lieux secs. C. — La variété plus commune encore que le type.

1754. P. ALPINA (L.). P. DES ALPES.

*Chaumes de 1-5 déc., dressés, entourés à la base de faisceaux
de feuilles courtes, renfermées dans les mêmes gaines qu'eux ;*
f. linéaires, subitement contractées en pointe, *les inf. à languette courte et tronquée*, les sup. à languette oblongue-lancéolée ; *glumelles pubescentes sur le dos et sur les bords,
velues-soyeuses à la base* ; rameaux lisses ou rudes, ordinairement géminés ; fl. luisantes, verdâtres, élégamment panachées
de violet et de blanc jaunâtre, en panicule ovale, dressée,
très-étalée pendant la floraison. ♃. Juin-août.

b. var. *vivipara.* Fl. transformées en bourgeons foliacés.

Pâturages des hautes montagnes : la Grande-Chartreuse ; et dans l'Ain, Retord ; Ruffieu ; le Colombier, près Belley ; le Jura et tout le Haut-Bugey ; se
trouve même quelquefois sur les bords de l'Ain.

B. *Rameaux inférieurs de la panicule semi-verticillés par 3-5.*

a. *Glumelles pubescentes sur les bords, à nervures peu marquées.*

1755. P. NEMORALIS (L.). P. DES BOIS.

Racine fibreuse, à stolons très-courts ; chaumes de 4-6 déc., grêles, élancés, à peu près cylindriques; f. linéaires, à *gaines plus courtes que les entrenœuds, la sup. à limbe plus long que sa gaine; languette courte, presque nulle;* glumelles pubescentes sur les bords et sur le dos; rameaux rudes, les inf. semi-verticillés par 3-5; fl. verdâtres, rarement violacées, en panicule ordinairement allongée, lâche, étalée et souvent un peu penchée. ♃. Mai-septembre. (*V. D.*)

a. var. *vulgaris.* Plante bien verte, à chaume un peu faible; glumes ne contenant que 2 fleurs; panicule allongée, lâche, un peu penchée.

b. P. *coarctata* (D. C.). Plante glaucescente ou rougeâtre, à chaume raide; glumes à 3-5 fleurs; panicule dressée et resserrée.

Bois, rochers, murs; la var. *b* dans les sables. A. C.

— On trouve à Bonnand le P. *nemoralis* avec les nœuds renflés, hérissés d'une petite touffe ovale et spongieuse. Cette modification, occasionnée par la piqûre d'un insecte, constitue la variété *typhina* de certains auteurs.

1756. P. SEROTINA (Gaud.). P. TARDIF. — P. fertilis (Host.). — P. palustris (Roth).

Racine fibreuse, gazonnante; chaumes de 4-8 déc., cylindracés ou un peu comprimés, d'abord couchés et radicants, puis redressés; f. et gaînes glabres et à peu près lisses, *la f. sup. à limbe plus court que sa gaine; languette des feuilles sup. oblongue-lancéolée;* glumelles un peu pubescentes sur les bords et sur le dos, munies, en outre, de quelques poils laineux à la base; rameaux rudes, semi-verticillés par 4-5; fl. verdâtres, tachées vers le sommet de jaunâtre et de violet, en panicule lâche et étalée. ♃. Juin-septembre.

Fossés, marais, prés fangeux, lieux mouillés en hiver: Saint-Alban, près Lyon; Pierre-Bénite; île du Rhône, en face de Vernaison. P. C.

b. *Glumelles non pubescentes sur les bords et à 5 nervures bien marquées, surtout quand la plante est sèche.*

1757. P SUDETICA (Wild.). P. DE SILÉSIE. — P. sylvatica (Vill.).

Chaumes de 6-8 déc., droits, élancés, *comprimés de manière à offrir 2 tranchants; f. lisses,* lancéolées-linéaires, subitement contractées en pointe, les inf. se recouvrant sur 2 rangs opposés, comme dans les Iris; *languette courte et tronquée;* glumelles glabres ou à peine pubescentes à la base; rameaux rudes, les inf. semi-verticillés par 4-5; fl. verdâtres ou d'un violet noirâtre, en panicule pyramidale et étalée pendant la floraison. ♃. Juin-août.

Prés et bois: le Mont-Pilat; la Grande-Chartreuse; le Poizat (Ain). R.

1758. P. TRIVIALIS (L.). P. COMMUN. — P. scabra (Ehrh.).

Chaumes de 4-8 déc., *cylindriques ou à peine comprimés,* d'abord couchés, puis redressés; *f. rudes sur les bords et sur la gaine; languette des feuilles sup. oblongue-lancéolée;* glu-

melles un peu laineuses à la base; rameaux rudes, les inf.
semi-verticillés par 4-5; fl. verdâtres, quelquefois violacées.
en panicule étalée. ♃. Mai-juillet. (V. D.)

Haies, prés, bord des bois. C.

†† *Racine émettant des stolons très-allongés.*

1759. P. PRATENSIS (L). P. DES PRÉS.

Chaumes de 4-8 déc., grêles, *droits*, ordinairement *cylindriques ou à peine comprimés à la base ;* f. planes, lisses, très-
glabres, la sup. à gaine beaucoup plus longue que son limbe;
languette courte, obtuse, tronquée; *glumelles munies de
longs poils laineux à la base; rameaux inf. semi-verticillés
par* 4-5; fl. verdâtres ou violacées, en panicule étalée. ♃.
Mai-août. (V. D.)

Prairies, pâturages. C. C.

b. P. *angustifolia* (L.). F. radicales très-étroites. à la fin enroulées, souvent
glaucescentes ou même cendrées. — Lieux arides. vieux murs.

c. P. *anceps* (Gaud.). Chaume comprimé, presque à 2 tranchants. — Champs
sablonneux à la Mouche et à Charbonnières. R.

1760. P. COMPRESSA (L.). P. COMPRIMÉ.

Chaumes de 1-4 déc., *couchés et genouillés à la base, comprimés
de manière à offrir 2 tranchants;* f. plus ou moins glauques,
lisses, la sup. à gaine plus longue que son limbe; languette
très-courte, tronquée; épillets à 5-9 fleurs; *glumelles pubescentes ou à peine laineuses à la base; rameaux inf. géminés
ou ternés,* rarement semi-verticillés par 4-5; fl. bigarrées de
vert, de rougeâtre et de blanc, en panicule étroite et presque
unilatérale. ♃. Juin-août.

b. var. *pauciflora.* Chaumes plus grêles, moins élevés; f. d'un glauque presque
cendré; épillets à 2-4 fleurs.

Lieux sablonneux, vieux murs. rochers : Oullins; Francheville; Tassin; et
dans l'Ain, de Serrières à Saint-Rambert; Belley; Muziu; Champagne, etc.
P. R.

DXXI. GLYCERIA (Rob. Br.). GLYCÉRIE.

*Glumelle inférieure oblongue, obtuse, à dos semi-cylindrique
en dehors ;* le reste comme au G. *Poa.* Plantes aquatiques.

* *Épillets ne contenant ordinairement que 2 fleurs, très rarement 3-5.*

1761. G. AIROIDES (Rchb.). G. FAUSSE CANCHE.—Aira aquatica (L.).—Melica
aquatica (Lois.).—Catabrosa aquatica (P. Beauv.).

Racine rampante et stolonifère; chaumes de 3-8 déc.,
couchés et radicants à la base; f. glaucescentes, planes, linéaires; glumelles marquées de 3 nervures saillantes; rameaux
verticillés; fl. petites, très-caduques, verdâtres, mélangées

de violet rougeâtre, en panicule égale et diffuse. ♃. Mai-août.

b. var. *vivipara.* Fl. transformées en bourgeons foliacés.

Marais, fossés, bord des eaux : les Brotteaux ; îles du Rhône, au dessous de la Pape; Pont-Chéry; la Bresse. P. C.

** *Épillets allongés, contenant 5-11 fleurs.*

1762. G. SPECTABILIS (Mert. et Koch) G. ÉLEVÉE. — G. aquatica (Wahlb.). — Poa aquatica (L.).

Racine rampante et stolonifère ; *chaumes* de 8-12 déc., *droits, fermes*; f. planes, largement lancéolées-linéaires, marquées de deux taches d'un jaune fauve vers l'orifice de la gaîne ; épillets à 5-9 fleurs; *fl. en panicule très-ample et très-rameuse.* ♃. Juillet-août. (*V. D.*)

Fossés aquatiques : Sain-Fonds; saulées entre Feyzin et le Rhône; Saint-André-de-Corcy. R.

1763. G. FLUITANS (Wahlb.). G. FLOTTANTE.—Poa fluitans (Scop.).

Racine rampante ; *chaumes* de 4-8 déc., *couchés et radicants à la base, faibles, ne se soutenant pas d'eux-mêmes*; f. planes, linéaires, flottantes; *épillets* allongés, à 7-11 fleurs, *appliqués contre l'axe qui les soutient*; *fl. en panicule simple ou en grappe allongée et unilatérale.* ♃. Mai-août. (*V. D.*)

Fossés pleins d'eau, étangs, mares. C.

DXXII. BRIZA (L.). BRIZE.

Glumes contenant 5-10 fleurs ou plus; glumelles concaves, *obtuses, mutiques,* étroitement imbriquées; *épillets comprimés,* ovales ou triangulaires, *tremblottants sur de longs pédicelles;* stigmates plumeux, à barbes rameuses.

1764. B. MEDIA (L.). B. MOYENNE. (Vulg. *Amourette.*)

Chaumes de 2-5 déc., droits; f. à limbe très-court et gaîne très-longue ; *languette très-courte, tronquée au sommet; glumes dépassées par les glumelles qui les avoisinent;* épillets ovales, arrondis ou un peu en cœur à la base; fl. vertes, souvent panachées de violet, en panicule d'abord serrée, puis étalée et pyramidale. ♃. Mai-juillet. (*V. D.*)

b. var. *pallens.* Épillets plus petits, ovales, mais non en cœur, toujours verdâtres ; panicule rapprochée de la feuille supérieure.

Prés, pâturages. A. C.

1765. B. MINOR (L.). B. FLUETTE.

Chaumes de 1-5 déc., dressés; f. sup. à gaîne beaucoup plus longue que le limbe; *languette aiguë et allongée; glumes égalant ou dépassant les glumelles qui les avoisinent;* épillets triangulaires; fl. vertes, en panicule d'abord serrée, ensuite étalée et pyramidale. ④. Mai-juillet.

Pâturages sablonneux dans le Haut-Bugey. R.

DXXIII. Cynosurus (L.). Cynosure.

Épillets munis à la base de bractées pectinées; glumes aiguës ou aristées, contenant 2-5 fleurs; glumelles entières, lancéolées-acuminées.

1766. C. cristatus (L.). C. a crêtes. (Vulg. *Crételle*.)

Chaumes de 4-8 déc., grêles, élancés; f. planes, linéaires, étroites; bractées mucronées; fl. vertes, en grappe unilatérale, si serrée qu'elle ressemble à un épi. ♃. Juin-juillet.

Prairies, lieux herbeux. C.

DXXIV. Dactylis (L.). Dactyle.

Glumes inégales, comprimées en carène aiguë, contenant 2-5 fleurs; *glumelles carénées*, entières ou bifides au sommet, *l'inférieure munie d'une arête courte; fleurs en petits paquets compactes formant une panicule unilatérale.*

1767. D. glomerata (L.). D. pelotonné.

Racine gazonnante; chaumes de 4-10 déc., dressés, assez fermes; f. linéaires, vertes ou glaucescentes, plancs ou un peu pliées en carène; glumelle inf. à 5 nervures; fl. verdâtres, glaucescentes ou violacées, en petits paquets alternes formant une panicule unilatérale et très-serrée. ♃. Juin-septembre. (*V. D.*)

Haies, prés, bois, lieux herbeux. C. C. C.

DXXV. Festuca (L.). Fétuque.

Glumes inégales, contenant 4-12 fleurs, rarement moins; *glumelles à dos arrondi, l'inférieure aiguë ou aristée, la supérieure plus petite et très-finement ciliée*; fleurs en panicule ou en grappe, très-rarement en épi.

⁎ Glumelles à arête très-allongée.

1768. F. bromoides (L.). F. faux brome. — F. uniglumis (Ait.).

Chaumes de 2-3 déc., grêles; f. linéaires, enroulées sous les bords; glume supérieure aristée, *l'inférieure très-courte ou nulle; glumelles glabres;* 3 étamines; fl. verdâtres, en panicule unilatérale, resserrée en forme d'épi. ①. Mai-juillet.

Murs, lieux sablonneux : Écully; le Pont-d'Alaï; Charbonnières; Mont-Chat; le Garon; Givors, etc. C.

1769. F. sciuroides (Roth). F. queue-d'écureuil. — F. bromoides (Smith non L.).

Chaumes de 2-3 déc., grêles; f. linéaires, enroulées sous les bords; *glumes aiguës, non aristées, l'inférieure égalant envi-*

ron la moitié de la supérieure; glumelles un peu rudes, mais non ciliées; 1 étamine; fl. verdâtres, en panicule unilatérale, courte, droite, resserrée au sommet, rameuse et étalée à la base au moment de la floraison, éloignée et complétement dégagée de la feuille supérieure. ①. Mai-juillet.

Murs, lieux sablonneux : Villeurbanne; aux Vallières. en arrivant à Saint-Bonnet-le-Froid; Pont-d'Ain; Saint-Rambert (Ain). A. R.

1770. F. PSEUDO-MYUROS (Soy. Will.) F. FAUSSE QUEUE-DE-RAT. — F. myuros (L. Herb.).

Chaumes de 1-3 déc., grêles, feuillés; f. linéaires, planes dans leur jeunesse, enroulées sous les bords dans leur vieillesse; glumes aiguës, non aristées, l'inférieure plus courte que la moitié de la supérieure; glumelles un peu rudes, mais non ciliées; fl. verdâtres, en panicule unilatérale, allongée, quelquefois un peu penchée, resserrée en forme d'épi, très-rapprochée de la feuille supérieure, qui souvent même enveloppe sa base. ①. Mai-juillet.

Perrache; la Tête-d'Or; Chaponost.

1771. F. CILIATA (D. C.). F. CILIÉE. — F. myuros (L. pro parte).

Chaumes de 1-3 déc., grêles, feuillés; f. linéaires, enroulées sous les bords; glumes aiguës, non aristées, l'inférieure très-courte ou nulle; glumelles bordées de cils blancs et soyeux; fl. verdâtres ou violacées, en panicule allongée, resserrée en forme d'épi. ①. Mai-juillet.

Vieux murs, rochers, champs sablonneux, coteaux incultes : Perrache; Écully; Francheville; Villeurbanne; Saint-Étienne-en-Forez, etc. C.

** Glumelles à arête nulle et très courte.

† Racine annuelle; pédicelles très-courts. également épaissis dans toute leur longueur.

1772. F. RIGIDA (Kunth). F. RAIDE. — Poa rigida (L.).

Plante glaucescente. Chaumes de 5-20 cent., coudés à la base sur les nœuds, venant par petites touffes; f. linéaires, courtes, quelquefois enroulées sous les bords; languette obtuse, déchirée au sommet; épillets à 5-12 fleurs; rameaux très-courts, alternes, disposés sur 2 rangs sur un axe anguleux; fl. ordinairement glaucescentes, quelquefois un peu rougeâtres, en panicule raide, étroite et unilatérale. ①. Juin-juillet.

Bord des chemins, lieux secs et arides: Sainte-Foy-lès-Lyon; la Pape; la Valbonne, etc, A. C.

†† *Racines vivaces; pédoncules filiformes, un peu renflés au dessous de la fleur.*

A. *Feuilles filiformes ou enroulées sous les bords, au moins les radicales.*

a. *Languette très-courte, partagée en 2 petites oreillettes arrondies.*

1773. F. OVINA (L). F. DES BREBIS.

Racine fibreuse; chaumes de 1-4 déc., très-grêles, presque quadrangulaires, venant par touffes; *f. toutes enroulées-capillaires,* sensiblement rudes au rebours, les radicales nombreuses et assez allongées, les caulinaires courtes et peu nombreuses; *glumelle inférieure munie d'une arête courte;* fl. verdâtres ou violacées, en panicule dressée, étroite et unilatérale. ♃. Mai-juin. (*V. D.*)

Coteaux secs, montagnes arides. C.

1774. F. TENUIFOLIA (Sibth.). F. A FEUILLES MENUES.

Racine fibreuse; chaumes de 1-3 déc., très-grêles, anguleux au sommet, venant par touffes; *f.* glaucescentes, *toutes enroulées-capillaires, sensiblement rudes au rebours,* les radicales nombreuses et un peu allongées, les caulinaires rares et courtes; *glumelles sans arête;* fl. verdâtres ou violacées, en panicule droite, grêle, resserrée. ♃. Mai-juin.

Bois de l'Étoile, à Charbonnières; Saint-Bonnet-le-Froid. R.

b. F. *capillata* (Lamk.). F. très-fines, très-allongées. — Pâturages au dessus de Crémieux.

c. F. *amethystina* (Vill.). F. d'un vert foncé, raides, piquantes; fl. d'un violet rougeâtre. — Pâturages au dessus des vignes du Reclus, à Saint-Rambert (Ain) (M. Auger).

1775. F. DURIUSCULA (D. C.). F. DURE.

Racine fibreuse; chaumes de 2-5 déc., grêles, anguleux au sommet, venant par touffes; *f.* vertes ou à peine glaucescentes, assez courtes, étroites, *lisses au rebours, toutes enroulées-filiformes ou pliées en long; glumelles entièrement glabres,* munies d'une courte arête; fl. verdâtres, souvent rougeâtres, en panicule droite et serrée. ♃. Mai-juin.

Bord des bois, lieux arides et rochers : Charbonnières; la Pape; montagnes des environs de Belley, sous Pierre-Châtel, Muzin, Parves. C.

1776. F. GLAUCA (Lamk.). F. GLAUQUE.

Racine fibreuse; chaumes de 1-6 déc., grêles, venant par touffes; *f. d'un glauque blanchâtre,* lisses au rebours, *toutes enroulées ou pliées-filiformes; glumelles* munies d'une courte arête, ordinairement *velues, au moins vers le sommet;* fl. glauques, en panicule dressée, plus ou moins resserrée. ♃. Mai-juin.

a F. *glauca* (Lamk.). Glumelles velues seulement vers le sommet. — Pelouses des bois, pâturages secs. C.

b. F. *cinerea* (Vill.). Glumelles entièrement recouvertes d'un duvet velouté. — Coteaux du Garon ; montagnes des environs de Belley.

c. F. *longifolia* (Thuill.). Chaume élevé ; f. très-allongées. — Rochers sur les bords du Garon.

d. F. *longifoliaglabra*. Épillets glabres. — Haies à Royes.

1777. F. VIOLACEA (D. C. et Balbis. Fl. lyonn.). F. VIOLETTE.

Racine fibreuse ; chaumes de 2-3 déc., droits, lisses ; f. d'un vert gai, *molles, lisses, toutes enroulées-capillaires,* de moitié au moins plus courtes que les chaumes ; *glumelles glabres,* munies d'une arête violette, rude et très-courte ; *fl. violettes,* en panicule un peu lâche, oblongue, étroite. ♃. Juin-juillet.

Prairies marécageuses : Vassieux ; Pilat ; et dans l'Ain, Muzin, près Belley ; Virieu-le-Grand ; bords du lac Bertrand et du lac de Bar ; marais d'Aranc.

1778. F. NIGRESCENS (Gaud.) F. NOIRATRE.

Racine fibreuse ; chaumes de 2-5 déc., droits, raides, à nœuds noirâtres ; f. un peu rudes au rebours, les radicales enroulées-capillaires, raides, dressées, *les sup.* courtes, *un peu planes quand elles sont fraiches ; glumelles glabres,* se terminant par une arête brune, droite, presque aussi longue qu'elles ; *fl.* luisantes, *d'un violet foncé,* mêlé de verdâtre, en panicule droite, rameuse, un peu lâche. ♃. Juin-juillet.

Pâturages des hautes montagnes : Pilat ; Pierre-sur-Haute ; le Reculet.

1779. F. RUBRA (Gaud.). F. ROUGE.

Racine rampante et stolonifère ; chaumes de 2-5 déc., grêles ; f. radicales enroulées-capillaires, *les supérieures plus larges, presque planes,* velues en dessous ; *glumelles ordinairement glabres,* terminées par une arête courte ; fl. le plus souvent rougeâtres, en panicule dressée, rameuse, un peu lâche. ♃. Mai-juin. (V. D.)

b. F. *dumetorum* (D..C.). Glumelles ciliées, pubescentes au sommet.

Pâturages secs, lieux sablonneux : Tassin ; Villeurbanne ; Génas ; Messimy ; et dans l'Ain, Conzieu ; Colomieu ; Virignin.

c. var. *tenuifolia*. F. courtes, les sup. très-étroites, presque enroulées. — Vaugneray. R.

1780. F. HETEROPHYLLA (Lamk.). F. HÉTÉROPHYLLE.

Racine fibreuse ; chaumes de 5-8 déc., droits, grêles ; f. plus ou moins glauques, un peu rudes sur les bords, les radicales enroulées-capillaires, *les caulinaires planes et 3-4 fois plus larges ; glumelles glabres,* terminées par une arête courte ; fl. verdâtres ou bigarrées de violet foncé, en pani-

24.

cule allongée, lâche, presque toute dirigée d'un seul côté. ♃. Juin-juillet.

Bois et pâturages ombragés: Roche-Cardon ; le Mont-Cindre; vallon de Sathonay; Francheville; Tassin ; le Garon; Saint-Etienne-en-Forez; Saint-Rambert, aux bois du Cuchon et du Fays (Ain).

b. Languette ovale-oblongue, obtuse, non partagée en 2 oreillettes.

1781. F. PUMILA (Vill.). F. NAINE.

Plante d'un port et d'un aspect très-élégants. *Racine fibreuse* ; chaumes de 8-20 cent., grêles; *f. toutes pliées-filiformes,* presque aussi longues que les chaumes; *glumelles glabres,* l'inf. oblongue-lancéolée, subitement acuminée au dessus de son milieu, terminée par une courte arête; fl. luisantes, mêlées de vert et de violet, en panicule droite, d'abord resserrée, puis un peu étalée pendant la floraison. ♃. Juillet-août.

Rochers des hautes montagnes : le Reculet ; Retord.

b. var. rigidior. F. fermes, raides, glaucescentes. — La Grande-Chartreuse.

B. *Feuilles toutes planes, au moins dans leur jeunesse.*

a. Languette un peu saillante.

1782. F. SPADICEA (L.). F. BRUNATRE. — F. aurea (Lamk.).

Racine fibreuse; chaumes de 5-12 déc., droits, dépourvus de feuilles au sommet; *f.* planes, *étroitement linéaires, très-glabres,* dures, presque piquantes, *les radicales* très-allongées, à la fin enroulées, *à gaînes endurcies et renflées en forme de bulbe allongé; languette* large, *à 2 lobes obtus;* glumelles mutiques ou simplement mucronées, *l'inf. très-finement ponctuée et offrant 5 nervures, dont 3 proéminentes; ovaire poilu au sommet;* fl. d'un jaune roussâtre, en panicule dressée, un peu étalée au moment de la floraison. ♃. Juillet-août.

Pâturages du Haut-Bugey ; Corlier; Saint-Rambert.

1783. F. SYLVATICA (Vill.). F. DES FORÊTS. — Poa trinervata (Schrad.).

Racine fibreuse; chaumes de 5-10 déc., grêles, élancés, nus au sommet; *f. largement lancéolées-linéaires,* rudes sur les bords et sur les gaînes, glaucescentes en dessus, d'un vert gai en dessous, les radicales très-allongées et souvent desséchées; *languette oblongue, obtuse;* glumelles très-aiguës, *la sup. finement ponctuée et offrant 5 nervures, dont 3 proéminentes; ovaire poilu au sommet;* fl. vertes, un peu roussâtres, en épillets très-petits, formant une panicule allongée, très-rameuse et diffuse. ♃. Juin-août.

Bois des hautes montagnes : Pilat, au bois de Botte (Chabert); la Grande-Chartreuse; abbaye de Meyriat; le Mont-Dain; le Colombier du Bugey; Anglefort; cascade de la Fouge, au dessus de Poncin.

1784. F. Scheuchzeri (Gaud.). F. de Scheuchzer. — F. pulchella (Schrad.)·

Racine rampante; chaumes de 3-5 déc.; f. linéaires, vertes, glabres, planes, très-aiguës; *languette oblongue, tronquée, presque à 2 oreillettes*; *glumelle inférieure* aiguë, mutique ou munie d'une petite pointe au dessous du sommet, *offrant 5 petites nervures un peu saillantes*; *ovaire entièrement glabre*; *rameaux lisses*, très-grêles, flexueux; fl. panachées de vert, de brun violet et de jaune, en panicule élégante, rameuse, étalée, un peu penchée au sommet. ♃. Juillet-août.

Vallon d'Adran, près du Reculet.

b. *Languette très-courte, quelquefois presque nulle.*

1785. F. cærulea (D. C.). F. bleuatre. — Molinia cærulea (Mœnch.). — Enodium cæruleum (Gaud.).

Racine fibreuse, à fibres blanchâtres; *chaumes de 4-10 déc., presque nus, offrant un seul nœud très-près de la racine*; f. d'un glauque pâle, planes, longues, étroites, un peu rudes sur les bords; *épillets à 2-3 fleurs*; *glumelles mutiques*; fl. panachées de vert et de bleu ou d'un violet noirâtre, en panicule allongée, ordinairement étroite et resserrée. ♃. Juillet-octobre. (V. D.)

b. Enodium sylvaticum (Link). Fl. plus larges, en panicule étalée, très-rameuse et très-allongée.

Bois humides, prés marécageux : Tassin; Yvour; la Pape; Vaux-en-Velin; environs de Belley. C.

1786. F. serotina (L.). F. tardive. — Molinia serotina (Mert. et Koch).

Racine rampante, à fibres très-dures, rameuses et jaunâtres; *chaumes de 3-5 déc., presque entièrement recouverts par les gaines des feuilles*; f. glauques, courtes, lancéolées, étalées, piquantes; *épillets à 3-5 fleurs*; *glumelles en alène, l'inférieure terminée par une courte arête*; fl. verdâtres, bigarrées de bleu et de violet, en panicule lâche. ♃. Août-septembre.

Collines arides de la rive gauche du Rhône, avant Vienne. R.

1787. F. arundinacea (Schreb). F. roseau. — F. elatior (Smith).

Racine rampante; chaumes de 8-10 déc., droits, robustes, élevés; f. planes, allongées, largement lancéolées-linéaires, rudes sur les bords, très-distinctement striées; glumelles acuminées, l'inf. mutique ou portant une très-courte pointe un peu au dessous de son sommet; *rameaux rudes, géminés, très-ramifiés, portant chacun 5-15 épillets*; *épillets à 4-5 fleurs*; *ovaire entièrement glabre*; fl. verdâtres ou violacées, en panicule allongée, diffuse, dressée ou un peu penchée. ♃. Juin-août.

Prés humides, bord des eaux : la Tête-d'Or; la Mouche; Yvour; Saint-Étienne-en-Forez; sables du Rhône, aux environs de Belley.

1788. F. PRATENSIS (Huds). F. DES PRÉS. — F. elatior (L. Fl. Suec. non Sp).

Voisine de la précédente. *Racine fibreuse*; chaumes de 4-8 déc., dressés; f. planes, linéaires, un peu rudes sur les bords; glumelles aiguës, l'inf. mutique ou portant une très-courte pointe un peu au dessous du sommet; *rameaux rudes, géminés, le plus court ne portant que 1-2 épillets, le plus long n'en ayant que 3-4*; fl. verdâtres ou violacées, en panicule presque unilatérale, d'abord resserrée, puis un peu étalée pendant la floraison. ⚥. Juin-juillet.

Prairies, pâturages. C.

1789. F. LOLIACEA (Huds.). F. FAUSSE-IVRAIE.

Racine fibreuse; chaumes de 3-6 déc., dressés; f. planes, lancéolées-linéaires; *épillets oblongs-linéaires, alternes, espacés*, les inf. courtement pédicellés, les sup. sessiles; *rameaux solitaires, ne portant chacun que 1 seul épillet*; fl. vertes, *disposées sur 2 rangs* en grappe étroite, un peu penchée au sommet. ⚥. Mai-juin.

Environs de Saint-Étienne-en-Forez.

DXXVI. BRACHYPODIUM (P. Beauv.). BRACHYPODE.

Épillets multiflores, arrondis; *glumelle supérieure bordée de cils raides, l'inférieure terminée par une aréte droite*; fleurs très-courtement pédicellées, en grappe simple.

1790. B. SYLVATICUM (P. Beauv.). B. DES BOIS.—Festuca gracilis (Schrad.).— Bromus sylvaticus (Poll.). — Triticum sylvaticum (Mœnch.).

Racine fibreuse; chaumes de 4-10 déc., grêles, élancés; f. planes, velues, ainsi que leurs gaînes; *arétes plus longues que leurs glumelles dans les fleurs supérieures de chaque épillet*: 6-8 épillets poilus, oblongs, presque sessiles, contenant chacun 6-10 fleurs; fl. vertes, en grappes distiques et penchées. ⚥. Juin-septembre.

Bois, haies, pâturages ombragés. C.

1791. B. PINNATUM (P. Beauv.). B. PENNÉ. — Festuca pinnata (Mœnch., Meth. 19i). — Bromus pinnatus (L.). — Triticum pinnatum (Mœnch., Hass. 102).

Racine rampante; chaumes de 4-8 déc., raides, dressés; f. planes, glabres ou pubescentes, ainsi que leurs gaînes; *arétes plus courtes que les glumelles dans les fleurs supérieures de chaque épillet*; 6-10 épillets glabres ou à peine pubescents, oblongs-lancéolés, souvent arqués, presque sessiles, contenant chacun 8-20 fleurs; fl. verdâtres, en grappes distiques, dressées ou un peu penchées. ⚥. Juin-septembre.

Bois, haies, coteaux pierreux. C.

1792. B. distachyon (Rœm. et Schult.). B. a deux épillets. — Festuca distachyos (Roth). — Bromus distachyos (L.). — Triticum ciliatum (D.C.).

Racine fibreuse; chaumes de 1-3 déc., rameux à la base, coudés sur les nœuds; f. courtes, planes, linéaires, glabres ou légèrement pubescentes, mais toujours ciliées; *arêtes plus longues que les glumelles dans les fleurs supérieures de chaque épillet;* 1-3 épillets glabres ou légèrement pubescents, oblongs, alternes, presque sessiles, contenant chacun 6-12 fleurs; fl. verdâtres, en grappes ordinairement dressées. ①. Mai-juillet.

Pâturages à Francheville; brotteaux, sous Saint-Maurice (Ain). R.

DXXVII. Bromus (L.). Brome.

Glumes inégales, contenant 5-12 fleurs; *glumelle inférieure* convexe, *portant une arête insérée un peu au dessous de son sommet;* glumelle supérieure plus ou moins ciliée; fleurs en panicule.

* Épillets plus étroits au sommet qu'à la base, même après la floraison.

† *Glumelle supérieure bordée de petites soies raides et espacées.*

1793. B. secalinus (L.). B. seigle.

Chaumes de 6-10 déc., dressés; *f. ordinairement* à limbe velu et *à gaine glabre,* surtout les sup.; épillets ovales-oblongs, ordinairement glabres, contenant 6-12 *fleurs concaves, espacées, ne se recouvrant pas à la maturité; glumelle inf. égalant à peu près la sup.;* fl. verdâtres, en panicule lâche, étalée, à la fin penchée sous le poids des épis quand ils sont mûrs. ① ou ②. Juin-juillet. (*V. D.*)

Moissons à Chaponost; coteaux du Rhône; iles au dessous de la Pape champs de seigle dans la Bresse et dans le Bugey.

b. B. *multiflorus* (Smith). — B. *grossus* (D. C.). Épillets plus gros, mollements pubescents. — Moissons à Belleville.

1794. B. commutatus (Schrad.). B. controversé.

Chaumes de 6-8 déc., dressés; f. pubescentes, rudes, à *gaines velues, surtout les inf.;* épillets oblongs-lancéolés, glabres, contenant 6-10 *fleurs étroitement imbriquées à la maturité; glumelle inf. évidemment plus longue que la sup. et offrant un angle obtus sur ses bords au dessus de son milieu;* arêtes dressées, égalant à peu près les glumelles; fl. verdâtres, en panicule étalée, penchée à la maturité sous le poids des épis. ②. Mai-juillet.

Ile de la Tête-d'Or.

1795. B. RACEMOSUS (L.). B. A GRAPPE. — B. pratensis (Ehrh.).

Chaumes de 6-8 déc., droits, rudes au sommet; f. pubescentes, rudes, *les inf. à gaînes poilues; épillets* ovales-oblongs, *très-glabres*, contenant 6-10 *fleurs étroitement imbriquées à la maturité;* glumelle inf. évidemment plus longue que la sup.; arêtes dressées, égalant à peu près les glumelles; *pédoncules presque tous simples;* fl. verdâtres, rarement un peu rougeâtres, en *panicule* dressée ou un peu penchée au sommet, *contractée après la floraison.* ②. Mai-juillet.

b. B. *elongatus* (D. C.). Gaînes toutes glabres, à l'exception de l'inférieure; pédoncules souvent rameux; épillets allongés.

Champs, prés, bord des routes. C.

1796. B. MOLLIS (L.). B. MOLLET.

Chaumes de 3-8 déc., droits; *f. couvertes de poils mous, ainsi que leurs gaines;* épillets ovales-oblongs, pubescents, contenant 5-10 *fleurs étroitement imbriquées à la maturité; glumelle inf.* évidemment plus longue que la sup. et *offrant un angle obtus sur ses bords au dessus de son milieu;* arêtes dressées, à peu près de la longueur des glumelles; *pédoncules courts, rameux* et un peu velus; fl. d'un vert blanchâtre, en *panicule* droite, *contractée après la floraison.* ① ou ②. Juin-juillet.

Bord des terres, pâturages. C. C. C.

1797. B. ARVENSIS (L.). B. DES CHAMPS.

Chaumes de 4-8 déc., droits; *f. couvertes de poils mous, ainsi que leurs gaines;* épillets lancéolés, glabres, contenant 6-12 *fleurs étroitement imbriquées à la maturité; glumelle inf.* égalant à peu près la sup. et *offrant un angle obtus sur ses bords un peu au dessus de son milieu;* arêtes dressées, à peu près de la longueur des glumelles; *pédoncules allongés, filiformes, rameux;* fl. verdâtres, souvent panachées de blanc et de violet, en *panicule lâche, ouverte,* droite, un peu penchée à la maturité. ①. Juin-juillet.

Prés, champs cultivés. C. C. C.

1798. B. SQUARROSUS. (L.). B. RUDE.

Chaumes de 2-8 déc., grêles, dressés; f. velues-pubescentes, ainsi que leurs gaînes; épillets oblongs-lancéolés, ordinairement glabres, contenant 8-10 *fleurs étroitement imbriquées à la maturité;* glumelle inf. évidemment plus longue que la sup. et offrant un angle obtus sur ses bords un peu au dessus de son milieu; *arêtes* plus longues que les glumelles, d'abord dressées, *à la fin étalées presque horizontalement;* pédoncules filiformes, rudes, presque simples; fl. verdâtres ou bigarrées de violet, en panicule simple ou presque simple, droite ou penchée au sommet à la maturité. ① ou ②. Mai-juin. (*V. D.*)

Bord des champs et des chemins : les Brotteaux; la Pape; Pont-d'Ain; les Balmettes, etc.

b. **B.** *villosus* (Gmel.). Épillets mollement pubescents. — Lieux secs : Couzon; le Vernay; Génas, à côté du bois du vieux château de la Boucherette. R.

†† *Glumelle supérieure finement ciliée-pubescente.*

1799. B. ASPER (L.). B. APRE. — B. nemorosus (Vill.).

Chaumes de 1-2 m., dressés; f. largement linéaires-lancéolées, *les inf. à gaines couvertes de poils réfléchis*; épillets oblongs-lancéolés, pubescents, contenant 7-9 fleurs aiguës; *arêtes dressées, plus courtes qu? les glumelles*; pédoncules filiformes, très-rudes, rameux; fl. verdâtres ou violacées, en panicule lâche, penchée sous le poids des épis. ♃. Juin-août.

Bois et lieux couverts : la Mouche; le Mont-Tout; vallon d'Oullins; vallon de Néron et de Sathonay; environs de Belley, à Muzin, Parves, etc.; sous le rocher du Nid-d'Aigle, à Saint-Rambert (Ain); la Grande-Chartreuse, où il est mêlé avec le suivant. A. R.

1800. B. GIGANTEUS (L.). B. GÉANT (1). — Festuca gigantea (Vill.).

Racine un peu traçante; chaumes de 6-12 déc., droits, fermes; *f. toutes* allongées, *largement lancéolées-linéaires, glabres, ainsi que leurs gaines*; épillets linéaires-lancéolés, glabres, ne contenant ordinairement que 4-5 fleurs; *arêtes un peu ondulées, 2 fois plus longues que les glumelles*; fl. d'un blanc verdâtre, en panicule très-grande, très-lâche, d'abord dressée, à la fin penchée. ♃. Juin-août.

Bois et lieux couverts : Écully; Oullins; Saint-Bonnet-le-Froid; la Grande-Chartreuse; et dans l'Ain, vallon de Néron; bois des environs de Belley; le Valromey, à Ruffieu, Songieu, etc.

1801. B. ERECTUS (Huds.). B. DRESSÉ. — B. perennis (Vill.).

Racine un peu traçante; chaumes de 5-10 déc., dressés; *f. inf. ciliées, à gaines poilues, 3-4 fois plus étroites que les sup.*, qui sont ordinairement rudes, quelquefois glabres; épillets oblongs-lancéolés, un peu rudes, contenant 5-10 fleurs; *arêtes droites, environ la moitié plus courtes que les glumelles; pédoncules courts, dressés*, presque simples; fl. verdâtres, quelquefois panachées de pourpre, en *panicule dressée.* ♃. Mai-juin.

b. var. *glabra.* F. sup. et épillets glabres.

Prés secs, rochers, bord des champs. C.

(1) Ce *Brome* est assez mal nommé, étant habituellement moins élevé que le précédent.

** Épillets plus larges au sommet qu'à la base.

1802. B. sterilis (L.). B. stérile.

Chaumes de 3-8 déc., dressés, glabres ; f. linéaires, velues, les inf. à gaînes pubescentes ; *épillets* oblongs, *pendants,* glabres, un peu rudes, contenant 5-9 fleurs ; *pédoncules* filiformes, allongés, *très-rudes au toucher* ; *arêtes* droites, rudes, *beaucoup plus longues que les glumelles ;* fl. verdâtres ou rougeâtres, en *panicule lâche, penchée après la floraison.* ①. Mai-septembre. (V. D.)

Murs, décombres, lieux stériles. C.

1803. B. tectorum (L.). B. des toits.

Se rapproche beaucoup du précédent. Chaumes de 1-5 déc., dressés, pubescents au sommet ; f. velues, ainsi que leurs gaînes, surtout les inf. ; *épillets* linéaires-oblongs, *pendants,* communément pubescents, contenant 4-9 fleurs ; *pédoncules* filiformes, *lisses ou à peine rudes au toucher* ; *arêtes* droites, rudes, *ordinairement de la longueur des glumelles* ; fl. d'un vert blanchâtre, quelquefois violacées, en *panicule à la fin penchée et presque unilatérale.* ①. Mai-juin. (V. D.)

Murs, vieux toits, lieux stériles. C. C. C.

1804. B. Madritensis (L.). B. de Madrid. — B. rubens (Balb., Fl. lyonn. non L.)

Plante devenant d'un rouge violet à la fin de sa vie. Chaumes de 2-4 déc., grêles, dressés, pubescents au sommet ; f. glabres ou mollement pubescentes, ainsi que leurs gaînes ; *épillets dressés,* rudes, aplatis, contenant 8-10 fleurs très-allongées, étroites, enroulées et comme cylindriques à la maturité ; 2 étamines, rarement 3 ; arêtes droites, très-rudes, un peu plus longues que les glumelles ; *pédoncules courts, dressés* ; fl. en *panicule dressée, ramassée en faisceau serré au sommet du chaume.* ①. Mai-juin.

Côteaux arides, bord des chemins. — Très-commun aux environs de Lyon, où l'on ne trouve pas le véritable *Bromus rubens* (L.).

VIe Tribu : TRITICÉES. — Glumes à 2-3 fleurs ou plus ; épillets sessiles sur un axe commun, qui est denté au point de leur insertion.

1re Sous-Tribu : TRITICÉES proprement dites. — *2 glumes, rarement 1 seule; stigmates plumeux, sortant de chaque côté vers la base des glumelles.*

DXXVIII. Gaudinia (P. Beauv.). Gaudinie.

Glumes à 4-7 fleurs ; épillets solitaires dans chaque échancrure de l'axe, qu'ils regardent par une de leurs faces ; *glu-*

melle inférieure bifide au sommet et *portant sur le dos une arête genouillée.*

1805. G. FRAGILIS (P. Beauv.). G. FRAGILE. — Avena fragilis (L.).

Chaumes de 3-6 déc., dressés; f. molles, velues, ainsi que leurs gaînes; axe des fleurs très-fragile aux points où elles sont insérées; fl. d'un vert blanchâtre et luisant, disposées sur 2 rangs parallèles et formant un épi allongé. ①. Juin-juillet.

Bord des champs, prairies, lieux herbeux. A. C.

DXXIX. TRITICUM (L.). FROMENT.

Glumes aiguës ou mucronées, contenant 3 fleurs ou plus; *épillets solitaires dans chaque échancrure de l'axe, qu'ils regardent par une de leurs faces; glumelle inférieure mutique ou portant une arête terminale.*

  * *Plantes annuelles. — Nardurus (D. C.).*

1806. T. UNILATERALE (L.). F. UNILATÉRAL. — Nardurus tenuiflorus (D. C.).
  — Festuca tenuiflora (Koch). — F. maritima (Chaub.).

Chaumes de 5-30 cent., dressés, très-grêles; f. linéaires, canaliculées, souvent enroulées; *glumelle inf. munie d'une arête plus ou moins allongée;* fl. d'un vert pâle, formant un *épi* allongé, très-grêle, *exactement unilatéral.* ①. Mai-juillet.

a. T. *unilaterale* (D. C.). Arêtes plus courtes que les glumelles.

b. T. *nardus* (D. C.). Arêtes beaucoup plus longues que les glumelles.

Lieux pierreux ou sablonneux : la Pape; vallon d'Oullins; Belley; Virignin; Virieu-le-Grand. A. R.

— Les deux variétés se trouvent tantôt à fleurs glabres, tantôt à fleurs pubescentes.

1807. T. POA (D. C). F. PATURIN. — Nardurus tenuiflora (D. C.). — Festuca poa (Kunth).

Chaumes de 1-5 déc., raides, droits ou coudés à la base; f. courtes, étroites, ordinairement enroulées; *glumelles sans arête;* épillets alternes, aplatis, appliqués contre l'axe; fl. vertes, formant un *épi* grêle, allongé, mais *non unilatéral.* ①. Mai-juillet.

Lieux sablonneux ou pierreux : Charbonnières; Dardilly; le Pont-d'Alaï; Couzon; rochers du Garon; Saint Chamond. P. R.

  ¹* *Plantes vivaces. — Agropyrum (P. Beauv.).*

1808. T. CANINUM (Schreb). F. DE CHIEN. — T. sæpium (Lamk.). — Elymus caninus (L.).

Racine fibreuse, non traçante; chaumes de 6-10 déc., grêles, dressés, à nœuds noirâtres; *f.* vertes, planes, *rudes sur les deux faces,* quoique plus en dessous qu'en dessous, tachées de noir vers la languette; *aréte plus longue que les glumelles;* fl. vertes, distiques, disposées en un épi comprimé, allongé, penché au sommet. ♃. Juin-août.

Haies, bord des bois. C.

1809. T. RIGIDUM (Schrad.). F. RAIDE.

Racine fibreuse, peu ou point traçante; chaumes de 3-6 déc., raides, durs; f. ordinairement glauques, légèrement roulées en dessus par leurs bords, *rudes seulement sur la face supérieure; glumes tronquées ou très-obtuses, marquées de 9 nervures; glumelles dépourvues d'arête;* fl. ordinairement glauques, disposées sur 2 rangs en un épi comprimé, allongé, un peu interrompu à la base. ♃. Juillet-août.

Iles du Rhône.

1810. T. REPENS (L.). F. RAMPANT. (Vulg. *Chiendent.*)

Racine évidemment traçante; chaumes de 4-6 déc., grêles, dressés; f. glauques ou vertes, souvent roulées en dessus, *rudes seulement sur la face supérieure; glumes acuminées, marquées de 5 nervures;* glumelles mutiques ou aristées; fl. glauques ou vertes, disposées sur 2 rangs en un épi comprimé, allongé, dressé. ♃. Juin-septembre. (*V. D.*)

Haies, lieux cultivés. C. C. C.

b. var. *aristatum.* Glumelles munies d'arêtes.—Bords du Rhône, à Feyzin.

1811. T. GLAUCUM (Desf.). F. GLAUQUE.

Plante d'un glauque bleuâtre. *Racine évidemment traçante;* chaumes de 4-6 déc., grêles, dressés, coudés sur les nœuds; f. aiguës, souvent roulées en dessus, *rudes seulement sur la face supérieure; glumes tronquées ou très-obtuses, marquées de 5-7 nervures;* glumelles mutiques ou aristées; fl. disposées sur 2 rangs en un épi comprimé et assez court. ♃. Juin-septembre.

Champs sablonneux; sables et îles du Rhône. C.

DXXX. ELYMUS (L.). ÉLYME.

Glumes 2-4 flores, placées devant les fleurs de manière à leur former une espèce d'involucre; *épillets* sessiles, *réunis au nombre de 2-4 dans chaque échancrure de l'axe,* qu'ils regardent par une de leurs faces; glumelle inférieure aristée ou mutique.

1812. E. EUROPÆUS (L.). E. D'EUROPE. — Hordeum sylvaticum (Vill.).

Chaumes de 5-10 déc., droits, fermes, nus au sommet, velus sur les nœuds; f. planes, lancéolées-linéaires, rudes au rebours, à gaines munies de poils blanchâtres; glumelle inf. terminée par une arête rude, 2 fois plus longue qu'elle; épillets presque tous à 2 fleurs et réunis 3 à 3 sur chaque dent de l'axe au milieu de l'épi; fl. vertes, en épi cylindrique, allongé, dressé, serré. ♃. Juin-août.

Bord des bois humides et des ruisseaux : Oullins; Charbonnières; la Grande-Chartreuse; et dans l'Ain, Saint-Rambert, dans la forêt de Neyrevas; Hauteville, dans la forêt de Pétarel; Meyriat; Colliard; Combe-Noire; le Colombier du Bugey.

DXXXI. Hordeum (L.). Orge.

Glumes uniflores, linéaires, aristées, accompagnées quelquefois d'une seconde fleur rudimentaire en forme d'arête; *épillets réunis 3 à 3 dans chaque échancrure de l'axe*, celui du milieu sessile et fertile, les 2 latéraux pédicellés et souvent stériles, regardant tous l'axe par une de leurs faces; glumelle inférieure terminée par une longue arête.

1813. H. murinum (L.). O. queue-de-rat.

Chaumes de 2-5 déc., genouillés à la base, croissant par touffes; *f.* linéaires, pubescentes, *toutes à gaines glabres*; *épillet intermédiaire à glumes ciliées*; épillets latéraux stériles, à glumes rudes; fl. verdâtres, toutes longuement aristées, disposées en épi oblong, comprimé, dressé. ①. Juin-septembre. (*V. D.*)

Lieux incultes, bord des chemins, pied des murs. C. C. C.

1814. H. secalinum (Schreb.). O. faux seigle. — H. pratense (Huds.).

Chaumes de 4-8 déc., grêles, dressés; f. linéaires, rudes au rebours, *les inf. à gaines velues; épillet intermédiaire à glumes rudes, mais non ciliées;* épillets latéraux stériles, à glumes scabres; arêtes médiocres, plus courtes dans les épillets latéraux que dans l'épillet intermédiaire; fl. verdâtres, souvent rougeâtres, disposées en épi comprimé, ordinairement moitié plus court que dans l'espèce précédente. ①. Juin-juillet.

Prés humides : la Mulatière; Bonnand; Yvour; les îles du Rhône; la Bresse et le Bugey.

DXXXII. Lolium (L.). Ivraie.

Glume unique dans tous les épillets, excepté dans le supérieur; *épillets* pluri ou multiflores, sessiles, *solitaires dans chaque échancrure de l'axe, qu'ils regardent par un de leurs côtés;* glumelle inférieure mutique ou munie d'une arête un peu au dessous du sommet.

* *Racine vivace, produisant des touffes de feuilles stériles à la base des chaumes.*

1815. L. PERENNE (L.). I. VIVACE. (Vulg. Ray-grass.)

Chaumes de 2-5 déc., dressés, lisses; f. linéaires, étroites, *les radicales simplement pliées dans le sens de leur longueur* quand elles sont jeunes; glumelles mutiques ou courtement mucronées, toujours plus longues que la glume; fl. en épi dressé et comprimé, quelquefois vivipares. ♃. Juin-octobre.

Pâturages, pelouses, bord des chemins.

b. var. *ramosum.* Épi rameux. — Bords du Rhône, à la Mulatière.

** *Racine annuelle ou bisannuelle, ne produisant pas des touffes de feuilles stériles à la base des chaumes.*

1816. L. TENUE (L.). I. GRÊLE.

Chaumes de 1-5 déc., droits, lisses, très-grêles; f. courtes, très-étroites; *glumelles mutiques,* un peu plus longues que la glume; *épillets à 3-4 fleurs;* fl. en *épi filiforme,* allongé, cylindracé. ④. Juin-août.

Pâturages secs, champs arides. C.

1817. L. MULTIFLORUM (Lamk.). I. MULTIFLORE.

Chaumes de 5-10 déc., droits, un peu rudes au sommet; f. radicales enroulées dans leur jeunesse; glumelles beaucoup plus longues que la glume, *les sup. aristées; épillets à* 12-25 *fleurs;* fl. en épi très-allongé, comprimé, dressé. ④. Juin-septembre.

Prés et moissons : la Mulatière; Sathonay.

1818. L. RIGIDUM (Gaud.). I. RAIDE.

Chaumes de 3-5 déc., dressés ou courbés; f. linéaires, étroites; *glumelles ordinairement mutiques,* dépassant peu la glume ou même l'égalant; *épillets à* 5-10 *fleurs;* fl. en épi comprimé et dressé. ④. Juin-août.

Moissons, prés secs, bord des chemins : Perrache; la Mouche; Villeurbanne; la Bresse. — N'est pas rare autour de Lyon.

1819. L. TEMULENTUM (L.). I. ENIVRANTE.

Chaumes de 4-9 déc., rudes au sommet; f. planes, linéaires; *glumelles ordinairement aristées,* dépassant à peine la glume ou même l'égalant; *épillets à* 5-9 *fleurs;* fl. disposées en épi allongé, comprimé. ④. Juin-août.

Blés, champs, bord des haies. C. C.

b. var. *muticum.* Glumelles mutiques. — Moissons à Dessine.

1820. L. ARVENSE (With.). I. DES CHAMPS. — L. speciosum (Schult.).

Très-voisine de la précédente; en diffère 1° par la glume plus longue que les glumelles; 2° par les *glumelles munies au* dessous de leur sommet d'une soie blanchâtre, courte, très-caduque. ④. Juin-août.

Moissons et champs cultivés : Saint-Denis-de-Bron ; Saint-Benoît, près Belley. R.

b. L. *robustum* (Rchb.). Chaumes et gaines des feuilles très-rudes au rebours. — Environs de Bourgoin.

DXXXIII. Psilurus (Trin.). Psilure.

Glume unique, beaucoup plus courte que les glumelles, *renfermant* 2 *fleurs,* l'inférieure sessile et fertile, la supérieure pédicellée, très-petite, souvent réduite à son pédicelle ; *épillets sessiles, solitaires,* rarement géminés, *enfoncés dans les échancrures de l'axe* ; glumelles membraneuses, l'inférieure terminée par une arête ; 1 *étamine.*

1821. P. NARDOIDES (Trin.). P. FAUX NARD. — Nardus aristata (L.).

Chaumes de 1-5 déc., grêles, ascendants, flexueux ; f. courtes, enroulées-filiformes ; fl. verdâtres, très-caduques, alternes, espacées, disposées en long épi flexueux ou penché. ④. Mai-juin.

Terres sablonneuses : le Molard ; Mont-Chat ; vallon d'Oullins. A. R.

IIᵉ Sous-Tribu : NARDÉES. — *Glumes nulles ; stigmate unique, fili forme, très-long, sortant du sommet des glumelles.*

DXXXIV. Nardus (L.). Nard.

Glumes nulles ; épillets uniflores, solitaires dans chaque échancrure de l'axe, où ils sont enfoncés ; glumelle inférieure acuminée-subulée, embrassant la supérieure ; 3 étamines.

1822. N. STRICTA (L.). N. RAIDE.

Chaumes de 1-4 déc., très-grêles, raides, venant par touffes ; f. glauques, enroulées-filiformes, à gaines blanchâtres ; fl. verdâtres, souvent violacées, en épi grêle, unilatéral, fragile aux points où l'axe est échancré. ♃. Mai-juillet.

Prairies tourbeuses, pelouses sablonneuses et humides. A. C.

94ᵉ Famille. — POTAMÉES (1).

Comme l'indique leur nom, c'est dans les eaux qu'habitent les plantes de cette famille. Leur longue tige, flottante ou submergée, a des feuilles entières ou denticulées, communé-

(1) De ποταμὸς, fleuve.

ment alternes, rarement opposées, souvent munies de stipules soudées entre elles ou avec le pétiole de manière à former une véritable gaîne. Leurs fleurs, peu apparentes, ont un *périanthe tantôt composé de 4 divisions herbacées, tantôt remplacé par une spathe membraneuse.* Il renferme 1-4 étamines avec ou sans filet, et un *ovaire supère,* unique ou formé de 4 carpelles libres entre eux, terminés chacun par 1 style ou 1 stigmate sessile. Ces *carpelles, monospermes et indéhiscents,* coriaces ou drupacés, ont une *graine dépourvue de périsperme* et contenant un embryon droit, plié ou enroulé. Toutes les espèces sont herbacées.

DXXXV. Potamogeton (L.). Potamot.

Étamines et carpelles réunis dans chaque périanthe; périanthe formé de 4 divisions herbacées; 4 anthères sessiles; style nul; 4 carpelles drupacés, souvent terminés en bec (1); *fleurs en épi.*

¹ *Feuilles toutes opposées.*

1823. P. oppositifolium (D. C.). P. a feuilles opposées.

Tige rameuse, dichotome; f. toutes opposées et submergées, ovales ou oblongues-lancéolées, un peu amplexicaules, ondulées sur les bords; épi formé de 3-6 fleurs, ovoïde-arrondi, courtement pédonculé, réfléchi après la floraison; carpelles carénés, terminés par un bec court. ♃. Juillet-septembre.

a. P. *densum* (L.). F. serrées et presque imbriquées sur la tige.

b. P. *serratum* (L.). F. plus longues, espacées sur la tige.

Fossés, marais, étangs. C.

** *Feuilles florales seules opposées, les autres alternes.*

† *Feuilles florales ordinairement nageantes et différentes des feuilles submergées par leur forme et leur consistance* (2).

1824. P. natans (L.). P. nageant.

Tige cylindrique, simple; f. *toutes longuement pétiolées, les flottantes* coriaces, ovales ou oblongues, *un peu en cœur à la base,* celle-ci s'unissant au pétiole par 2 plis saillants, *les submergées à limbe se détruisant après la floraison;* épi cylindrique, serré, à pédoncule aussi épais à la base qu'au som-

_____

(1) Les fruits doivent être étudiés sur la plante vivante; quand elle est sèche, ils se rident et n'offrent plus les mêmes caractères.
(2) Il n'y a exception que pour la variété *graminifolium* du P. *heterophyllum,* dont toutes les feuilles paraissent uniformes et submergées parce que les feuilles florales ne se sont pas développées.

met ; carpelles comprimés, à carène obtuse. ♃. Juin-août.
(*V. D.*)

Fossés pleins d'eau, mares, étangs : la Tête-d'Or ; la Mouche ; Feyzin ; vallon d'Oullins, etc.

1825. P. FLUITANS (Roth). P. FLOTTANT.

Tige cylindrique, rameuse ; *f. toutes longuement pétiolées et oblongues-lancéolées, les flottantes coriaces, à limbe rétréci aux deux extrémités* ou à peine arrondi à la base, celle-ci ne s'unissant pas au pétiole par 2 plis saillants, *les submergées à limbe persistant après la floraison* ; épi cylindrique, serré, à pédoncule aussi épais à la base qu'au sommet ; carpelles comprimés, à carène un peu aiguë. ♃. Juillet-août.

Eaux courantes.

1826. P. HETEROPHYLLUM (Schreb.). P. HÉTÉROPHYLLE.

Tige très-rameuse ; f. flottantes longuement pétiolées, coriaces, ovales ou lancéolées, venant très-tard et souvent même ne se développant pas ; *f. submergées membraneuses, linéaires-lancéolées, sessiles, atténuées à la base, un peu rudes sur les bords ;* épi ovale-oblong, *à pédoncule renflé au sommet ;* carpelles comprimés, à carène obtuse. ♃. Juillet-août.

La Tête-d'Or ; vallon d'Oullins ; Lavore.

b. var. *graminifolium.* F. toutes submergées, linéaires-lancéolées, flasques, membraneuses. — Marais de Janeyriat.

c. P. *gramineum heterophyllum* (Fries). F. submergées plus courtes, recourbées, ordinairement un peu rudes. — Pont-Chéry.

†† *Feuilles toutes submergées et uniformes.*

A. *Feuilles à limbe élargi, ovale ou oblong.*

1827. P. LUCENS (L.). P. LUISANT.

Tige rameuse et articulée ; f. toutes submergées, membraneuses, luisantes, ovales ou oblongues, *atténuées en un court pétiole, denticulées et rudes sur les bords ;* épi oblong, porté sur un *pédoncule renflé au sommet ;* carpelles à carène obtuse, à peine sensible. ♃. Juin-août.

b. P. *longifolium* (Gay). F. oblongues-lancéolées, étroites, très-allongées.

Fossés, marais : les Brotteaux ; Vaux-en-Velin ; dans la Saône, autour de l'Ile-Barbe ; étangs de Bresse ; lac de Nantua. P. C.

1828. P. PERFOLIATUM (L.). P. PERFOLIÉ.

Tige un peu rameuse ; *f.* toutes submergées, membraneuses, luisantes, ovales ou oblongues, *en cœur amplexicaule à la base, un peu rudes sur les bords ;* épi cylindrique, porté sur un long *pédoncule aussi épais à la base qu'au sommet ;* carpelles comprimés, à carène obtuse. ♃. Juin-août.

Fossés pleins d'eau aux Brotteaux ; bras du Rhône, en face de Pierre-Bénite. P. C.

1829. P. CRISPUM (L.). P. A FEUILLES CRISPÉES.

Tige rameuse, dichotome; *f.* toutes submergées, membraneuses, luisantes, *oblongues, obtuses, sessiles, ondulées sur les bords*; épi ovoïde, porté sur un *pédoncule* grêle, *aussi épais à la base qu'au sommet*; carpelles comprimés, terminés par un bec aigu. ♃. Juin-août.

Fossés, marais, étangs, rivières. C.

a. Feuilles toutes linéaires.

1830. P. COMPRESSUM (L.). P. A TIGE COMPRIMÉE.

Tige rameuse, *comprimée, ailée*; *f.* toutes submergées, *sessiles*, linéaires, obtuses, courtement mucronées, *marquées de plusieurs nervures, dont 3-5 plus saillantes; épi de 10-15 fleurs, cylindrique,* lâche, *plus court que son pédoncule;* carpelles à carène obtuse. ♃. Juin-août.

Marais de Dessine et de Charvieux. R.

1831. P. ACUTIFOLIUM (Link). P. A FEUILLES AIGUES.

Tige rameuse, *comprimée, ailée*; *f.* toutes submergées, *sessiles*, linéaires, terminées par une pointe très-fine, *marquées de plusieurs nervures, dont 3-5 plus saillantes; épi de 3-6 fleurs, ovoïde,* presque globuleux, *aussi long ou un peu plus long que son pédoncule; carpelles* arrondis, à carène crénelée, *à bord interne offrant au dessus de sa base une petite dent.* ♃. Juin-août.

Étangs de Lavore. R.

1832. P. PUSILLUM (L.). P. FLUET.

Tige cylindrique ou à peine comprimée, très-grêle, *très-rameuse*; *f.* toutes submergées, *sessiles*, linéaires, *marquées de 3-5 nervures,* dont les latérales sont peu distinctes; *épi de 4-8 fleurs,* très-grêle, souvent interrompu, *2-3 fois plus court que son pédoncule; carpelle* obliquement elliptique, *à bord interne convexe, ne présentant pas de dent au dessus de sa base, à dos non crénelé-tuberculeux, à bec obtus, occupant le sommet du carpelle.* ♃. Juin-août.

Mares, eaux stagnantes, ruisseaux, rivières : la Pape; Pierre-Bénite; Bannand; Dessine; Chenelette, dans le Haut-Beaujolais; Saint-Sorlin (Ain).

b. var *majus* (Dub., Fl. d'Orl.) F. un peu plus élargies et surtout plus espacées que dans le type. — La Tête-d'Or; Vaux-en-Velin; Dessine.

c. var. *tenuissimum* (Koch). F. très-étroites, capillaires. — La Pape.

1833. P. TUBERCULATUM (Guépin). P. A FRUITS TUBERCULEUX. — P. monogynum (Gay).

Tige cylindrique, à peine comprimée, filiforme, très-rameuse; *f.* toutes submergées, linéaires-sétacées, *sessiles, marquées de 3-5 nervures,* dont les latérales sont à peine visibles ; *épi* de 4-6 fleurs, interrompu à la maturité, 1-2 *fois plus court que son pédoncule* ; *carpelles* assez gros, peu nombreux, comprimés, *à bord interne presque droit, présentant au dessus de sa base une petite dent, à dos crénelé-tuberculeux, à bec placé sur le bord interne du carpelle.* ♃ Juin-août.

Étangs de Lavore. R.

1834. P. PECTINATUM (L.). P. PECTINÉ. — P. Vaillantii (Rœm. et Schult.).

Tige cylindrique, filiforme, très-rameuse ; *f.* toutes submergées, linéaires, quelquefois capillaires, *marquées de 1 seule nervure, engaînantes à la base, disposées sur 2 rangs parallèles* ; épi oblong, lâche, interrompu, porté sur un pédoncule grêle et allongé ; carpelles obovales, comprimés, à bords obtus. ♃ Juillet-septembre.

Marais et fossés à Yvour ; bords du Rhône à la Tête-d'Or ; bords de la Saône à Fontaines. A. R.

DXXXVI. ZANICHELLIA (L.). ZANICHELLIE.

Fleurs monoïques, sessiles, solitaires ou géminées à l'aisselle des feuilles ; *fleurs staminifères, dépourvues de périanthe* ; *1 seule étamine à filet filiforme* ; *fleurs carpellées à périanthe remplacé par une spathe membraneuse ;* style grêle, assez long, persistant, à stigmate obliquement pelté ; 4 carpelles, rarement plus ou moins, coriaces, arqués, terminés par un bec aigu.

1835. Z. REPENS (Bœnng.). Z. RAMPANTE.

Tige filiforme, très-rameuse, articulée, submergée, radicante ; f. linéaires, presque capillaires, d'un vert clair, alternes ou opposées dans le milieu, fasciculées et comme verticillées au sommet ; *carpelles sessiles ou presque sessiles,* 2 *fois plus longs que le style* ; anthères à 2 loges ; petites fleurs axillaires, sans apparence, se développant sous l'eau. ♃ Juillet-septembre.

Mares, ruisseaux : Sain-Fonds ; derrière la digue, à la Guillotière. R.

1836. Z. PEDICELLATA (Fries). Z. A FRUITS PÉDICELLÉS.

Tige filiforme, très-rameuse, submergée ; f. capillaires, d'un vert clair ; *carpelles distinctement pédicellés, égalant le style en longueur.* ♃ Juillet-septembre.

c. Z. *pedunculata* (Rchb.). Carpelles bordés d'une aile membraneuse seulement sur le dos.

b. Z. *gibberosa* (Rchb.). Carpelles entièrement bordés d'une aile membraneuse.

Mares à la Tête-d'Or et à Yvour. R.

25

DXXXVII. Naias (L.). Naïade.

Fleurs monoïques ou dioïques; périanthe formé par une spathe monophylle, à 2-3 lobes; ovaire unique, sessile; style court, à 2-3 stigmates. Plantes submergées.

1837. N. major (Roth). N. commune.

Tiges rameuses-dichotomes, croissant par touffes; f. opposées ou verticillées 3 à 3, *soudées à la base en une gaine entière, assez largement linéaires*, sinuées-denticulées, à dents épineuses; *anthères à 4 lobes; fleurs dioïques*, axillaires, peu apparentes. ①. Juillet-septembre. (V. D.)

b. N. *muricata* (Thuill.). Tige garnie, surtout au sommet, de petites dents épineuses, semblables à celles qui bordent les feuilles.

Mares et rivières : la Saône, à Perrache et près de l'Ile-Barbe; Pierre-Bénite.

1838. N. minor (All.). N. fluette. — Caulinia fragilis (Wild). — Caulinia minor (Coss. et Germ.).

Tiges très-grêles, rameuses-dichotomes; f. opposées ou verticillées 3 à 3, *soudées à la base en une gaine ciliée-denticulée, étroitement linéaires*, recourbées, sinuées-denticulées, à dents mucronées, les f. sup. rapprochées en touffes; *anthères à 1 seul lobe; fleurs monoïques*, axillaires, peu apparentes. ①. Juillet-septembre.

Vers la grande digue à la Tête-d'Or; dans les fossés à Dessine.

95e Famille. — LEMNACÉES.

Tout le monde connaît les plantes désignées sous le nom de *Lemna* ou de *Lenticules* : ce sont ces petites feuilles dont la réunion forme souvent un tapis de verdure à la surface des eaux paisibles. *Toute la plante se réduit à une ou plusieurs écailles vertes et flottantes*, souvent munies en dessous de fibrilles radicales entourées chacune au sommet d'un sac membraneux en forme de coiffe. *Les fleurs, très-petites, naissent dans une fente que présente le bord des feuilles. Ordinairement monoïques, elles se composent de 2 étamines et d'un ovaire naissant dans une même spathe. Cet ovaire, libre, uniloculaire*, renferme un embryon droit, dépourvu de périsperme, et devient un f uit indéhiscent qui a la forme d'une petite utricule transparente.

DXXXVIII. Lemna (L.). Lenticule.

Caractères de la famille.

1839. L. TRISULCA (L.). L. A TROIS LOBES.

Plante submergée, flottante seulement au moment de la floraison. *Racine solitaire*; *f. lancéolées, atténuées en pétiole,* réunies 3 à 3 en forme de croix, de manière à former 3 lobes pointus. ④. Avril-mai.

Eaux dormantes aux Brotteaux et dans toute la Bresse; bord des sources des marais tremblants, du côté des Balmes-Viennoises.

1840. L. MINOR (L.). L. FLUETTE. (Vulg. *Lentille d'eau.*)

Plante toujours nageante. Racine solitaire; *f. obovales, planes* et vertes *des deux côtés, non atténuées en pétiole,* réunies par 3-4, rarement plus. ④. Avril-juin. (*V. D.*)

Mares et fossés. C. C. C.

1841. L. GIBBA (L.). L. A FEUILLES GONFLÉES.

Plante toujours nageante. Racine solitaire; *f. obovales-arrondies,* un peu convexes en dessus, *gonflées en dessous où elles offrent des utricules remplies d'air et d'eau,* réunies d'abord par 2-3, puis se séparant. ④. Avril-juin.

Eaux stagnantes.—Souvent mêlée avec la précédente, mais moins commune.

1842. L. POLYRRHIZA (L.). L. A PLUSIEURS RACINES.

Plante toujours nageante. Racines fasciculées; *f. obovales-arrondies,* non atténuées en pétiole, *rougeâtres en dessous,* beaucoup plus grandes que dans les autres espèces, réunies par 2-4. ④. Les fleurs de cette espèce n'ont pas encore été observées en France.

Eaux stagnantes aux Brotteaux; étangs de Bresse.

IIe SECTION.

MONOCOTYLÉDONES CRYPTOGAMES.

Fleurs indistinctes; étamines et carpelles nuls ou invisibles.

96e FAMILLE. — CHARACÉES.

Les Characées sont des *herbes aquatiques, toujours submergées,* exhalant ordinairement une odeur fétide. *Leur tige, articulée* et fistuleuse, *n'a pas de feuilles; celles-ci sont remplacées par des rameaux verticillés,* tantôt simples, tantôt plus ou moins ramifiés. Quand ils sont simples, les organes de fructification sont placés le long de leur face interne; lorsqu'ils sont ramifiés, on les remarque à leur sommet ou au niveau de l'angle formé par leurs divisions. *Ces organes de fructification sont de deux sortes*, tantôt portés sur la même plante, tantôt séparés sur des pieds différents. Les uns, nommés *anthéridies*, paraissent les premiers ; *ce sont de petits globules d'un beau rouge* (1), composés de deux tuniques, l'extérieure transparente, membraneuse, continue, l'intérieure opaque, colorée en rouge, formée de 8 pièces triangulaires-dentées, s'engrenant entre elles par leurs dents. Les autres organes, appelés *sporanges*, sont de petits corps ovoïdes ou presque globuleux, surmontés d'une petite couronne (coronule) à 5 dents plus ou moins saillantes ou indistinctes, entourés d'une membrane translucide, et offrant à l'intérieur un tégument opaque et comme formé de 5 lanières contournées en spirale.

DXXXIX. Chara (L.). Charagne.

Caractères de la famille.

' *Tiges opaques, fragiles quand elles sont sèches, ordinairement recouvertes d'une croûte sablonneuse.* — *Chara (Agardh).*

1843. C. vulgaris (Smith). C. commune. — C. fœtida (Al. Braun). (Vulg. *Herbe à récurer.*)

Plante monoïque. Tiges de 2-6 déc., grêles, glauques et *pulvérulentes-grisâtres* par la dessication, *à aiguillons nuls ou rares et très-petits* ; rameaux verticillés par 6-10, portant sur leur face interne de petits involucres formés de 4 bractéoles ; *bractéoles beaucoup plus longues que les sporanges* ; sporanges à *coronule courte et tronquée* ; anthéridies solitaires, placées au dessous des involucres. ④. Mai-août. (*V. D.*)

b. C. *funicularis* (Thuill.). Tige tordue comme une corde.

Eaux stagnantes, fossés, fond des rivières : les Brotteaux, derrière le fort ; Villeurbanne ; Dessine ; environs de Belley. C.

1844. C. hispida (L.). C. hispide.

Plante monoïque. Tiges de 4-8 déc., robustes, glauques et *pubescentes-grisâtres*, sillonnées et tordues, *hérissées au moins au sommet d'aiguillons nombreux, longs et déliés* ; rameaux verticillés par 8-10, portant sur leur face interne de petits involucres formés de 4 bractéoles ou plus ; *bractéoles un peu plus longues que les sporanges* ; sporanges à *coronule étalée* ; anthéridies solitaires au dessous des involucres. ④. Mai-août.

Marais et fossés ; Vaux-en-Velin ; Dessine, en allant du moulin aux sources.

(1) La couleur rouge des anthéridies disparaissant par la dessication, les plantes de cette famille doivent être étudiées vivantes.

1845. C. TOMENTOSA (L.). C. COTONNEUSE. — C. ceratophylla (Wallr.).

Plante dioïque. Tiges de 4-6 déc., robustes, *glauques et cotonneuses-grisâtres*, fortement sillonnées et tordues, *hérissées au sommet de petits aiguillons dirigés en bas*; rameaux verticillés par 6-8, portant sur leur face interne de petits involucres formés de 4 bractéoles ou plus; *bractéoles plus courtes que les sporanges*; sporanges à *coronule formée de 5 dents courtes et dressées.* ④. Mai-août.

Mares et fossés : Pierre-Bénite; Dessine, vers les marais tremblants.

1846. C. FRAGILIS (Desv.). C. FRAGILE. — C. pulchella (Wallr.).

Plante monoïque, affectant des formes très-variées. *Tiges* de 2-6 déc., *grêles, vertes,* ordinairement peu incrustées, *non aiguillonnées,* très-fragiles quand elles sont sèches; rameaux verticillés par 6-10, portant sur leur face interne de petits involucres formés de 4 bractéoles; *bractéoles* ordinairement *plus courtes que les sporanges*; sporanges à *coronule allongée et effilée*; anthéridies solitaires au dessous des involucres. ④. Juillet-septembre.

b. C. *capillacea* (Thuill.). Tiges et rameaux très-grêles, capillaires, très-allongés, non incrustés.

c. C. *globularis* (Thuill.). Tiges et rameaux très-allongés; sporanges dégénérés, globuleux, non striés.

Mares du Rhône à la Tête-d'Or; eaux stagnantes en Bresse.

** *Tiges translucides, flexibles quand elles sont sèches, rarement recouvertes d'une croûte sablonneuse. — Nitella (Agardh).*

† *Rameaux simples; sporanges et anthéridies placés sur la face interne des rameaux.*

1847. C. GLOMERATA (Desv.). C. A FRUITS AGGLOMÉRÉS. — C. batrachosperma (Balb., Fl. lyonn.). — Nitella glomerata (Coss. et Germ.).

Plante monoïque. Tiges de 8-12 cent., d'un vert clair, translucides, luisantes, lisses; rameaux courts, articulés, disposés en verticilles rapprochés en têtes terminales; *sporanges striés, arrondis, agglomérés plusieurs ensemble autour de chaque anthéridie*; anthéridies solitaires au centre des involucres. ④. Juin-août.

Marais : Dessine; Vaux-en-Velin; Jancyriat; le Vély, au dessus de Hauteville, R. R.

†† *Rameaux ordinairement divisés; sporanges et anthéridies terminaux ou naissant au niveau des angles de division.*

1848. C. FLEXILIS (L.). C. FLEXIBLE. — Nitella flexilis (Al. Braun). — N. Brongniartiana (Coss. et Germ.).

Plante monoïque. Tiges de 1-4 déc., *d'un vert foncé,* translucides, lisses, grêles et flexibles; *rameaux* allongés, *divisés en 2-3 pointes aiguës, mais non mucronées,* non rapprochés en têtes terminales; *sporanges solitaires, plus gros que les anthéridies.* ①. Juin-septembre.

Étangs de Lavore; marais de Bresse, à Pont-de-Vaux, etc.

1849. C. SYNCARPA (Thuill.). C. A FRUITS AGRÉGÉS. — Nitella syncarpa (Coss. et Germ.).

Ressemble beaucoup à la précédente et affecte des formes très-variées. *Plante dioïque. Tiges de 2-4 déc., d'un vert très-clair,* translucides, lisses, grêles et flexibles; *rameaux* allongés, souvent simples, *terminés par une pointe courte et mucronée,* non rapprochés en têtes terminales; *sporanges plus petits que les anthéridies, agrégés au nombre de 3-4 et dépourvus de bractées.* ①. Mai-juillet.

Eaux stagnantes à la Tête-d'Or; étangs de Bresse. R.

97ᵉ FAMILLE. — ÉQUISÉTACÉES.

Les plantes de cette famille sont toutes des herbes vivaces, à racine traçante. Leur *tige,* cylindrique, fistuleuse, striée ou sillonnée, est *formée d'articles unis les uns aux autres, chacun d'eux étant muni à sa base d'une gaine dentée,* qui termine l'article précédent et remplace les feuilles. Les rameaux, quand l'espèce en porte, ont absolument la même structure et sont ordinairement verticillés. Leur fructification consiste en un *épi ou chaton terminal, composé d'écailles* assez semblables à de petites têtes de clous. *Ces écailles portent* sur leur surface inférieure *de petits sacs membraneux, renfermant des graines sphériques, nues, munies de 4 appendices filiformes.*

DXL. EQUISETUM (L.). PRÊLE.

Caractères de la famille.

* *Tiges de deux sortes, les unes fertiles, colorées, ordinairement simples, les autres stériles, munies de rameaux verts.*

† *Tiges stériles paraissant en même que les tiges fertiles.*

1850. E. SYLVATICUM (L.). P. DES FORÊTS.

Tiges fertiles de 2-4 déc., grêles, d'abord simples, développant ensuite vers le sommet 1 ou 2 verticilles de rameaux à la fin de la floraison; tiges stériles de 4-8 déc., garnies de nombreux verticilles de rameaux d'un vert gai, ramifiés, arqués et pendants; gaînes allongées, verdâtres à la base, roussâtres au sommet, divisées en 3-4 lobes fendus ou dentés; épi roussâtre, ovoïde ou elliptique. ♃. Avril-juin. (V. D.)

Bois et prés humides des montagnes: Saint-Bonnet-le-Froid; prairies d'Aveize; Pilat, à la République et au pré Léger; Pierre-sur-Haute; et dans l'Ain, Crêt de Châlam; Retord, sous l'ancienne chapelle. R.

†† *Tiges stériles ne paraissant qu'après la destruction des fertiles, celles-ci toujours très-simples.*

1851. E. ARVENSE (L.). P. DES CHAMPS.

Tiges fertiles de 1-2 déc., roussâtres, *à gaines* blanchâtres à la base, *profondément divisées au sommet en 8-12 dents brunes, lancéolées-acuminées; tiges stériles* de 3-6-déc., *d'un vert pâle*, garnies de nombreux verticilles de rameaux sillonnés, quadrangulaires, un peu rudes; épi oblong, roussâtre. ♃. Mars-avril. (*V. D.*)

Champs sablonneux. C.

1852. E. TELMATEIA (Ehrh.). P. DES MARÉCAGES. — E. eburneum (Schreb., — E. fluviatile (Duby).

Tiges fertiles de 2-3 déc., robustes, blanches ou d'un blanc roussâtre, *à gaines* très-longues, d'un brun noirâtre au sommet, *profondément divisées en 20-30 dents longuement acuminées; tiges stériles* de 6-10 déc., robustes, *d'un beau blanc d'ivoire*, munies de nombreux verticilles de rameaux anguleux, filiformes, allongés, un peu rudes; épi oblong, gros, noirâtre au sommet. ♃. Mars-avril. (*V. D.*)

Lieux marécageux, bord des rivières. A. C.

** *Tiges toutes semblables et fertiles.*

1853. E. PALUSTRE (L.). P. DES MARAIS.

Tiges de 3-6 déc., vertes, *profondément sillonnées*, lisses ou à peu près, munies de nombreux verticilles de rameaux anguleux; *gaines* vertes à la base, *à 6* (rarement 8-12) *dents lancéolées-aiguës*, noirâtres au sommet, *membraneuses-blanchâtres sur les bords*; épi oblong-cylindrique, varié de noir et de roux. ♃. Mai-juillet. (*V. D.*)

b. var. polystachion. Rameaux supérieurs tous terminés par un petit épi.

Marais, fossés : la Tête-d'Or dans les îles; Villeurbanne; Vaux-en-Velin; Dessine; la Bresse et le Bugey. C.

1854. E. LIMOSUM (L.). P. DES BOURBIERS.

Tiges de 6-10 déc., vertes, robustes, *lisses, marquées de 15-20 stries peu profondes* sur la plante vivante, ne présentant de verticilles de rameaux que dans leur partie sup., ou en étant complètement dépourvues; *gaines étroitement appliquées*, vertes à la base, *terminées par 15-20 dents* noirâtres, lancéolées-subulées; épi ovoïde, noirâtre. ♃. Mai-août. (*V. D.*)

b. var. polystachion. Rameaux supérieurs tous terminés par un petit épi.

Prés marécageux, étangs, fossés : Écully; Gorge-de-Loup; les Charpennes; Dessine; Yvour; Retord, etc. P. R.

1855. E. HYEMALE (L.). P. D'HIVER.

Tiges de 6-12 déc., d'un vert glaucescent, *très-rudes, à* 15-20 *sillons*, ordinairement simples, présentant rarement quelques rameaux épars; *gaines appliquées*, blanchâtres au milieu, *marquées de deux cercles noirs au sommet et à la base, terminées par* 15-20 *dents dont la pointe lancéolée et membraneuse est très-caduque*; épi court, ovoïde, varié de noir et de roux. ♃. Mars-avril.

Bois humides, lieux fangeux : la Pape; Neuville; Pilat; Néron; Meximieux.

1856. E. RAMOSUM (Schleich.). P. RAMEUSE. — E. multiforme (Vauch.). — E. elongatum (Wild.). — E. tuberosum (Hect.).

Racine articulée, *munie de petits tubercules aux articulations*; tiges de 2-9 déc., d'un glauque blanchâtre, lisses ou peu rudes, grêles, sillonnées, tantôt rameuses dès la base, tantôt seulement au sommet, mais à *rameaux toujours disposés irrégulièrement*, les uns stériles, les autres fertiles; *gaines évasées, un peu campanulées, à dents blanchâtres*, marquées de brun et *terminées par une longue pointe molle, membraneuse et caduque*; épi ovoïde, aigu, varié de noir et de roux. ♃. Juin-septembre.

Lieux sablonneux : la Tête-d'Or; la Mouche; vallon de Bonnand.

1857. E. VARIEGATUM (Schleich. et D. C.). P. PANACHÉE.

Racine profonde, fibreuse, *sans tubercules*; tiges de 2-3 déc., grisâtres, grêles, venant par touffes, simples ou à rameaux courts à la base; *gaines* petites, *noires*, cylindriques, *à côtes convexes, terminées par* 6-8 *dents grises-membraneuses*, finissant par une pointe fine, molle, caduque; *épi* ovale-oblong, pointu, *sortant d'une gaine évasée en forme de cloche*. ♃. Juin-septembre.

Dans une île à la Tête d'Or. R.

98ᵉ FAMILLE. — FOUGÈRES.

Les Fougères sont des plantes vivaces, offrant l'aspect le plus gracieux dans la nature et dans les herbiers. Leur tige, réduite à une souche souterraine dans nos climats, émet une ou plusieurs *feuilles radicales*, le plus souvent pennées ou pennatifides, *ordinairement roulées en crosse avant leur développement* (particularité remarquable, qui n'appartient qu'à cette famille et à la suivante). Leurs fructifications sont encore plus extraordinaires : *à part* 2 *ou* 3 *genres où elles se montrent en grappe, épi ou panicule*, on les trouve toujours situées à la *page inférieure des feuilles*, tantôt couvertes d'un tégument, tantôt absolument nues, rarement bivalves, plus souvent nu-

nies d'un anneau articulé, qui, par son élasticité, facilite leur
ouverture. Leurs *graines*, nommées *spores*, sont arrondies,
oblongues ou réniformes, mais toujours *très-nombreuses et
très-petites.*

**Ire Tribu : SPICIFÈRES. — Fructifications en grappe,
panicule ou épi distinct de la feuille ; feuilles non enroulées en crosse avant leur développement.**

DXLI. Ophioglossum (L.). Ophioglosse.

*Fructifications disposées sur 2 rangs en un long épi linéaire :
feuille entière.*

1858. O. vulgatum (L.). O commune. (Vulg. *Langue-de-serpent.*)

Tige de 1-4 déc., simple, grêle ; f. unique, ovale, très-
entière ; épi pédonculé, opposé à la feuille. ♃. Mai-juin.
(*V. D.*)

Lieux humides, prés tourbeux : la Tête-d'Or ; marais de Cheyssin ; Yvour ;
autour des étangs de Lavore ; entre Alix et Bagnols ; Tarentaise, au Mont-
Pilat ; Meximieux, derrière le château, aux sablières ; lac de Bar ; sous la fontaine du Vorage, à Saint-Rambert (Ain). R. R.

DXLII. Botrychium (Swartz). Botryche.

Fructifications disposées en grappe terminale ou opposée à
la feuille ; *feuille pennatiséquée.*

1859. B. lunaria (Swartz). B. lunaire. — Osmunda lunaria (L.).

Tige de 1 déc., simple ; f. unique, pennatiséquée, à *segments en croissant, entiers ou sinués ; fructifications disposées en une seule grappe* pédonculée, opposée à *la feuille* et
la dépassant. ♃. Mai-juillet.

Prairies et pâturages élevés : Saint-Bonnet-le-Froid ; Pilat, au saut du Gier
et au Bessac ; la Grande-Chartreuse ; et dans l'Ain, les Monts-Dain ; le Poizat ;
Retord ; le Colombier du Bugey ; tout le Jura. R.

1860. B. rutaceum (Wild.). B. a feuilles de rue.

Tige de 6-10 cent., simple, grêle ; f. unique, pennatiséquée, à *segments ovales-oblongs, obtus, irrégulièrement inci-
sés-lobés ; fructifications disposées en 3 grappes terminales,*
dépassant la feuille. ♃. Juillet-août.

Dans un pré à Pilat, près de la ferme de Botte. R. R. R.

— Cette espèce très-rare a été découverte à Pilat par M. l'abbé Seytre, di-
recteur du séminaire d'Alix.

DXLIII. Osmunda (L.). Osmonde.

*Fructifications disposées en panicule terminale ; feuille
pennée.*

25.

1861. O. regalis (L.). O. royale. (Vulg. *Fougère fleurie*.)

Grande feuille 2 fois pennée ; folioles oblongues-lancéolées, denticulées sur les bords, obliquement tronquées à la base ; fructifications rougeâtres, en épis serrés, formant par leur réunion une panicule terminale. ♃. Juin-août. (*V. D.*)

Marais des Avesnières (Isère) ; bois marécageux de la Bresse, à Marboz, près Bourg. et probablement dans les environs. R. R. R.

IIe Tribu : PHYLLOSPERMÉES. — Fructifications placées sur la page inférieure des feuilles ; feuilles roulées en crosse avant leur développement.

1re Sous Tribu : POLYPODIÉES. — *Fructifications n'étant pas recouvertes par un tégument dans leur jeunesse.*

DXLIV. Polypodium (L.). Polypode.

Fructifications disposées par groupes arrondis, non entremêlés d'écailles scarieuses.

1862. P. vulgare (L.). P. commun. (Vulg. *Réglisse des bois*.)

Racine traçante et à saveur sucrée ; *f.* de 2-4 déc., *profondément pennatipartites, à partitions* oblongues, obtuses, *entières*, parfois ondulées ou finement denticulées sur les bords, à nervure médiane saillante en dessous ; fructifications disposées sur 2 rangs parallèles à cette nervure. ♃. Presque toute l'année. (*V. D.*)

Rochers, vieux murs humides, bois. C.

1863. P. phegopteris (L.). P. phégoptère.

Racine traçante ; *f.* de 1-4 déc., longuement pétiolées, triangulaires-acuminées dans leur contour, 1 *fois pennées, à folioles connées à la base*, les deux inf. plus écartées et déjetées, *toutes pennatifides, à pinnules* oblongues, obtuses ou tronquées, *pubescentes et ciliées* ; groupes de fructifications disposés en lignes sur les deux bords de chaque lobe des folioles, à la fin confluents. ♃. Juin-août.

Bois couverts : le Mont-Pilat ; bois de la Faye, dans les montagnes du Beaujolais ; la Grande-Chartreuse ; le Jura. R.

1864. P. dryopteris (L.). P. dryoptère.

Racine traçante ; *f.* de 1-4 déc., élégantes et délicates, *d'un vert tendre, faibles, étalées*, longuement pétiolées, *à pétiole grêle, nu jusqu'à sa base*, triangulaires dans leur contour, 2-3 *fois pennées*, à folioles opposées, divisées en pinnules ou lobes oblongs, obtus, un peu crénelés ; *groupes de fructifications disposés sur* 2 *lignes* parallèles et *toujours distinctes.* ♃. Juillet-août. (*V. D.*)

Bois couverts, rochers humides : Saint-Romain-de-Couzon; Aujoux, dans le Beaujolais; Duerne; Haute-Rivoire : le Mont-Pilat; le Valromey; Pierre-Châtel; Virieu, etc.; aux environs de Belley. P. C.

1865. P. CALCAREUM (Smith). P. DU CALCAIRE. — P. Robertianum (Hoffm.).

Diffère du précédent 1° par ses *feuilles d'un vert jaunâtre, raides, dressées* et non étalées, à *pétiole garni vers sa base de petites écailles roussâtres*; 2° par les pinnules un peu plus étroites, ordinairement entières; 3° par les *groupes de fructifications confluents à la maturité.* ♃. Juillet-août.

Haies et bois humides des terrains calcaires : Mont-Carrat, près de Saint-Chef (Isère); environs de Nantua. R.

1866. P. RHOETICUM (L.) P. DES GRISONS. — P. alpestre (Hoppe). — Aspidium molle (Swartz).

« Cette belle Fougère, dit M. de Candolle, peut se décrire par une seule phrase : elle a toute la forme de l'*Athyrium filix fœmina*, mais ses groupes de fructifications ne sont jamais recouverts par un tégument. » — F. de 3-6 déc., vertes, *largement oblongues-lancéolées dans leur contour, plus étroites à la base et au sommet,* 2 *fois pennées, à folioles profondément pennatifides,* alternes, divisées en pinnules oblongues, incisées-denticulées au sommet; groupes de fructifications distincts, disposés sur 2 rangs parallèles dans chaque pinnule. ♃. Juin-août.

Lieux humides des hautes montagnes : le Mont-Pilat; la Grande-Chartreuse. R.

DXLV. CETERACH (C. Bauhin). CÉTÉRACH.

Fructifications disposées par groupes oblongs ou linéaires, entremêlés d'écailles scarieuses et brillantes qui recouvrent à la fin toute la face inférieure des feuilles.

1867. C. OFFICINARUM (D. C.). C. OFFICINAL. — Asplenium ceterach (L.). — Grammitis ceterach (Swartz). (Vulg. *Dorade*)

Petite plante croissant par touffes; f. pennatipartites, à partitions obtuses, alternes, entières, vertes en dessus, recouvertes en dessous d'écailles brillantes, d'abord argentées, à la fin rousses. ♃. Juillet-août. (*V. D.*)

Murs et rochers. P. R.

IIᵉ SOUS-TRIBU : ASPIDIÉES. — *Fructifications recouvertes d'un tégument pendant leur jeunesse.*

DXLVI. ASPIDIUM (Rob. Br.). ASPIDION.

Groupes de fructifications arrondis, épars ou disposés par

séries régulières, recouverts dans leur jeunesse d'un *tégument* en bouclier, *attaché par le centre et s'ouvrant par toute
la circonférence.*

1868. A. LONCHITIS (Swartz). A. LONCHITE.— Polystichum lonchitis (Roth).—
Polypodium lonchitis (L.).

    F. de 2-4 déc., oblongues-lancéolées, 1 *fois pennées*, à fo-
lioles lancéolées, courbées en faulx, bordées de dents acuminées et piquantes, munies à la base, du côté sup., d'une oreillette aiguë; pétiole et axe des feuilles couverts d'écailles
roussâtres; groupes de fructifications disposés sur 2 lignes
régulières et toujours distinctes. ♃. Juillet-août.

Bois des montagnes : Pilat; la Grande-Chartreuse; Retord; Arvières; au
dessus de l'Abergement de Varey, en allant à Saint-Rambert.

1869. A. ACULEATUM (Swartz). A. À AIGUILLONS. — Polystichum aculeatum
(Roth). — Polypodium aculeatum (L.).

    Plante de 4-8 déc., très-variable. *F.* oblongues-lancéolées,
2 *fois pennées*, à folioles lancéolées-acuminées, divisées en
pinnules inégalement ovales, *bordées de dents terminées par
une pointe sétacée, raide et piquante,* les inf. souvent munies
à la base d'une oreillette saillante, les sup. sessiles et confluentes; pétiole et axe des feuilles couverts d'écailles roussâtres; groupes de fructifications assez petits, disposés dans
chaque pinnule sur 2 lignes régulières, d'abord distincts, à
la fin confluents. ♃. Juin-août. (*V. D.*)

a. var. *vulgare* (Doell.). F. raides; pinnules inf. rétrécies à la base, légèrement décurrentes.

b. var. *angulare* (Kit.). F. moins raides, plus étroites; pinnules presque
toutes distinctement pétiolulées.

c. var. *Pluknetii* (D. C.). F. plus étroites et moins élevées; pinnules soudées
et confluentes à la base, de telle sorte que les feuilles sont simplement
pennées, à folioles pennatifides.

d. var. *divaricatum.* Folioles plus étalées, et même les inférieures déjetées.

Haies et bois ombragés : Écully; Charbonnières; Francheville; Roche-
Cardon; l'Argentière; Pilat; la Grande-Chartreuse; le Bugey et la Bresse. La
variété *c* à Roche-Cardon; la variété *d* à Francheville.

DXLVII. POLYSTICHUM (Roth). POLYSTIC.

Groupes de fructifications arrondis, épars ou disposés par
séries régulières, recouverts dans leur jeunesse d'un *tégument* arrondi-réniforme, *attaché par le centre et par un pli
enfoncé, s'ouvrant par côté, mais non par toute la circonférence.*

1870. P. OREOPTERIS (D. C). P. ORÉOPTÈRE.—Aspidium oreopteris (Swartz.
— Polypodium pterioides (Vill.).

    F. de 3-8 déc., oblongues-lancéolées dans leur contour,

1 *fois pennées*, à folioles pennatipartites, *à pinnules oblongues*, obtuses, à peu près entières, *parsemées en dessous de
petits points jaunes, brillants, résineux, odorants ; pétiole nu*
ou à peine écailleux ; *groupes de fructifications* arrondis, *distincts* ou à peine confluents, disposés sur le bord des pinnules. ♃. Juillet-août.

Bois des hautes montagnes : Pierre-sur-Haute ; la Grande-Chartreuse ; le
Jura, près du Lavatay.

1871. P. THELYPTERIS (Roth). P. THÉLYPTÈRE.—Aspidium thelypteris (Swartz).
— Acrostichum thelypteris (L.).

Racine grêle et *traçante* ; *f.* de 2-8 déc., oblongues-lancéolées dans leur contour, 1 *fois pennées*, à folioles pennatifides, *à pinnules* oblongues, *très-entières*, un peu aiguës, *non
glanduleuses en dessous* ; *pétiole nu*, très-allongé ; *groupes de
fructifications d'abord* distincts et *placés sous les bords enroulés des pinnules, à la fin confluents* et occupant toute leur
surface. ♃. Juillet-août.

Prés marécageux et tourbeux : Dessine, près du moulin de Cheyssin ; Sainte-
Croix, près de Montluel ; la Boucherette, près de Génas ; Contrevoz ; marais de
Divonne ; Prémeysel. A. R.

1872. P. FILIX MAS (Roth). P. FOUGÈRE MALE.—Aspidium filix mas (Swartz).
— Polypodium filix mas (L.).

Plante ordinairement de 4-10 déc., venant par touffes.
F. oblongues-elliptiques dans leur contour, 1 *fois pennées*, à
folioles alternes, pennatipartites, *à pinnules* oblongues, obtuses, *inégalement denticulées au sommet, mais à dents non
mucronées* ; *pétiole garni à la base de longues écailles rousses* ;
groupes de fructifications toujours distincts, disposés sur
2 rangs dans chaque pinnule. ♃. Juillet-août. (*V. D.*)

Haies, bois et lieux couverts. C.

b. P. *abbreviatum* (D. C.). F. de 1-2 déc., à pinnules ovales, crénelées au
sommet, ne portant à la base que 1-2 groupes de fructifications.—Bords
du Garon, au dessus du moulin du Petit-Barail. R.

1873. P. CRISTATUM (Roth). P. A CRÊTES. — P. callipteris (D. C.). — Polypodium cristatum (L.).

F. de 3-6 déc., longuement lancéolées, 1 *fois pennées*, à
folioles pennatipartites, *à pinnules* ovales-oblongues, *bordées*,
surtout au sommet, *de dents mucronées* ; *pétiole garni d'écailles
à la base* ; *groupes de fructifications* disposés sur 2 rangs
dans chaque pinnule, d'abord distincts, *à la fin confluents* et
couvrant presque toute leur surface. ♃. Juin-août.

Bois des hautes montagnes : Pilat ; la Grande-Chartreuse ; Hauteville. R.

1874. P. SPINULOSUM (D. C.). P. A DENTS PIQUANTES.— Aspidium spinulosum
(Swartz).

Plante de 3-8 déc., variable. *F.* ovales ou oblongues dans

586 FOUGÈRES.

leur contour, 2 *fois pennées*, à folioles incisées-dentées, pennatipartites ou même pennatiséquées, à *lobes, pinnules ou segments munis au sommet de dents mucronées-aristées et piquantes; pétiole muni d'écailles à la base;* groupes de fructifications disposés sur 2 rangs et toujours distincts. ♃. Juin-septembre.

Bois et lieux couverts.

a. var. *vulgare.* Folioles n'étant qu'incisées-dentées. — Dardilly; Montribloud.

b. P. *dilatatum* (D. C.). F. plus larges dans leur contour; folioles profondément pennatipartites ou pennatiséquées, de sorte que les f. sont presque 3 fois pennées. — Le Mont-Pilat; le Jura; au dessus de Cormaranche.

1875. P. RIGIDUM (D. C.). P. RAIDE. — Aspidium rigidum (Swartz). — Polypodium fragrans (Vill.).

Plante de 3-4 déc., très-odorante. *F. étroitement oblongues-lancéolées, brusquement terminées en triangle au sommet, 2 fois pennées,* à pinnules incisées, presque pennatifides, à *lobes bordés au sommet de dents mucronées et un peu piquantes; pétiole* raide, dressé, *très-écailleux;* groupes de fructifications distincts et disposés sur 2 rangs dans chaque pinnule. ♃. Juin-juillet.

Débris et fentes des rochers à la Grande-Chartreuse et au Reculet.

b. P. *Carthusianum* (Vill.). Pinnules alternes, plus espacées, n'étant qu'incisées-dentées, glauques en dessous. — La Grande-Chartreuse, à Bovinant.

DXLVIII. CYSTOPTERIS (Bernh.). CYSTOPTÈRE.

Groupes de fructifications arrondis, épars, recouverts par un *tégument* très-caduc, *adhérent seulement par son bord inférieur, et s'ouvrant du sommet à la base en présentant une lanière lancéolée, aiguë,* plus longue que le groupe auquel elle adhère.

1876. C. FRAGILIS (Bernh.). C FRAGILE. — Aspidium fragile (Swartz). — Cyathea fragilis (Smith). — Polypodium fragile (L.).

Plante élégante, très-variable dans ses formes. F. de 1-4 déc., oblongues-lancéolées dans leur contour, minces, molles, *2 fois pennées,* à *pinnules incisées-pennatifides ou seulement incisées-dentées; pétiole* grêle, fragile, *non écailleux, non ailé;* groupes de fructifications irrégulièrement disposés, à la fin confluents. ♃. Juin-août.

Bois et rochers : Francheville; Tassin; Charbonnières; Chaponost, vers et Garon; Pilat; la Grande-Chartreuse; forêt de Neyrevaz, à Saint-Rambert, le dans presque tous les lieux rocailleux du Haut-Bugey.

b. C. *regia* (Presl.). — *Aspidium regium* (D. C.). Pinnules découpées en lobules oblongs, obtus, très entiers. — Murs au dessous de Vienne, à Rochetaillo. R.

1877. C. ALPINA (Link). C. DES ALPES. — Aspidium alpinum (Wild.). — Polypodium alpinum (L.).

Plante de 1-3 déc., élégante, délicate, d'un beau vert. F. oblongues-lancéolées dans leur contour, minces, molles, *2 fois pennées, à pinnules profondément pennatipartites, ce qui les fait paraître 3 fois pennées* et comme frisées ; lobules incisés-dentés au sommet ; *pétiole grêle, fragile, un peu écailleux à la base, manifestement bordé, ainsi que ses ramifications, d'une petite aile décurrente* ; groupes de fructifications très-petits, épars, distincts. ♃. Juillet-août.

Fentes des rochers au Reculet. R.

1878. C. MONTANA (Link). C. DE MONTAGNE.—Aspidium montanum (Swartz). — Cyathea montana (Roth). — Polypodium myrrhidifolium (Vill.).

Plante de 1-2 déc., très-élégante. *F. triangulaires dans leur contour*, comme celles du *Polypodium dryopteris*, minces, molles, *3 fois pennées, à pinnules pennatifides ou pennatipartites*, à lobules denticulés au sommet ; *pétiole grêle, un peu écailleux à la base* ; groupes de fructifications épars et distincts. ♃. Juin-août.

Bois et rochers des hautes montagnes : la Grande-Chartreuse, en allant d'Entremont au couvent par le mont Bovinant ; environs de Nantua ; le Reculet. R. R.

DXLIX. ATHYRIUM (Roth). ATHYRION.

Groupes de fructifications ovales, recouverts par un *tégument* persistant, arqué, s'ouvrant latéralement de dedans en dehors.

1879. A. FILIX FŒMINA (Roth). A. FOUGÈRE FEMELLE. — Aspidium filix fœmina (Swartz). — Asplenium filix fœmina (Bernh.).

Plante de 5-9 déc., croissant par touffes. F. d'un vert gai, oblongues-elliptiques dans leur contour, 2 fois pennées, à pinnules pennatifides, divisées en lobules denticulés au sommet ; pétiole nu ; groupes de fructifications disposés sur 2 lignes régulières dans chaque pinnule. ♃. Juin-septembre.

Bois frais et ombragés. C.

b. A. *acrostichoideum* (Bory). Plante plus petite dans toutes ses parties : folioles très-convergentes vers le sommet ; pinnules plus étroites, à lobules un peu enroulés sous les bords, terminés par des dents obtuses, presque entièrement recouverts par les fructifications à la maturité. — Saint-Bonnet-le-Froid. R.

DL. ASPLENIUM (L.). DORADILLE.

Fructifications disposées en lignes droites, éparses et transversales ; *tégument* droit, latéral, s'ouvrant par un seul battant de dedans en dehors.

1880. A. septentrionale (Swartz). D. septentrionale. — Acrostichum septentrionale (L.).

F. de 5-15 cent., d'un vert foncé, *linéaires, divisées au sommet en 2-3 laniéres* qui sont munies elles-mêmes de 2-3 dents terminales, quelquefois entières ; 2-3 groupes de fructifications, linéaires, allongés, recouvrant à la fin toute la feuille. ♃. Juin-septembre. (*V. D.*)

Fentes des rochers : Roche-Cardon ; Francheville ; coteaux du Garon ; Condrieu ; Malleval ; Yzeron ; Pilat. P. C.

1881. A. trichomanes (L.). D. polytric. (Vulg. *Faux Capillaire.*)

F. de 1-2 déc., lancéolées-linéaires dans leur contour, 1 *fois pennées, à folioles ovales-arrondies,* sessiles, tronquées à la base ou un peu crénelées-ondulées ; *pétiole d'un brun noir et luisant dans toute sa longueur, à angles présentant un rebord scarieux trés-étroit;* fructifications en lignes courtes, obliques, à la fin confluentes. ♃. Presque toute l'année. (*V. D.*)

Murs et rochers humides et ombragés. C.

1882. A. viride (Huds.). D. verte.

Se rapproche du précédent. *F.* de 1-2 déc., oblongues-linéaires dans leur contour, 1 *fois pennées, à folioles arrondies-rhomboïdales,* atténuées en coin à la base, incisées-crénelées au sommet, distinctement pétiolulées ; *pétiole brun seulement à la base, vert dans le reste de son étendue, à angles dépourvus de rebord scarieux;* fructifications en petites lignes obliques, peu nombreuses, à la fin presque confluentes. ♃. Juin-août.

Murs et rochers ombragés des hautes montagnes : la Grande-Chartreuse ; et dans l'Ain, Saint-Rambert, sous le Nid-d'Aigle ; Retord, etc.

1883. A. Halleri (D. C.). D. de Haller.

F. de 5-12 cent., d'un vert pâle, oblongues ou linéaires-lancéolées dans leur contour, 1 *fois pennées, à folioles cunéiformes-triangulaires, irrégulièrement incisées-lobées,* quelquefois profondément pennatiséquées, ce qui fait paraître la feuille presque 2 fois pennée, *à lobules du sommet terminés par de petites dents mucronées et un peu piquantes;* fructifications d'abord en petites lignes blanchâtres, irrégulièrement éparses, puis en groupes arrondis, à la fin couleur de rouille, et couvrant presque toute la feuille à la maturité. ♃. Juin-août.

a. Aspidium Halleri (Wild.). Folioles ovales-oblongues, profondément pennatiséquées à la base, presque 2 fois pennées.

b. Aspidium fontanum (D. C.). *F.* plus étroites, à folioles ovales, irrégulièrement incisées-lobées, ne présentant que 1-2 lobes profonds vers la base.

Rochers et murs humides : Charbonnières ; Francheville : bords du Garon ; Malleval ; la Terrasse, sur la route de Rive-de-Gier à Pilat ; la Grande-Chartreuse ; le Bugey, à Pierre-Châtel, etc.

— Il y a de nombreux intermédiaires entre les deux variétés plus tranchées que nous signalons.

1884. A. GERMANICUM (Weiss.). D. D'ALLEMAGNE.—A. alternifolium (Wulf.). — A. Breynii (Retz).

F. de 6-15 cent., d'un vert gai, oblongues-lancéolées dans leur contour, *1 fois pennées, à 5-9 folioles* alternes, espacées, *cunéiformes, irrégulièrement incisées-dentées au sommet ; pétiole* grêle, allongé, *noirâtre dans sa partie inf.;* fructifications en lignes courtes, peu nombreuses, à la fin confluentes. ♃. Juin-septembre.

Vieux murs et rochers : Francheville ; le Bâtard, près de Talhuyers ; route de Rive-de-Gier à Pilat, un peu avant la Terrasse. R.

1885. A. RUTA MURARIA (L). D. RUE DES MURS. (*Vulg. Capillaire blanc*)

F. de 5-15 cent., d'un vert sombre, *ovales-triangulaires dans leur contour, 1-2 fois pennées, à folioles cunéiformes à la base,* tantôt simples, tantôt divisées en 3 lobes crénelés-denticulés au sommet ; *pétiole entièrement vert ou à peine noirâtre à la base ;* fructifications d'abord disposées par petites lignes, à la fin confluentes et couvrant presque toute la feuille. ♃. Presque toute l'année. (*V. D.*)

Vieux murs, rochers. C. C. C.

1886. A. ADIANTHUM NIGRUM (L.). D. CAPILLAIRE NOIR.

F. de 1-4 déc., luisantes, d'un vert noirâtre en dessus, *triangulaires-lancéolées dans leur contour, 2-3 fois pennées,* à pinnules ovales-lancéolées, atténuées en coin à la base, irrégulièrement incisées-dentées sur les bords ; *pétiole très-long, d'un brun noirâtre et luisant au moins en dessous dans la plus grande partie de son étendue ;* fructifications en lignes obliques, à la fin confluentes. ♃. Avril-octobre. (*V. D.*)

Lieux ombragés et humides. C. C. C.

DLI. SCOLOPENDRIUM (Smith). SCOLOPENDRE.

Fructifications groupées en lignes parallèles, inégales, obliques à la côte médiane ; tégument formé de deux pièces s'ouvrant de dedans en dehors ; *feuilles entières.*

1887. S. OFFICINALE (Smith). S. OFFICINAL.—Asplenium scolopendrium (L). (Vulg. *Langue-de-cerf.*)

Plante d'un vert foncé et luisant, croissant par touffes. F. de 1-6 déc., entières, oblongues-lancéolées, en cœur à la base, à oreillettes obtuses, à côte médiane très-marquée; pétiole muni d'écailles. ♃. Juin-septembre. (*V. D.*)

Bois et rochers couverts : la Duchère; Roche-Cardon; vallon de Néron; la Grande-Chartreuse; le Bugey. P. R.

DLII. Blechnum (L.). Blechne.

Fructifications réunies sur 2 lignes parallèles à la côte médiane des pinnules et aussi longues qu'elles; tégument s'ouvrant de dedans en dehors; feuilles pennatiséquées, les unes fertiles, les autres stériles.

1888. B. spicant (Roth). B. des bois. — Osmunda spicant (L.). — Blechnum boreale (Lois.).

Plante de 2-8 déc., venant par touffes. F. elliptiques-lancéolées dans leur contour, les stériles à segments oblongs, élargis, un peu en faulx, presque opposés, les fertiles à segments beaucoup plus étroits, linéaires, plus espacés, manifestement alternes, à la fin entièrement recouverts par les fructifications, les unes et les autres à segments décroissant du milieu à la base et au sommet. ♃. Juin-septembre. (*V. D.*)

Bois humides des montagnes : Saint-André-la-Côte; Ajoux, dans le Beaujolais; le Mont-Pilat; et dans l'Ain, cascade de la Fouge, au dessus de Poncin; le Crêt de Châlam, vers la fontaine. R.

DLIII. Pteris (L.). Ptéride.

Fructifications disposées en petites lignes continues sous le bord enroulé des feuilles; tégument linéaire, continu avec ce bord et s'ouvrant de dedans en dehors.

1889. P. aquilina (L.). P. aigle impériale.

Racine traçante, presque horizontale; f. très-grandes, de 6-15 déc., 2-3 fois pennées, à pinnules oblongues ou linéaires-lancéolées, coriaces, enroulées sous les bords, les inf. pennatifides, les sup. entières; pétiole à partie inf. noirâtre, offrant comme un aigle à deux têtes dans la section oblique de sa base. ♃. Juillet-septembre. (*V. D.*)

Lieux stériles, bois, haies. C. C. C.

— Gilibert indique à Pilat le *Pteris crispa* (L.).

DLIV. Adianthum (L.). Adianthe.

Fructifications en groupes interrompus, oblongs ou arrondis, placés sur le bord des feuilles; tégument continu avec ce bord et s'ouvrant de dedans en dehors.

1890. A. capillus Veneris (L.). A. capillaire. (Vulg. *Capillaire de Montpellier*.)

Plante de 1-3 déc., faible. F. 2-3 fois pennées, à folioles cunéiformes à la base, arrondies et irrégulièrement incisées-lobées au sommet, portées sur des pédicelles capillaires; pétiole grêle, faible, allongé, d'un brun noirâtre et luisant. ♃. Juin-novembre. (*V. D.*)

Grottes et rochers humides aux Étroits; cascade de Cervérieux; source du Groin, près d'Artemare. R.

99ᵉ Famille. — MARSILÉACÉES.

Les Marsiléacées sont de petites plantes aquatiques que leurs *feuilles roulées en crosse avant leur développement* rapprochent des Fougères, mais qui se distinguent de toutes les plantes précédentes par leurs *fructifications radicales*. Ce sont des coques globuleuses, coriaces, épaisses, divisées en plusieurs loges par des cloisons membraneuses. Ces loges présentent deux sortes d'organes : les uns, analogues à des graines dures, à enveloppe transparente et gonflée par l'eau; les autres, semblables à de petits ballons membraneux, pleins d'une gélatine où nagent des globules sphériques bien plus petits que les graines.

DLV. Marsilea (L.). Marsilée.

Fructifications ovoïdes, comprimées, pédicellées, réunies sur un pédoncule commun, s'ouvrant en 2 lobes à la maturité; *feuilles composées.*

1891. M. quadrifolia (L.). M. a quatre feuilles.

Tiges rampantes; pétiole allongé, grêle, portant 4 folioles lisses, vertes, cunéiformes à la base, arrondies au sommet. disposées en croix, flottantes à la surface de l'eau; capsules noirâtres, velues. ♃. Juillet-octobre.

Bord des étangs et des mares : Oullins; Vaux-en-Velin; Dessine; Janeyriat; étangs de la Dombe et de la Bresse.

☞ Cette plante ne fructifie que quand l'eau est abondante.

DLVI. Pilularia (L.). Pilulaire.

Fructifications globuleuses, sessiles, solitaires, s'ouvrant en 4 lobes à la maturité; *feuilles linéaires, très-entières.*

1892. P. globulifera (L.). P. a globules.

Tiges filiformes, radicantes; f. d'un vert gai, linéaires-

sétacées, réunies en touffes; capsules brunâtres, velues, de la
grosseur d'un petit pois. ♃ Juillet-septembre. (*V. D.*)

Lieux inondés, bord des étangs : Montriblond ; Saint-André-de-Corcy. —
Fructifie rarement.

b. P. *natans* (Mérat). F. allongées et flottantes.—Dans une mare entre Tassin
et Saint-Genis-les-Ollières. R.

100ᵉ FAMILLE. — LYCOPODIACÉES.

Cette dernière famille des plantes vasculaires touche aux
Mousses de très-près par ses *petites feuilles entières, acérées,
imbriquées,* quelquefois même terminées par un poil. Elle
renferme des plantes vivaces, herbacées, à tige rameuse, souvent dichotome, couchée-radicante au moins dans sa partie
inférieure. Leurs fructifications se composent de *capsules
crustacées,* très-petites, *placées le long de la tige à l'aisselle
des feuilles ou à l'aisselle de petites bractées,* et alors disposées en épis terminaux. Ces capsules sont tantôt uniformes,
tantôt de deux sortes : les unes à 2 battants, remplies d'une
poussière inflammable, très-fine et très-abondante; les
autres, plus rares, s'ouvrant par 3-4 valves, et contenant ordinairement 4 corps globuleux, rudes, marqués en dessous
de 3 côtes saillantes.

DXLVII. LYCOPODIUM (L.). LYCOPODE.

Caractères de la famille.

1893. L. CLAVATUM (L.). L. A MASSUES.

Tiges de 2-10 déc. ou plus, longuement rampantes, rameuses-dichotomes, à rameaux florifères ascendants; *f.*
éparses, linéaires, *terminées par une longue soie; épis* en
massue oblongue, *longuement pédonculés, ordinairement géminés, portant les fructifications à l'aisselle de petites bractées roussâtres, ovales, aristées.* ♃ Juillet-septembre. (*V. D.*)

Bruyères humides, bois montueux, rochers : le Mont-Pilat; Pierre-sur-
Haute ; le bois des Volières, aux Echeyls (M. Chabert); le Bugey. A. R.

1894. L. JUNIPERIFOLIUM (D. C.). L. A FEUILLES DE GENÉVRIER. — L. anno-
tinum (L.).

Tiges rampantes, rameuses-dichotomes inférieurement, à
rameaux florifères ascendants; *f.* d'un vert pâle, éparses sur
4-5 rangs, linéaires-lancéolées, raides, étalées, *denticulées au
sommet, mucronées, mais sans poil terminal; épi* cylindrique, sessile, solitaire, *portant les fructifications à l'aisselle
de bractées* ovales et cuspidées, *différentes des feuilles.* ♃
Juin-août. (*V. D.*)

Bois des hautes montagnes : le Mont-Pilat, au Bessac, à la source du Furen ;
Pierre-sur-Haute ; la Grande-Chartreuse. R. R.

1895. L. INUNDATUM (L.). L. INONDÉ.

Tiges de 5-20 cent., rampantes et radicantes, appliquées sur la terre, à rameaux florifères dressés et très-simples; f. imbriquées, très-serrées, linéaires-lancéolées, *très-entières, sans poil terminal; fructifications disposées en épi terminal, solitaire*, renflé en massue, muni de *bractées* d'un vert jaunâtre, *semblables aux feuilles*. ♃. Juillet-septembre.

Prairies tourbeuses : Chazay-d'Azergue; le Mont-Pilat, dans les prés de Tarentaise; Pierre-sur-Haute. R.

1896. L. SELAGO (L.). L. SÉLAGINE.

Tiges de 1-2 déc., divisées dès la base en rameaux dressés, parallèles, à peu près égaux; f. d'un vert foncé, linéaires-lancéolées, raides et piquantes, très-serrées; *fructifications placées à l'aisselle des feuilles, le long des rameaux*. ♃. Juin-août. (*V. D.*)

Bois et rochers herbeux : le Mont-Pilat, au dessus du saut du Gier; Pierre-sur-Haute. R.

1897. L. SELAGINOIDES (L.). L. FAUSSE SÉLAGINE. — Selaginella spinosa (Al. Braun).

Tiges de 3-5 cent., grêles, couchées à la base, à rameaux florifères simples et dressés; f. lancéolées, éparses, un peu étalées, *bordées de petits cils spinescents*; fructifications de deux sortes : les sup. à 2 valves et remplies de poussière, les inf. à 4 valves renfermant un seul globule; *épi terminal, unique*, à *bractées* jaunâtres, *plus grandes que les feuilles et denticulées comme elles*. ♃. Juillet-août.

Pelouses et bruyères humides des hautes montagnes : le Mont-Pilat, dans les pâturages du grand bois; Pierre-sur-Haute; la Grande-Chartreuse; le Reculet; Retord en Valromey; le Colombier du Bugey.

SUPPLÉMENT

A LA BOTANIQUE DESCRIPTIVE.

———⊰◆⊱———

Page 17, au nº 57, ajoutez :

c. A. *atrata* (Koch). Fl. d'un violet foncé. Plante visqueuse. — Au dessus de Lélex, en montant au Colombier du Jura.

Page 20, au nº 66, ajoutez :

b. N. *minor* (Besl.). F. et fl. de moitié plus petites que dans le type. — Lac de Nantua.

Page 27, au nº 86, ajoutez :

b. B. *arcuata* (Rchb.). Siliques arquées-ascendantes dans leur jeunesse ; fleurs plus grandes, d'un jaune plus vif. — La Mouche.

Page 27, après le nº 86, ajoutez :

86 *bis*. B. STRICTA (Andrz.). B. RAIDE. — B. parviflora (Fries).

— Lui donner la description qui n'est qu'en note. — J'en ai vu des échantillons très-authentiques cueillis entre Génas et Meyzieu.

Page 28, après le nº 91, ajoutez :

91 *bis*. A. BRASSICÆFORMIS (Wallr.). A. A FEUILLES DE CHOU. — Brassica alpina (L.).

Plante entièrement glabre et d'un vert foncé. Tige de 5-10 déc., simple, dressée ; *f. lisses et coriaces*, les radicales longuement pétiolées, *les caulinaires lancéolées, très-entières, embrassant la tige par 2 oreillettes ;* siliques dressées sur un pédicelle étalé ; *graines sans aile*, à bords obtus ; fl. blanches. ♃. Mai-juin.

Vallon d'Adran, près du Reculet, dans les éboulements des rochers.

Page 35, après le nº 117, ajoutez :

117 *bis*. S. ALBA (L.). M. BLANCHE.

Tige de 2-5 déc., plus ou moins hérissée ; f. d'un vert clair, peu velues, lyrées-pennatifides, à segments ovales-oblongs, obtus, sinués-dentés; *siliques hérissées de poils blanchâtres, très-étalées, à valves marquées de 5 nervures*; fl. d'un jaune pâle. ④. Mai-juillet. (*V. D.*)

Spontanée dans les champs où elle a été cultivée : Oullins, à la Bussière : Pont d'Ain, etc.

Page 36, après le genre ALYSSUM, ajoutez :

XLI *bis*. FARSETIA (Rob. Br.). FARSÉTIE.

Calice dressé, à *sépales bossués à la base; filets des 2 étamines courtes munis d'une dent;* silicule elliptique, comprimée, terminée par le style persistant, *à loges contenant chacune 6-12 graines.*

123 *bis*. F. CLYPEATA (Rob. Br.). F. EN BOUCLIER.—Alyssum clypeatum (L.).

Plante entièrement couverte d'une pubescence blanchâtre. Tige de 3-6 déc., droite, ferme; f. oblongues, à peu près entières, les caulinaires sessiles, les radicales atténuées en pétiole; graines brunes, bordées d'une aile; fl. d'un jaune pâle. ②. Avril-juin.

Rocailles à Saint-Cyr-au-Mont-d'Or. R. R. R.

Page 37, au n° 127, ajoutez :

1. var. *hispida*. Silicules plus ou moins hérissées. — Le Colombier du Bugey.

Page 39, après le n° 131, ajoutez :

131 *bis*. M. SYLVESTRE (C. Bauh.). M. SAUVAGE.—Camelina sylvestris (Wallr.).

Diffère du M. *sativum* 1° par ses *f. caulinaires* plus nombreuses, plus fermes, plus *dressées*; 2° par ses *silicules* plus *arrondies au sommet, convexes, mais non ventrues,* à nervure dorsale peu marquée; 3° par ses *graines brunes,* 2 fois plus petites; 4° par ses *fl. d'un jaune très-pâle.* ④. Juin-juillet.

Moissons à Mont-Chat.

Page 40, après le n° 137, ajoutez :

137 *bis*. T. GAUDINIANUM (Jord.). T. DE GAUDIN.

Tiges de 1-2 déc., dressées, flexueuses; *f. d'un vert foncé,* entières, rarement dentées, les radicales obtuses et pétiolées, les caulinaires lancéolées, embrassant la tige par 2 oreillettes courtes, obtuses et dirigées un peu en arrière; *anthères d'abord lilacées, à la fin d'un violet foncé; style dépassant manifestement les lobes de l'échancrure;* silicule à ailes étroites, très-convexe en dessous; fl. blanches, assez petites, très-nombreuses. ④. Mai-juin.

Lieux un peu ombragés à Ruffieu (Ain).

Page 42, remplacez le n° 147 par l'espèce suivante :

147. I. Violetti (Soy.-Will.). I. de Violet.

Tige de 4-3 déc., *herbacée*, dure, très-rameuse, à rameaux courts et étalés; *f. d'un vert sombre*, caduques, *charnues, rapprochées*, les inf. lancéolées, munies de 4-2 dents au sommet, *les sup. linéaires et très-entières* ; silicules à *pédoncules épais* et étalés; *style égalant les lobes de l'échancrure, qui* sont triangulaires et *forment plus d'un angle droit par leur écartement*; fl. lilas, assez grandes. ②. Juillet-août.

Le Mont, à Nantua.

Page 43, après le n° 147, ajoutez :

147 *bis*. I. Prostii (Soy.-Will.). I. de Prost.

Tige de 3-6 déc., *herbacée*, rameuse, à rameaux minces et allongés; *f. glauques, minces, écartées, toutes oblongues-linéaires*; silicules à *pédoncules grêles*, très-étalés; *style dépassant les lobes de l'échancrure, qui* sont aigus et *forment à peu près un angle droit par leur écartement* ; fl. lilas, petites. ①. Juillet-août.

Rochers de Viricu-le-Grand, près Belley.

Page 50, après le n° 177, ajoutez :

177 *bis*. H. APENNINUM (D. C.). H. des Apennins.

Tiges sous-ligneuses et couchées à la base, d'un brun noirâtre, à rameaux grêles et flexueux ; *f. opposées, stipulées*, ovales-oblongues, *verdâtres en dessus, tomenteuses et à bords non enroulés en dessous*; *style dépassant un peu les étamines*; capsule ovale-arrondie; fl. blanches, à onglet assez long et jaunâtre. ♄. Mai-juillet.

Bords de l'Ain, près de Port-Galland.

Page 52, après le n° 183, ajoutez :

183 *bis*. V. SCIAPHYLLA (Boreau, ed. II, et Koch pro parte). V. ombreuse.

Point de rejets stolonifères; f. largement ovales, *en cœur bien ouvert*, crénelées, pubescentes dans leur jeunesse, presque glabres en été; *stipules* lancéolées, *glabres, bordées de cils plus courts que leur diamètre transversal*; capsule globuleuse, *entièrement glabre*; fl. *légèrement odorantes*, blanches, quelquefois lavées de violet. ♃. Avril-mai.

Entre Chaponost et le Garon.

— Notre plante a les capsules globuleuses et les fleurs blanches, tandis que Koch dit de son espèce qu'elle a les capsules ovales-oblongues et les fleurs violettes, blanches seulement à la gorge.

Page 55, après le n° 196, ajoutez :

196 *bis*. V. ALPESTRIS (Jord.). V. ALPESTRE. — V. tricolor, *var.* alpestris (D. C.).

Plante couverte d'une pubescence très-courte. Tiges grêles,

la centrale dressée, les latérales arquées et ascendantes ; *f. orales ou ovales-oblongues, toutes obtuses,* crénelées, *peu ou point en cœur à la base,* à pétiole toujours un peu élargi vers le haut ; *stipules pennatilobées, à 8-10 lobes obtus, le terminal plus large, crénelé, assez semblable aux feuilles ;* éperon épais, plus court que les pétales ; *bractéoles placées, pendant la floraison, au dessous de la courbure du pédoncule ; fl. jaunes,* quelquefois lavées ou striées de violet, *à pétales 2 fois plus grands que le calice.* ① ou ②. Mai-juillet.

Abbaye d'Arvières ; le-Crêt de Châlam.

Page 57, au n° 202, ajoutez :

c. P. alpestris (Koch). Tige plus basse ; fl. en grappes plus courtes et plus serrées. — Mont d'Anoizin, près de Crémieux ; au dessus de Bourgoin.

Page 65, après le n° 231, ajoutez :

231 *bis.* S. SAXIFRAGA (L.). S. SAXIFRAGE.

Plante gazonnante. Tiges de 1-2 déc., grêles, dressées ou ascendantes, pubescentes à la base ; *f. linéaires-lancéolées,* rétrécies à la base, rudes sur les bords ; *calice en massue ; pétales* couronnés, *profondément bifides ;* fl. blanches en dessus, rougeâtres ou d'un jaune verdâtre en dessous, solitaires, plus rarement géminées, au sommet de longs pédoncules terminaux. ♃. Juin-août.

Rochers à la Grande-Chartreuse. R.

Page 77, au n° 279, ajoutez :

b. E. hydropiper (D. C. non L.). Calice à 4 divisions ; 4 pétales ; 8 étamines. — Bord des étangs, à Montribloud. R. R. R.

Page 79, au n° 287, ajoutez :

b. M. fastigiata (Cav.). F. découpées moins profondément, les caulinaires sup. trifides, les moyennes quinquéfides, à lanières oblongues, inégalement dentées. — Bonnand ; le Bâtard, près de Talluyers.

Page 95, après le n° 334, ajoutez :

334 *bis.* R. ALATERNUS (L.). R. ALATERNE.

Arbuste de 2-5 m., *à rameaux alternes, non épineux ; f. alternes,* fermes, *persistantes, très-glabres,* ovales-elliptiques, bordées de petites dents écartées ; fl. dioïques, d'un vert jaunâtre, axillaires, un peu odorantes. ♄. Mars-avril.

Vienne, derrière le vieux château. — Jardins paysagers.

Page 104, au n° 366, ajoutez :

b. M. Wildenowii (Bœnng.). Gousses hérissées de poils articulés et glanduleux. — Bord des chemins. C. C.

Page 106, après le n° 368, ajoutez :

368 *bis.* M. APICULATA (Wild.). M. A PETITES POINTES.

Diffère du M. *denticulata* 1° par les *pédoncules plus courts que les feuilles ;* 2° par les *épines de la gousse,* qui sont *moins longues qae son demi-diamètre transversal*, tandis que, dans l'espèce précédente, elles en égalent environ la moitié. ④. Mai-juillet.

b. M. *confinis* (Koch). Épines remplacées par des tubercules aussi larges que longs.

Charbonnières, au dessous du bois de l'Étoile.

Page 115, au n° 404, ajoutez :

b. L. *villosus* (Thuill). Feuilles et calice hérissés. — Le Bâtard, près des étangs de Lavore. R.

Page 116, après le n° 411, ajoutez :

411 *bis.* A. ARISTATUS (L'Hérit.). A. ARISTÉ.

Plante mollement pubescente-blanchâtre. *Tiges sous-li-gneuses,* couchées, formant des touffes, *hérissées inférieure-ment de fibrilles grisâtres et un peu piquantes,* qui sont les pétioles desséchés des anciennes feuilles; f. à 12-16 folioles linéaires, mucronées, d'un vert gai, hérissées de poils blan-châtres, surtout en dessous, la terminale très-caduque, ce qui fait paraître la feuille paripennée et terminée par une arête; calice à dents très-longues, sétacées, acuminées; *fruit ovale, hérissé, aristé;* fl. d'un blanc lavé de lilas, réunies par 6-8 sur chaque pédoncule, et formant des grappes serrées, plus courtes que les feuilles. ♄. Juillet.

Bords de la Valserine, au dessus de Chézery. R.

— Nous avons découvert cette année (1853), vers la fin de juillet, cette belle espèce, qui n'avait pas encore été signalée dans le département de l'Ain. Il est probable qu'elle se trouve dans les montagnes du Jura, d'où la Valserine l'aura apportée. Comme elle est sous-ligneuse, il faut retrancher de notre description du genre *Astragalus* la phrase où il est dit que toutes les espèces de notre Flore sont herbacées.

Page 119, après le n° 422, ajoutez :

422 *bis.* O. SUPINA (D. C.). E. COUCHÉE. — Hedysarum supinum (Vill.).

Tige de 1-3 déc., couchée; folioles nombreuses, oblongues, obtuses, mucronulées au sommet; *calice dépassant la moitié de la corolle; carène plus courte que la moitié de l'étendard; gousse velue, munie d'une crête dentée, dont les dents sont plus longues qu'elle n'est large;* fl. blanchâtres, rosées au sommet, en grappes longuement pédonculées. ♃. Mai-juillet.

Collines sèches : le Mont-Verdun; balmes entre Anthon et Villette; Jonage. R.

Page 121, après le n° 429, ajoutez :

429 *bis.* V. GRACILIS (Lois.). V. GRÊLE. — Ervum gracile (D. C.).

Plante presque glabre. Tiges de 2-6 déc., grêles, raides, grimpantes; folioles linéaires, étroites, très-aiguës, mucro-nulées; *stipules en demi-fer de lance; gousse linéaire, glabre, à 6 graines;* fl. lilas, veinées, plus grandes que dans le n° 429, réunies par 2-5 sur un *pédoncule* filiforme, *aristé, à la fin 2 fois plus long que les feuilles*. ④. Juin-août.

Champs et moissons : Villeurbanne; la Tour-de-Salvagny.

Page 123, après le n° 438, ajoutez :

438 *bis*. E. ERVILIA (L.). L. ERS. — Vicia ervilia (Wild.).

Tige de 2-6 déc., dressée, ferme, flexueuse; folioles glabres, oblongues-linéaires, tronquées, mucronulées; stipules semi-sagittées, bordées de dents sétacées; *vrille presque nulle; gousse glabre, oblongue-linéaire, renflée de distance en distance et comme articulée, renfermant 2-4 graines*; fl. blanchâtres, veinées de violet, 2-4 sur un *pédoncule plus court que la feuille*. ④. Juin-juillet.

Moissons et vignes à Saint-Benoît, près Belley.

Page 128, après le n° 457, ajoutez :

457 *bis*. C. VULGARIS (Miller). C. COMMUN. — C. caproniana (D. C.). — Prunus cerosus (L.).

Arbre ou arbuste à rameaux plus ou moins étalés, mais jamais pendants; *f.* obovales-elliptiques, *planes*, acuminées, doublement dentées, *glabres et luisantes dès leur jeunesse; fruit d'une saveur plus ou moins acide*, à chair non adhérente au noyau; fl. blanches, en faisceaux ombelliformes. ♄. *Fl.* avril-mai. *Fr.* juin-juillet.

Spontané à Couzon; Villeurbanne. — Cultivé dans les vergers, il offre plusieurs variétés, dont la principale est le *Griottier*.

Page 132, au n° 468, ajoutez :

b. F. *Hagenbachiana* (Lang.). Foliole du milieu longuement pétiolée; étamines ne dépassant pas les carpelles. — Coteau du Garon, au dessus du moulin de Barail.

Page 134, avant le n° 476, ajoutez :

475 *bis*. P. INCLINATA (Vill.). P. INCLINÉE.

Tiges de 1-3 déc., *courbées inférieurement, puis redressées; f.* inf. à 5 folioles oblongues-lancéolées, rétrécies à la base, bordées de dents inégales, verdâtres et pubescentes en dessus, *grisâtres-tomenteuses et planes en dessous; carpelles lisses ou à peine ridés, entourés d'un rebord filiforme et peu sensible;* fl. jaunes, rapprochées en corymbe terminal. ♃. Juin-juillet.

Lieux secs autour du bois de l'Étoile, à Charbonnières. R. R.

Page 138, au n° 490, ajoutez :

b. var. *aquaticus* (Weihe et Nees). Folioles minces et petites; grandes fleurs. —Bords de la Saône, en face de Trévoux.

c. var. *agrestis* (Weihe et Nees). Folioles plus larges, un peu ridées, pubescentes en dessous. — Couzon; Poleymieux.

d. var. *ferox* (Vert. in Tratt.). Aiguillons fins et serrés. — Route d'Écully à Charbonnières, près du pont.

600 SUPPLÉMENT.

Page 138, après le nº 493, ajoutez :
493 *bis.* R. RUDIS (Weihe et Nees). R. INCULTE.

Tige de 1-2 m., arquée-tombante, *glanduleuse, anguleuse dans toute sa longueur;* aiguillons inégaux, forts, piquants. tous droits ; *f. le plus souvent à 5 folioles* oblongues-rhomboïdales, acuminées, en coin à la base, ordinairement vertes des deux côtés, rarement blanches-tomenteuses en dessous; *calice glanduleux,* à divisions acuminées, réfléchies à la maturité; *pétales oblongs, étroits, atténués en petit onglet; fruit petit, noir et luisant;* fl. petites, roses, en grappe terminale. ♄. Juin-juillet.

Bois, près des Deux-Volières, aux Écheyts.

Page 141, après le nº 500, ajoutez :
500 *bis.* R. DIBRACTEATA (Bast.). R. A DEUX BRACTÉES.

Arbrisseau touffu, *dressé,* à rameaux arqués; aiguillons courts, comprimés, un peu courbés, robustes et piquants ; f. à 5-7 folioles ovales, luisantes, glaucescentes en dessous; stipules toutes semblables, oblongues, bordées de cils glanduleux ; *styles soudés en une colonne glabre, presque aussi longue que les étamines;* pétioles et surtout pédoncules hérissés de poils courts, glanduleux, rougeâtres; *pédoncules ordinairement pourvus de 1-2 bractées vers leur base;* fl. blanches, *en corymbes fournis.* ♄. Juillet.

Haies et buissons : Thurins, sur la route de Lyon; Saint-Christôt-en-Jarrest.

500 *ter.* R. ARVINA (Kroker). R. DES FRICHES.

Petit sous-arbrisseau à rameaux verdâtres, grêles, tombants; *aiguillons grêles, à peine courbés, entremêlés de soies glanduleuses et rougeâtres;* f. à 3-5 folioles ovales-arrondies ou elliptiques, glauques-blanchâtres en dessous; stipules toutes semblables, linéaires, glanduleuses, à oreillettes acuminées, courtes, presque droites; *styles soudés en une colonne velue, plus courte que les étamines;* fruit ovale, hérissé de poils glanduleux ; fl. d'un rose vif, pâlissant promptement. ♄. Juin.

Charbonnières, dans un vallon, en face du bois de l'Étoile.

Page 143, après le nº 505, ajoutez :
505 *bis.* R. INCARNATA (Mill.). R. A FLEURS INCARNATES.

Sous-arbrisseau à *rameaux* dressés, *dépourvus d'aiguillons,* glanduleux au sommet; f. à 3-5 folioles ovales-elliptiques, aiguës, d'un vert clair en dessus, glaucescentes en dessous, à nervures chargées de glandes et de poils; *stipules toutes semblables, à oreillettes divergentes; pédoncules, calice et fruit hérissés de poils glanduleux ; styles hérissés, plus courts que les étamines ; fl.* grandes, *d'un beau rose clair,* solitaires ou peu nombreuses. ♄. Juin.

Bois à Charbonnières et à Dardilly.

Page 144, après les variétés *b* et *c* du n° 509, ajoutez :

d. R. *tenuiglandulosa* (Mérat). Folioles grandes, parsemées en dessous de glandes éparses et très-fines ; fruit gros, arrondi ; fl. ordinairement solitaires. — Vaugneray, à la première coursière d'Yzeron.

e. R. *hystrix* (Leman). Folioles petites, plus ou moins velues ; rameaux floraux nombreux, courts, alternes le long des branches ; fruit ovoïde, glabre ou hispide à la base. — Au dessus du Bâtard, près du Logis-Neuf ; entre Brignais et Ronzière, au-dessus de Saint-Genis-Laval. R.

f. R. *nemoralis* (Leman). Folioles obovales, aiguës, presque glabres, n'offrant que quelques glandes éparses ; pédoncules hispides ; fruit ovale-oblong, glabre ou à peu près, couronné par les sépales persistants — Le Pont-d'Alaï.

g. R. *magnosepala.* Sépales très-développés, en forme de spatule. — Au dessus de Saint-Romain-au-Mont-d'Or.

509 *bis.* R. GRAVEOLENS (Gren. et Godr.). R. A FORTE ODEUR.

Tige peu élevée, couverte *d'aiguillons robustes, fortement courbés en faulx ;* f. *à* 5-7 *folioles* ovales ou lancéolées, *couvertes en dessous de glandes brunes et très-odorantes ; fruit sphérique, gros, surmonté par les divisions persistantes du calice ;* fl. d'un beau rose, portées sur des *pédoncules glabres.* ♄. Juillet-août.

Les Balmes-Viennoises ; Dardilly ; sur la route d'Yzeron, après la Maison-Blanche ; Chazay-d'Azergue, en allant à Alix.

Page 148, après la variété *b* du n° 522, ajoutez :

c. var. *calice villosissimo* (Bast.). Calice et jeunes fruits hérissés de poils blancs et serrés. — Ruffieu, dans la forêt de Vallors.

Page 149, après le genre MALUS, ajoutez :

CXL *bis.* PYRUS (L.). POIRIER.

Caractères du genre *Malus,* mais *styles libres* et *fruit jamais ombiliqué à la base.*

525 *bis.* P. COMMUNIS (L.). P. COMMUN.

Arbre à rameaux épineux à l'état sauvage ; bourgeons glabres ; f. ovales, finement denticulées, velues dans leur jeunesse, devenant à la fin glabres et luisantes ; pétiole à peu près aussi long que le limbe ; fl. blanches, en ombelle. ♄. *Fl.* avril-mai. *Fr.* septembre.

a. P. *pyraster* (Wallr.). Fruit arrondi à la base.

b. P. *achras* (Wallr.). Fruit turbiné, atténué et prolongé sur le pédoncule à la base.

Spontané dans les bois à Charbonnières.

— C'est ce Poirier qui est considéré par la plupart des botanistes comme le type de tous les Poiriers cultivés. Il est probable cependant qu'il y a dans les bois, comme dans les jardins, plusieurs véritables espèces parfaitement distinctes.

Page 150, après le n° 527, ajoutez :

527 *bis.* S. SCANDICA (Fries). S. A FEUILLES DÉCOUPÉES. — Pyrus intermedia (D. C.).

Arbuste de **2-4** m.; *f. simples*, ovales-oblongues, vertes en dessus, *cendrées-tomenteuses en dessous*, *inégalement incisées-lobées, à lobes dentés, les plus profonds se trouvant au milieu de la feuille;* fruits petits, très-cotonneux, d'un beau rouge à la maturité, qui a lieu un peu plus tôt que pour le *Sorbus aria;* fl. blanches. ♄. *Fl.* juin. *Fr.* août.

Bois et rochers sur le Reculet, depuis la demi-hauteur jusque près du sommet; il y croît mêlé avec le *Sorbus aria.*

Page 153, après le n° 539, ajoutez :

539 *bis.* E. LAMYI (Schult.). E. DE LAMY.

Cette plante se rapproche beaucoup de l'*Epilobium tetragonum;* elle en diffère 1° par ses *feuilles caulinaires courtement pétiolées, décurrentes sur la tige par le prolongement du pétiole et non par celui du limbe;* 2° par sa durée, qui est bisannuelle. ②. Juin-septembre.

Ruisseaux derrière la grange, sur le Mont-Pilat.

539 *ter.* E. VIRGATUM (Fries). E. RAIDE. — E. obscurum (Rchb.).

Cette espèce doit remplacer la variété *b* du n° 539. Elle a le port de l'E. *palustre*, dont elle diffère surtout par ses *fleurs dressées* et non penchées *avant l'épanouissement.* Elle se rapproche de l'E. *tetragonum* par sa *tige offrant 2-4 lignes saillantes;* mais elle en est parfaitement distincte, ainsi que l'E. *Lamyi*, par ses *stolons filiformes, allongés, munis de feuilles à paires écartées.* ♃. Juillet-août.

Prés tourbeux à la République, au dessus de Saint-Étienne en Forez.

Page 156, après le n° 551, ajoutez :

551 *bis.* C. STAGNALIS (Scop.). C. DES ÉTANGS.

F. *inf. et sup. toutes obovales;* bractées courbées en faulx et conniventes par le sommet; *styles persistants, à la fin recourbés;* capsules à angles ailés. ♃. Depuis le printemps jusqu'à l'automne.

Les Brotteaux ; Villeurbanne; ancien lit du Rhône, à la Guillotière.

551 *ter.* C. HAMULATA (Kutzing). C. EN HAMEÇON.

F. *inf. linéaires et bifides, les sup. obovales et entières;* bractées roulées en crosse et à pointe crochue; *styles persistants, d'abord divariqués horizontalement, à la fin réfléchis;* capsules à angles ailés. ♃. Printemps et automne.

Dans une mare à Brindas.

— Le C. *autumnalis* (L.) diffère de cette espèce par ses *feuilles toutes submergées, linéaires et bifides.*

Page 160, après le n° 560, ajoutez :

CLIV *bis.* ECBALLION (Rich.). ECBALLION.

Calice à 5 dents; corolle à 5 partitions; 5 étamines tria-delphes; 1 style trifide, à stigmates bifides; *baie oblongue, s'ouvrant avec élasticité pour lancer ses graines quand elle est mûre. Plantes rampantes, sans vrilles,* à fleurs monoïques.

560 *bis.* E. ELATERIUM (Rich.). E. ÉLASTIQUE. — Momordica elaterium (L.). (Vulg. *Concombre sauvage.*)

Plante hérissée de poils rudes. Tige de 2-6 déc., couchée, rameuse; f. pétiolées, en cœur triangulaire, sinuées-lobées, blanches-tomenteuses en dessous; baies ovales, verdâtres, contenant un suc fétide et très-âcre; graines aplaties, luisantes, noirâtres; petites fl. jaunâtres, veinées de vert, axillaires, celles à étamines ordinairement en petites grappes, les car-pellées communément solitaires. ♃. Juillet-septembre.

Spontané sur les bords de la Saône, à Trévoux, et dans les sables de Mont-merle. — Cultivé.

Page 162, après le n° 574, ajoutez :

574 *bis.* S. FABARIA (Koch). O. FÉVIER. — S. purpureum (Tausch.)

Cette espèce est très-voisine, mais parfaitement distincte du S. *telephium.* Tige de 3-6 déc., dressée; *f. alternes ou éparses, elliptiques-lancéolées, dentées dans leur moitié sup., toutes atténuées en coin et même en court pétiole à la base; pétales étalés, peu ou point recourbés en dehors; étamines intérieures insérées vers le tiers inf. des pétales;* fl. rouges, en corymbes terminaux. ♃. Juillet-août.

Ile de Royes, au dessous de Fontaines. R. R.

Page 168, après le n° 584, ajoutez :

584 *bis.* S. MICRANTHUM (Bast.). O. A PETITES FLEURS.

Plante de moitié plus petite que le S. *album* dans toutes ses parties. Tiges de 5-12 cent., les unes florifères et dres-sées, les autres stériles et couchées; *f. des jeunes pousses dressées et non étalées,* ovales-oblongues, obtuses, légèrement renflées, plus courtes et plus nombreuses qu'au n° 584; *pé-tales un peu obtus, mutiques; petites fl. d'un blanc verdâtre,* quelquefois rosé, en corymbe paniculé. ♃. Juin-juillet.

Dans un vallon, entre Sainte-Colombe et Virignay.

Page 188, ôtez la var. *b* du n° 648, et ajoutez-la comme espèce après toutes les remarques, en modifiant ainsi la description :

648 *bis.* H. ALPINUM (L.). B. DES ALPES.

Tige de 6-12 déc., hérissée, cannelée, fistuleuse; *f. sim-ples, orbiculaires, en cœur, à 5 lobes palmés, arrondis et inégalement dentés, n'atteignant jamais la moitié du limbe, celui-ci* mince, *glabre en dessus et en dessous*, excepté sur le bord et sur les nervures; pétales extérieurs très-grands et rayonnants; fruit ovale, un peu échancré au sommet, légèrement atténué à la base, marqué de 4 stries sur chaque face, entièrement et toujours glabre; ombelles à 15-25 rayons inégaux, grêles, pubérulents; fl. blanches. ♃. Juillet-août.

Le Gollet de la Rochette, au dessus de Hauteville (Ain).

— Cette belle plante est une véritable *espèce*, parfaitement tranchée et très-facile à reconnaître. Je l'ai reçue de M. l'abbé Bichet, qui l'a trouvée abondamment dans la localité citée, où il est allé la chercher d'après les indications de l'herbier de M. Auger.

Page 196, après le n° 675, ajoutez :

CXCVI *bis*. PTYCHOTIS (Koch). PTYCHOTIS.

Involucre nul ou à 1-2 folioles caduques; *involucelle à 2-3 folioles linéaires-sétacées* et persistantes; calice à 5 petites dents; *pétales en cœur renversé, marqués vers le sommet d'un pli transversal, d'où naît une petite pointe fléchie en dedans*; styles réfléchis; *fruit ovale-oblong, à petites côtes bien marquées*.

675 *bis*. P. HETEROPHYLLA (Koch). P. HÉTÉROPHYLLE. — Æthusa bunius (Murray). — Seseli bunius (Vill.). — Carum bunius (L.).

Tige de 3-6 déc., très-rameuse, à rameaux divariqués; f. de deux sortes: les radicales pennées, à folioles ovales-arrondies, incisées-lobées, ordinairement desséchées au moment de la floraison; les caulinaires divisées en lanières linéaires-filiformes et divariquées; fruit oblong; ombelles nombreuses, à 5-8 rayons filiformes; fl. blanches. ②. Juillet-août.

Le Colombier du Bugey; montagne de Saint-Benoît, près Belley, à la cascade du Glandieu.

Page 197, avant le n° 681, ajoutez :

680 *bis*. P. SATIVUM (Hoffm.). P. CULTIVÉ. — Apium petroselinum (L.).

Tige de 2-8 déc., droite, striée, rameuse; f. luisantes, odorantes, *les radicales 2-3 fois pennées*, à folioles ovales-cunéiformes, incisées-dentées, les sup. 1 fois pennées, à folioles linéaires; *ombelles à rayons nombreux et presque égaux*; fl. d'un vert jaunâtre. ②. Juin-août.

Spontané sur les rochers au dessus de Condrieu. Cultivé dans les jardins potagers pour l'usage de la cuisine.

Page 199, après le n° 685, ajoutez :

CCII *bis*. FOENICULUM (Hoffm.). FENOUIL.

Pétales obovales-arrondis, entiers, roulés en dedans; *fruit ovale-oblong, à 5 côtes saillantes et à stylopode conique*; valécules à une seule bandelette; *fl. jaunes*.

685 *bis.* F. officinale (All.). F. officinal. — Anethum fœniculum (L.). (Vulg. *Fenouil, Anis doux.*)

Plante exhalant une odeur aromatique et agréable. Tige de 1-2 m., droite, rameuse, striée, glaucescente; f. plusieurs fois découpées en segments filiformes et allongés; ombelles dressées, à 12-30 rayons; fl. jaunes. ②. Juillet-août.

Les Étroits; au dessous de Condrieu, le long du Rhône; Vienne. — Cultivé pour l'usage de la cuisine.

Page 207, après le n° 709, ajoutez :

709 *bis* A. taurina (L.). A. du Mont-Taurus.

Tige de 3-4 déc., dressée, simple ou rameuse; f. elliptiques-acuminées, à 3 nervures, verticillées 4 à 4; corolle à tube beaucoup plus long que son limbe; fruit glabre, très-finement ponctué; fl. blanches, odorantes, en têtes terminales, entourées de bractées ciliées. ♃. Mai-juin.

Sur le bord du chemin, en montant de Culloz au Colombier du Bugey. — Elle y a été découverte par M. l'abbé Chevrolat, qui m'a communiqué plusieurs indications précieuses sur les plantes des environs de Belley.

Page 207, après le n° 710, ajoutez :

710 *bis.* C. monspeliaca (L.). C. de Montpellier.

Plante d'un glauque blanchâtre. Tiges de 1-3 déc., couchées à la base, redressées au sommet; f. inf. ovales, verticillées 4 à 4, les sup. linéaires, verticillées 6 à 6; fl. entourées de bractées imbriquées, comme au n° 710, mais disposées en épis linéaires et très-allongés. ①. Juin-juillet.

Chaponost, dans les terres, au dessus du Garon.

Page 209, après le n° 717, ajoutez :

717 *bis.* G. constrictum (Chaub.). G. à fleurs serrées.

Plante noircissant par la dessication. Tige de 2-5 déc., un peu rude sur les angles, couchée à la base, à rameaux redressés; f. linéaires, très-étroites, mutiques, légèrement rudes sur les bords qui sont un peu enroulés en dessous, verticillées 4 à 4 sur la tige principale et 6 à 6 sur les rameaux; fruits petits, noirs, tuberculeux; pédicelles très-courts, dressés; fl. blanches, serrées en petits corymbes terminaux, formant par leur réunion une panicule ascendante et peu fournie. ♃. Juin-août.

Marais tourbeux au dessus de Crémieux R.

Page 218, après le n° 747, ajoutez :

747 *bis.* V. sambucifolia (Mikan). V. à feuilles de sureau.

Tige de 1-2 m., grosse, fistuleuse, cannelée; f. très-grandes, toutes pennées à 8-10 folioles oblongues-lancéolées, acuminées, fortement et inégalement dentées en scie:

fl. d'un blanc de neige, en corymbe terminal très-ample. ♃. Juin-août.

Saint-Benoît, près Belley, au pied de la montagne, sur les bords du Glandieu, au dessus de la cascade.

Page 230, après le n° 780, ajoutez :

780 *bis.* C. CYNARA (Pourret). C. ARTICHAUT.

Tige nulle; f. coriaces, blanchâtres, laineuses en dessous, divisées en lobes fortement épineux, étalées en rosette radicale, les intérieures de moitié plus petites et sessiles; écailles de l'involucre linéaires, épineuses, *les intérieures rayonnantes et jaunes en dedans; aigrette 2 fois plus longue que la graine; capitule* très-gros, *solitaire et sessile au centre de la rosette des feuilles.* ②. Juin-août.

Pâturages à Saint-Julien-sur-Bibost.

Page 236, après le n° 797, ajoutez :

797 *bis.* C. TRICHACANTHA (D. C.). C. A ÉPINES CAPILLAIRES.

Tige de 5-10 déc., *droite*, rameuse, *à rameaux dressés*; f. vertes, rudes, les inf. pétiolées, incisées-pennatifides, les sup. sessiles, demi-embrassantes, oblongues-lancéolées, entières ou seulement dentées; *involucre ovoïde, à écailles terminées par une épine étalée, non canaliculée, et bordées dans leur moitié inf. de cils épineux*; fl. rouges, solitaires au sommet de *rameaux* axillaires, courts, feuillés, *épaissis au sommet.* ②. Juin-août.

Perrache, près du moulin à vapeur (M. Chabert). R. R.

Page 250, au n° 841, retranchez à la localité : environs de Vienne. La plante de Vienne doit être placée dans la division suivante, avant le n° 842, et décrite ainsi :

841 *bis.* A. SUAVIS (Jord.). A. A SUAVE ODEUR.

Plante exhalant une odeur très-suave. Tige de 5-10 déc., *sous-ligneuse à la base*, d'abord courbée, puis redressée; f. ponctuées, vertes et glabres ou légèrement pubescentes-blanchâtres, *toutes pétiolées, à pétiole auriculé, 1-2 fois pennatiséquées, à segments linéaires et étalés; involucre hémisphérique, cotonneux, à écailles marquées d'une ligne verte sur le dos; bractées linéaires, dépassant longuement les capitules*; fl. en petites grappes serrées, formant par leur réunion une panicule étroite et allongée. ♄. Août-septembre.

Environs de Vienne, un peu avant la ville, dans un vallon, et au dessous, sur les rochers, à l'embranchement des routes.

Page 251, après le n° 844, ajoutez :

CCXLV *bis.* CARPESIUM (L.). CARPÉSION.

Involucre hémisphérique, à folioles imbriquées sur plusieurs rangs, *les extérieures vertes et réfléchies; fleurons de la circonférence fertiles, mais dépourvus d'étamines, ceux du centre fertiles aussi et munis d'étamines; graines à petites côtes saillantes,* contractées en bec au sommet; réceptacle nu. Plantes herbacées.

844 *bis.* C. CERNUUM (L.). C. A FLEURS PENCHÉES.

Tige de 3-5 déc., hérissée, rameuse au sommet; f. alternes, ovales ou oblongues-elliptiques, acuminées, sinuées-dentées, atténuées en un pétiole ailé, finement pubescentes, surtout en dessous et sur les nervures; capitules terminaux, solitaires, penchés, entourés de feuilles qui leur forment une espèce de collerette; fl. jaunâtres. ♃. Juillet-août.

Muzin; Massignieu-de-Rives et Saint-Boys, aux environs de Belley; Morestel, entre Crémieux et les Avesnières. R. R.

Page 254, à la place du synonyme S. *serotina* (Ait.), ajoutez au n° 854 :

b. S. *serotina* (Ait.). F. plus étroites, ascendantes, arquées; floraison plus tardive de trois semaines — Iles du Rhône, au dessus de Lyon.

Page 262, après le n° 882, ajoutez :

882 *bis.* I. VAILLANTII (Vill.). I. DE VAILLANT.

Tige de 4-6 déc., *pubescente,* raide, striée, très-rameuse; f. elliptiques-lancéolées, acuminées, entières ou bordées de très-petites dents écartées, *blanchâtres et courtement tomenteuses en dessous,* les radicales pétiolées, *les caulinaires atténuées à la base, sessiles, nullement amplexicaules;* involucre à écailles courtement tomenteuses-blanchâtres, comme le dessous des feuilles; fl. jaunes, formant par leur réunion un vaste corymbe. ♃. Août-septembre.

Bois humides à la Grande-Chartreuse.

Page 271, après le n° 911, ajoutez :

911 *bis.* L. CHONDRILLÆFLORA (Boreau). L. A FLEURS DE CHONDRILLE.

Diffère du L. *viminea* (L.) 1° par les *demi-fleurons d'un beau jaune sur les deux faces,* à partie saillante aussi longue que l'involucre qu'elle dépasse; 2° par le *bec de la graine,* qui est *de moitié moins long que la graine elle-même.* ②. Juillet-août.

Vignes et terres : Ampuis, Condrieu et environs.

Page 287, au n° 960, ajoutez :

b. T. **undulatum** (Thuill.). F. ondulées, finissant en une longue pointe tortillée. — Charbonnières; Vancia, près de Reilheux (Ain).

Page 290, après le n° 968, ajoutez :

968 *bis.* T. HISPIDA (Roth). T. HISPIDE.

Diffère du T. *hirta* 1° par sa taille ordinairement beaucoup

plus petite; 2° par sa *racine fusiforme, pivotante, non tron-*
quée; 3° par ses feuilles plus hispides; 4° par ses graines plus
longuement atténuées en bec; 5° par sa *durée*, qui est *annuelle*.
①. Juin-juillet.

Vallon d'Oullins. R.

Page 293, après le n° 978, ajoutez :

CCLXXXI *bis*. Scolymus (L.). Scolyme.

Involucre imbriqué, entouré de bractées épineuses; récep-
tacle garni de paillettes; graines surmontées d'une petite
couronne ou de 2-3 paillettes filiformes. Plantes herbacées.

978 *bis*. S. Hispanicus (L.). S. d'Espagne.

Tige de 5-10 déc., droite, ferme, rameuse; f. dures, sinuées-pennatifides, fortement épineuses, sessiles, décurrentes
sur la tige, où elles forment une aile qui va insensiblement
en se rétrécissant; graines couronnées par 2-3 paillettes; fl.
jaunes, en capitules sessiles, solitaires ou agrégées au nombre
de 2-4 à l'aisselle des feuilles. ♃. Juillet-août.

Spontané depuis longtemps à Oullins, sur le chemin du Perron. — Cultivé
pour sa racine, qui est charnue et alimentaire.

Page 298, après le n° 993, ajoutez en note :

— On trouve aux environs de Belley, sur la montagne de Saint-Benoît, une
Campanule remarquable que je ne trouve décrite dans aucun auteur. En voici la
description : Tige de 5-6 déc., droite, simple, ferme, anguleuse, à angles ciliés; f. inf. ovales-spatulées, atténuées en pétiole, les sup. sessiles; calice
glabre, à segments lancéolés, dressés, marqués d'une nervure dorsale qui se
prolonge jusqu'à leur sommet; corolle à divisions triangulaires, pénétrant à
peu près jusqu'à son milieu; fl. bleues, peu nombreuses (3-4), en grappe terminale. ① ou ②. Juin-juillet. — Cette plante a été découverte par M. Chabert, simple ouvrier lyonnais, qui consacre avec succès à l'étude de la Botanique les loisirs que lui laisse un honorable travail. Je proposerais, en consé-
quence, de la nommer *Campanula Chaberti*.

Page 313, avant le genre Primula, ajoutez :

CCXCIX *bis*. Cyclamen (L.). Cyclame.

Calice à 5 lobes; *corolle à tube court, renflé en forme de*
demi-sphère, et à 5 segments relevés; 5 étamines conniventes
par les anthères; 1 style filiforme; capsule globuleuse, s'ouvrant par 5 valves. Plantes à *racine tuberculeuse, à feuilles*
toutes radicales et à *hampes uniflores*.

1026 *bis* C. Europæum (L.). C. d'Europe.

Hampes de 5-10 cent., pubescentes, se roulant en spirale
après la floraison; f. un peu épaisses et charnues, ovales ou
arrondies, en cœur à la base, *sinuées-crénelées sur les bords*,
vertes et souvent marbrées de blanc en dessus, ordinairement
rouges en dessous; *corolle à gorge entière, très-ouverte*, d'une
couleur plus foncée que les segments; fl. ordinairement

rouges, rarement roses ou blanches, exhalant une suave
odeur. ♃. Août-octobre. (*V. D.*)

Bords de l'Ain, sous Serrières; chemin de la Serpentouse, en allant de Confort à Chézery (Haut-Bugey).—Parterres.

Page 331, au n° 1076, ajoutez :

b. **V. australe** (Schrad.). Plante plus verte; f. sup. ovales-elliptiques, semi-
décurrentes; fl. en épi interrompu dans presque toute sa longueur. —
Lieux sablonneux, le long de la Saône, depuis Lyon jusqu'à Montmerle;
de Meyzieu à Pont-Chéry.

Page 335, après le n° 1089, ajoutez :

1089 *bis.* S. MINIATUM (Bernh.). M. ROUGE

Plante exhalant une odeur musquée. Tige de 2-5 déc., rameuse, à rameaux finement tuberculeux sur les angles; *f.
ovales-deltoïdes, sinuées-dentées, un peu velues, à petits poils
étalés; corolle 1 fois plus longue que le calice; baies rouges à
la maturité*; fl. blanches, en petits bouquets au sommet des
pédoncules. ①. Juillet-octobre.

Décombres, pied des murs, lieux cultivés : Perrache; la Pape; Néron, etc.

Page 340, après le n° 1101, avant les deux astérisques, ajoutez :

1101 *bis.* M. SICULA (D. C.). M. DE SICILE. — M. micrantha (Guss.)

Port du M. *cæspitosa*. Tige de 3-10 cent., *anguleuse, couchée et radicante à la base,* puis redressée; f. d'un vert clair,
oblongues-linéaires, obtuses, les inf. atténuées en pétiole, les
sup. amplexicaules et même un peu décurrentes; *calice campanulé, paraissant tronqué après la floraison, parce que ses
dents obtuses se rapprochent au dessus du fruit*; pédicelles
très-courts, les inf. dépassant à peine le calice en longueur;
corolle un peu concave, à lobes entiers ou un peu échancrés;
fl. très-petites, en grappes non feuillées à la base. ①. Mai-
juin

Marais et prés tourbeux : Saint-Cyr-au-Mont-d'Or, au hameau des Grel-
lières.

Page 350, avant le n° 1133, ajoutez :

1132 *bis* M. GENTILIS (L.). M. DES JARDINS.

Diffère du M. *sativa* 1° par sa tige souvent rougeâtre, plus
rameuse dès la base, à rameaux plus étalés; 2° par ses *feuilles
plus petites, à dents tournées vers le sommet,* plus courtement
pétiolées, *les florales tou'es sessiles*; 3° par ses *étamines non
saillantes*; 4° par ses fl. plus petites, plus nombreuses, les sup.
plus rapprochées. ♃. Juillet-septembre.

Lieux humides à la Tête-d'Or.—Cultivé.

Page 350, au n° 1133, ajoutez :

b. M. *parietariæfolia* (Rchb.). Tige droite ou ascendante; f. atténuées en
coin et très entières à la base, crénelées-dentées seulement vers le som-

met; calice à dents ciliées; pédicelles glabres ou presque glabres. — Iles à Pierre-Bénite.

Page 354, avant le genre cccclvi, *ajoutez :*

CCCCLV *bis.* MELISSA (L.). MÉLISSE.

Calice à 2 lèvres, à tube campanulé, marqué de 5 côtes principales, velu à la gorge, mais *non fermé par un anneau de poils ;* corolle à 2 lèvres, la supérieure dressée, concave, échancrée, l'inférieure à 3 lobes à peu près égaux ; étamines à *anthères soudées au sommet.* Plantes aromatiques.

1145 *bis.* M. OFFICINALIS (L.). M. OFFICINALE. (Vulg. *Citronelle.*)

Plante plus ou moins velue, exhalant une suave odeur de citron. Tige de 3-8 déc., dressée, rameuse; f. pétiolées, ovales, crénelées-dentées; bractées ovales, entières; fl. blanches, en demi-verticilles unilatéraux. ♃. Juin-septembre. (*V. D.*)

Lieux frais, bord des haies : Saint-Cyr-au-Mont-d'Or; Pierre-Bénite; bois à Dardilly; Janeyriat. — Cultivé dans les jardins, et souvent subspontané dans le voisinage des habitations.

Page 357, à la place de la note qui suit le n° 1157, *ajoutez :*

1157 *bis.* G. INTERMEDIA (Vill.). G. INTERMÉDIAIRE.—G. parviflora (Lamk.).

Tige de 1-3 déc., pubescente, non renflée sous les nœuds; f. *ovales-lancéolées, bordées de dents nombreuses,* brusquement atténuées en un court pétiole ; *corolle à tube peu saillant, dépassant à peine le calice;* petites fl. roses, en verticilles tous écartés les uns des autres. ①. Juillet-septembre.

Champs entre le Bâtard et les étangs de Lavore.

Page 359, avant le n° 1163, *ajoutez :*

1162 *bis.* S. AMBIGUA (Smith). E. AMBIGUE.—S. palustri-sylvatica (Schiede).

Tige de 5-10 déc., simple ou peu rameuse, hérissée sur les angles; f. *toutes pétiolées, oblongues-lancéolées,* acuminées, en cœur à la base, fortement dentées en scie, pubescentes en dessous; fl. *rouges,* marbrées de blanc, plus foncées que dans le S. *palustris,* plus claires que dans le S. *sylvatica,* disposées en verticilles dont les sup. sont rapprochés en épi. ♃. Juillet-septembre.

Mêlé avec les S. *palustris* et *sylvatica* : bord des étangs à Montribloud.

Page 360, au n° 1168, *ajoutez :*

c. B. *serotina* (Host.). Tige et calice hérissés; verticilles espacés, formant un long épi interrompu. — Bois des Vollières, aux Echeyts.

Page 393, à la place de la première note qui suit le n° 1277, *ajoutez :*

1277 *bis.* O. CERVARIA (Suard). O. DU PEUCÉDAN DES CERFS. — O. brachysepala (Schültz).

Tige de 2-4 déc., *jaunâtre,* peu renflée à la base ; écailles

ovales-lancéolées, rapprochées, surtout à la base de la tige ;
calice à *sépales partagés en deux divisions* inégales, *courtes,
n'atteignant que la moitié environ du tube de la corolle; corolle
à tube courbé dans toute sa longueur, mais plus fortement
vers son milieu;* lèvre sup. à peine bifide, l'inf. à 3 lobes denticulés ; *filets des étamines pubescents à la base, insérés un
peu au dessous du milieu de la corolle;* fl. d'un fauve jaunâtre, souvent teintées de violet, disposées en épi serré. ♃
Juin-juillet.

Parasite sur le *Peucedanum cervaria* : au dessus du vallon de Saint-Romain-au-Mont-d'Or. R.

Page 397, après le n° 1286, ajoutez en note :

— On a séparé du P. *lanceolata* le P. *Timbali* (Jord). En voici la description :
Souche épaisse; hampes de 3-4 déc., grêles, anguleuses; *f. étroitement lancéolées-linéaires,* un peu élargies à leur partie sup., longuement atténuées
en pétiole à la base; *écailles velues au sommet; épis oblongs-cylindriques.*
♃ Mai-août.

Charbonnières; le Molard.

Page 398, à la place de la note qui suit le n° 1289, ajoutez :

1289 *bis.* P. GRAMINEA (Balbis, Fl. lyonn.). P. A FEUILLES DE GRAMINÉE.

Souche dure, jaunâtre, *pivotante, tronquée, émettant de
longues fibres radicales;* hampes de 2-5 déc., droites, pubescentes; *f.* d'un vert glauque, *ne noircissant pas par la
dessication,* linéaires-lancéolées, *un peu canaliculées en dessus, munies de 3 nervures également espacées,* bordées de
quelques dents quelquefois allongées en lanière, ce qui leur
donne une apparence pennatifide; *segments du calice pliés
en carène verte, bordée d'une aile blanche-membraneuse et
ciliée;* fl. en épis cylindriques et allongés, atteignant jusqu'à
6-8 cent. ♃ Juillet-août.

Iles du Rhône, sous la Pape; bords du Rhône, à Feyzin.

Page 405, avant le n° 1308, ajoutez :

1307 *bis.* C. FICIFOLIUM (Smith). A. A FEUILLES DE FIGUIER. — C. serotinum
(Huds.).

Tige de 3-7 déc., droite, rameuse, rayée de rouge ; f. d'un
vert glauque, pétiolées, *les inf. presque hastées, à 3 lobes
principaux, celui du milieu allongé, étroit et* ordinairement
obtus, les sup. lancéolées-linéaires et très-entières; *graines
ponctuées, un peu chagrinées, à bord obtus;* fl. farineuses
dans leur jeunesse, réunies en petits paquets formant des
grappes courtes, axillaires, non feuillées. ④. Juillet-août.

Iles du Rhône, vis-à-vis le Grand-Camp.

Page 406, après le n° 1313, ajoutez :

1313 *bis.* B. GLAUCUM (Koch). B. GLAUQUE.— Chenopodium glaucum (L.).

Tige de 1-4 déc., rameuse ordinairement dès la base, à

rameaux étalés; *f. courtement pétiolées, un peu charnues, glauques-blanchâtres et farineuses en dessous,* oblongues ou ovales-oblongues, obtuses, lâchement dentées ou sinuées-anguleuses; *graines les unes verticales, les autres horizontales,* celles-ci plus nombreuses; fl. vertes, en petites grappes simples, dressées, axillaires et terminales. ①. Juillet-octobre.

Bords de la Saône, à Collonges. R.

Page 417, après le n° 1347, ajoutez :
1347 *bis.* T. TENUIFOLIUM (Sauter). T. A FEUILLES ÉTROITES.

Racine rampante; tige de 5-10 cent., rameuse dès la base; ramuscules étalés horizontalement, redressés à l'extrémité; *f. linéaires-filiformes, à 1 seule nervure; périanthe tubuleux, dressé, un peu plus court que la capsule ou l'égalant après la floraison;* capsule ovale-globuleuse; fl. en grappes simples. ♃. Juin-août.

Pelouses arides au dessus de l'ancienne chapelle de Bonnand.

— Cette espèce a tous les caractères du *T. tenuifolium,* à l'exception de celui de la racine, que Sauter dit être pivotante.

Page 424, au n° 1364, ajoutez :
b. E. *acuminata* (Lamk.). Tige moins rameuse que dans le type; f. acuminées, longuement atténuées à la base et au sommet. — Champs au dessous des Balmes-Viennoises, près du Molard.

Page 436, après le n° 1391, ajoutez :
1391 *bis.* B. PUBESCENS (Ehrh.). B. PUBESCENT.

Arbre à *épiderme brun; jeunes pousses, pétioles et feuilles pubescents,* celles-ci devenant à la fin presque glabres; f. coriaces, ovales ou rhomboïdales, doublement dentées en scie; chatons des étamines à écailles ciliées; *fruits obovales, entourés d'une aile aussi large qu'ils le sont eux-mêmes;* fl. carpellées en chatons longuement pédonculés et pendants. ♄. *Fl.* avril-mai. *Fr.* juillet-août.

Prés marécageux du vieux château de la Boucherette, près de Génas.

Page 443, avant le n° 1414, ajoutez :
1413 *bis.* S. AMBIGUA (Ehrh.). S. AMBIGU.

Arbrisseau un peu plus élevé que le S. *repens,* à jeunes rameaux rouges; *f. obovales-elliptiques, entières ou bordées de petites dents écartées, soyeuses et marquées de fibres saillantes seulement en dessous,* terminées par une pointe déjetée de côté; stipules semi-ovales, dressées; *capsules tomenteuses, à pédicelle 3-4 fois plus long que la glande qui l'accompagne;* chatons contemporains. ♄. Avril-mai.

Bois humides des Vollières, aux Echeyts. R.

Page 455, après le n° 1440, ajoutez :
b. var. *biflorum.* Hampe à 2 fleurs. — Ruffieu, au bois de Craz

Page 462, au n° 1460, ajoutez :

c. A. *descendens* (L.). Fl. non entremêlées de bulbilles. — Terres cultivées entre Crémieux et Pont-Chéry.

Page 502, au n° 1589, ajoutez :

b. S. *compactus* (Krocker). Epillets tous sessiles ou courtement pédonculés, agglomérés en grosse tête terminale. — Fossés à Perrache.

Page 504, avant le n° 1597, ajoutez :

1596 *bis.* S. DUVALII (Hoppe). S DE DUVAL.

Port du S. *lacustris. Tige* de 1 m. et plus, *verte, cylindrique d'un côté, plane de l'autre,* de sorte qu'elle ne présente que 3 angles très-obtus; *écailles* d'un roux ferrugineux, *lisses,* frangées, échancrées au sommet, avec une petite pointe au milieu de l'échancrure; *étamines à anthères glabres;* 2 *stigmates;* épillets ovales, les uns sessiles, les autres pédicellés, à pédoncules très-inégaux, placés très-près du sommet de la tige. ♃. Juin-août.

Bords du Rhône, à Vaux-en-Velin; ancien lit du Rhône, à Feyzin. R.

INDICATIONS DE LOCALITÉS A AJOUTER.

—

Page 15. TROLLIUS EUROPÆUS. — Prairies à Planfoy, en allant de Saint-Etienne à la République.

— 30. CARDAMINE SYLVATICA. — Le Mont-Pilat; entre Givors et Sainte-Colombe.

— 44 LEPIDIUM RUDERALE. — Les Charpennes.

— — LEPIDIUM DRABA. — Villeurbanne; Vaux-en-Velin; Charbonnières; Givors.

— 52. VIOLA ALBA. — Chaponost; Mont-Tout.

— — VIOLA MULTICAULIS. — Le Vernay; Saint-Didier-au-Mont-d'Or.

— 57. POLYGALA COMOSA. — Le Mont-Tout; Couzon.

— 58. POLYGALA EXILIS. — Bords de l'Ain, sous Meximieux, où il a été découvert cette année par M. l'abbé Pasquier. Il est probable qu'il ne se trouve plus dans les marais de Château-Gaillard, qui ont été entièrement défrichés.

— 69. SAGINA PATULA. — Charbonnières; Champagne, au dessus de la montée de Balmont; Génas; Montribloud.

— 70. SPERGULA PENTANDRA. — Le Molard.

614   SUPPLÉMENT.

Page 74. STELLARIA GLAUCA. — Villars, dans la Dombe.

— 94. EVONYMUS LATIFOLIUS. — Entre Saint-Laurent-du-Pont et la Grande-
        Chartreuse.

— 120. VICIA DUMETORUM. — La Grande-Chartreuse.

— 125. LATHYRUS PALUSTRIS. — Prés marécageux à Dessine.

— 128. PRUNUS FRUTICANS. — Haies au dessus de Charbonnières, sur la
        route d'Écully.

— 132. FRAGARIA ELATIOR. — Haies au dessus d'Albigny.

— 142. ROSA COLLINA. — Vaugneray; Saint-Cyr-au-Mont-d'Or.

— 143. ROSA MARGINATA. — Bonnand; la Pape; Charbonnières.

— 144. ROSA VILLOSA. — Le Mont-Pilat, à l'Estival.

— 154. CIRCÆA INTERMEDIA. — Le Mont-Pilat.

— 162. POLYCARPON ALSINÆFOLIUM. — Saint-Genis-Laval.

— 167. SEDUM ELEGANS. — Lieux arides à Charbonnières, vis-à-vis le bois
        de l'Étoile.

— 188. HERACLEUM ANGUSTIFOLIUM. — Prés à Dardilly.

— 193. BUPLEVRUM JUNCEUM. — Vallon du Mornantet, au dessous de Chas-
        sagny; le long du canal de Givors; Sainte-Colombe, vis-à-vis de
        Vienne.

— — BUPLEVRUM ARISTATUM. — La Tête-d'Or; la Pape, vers le pont de
        la Cadette; Feyzin; pâturages de Jonage; Meximieux, aux Peu-
        pliers.

— 202. LONICERA ETRUSCA. — Saint-Benoît, près Belley.

— 211. GALIUM TIMEROYI. — Pelouses sèches, au dessus de Saint-Romain-
        au-Mont-d'Or, avec variété velue.

— — GALIUM IMPLEXUM. — Au dessous des Balmes-Viennoises, près du
        Molard.

— 212. GALIUM MYRIANTHUM. — Saint-Benoît, près Belley; Serrières, sur
        le Rhône; au dessus de Vernas.

— 217. VALERIANELLA PUBESCENS. — Champs entre Reilheux et Néron.

— 220. DIPSACUS PILOSUS. — Fontaines; vallon de Néron.

— 236. CENTAUREA MYACANTHA. — Perrache.

— 237. CARDUUS PYCNOCEPHALUS. — Autour du fort de Loyasse; Sainte-
        Colombe, vis-à-vis de Vienne.

— 250. ARTEMISIA CAMPHORATA. — Pâturages de la rivière d'Ain, en face
        du Port-Galland.

— 261. INULA GRAVEOLENS. — Au dessus de Givors, en allant à Chassagny.

— 295. JASIONE PERENNIS. — Charbonnières; Saint-Bonnet-le-Froid; Yze-
        ron, sur la montagne de Pic-Froid.

— 300. CAMPANULA RHOMBOIDALIS. — Pierre-sur-Haute.

— 326. CICENDIA FILIFORMIS. — Charbonnières.

Page 331. VERBASCUM CRASSIFOLIUM. — Saint-Bonnet-le-Froid ; le Planil, en montant à Pilat.

— 333. VERBASCUM BLATTARIOIDES. — Autour du bois des Vollières, aux Echcyts.

— 335. SOLANUM VILLOSUM. — Saint-Cyr-au-Mont-d'Or ; chemin de Saint-Irénée au Point-du-Jour.

— 336. SYMPHYTUM TUBEROSUM. — Vallon du Gau, à Francheville.

— 343. LITHOSPERMUM INCRASSATUM. — Francheville ; Vaugneray ; environs de Trévoux et de Belley.

— — ONOSMA ARENARIUM. — Graviers à l'embouchure de la rivière d'Ain.

— 344. PULMONARIA AZUREA. — La Pape ; Tassin ; Francheville ; Charbonnières.

— 345. MENTHA CITRATA. — La Tête-d'Or.

— 365. AJUGA PYRAMIDALIS. — Sathonay, au dessus de Miribel.

— 373. LINARIA PELISSERIANA. — Charbonnières, dans le vallon du Poirier ; les Echcyts.

— 376. EUPHRASIA SALISBURGENSIS. — Charbonnières ; la Boucherette, près de Génas.

— 389. UTRICULARIA MINOR. — Au dessous de la butte du Molard.

— 391. OROBANCHE MEDICAGINIS. — Feyzin ; Dessine.

— 393. OROBANCHE HEDERÆ. — Oullins, dans le clos de M. Savoye.

— — OROBANCHE ERYNGII. — Vienne, derrière le vieux château.

— — OROBANCHE ARENARIA. — Le Vernay ; Néron.

— 405. CHENOPODIUM BOTRYS. — Chemin de Saint-Rambert à Saint-Cyr-au-Mont-d'Or.

— 406. BLITUM RUBRUM. — Bords de la Saône, à Collonges, et au port de Francs.

— 415. POLYGONUM BELLARDI. —Plan de Vaise ; bords du Rhône, à Vernaison.

— 416. DAPHNE CNEORUM. — Balmes près du Rhône, entre Villette et Anthon.

— 425. EUPHORBIA ESULA. — Villeurbanne, au dessous de la vieille église.

— 438. SALIX PENTANDRA. — Vaugneray, aux Jumeaux.

— 497. SPARGANIUM NATANS. — Étangs de Charvieux, près de Pont-Chéry.

FIN DU SUPPLÉMENT.

LISTE

Ait. AITON.
All. ALLIONI.
Andrz. ANDRZEIOWSKI.
Balb. Fl. lyon. BALBIS, Flore lyonnaise.
Bartl. BARTLING.
Bast. BASTARD.
Bauh. BAUHIN.
Bell. BELLARDI.
Benth. BENTHAM.
Bernh. BERNHARDI.
Bertol. BERTOLONI.
Bess. BESSER.
Bluff et Fing. BLUFF et FINGERUTH.
Boënng. BOENNINGHAUSEN.
Boiss BOISSIER.
Bor. BOREAU, éd. II.
R. Br. ROBERT BROWN.
Cass. CASSINI.
Cav. CAVANILLES.
Chaub. CHAUBARD.
Clairv. CLAIRVILLE.
Coss. et Germ. COSSON et GERMAIN.
Coult. COULTER.
Curt. CURTIS.
D. C. Fl. fr. DE CANDOLLE. Flore française.
D. C. Prodr. DE CANDOLLE, Prodromus.
Desf. DESFONTAINES.
Desp. DESPORTES.
Desv. DESVAUX.
Dietr. DIETRICH.
Dill. DILLEN.
Dod. DODOENS.

Dub. Fl. d'Orl. DUBOIS, Flore d'Orléans.
Dun. DUNAL.
Ehrh. EHRHART.
Fl. der Wet. FLORA DER WETTERAU.
Gœrtn. GOERTNER.
Gaud. GAUDIN.
Gilib. GILIBERT.
Gmel. GMELIN.
Godr. GODRON.
Good. GOODENOUGH.
Gren. et Godr. GRENIER et GODRON.
Guss. GUSSONE.
Hoffm. HOFFMANN.
Horn. HORNEMANN.
Huds. HUDSON.
Jacq. JACQUIN.
Jord. JORDAN (Alexis).
Kit. KITAIBEL.
K. et Z. KOCH et ZIZ.
Kœl. KOELER.
Lamk. DE LAMARCK.
Lapeyr. LAPEYROUSE.
Latourr. LATOURRETTE.
Lecoq et Lam. LECOQ et LAMOTTE.
Lehm. LEHMAN.
Lej. LEJEUNE.
L'Hérit. L'HÉRITIER.
Lightf. LIGHTFOOT.
Lindl. LINDLEY.
L. LINNÉ.
Lois. LOISELEUR-DESLONGCHAMPS.
Lud. Ch. LUDOVIC CHIRAT.
Mert. et Koch. MERTENS et KOCH.
Mich. MICHELI.
Mill. MILLER.

Monn. MONNIER.
Moq. Tand. MOQUIN TANDON.
Moris. MORISON.
Murr. MURRAY.
Mut. MUTEL.
Nestl. NESTLER.
P. Beauv. PALISOT DE BEAUVOIS.
Pers. PERSOON.
Poit. et Turp. POITEAU et TURPIN.
Poir. POIRET.
Poll. POLLICH.
Pourr. POURRET.
Ram. RAMOND.
Reich. REICHARD.
Rchb. REICHENBACH.
Retz. RETZIUS.
Reut. REUTER.
Rich. L. C. RICHARD.
Rœm. et Schult. ROEMER et SCHULTES.
Roz. ROZIER.
St-Hil. SAINT-HILAIRE.
Salisb. SALISBURY.
Schlecht. SCHLECHTENDAL.
Schleich. SCHLEICHER.

Schm. SCHMIDT.
Schrad. SCHRADER.
Schk. SCHRANK.
Schreb. SCHREBER.
Scop. SCOPOLI.
Sibth. SIBTHORP.
Soy. Will. SOYER-WILLEMET.
Spreng. SPRENGEL.
Ten. TENORE.
Thuill. THUILLIER.
Tournef. TOURNEFORT.
Vauch. VAUCHER.
Vent. VENTENAT.
Vill. VILLARS.
Viv. VIVIANI.
Wahlb. WAHLENBERG.
Waldst. et Kit. WALDSTEIN et KI-
   TAIBEL.
Wallr. WALLROTH.
Weig. WEIGEL.
Wib. WIBEL.
Wigg. WIGGERS.
Wild. WILLDENOW.
With. WITHERING.

EXPLICATION DES SIGNES ET DES ABRÉVIATIONS.

—

① .... Annuelle.
② .... Bisannuelle.
♃ .... Vivace.
♭ .... Ligneuse ou sous-ligneuse.
! .... Signe de certitude.
? .... Signe de doute.
C. C. C. ..... Très-vulgaire, partout et très-abondante.
C. C. .... Très-commune.
C. .... Commune.
A. C. .... Assez commune.
P. C. .... Peu commune.
R. R. R...... Très-rare, même dans la localité indiquée.
R. R .... Très-rare.
R. .... Rare.
A. R.. .... Assez rare.
P. R .... Peu rare.
V. D ... . *Voyez le Dictionnaire.*

auct........... *auctorum*, des auteurs, signifie que la plante a été ainsi nommée
               par la plupart des auteurs.

cent........... centimètre.

déc........... décimètre.

ed.... .... édition.

ex .... d'après; *ex mult. auct.* signifie d'après un grand nombre d'au
               teurs.

f.............. feuilles.

Fl........... Flore. Fl. lyonn. signifie Flore lyonnaise.

Fl........... Fleurit. *Fl.* mars-avril signifie que le plante fleurit en mars et
               en avril.

fl.......... fleurs.

Fr........... Fructifie. *Fr.* août-septembre signifie que la plante fructifie en
               août et septembre.

fr............ fruits.

Ic........... *Icones*, les gravures représentant la plante.

inf........... inférieur.

m............. mètre.

mss.......... manuscrits.

mult......... *multi*, beaucoup, un grand nombre.

non.......... *non*. Ainsi, *Carex cœspitosa* (Good. non L.) signifie que deux
               Carex différents portent le nom de *cœspitosa*, un dans Goode-
               nough et l'autre dans Linné, et que le nôtre est celui de
               Goodenough.

part.......... *partim,*   en partie. Ainsi, *Scrophularia canina* (L. pro
pro part...... *pro parte,* part.) signifie que notre espèce est comprise dans
ex part....... *ex parte,*   le S. *canina* de Linné, dont la description trop gé-
               nérale s'applique aussi à d'autres espèces.

plur.......... *plures*, plusieurs.

sup........... supérieur.

var........... varié:é; *a. b. c.*, etc., indiquent les numéros d'ordre des va-
               riétés. Quand la première variété est désignée par *b*, c'est que
               l'espèce décrite forme la variété *a*.

Vulg......... Vulgairement.

2-3, 4-5, etc. de 2 à 3, de 4 à 5, etc.

TABLE ALPHABÉTIQUE

DES FAMILLES ET DES GENRES.

Les mots imprimés en petites capitales sont les noms des familles; les mots imprimés en caractères romains sont les noms des genres admis dans l'ouvrage; les mots imprimés en caractères italiques sont les noms des genres qui ne sont cités que comme synonymes. Le premier chiffre indique la page où le genre est exposé, les suivants indiquent celles où le même nom est cité comme synonyme.

A

Abies, 444.

Acer, 84.

Aceras, 469, 471, 477.

ACÉRINÉES, 84.

Acetosa, 409.

Achillæa, 267.

Acinos, 352.

Aconitum, 17.

Acorus, 432.

Acrostichum, 585.

Actæa, 19.

Adenostyles, 247.

Adianthum, 590.

Adonis, 2.

Adoxa, 200.

Ægopodium, 200.

Æthusa, 196.

Agrimonia, 145.

Agrostemma, 67.

Agrostis, 534, 536 à 539, 532.

Aira, 541, 552.

Ajuga, 364.

Albersia, 401.

Alchemilla, 145.

Alisma, 486.

ALISMACÉES, 485.

Alkanna, 343.

Alliaria, 32.

Allium, 461, 613.

Alnus, 436.

Alopecurus, 529, 533.

Alsine, 71, 72, 73.

Althæa, 80.

Alyssum, 36, 595.

AMARANTACÉES, 399.

Amaranthus, 400.

AMARYLLIDÉES, 453.

AMBROSIACÉES, 293.

Amelanchier, 150.

AMENTACÉES, 431.

Ammi, 192.

AMPÉLIDÉES, 86.

Anacamptis, 471.

Anagallis, 316.

Anarrhinum, 374.

Anchusa, 336, 341, 343.

Andromeda, 306.
Andropogon, 525.
Androsace, 312.
Androsæmum, 83.
Andryala, 286, 274.
Anemone, 10.
Anethum,
Angelica, 185.
Antennaria, 243.
Anthemis, 266.
Anthericum, 458.
Anthoxanthum, 528.
Anthriscus, 181.
Anthyllis, 104.
Antirrhinum, 379.
Apargia, 281.
Apera, 535.
Aphanes, 146.
Aphyllanthes, 488.
Apium, 198.
APOCYNÉES, 317.
AQUIFOLIACÉES, 309.
Aquilegia, 16, 594.
Arabis, 28, 594.
Arbutus, 305.
Arctium, 240.
Arctostaphyllos, 305, 306.
⁎ Arenaria, 71.
Argyrolobium, 102.
Aria, 150.

Aristolochia, 419.
ARISTOLOCHIDÉES, 419.
Armeria, 395.
Arnica, 259.
Arnoseris, 293.
AROÏDÉES, 451.
Aronia, 151.
Aronicum, 260.
Arrhenaterum, 544.
Artemisia, 249, 606.
Arthrolobium, 118.
Arum, 452.
Arundo, 537, 548, 549.
Asarum, 419.
Asclepias, 319.
ASPARAGÉES, 448.
Asparagus, 448.
Asperugo, 337.
Asperula, 206, 605.
Aspidium, 583, 584 à 587.
Asplenium, 587, 589, 583.
Aster, 254.
Astragalus, 116, 598.
Astrantia, 177.
Athamantha, 180, 187, 195.
Athyrium, 587.
Atriplex, 407.
Atropa, 334.
Avena, 545, 543, 544, 565.

B

Ballota, 361.
BALSAMINÉES, 91.
Balsamita, 249.
Barbarea, 27, 594.
Barkausia, 277.
Bartsia, 378.
Bellidiastrum, 259.
Bellis, 273.
BERBÉRIDÉES, 19.
Berberis, 195.
Berula, 190.
Betonica, 360, 610.
Betula, 435, 612.

Bidens, 251.
Biscutella, 45.
Blechnum, 590.
Blitum, 406.
BORRAGINÉES, 335.
Borrago, 337.
Botrychium, 581.
Brachypodium, 560.
Brassica, 34.
Braya, 32.
Briza, 553, 549.
Bromus, 561, 560.
Brunella, 362.

Bryonia, 160.
Buffonia, 68.
Bunias, 46.
Bunium, 191, 198, 184.

Buphtalmum, 268.
Buplevrum, 192.
Butomus, 485.
Buxus, 421.

C

Cacalia, 246.
Cakile, 47.
Calamagrostis, 536.
Calamintha, 352.
Calendula, 269.
Calepina, 46.
Callitriche, 156, 602.
Calluna, 307.
Caltha, 15.
Calystegia, 327.
Camelina, 39, 595.
Campanula, 296, 303.
CAMPANULACÉES, 295.
CAPRIFOLIACÉES, 200.
Capsella, 41.
Cardamine, 29.
Carduus, 237, 239, 225 à 229.
Carex, 506.
Carlina, 230, 606.
Carpesium, 606.
Carpinus, 435.
Carthamus, 237.
Carum, 198, 191.
CARYOPHYLLÉES, 59.
Castanea, 434.
Catabrosa, 552.
Catananche, 292.
Caucalis, 178.
Caulinia, 574.
Celtis, 431.
Cenchrus, 527, 540.
Centaurea, 231, 237, 606.
Centranthus, 215.
Centunculus, 317.
Cephalanthera, 480.
Cephalaria, 220.
Cerastium, 74, 69.
Cerasus, 128, 599.
Ceratocephalus, 9.

CÉRATOPHYLLÉES, 157.
Ceratophyllum, 157.
Cerinthe, 342.
Ceterach, 583.
Chœnorrhinum, 374.
Chœrophyllum, 182, 183.
Chamagrostis, 532.
Chamomilla, 267.
Chara, 576.
CHARACÉES, 575.
Cheiranthus, 25.
Chelidonium, 22.
CHÉNOPODÉES, 402.
Chenopodium, 403, 406, 611.
CHICORACÉES, 269.
Chilochloa, 530, 531.
Chironia, 325.
Chlora, 320.
Chondrilla, 272, 273, 271.
Chrysanthemum, 264.
Chrysocoma, 248.
Chrysosplenium, 174.
Cicendia, 325.
Cichorium, 292.
Cicuta, 191.
Circæa, 154.
Cirsium, 225.
CISTINÉES, 47.
Cistus, 48.
Cladium, 499.
Clematis, 15.
Clinopodium, 354.
Clypeola, 37.
Cnicus, 225 à 230.
Cochlearia, 38, 44, 46.
Cœloglossum, 470.
COLCHICACÉES, 465.
Colchicum, 466.
Comarum, 132.

27

COMPOSÉES, 224.
CONIFÈRES, 443.
Conium, 191.
Conopodium, 184.
Convallaria, 449, 450.
CONVOLVULACÉES, 326.
Convolvulus, 327.
Conyza, 261.
Corallorhiza, 482.
Coreopsis, 252.
Coriandrum, 198.
Corispermum, 403.
Cornus, 204.
Coronilla, 117.
Coronopus, 46.
Corrigiola, 161.
Corydalis, 24.
Corylus, 432.
CORYMBIFÈRES, 242.
Corynephorus, 542.
Cota, 266.
Cotoneaster, 148.
Cotyledon, 169.
Cracca, 120, 121.
Crassula, 165.
CRASSULACÉES, 164.

Cratægus, 148, 150, 151.
Crepis, 274, 277, 287.
Crocus, 467.
Crucianella, 207, 605.
CRUCIFÈRES, 25.
Crupina, 231.
Crypsis, 530.
Cucubalus, 64, 65.
CUCURBITACÉES, 159.
Cupularia, 261.
Cuscuta, 328.
Cyathæa, 586, 587.
Cyclamen, 608.
Cymbidium, 482.
Cynanchum, 319.
CYNAROCÉPHALES, 223.
Cynodon, 532.
Cynoglossum, 338.
Cynosurus, 534, 540.
CYPÉRACÉES, 497.
Cyperus, 498.
Cypripedium, 483.
Cystopteris, 586.
Cytisus, 101, 99.
Czackia, 438.

D

Dactylis, 534.
Damasonium, 486.
Danthonia, 547.
Daphne, 413.
Datura, 329.
Daucus, 178.
Delphinium, 17.
Dentaria, 31.
Dianthus, 60.
Digitalis, 369.

Digitaria, 525, 532.
Diplotaxis, 35.
DIPSACÉES, 219.
Dipsacus, 219.
Doronicum, 260, 259.
Draba, 37, 595.
Drepania, 287.
Drosera, 59.
DROSÉRACÉES, 58.
Dryas, 130.

E

Ecballion, 603.
Echinaria, 540.
Echinochloa, 526.
Echinops, 241.
Echinospermum, 339.

Echium, 345.
Elatine, 76, 597.
ELÉAGNÉES, 418.
Elymus, 566, 563.
Emerus, 117.

EMPÉTRÉES, 420.
Empetrum, 420.
Engelmannia, 328.
Enodium, 559.
Epilobium, 151, 602.
Epipactis, 479.
Epipogium, 483.
ÉQUISÉTACÉES, 578.
Equisetum, 578.
Eragrostis, 549.
Erica, 307.
ÉRICINÉES, 304.
Erigeron, 252, 261.
Erinus, 368.
Eriophorum, 505.
Erodium, 90.

Erophila, 38.
Erucago, 46.
Erucastrum, 34.
Ervum, 123, 121, 599.
Eryngium, 176.
Erysimum, 33, 32, 27.
Erythræa, 325.
Erythronium, 457.
Eupatorium, 246.
Euphorbia, 421, 612.
EUPHORBIACÉES, 420.
Euphrasia, 376.
Euxolus, 401.
Evonymus, 94.
Exacum, 326.

F

Fagus, 434, 435.
Farsetia, 595.
Fedia, 217.
Festuca, 554, 563, 541, 547,
    560, 561, 565.
Ficaria, 10.
Filago, 244, 243.
Fœniculum, 604.

FOUGÈRES, 580.
Fragaria, 131, 599.
Fraxinus, 310.
Fritillaria, 457.
Fumana, 50.
Fumaria, 23, 25.
FUMARIACÉES, 22.

G

Gagea, 459.
Galanthus, 455.
Galeobdolon, 356.
Galeopsis, 356, 610.
Galium, 208.
Gastridium, 538.
Gaudinia, 564.
Gaya, 185.
Genista, 99,
Gentiana, 321, 325, 326, 320.
GENTIANÉES, 319.
GÉRANIÉES, 86.
Geranium, 87, 90.
Geum, 130.

Gladiolus, 468.
Glaucium, 22.
Glechoma, 354.
Globularia, 223.
GLOBULARIÉES, 223.
Glyceria, 552.
Gnaphalium, 242, 245, 246.
Goodiera, 482.
GRAMINÉES, 523.
Grammitis, 583.
Gratiola, 374.
GROSSULARIÉES, 169.
Gymnadenia, 470, 475.
Gypsophila, 60, 63.

H

HALORAGÉES, 155.
Hedera, 204.

HÉDÉRACÉES, 204.
Hedypnois, 289.

Helcocharis, 500, 501.
Helianthemum, 48, 596.
Heliosperma, 65.
Heliotropium, 345.
Helleborus, 15.
Helminthia, 291.
Helosciadium, 190, 191.
Helychrysum, 242.
Heracleum, 188, 603.
Herminium, 477.
Herniaria, 161.
Hesperis, 32.
Hieracium, 277,274,275,276.
Himantoglossum, 469.
Hippocrepis, 119.
Hippuris, 156.
Hirschfeldia, 35.
Holcus, 544, 545.

Holostæum, 73.
Homogyne, 248.
Hordeum, 567, 566.
Hottonia, 315.
Humulus, 429.
Hutchinsia, 43.
Hyacinthus, 464.
HYDROCHARIDÉES, 484.
Hydrocharis, 484.
Hydrocotyle, 178.
Hyoscyamus, 330.
Hyoseris, 290.
HYPÉRICINÉES, 81.
Hypericum, 81.
Hypochæris, 291.
Hypophae, 418.
Hyssopus, 351.

I

Iberis, 41, 596.
Ilex, 309.
Illecebrum, 162.
Imperatoria, 185.
Impatiens, 92.
Inula, 261, 607.

IRIDÉES, 466.
Iris, 467.
Isatis, 45.
Isnardia, 155.
Isopyrum, 16.

J

Jasione, 295.
JASMINÉES, 310.
JONCÉES, 488.

Juncus, 491.
Juniperus, 446.

K

Kentrophyllum, 236.
Kernera, 38.

Knautia, 220, 221.
Kœleria, 541.

L

LABIÉES, 346.
Lactuca, 271, 270, 607.
Lamium, 355, 356.
Lappa, 240.
Lappago, 527.
Lapsana, 293.
Larbræa, 74.
Larix, 444.

Laserpitium, 184.
Lasiagrostis, 537.
Lathræa, 394.
Lathyrus, 123, 126.
Lavandula, 367.
Leersia, 533.
LÉGUMINEUSES, 97.
Lemna, 574.

Lemnacées, 574.
Lentibulariées, 387.
Leontodon, 288, 290, 273.
Leontopodium, 243.
Leonurus, 361.
Lepigonum, 71.
Lepidium, 43, 41.
Leucanthemum, 264.
Leucoium, 454, 612.
Leuzea, 231.
Libanotis, 180.
Ligusticum, 189, 185, 195.
Ligustrum, 311.
Liliacées, 455.
Lilium, 457, 450.
Limnanthemum, 320.
Limodorum, 483.
Limosella, 375.
Linaria, 371.
Lindernia, 375.
Linées, 77.
Linosyris, 249.

Linum, 77.
Liparis, 482.
Listera, 479.
Lithospermum, 342.
Littorella, 399.
Logfia, 246.
Lolium, 567.
Lonicera, 202.
Loranthacées, 205.
Loroglossum, 477.
Lotus, 114, 598.
Lunaria, 36.
Luzula, 488.
Lychnis, 66.
Lycium, 333.
Lycopodiacées, 592.
Lycopodium, 592.
Lycopsis, 337.
Lycopus, 348.
Lysimachia, 315.
Lythrariées, 157.
Lythrum, 158.

M

Maianthemum, 450.
Malachium, 75.
Malaxis, 482.
Malus, 149.
Malva, 79, 597.
Malvacées, 79.
Margarita, 259.
Marrubium, 362.
Marsilea, 591.
Marsiléacées, 591.
Matricaria, 266, 265.
Medicago, 104, 597.
Melampyrum, 378.
Melandrium, 67.
Melica, 547, 552.
Melilotus, 107.
Melissa, 610, 352, 353.
Melittis, 362.
Mentha, 348, 609.
Menyanthes, 319, 320.
Mercurialis, 426.

Mespilus, 147, 148, 149, 150,
    151.
Meum, 195.
Mibora, 532.
Microcala, 326.
Micropus, 251.
Milium, 539, 538.
Mœhringia, 70, 73.
Mœnchia, 69.
Molinia, 559.
Momordica, 603.
Monotropa, 308.
Montia, 163.
Mulgedium, 270, 271.
Muscari, 464.
Myagrum, 38, 46, 595.
Myosotis, 339, 609.
Myosurus, 3.
Myricaria, 159.
Myriophyllum, 155.
Myrrhis, 183, 184, 182.

27.

N

Naias, 574.
Narcissus, 453.
Nardurus, 565.
Nardus, 569.
Nasturtium, 26, 38, 39.
Neottia, 481, 482, 479.
Nepeta, 354.

Neslia, 46.
Nigella, 16.
Nigritella, 470.
Nitella, 577, 578.
Nuphar, 20.
Nymphæa, 20, 594.
NYMPHÆACÉES. 20.

O

Odontites, 377, 378.
OEnanthe, 196.
OEnothera, 154.
OMBELLIFÈRES, 175.
ONAGRARIÉES, 151.
Onobrychis, 119, 598.
Ononis, 102.
Onopordum, 239.
Onosma, 343.
Ophioglossum, 584.
Ophrys, 477, 479, 482.
ORCHIDÉES, 468.
Orchis, 469, 483.
Origanum, 350.

Orlaya, 179.
Ormenis, 267.
Ornithogalum, 460, 459.
Ornithopus, 118.
Orobanche, 390, 610.
OROBANCHÉES, 389.
Orobus, 126, 121.
Orthopogon, 526.
Osmunda, 581, 590.
Osyris, 418.
OXALIDÉES, 90.
Oxalis, 91.
Oxycoccos, 304.
Oxytropis, 116.

P

Paliurus, 96.
Panicum, 526, 525, 532.
Papaver, 21.
PAPAVÉRACÉES, 20.
Paradisia, 458.
Parietaria, 428.
Paris, 450.
Parnassia, 59.
PARONICHIÉES, 160.
Paspalum, 525, 526, 532.
Passerina, 415.
Pastinaca, 186.
Pedicularis, 380.
Peplis, 158.
Peristylus, 470.
PERSONNÉES, 368.
Petasites, 248.
Petrocallis, 37.

Petroselinum, 197, 604.
Peucedanum, 186, 193.
Phaca, 117.
Phalangium, 458.
Phalaris, 527, 530, 531, 533.
Phelipæa, 393.
Phellandrium, 197.
Phenixopus, 272.
Phleum, 530.
Phragmites, 548.
Phyllyrea, 311.
Physalis, 334.
Phyteuma, 296.
Picridium, 270.
Picris, 290, 291.
Pilularia, 591.
Pimpinella, 198, 199.
Pinguicula, 387.

Pinus, 443, 444.
Pistacia, 96.
PLANTAGINÉES, 393.
Plantago, 396, 611.
Platanthera, 471.
PLOMBAGINÉES, 394.
Poa, 549, 553, 555, 558.
Podospermum, 288.
Polycarpon, 162.
Polycnemum, 403.
Polygala, 57.
POLYGALÉES, 57.
Polygonatum, 449.
POLYGONÉES, 408.
Polygonum, 412.
Polypodium, 582, 584 à 587.
Polypogon, 533.
Polystichum, 584.
Populus, 437.
Portulaca, 163.
PORTULACÉES, 163.
POTAMÉES, 569.

Potamogeton, 570.
Potentilla, 132, 599.
Poterium, 147.
Prenanthes, 273, 271, 272.
Primula, 313.
PRIMULACÉES, 311.
Prismatocarpus, 303.
Prunella, 362, 363.
Prunus, 127, 128, 129.
Psilurus, 569.
Psoralea, 115.
Pteris, 590.
Ptherotheca, 274.
Ptychotis, 604.
Pulegium, 350.
Pulicaria, 263.
Pulmonaria, 344.
Pulsatilla, 10.
Pyrethrum, 265, 266.
Pyrola, 308.
PYROLACÉES, 307.
Pyrus, 149, 150, 151, 601, 602.

Q

Quercus, 432.

R

Radiola, 78.
Ranunculus, 3, 9, 10.
Raphanus, 36.
Rapistrum, 47.
RENONCULACÉES, 2.
Reseda, 56.
RÉSÉDACÉES, 56.
RHAMNÉES, 94.
Rhamnus, 94, 597.
Rhinanthus, 379.
Rhincospora, 500.
Rhododendron, 306.

Ribes, 170.
Roripa, 38, 39.
Rosa, 140, 600, 601.
ROSACÉES, 126.
Rubia, 207.
RUBIACÉES, 205.
Rubus, 137, 599, 600.
Rumex, 408.
Ruscus, 431.
Ruta, 93.
RUTACÉES, 93.

S

Sagina, 68, 69.
Sagittaria, 485.
Salix, 438, 612.
Salsola, 402.
Salvia, 347.

Sambucus, 201.
Samolus, 312.
Sanguisorba, 146.
Sanicula, 177.
SANTALACÉES, 416.

Saponaria, 63.
Sarothamnus, 99.
Satureia, 351.
Satyrium, 469, 470, 482, 483.
Saxifraga, 171.
SAXIFRAGÉES, 171.
Scabiesa, 220.
Scandix, 181.
Schœnus, 499, 500, 502.
Scilla, 439.
Scirpus, 500, 613.
Scleranthus, 162.
Scolopendrium, 589.
Scolymus, 608.
Scorzonera, 287, 288, 270.
Scrophularia, 369.
Scutellaria, 363.
Sedum, 165, 603.
Selinum, 186, 187, 188.
Sempervivum, 168.
Senebiera, 46.
Senecio, 255.
Serapias, 480, 481.
Serratula, 240, 230.
Seseli, 194, 186.
Sesleria, 540.
Setaria, 526, 527.
Sherardia, 206.
Sibbaldia, 137.
Sideritis, 358.
Silaus, 193.
Silene, 64, 67, 597.

Silybum, 239.
Sinapis, 33, 34, 594.
Sison, 197, 191.
Sisymbrium, 32, 35, 38, 39, 28, 26.
Sium, 190, 197.
SOLANÉES, 329.
Solanum, 334, 608.
Soldanella, 317.
Solidago, 253, 261.
Sonchus, 269.
Sorbus, 149, 602.
Sparganium, 496.
Spartium, 98, 99.
Specularia, 303.
Spergula, 69, 71.
Spergularia, 71.
Spiræa, 129.
Spiranthes, 481.
Stachys, 358, 610.
Statice, 395.
Stellaria, 73.
Stellera, 415.
Stipa, 539.
Stratiotes, 485.
Streptopus, 448.
Sturmia, 482, 532.
Succisa, 224.
Swertia, 321.
Symphytum, 336.
Syntherisma, 525, 526.

T

TAMARISCINÉES, 159.
Tamus, 451.
Tanacetum, 249.
Taraxacum, 273.
Taxus, 446.
Teesdalia, 41.
TÉRÉBINTHACÉES, 96.
Tetragonolobus, 114.
Teucrium, 366.
Thalictrum, 12.
Thesium, 417, 612.
Thlaspi, 39, 41, 44, 593.

Thrincia, 290, 607.
THYMÉLÉES, 415.
Thymus, 351, 352, 353.
Thysselinum, 187.
Tilia, 84.
TILIACÉES, 83.
Tofieldia, 465.
Tolpis, 286.
Tordylium, 189, 179, 180.
Torilis, 179, 180.
Tormentilla, 135.
Tozzia, 375.

Tragopogon, 287, 607.

Tragus, 527.

Tribulus, 93.

Trifolium, 108.

Triglochin, 487.

Trigonella, 106.

Trinia, 199.

Triodia, 547.

Triticum, 565, 560, 561.

Trollius, 15.

Tulipa, 456.

Tunica, 60.

Turgenia, 179.

Turritis, 27.

Tussilago, 247.

Typha, 495.

TYPHACÉES, 495.

U

Ulex, 98.

ULMACÉES, 430.

Ulmus, 430.

Umbilicus, 169.

Urtica, 427.

URTICÉES, 427.

Utricularia, 388.

Uvularia, 449.

V

VACCINIÉES, 303.

Vaccinium, 303.

Valeriana, 218, 605.

VALÉRIANÉES, 215.

Valerianella, 216.

Vallisneria, 484.

Veratrum, 465.

Verbascum, 330, 609.

Verbena, 346.

VERBÉNACÉES, 345.

Veronica, 381.

Viburnum, 202.

Vicia, 119, 123, 598.

Villarsia, 320.

Vinca, 318.

Vincetoxicum, 318.

Viola, 51, 596.

VIOLARIÉES, 51.

Viscaria, 66.

Viscum, 205.

Vitis, 86.

Wahlenbergia, 297.

X

Xanthium, 294.

Xeranthemum, 241.

Z

Zanichellia, 573.

ZYGOPHYLLÉES, 92.

FIN DE LA TABLE ALPHABÉTIQUE.

ERRATA DU TOME II.

Page III, *ligne* 22, fin de ce volume, *lisez* fin du premier volume.
— 12, — 18, *carpelles sans ailes striées*, lisez *carpelles sans ailes, striés.*
— 31, — 29, A FLEURS DIGITÉES, lisez A FEUILLES DIGITÉES.
— 55, — 13, V. DES SUÉDOIS, lisez V. DE SILÉSIE.
— 74, — 1, *par l'absence de pétales*, ajoutez : *ou par des pétales qui ne sont que rudimentaires.*
— 105, — 21, *un peu couchée*, lisez *un peu courbée.*
— 136, — 36, *soyeuses en dessus*, lisez *soyeuses en dessous.*
— 140, — 25, *doublement dentées*, lisez *simplement dentées.*
— 152, — 28, *calice à segments ou à peine mucronulés*, lisez *calice à segments mutiques ou à peine mucronulés.*
— 158, — 24, HYSSOPAFOLIA, lisez HYSSOPIFOLIA.
— 241, — 13, *ou remplacées*, lisez *ou remplacée.*
— 259, — 22, le long de Calmès, *lisez* le long du ruisseau de Calines.
— 293, — 10, LAMPSANA, lisez LAPSANA.
— 339, — 16, supprimez la ligne.
— 481, — 23, périanthe à 5 segments, *lisez* périanthe à 6 segments.

NOTA. Dans les premières feuilles, partout où on a mis Thoizy, *lisez* Thoity, et partout où il y a Malbronde, *lisez* Malbroude.

www.ingramcontent.com/pod-product-compliance
Lightning Source LLC
Chambersburg PA
CBHW060822220326
41599CB00017B/2254